BKI OBJEKTDATEN

Kosten abgerechneter Bauwerke

N20
Neubau

BKI Objektdaten:
Kosten abgerechneter Bauwerke
N20 Neubau

BKI Baukosteninformationszentrum (Hrsg.)
Stuttgart: BKI, 2024

Mitarbeit:
Hannes Spielbauer (Geschäftsführer)
Brigitte Lechler (Prokuristin)
Dokumentation: Catrin Baumeister, Anna Bertling, Annette Dyckmans, Heike Elsäßer,
Sabine Egenberger, Irmgard Schauer, Sibylle Vogelmann
Produktmanagement: Foroogh Hemmati, Tabea Wessel
Jeannette Sturm

Layout, Satz:
Marvin Bisceglie
Hans-Peter Freund
Thomas Fütterer

Fachliche Begleitung:
Beirat Baukosteninformationszentrum
Beirat Baukosteninformationszentrum
Stephan Weber (Vorsitzender)
Markus Lehrmann (stellv. Vorsitzender)
Prof. Dr. Bert Bielefeld
Markus Fehrs
Andrea Geister-Herbolzheimer
Prof. Dr. Wolfdietrich Kalusche
David Meuer
Martin Müller
Markus Weise

Seelbergstraße 4
70372 Stuttgart
Kundenbetreuung: 0711 954 854-0
Telefax: 0711 954 854-54
Baukosten-Hotline: 0711 954 854-41
info@bki.de
www.bki.de

Titelabbildungen:
Mehrfamilienhaus (6100-1605) Arch.: pfeifer architekten; Berlin; Fotograf: Markus Löffelhardt
Verwaltungsgebäude (1300-0300) Arch.: zweiwerk architekten Kaus + Kurz PartmbB; Köln
Besucherzentrum (9100-0207) Arch.: Steimle Architekten GmbH; Stuttgart; Fotografin: Brigida Gonzáles

Vorwort

Die Planung der Baukosten ist ein wesentlicher Bestandteil der Architekt*innenleistung und genauso wichtig wie räumliche, gestalterische oder konstruktive Planungen. Den Kostenermittlungen in den verschiedenen Planungsphasen kommt dabei eine besondere Bedeutung zu. Sie bilden die Grundlage weiterer Leistungen wie Kostenvergleiche, Kostenkontrolle und Kostensteuerung.

Kostenermittlungen sind meist nur so gut wie die angewendeten Daten und Methoden. Das Baukosteninformationszentrum BKI wurde 1996 von den Architektenkammern aller Bundesländer gegründet. Ziel des BKI ist die Bereitstellung aktueller Daten sowie die Entwicklung und Vermittlung zielführender Methoden.

Wertvolle Erfahrungswerte liegen in Form von abgerechneten Bauleistungen oder Kostenfeststellungen in den Architekturbüros vor. Oft fehlt im Büro-Alltag die Zeit, diese qualifiziert zu dokumentieren. Diese Dienstleistung erbringt BKI und unterstützt damit sowohl die Datenliefernden als auch die Nutzer*innen der BKI Datenbanken.

Die neu erhobenen Objekte veröffentlicht BKI kontinuierlich in der Fachbuchreihe BKI OBJEKTDATEN und aktualisiert auf diese Weise die BKI-Baukostendatenbanken. Die Reihe „BKI OBJEKTDATEN" mit den objektbezogenen Kostenkennwerten und die Reihe „BKI BAUKOSTEN" mit statistisch ermittelten Kostenkennwerten sind aufeinander abgestimmt und ergänzen sich zu einem Expert*innensystem der Kostenplanung.

Das vorliegende Fachbuch ist der 20. Band der Fachbuchreihe „BKI Objektdaten Neubau". Es enthält die zu den Datenbanken neu hinzugekommenen 143 Objekte aus dem Bereich Neubau. Die bisher aus dem Bereich Neubau in der Fachbuchreihe Energieeffizientes Bauen gesondert veröffentlichen Objekten sind nunmehr ebenfalls in diesem Band enthalten.

In den BKI-Objekt-Datenbanken stehen nun mehrere tausend Objekte zur Verfügung. Die energetische Qualität der Gebäude wird insbesondere durch die ausführliche textliche und graphische Dokumentation der Außenbauteile transparent, wie sie im neuen Band N20 auch abgebildet ist. Zusätzlich wird auch die unterschiedliche regionale Baupreis-Entwicklung berücksichtigt. Mit den integrierten BKI Regionalfaktoren 2024 können die Bundesdurchschnittswerte an den jeweiligen Stadt- bzw. Landkreis angepasst werden.

Der Dank des BKI gilt allen Architektinnen und Architekten, die Daten und Unterlagen zur Verfügung stellen. Sie profitieren von der Dokumentationsarbeit des BKI und unterstützen zusätzlich den eigenen Berufsstand. Die in Buchform veröffentlichten Architekt*innen-Projekte bilden eine fundierte und anschauliche Dokumentation gebauter Architektur. Zudem ermöglichen sie eine kompetente Kostenermittlung von Folgeobjekten und eignen sich hervorragend zur Akquisition neuer Planungsaufgaben.

Zur Pflege der Baukostendatenbanken sucht BKI weitere Objekte aus allen Bundesländern. Weitere Informationen dazu werden im Internet unter „Daten an BKI liefern" zur Verfügung gestellt. BKI berät gerne über alle Möglichkeiten, realisierte Projekte zu veröffentlichen. Datenliefernden erhalten eine Vergütung und können weitere Vorteile nutzen.

Besonderer Dank gilt abschließend auch dem BKI-Beirat, der mit seinem Expert*innenwissen aus der Architektenpraxis, den Architekten- und Ingenieurkammern, Normausschüssen und Universitäten zum Gelingen der BKI-Fachinformationen beiträgt.

Wir wünschen allen Anwender*innen des Fachbuchs viel Erfolg in allen Phasen der Kostenplanung und vor allem eine große Übereinstimmung zwischen geplanten und realisierten Baukosten im Sinne zufriedener Bauherr*innen. Anregungen und Kritik zur Verbesserung der BKI-Fachbücher sind uns jederzeit willkommen.

Hannes Spielbauer - Geschäftsführer
Brigitte Lechler - Prokuristin

Baukosteninformationszentrum
Deutscher Architektenkammern GmbH
Stuttgart, im März 2024

Inhalt

Benutzerhinweise

Energetische Kennwerte - Übersicht nach Objekten		9
Einführung		12
Benutzerhinweise		13
Fotopräsentation der Objekte		16
Erläuterungen der Seitentypen		
	Objektübersicht	42
	Objektbeschreibung	44
	Energetische Angaben zu Außenbauteilen	46
	Planungskennwerte für Flächen und Rauminhalte DIN 277	48
	Kostenkennwerte 1. Ebene DIN 276	50
	Kostenkennwerte 2. und 3. Ebene DIN 276 (Übersicht)	52
	Kostenkennwerte für Leistungsbereiche nach STLB	54
	Kostenkennwerte 2. und 3. Ebene DIN 276	56
Gliederung in Leistungsbereiche nach STLB-Bau		58
FAQs - Häufig gestellte Fragen		59
Abkürzungsverzeichnis		69

Kosten abgerechneter Objekte

1	**Büro- und Verwaltungsgebäude**		
1300-0298	Verwaltungsgebäude, temporär (150 AP)	1. Ebene	74
1300-0300	Verwaltungsgebäude (40 AP)	1. Ebene	80
1300-0302	Amtsverwaltung (24 AP)	1. Ebene	86
1300-0304	Bürogebäude (84 AP)	1. Ebene	92
1300-0305	Bürogebäude (13 AP)	1. Ebene	98
1300-0306	Bürogebäude (240 AP)	1. Ebene	104
1300-0307	Bürogebäude (15 AP)	1. Ebene	110
1300-0308	Bürogebäude (65 AP), Volkshochschule (7 AP)	1. Ebene	116
1300-0309	Büro-/Lagergebäude (40 AP), Wohnungen (4 WE)	1. Ebene	122
1300-0310	Rathaus (35 AP), Sitzungssaal (199 Sitzplätze)	1. Ebene	128
1300-0311	Bürogebäude (17 AP)	1. Ebene	134
2	**Gebäude für Forschung und Lehre**		
2200-0061	Institutsgebäude (189 AP), Hörsaal (100 Sitzplätze)	1. Ebene	142
2200-0062	Atelier-/Werkhallen, Veranstaltungshalle (399 Sitzplätze)	1. Ebene	148
2200-0063	Labor-/Bürogebäude, Prüffeldhalle (39 AP)	1. Ebene	154
2200-0064	Forschungsgebäude (110 AP)	1. Ebene	160
3	**Gebäude des Gesundheitswesens**		
3100-0035	Ärztehaus (11 Praxen), Privatklinik (5 Betten), OP-Zentrum, Radiologie	1. Ebene	166
3100-0036	Medizinisches Versorgungszentrum (25 AP)	1. Ebene	172
3300-0017	Fachklinik für Psychiatrie (176 Betten)	1. Ebene	178
3300-0018	Klinik für Kinder- und Jugendpsychiatrie (60 Betten), Klinikschule	1. Ebene	184

4	**Schulen und Kindergärten**		
4100-0230	Grundschule, Ganztagsbereich (4 Klassen, 100 Schüler)	1. Ebene	192
4100-0233	Oberschule (24 Klassen, 500 Schüler)	1. Ebene	198
4100-0235	Gesamtschule (15 Klassen, 360 Schüler)	1. Ebene	204
4100-0240	Gemeinschaftsschule (18 Klassen, 432 Schüler)	1. Ebene	210
4200-0041	Werkstattgebäude Berufsschule (6 Klassen)	1. Ebene	216
4300-0025	Berufsbildungszentrum für Menschen mit Behinderung	1. Ebene	222
4300-0026	Förderschule Erweiterungsbau (2 Klassen, 30 Schüler)	1. Ebene	228
4400-0334	Kindertagesstätte (8 Gruppen, 150 Kinder)	3. Ebene	234
4400-0364	Kindertagesstätte (5 Gruppen, 100 Kinder)	1. Ebene	256
4400-0365	Kindergarten (6 Gruppen, 126 Kinder)	1. Ebene	262
4400-0366	Kinderhaus (4 Gruppen, 74 Kinder)	1. Ebene	268
4400-0368	Kindertagesstätte (3 Gruppen, 75 Kinder)	1. Ebene	274
4400-0369	Kindertagesstätte (4 Gruppen, 84 Kinder)	1. Ebene	280
4400-0370	Kindertagesstätte (6 Gruppen, 100 Kinder)	1. Ebene	286
4400-0371	Kindertagesstätte (4 Gruppen, 80 Kinder)	1. Ebene	292
4400-0372	Kindertagesstätte (4 Gruppen, 87 Kinder)	1. Ebene	298
4400-0373	Kindertagesstätte (6 Gruppen, 90 Kinder), Pflegedienst (6 AP), Versammlungssaal	1. Ebene	304
4400-0378	Kindergarten (6 Gruppen, 150 Kinder)	1. Ebene	310
4400-0379	Kindertagesstätte (8 Gruppen, 148 Kinder), Gemeindesaal (199 Sitzplätze)	1. Ebene	316
4400-0380	Kindertagesstätte (5 Gruppen, 105 Kinder)	1. Ebene	322
4400-0381	Kindertagesstätte (6 Gruppen, 60 Kinder)	1. Ebene	328
4400-0382	Kindertagesstätte (4 Gruppen, 100 Kinder)	1. Ebene	334
4400-0383	Kindertagesstätte (4 Gruppen, 74 Kinder)	1. Ebene	340
4400-0384	Kindertagesstätte (4 Gruppen, 80 Kinder)	1. Ebene	346
4400-0386	Kindertagesstätte (11 Gruppen, 200 Kinder)	1. Ebene	352
4400-0387	Kindertagesstätte (5 Gruppen, 70 Kinder)	1. Ebene	358
4400-0388	Kinderhaus (5 Gruppen, 99 Kinder)	1. Ebene	364
4500-0020	Seminar- und Gästehaus (12 Betten)	1. Ebene	370

5	**Sportbauten**		
5100-0128	Sporthalle (Einfeldhalle)	3. Ebene	378
5100-0136	Sporthalle (Zweifeldhalle)	1. Ebene	396
5100-0140	Sporthalle (Zweifeldhalle)	1. Ebene	402
5100-0141	Sporthalle (Einfeldhalle)	1. Ebene	408
5100-0142	Mehrzweckhalle (540 Sitzplätze)	1. Ebene	414
5300-0021	Duschhaus (4 Duschen)	1. Ebene	420
5300-0022	Bootshaus (6 Fahrzeuge)	1. Ebene	426

6	**Wohngebäude**		
6100-1603	Wohnanlage (159 WE), Kindertagesstätte (65 Kinder), TG (85 STP)	1. Ebene	432
6100-1604	Doppelhäuser (3 Gebäude), Einfamilienhäuser (3 Gebäude)	1. Ebene	438
6100-1605	Mehrfamilienhaus (11 WE)	1. Ebene	444
6100-1610	Einfamilienhaus	1. Ebene	450
6100-1611	Tiny House	1. Ebene	456
6100-1612	Mehrfamilienhaus (33 WE), TG (42 STP)	1. Ebene	462
6100-1613	Mehrfamilienhaus (44 WE)	1. Ebene	468
6100-1614	Wohnturm (21 WE), TG (21 STP)	1. Ebene	474
6100-1615	Einfamilienhaus	1. Ebene	480
6100-1616	Mehrfamilienhaus (6 WE)	1. Ebene	486
6100-1617	Mehrfamilienhaus (9 WE)	1. Ebene	492
6100-1618	Ferienhaus	1. Ebene	498
6100-1619	Reihenendhaus, Doppelcarport	1. Ebene	504

6	**Wohngebäude (Fortsetzung)**		
6100-1620	Mehrfamilienhäuser (2 Gebäude, 16 WE), TG (19 STP)	1. Ebene	510
6100-1621	Mehrfamilienhaus (5 WE)	1. Ebene	516
6100-1622	Mehrfamilienhäuser (5 Gebäude, 66 WE), TG (66 STP)	1. Ebene	522
6100-1624	Mehrfamilienhäuser (8 Gebäude, 161 WE)	1. Ebene	528
6100-1626	Mehrfamilienhäuser (2 Gebäude, 42 WE)	1. Ebene	534
6100-1627	Einfamilienhaus, experimentell	1. Ebene	540
6100-1628	Einfamilienhaus	1. Ebene	546
6100-1629	Einfamilienhaus, Carport (2 STP)	1. Ebene	552
6100-1630	Einfamilienhaus, Garage	1. Ebene	558
6100-1631	Mehrfamilienhaus (2 WE)	1. Ebene	564
6100-1632	Mehrfamilienhäuser (2 Gebäude, 15 WE)	1. Ebene	570
6100-1633	Mehrfamilienhaus (12 WE), Gewerbe (14 AP)	1. Ebene	576
6100-1634	Mehrfamilienhäuser (2 Gebäude, 11 WE)	1. Ebene	582
6100-1635	Mehrfamilienhaus (24 WE), Sozialzentrum	1. Ebene	588
6100-1638	Doppelhaus (2 WE), Wellnessbereich	1. Ebene	594
6100-1639	Mehrfamilienhaus (5 WE)	1. Ebene	600
6100-1648	Mehrfamilienhaus (33 WE), TG (30 STP)	1. Ebene	606
6100-1649	Mehrfamilienhaus (31 WE), Gewerbe (3 GE)	1. Ebene	612
6100-1650	Mehrfamilienhaus (42 WE)	1. Ebene	618
6100-1651	Mehrfamilienhaus (3 WE), Praxis	1. Ebene	624
6100-1654	Einfamilienhaus, Doppelgarage	1. Ebene	630
6100-1656	Mehrfamilienhäuser (7 Gebäude, 82 WE), TG (70 STP)	1. Ebene	636
6100-1657	Studierendenapartments (11 WE)	1. Ebene	642
6100-1658	Einfamilienhaus	3. Ebene	648
6100-1660	Mehrfamilienhäuser (2 Gebäude, 30 WE, 40 STP)	1. Ebene	662
6100-1661	Einfamilienhaus, Nebengebäude	1. Ebene	668
6100-1662	Mehrfamilienhäuser (3 Gebäude, 37 WE), Kindertagesstätte (2 Gruppen, 34 Kinder)	1. Ebene	674
6100-1670	Einfamilienhaus, Praxis	1. Ebene	680
6100-1673	Reihenendhaus	1. Ebene	686
6100-1674	Mehrfamilienhaus (3 WE)	1. Ebene	692
6100-1675	Mehrfamilienhäuser (2 Gebäude, 15 WE)	1. Ebene	698
6100-1677	Mehrfamilienhaus (17 WE)	1. Ebene	704
6100-1678	Einfamilienhaus, Doppelgarage	1. Ebene	710
6100-1679	Einfamilienhaus, Garage	1. Ebene	716
6100-1680	Mehrfamilienhäuser (3 Gebäude, 45 WE)	1. Ebene	722
6100-1682	Wohn-/Geschäftshaus (3 WE, 20 AP)	1. Ebene	728
6200-0122	Seniorenwohnanlage (27 WE), TG (15 STP)	1. Ebene	734
6200-0123	Wohnheim für Menschen mit Behinderung (22 Betten)	1. Ebene	740
6200-0126	Wohnheim für Menschen mit Behinderung (16 Betten)	1. Ebene	746
6200-0127	Studierendenwohnheim (110 WE)	1. Ebene	752
6400-0095	Familienzentrum, Kindertagesstätte (86 Kinder), Seniorenwohnungen (9 WE)	1. Ebene	758
6400-0121	Pflegeheim (147 Betten 36 Tagesplätze)	1. Ebene	764
6400-0122	Heilpädagogische Tagesstätte (20 AP), Wohnungen (4 WE), TG (16 STP)	1. Ebene	770
6400-0123	Spielhaus	1. Ebene	776
6400-0124	Bürgerhaus (120 Sitzplätze), Remise	1. Ebene	782
6400-0125	Bürgerhaus (48 Sitzplätze)	1. Ebene	788
6500-0058	Schulmensa (150 Sitzplätze)	1. Ebene	794
6500-0059	Studierendenwohnheim (70 Betten), Mensa (400 Sitzplätze)	1. Ebene	800
6500-0060	Mensa, Mediathek (350 Sitzplätze)	1. Ebene	806
6500-0061	Klostergaststätte (303 Sitzplätze), TG (21 STP)	1. Ebene	812

7	**Gewerbegebäude**		
7100-0070	Produktionshalle (268 AP)	1. Ebene	820
7100-0072	Vinothek (8 AP)	1. Ebene	826
7100-0073	Weingut (4 AP), Einfamilienhaus	1. Ebene	832
7200-0100	Verbrauchermarkt (2 GE, 18 AP)	1. Ebene	838
7200-0102	Wohn- und Geschäftshaus (6 WE, 2 GE)	1. Ebene	844
7300-0110	Medienwekstatt (18 AP), Seminarraum (50 Sitzplätze)	1. Ebene	850
7300-0111	Druckerei (9 AP)	1. Ebene	856
7600-0095	Feuerwehr (10 Fahrzeuge)	1. Ebene	862
7600-0096	Feuerwehrhaus (1 Fahrzeug)	1. Ebene	868
7600-0097	Feuerwache (14 Fahrzeuge)	1. Ebene	874
7600-0098	Werksfeuerwehr (6 Fahrzeuge)	1. Ebene	880
7600-0099	Feuerwehrgerätehaus (5 Fahrzeuge)	1. Ebene	886
7600-0100	Feuerwehr (6 Fahrzeuge)	1. Ebene	892
7600-0101	Feuerwehrgerätehaus (2 Fahrzeuge)	1. Ebene	898
7700-0092	Gerätehalle, temporär (2 STP)	1. Ebene	904
7700-0094	Lagerhalle, überdachte Ladezone	1. Ebene	910
7800-0032	Parkhaus (69 STP)	1. Ebene	916
7800-0033	Parkhaus (804 STP)	1. Ebene	922

8	**Bauwerke für technische Zwecke**		
	(keine Objekte in Band N20)		

9	**Kulturgebäude**		
9100-0206	Ausstellungspavillon	1. Ebene	928
9100-0207	Besucherzentrum	1. Ebene	934
9100-0210	Landesmuseum für Volkskunde	1. Ebene	940
9100-0212	Kirche (199 Sitzplätze), Gästehaus (15 Betten)	1. Ebene	946
9300-0012	Liegeboxenlaufstall (240 Kühe)	1. Ebene	952
9700-0033	Aussegnungshalle (80 Sitzplätze)	1. Ebene	958
9700-0034	Friedhofskapelle (40 Sitzplätze)	1. Ebene	964
9700-0035	Aussegnungshalle	1. Ebene	970

Kostenkennwerte für Kostengruppen der 3. Ebene nach DIN 276

210	Herrichten	976
220	Öffentliche Erschließung	977
310	Baugrube / Erdbau	978
320	Gründung, Unterbau	979
330	Außenwände / Vertikale Baukonstruktionen, außen	981
340	Innenwände / Vertikale Baukonstruktionen, innen	985
350	Decken / Horizontale Baukonstruktionen	988
360	Dächer	989
380	Baukonstruktive Einbauten	991
390	Sonstige Maßnahmen für Baukonstruktionen	992
410	Abwasser-, Wasser-, Gasanlagen	994
420	Wärmeversorgungsanlagen	996
430	Raumlufttechnische Anlagen	998
440	Elektrische Anlagen	999
450	Kommunikations-, sicherheits- und informationstechnische Anlagen	1001

Kostenkennwerte für Kostengruppen der 3. Ebene nach DIN 276 (Fortsetzung)

470	Nutzungsspezifische und verfahrenstechnische Anlagen	1002
480	Gebäude- und Anlagenautomation	1003
490	Sonstige Maßnahmen für technische Anlagen	1004

510	Erdbau	1005
520	Gründung, Unterbau	1006
530	Oberbau, Deckschichten	1007
540	Baukonstruktionen	1008
550	Technische Anlagen	1009
590	Sonstige Maßnahmen für Außenanlagen und Freiflächen	1010

Anhang

Verzeichnis der Architektur- und Planungsbüros	1012
BKI Regionalfaktoren 2024 für Deutschland	1016
BKI Regionalfaktoren 2024 für Österreich und den Europa-Raum	1020

Obj.-Nr.	Objektbezeichnung	Spez. Jahresprimärenergiebedarf kWh/(m^2*a)	Spez. Jahresendenergiebedarf kWh/(m^2*a)	Spez. Transmissionswärmeverlust W/(m^2*K)	Mittlerer U-Wert (opake Bauteile) W/(m^2*K)	Mittlerer U-Wert (transparente Bauteile) W/(m^2*K)	CO_2-Emissionen kg/(m^2*a)	Schichtaufbauten	Seite
1300-0298	Verwaltungsgebäude, temporär	116	109	–	–	–	41		74
1300-0302	Amtsverwaltung (24 AP)	34	19	0,20	0,12	0,80	–	•	86
1300-0304	Bürogebäude (84 AP)	66	–	0,21	0,11	0,80	–	•	92
1300-0305	Bürogebäude (13 AP)	470	–	–	–	–	23		98
1300-0306	Bürogebäude (240 AP)	108	–	–	–	–	–		104
1300-0307	Bürogebäude (15 AP)	97	–	–	0,17	1,20	–	•	110
1300-0308	Bürogebäude, Volkshochschule	53	110	3.064,0	0,19	0,95	–	•	116
1300-0309	Büro-/Lagergebäude, Wohnungen	38	–	–	–	–	12		122
1300-0310	Rathaus (35 AP), Sitzungssaal	74	–	–	–	–	–		128
1300-0311	Bürogebäude (17 AP)	94	–	0,27	0,16	0,92	33	•	134
2200-0063	Labore, Prüffeldhalle (39 AP)	206	–	0,41	0,27	1,43	–	•	154
3100-0036	Medizinisches Versorgungszentrum	74	–	–	–	–	23	•	172
3300-0017	Fachklinik für Psychiatrie	225	–	–	–	–	72		178
3300-0018	Klinik für Psychiatrie	207	–	0,32	0,17	1,00	–	•	184
4100-0230	Grundschule (100 Schüler)	173	117	–	0,17	1,20	–		192
4100-0233	Oberschule (24 Klassen)	98	–	0,21	0,12	0,80	–		198
4100-0240	Gemeinschaftsschule (432 Schüler)	69	–	–	0,14	1,10	–	•	210
4200-0041	Werkstattgebäude (6 Klassen)	71	–	–	0,13	1,30	–	•	216
4300-0025	Berufsbildungszentrum	74	64	–	–	–	–		222
4300-0026	Förderschule, Erweiterungsbau	88	–	–	–	–	–		228
4400-0334	Kindertagesstätte (8 Gruppen)	158	88	–	0,14	1,00	–	•	234
4400-0364	Kindertagesstätte (5 Gruppen)	93	–	0,38	0,15	1,30	–	•	256
4400-0365	Kindergarten (126 Kinder)	116	–	–	–	–	–		262
4400-0366	Kinderhaus (4 Gruppen, 74 Kinder)	93	–	–	–	–	35		268
4400-0368	Kindertagesstätte (75 Kinder)	41	123	–	0,16	0,90	7		274
4400-0370	Kindertagesstätte (100 Kinder)	89	–	–	–	–	28		286
4400-0371	Kindertagesstätte (4 Gruppen)	126	70	0,30	0,15	1,00	39	•	292
4400-0372	Kindertagesstätte (4 Gruppen)	58	51	0,30	0,17	0,94	17	•	298
4400-0373	Kindertagesstätte, Pflegedienst	49	–	0,18	–	–	–		304
4400-0378	Kindergarten (150 Kinder)	125	–	–	0,13	0,96	39	•	310
4400-0379	Kindertagesstätte (148 Kinder)	37	–	–	–	–	–		316
4400-0380	Kindertagesstätte (5 Gruppen)	178	–	–	0,23	0,93	–	•	322
4400-0381	Kindertagesstätte (6 Gruppen)	68	–	–	0,15	1,10	–	•	328
4400-0384	Kindertagesstätte (4 Gruppen)	138	–	0,29	0,16	1,02	–	•	346
4400-0387	Kindertagesstätte (70 Kinder)	72	63	0,22	0,16	0,91	–	•	358
4500-0020	Seminar- und Gästehaus (12 Betten)	135	–	–	0,17	1,20	–	•	370
5100-0128	Sporthalle (Einfeldhalle)	–	–	–	–	–	–	•	378
5100-0136	Sporthalle (Zweifeldhalle)	129	–	–	0,21	1,20	43	•	396
5100-0140	Sporthalle (Zweifeldhalle)	122	–	0,26	0,16	1,30	–		402

Obj.-Nr.	Objektbezeichnung	Spez. Jahresprimärenergiebedarf kWh/(m²*a)	Spez. Jahresendenergiebedarf kWh/(m²*a)	Spez. Transmissionswärmeverlust W/(m²*K)	Mittlerer U-Wert (opake Bauteile) W/(m²*K)	Mittlerer U-Wert (transparente Bauteile) W/(m²*K)	CO_2-Emissionen kg/(m²*a)	Schichtaufbauten	Seite
5100-0142	Mehrzweckhalle (540 Sitzplätze)	112	100	0,25	1,90	1,10	–	•	414
6100-1603	Wohnanlage (159 WE), Kita, TG	25	55	0,27	–	–	2	•	432
6100-1604	Doppelhäuser, Einfamilienhäuser	58	–	0,39	–	–	–	•	438
6100-1605	Mehrfamilienhaus (11 WE)	26	54	0,31	–	–	–	•	444
6100-1610	Einfamilienhaus	19	–	0,28	–	–	–	•	450
6100-1611	Tiny House	54	61	0,21	–	–	–	•	456
6100-1612	Mehrfamilienhaus (33 WE), TG	20	58	0,29	–	–	–	•	462
6100-1613	Mehrfamilienhaus (44 WE)	2	–	0,32	–	–	–	•	468
6100-1614	Wohnturm (21 WE), TG (21 STP)	14	53	0,41	–	–	–		474
6100-1615	Einfamilienhaus	42	23	0,31	–	–	15	•	480
6100-1616	Mehrfamilienhaus (6 WE)	65	36	–	–	–	22		486
6100-1617	Mehrfamilienhaus (9 WE)	28	15	0,29	–	–	–	•	492
6100-1619	Reihenendhaus, Doppelcarport	14	8	0,20	–	–	5	•	504
6100-1620	Mehrfamilienhäuser (16 WE), TG	34	20	0,28	–	–	11		510
6100-1621	Mehrfamilienhaus (5 WE)	35	58	0,39	–	–	–	•	516
6100-1622	Mehrfamilienhäuser (66 WE), TG	19	–	0,33	–	–	–		522
6100-1626	Mehrfamilienhäuser (42 WE)	4	–	0,31	–	–	–	•	534
6100-1627	Einfamilienhaus, experimentell	51	28	0,26	–	–	9	•	540
6100-1628	Einfamilienhaus	93	–	0,36	–	–	–	•	546
6100-1629	Einfamilienhaus	22	12	0,22	–	–	8		552
6100-1630	Einfamilienhaus	39	35	0,30	–	–	9	•	558
6100-1631	Mehrfamilienhaus (2 WE)	30	–	0,26	–	–	9	•	564
6100-1632	Mehrfamilienhäuser (15WE)	31	20	0,35	–	–	–	•	570
6100-1633	Mehrfamilienhaus (12 WE)	43	–	–	–	–	–	•	576
6100-1634	Mehrfamilienhäuser (11 WE)	–	10	0,20	–	–	–	•	582
6100-1635	Mehrfamilienhaus (24 WE)	30	–	0,24	–	–	–	•	588
6100-1638	Doppelhaus, Wellnessbereich	28	15	0,25	–	–	–	•	594
6100-1639	Mehrfamilienhaus (5WE)	–	30	0,30	–	–	11	•	600
6100-1648	Mehrfamilienhaus (33 WE)	64	57	0,38	–	–	14	•	606
6100-1649	Mehrfamilienhaus (31 WE), Gewerbe	19	–	0,31	–	–	–	•	612
6100-1650	Mehrfamilienhaus (42 WE)	27	15	0,32	–	–	–		618
6100-1651	Mehrfamilienhaus (3 WE), Praxis	13	–	0,27	–	–	–	•	624
6100-1654	Einfamilienhaus, Doppelgarage	35	–	0,30	–	–	–	•	630
6100-1656	Mehrfamilienhäuser (82 WE)	27	–	0,31	–	–	–	•	636
6100-1657	Studierendenapartments (11 WE)	27	–	0,25	–	–	–	•	642
6100-1658	Einfamilienhaus	93	–	0,34	–	–	–		648
6100-1660	Mehrfamilienhäuser (30 WE)	42	122	0,41	–	–	–		662
6100-1661	Einfamilienhaus	36	–	0,38	–	–	–	•	668
6100-1662	Mehrfamilienhäuser (37 WE), Kita	30	–	0,33	–	–	–	•	674

Obj.-Nr.	Objektbezeichnung	Spez. Jahresprimärenergiebedarf kWh/(m²*a)	Spez. Jahresendenergiebedarf kWh/(m²*a)	Spez. Transmissionswärmeverlust W/(m²*K)	Mittlerer U-Wert (opake Bauteile) W/(m²*K)	Mittlerer U-Wert (transparente Bauteile) W/(m²*K)	CO_2-Emissionen kg/(m²*a)	Schichtaufbauten	Seite
6100-1673	Reihenendhaus	19	–	0,24	–	–	–		686
6100-1674	Mehrfamilienhaus (3 WE)	45	41	0,31	–	–	15	•	692
6100-1675	Mehrfamilienhäuser (2 Gebäude)	46	45	0,29	–	–	11	•	698
6100-1677	Mehrfamilienhaus (17 WE)	4	64	0,42	–	–	-3	•	704
6100-1678	Einfamilienhaus	56	51	0,33	–	–	–	•	710
6100-1679	Einfamilienhaus	34	189	0,30	–	–	11	•	716
6100-1680	Mehrfamilienhäuser (45 WE)	26	65	0,32	–	–	4		722
6100-1682	Wohn-/Geschäftshaus	26	–	0,33	–	–	–	•	728
6200-0122	Seniorenwohnanlage (27 WE)	18	54	0,27	–	–	3	•	734
6200-0126	Wohnheim (16 Betten)	19	65	0,33	–	–	8	•	746
6200-0127	Studierendenwohnheim (110 WE)	20	21	0,21	–	–	6		752
6400-0095	Familienzentrum, Kita, Wohnen	50	30	0,36	–	–	16		758
6400-0121	Pflegeheim (147 Betten)	29	38	0,41	–	–	15	•	764
6400-0122	Heilpädagogische Tagesstätte	17	11	0,33	–	–	5		770
6400-0123	Spielhaus	110	–	–	0,13	1,06	–	•	776
6400-0124	Bürgerhaus (120 Sitzplätze)	56	–	–	0,18	0,91	–	•	782
6400-0125	Bürgerhaus (48 Sitzplätze)	37	–	0,23	–	–	–	•	788
6500-0058	Schulmensa (150 Sitzplätze)	67	–	–	0,21	1,30	–	•	794
6500-0059	Studierendenwohnheim (70 Betten)	36	–	0,40	–	–	–	•	800
6500-0060	Mensa, Mediathek	57	–	0,45	0,18	–	–	•	806
6500-0061	Klostergaststätte (303 Sitzplätze)	222	123	–	0,11	0,90	–	•	812
7100-0070	Produktionshalle (268 AP)	43	–	–	0,18	0,96	–	•	820
7100-0072	Vinothek (8 AP)	168	93	0,37	0,18	0,89	–	•	826
7200-0100	Verbrauchermarkt (2 GE, 18 AP)	64	–	–	0,18	1,10	–	•	838
7200-0102	Wohn- und Geschäftshaus	16	–	0,46	–	–	–	•	844
7300-0110	Medienwerkstatt (18 AP)	92	–	–	0,14	1,10	25	•	850
7300-0111	Druckerei (9 AP)	85	47	–	0,18	1,10	26	•	856
7600-0095	Feuerwehr (10 Fahrzeuge)	114	–	–	–	–	–		862
7600-0096	Feuerwehrhaus (1 Fahrzeug)	39	–	–	–	–	–	•	868
7600-0097	Feuerwache (14 Fahrzeuge)	26	107	0,35	0,19	1,10	–	•	874
7600-0098	Werkfeuerwehr (6 Fahrzeuge)	53	–	–	0,16	1,10	20		880
7600-0099	Feuerwehrgerätehaus (5 Fahrzeuge)	25	64	0,29	0,13	1,00	12	•	886
7600-0101	Feuerwehrgerätehaus (2 Fahrzeuge)	68	–	–	0,21	0,95	–	•	898
9100-0210	Landesmuseum für Volkskunde	125	–	0,34	0,21	1,30	27	•	940
9100-0212	Kirche (199 Sitzplätze), Gästehaus	193	–	–	0,17	1,30	68	•	946

Hinweis: Diese Übersicht der Objekte beinhaltet alle Objekte dieses Fachbuchs, für die energetische Kennwerte dokumentiert sind.

Einführung

In der Fachbuchreihe „BKI Objektdaten" werden für Kostenermittlungszwecke und Wirtschaftlichkeitsvergleiche bereits realisierte und vollständig abgerechnete Bauwerke aus allen Bundesländern veröffentlicht. Dieser Band enthält die Dokumentationen von 143 Neubau-Objekten.

Die Kostenkennwerte der Objekte dienen dazu, die Kosten von Bauprojekten im Vergleich mit den Kosten bereits realisierter Objekte zu ermitteln bzw. Kostenermittlungen mit büroeigenen Daten oder den Daten Dritter zu überprüfen, solange Kostenanschläge auf der Grundlage von Ausschreibungsergebnissen noch nicht vorliegen.

Dieser Vergleich wird erleichtert durch die „Anpassung der Kostenkennwerte auf Bundesniveau". Die BKI Regionalfaktoren ermöglichen es, die Objekte auch hinsichtlich des Bauorts zu bewerten. Dadurch werden die Baupreise der Objekte so dargestellt, als ob diese in einer mit dem Bundesdurchschnitt identischen Region gebaut worden wären. Diese regionale Normierung vereinfacht die Bewertung der Kostenkennwerte für den Anwender erheblich.

Die Daten in „BKI Objektdaten Neubau" unterstützen die Kostenermittlungen nach DIN 276 in den frühen Projektphasen. Für die Kostenentwicklung eines Projekts sind dies die entscheidenden Planungsphasen.

Für überschlägige Kostenermittlungen wie z.B. das Aufstellen eines Kostenrahmens oder für Plausibilitätsprüfungen sind die im Buch angegebenen Kostenkennwerte bestens geeignet. Für differenziertere Kostenermittlungen auf der Ebene der Bauelemente bieten sich die Kosteninformationen aus dem Download an.

Darüber hinaus enthält das Buch Planungskennwerte, mit denen wertvolle Wirtschaftlichkeitsprüfungen anhand von Flächenvergleichen möglich sind.

Dieser Band enthält die neuen in den BKI-Baukostendatenbanken erfassten Neubau-Objekte. Die BKI Baukostendatenbanken selbst umfassen einen wesentlich größeren Bestand an Altbau-, Neubau-, Innenraum- und auch Freianlagen-Objekten. Zugriff auf alle Einzelobjekte bietet auch die Software „BKI Kostenplaner".

Benutzerhinweise

1. Definitionen
Kostenkennwerte sind Werte, die das Verhältnis von Kosten bestimmter Kostengruppen nach DIN 276:2018-12 zu bestimmten Bezugseinheiten nach DIN 277:2021-08 darstellen. Planungskennwerte im Sinne dieser Veröffentlichung sind Werte, die das Verhältnis bestimmter Flächen und Rauminhalte zur Nutzungsfläche (NUF) und Brutto-Grundfläche (BGF) darstellen, angegeben als Prozentsätze oder als Faktoren.

2. Kostenstand und Umsatzsteuer
Kostenstand aller Kennwerte ist das 4.Quartal 2023. Alle Kostendaten enthalten die Umsatzsteuer. Maßgeblich für die Fortschreibung ist der Baupreisindex für Wohnungsbau insgesamt, inkl. Umsatzsteuer des Statistischen Bundesamtes. Den vierteljährlich erscheinenden aktuellen Index können Sie im Internet beim Statistischen Bundesamt oder unter www.bki.de abrufen. Die Umrechnung von Kostendaten dieses Buches wird durch ein Beispiel erläutert:

Ein Kostenkennwert von € 500,-/m² BGF mit dem Kostenstand 4. Quartal 2023 soll auf den Kostenstand 4. Quartal 2015 umgerechnet werden. Verwendet wird die Brutto-Indexreihe mit dem Basisjahr 2015=100.

Index 4.Quartal 2023 (2015=100) = 161,3
Index 4.Quartal 2015 (2015=100) = 100,4

$$\frac{500\ €/m^2\ BGF \times 100{,}4}{161{,}3} = 311\ €/m^2\ BGF$$

3. Datengrundlage
Grundlage der Tabellen sind die uns zur Verfügung gestellten Unterlagen von abgerechneten Bauwerken. Die Daten wurden mit größtmöglicher Sorgfalt daraus erhoben. Die vorliegenden Kosten- und Planungskennwerte dienen als Orientierungswerte für Projekte vergleichbarer Art. Sie sind dem Verwendungszweck entsprechend anzupassen unter Berücksichtigung der projektspezifisch unterschiedlichen Kosteneinflussgrößen. Für die Richtigkeit der im Rahmen einer Kostenermittlung eingesetzten Werte kann der Herausgeber keine Haftung übernehmen.

4. Blatt-Typ Objektübersicht: Kostenkennwerte
Die jeder Objektdokumentation vorangestellten Kostenkennwerte €/m³ BRI, €/m² BGF und €/m² NUF beziehen sich auf die Kosten des Bauwerks (DIN 276: Summe Kostengruppe 300+400).

5. Kosteneinflüsse
Kosteneinflussgrößen sind beim Bauen von besonderer Bedeutung, da umwelt-, standort-, nutzer- und besonders herstellungs- sowie objektbedingte Faktoren eine erhebliche Relevanz aufweisen. Aus diesen Gründen ist eine genaue Anpassung der Kosten- und Planungskennwerte an die projektspezifisch unterschiedlichen Kosteneinflussgrößen erforderlich. (s. dazu BKI Handbuch Kostenplanung im Hochbau, Stgt. 2019).

Die in der Fachbuch-Reihe „BKI Baukosten" angebotenen Kostenkennwerte sind dafür nur bedingt geeignet, da sie Mittelwerte, gebildet auf der Grundlage verschiedener Objekte, darstellen. Das vorliegende Buch „BKI Objektdaten Neubau" bietet hingegen die Möglichkeit, einen Kostenwert durch eine Analyse der entsprechenden Eigenschaften des Objekts genau zu bewerten. Eine projektspezifische Anpassung bzw. die Auswahl eines Kostenkennwerts ist damit besser möglich.

6. Regionalisierung der Daten
Grundlage der BKI Regionalfaktoren sind Daten aus der amtlichen Bautätigkeitsstatistik der statistischen Landesämter, eigene Berechnungen auch unter Verwendung von Schwerpunktpositionen und regionale Umfragen. Zusätzlich wurden von BKI Verfahren entwickelt, um die Eingangsdaten auf Plausibilität prüfen und ggf. anpassen zu können. Auf der Grundlage dieser Berechnungen hat BKI einen bundesdeutschen Mittelwert gebildet. Anhand des Mittelwertes lassen sich die einzelnen Land- und Stadtkreise prozentual einordnen. Diese Prozentwerte wurden die Grundlage der BKI Deutschlandkarte mit „Regionalfaktoren für Deutschland".

Für die größeren Inseln Deutschlands wurden separate Regionalfaktoren ermittelt. Dazu wurde der zugehörige Landkreis in Festland und Inseln unterteilt. Alle Inseln eines Land-kreises erhalten durch dieses Verfahren den gleichen Regionalfaktor. Der Regionalfaktor des Festlandes enthält keine Inseln mehr und ist daher gegenüber früheren Ausgaben verringert.

Die Kosten der Objekte der BKI Datenbanken wurden auf den Bundesdurchschnitt umgerechnet. Für den*die Anwender*in bedeutet die Umrechnung der Daten auf den Bundesdurchschnitt, dass einzelne Kostenkennwerte oder das Ergebnis einer Kostenermittlung mit dem Regionalfaktor des Standorts des geplanten Objekts multipliziert werden können. Die BKI Stadt-/Landkreisfaktoren befinden sich im Anhang des Buchs.

7. Urheberrechte
Alle Objektinformationen sind urheberrechtlich geschützt. Dies gilt auch für die daraus abgeleiteten Auswertungen (Statistiken). Die Urheberrechte liegen bei den jeweiligen Büros, Personen bzw. beim BKI. Es ist ausschließlich eine Anwendung der Daten im Rahmen der praktischen Kostenplanung im Hochbau zugelassen. Die Nutzung der Objektinformationen für einen anderen als den Vertragszweck ist nicht zulässig. Dies gilt auch für die daraus abgeleiteten Auswertungen (Statistiken). Eine Vervielfältigung des Werks oder von Teilen daraus außer für den Vertragszweck ist nur mit ausdrücklicher Genehmigung des Herausgebers gestattet. Auch eine Übersetzung oder Bearbeitung, insbesondere eine Übertragung des Werks oder Teilen daraus in elektronische Systeme, ist nur mit ausdrücklicher Genehmigung des Herausgebers gestattet.

Fotopräsentation der Objekte

Fotopräsentation der Objekte

1300-0298 Verwaltungsgebäude, temporär (150 AP) Seite 74

grüningerarchitekten I BDA
Darmstadt

1300-0300 Verwaltungsgebäude (40 AP) Seite 80

zweiwerk architekten, Köln und
rleese alrchitekten, Moers

1300-0302 Amtsverwaltung (24 AP) Seite 86

ppp architekten + stadtplaner gmbh
Lübeck

1300-0304 Bürogebäude (84 AP) Seite 92

KRAUS Architekten und Ingenieure GmbH
Köln

1300-0305 Bürogebäude (13 AP) Seite 98

Dillig Architekten GmbH
Simmern

1300-0306 Bürogebäude (240 AP) Seite 104

SSP AG
Bochum

1300-0307 Bürogebäude (15 AP) Seite 110

Steinwender Architekten GmbH
Heide

1300-0308 Bürogebäude (65 AP), Volkshochschule (7 AP) Seite 116

Sven Buck + Partner Freischaffende Architekten
PartGmbB, Neustadt-Glewe

1300-0309 Büro-/Lagergebäude (40 AP), Wohnungen (4 WE) Seite 122

MZ Architektur Meier + Zeug
Rostock

1300-0310 Rathaus (35 SP) Sitzungssaal (199 Sitzplätze) Seite 128

Behnisch Architekten München Partnerschaft mbB
München

1300-0311 Bürogebäude (17 AP) Seite 134

Otto Architektur
Oldenburg

2200-0061 Institutsgebäude (189 AP), Hörsaal Seite 142

sehw architektur GmbH
Berlin

2200-0062 Atelier-/Werkhallen (399 Sitzplätze) Seite 148

GSP Gerlach Schneider Partner Architekten mbB
Bremen

2200-0063 Labor-/Bürogebäude, Prüffeldhalle (39 AP) Seite 154

ZELUBA DGI Bauwerk, Berlin und
schneider+schuhmacher, Frankfurt/Main

2200-0064 Forschungsgebäude (110 AP) Seite 160

GKT Architekten
Würzburg

3100-0035 Ärztehaus, Privatklinik, OP-Zentrum, Radiologie Seite 166

integrale planung
Marburg

3100-0036 Medizinisches Versorgungszentrum (25 AP) Seite 172

Bernhardt + Bergemann und Beckmann Partner mbB
Neubrandenburg

3300-0017 Fachklinik für Psychiatrie (176 Betten) Seite 178

PL Architekten GmbH
Aachen

Fotopräsentation der Objekte

3300-0018 Klinik für Psychiatrie, Klinikschule Seite 184

Heske Hochgürtel Lohse Architekten PartGmbB
Lübeck

4100-0230 Grundschule, Ganztagsbereich (100 Schüler) Seite 192

BPVARCHITEKTEN
Hamburg

4100-0233 Oberschule (24 Klassen, 500 Schüler) Seite 198

tsj-architekten gmbh
Lübeck

4100-0235 Gesamtschule (15 Klassen, 360 Schüler) Seite 204

WOLLENWEBER- ARCHITEKTUR
Düsseldorf

4100-0240 Gemeinschaftsschule (18 Kl, 432 Schüler) Seite 210

ARCHITEKTURBUERO 1 ZT GmbH, Lint/AT und
Architekturbüro HERZOG, Lörrach

4200-0041 Werkstattgebäude, Berufsschule (6 Klassen) Seite 216

ZRS Architekten GvA mbH
Berlin

4300-0025 Berufsbildungszentrum für Menschen mit Behinderung Seite 222

Steinke + Zils Architekten und Partner mbB
Marl

4300-0026 Förderschule, Erweiterungsbau Seite 228

hiendl_schineis architekten
Passau

4400-0334 Kindertagesstätte (8 Gruppen, 150 Kinder) Seite 234

Dipl.-Ing. (FH) Christian Gerhardy
Stadtverwaltung Wittlich, Wittlich

4400-0364 Kindertagesstätte (5 Gruppen, 100 Kinder) Seite 256

werk.um architekten
Darmstadt

4400-0365 Kindergarten (6 Gruppen, 126 Kinder) Seite 262

abhd architekten denzinger und partner mbB
Neuburg

4400-0366 Kinderhaus (4 Gruppen, 74 Kinder) Seite 268

Berschneider + Berschneider GmbH Architekten BDA + Innenarchitekten, Pilsach

© Philipp Nemenz

4400-0368 Kindertagesstätte (3 Gruppen, 75 Kinder)
Seite 274

Freitag Hartmann Architekten, Berlin und
pur Architekten petri und raff PartGmbB, München

© WOLLENWEBERARCHITEKTUR

4400-0369 Kindertagesstätte (4 Gruppen, 84 Kinder)
Seite 280

WOLLENWEBER- ARCHITEKTUR
Düsseldorf

© JF ARCHITEKTEN UND STADTPLANER

4400-0370 Kindertagesstätte (6 Gruppen, 100 Kinder)
Seite 286

JF ARCHITEKTEN UND STADTPLANER Fuchs und
Dycker PartG mbB BDA, Husum

© JF ARCHITEKTEN UND STADTPLANER

4400-0371 Kindertagesstätte (4 Gruppen, 80 Kinder)
Seite 292

JF ARCHITEKTEN UND STADTPLANER Fuchs und
Dycker PartG mbB BDA, Husum

© Ulrich Mayer

4400-0372 Kindertagesstätte (4 Gruppen, 87 Kinder)
Seite 298

trapp wagner Architekten + Ingenieure PartG mbH
Hünfeld

© Ocean Architects

4400-0373 Kindertagesstätte (90 Kinder),
Pflegedienst (6 AP)
Seite 304

OCEAN ARCHITECTS GmbH
Waren

Fotopräsentation der Objekte

4400-0378 Kindergarten (6 Gruppen, 150 Kinder)
Seite 310

Architekturbüro Obereisenbuchner
Pfaffenhofen

4400-0379 Kindertagesstätte (148 Kinder), Gemeindesaal
Seite 316

PSA Pfletscher und Steffan Architekten + Ingenieure
München

4400-0380 Kindertagesstätte (5 Gruppen, 105 Kinder)
Seite 322

ulrich TILGNER thomas GROTZ Architekten GmbH
Bremen

4400-0381 Kindertagesstätte (6 Gruppen, 60 Kinder)
Seite 328

pressel & müller architekten
Frankfurt am Main

4400-0382 Kindertagesstätte (4 Gruppen, 100 Kinder)
Seite 334

Stadtbauamt Zweibrücken
Zweibrücken

4400-0383 Kindertagesstätte (4 Gruppen, 74 Kinder)
Seite 340

Dipl.Ing. (FH) Martin Szymanski
Satteldorf-Gröningen

4400-0384 Kindertagesstätte (4 Gruppen, 80 Kinder) Seite 346

RSE+ Architekten Ingenieure GmbH
Kassel

4400-0386 Kindertagesstätte (11 Gruppen, 200 Kinder) Seite 352

DNR Daab Nordheim Reutler PartG mbB
Leipzig

4400-0387 Kindertagesstätte (5 Gruppen, 70 Kinder) Seite 358

BKSA Hamburg GmbH
Hamburg

4400-0388 Kinderhaus (5 Gruppen, 99 Kinder) Seite 364

Firmhofer + Günther Architekten PartG mbB
München

4500-0020 Seminar- u. Gästehaus (12 Betten) Seite 370

LKK Lehrecke Kammerer Keiß Gesellschaft von Architekt:innen mbH BDA, Berlin

5100-0128 Sporthalle (Einfeldhalle) Seite 378

JF ARCHITEKTEN UND STADTPLANER Fuchs und Dycker PartG mbB BDA, Husum

5100-0136 Sporthalle (Zweifeldhalle) Seite 396

Scheidt Kasprusch Architekten
Berlin

5100-0140 Sporthalle (Zweifeldhalle) Seite 402

BAUCONZEPT ® PLANUNGSGESELLSCHAFT MBH
Lichtenstein

5100-0141 Sporthalle (Einfeldhalle) Seite 408

Dillig Architekten GmbH
Simmern

5100-0142 Mehrzweckhalle (540 Sitzplätze) Seite 414

Architekten BDA Naujack.Rind.Hof GmbH, Koblenz und
PLANFAKTUR Architekten BDA PartGmbB, Montabaur

5300-0021 Duschhaus (4 Duschen) Seite 420

ARCHITEKTanBORD Dipl.-Ing. Viktor Walter
Augsburg

5300-0022 Bootshaus (6 Fahrzeuge) Seite 426

Steiner Weißenberger Architekten
Berlin

© Lars Pillmann

6100-1603 Wohnanlage (159 WE), Kindertagesstätte (65 Kinder), TG (85 STP) Seite 432

MBPK Architekten und Stadtplaner GmbH
Berlin

© Annegret Liebscher-Tauber

6100-1604 Doppelhäuser, Einfamilienhäuser (9 WE) Seite 438

Liebscher-Tauber und Tauber Architekten PartG mbB
Berlin

© Markus Löffelhardt

6100-1605 Mehrfamilienhaus (11 WE) Seite 444

pfeifer architekten und Patzschke Schwebel Planungsgesellschaft mbH und wbs3 architekten, Berlin

© Eckhart Matthäus

6100-1610 Einfamilienhaus Seite 450

Niebler + Thormann Architekten GmbH
Donauwörth

© Marcel Lapander Photography

6100-1611 Tiny House Seite 456

DIESSBACHER ARCHITEKTUR GmbH
Traunstein

© Manfred Jarisch

6100-1612 Mehrfamilienhaus (33 WE), TG (42 STP) Seite 462

Bayerische Staatsforsten AöR Thomas Feigl & Lisa Schex, Regensburg

6100-1613 Mehrfamilienhaus (44 WE) Seite 468

Reith Wehner Storch Architekten
Fulda

6100-1614 Wohnturm (21 WE), TG (21 STP) Seite 474

roller architekten gmbh
Kassel

6100-1615 Einfamilienhaus Seite 480

mann architektur+ Prof. Michael Mann
Erfurt

6100-1616 Mehrfamilienhaus (6 WE) Seite 486

DNR Architekten Stadt- und Umweltplaner PartGmbB
Leipzig

6100-1617 Mehrfamilienhaus (9 WE) Seite 492

edelhoff + reska architekten und partner mbB
Remscheid

6100-1618 Ferienhaus Seite 498

Wanja Wechselberger Studio & Legeer Architekten
Berlin

6100-1619 Reihenendhaus, Doppelcarport Seite 504

SCHNEEWEISS ARCHITEKTEN
Saarbrücken

6100-1620 Mehrfamilienhäuser (2 Gebäude, 16 WE), TG (19 STP) Seite 510

integrale planung
Marburg

6100-1621 Mehrfamilienhaus (5 WE) Seite 516

Henrik Becker Architekt ETH
Hamburg

6100-1622 Mehrfamilienhäuser (5 Gebäude, 66 WE), TG Seite 522

grabowski.spork GmbH
Wiesbaden

6100-1624 Mehrfamilienhäuser (8 Gebäude, 161 WE) Seite 528

Galandi Schirmer Architekten + Ingenieure GmbH
Berlin

6100-1626 Mehrfamilienhäuser, (2 Gebäude, 42 WE) Seite 534

Peter Ruge Architekten GmbH
Berlin

6100-1627 Einfamilienhaus, experimentell Seite 540

c/o now (Studio CO NOW GmbH)
Berlin

6100-1628 Einfamilienhaus Seite 546

Kai Matzak
Köln

6100-1629 Einfamilienhaus, Carport (2 STP) Seite 552

cl.ar Carsten Larusch Architektur
Bitburg

6100-1630 Einfamilienhaus, Garage Seite 558

Wendling Architektur
Köln-Deutz

6100-1631 Mehrfamilienhaus (2 WE) Seite 564

Wendling Architektur
Köln-Deutz

6100-1632 Mehrfamilienhäuser (2 Gebäude, 15 WE) Seite 570

Ferdinand Weber
Regensburg

© Foto & Film Zeisel

6100-1633 Mehrfamilienhaus (12 WE), Gewerbe (14 AP)
Seite 576

Thomas Becker Architekten GmbH
Ennigerloh

© Klaus Walter

6100-1634 Mehrfamilienhäuser (2 Gebäude, 11 WE)
Seite 582

Neustadtarchitekten
Hamburg

© SWP GmbH

6100-1635 Mehrfamilienhaus (24 WE), Sozialzentrum
Seite 588

Matthias Wegner, Potsdam und
SWP schäferwenningerprojekt GmbH, Berlin

© Julia Bartz

6100-1638 Doppelhaus (2 WE), Wellnessbereich
Seite 594

architekten Borne + Heinz + Linden PartGmbB
Bitburg

© Fotografin Antje Neßler

6100-1639 Mehrfamilienhaus (5WE) Seite 600

Planungsgruppe Heilmaier
Erding

© Hampel Kotzur & Kollegen

6100-1648 Mehrfamilienhaus (33 WE), TG (30 STP)
Seite 606

Hampel Kotzur & Kollegen Architekten und Ingenieure
Cottbus

6100-1649 Mehrfamilienhaus (31 WE), Gewerbe (3 GE) Seite 612

Wandel Lorch Götze Wach GmbH
Frankfurt am Main

6100-1650 Mehrfamilienhaus (42 WE) Seite 618

tafkaoo architects GmbH
Berlin

6100-1651 Mehrfamilienhaus (3 WE), Praxis Seite 624

brack architekten
Kempten

6100-1654 Einfamilienhaus, Doppelgarage Seite 630

Zymara Loitzenbauer Giesecke Architekten BDA
Hannover

6100-1656 Mehrfamilienhäuser (82 WE), TG (70 STP) Seite 636

Kramm & Strigl Architekten und Stadtplanergesellschaft mbH, Darmstadt

6100-1657 Studierendenapartments (11 WE) Seite 642

HfM Architektur + Energiedesign
Fulda

6100-1658 Einfamilienhaus Seite 648

claus arnold architekt bda m. eng. dipl.-ing. fh
architekt, Würzburg

6100-1660 Mehrfamilienhäuser (2 Gebäude, 30 WE) Seite 662

Neumann & Heinsdorff Architekten
München

6100-1661 Einfamilienhaus Nebengebäude Seite 668

b@ugilde architekten
Diez

6100-1662 Mehrfamilienhäuser (37 WE), Kindertagesstätte (34 Kinder) Seite 674

RENNER HAINKE WIRTH ZIRN ARCHITEKTEN GMBH
Hamburg

6100-1670 Einfamilienhaus, Praxis Seite 680

Architekturbüro Sylvia Fröbel
Bornheim

6100-1673 Reihenendhaus Seite 686

ARGE Architekten Dennes Janßen, Dennis Winkler
Bremen

6100-1674 Mehrfamilienhaus (3 WE) Seite 692

petri architekten
Dreieich

6100-1675 Mehrfamilienhäuser (2 Gebäude, 15 WE) Seite 698

saboArchitekten BDA
Hannover

6100-1677 Mehrfamilienhaus (17 WE) Seite 704

Druschke und Grosser Architektur, Architekten BDA
Duisburg

6100-1678 Einfamilienhaus, Doppelgarage Seite 710

Corneille Uedingslohmann Architekten
Köln

6100-1679 Einfamilienhaus, Garage Seite 716

Patrick Lehn Architekt BDA
Kevelaer

6100-1680 Mehrfamilienhäuser (3 Gebäude, 45 WE) Seite 722

Klumpe Architekten GbR
Mannheim

6100-1682 Wohn-/Geschäftshaus (3 WE, 20 AP) Seite 728

⌂ .pg1 Architekten BDA
Kaiserslautern

6200-0122 Seniorenwohnanlage (27 WE), TG (15 STP) Seite 734

⌂ Brechtel Architekten PartG mbB
Köln

6200-0123 Wohnheim für Menschen mit Behinderung Seite 740

⌂ Brechtel Architekten PartG mbB
Köln

6200-0126 Wohnheim für Menschen mit Behinderung Seite 746

⌂ foundation 5+ architekten BDA
Kassel

6200-0127 Studierendenwohnheim (110 WE) Seite 752

⌂ ARCHITEKTEN STEIN HEMMES WIRTZ
Kasel

6400-0095 Familienzentrum, Kindertagesstätte (86 Ki), Wohnen (9 WE) Seite 758

⌂ raum-z architekten gmbh
Frankfurt

6400-0121 Pflegeheim (147 Betten, 36 Tagesplätze) Seite 764

MHB Architekten + Ingenieure GmbH
Berlin

6400-0122 Heilpädagogische Tagesstätte (20 AP), Wohnungen Seite 770

Kammerl & Kollegen
Pfaffing

6400-0123 Spielhaus Seite 776

Hormann Architektur www.janhormann.de

6400-0124 Bürgerhaus (120 Sitzplätze), RemiseSeite 782

querluft Architekten GmbH
Straubing

6400-0125 Bürgerhaus (48 Sitzplätze) Seite 788

Neukirch Architektur
Trier

© Steffen Spitzner

6500-0058 Schulmensa (150 Sitzplätze) Seite 794

Prof. Dipl.-Ing. Ralf Niebergall
Magdeburg

6500-0059 Studierendenwohnheim (70 Betten), Mensa
Seite 800

MHB GmbH
Rostock

6500-0060 Mensa, Mediathek (350 Sitzplätze) Seite 806

wulf architekten gmbh
Stuttgart

6500-0061 Klostergaststätte (303 Sitzplätze), TG
Seite 812

fries architekten GmbH
Vallendar

7100-0070 Produktionshalle (268 AP) Seite 820

f64 Architekten und Stadtplaner PartGmbB
Kempten

7100-0072 Vinothek (8 AP) Seite 826

PFALZARCHITEKT REITER Weinarchitektur/
Loftarchitektur/Firmenarchitektur, Kindenheim

7100-0073 Weingut (4 AP), Einfamilienhaus
Seite 832

BKS Architekten Hilt + Uhl PartGmbB
Trier

Fotopräsentation der Objekte

© Olaf Mahlstedt

7200-0100 Verbrauchermarkt (2 GE, 18 AP) Seite 838

Angelis & Partner Architekten mbB
Oldenburg

© Constantin Meyer Fotografie

7200-0102 Wohn- und Geschäftshaus (6 WE, 2 GE) Seite 844

ANP Architektur- und Planungsgesellschaft mbH
Kassel

© Constantin Meyer Fotografie

7300-0110 Medienwerkstatt (18 AP) Seite 850

foundation 5+ architekten BDA
Kassel

© dh bauplanung & betreuung

7300-0111 Druckerei (9 AP) Seite 856

dh bauplanung & betreuung GmbH
Soest

© Stefan Müller

7600-0095 Feuerwehr (10 Fahrzeuge) Seite 862

Echt.Fietz+Assoziierte GmbH I Architekten BDA
Dortmund

© Inke von Dobro-Wolski

7600-0096 Feuerwehrhaus (1 Fahrzeug) Seite 868

Inke von Dobro-Wolski Dipl. Ing. Architektin
Stedesand

7600-0097 Feuerwache (14 Fahrzeuge) Seite 874

Georg Redelbach Architekten
Marktheidenfeld

7600-0098 Werkfeuerwehr (6 Fahrzeuge) Seite 880

wack + marx - architekten
St. Ingbert

7600-0099 Feuerwehrgerätehaus (5 Fahrzeuge) Seite 886

ZACHARIAS PLANUNGSGRUPPE GbR
Sankt Augustin

7600-0100 Feuerwehr (6 Fahrzeuge) Seite 892

Ortmann & Möller Bauplanung GmbH
Lastrup

7600-0101 Feuerwehrgerätehaus (2 Fahrzeuge) Seite 898

architekten schäfer krause schulz mbB
Hannover

7700-0092 Gerätehalle, temporär (2 STP) Seite 904

Renn Architektur DA
Darmstadt

© Kay Urban Architektur & Bauleitung

7700-0094 Lagerhalle, überdachte Ladezone Seite 910

Kay Urban Architektur & Bauleitung
Lübeck

© SCHOYERER ARCHITEKTEN_SYRA

7800-0032 Parkhaus (69 STP) Seite 916

SCHOYERER ARCHITEKTEN_SYRA
Mainz

© Thomas Eicken

7800-0033 Parkhaus (804 STP) Seite 922

Lengfeld & Wilisch Architekten PartG mbB
Darmstadt

© LVR-Archäologischer Park Xanten

9100-0206 Ausstellungspavillon Seite 928

LVR-Archäologischer Park Xanten Bauabteilung
Xanten

© Brigida González

9100-0207 Besucherzentrum Seite 934

Steimle Architekten GmbH Freie Architekten BDA
Stuttgart

© Stephan Baumann

9100-0210 Landesmuseum für Volkskunde Seite 940

ppp architekten + stadtplaner gmbh
Lübeck

9100-0212 Kirche (199 Sitzplätze), Gästehaus Seite 946

foundation 5+ architekten BDA
Kassel

9300-0012 Liegeboxenlaufstall (240 Kühe) Seite 952

Falkenhagen + Falkenhagen
Remmels

9700-0033 Aussegnungshalle Seite 958

kraus.krauss Architekten GmbH
Neumarkt i.d.OPf.

9700-0034 Friedhofskapelle (40 Sitzplätze) Seite 964

Bocklage + Buddelmeyer Architekten GmbH
Vechta

9700-0035 Aussegnungshalle Seite 970

Bindhammer Architekten, Stadtplaner und Beratender
Ingenieur Part mbB, Bayerbach

Erläuterungen

(1) 4400-0334
Kindertagesstätte
(8 Gruppen)
(150 Kinder)

Objektübersicht

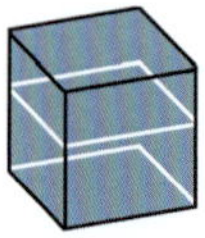

BRI 482 €/m³

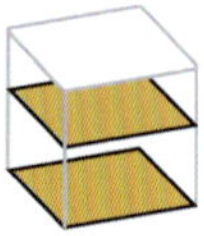

BGF 2.090 €/m²

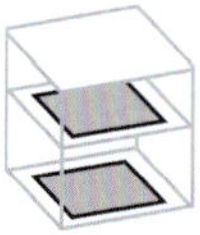

NUF 3.150 €/m²

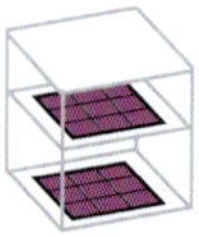

NE 22.975 €/NE

NE: Kinder

(2)

(3) **Objekt:**
- a) Kennwerte: 3. Ebene DIN 276
- b) BRI: 7.157 m³
  BGF: 1.649 m²
  NUF: 1.094 m²
- c) Bauzeit: 70 Wochen
- d) Bauende: 2018
- e) Standard: Durchschnitt
- f) Bundesland: Rheinland-Pfalz
  Kreis: Bernkastel-Wittlich

(4) **Architekt*in:**
Dipl.-Ing. (FH)
Christian Gerhardy
Stadtverwaltung Wittlich
Schloßstraße 11
54516 Wittlich

Bauherr*in:
Stiftung Stadt Wittlich
Schloßstraße 11
54516 Wittlich

(5)

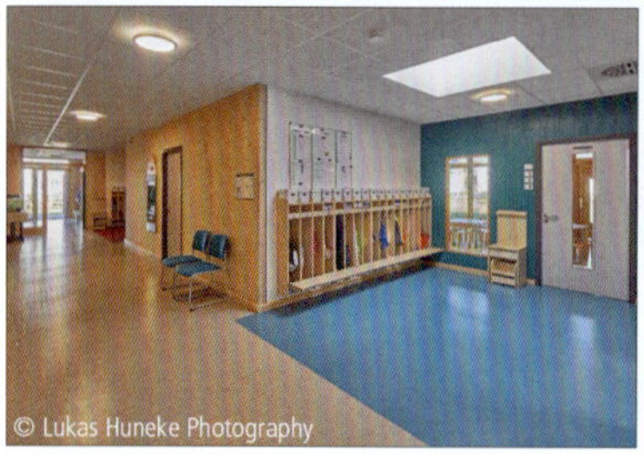

Kostenstand: 4. Quartal 2023, Bundesdurchschnitt, **inkl. 19% MwSt.**

(6)

Erläuterungen nebenstehender Tabellen und Abbildungen

Alle Kostenkennwerte enthalten die Mehrwertsteuer. Kostenstand 4. Quartal 2023.
Kosten und Kostenkennwerte umgerechnet auf den Bundesdurchschnitt.

Objektübersicht

---

(1)
BKI-Objektnummer und -bezeichnung.

(2)
Kostenkennwerte für Bauwerkskosten (Kostengruppe 300+400 nach DIN 276) bezogen auf:

- BRI: Brutto-Rauminhalt (DIN 277)
- BGF: Brutto-Grundfläche (DIN 277)
- NUF: Nutzungsfläche (DIN 277)
- NE: Nutzeinheiten (z. B. Betten bei Heimen, Stellplätze bei Garagen)
  Wohnfläche nach der Wohnflächenverordnung WoFlV, nur bei Wohngebäuden

(3)
a) „Kennwerte" gibt die Kostengliederungstiefe nach DIN 276 an. Die BKI Objekte sind unterschiedlich detailliert dokumentiert: Eine Kurzdokumentation enthält Kosteninformationen bis zur 1. Ebene DIN 276, eine Grobdokumentation bis zur 2. Ebene DIN 276 und eine Langdokumentation bis zur 3. Ebene (teilweise darüber hinaus bis zu den Ausführungsarten einzelner Kostengruppen).
b) Angaben zu BRI, BGF und NUF
c) Angaben zur Bauzeit
d) Angaben zum Bauenede
e) Angaben zum Standard
f) Angaben zum Kreis, Bundesland

(4)

Planendes und/oder ausführendes Architektur- oder Planungsbüro, sowie teilweise Angaben zum/zur Bauherr*in.

(5)
Abbildungen des Objekts

(6)
Anzeige des Kostenstands

4400-0334
Kindertagesstätte
(8 Gruppen)
(150 Kinder)

Objektbeschreibung

Allgemeine Objektinformationen

Der Neubau der achtgruppigen Kindertagesstätte, davon zwei integrative Gruppen, bietet Platz für 150 Kinder. Die räumliche Struktur der Kita beruht auf einem zweigeschossigen Kern, der sich aus einem großen Mehrzweckraum und zwei Mensen nebst Empfangsbereich und Büros mit Sozialräumen zusammensetzt. Dazu kommen drei Spielflure, zwei Schlafbereiche, die Verwaltungsbüros, ein Therapieraum sowie eine moderne Großküche. Um dieses Zentrum gruppieren sich acht über Wege und Plätze miteinander verbundene eingeschossige Einheiten, die den jeweiligen Kitagruppen zur Verfügung stehen. Deren Farbgebung an den Fenstern und Zugangstüren dient den Kindern zur Orientierung. Von dort aus gelangen sie direkt auf das frei bespielbare Außengelände.

Nutzung

(1)

1 Erdgeschoss
Gruppenräume, Nebenräume, Schlafräume, Garderoben, Spielflure, Therapieraum, Mehrzweckraum, Geräteraum, Mensen, Großküche, Sanitärräume, Personalräume, Umkleide, Hausanschlussraum, Abstellraum

1 Obergeschoss
Technikraum, Abstellraum, HWR/Wäschelager

Nutzeinheiten

Gruppen: 8
Kinder: 150

Grundstück

Bauraum: Freier Bauraum
Neigung: Ebenes Gelände
Bodenklasse: BK 3 bis BK 4

(2)

Markt

Hauptvergabezeit: 1.Quartal 2017
Baubeginn: 1.Quartal 2017
Bauende: 3.Quartal 2018
Konjunkturelle Gesamtlage: Durchschnitt
Regionaler Baumarkt: Durchschnitt

Baukonstruktion

Das Gebäude wurde auf einem ehemaligen Sportplatz errichtet, dessen Oberbau als Tragschicht wiederverwertet werden konnte. Auf der Bodenplatte aus Stahlbeton wurde eine mineralische Dämmung eingebaut. Den Sockelbereich bilden Schaumglasplatten. Sämtliche Wände und Decken des Neubaus wurden aus Massivholzelementen hergestellt. Die Außenwände sind mit einer Dämmung aus Holzweichfaser ummantelt. An den Gebäuderücksprüngen wurde zusätzlich eine Rhombusschalung aus Lärchenholz angebracht. Ebenfalls aus Lärche wurden die Holz-Alufenster mit Dreifachverglasung angefertigt. Das Flachdach erhielt eine extensive Dachbegrünung. Das Holz der Innenwände wurde größtenteils sichtbar belassen. Alle Bodenbeläge bestehen aus Kautschuk.

Technische Anlagen

Zur Beheizung dient eine Sole-Wasserwärmepumpe, die aus acht Erdsonden gespeist wird. Die Wärmeverteilung erfolgt über eine geregelte Fußbodenheizung. Die Kühlung wird im Sommer über die passive Nutzung der Sondenbohrungen über die Flächenheizung und die Nachtauskühlung über die Lüftungsanlage erreicht. Eine Photovoltaikanlage auf dem Dach deckt den Eigenverbrauch an Strom. Das Raumklima wird über eine Be- und Entlüftungsanlage mit Wärmerückgewinnung gesteuert. In der Küche wurde eine separate Lüftungsanlage mit Wärmerückgewinnung installiert. Im gesamten Gebäude sind die Beleuchtungselemente mit stromsparenden LEDs ausgestattet.

Sonstiges

Die drei Nebengebäude für Außenspielgeräte und Kinderwagen sind in der Dokumentation enthalten. Die Außenanlage ist unter der BKI-Objektnummer 4400-0390 dokumentiert.

Energetische Kennwerte

Gesetzliche Grundlage: EnEV 2013
Gebäudenutzfläche: 1.232,00 m²
Gebäudevolumen: 3.850,00 m³
Hüllfläche des beheizten Volumens: 3.699,92 m²
Mittlerer U-Wert (opake Bauteile): 0,14 W/(m²·K)
Mittlerer U-Wert (transparente Bauteile): 1,00 W/(m²·K)
Jahresprimärenergie: 173.438,00 kWh/a
Spez. Jahresprimärenergiebedarf: 157,67 kWh/(m²·a)
Jahresendenergiebedarf: 96.355,00 kWh/a
Spez. Jahresendenergiebedarf: 87,60 kWh/(m²·a)

Erläuterungen nebenstehender Tabellen und Abbildungen

Objektbeschreibung

①
Objektbeschreibung mit:
- Allgemeine Objektinformationen
- Angaben zur Nutzung
- Nutzeinheiten
- Grundstück
- Markt
- Baukonstruktion
- Technische Anlagen
- Sonstiges

②
Energetische Kennwerte:
Die Angaben stammen aus dem Energieausweis (EnEV), bzw. der Energiebedarfsberechnung oder aus dem Passivhaus-Projektierungspaket (PHPP). Die Werte unterscheiden sich aufgrund unterschiedlicher Rechenverfahren. Die Zielsetzung bundesweit vergleichbarer Ergebnisse bedingt bei der EnEV bundesweit einheitliche Klimadaten und weitere einheitliche Randbedingungen. Das PHPP Verfahren verfolgt das Ziel, den späteren Energieverbrauch möglichst genau zu prognostizieren. Es berücksichtigt daher individuelle Klimadaten und Randbedingungen und bezieht mehr energetisch wirksame Faktoren mit ein.

4400-0334
Kindertagesstätte
(8 Gruppen)
(150 Kinder)

Energetische Angaben zu Außenbauteilen

Bodenplatte		
U-Wert: 0,18 W/(m²·K)		
Gesamtdicke: 70,40 cm	d[cm]	l[W/(m·K)]
Linoleum	0,40	0,170
Estrich	6,50	1,400
Dämmung	2,00	0,035
Dämmung	6,00	0,040
(1) Bitumenbahn	0,50	0,170
Stahlbeton	25,00	2,300
(2) Dämmung	10,00	0,037
Kies	20,00	0,700

Außenwand Holz		
U-Wert: 0,21 W/(m²·K)		
Gesamtdicke: 28,10 cm	d[cm]	l[W/(m·K)]
Holz	10,60	0,130
Holzfaserplatte	16,00	0,042
Außenputz	1,50	1,000

Außenwand hinterlüftet		
U-Wert: 0,20 W/(m²·K)		
Gesamtdicke: 26,60 cm	d[cm]	l[W/(m·K)]
Holz	10,60	0,130
Holzfaserplatte	16,00	0,042

Dach		
U-Wert: 0,15 W/(m²·K)		
Gesamtdicke: 33,50 cm	d[cm]	l[W/(m·K)]
Holz	12,70	0,130
Kunststoffbahn	0,40	0,200
Dämmung	20,00	0,035
Kunststoffbahn	0,40	0,200

Dach Mensa		
U-Wert: 0,13 W/(m²·K)		
Gesamtdicke: 42,80 cm	d[cm]	l[W/(m·K)]
Holz	22,00	0,130
Kunststoffbahn	0,40	0,200
Dämmung	20,00	0,035
Kunststoffbahn	0,40	0,200

2200-0063
Labor-/Bürogebäude
Prüffeldhalle (39 AP)

Energetische Angaben zu Außenbauteilen

Außenwand		
U-Wert: 0,17 W/(m²·K)		
Gesamtdicke: 42,20 cm	d[cm]	l[W/(m·K)]
Holz	24,00	0,130
Dämmung	10,00	0,041
Holz	10,00	0,130
(3) Dämmung	8,00	0,041
Holz	8,00	0,130
Unterspannbahn	0,20	0,270

Erläuterungen nebenstehender Tabellen und Abbildungen

Energetische Angaben zu Außenbauteilen

①
Angabe des U-Werts und der Gesamtdicke des Bauteils. Es werden meist nur die wärmetechnisch wirksamen Schichten dargestellt und berücksichtigt. Es werden nicht immer alle Außenbauteile aufgeführt, sondern die für eine Beurteilung der energetischen Qualität des Objekts wesentlichen.
Die Berechnung erfolgt auf der Grundlage der DIN EN ISO 6946. Die U-Werte können von Berechnungen der Datenlieferanten aus verschiedenen Gründen leicht abweichen:

- Die DIN 6946 wurde auch für die Objekte aus Österreich herangezogen, die originär abweichend berechnet wurden.
- Falls nur Angaben zu Schichten und Schichtdicken vorlagen, jedoch keine Lambda-Werte, wurden für die verwendeten Materialien übliche Lambda-Werte von BKI eingesetzt.
- Es gibt leichte Abweichungen bei der Berechnung des U-Werts im PHPP Verfahren und bei Berechnungen die auf Finiten Elementen beruhen.

②
Schichtenfolge der Materialien der Außenbauteile, mit Angabe der Schichtdicke und des Lambda-Werts

③
Kennzeichnung inhomogener Schichten

4400-0334
Kindertagesstätte
(8 Gruppen)
(150 Kinder)

Planungskennwerte für Flächen und Rauminhalte nach DIN 277

1

Flächen des Grundstücks		Menge Einheit	% an GF
BF	Bebaute Fläche	1.490,91 m²	22,1
UF	Unbebaute Fläche	5.259,09 m²	77,9
GF	Grundstücksfläche	6.750,00 m²	100,0

2

Grundflächen des Bauwerks		Menge Einheit	% an NUF	% an BGF
NUF	Nutzungsfläche	1.094,08 m²	100,0	66,4
TF	Technikfläche	82,96 m²	7,6	5,0
VF	Verkehrsfläche	342,12 m²	31,3	20,7
NRF	Netto-Raumfläche	1.519,16 m²	138,9	92,1
KGF	Konstruktions-Grundfläche	129,70 m²	11,9	7,9
BGF	Brutto-Grundfläche	1.648,86 m²	150,7	100,0

3

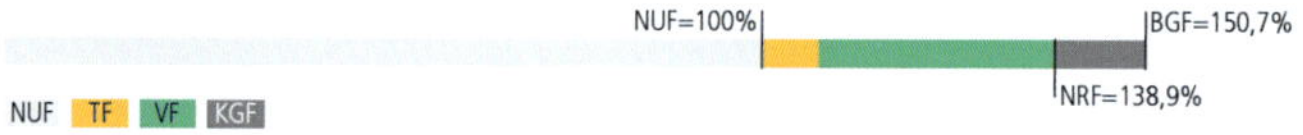

4

Brutto-Rauminhalt des Bauwerks		Menge Einheit	BRI/NUF (m)	BRI/BGF (m)
BRI	Brutto-Rauminhalt	7.157,23 m³	6,54	4,34

5

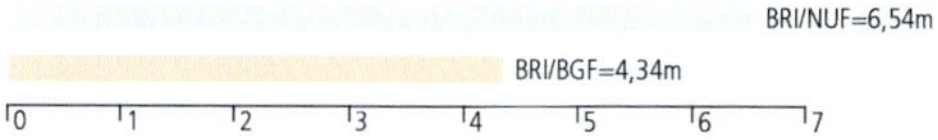

6

Lufttechnisch behandelte Flächen	Menge Einheit	% an NUF	% an BGF
Entlüftete Fläche	–	–	–
Be- und entlüftete Fläche	–	–	–
Teilklimatisierte Fläche	–	–	–
Klimatisierte Fläche	–	–	–

7

KG	Kostengruppen (2. Ebene)	Menge Einheit	Menge/NUF	Menge/BGF
310	Baugrube / Erdbau	1.379,02 m³BGI	1,26	0,84
320	Gründung, Unterbau	1.403,26 m²GRF	1,28	0,85
330	Außenwände/Vertikale Baukonstruktionen, außen	1.167,65 m²AWF	1,07	0,71
340	Innenwände/Vertikale Baukonstruktionen, innen	1.857,77 m²IWF	1,70	1,13
350	Decken/Horizontale Baukonstruktionen	196,22 m²DEF	0,18	0,12
360	Dächer	1.545,42 m²DAF	1,41	0,94

Kostenstand: 4. Quartal 2023, Bundesdurchschnitt, **inkl. 19% MwSt.**

Erläuterungen nebenstehender Planungskennwerte- und Baukostentabellen

Alle Kostenkennwerte enthalten die Mehrwertsteuer. Kostenstand 4. Quartal 2023.
Kosten und Kostenkennwerte umgerechnet auf den Bundesdurchschnitt.

Planungskennwerte für Flächen und Rauminhalte nach DIN 277

In Ergänzung der Kostenkennwerttabellen werden für jedes Objekt Planungskennwerte angegeben, die zur Überprüfung der Vergleichbarkeit des Objekts mit der geplanten Baumaßnahme dienen.
Ein Planungskennwert im Sinne dieser Veröffentlichung ist ein Wert, der das Verhältnis bestimmter Flächen und Rauminhalte zur Nutzungsfläche (NUF) und Brutto-Grundfläche (BGF) darstellt, angegeben als Prozentwert oder als Faktor (Mengenverhältnis).

①
Bebaute und unbebaute Flächen des Grundstücks sowie deren Verhältnis in Prozent zur Grundstücksfläche (GF).

②
Grundflächen im Verhältnis zur Nutzungsfläche (NUF = 100%) und Brutto-Grundfläche (BGF = 100%) in Prozent.

③
Grafische Darstellung der Grundflächen im Verhältnis zur Nutzungsfläche (NUF = 100%)

④
Verhältnis von Brutto-Rauminhalt (BRI) zur Nutzungsfläche (NUF) und Brutto-Grundfläche (BGF), (BRI / BGF = mittlere Geschosshöhe), angegeben als Faktor (in Meter).

⑤
Grafische Darstellung der Verhältnisse Brutto-Rauminhalt (BRI) zur Nutzungsfläche (NUF = 100%) und Brutto-Grundfläche (BGF); (BRI / BGF = mittlere Geschosshöhe), angegeben als Faktor (in Meter).

⑥
Verhältnis von lufttechnisch behandelten Flächen (nach BKI), Nutzungsfläche (NUF) und Brutto-Grundfläche (BGF) in Prozent.

⑦
Verhältnis der Mengen dieser Kostengruppen nach DIN 276 („Grobelemente") zur Nutzungsfläche (NUF) und Brutto-Grundfläche (BGF), angegeben als Faktor. Wenn aus der Grundlagenermittlung die Nutzungs- oder Brutto-Grundfläche für ein Projekt bekannt ist, ein Vorentwurf als Grundlage für Mengenermittlungen aber noch nicht vorliegt, so können mit diesen Faktoren die Grobelementmengen überschlägig ermittelt werden.

4400-0334
Kindertagesstätte
(8 Gruppen)
(150 Kinder)

Kostenkennwerte für die Kostengruppen der 1.Ebene DIN 276

(1)

KG	Kostengruppen (1. Ebene)	Einheit	Kosten €	€/Einheit	€/m² BGF	€/m³ BRI	% 300+400
100	Grundstück	m² GF	–	–	–	–	–
200	Vorbereitende Maßnahmen	m² GF	10.310	1,53	6,25	1,44	0,3
300	Bauwerk – Baukonstruktionen	m² BGF	2.532.220	1.535,74	1.535,74	353,80	73,5
400	Bauwerk – Technische Anlagen	m² BGF	914.050	554,35	554,35	127,71	26,5
	Bauwerk 300+400	**m² BGF**	**3.446.270**	**2.090,09**	**2.090,09**	**481,51**	**100,0**
500	Außenanlagen und Freiflächen	m² AF	183.643	34,85	111,38	25,66	5,3
600	Ausstattung und Kunstwerke	m² BGF	363.289	220,33	220,33	50,76	10,5
700	Baunebenkosten	m² BGF	–	–	–	–	–
800	Finanzierung	m² BGF	–	–	–	–	–

(2)

(3)

KG	Kostengruppe	Menge Einheit	Kosten €	€/Einheit	%
200	**Vorbereitende Maßnahmen**	6.750,00 m² GF	10.310	**1,53**	0,3
	Baugelände abräumen, Sportplatzoberbau abtragen, lagern, Abbruch von Rasenbordsteinen, Einzelfundamenten; Entsorgung, Deponiegebühren; Trinkwasseranschluss, Stromanschluss				
3+4	**Bauwerk**				**100,0**
300	**Bauwerk – Baukonstruktionen**	1.648,86 m² BGF	2.532.220	**1.535,74**	73,5
	Stb-Bodenplatte, Dämmung, Heizestrich, Kautschukbelag, Perimeterdämmung, Dränage; Brettsperrholzwände, Holz-Alu-Fenster-/Türelemente, WDVS, Holzfaserdämmung, Holzbekleidung, Wandfliesen, Raffstores; Brettsperrholzinnenwände, GK-Wände, Holz-Glaselemente, Holz-Glastüren, Holztüren, Innenfenster, Vlies, Beschichtung, mobile Trennwand, WC-Trennwände; Brettsperrholzdecke, Brettsperrholztreppe, Estrich, Bodenbeschichtung; Brettsperrholz-Flachdächer, Lichtkuppeln, Dämmung, Dachbegrünung, Dachentwässerung, Akustikdecken, Sonnenschutz, Seilsicherungssystem				
400	**Bauwerk – Technische Anlagen**	1.648,86 m² BGF	914.050	**554,35**	26,5
	Gebäudeentwässerung, Kaltwasserleitungen, Sanitärobjekte, Durchlauferhitzer; Sole/Wasser-Wärmepumpe, Heizungsrohre, Fußbodenheizung zum Heizen und Kühlen, Heizkörper; Zu-/Abluftgeräte mit WRG; Photovoltaikanlage, Elektroinstallation, Beleuchtung, Erdung; Telefone, Ruf-Kompaktset, Antennenanschlussdosen, Branderkennungsanlage, Datenübertragungsnetz; küchentechnische Einrichtungen; Gebäudeautomation				
500	**Außenanlagen und Freiflächen**	5.269,91 m² AF	183.643	**34,85**	5,3
	Stb-Bodenplatten; drei Nebengebäude: Brettsperrholzwände, Holzbekleidungen, Brettsperrholzdächer, Dachabdichtung, Fenster, Türen; Entwässerung, Fettabscheider, Erdsondenanlage				
600	**Ausstattung und Kunstwerke**	1.648,86 m² BGF	363.289	**220,33**	10,5
	Einrichtung, Möblierung, Sanitärausstattung; Skulptur; Fluchtwegbeschilderung				

Kostenstand: 4. Quartal 2023, Bundesdurchschnitt, **inkl. 19% MwSt.**

Erläuterung nebenstehender Baukostentabelle

Alle Kostenkennwerte enthalten die Mehrwertsteuer. Kostenstand 4. Quartal 2023.
Kosten und Kostenkennwerte umgerechnet auf den Bundesdurchschnitt

Kostenkennwerte für die Kostengruppen der 1. Ebene DIN 276

①
Kostenübersicht, Kostenkennwerte in €/Einheit, €/m^2 BGF und €/m^3 BRI für die Kostengruppen der 1. Ebene DIN 276. Anteil der jeweiligen Kostengruppe in Prozent an den Bauwerkskosten (Spalte: % 300+400). Die Bezugseinheiten der Kostenkennwerte entsprechen der DIN 277-3: 2005-04: Mengen und Bezugseinheiten.

②
Codierung und Bezeichnung der Ausführung zur Kostengruppe entsprechend der 1. Ebene nach DIN 276

③
Abgerechnete Leistungen zu dokumentierten Objekten mit Beschreibung, Menge, Einheit, Kosten, Kostenkennwert bezogen auf die Kostengruppeneinheit oder alternativ bezogen auf die übergeordnete Einheit.

Bei den Mengen handelt es sich um ausgeführte Mengen.

4400-0334
Kindertagesstätte
(8 Gruppen)
(150 Kinder)

Kostenkennwerte für die Kostengruppen 300 der 2. und 3.Ebene DIN 276 (Übersicht)

(1)

(2)

KG	Kostengruppe	Menge Einheit	€/Einheit	Kosten €	% an 3+4
300	**Bauwerk – Baukonstruktionen**	**1.648,86 m² BGF**	**1.535,74**	**2.532.219,83**	**73,5**
310	**Baugrube / Erdbau**	**1.379,02 m³ BGI**	**24,25**	**33.447,83**	**1,0**
311	Herstellung	1.379,02 m³ BGI	24,25	33.447,83	1,0
312	Umschließung	–	–	–	–
313	Wasserhaltung	–	–	–	–
314	Vortrieb	–	–	–	–
319	Sonstiges zur KG 310	–	–	–	–
320	**Gründung, Unterbau**	**1.403,26 m² GRF**	**334,98**	**470.065,34**	**13,6**
321	Baugrundverbesserung	–	–	–	–
322	Flachgründungen und Bodenplatten	1.403,26 m²	90,18	126.539,38	3,7
323	Tiefgründungen	–	–	–	–
324	Gründungsbeläge	1.337,61 m²	190,05	254.215,19	7,4
325	Abdichtungen und Bekleidungen	1.452,45 m²	55,83	81.094,07	2,4
326	Dränagen	1.403,26 m² GRF	5,86	8.216,73	0,2
329	Sonstiges zur KG 320	–	–	–	–
330	**Außenwände/Vert. Baukonstrukt., außen**	**1.167,65 m² AWF**	**604,04**	**705.305,87**	**20,5**
331	Tragende Außenwände	868,52 m²	134,04	116.413,05	3,4
332	Nichttragende Außenwände	25,10 m²	381,76	9.582,19	0,3
333	Außenstützen	20,80 m	214,00	4.451,20	0,1
334	Außenwandöffnungen	274,03 m²	794,80	217.797,98	6,3
335	Außenwandbekleidungen, außen	1.251,26 m²	236,36	295.748,58	8,6
336	Außenwandbekleidungen, innen	49,29 m²	144,43	7.118,76	0,2
337	Element. Außenwandkonstruktionen	–	–	–	–
338	Lichtschutz zur KG 330	181,55 m²	297,43	53.998,46	1,6
339	Sonstiges zur KG 330	1.167,65 m² AWF	0,17	195,64	< 0,1
340	**Innenwände/Vert. Baukonstrukt., innen**	**1.857,77 m² IWF**	**260,09**	**483.194,28**	**14,0**
341	Tragende Innenwände	1.338,16 m²	131,13	175.475,27	5,1
342	Nichttragende Innenwände	276,11 m²	136,94	37.810,86	1,1
343	Innenstützen	–	–	–	–
344	Innenwandöffnungen	181,19 m²	790,65	143.257,34	4,2
345	Innenwandbekleidungen	1.106,82 m²	91,23	100.970,89	2,9
346	Elementierte Innenwandkonstruktionen	62,31 m²	397,01	24.737,44	0,7
347	Lichtschutz zur KG 340	–	–	–	–
349	Sonstiges zur KG 340	1.857,77 m² IWF	0,51	942,47	< 0,1
350	**Decken/Horizontale Baukonstruktionen**	**196,22 m² DEF**	**252,91**	**49.625,22**	**1,4**
351	Deckenkonstruktionen	196,22 m²	139,45	27.363,61	0,8
352	Deckenöffnungen	–	–	–	–
353	Deckenbeläge	185,58 m²	61,78	11.464,34	0,3
354	Deckenbekleidungen	166,21 m²	64,96	10.797,27	0,3
355	Elementierte Deckenkonstruktionen	–	–	–	–
359	Sonstiges zur KG 350	–	–	–	–
360	**Dächer**	**1.545,42 m² DAF**	**414,41**	**640.434,81**	**18,6**
361	Dachkonstruktionen	1.526,70 m²	138,57	211.548,98	6,1
362	Dachöffnungen	18,72 m²	1.349,14	25.255,98	0,7
363	Dachbeläge	1.460,62 m²	187,30	273.571,53	7,9
364	Dachbekleidungen	1.318,79 m²	82,20	108.398,12	3,1
365	Elementierte Dachkonstruktionen	–	–	–	–
366	Lichtschutz zur KG 360	4,32 m²	1.499,64	6.478,46	0,2
369	Sonstiges zur KG 360	1.545,42 m² DAF	9,82	15.181,72	0,4
370	**Infrastrukturanlagen**	–	–	–	–
380	**Baukonstruktive Einbauten**	**1.648,86 m² BGF**	**3,25**	**5.357,74**	**0,2**
390	**Sonst. Maßnahmen für Baukonstrukt.**	**1.648,86 m² BGF**	**87,81**	**144.788,74**	**4,2**

Kostenstand: 4.Quartal 2023, Bundesdurchschnitt, **inkl. 19% MwSt.**

Erläuterung nebenstehender Baukostentabelle

Alle Kostenkennwerte enthalten die Mehrwertsteuer. Kostenstand 4. Quartal 2023.
Kosten und Kostenkennwerte umgerechnet auf den Bundesdurchschnitt

Kostenkennwerte für Kostengruppen der 2. und 3. Ebene DIN 276 (Übersicht)

①
Codierung und Bezeichnung der Kostengruppe entsprechend der 2. und 3. Ebene nach DIN 276

②
Abgerechneten Leistungen mit Menge, Einheit, Kostenkennwert in Euro pro Einheit, Kosten in Euro und prozentualer Anteil an den Kostengruppen 300 und 400 DIN 276

4400-0334
Kindertagesstätte
(8 Gruppen)
(150 Kinder)

Kostenkennwerte für Leistungsbereiche nach STLB (Kosten des Bauwerks nach DIN 276)

(1) — 012 Mauerarbeiten
(2) — 025 Estricharbeiten
(3) — Sonstige Leistungsbereiche

LB	Leistungsbereiche	Kosten €	€/m² BGF	€/m³ BRI	% an 3+4
000	Sicherheits-, Baustelleneinrichtungen inkl. 001	115.843	70,30	16,20	3,4
002	Erdarbeiten	36.708	22,30	5,10	1,1
006	Spezialtiefbauarbeiten inkl. 005	–	–	–	–
009	Entwässerungskanalarbeiten inkl. 011	14.422	8,70	2,00	0,4
010	Drän- und Versickerarbeiten	4.956	3,00	0,69	0,1
012	Mauerarbeiten	–	–	–	–
013	Betonarbeiten	185.290	112,40	25,90	5,4
014	Natur-, Betonwerksteinarbeiten	–	–	–	–
016	Zimmer- und Holzbauarbeiten	509.079	308,70	71,10	14,8
017	Stahlbauarbeiten	23.305	14,10	3,30	0,7
018	Abdichtungsarbeiten	27.925	16,90	3,90	0,8
019	Kampfmittelräumarbeiten	–	–	–	–
020	Dachdeckungsarbeiten	–	–	–	–
021	Dachabdichtungsarbeiten	320.608	194,40	44,80	9,3
022	Klempnerarbeiten	40.496	24,60	5,70	1,2
	Rohbau	**1.278.632**	**775,50**	**178,60**	**37,1**
023	Putz- und Stuckarbeiten, Wärmedämmsysteme	258.215	156,60	36,10	7,5
024	Fliesen- und Plattenarbeiten	46.489	28,20	6,50	1,3
025	Estricharbeiten	111.867	67,80	15,60	3,2
026	Fenster, Außentüren inkl. 029, 032	225.937	137,00	31,60	6,6
027	Tischlerarbeiten	196.786	119,30	27,50	5,7
028	Parkettarbeiten, Holzpflasterarbeiten	–	–	–	–
030	Rollladenarbeiten	60.477	36,70	8,40	1,8
031	Metallbauarbeiten inkl. 035	3.859	2,30	0,54	0,1
034	Maler- und Lackiererarbeiten inkl. 037	23.302	14,10	3,30	0,7
036	Bodenbelagarbeiten	130.665	79,20	18,30	3,8
038	Vorgehängte hinterlüftete Fassaden	20.082	12,20	2,80	0,6
039	Trockenbauarbeiten	181.733	110,20	25,40	5,3
	Ausbau	**1.259.413**	**763,80**	**176,00**	**36,5**
040	Wärmeversorgungsanl. - Betriebseinr. inkl. 041	141.614	85,90	19,80	4,1
042	Gas- und Wasserinstallation, Leitungen inkl. 043	34.359	20,80	4,80	1,0
044	Abwasseranlagen - Leitungen	20.680	12,50	2,90	0,6
045	GWE-Einrichtungsgegenstände inkl. 046	61.451	37,30	8,60	1,8
047	Dämmarbeiten an betriebstechnischen Anlagen	57.752	35,00	8,10	1,7
049	Feuerlöschanlagen, Feuerlöschgeräte	1.458	0,88	0,20	< 0,1
050	Blitzschutz- und Erdungsanlagen	24.160	14,70	3,40	0,7
053	Niederspannungsanlagen inkl. 052, 054	145.864	88,50	20,40	4,2
055	Sicherheits- u. Ersatzstromversorgungsanl.	–	–	–	–
057	Gebäudesystemtechnik	–	–	–	–
058	Leuchten und Lampen inkl. 059	52.351	31,70	7,30	1,5
060	Sprechanlagen, elektroakust. Anlagen inkl. 064	2.282	1,40	0,32	< 0,1
061	Kommunikationsnetze inkl. 063	26.376	16,00	3,70	0,8
069	Aufzüge	–	–	–	–
070	Gebäudeautomation	20.237	12,30	2,80	0,6
075	Raumlufttechnische Anlagen inkl. 078	178.973	108,50	25,00	5,2
	Gebäudetechnik	**767.556**	**465,50**	**107,20**	**22,3**
084	Abbruch, Rückbau, Schadstoffsanierung	47	0,03	< 0,01	< 0,1
	Abbrucharbeiten	**47**	**0,03**	**< 0,01**	**< 0,1**
	Sonstige Leistungsbereiche	**140.622**	**85,30**	**19,60**	**4,1**

Kostenstand: 4.Quartal 2023, Bundesdurchschnitt, inkl. 19% MwSt.

Erläuterung nebenstehender Baukostentabelle

Alle Kostenkennwerte enthalten die Mehrwertsteuer. Kostenstand 4. Quartal 2023.
Kosten und Kostenkennwerte umgerechnet auf den Bundesdurchschnitt.

Kostenkennwerte für Leistungsbereiche nach STLB

①
LB-Nummer nach Standardleistungsbuch (STLB).
Bezeichnung des Leistungsbereichs (zum Teil abgekürzt).

Kostenkennwerte für Bauwerkskosten (Kostengruppe 300+400 nach DIN 276) je Leistungsbereich in €/m² Brutto-Grundfläche (BGF nach DIN 277).
Anteil der jeweiligen Leistungsbereiche in Prozent an den Bauwerkskosten (100%).

②
Kostenkennwerte und Prozentanteile für „Leistungsbereichspakete" als Zusammenfassung bestimmter Leistungsbereiche. Leistungsbereiche mit relativ geringem Kostenanteil wurden in Einzelfällen mit anderen Leistungsbereichen zusammengefasst.
Beispiel:
LB 000 Baustelleneinrichtung zusammengefasst mit
LB 001 Gerüstarbeiten (Angabe: inkl. 001).

③
Ergänzende, den STLB-Leistungsbereichen nicht zuzuordnende Leistungsbereiche, zusammengefasst mit den LB-Nr. 008, 033, 051.

4400-0334
Kindertagesstätte
(8 Gruppen)
(150 Kinder)

(1)
(2)

Kostenkennwerte für die Kostengruppen der 3.Ebene DIN 276

KG	Kostengruppe	Menge Einheit	Kosten €	€/Einheit	%
210	**Herrichten**				**100,0**
212	**Abbruchmaßnahmen**	6.750,00 m² GF	4.645	**0,69**	100,0
	Baugelände abräumen (3.663m²), Sportplatzoberbau abtragen, d=60cm, lagern, mit Folie abdecken (219m³), Abbruch von Rasenbordsteinen (41m), Einzelfundamenten (2St); Entsorgung, Deponiegebühren				
220	**Öffentliche Erschließung**				**100,0**
222	**Wasserversorgung**	6.750,00 m² GF	1.251	**0,19**	22,1
	Trinkwasseranschluss: PE-Rohre, Formstücke (38m), Wasserzählerhalterung (1St)				
225	**Stromversorgung**	6.750,00 m² GF	4.414	**0,65**	77,9
	Stromanschluss (1St)				
310	**Baugrube / Erdbau**				**100,0**
311	**Herstellung**	1.379,02 m³ BGI	33.448	**24,25**	100,0
	Baugrubenaushub BK 3-6, t bis 1,50m, lösen, lagern, mit Folie abdecken, Planum (1.215m³), laden, entsorgen (725m³), Rohrgrabenaushub BK 4-6, t=0,20-2,00m, lagern, verfüllen (405m³)				
320	**Gründung, Unterbau**				**100,0**
322	**Flachgründungen und Bodenplatten**	1.403,26 m²	126.539	**90,18**	26,9
	Stb-Bodenplatte C20/25, d=25cm, Schalung, Bewehrung (1.403m²), Mehrsparten-Hauseinführung (1St), Gebäudeeinführungen DN100, Bodenplatte (2St), Rohrdurchführungen (43St), Arbeitsfuge (61m)				

330
Außenwände/
Vertikale
Baukonstruktionen,
außen

(1)
(3)

KG	Kostengruppe	Menge Einheit	Kosten €	€/Einheit	€/m² BGF
334	**Außenwandöffnungen**				
	4400-0334 Kindertagesstätte (8 Gruppen, 150 Kinder)	274,03 m²	217.798	**794,80**	132,09
	Holz-Alu-Fenster-/Türelemente, drei- achtteilig, Ug<=0,7W/m²K, Dreifachverglasung, teilweise VSG innen, VSG außen, Drehflügel, Festverglasungen, Oberlichter (194m²), Holz-Alu-Fenster, Ug<=0,7W/m²K, ein-, zweiteilig, Drehkipp, Festverglasungen (76m²), Lüftungsgittereinsatz (2m²), Fenstertür (3m²), Fensterbänke, Alu, außen (22m), Panikschlösser (3St), Türöffner Kindergartenlösung (1St), Fluchttüröffner (1St), Türstopper (20St), Fingerschutz-Rollos (18St), Insektenschutz, Spannrahmen (6m²)				
	5100-0128 Sporthalle (Einfeldhalle)	37,74 m²	55.502	**1.470,65**	68,06
	Alufenster, Sonnenschutzverglasung, innen ballwurfsicher, mit satinierter PVB-Folie (27m²), Fensterbänke, Alu (26m), Alutüren, Sonnenschutzverglasung, VSG, Panikschloss, einflüglig (3m²), Riegel-Fallenschloss (3m²), innen belegt mit Sperrholzplatten für Prallschutzbelag (5m²), Türfeststeller, Poller, außen (4St)				
	6100-1658 Einfamilienhaus	40,71 m²	33.017	**811,02**	219,23
	Holz-Alu-Hebeschiebetür, Zweifachverglasung, zweiteilig (10m²), Festverglasungen, zweiteilig (10m²), Dreifachverglasung, einteilig (4m²), Holz-Alufenster, Zweifachverglasung, Drehkipp, einteilig (7m²), zweiteilig (3m²), als Fenstertür, einteilig (2m²), Holz-Hauseingangstür, Seitenverglasung (4m²), Fensterbänke außen, Alu (18m), innen, MDF (5m), Laibungsbekleidung, MDF (6m)				

Erläuterung nebenstehender Baukostentabelle

Alle Kostenkennwerte enthalten die Mehrwertsteuer. Kostenstand 4. Quartal 2023.
Kosten und Kostenkennwerte umgerechnet auf den Bundesdurchschnitt.

Kostenkennwerte für die Kostengruppen 200-500 der 3. Ebene nach DIN 276

①
Codierung und Bezeichnung der Ausführung zur Kostengruppe entsprechend der 2. und 3. Ebene nach DIN 276

Sortierung nach Objekten

②
Abgerechnete Leistungen zu den dokumentierten Objekten mit Beschreibung, Menge, Einheit, Kosten, Kostenkennwert bezogen auf die Kostengruppeneinheit oder alternativ bezogen auf die übergeordnete Einheit.

Sortierung nach Kostengruppen

③
Abgerechnete Leistungen zu dokumentierten Objekten mit BKI Objektnummer, Beschreibung, Menge, Einheit, Kosten, Kostenkennwert bezogen auf die Kostengruppeneinheit oder alternativ bezogen auf die übergeordnete Einheit.

Bei den Mengen handelt es sich um ausgeführte Mengen.

Vollständige Gliederung der Leistungsbereiche nach STLB-Bau

Als Beispiel für eine ausführungsorientierte Ergänzung der Kostengliederung werden im Folgenden die Leistungsbereiche des Standardleistungsbuches für das Bauwesen in einer Übersicht dargestellt.

000 Sicherheitseinrichtungen, Baustelleneinrichtung
001 Gerüstarbeiten
002 Erdarbeiten
003 Landschaftsbauarbeiten
004 Landschaftsbauarbeiten, Pflanzen
005 Brunnenbauarbeiten und Aufschlussbohrungen
006 Spezialtiefbauarbeiten
007 Untertagebauarbeiten
008 Wasserhaltungsarbeiten
009 Entwässerungskanalarbeiten
010 Drän- und Versickerungsarbeiten
011 Abscheider- und Kleinkläranlagen
012 Mauerarbeiten
013 Betonarbeiten
014 Natur-, Betonwerksteinarbeiten
016 Zimmer- und Holzbauarbeiten
017 Stahlbauarbeiten
018 Abdichtungsarbeiten
019 Kampfmittelräumarbeiten
020 Dachdeckungsarbeiten
021 Dachabdichtungsarbeiten
022 Klempnerarbeiten
023 Putz- und Stuckarbeiten, Wärmedämmsysteme
024 Fliesen- und Plattenarbeiten
025 Estricharbeiten
026 Fenster, Außentüren
027 Tischlerarbeiten
028 Parkettarbeiten, Holzpflasterarbeiten
029 Beschlagarbeiten
030 Rollladenarbeiten
031 Metallbauarbeiten
032 Verglasungsarbeiten
033 Baureinigungsarbeiten
034 Maler- und Lackierarbeiten, Beschichtungen
035 Korrosionsschutzarbeiten an Stahlbauten
036 Bodenbelagsarbeiten
037 Tapezierarbeiten
038 Vorgehängte hinterlüftete Fassaden
039 Trockenbauarbeiten
040 Wärmeversorgungsanlagen - Betriebseinrichtungen
041 Wärmeversorgungsanlagen - Leitungen, Armaturen, Heizflächen
042 Gas- und Wasseranlagen - Leitungen und Armaturen
043 Druckrohrleitungen für Gas, Wasser und Abwasser
044 Abwasseranlagen - Leitung, Abläufe, Armaturen
045 Gas-, Wasser- und Entwässerungsanlagen - Ausstattung, Elemente, Fertigbäder
046 Gas-, Wasser- und Entwässerungsanlagen - Betriebseinrichtungen
047 Dämm- und Brandschutzarbeiten an technischen Anlagen
049 Feuerlöschanlagen, Feuerlöschgeräte
050 Blitzschutz- und Erdungsanlagen, Überspannungsschutz
051 Kabelleitungstiefbauarbeiten
052 Mittelspannungsanlagen
053 Niederspannungsanlagen - Kabel/Leitungen, Verlegesysteme, Installationsgeräte
054 Niederspannungsanlagen - Verteilersysteme und Einbaugeräte
055 Sicherheits- und Ersatzstromversorgungsanlagen
057 Gebäudesystemtechnik
058 Leuchten und Lampen
059 Sicherheitsbeleuchtungsanlagen
060 Sprech-, Ruf-, Antennenempfangs-, Uhren- und elektroakustische Anlagen
061 Kommunikations- und Übertragungsnetze
062 Kommunikationsanlagen
063 Gefahrenmeldeanlagen
064 Zutrittskontroll-, Zeiterfassungssysteme
069 Aufzüge
070 Gebäudeautomation
075 Raumlufttechnische Anlagen
078 Kälteanlagen für raumlufttechnische Anlagen
080 Straßen, Wege, Plätze
081 Betonerhaltungsarbeiten
082 Bekämpfender Holzschutz
084 Abbruch-, Rückbau- und Schadstoffsanierungsarbeiten
085 Rohrvortriebsarbeiten
087 Abfallentsorgung, Verwertung und Beseitigung
090 Baulogistik
091 Stundenlohnarbeiten
096 Bauarbeiten an Bahnübergängen
097 Bauarbeiten an Gleisen und Weichen
098 Witterungsschutzmaßnahmen

Häufig gestellte Fragen

Fragen zur Flächenberechnung (DIN 277):

1. Wie wird die BGF berechnet?	Die Brutto-Grundfläche ist die Summe der Grundflächen aller Grundrissebenen. Nicht dazu gehören die Grundflächen von nicht nutzbaren Dachflächen (Kriechböden) und von konstruktiv bedingten Hohlräumen (z. B. über abgehängter Decke). (DIN 277:2021-08) Bei den Gebäudearten Dachausbau und Aufstockung nur bezogen auf die Grundrissebene des Dachs.
2. Gehört der Keller bzw. eine Tiefgarage mit zur BGF?	Ja, im Gegensatz zur Geschossfläche nach § 20 Baunutzungsverordnung (BauNVo) gehört auch der Keller bzw. die Tiefgarage zur BGF.
3. Wie werden Luftgeschosse (z. B. Züblinhaus) nach DIN 277 berechnet?	Die Rauminhalte der Luftgeschosse zählen zum Regelfall der Raumumschließung (R) BRI (R). Die Grundflächen der untersten Ebene der Luftgeschosse und Stege, Treppen, Galerien etc. innerhalb der Luftgeschosse zählen zur Brutto-Grundfläche BGF (R). Vorsicht ist vor allem bei Kostenermittlungen mit Kostenkennwerten des Brutto-Rauminhalts geboten.
4. Welchen Flächen ist die Garage zuzurechnen?	Die Stellplatzflächen von Garagen werden zur Nutzungsfläche gezählt, die Fahrbahn ist Verkehrsfläche.
5. Wird die Diele oder ein Flur zur Nutzungsfläche gezählt?	Normalerweise nicht, da eine Diele oder ein Flur zur Verkehrsfläche gezählt wird. Wenn die Diele aber als Wohnraum genutzt werden kann, z. B. als Essplatz, wird sie zur Nutzungsfläche gezählt.
6. Zählt eine nicht umschlossene oder nicht überdeckte Terrasse einer Sporthalle, die als Eingang und Fluchtweg dient, zur Nutzungsfläche?	Die Terrasse ist nicht Bestandteil der Grundflächen des Bauwerks nach DIN 277. Sie bildet daher keine BGF und damit auch keine Nutzungsfläche. Die Funktion als Eingang oder Fluchtweg ändert daran nichts.

7. Zählt eine Außentreppe zum Keller zur BGF?	Wenn die Treppe allseitig umschlossen ist, z. B. mit einem Geländer, ist sie als Verkehrsfläche zu werten. Nach DIN 277:2021-08 gilt: Grundflächen und Rauminhalte sind nach ihrer Zugehörigkeit zu den folgenden Bereichen getrennt zu ermitteln: Regelfall der Raumumschließung (R): Räume und Grundflächen, die Nutzungen der Netto-Raumfläche entsprechend Tabelle 1 aufweisen und die bei allen Begrenzungsflächen des Raums (Boden, Decke, Wand) vollständig umschlossen sind. Dazu gehören nicht nur Innenräume, die von der Witterung geschützt sind, sondern auch solche allseitig umschlossenen Räume, die über Öffnungen mit dem Außenklima verbunden sind; Sonderfall der Raumumschließung (S): Räume und Grundflächen, die Nutzungen der Netto-Raumfläche entsprechend Tabelle 1 aufweisen und mit dem Bauwerk konstruktiv verbunden sind, jedoch nicht bei allen Begrenzungsflächen des Raums (Boden, Decke, Wand) vollständig umschlossen sind (z. B. Loggien, Balkone, Terrassen auf Flachdächern, unterbaute Innenhöfe, Eingangsbereiche, Außentreppen). Die Außentreppe stellt also demnach einen Sonderfall der Raumumschließung (S) dar. Wenn die Treppe allerdings über einen Tiefgarten ins UG führt, wird sie zu den Außenanlagen gezählt. Sie bildet dann keine BGF. Die Kosten für den Tiefgarten mit Treppe sind bei den Außenanlagen zu erfassen.
8. Ist eine Abstellkammer mit Heizung eine Technikfläche?	Es kommt auf die überwiegende Nutzung an. Wenn über 50% der Kammer zum Abstellen genutzt werden können, wird sie als Abstellraum gezählt. Es kann also Gebäude ohne Technikfläche geben.
9. Ist die NUF gleich der Wohnfläche?	Nein, die DIN 277 kennt den Begriff Wohnfläche nicht. Zur Nutzungsfläche gehören grundsätzlich keine Verkehrsflächen, während bei der Wohnfläche zumindest die Verkehrsflächen innerhalb der Wohnung hinzugerechnet werden. Die Abweichungen sind dadurch meistens nicht unerheblich.

Fragen zur Wohnflächenberechnung (WoFlV):

10. Wie wird die Wohnfläche (NE: Wohnfläche) bei Wohngebäuden bei BKI berechnet?	Die Berechnung der bei BKI auf der Startseite der Wohngebäude angegebenen "NE: Wohnfläche" erfolgt nach der Wohnflächenberechnung WoFlV.

11. Wird ein Hobbyraum im Keller zur Wohnfläche gezählt?	Wenn der Hobbyraum nicht innerhalb der Wohnung liegt, wird er nicht zur Wohnfläche gezählt. Beim Einfamilienhaus gilt: Das ganze Haus stellt die Wohnung dar. Der Hobbyraum liegt also innerhalb der Wohnung und wird mitgezählt, wenn er die Qualitäten eines Aufenthaltsraums nach LBO aufweist.
12. Wird eine Diele oder ein Flur zur Wohnfläche gezählt?	Wenn die Diele oder der Flur in der Wohnung liegt ja, ansonsten nicht.
13. In welchem Umfang sind Balkone oder Terrassen bei der Wohnfläche zu rechnen?	Balkone und Terrassen werden von BKI zu einem Viertel zur Wohnfläche gerechnet. Die Anrechnung zur Hälfte wird nicht verwendet, da sie in der WoFIV als Ausnahme definiert ist.
14. Zählt eine Empore/Galerie im Zimmer als eigene Wohnfläche oder Nutzungsfläche?	Wenn es sich um ein unlösbar mit dem Baukörper verbundenes Bauteil handelt, zählt die Empore mit. Anders beim nachträglich eingebauten Hochbett, das zählt zum Mobiliar. Für die verbleibende Höhe über der Empore ist die 1 bis 2m Regel nach WoFIV anzuwenden: „Die Grundflächen von Räumen und Raumteilen mit einer lichten Höhe von mindestens zwei Metern sind vollständig, von Räumen und Raumteilen mit einer lichten Höhe von mindestens einem Meter und weniger als zwei Metern sind zur Hälfte anzurechnen."

Fragen zur Kostengruppenzuordnung (DIN 276):

15. Wo werden Abbruchkosten zugeordnet?	Abbruchkosten ganzer Gebäude im Sinne von „Bebaubarkeit des Grundstücks herstellen" werden der KG 212 Abbruchmaßnahmen zugeordnet. Abbruchkosten einzelner Bauteile, insbesondere bei Sanierungen werden den jeweiligen Kostengruppen der 2. oder 3. Ebene (Wände, Decken, Dächer) zugeordnet. Wo diese Aufteilung nicht möglich ist, werden die Abbruchkosten der KG 394 Abbruchmaßnahmen zugeordnet, weil z. B. die Abbruchkosten verschiedenster Bauteile pauschal abgerechnet wurden. Analog gilt dies auch für die Kostengruppen 400 und 500.

16. Wo muss ich die Kosten des Aushubs für Abwasser- oder Wasserleitungen zuordnen?	Diese Kosten werden wie auch alle anderen Rohrgraben- und Schachtaushubskosten der KG 311 zugeordnet, sofern der Aushub unterhalb des Gebäudes anfällt. Die Kosten für Rohrgraben- und Schachtaushub zwischen Gebäudeaußenkante und Grundstücksgrenze gehören in die KG 511. Die Kosten des Rohrgraben- und Schachtaushubs innerhalb von Erschließungsflächen werden der KG 220 ff. oder KG 230 ff. zugeordnet.
17. Wie werden Eigenleistungen bewertet?	Nach DIN 276:2018-12, gilt: 4.2.11 Die Werte von unentgeltlich eingebrachten Gütern und Leistungen (z. B. Materialien, Eigenleistungen) sind den betreffenden Kostengruppen zuzurechnen, aber gesondert auszuweisen. Dafür sind die aktuellen Marktwerte dieser Güter und Leistungen zu ermitteln und einzusetzen. Nach HOAI §4 (2) gilt: Als anrechenbare Kosten nach Absatz 2 gelten ortsübliche Preise, wenn der Auftraggeber: • selbst Lieferungen oder Leistungen übernimmt • von bauausführenden Unternehmern oder von Lieferanten sonst nicht übliche Vergünstigungen erhält • Lieferungen oder Leistungen in Gegenrechnung ausführt oder • vorhandene oder vorbeschaffte Baustoffe oder Bauteile einbauen lässt.

Fragen zu Kosteneinflussfaktoren:

18. Welchen Einfluss hat die Konjunktur auf die Baukosten?	Der Einfluss der Konjunktur auf die Baukosten wird häufig überschätzt. Er ist meist geringer als der anderer Kosteneinflussfaktoren. BKI Untersuchungen haben ergeben, dass die Baukosten bei mittlerer Konjunktur manchmal höher sind als bei hoher Konjunktur.

19. Gibt es beim BKI Regionalfaktoren?

Der Anhang dieser Ausgabe enthält eine Liste der Regionalfaktoren aller deutschen Land- und Stadtkreise, sowie für die Nord- und Ostsee-Inseln. Die Faktoren wurden auf Grundlage von Daten aus den statistischen Landesämtern gebildet, die wiederum aus den Angaben der Antragsteller von Bauanträgen entstammen. Die Regionalfaktoren werden von BKI zusätzlich als farbiges Poster im DIN A1 Format angeboten.

Die Faktoren geben Aufschluss darüber, inwiefern die Baukosten in einer bestimmten Region Deutschlands teurer oder günstiger liegen als im Bundesdurchschnitt. Sie können dazu verwendet werden, die BKI Baukosten an das besondere Baupreisniveau einer Region anzupassen.

Die Angaben wurden durch Untersuchungen des BKI weitgehend verifiziert. Dennoch können Abweichungen zu den angegebenen Werten entstehen. In Grenznähe zu einem Land-Stadtkreis mit anderen Baupreisfaktoren sollte dessen Baupreisniveau mit berücksichtigt werden, da die Übergänge zwischen den Land-Stadtkreisen fließend sind. Die Besonderheiten des Einzelfalls können ebenfalls zu Abweichungen führen.

Siehe auch Benutzerhinweise, 6. Regionalisierung der Daten (Seite 13).

20. Standardzuordnung

Einige Gebäudearten werden vom BKI nach ihrem Standard in „einfach", „mittel" und „hoch" unterteilt. Diese Unterteilung wurde immer dann vorgenommen, wenn der Standard als ein wesentlicher Kostenfaktor festgestellt wurde. Grundsätzlich gilt, dass immer mehrere Kosteneinflussfaktoren auf die Kosten und damit auf die Kostenkennwerte einwirken. Einige dieser vielen Faktoren seien hier aufgelistet:

- Zeitpunkt der Ausschreibung
- Art der Ausschreibung
- Regionale Konjunktur
- Gebäudegröße
- Lage der Baustelle, Erreichbarkeit

usw.

Wenn bei einem Gebäude große Mengen an Bauteilen hoher Qualität die übrigen Kosteneinflussfaktoren überlagern, dann wird von einem „hohen Standard" gesprochen.

Für Gebäudearten mit Standardunterteilung gibt es in „BKI Baukosten Gebäude, Statistische Kostenkennwerte" zu Beginn der jeweiligen Gebäudeart ein Arbeitsblatt zur Standardeinordnung.

21. Wie gehe ich mit der aktuellen Baukosten-entwicklung um?	Zur Bewertung aktueller Baukostenentwicklungen führen wir zusätzlich Befragungen zur regionalen Baukosten-Niveaus nach Leistungsbereichen durch. Die Ergebnisse stellen wir den Anwender*innen der BKI-Fachbuchreihe zur Verfügung, unter *www.bki.de/baukostenentwicklungen*. Damit können die Risiken kurzfristiger Materialpreis- und Lohnkosten-Veränderungen verbessert prognostiziert werden, wie sie die normkonforme Kostenplanung nach DIN 276 verlangt.

Fragen zur Handhabung der von BKI herausgegebenen Bücher:

22. Ist die MwSt. in den Kostenkennwerten enthalten?	Bei allen Kostenkennwerten in „BKI Baukosten" ist die gültige MwSt. enthalten (zum Zeitpunkt der Herausgabe 19%). In „BKI Baukosten Positionen Neubau, Statistische Kostenkennwerte" und „BKI Baukosten Positionen Altbau, Statistische Kostenkennwerte" werden die Kostenkennwerte, wie bei Positionspreisen üblich, zusätzlich ohne MwSt. dargestellt. Kostenstand und MwSt. wird auf jeder Seite als Fußzeile angegeben.
23. Hat das Baujahr der Objekte einen Einfluss auf die angegebenen Kosten?	Nein, alle Kosten wurden über den Baupreisindex auf einen einheitlichen zum Zeitpunkt der Herausgabe aktuellen Kostenstand umgerechnet. Der Kostenstand wird auf jeder Seite als Fußzeile angegeben. Allenfalls sind Korrekturen zwischen dem Kostenstand zum Zeitpunkt der Herausgabe und dem aktuellen Kostenstand durchzuführen.
24. Wo finde ich weitere Informationen zu den einzelnen Objekten einer Gebäudeart?	Alle Objekte einer Gebäudeart sind einzeln mit Kurzbeschreibung, Angabe der BGF und anderer wichtiger Kostenfaktoren aufgeführt. Die Objektdokumentationen sind veröffentlicht in den Fachbüchern „Objektdaten" und können als PDF-Datei unter ihrer Objektnummer bei BKI bestellt werden, Telefon: 0711 954 854-41.
25. Was mache ich, wenn ich keine passende Gebäudeart finde?	In aller Regel findet man verwandte Gebäudearten, deren Kostenkennwerte der 2. Ebene (Grobelemente) wegen ähnlicher Konstruktionsart übernommen werden können.

26. Wo findet man Kostenkennwerte für Abbruch?	Im Fachbuch „BKI Baukosten Gebäude Altbau - Statistische Kostenkennwerte" gibt es Ausführungsarten zu Abbruch und Demontagearbeiten. Im Fachbuch „BKI Baukosten Positionen Altbau - Statistische Kostenkennwerte" gibt es Mustertexte für Teilleistungen zu „LB 384 - Abbruch und Rückbauarbeiten". Im Fachbuch „BKI Baupreise kompakt Altbau" gibt es Positionspreise und Kurztexte zu „LB 384 - Abbruch und Rückbauarbeiten". Die Mustertexte für Teilleistungen zu „LB 384 - Abbruch und Rückbauarbeiten" und deren Positionspreise sind auch auf der DDV BKI Positionen und im BKI Kostenplaner enthalten.
27. Warum ist die Summe der Kostenkennwerte in der Kostengruppen (KG) 310-390 nicht gleich dem Kostenkennwert der KG 300, aber bei der KG 400 ist eine Summenbildung möglich?	In den Kostengruppen 310-390 ändern sich die Einheiten (310 Baugrube/Erdbau gemessen in m^3, 320 Gründung, Unterbau gemessen in m^2); eine Addition der Kostenkennwerte ist nicht möglich. In den Kostengruppen 410-490 ist die Bezugsgröße immer BGF, dadurch ist eine Addition prinzipiell möglich.
28. Manchmal stimmt die Summe der Kostenkennwerte der 2. Ebene der Kostengruppe 400 trotzdem nicht mit dem Kostenkennwert der 1. Ebene überein; warum nicht?	Die Anzahl der Objekte, die auf der 1. Ebene dokumentiert werden, kann von der Anzahl der Objekte der 2. Ebene abweichen. Dann weichen auch die Kostenkennwerte voneinander ab, da es sich um unterschiedliche Stichproben handelt. Es fallen auch nicht bei allen Objekten Kosten in jeder Kostengruppe an (Beispiel KG 461 Aufzugsanlagen).
29. Nutzungskosten, Lebenszykluskosten	Seit 2010 bringt BKI in Zusammenarbeit mit dem Institut für Bauökonomie der Universität Stuttgart ein Fachbuch mit Nutzungskosten ausgewählter Objekte heraus. Die Reihe wird kontinuierlich erweitert. Das Fachbuch Nutzungskosten Gebäude 2020/2021 fasst einzelne Objekte zu statistischen Auswertungen zusammen.
30. Lohn- und Materialkosten	BKI dokumentiert Baukosten nicht getrennt nach Lohn- und Materialanteil.
31. Gibt es Angaben zu Kostenflächenarten?	Nein, BKI hält die Grobelementmethode für geeigneter. Solange Grobelementmengen nicht vorliegen, besteht die Möglichkeit der Ableitung der Grobelementmengen aus den Verhältniszahlen von Vergleichsobjekten (siehe Planungskennwerte und Baukostensimulation).

Fragen zu weiteren BKI Produkten:

32. Sind die Inhalte von „BKI Baukosten Gebäude (Teil 1), Statistische Kostenkennwerte“ und „BKI Baukosten Bauelemente (Teil 2), Statistische Kostenkennwerte“ auch im Kostenplaner enthalten?

Ja, im BKI Kostenplaner Statistik sind alle Objekte mit den Kosten bis zur 3. Ebene nach DIN 276 enthalten.

Im BKI Kostenplaner Statistik plus sind zudem die vom BKI gebildeten Ausführungsklassen und Ausführungsarten enthalten. Darüber hinaus ermöglicht der BKI Kostenplaner den Zugriff auf alle Einzeldokumentationen von tausenden Objekten.

33. Worin unterscheiden sich die Fachbuchreihen „BKI Baukosten“ und „BKI Objektdaten“

In der Fachbuchreihe BKI Objektdaten erscheinen abgerechnete Einzelobjekte eines bestimmten Teilbereichs des Bauens (A=Altbau, N=Neubau, E=Energieeffizientes Bauen, IR=Innenräume, F=Freianlagen). In der Fachbuchreihe BKI Baukosten erscheinen hingegen statistische Kostenkennwerte von Gebäudearten, die aus den Einzelobjekten gebildet werden.

Die Kostenplanung mit Einzelobjekten oder mit statistischen Kostenkennwerten haben spezifische Vor- und Nachteile:

Planung mit Objektdaten (BKI Objektdaten):

- Vorteil: Wenn es gelingt ein vergleichbares Einzelobjekt oder passende Bauausführungen zu finden ist die Genauigkeit besser als mit statistischen Kostenkennwerten. Die Unsicherheit, die der Streubereich (von-bis-Werte) mit sich bringt, entfällt.
- Nachteil: Passende Vergleichsobjekte oder Bauausführungen zu finden kann mühsam oder erfolglos sein.

Planung mit statistischen Kostenkennwerten (BKI Baukosten):

- Vorteil: Über die BKI Gebäudearten ist man recht schnell am Ziel, aufwändiges Suchen entfällt.
- Nachteil: Genauere Prüfung, ob die Mittelwerte übernommen werden können oder noch nach oben oder unten angepasst werden müssen, ist unerlässlich.

34. In welchen Produkten dokumentiert BKI Positionspreise?

Preise für Positionen mit statistischer Auswertung werden in „BKI Baukosten Positionen, Statistische Kostenkennwerte Neubau (Teil 3) und Altbau (Teil 5)" und „BKI Baupreise kompakt Neu- und Altbau" herausgegeben.
In Software-Form sind Preise mit den vorformulierten BKI-Mustertexten in der Software „BKI Kostenplaner - Statistik plus [Positionen]" und „BKI Positionen" enthalten.
Ausgewählte Positionspreise enthalten die Fachbücher „Konstruktionsdetails K1 bis K4", „Objektdaten Gebäudetechnik G1 bis G6" sowie die BKI „Objektdaten Freianlagen".
Im Sonderband Objektdaten S2 - Barrierefreies Bauen erscheint eine Auswahl von besonderen Positionen zum Barrierefreien Bauen.

35. Worin unterscheiden sich die Bände N1 bis N20 (A1 bis A12)

Die Bücher unterscheiden sich lediglich durch die Auswahl der dokumentierten Einzelobjekte. Der Aufbau der Bände ist gleich. In der BKI Fachbuchreihe Objektdaten erscheinen in unregelmäßigen Abständen Folgebände mit neu dokumentierten Einzelobjekten. Speziell bei den Altbaubänden A1 bis A12 ist es nützlich, alle Bände zu besitzen, da es im Bereich Altbau notwendig ist, mit passenden Vergleichsobjekten zu planen. Je mehr Vergleichsobjekte vorhanden sind, desto höher ist die „Trefferquote". Bände der Fachbuchreihe Objektdaten sollten deshalb langfristig aufbewahrt werden.

BKI plant für zukünftige Ausgaben des vorliegenden Fachbuchs zusätzlich sogenannte Aufwandsdaten zu erfassen. Sofern ausreichend Daten akquiriert werden können, erfolgt die Publikation dieser Daten wie im Folgenden beschrieben:

36. Was ist mit Aufwandsdaten gemeint?	Aufwandsdaten stellen den Zeitaufwand für Produktivleistungen eines Architekturauftrags dar. Als Produktivleistungen gelten: • Beratung bzgl. Planung und die Ausführung des Bauvorhabens • Erstellung von Zeichnungen, Berechnungen und Beschreibungen • Koordination und Integration der Beiträge fachlich Beteiligter • Erstellung von Genehmigungsunterlagen • Vorbereitung und Mitwirken bei der Vergabe • Objektüberwachung und Mitwirken bei der Abnahme u.v.m. Produktivleistungen werden nicht nur von Mitarbeiter*innen, sondern auch von Inhaber*innen/Partner*innen und Dritten erbracht und den Personalaufwendungen zugeordnet. In den BKI-Objektdokumentationen werden – soweit vom Objektplaner angegeben – die Aufwandsdaten für Produktivleistungen der Leistungsphasen 1 bis 8 dargestellt. Die Angabe des Zeitaufwands erfolgt in Arbeitstagen (1 AT = 8 Stunden).

Diese Liste wird laufend erweitert und im Internet unter www.bki.de/faq-kostenplanung.html veröffentlicht.

Abkürzungsverzeichnis

Abkürzung	Bezeichnung
a	Jahr (lat. annus)
AF	Außenanlagenfläche
Alu	Aluminium
AP	Arbeitsplätze
APP	Appartement
AWF	Außenwandfläche
BGF	Brutto-Grundfläche (Summe der Regelfall (R)- und Sonderfall (S)-Flächen nach DIN 277)
BGI	Baugrubeninhalt
BHKW	Blockheizkraftwerk
bis	oberer Grenzwert des Streubereichs um einen Mittelwert
BK	Bodenklasse
BRI	Brutto-Rauminhalt (Summe der Regelfall (R)- und Sonderfall (S)-Rauminhalte nach DIN 277)
BRI/BGF (m)	Verhältnis von Brutto-Rauminhalt zur Brutto-Grundfläche angegeben in Meter
BRI/NUF (m)	Verhältnis von Brutto-Rauminhalt zur Nutzungsfläche angegeben in Meter
BSH	Brettschichtholz
CO_2	Kohlendioxid
d	Dicke
DN	Durchmesser Nennmaß
DAF	Dachfläche
DEF	Deckenfläche
DHH	Doppelhaushälfte
DIN 276	Kosten im Bauwesen (DIN 276:2018-12)
DIN 277	Grundflächen und Rauminhalte im Hochbau (DIN 277:2021-08)
EDV	elektronische Datenverarbeitung
EFH	Einfamilienhaus
EG	Erdgeschoss
ELW	Einliegerwohnung
EnEV	Energieeinsparverordnung
EPS	Expandierter Polystyrol-Hartschaum
ESG	Einscheiben-Sicherheitsglas
ETW	Etagenwohnung
EVA	Ethylenvinylacetatcopolymer
FBH	Fußbodenheizung
Fläche/BGF (%)	Anteil der angegebenen Fläche zur Brutto-Grundfläche in Prozent
Fläche/NUF (%)	Anteil der angegebenen Fläche zur Nutzungsfläche in Prozent
€/Einheit	Spaltenbezeichnung für Mittelwerte zu den Kosten bezogen auf eine Einheit der Bezugsgröße
€/m^2 BGF	Spaltenbezeichnung für Mittelwerte zu den Kosten bezogen auf Brutto-Grundfläche
GE	Gewerbeeinheit
GF	Grundstücksfläche
GK	Gipskarton
GRF	Gründungsfläche
HF	Holzfaser
Hlz	Hochlochziegel
HPL	Laminatbeschichtung im Hochdruckpressverfahren (eng. High Pressure Laminate)
HT	Hochtemperatur-Abflussrohr
HW	Holzwolle
inkl.	einschließlich
IWF	Innenwandfläche
KFZ	Kraftfahrzeug
KG	Kanalgrund(rohr) / Kostengruppe
kg	Kilogramm

Abkürzungsverzeichnis (Fortsetzung)

Abkürzung	Bezeichnung
Kita	Kindertagesstätte
KGF	Konstruktions-Grundfläche (Summe der Regelfall (R)- und Sonderfall (S)-Flächen nach DIN 277)
KS	Kalksandstein
KVH	Konstruktionsvollholz
kW	Kilowatt
KWK	Kraftwärmekopplung
LB	Leistungsbereich
MDF	mitteldichte Faserplatte (Spanplatte)
Menge/BGF	Menge der genannten Kostengruppen-Bezugsgröße bezogen auf die Menge der Brutto-Grundfläche
Menge/NUF	Menge der genannten Kostengruppen-Bezugsgröße bezogen auf die Menge der Nutzungsfläche
MW	Mineralwolle
MwSt.	Mehrwertsteuer
NE	Nutzeinheit
NUF	Nutzungsfläche (Summe der Regelfall (R)- und Sonderfall (S)-Flächen nach DIN 277)
NRF	Netto-Raumfläche (Summe der Regelfall (R)- und Sonderfall (S)-Flächen nach DIN 277)
Obj.-Nr.	Nummer des Objekts in den BKI Baukostendatenbanken
OSB	Grobspanplatten (engl. oriented strand board)
PA	Polyamid
PE	Polyethyen
PHPP	Passivhaus-Projektierungspaket
PIR	Polyisocyanurate
PP	Polypropylen
PS	Polystyrol
PU/PUR	Polyurethan
PV	Photovoltaik
PVC	Polyvinylchlorid
restl.	restlich
RH	Reihenhaus
sonst.	Sonstige
STLB	Standardleistungsbuch
St	Stück
STP	Stellplatz
TF	Technikfläche (Summe der Regelfall (R)- und Sonderfall (S)-Flächen nach DIN 277)
TG	Tiefgarage
UK	Unterkonstruktion
UP	Unterputz
Uw	U-Wert Fenster (engl. window)
VF	Verkehrsfläche (Summe der Regelfall (R)- und Sonderfall (S)-Flächen nach DIN 277)
VIP	Vakuumisolationspaneel
VSG	Verbund-Sicherheitsglas
von	unterer Grenzwert des Streubereichs um einen Mittelwert
WDVS	Wärmedämmverbundsystem
WE	Wohneinheit
WFL	Wohnfläche
WLG	Wärmeleitgruppe
WU	wasserundurchlässig (Betonqualität)
XPS	Extrudierter Polystyrol-Hartschaum
Ø	Mittelwert
300+400	Zusammenfassung der Kostengruppen Bauwerk-Baukonstruktionen und Bauwerk-Technische Anlagen
% an 300+400	Kostenanteil der jeweiligen Kostengruppe an den Kosten des Bauwerks

Kosten abgerechneter Objekte

Büro- und Verwaltungsgebäude

1

1100 Parlamentsgebäude
1200 Gerichtsgebäude
• 1300 Bürogebäude

1300-0298
Verwaltungsgebäude
temporär (150 AP)

Objektübersicht

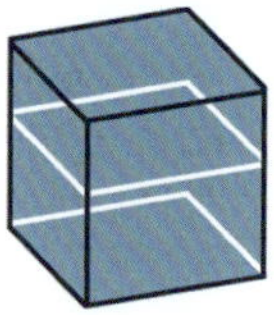

BRI **762 €/m³**

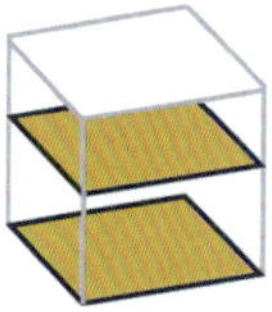

BGF **3.058 €/m²**

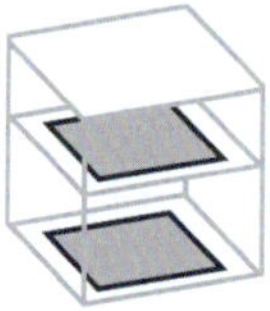

NUF **4.114 €/m²**

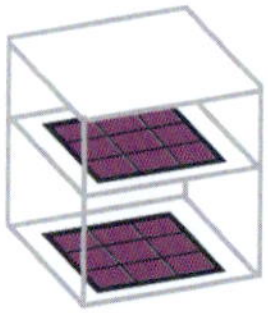

NE **50.461 €/NE**

NE: Arbeitsplätze

Objekt:
Kennwerte: 1. Ebene DIN 276
BRI: 9.932 m³
BGF: 2.475 m²
NUF: 1.840 m²
Bauzeit: 48 Wochen
Bauende: 2021
Standard: Durchschnitt
Bundesland: Hessen
Kreis: Darmstadt, Stadt

Architekt*in:
grüningerarchitekten I BDA
Havelstraße 16
64295 Darmstadt

Bauherr*in:
Kreisausschuss des
Landkreises
Darmstadt-Dieburg
Jägertorstraße 207
64289 Darmstadt

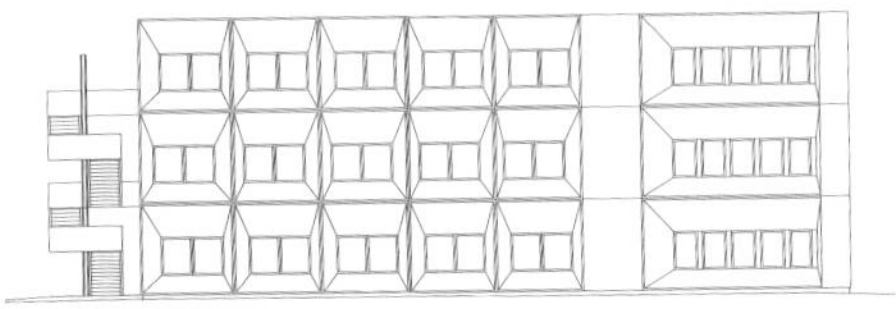

Ansicht Nord

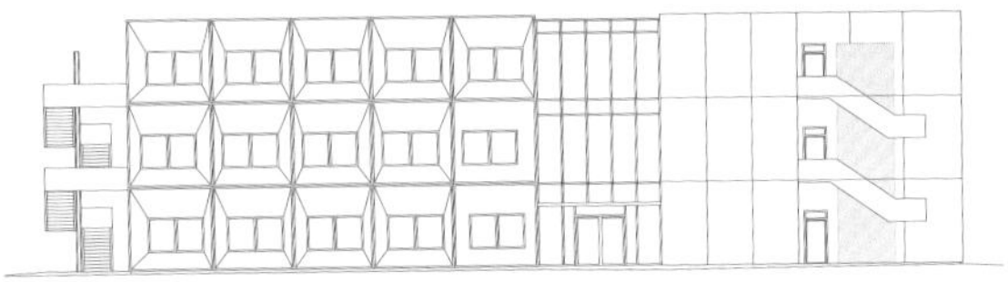

Ansicht Ost

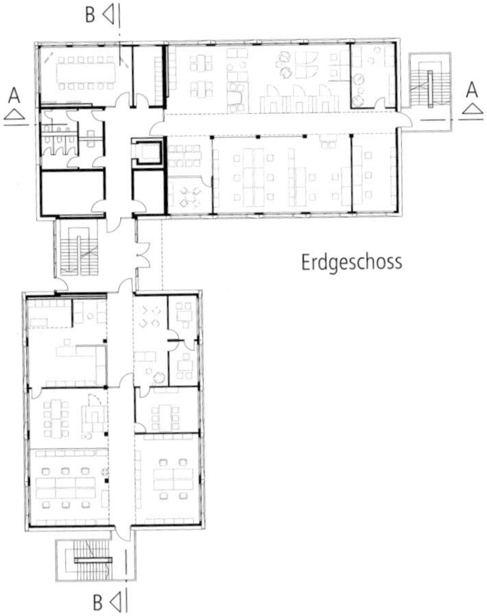

Erdgeschoss

1. -2. Obergeschoss

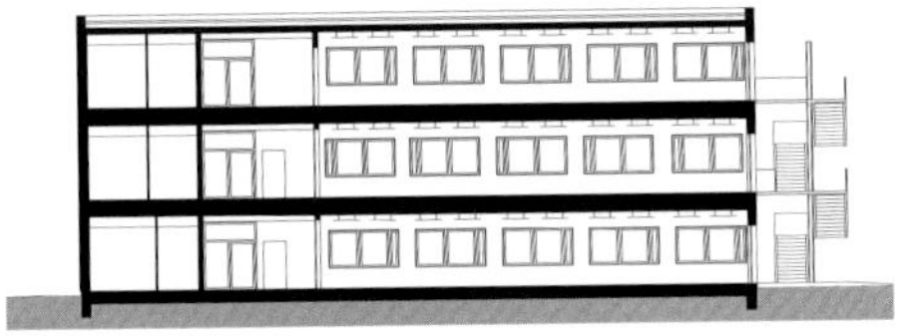

Schnitt A-A

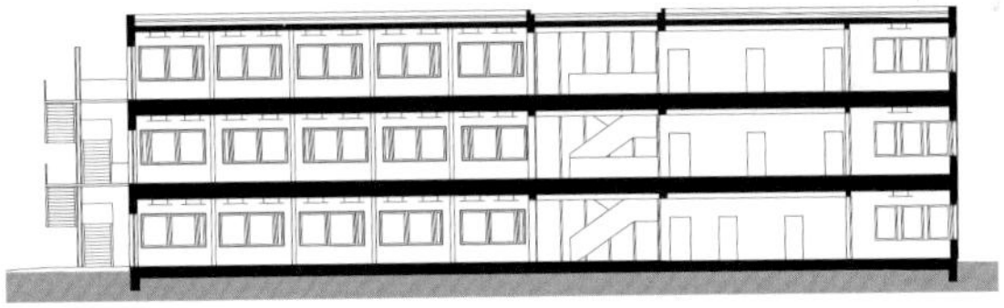

Schnitt B-B

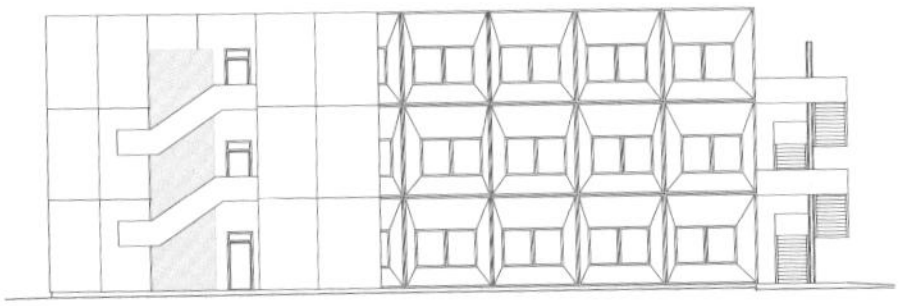

Ansicht Süd

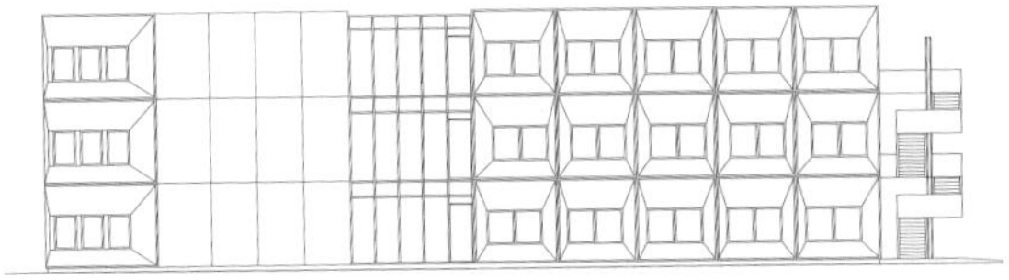

Ansicht West

Objektbeschreibung

Allgemeine Objektinformationen

Die temporäre, L-förmige Pavillonanlage der Kreisverwaltung wurde als System-Modulbau erstellt. Die reliefartige Fassade illustriert den modularen Aufbau des Gebäudes und ergänzt mit ihrer Farbigkeit zeitgemäß die Gestaltung der Bestandsgebäude. Der Baukörper beherbergt insgesamt sechs Büroeinheiten auf drei Geschossen. Hier sollen in den nächsten Jahren flexible und innovative Arbeitskonzepte für den neuen Standort der Kreisverwaltung erprobt werden.

Nutzung

1 Erdgeschoss
Büroräume, Besprechungsraum, Kopier- und Lagerraum, WCs, Haustechnikräume

2 Obergeschosse
Büroräume, Besprechungsraum, Teeküche, Kopierraum, Lagerraum, Putzmittelraum, WCs, Haustechnikräume

Nutzeinheiten

Arbeitsplätze: 150

Grundstück

Bauraum: Freier Bauraum
Neigung: Ebenes Gelände
Bodenklasse: BK 3 bis BK 4

Markt

Hauptvergabezeit: 2. Quartal 2020
Baubeginn: 3. Quartal 2020
Bauende: 3. Quartal 2021
Konjunkturelle Gesamtlage: über Durchschnitt
Regionaler Baumarkt: über Durchschnitt

Baukonstruktion

Zwei dreigeschossige, L-förmig zueinander stehende Gebäudeteile wurden durch einen Erschließungsbau und angrenzenden Kern im Gelenk miteinander verbunden. Der dreigeschossige Neubau ist auf einer lastabtragenden Stahlbeton-Bodenplatte errichtet und mit einer vorgehängten hinterlüfteten Fassade aus Aluminium-Systemteilen bekleidet worden. Teilweise werden Fenster von der vorgehängten Fassade, welche in diesen Bereichen gelocht ist, überspannt, um die Einbruchsicherheit zu gewährleisten.

Technische Anlagen

Der Neubau wurde an das Fernwärmenetz angeschlossen. Alle Räume sind mit Heizkörpern ausgestattet. Das Gebäude wird manuell be- und entlüftet. Für warme Sommermonate ist eine Nachtauskühlung vorgesehen. Innenliegende Räume werden dezentral be- und entlüftet. Die Büroeinheiten erhalten dezentrale Kühlgeräte an der Decke. Die Stromversorgung wird an den Bestand angeschlossen.

Sonstiges

Das Gelände des Kreishauses hat gegenüber des bestehenden Haupteingangs eine neue Zuwegung für Fußgänger und Radfahrer. So soll die Orientierung auf dem Gelände verbessert werden.

Energetische Kennwerte

Gesetzliche Grundlage: EnEV 2013
Gebäudenutzfläche: 2.082,00 m^2
Gebäudevolumen: 7.793,00 m^3
A/V_e-Verhältnis (Kompaktheit): 0,44 m^{-1}
Hüllfläche des beheizten Volumens: 3.422,00 m^2
Spez. Jahresprimärenergiebedarf: 116,25 $kWh/(m^2 \cdot a)$
Spez. Jahresendenergiebedarf: 109,34 $kWh/(m^2 \cdot a)$
CO_2-Emissionen: 40,52 $kg/(m^2 \cdot a)$

Planungskennwerte für Flächen und Rauminhalte nach DIN 277

Flächen des Grundstücks		Menge Einheit	% an GF
BF	Bebaute Fläche	11.924,44 m²	27,5
UF	Unbebaute Fläche	31.428,56 m²	72,5
GF	Grundstücksfläche	43.353,00 m²	100,0

Grundflächen des Bauwerks		Menge Einheit	% an NUF	% an BGF
NUF	Nutzungsfläche	1.840,01 m²	100,0	74,3
TF	Technikfläche	42,82 m²	2,3	1,7
VF	Verkehrsfläche	300,59 m²	16,3	12,1
NRF	Netto-Raumfläche	2.183,42 m²	118,7	88,2
KGF	Konstruktions-Grundfläche	291,91 m²	15,9	11,8
BGF	Brutto-Grundfläche	2.475,33 m²	134,5	100,0

Brutto-Rauminhalt des Bauwerks		Menge Einheit	BRI/NUF (m)	BRI/BGF (m)
BRI	Brutto-Rauminhalt	9.932,05 m³	5,40	4,01

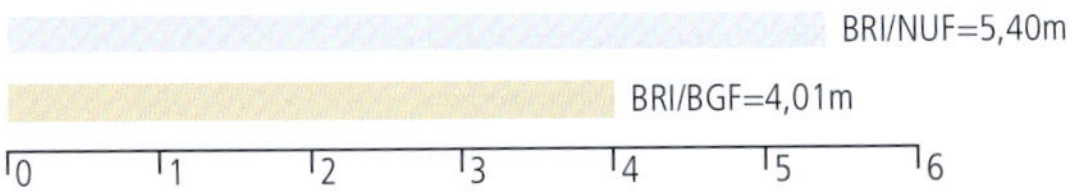

Kostenkennwerte für die Kostengruppen der 1. Ebene DIN 276

KG	Kostengruppen (1. Ebene)	Einheit	Kosten €	€/Einheit	€/m² BGF	€/m³ BRI	% 300+400
100	Grundstück	m² GF	–	–	–	–	–
200	Vorbereitende Maßnahmen	m² GF	148.969	3,44	60,18	15,00	2,0
300	Bauwerk – Baukonstruktionen	m² BGF	5.749.300	2.322,64	2.322,64	578,86	76,0
400	Bauwerk – Technische Anlagen	m² BGF	1.819.849	735,19	735,19	183,23	24,0
	Bauwerk 300+400	**m² BGF**	**7.569.149**	**3.057,83**	**3.057,83**	**762,09**	**100,0**
500	Außenanlagen und Freiflächen	m² AF	–	–	–	–	–
600	Ausstattung und Kunstwerke	m² BGF	845.410	341,53	341,53	85,12	11,2
700	Baunebenkosten	m² BGF	–	–	–	–	–
800	Finanzierung	m² BGF	–	–	–	–	–

KG	Kostengruppe	Menge Einheit	Kosten €	€/Einheit	%
200	**Vorbereitende Maßnahmen**	43.353,00 m² GF	148.969	**3,44**	2,0

Abbruchmaßnahmen, öffentliche Erschließung: Fernwärmeanschluss

KG	Kostengruppe	Menge Einheit	Kosten €	€/Einheit	%
3+4	**Bauwerk**				**100,0**
300	**Bauwerk – Baukonstruktionen**	2.475,33 m² BGF	5.749.300	**2.322,64**	76,0

Baugrubenaushub; Bodenaustausch für Baugrundverbesserung, Stb-Fundamente, Stb-Bodenplatte 30cm, Estrich, Betonwerkstein, Linoleum, Teppichboden, Bodenfliesen, Abdichtung; Stahl-Modulbauwände, Alu-Pfosten-Riegelfassade, Alufenster, Wärmedämmung, vorgehängte hinterlüftete Alu-Kassettenfassade, Gipsfaserbekleidung, elektrische Außenraffstores; Stahl-Modulbauwände, Stb-Wände (Aufzug), GK-Wände, Glaswände, Stahlstützen, Wandfliesen, WC-Trennwände; Stahl-Modulbaudecken, Stb-Fertigteiltreppe, Stahl-Fluchttreppen, Estrich, Betonwerkstein, Linoleum, Teppichboden, Bodenfliesen, teilw. abgehängte GK-Decken, teilw. Schallschutzdecken, Treppengeländer; Stahl-Modulbaudach, Dachausstieg, Dämmung, Abdichtung, Attika, extensive Dachbegrünung, Entwässerung, teilw. abgehängte GK-Decke, teilw. Schallschutzdecke, Eingangsüberdachung; Teeküche

KG	Kostengruppe	Menge Einheit	Kosten €	€/Einheit	%
400	**Bauwerk – Technische Anlagen**	2.475,33 m² BGF	1.819.849	**735,19**	24,0

Gebäudeentwässerung, Kalt- und Warmwasserleitungen, Sanitärobjekte; Fernwärmeversorgung, Plattenheizkörper; kontrollierte Be- und Entlüftung mit Wärmerückgewinnung, Teilklimaanlagen Kühlung, RWA-Anlage; Elektroinstallation, Beleuchtung, Sicherheitsleuchten, Blitzschutzanlage; Datenübertragungsanlage, Telekommunikationsanlage, Zutrittskontrollanlage, Einbruchmeldeanlage, Brandmeldeanlage; Personenaufzug; Erweiterung des vorhandenen MSR-Technikrechners um digitales Regelsystem für Betriebs- und Störmeldungen der Hygienespülungen, des Zentrallüftungsgeräts inkl. Brandmeldeanlage, der Splitgeräte-Außeneinheit, der Fernwärmeübergabestation und der Heizkreise

KG	Kostengruppe	Menge Einheit	Kosten €	€/Einheit	%
600	**Ausstattung und Kunstwerke**	2.475,33 m² BGF	845.410	**341,53**	11,2

Sofas, Sessel, Stühle, Hocker, Sitzsäcke, Schränke, Regale, Garderoben, Kleiderständer, Akustikpaneele, Schreibtische, Besprechungstische, Stehtische, Telefonboxen, Flipcharts, Whiteboards, Blumentöpfe, Vorhänge, Stehleuchten

1300-0300
Verwaltungsgebäude
(40 AP)

Objektübersicht

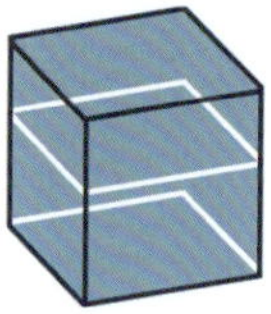

BRI 914 €/m³

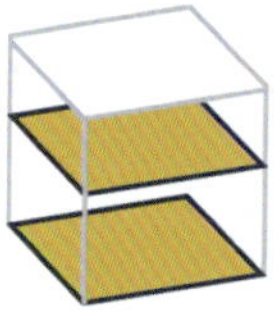

BGF 3.131 €/m²

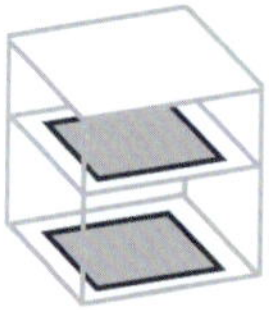

NUF 4.902 €/m²

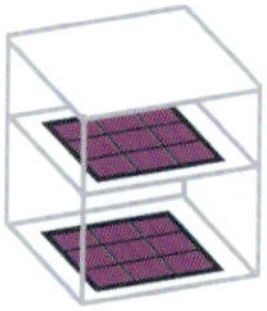

NE 118.024 €/NE
NE: Arbeitsplätze

Objekt:
Kennwerte: 1. Ebene DIN 276
BRI: 5.166 m³
BGF: 1.508 m²
NUF: 963 m²
Bauzeit: 70 Wochen
Bauende: 2020
Standard: über Durchschnitt
Bundesland: Nordrhein-Westfalen
Kreis: Wesel

Architekt*in:
zweiwerk architekten
Kaus + Kurz PartmbB
Marsilstein 6
50676 Köln

r|eese a|rchitekten
Seminarstraße 30
47441 Moers

Bauherr*in:
Stadtbau Moers GmbH
Vinzenzstraße 37
47441 Moers

Ansicht West

Ansicht Süd

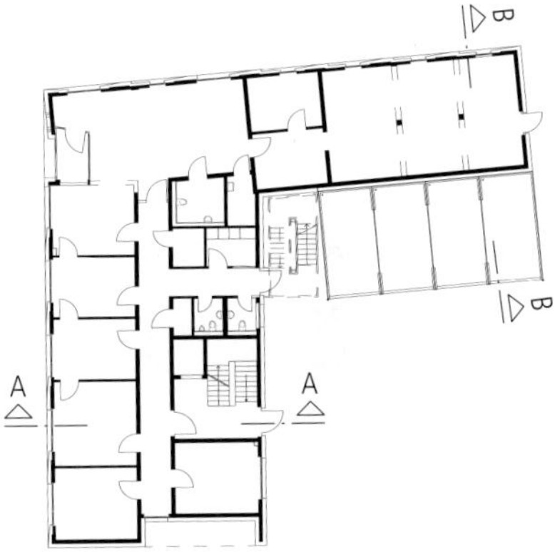

Erdgeschoss

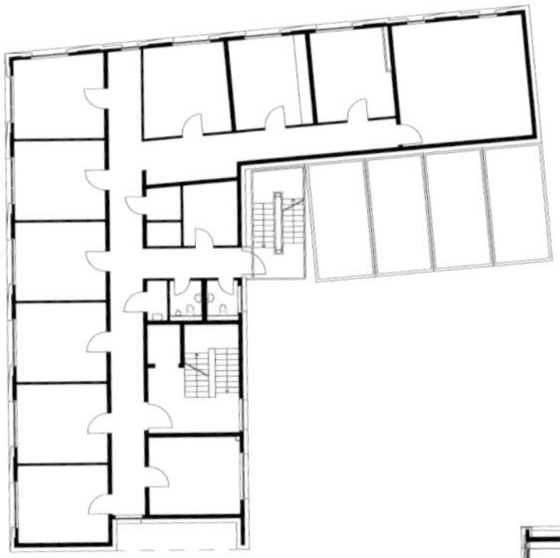

1. Obergeschoss

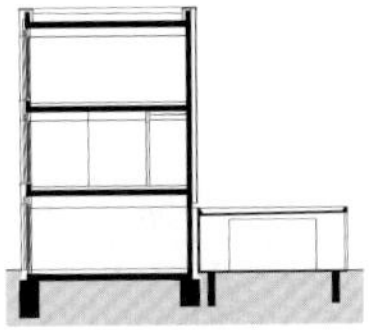

Schnitt B-B

2. Obergeschoss

3. Obergeschoss

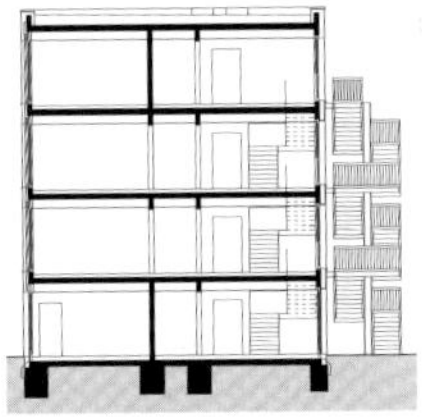

Schnitt A-A

Ansicht Nord

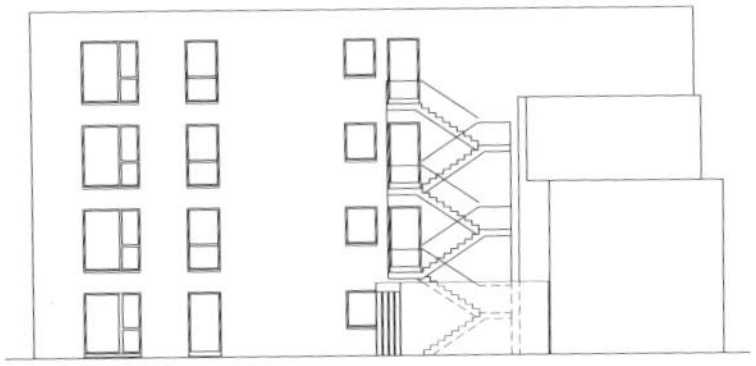

Ansicht Ost

Objektbeschreibung

Allgemeine Objektinformationen

Das Verwaltungsgebäude steht zentral in unmittelbarer Nähe des Bahnhofs. Im Erdgeschoss liegen Empfang, Foyer, Wartezone und die Büros und Sprechzimmer der Mitarbeiter mit Kundenkontakt. Im 1. und 2. Obergeschoss sind die Büros der Verwaltungsmitarbeiter. In jedem Geschoss gibt es einen Raum für interne Team-Besprechungen und eine Teeküche für den informellen Kontakt der Mitarbeiter. Im 3. Obergeschoss liegen die Büros der Geschäftsführung und ein Konferenzraum mit Blick auf den angrenzenden Park und den Bahnhofsvorplatz.

Nutzung

1 Erdgeschoss
Foyer / Empfang, Wartezone, Verwaltung mit Kundenkontakt

3 Obergeschosse
Verwaltung, Büros und Sekretariat der Geschäftsführung, Konferenzraum

Nutzeinheiten

Arbeitsplätze: 40

Grundstück

Bauraum: Freier Bauraum
Neigung: Ebenes Gelände
Bodenklasse: BK 1 bis BK 3

Besonderer Kosteneinfluss Grundstück
Statische Maßnahmen und Schallschutzmaßnahmen auf Grund der angrenzenden Bahngleise

Markt

Hauptvergabezeit: 2. Quartal 2019
Baubeginn: 2. Quartal 2019
Bauende: 4. Quartal 2020
Konjunkturelle Gesamtlage: Durchschnitt
Regionaler Baumarkt: Durchschnitt

Baukonstruktion

Die tragende Konstruktion des nicht unterkellerten Gebäudes wurde als Massivbau aus Stahlbeton errichtet. Alle nicht tragenden Wände sind in Trockenbauweise eingebaut. Die Fassade zeigt in einem klaren Raster angeordnete, bodentiefe Fensterelemente aus Aluminium mit außen liegendem Sonnenschutz. Die Fassade ist mit einem Wärmedämm-Verbundsystem mit Klinkerriemchen bekleidet. Die Dächer sind als Flachdächer mit Gefälledämmung und bituminöser Abdichtung ausgeführt.

Technische Anlagen

Die Wärmeversorgung mit Heizung und Warmwasser erfolgt über einen Fernwärmeanschluss, die Wärmeverteilung mittels Fußbodenheizung. Alle Büros und Besprechungsräume sind mit einer Lüftungs- und Klimaanlage ausgestattet. Die Kühl- und Lüftungseinheiten befinden sich auf der Dachfläche. Hier ist auch eine PV-Anlage installiert, die den größten Teil des Eigenbedarfs deckt.

Sonstiges

Alle Zugänge, das Erdgeschoss und die öffentlich zugänglichen Räume des 3. Obergeschosses sind barrierefrei ausgeführt. Die Erschließung aller Geschosse erfolgt über einen zentral angeordneten Aufzug.

Planungskennwerte für Flächen und Rauminhalte nach DIN 277

Flächen des Grundstücks		Menge Einheit	% an GF
BF	Bebaute Fläche	417,25 m²	25,8
UF	Unbebaute Fläche	1.201,75 m²	74,2
GF	Grundstücksfläche	1.619,00 m²	100,0

Grundflächen des Bauwerks		Menge Einheit	% an NUF	% an BGF
NUF	Nutzungsfläche	963,00 m²	100,0	63,9
TF	Technikfläche	26,00 m²	2,7	1,7
VF	Verkehrsfläche	242,62 m²	25,2	16,1
NRF	Netto-Raumfläche	1.231,62 m²	127,9	81,7
KGF	Konstruktions-Grundfläche	276,26 m²	28,7	18,3
BGF	Brutto-Grundfläche	1.507,88 m²	156,6	100,0

Brutto-Rauminhalt des Bauwerks		Menge Einheit	BRI/NUF (m)	BRI/BGF (m)
BRI	Brutto-Rauminhalt	5.166,00 m³	5,36	3,43

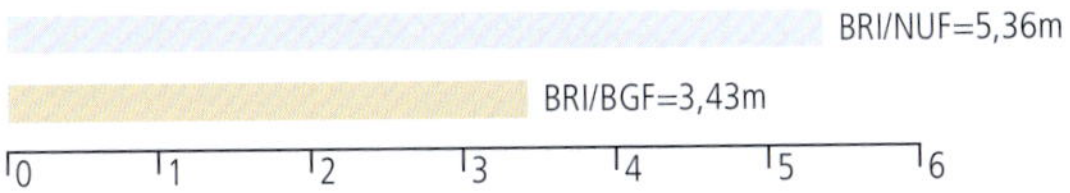

Kostenkennwerte für die Kostengruppen der 1. Ebene DIN 276

KG	Kostengruppen (1. Ebene)	Einheit	Kosten €	€/Einheit	€/m² BGF	€/m³ BRI	% 300+400
100	Grundstück	m² GF	–	–	–	–	–
200	Vorbereitende Maßnahmen	m² GF	25.552	15,78	16,95	4,95	0,5
300	Bauwerk – Baukonstruktionen	m² BGF	3.200.864	2.122,76	2.122,76	619,60	67,8
400	Bauwerk – Technische Anlagen	m² BGF	1.520.090	1.008,10	1.008,10	294,25	32,2
	Bauwerk 300+400	**m² BGF**	**4.720.953**	**3.130,85**	**3.130,85**	**913,85**	**100,0**
500	Außenanlagen und Freiflächen	m² AF	–	–	–	–	–
600	Ausstattung und Kunstwerke	m² BGF	382.178	253,45	253,45	73,98	8,1
700	Baunebenkosten	m² BGF	–	–	–	–	–
800	Finanzierung	m² BGF	–	–	–	–	–

KG	Kostengruppe	Menge Einheit	Kosten €	€/Einheit	%
200	**Vorbereitende Maßnahmen**	1.619,00 m² GF	25.552	**15,78**	0,5

Hausanschlüsse Wasser, Strom, Heizung

KG	Kostengruppe	Menge Einheit	Kosten €	€/Einheit	%
3+4	**Bauwerk**				**100,0**
300	**Bauwerk – Baukonstruktionen**	1.507,88 m² BGF	3.200.864	**2.122,76**	67,8

Stb-Streifenfundamente, Stb-Bodenplatte, Abdichtung, Dämmung, Heizestrich, Vinylbelag, Bodenfliesen; Stb-Außenwände, Alufenster- und Türelemente, WDVS mit Riemchenbekleidung, Innenputz, Malervlies, Beschichtung, Wandfliesen, außen liegender Sonnenschutz; Stb-Innenwände, nicht tragende GK-Wände, Holztüren mit Lichtausschnitt / Oberlicht, System-Glastrennwand im Konferenzraum; Stb-Decken, Stb-Treppen, Stahl-Fluchttreppe außen, Dämmung, Parkett, Akustikdecken, gestäbte Stahlgeländer; Stb-Flachdächer, Gefälledämmung, bituminöse Abdichtung, Dachentwässerung; Teeküchen, Einbaumöbel, Schließanlage

KG	Kostengruppe	Menge Einheit	Kosten €	€/Einheit	%
400	**Bauwerk – Technische Anlagen**	1.507,88 m² BGF	1.520.090	**1.008,10**	32,2

Gebäudeentwässerung, Kalt-, Warm- und Zirkulationsleitungen, Sanitärobjekte (teilweise rollstuhlgerecht); Fernwärmeanschluss, Fußbodenheizung; Lüftungs- und Klimageräte in Unterdecken, Kühl- und Lüftungseinheiten auf dem Dach; Elektroinstallation, PV-Anlage, Beleuchtung, Erdung; Türsprechanlage, EDV-Verkabelung, Medien-Verkabelung; Aufzugsanlage

KG	Kostengruppe	Menge Einheit	Kosten €	€/Einheit	%
600	**Ausstattung und Kunstwerke**	1.507,88 m² BGF	382.178	**253,45**	8,1

Teilw. Einbauschränke, EDV- und Telefonanlage

1300-0302
Amtsverwaltung
(24 AP)

Objektübersicht

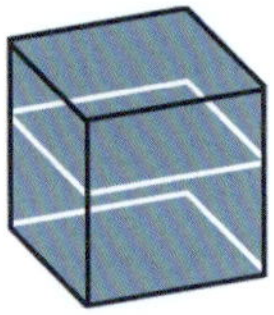

BRI 1.508€/m³

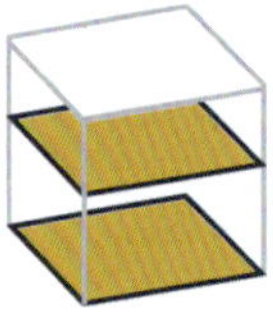

BGF 4.628€/m²

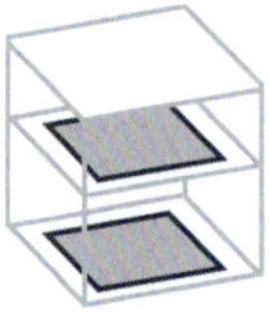

NUF 11.494€/m²

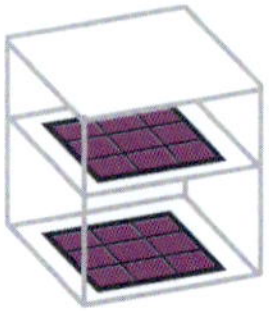

NE 230.640€/NE

NE: Arbeitsplätze

Objekt:
Kennwerte: 1.Ebene DIN 276
BRI: 3.671 m³
BGF: 1.196 m²
NUF: 482 m²
Bauzeit: 122 Wochen
Bauende: 2021
Standard: über Durchschnitt
Bundesland: Mecklenburg-Vorpommern
Kreis: Ludwigslust-Parchim

Architekt*in:
ppp architekten +
stadtplaner gmbh
Kanalstraße 52
23552 Lübeck

Bauherr*in:
Amt Zarrentin
Kirchplatz 8
19246 Zarrentin am Schaalsee

© Stephan Baumann, bild_raum

Zeichnungen

Ansicht Nord

Ansicht West

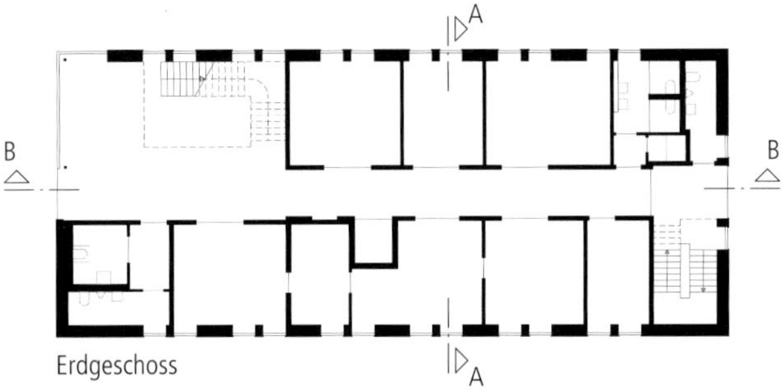

Erdgeschoss

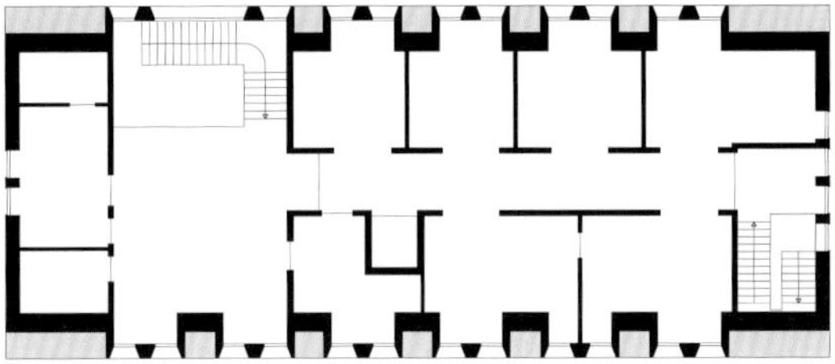

Dachgeschoss

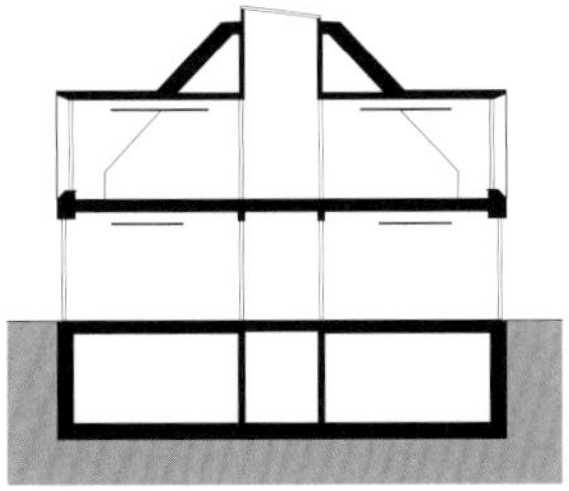

Schnitt A-A

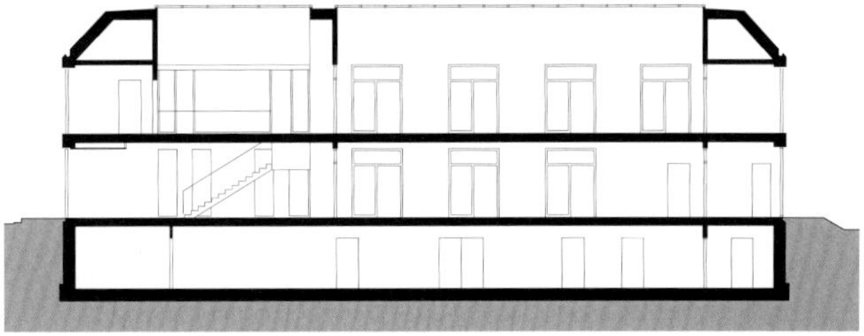

Schnitt B-B

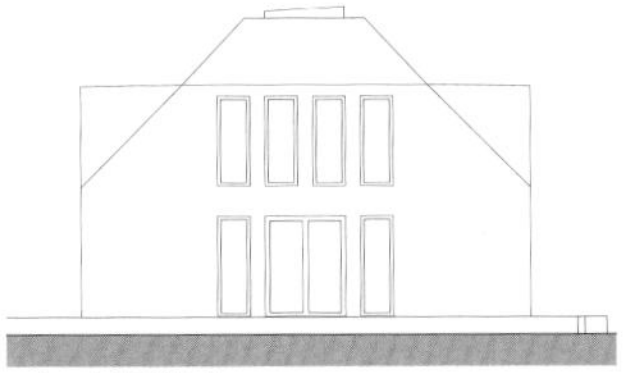

Ansicht Süd

Ansicht Ost

Objektbeschreibung

Allgemeine Objektinformationen

An der Stelle der historischen, aber baufälligen Amtsviehscheune wurde im historischen Ortskern von Zarrentin ein Neubau als Erweiterung der ortsansässigen Amtsverwaltung realisiert. Das Gebäude wurde als Nahezu-Nullenergie-Haus konzipiert und soll für die Region des Biosphärenreservats Schaalsee als Leuchtturmprojekt in Hinblick auf Nutzung erneuerbarer Energien dienen.

Nutzung

1 Untergeschoss
Lager, Technik

1 Erdgeschoss
Büroarbeit

2 Dachgeschosse
1.DG: Büroarbeit
Spitzboden: Technik

Nutzeinheiten

Arbeitsplätze: 24

Grundstück

Bauraum: Beengter Bauraum
Neigung: Geneigtes Gelände
Bodenklasse: BK 3 bis BK 4

Markt

Hauptvergabezeit: 2. Quartal 2019
Baubeginn: 2. Quartal 2019
Bauende: 4. Quartal 2021
Konjunkturelle Gesamtlage: über Durchschnitt
Regionaler Baumarkt: Durchschnitt

Baukonstruktion

Für Außenwände, Dach und Gauben wurde eine Holzbauweise gewählt, die den ENEV-Standard überschreitet und dadurch zu CO_2-Einsparungen führt. Die Bekleidung aus Ziegelplatten als modernem Baustoff passt farblich zur umgebenden Bebauung. Die Bekleidung der Fensterlaibungen und Dachgauben ist aus einem langlebigen und wartungsarmen Cortenstahl. Fenster und Fassaden aus Aluminium überschreiten durch Dreifachverglasung und U-Wert ebenfalls den ENEV-Standard. Als Bodenbelag der öffentlichen Bereiche wurde im Gebäude ein für die Region typischer Ortsterrazzo eingebaut.

Technische Anlagen

Das Gebäude wird über ein Geothermieanlage mit einer Sole-Wasser-Wärmepumpe beheizt, hat eine Lüftungsanlage und eine Kühlung für den sommerlichen Wärmeschutz. Das Dachoberlicht ist mit Photovoltaik-Modulen belegt, der erzeugte Strom wird selbst genutzt. Die Beleuchtung ist zur Energieeinsparung über Präsenzmelder gesteuert.

Sonstiges

Durch Materialität und Kubatur passt sich das Gebäude ein in das Ensemble historischer Gebäude im Bereich der ehemaligen Klosteranlage. Von außen und innen soll das barrierefrei erreichbare Gebäude transparent und bürgernah wirken.
Die Außenanlagen fügen sich schlicht in die vorhandene Gestaltung ein.

Energetische Kennwerte

Gesetzliche Grundlage: EnEV 2013
Gebäudenutzfläche: 955,00 m^2
Gebäudevolumen: 3.121,00 m^3
Hüllfläche des beheizten Volumens: 1.458,00 m^2
Spez. Transmissionswärmeverlust: 0,20 W/(m^2·K)
Mittlerer U-Wert (opake Bauteile): 0,12 W/(m^2·K)
Mittlerer U-Wert (transparente Bauteile): 0,80 W/(m^2·K)
Jahresprimärenergie: 32.702,00 kWh/a
Spez. Jahresprimärenergiebedarf: 34,24 kWh/(m^2·a)
Jahresendenergiebedarf: 18.168,00 kWh/a
Spez. Jahresendenergiebedarf: 19,02 kWh/(m^2·a)

Energetische Angaben zu Außenbauteilen

Bodenplatte

U-Wert: 0,17 W/(m²·K)

Gesamtdicke: 45,00 cm	d [cm]	l [W/(m·K)]
Stahlbeton	25,00	2,500
Dämmung PS	20,00	0,035

Außenwand gegen Erdreich

U-Wert: 0,17 W/(m²·K)

Gesamtdicke: 50,00 cm	d [cm]	l [W/(m·K)]
Stahlbeton	30,00	2,500
Dämmung PS	20,00	0,035

Außenwand

U-Wert: 0,14 W/(m²·K)

Gesamtdicke: 35,45 cm	d [cm]	l [W/(m·K)]
GK-Platte	1,25	0,250
OSB-Platte	2,20	0,130
Dämmung MW	24,00	0,032
Holz	24,00	0,180
Dämmung HF	8,00	0,040

Außenwand Gaube

U-Wert: 0,17 W/(m²·K)

Gesamtdicke: 19,65 cm	d [cm]	l [W/(m·K)]
GK-Platte	1,25	0,250
OSB-Platte	2,20	0,130
Dämmung PUR	14,00	0,026
OSB-Platte	2,20	0,130

Dach Gaube

U-Wert: 0,17 W/(m²·K)

Gesamtdicke: 19,65 cm	d [cm]	l [W/(m·K)]
GK-Platte	1,25	0,250
OSB-Platte	2,20	0,130
Dämmung PUR	14,00	0,026
OSB-Platte	2,20	0,130

Dach

U-Wert: 0,14 W/(m²·K)

Gesamtdicke: 35,45 cm	d [cm]	l [W/(m·K)]
GK-Platte	1,25	0,250
OSB-Platte	2,20	0,130
Dämmung MW	24,00	0,035
Holz	24,00	0,180
Dämmung HF	8,00	0,040

Planungskennwerte für Flächen und Rauminhalte nach DIN 277

Flächen des Grundstücks		Menge Einheit	% an GF
BF	Bebaute Fläche	362,00 m²	43,4
UF	Unbebaute Fläche	472,00 m²	56,6
GF	Grundstücksfläche	834,00 m²	100,0

Grundflächen des Bauwerks		Menge Einheit	% an NUF	% an BGF
NUF	Nutzungsfläche	481,58 m²	100,0	40,3
TF	Technikfläche	108,78 m²	22,6	9,1
VF	Verkehrsfläche	253,27 m²	52,6	21,2
NRF	Netto-Raumfläche	843,63 m²	175,2	70,5
KGF	Konstruktions-Grundfläche	352,37 m²	73,2	29,5
BGF	Brutto-Grundfläche	1.196,00 m²	248,3	100,0

Brutto-Rauminhalt des Bauwerks		Menge Einheit	BRI/NUF (m)	BRI/BGF (m)
BRI	Brutto-Rauminhalt	3.671,00 m³	7,62	3,07

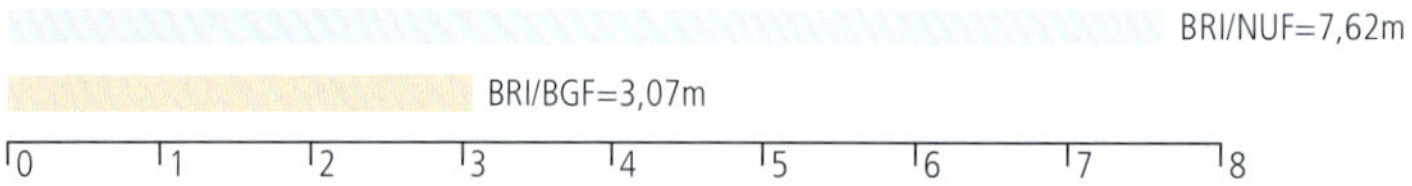

Kostenkennwerte für die Kostengruppen der 1.Ebene DIN 276

KG	Kostengruppen (1. Ebene)	Einheit	Kosten €	€/Einheit	€/m² BGF	€/m³ BRI	% 300+400
100	Grundstück	m² GF	–	–	–	–	–
200	Vorbereitende Maßnahmen	m² GF	–	–	–	–	–
300	Bauwerk – Baukonstruktionen	m² BGF	3.750.872	3.136,18	3.136,18	1.021,76	67,8
400	Bauwerk – Technische Anlagen	m² BGF	1.784.498	1.492,06	1.492,06	486,11	32,2
	Bauwerk 300+400	**m² BGF**	**5.535.369**	**4.628,24**	**4.628,24**	**1.507,86**	**100,0**
500	Außenanlagen und Freiflächen	m² AF	192.452	407,74	160,91	52,43	3,5
600	Ausstattung und Kunstwerke	m² BGF	–	–	–	–	–
700	Baunebenkosten	m² BGF	–	–	–	–	–
800	Finanzierung	m² BGF	–	–	–	–	–

KG	Kostengruppe	Menge Einheit	Kosten €	€/Einheit	%
3+4	**Bauwerk**				**100,0**
300	**Bauwerk – Baukonstruktionen**	1.196,00 m² BGF	3.750.872	**3.136,18**	67,8

Erdarbeiten, Verbau; Stahlbetonsohle, Bodenbeschichtung, schwimmender Estrich, Teppich, Bodenfliesen, Ortsterrazzo, Kiesfilterschicht, Sauberkeitsschicht, Perimeterdämmung; Kellerwände als Doppel-Elementwände mit Perimeterdämmung, Außenwände EG/OG als Holzrahmenbau, Alufenster, Alu-Pfosten-Riegelfassade, Dreifachverglasung, Laibungsbekleidung Cortenstahl, Vorhangfassade Ziegelplatten; Innenwände KS-Mauerwerk, Holzrahmenwände, Holztüren, teilw. mit Glasseitenteil und Oberlicht, Holzglaselemente und Flurtüren (Stahl/Glas) mit und ohne Brandschutzanforderung, Innenputz, Beschichtung; Stb-Elementdecken, Stahlbetontreppen, Stahltreppe, Bodenfliesen, Werkstein, abgehängte GK-Decken, teilw. Akustikdecken; Holzdachstuhl, Dachgauben, Dachoberlichtband mit bauwerksintegrierten PV-Modulen als äußerer Verglasung, Abdichtung, Dachdeckung mit Ziegelplatten, Gaubenbekleidung Cortenstahl

KG	Kostengruppe	Menge Einheit	Kosten €	€/Einheit	%
400	**Bauwerk – Technische Anlagen**	1.196,00 m² BGF	1.784.498	**1.492,06**	32,2

Gebäudeentwässerung im Trennsystem, Kalt- und Warmwasserleitungen, Sanitärobjekte; Geothermieanlage mit Sole-Wasser-Wärmepumpe, Fußbodenheizung, Röhrenheizkörper; Lüftungsanlage, Kühlanlage; bauwerksintegrierte PV-Anlage (siehe Hochbau), Elektroinstallation, Beleuchtungs-steuerung über Präsenzmelder, Sicherheitsbeleuchtung, Blitzschutz; Telekommunikationsanlage, WC-Notruf, Schließanlage mit Zutrittskontrollsystem, Einbruchmeldeanlage, IT-Datennetz; maschinenraumloser, barrierefreier Aufzug (drei Haltestellen) mit Elektroantrieb; zwei Teeküchen

KG	Kostengruppe	Menge Einheit	Kosten €	€/Einheit	%
500	**Außenanlagen und Freiflächen**	472,00 m² AF	192.452	**407,74**	3,5

Befestigte Flächen, Entwässerungsrinnen, Stufenanlage und Winkelstützwände, auch im Anschlussbereich an die und auf den angrenzenden Grundstücken

1300-0304
Bürogebäude (84 AP)

Objektübersicht

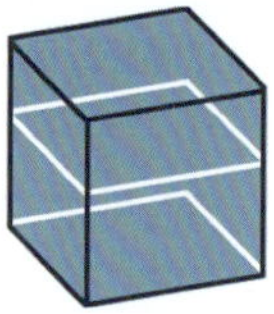
BRI 435 €/m³

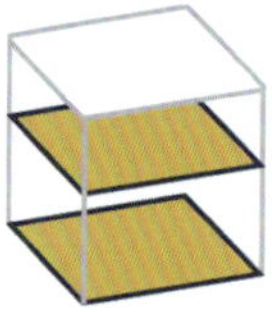
BGF 1.666 €/m²

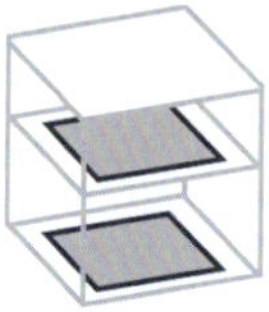
NUF 2.173 €/m²

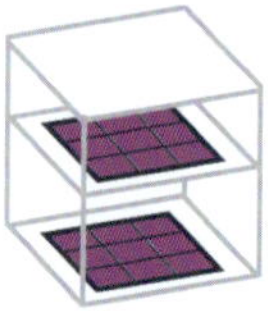
NE 23.601 €/NE
NE: Arbeitsplätze

Objekt:
Kennwerte: 1.Ebene DIN 276
BRI: 4.555 m³
BGF: 1.190 m²
NUF: 912 m²
Bauzeit: 52 Wochen
Bauende: 2019
Standard: Durchschnitt
Bundesland: Nordrhein-Westfalen
Kreis: Rhein-Erft-Kreis

Architekt*in:
KRAUS Architekten
und Ingenieure GmbH
Aachener Straße 382
50933 Köln

Bauherr*in:
guter Grund GmbH
Marie-Curie-Straße 3
50321 Brühl

Ansicht Süd

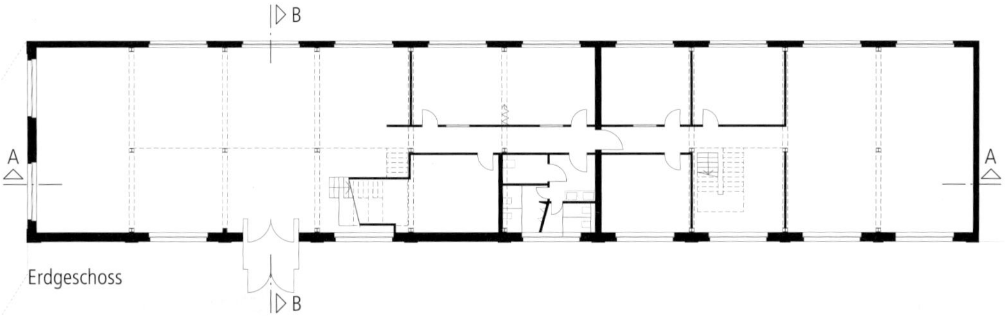

Erdgeschoss

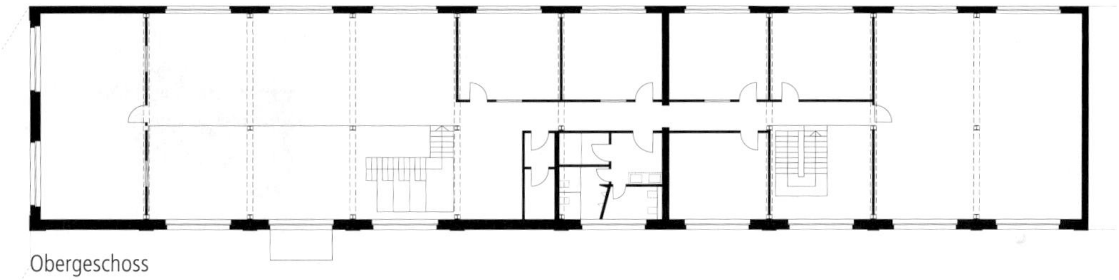

Obergeschoss

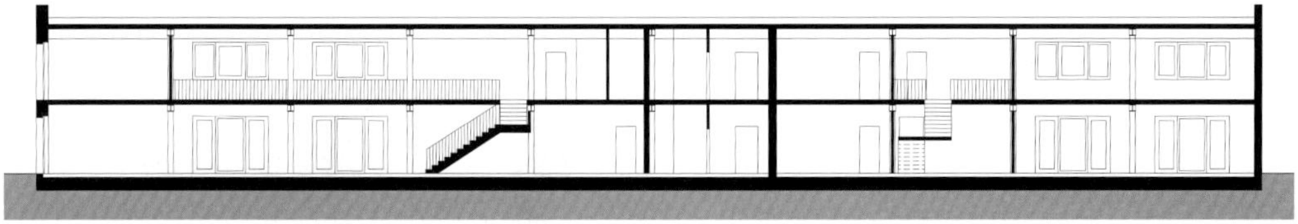

Schnitt A-A

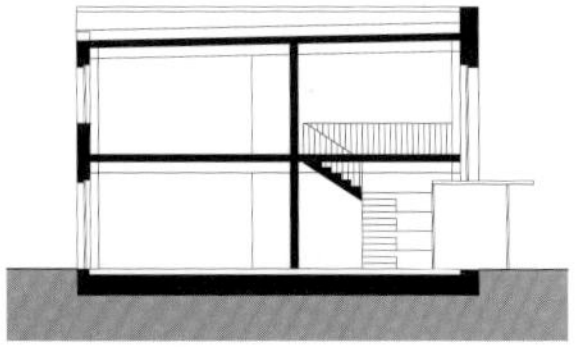

Schnitt B-B

Ansicht West

Objektbeschreibung

Allgemeine Objektinformationen

Ressourcenschonend, offen und flexibel für den Menschen. Der Neubau auf dem ehemaligen Zuckerfabrikgelände in Brühl bietet flexible Arbeitsplatzkonzepte für Freelancer, Startups und kleine Unternehmen an. Das lichtdurchflutete und offene Gebäude im Passivhaus-Standard wurde aus wiedergewonnenen Baumaterialien realisiert.

Nutzung

1 Erdgeschoss
Arbeiten, Konferenzräume, Küche, Sanitärräume, Flure, Treppenhäuser

1 Obergeschoss
Arbeiten, Sanitärräume, Flure, Treppenhäuser

Nutzeinheiten

Arbeitsplätze: 84

Grundstück

Bauraum: Freier Bauraum
Neigung: Ebenes Gelände
Bodenklasse: BK 1 bis BK 5

Markt

Hauptvergabezeit: 2.Quartal 2018
Baubeginn: 2.Quartal 2018
Bauende: 2.Quartal 2019
Konjunkturelle Gesamtlage: Durchschnitt
Regionaler Baumarkt: über Durchschnitt

Baukonstruktion

Das Gebäude ist in Stahlbauweise mit massiver Decke und Brandwand in Stahlbeton errichtet. Die Innenwände sind in Leichtbauweise hergestellt, die flexibel, je nach Bedarf umgesetzt werden können. Die Treppe ist in den tragenden Teilen aus Stahl oder Stahlbeton errichtet. Die Wandoberflächen innen sind in Sichtbeton belassen. Die Außenfassade wurde aus sichtbarem Klinkermauerwerk gemauert. Die dreifachverglasten Alufenster erhielten einen Sonnenschutz. Der Estrich auf den Böden wurde mit einer Epoxidharzzulage geschliffen, in den WCs wurden Fliesen verlegt. Die Innentreppen aus Cortenstahl erhielten Holzstufen aus Recyclingholz.

Technische Anlagen

Die Wärmeversorgung erfolgt über einen Fernwärmeanschluss. Die Lüftungsanlage verfügt über einen Plattenwärmetauscher, mit Kombiregister, sodass im Sommer damit gekühlt werden kann. Eine Betonkernaktivierung sorgt für konstante Raumtemperatur. Ein Durchlauferhitzer sorgt für Warmwasser.

Sonstiges

Zur Schonung wertvoller Ressourcen wurden für die Fassade wiedergewonnene Abrissklinker verwendet. Der Grundsatz der Energieeffizienz und Nachhaltigkeit wurde bis in die Gestaltung des Interieurs weitergeführt. So zeichnet sich die Innenraumgestaltung durch Upcycling-Möbel wie Tische aus alten Gerüstbohlen oder einer Garderobe aus alten Kupferrohren aus.

Energetische Kennwerte

Gesetzliche Grundlage: EnEV 2013
Gebäudenutzfläche: 1.119,00 m^2
Gebäudevolumen: 3.496,00 m^3
Spez. Transmissionswärmeverlust: 0,21 W/(m^2·K)
Mittlerer U-Wert (opake Bauteile): 0,11 W/(m^2·K)
Mittlerer U-Wert (transparente Bauteile): 0,80 W/(m^2·K)
Spez. Jahresprimärenergiebedarf: 65,70 kWh/(m^2·a)
Spez. Jahresheizwärmebedarf: 10,00 kWh/(m^2·a)
Differenzdruck-Messverfahren: 0,60 h^{-1}

Energetische Angaben zu Außenbauteilen

Bodenplatte

U-Wert: 0,14 W/(m²·K)

Gesamtdicke: 62,50 cm	d [cm]	l [W/(m·K)]
Estrich	5,00	1,400
Trittschalldämmung	2,00	0,035
Dämmung	5,00	0,035
Abdichtung	0,50	0,170
Stahlbeton	30,00	2,500
Dämmung	20,00	0,040

Außenwand

U-Wert: 0,14 W/(m²·K)

Gesamtdicke: 62,00 cm	d [cm]	l [W/(m·K)]
Innenputz	1,50	0,700
Stahlbeton	25,00	2,500
Dämmung	24,00	0,035
Klinker	11,50	1,200

Dach

U-Wert: 0,11 W/(m²·K)

Gesamtdicke: 56,15 cm	d [cm]	l [W/(m·K)]
Stahlbeton	25,00	2,500
Dampfsperre	0,15	0,170
Dämmung	30,00	0,035
Abdichtung	0,50	0,170
Abdichtung	0,50	0,170

Planungskennwerte für Flächen und Rauminhalte nach DIN 277

Flächen des Grundstücks		Menge Einheit	% an GF
BF	Bebaute Fläche	696,93 m²	23,7
UF	Unbebaute Fläche	2.247,07 m²	76,3
GF	Grundstücksfläche	2.944,00 m²	100,0

Grundflächen des Bauwerks		Menge Einheit	% an NUF	% an BGF
NUF	Nutzungsfläche	912,14 m²	100,0	76,7
TF	Technikfläche	1,00 m²	0,1	< 0,1
VF	Verkehrsfläche	122,64 m²	13,4	10,3
NRF	Netto-Raumfläche	1.035,78 m²	113,6	87,0
KGF	Konstruktions-Grundfläche	154,20 m²	16,9	13,0
BGF	Brutto-Grundfläche	1.189,98 m²	130,5	100,0

Brutto-Rauminhalt des Bauwerks		Menge Einheit	BRI/NUF (m)	BRI/BGF (m)
BRI	Brutto-Rauminhalt	4.554,60 m³	4,99	3,83

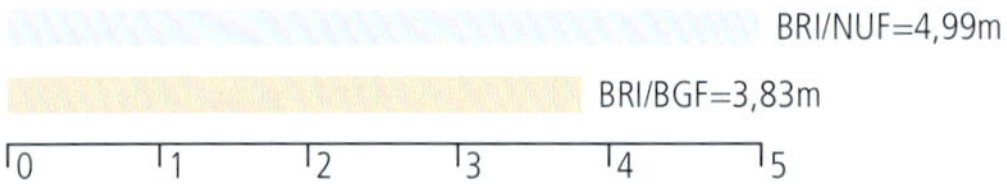

Kostenkennwerte für die Kostengruppen der 1. Ebene DIN 276

KG	Kostengruppen (1. Ebene)	Einheit	Kosten €	€/Einheit	€/m² BGF	€/m³ BRI	% 300+400
100	Grundstück	m² GF	–	–	–	–	–
200	Vorbereitende Maßnahmen	m² GF	104.530	35,51	87,84	22,95	5,3
300	Bauwerk – Baukonstruktionen	m² BGF	1.753.260	1.473,35	1.473,35	384,94	88,4
400	Bauwerk – Technische Anlagen	m² BGF	229.184	192,59	192,59	50,32	11,6
	Bauwerk 300+400	**m² BGF**	**1.982.444**	**1.665,95**	**1.665,95**	**435,26**	**100,0**
500	Außenanlagen und Freiflächen	m² AF	230.478	102,57	193,68	50,60	11,6
600	Ausstattung und Kunstwerke	m² BGF	11.729	9,86	9,86	2,58	0,6
700	Baunebenkosten	m² BGF	–	–	–	–	–
800	Finanzierung	m² BGF	–	–	–	–	–

KG	Kostengruppe	Menge Einheit	Kosten €	€/Einheit	%
200	**Vorbereitende Maßnahmen**	2.944,00 m² GF	104.530	**35,51**	5,3

Hausanschlüsse

KG	Kostengruppe	Menge Einheit	Kosten €	€/Einheit	%
3+4	**Bauwerk**				**100,0**
300	**Bauwerk – Baukonstruktionen**	1.189,98 m² BGF	1.753.260	**1.473,35**	88,4

Stb-Bodenplatte, Dämmung, Estrich Epoxitharzzugabe; Stb-Wände, Stahlstützen, Alufenster, dreifachverglast, Alutüren, Sichtmauerwerk, Klinker, Sichtbetonoberflächen, Raffstores; Stb-Innenwände, KS-Mauerwerk, GK-Wände, Stahlstützen, Holztüren, Fliesen, Beschichtung, mobile Faltwände; Stb-Decken, Stahlrahmenunterzüge, Stahlvordach, Stahltreppe, Holzstufen, Estrich geschliffen, Stahlgeländer; Stb-Flachdach, Dämmung, Bitumenabdichtung, Dachentwässerung

KG	Kostengruppe	Menge Einheit	Kosten €	€/Einheit	%
400	**Bauwerk – Technische Anlagen**	1.189,98 m² BGF	229.184	**192,59**	11,6

Gebäudeentwässerung, Kalt- und Warmwasserleitungen, Durchlauferhitzer, Sanitärobjekte; Fernwärme, Betonkernaktivierung; Lüftungsanlage mit Wärmerückgewinnung, Plattenwärmetauscher mit Wärme- und Kühlfunktion, Kälteanlage; Photovoltaikanlage, Elektroinstallation, Beleuchtung, Blitzschutz

KG	Kostengruppe	Menge Einheit	Kosten €	€/Einheit	%
500	**Außenanlagen und Freiflächen**	2.247,07 m² AF	230.478	**102,57**	11,6

Pflasterbeläge für Wege, Holzdielen für Terrassen , Schotter für Stellplätze; Pflanzflächen, Bäume, Büsche, Rasenflächen

KG	Kostengruppe	Menge Einheit	Kosten €	€/Einheit	%
600	**Ausstattung und Kunstwerke**	1.189,98 m² BGF	11.729	**9,86**	0,6

Ausstattung, Möblierung

1300-0305
Bürogebäude (13 AP)

Objektübersicht

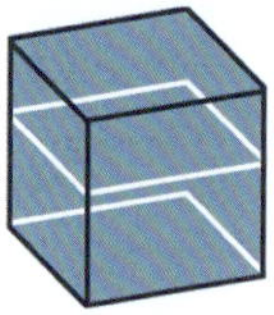

BRI 564 €/m³

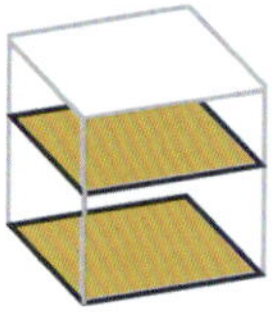

BGF 2.710 €/m²

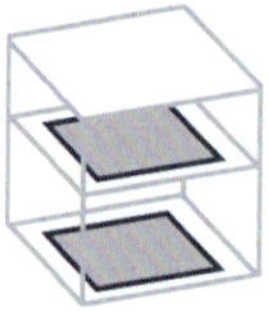

NUF 3.915 €/m²

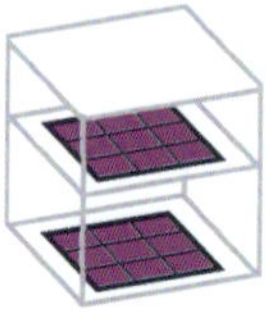

NE 84.514 €/NE
NE: Arbeitsplätze

Objekt:
Kennwerte: 1. Ebene DIN 276
BRI: 1.948 m³
BGF: 405 m²
NUF: 281 m²
Bauzeit: 43 Wochen
Bauende: 2021
Standard: über Durchschnitt
Bundesland: Rheinland-Pfalz
Kreis: Rhein-Hunsrück-Kreis

Architekt*in:
Dillig Architekten GmbH
Bahnhofsplatz 5
55469 Simmern

Bauherr*in:
Maschinenring Hundsrück e.V.
BirSim GmbH
Weinenweg 5
55469 Ohlweiler

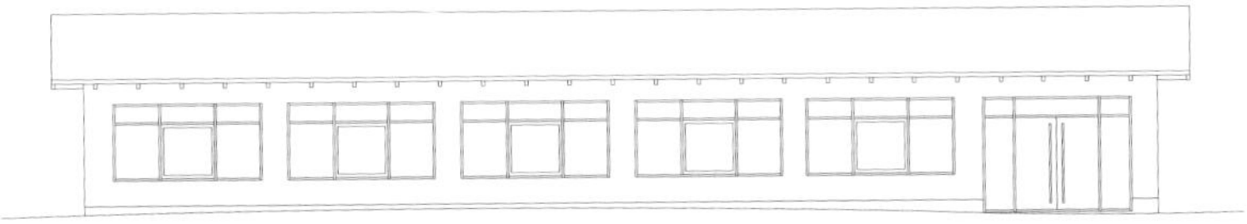

Ansicht Nord-West

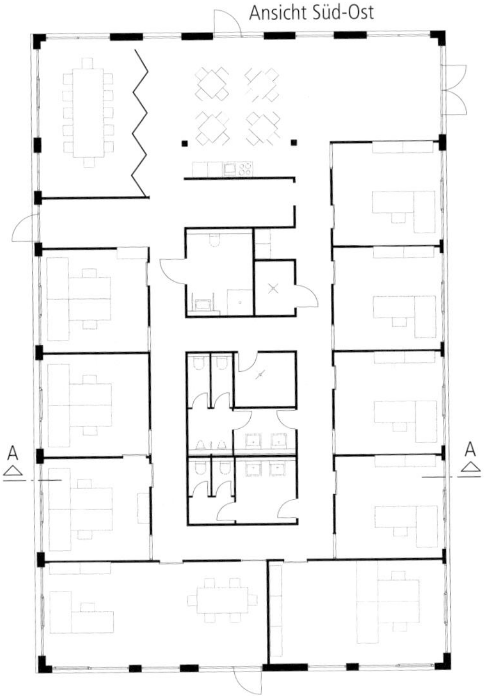

Erdgeschoss

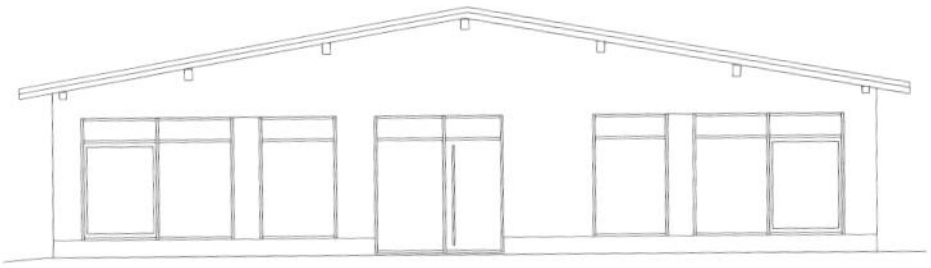

Ansicht Nord-Ost

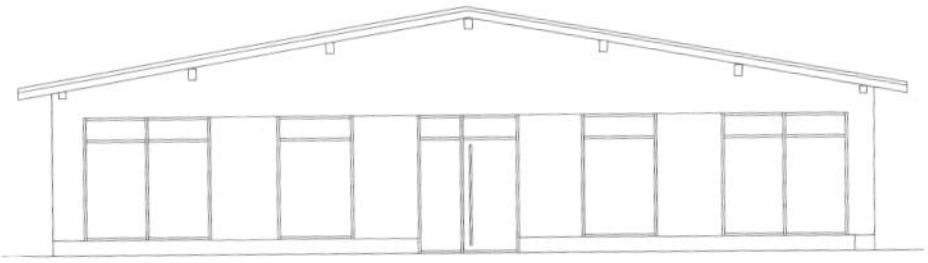

Ansicht Süd-West

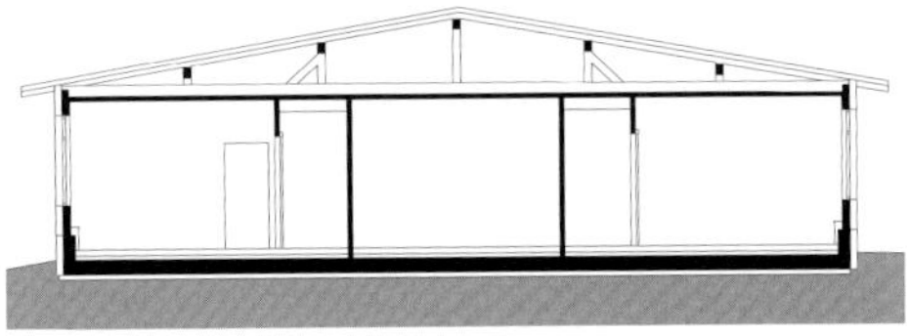

Schnitt A-A

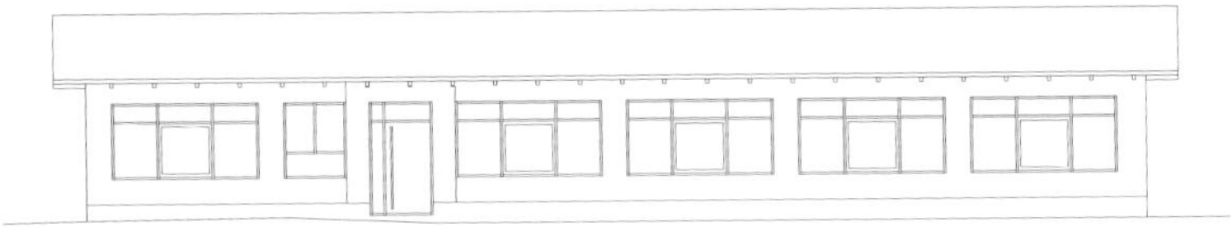

Ansicht Süd-Ost

Objektbeschreibung

Allgemeine Objektinformationen

Bei dem Neubau handelt es sich um ein eingeschossiges modernes Bürogebäude, welches durch einen hohen Einsatz von Gebäudeautomation auch eine gewisse Intelligenz besitzt.

Nutzung

1 Erdgeschoss
Büros, Besprechungsraum, Cafeteria, Küche, Empfang, Garderobe, Sanitärräume, Technik

Nutzeinheiten

Arbeitsplätze: 13
Bürofläche: 355 m^2

Grundstück

Bauraum: Freier Bauraum
Neigung: Ebenes Gelände
Bodenklasse: BK 1 bis BK 4

Markt

Hauptvergabezeit: 2. Quartal 2020
Baubeginn: 3. Quartal 2020
Bauende: 2. Quartal 2021
Konjunkturelle Gesamtlage: Durchschnitt
Regionaler Baumarkt: unter Durchschnitt

Baukonstruktion

Es wurde ein ökologisches Gebäude in Vollholzbauweise erstellt. Die Bodenplatte sowie der Sockelbereich sind in konservativer Betonbauweise erstellt. Bei dieser Bauweise werden Vollholzelemente wie Balken, Bretter oder Brettsperrholz verwendet, sie bilden sowohl die tragenden Strukturen als auch die Innen- und Außenwände des Gebäudes. Tragwerkstechnisch wurde es so konzipiert, dass eine Aufstockung um ein weiteres Geschoss möglich ist. Das flache Satteldach wurde mit Betondachsteinen gedeckt. Die Fassade erhielt ein Wärmedämmverbundsystem, die Alufenster sind dreifachverglast. Die Böden wurden mit textilen Belägen und Fliesen belegt.

Technische Anlagen

Das Gebäude ist an eine Nahwärmeleitung angeschlossen, dieses wird über eine Hackschnitzelanlage beheizt, die im Nachbargebäude steht und dieses auch mit Wärme versorgt. Aufgrund des niedrigen Wärmebedarfs des Gebäudes, sowie des seltenen Warmwasserbedarfs, ist die Warmwasserbereitung über Durchlauferhitzer ausgeführt. Die WCs werden bei Bedarf manuell entlüftet. Auf weitere Lüftungstechnik wurde verzichtet, da der ökologische Gedanke des Gebäudes eine maximale Öffnung der Fenster- und Außentüren vorsieht.

Sonstiges

Mit Ausnahme der Bodenplatte sind alle Baustoffe vollökologisch.

Energetische Kennwerte

Gesetzliche Grundlage: EnEV 2013
Gebäudenutzfläche: 373,63 m^2
Spez. Jahresprimärenergiebedarf: 470,04 kWh/(m^2·a)
CO_2-Emissionen: 23,00 kg/(m^2·a)

Planungskennwerte für Flächen und Rauminhalte nach DIN 277

Flächen des Grundstücks		Menge Einheit	% an GF
BF	Bebaute Fläche	405,47 m²	4,1
UF	Unbebaute Fläche	9.583,53 m²	95,9
GF	Grundstücksfläche	9.989,00 m²	100,0

Grundflächen des Bauwerks		Menge Einheit	% an NUF	% an BGF
NUF	Nutzungsfläche	280,61 m²	100,0	69,2
TF	Technikfläche	8,08 m²	2,9	2,0
VF	Verkehrsfläche	74,53 m²	26,6	18,4
NRF	Netto-Raumfläche	363,22 m²	129,4	89,6
KGF	Konstruktions-Grundfläche	42,25 m²	15,1	10,4
BGF	Brutto-Grundfläche	405,47 m²	144,5	100,0

Brutto-Rauminhalt des Bauwerks		Menge Einheit	BRI/NUF (m)	BRI/BGF (m)
BRI	Brutto-Rauminhalt	1.948,47 m³	6,94	4,81

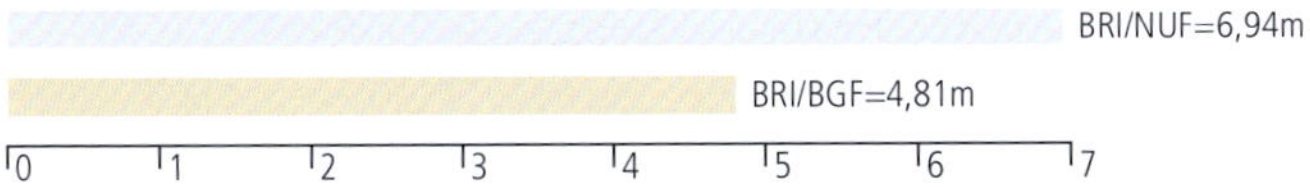

Kostenkennwerte für die Kostengruppen der 1. Ebene DIN 276

KG	Kostengruppen (1. Ebene)	Einheit	Kosten €	€/Einheit	€/m² BGF	€/m³ BRI	% 300+400
100	Grundstück	m² GF	–	–	–	–	–
200	Vorbereitende Maßnahmen	m² GF	–	–	–	–	–
300	Bauwerk – Baukonstruktionen	m² BGF	777.506	1.917,54	1.917,54	399,03	70,8
400	Bauwerk – Technische Anlagen	m² BGF	321.181	792,12	792,12	164,84	29,2
	Bauwerk 300+400	**m² BGF**	**1.098.688**	**2.709,66**	**2.709,66**	**563,87**	**100,0**
500	Außenanlagen und Freiflächen	m² AF	–	–	–	–	–
600	Ausstattung und Kunstwerke	m² BGF	–	–	–	–	–
700	Baunebenkosten	m² BGF	–	–	–	–	–
800	Finanzierung	m² BGF	–	–	–	–	–

KG	Kostengruppe	Menge Einheit	Kosten €	€/Einheit	%
3+4	**Bauwerk**				**100,0**
300	**Bauwerk – Baukonstruktionen**	405,47 m² BGF	777.506	**1.917,54**	70,8

Baugrubenaushub; Stb-Bodenplatte, Abdichtung, Dämmung, Estrich, Bodenfliesen, textile Beläge; Stb-Aufkantung, Holzrahmenwände, Dämmung, Sperrholzplatten, Alufenster, Dreifachverglasung, Alutüren, WDVS, oberflächenfertige Holzschalung; Holzrahmenwände, oberflächenfertig, Holzstützen, Holztüren, Stahlzargen, elektrische Glasschiebetüren; Holzträger, Sperrholzdecke, Dämmung; Holz-Satteldachkonstruktion, Unterspannbahn, Betondachsteine, Dachentwässerung

KG	Kostengruppe	Menge Einheit	Kosten €	€/Einheit	%
400	**Bauwerk – Technische Anlagen**	405,47 m² BGF	321.181	**792,12**	29,2

Gebäudeentwässerung, Kalt- und Warmwasserleitungen, Sanitärobjekte; Nahwärmeanschluss, Hackschnitzelheizung, Durchlauferhitzer; Elektroinstallation, Beleuchtung; Rauchwarnmelder; Gebäudeautomation

1300-0306
Bürogebäude (240 AP)

Objektübersicht

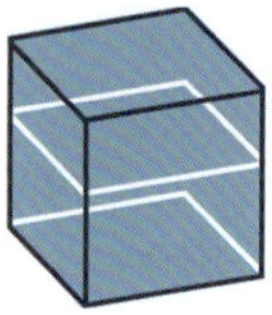

BRI 905 €/m^3

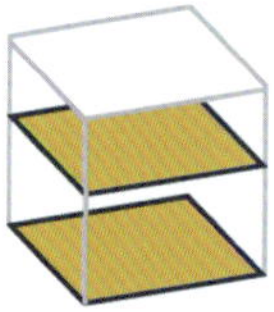

BGF 3.463 €/m^2

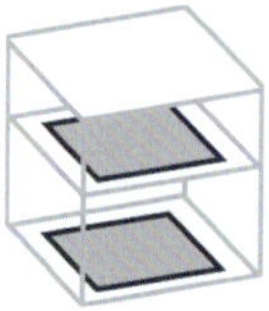

NUF 5.541 €/m^2

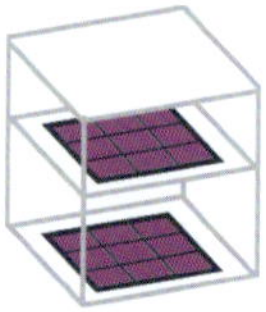

NE 90.946 €/NE

NE: Arbeitsplätze

Objekt:
Kennwerte: 1.Ebene DIN 276
BRI: 24.126 m^3
BGF: 6.303 m^2
NUF: 3.939 m^2
Bauzeit: 95 Wochen
Bauende: 2022
Standard: Durchschnitt
Bundesland: Nordrhein-Westfalen
Kreis: Aachen, Städteregion

Architekt*in:
SSP AG
Lise-Meitner-Allee 30
44801 Bochum

Bauherr*in:
Aachener Verlagsgesellschaft mbH
Dresdener Straße 3
52068 Aachen

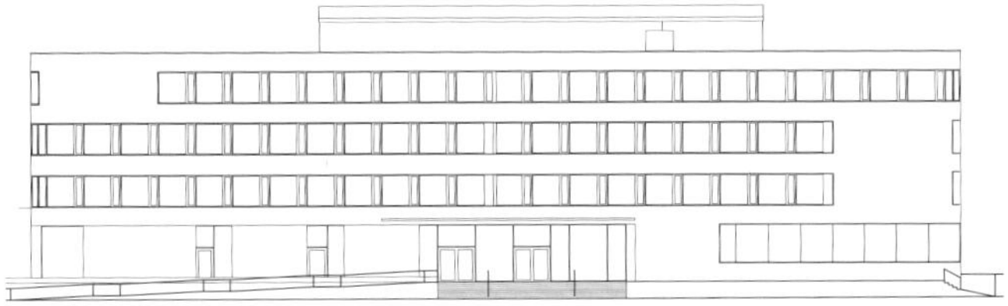

Ansicht Süd-West

Ansicht Süd-Ost

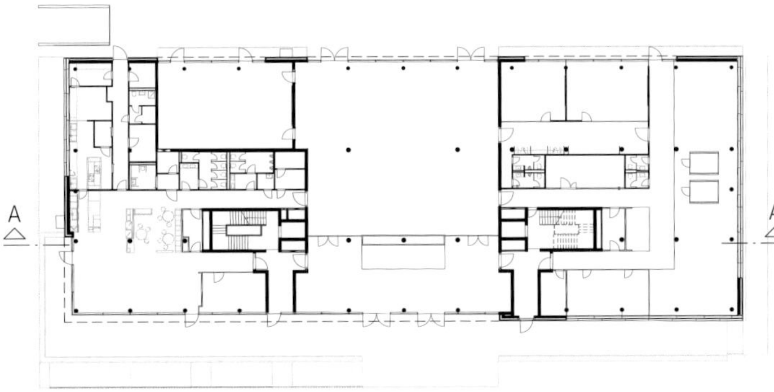

Erdgeschoss

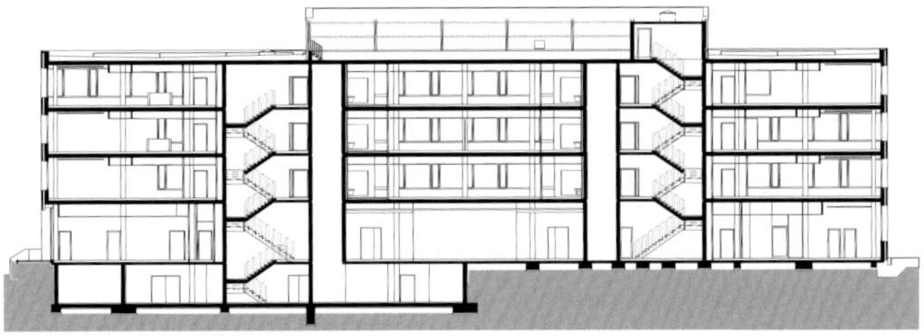

Schnitt A-A

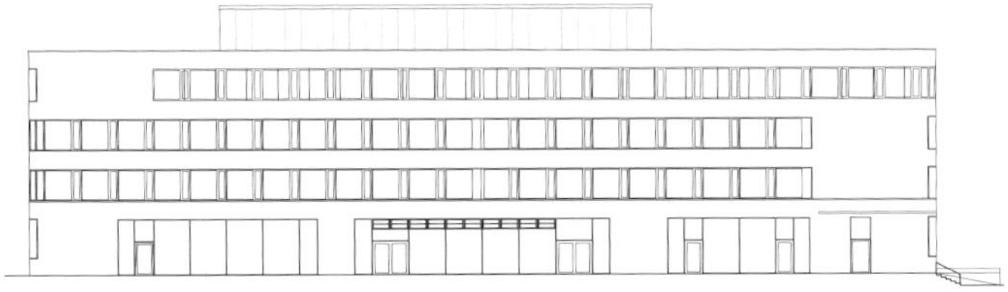

Ansicht Nord-Ost

Ansicht Nord-West

Objektbeschreibung

Allgemeine Objektinformationen

Der Neubau bildet einen zukunftsorientierten Mediencampus für vielfältige Medien- und Veranstaltungsfirmen für rund 240 Mitarbeiter. Das multifunktionale Forum ist die Bühne für viele verschiedene Veranstaltungen: Vorträge, Kleinmessen, Workshops sind genauso möglich wie Mitarbeiterversammlungen und Kulturveranstaltungen.

Nutzung

1 Untergeschoss
Abstellräume, Technik, Aufzug

1 Erdgeschoss
Empfang, Information, Forum, Bistro, Küche, Abstellräume, Büros, Konferenzräume, WCs, Stuhllager, Personalumkleide, Müllraum, Aufzüge

3 Obergeschosse
Büros, Flex Zone, Open Office, Besprechungsräume, WCs, Kopierraum, Aufzüge

1 Dachgeschoss
Technik, Lüftungszentrale

Nutzeinheiten

Arbeitsplätze: 240

Grundstück

Bauraum: Beengter Bauraum
Neigung: Ebenes Gelände
Bodenklasse: BK 3 bis BK 6

Besonderer Kosteneinfluss Grundstück
Spezial-Tiefgründung und Geländeaufschüttungen

Markt

Hauptvergabezeit: 2. Quartal 2020
Baubeginn: 3. Quartal 2020
Bauende: 3. Quartal 2022
Konjunkturelle Gesamtlage: über Durchschnitt
Regionaler Baumarkt: über Durchschnitt

Baukonstruktion

Das Tragwerk besteht aus Stahlbeton in Skelettbauweise. Die Decken sind als Flachdecken ausgebildet und bieten bei geringer Bauhöhe eine größtmögliche Flexibilität im Innenausbau, kombiniert mit einfacher Installationsführung unter den Decken. Als Fassadenmaterial wurden langlebige Materialien aus Ziegel und Pfosten-Riegel-Fassaden mit Alu-Fen-sterelementen und Türanlagen gewählt. Es wurden textile und keramischen Bodenbeläge verlegt. Die öffentlichen Bereiche erhalten pflegeleichte Steinzeugoberflächen. Abgehängte Lamellendecken sorgen für angenehme Raumakustik. Das Gründach bildet eine kleine botanische Oase, die den Schall schluckt, Luft filtert, Feinstaub bindet und als zusätzlicher Dämmschutz funktioniert.

Technische Anlagen

Das Gebäude erreicht durch eine kategorisch abgestimmte Anlagentechnik, angepasst auf die thermische Gebäudehülle, ein Optimum an Energieeffizienz. Durch die optimierte Wärmedämmung der Außenbauteile und die kompakte Form des Baukörpers kann ein Teil der Wärmeverluste durch die solaren und internen Wärmegewinne ausgeglichen werden. Die benötigte Heizwärme erzeugt ein Blockheizkraftwerk, die Verteilung der Heizwärme erfolgt über abgehängte Heiz- bzw. Kühldecken. Lüftungsanlagen mit Wärmerückgewinnung sorgen für die Belüftung des Gebäudes. Die Elektroinstallation erfolgt an den Arbeitsplätzen über Bodentanks. Die Beleuchtung erfolgt zusätzlich zu den Deckenleuchten über flexible LED-Stehleuchten.

Sonstiges

Der Neubau wird umgeben von einer hochwertigen Außenfläche, dem „Central Park", der den Neubau mit den Druckereigebäuden verbindet und eine grüne Oase im Gewerbegebiet schafft. Bei der Auswahl der Materialien wurde großer Wert auf die Verwendung von baubiologisch einwandfreien und langlebigen Baustoffen gelegt, die ein gesundheitliches Risiko für Mensch und Umwelt ausschließen.

Das Gebäude wurde mit dem IF Design Award 2023 Category Office/Industry Architekture sowie dem Built Design Award 2023 ausgezeichnet.

Energetische Kennwerte

Gesetzliche Grundlage: EnEV 2013
Gebäudenutzfläche: 5.448,00 m^2
Spez. Jahresprimärenergiebedarf: 108,10 kWh/(m^2·a)

Planungskennwerte für Flächen und Rauminhalte nach DIN 277

Flächen des Grundstücks		Menge Einheit	% an GF
BF	Bebaute Fläche	1.944,30 m2	16,3
UF	Unbebaute Fläche	10.014,70 m2	83,7
GF	Grundstücksfläche	11.959,00 m2	100,0

Grundflächen des Bauwerks		Menge Einheit	% an NUF	% an BGF
NUF	Nutzungsfläche	3.938,90 m2	100,0	62,5
TF	Technikfläche	386,00 m2	9,8	6,1
VF	Verkehrsfläche	1.188,40 m2	30,2	18,9
NRF	Netto-Raumfläche	5.513,30 m2	140,0	87,5
KGF	Konstruktions-Grundfläche	789,57 m2	20,0	12,5
BGF	Brutto-Grundfläche	6.302,87 m2	160,0	100,0

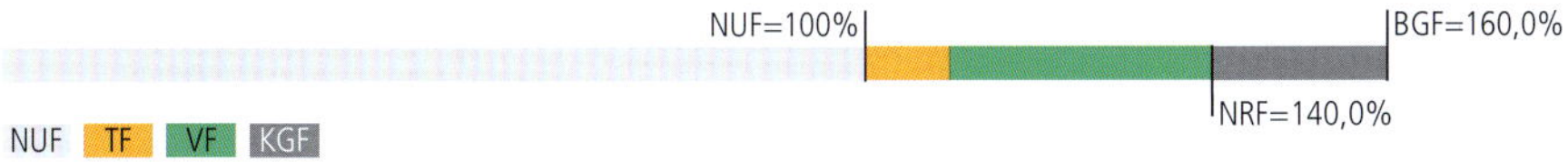

Brutto-Rauminhalt des Bauwerks		Menge Einheit	BRI/NUF (m)	BRI/BGF (m)
BRI	Brutto-Rauminhalt	24.126,38 m3	6,13	3,83

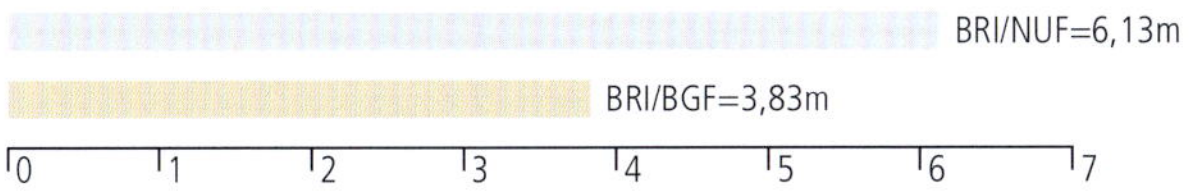

Kostenkennwerte für die Kostengruppen der 1. Ebene DIN 276

KG	Kostengruppen (1. Ebene)	Einheit	Kosten €	€/Einheit	€/m² BGF	€/m³ BRI	% 300+400
100	Grundstück	m² GF	–	–	–	–	–
200	Vorbereitende Maßnahmen	m² GF	–	–	–	–	–
300	Bauwerk – Baukonstruktionen	m² BGF	15.091.745	2.394,42	2.394,42	625,53	69,1
400	Bauwerk – Technische Anlagen	m² BGF	6.735.274	1.068,60	1.068,60	279,17	30,9
	Bauwerk 300+400	**m² BGF**	**21.827.019**	**3.463,03**	**3.463,03**	**904,70**	**100,0**
500	Außenanlagen und Freiflächen	m² AF	–	–	–	–	–
600	Ausstattung und Kunstwerke	m² BGF	–	–	–	–	–
700	Baunebenkosten	m² BGF	–	–	–	–	–
800	Finanzierung	m² BGF	–	–	–	–	–

KG	Kostengruppe	Menge Einheit	Kosten €	€/Einheit	%
3+4	**Bauwerk**				**100,0**
300	**Bauwerk – Baukonstruktionen**	6.302,87 m² BGF	15.091.745	**2.394,42**	69,1

Bodenarbeiten; Stb-Fundamente, Stb-Bodenplatte WU, Tiefgründung, Abdichtung, Dämmung, Verbundestrich, Steinzeug, Beschichtung, Perimeterdämmung; Stb-Wände WU, Mauerwerk, Alu-Fensterelemente, Alu-Eingangstüren, kerngedämmte Klinkerfassade, Innenputz, Wandfliesen, Beschichtung, Pfosten-Riegel-Fassade mit Türanlage, innenliegender Rollo, Außen-Sonnenschutz; Stb-Wände, Innenmauerwerk, GK-Wände, Glasinnenwände, Innenstützen, Innentüren, Innenputz, Wandfliesen, Beschichtung, Wandbekleidungen, Geländer; Stb-Decken, Stb-Treppen, Zementestrich, Abdichtung, Bodenfliesen, Steinzeug, Teppich, Geländer, Handläufe, abgehängte Decken; Stb-Flachdach, Dämmung, Abdichtung, Dachentwässerung, Dachbegrünung; Teeküchen, Empfangstresen, Garderoben, Beschilderungen; Rauchschutzvorhänge; Abbruch Bestandsgebäude

KG	Kostengruppe	Menge Einheit	Kosten €	€/Einheit	%
400	**Bauwerk – Technische Anlagen**	6.302,87 m² BGF	6.735.274	**1.068,60**	30,9

Gebäudeentwässerung, Kalt- und Warmwasserleitungen, Sanitärobjekte; BHKW, Heiz-, Kühlelementdecken; kontrollierte Be- und Entlüftung mit Wärmerückgewinnung; Elektroinstallation mit Bodentanks, Deckenbeleuchtung, LED-Stehleuchten

1300-0307
Bürogebäude (15 AP)

Objektübersicht

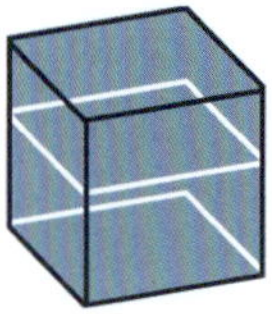

BRI 851 €/m³

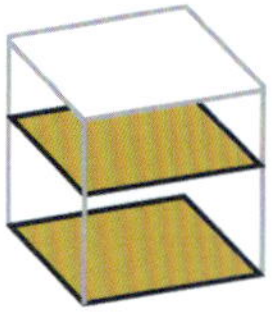

BGF 4.315 €/m²

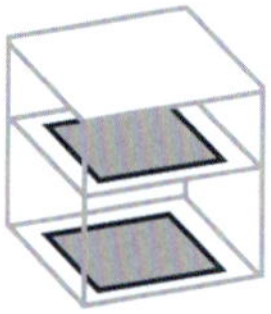

NUF 6.221 €/m²

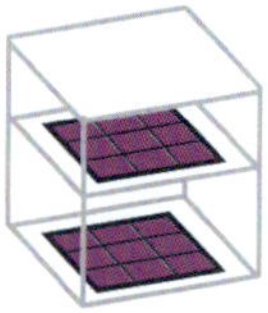

NE 173.222 €/NE
NE: Arbeitsplätze

Objekt:
Kennwerte: 1. Ebene DIN 276
BRI: 2.851 m³
BGF: 562 m²
NUF: 390 m²
Bauzeit: 52 Wochen
Bauende: 2020
Standard: über Durchschnitt
Bundesland: Schleswig-Holstein
Kreis: Dithmarschen

Architekt*in:
Steinwender
Architekten GmbH
Grüner Weg 10
25746 Heide

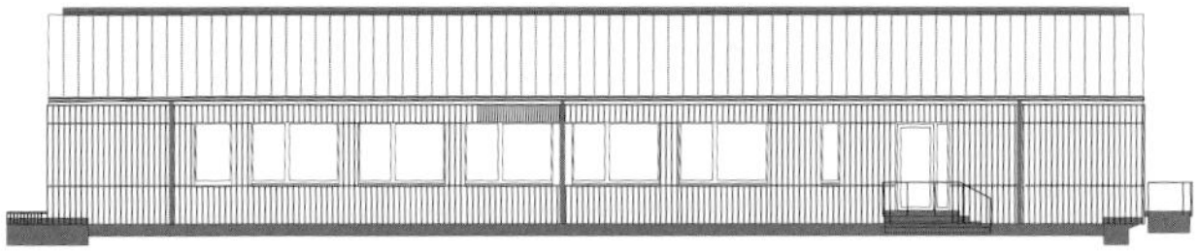

Ansicht Nord

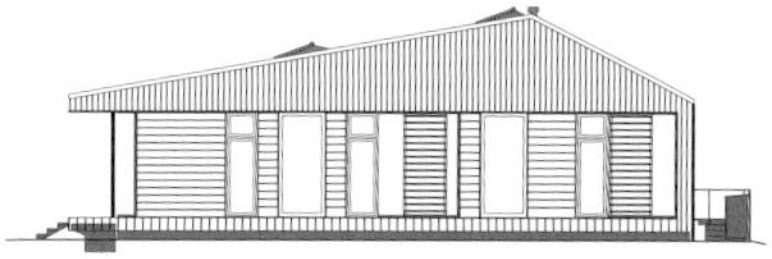

Ansicht Ost

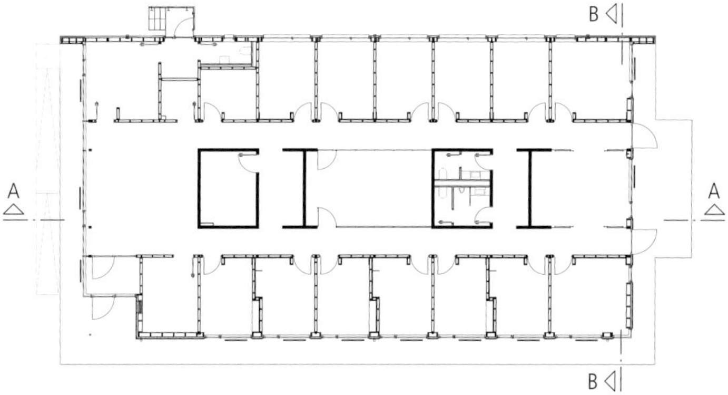

Erdgeschoss

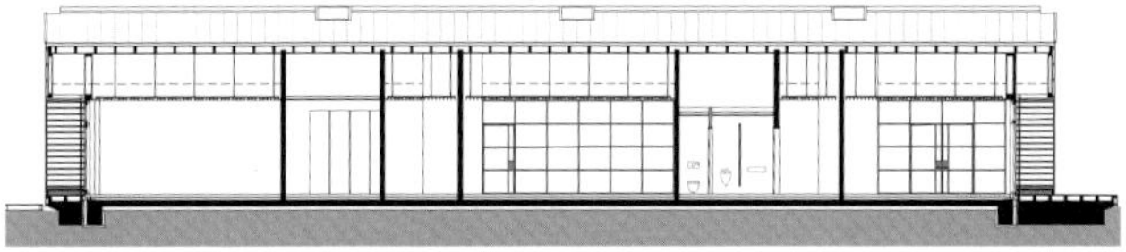

Schnitt A-A

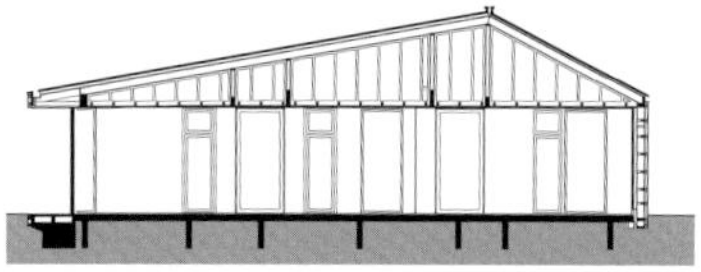

Schnitt B-B

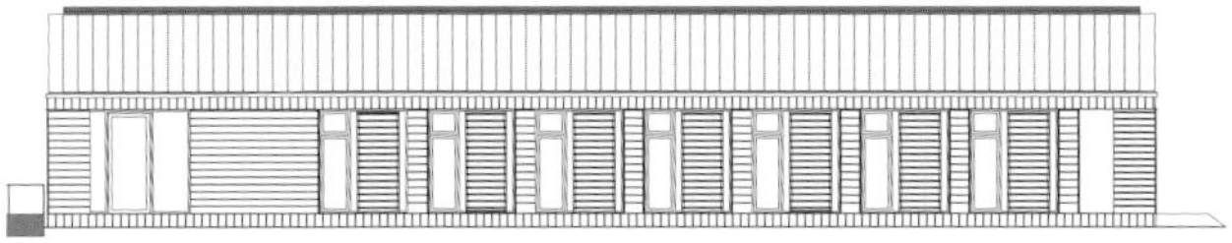

Ansicht Süd

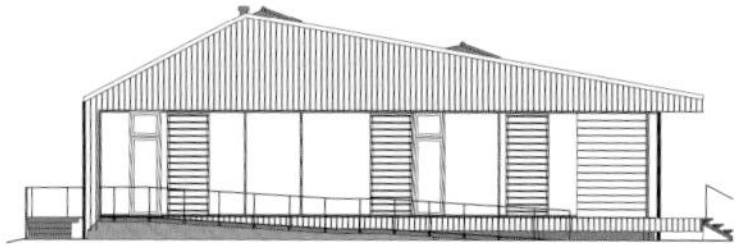

Ansicht West

Objektbeschreibung

Allgemeine Objektinformationen

Das eingeschossige Gebäude ist gegenüber dem Gelände um ca. 60cm angehoben, was dem Gebäude einen schwebenden Eindruck verleiht. Die mittige Kernzone nimmt neben Empfang und Besprechungsraum auch Nebenflächen auf und wird durch transparente Industrie-Glasfassaden abgetrennt. Es entsteht eine freundliche, transparente und von Tageslicht durchflutete Bürolandschaft.

Nutzung

1 Erdgeschoss
Foyer, Büros, Besprechungsraum, Kopierraum, Teeküche mit Aufenthaltsraum, Archiv, Umkleide, Dusche, WCs, Technikraum, Terrassen

Nutzeinheiten

Arbeitsplätze: 14

Grundstück

Bauraum: Beengter Bauraum
Neigung: Ebenes Gelände
Bodenklasse: BK 1 bis BK 3

Markt

Hauptvergabezeit: 3.Quartal 2019
Baubeginn: 3.Quartal 2019
Bauende: 3.Quartal 2020
Konjunkturelle Gesamtlage: über Durchschnitt
Regionaler Baumarkt: unter Durchschnitt

Baukonstruktion

Das Gebäude wurde in Mischbauweise errichtet und besteht aus zwei massiven, aussteifenden Kernen in Sichtbeton. Die Gründung erfolgte auf Fundamenten und einer Bodenplatte. Dach und Bürotrennwände sowie die geschlossenen Außenwände wurden aus vorgefertigten Holztafelelementen hergestellt. Die Fassade besteht im transparenten Bereich aus einer Alu-Pfosten-Riegelfassade mit dreifacher Sonnenschutzverglasung. Die geschlossenen Fassadenbereiche sind mit einer Lärchenholzschalung und Alu-Aufsatzplatten bekleidet. Die Bauweise mit Holzrahmenwänden ermöglichte eine sehr kurze Bauzeit, da sich alle Fassadenelemente parallel zur Rohbauerstellung vorfertigen ließen. Das asymmetrische Satteldach erhielt eine metallische Eindeckung und überdeckt den umlaufenden Steg, der auf drei Seiten Schutz vor Sonne und Regen bietet. Der sommerliche Wärmeschutz wird durch öffenbare, einbruchsichere Fassadenelemente und Dachflächenfenster sichergestellt (Nachtabkühlung). Die auskragenden Dachelemente verhindern, zusammen mit den verschiebbaren Horizontallamellen ein Aufheizen des Gebäudes im Sommer.

Technische Anlagen

Die Beheizung des Gebäudes erfolgt durch eine Luftwärmepumpe in Kombination mit einer Fußbodenheizung. Der Aufenthalts- und Besprechungsraum sind mit einer Kühlungsanlage ausgestattet.

Energetische Kennwerte

Gesetzliche Grundlage: EnEV 2013
Gebäudenutzfläche: 819,10 m^2
Gebäudevolumen: 2.457,30 m^3
A/V_e-Verhältnis (Kompaktheit): 0,53 m^{-1}
Hüllfläche des beheizten Volumens: 1.301,30 m^2
Mittlerer U-Wert (opake Bauteile): 0,17 $W/(m^2 \cdot K)$
Mittlerer U-Wert (transparente Bauteile): 1,20 $W/(m^2 \cdot K)$
Mittlerer U-Wert (Glasdächer, etc.): 1,30 $W/(m^2 \cdot K)$
Spez. Jahresprimärenergiebedarf: 96,50 $kWh/(m^2 \cdot a)$

Energetische Angaben zu Außenbauteilen

Bodenplatte

U-Wert: 0,21 W/(m²·K)

Gesamtdicke: 42,25 cm	d [cm]	l [W/(m·K)]
Estrich	6,00	1,400
Trittschalldämmung	4,00	0,040
Bitumenbahn	0,25	0,170
Stahlbeton	20,00	2,100
Dämmung	12,00	0,035

Außenwand

U-Wert: 0,12 W/(m²·K)

Gesamtdicke: 63,50 cm	d [cm]	l [W/(m·K)]
GK-Platte	12,50	0,210
OSB-Platte	15,00	0,130
Dämmung	20,00	0,035
Holz	20,00	0,130
Holzfaserplatte	16,00	0,070

Dach

U-Wert: 0,14 W/(m²·K)

Gesamtdicke: 50,70 cm	d [cm]	l [W/(m·K)]
GK-Platte	12,50	0,210
OSB-Platte	2,20	0,130
Dämmung MW	20,00	0,035
Holz	20,00	0,130
Holzfaserplatte	16,00	0,070

Planungskennwerte für Flächen und Rauminhalte nach DIN 277

Flächen des Grundstücks		Menge Einheit	% an GF
BF	Bebaute Fläche	577,00 m²	31,2
UF	Unbebaute Fläche	1.271,00 m²	68,8
GF	Grundstücksfläche	1.848,00 m²	100,0

Grundflächen des Bauwerks		Menge Einheit	% an NUF	% an BGF
NUF	Nutzungsfläche	389,80 m²	100,0	69,4
TF	Technikfläche	11,90 m²	3,1	2,1
VF	Verkehrsfläche	103,30 m²	26,5	18,4
NRF	Netto-Raumfläche	505,00 m²	129,6	89,9
KGF	Konstruktions-Grundfläche	57,00 m²	14,6	10,1
BGF	Brutto-Grundfläche	562,00 m²	144,2	100,0

Brutto-Rauminhalt des Bauwerks		Menge Einheit	BRI/NUF (m)	BRI/BGF (m)
BRI	Brutto-Rauminhalt	2.851,00 m³	7,31	5,07

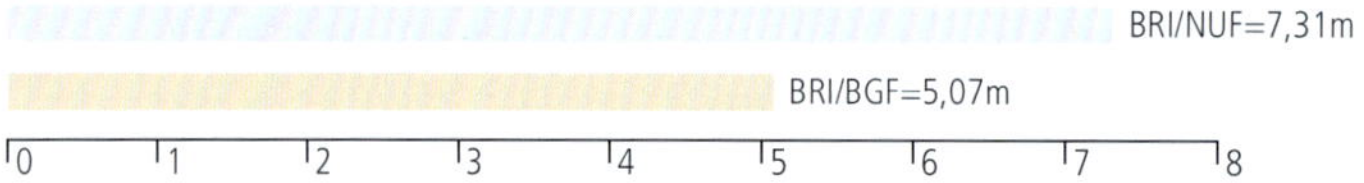

Kostenkennwerte für die Kostengruppen der 1.Ebene DIN 276

KG	Kostengruppen (1.Ebene)	Einheit	Kosten €	€/Einheit	€/m² BGF	€/m³ BRI	% 300+400
100	Grundstück	m² GF	–	–	–	–	–
200	Vorbereitende Maßnahmen	m² GF	–	–	–	–	–
300	Bauwerk – Baukonstruktionen	m² BGF	1.923.387	3.422,40	3.422,40	674,64	79,3
400	Bauwerk – Technische Anlagen	m² BGF	501.718	892,74	892,74	175,98	20,7
	Bauwerk 300+400	**m² BGF**	**2.425.105**	**4.315,13**	**4.315,13**	**850,62**	**100,0**
500	Außenanlagen und Freiflächen	m² AF	90.923	181,85	161,78	31,89	3,7
600	Ausstattung und Kunstwerke	m² BGF	–	–	–	–	–
700	Baunebenkosten	m² BGF	–	–	–	–	–
800	Finanzierung	m² BGF	–	–	–	–	–

KG	Kostengruppe	Menge Einheit	Kosten €	€/Einheit	%
3+4	**Bauwerk**				**100,0**
300	**Bauwerk – Baukonstruktionen**	562,00 m² BGF	1.923.387	**3.422,40**	79,3

Baugrubenaushub, Wasserhaltung; Bodenaustausch, Stb-Fundamente, Stb-Bodenplatte, Heizestrich, Fließestrich, Holzdielen, Teppichboden, Bodenfliesen, Abdichtung, Dämmung, Perimeterdämmung, Dränage, Terrassendielen; Holzrahmenbauwände, Stahlstützen, Alu-Pfosten-Riegel-Fassade, Alu-fenster, Dreifachverglasung, Sonnenschutzverglasung, Wärmedämmung, hinterlüftete Blechfassade, Lärchenholzfassade, textiler Sonnenschutz, Holz-Sonnenschutzlamellen; Stb-Wände, Sichtbeton, Holz-rahmenbauwände, Glaswände, Holz-Stützen, Innenfenster, Ganzglastüren, Wandfliesen, Akustik-elemente; Holzbalkendach, Dachfenster, Dämmung, Stehfalzdeckung, innenliegende Dachentwässerung, abgehängte GK-Akustikdecken, abgehängte Holzlamellendecken, Lärchenholzunterdecke; Teeküchen, Einbauschränke, Empfangstresen, Garderoben, Einbauregale, Akustikvorhang

KG	Kostengruppe	Menge Einheit	Kosten €	€/Einheit	%
400	**Bauwerk – Technische Anlagen**	562,00 m² BGF	501.718	**892,74**	20,7

Gebäudeentwässerung, Kalt- und Warmwasserleitungen, Sanitärobjekte; Luft-Wasser-Wärmepumpe, Fußbodenheizung; kontrollierte Be- und Entlüftung mit Wärmerückgewinnung, Klimaanlagen; Elektroinstallation, Beleuchtung, Sicherheitsleuchten; Datenübertragungsanlage; elektronische Zugangskontrolle

KG	Kostengruppe	Menge Einheit	Kosten €	€/Einheit	%
500	**Außenanlagen und Freiflächen**	500,00 m² AF	90.923	**181,85**	3,7

Oberbodenarbeiten; Wege, Stellplätze; Zäune, Treppen, Rampe; Regenrückhaltesystem; Fahrrad-ständer, Müllplatzeinhausung; Bodenverbesserung, Gehölze, Rollrasen, Fertigstellungspflege

1300-0308
Bürogebäude (65 AP)
Volkshochschule
(7 AP)

Objektübersicht

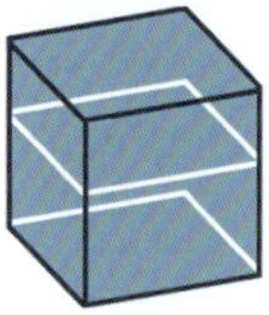

BRI 805 €/m³

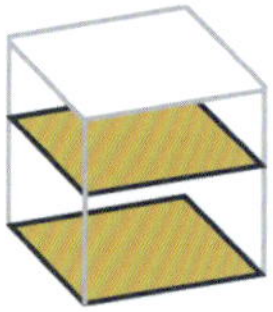

BGF 2.913 €/m²

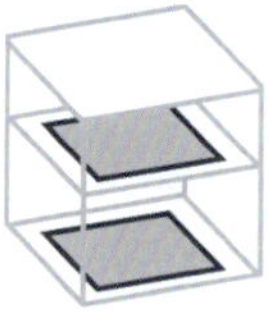

NUF 3.889 €/m²

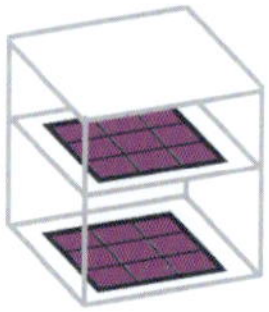

NE 157.959 €/NE

NE: Arbeitsplätze

Objekt:
Kennwerte: 1.Ebene DIN 276
BRI: 14.129 m³
BGF: 3.904 m²
NUF: 2.924 m²
Bauzeit: 78 Wochen
Bauende: 2022
Standard: Durchschnitt
Bundesland: Mecklenburg-Vorpommern
Kreis: Ludwigslust-Parchim

Architekt*in:
Sven Buck + Partner
Freischaffende Architekten
PartGmbB
Breitscheidstraße 37
19306 Neustadt-Glewe

Bauherr*in:
Campus Ludwigslust
GmbH & Co.KG
Werderstraße 135
19055 Schwerin

© Jörn Lehmann

© Jörn Lehmann

© Jörn Lehmann

Ansicht Ost

Ansicht Nord

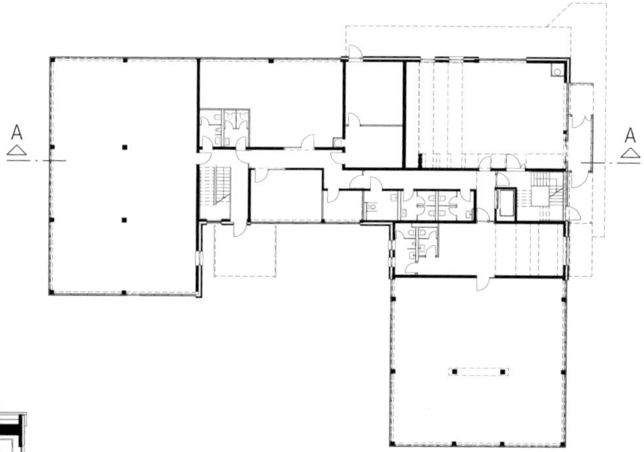

Erdgeschoss

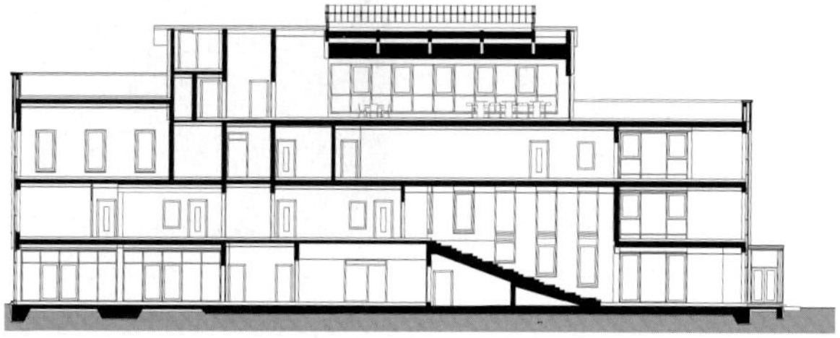

Schnitt A-A

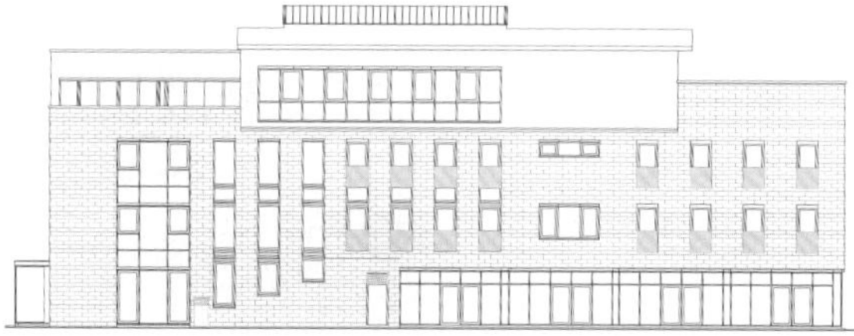

Ansicht West

Ansicht Süd

1300-0308
Bürogebäude (65 AP)
Volkshochschule
(7 AP)

Objektbeschreibung

Allgemeine Objektinformationen

Das Bürogebäude wird als Start-up- und Gründerzentrum genutzt. Vor allem im Erdgeschoss war eine flexible Raumgestaltung gewünscht. Daher wurde weitestgehend auf massive Innenwände verzichtet. Sowohl das großzügige Atrium mit seinen Sitzstufen als auch der lichtdurchflutete Mehrzweckraum unter dem imposanten Bodenbinderdach mit Lichtband können für unterschiedlichste Veranstaltungen genutzt werden. Angrenzend an dem Mehrzweckraum entstand die professionell ausgestattete Lehrküche der Volkshochschule.

Nutzung

1 Erdgeschoss
Co-Working-Spaces (Start-up), WCs, Atrium, Technik, Windfang

3 Obergeschosse
1.+2.OG: Büroflächen, Kurs- und Büroräume VHS, Windfang, WCs, Aufzug

3.OG: Kurs- und Büroräume VHS, Veranstaltungsraum, Küche, Dachterrasse, Abstellräume, WCs, Aufzug

Nutzeinheiten

Arbeitsplätze: 72
Schüler: 1.118

Grundstück

Bauraum: Freier Bauraum
Neigung: Ebenes Gelände
Bodenklasse: BK 1 bis BK 4

Markt

Hauptvergabezeit: 1.Quartal 2021
Baubeginn: 1.Quartal 2021
Bauende: 3.Quartal 2022
Konjunkturelle Gesamtlage: Durchschnitt
Regionaler Baumarkt: Durchschnitt

Baukonstruktion

Das in massiver Bauweise erstellte Gebäude gründet auf Fundamenten und einer Bodenplatte. Das überwiegend zweischalige Kalksandstein-Mauerwerk wurde mit Verblendern bekleidet und ist ab der obersten Etage mit einem Wärmedämmverbundsystem versehen. Es wurden Kunststofffenster eingebaut. Eine Alu-Pfosten-Riegel-Fassade sorgt für eine großzügige Belichtung des Erdgeschosses. Stahlbetonstützen tragen die Lasten ab. Die Innenwände werden in Trockenbau und Glas ausgeführt. Die Böden wurden mit Vinyl und Bodenfliesen belegt. Die Dächer sind hauptsächlich als Stahlbeton-Flachdächer ausgeführt, über dem Mehrzwecksaal tragen Leimholz-Bogenbinder die Dachverglasung. Die Flachdachbereiche werden als Dachterrassen genutzt.

Technische Anlagen

Das ganze Gebäude ist an das Fernwärmenetz angeschlossen. Eine Fußbodenheizung verteilt die Wärme in die Räume. Belüftet werden die Räume über eine Lüftungsanlage mit Wärmerückgewinnung.

Die dazugehörige Außenanlagen ist als eigenständiges Objekt mit der BKI-Objektnummer 6100-1667 dokumentiert.

Energetische Kennwerte

Gesetzliche Grundlage: EnEV 2013
Gebäudenutzfläche: 3,00 m^2
Gebäudevolumen: 13.754,00 m^3
Hüllfläche des beheizten Volumens: 4.306,00 m^2
Spez. Transmissionswärmeverlust: 3.064,00 $W/(m^2 \cdot K)$
Mittlerer U-Wert (opake Bauteile): 0,19 $W/(m^2 \cdot K)$
Mittlerer U-Wert (transparente Bauteile): 0,95 $W/(m^2 \cdot K)$
Spez. Jahresprimärenergiebedarf: 53,10 $kWh/(m^2 \cdot a)$
Spez. Jahresendenergiebedarf: 109,50 $kWh/(m^2 \cdot a)$

Energetische Angaben zu Außenbauteilen

Bodenplatte

U-Wert: 0,14 W/(m²·K)

Gesamtdicke: 53,02 cm	d [cm]	l [W/(m·K)]
Estrich	7,00	1,400
PE-Folie	0,02	0,330
Trittschalldämmung	3,00	0,040
Dämmung	9,00	0,023
Abdichtung	1,00	0,170
Stahlbeton	25,00	2,500
Dämmung	8,00	0,040

Außenwand hinterlüftet Klinker

U-Wert: 0,23 W/(m²·K)

Gesamtdicke: 35,00 cm	d [cm]	l [W/(m·K)]
Innenputz	1,00	1,000
Stahlbeton	20,00	2,300
Dämmung	14,00	0,035

Dach

U-Wert: 0,22 W/(m²·K)

Gesamtdicke: 36,50 cm	d [cm]	l [W/(m·K)]
Stahlbeton	20,00	2,500
Abdichtung	0,50	0,170
Dämmung	16,00	0,037

Außenwand Putz

U-Wert: 0,16 W/(m²·K)

Gesamtdicke: 40,00 cm	d [cm]	l [W/(m·K)]
Innenputz	1,50	1,000
Kalksandstein	17,50	1,100
Dämmung	20,00	0,035
Außenputz	1,00	0,560

Planungskennwerte für Flächen und Rauminhalte nach DIN 277

Flächen des Grundstücks		Menge Einheit	% an GF
BF	Bebaute Fläche	970,42 m²	42,2
UF	Unbebaute Fläche	1.329,08 m²	57,8
GF	Grundstücksfläche	2.299,50 m²	100,0

Grundflächen des Bauwerks		Menge Einheit	% an NUF	% an BGF
NUF	Nutzungsfläche	2.924,15 m²	100,0	74,9
TF	Technikfläche	101,49 m²	3,5	2,6
VF	Verkehrsfläche	353,43 m²	12,1	9,1
NRF	Netto-Raumfläche	3.379,07 m²	115,6	86,5
KGF	Konstruktions-Grundfläche	525,31 m²	18,0	13,5
BGF	Brutto-Grundfläche	3.904,38 m²	133,5	100,0

Brutto-Rauminhalt des Bauwerks		Menge Einheit	BRI/NUF (m)	BRI/BGF (m)
BRI	Brutto-Rauminhalt	14.129,42 m³	4,83	3,62

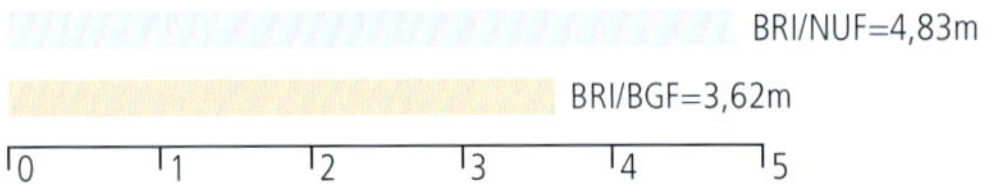

Kostenkennwerte für die Kostengruppen der 1.Ebene DIN 276

KG	Kostengruppen (1.Ebene)	Einheit	Kosten €	€/Einheit	€/m² BGF	€/m³ BRI	% 300+400
100	Grundstück	m² GF	–	–	–	–	–
200	Vorbereitende Maßnahmen	m² GF	–	–	–	–	–
300	Bauwerk – Baukonstruktionen	m² BGF	8.061.321	2.064,69	2.064,69	570,53	70,9
400	Bauwerk – Technische Anlagen	m² BGF	3.311.703	848,20	848,20	234,38	29,1
	Bauwerk 300+400	**m² BGF**	**11.373.024**	**2.912,89**	**2.912,89**	**804,92**	**100,0**
500	Außenanlagen und Freiflächen	m² AF	–	–	–	–	–
600	Ausstattung und Kunstwerke	m² BGF	–	–	–	–	–
700	Baunebenkosten	m² BGF	–	–	–	–	–
800	Finanzierung	m² BGF	–	–	–	–	–

KG	Kostengruppe	Menge Einheit	Kosten €	€/Einheit	%
3+4	**Bauwerk**				**100,0**
300	**Bauwerk – Baukonstruktionen**	3.904,38 m² BGF	8.061.321	**2.064,69**	70,9

Baugrubenaushub; Stb-Fundamente, Stb-Bodenplatte, Abdichtung, Dämmung, Heizestrich, Vinyl, Bodenfliesen, Perimeterdämmung, Sauberkeitsschicht; KS-Mauerwerk, Stb-Elementwände, Stb-Stützen, Kunststofffenster, WDVS, Verblendsteine, Gipsputz, Zementputz, Wandfliesen, Beschichtung, Alu-Pfosten-Riegel-Fassade; KS-Mauerwerk, Stb-Wände, GK-Wände, Stb-Stützen, Alutüren, Holztüren, Putz, Wandfliesen, Beschichtung, Glastrennwände, WC-Trennwände; Stb-Decken, Stb-Treppen, Dämmung, Heizestrich, Vinyl, Bodenfliesen, abgehängte GK-Decken, Rasterdecken, Treppengeländer; Stb-Flachdach, Leimholzbogenbinder, Trapezblech, Dachoberlicht, Dämmung, Bitumenabdichtung, Dachentwässerung, Kies, Terrassenplatten

KG	Kostengruppe	Menge Einheit	Kosten €	€/Einheit	%
400	**Bauwerk – Technische Anlagen**	3.904,38 m² BGF	3.311.703	**848,20**	29,1

Gebäudeentwässerung, Kalt- und Warmwasserleitungen, Sanitärobjekte; Fernwärmeanschluss mit Übergabestation, Fußbodenheizung, Pufferspeicher; Be- und Entlüftungsanlage mit Wärmerückgewinnung; Elektroinstallation, Beleuchtung; Personenaufzug

1300-0309
Büro-/Lagergebäude
(40 AP)
Wohnungen (4 WE)

Objektübersicht

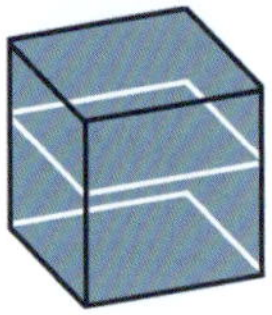
BRI 650 €/m³

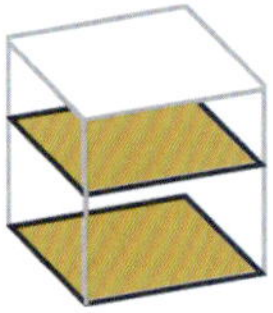
BGF 3.182 €/m²

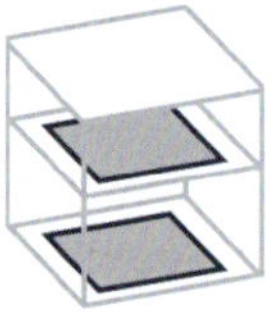
NUF 4.529 €/m²

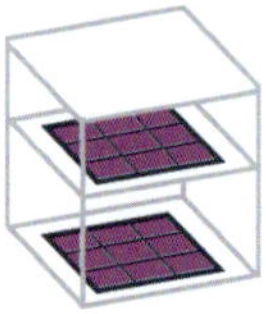
NE 232.391 €/NE

NE: Arbeitsplätze

Objekt:
Kennwerte: 1. Ebene DIN 276
BRI: 14.309 m³
BGF: 2.921 m²
NUF: 2.053 m²
Bauzeit: 104 Wochen
Bauende: 2022
Standard: über Durchschnitt
Bundesland: Mecklenburg-Vorpommern
Kreis: Rostock

Architekt*in:
MZ Architektur
Meier + Zeug
Immenbarg 2
18109 Rostock

Bauherr*in:
SLT Grundstück
und Verwaltungs GmbH
Heinrich-Schreiber-Ring 2
18225 Kühlungsborn

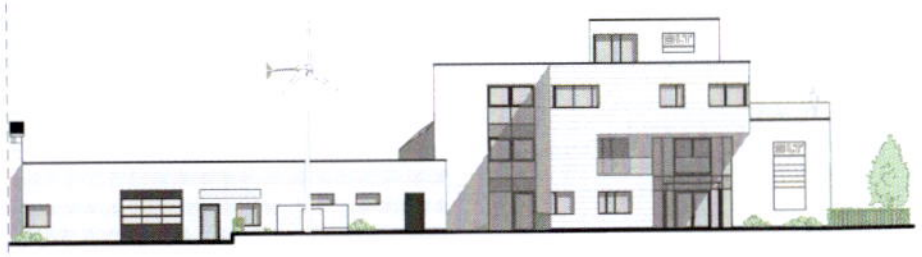

Ansicht West

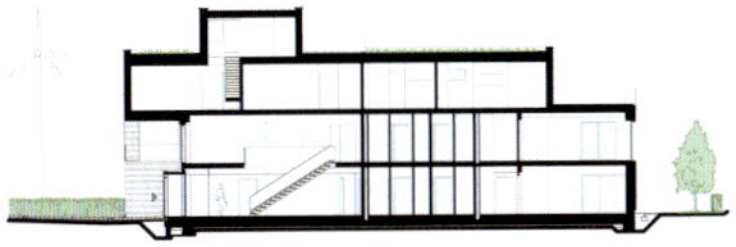

Schnitt A-A

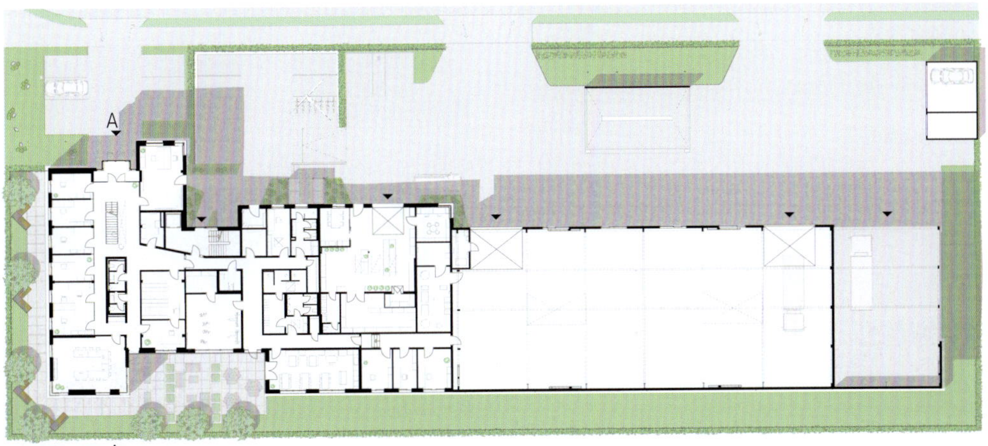

Erdgeschoss

1. Obergeschoss

2. Obergeschoss

3. Obergeschoss

Objektbeschreibung

Allgemeine Objektinformationen

Der Gebäudekomplex besteht aus der dreigeschossigen Hauptverwaltung mit vier Mitarbeiter-Wohnungen, einem eingeschossigen Sozialbereich mit Fitnessraum und einer Lagerhalle mit einem Waschplatz für Lkws. Die Außenanlagen sind landschaftsgärtnerisch angelegt, sofern sie nicht als Funktionsfläche genutzt werden. Auf dem Grundstück befindet sich auch eine Garage für drei Pkws.

Nutzung

1 Erdgeschoss
Lagerhalle, Büros, Konferenzraum, Archiv, Umkleideräume, WCs, Lagerräume, Fitnessraum, Technik, Aufzug, Terrasse

3 Obergeschosse
1.OG: Büros, Aufenthaltsraum, WCs, Aufzug, Dachterrasse

2.OG: Wohnungen mit Wohnküche, Schlafzimmer, Bad, Flur, Dachterrasse (4 WE), Aufzug

3.OG: Ausgang Dach, Dachterrasse

Nutzeinheiten

Arbeitsplätze: 40
Wohneinheiten: 4
Wohnfläche: 268 m^2

Grundstück

Bauraum: Freier Bauraum
Neigung: Geneigtes Gelände
Bodenklasse: BK 1 bis BK 6

Markt

Hauptvergabezeit: 3.Quartal 2020
Baubeginn: 3.Quartal 2020
Bauende: 3.Quartal 2022
Konjunkturelle Gesamtlage: über Durchschnitt
Regionaler Baumarkt: Durchschnitt

Baukonstruktion

Die Gebäudetragstruktur der zweigeschossigen Hauptverwaltung besteht aus einem Stahlbetonskelettbau mit Stahlbeton-Klimadecken und gründet auf Streifenfundamenten mit Fundamentplatten. Die vorgehängten Fassadenelemente wurden umlaufend in vorgefertigter Holzrahmenbauweise erstellt. Die horizontal gegliederten Fassadenflächen setzen sich aus einer Kombination aus Holz-Rhombusschalung, Faserzementplatten und Trapezblechen zusammen und lassen auf die unterschiedlichen Nutzungsbereiche der Gebäudeteile schließen. Die Kunststofffenster sind mit dreifachverglasten Wärmeschutzscheiben ausgeführt. Die Böden wurden mit Kugelgarnbelägen in den Sanitärbereichen mit Fliesen belegt.

Technische Anlagen

Der Primärenergie des gesamten Gebäudekomplexes einschließlich der elektrischen Energie wird unabhängig von fossilen Energieträgern mittels Wärmepumpe, Geothermie, Photovoltaik und Kleinwindkraftanlage erzeugt. Die Deckenstrahlheizung kann bei Bedarf zur Kühlung eingesetzt werden. Die Bodenplatte der Lagerhalle wird über eine Betonkernaktivierung temperiert. Das Gesamtenergiekonzept wurde gemäß den KfW 55 Anforderungen umgesetzt.

Sonstiges

Die Dachbegrünung über der Hauptverwaltung und dem Sozialbereich dient dem Flächenausgleich sowie der Regenwasserrückhaltung. Zwei 10 m^3 große Zisternen speichern das anfallende Regenwasser und versorgen das Bewässerungssystem für die Außenanlagen.

Energetische Kennwerte

Gesetzliche Grundlage: EnEV 2013
Gebäudenutzfläche: 1.423,70 m^2
Spez. Jahresprimärenergiebedarf: 37,70 kWh/(m^2·a)
CO_2-Emissionen: 11,80 kg/(m^2·a)

Planungskennwerte für Flächen und Rauminhalte nach DIN 277

Flächen des Grundstücks		Menge Einheit	% an GF
BF	Bebaute Fläche	3.200,00 m^2	64,0
UF	Unbebaute Fläche	1.800,00 m^2	36,0
GF	Grundstücksfläche	5.000,00 m^2	100,0

Grundflächen des Bauwerks		Menge Einheit	% an NUF	% an BGF
NUF	Nutzungsfläche	2.052,55 m^2	100,0	70,3
TF	Technikfläche	53,72 m^2	2,6	1,8
VF	Verkehrsfläche	303,32 m^2	14,8	10,4
NRF	Netto-Raumfläche	2.409,59 m^2	117,4	82,5
KGF	Konstruktions-Grundfläche	511,55 m^2	24,9	17,5
BGF	Brutto-Grundfläche	2.921,14 m^2	142,3	100,0

Brutto-Rauminhalt des Bauwerks		Menge Einheit	BRI/NUF (m)	BRI/BGF (m)
BRI	Brutto-Rauminhalt	14.308,58 m^3	6,97	4,90

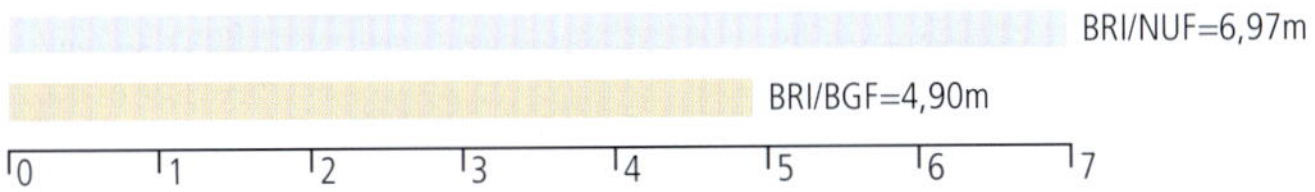

Kostenkennwerte für die Kostengruppen der 1. Ebene DIN 276

KG	Kostengruppen (1. Ebene)	Einheit	Kosten €	€/Einheit	€/m² BGF	€/m³ BRI	% 300+400
100	Grundstück	m² GF	–	–	–	–	–
200	Vorbereitende Maßnahmen	m² GF	–	–	–	–	–
300	Bauwerk – Baukonstruktionen	m² BGF	6.927.702	2.371,57	2.371,57	484,16	74,5
400	Bauwerk – Technische Anlagen	m² BGF	2.367.936	810,62	810,62	165,49	25,5
	Bauwerk 300+400	**m² BGF**	**9.295.637**	**3.182,20**	**3.182,20**	**649,65**	**100,0**
500	Außenanlagen und Freiflächen	m² AF	–	–	–	–	–
600	Ausstattung und Kunstwerke	m² BGF	–	–	–	–	–
700	Baunebenkosten	m² BGF	–	–	–	–	–
800	Finanzierung	m² BGF	–	–	–	–	–

KG	Kostengruppe	Menge Einheit	Kosten €	€/Einheit	%
3+4	**Bauwerk**				**100,0**
300	**Bauwerk – Baukonstruktionen**	2.921,14 m² BGF	6.927.702	**2.371,57**	74,5

Baugrubenaushub; Stb-Streifenfundamente, Stb-Fundamentplatten, Abdichtung, Dämmung, Estrich, Vinyl, Bodenfliesen, Bodenbeschichtung, Perimeterdämmung; Stb-Wände, Holz-Rahmenbauwände, Stb-Stützen, Alu-Eingangstüren, Kunststofffenster, Dreifachverglasung, Wärmeschutzglas, Holzrahmenfassade, Holz-Rhombusschalung, Faserzementbekleidung, Trapezblech, GK-Bekleidung, Beschichtung, Textilzipscreen; Stb-Wände, KS-Mauerwerk, GK-Wände, Glaswände, Alutüren, Holztüren, GK-Bekleidung, Putz, Beschichtung, Wandfliesen, Holzbekleidung, Sichtbetonoberflächen; Stb-Klimadecken, Stb-Treppen, Betonwerkstein, abgehängte GK-Decken, Treppengeländer, Glasgeländer, Holzhandläufe; BSH-Binder, Pfetten, Trapezblech, Oberlichtband, Dachoberlichter, Dachentwässerung, Dachbegrünung, Terrassendielen, Glasgeländer, Edelstahlhandlauf; Einbaumöbel

KG	Kostengruppe	Menge Einheit	Kosten €	€/Einheit	%
400	**Bauwerk – Technische Anlagen**	2.921,14 m² BGF	2.367.936	**810,62**	25,5

Gebäudeentwässerung, Kalt- und Warmwasserleitungen, Sanitärobjekte; Sole-Wasser-Wärmepumpe, Geothermie, Wärmeverteilnetze, Deckenstrahlheizung, Deckenstrahlkühlung, Betonkernaktivierung in Bodenplatte Lagerhalle; Be- und Entlüftungsanlage mit Wärmerückgewinnung, Klimaanlage, Kälteanlage; Photovoltaikanlage, Elektroinstallation, Beleuchtung, Sicherheitsbeleuchtung, Blitzschutz; Brandmeldeanlage; Datennetz; Personenaufzug; Einbauküchen; Gebäudeautomation

1300-0310
Rathaus (35 AP)
Sitzungssaal
(199 Sitzplätze)

Objektübersicht

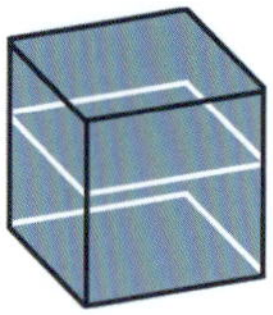

BRI 890 €/m³

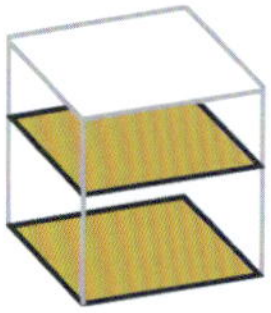

BGF 3.658 €/m²

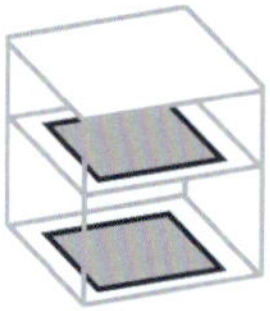

NUF 6.221 €/m²

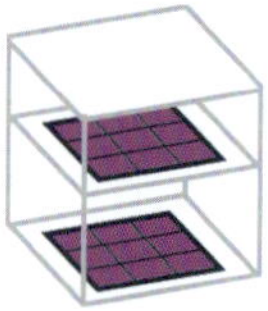

NE 200.398 €/NE

NE: Arbeitsplätze

Objekt:
Kennwerte: 1.Ebene DIN 276
BRI: 7.883 m³
BGF: 1.917 m²
NUF: 1.127 m²
Bauzeit: 122 Wochen
Bauende: 2021
Standard: Durchschnitt
Bundesland: Bayern
Kreis: Rosenheim

Architekt*in:
Behnisch Architekten
München
Partnerschaft mbB
Blumenstraße 17
80331 München

Bauherr*in:
Gemeinde Großkarolinenfeld
Karolinenplatz 12
83109 Großkarolinenfeld

© David Matthiessen

© David Matthiessen

© David Matthiessen

© David Matthiessen

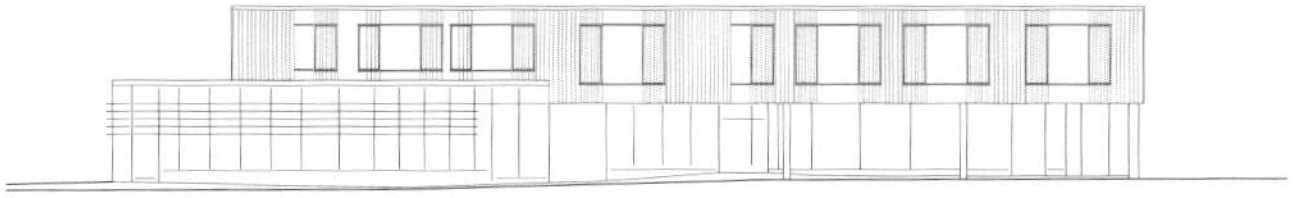

Ansicht Ost

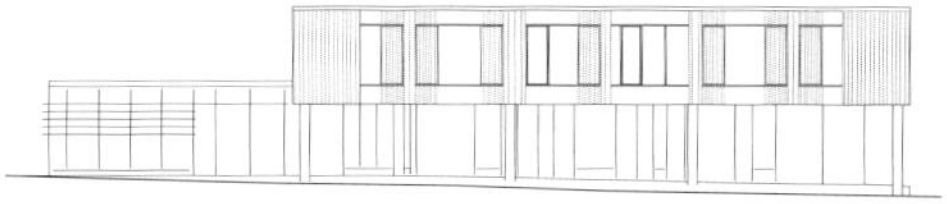

Ansicht Nord

Erdgeschoss

Obergeschoss

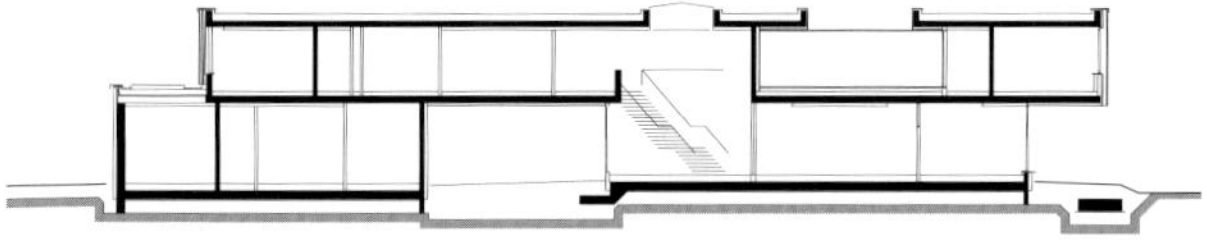

Schnitt A-A

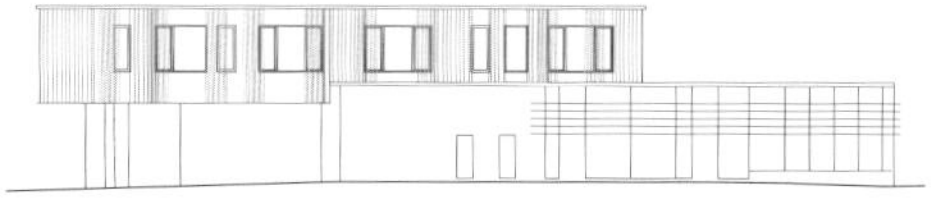

Ansicht Süd

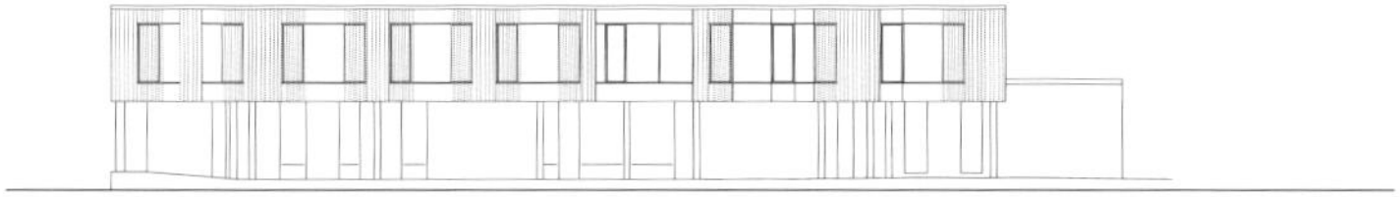

Ansicht West

Objektbeschreibung

Allgemeine Objektinformationen

Das neue Rathaus bildet mit dem neu definierten Rathausplatz und dem alten Gemeindehaus den selbstbewussten Auftakt der neuen Ortsmitte. Im Erdgeschoss befinden sich die bürgernahen Funktionen, gegliedert in zwei unabhängige Teile, frei geformt und transparent in ihrer Erscheinung. Das Obergeschoss liegt als geordneter, rechteckiger Körper über den Bereichen des Erdgeschosses. Hier sind die weniger öffentlichen Büros der Verwaltung untergebracht.

Nutzung

1 Erdgeschoss
Sitzungssaal, Vorraum, WCs, Verwaltungsräume, Bürgerinformation, Besprechungsraum, Hausmeister, Flure, Treppenhaus, Aufzug

1 Obergeschoss
Verwaltungsräume, Archive, Besprechungsraum, Personalräume, WCs, Teeküche, Flure, Treppenhaus, Aufzug, Dachterrasse

Nutzeinheiten

Arbeitsplätze: 35
Sitzplätze: 199

Grundstück

Bauraum: Freier Bauraum
Neigung: Geneigtes Gelände
Bodenklasse: BK 2 bis BK 4

Markt

Hauptvergabezeit: 3.Quartal 2018
Baubeginn: 4.Quartal 2018
Bauende: 1.Quartal 2021
Konjunkturelle Gesamtlage: über Durchschnitt
Regionaler Baumarkt: unter Durchschnitt

Baukonstruktion

Das Tragwerk aus Decken, Stützen und aussteifenden Wänden besteht aus Stahlbeton. Aufgrund der schwierigen Bodenverhältnisse fand eine Baugrundverbesserung mit zementgebundenen Trockenmörtelsäulen statt, darauf erfolgte eine Gründung mit Bodenplatten und Streifenfundamenten. Das Dach über dem Sitzungssaal wurde aufgrund seiner größeren Spannweite als Holzkonstruktion mit Brettstapelholz-Platten ausgeführt, die von Stahlträgern gehalten werden. Die Fassade im Obergeschoss besteht aus mit Lärchenholz bekleideten Holzständerwänden sowie Alufenstern, bzw. einer Alu-Pfosten-Riegel-Fassade. Im EG wurden die Außenwände mit einem Wärmedämmverbundsystem bekleidet. Schiebeläden mit Holzlamellen dienen als beweglicher Sonnenschutz. Die Innenwände wurden in Trockenbauweise erstellt, eine mobile Faltwand trennt das Sitzungszimmer vom Trausaal. Die Böden sind mit Parkett, Betonwerkstein oder Teppich belegt.

Technische Anlagen

Das Gebäude wird über zwei Luftwärmepumpen beheizt und gekühlt. Die Wärmepumpen versorgen einen Pufferspeicher mit je 1.500l, der im Winter als Heizungspuffer und im Sommer als Kältepuffer dient. Das gesamte Gebäude wird über Fußbodenheizung geheizt und gekühlt. In den Büroflächen wird der hygienische Luftaustausch über eine natürliche Fensterlüftung bewerkstelligt. Für die Bereiche Sitzungs- und Trauzimmer, Bürgerbüro und Sanitäranlagen wurden drei dezentrale Lüftungsgeräte vorgesehen. Ein Personenaufzug ermöglicht die barrierefreie Erschließung des Obergeschosses.

Energetische Kennwerte

Gesetzliche Grundlage: EnEV 2013
Gebäudenutzfläche: 1.634,00 m^2
Spez. Jahresprimärenergiebedarf: 73,80 kWh/(m^2·a)

Planungskennwerte für Flächen und Rauminhalte nach DIN 277

Flächen des Grundstücks		Menge Einheit	% an GF
BF	Bebaute Fläche	800,50 m²	15,5
UF	Unbebaute Fläche	4.353,86 m²	84,5
GF	Grundstücksfläche	5.154,36 m²	100,0

Grundflächen des Bauwerks		Menge Einheit	% an NUF	% an BGF
NUF	Nutzungsfläche	1.127,42 m²	100,0	58,8
TF	Technikfläche	117,20 m²	10,4	6,1
VF	Verkehrsfläche	422,28 m²	37,5	22,0
NRF	Netto-Raumfläche	1.666,90 m²	147,9	86,9
KGF	Konstruktions-Grundfläche	250,40 m²	22,2	13,1
BGF	Brutto-Grundfläche	1.917,30 m²	170,1	100,0

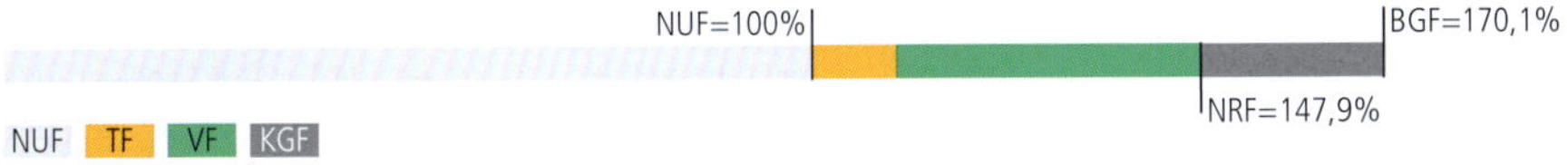

Brutto-Rauminhalt des Bauwerks		Menge Einheit	BRI/NUF (m)	BRI/BGF (m)
BRI	Brutto-Rauminhalt	7.882,50 m³	6,99	4,11

Kostenkennwerte für die Kostengruppen der 1. Ebene DIN 276

KG	Kostengruppen (1. Ebene)	Einheit	Kosten €	€/Einheit	€/m² BGF	€/m³ BRI	% 300+400
100	Grundstück	m² GF	–	–	–	–	–
200	Vorbereitende Maßnahmen	m² GF	–	–	–	–	–
300	Bauwerk – Baukonstruktionen	m² BGF	5.441.216	2.837,96	2.837,96	690,29	77,6
400	Bauwerk – Technische Anlagen	m² BGF	1.572.705	820,27	820,27	199,52	22,4
	Bauwerk 300+400	**m² BGF**	**7.013.921**	**3.658,23**	**3.658,23**	**889,81**	**100,0**
500	Außenanlagen und Freiflächen	m² AF	–	–	–	–	–
600	Ausstattung und Kunstwerke	m² BGF	–	–	–	–	–
700	Baunebenkosten	m² BGF	–	–	–	–	–
800	Finanzierung	m² BGF	–	–	–	–	–

KG	Kostengruppe	Menge Einheit	Kosten €	€/Einheit	%
3+4	**Bauwerk**				**100,0**
300	**Bauwerk – Baukonstruktionen**	1.917,30 m² BGF	5.441.216	**2.837,96**	77,6

Baugrubenaushub; Baugrundverbesserung, zementgebundene Trockenmörtelsäulen, Stb-Streifenfundamente, Stb-Bodenplatte, Abdichtung, Dämmung, Heizestrich, Werkstein, Teppich, Fliesen, Parkett, Perimeterdämmung; Stb-Wände, gedämmte Holzrahmenwände, Stb-Brüstungen, Stb-Stützen, Alu-Glasaußentüren, Karusselltüren, Alufenster, WDVS, Dämmung, Holzfassade, GK-Bekleidung, Beschichtung, Alu-Pfosten-Riegel-Fassade, Holzlamellen-Sonnenschutz, textiler Sonnenschutz; Stb-Wände, GK-Wände, Glas-Alutüren, Holztüren, Putz, Beschichtung, Wandfliesen, WC-Trennwände, mobile Faltwand; Stb-Decken, Stb-Treppen, Dämmung, Heizestrich, Werkstein, Teppich, Bodenfliesen, abgehängte Akustikdecke, Edelstahl-, Holzhandläufe; Stb-Flachdach, Brettsperrholzdach, Stahlträger, Dachverglasung, Gefälledämmung, Abdichtung, Dachentwässerung, Dachbegrünung, Terrassenplatten, Akustikdecken, Holzwolleplatten, Beschichtung, abgehängte Holzlamellen; Einbauküchen, Einbauschränke, Sitzbänke, Empfangstheke

KG	Kostengruppe	Menge Einheit	Kosten €	€/Einheit	%
400	**Bauwerk – Technische Anlagen**	1.917,30 m² BGF	1.572.705	**820,27**	22,4

Gebäudeentwässerung im Trennsystem; Kalt- und Warmwasserleitungen, Wasseraufbereitungsanlage, Verteilung von Trinkkaltwasser, Sanitärobjekte; zwei modulierende Luft-Wasser-Wärmepumpen 30kW, Pufferspeicher 1.500l, Durchlauferhitzer, Fußbodenheizung; drei dezentrale Lüftungsgeräte, Abluftventilator; Photovoltaikanlage, Elektroinstallation, Beleuchtung, Sicherheitsbeleuchtung mit Einzelbatterieleuchten, Blitzschutzanlage; Sprechanlage, elektroakustische Lautsprecheranlage, Datenverkabelung; Personenaufzug; Gebäudeautomation

1300-0311
Bürogebäude (17 AP)

Objektübersicht

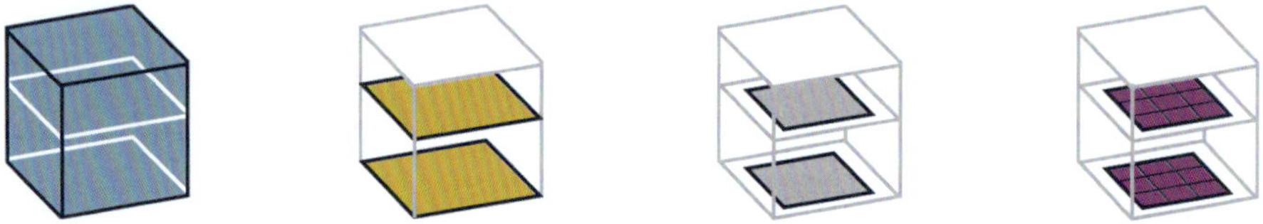

BRI 867 €/m³ | BGF 2.904 €/m² | NUF 5.343 €/m² | NE 126.543 €/NE

NE: Arbeitsplätze

Objekt:
Kennwerte: 1. Ebene DIN 276
BRI: 2.481 m³
BGF: 741 m²
NUF: 403 m²
Bauzeit: 57 Wochen
Bauende: 2020
Standard: über Durchschnitt
Bundesland: Niedersachsen
Kreis: Oldenburg, Stadt

Architekt*in:
Otto Architektur
Gartenstraße 22a
26122 Oldenburg

Bauherr*in:
MV Hennings GbR
Michael Hennings
Hirseweg 29
26125 Oldenburg

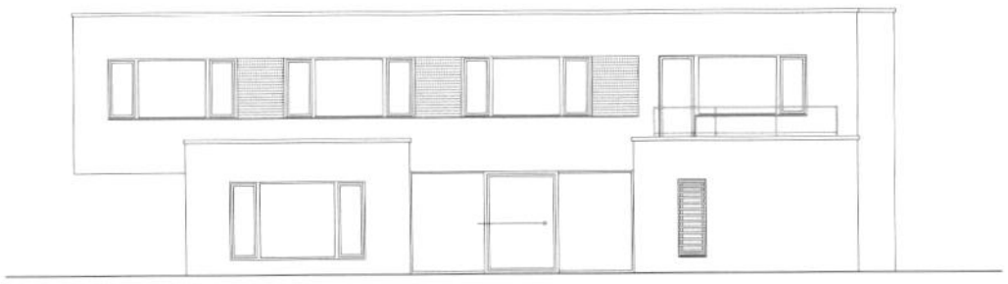

Ansicht Ost

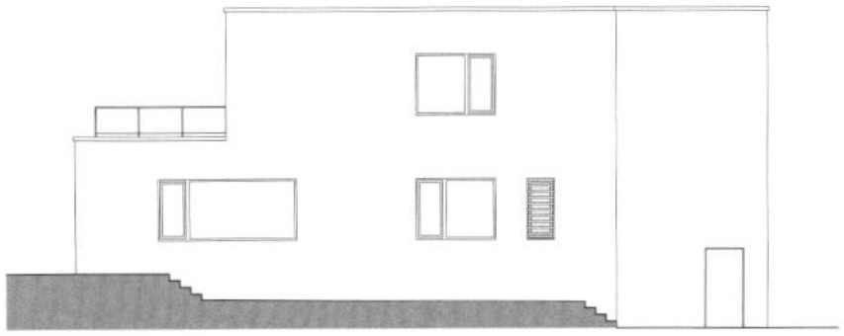

Ansicht Nord

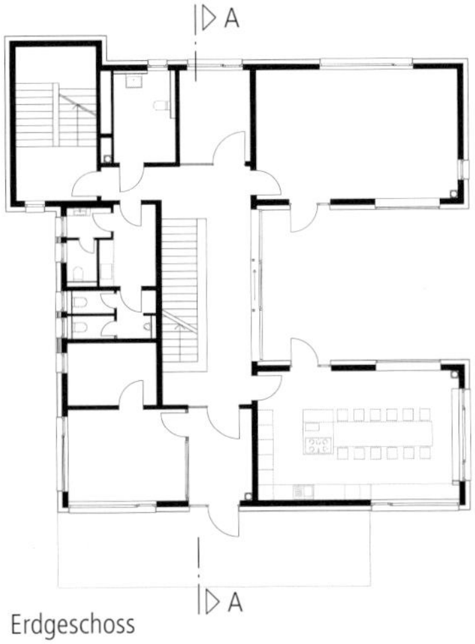

Erdgeschoss

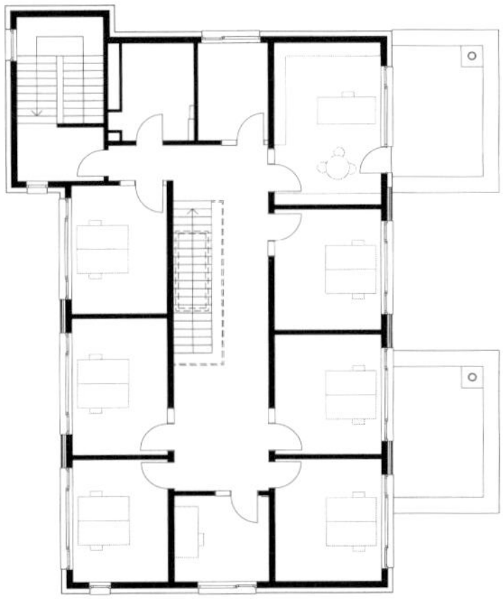

Obergeschoss

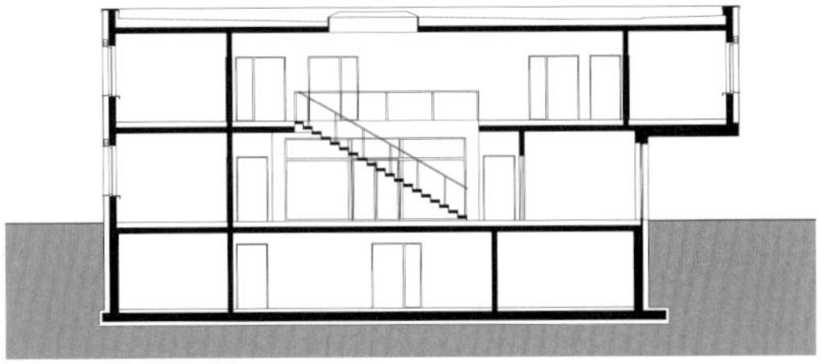

Schnitt A-A

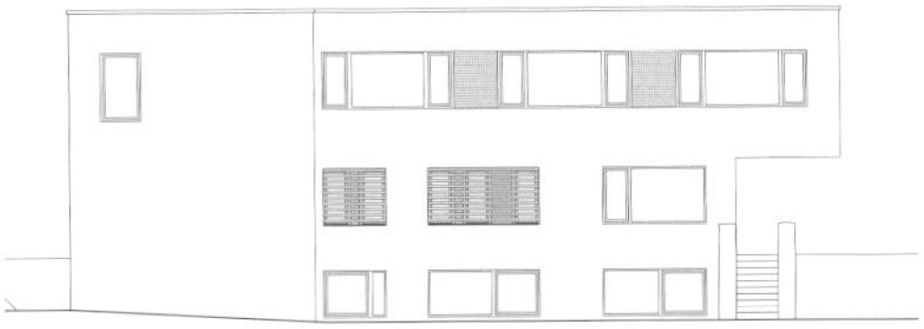

Ansicht West

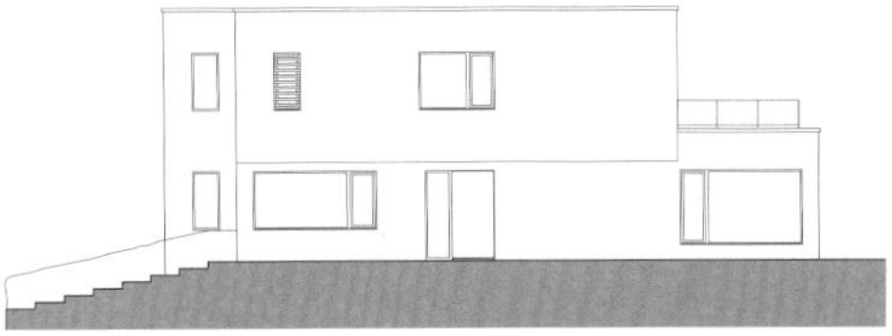

Ansicht Süd

Objektbeschreibung

Allgemeine Objektinformationen

Der Neubau des Bürogebäudes wurde als dreigeschossiger, kubischer Flachdachbau konzipiert und nimmt sich durch seine klaren Linien elegant zurück. Viel Wert wurde auf eine großzügige, moderne Innenraumgestaltung gelegt. Eine einläufige Treppe verbindet die beiden Hauptebenen miteinander und bildet den Mittelpunkt des Gebäudes. Die verputzte Fassade wird durch partiell eingesetzte Holzelemente in den Fensterbändern aufgelockert.

Nutzung

1 Untergeschoss
Relax-Raum, Fitnessraum, Tutorial-Raum, Abstellräume, Hausanschlussraum, Technikraum

1 Erdgeschoss
Foyer, Personalraum mit Küche, Besprechungsraum, Workshop-Raum, Büroräume, WCs mit Dusche

1 Obergeschoss
Büroräume, Serverraum, Terrassen

Nutzeinheiten

Arbeitsplätze: 17
Stellplätze: 14

Grundstück

Bauraum: Freier Bauraum
Neigung: Ebenes Gelände
Bodenklasse: BK 1 bis BK 4

Markt

Hauptvergabezeit: 3. Quartal 2019
Baubeginn: 3. Quartal 2019
Bauende: 4. Quartal 2020
Konjunkturelle Gesamtlage: Durchschnitt
Regionaler Baumarkt: Durchschnitt

Baukonstruktion

Das Gebäude ist in Massivbauweise errichtet. Die Wände des Gebäudes sind größtenteils als Stahlbetonfertigwände ausgeführt worden. Die Innenwände im Obergeschoss sind in Kalksandstein gemauert. Die Außenfassade ist als Wärmedämmverbundsystem ausgeführt. Für die Fenster kamen Kunststofffenster mit einer Aludeckschale zum Einsatz. Die Decken und die Fluchttreppe sowie das hochgedämmte Flachdach sind ebenfalls aus Stahlbeton. Die Böden sind mit Vinyl, textilen Belägen und Bodenfliesen belegt. Auf der Dachterrasse im OG sind Holzdielen auf Stelzlagern verlegt.

Technische Anlagen

Für die Beheizung des Gebäudes dient eine Erdwärmepumpe. Die Verteilung der Wärme erfolgt durch eine Fußbodenheizung, welche sowohl zum Heizen als auch zum Kühlen genutzt wird. In den Büros und in den Gemeinschaftsräumen sind einzelne Klimageräte installiert.

Sonstiges

Das Gelände beidseitig zur Straße wurde abgegraben, sodass die Räume im UG natürlich belichtet werden können.

Energetische Kennwerte

Gesetzliche Grundlage: EnEV 2013
Gebäudenutzfläche: 566,10 m^2
Gebäudevolumen: 2.017,00 m^3
Hüllfläche des beheizten Volumens: 1.324,00 m^2
Spez. Transmissionswärmeverlust: 0,27 W/(m^2·K)
Mittlerer U-Wert (opake Bauteile): 0,16 W/(m^2·K)
Mittlerer U-Wert (transparente Bauteile): 0,92 W/(m^2·K)
Spez. Jahresprimärenergiebedarf: 94,02 kWh/(m^2·a)
CO_2-Emissionen: 33,10 kg/(m^2·a)

Energetische Angaben zu Außenbauteilen

Bodenplatte UG

U-Wert: 0,24 W/(m²·K)

Gesamtdicke: 52,22 cm	d [cm]	l [W/(m·K)]
Bodenbelag	0,50	0,250
Estrich	5,50	1,400
PE-Folie	0,02	0,330
Dämmung	6,00	0,044
Bitumenanstrich	0,20	0,230
Stahlbeton	30,00	2,500
Dämmung	10,00	0,040

Außenwand gegen Erdreich

U-Wert: 0,21 W/(m²·K)

Gesamtdicke: 48,00 cm	d [cm]	l [W/(m·K)]
Stahlbeton	30,00	2,500
Dämmung	18,00	0,040

Bodenplatte EG

U-Wert: 0,18 W/(m²·K)

Gesamtdicke: 48,22 cm	d [cm]	l [W/(m·K)]
Bodenbelag	0,50	0,250
Estrich	5,50	1,400
PE-Folie	0,02	0,330
Dämmung	12,00	0,044
Bitumenanstrich	0,20	0,230
Stahlbeton	20,00	2,500
Dämmung	10,00	0,040

Außenwand

U-Wert: 0,18 W/(m²·K)

Gesamtdicke: 43,50 cm	d [cm]	l [W/(m·K)]
Innenputz	1,00	1,000
Stahlbeton	24,00	2,500
Dämmung	18,00	0,035
Außenputz	0,50	0,700

Decke gegen Außenluft unten

U-Wert: 0,12 W/(m²·K)

Gesamtdicke: 56,50 cm	d [cm]	l [W/(m·K)]
Bodenbelag	0,50	0,250
Estrich	5,50	1,400
Dämmung	12,00	0,044
Stahlbeton	20,00	2,500
Dämmung	18,00	0,035
Außenputz	0,50	0,700

Dachterrasse

U-Wert: 0,21 W/(m²·K)

Gesamtdicke: 36,62 cm	d [cm]	l [W/(m·K)]
Stahlbeton	20,00	2,500
PE-Folie	0,02	0,330
Dämmung	8,00	0,035
Dämmung	8,00	0,035
Bitumenbahn	0,60	0,170

Dach

U-Wert: 0,19 W/(m²·K)

Gesamtdicke: 38,62 cm	d [cm]	l [W/(m·K)]
Stahlbeton	20,00	2,500
PE-Folie	0,02	0,330
Dämmung	8,00	0,035
Dämmung	10,00	0,035
Bitumenbahn	0,60	0,170

Planungskennwerte für Flächen und Rauminhalte nach DIN 277

Flächen des Grundstücks		Menge Einheit	% an GF
BF	Bebaute Fläche	323,64 m²	18,5
UF	Unbebaute Fläche	1.422,14 m²	81,5
GF	Grundstücksfläche	1.745,78 m²	100,0

Grundflächen des Bauwerks		Menge Einheit	% an NUF	% an BGF
NUF	Nutzungsfläche	402,65 m²	100,0	54,4
TF	Technikfläche	23,63 m²	5,9	3,2
VF	Verkehrsfläche	157,56 m²	39,1	21,3
NRF	Netto-Raumfläche	583,84 m²	145,0	78,8
KGF	Konstruktions-Grundfläche	156,85 m²	39,0	21,2
BGF	Brutto-Grundfläche	740,69 m²	184,0	100,0

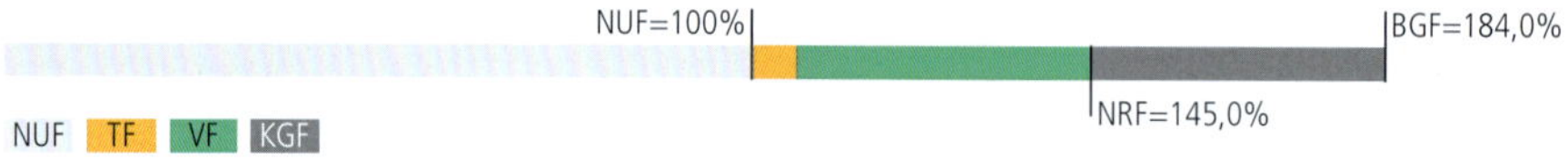

Brutto-Rauminhalt des Bauwerks		Menge Einheit	BRI/NUF (m)	BRI/BGF (m)
BRI	Brutto-Rauminhalt	2.480,98 m³	6,16	3,35

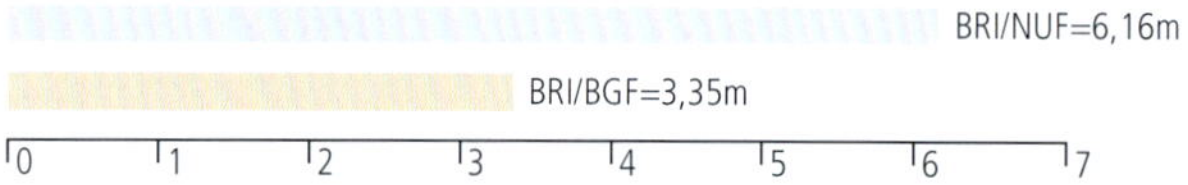

Kostenkennwerte für die Kostengruppen der 1.Ebene DIN 276

KG	Kostengruppen (1. Ebene)	Einheit	Kosten €	€/Einheit	€/m² BGF	€/m³ BRI	% 300+400
100	Grundstück	m² GF	–	–	–	–	–
200	Vorbereitende Maßnahmen	m² GF	–	–	–	–	–
300	Bauwerk – Baukonstruktionen	m² BGF	1.483.501	2.002,86	2.002,86	597,95	69,0
400	Bauwerk – Technische Anlagen	m² BGF	667.732	901,50	901,50	269,14	31,0
	Bauwerk 300+400	**m² BGF**	**2.151.233**	**2.904,36**	**2.904,36**	**867,09**	**100,0**
500	Außenanlagen und Freiflächen	m² AF	–	–	–	–	–
600	Ausstattung und Kunstwerke	m² BGF	–	–	–	–	–
700	Baunebenkosten	m² BGF	–	–	–	–	–
800	Finanzierung	m² BGF	–	–	–	–	–

KG	Kostengruppe	Menge Einheit	Kosten €	€/Einheit	%
3+4	**Bauwerk**				**100,0**
300	**Bauwerk – Baukonstruktionen**	740,69 m² BGF	1.483.501	**2.002,86**	69,0

Stb-Fundamente, Stb-Bodenplatte WU, Dämmung, Heizestrich, Vinyl, Bodenfliesen, textiler Bodenbelag, Perimeterdämmung; Stb-Wände, Kunststofffenster mit Alu-Deckschale, Glas-Eingangselement, WDVS, Innenputz, Beschichtung, Wandfliesen, Raffstores; Stb-Wände, KS-Mauerwerk, GK-Wände, Holztüren, Innenfenster, Putz, Beschichtung, Wandfliesen, Glas-Trennwände; Stb-Decken, Stb-Treppe, Stahl-Wangentreppe, Dämmung, Heizestrich, Vinyl, Bodenfliesen, textiler Bodenbelag, Holzstufen, Glasgeländer, Stahl-Handlauf; Stb-Flachdach, Lichtkuppel, Dämmung, Abdichtung, Dachentwässerung, abgehängte Akustikdecken

KG	Kostengruppe	Menge Einheit	Kosten €	€/Einheit	%
400	**Bauwerk – Technische Anlagen**	740,69 m² BGF	667.732	**901,50**	31,0

Gebäudeentwässerung, Kalt- und Warmwasserleitungen, Sanitärobjekte; Sole-Wasser-Wärmepumpe, Fußbodenheizung, Fußbodenkühlung; Lüftungsanlage mit WRG, RWA-Anlage; Photovoltaikanlage (115m²) mit Speicher, Elektroinstallation, Beleuchtung, Blitzschutz; Alarmanlage

Gebäude für Forschung und Lehre

2

2100 Hörsaalgebäude
• 2200 Institutsgebäude für Lehre und Forschung
2300 Institutsgebäude für Forschung und Untersuchung

2200-0061
Institutsgebäude
(189 AP)
Hörsaal
(100 Sitzplätze)

Objektübersicht

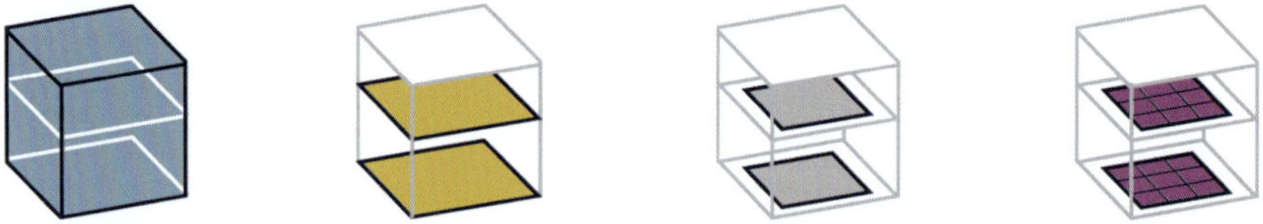

BRI 853 €/m³ | BGF 3.612 €/m² | NUF 6.363 €/m² | NE 75.372 €/NE

NE: Arbeitsplätze

Objekt:
Kennwerte: 1. Ebene DIN 276
BRI: 16.691 m³
BGF: 3.944 m²
NUF: 2.239 m²
Bauzeit: 165 Wochen
Bauende: 2022
Standard: Durchschnitt
Bundesland: Mecklenburg-Vorpommern
Kreis: Rostock

Architekt*in:
sehw architektur GmbH
Alt-Moabit 73
10555 Berlin

Bauherr*in:
Staatliches Bau- und Liegenschaftsamt Rostock
Wallstraße 2
18055 Rostock

© PHILIPP OBKIRCHER

© Helin Bereket

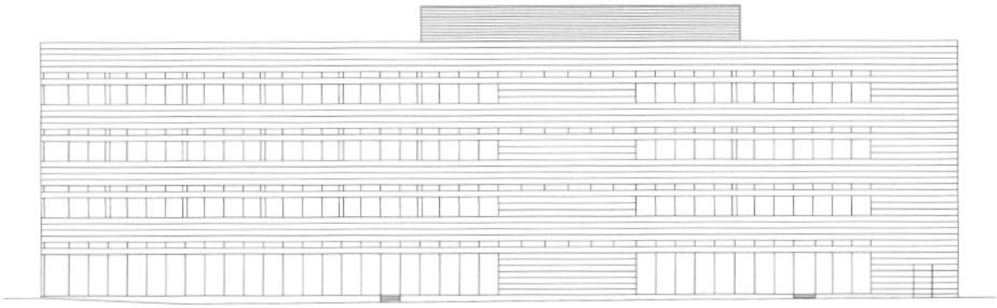
Ansicht Ost

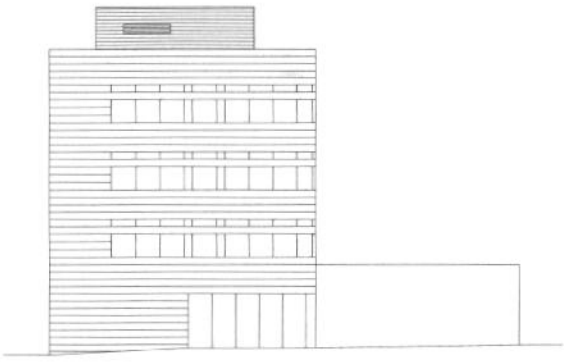
Ansicht Nord

Erdgeschoss

1. Obergeschoss

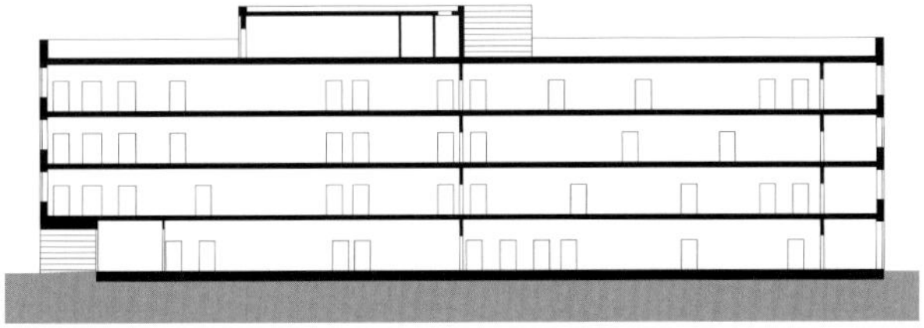
Schnitt A-A

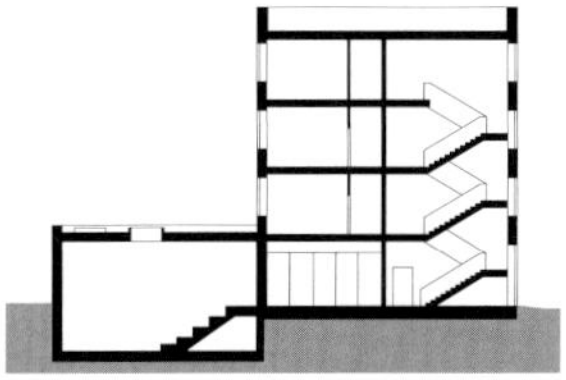
Schnitt B-B

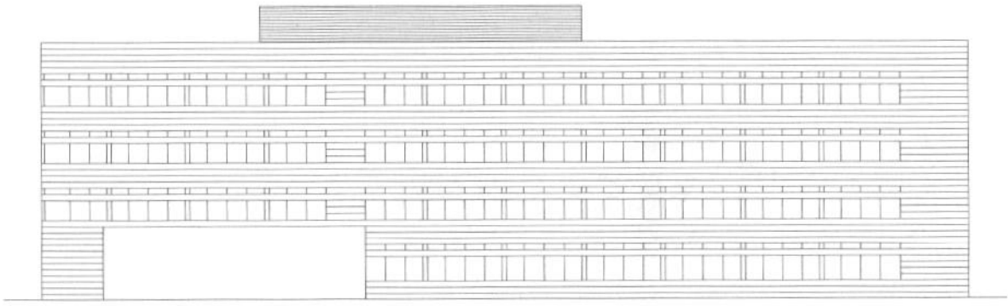
Ansicht West

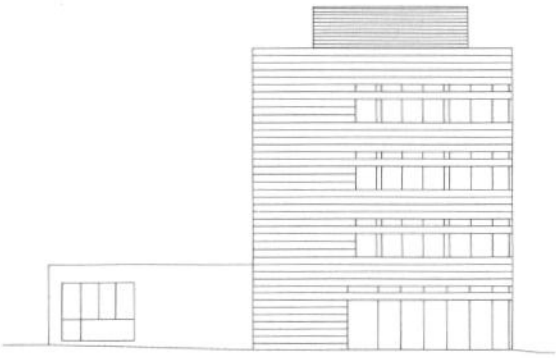
Ansicht Süd

Objektbeschreibung

Allgemeine Objektinformationen

Der Neubau für das Institut der Elektrotechnik schafft ein modernes Lehr- und Forschungsumfeld für die Institute der Angewandten Mikroelektronik und Datentechnik. Die "Kupferspule" ist nicht nur raumgewordene Elektrotechnik, das kompakte Volumen, die sehr gute Energiebilanz, die Materialwahl und der hohe Nutzermehrwert tragen maßgeblich zu einer hohen Nachhaltigkeit bei.

Nutzung

1 Erdgeschoss
Foyer, Seminarräume, Hörsaal, Labor, Verwaltung, Sanitärräume, Aufzug

3 Obergeschosse
Seminarräume, Labore, Verwaltung, Aufzug

Besonderer Kosteneinfluss Nutzung
Das Gebäude ist barrierefrei.

Nutzeinheiten

Arbeitsplätze: 189
Ausstellungsfläche: 138 m²
Bürofläche: 874 m²
Lagerfläche: 56 m²
Produktionsfläche: 20 m²
Sitzplätze: 100
Versammlungsraumfläche: 332 m²

Grundstück

Bauraum: Freier Bauraum
Neigung: Ebenes Gelände
Bodenklasse: BK 1 bis BK 4

Besonderer Kosteneinfluss Grundstück
Bodenschicht 1: Auffüllungen
Bodenschicht 2+3: Feinsand, Schluff
Bodenschicht 4: Geschiebelehm, Geschiebemergel

Es waren Baugrundverbesserungen und eine weiße Wanne erforderlich.

Markt

Hauptvergabezeit: 2. Quartal 2019
Baubeginn: 3. Quartal 2019
Bauende: 3. Quartal 2022
Konjunkturelle Gesamtlage: Durchschnitt
Regionaler Baumarkt: Durchschnitt

Baukonstruktion

Das Gebäude wurde in Stahlbetonbauweise errichtet. Gründung, Außenwände, Stützen, Decken und Flachdach wurden in Stahlbeton ausgeführt. Die Stahlbeton-Innenwände sind beidseitig verputzt und beschichtet. Nichttragende Wände wurden in Trockenbau ausgeführt. Das Hauptgebäude wurde mit einer vorgehängten, hinterlüfteten Fassade mit horizontaler Fugenausbildung in eloxiertem Kupferton bekleidet. Die Ecken des Hauptgebäudes sind abgerundet. Die Holz-Alufenster der Pfosten-Riegelfassade sind dreifachverglast. Raffstores übernehmen den außenliegenden Sonnenschutz. Die Außenwände des eingeschossigen Hörsaals wurden mit vorgehängten Sichtbeton-Fertigelementen versehen. Die Böden sind mit Industrieparkett, Fliesen oder Linoleum belegt. Die Decken wurden in Sichtbeton belassen oder mit Akustikdecken abgehängt und beschichtet.

Technische Anlagen

Die wärmetechnische Versorgung des Gebäudes erfolgt über ein bestehendes Nahwärmenetz. Es wurden Lüftungs- und Teilklimaanlagen eingebaut. Ein Kaltwassererzeuger stellt die Kälte für die Teilklimageräte bereit. Die elektrotechnische Einspeisung wird auf der Niederspannungsebene (400V) aus einer bauseitigen Transformatorenstation der Universität versorgt. Eine Zentralbatterieanlage, sowie Spannungsüberwachungen in den Unterverteilungen versorgen das Gebäude. Es wurde eine zentrale USV-Anlage installiert. Die Räume sind mit Fernmelde- und datentechnischen Anlagen bestückt, die über Lichtwellenleiterkabel vernetzt sind. Es wurde eine Zugangskontroll- und Hausalarmanlage eingebaut.

Sonstiges

Eine hohe Nutzungsflexibilität und Veränderbarkeit zeichnet das Gebäude für die Zukunft aus.

Planungskennwerte für Flächen und Rauminhalte nach DIN 277

Flächen des Grundstücks		Menge Einheit	% an GF
BF	Bebaute Fläche	1.113,00 m²	31,0
UF	Unbebaute Fläche	2.483,00 m²	69,0
GF	Grundstücksfläche	3.596,00 m²	100,0

Grundflächen des Bauwerks		Menge Einheit	% an NUF	% an BGF
NUF	Nutzungsfläche	2.238,70 m²	100,0	56,8
TF	Technikfläche	258,10 m²	11,5	6,5
VF	Verkehrsfläche	746,90 m²	33,4	18,9
NRF	Netto-Raumfläche	3.243,70 m²	144,9	82,2
KGF	Konstruktions-Grundfläche	700,30 m²	31,3	17,8
BGF	Brutto-Grundfläche	3.944,00 m²	176,2	100,0

Brutto-Rauminhalt des Bauwerks		Menge Einheit	BRI/NUF (m)	BRI/BGF (m)
BRI	Brutto-Rauminhalt	16.691,02 m³	7,46	4,23

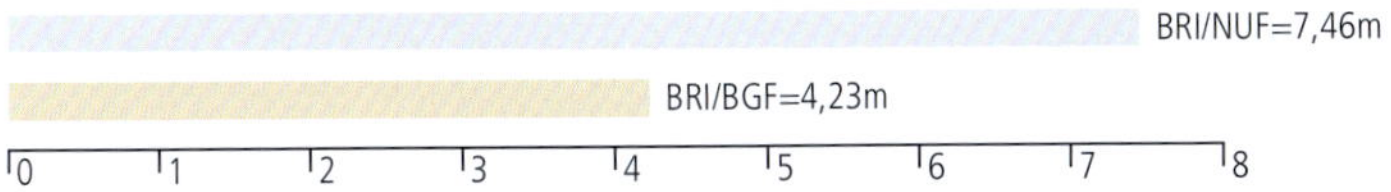

Kostenkennwerte für die Kostengruppen der 1. Ebene DIN 276

KG	Kostengruppen (1. Ebene)	Einheit	Kosten €	€/Einheit	€/m² BGF	€/m³ BRI	% 300+400
100	Grundstück	m² GF	–	–	–	–	–
200	Vorbereitende Maßnahmen	m² GF	–	–	–	–	–
300	Bauwerk – Baukonstruktionen	m² BGF	10.204.756	2.587,41	2.587,41	611,39	71,6
400	Bauwerk – Technische Anlagen	m² BGF	4.040.603	1.024,49	1.024,49	242,08	28,4
	Bauwerk 300+400	**m² BGF**	**14.245.358**	**3.611,91**	**3.611,91**	**853,47**	**100,0**
500	Außenanlagen und Freiflächen	m² AF	–	–	–	–	–
600	Ausstattung und Kunstwerke	m² BGF	–	–	–	–	–
700	Baunebenkosten	m² BGF	–	–	–	–	–
800	Finanzierung	m² BGF	–	–	–	–	–

KG	Kostengruppe	Menge Einheit	Kosten €	€/Einheit	%
3+4	**Bauwerk**				**100,0**
300	**Bauwerk – Baukonstruktionen**	3.944,00 m² BGF	10.204.756	**2.587,41**	71,6

Aushub; Flachgründung, WU, Frischbetonverbundfolie; Stb-Wände, Stahlbetonstützen, Dämmung, vorgehängte, hinterlüftete Fassade eloxierter Kupferton mit abgerundeten Ecken, vorgehängten Sichtbeton-Fertigelemente, Innenputz, Beschichtung, Pfostenriegelfassade, Holz-Alufenster, Dreifachverglasung, Sonnenschutz Raffstore; tragende Stb-Innenwände, Stb-Stützen, GK-Ständerwände, Innentüren, Stahlumfassungszargen, Innenputz, Sichtbetonoberflächen, Beschichtung, Holzvorsatzschalen, Sanitärtrennwände; zweiachsig gespannte Stahlbetondecken, Stb-Treppen, Dämmung, Estrich, Parkettbeläge, Linoleum, Fliesen, Sichtbetondecken, Akustikdecken, Stahl-Treppengeländer; Stb-Flachdach, Gefälledämmung, Bitumenabdichtung, Dachentwässerung

KG	Kostengruppe	Menge Einheit	Kosten €	€/Einheit	%
400	**Bauwerk – Technische Anlagen**	3.944,00 m² BGF	4.040.603	**1.024,49**	28,4

Gebäudeentwässerung, Kalt- und Warmwasserleitungen, Sanitärobjekte; Nahwärmeanschluss, Heizleitungen; Lüftungs- und Teilklimaanlagen, Kälteerzeugung mittels Kaltwassererzeugers, Lüftungsleitungen; Elektroinstallation, Starkstromversorgung, Einspeisung über Transformatorenstation, Zentralbatterieanlage, zentrale USV-Anlage, Beleuchtung, Blitzschutz; Fernmelde- und informationstechnische Anlagen, Zugangskontrollanlage, Hausalarmanlage, Fernmelde- und Datentechnische Anlagen; Personenaufzug

2200-0062
Atelier-/Werkhallen
Veranstaltungshalle
(399 Sitzplätze)

Objektübersicht

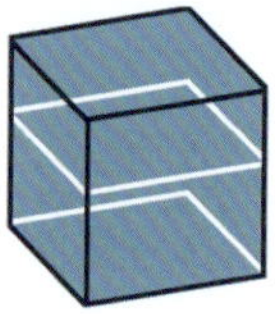

BRI 349 €/m³

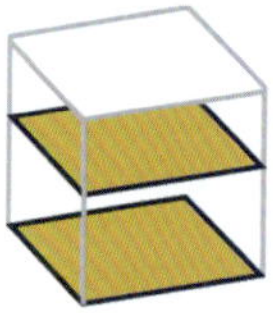

BGF 2.677 €/m²

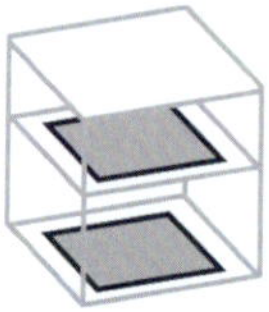

NUF 3.513 €/m²

Objekt:
Kennwerte: 1.Ebene DIN 276
BRI: 15.576 m³
BGF: 2.033 m²
NUF: 1.550 m²
Bauzeit: 57 Wochen
Bauende: 2021
Standard: unter Durchschnitt
Bundesland: Bremen
Kreis: Bremen, Stadt

Architekt*in:
GSP Gerlach Schneider
Partner Architekten mbB
Am Speicher XI, Segment 6
28217 Bremen

Bauherr*in:
Portinvest GmbH
Bleicherstraße 7
28203 Bremen

© Thomas Kleiner

© Thomas Kleiner

© Thomas Kleiner

© Thomas Kleiner

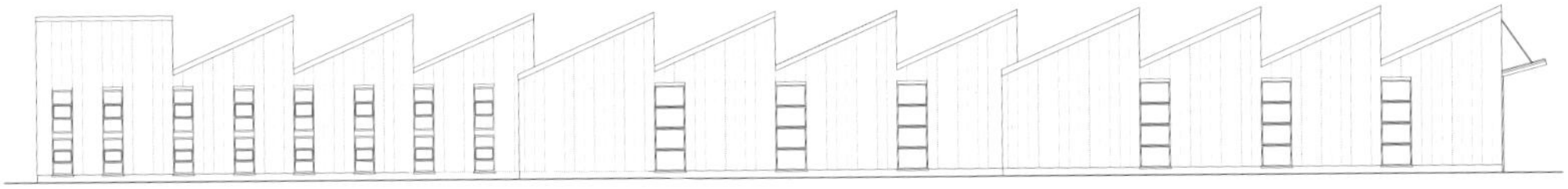

Ansicht Nord

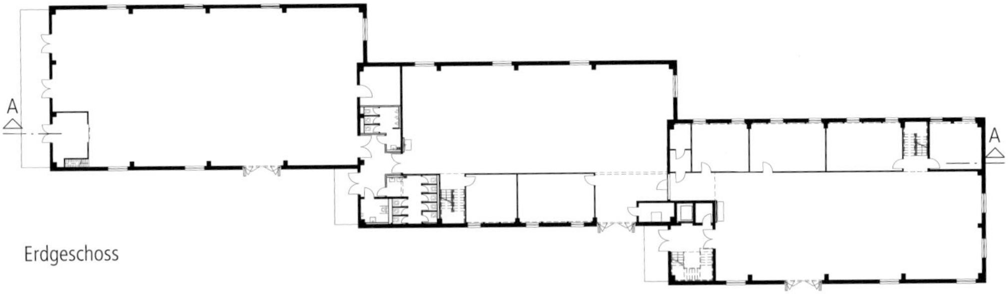

Erdgeschoss

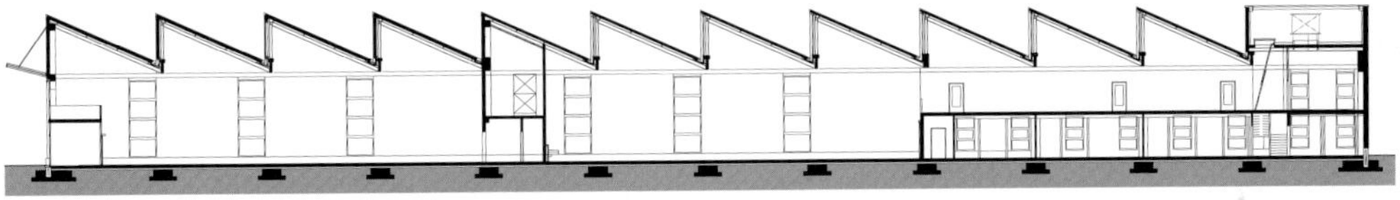

Schnitt A-A

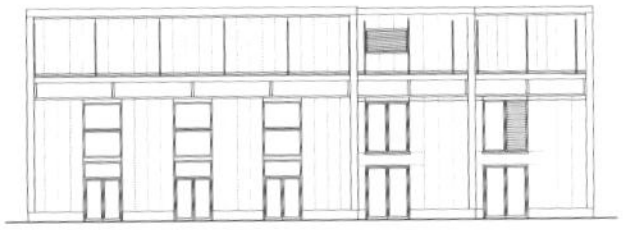

Ansicht West

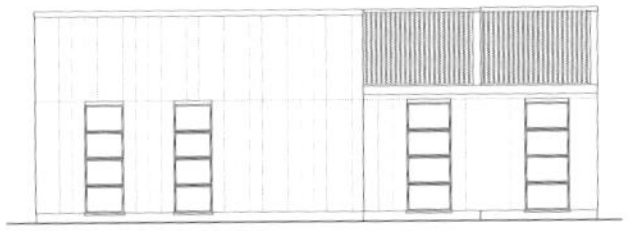

Ansicht Ost

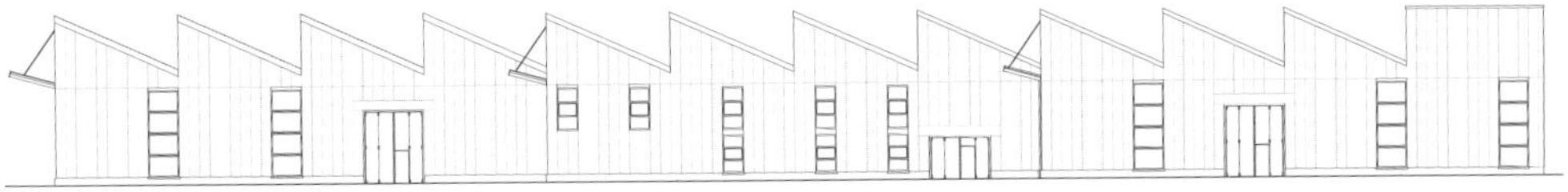

Ansicht Süd

2200-0062
Atelier-/Werkhallen
Veranstaltungshalle
(399 Sitzplätze)

Objektbeschreibung

Allgemeine Objektinformationen

Der Neubau der Atelier- und Werkhallen für eine Kunsthochschule nimmt Bezug auf einen angrenzenden historischen Speicher. Der zweigeschossige Hallenbau besteht aus drei versetzten Baukörpern mit einer Multifunktions- und zwei Werkhallen. Große, vertikale Fensterelemente und verglaste Oberlichter in den Sheddächern sorgen für viel Tageslichteinfall in den Hallen. Der Haupteingang führt direkt in die Multifunktionshalle und öffnet sich zum Vorplatz nach Westen hin.

Nutzung

1 Erdgeschoss
drei Hallen, Backstagebereich, Lagerräume, Vorbereitung, WCs, Technikraum, Windfang, Flure, Treppen, Aufzug

1 Obergeschoss
Luftraum Hallen, Galerien, Werkbüros, Aufenthaltsraum mit Teeküche, WCs, Dusche, Technikraum, Treppen, Aufzug

Nutzeinheiten

Sitzplätze: 399

Grundstück

Bauraum: Freier Bauraum
Neigung: Ebenes Gelände
Bodenklasse: BK 3 bis BK 4

Markt

Hauptvergabezeit: 2. Quartal 2020
Baubeginn: 4. Quartal 2020
Bauende: 4. Quartal 2021
Konjunkturelle Gesamtlage: Durchschnitt
Regionaler Baumarkt: über Durchschnitt

Baukonstruktion

Das Gebäude ist in modularer Bauweise mit Porenbetonwänden und Brettsperrholzdecken erstellt worden. Die Innenwände wurden ebenfalls aus Brettsperrholz in Sichtqualität und Porenbeton ausgeführt. Das Dach wurde in einer Mischkonstruktion aus Stb-Fertigteilbindern mit Stahlträgern und -pfetten sowie kerngedämmten Sandwich-Dachpaneelen errichtet. Für die Bodenbeläge wurde die Betonsohle mit einer Hartstoffeinstreuung behandelt und die Oberflächen flügelgeglättet. Die Galerien im Obergeschoss wurden in Brettsperrholz ausgeführt. Sowohl die Böden als auch die Brüstungen wurden in Holz oberflächenfertig belassen.

Technische Anlagen

Das Gebäude wird über Fernwärme beheizt und erhielt eine Industriefußbodenheizung. Die Trinkwassererwärmung erfolgt dezentral über elektrische Warmwasserbereiter.
Die Hallen und auch einige Nebenräume erhielten zwei RLT-Geräte mit Wärmerückgewinnung. Der Farben-Vorbereitungsraum erhielt einen dezentralen Ventilator. Sämtliche Installationen wurden sichtbar verlegt.

Planungskennwerte für Flächen und Rauminhalte nach DIN 277

Flächen des Grundstücks		Menge Einheit	% an GF
BF	Bebaute Fläche	1.593,00 m²	41,0
UF	Unbebaute Fläche	2.289,00 m²	59,0
GF	Grundstücksfläche	3.882,00 m²	100,0

Grundflächen des Bauwerks		Menge Einheit	% an NUF	% an BGF
NUF	Nutzungsfläche	1.549,60 m²	100,0	76,2
TF	Technikfläche	86,77 m²	5,6	4,3
VF	Verkehrsfläche	167,03 m²	10,8	8,2
NRF	Netto-Raumfläche	1.803,40 m²	116,4	88,7
KGF	Konstruktions-Grundfläche	229,63 m²	14,8	11,3
BGF	Brutto-Grundfläche	2.033,03 m²	131,2	100,0

Brutto-Rauminhalt des Bauwerks		Menge Einheit	BRI/NUF (m)	BRI/BGF (m)
BRI	Brutto-Rauminhalt	15.575,63 m³	10,05	7,66

Kostenkennwerte für die Kostengruppen der 1. Ebene DIN 276

KG	Kostengruppen (1. Ebene)	Einheit	Kosten €	€/Einheit	€/m² BGF	€/m³ BRI	% 300+400
100	Grundstück	m² GF	–	–	–	–	–
200	Vorbereitende Maßnahmen	m² GF	–	–	–	–	–
300	Bauwerk – Baukonstruktionen	m² BGF	4.177.512	2.054,82	2.054,82	268,21	76,7
400	Bauwerk – Technische Anlagen	m² BGF	1.265.521	622,48	622,48	81,25	23,3
	Bauwerk 300+400	**m² BGF**	**5.443.033**	**2.677,30**	**2.677,30**	**349,46**	**100,0**
500	Außenanlagen und Freiflächen	m² AF	–	–	–	–	–
600	Ausstattung und Kunstwerke	m² BGF	–	–	–	–	–
700	Baunebenkosten	m² BGF	–	–	–	–	–
800	Finanzierung	m² BGF	–	–	–	–	–

KG	Kostengruppe	Menge Einheit	Kosten €	€/Einheit	%
3+4	**Bauwerk**				**100,0**
300	**Bauwerk – Baukonstruktionen**	2.033,03 m² BGF	4.177.512	**2.054,82**	76,7

Baugrubenaushub; kerngedämmte Stb-Sandwichfertigteile, Stb-Kocherfundamente, Stb-Bodenplatte 25cm, Hartstoffeinstreuung, Oberfläche flügelgeglättet, Perimeterdämmung; Porenbeton-Fertigteilwandelemente, Stb-Fertigteilstützen, Kunststofffenster, Stahltüren, Alu-Falttore, Sichtbeton, Beschichtungen, außenliegender Sonnenschutz, Vollverdunklungsscreens; Porenbetonwände, Brettsperrholzwände in Sichtqualität, GK-Wände, Wandfliesen, WC-Trennwände, mobile Trennwände; Brettsperrholzdecken, Stb-Fertigteiltreppe, Holztreppe, Holz-Leitertreppe, Holzmehrschichtplatten-Belag, abgehängte GK-Decken, Brettsperrholz-Brüstung, Treppengeländer; Sheddach: Stb-Fertigteilbinder, Stahlträger, Stahlpfetten, kerngedämmte Sandwich-Dachpaneele, Alu-Glas-Oberlichter, Polycarbonat-Lichtbauelemente, Flachdach: Dämmung, Folienabdichtung, Dachentwässerung, Stahl- Eingangsüberdachungen

KG	Kostengruppe	Menge Einheit	Kosten €	€/Einheit	%
400	**Bauwerk – Technische Anlagen**	2.033,03 m² BGF	1.265.521	**622,48**	23,3

Gebäudeentwässerung, Kaltwasserleitungen, Sanitärobjekte; Fernwärmeversorgung, elektrische Warmwasserbereiter, Fußbodenheizung, Heizkörper; Einzelraumlüfter, kontrollierte Be- und Entlüftung mit Wärmerückgewinnung, RWA-Anlage; Elektroinstallation, LED-Beleuchtung, Sicherheitsleuchten; Datenübertragungsanlage, Brandmeldeanlage; Personenaufzug

2200-0063
Labor-/Bürogebäude
Prüffeldhalle (39 AP)

Objektübersicht

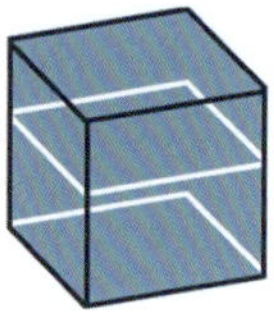

BRI 1.149 €/m³

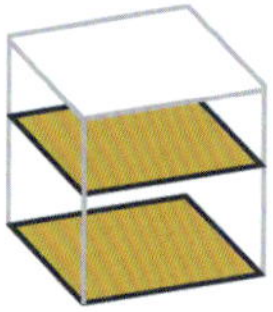

BGF 6.928 €/m²

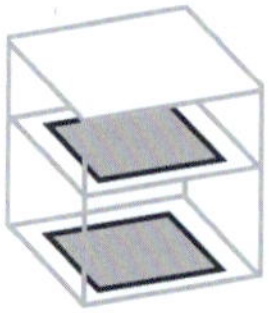

NUF 12.047 €/m²

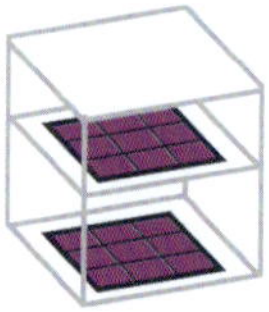

NE 543.976 €/NE

NE: Arbeitsplätze

Objekt:
Kennwerte: 1.Ebene DIN 276
BRI: 18.469 m³
BGF: 3.062 m²
NUF: 1.761 m²
Bauzeit: 157 Wochen
Bauende: 2021
Standard: über Durchschnitt
Bundesland: Niedersachsen
Kreis: Braunschweig, Stadt

Architekt*in:
ZELUBA
DGI Bauwerk
Schillstraße 9
10785 Berlin

schneider+schumacher
Poststraße 20A
60329 Frankfurt/Main

Planung Tragwerk:
osd GmbH

Fachplanung TGA:
Ingenieursges. IMF
Ingenieursges. Meinhardt

Ansicht Nord

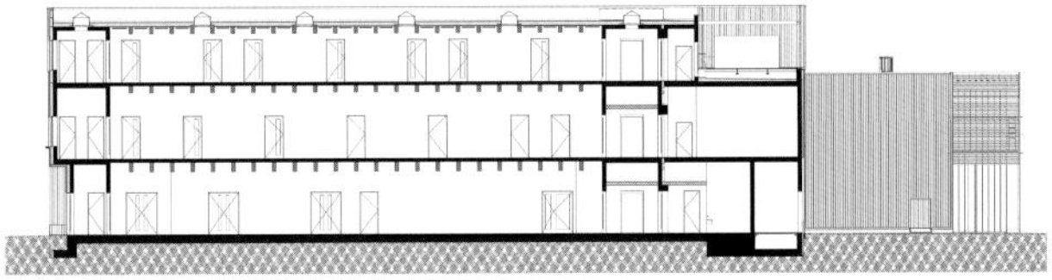

Schnitt A-A

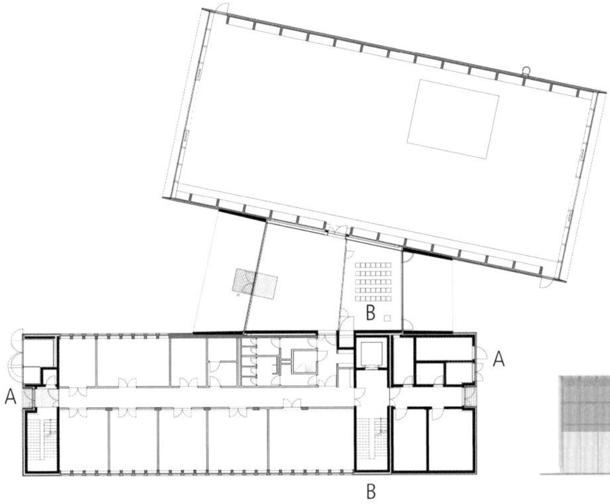

Erdgeschoss

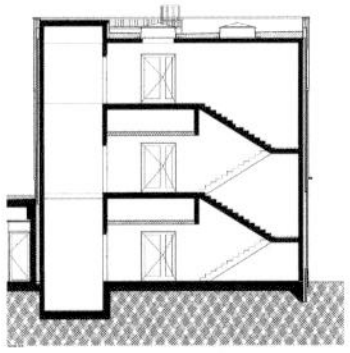

Schnitt B-B

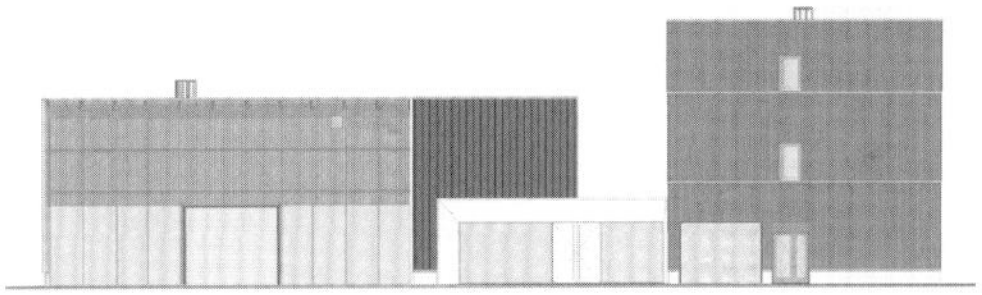

Ansicht West

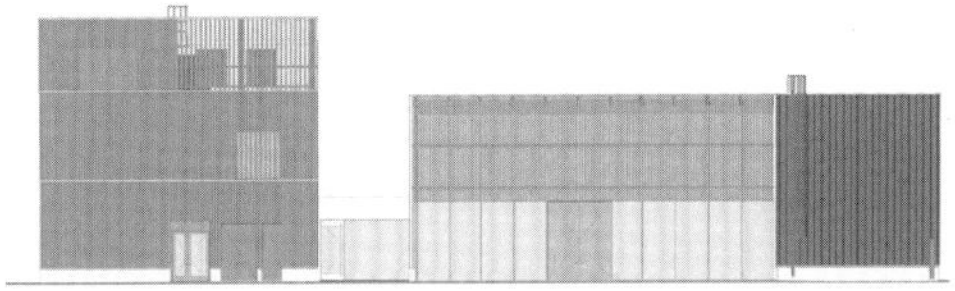

Ansicht Ost

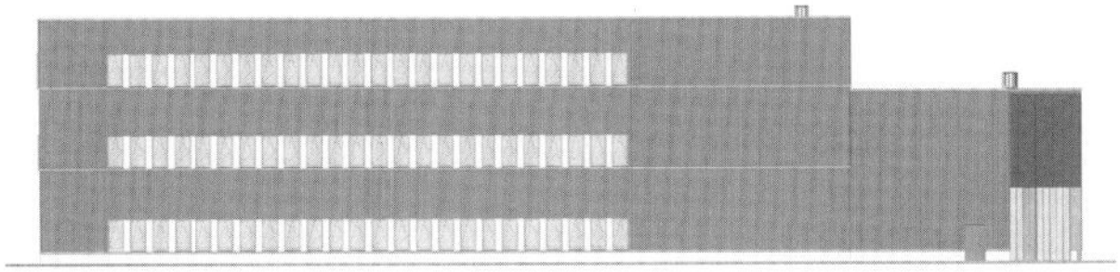

Ansicht Süd

Objektbeschreibung

Allgemeine Objektinformationen

Der Neubau umfasst Büro- und Laborflächen, einen Seminarraum und eine Prüfhalle. Besonderheiten sind ein Erdbebenprüfstand mit eigenem, hydraulisch gelagertem 200t-Fundament sowie Brandlabore.

Nutzung

1 Erdgeschoss
Prüffeldhalle, Foyer, Labore, Seminarraum, Besprechungsraum, Kopierraum, Lagerräume, WCs, BMZ, Traforaum, Raum für technische Gase, Technikräume

2 Obergeschosse
Labore, Büros, Besprechungsraum, Pausenraum, Serverraum, Kopierräume, Teeküche, Sanitätsraum, WCs, Technikräume

Nutzeinheiten

Arbeitsplätze: 39

Grundstück

Bauraum: Freier Bauraum
Neigung: Ebenes Gelände
Bodenklasse: BK 3 bis BK 4

Markt

Hauptvergabezeit: 1. Quartal 2018
Baubeginn: 2. Quartal 2018
Bauende: 2. Quartal 2021
Konjunkturelle Gesamtlage: über Durchschnitt
Regionaler Baumarkt: über Durchschnitt

Baukonstruktion

Das Treppenhaus und der Technikteil des Bürogebäudes wurden in Massivbauweise aus Stahlbeton und Mauerwerk errichtet. Die Labor- und Büroebenen wurden in unbekleidetem, konstruktiven Holzskelettbau mit Holz-Beton-Verbunddecken aus BSH-Balken sowie Deckenelementen aus Betonhalbfertigteilen erstellt. Aufgrund der VCB-Labornutzung wurden hohe schwingungstechnische Anforderungen an die Geschossdecke gestellt. Die Fassade besteht aus vorgefertigten Außenwandelementen mit vorgegrauter Holzfassade. Die Prüffeldhalle wurde mit eingespannten Brettschichtholzstützen auf einem Stahlbetonsockel errichtet und mit Furnierschichtholzplatten ausgesteift. Die Alu-Pfosten-Riegel-Fassaden sind mit dreifach- Wärmeschutzverglasungen ausgeführt und in Teilen mit Holzlamellen verschattet. Die Böden sind mit Kautschuk und Teppichen belegt.

Technische Anlagen

Die Wärmeversorgung erfolgt über Fernwärme mit geringen Primärenergiebedarf. Verteilt wird die Wärme über Heizkörper, Fußbodenheizung und Decken-Strahlplatten. Auf die Raumlufttechnik wurde besonderen Wert gelegt. Bedarfsgerecht geregelte Ventilatoren mit einer Wärmerückgewinnung von mehr als 80% wurden eingebaut. Eine adiabate Kühlung mit Rückspeisung von Wärme und Kälte in den Kreislaufverbund ermöglicht die Einsparung von Nacherhitzern und Nachkühlern. Gebäudeautomation mit Einzelraumregelung ermöglicht die Energieeinsparung bei der Lüftung, Heizung und Raumkühlung.

Sonstiges

Es entstand ein Neubau für ein Kompetenzzentrum, in dem zukünftig Materialien und Technologien für hybride Bauweisen von mehrgeschossigen Bauten entwickelt werden. Im Fokus stehen nachhaltige Systeme, die Verwendung von Holz als konstruktiven Baustoff und modulare Bauweisen.

Energetische Kennwerte

Gesetzliche Grundlage: EnEV 2013
Gebäudenutzfläche: 2.279,10 m^2
Hüllfläche des beheizten Volumens: 5.362,60 m^2
Spez. Transmissionswärmeverlust: 0,41 W/(m^2·K)
Mittlerer U-Wert (opake Bauteile): 0,27 W/(m^2·K)
Mittlerer U-Wert (transparente Bauteile): 1,43 W/(m^2·K)
Spez. Jahresprimärenergiebedarf: 206,30 kWh/(m^2·a)

Energetische Angaben zu Außenbauteilen

Bodenplatte

U-Wert: 0,80 W/(m²·K)

Gesamtdicke: 43,60 cm	d[cm]	l[W/(m·K)]
Stahlbeton	40,00	2,300
Dämmung	3,60	0,040

Bodenplatte Foyer

U-Wert: 0,36 W/(m²·K)

Gesamtdicke: 56,60 cm	d[cm]	l[W/(m·K)]
Estrich	6,00	1,400
PE-Folie	1,00	2,300
Trittschalldämmung	2,00	0,040
Dämmung	4,00	0,040
Stahlbeton	40,00	2,300
Dämmung	3,60	0,040

Brandwand

U-Wert: 0,23 W/(m²·K)

Gesamtdicke: 73,00 cm	d[cm]	l[W/(m·K)]
Holz	24,00	0,130
PE-Folie	1,00	2,300
Dämmung	8,00	0,040
Stahlbeton	40,00	2,300

Außenwand

U-Wert: 0,17 W/(m²·K)

Gesamtdicke: 42,20 cm	d[cm]	l[W/(m·K)]
Holz	24,00	0,130
Dämmung	10,00	0,041
Holz	10,00	0,130
Dämmung	8,00	0,041
Holz	8,00	0,130
Unterspannbahn	0,20	0,270

Decke gegen Außenluft unten

U-Wert: 0,35 W/(m²·K)

Gesamtdicke: 35,00 cm	d[cm]	l[W/(m·K)]
Stahlbeton	25,00	2,300
Dämmung	10,00	0,040

Flachdach

U-Wert: 0,14 W/(m²·K)

Gesamtdicke: 33,10 cm	d[cm]	l[W/(m·K)]
Holz	3,30	0,130
Dampfsperre	1,00	2,300
Dämmung	20,00	0,043
Dämmung	8,00	0,037
Abdichtung	0,80	0,170

Planungskennwerte für Flächen und Rauminhalte nach DIN 277

Flächen des Grundstücks		Menge Einheit	% an GF
BF	Bebaute Fläche	1.760,00 m²	45,1
UF	Unbebaute Fläche	2.140,00 m²	54,9
GF	Grundstücksfläche	3.900,00 m²	100,0

Grundflächen des Bauwerks		Menge Einheit	% an NUF	% an BGF
NUF	Nutzungsfläche	1.761,00 m²	100,0	57,5
TF	Technikfläche	304,00 m²	17,3	9,9
VF	Verkehrsfläche	503,00 m²	28,6	16,4
NRF	Netto-Raumfläche	2.568,00 m²	145,8	83,9
KGF	Konstruktions-Grundfläche	494,00 m²	28,1	16,1
BGF	Brutto-Grundfläche	3.062,00 m²	173,9	100,0

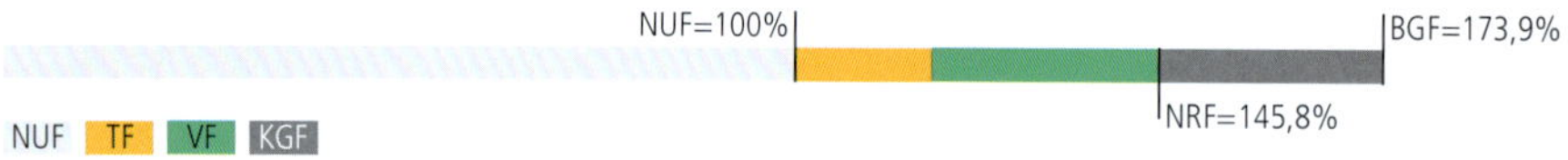

Brutto-Rauminhalt des Bauwerks		Menge Einheit	BRI/NUF (m)	BRI/BGF (m)
BRI	Brutto-Rauminhalt	18.469,00 m³	10,49	6,03

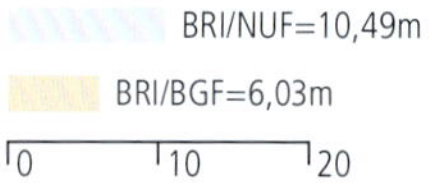

Kostenkennwerte für die Kostengruppen der 1.Ebene DIN 276

KG	Kostengruppen (1.Ebene)	Einheit	Kosten €	€/Einheit	€/m² BGF	€/m³ BRI	% 300+400
100	Grundstück	m² GF	–	–	–	–	–
200	Vorbereitende Maßnahmen	m² GF	422.621	108,36	138,02	22,88	2,0
300	Bauwerk – Baukonstruktionen	m² BGF	12.396.568	4.048,52	4.048,52	671,21	58,4
400	Bauwerk – Technische Anlagen	m² BGF	8.818.487	2.879,98	2.879,98	477,48	41,6
	Bauwerk 300+400	**m² BGF**	**21.215.055**	**6.928,50**	**6.928,50**	**1.148,68**	**100,0**
500	Außenanlagen und Freiflächen	m² AF	1.047.184	489,34	341,99	56,70	4,9
600	Ausstattung und Kunstwerke	m² BGF	–	–	–	–	–
700	Baunebenkosten	m² BGF	–	–	–	–	–
800	Finanzierung	m² BGF	–	–	–	–	–

KG	Kostengruppe	Menge Einheit	Kosten €	€/Einheit	%
200	**Vorbereitende Maßnahmen**	3.900,00 m² GF	422.621	**108,36**	2,0

Roden von Bewuchs, Kampfmittelräumung; Abwasseranschluss, Wasseranschluss, Umlegen LWL-Leitungen, Fernwärmeanschluss; Artenschutzmaßnahmen, Ausgleichszahlungen für Rodungen

KG	Kostengruppe	Menge Einheit	Kosten €	€/Einheit	%
3+4	**Bauwerk**				**100,0**
300	**Bauwerk – Baukonstruktionen**	3.062,00 m² BGF	12.396.568	**4.048,52**	58,4

Baugrubenaushub; Stb-Fundamente, Stb-Fundamentplatten, Stb-Bodenplatte, teilw. WU-Beton, Verbundestrich, Heizestrich, Kautschuk; BSH-Massivwände mit Sichtoberflächen, Stb-Wände, Mauerwerkswände, BSH-Stützen, eingespannt in 1m hohe Stahlbetonsockel, Alu-Pfosten-Riegel-Fassade, Alu-Holzfenster, Dreifachverglasung, teilw. Sonnenschutzverglasung, Wärmedämmung, vorgegraute Holzfassade, Außenraffstores mit textilem Screen; BSH-Massivwände mit Sichtoberflächen, Stb-Wände, Innenmauerwerk, GK-Wände, BSH-Stützen, teilw. Glastüren; BSH-Holzrippen mit Betonauflage, Wartungsgänge mit Gitterrostauflage, Stb-Treppen, Verbundestrich mit hoher Belastbarkeit (Labore), Kautschuk, Teppich, abgehängte GK-Decken, Holzwolle-Akustikdecken, Treppengeländer; Stb-Dach, BSH-Holzrippen, Oberlichter, Dämmung, Abdichtung, Attika, Kies, innenliegende Entwässerung, abgehängte GK-Decken, Holzwolle-Akustikdecken, Eingangsüberdachung; Teeküche, Waschtischplatten

KG	Kostengruppe	Menge Einheit	Kosten €	€/Einheit	%
400	**Bauwerk – Technische Anlagen**	3.062,00 m² BGF	8.818.487	**2.879,98**	41,6

Gebäudeentwässerung, Kalt- und Warmwasserleitungen, Umkehrosmoseanlage 300l/h, Sanitärobjekte; Fernwärmeversorgung, Elektro-Warmwasserspeicher, Plattenheizkörper, teilw. Fußbodenheizung, Deckenstrahlplatten; Zuluftgeräte, Wärmetauscher, Umluft-Kühlgeräte, Kaltwassersätze 205kW, Gerätekältestation 110kW; Mittelspannungsschaltanlage, 630kVA-Öl-Transformator, Zentralbatterieanlage, Elektroinstallation, Beleuchtung, Sicherheitsleuchten; Brandmeldeanlage, Gaswarnanlage, Zugangskontrolle, Datenübertragungsanlage; Aufzug, Krananlage; Feuerlöscher, Labortechnische Anlagen, Laborgas, Drucklufterzeuger, Digestorien; Laborsteuerungen, Automationsstationen, MSR-Einzelraumregelung, Smart Metering-Systeme

KG	Kostengruppe	Menge Einheit	Kosten €	€/Einheit	%
500	**Außenanlagen und Freiflächen**	2.140,00 m² AF	1.047.184	**489,34**	4,9

Oberbodenarbeiten; Unterbaumaßnahmen, Bodenaustausch; Betonplatten-Wege, Stellplätze; Außenbeleuchtung, Energiepoller; Massivholz-Sitzelemente, Fahrradständer; Oberbodenauftrag, Bepflanzung, Rasen

2200-0064
Forschungsgebäude
(110 AP)

Objektübersicht

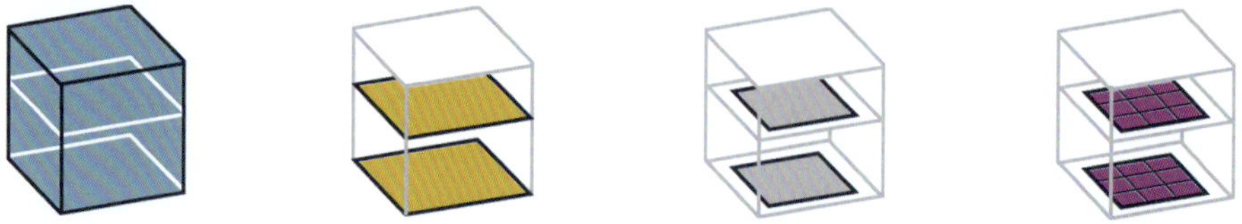

BRI 549 €/m³ | **BGF** 2.742 €/m² | **NUF** 4.737 €/m² | **NE** 200.543 €/NE

NE: Arbeitsplätze

Objekt:
Kennwerte: 1. Ebene DIN 276
BRI: 40.182 m³
BGF: 8.045 m²
NUF: 4.657 m²
Bauzeit: 148 Wochen
Bauende: 2023
Standard: über Durchschnitt
Bundesland: Bayern
Kreis: Würzburg, Stadt

Architekt*in:
ARCHITEKTEN BDA
DIPLOMINGENIEURE

GERHARD GRELLMANN
RAINER KRIEBEL
CHRISTIAN TEICHMANN
& PARTNER
Kaiserstraße 33
97070 Würzburg

Bauherr*in:
SKZ-KFE
gGmbH Würzburg
Friedrich-Bergius-Ring 21
97076 Würzburg

© Felix Meyer Fotografie

© Felix Meyer Fotografie

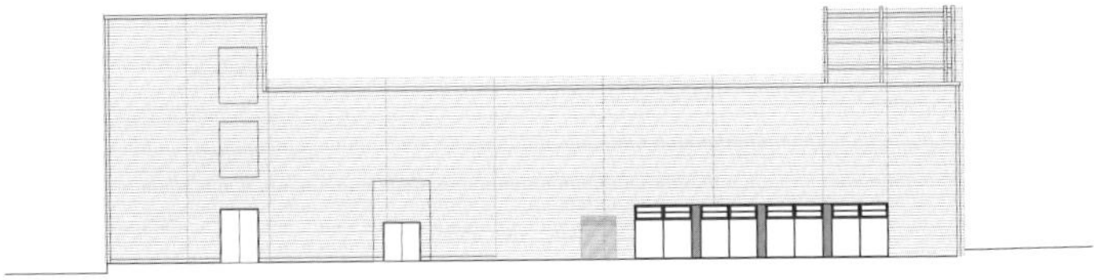

Ansicht Nord

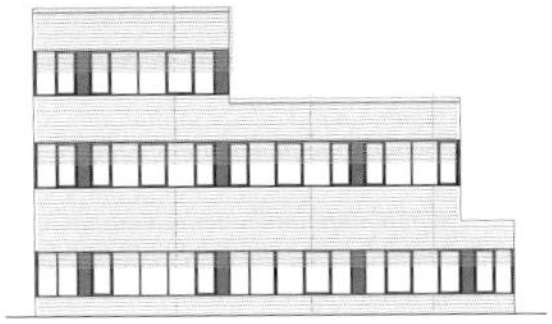

Ansicht Ost Innenhof

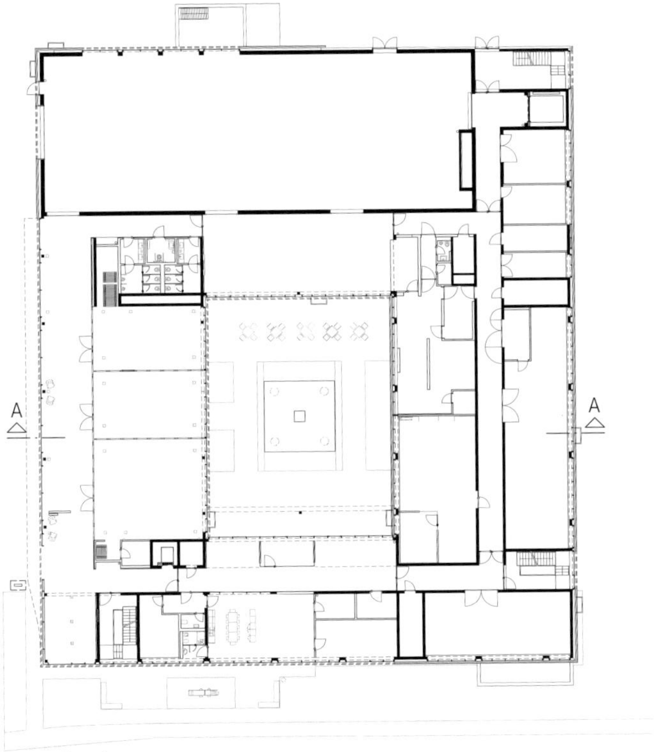

Erdgeschoss

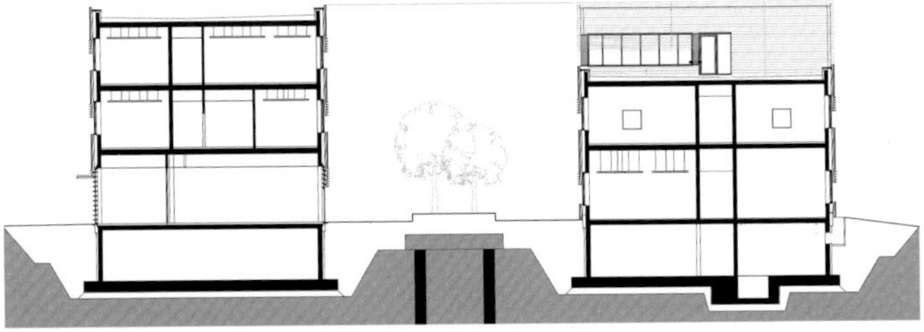

Schnitt A-A

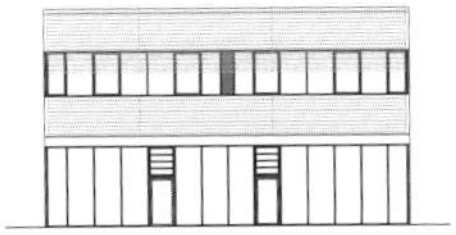

Ansicht Süd Innenhof

Objektbeschreibung

Allgemeine Objektinformationen

Die Idee der Modellfabrik, Labor und Technikum, Seminarbereiche und Büroflächen zu einer Funktionseinheit mit hoher Synergie zusammenzufassen, wird durch die Ausbildung eines Karees mit offener Mitte architektonisch transformiert. Um einen begehbaren Innenhof, der dem Gebäude ein Zentrum gibt, werden die unterschiedlichen Nutzungen nach Funktionsbereichen geordnet und nach Lagegunst verortet. Das umlaufende Flursystem, rhythmisiert durch Orientierung zum Innenhof und Ausblicke nach außen, fasst alle Bereiche auf kurzem Weg hierarchiefrei zusammen.

Nutzung

1 Untergeschoss
Technikräume, Lagerräume, Treppenhäuser, Flure

1 Erdgeschoss
Spritzguss-Technikum, Technikräume, Langzeitprüfraum, T-Mech. Prüfraum, Büros, EDV-Raum, Tagungsräume (3St), Sanitärräume, Kantine, Küche, Spülküche, Lager, Flure, Kita Gruppe/Küche, Kita-Büro, WCs, Kita-Lager, Kita-Schlafraum, Kreativzone, Wartebereich, Innenhof

2 Obergeschosse
Büros, Besprechungsräume (2St), Sanitärbereiche, Produktionsräume, Technikräume, Forschungsräume, Bürolandschaft, Kreativzone, Gruppenleiterbüro, Flure, Teeküche, Kopierraum

Nutzeinheiten

Arbeitsplätze: 110
Kinder: 12

Grundstück

Bauraum: Freier Bauraum
Neigung: Geneigtes Gelände
Bodenklasse: BK 1 bis BK 5

Besonderer Kosteneinfluss Grundstück
Naturschutzauflagen, Emissionsschutzauflagen

Markt

Hauptvergabezeit: 2.Quartal 2020
Baubeginn: 2.Quartal 2020
Bauende: 1.Quartal 2023
Konjunkturelle Gesamtlage: über Durchschnitt
Regionaler Baumarkt: über Durchschnitt

Baukonstruktion

Das Gebäude gründet auf einer Stahlbetonbodenplatte aus WU-Beton. Sämtliche tragenden Bauteile sind in Stahlbeton, teilweise in Spannbeton erstellt. Der kompakte, einfache Baukörper wird mit einer metallenen Haut versehen. Die Alu-Fassade besteht aus einzelnen, als System aufgebauten, horizontalen Metallbändern, die sich Stoß an Stoß um das Gebäude legen. Die Fenster in einer Alu-Pfosten-Riegelfassade sind dreifachverglast. Die Innenwände wurden in Kalksandstein oder als GK-Wände erstellt. Die Stb-Flachdächer erhielten eine Gefälledämmung und eine bituminöse Abdichtung. Die Böden wurden teils beschichtet, teils mit Kautschuk und Nadelfilz belegt.

Technische Anlagen

Die Wärmeversorgung erfolgt über einen Anschluss ans Fernwärmenetz. Die Wärme wird über Heiz-, bzw. Kühlsegel im Gebäude verteilt, zusätzlich wird über eine Absorptionsmaschine Restwärme in Kühlenergie umgewandelt. Auf zwei Dachebenen wurde eine PV-Anlage installiert. Ein eigener Traforaum wurde hergestellt. In der Technikumshalle befindet sich eine Krananlage. Zwei Normklimaräume wurden geschaffen. In den Besprechungs- und Tagungsräumlichkeiten wurde eine Be- und Entlüftungsanlage eingebaut. Veranstaltungstechnik wurde installiert.

Sonstiges

Im Erdgeschoss befindet sich eine Kindertagesstätte für Kinder der Mitarbeiter.

Das Objekt wurde mit dem Antonio-Petrini-Preis 2023 ausgezeichnet.

Planungskennwerte für Flächen und Rauminhalte nach DIN 277

Flächen des Grundstücks		Menge Einheit	% an GF
BF	Bebaute Fläche	–	–
UF	Unbebaute Fläche	–	–
GF	Grundstücksfläche	–	–

Grundflächen des Bauwerks		Menge Einheit	% an NUF	% an BGF
NUF	Nutzungsfläche	4.656,85 m²	100,0	57,9
TF	Technikfläche	968,84 m²	20,8	12,0
VF	Verkehrsfläche	1.076,42 m²	23,1	13,4
NRF	Netto-Raumfläche	6.702,11 m²	143,9	83,3
KGF	Konstruktions-Grundfläche	1.343,06 m²	28,8	16,7
BGF	Brutto-Grundfläche	8.045,17 m²	172,8	100,0

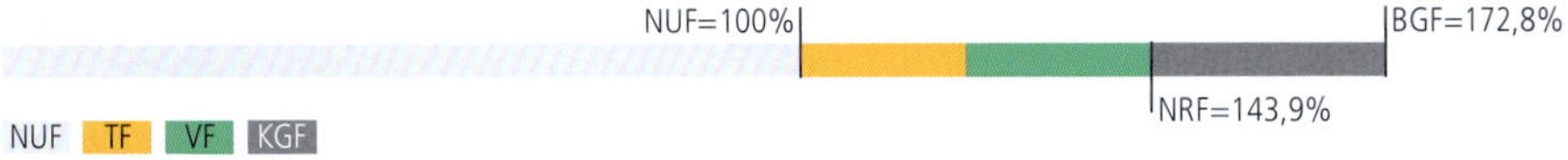

Brutto-Rauminhalt des Bauwerks		Menge Einheit	BRI/NUF (m)	BRI/BGF (m)
BRI	Brutto-Rauminhalt	40.182,06 m³	8,63	5,00

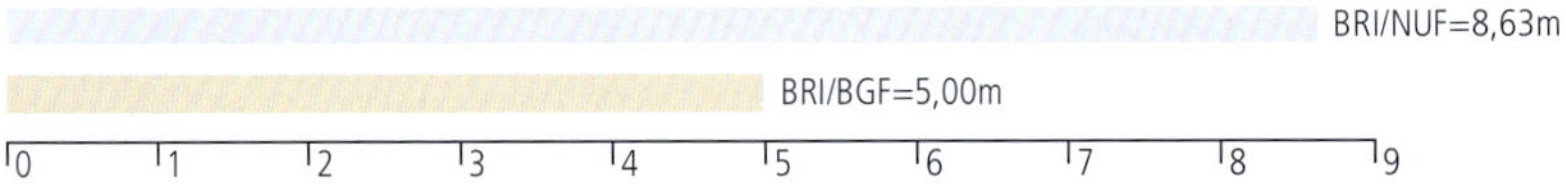

Kostenkennwerte für die Kostengruppen der 1. Ebene DIN 276

KG	Kostengruppen (1. Ebene)	Einheit	Kosten €	€/Einheit	€/m² BGF	€/m³ BRI	% 300+400
100	Grundstück	m² GF	–	–	–	–	–
200	Vorbereitende Maßnahmen	m² GF	–	–	–	–	–
300	Bauwerk – Baukonstruktionen	m² BGF	11.944.912	1.484,73	1.484,73	297,27	54,1
400	Bauwerk – Technische Anlagen	m² BGF	10.114.766	1.257,25	1.257,25	251,72	45,9
	Bauwerk 300+400	**m² BGF**	**22.059.678**	**2.741,98**	**2.741,98**	**548,99**	**100,0**
500	Außenanlagen und Freiflächen	m² AF	–	–	–	–	–
600	Ausstattung und Kunstwerke	m² BGF	–	–	–	–	–
700	Baunebenkosten	m² BGF	–	–	–	–	–
800	Finanzierung	m² BGF	–	–	–	–	–

KG	Kostengruppe	Menge Einheit	Kosten €	€/Einheit	%
3+4	**Bauwerk**				**100,0**
300	**Bauwerk – Baukonstruktionen**	8.045,17 m² BGF	11.944.912	**1.484,73**	54,1

Baugrubenverbau (Bohrpfahlwand), Wasserhaltung, Bodenaustausch, Stb-Bodenplatte WU, flügelgeglättet, Stb-Wände, Stb-Stutzen, Alufenster, Dreifachverglasung, Stahltüren, Tore, Alu-Eingangselemente, Dämmung, Perimeterdämmung, hinterlüftete Aluminiumfassade, Alu-Bekleidung, Alu-Pfosten-Riegelfassade, Sonnenschutz; Stb-Wände, Sichtbeton, KS-Wände, GK-Wände, Metall-Glas-Wände, Stb-Stützen, Spannverbund-Stützen, Holzinnentüren, Brandschutztüren, Putz, Beschichtung, Wandfliesen, mobile Trennwand; Stb-Spanndecken, Stb-Decken, Stb-Treppen, Dämmung, Estrich, Bodenfliesen, Kautschukbeläge, Nadelfilz, Brüstungsgeländer, Treppengeländer, abgehängte Akustikdecken, GK-Decken; Stb-Flachdächer, Gefälledämmung, Abdichtung, Kies, Rasengittersteine, Dachentwässerung; Fahrradständer, Orientierungs- und Informationssysteme, Einbaumöbel

KG	Kostengruppe	Menge Einheit	Kosten €	€/Einheit	%
400	**Bauwerk – Technische Anlagen**	8.045,17 m² BGF	10.114.766	**1.257,25**	45,9

Gebäudeentwässerung, Hebeanlage, Kalt- und Warmwasserleitungen, Sanitärobjekte; Fernwärme, Heizungsrohre, Heizkörper, Heiz-/Kühl-Segel; Zu- und Abluftanlagen mit WRG, Kältemaschinen, Pufferspeicher; Elektroinstallation, Beleuchtung, Blitzschutz, Traforaum; Gegensprechanlage, Veranstaltungstechnik, Lichtrufanlage, Brandmeldeanlage, elektronische Schließanlage, Datenübertragungsnetz; Personenaufzug, Lastenaufzug, Krananlage; Großraumküche, Feuerlöscher; Gebäudeautomation

Gebäude des Gesundheitswesens

3

- • 3100 Gebäude für Untersuchung und Behandlung
- 3200 Krankenhäuser, Universitätskliniken
- • 3300 Sonderkrankenhäuser
- 3400 Pflegeheime
- 3500 Gebäude für Rehabilitation
- 3600 Gebäude für Erholung
- 3700 Gebäude für Kur, Genesung

3100-0035
Ärztehaus (11 Praxen)
Privatklinik (5 Betten)
OP-Zentrum
Radiologie

Objektübersicht

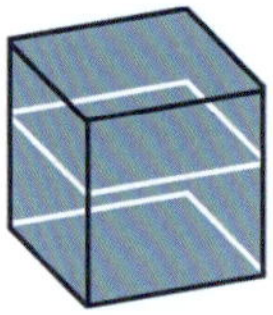

BRI 791 €/m³

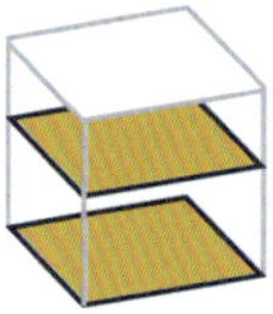

BGF 3.067 €/m²

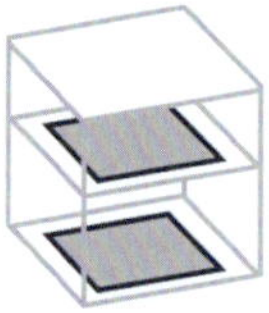

NUF 5.667 €/m²

Objekt:
Kennwerte: 1. Ebene DIN 276
BRI: 27.352 m³
BGF: 7.055 m²
NUF: 3.818 m²
Bauzeit: 78 Wochen
Bauende: 2022
Standard: über Durchschnitt
Bundesland: Hessen
Kreis: Marburg-Biedenkopf

Architekt*in:
integrale planung
Ockershäuser Allee 38d
35037 Marburg

Bauherr*in:
H&H Grundstücks- u.
Beteiligungs GmbH & Co. KG
Heinrich-Heine-Straße 17
35039 Marburg

© Christian Plaum / lichtwerk

© Christian Plaum / lichtwerk

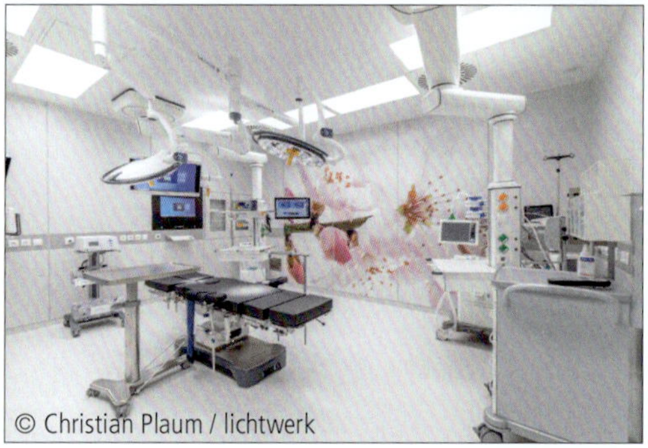

© Christian Plaum / lichtwerk

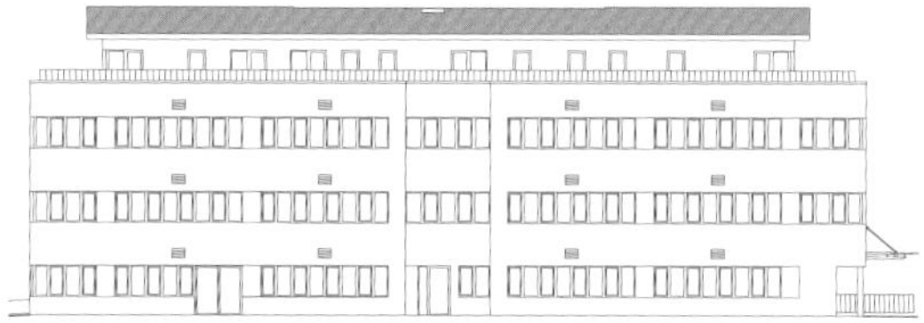

Ansicht Nord

Ansicht West

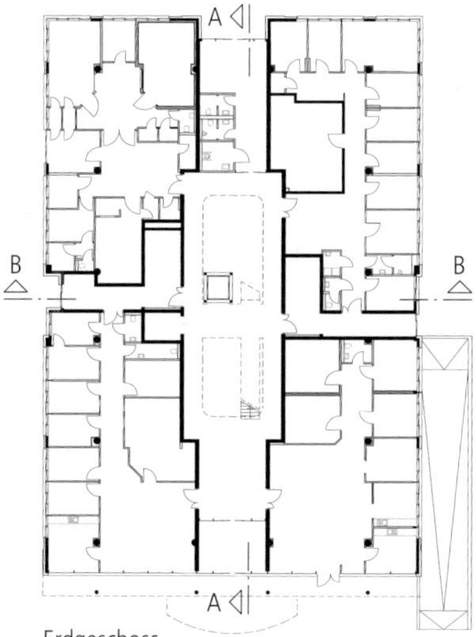

Erdgeschoss

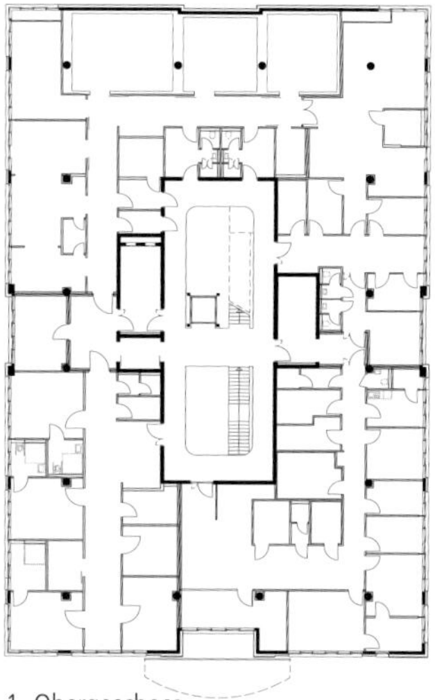

1. Obergeschoss

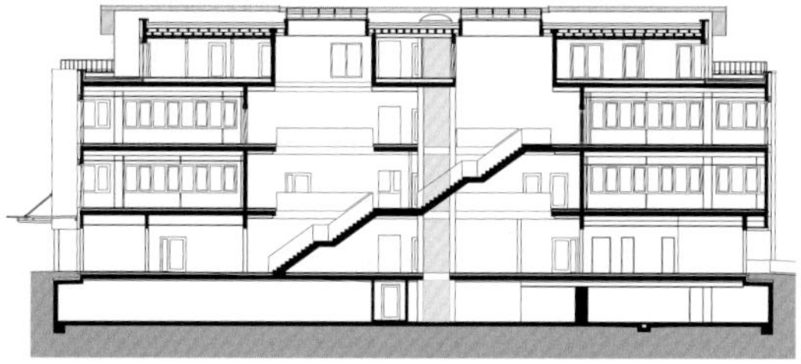

Schnitt A-A

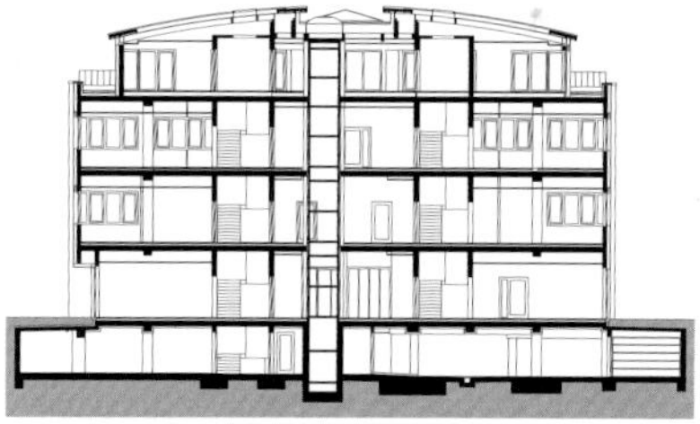

Schnitt B-B

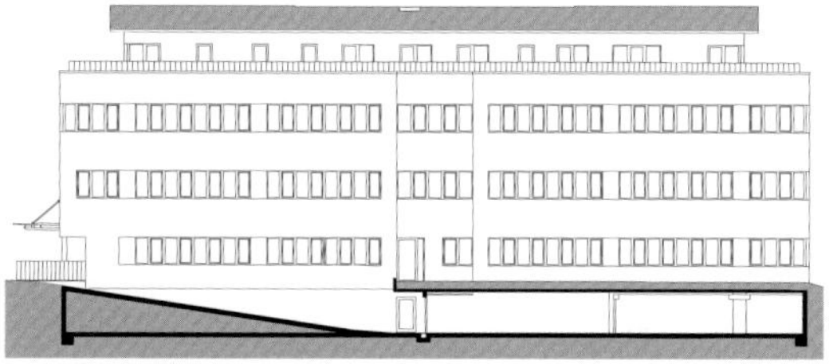

Ansicht Süd

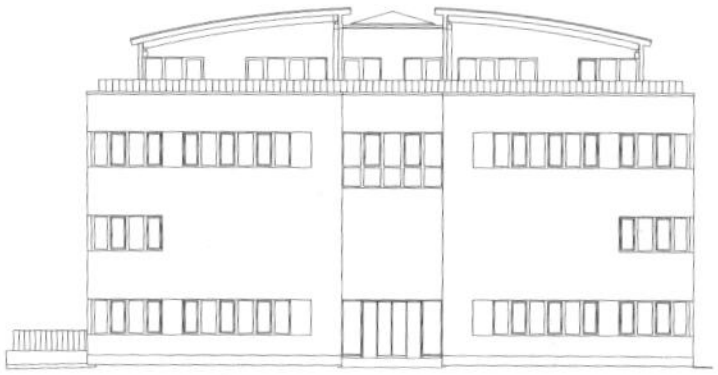

Ansicht Ost

Objektbeschreibung

Allgemeine Objektinformationen

In höchst moderner und ökologischer Bauweise entstand ein topmodernes Ärztehaus als Zentrum integrativer Medizin, ausgestattet mit OP-Räumen und modernster Medizintechnik, Bettenzimmern, selbstverständlich barrierefrei und nach Maßstäben aktuellster medizinischer, hygienischer und gesetzlicher Anforderungen. Das Ärztehaus beherbergt insgesamt acht ärztliche Fachbereiche sowie eines der aktuell modernsten OP-Zentren Hessens mit etablierter Privatklinik und Radiologie, außerdem drei Gewerbeflächen für gesundheitsorientierte Dienstleistungen.

Nutzung

1 Untergeschoss
Tiefgarage, Druckluftraum, Sauerstoffzentrale, Technikraum für CT und MRT, Waschraum, Lagerräume, Abstellräume, Serverraum, Technikräume

1 Erdgeschoss
Eingangshalle, Empfangsräume, Behandlungsräume, Kabinen, Umkleideräume, Labore, MRT-Raum, CT-Raum, Röntgenraum, Werkstatt, Warteräume, Personalräume, Lagerräume, WCs, Serverraum

2 Obergeschosse
Halle, Empfangsräume, Patientenzimmer, Untersuchungsräume, Arzträume, OP-Säle, Röntgenraum, Audiologieraum, Vestibularisraum, Labore, Büroräume, Umkleideräume, Warteräume, Personalräume, Teeküchen, Lagerräume, WCs, Duschen, Serverräume, OP-Technikraum

1 Dachgeschoss
Halle, Empfangsräume, Behandlungsräume, Arzträume, Röntgenräume, Labor, Umkleideräume, Warteräume, Büroräume, Personalräume, Teeküchen, Lagerräume, WCs, Bäder, Terrassen, Wohnung mit Wohnraum, Küche, Schlafraum, Ankleide, Bad, Abstellraum

Nutzeinheiten

Betten: 5
Wohneinheiten: 1

Grundstück

Bauraum: Beengter Bauraum
Neigung: Ebenes Gelände
Bodenklasse: BK 1 bis BK 4

Markt

Hauptvergabezeit: 4. Quartal 2020
Baubeginn: 1. Quartal 2021
Bauende: 3. Quartal 2022
Konjunkturelle Gesamtlage: über Durchschnitt
Regionaler Baumarkt: Durchschnitt

Baukonstruktion

Das Gebäude gründet auf Stb-Fundamenten und ist in Massivbauweise mit Mauerwerk, Stahlbetonstützen und Stahlbetondecken erstellt. Teile des Eingangsbereichs sind als Pfosten-Riegel-Konstruktion ausgeführt. Die Fenster sind aus Kunststoff und dreifachverglast. Die Fassade besteht aus einem Wärmedämmverbundsystem mit mineralischem Strukturputz in Weiß und Grau sowie roten Applikationsflächen. Auf den Stahlbetondecken liegen Vinylbelag, Natursteinbelag oder Bodenfliesen. Das Holzbalkendach ist als Tonnendach mit Stehfalzdeckung ausgeführt. Alu-Glas-Lichtkuppeln und Oberlichter bringen Helligkeit ins Innere.

Technische Anlagen

Die Wärmeerzeugung erfolgt über eine Kaskade aus mehreren Gas-Brennwertgeräten, die im Keller des Gebäudes installiert wurde. Die LED-Beleuchtung, Gebäudelüftung mit Wärmerückgewinnung und Klimaanlagen im gesamten Haus werden mittels Photovoltaikanlagen versorgt und autark betrieben. Eine zentrale Anordnung moderner Medizintechnik zur Diagnose und Therapie ermöglicht Synergien zwischen den Praxen verschiedener Fachbereiche. Die Kälteerzeugung erfolgt zentral über einen im Außenbereich aufgestellten Kaltwassererzeuger, innerhalb des Gebäudes wird die Kälte über ein Rohrnetz aus gedämmten Kunststoffrohrleitungen verteilt. Gekühlt werden die Räume über Deckenkassetten. Jede Nutzungseinheit ist mit einer eigenen Lüftungseinheit mit hocheffizienter Wärmerückgewinnung ausgestattet.

Sonstiges

Die Verarbeitung natürlicher und biologischer Baustoffe mit hochwärmegedämmter Außenfassade und CO_2-neutraler Heizungsanlage ermöglichen nahezu Passivhausstandard.

Planungskennwerte für Flächen und Rauminhalte nach DIN 277

Flächen des Grundstücks		Menge Einheit	% an GF
BF	Bebaute Fläche	1.619,83 m²	68,0
UF	Unbebaute Fläche	761,93 m²	32,0
GF	Grundstücksfläche	2.381,76 m²	100,0

Grundflächen des Bauwerks		Menge Einheit	% an NUF	% an BGF
NUF	Nutzungsfläche	3.818,07 m²	100,0	54,1
TF	Technikfläche	85,33 m²	2,2	1,2
VF	Verkehrsfläche	2.226,18 m²	58,3	31,6
NRF	Netto-Raumfläche	6.129,58 m²	160,5	86,9
KGF	Konstruktions-Grundfläche	925,01 m²	24,2	13,1
BGF	Brutto-Grundfläche	7.054,59 m²	184,8	100,0

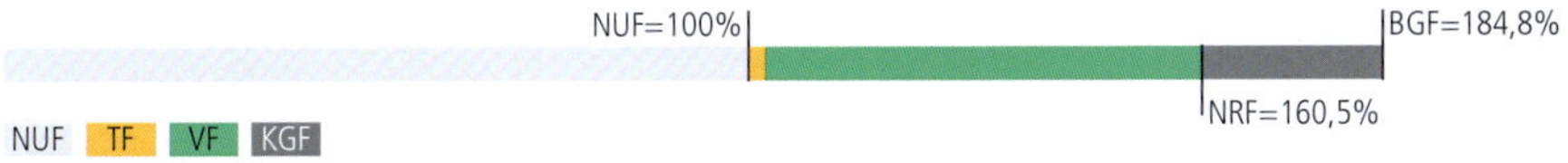

Brutto-Rauminhalt des Bauwerks		Menge Einheit	BRI/NUF (m)	BRI/BGF (m)
BRI	Brutto-Rauminhalt	27.351,83 m³	7,16	3,88

Kostenkennwerte für die Kostengruppen der 1. Ebene DIN 276

KG	Kostengruppen (1. Ebene)	Einheit	Kosten €	€/Einheit	€/m² BGF	€/m³ BRI	% 300+400
100	Grundstück	m² GF	–	–	–	–	–
200	Vorbereitende Maßnahmen	m² GF	–	–	–	–	–
300	Bauwerk – Baukonstruktionen	m² BGF	12.789.478	1.812,93	1.812,93	467,59	59,1
400	Bauwerk – Technische Anlagen	m² BGF	8.845.652	1.253,89	1.253,89	323,40	40,9
	Bauwerk 300+400	**m² BGF**	**21.635.130**	**3.066,82**	**3.066,82**	**790,99**	**100,0**
500	Außenanlagen und Freiflächen	m² AF	–	–	–	–	–
600	Ausstattung und Kunstwerke	m² BGF	–	–	–	–	–
700	Baunebenkosten	m² BGF	–	–	–	–	–
800	Finanzierung	m² BGF	–	–	–	–	–

KG	Kostengruppe	Menge Einheit	Kosten €	€/Einheit	%
3+4	**Bauwerk**				**100,0**
300	**Bauwerk – Baukonstruktionen**	7.054,59 m² BGF	12.789.478	**1.812,93**	59,1

Baugrubenaushub, Baugrubenverbau; Stb-Fundamente, Stb-Bodenplatte, WU-Beton, Estrich, Beschichtung, Bodenfliesen; Stb-Wände, teilw. WU-Beton, Mauerwerkswände, Stb-Stützen, Alu-Pfosten-Riegelfassade, Automatik-Eingangstüren, Kunststofffenster, Dreifachverglasung, Garagentor, WDVS, Alu-Raffstoreanlagen; Innenmauerwerk, Stb-Wände, GK-Wände, Stb-Stützen, Brandschutzverglasungen, Wandfliesen, elementierte Kellertrennwände; Stb-Decken, Stb-Treppen, Estrich, Heizestrich (DG), Dämmung, Beschichtung, Vinylbelag, Natursteinbelag, Bodenfliesen, Terrassen-Plattenbelag, abgeh. Schallschutzdecken, Stahlgeländer, Treppengeländer; Holzbalkendach, Alu-Glas-Lichtkuppeln und Oberlichter, Stahl-Trapezblech, Dämmung, Alu-Stehfalzdeckung, Abdichtung, Entwässerung, GK-Decke, Vordach; Einbauküche (Wohnung DG)

KG	Kostengruppe	Menge Einheit	Kosten €	€/Einheit	%
400	**Bauwerk – Technische Anlagen**	7.054,59 m² BGF	8.845.652	**1.253,89**	40,9

Gebäudeentwässerung, Kalt- und Warmwasserleitungen, Sanitärobjekte; Kaskade mehrerer Gas-Brennwertthermen, Durchlauferhitzer, Multisplit-Inneneinheiten, abgehängte Deckenkassetten zur Raumerwärmung, Fußbodenheizung (DG); kontrollierte Be- und Entlüftungen mit Wärmerückgewinnung, Kälteanlage, Klimaanlage, Lüftung und CO-Warnanlage Tiefgarage, RWA-Anlagen; PV-Anlage (600m²), Notstromversorgung, Elektroinstallation, LED-Beleuchtung, Sicherheitsleuchten; Brandmeldeanlage, Videoüberwachungsanlage, elektronische Schließanlage, Datenübertragungsanlage; Personenaufzüge (2St), Glasschacht (1St); Druckluftanlagen, Sauerstoffanlage, Feuerlöscher

3100-0036
Medizinisches
Versorgungszentrum
(25 AP)

Objektübersicht

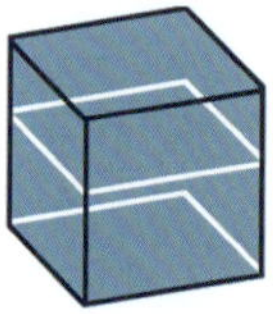

BRI 801 €/m³

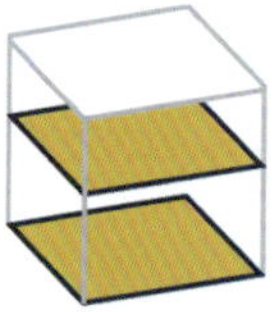

BGF 4.039 €/m²

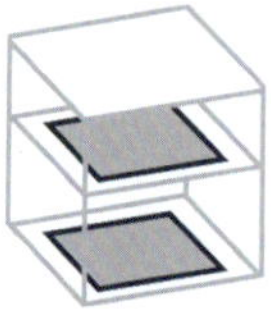

NUF 8.038 €/m²

Objekt:
Kennwerte: 1. Ebene DIN 276
BRI: 7.276 m³
BGF: 1.443 m²
NUF: 725 m²
Bauzeit: 152 Wochen
Bauende: 2021
Standard: über Durchschnitt
Bundesland: Brandenburg
Kreis: Märkisch-Oderland

Architekt*in:
Bernhardt + Bergemann
und Beckmann Partner mbB
Neutorstraße 22
17033 Neubrandenburg

Bauherr*in:
Brandenburgischer
Landesbetrieb
für Liegenschaften und Bauen
Sophie-Alberti-Straße 4-6
14478 Potsdam

© Silvia Bergemann

© Silvia Bergemann

Ansicht Süd

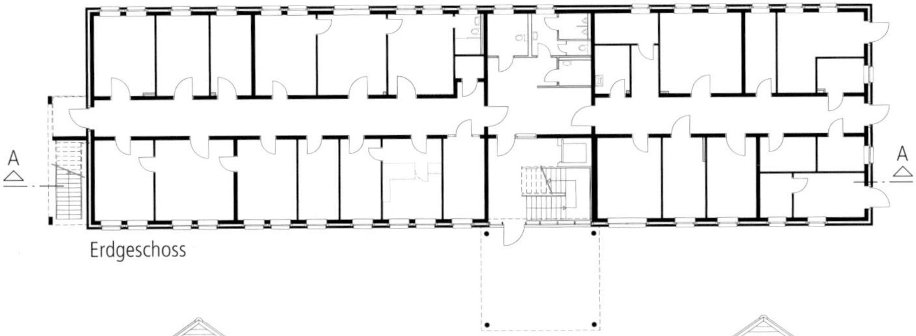

Erdgeschoss

Ansicht West

Ansicht Ost

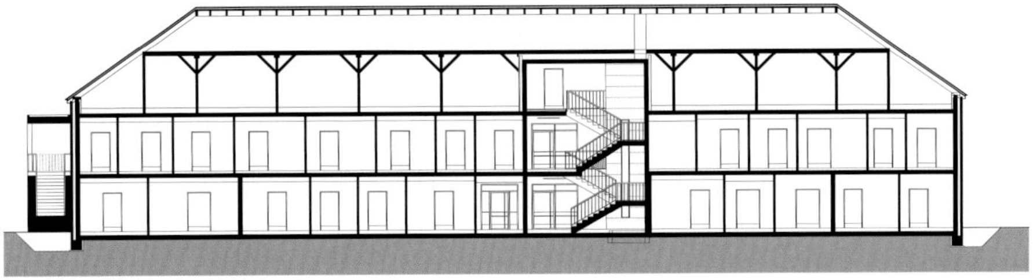

Schnitt A-A

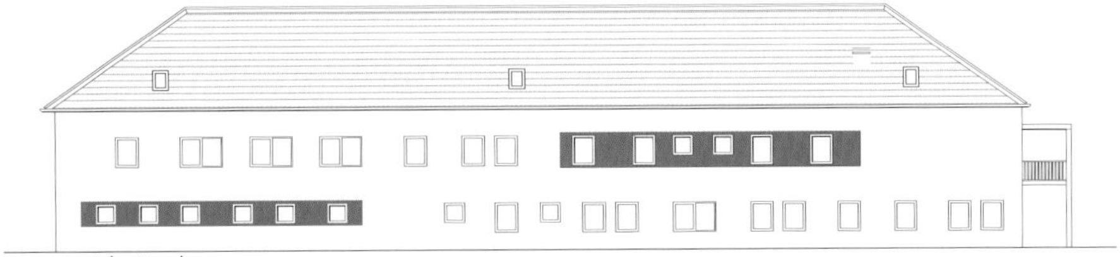

Ansicht Nord

Objektbeschreibung

Allgemeine Objektinformationen

Auf dem Kasernengelände in unmittelbarer Nachbarschaft zum denkmalgeschützten Stabsgebäudes wurde der Neubau eines Sanitätsversorgungszentrums realisiert.

Nutzung

1 Erdgeschoss
Behandlungszimmer, Labore, Verwaltungsräume, Notfallraum, Arztzimmer, Wartezimmer, Lager, Sanitärräume, Technikräume, Eingang, Treppenhaus, Aufzug

1 Obergeschoss
Behandlungszimmer, Labore, Dental-Radiologie, Verwaltungsräume, Sanitärräume, Personal-Umkleiden, Technikräume, Treppenhaus, Aufzug, Lüfterzentrale

1 Dachgeschoss
Treppenhaus, Dachraum nicht ausgebaut, nicht begehbar

Besonderer Kosteneinfluss Nutzung
Gehobene Ausstattung

Nutzeinheiten

Arbeitsplätze: 25

Grundstück

Bauraum: Freier Bauraum
Neigung: Ebenes Gelände
Bodenklasse: BK 3

Besonderer Kosteneinfluss Grundstück
Denkmalgeschützte Anlage mit entsprechenden Gestaltungsvorgaben

Markt

Hauptvergabezeit: 3. Quartal 2018
Baubeginn: 3. Quartal 2018
Bauende: 2. Quartal 2021
Konjunkturelle Gesamtlage: Durchschnitt
Regionaler Baumarkt: Durchschnitt

Baukonstruktion

Das Gebäude wurde in Massivbauweise monolithisch in Stahlbeton und aus zweischaligem Kalksandsteinmauerwerk errichtet. Es gründet auf einer Stahlbetonbodenplatte auf Streifenfundamenten. 30cm Schaumglasschotter dämmen den Bau gegen das Erdreich. Die Außenwand mit 14cm Kerndämmung wurde verputzt und die Metall-Fenster mit einer Dreifachverglasung versehen. Die Walmdachkonstruktion aus Nadelholz wurde mit einer Biberschwanzdeckung gedeckt. Als Bodenbeläge wurden Linoleum, Vinyl und Fliesen verwendet. Eine außenliegende Stahltreppe fungiert als Fluchttreppe und wurde ebenso wie der Eingangsbereich mit einer Stahl-Flachdachkonstruktion versehen.

Technische Anlagen

Die Wärmeerzeugung erfolgt mithilfe einer Kraft-Wärme-Kopplung über das Nahwärmenetz der Kaserne. Die Verteilung der Wärme erfolgt über Röhrenradiatoren. Einige Räume sind mit einer VRV-Anlage ausgestattet, die die Räume im Sommer angenehm klimatisiert. Zur Verschattung der nach Süd-West orientierten Büro- und Behandlungsräume sind elektromotorisch betriebene Sonnenschutzelemente vorgesehen. Es wurde eine Patientennotrufanlage sowie eine Notstromversorgung und eine Druckluftanlage eingebaut. Die technischen Anlagen werden mithilfe von Gebäudeautomation gesteuert.

Sonstiges

Die Luftdichtheit des Gebäudes wurde mit einem Blower-Door-Test geprüft.

Energetische Kennwerte

Gesetzliche Grundlage: EnEV 2013
Gebäudenutzfläche: 1.166,00 m^2
Spez. Jahresprimärenergiebedarf: 74,00 kWh/(m^2·a)
CO_2-Emissionen: 23,00 kg/(m^2·a)

Energetische Angaben zu Außenbauteilen

Bodenplatte

U-Wert: 0,14 W/(m²·K)

Gesamtdicke: 83,00 cm	d[cm]	l[W/(m·K)]
Fliesen	1,50	1,000
Estrich	5,50	1,400
Dämmung	12,00	0,032
Bitumenbahn	1,00	0,170
Beton	28,00	1,600
Schaumglas	35,00	0,110

Außenwand - zweischalig

U-Wert: 0,20 W/(m²·K)

Gesamtdicke: 52,50 cm	d[cm]	l[W/(m·K)]
Innenputz	1,00	1,000
Kalksandstein	24,00	0,790
Dämmung	14,00	0,032
Luftschicht ruhend	2,00	0,250
Klinker	11,50	0,810

Außenwand - WDVS

U-Wert: 0,21 W/(m²·K)

Gesamtdicke: 39,50 cm	d[cm]	l[W/(m·K)]
Innenputz	1,00	1,000
Kalksandstein	24,00	0,790
Dämmung	14,00	0,032
Außenputz	0,50	0,700

Decke gegen unbeheizt

U-Wert: 0,13 W/(m²·K)

Gesamtdicke: 47,00 cm	d[cm]	l[W/(m·K)]
Innenputz	1,00	1,000
Stahlbeton	22,00	2,100
Dämmung	24,00	0,032

Planungskennwerte für Flächen und Rauminhalte nach DIN 277

Flächen des Grundstücks		Menge Einheit	% an GF
BF	Bebaute Fläche	738,00 m²	–
UF	Unbebaute Fläche	–	–
GF	Grundstücksfläche	–	–

Grundflächen des Bauwerks		Menge Einheit	% an NUF	% an BGF
NUF	Nutzungsfläche	724,92 m²	100,0	50,2
TF	Technikfläche	92,24 m²	12,7	6,4
VF	Verkehrsfläche	377,93 m²	52,1	26,2
NRF	Netto-Raumfläche	1.195,09 m²	164,9	82,8
KGF	Konstruktions-Grundfläche	247,59 m²	34,2	17,2
BGF	Brutto-Grundfläche	1.442,68 m²	199,0	100,0

Brutto-Rauminhalt des Bauwerks		Menge Einheit	BRI/NUF (m)	BRI/BGF (m)
BRI	Brutto-Rauminhalt	7.275,70 m³	10,04	5,04

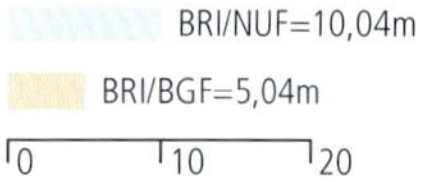

Kostenkennwerte für die Kostengruppen der 1.Ebene DIN 276

KG	Kostengruppen (1.Ebene)	Einheit	Kosten €	€/Einheit	€/m² BGF	€/m³ BRI	% 300+400
100	Grundstück	m² GF	–	–	–	–	–
200	Vorbereitende Maßnahmen	m² GF	45.657	–	31,65	6,28	0,8
300	Bauwerk – Baukonstruktionen	m² BGF	4.301.023	2.981,27	2.981,27	591,15	73,8
400	Bauwerk – Technische Anlagen	m² BGF	1.525.922	1.057,70	1.057,70	209,73	26,2
	Bauwerk 300+400	**m² BGF**	**5.826.945**	**4.038,97**	**4.038,97**	**800,88**	**100,0**
500	Außenanlagen und Freiflächen	m² AF	–	–	–	–	–
600	Ausstattung und Kunstwerke	m² BGF	–	–	–	–	–
700	Baunebenkosten	m² BGF	–	–	–	–	–
800	Finanzierung	m² BGF	–	–	–	–	–

KG	Kostengruppe	Menge Einheit	Kosten €	€/Einheit	%
200	**Vorbereitende Maßnahmen**	–	45.657	–	0,8

Altlastensanierung

KG	Kostengruppe	Menge Einheit	Kosten €	€/Einheit	%
3+4	**Bauwerk**				**100,0**
300	**Bauwerk – Baukonstruktionen**	1.442,68 m² BGF	4.301.023	**2.981,27**	73,8

Baugrubenaushub; Stb-Streifenfundamente, Stb-Bodenplatte, Abdichtung, Dämmung, Estrich, Vinyl, Linoleum, Epoxidharzbeschichtung, Fliesen, Schaumglasschotter, Sauberkeitsschicht; zweischalige Außenwand aus KS-Mauerwerk, Kerndämmung, Metallfenster, Metall-Glastüren, Außenputz, Beschichtung, Innenputz; KS-Innenwände, GK-Wände, Holztüren, Putz, Holzbekleidung, Beschichtung; Stb-Decke, Stb-Treppe, Stahl-Außentreppen, Dämmung, Estrich, Vinyl, Fliesen, abgehängte Akustikdecken, Rasterdecken; Holzpfetten, Walmdachkonstruktion, Dämmung, Dachbahnen, Lattung, Biberschwanzdeckung, Dachentwässerung, Vordach Stahlbeton und Stahlprofile

KG	Kostengruppe	Menge Einheit	Kosten €	€/Einheit	%
400	**Bauwerk – Technische Anlagen**	1.442,68 m² BGF	1.525.922	**1.057,70**	26,2

Gebäudeentwässerung, Kalt- und Warmwasserleitungen, Warmwasserspeicher, Sanitärobjekte; Nahwärmeanschluss mit indirekter Fernwärmekompaktstation, Heizleitungen, Röhrenradiatoren; Zu- und Abluftanlage für medizinisch genutzte Räume, Kühlung über VRV-Anlage; Elektroinstallation Schwachstrom, Starkstrom, Notstromversorgung, Beleuchtung; Datenverkabelung, Fernmeldeanlage, Patientennotrufanlage; Personenaufzug; Druckluftanlage; Gebäudeautomation

3300-0017
Fachklinik für Psychiatrie (176 Betten)

Objektübersicht

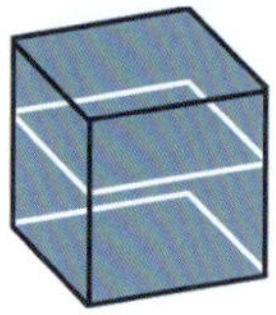

BRI **799 €/m^3**

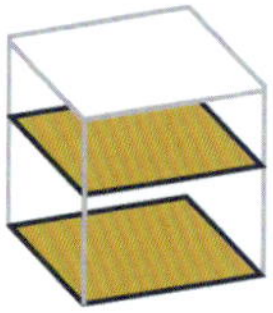

BGF **2.989 €/m^2**

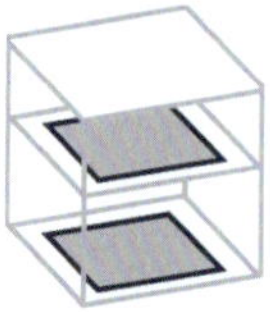

NUF **6.743 €/m^2**

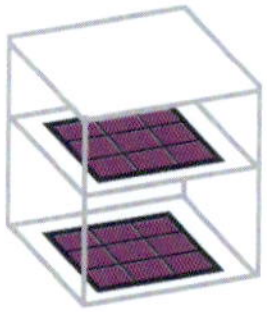

NE **254.659 €/NE**

NE: Betten

Objekt:
Kennwerte: 1.Ebene DIN 276
BRI: 56.101 m^3
BGF: 14.997 m^2
NUF: 6.647 m^2
Bauzeit: 157 Wochen
Bauende: 2021
Standard: über Durchschnitt
Bundesland: Niedersachsen
Kreis: Ammerland

Architekt*in:
PL Architekten GmbH
Am Viadukt 3-5
52066 Aachen

Bauherr*in:
Psychiatrieverbund
Oldenburger Land gGmbH

© Thomas Kleiner

© Thomas Kleiner

© Thomas Kleiner

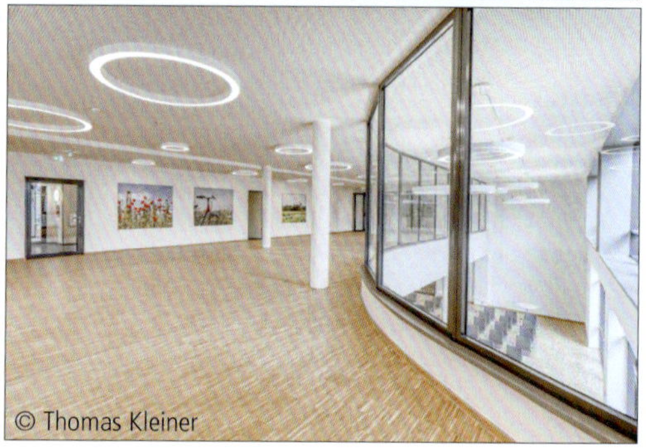

© Thomas Kleiner

Kostenstand: 4. Quartal 2023, Bundesdurchschnitt, **inkl. 19% MwSt.**

Ansicht Nord-West

Ansicht Nord-Ost

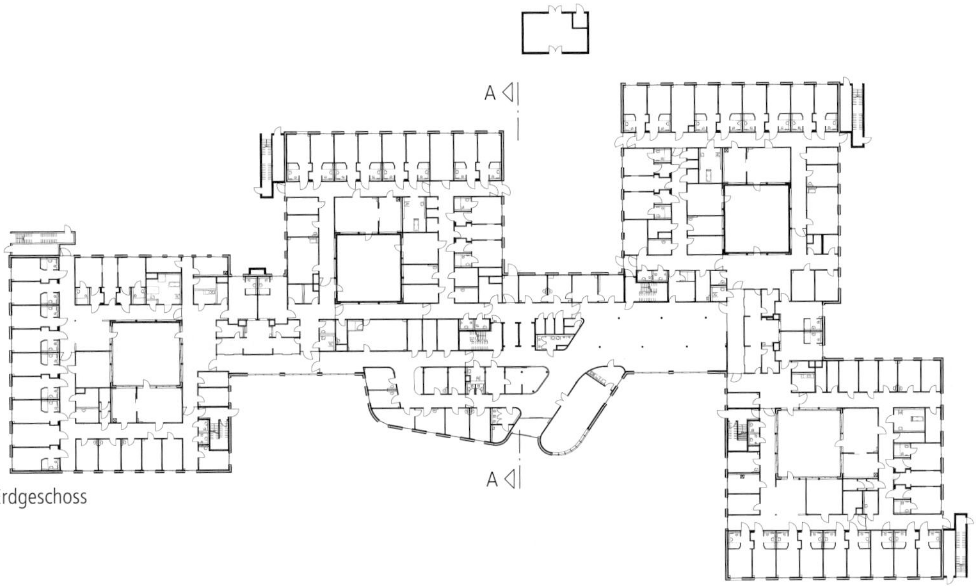

Erdgeschoss

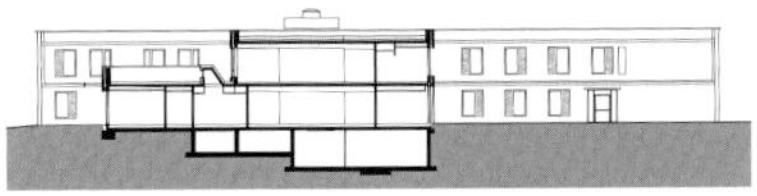

Schnitt A-A

Ansicht Süd-West

Ansicht Süd-Ost

Objektbeschreibung

Allgemeine Objektinformationen

Der Entwurf des Neubaus sieht vier Einzelgebäude mit jeweils zwei Geschossen vor. Die Einzelgebäude werden durch eine Magistrale miteinander verbunden. Hierdurch sind kurze Wege innerhalb des Gebäudes garantiert. Rund 160 Patienten können in den insgesamt vier Doppelstationen behandelt und therapiert werden. Während die vier Einzelgebäude ausschließlich der Pflege (Stationsgeschehen) vorbehalten sind, erfüllt der Neubau zugleich seine Funktion als neuer Hauptanlaufpunkt des Gesamtareals. So sind die zentrale, akute Notfallaufnahme sowie die Diagnostik ebenfalls Bestandteil des Gebäudes. Eine übergeordnete Konferenz- und Multifunktionsfläche sind der neuen Zentralpforte räumlich zu geordnet und entlasten das bestehende Klinikareal entscheidend.

Nutzung

1 Untergeschoss
Technikräume, Lagerräume, Kriechkeller

1 Erdgeschoss
Ambulanz, vier Halbstationen

1 Obergeschoss
vier Halbstationen

Nutzeinheiten

Betten: 176
Stellplätze: 85

Grundstück

Bauraum: Freier Bauraum
Neigung: Ebenes Gelände
Bodenklasse: BK 2 bis BK 3

Besonderer Kosteneinfluss Grundstück
Hoher Grundwasserstand, Bodenaustausch unter Bodenplatte erforderlich

Markt

Hauptvergabezeit: 2. Quartal 2018
Baubeginn: 3. Quartal 2018
Bauende: 3. Quartal 2021
Konjunkturelle Gesamtlage: Durchschnitt
Regionaler Baumarkt: unter Durchschnitt

Baukonstruktion

Es handelt sich um einen Massivbau mit Stahlbeton-Außenwänden im UG als WU-Konstruktion. Das Tragwerk besteht aus KS-Plansteinen und aussteifenden Stahlbeton-Treppenkernen. Alle Decken sind als Elementdecken ausgebildet. Die Außenhülle des Neubaus ist als Lochfassade mit anteiliger Pfosten-Riegel-Konstruktion im Bereich der Atrien und Eingangsfassade ausgeführt. Vor der mineralischen Dämmung ist eine allseitig umlaufende Verklinkerung aus Vollsteinen mit Ornamentstreifen angebracht. Alufenster mit Raffstoren und Sonderdekorblechen vervollständigen die Fassade. Im Innenbereich befinden sich überwiegend Hochkant-Lamellenparkett in Eiche und Vinylböden.

Technische Anlagen

Das Gebäude wird durch einen Nahwärmeanschluss mit Wärme versorgt, die über Wandheizkörper verteilt wird.
Für innenliegende Räume steht eine Lüftungsanlage zur Verfügung. Auf eine vollflächige Klimatisierung wurde verzichtet.

Sonstiges

Die vorhandene Parkanlage wurde mit Vegetation und Wegeführung erweitert. Eine Ringstraße, Parkplätze und ein Großparkplatz bilden die Verkehrsanlagen. Vor dem Haupteingang gibt es ein Wasserspiel. Die vier Patientengärten sind gesichert, zusätzlich gibt es vier gestaltete Innenhöfe.

Energetische Kennwerte

Gesetzliche Grundlage: EnEV 2013
Gebäudenutzfläche: 10.397,00 m^2
Spez. Jahresprimärenergiebedarf: 224,70 kWh/(m^2·a)
CO_2-Emissionen: 72,00 kg/(m^2·a)

Planungskennwerte für Flächen und Rauminhalte nach DIN 277

Flächen des Grundstücks		Menge Einheit	% an GF
BF	Bebaute Fläche	6.222,00 m²	31,6
UF	Unbebaute Fläche	13.452,00 m²	68,4
GF	Grundstücksfläche	19.674,00 m²	100,0

Grundflächen des Bauwerks		Menge Einheit	% an NUF	% an BGF
NUF	Nutzungsfläche	6.647,00 m²	100,0	44,3
TF	Technikfläche	853,00 m²	12,8	5,7
VF	Verkehrsfläche	5.371,00 m²	80,8	35,8
NRF	Netto-Raumfläche	12.871,00 m²	193,6	85,8
KGF	Konstruktions-Grundfläche	2.126,00 m²	32,0	14,2
BGF	Brutto-Grundfläche	14.997,00 m²	225,6	100,0

Brutto-Rauminhalt des Bauwerks		Menge Einheit	BRI/NUF (m)	BRI/BGF (m)
BRI	Brutto-Rauminhalt	56.101,00 m³	8,44	3,74

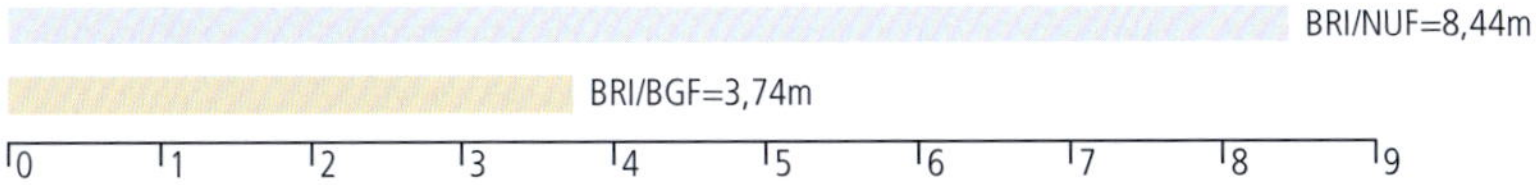

Kostenkennwerte für die Kostengruppen der 1. Ebene DIN 276

KG	Kostengruppen (1. Ebene)	Einheit	Kosten €	€/Einheit	€/m² BGF	€/m³ BRI	% 300+400
100	Grundstück	m² GF	–	–	–	–	–
200	Vorbereitende Maßnahmen	m² GF	101.358	5,15	6,76	1,81	0,2
300	Bauwerk – Baukonstruktionen	m² BGF	29.135.559	1.942,76	1.942,76	519,34	65,0
400	Bauwerk – Technische Anlagen	m² BGF	15.684.391	1.045,84	1.045,84	279,57	35,0
	Bauwerk 300+400	**m² BGF**	**44.819.950**	**2.988,59**	**2.988,59**	**798,92**	**100,0**
500	Außenanlagen und Freiflächen	m² AF	3.307.953	188,75	220,57	58,96	7,4
600	Ausstattung und Kunstwerke	m² BGF	–	–	–	–	–
700	Baunebenkosten	m² BGF	–	–	–	–	–
800	Finanzierung	m² BGF	–	–	–	–	–

KG	Kostengruppe	Menge Einheit	Kosten €	€/Einheit	%
200	**Vorbereitende Maßnahmen**	19.674,00 m² GF	101.358	**5,15**	0,2
	Wasserversorgung				
3+4	**Bauwerk**				**100,0**
300	**Bauwerk – Baukonstruktionen**	14.997,00 m² BGF	29.135.559	**1.942,76**	65,0
	Bodenarbeiten; Gründung, Stb-Kellerwände WU, Abdichtung, Estrich, Hochkantlamellenparkett, Vinylböden, Perimeterdämmung; KS-Plansteinmauerwerk, Stb-Wände, Lochfassade, Alufenster mit Raffstore-Anlagen und Sonder-Dekorblechen, mineralische Dämmung, umlaufende Verklinkerung aus Vollsteinen mit Ornamentstreifen, Innenputz, Beschichtung, Pfosten-Riegel-Konstruktion (Atrien und Eingangsfassade); Stb-Wände, KS-Plansteinmauerwerk, GK-Wände, Stb-Stützen, Holztüren, Stahlzargen, Innenverglasungen; Stb-Elementdecken, Stb-Fertigteiltreppen, Estrich, Hochkantlamellenparkett, Vinylböden, abgehängte Akustikdecken, Beschichtung; Stb-Elementdach, Gefälledämmung, Abdichtung, Dachentwässerung, Akustikdecken				
400	**Bauwerk – Technische Anlagen**	14.997,00 m² BGF	15.684.391	**1.045,84**	35,0
	Gebäudeentwässerung, Kalt- und Warmwasserleitungen, Sanitärobjekte; Nahwärmeanschluss, Wandheizkörper; Lüftungsanlage für innenliegende Räume; Elektroinstallation, LED-Beleuchtung; flächendeckende BMA				
500	**Außenanlagen und Freiflächen**	17.526,00 m² AF	3.307.953	**188,75**	7,4
	Ringstraße, Wege, Parkplätze, Großparkplatz; Wasserspiel vor Haupteingang; Vegetationsflächen, vier gesicherte Patientengärten, vier gestaltete Innenhöfe				

3300-0018
Klinik für Kinder- und Jugendpsychiatrie (60 Betten)
Klinikschule

Objektübersicht

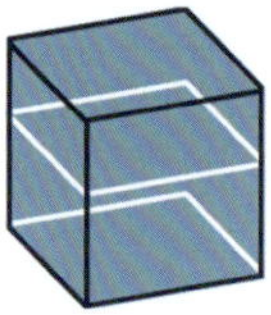

BRI 602 €/m³

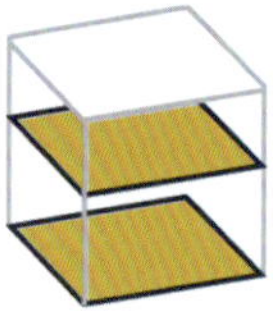

BGF 2.027 €/m²

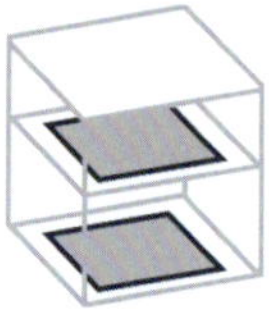

NUF 3.648 €/m²

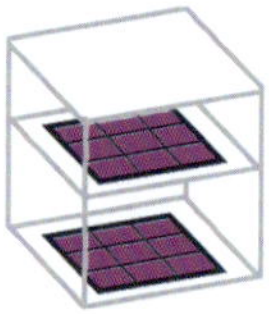

NE 257.289 €/NE

NE: Betten

Objekt:
Kennwerte: 1.Ebene DIN 276
BRI: 25.664 m³
BGF: 7.614 m²
NUF: 4.232 m²
Bauzeit: 109 Wochen
Bauende: 2021
Standard: Durchschnitt
Bundesland: Schleswig-Holstein
Kreis: Lübeck, Stadt

Architekt*in:
Heske Hochgürtel Lohse
Architekten PartGmbB
Fischstraße 11
23552 Lübeck

© Stephan Baumann, bild_raum

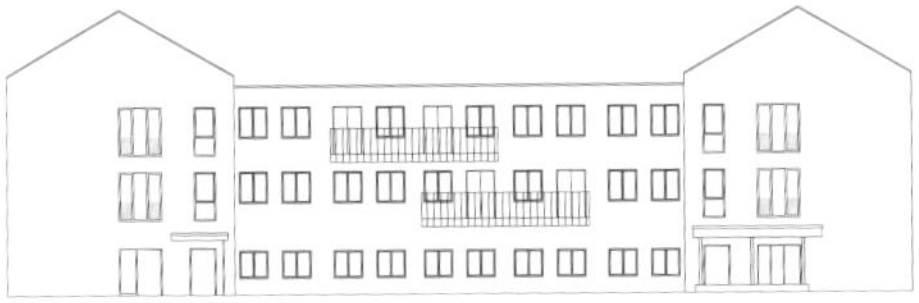

Ansicht Nord-West

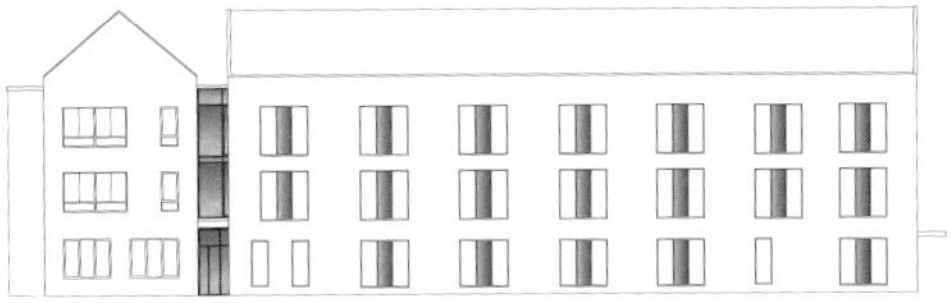

Ansicht Nord-Ost

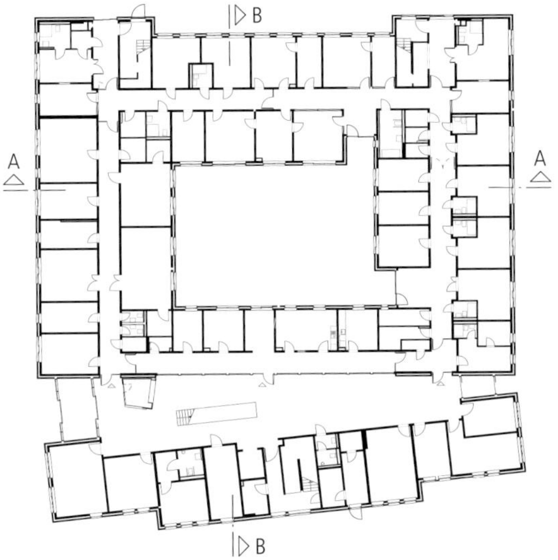

Erdgeschoss

Schnitt A-A

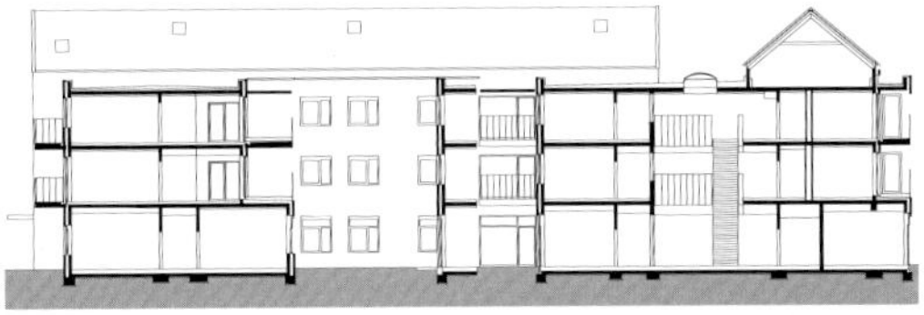

Schnitt B-B

Ansicht Süd-Ost

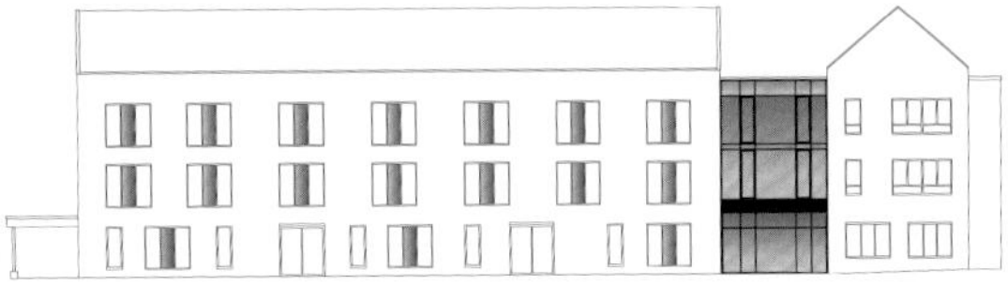

Ansicht Süd-West

Objektbeschreibung

Allgemeine Objektinformationen

Bei dem Neubau handelt es sich um eine Fachklinik für Kinder- und Jugendpsychiatrie mit 60 Betten. Im Erdgeschoss ist außerdem eine Klinikschule untergebracht.

Nutzung

1 Erdgeschoss
Empfang, Multifunktionshalle, Wartebereich, Notaufnahme, Krisenstation, Akutstation, Bereitschaftsraum, Ruheräume, Ein- und Zweibettzimmer, Schwesternzimmer, Apotheke, Untersuchungsräume, Arzträume, Therapieräume, Besucherraum, Wohnräume, Spielzimmer, Wäscheräume, Speiseräume, Unterrichtsräume, Personalraum, WCs, Bäder, Abstellräume, Lagerräume, Hausanschlussraum, Technikräume, Terrassen

2 Obergeschosse
Galerie, Ruheräume, Ein- und Zweibettzimmer, Schwesternzimmer, Arzträume, Therapieräume, Büros, Lehrerzimmer, Sozialraum, Teeküche, Besucherraum, Wohnräume, Spielzimmer, Wäscheräume, Speiseräume, Personalraum, Umkleideräume, WCs, Bäder, Abstellräume, Technikräume, Balkone, Terrassen

1 Dachgeschoss
Technikräume, ungenutzte Dachräume

Nutzeinheiten

Betten: 60
Klassen: 7
Schüler: 60

Grundstück

Bauraum: Beengter Bauraum
Neigung: Ebenes Gelände
Bodenklasse: BK 3 bis BK 4

Markt

Hauptvergabezeit: 3. Quartal 2019
Baubeginn: 4. Quartal 2019
Bauende: 4. Quartal 2021
Konjunkturelle Gesamtlage: Durchschnitt
Regionaler Baumarkt: über Durchschnitt

Baukonstruktion

Die Klinik ist ein klassischer Mauerwerksbau mit tragenden und aussteifenden Stahlbeton-Elementen. Die Satteldächer sind als Holzdachstuhl mit Eindeckung aus Betondachsteinen ausgeführt. Die Flachdächer sind in Stahlbetonbauweise und mit bituminöser Abdichtung auf Gefälledämmung hergestellt. Das Außenmauerwerk ist eine zweischalige Konstruktion mit Dämmschicht.

Technische Anlagen

Das Gebäude wird über ein vorhandenes Nahwärmenetz mit Wärme versorgt. In den Klinikbereichen gibt es eine Fußbodenheizung, die Schule und die Verwaltungsräume sind mit statischen Heizkörpern bestückt. Die Warmwasserbereitung ist mit Speicherladesystem ausgestattet. 15 Abluftanlagen mit integrierter Wärmerückgewinnung sorgen für Frischluft. Sie werden über zwei Lüftungszentralen im Dachraum gesteuert. Im Flachdach über dem Foyer befinden sich Rauchgasventilatoren. Der Neubau ist außerdem mit einer Fluchttürsteuerung, einer BOS-Objektfunkanlage, einer Aufzugsanlage, Brandmeldeanlage und Blitzschutzanlage ausgeführt.

Energetische Kennwerte

Gesetzliche Grundlage: EnEV 2013
Gebäudenutzfläche: 5.077,90 m^2
Hüllfläche des beheizten Volumens: 6.579,00 m^2
Spez. Transmissionswärmeverlust: 0,32 W/(m^2·K)
Mittlerer U-Wert (opake Bauteile): 0,17 W/(m^2·K)
Mittlerer U-Wert (transparente Bauteile): 1,00 W/(m^2·K)
Mittlerer U-Wert (Glasdächer, etc.): 1,50 W/(m^2·K)
Spez. Jahresprimärenergiebedarf: 207,28 kWh/(m^2·a)

Energetische Angaben zu Außenbauteilen

Bodenplatte

U-Wert: 0,23 W/(m²·K)

Gesamtdicke: 38,80 cm	d[cm]	l[W/(m·K)]
Bodenbelag	0,40	0,170
Estrich	6,00	1,400
PE-Folie	0,00	2,300
Dämmung	14,00	0,035
Bitumenbahn	0,40	0,170
Stahlbeton	18,00	2,300

Außenwand Verblender

U-Wert: 0,23 W/(m²·K)

Gesamtdicke: 32,50 cm	d[cm]	l[W/(m·K)]
Innenputz	1,00	1,000
Kalksandstein	17,50	1,100
Dämmung	14,00	0,035

Dach

U-Wert: 0,17 W/(m²·K)

Gesamtdicke: 40,50 cm	d[cm]	l[W/(m·K)]
Stahlbeton	20,00	2,300
Dampfsperre	0,10	2,300
Dämmung	20,00	0,035
Abdichtung	0,40	0,170

Planungskennwerte für Flächen und Rauminhalte nach DIN 277

Flächen des Grundstücks		Menge Einheit	% an GF
BF	Bebaute Fläche	2.040,00 m²	25,3
UF	Unbebaute Fläche	6.025,00 m²	74,7
GF	Grundstücksfläche	8.065,00 m²	100,0

Grundflächen des Bauwerks		Menge Einheit	% an NUF	% an BGF
NUF	Nutzungsfläche	4.231,80 m²	100,0	55,6
TF	Technikfläche	182,40 m²	4,3	2,4
VF	Verkehrsfläche	1.705,10 m²	40,3	22,4
NRF	Netto-Raumfläche	6.119,30 m²	144,6	80,4
KGF	Konstruktions-Grundfläche	1.494,70 m²	35,3	19,6
BGF	Brutto-Grundfläche	7.614,00 m²	179,9	100,0

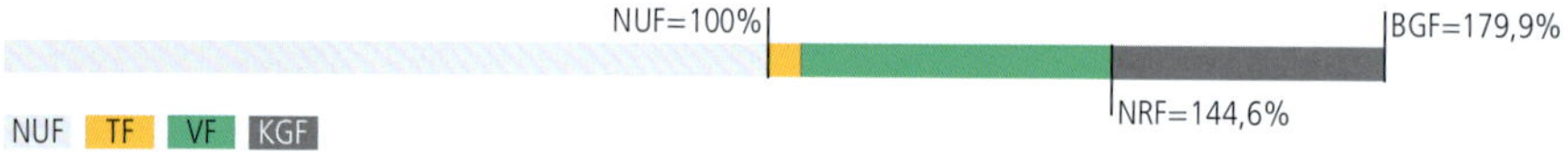

Brutto-Rauminhalt des Bauwerks		Menge Einheit	BRI/NUF (m)	BRI/BGF (m)
BRI	Brutto-Rauminhalt	25.664,00 m³	6,07	3,37

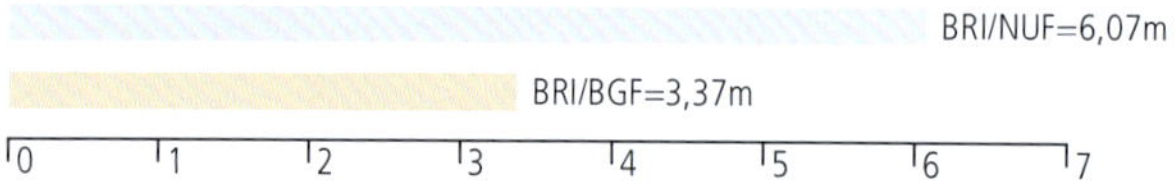

Kostenkennwerte für die Kostengruppen der 1.Ebene DIN 276

KG	Kostengruppen (1. Ebene)	Einheit	Kosten €	€/Einheit	€/m² BGF	€/m³ BRI	% 300+400
100	Grundstück	m² GF	–	–	–	–	–
200	Vorbereitende Maßnahmen	m² GF	–	–	–	–	–
300	Bauwerk – Baukonstruktionen	m² BGF	11.662.240	1.531,68	1.531,68	454,42	75,5
400	Bauwerk – Technische Anlagen	m² BGF	3.775.123	495,81	495,81	147,10	24,5
	Bauwerk 300+400	**m² BGF**	**15.437.363**	**2.027,50**	**2.027,50**	**601,52**	**100,0**
500	Außenanlagen und Freiflächen	m² AF	–	–	–	–	–
600	Ausstattung und Kunstwerke	m² BGF	–	–	–	–	–
700	Baunebenkosten	m² BGF	–	–	–	–	–
800	Finanzierung	m² BGF	–	–	–	–	–

KG	Kostengruppe	Menge Einheit	Kosten €	€/Einheit	%
3+4	**Bauwerk**				**100,0**
300	**Bauwerk – Baukonstruktionen**	7.614,00 m² BGF	11.662.240	**1.531,68**	75,5

Baugrubenaushub; Frostschürzen, Stb-Bodenplatte, Estrich, Heizestrich, Epoxidharzbeschichtung, Vinyl-Belag in Holzoptik, Sport-Linoleum auf Elastikmatte, Abdichtung, Sauberkeitsschicht, Dämmung; Mauerwerkswände, Alu-Pfosten-Riegelfassade, Kunststofffenster, Automatikschiebetüren, Dreifachverglasung, Wärmedämmung, Ziegelfassade, textiler Sonnenschutz; Innenmauerwerk, GK-Wände, F30-Glaswände, Wandfliesen, mobile Trennwand; Stb-Decken, Stb-Treppen, Stahl-Haupttreppe, Bodenfliesen, abgehängte GK-Decken, teilw. Schallschutzdecken, Stahlgeländer, Stahl-Treppengeländer; Stb-Dach, teilw. Holzbalkendach, Oberlichter, Dachfenster, Dämmung, Dachziegel, Abdichtung, teilw. Attika, Dachentwässerung, Eingangsüberdachung; eingestellter Pförtnerkubus

KG	Kostengruppe	Menge Einheit	Kosten €	€/Einheit	%
400	**Bauwerk – Technische Anlagen**	7.614,00 m² BGF	3.775.123	**495,81**	24,5

Gebäudeentwässerung, Kalt- und Warmwasserleitungen, Sanitärobjekte; Nahwärmeanschluss, zentrale Warmwasserbereitung mit Speicherladesystem, Fußbodenheizung (Klinik), Plattenheizkörper (Schule, Verwaltung); 15 Abluftanlagen mit Wärmerückgewinnung sowie zwei Lüftungszentralen im DG, Rauchgasventilatoren (Foyer), Weitwurfdüsen (Foyer), RWA-Anlage; Elektroinstallation, Beleuchtung, Sicherheitsleuchten, Notstromversorgung, Blitzschutzanlage; Datenübertragungsanlage, elektroakustische Anlagen, Fernseh- und Antennenanlagen, Brandmeldeanlage, trockene Steigleitung Treppenräume; Personenaufzug; medizin- und labortechnische Anlagen, BOS-Objektfunkanlage

Schulen und Kindergärten

4

- 4100 Allgemeinbildende Schulen
- 4200 Berufliche Schulen
- 4300 Sonderschulen
- 4400 Kindertagesstätten
- 4500 Weiterbildungseinrichtungen

4100-0230
Grundschule
Ganztagsbereich
(4 Klassen)
(100 Schüler)

Objektübersicht

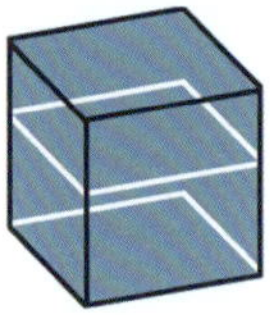
BRI 723 €/m³

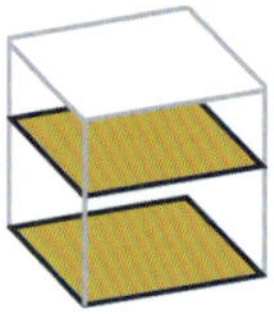
BGF 3.319 €/m²

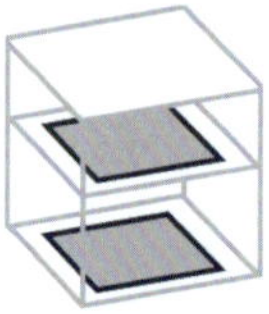
NUF 5.399 €/m²

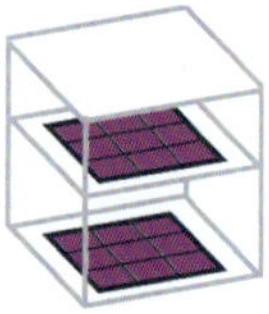
NE 58.583 €/NE
NE: Schüler

Objekt:
Kennwerte: 1.Ebene DIN 276
BRI: 8.102 m³
BGF: 1.765 m²
NUF: 1.085 m²
Bauzeit: 100 Wochen
Bauende: 2020
Standard: Durchschnitt
Bundesland: Schleswig-Holstein
Kreis: Steinburg

Architekt*in:
BPVARCHITEKTEN
Mittelweg 118
20148 Hamburg

Bauherr*in:
Schulverband Glückstadt
25348 Glückstadt a.d. Elbe

© Ralf Buscher

Ansicht Süd-Ost

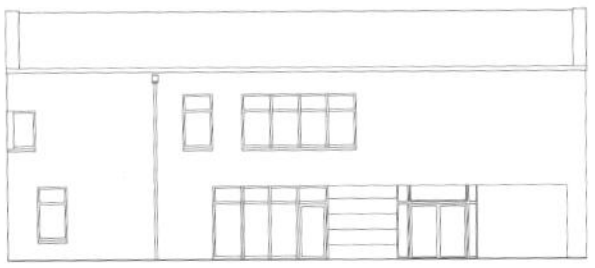
Ansicht Süd-West

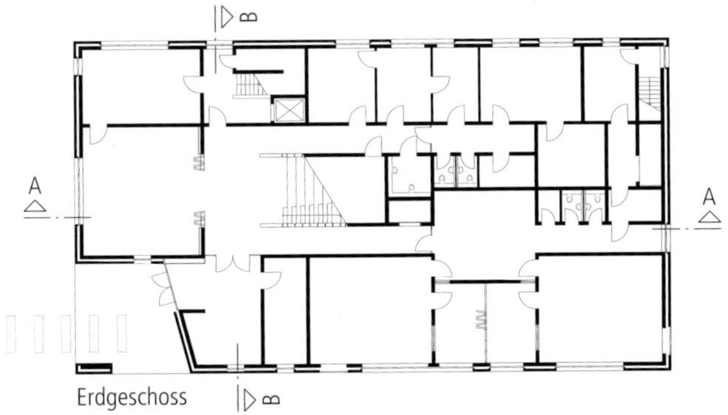

Erdgeschoss

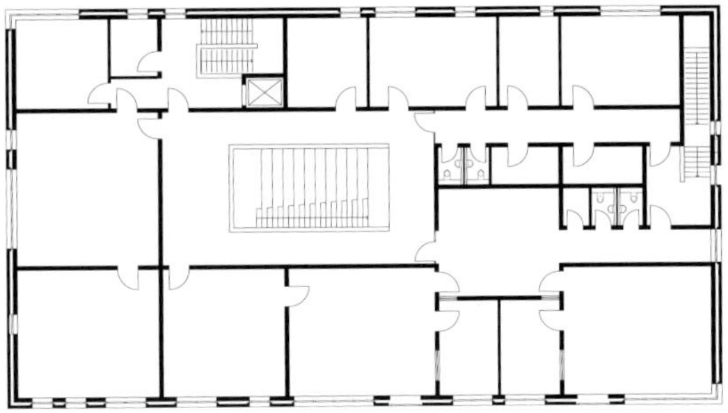
Obergeschoss

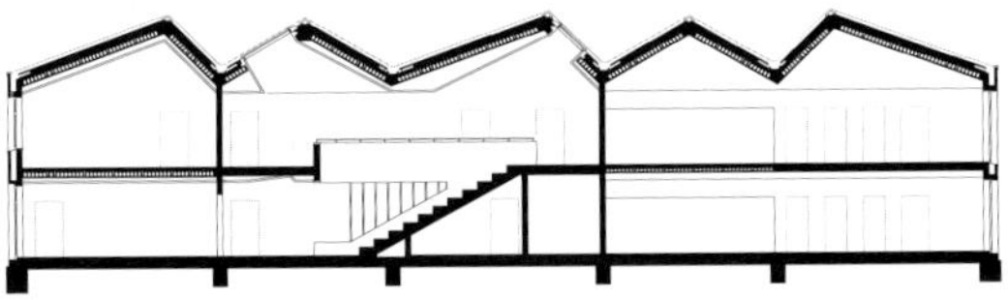
Schnitt A-A

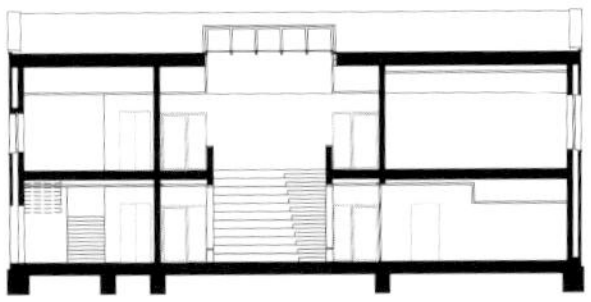
Schnitt B-B

Ansicht Nord-West

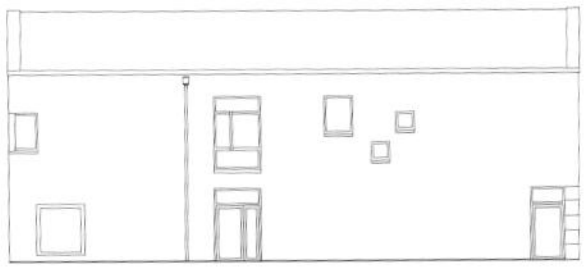
Ansicht Nord-Ost

Objektbeschreibung

Allgemeine Objektinformationen

Der Ersatzneubau der einzügigen Grundschule mit Fachklassen und Erweiterung für die Ganztagsbetreuung wurde im Rahmen eines öffentlichen VgV-Verfahrens vergeben. Nach dem Abriss des alten Schulgebäudes bildet der zweigeschossige kompakte Neubau den neuen öffentlichen Baustein im Ort. Durch seine kleinteilige Giebelständigkeit wird die vorhandene städtebauliche Struktur adaptiert und auf sinnfällige Weise ergänzt. Zusammen mit der alten Dorfkirche entsteht ein städtebauliches Ensemble, welches den Schulhof als öffentlich wahrnehmbaren Stadtraum definiert und für die Gemeinde nutzbar macht.

Nutzung

1 Erdgeschoss
Halle, Klassenräume, Gruppenräume, Förderunterricht, Musik- und Mehrzweckraum, Besprechungs- und Erste-Hilferaum, Büros, Lehrerzimmer, Personal, Kopierraum, Garderoben, Hausmeister, WCs, Lager, Hausanschlussraum

1 Obergeschoss
Halle, Essraum, Kunst- und Kochraum, Betreuungsraum, Klassenräume, Gruppenräume, Personal, Sozialarbeit, Garderoben, Hausmeister, WCs, Lager, Technik

Nutzeinheiten

Klassen: 4
Schüler: 100

Grundstück

Bauraum: Beengter Bauraum
Neigung: Ebenes Gelände
Bodenklasse: BK 1 bis BK 4

Markt

Hauptvergabezeit: 1.Quartal 2018
Baubeginn: 2.Quartal 2018
Bauende: 1.Quartal 2020
Konjunkturelle Gesamtlage: Durchschnitt
Regionaler Baumarkt: unter Durchschnitt

Baukonstruktion

Der Rohbau wurde in Massivbauweise auf einer Pfahlgründung errichtet, tragende Wände sind vorwiegend in Mauerwerk, Teilbereiche in Stahlbeton ausgeführt. Die Innenwände sind ebenfalls überwiegend aus Mauerwerk errichtet. Durch die großen unterzugsfreien Spannweiten, vor allem bei den unterschiedlich geneigten Dächern, wurde eine Konstruktion aus Spannbetonhohldielen mit hohem Vorfertigungsgrad gewählt. Die auskragenden Decken im Erdgeschoss sind teilweise in Ortbetonbauweise hergestellt. Die wärmegedämmten Alufenster mit Dreifachverglasung und außenliegendem Sonnenschutz erfüllen die hohen Anforderungen an den Wärmeschutz. Die Außenfassade ist als Lochfassade mit Verblendmauerwerk ausgeführt. Für die Oberlichter in der zweigeschossigen Halle kam ein Dachflächenfenstersystem mit integrierter Verdunklung zum Einsatz. Die Dachdeckung erfolgte mit Zink-Stehfalzdeckung, die Entwässerung verläuft über Kehlrinnen in außenliegende Fallrohre.

Technische Anlagen

Die Hauptwärmeversorgung des Gebäudes erfolgt über Geothermie mit Wärmepumpe und acht Erdwärmesonden. Für Spitzenlasten wurde das System um einen Brennwertkessel ergänzt. Für die innenliegenden Funktionsräume wurde eine Lüftungsanlage eingebaut. Die Belüftung der zentralen Aula erfolgt auf natürlichem Weg.

Sonstiges

Die Zufahrtsstraßen zur Baustelle unterlagen einer Begrenzung des zulässigen Gesamtgewichts. Die Lkws durften daher nicht vollbeladen an die Baustelle fahren, sodass eine erhöhte Anzahl von Fahrten nötig wurde.

Energetische Kennwerte

Gesetzliche Grundlage: EnEV 2013
Gebäudenutzfläche: 2.310,00 m^2
Gebäudevolumen: 7.212,00 m^3
Hüllfläche des beheizten Volumens: 3.012,00 m^2
Mittlerer U-Wert (opake Bauteile): 0,17 W/(m^2·K)
Mittlerer U-Wert (transparente Bauteile): 1,20 W/(m^2·K)
Jahresprimärenergie: 247.544,00 kWh/a
Spez. Jahresprimärenergiebedarf: 173,05 kWh/(m^2·a)
Jahresendenergiebedarf: 167.914,00 kWh/a
Spez. Jahresendenergiebedarf: 117,38 kWh/(m^2·a)

Planungskennwerte für Flächen und Rauminhalte nach DIN 277

Flächen des Grundstücks		Menge Einheit	% an GF
BF	Bebaute Fläche	1.834,00 m²	29,9
UF	Unbebaute Fläche	4.305,00 m²	70,1
GF	Grundstücksfläche	6.139,00 m²	100,0

Grundflächen des Bauwerks		Menge Einheit	% an NUF	% an BGF
NUF	Nutzungsfläche	1.085,00 m²	100,0	61,5
TF	Technikfläche	17,00 m²	1,6	1,0
VF	Verkehrsfläche	357,00 m²	32,9	20,2
NRF	Netto-Raumfläche	1.459,00 m²	134,5	82,7
KGF	Konstruktions-Grundfläche	306,00 m²	28,2	17,3
BGF	Brutto-Grundfläche	1.765,00 m²	162,7	100,0

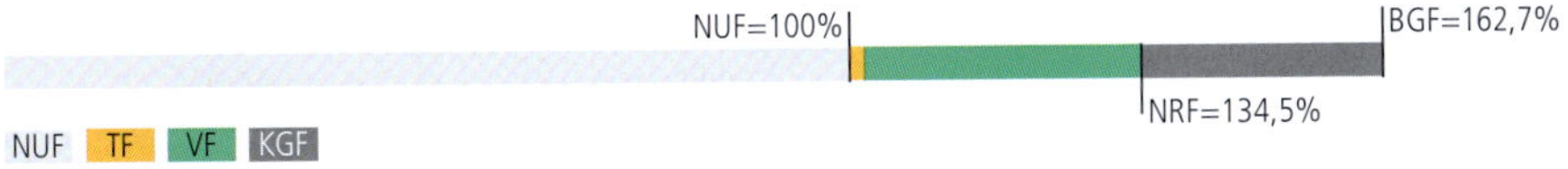

Brutto-Rauminhalt des Bauwerks		Menge Einheit	BRI/NUF (m)	BRI/BGF (m)
BRI	Brutto-Rauminhalt	8.102,00 m³	7,47	4,59

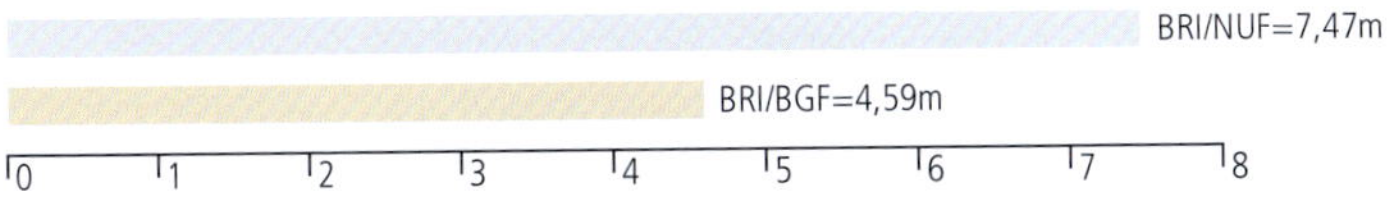

4100-0230
Grundschule
Ganztagsbereich
(4 Klassen)
(100 Schüler)

Kostenkennwerte für die Kostengruppen der 1. Ebene DIN 276

KG	Kostengruppen (1. Ebene)	Einheit	Kosten €	€/Einheit	€/m² BGF	€/m³ BRI	% 300+400
100	Grundstück	m² GF	–	–	–	–	–
200	Vorbereitende Maßnahmen	m² GF	–	–	–	–	–
300	Bauwerk – Baukonstruktionen	m² BGF	4.813.702	2.727,31	2.727,31	594,14	82,2
400	Bauwerk – Technische Anlagen	m² BGF	1.044.626	591,86	591,86	128,93	17,8
	Bauwerk 300+400	**m² BGF**	**5.858.328**	**3.319,17**	**3.319,17**	**723,07**	**100,0**
500	Außenanlagen und Freiflächen	m² AF	–	–	–	–	–
600	Ausstattung und Kunstwerke	m² BGF	–	–	–	–	–
700	Baunebenkosten	m² BGF	–	–	–	–	–
800	Finanzierung	m² BGF	–	–	–	–	–

KG	Kostengruppe	Menge Einheit	Kosten €	€/Einheit	%
3+4	**Bauwerk**				**100,0**
300	**Bauwerk – Baukonstruktionen**	1.765,00 m² BGF	4.813.702	**2.727,31**	82,2

Baugrubenaushub; Stb-Fundamente, Pfahlgründung, Stb-Bodenplatte, Estrich, Heizestrich, Linoleum, Parkett, Bodenfliesen, Abdichtung, Dämmung; Stb-Wände, Mauerwerkswände, Alufenster, Alu-Pfosten-Riegelfassade, Dreifachverglasung, Sonnenschutzverglasung, Wärmedämmung, Ziegelfassade, außenliegender Sonnenschutz; Innenmauerwerk, Stb-Wände, GK-Wände, Innenfenster, Wandfliesen, mobile Trennwand; Stb-Decken, Stb-Treppen, Estrich, Heizestrich, Linoleum, Parkett, Bodenfliesen, abgehängte GK-Decken, Schallschutzdecken, Treppengeländer; Spannbetonhohldielendach, Dachfenster, Dämmung, Zinkdeckung, Entwässerung, abgehängte GK-Decken, Schallschutzdecken; Einbauküchen, Garderoben, Einbauregale

KG	Kostengruppe	Menge Einheit	Kosten €	€/Einheit	%
400	**Bauwerk – Technische Anlagen**	1.765,00 m² BGF	1.044.626	**591,86**	17,8

Gebäudeentwässerung, Kalt- und Warmwasserleitungen, Sanitärobjekte; Erd-Wärmepumpe, Gas-Brennwerttherme, Plattenheizkörper, Fußbodenheizung; Lüftungsanlage, RWA-Anlage; Elektroinstallation, Beleuchtung, Sicherheitsleuchten, Notstromversorgung; Datenübertragungsanlage, elektroakustische Anlagen, Rauchmelder; Personenaufzug

4100-0233
Oberschule
(24 Klassen)
(500 Schüler)

Objektübersicht

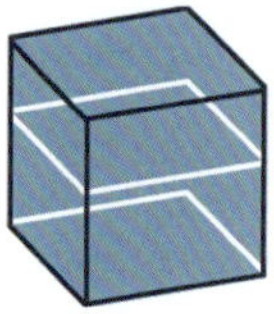
BRI 713 €/m³

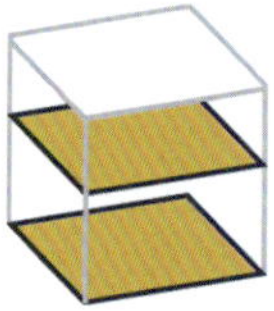
BGF 3.206 €/m²

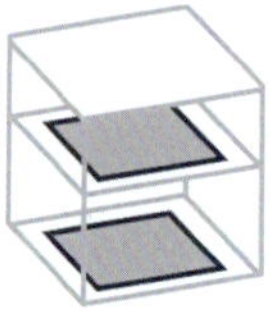
NUF 5.369 €/m²

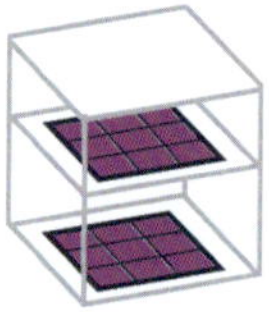
NE 29.922 €/NE

NE: Schüler

Objekt:
Kennwerte: 1. Ebene DIN 276
BRI: 20.978 m³
BGF: 4.667 m²
NUF: 2.786 m²
Bauzeit: 135 Wochen
Bauende: 2021
Standard: Durchschnitt
Bundesland: Bremen
Kreis: Bremen, Stadt

Architekt*in:
tsj-architekten gmbh
Curtiusstraße 19
23568 Lübeck

Bauherr*in:
Sondervermögen Immobilien und Technik der Stadtgemeinde Bremen, vertreten durch Immobilien Bremen Eigenbetrieb der Stadtgemeinde Bremen
Theodor-Heuss-Allee 14
28215 Bremen

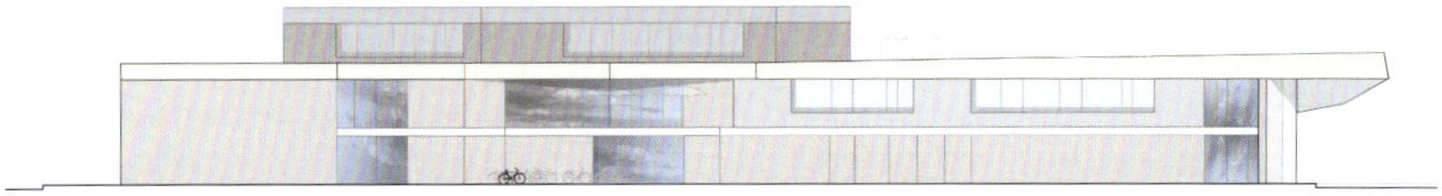

Ansicht Nord

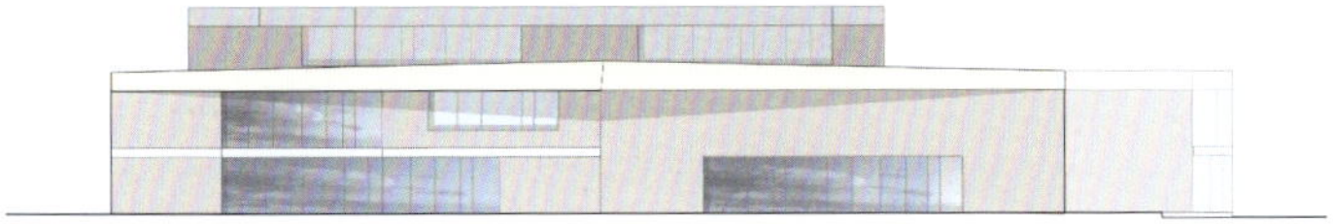

Ansicht Ost

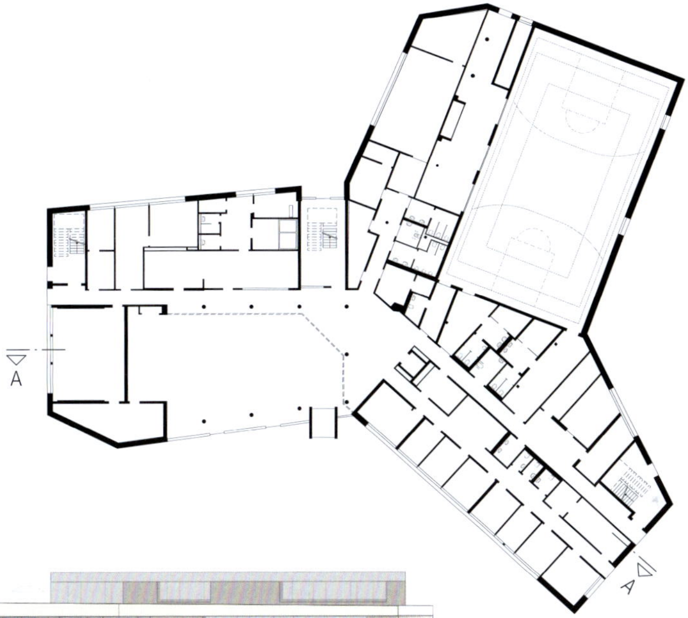

Erdgeschoss

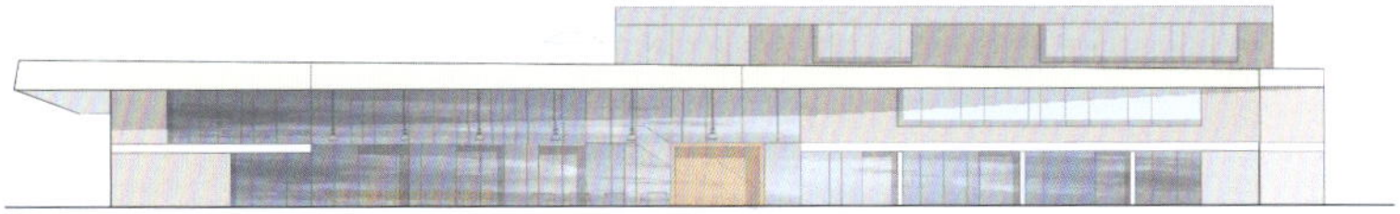

Ansicht Süd

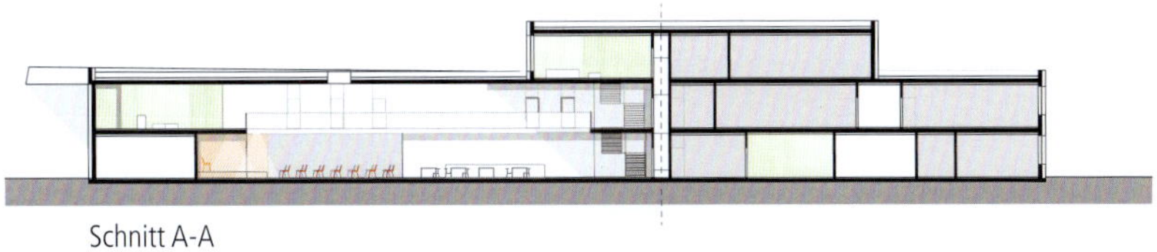

Schnitt A-A

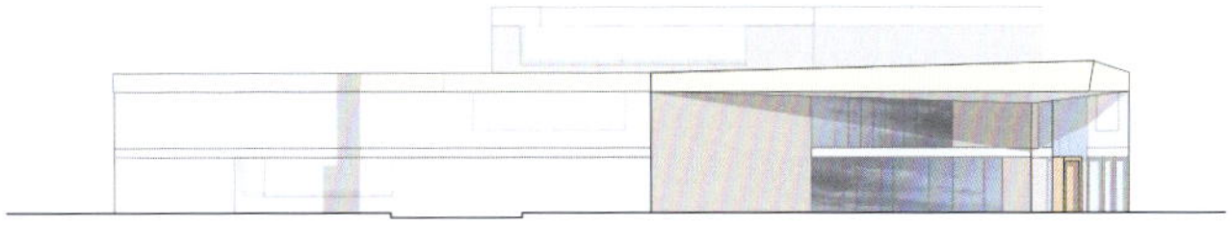

Ansicht West

Objektbeschreibung

Allgemeine Objektinformationen

Das alte Schulgebäude wurde durch ein sternförmiges, zweigeschossiges Hauptgebäude mit integrierter Sporthalle ersetzt. Der Neubau ist barrierefrei und energieoptimiert. Das Erdgeschoss beinhaltet eine multifunktionale Zone, die auch für öffentliche Veranstaltungen genutzt werden kann. Im ersten Obergeschoss werden verschiedene Fachräume eingerichtet und im zweiten Obergeschoss befinden sich Räumlichkeiten für Verwaltung und Kollegium.

Nutzung

1 Erdgeschoss
Foyer, Mensa, Küche, Kühlzellen, Spülküche, Personalraum, Übungsräume, Rhythmikraum, Turnhalle, Umkleideräume, Geräteräume, Medienraum, Kiosk, Teeküche, Büroräume, Wartebereich, Lehrerzimmer, Sozialpädagogik, Erste-Hilfe, Hausmeister, WCs, Lagerräume, Server, Technik

1 Obergeschoss
Projekträume, Chemieraum, Physikraum, Biologieraum, Sammlungsräume, Ofenraum, Lehrküche, Speiseraum, Computerraum, Lernlandschaft, Galerie

1 Dachgeschoss
Sozialraum, Arbeitsräume, Büroräume, Lehrerzimmer, Archivräume, WCs, Lagerräume, Lüftungsraum, Dachterrasse

Nutzeinheiten

Klassen: 24
Schüler: 500

Grundstück

Bauraum: Freier Bauraum
Neigung: Ebenes Gelände
Bodenklasse: BK 3 bis BK 4

Markt

Hauptvergabezeit: 2. Quartal 2019
Baubeginn: 2. Quartal 2019
Bauende: 4. Quartal 2021
Konjunkturelle Gesamtlage: Durchschnitt
Regionaler Baumarkt: über Durchschnitt

Baukonstruktion

Das Gebäude erhielt eine Stahlbetonflachgründung. Die Außenwände sowie die Decken und das Dach sind aus Stahlbeton errichtet. Die Innenwände, sofern nicht statisch in Stahlbeton notwendig, wurden als Kalksandstein- oder GK-Wände ausgeführt. Die Fassade erhielt ein gedämmtes Verblendmauerwerk, das Staffelgeschoss wurde mit einem Wärmedämmverbundsystem bekleidet. Die Alu-Pfosten-Riegelfassade mit Dreifachverglasung ist mit Holz-Alu-Flügeln ausgestattet. Als Innentüren wurden HPL beschichtete Türblätter in Stahlzargen gewählt, die Flurtüren mit Brandschutzanforderungen wurden als Aluelemente mit Glasausschnitten ausgeführt. Die Böden sind mit Linoleum oder Teppich belegt. Im Foyer und den öffentlichen Bereichen des EGs wurde der Estrich beschichtet und geschliffen, die Küchen und Sanitärräume sind gefliest. In der Turnhalle kam ein Schwingboden zur Ausführung. Es wurden Prallwände in der Sporthalle eingebaut. Die Decken wurden teilweise mit Akustikdecken abgehängt. Das Flachdach wurde bituminös abgedichtet und mit einer extensiven Dachbegrünung belegt.

Technische Anlagen

Die Wärmeversorgung erfolgt über eine vorhandene Nahwärmeleitung auf dem Grundstück. Sämtliche Räume werden über Heizkörper erwärmt. Die Warmwasserbereiter wurden als Frischwasserstationen im Durchlaufprinzip ausgeführt. Der Serverraum erhielt eine Split-Kühlung. Die fetthaltige Abluft der Lehrküche, die Abluft der Gefahrstoffschränke und die Spülmaschinenabluft werden separat über Dachventilatoren abgeführt. Das Gebäude wurde mit LED-Beleuchtung ausgestattet.

Sonstiges

Das Gebäude entspricht dem Passivhausstandard.

Energetische Kennwerte

Gesetzliche Grundlage: EnEV 2013
Spez. Transmissionswärmeverlust: 0,21 W/(m²·K)
Mittlerer U-Wert (opake Bauteile): 0,12 W/(m²·K)
Mittlerer U-Wert (transparente Bauteile): 0,80 W/(m²·K)
Mittlerer U-Wert (Glasdächer, etc.): 1,10 W/(m²·K)
Spez. Jahresprimärenergiebedarf: 97,71 kWh/(m²·a)

Planungskennwerte für Flächen und Rauminhalte nach DIN 277

Flächen des Grundstücks		Menge Einheit	% an GF
BF	Bebaute Fläche	2.220,00 m²	8,6
UF	Unbebaute Fläche	23.528,00 m²	91,4
GF	Grundstücksfläche	25.748,00 m²	100,0

Grundflächen des Bauwerks		Menge Einheit	% an NUF	% an BGF
NUF	Nutzungsfläche	2.786,45 m²	100,0	59,7
TF	Technikfläche	55,71 m²	2,0	1,2
VF	Verkehrsfläche	1.006,16 m²	36,1	21,6
NRF	Netto-Raumfläche	3.848,32 m²	138,1	82,5
KGF	Konstruktions-Grundfläche	818,49 m²	29,4	17,5
BGF	Brutto-Grundfläche	4.666,81 m²	167,5	100,0

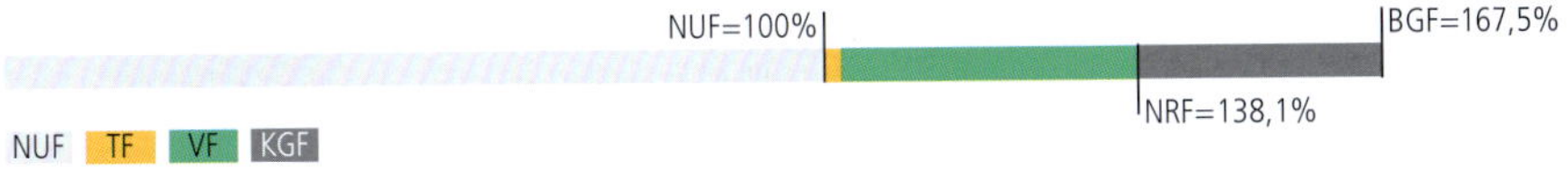

Brutto-Rauminhalt des Bauwerks		Menge Einheit	BRI/NUF (m)	BRI/BGF (m)
BRI	Brutto-Rauminhalt	20.977,65 m³	7,53	4,50

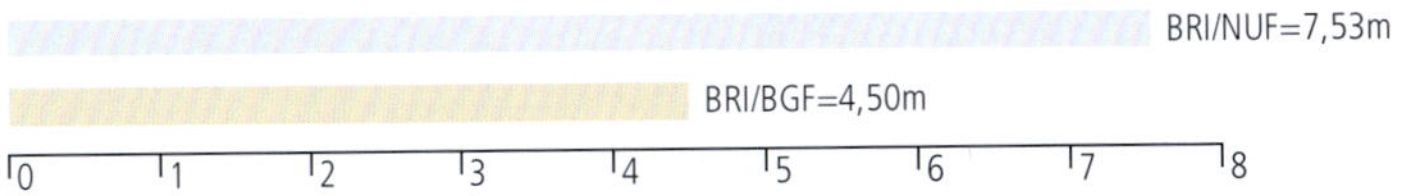

4100-0233
Oberschule
(24 Klassen)
(500 Schüler)

Kostenkennwerte für die Kostengruppen der 1. Ebene DIN 276

KG	Kostengruppen (1. Ebene)	Einheit	Kosten €	€/Einheit	€/m² BGF	€/m³ BRI	% 300+400
100	Grundstück	m² GF	–	–	–	–	–
200	Vorbereitende Maßnahmen	m² GF	–	–	–	–	–
300	Bauwerk – Baukonstruktionen	m² BGF	10.273.527	2.201,40	2.201,40	489,74	68,7
400	Bauwerk – Technische Anlagen	m² BGF	4.687.409	1.004,41	1.004,41	223,45	31,3
	Bauwerk 300+400	**m² BGF**	**14.960.936**	**3.205,82**	**3.205,82**	**713,18**	**100,0**
500	Außenanlagen und Freiflächen	m² AF	–	–	–	–	–
600	Ausstattung und Kunstwerke	m² BGF	–	–	–	–	–
700	Baunebenkosten	m² BGF	–	–	–	–	–
800	Finanzierung	m² BGF	–	–	–	–	–

KG	Kostengruppe	Menge Einheit	Kosten €	€/Einheit	%
3+4	**Bauwerk**				**100,0**
300	**Bauwerk – Baukonstruktionen**	4.666,81 m² BGF	10.273.527	**2.201,40**	68,7

Baugrubenaushub; Frostschürzen, Stb-Fundamentplatte, Estrich, geschliffener Estrich mit Beschichtung, Linoleum, Sportboden, Bodenfliesen, Abdichtung, Kiesfilterschicht, Perimeterdämmung; Stb-Wände, Stb-Stützen, Holz-Alufenster, Dreifachverglasung, Wärmedämmung, Ziegelfassade, WDVS, Alu-Pfosten-Riegel-Fassade, Markisenanlage, Verdunklungsanlage; KS-Innenmauerwerk, Stb-Wände, GK-Wände, Holztüren, Alutüren mit Glasausschnitten, Wandfliesen, Akustikpaneele, Prallwände, Beschichtung, WC-Trennwände, Ausgabe-Rollladen; Stb-Decken, Sichtbeton, Stb-Fertigteiltreppen, Estrich, Linoleum, Teppichböden, Bodenfliesen, abgehängte GK-Decken, Schallschutzdecken, Stahl-Bühnenkonstruktion, Stahlgeländer, Treppengeländer; Stb-Flachdach, RWA-Oberlichter, Gefälledämmung, Bitumenabdichtung, Attika, extensive Dachbegrünung, Kies, Betonwerksteinplatten, Dachentwässerung; Kiosk-Tresenanlage, Teeküchen

KG	Kostengruppe	Menge Einheit	Kosten €	€/Einheit	%
400	**Bauwerk – Technische Anlagen**	4.666,81 m² BGF	4.687.409	**1.004,41**	31,3

Gebäudeentwässerung, Kalt- und Warmwasserleitungen, Sanitärobjekte; Anschluss an die Nahwärmeversorgung, Frischwasserstationen, Plattenheizkörper, Radiatoren, Deckenstrahlplatten, Lufterhitzer; kontrollierte Be-und Entlüftung mit Wärmerückgewinnung, Splitkühlung (Server), Permanentabluft (Gefahrstoffschränke), Küchenabluftanlage, Abluft Brennofen, Kälteanlagen, RWA-Anlage; Elektroinstallation, Blitzschutz, LED-Beleuchtung, Sicherheitsleuchten, Batterieanlage, Blitzschutzanlage; Datenübertragungsanlage Cat7/6, Elektroakustische Anlagen, Brandmeldeanlage; Personenaufzug, Rollstuhlhubtisch; Aufwärmküche; Gebäudeleittechnik, Ausstattung Fachräume

4100-0235 Gesamtschule (15 Klassen) (360 Schüler)

Objektübersicht

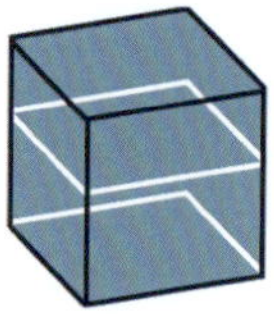

BRI 763 €/m³

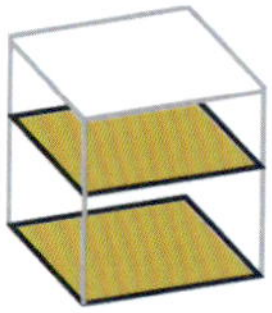

BGF 2.605 €/m²

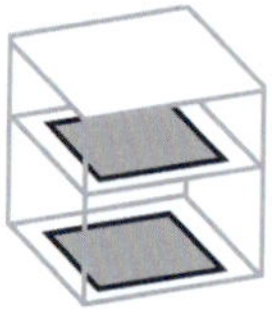

NUF 5.811 €/m²

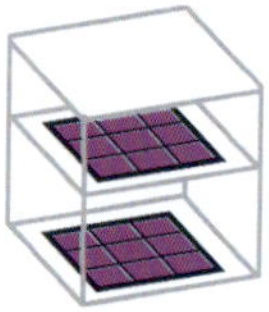

NE 22.445 €/NE

NE: Schüler

Objekt:
Kennwerte: 1.Ebene DIN 276
BRI: 10.584 m³
BGF: 3.101 m²
NUF: 1.391 m²
Bauzeit: 96 Wochen
Bauende: 2021
Standard: Durchschnitt
Bundesland: Nordrhein-Westfalen
Kreis: Krefeld, Stadt

Architekt*in:
WOLLENWEBER-ARCHITEKTUR
Kronprinzenstraße 9
40217 Düsseldorf

Bauherr*in:
Zentrales Gebäude-mamagement Krefeld
Mevissenstraße 65
47803 Krefeld

© WOLLENWEBERARCHITEKTUR

© WOLLENWEBERARCHITEKTUR

© WOLLENWEBERARCHITEKTUR

© WOLLENWEBERARCHITEKTUR

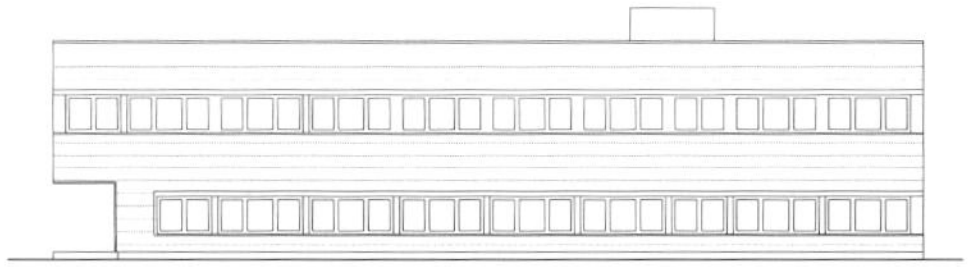

Ansicht Nord

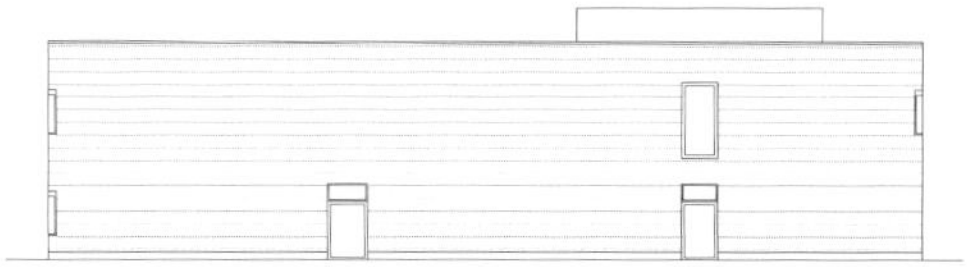

Ansicht West

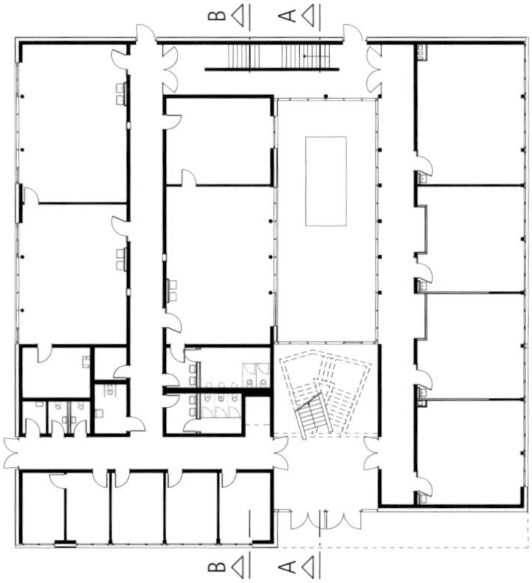

Erdgeschoss

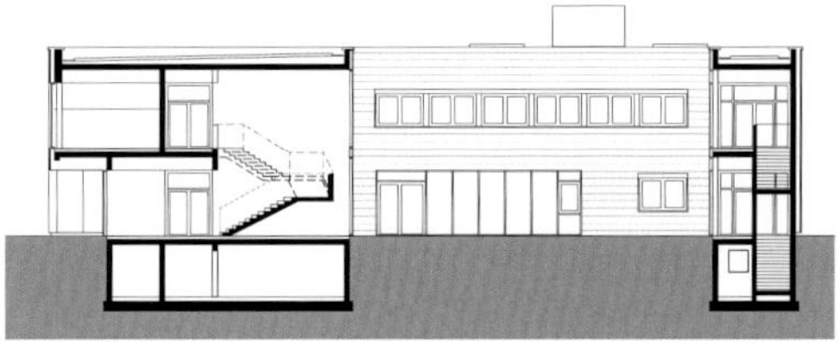

Schnitt A-A

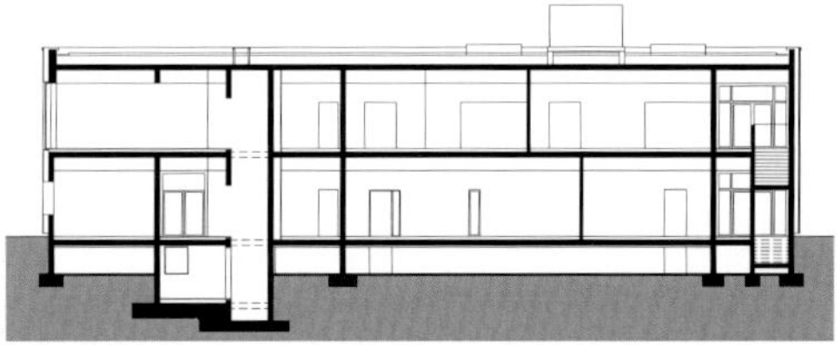

Schnitt B-B

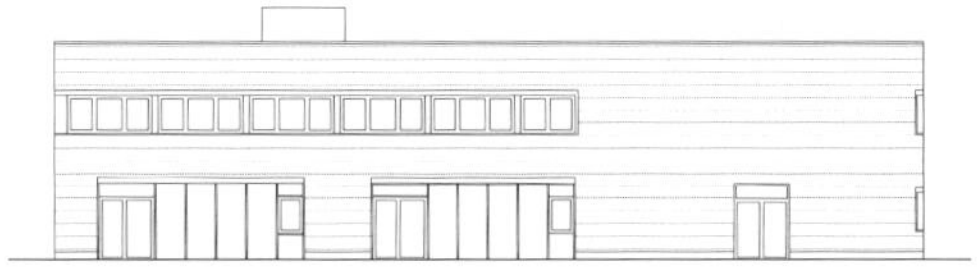

Ansicht Süd

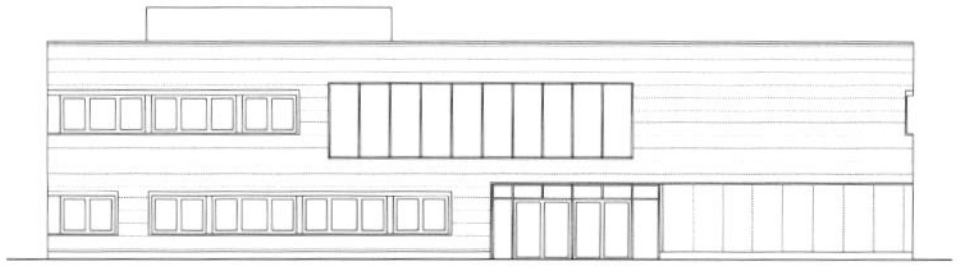

Ansicht Ost

Objektbeschreibung

Allgemeine Objektinformationen

Um den Oberstufenschülern die benötigten Unterrichtsflächen zur Verfügung stellen zu können, wurde die Gesamtschule um fünf große und sieben kleine Unterrichtsräume erweitert. Die quadratische Grundform um einen großflächig verglasten Innenhof enthält zusätzlich drei Kunsträume und vier Büros für die Verwaltung sowie ein Lehrerzimmer. Ein überdachter Verbindungsgang schließt an den Bestand an. Der technische Anschluss ans Bestandsgebäude erfolgt über einen unterirdischen Techniktunnel.

Nutzung

1 Untergeschoss
Abstellräume, Technik, Hausanschluss, Flure, Versorgungstunnel, Kriechkeller für Installationen

1 Erdgeschoss
sieben Klassenräume, Kunstraum, Verwaltungsräume, Sanitärräume, Innenhof, Flure, Treppenhaus

1 Obergeschoss
acht Klassenräume, Aufenthaltsräume, Lehrerzimmer, Sanitärräume, Innenhof, Flure, Treppenhaus

Nutzeinheiten

Klassen: 15
Schüler: 360

Grundstück

Bauraum: Freier Bauraum
Neigung: Ebenes Gelände
Bodenklasse: BK 1 bis BK 4

Markt

Hauptvergabezeit: 2.Quartal 2019
Baubeginn: 2.Quartal 2019
Bauende: 2.Quartal 2021
Konjunkturelle Gesamtlage: Durchschnitt
Regionaler Baumarkt: über Durchschnitt

Baukonstruktion

Das Gebäude gründet auf einer massiven Stahlbetonbodenplatte. Die Außenwände und Decken bestehen ebenfalls aus Stahlbeton. Das UG wurde in WU-Beton ausgeführt. Tragende Innenwände sind in Kalksandstein gemauert oder in Trockenbauweise ausgeführt. Die Trennwände zwischen den Kursräumen können bei einer Umnutzung achsenweise versetzt werden und bieten maximale Flexibilität. Die Fassade wurde aus vorgehängter, hinterlüfteter Keramikfassade hergestellt, der Eingangsbereich wurde mit Faserzementplatten bekleidet. Es wurden dreifachverglaste Alufenster eingebaut. Die Böden wurden mit Linoleum oder Betonwerkstein, bzw. Fliesen belegt. Das Dach wurde begrünt.

Technische Anlagen

Das Gebäude verfügt über keine eigene Energiezentrale, da es an die Bestandsfernwärme angeschlossen wurde. Die Wärmeverteilung erfolgt über Heizkörper. Alle Räume werden durch eine Lüftungsanlage mechanisch belüftet. Die Anlagentechnik der Lüftungsanlage befindet sich auf dem Dach. Sämtliche technische Leitungen wurden in einem ca. 500m² großen Kriechkeller unter dem Gebäude verlegt.

Sonstiges

Die EnergieAgentur NRW hat der Schulerweiterung die Auszeichnung "Energieeffizientes Nichtwohngebäude in NRW" verliehen. Da keine erneuerbaren Energien genutzt werden, wird als Ersatzmaßnahme gem. EEWärmeG der zulässige Transmissionswärmeverlust um 30% unterschritten.

Planungskennwerte für Flächen und Rauminhalte nach DIN 277

Flächen des Grundstücks		Menge Einheit	% an GF
BF	Bebaute Fläche	8.089,92 m²	21,3
UF	Unbebaute Fläche	29.937,08 m²	78,7
GF	Grundstücksfläche	38.027,00 m²	100,0

Grundflächen des Bauwerks		Menge Einheit	% an NUF	% an BGF
NUF	Nutzungsfläche	1.390,60 m²	100,0	44,8
TF	Technikfläche	571,69 m²	41,1	18,4
VF	Verkehrsfläche	672,80 m²	48,4	21,7
NRF	Netto-Raumfläche	2.635,09 m²	189,5	85,0
KGF	Konstruktions-Grundfläche	466,21 m²	33,5	15,0
BGF	Brutto-Grundfläche	3.101,30 m²	223,0	100,0

Brutto-Rauminhalt des Bauwerks		Menge Einheit	BRI/NUF (m)	BRI/BGF (m)
BRI	Brutto-Rauminhalt	10.584,00 m³	7,61	3,41

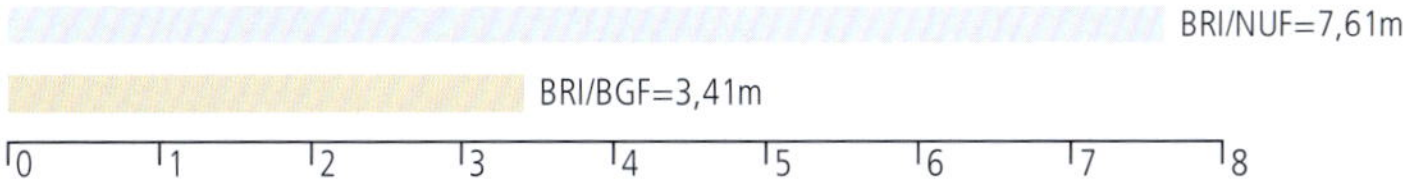

Kostenkennwerte für die Kostengruppen der 1.Ebene DIN 276

KG	Kostengruppen (1.Ebene)	Einheit	Kosten €	€/Einheit	€/m² BGF	€/m³ BRI	% 300+400
100	Grundstück	m² GF	–	–	–	–	–
200	Vorbereitende Maßnahmen	m² GF	–	–	–	–	–
300	Bauwerk – Baukonstruktionen	m² BGF	6.190.881	1.996,22	1.996,22	584,93	76,6
400	Bauwerk – Technische Anlagen	m² BGF	1.889.248	609,18	609,18	178,50	23,4
	Bauwerk 300+400	**m² BGF**	**8.080.129**	**2.605,40**	**2.605,40**	**763,43**	**100,0**
500	Außenanlagen und Freiflächen	m² AF	–	–	–	–	–
600	Ausstattung und Kunstwerke	m² BGF	–	–	–	–	–
700	Baunebenkosten	m² BGF	–	–	–	–	–
800	Finanzierung	m² BGF	–	–	–	–	–

KG	Kostengruppe	Menge Einheit	Kosten €	€/Einheit	%
3+4	**Bauwerk**				**100,0**
300	**Bauwerk – Baukonstruktionen**	3.101,30 m² BGF	6.190.881	**1.996,22**	76,6

Stb-Streifenfundamente, Stb-Bodenplatte, Dämmung, Estrich, Linoleum, Fliesen, Betonwerkstein, Sauberkeitsschicht; Stb-Wände WU, Alufenster, dreifachverglast, Alutüren, Dämmung, vorgehängte Keramikfassade, Faserzementplatten; KS-Mauerwerk, GK-Wände, Holztüren, Innenputz, Beschichtung, Fliesen, mobile Schiebewände, Sanitärtrennwände; Stb-Decken, Stb-Treppen, Estrich, Fliesen, Linoleum, Betonwerkstein, Rasterdecken, GK-Decken; Stb-Flachdach, Dämmung, Abdichtung, Dachbegrünung, Dachentwässerung, Rasterdecken

KG	Kostengruppe	Menge Einheit	Kosten €	€/Einheit	%
400	**Bauwerk – Technische Anlagen**	3.101,30 m² BGF	1.889.248	**609,18**	23,4

Gebäudeentwässerung, Kalt- und Warmwasserleitungen, Sanitärobjekte; Fernwärmeanschluss, Heizleitungen, Heizkörper; Lüftungsanlage; Elektroinstallation, LED-Beleuchtung; Personenaufzug

4100-0240
Gemeinschaftsschule
(18 Klassen)
(432 Schüler)

Objektübersicht

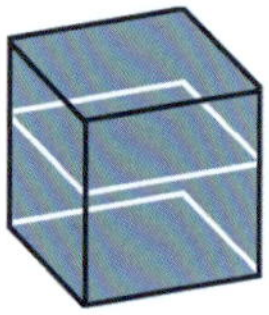
BRI 783 €/m³

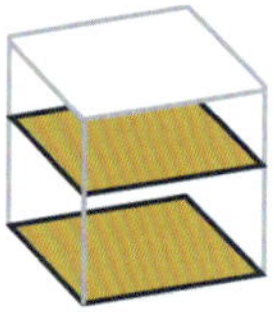
BGF 3.089 €/m²

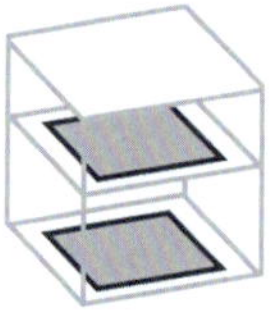
NUF 4.990 €/m²

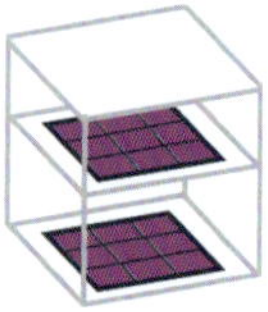
NE 23.226 €/NE
NE: Schüler

Objekt:
Kennwerte: 1. Ebene DIN 276
BRI: 12.823 m³
BGF: 3.248 m²
NUF: 2.011 m²
Bauzeit: 96 Wochen
Bauende: 2021
Standard: Durchschnitt
Bundesland: Baden-Württemberg
Kreis: Lörrach

Architekt*in:
ARCHITEKTURBUERO 1
ZT GmbH
Hauptplatz 18
4020 Linz/AT

Architekturbüro HERZOG
GmbH
Unterdorfstraße 22
79541 Lörrach

Bauherr*in:
Stadt Schopfheim
Hauptstraße 29-31
79650 Schopfheim

Garten- und Landschaftsarchitekt*in:
el:ch landschaftsarchitekten
Karl-Marx-Allee 79
10243 Berlin

Zeichnungen

Ansicht West

Ansicht Süd

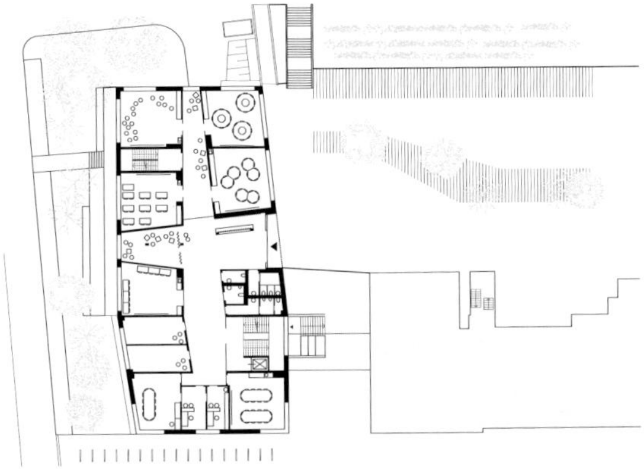
Erdgeschoss

1. Obergeschoss

Längsschnitt

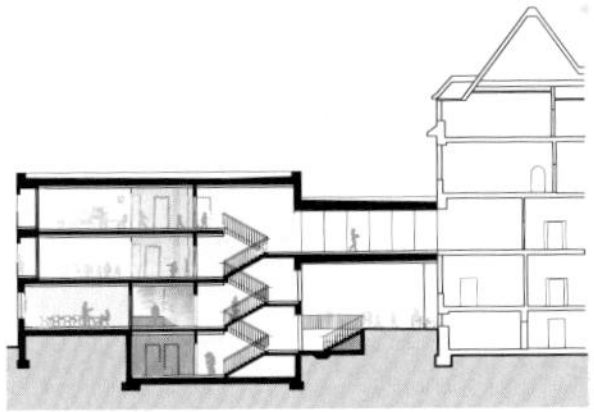
Querschnitt

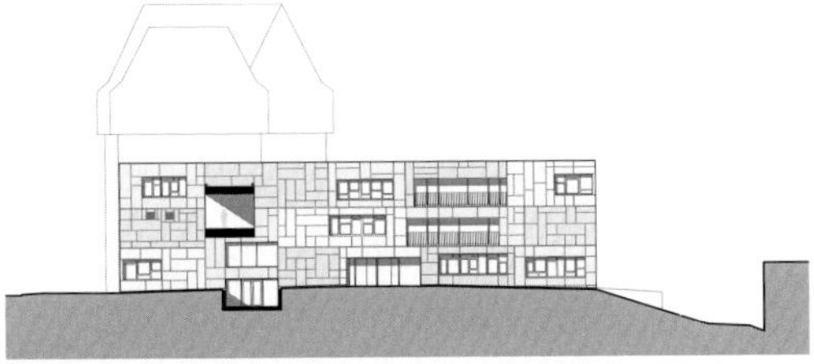
Ansicht Ost

Ansicht Nord

Objektbeschreibung

Allgemeine Objektinformationen

Von der Stadt wurde ein offener Wettbewerb für einen Erweiterungsbau ausgelobt. Das siegreiche Architekturbüro wurde für die Planung beauftragt. Das moderne Schulkonzept wird in Form einer Clusterschule mit jeweils drei Klassen und offenen Lernlandschaften umgesetzt. Fluchtwege in Form von Fluren werden überflüssig und Verkehrsflächen so sinnvoll genutzt. Im 1.Obergeschoss wird der Altbau mit Hilfe eines verglasten Übergangs mit dem Neubau verbunden.

Nutzung

1 Untergeschoss
Klassenräume, Werkräume, WCs, Abstellräume, Flur, Treppenhaus, Aufzug

1 Erdgeschoss
Eingang, fünf Klassenräume, WCs, Verwaltung, Lehrerzimmer, Besprechungsräume, Büros, offene Lernlandschaft, Treppenhaus, Aufzug

2 Obergeschosse
zehn Klassenräume, vier offene Lernlandschaften, Lehrküche, WCs, Treppenhaus, Aufzug

Nutzeinheiten

Klassen: 18
Schüler: 432

Grundstück

Bauraum: Beengter Bauraum
Neigung: Hanglage
Bodenklasse: BK 1 bis BK 4

Markt

Hauptvergabezeit: 3.Quartal 2019
Baubeginn: 3.Quartal 2019
Bauende: 3.Quartal 2021
Konjunkturelle Gesamtlage: Durchschnitt
Regionaler Baumarkt: Durchschnitt

Baukonstruktion

Der Neubau wurde als Skelettkonstruktion in Stahlbeton ausgeführt. Die Gründung, alle tragenden Decken, Stützen und Wandscheiben wurden in Stahlbeton erstellt. Die vorgehängte Fassade aus unregelmäßig angeordneten Faserzementplatten zeigt über zarte Farbunterschiede die innere Raumaufteilung, Holzfenster mit vielen verschiedenen Querschnitten ermöglichen eine natürliches Belüftung. Die Böden sind mit Terrazzo-Estrich und Linoleum belegt, die Decken mit Holzfaserplatten abgehängt, um eine angenehme Raumakustik zu erreichen. Das Flachdach wurde begrünt

Technische Anlagen

Ein Blockheizkraftwerk versorgt den gesamten Campus mit Energie. Geheizt wird über eine Fußbodenheizung. Bis auf vier Klassen in Richtung der Straße (Geräuschbelastung) sind alle Klassen natürlich belüftet. Das Dach ist flächig für Photovoltaik genutzt. Es wurden Luftqualitätsmelder sowie eine Brandmeldeanlage eingebaut. Es wurde sowohl eine Beschallungsanlage als auch eine Amok-Anlage installiert.

Energetische Kennwerte

Gebäudenutzfläche: 3.104,80 m²
Gebäudevolumen: 11.642,80 m³
Hüllfläche des beheizten Volumens: 3.648,60 m²
Mittlerer U-Wert (opake Bauteile): 0,14 W/(m²·K)
Mittlerer U-Wert (transparente Bauteile): 1,10 W/(m²·K)
Spez. Jahresprimärenergiebedarf: 68,60 kWh/(m²·a)

Energetische Angaben zu Außenbauteilen

Bodenplatte

U-Wert: 0,16 W/(m²·K)

Gesamtdicke: 55,08 cm	d [cm]	l [W/(m·K)]
Estrich	7,50	1,200
Trennlage	0,04	0,190
Trittschalldämmung	3,00	0,035
Beschüttung	4,50	0,050
Dämmung	15,00	0,035
Folie	0,04	0,190
Stahlbeton	25,00	2,100

Außenwand

U-Wert: 0,18 W/(m²·K)

Gesamtdicke: 43,00 cm	d [cm]	l [W/(m·K)]
Innenputz	1,00	0,550
Stahlbeton	24,00	2,100
Dämmung	18,00	0,035

Dach

U-Wert: 0,14 W/(m²·K)

Gesamtdicke: 44,00 cm	d [cm]	l [W/(m·K)]
Stahlbeton	20,00	2,100
Dämmung	24,00	0,035

Planungskennwerte für Flächen und Rauminhalte nach DIN 277

Flächen des Grundstücks		Menge Einheit	% an GF
BF	Bebaute Fläche	899,00 m²	14,3
UF	Unbebaute Fläche	5.369,00 m²	85,7
GF	Grundstücksfläche	6.268,00 m²	100,0

Grundflächen des Bauwerks		Menge Einheit	% an NUF	% an BGF
NUF	Nutzungsfläche	2.010,71 m²	100,0	61,9
TF	Technikfläche	12,80 m²	0,6	0,4
VF	Verkehrsfläche	729,56 m²	36,3	22,5
NRF	Netto-Raumfläche	2.753,07 m²	136,9	84,8
KGF	Konstruktions-Grundfläche	494,70 m²	24,6	15,2
BGF	Brutto-Grundfläche	3.247,77 m²	161,5	100,0

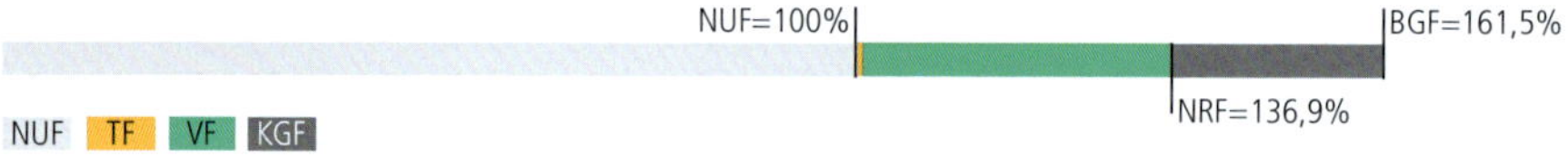

Brutto-Rauminhalt des Bauwerks		Menge Einheit	BRI/NUF (m)	BRI/BGF (m)
BRI	Brutto-Rauminhalt	12.822,51 m³	6,38	3,95

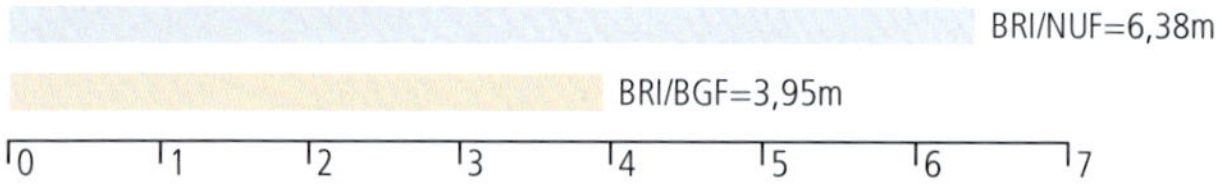

Kostenkennwerte für die Kostengruppen der 1. Ebene DIN 276

KG	Kostengruppen (1. Ebene)	Einheit	Kosten €	€/Einheit	€/m² BGF	€/m³ BRI	% 300+400
100	Grundstück	m² GF	–	–	–	–	–
200	Vorbereitende Maßnahmen	m² GF	–	–	–	–	–
300	Bauwerk – Baukonstruktionen	m² BGF	7.802.909	2.402,54	2.402,54	608,53	77,8
400	Bauwerk – Technische Anlagen	m² BGF	2.230.848	686,89	686,89	173,98	22,2
	Bauwerk 300+400	**m² BGF**	**10.033.757**	**3.089,43**	**3.089,43**	**782,51**	**100,0**
500	Außenanlagen und Freiflächen	m² AF	–	–	–	–	–
600	Ausstattung und Kunstwerke	m² BGF	–	–	–	–	–
700	Baunebenkosten	m² BGF	–	–	–	–	–
800	Finanzierung	m² BGF	–	–	–	–	–

KG	Kostengruppe	Menge Einheit	Kosten €	€/Einheit	%
3+4	**Bauwerk**				**100,0**
300	**Bauwerk – Baukonstruktionen**	3.247,77 m² BGF	7.802.909	**2.402,54**	77,8

Baugrubenaushub; Stb.-Fundamente, Stb.-Bodenplatte WU, Abdichtung, Dämmung, Heizestrich, Linoleum, Terrazzo-Estrich, Feinsteinzeugfliesen, Perimeterdämmung; Stb-Wände WU, Stb-Stützen, Holz-Alufenster, Brandschutzschiebetore, Dämmung, vorgehängte Faserzement-Fassadentafeln, Putz, Beschichtung, Wandfliesen, Pfosten-Riegel-Fassade mit Türelementen, Sonnenschutz-Jalousien; Stb-Innenwände, GK-Wände, Stb-Stützen, Innentüren, Innenputz, Beschichtung, Wandfliesen, Glastrennwände, Sanitärtrennwände; Stb-Decken, Stb-Fertigteiltreppen, Terrazzoestrich, Feinsteinzeugfliesen, Linoleum, abgehängte Akustikdecken, Stahlgeländer; Stb-Flachdach, Dämmung, Abdichtung, Dachentwässerung, Dachbegrünung; Garderoben, Beschilderungen

KG	Kostengruppe	Menge Einheit	Kosten €	€/Einheit	%
400	**Bauwerk – Technische Anlagen**	3.247,77 m² BGF	2.230.848	**686,89**	22,2

Gebäudeentwässerung, Kalt- und Warmwasserleitungen, Sanitärobjekte; Nahwärmeversorgung, dezentrale Warmwasserbereiter, Fußbodenheizung; dezentrale Lüftungsanlagen; PV-Anlage, Elektroinstallation, Beleuchtung, Sicherheitsleuchten, Blitzschutzanlage; Personenrufanlage, elektroakustische Anlage, Beschallungsanlage, Brandmeldeanlage, Amok-Anlage, Luftqualitätsmelder, Rauchansaugsystem, Datenübertragungsanlage; Personenaufzug; Feuerlöscher; KNX-Jalousiesteuerung

4200-0041
Werkstattgebäude
Berufsschule
(6 Klassen)

Objektübersicht

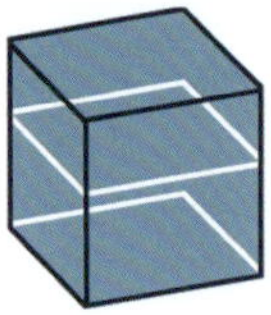

BRI **843 €/m³**

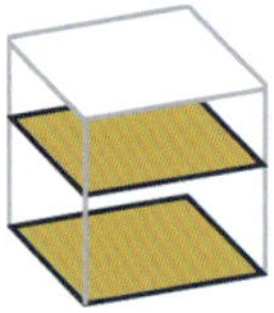

BGF **3.594 €/m²**

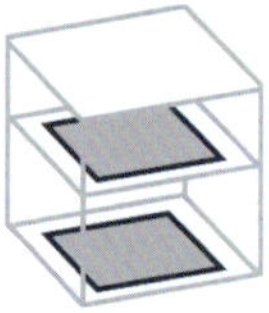

NUF **5.276 €/m²**

Objekt:
Kennwerte: 1. Ebene DIN 276
BRI: 7.250 m³
BGF: 1.700 m²
NUF: 1.158 m²
Bauzeit: 70 Wochen
Bauende: 2021
Standard: Durchschnitt
Bundesland: Berlin
Kreis: Berlin, Stadt

Architekt*in:
ZRS Architekten GvA mbH
Schlesische Straße 26
10997 Berlin

Bauherr*in:
Senatsverwaltung für
Stadtentwicklung,
Bauen und Wohnen
Fehrbelliner Platz 2
10707 Berlin

© Giacomo Morelli

© Giacomo Morelli

© Giacomo Morelli

© Giacomo Morelli

Ansicht Nord

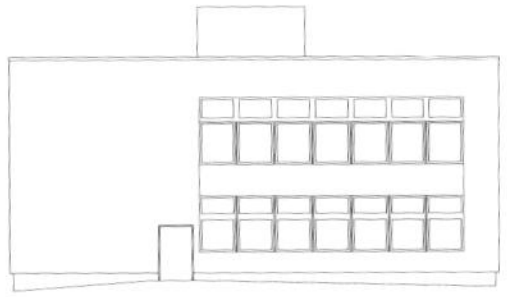
Ansicht Ost

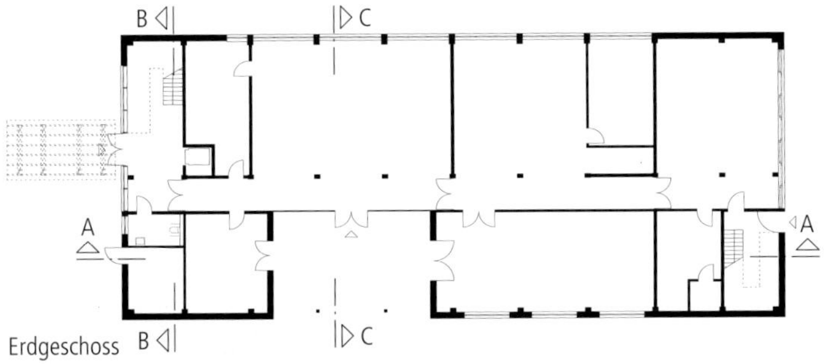

Erdgeschoss

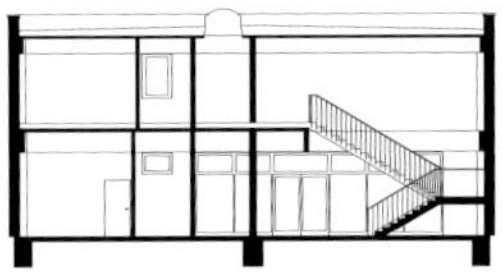
Schnitt B-B

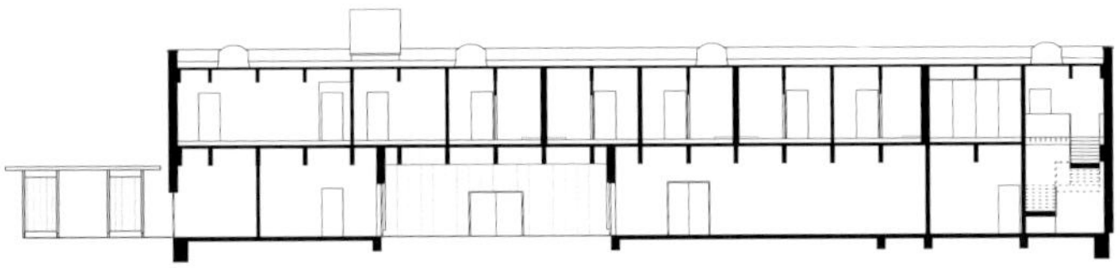
Schnitt A-A

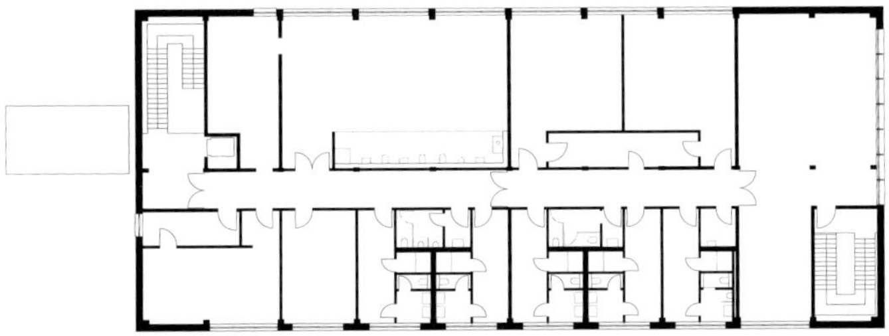
Obergeschoss

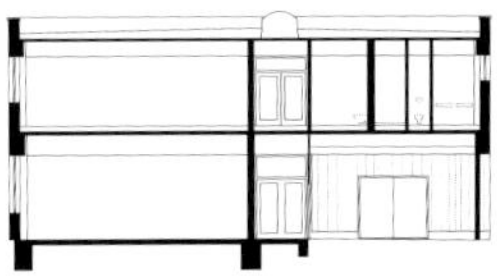
Schnitt C-C

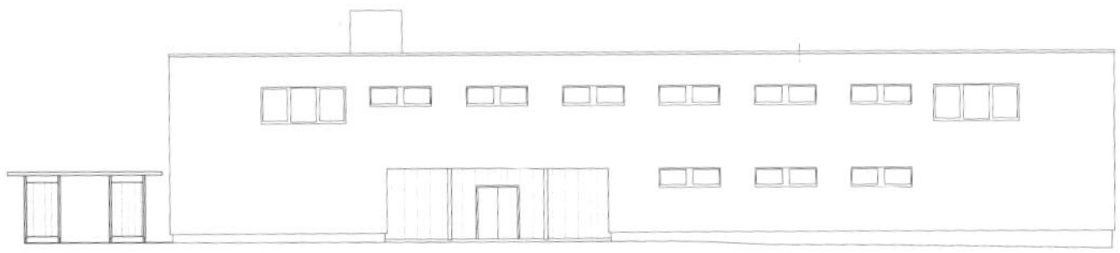
Ansicht Süd

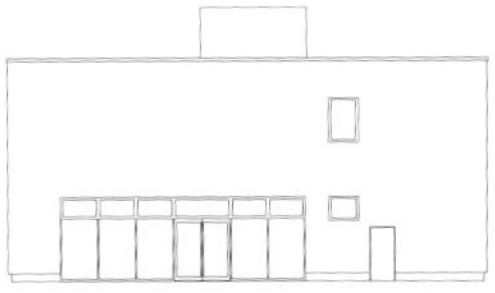
Ansicht West

4200-0041
Werkstattgebäude
Berufsschule
(6 Klassen)

Objektbeschreibung

Allgemeine Objektinformationen

Das neue Werkstattgebäude gehört zu einer Berufsschule mit sonderpädagogischem Schwerpunkt. Die Schule gilt als Pilotschule für Inklusion. Das bestehende Hauptgebäude wurde durch den bedarfsgerechten, zweigeschossigen Neubau im vorderen Bereich des Grundstücks ersetzt. Die kompakte und schlichte Kubatur des Gebäuderiegels ist als Nebengebäude klar ablesbar und wird durch eine Bandfassade mit verschieden großen Fensteröffnungen gegliedert. Die Fensterbänder bieten Ausblicke aus den Werkstätten auf das Schulgelände. Zur Straße hin bietet ein großes „Schaufenster" Einblicke in die Aktivitäten der Schule. Die barrierefreie Erschließung erfolgt über eine Eingangszone mit überdachter Anbindung an das bestehende Schulgebäude.

Nutzung

1 Erdgeschoss
Werkstätten, Lagerbereiche

1 Obergeschoss
Werkstätten, Unterrichtsräume, Sanitärbereiche, Lager

Nutzeinheiten

Klassen: 6

Grundstück

Bauraum: Beengter Bauraum
Neigung: Geneigtes Gelände
Bodenklasse: BK 1 bis BK 2

Besonderer Kosteneinfluss Grundstück
Auffüllungen bis Unterkante Gründung, Homogenbereich EA1

Markt

Hauptvergabezeit: 4. Quartal 2019
Baubeginn: 4. Quartal 2019
Bauende: 2. Quartal 2021
Konjunkturelle Gesamtlage: über Durchschnitt
Regionaler Baumarkt: über Durchschnitt

Baukonstruktion

Nur die Streifenfundamente und die Bodenplatte in WU-Konstruktion sind als erdberührte Bauteile in Beton ausgeführt, flügelgeglättet und imprägniert. Das Tragwerk wurde aus massiven Holzstützen und Unterzügen sowie Massivholzdecken erstellt, die Innenwände sind aus Brettsperrholz. Hochdämmende, nicht tragende Holzrahmenelemente bilden die Außenhülle. Die Außenwandbekleidung wurde als hinterlüftete Holzfassade aus karbonisiertem Fichtenholz ausgeführt. Der Haupteingang und das „Schaufenster" sind als Pfosten-Riegel-Konstruktion errichtet. Durch die offene Skelettbauweise mit einem Achsmaß von 9m und einer Deckenspannweite von 4,5m entstand ein funktionaler und langfristig flexibel nutzbarer Baukörper.

Technische Anlagen

Durch die diffusionsoffene Bauweise und die natürliche Fensterlüftung wird die Raumluftfeuchte und die Innenraumtemperatur gesteuert. Es kann so auf teure und wartungsintensive Technik wie Lüftungs- und Klimaanlagen verzichtet werden. Durch den Einsatz einer Luft-Wärmepumpe wird ein hoher Anteil des Wärmebedarfs gedeckt. Das Flachdach wurde so dimensioniert und vorgerüstet, dass die Aufstellung einer Photovoltaikanlage zur Eigen- und Regionalversorgung ergänzend realisiert werden kann.

Sonstiges

Durch die Schulnutzung handelt es sich bei dem Gebäude um einen Sonderbau der Gebäudeklasse 3. Die geforderte Feuerwiderstandsfähigkeit der tragenden und aussteifenden Bauteile wurde von den Tragwerksplaner*innen durch Abbrand nachgewiesen. Durch die klare Wegeführung zweier baulicher Rettungswege und die Gliederung in Teilnutzungseinheiten kann auf notwendige Flure verzichtet und die Holzsichtigkeit in den Treppenräumen realisiert werden.

Energetische Kennwerte

Gesetzliche Grundlage: EnEV 2013
Gebäudenutzfläche: 2.108,00 m^2
Gebäudevolumen: 6.588,00 m^3
Hüllfläche des beheizten Volumens: 2.756,00 m^2
Mittlerer U-Wert (opake Bauteile): 0,13 $W/(m^2 \cdot K)$
Mittlerer U-Wert (transparente Bauteile): 1,30 $W/(m^2 \cdot K)$
Mittlerer U-Wert (Glasdächer, etc.): 1,30 $W/(m^2 \cdot K)$
Spez. Jahresprimärenergiebedarf: 70,93 $kWh/(m^2 \cdot a)$

Energetische Angaben zu Außenbauteilen

Bodenplatte

U-Wert: 0,22 W/(m²·K)

Gesamtdicke: 36,00 cm	d[cm]	l[W/(m·K)]
Stahlbeton	20,00	2,300
Dämmung PS	16,00	0,038

Außenwand hinterlüftet

U-Wert: 0,16 W/(m²·K)

Gesamtdicke: 34,30 cm	d[cm]	l[W/(m·K)]
Holz	2,25	0,130
OSB-Platte	2,00	0,130
Dämmung Zellulose	24,00	0,037
Holz	24,00	0,130
Holzfaserplatte	6,00	0,048
Fassadenbahn	0,05	0,170

Dach

U-Wert: 0,12 W/(m²·K)

Gesamtdicke: 28,01 cm	d[cm]	l[W/(m·K)]
Holz	10,00	0,130
Dampfsperre	0,01	0,170
Dämmung PUR	18,00	0,025

Planungskennwerte für Flächen und Rauminhalte nach DIN 277

Flächen des Grundstücks		Menge Einheit	% an GF
BF	Bebaute Fläche	1.509,40 m²	42,6
UF	Unbebaute Fläche	2.032,60 m²	57,4
GF	Grundstücksfläche	3.542,00 m²	100,0

Grundflächen des Bauwerks		Menge Einheit	% an NUF	% an BGF
NUF	Nutzungsfläche	1.157,89 m²	100,0	68,1
TF	Technikfläche	44,99 m²	3,9	2,6
VF	Verkehrsfläche	210,77 m²	18,2	12,4
NRF	Netto-Raumfläche	1.413,65 m²	122,1	83,2
KGF	Konstruktions-Grundfläche	286,34 m²	24,7	16,8
BGF	Brutto-Grundfläche	1.699,99 m²	146,8	100,0

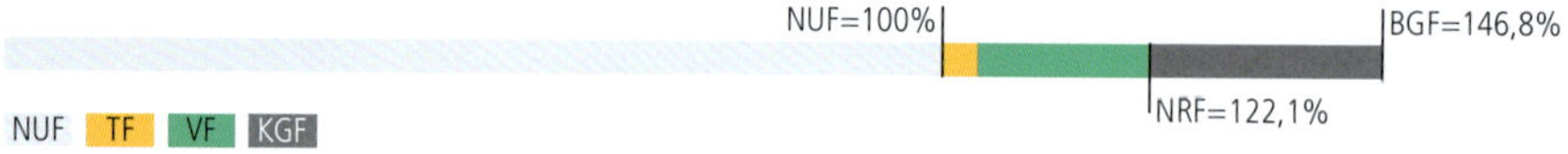

Brutto-Rauminhalt des Bauwerks		Menge Einheit	BRI/NUF (m)	BRI/BGF (m)
BRI	Brutto-Rauminhalt	7.250,07 m³	6,26	4,27

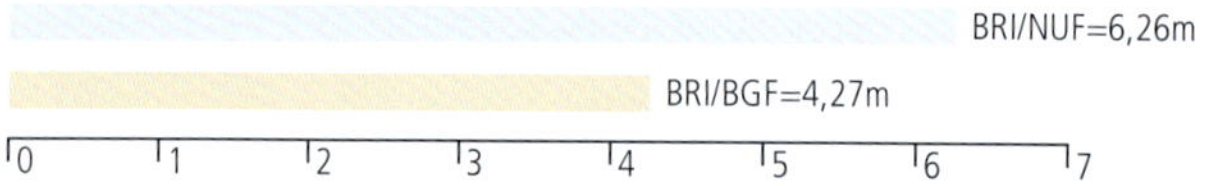

Kostenkennwerte für die Kostengruppen der 1. Ebene DIN 276

KG	Kostengruppen (1. Ebene)	Einheit	Kosten €	€/Einheit	€/m2 BGF	€/m3 BRI	% 300+400
100	Grundstück	m2 GF	–	–	–	–	–
200	Vorbereitende Maßnahmen	m2 GF	139.171	39,29	81,87	19,20	2,3
300	Bauwerk – Baukonstruktionen	m2 BGF	4.824.048	2.837,69	2.837,69	665,38	79,0
400	Bauwerk – Technische Anlagen	m2 BGF	1.285.544	756,21	756,21	177,31	21,0
	Bauwerk 300+400	**m2 BGF**	**6.109.592**	**3.593,90**	**3.593,90**	**842,69**	**100,0**
500	Außenanlagen und Freiflächen	m2 AF	378.601	184,55	222,71	52,22	6,2
600	Ausstattung und Kunstwerke	m2 BGF	403.054	237,09	237,09	55,59	6,6
700	Baunebenkosten	m2 BGF	–	–	–	–	–
800	Finanzierung	m2 BGF	–	–	–	–	–

KG	Kostengruppe	Menge Einheit	Kosten €	€/Einheit	%
200	**Vorbereitende Maßnahmen**	3.542,00 m2 GF	139.171	**39,29**	2,3
	Umlegung Trafostation, Straßenlaterne, Grundstückszufahrt				
3+4	**Bauwerk**				**100,0**
300	**Bauwerk – Baukonstruktionen**	1.699,99 m2 BGF	4.824.048	**2.837,69**	79,0
	Bodenarbeiten; Stb-Streifenfundamente, Stb-Bodenplatte, WU, flügelgeglättet, imprägniert, Zementestrich, Linoleum, Fliesen, Perimeterdämmung; Holz-Skelettbauweise mit massiven Holzstützen und Unterzügen, OSB-Bekleidung, nichttragende Holzrahmenelemente, Holz-Alufenster, Alu-Türelemente, Pfosten-Riegel-Konstruktion, hinterlüftete Holzfassade aus karbonisiertem Fichtenholz, Holzfaserdämmplatten, Zellulosedämmung; Brettsperrholz-Innenwände, Alutüren, Glas-Trennwand; Brettsperrholzdecken, Stb-Treppen, Flachstahlgeländer; Brettsperrholzdach, Lichtkuppeln, Bitumenabdichtung, Hartschaumdämmung, extensive Dachbegrünung, Dachentwässerung				
400	**Bauwerk – Technische Anlagen**	1.699,99 m2 BGF	1.285.544	**756,21**	21,0
	Gebäudeentwässerung, Rückstaubecken, Kalt- und Warmwasserleitungen, Sanitärobjekte; Luft-Wärmepumpe mit Spitzenlasten über Bestandskessel, Fußbodenheizung; Einzelraumlüfter in Sanitärbereichen; Elektroinstallation, Elektro-Durchlauferhitzer, LED-Beleuchtung; Brandmeldeanlage				
500	**Außenanlagen und Freiflächen**	2.051,51 m2 AF	378.601	**184,55**	6,2
	Bodenarbeiten; Pflasterarbeiten; Spielgeräte; Oberbodenarbeiten, Bepflanzung, Rasenansaat				
600	**Ausstattung und Kunstwerke**	1.699,99 m2 BGF	403.054	**237,09**	6,6
	Mobiliar für Werkstatt: Maschinen, Tische, Stühle, Werkbänke, Ausstattung Unterrichtsräume und Nebenflächen				

4300-0025 Berufsbildungszentrum für Menschen mit Behinderung

Objektübersicht

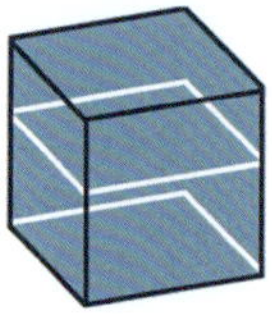

BRI 615 €/m³

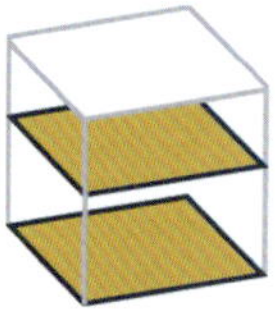

BGF 2.462 €/m²

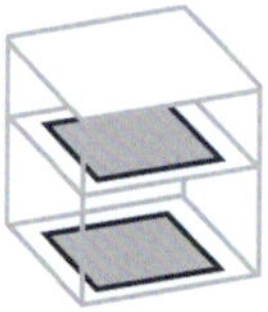

NUF 3.477 €/m²

Objekt:
Kennwerte: 1. Ebene DIN 276
BRI: 12.172 m³
BGF: 3.043 m²
NUF: 2.155 m²
Bauzeit: 87 Wochen
Bauende: 2022
Standard: Durchschnitt
Bundesland: Nordrhein-Westfalen
Kreis: Recklinghausen

Architekt*in:
Steinke + Zils
Architekten und Partner mbB
Karl-Breuing-Straße 2
45770 Marl

Bauherr*in:
Diakonisches Werk im Kirchenkreis Recklinghausen gGmbH
Elper Weg 89
45657 Recklinghausen

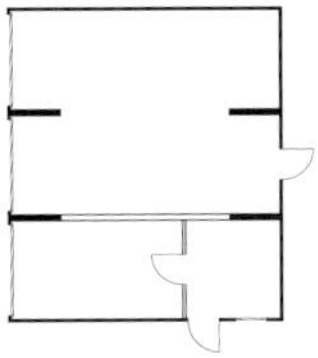

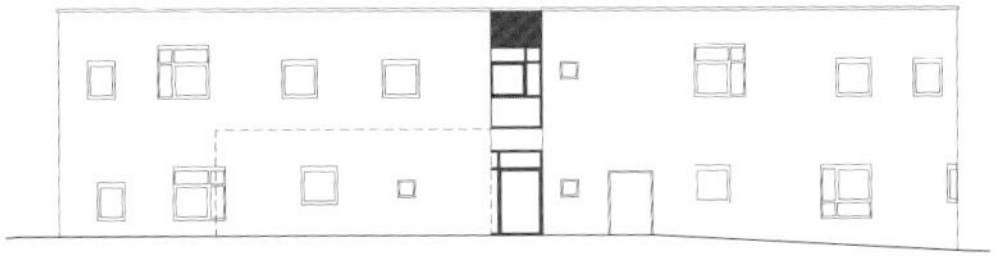

Ansicht West

Erdgeschoss

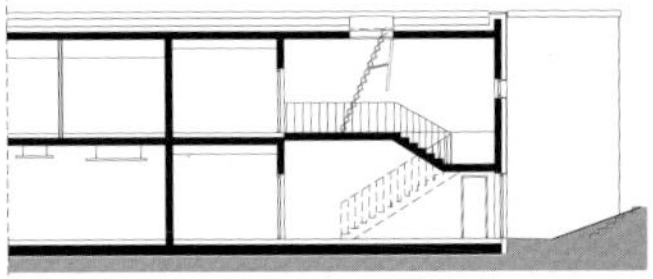

Schnitt B-B

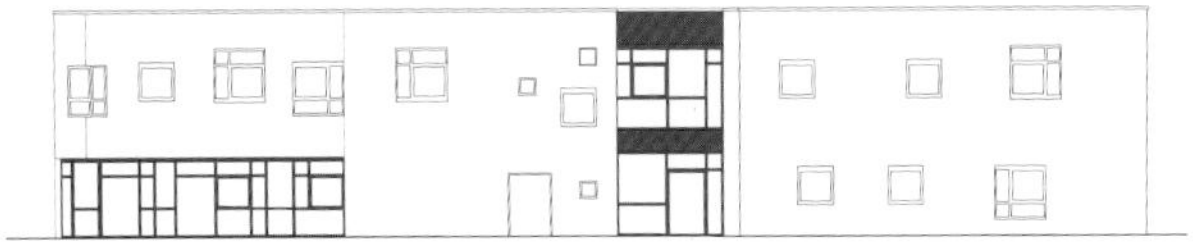

Ansicht Ost

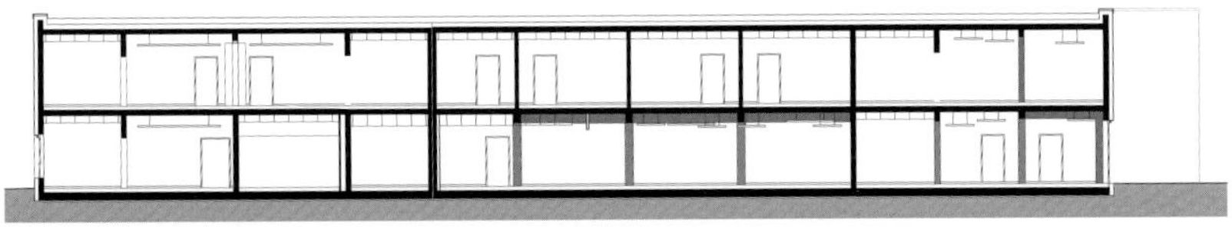

Schnitt A-A

Objektbeschreibung

Allgemeine Objektinformationen

Das zweigeschossige Berufsbildungszentrum für Menschen mit Behinderungen ist ein Gebäude für drei Hilfebedarfsgruppen, welche in dem Neubau ausgebildet werden. Es dient dabei zugleich als Arbeitsstätte für Mitarbeiter des Diakonischen Werks. Die Ausbildung findet überwiegend in Werkräumen, Gruppenräumen oder der Lehrküche statt. Den einzelnen Ausbildungsberufen sind Umkleiden und Nassbereiche zugeordnet. Als Rückzugsmöglichkeit stehen Orte der Ruhe zur Verfügung, welche die Nutzer im Bereich der Mehrzweckräume und Einbaumöbel in den Kommunikationsbereichen nutzen können.

Nutzung

1 Erdgeschoss
Mehrzweckräume, Werkräume, Gruppenraum, Kommunikationsräume, Mensa, Cafeteria, Küche, Empfang, Backoffice, Foyer, Windfänge, Treppenhaus, Pflegeraum, Umkleideräume, Sanitärräume, Lager- und Abstellräume, Technikraum

1 Obergeschoss
Mehrzweckräume, Werkräume, Gruppenräume, Kommunikationsräume, Büros, Pausenraum MA, Treppenhaus, Umkleideräume, Sanitärräume, Lager- und Abstellräume, Technikraum, BMZ

Grundstück

Bauraum: Freier Bauraum
Neigung: Ebenes Gelände
Bodenklasse: BK 1 bis BK 5

Markt

Hauptvergabezeit: 2. Quartal 2020
Baubeginn: 2. Quartal 2020
Bauende: 1. Quartal 2022
Konjunkturelle Gesamtlage: Durchschnitt
Regionaler Baumarkt: Durchschnitt

Besonderer Kosteneinfluss Markt
Materialpreissteigerungen aufgrund der Coronapandemie und Materialknappheit

Baukonstruktion

Der Neubau gründet auf einer 40cm starken Bodenplatte, die gedämmt und mit Kautschuk auf Estrich belegt ist. Das Tragwerk besteht aus KS-Mauerwerk und Stahlbeton-Filigrandecken. Die Fenster sind in Kunststoff oder Alu ausgeführt, Eingangselemente in Alu-Glas. Als Fassadenbekleidung wurden sowohl ein WDVS gewählt als auch Klinkerriemchen verwendet. Zip-Screen-Anlagen schützen vor zu viel Sonneneinstrahlung. Das Flachdach ist als Warmdach ausgebildet und extensiv begrünt.

Technische Anlagen

Das Gebäude wird über einen Fernwärmeanschluss mit Wärme versorgt, die über Plattenheizkörper in den Räumen verteilt wird. Eine kontrollierte Lüftungsanlage mit WRG sorgt für Frischluft. Es kamen eine Brandmeldeanlage und eine RWA-Anlage zur Ausführung. Ein Personen- und Lastenaufzug verbindet die Stockwerke barrierefrei.

Sonstiges

Die äußere Gestalt des Gebäudes besticht durch die helle Putzfassade mit grauer Akzentuierung durch die Klinkerfassade aus Riemchen. Dabei symbolisiert die Anordnung der verschiedenen Fenstergrößen die Diversität und Vielfalt der Menschen.

Energetische Kennwerte

Gesetzliche Grundlage: EnEV 2013
Gebäudenutzfläche: 2.632,00 m²
Spez. Jahresprimärenergiebedarf: 74,00 kWh/(m²·a)
Spez. Jahresendenergiebedarf: 64,00 kWh/(m²·a)

Planungskennwerte für Flächen und Rauminhalte nach DIN 277

Flächen des Grundstücks		Menge Einheit	% an GF
BF	Bebaute Fläche	1.614,50 m²	69,7
UF	Unbebaute Fläche	702,50 m²	30,3
GF	Grundstücksfläche	2.317,00 m²	100,0

Grundflächen des Bauwerks		Menge Einheit	% an NUF	% an BGF
NUF	Nutzungsfläche	2.154,82 m²	100,0	70,8
TF	Technikfläche	47,77 m²	2,2	1,6
VF	Verkehrsfläche	412,62 m²	19,1	13,6
NRF	Netto-Raumfläche	2.615,21 m²	121,4	85,9
KGF	Konstruktions-Grundfläche	427,79 m²	19,9	14,1
BGF	Brutto-Grundfläche	3.043,00 m²	141,2	100,0

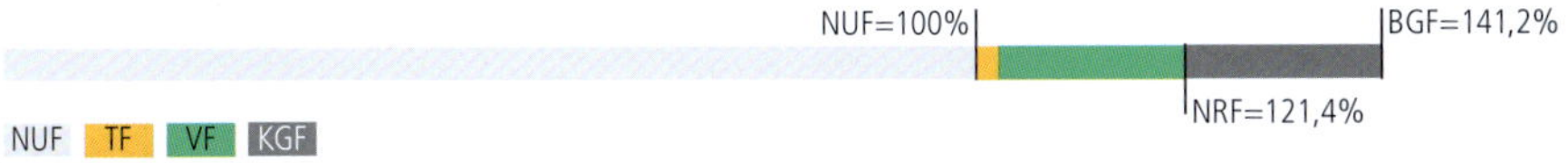

Brutto-Rauminhalt des Bauwerks		Menge Einheit	BRI/NUF (m)	BRI/BGF (m)
BRI	Brutto-Rauminhalt	12.172,00 m³	5,65	4,00

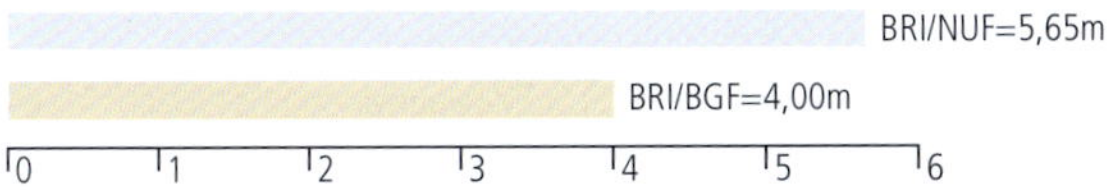

Kostenkennwerte für die Kostengruppen der 1. Ebene DIN 276

KG	Kostengruppen (1. Ebene)	Einheit	Kosten €	€/Einheit	€/m² BGF	€/m³ BRI	% 300+400
100	Grundstück	m² GF	–	–	–	–	–
200	Vorbereitende Maßnahmen	m² GF	23.887	10,31	7,85	1,96	0,3
300	Bauwerk – Baukonstruktionen	m² BGF	5.147.483	1.691,58	1.691,58	422,90	68,7
400	Bauwerk – Technische Anlagen	m² BGF	2.344.209	770,36	770,36	192,59	31,3
	Bauwerk 300+400	**m² BGF**	**7.491.692**	**2.461,94**	**2.461,94**	**615,49**	**100,0**
500	Außenanlagen und Freiflächen	m² AF	279.430	–	91,83	22,96	3,7
600	Ausstattung und Kunstwerke	m² BGF	–	–	–	–	–
700	Baunebenkosten	m² BGF	–	–	–	–	–
800	Finanzierung	m² BGF	–	–	–	–	–

KG	Kostengruppe	Menge Einheit	Kosten €	€/Einheit	%
200	**Vorbereitende Maßnahmen**	2.317,00 m² GF	23.887	**10,31**	0,3
	Hausanschlüsse Strom, Fernwärme, Frischwasser, Telefon				
3+4	**Bauwerk**				**100,0**
300	**Bauwerk – Baukonstruktionen**	3.043,00 m² BGF	5.147.483	**1.691,58**	68,7
	Baugrubenaushub; Stb-Fundamentplatte, Estrich, Kautschukboden, Bodenfliesen, Abdichtung, Dämmung; KS-Wände, Kunststofffenster, Aluminiumfenster, Alu-Glas-Eingangstüranlagen, WDVS-System, Klinkerriemchen, Innenputz, Beschichtung, Zip-Screen-Anlage; GK-Wände, Beschichtung, Wandfliesen, Trennwandsysteme, WC-Trennwände; Stb-Decke, Stb-Fertigteiltreppe mit Stahlgeländer, Akustikdecken, Abhangdecken, Beschichtung; Stb-Flachdach, Oberlichter, bituminöse Flachdachabdichtung, Gefälledämmung, extensive Dachbegrünung, außenliegende Dachentwässerung				
400	**Bauwerk – Technische Anlagen**	3.043,00 m² BGF	2.344.209	**770,36**	31,3
	Gebäudeentwässerung, Kalt- und Warmwasserleitungen, Sanitärobjekte; Fernwärmeanschluss, Plattenheizkörper; Lüftungsanlage mit WRG, Elektroinstallation, Allgemeinbeleuchtung, Sicherheitsbeleuchtung, Außenbeleuchtung, Fundamenterder/Blitzschutzanlage; Telekommunikationsanlage, Brandmeldeanlage, RWA-Anlage, Fernmelde- und informationstechnische Anlagen; Personen- und Lastenaufzug; Serverraum, Kühlzelle; Lehrküche				
500	**Außenanlagen und Freiflächen**	–	279.430	**–**	3,7
	Rohrgraben für Leitungsverlegung ELT von Neubau zu Bestandsgebäude; Pflasterarbeiten im Bereich Hauszuwegungen, Stellplätze und Terrassenfläche; Oberbodenarbeiten, Begrünung				

4300-0026
Förderschule
Erweiterungsbau
(2 Klassen)
(30 Schüler)

Objektübersicht

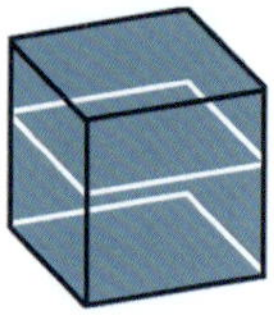
BRI 495 €/m³

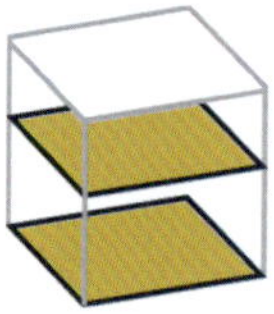
BGF 1.735 €/m²

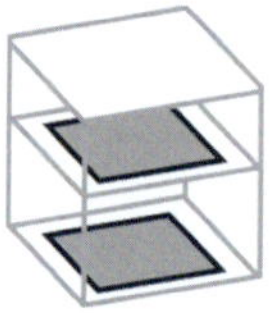
NUF 2.001 €/m²

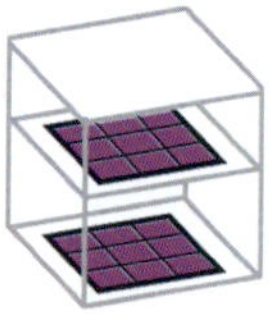
NE 18.453 €/NE
NE: Schüler

Objekt:
Kennwerte: 1. Ebene DIN 276
BRI: 1.119 m³
BGF: 319 m²
NUF: 277 m²
Bauzeit: 30 Wochen
Bauende: 2021
Standard: über Durchschnitt
Bundesland: Bayern
Kreis: Freising

Architekt*in:
hiendl_schineis architekten
projektleitung regina schineis
Lederergasse 2
94032 Passau

Bauherr*in:
Landkreis Freising
Landshuter Straße 31
85356 Freising

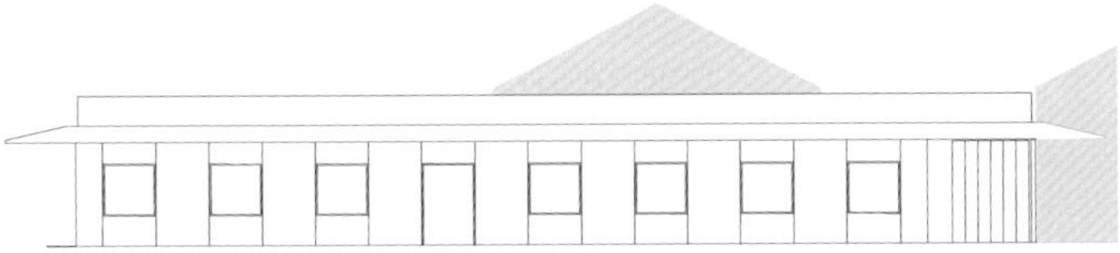

Ansicht Nord-Ost

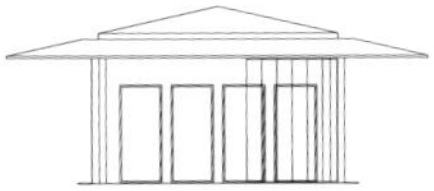

Ansicht Nord-West

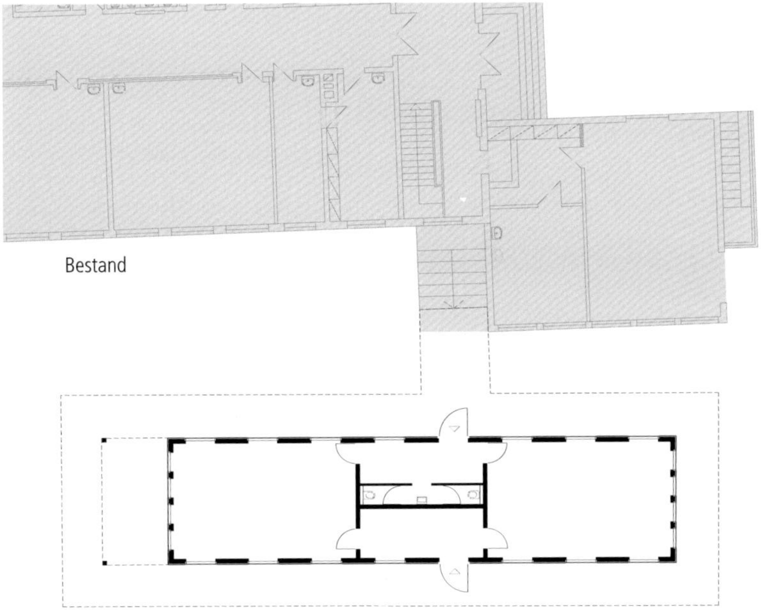

Bestand

Erdgeschoss

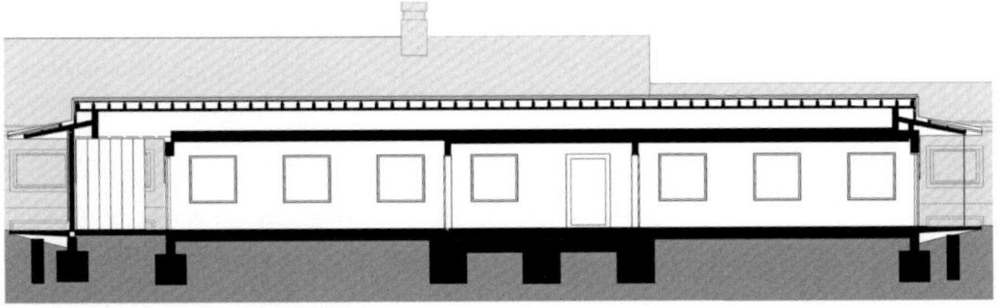

Schnitt A-A

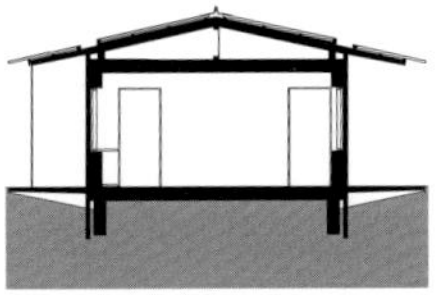

Schnitt B-B

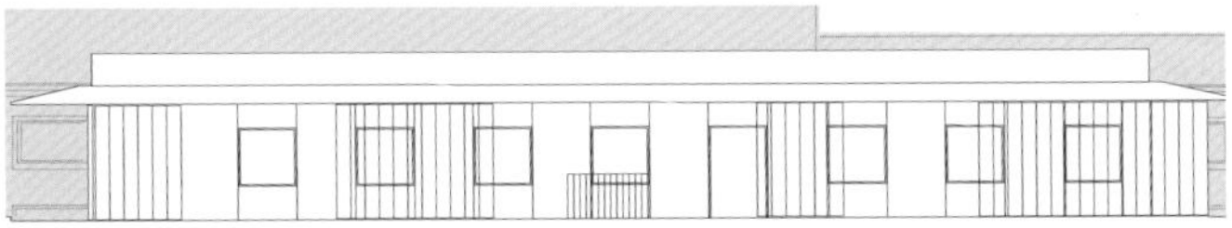

Ansicht Süd-West

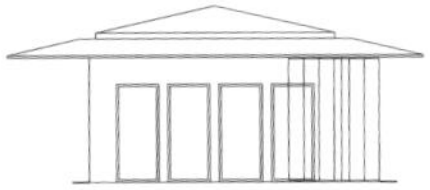

Ansicht Süd-Ost

Objektbeschreibung

Allgemeine Objektinformationen

Der Erweiterungsbau für das Sonderschulförderzentrum befindet sich frei eingestellt im Garten. Ein Schulpavillon, allseitig umgeben von einer umlaufenden Terrasse. Das weit auskragende Dach mit roter Welle schützt den hölzernen Umgang und gibt dem Garten einen Teil seiner Fläche mit neuer Qualität zurück. Kriterien der Nachhaltigkeit der gewählten Materialien, eine durchgängige Detailqualität, ein zurückhaltendes und helles Erscheinungsbild im Inneren sowie eine sich zurücknehmende Farbgebung der äußeren Hülle prägen den Pavillon.

Nutzung

1 Erdgeschoss
zwei Klassenräume, Garderobe, Sanitär, Technik, Flur

Nutzeinheiten

Klassen: 2
Schüler: 30

Grundstück

Bauraum: Beengter Bauraum
Neigung: Ebenes Gelände
Bodenklasse: BK 1 bis BK 3

Markt

Hauptvergabezeit: 2. Quartal 2020
Baubeginn: 3. Quartal 2020
Bauende: 1. Quartal 2021
Konjunkturelle Gesamtlage: Durchschnitt
Regionaler Baumarkt: Durchschnitt

Baukonstruktion

Der Neubau wurde mit vorgefertigten Holzelementen für Boden, Wände und Decken in neun Modulen vor Ort zusammengefügt. Punktfundamente tragen die Module. Ein Sparrendachtragwerk, eingedeckt mit Faserzementwellplatten, bietet Witterungsschutz. Die Fassadenplatten aus Dreischichtholz sind rot lasiert verkleidet, die Holz-Alu-Kippfenster und Terrassentüren bündig eingesetzt. Innen bleiben die tragenden Massivholzelemente unbehandelt und sichtbar. Der Boden ist mit einem Naturkautschukbelag, robust und farbgebend, belegt.

Technische Anlagen

Die Wärmeerzeugung des Pavillons erfolgt über eine Luft-Wasser-Wärmepumpe, wodurch das Gebäude unabhängig von fossilen Brennstoffen geheizt werden kann. Die Wärme wird mittels einer Fußbodenheizung in die Räume übertragen. Natürliche und an die Nutzerwünsche und das Nutzerverhalten angepasste Lüftungskonzepte durch Drehkippfenster und Fenstertüren zur Querlüftung sorgen für die gewünschte Raumluftqualität.

Sonstiges

Der nachwachsende Rohstoff Holz ist überall zu finden: Holzelementwände, Holzdecken, Holztüren, Holzmöbel, Holzfaserdämmung. Die Wände und Decken atmen diffusionsoffen. Das Gebäude ist durch Nullenergie und CO_2-Neutralität zukunftsweisend und ökonomisch. Trotz beengter räumlicher Verhältnisse ist ein eingeschossiger Pavillon mit hoher Qualität entstanden.

Energetische Kennwerte

Gesetzliche Grundlage: EnEV 2013
Gebäudenutzfläche: 122,00 m²
Spez. Jahresprimärenergiebedarf: 88,30 kWh/(m²·a)

Planungskennwerte für Flächen und Rauminhalte nach DIN 277

Flächen des Grundstücks		Menge Einheit	% an GF
BF	Bebaute Fläche	319,00 m²	14,2
UF	Unbebaute Fläche	1.920,00 m²	85,8
GF	Grundstücksfläche	2.239,00 m²	100,0

Grundflächen des Bauwerks		Menge Einheit	% an NUF	% an BGF
NUF	Nutzungsfläche	276,60 m²	100,0	86,7
TF	Technikfläche	1,00 m²	0,4	0,3
VF	Verkehrsfläche	10,83 m²	3,9	3,4
NRF	Netto-Raumfläche	288,43 m²	104,3	90,4
KGF	Konstruktions-Grundfläche	30,57 m²	11,1	9,6
BGF	Brutto-Grundfläche	319,00 m²	115,3	100,0

Brutto-Rauminhalt des Bauwerks		Menge Einheit	BRI/NUF (m)	BRI/BGF (m)
BRI	Brutto-Rauminhalt	1.119,17 m³	4,05	3,51

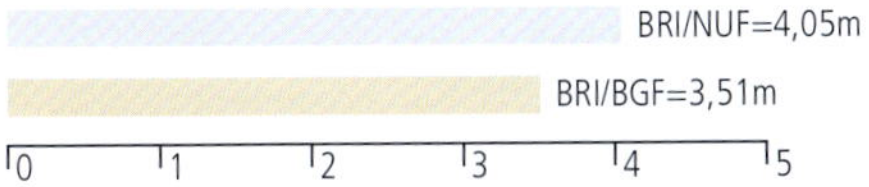

Kostenkennwerte für die Kostengruppen der 1. Ebene DIN 276

KG	Kostengruppen (1. Ebene)	Einheit	Kosten €	€/Einheit	€/m² BGF	€/m³ BRI	% 300+400
100	Grundstück	m² GF	–	–	–	–	–
200	Vorbereitende Maßnahmen	m² GF	17.366	7,76	54,44	15,52	3,1
300	Bauwerk – Baukonstruktionen	m² BGF	380.676	1.193,34	1.193,34	340,14	68,8
400	Bauwerk – Technische Anlagen	m² BGF	172.915	542,05	542,05	154,50	31,2
	Bauwerk 300+400	**m² BGF**	**553.591**	**1.735,40**	**1.735,40**	**494,64**	**100,0**
500	Außenanlagen und Freiflächen	m² AF	79.924	–	250,54	71,41	14,4
600	Ausstattung und Kunstwerke	m² BGF	26.323	82,52	82,52	23,52	4,8
700	Baunebenkosten	m² BGF	–	–	–	–	–
800	Finanzierung	m² BGF	–	–	–	–	–

KG	Kostengruppe	Menge Einheit	Kosten €	€/Einheit	%
200	**Vorbereitende Maßnahmen**	2.239,00 m² GF	17.366	**7,76**	3,1
	Anschlüsse für Abwasserentsorgung, Wasserversorgung, Stromversorgung				
3+4	**Bauwerk**				**100,0**
300	**Bauwerk – Baukonstruktionen**	319,00 m² BGF	380.676	**1.193,34**	68,8
	Baugrubenaushub; Stb-Einzelfundamente, Stb-Fundamenbalken, KVH-Bodenplatte, Holzfaserdämmung, OSB-Platte, Stahlkonstruktion für umlaufenden Terrassensteg, Kautschukbelag, Thermoesche, Schottertragschicht, PE-Folie, Sauberkeitsschicht; Brettsperrholzwände, Holzfaserdämmung, Dreischicht-Holzplatten, Oberfläche lasiert, Holzstützen, Holz-Alufenster, Dreifachverglasung, Haustürelement Holz; Brettsperrholzwände, Trockenbau, Holztüren mit Stahlzargen, Beschichtung wasserdicht in WCs; zimmermannsmäßiges Holzsparrendach, Dämmung, Wellplatten, abgehängte Akustikplatten, Dachentwässerung; Garderobenschränke, Regale Klassenzimmer, Schrank Nebenraum als Holzeinbauten, Vorhänge innen vor Fenstertüren mit Deckenschiene, Sonnenschutz-Außenvorhang mit Deckenschiene, Blendschutzverdunkelung innen				
400	**Bauwerk – Technische Anlagen**	319,00 m² BGF	172.915	**542,05**	31,2
	Gebäudeentwässerung, Kalt- und Warmwasserleitungen, Sanitärobjekte; Luft-Wasser-Wärmepumpe, Fußbodenheizung; Einzelraumlüfter; Elektroinstallation, Sicherheitsbeleuchtung, Blitzschutz; Gegensprechanlage				
500	**Außenanlagen und Freiflächen**	–	79.924	**–**	14,4
	Grasnarbe abtragen und entsorgen, Oberboden abtragen und zwischenlagern; Asphaltbelag ausbauen, zerkleinern und entsorgen; Brücke; Abwasseranlagen, Wasseranlagen, Wärmeversorgungsanlagen, Demontage Heiztank; Oberboden andecken, fräsen, feinplanieren, Extensivbepflanzung mit Sträuchern, Heister, Rindenmulch, Rasenansaat				
600	**Ausstattung und Kunstwerke**	319,00 m² BGF	26.323	**82,52**	4,8
	Lehrerpulte, Lehrerstühle, Schülertische, Stühle, Whiteboard-Tafeln, Tischkameras, PCs, Beamer				

4400-0334
Kindertagesstätte
(8 Gruppen)
(150 Kinder)

Objektübersicht

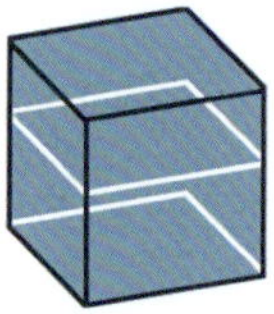

BRI 482 €/m³

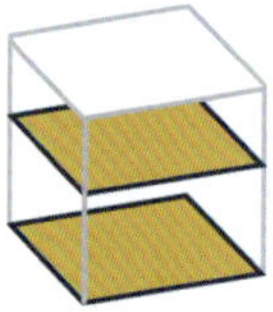

BGF 2.090 €/m²

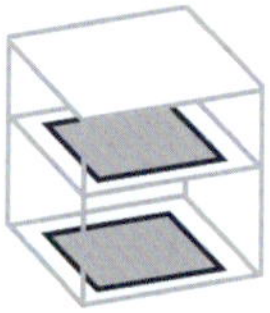

NUF 3.150 €/m²

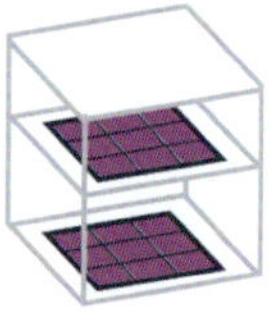

NE 22.975 €/NE

NE: Kinder

Objekt:
Kennwerte: 3. Ebene DIN 276
BRI: 7.157 m³
BGF: 1.649 m²
NUF: 1.094 m²
Bauzeit: 70 Wochen
Bauende: 2018
Standard: Durchschnitt
Bundesland: Rheinland-Pfalz
Kreis: Bernkastel-Wittlich

Architekt*in:
Dipl.-Ing. (FH)
Christian Gerhardy
Stadtverwaltung Wittlich
Schloßstraße 11
54516 Wittlich

Bauherr*in:
Stiftung Stadt Wittlich
Schloßstraße 11
54516 Wittlich

© Lukas Huneke Photography

© Lukas Huneke Photography

© Lukas Huneke Photography

© Lukas Huneke Photography

© Lukas Huneke Photography

© Lukas Huneke Photography

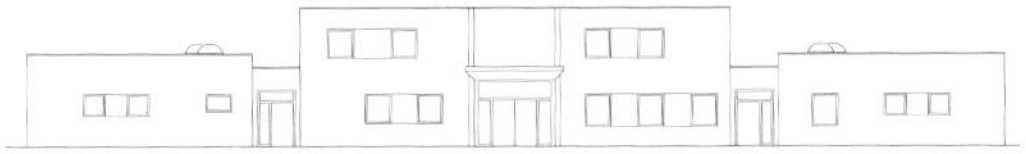

Ansicht Nord

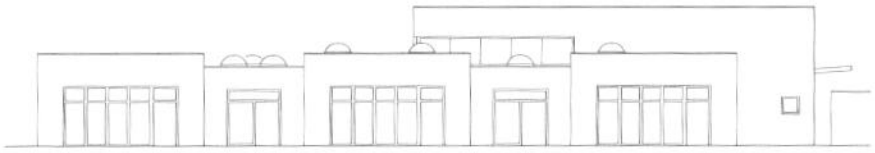

Ansicht Ost

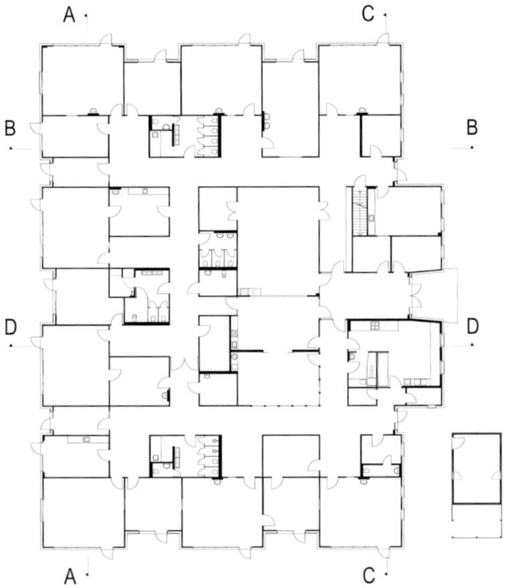

Erdgeschoss

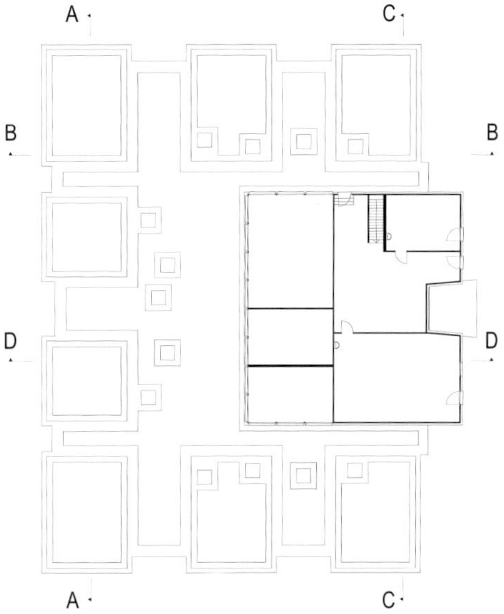

Obergeschoss

Schnitt A-A

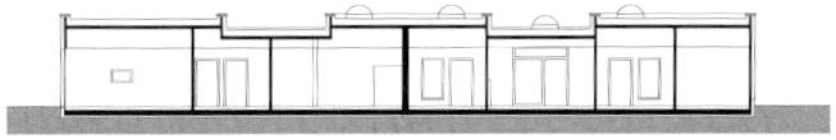

Schnitt B-B

Schnitt C-C

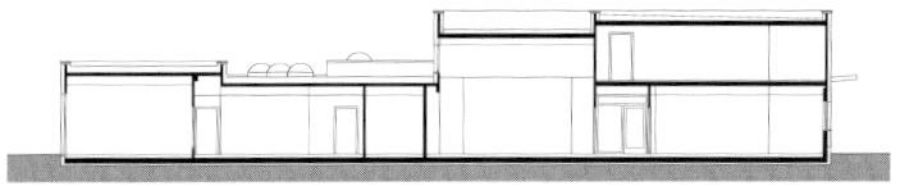

Schnitt D-D

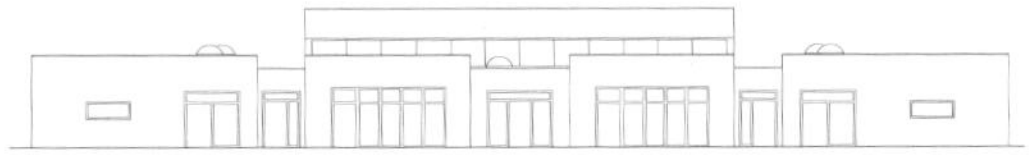

Ansicht Süd

Ansicht West

Objektbeschreibung

Allgemeine Objektinformationen

Der Neubau der achtgruppigen Kindertagesstätte, davon zwei integrative Gruppen, bietet Platz für 150 Kinder. Die räumliche Struktur der Kita beruht auf einem zweigeschossigen Kern, der sich aus einem großen Mehrzweckraum und zwei Mensen nebst Empfangsbereich und Büros mit Sozialräumen zusammensetzt. Dazu kommen drei Spielflure, zwei Schlafbereiche, die Verwaltungsbüros, ein Therapieraum sowie eine moderne Großküche. Um dieses Zentrum gruppieren sich acht über Wege und Plätze miteinander verbundene eingeschossige Einheiten, die den jeweiligen Kitagruppen zur Verfügung stehen. Deren Farbgebung an den Fenstern und Zugangstüren dient den Kindern zur Orientierung. Von dort aus gelangen sie direkt auf das frei bespielbare Außengelände.

Nutzung

1 Erdgeschoss
Gruppenräume, Nebenräume, Schlafräume, Garderoben, Spielflure, Therapieraum, Mehrzweckraum, Geräteraum, Mensen, Großküche, Sanitärräume, Personalräume, Umkleide, Hausanschlussraum, Abstellraum

1 Obergeschoss
Technikraum, Abstellraum, HWR/Wäschelager

Nutzeinheiten

Gruppen: 8
Kinder: 150

Grundstück

Bauraum: Freier Bauraum
Neigung: Ebenes Gelände
Bodenklasse: BK 3 bis BK 4

Markt

Hauptvergabezeit: 1. Quartal 2017
Baubeginn: 1. Quartal 2017
Bauende: 3. Quartal 2018
Konjunkturelle Gesamtlage: Durchschnitt
Regionaler Baumarkt: Durchschnitt

Baukonstruktion

Das Gebäude wurde auf einem ehemaligen Sportplatz errichtet, dessen Oberbau als Tragschicht wiederverwertet werden konnte. Auf der Bodenplatte aus Stahlbeton wurde eine mineralische Dämmung eingebaut. Den Sockelbereich bilden Schaumglasplatten. Sämtliche Wände und Decken des Neubaus wurden aus Massivholzelementen hergestellt. Die Außenwände sind mit einer Dämmung aus Holzweichfaser ummantelt. An den Gebäuderücksprüngen wurde zusätzlich eine Rhombusschalung aus Lärchenholz angebracht. Ebenfalls aus Lärche wurden die Holz-Alufenster mit Dreifachverglasung angefertigt. Das Flachdach erhielt eine extensive Dachbegrünung. Das Holz der Innenwände wurde größtenteils sichtbar belassen. Alle Bodenbeläge bestehen aus Kautschuk.

Technische Anlagen

Zur Beheizung dient eine Sole-Wasserwärmepumpe, die aus acht Erdsonden gespeist wird. Die Wärmeverteilung erfolgt über eine geregelte Fußbodenheizung. Die Kühlung wird im Sommer über die passive Nutzung der Sondenbohrungen über die Flächenheizung und die Nachtauskühlung über die Lüftungsanlage erreicht. Eine Photovoltaikanlage auf dem Dach deckt den Eigenverbrauch an Strom. Das Raumklima wird über eine Be- und Entlüftungsanlage mit Wärmerückgewinnung gesteuert. In der Küche wurde eine separate Lüftungsanlage mit Wärmerückgewinnung installiert. Im gesamten Gebäude sind die Beleuchtungselemente mit stromsparenden LEDs ausgestattet.

Sonstiges

Die drei Nebengebäude für Außenspielgeräte und Kinderwagen sind in der Dokumentation enthalten. Die Außenanlage ist unter der BKI-Objektnummer 4400-0390 dokumentiert.

Energetische Kennwerte

Gesetzliche Grundlage: EnEV 2013
Gebäudenutzfläche: 1.232,00 m^2
Gebäudevolumen: 3.850,00 m^3
Hüllfläche des beheizten Volumens: 3.699,92 m^2
Mittlerer U-Wert (opake Bauteile): 0,14 W/(m^2·K)
Mittlerer U-Wert (transparente Bauteile): 1,00 W/(m^2·K)
Jahresprimärenergie: 173.438,00 kWh/a
Spez. Jahresprimärenergiebedarf: 157,67 kWh/(m^2·a)
Jahresendenergiebedarf: 96.355,00 kWh/a
Spez. Jahresendenergiebedarf: 87,60 kWh/(m^2·a)

Energetische Angaben zu Außenbauteilen

Bodenplatte

U-Wert: 0,18 W/(m²·K)

Gesamtdicke: 70,40 cm	d [cm]	l [W/(m·K)]
Linoleum	0,40	0,170
Estrich	6,50	1,400
Dämmung	2,00	0,035
Dämmung	6,00	0,040
Bitumenbahn	0,50	0,170
Stahlbeton	25,00	2,300
Dämmung	10,00	0,037
Kies	20,00	0,700

Außenwand Holz

U-Wert: 0,21 W/(m²·K)

Gesamtdicke: 28,10 cm	d [cm]	l [W/(m·K)]
Holz	10,60	0,130
Holzfaserplatte	16,00	0,042
Außenputz	1,50	1,000

Außenwand hinterlüftet

U-Wert: 0,20 W/(m²·K)

Gesamtdicke: 26,60 cm	d [cm]	l [W/(m·K)]
Holz	10,60	0,130
Holzfaserplatte	16,00	0,042

Dach

U-Wert: 0,15 W/(m²·K)

Gesamtdicke: 33,50 cm	d [cm]	l [W/(m·K)]
Holz	12,70	0,130
Kunststoffbahn	0,40	0,200
Dämmung	20,00	0,035
Kunststoffbahn	0,40	0,200

Dach Mensa

U-Wert: 0,13 W/(m²·K)

Gesamtdicke: 42,80 cm	d [cm]	l [W/(m·K)]
Holz	22,00	0,130
Kunststoffbahn	0,40	0,200
Dämmung	20,00	0,035
Kunststoffbahn	0,40	0,200

Planungskennwerte für Flächen und Rauminhalte nach DIN 277

Flächen des Grundstücks		Menge Einheit	% an GF
BF	Bebaute Fläche	1.490,91 m²	22,1
UF	Unbebaute Fläche	5.259,09 m²	77,9
GF	Grundstücksfläche	6.750,00 m²	100,0

Grundflächen des Bauwerks		Menge Einheit	% an NUF	% an BGF
NUF	Nutzungsfläche	1.094,08 m²	100,0	66,4
TF	Technikfläche	82,96 m²	7,6	5,0
VF	Verkehrsfläche	342,12 m²	31,3	20,7
NRF	Netto-Raumfläche	1.519,16 m²	138,9	92,1
KGF	Konstruktions-Grundfläche	129,70 m²	11,9	7,9
BGF	Brutto-Grundfläche	1.648,86 m²	150,7	100,0

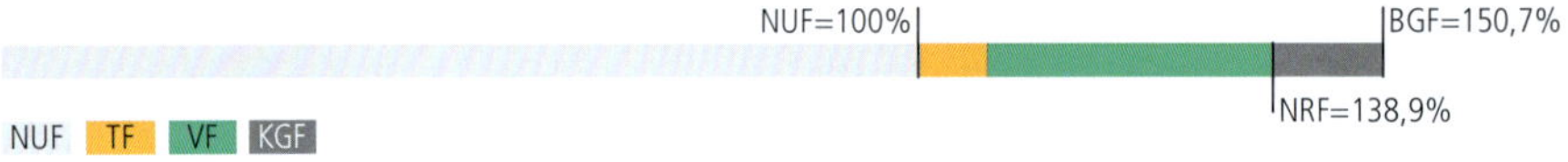

Brutto-Rauminhalt des Bauwerks		Menge Einheit	BRI/NUF (m)	BRI/BGF (m)
BRI	Brutto-Rauminhalt	7.157,23 m³	6,54	4,34

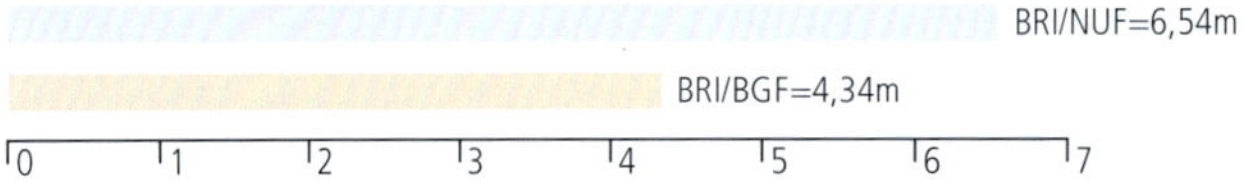

Lufttechnisch behandelte Flächen	Menge Einheit	% an NUF	% an BGF
Entlüftete Fläche	–	–	–
Be- und entlüftete Fläche	–	–	–
Teilklimatisierte Fläche	–	–	–
Klimatisierte Fläche	–	–	–

KG	Kostengruppen (2. Ebene)	Menge Einheit	Menge/NUF	Menge/BGF
310	Baugrube / Erdbau	1.379,02 m³ BGI	1,26	0,84
320	Gründung, Unterbau	1.403,26 m² GRF	1,28	0,85
330	Außenwände/Vertikale Baukonstruktionen, außen	1.167,65 m² AWF	1,07	0,71
340	Innenwände/Vertikale Baukonstruktionen, innen	1.857,77 m² IWF	1,70	1,13
350	Decken/Horizontale Baukonstruktionen	196,22 m² DEF	0,18	0,12
360	Dächer	1.545,42 m² DAF	1,41	0,94

Kostenkennwerte für die Kostengruppen der 1. Ebene DIN 276

KG	Kostengruppen (1. Ebene)	Einheit	Kosten €	€/Einheit	€/m² BGF	€/m³ BRI	% 300+400
100	Grundstück	m² GF	–	–	–	–	–
200	Vorbereitende Maßnahmen	m² GF	10.310	1,53	6,25	1,44	0,3
300	Bauwerk – Baukonstruktionen	m² BGF	2.532.220	1.535,74	1.535,74	353,80	73,5
400	Bauwerk – Technische Anlagen	m² BGF	914.050	554,35	554,35	127,71	26,5
	Bauwerk 300+400	**m² BGF**	**3.446.270**	**2.090,09**	**2.090,09**	**481,51**	**100,0**
500	Außenanlagen und Freiflächen	m² AF	183.643	34,85	111,38	25,66	5,3
600	Ausstattung und Kunstwerke	m² BGF	363.289	220,33	220,33	50,76	10,5
700	Baunebenkosten	m² BGF	–	–	–	–	–
800	Finanzierung	m² BGF	–	–	–	–	–

KG	Kostengruppe	Menge Einheit	Kosten €	€/Einheit	%
200	**Vorbereitende Maßnahmen**	6.750,00 m² GF	10.310	**1,53**	0,3

Baugelände abräumen, Sportplatzoberbau abtragen, lagern, Abbruch von Rasenbordsteinen, Einzelfundamenten; Entsorgung, Deponiegebühren; Trinkwasseranschluss, Stromanschluss

KG	Kostengruppe	Menge Einheit	Kosten €	€/Einheit	%
3+4	**Bauwerk**				**100,0**
300	**Bauwerk – Baukonstruktionen**	1.648,86 m² BGF	2.532.220	**1.535,74**	73,5

Stb-Bodenplatte, Dämmung, Heizestrich, Kautschukbelag, Perimeterdämmung, Dränage; Brettsperrholzwände, Holz-Alu-Fenster-/Türelemente, WDVS, Holzfaserdämmung, Holzbekleidung, Wandfliesen, Raffstores; Brettsperrholzinnenwände, GK-Wände, Holz-Glaselemente, Holz-Glastüren, Holztüren, Innenfenster, Vlies, Beschichtung, mobile Trennwand, WC-Trennwände; Brettsperrholzdecke, Brettsperrholztreppe, Estrich, Bodenbeschichtung; Brettsperrholz-Flachdächer, Lichtkuppeln, Dämmung, Dachbegrünung, Dachentwässerung, Akustikdecken, Sonnenschutz, Seilsicherungssystem

KG	Kostengruppe	Menge Einheit	Kosten €	€/Einheit	%
400	**Bauwerk – Technische Anlagen**	1.648,86 m² BGF	914.050	**554,35**	26,5

Gebäudeentwässerung, Kaltwasserleitungen, Sanitärobjekte, Durchlauferhitzer; Sole/Wasser-Wärmepumpe, Heizungsrohre, Fußbodenheizung zum Heizen und Kühlen, Heizkörper; Zu-/Abluftgeräte mit WRG; Photovoltaikanlage, Elektroinstallation, Beleuchtung, Erdung; Telefone, Ruf-Kompaktset, Antennenanschlussdosen, Branderkennungsanlage, Datenübertragungsnetz; küchentechnische Einrichtungen; Gebäudeautomation

KG	Kostengruppe	Menge Einheit	Kosten €	€/Einheit	%
500	**Außenanlagen und Freiflächen**	5.269,91 m² AF	183.643	**34,85**	5,3

Stb-Bodenplatten; drei Nebengebäude: Brettsperrholzwände, Holzbekleidungen, Brettsperrholzdächer, Dachabdichtung, Fenster, Türen; Entwässerung, Fettabscheider, Erdsondenanlage

KG	Kostengruppe	Menge Einheit	Kosten €	€/Einheit	%
600	**Ausstattung und Kunstwerke**	1.648,86 m² BGF	363.289	**220,33**	10,5

Einrichtung, Möblierung, Sanitärausstattung; Skulptur; Fluchtwegbeschilderung

Kostenkennwerte für die Kostengruppen der 2. Ebene DIN 276

KG	Kostengruppe	Menge Einheit	Kosten €	€/Einheit	%
200	**Vorbereitende Maßnahmen**				**100,0**
210	**Herrichten**	6.750,00 m² GF	4.645	**0,69**	45,1
	Baugelände abräumen (3.663m²), Sportplatzoberbau lagern, mit Folie abdecken (219m³), Abbruch von Rasenbordsteinen (41m), Einzelfundamenten (2St); Entsorgung, Deponiegebühren				
220	**Öffentliche Erschließung**	6.750,00 m² GF	5.665	**0,84**	54,9
	Trinkwasseranschluss: PE-Rohre (38m), Wasserzählerhalterung (1St) * Stromanschluss (1St)				
300	**Bauwerk – Baukonstruktionen**				**100,0**
310	**Baugrube / Erdbau**	1.379,02 m³ BGI	33.448	**24,25**	1,3
	Baugrubenaushub lagern, mit Folie abdecken, Planum (1.215m³), laden, entsorgen (725m³), Rohrgrabenaushub, lagern, verfüllen (405m³)				
320	**Gründung, Unterbau**	1.403,26 m² GRF	470.065	**334,98**	18,6
	Stb-Bodenplatte (1.403m²) * Dichtungsschlämme (794m²), Dampfsperre (135m²), Steinwolldämmung (1.326m²), PUR-Dämmung (29m²), TSD (969m²), Zementheizestrich (1.327m²), Kautschukbelag (1.338m²) * Filtervlies (1.745m²), Filterschicht, lagernd (2.188m²), Lava, bauseits (698t), Folie (1.403m²), Lavasand (1.426m²), XPS-Wärmedämmung (1.403m²), vertikal: Bitumenbahn, Dämmung, Abdichtung, Putz, Beschichtung (46m²) * PVC-Dränrohre (166m), Dränkontrollschächte (4St)				
330	**Außenwände/Vert. Baukonstrukt., außen**	1.167,65 m² AWF	705.306	**604,04**	27,9
	Brettsperrholzwände, d=10cm (868m²) * BSH-Attika (25m²) * Stahlstützen (21m) * Holz-Alu-Fenster-/Türelemente (273m²) * Bitumenbahnen (52m²), Dämmung (102m²), Bitumenbeschichtung (98m²), Sockelputz (46m²), Holzfaserdämmung (802m²), Putz (847m²), Beschichtung (908m²), Holzbekleidung (69m²), Attikabekleidung vertikal: XPS-Wärmedämmung, beidseitig, Bitumenbahnen (347m²) * Wandfliesen (16m²), Vlies, Beschichtung (8m²), Holzbekleidungen (9m²) * Raffstores (182m²) * Briefkasten (1St)				
340	**Innenwände/Vert. Baukonstrukt., innen**	1.857,77 m² IWF	483.194	**260,09**	19,1
	Brettsperrholzwände, d=10cm (64m²), beidseitige Sichtoberfläche (1.275m²), Bitumenbahnen (377m) * GK-Wände (276m²) * Holz-Glaselemente (49m²), Holz-Glastüren (7m²), Schiebetüranlage (6m²), Holztüren (86m²), Innenfenster (31m²) * Wandfliesen (456m²), Vlies, Beschichtung (536m²), Holzlasur (70m²), Akustik-Wandabsorber (22St) * mobile Trennwand (18m²), WC-Trennwände (45m²) * Handlauf (5m)				
350	**Decken/Horizontale Baukonstruktionen**	196,22 m² DEF	49.625	**252,91**	2,0
	Brettsperrholzdecken, d=14cm (190m²), Unterzüge, HEB100-180 (3St), Brettsperrholztreppe (5m²), Leimholztreppe (1m²) * TSD, Zementestrich (181m²), Acrylat-Bodenbeschichtung (151m²), Kautschukbelag auf Treppen (5m²), Alu-Treppenwinkel (16St) * Akustikdecken, Gips-Kassetten (120m²), mit Hygieneplatten, Mineralplatten, folienkaschiert (46m²)				

KG	Kostengruppe	Menge Einheit	Kosten €	€/Einheit	%
360	**Dächer**	1.545,42 m2 DAF	640.435	**414,41**	25,3
	Brettsperrholz-Flachdächer, d=12-22cm (1.526m2), Unter-/Überzüge: HEA, BSH (8St) * Lichtkuppeln (18m2) * Bitumenbahnen (1.636m2), Dämmung, Gefälledämmung (1.347m2), Kunststoffdachbahnen (1.364m2), Dachbegrünung (769m2), Kiesstreifen (300m2), Alu-Attikaabdeckungen (352m), Attikaabläufe (19St), Regenfallrohre (74m), Dachrinnen (16m) * Akustikdecken (1.142m2), Beschichtung (149m2), an Vordach: WDVS, Dämmung (27m2) * Plissee-Solar-Verschattung (4m2) * Seilsicherungssystem (80m)				
380	**Baukonstruktive Einbauten**	1.648,86 m2 BGF	5.358	**3,25**	0,2
	Podeste für Teeküche (2St), Schranksockel (1St), Distanzrahmen (1St), Arbeitsplatten (4St), Dekorplatten mit Beckenausfräsung (2St)				
390	**Sonst. Maßnahmen für Baukonstrukt.**	1.648,86 m2 BGF	144.789	**87,81**	5,7
	Baustelleneinrichtungen (5St), Bauzaun (305m), Baustellen-WC (57Wo), Bauschild (1St), Baustromverteiler (2St), Baustellenbeleuchtung (psch) * Fassadengerüst (1.208m2), Rollgerüste (3St) * Bauschuttentsorgung (psch) * Folien-/Vliesabdeckungen (2.108m2), Fenster-/Türelemente abkleben (426m2), Bauendreinigung, innen (psch), Flachdachflächen trockenlegen (86h) * Schließanlage				
400	**Bauwerk – Technische Anlagen**				**100,0**
410	**Abwasser-, Wasser-, Gasanlagen**	1.648,86 m2 BGF	137.953	**83,67**	15,1
	KG-Rohre (253m), PP-Rohre (333m), Bodenabläufe (10St), Flachdachabläufe (3St) * PE-Xa-Rohre (598m), Druckminderer-Filter-Kombi (1St), Kaltwasserverteiler (1St), Waschtische (17St), Handwaschbecken (1St), Ausgussbecken (2St), Spiel-Waschlandschaften (3St), Einbaubecken, Babywanne (3St), Tiefspül-WCs (20St), Spülautomatik (8St), Stützklappgriffe (4St), Rückenstützen (2St), Einbauspülen (4St), Durchlauferhitzer (24St) * Montageelemente (35St)				
420	**Wärmeversorgungsanlagen**	1.648,86 m2 BGF	155.411	**94,25**	17,0
	Sole/Wasser-Wärmepumpe 50kW (1St), Solepaket (1St), Pufferspeicher (1St), Tauchheizkörper (1St), Heizwasserverteiler (1St), Wärmetauscher (1St), Raumklimastation (1St), Heizungsverteiler (1St), Ausdehnungsgefäß (1St) * Kupferrohre (371m), Umwälzpumpen (6St) * Fußbodenheizung, PE-Xa-Rohre (8.771m), Trägerplatten (1.312m2), Heizkreisverteiler, Heiz-/Kühlkreise (6St), Heizkörper (4St)				
430	**Raumlufttechnische Anlagen**	1.648,86 m2 BGF	210.149	**127,45**	23,0
	Zu-/Abluftgeräte 2.500m3/h, WRG, Regelung, Wärmetauscher (2St), Luftkanäle (365m2), Rundrohre (398m), Alu-Flexrohre (466m), Schalldämpfer (63St), Volumenstromkonstanthalter (39St), Volumenstromregler (3St), Brandschutzklappen (10St), Luftdurchlässe (143St)				
440	**Elektrische Anlagen**	1.648,86 m2 BGF	221.511	**134,34**	24,2
	Solarmodule 245Wp (36St), Wechselrichter (1St), Solar-Gateway (1St) * Zählerschrank (1St), Verteiler (6St), Brandschutzschalter (16St), DALI-Steuerungen (3St), Mantelleitungen (10.861m), Ölflexleitungen (795m), Schalter, Taster (73St), Steckdosen (275St), Herdanschlussdosen (11St), Präsenz-/Bewegungsmelder (32St) * Einlegeleuchten (111St), Einbauleuchten (47St), Deckenleuchten (87St) * Ringerder (521m), Funktionspotenzialausgleichsleiter (298m)				

KG	Kostengruppe	Menge Einheit	Kosten €	€/Einheit	%
450	**Kommunikationstechnische Anlagen**	1.648,86 m^2 BGF	28.658	**17,38**	3,1
	Kabellose DECT-Telefone (5St) * Ruf-Kompaktset (1St), Hupen (7St), Klingeltransformatoren (3St), Klingelleitungen (87m) * Koaxialkabel (229m), Antennenanschlussdosen (2St) * Funk-Branderkennungsanlage (1St), Funk-Melder (46St) * Netzwerkschrank (1St), Verteiler 19" (3St), Panel (1St), Router (1St), Datenkabel (1.540m), Datenanschlussdosen (69St), Steuerleitungen (799m), Switch (1St)				
470	**Nutzungsspez. u. verfahrenstechn. Anl.**	1.648,86 m^2 BGF	131.643	**79,84**	14,4
	Kühlschränke (3St), Tiefkühlschränke (2St), Kombidämpfer (1St), Dampfkondensationshaube (1St), Elektro-Kippbratpfanne (1St), Kochfeld (1St), Arbeitstische (3St), Arbeitsschränke (4St), Schubladenblöcke (2St), Spültisch (1St), Handwasch-/Ausgusskombination (1St), Haubenspülmaschine (1St), Abluft-WRG (1St), Ablauftisch (1St), Wandhaube (1St), Handwaschbecken (1St), Hängeschrank (1St), Regale (3St) * Feuerlöscher (10St)				
480	**Gebäude- und Anlagenautomation**	1.648,86 m^2 BGF	20.237	**12,27**	2,2
	KNX-Anlage, Projektierung (psch), KNX-Spannungsversorgung (2St), Koppler (1St), USB-Schnittstellen (2St), Wetterstation (1St), Binäreingänge, vierfach (1St), KNX-Tastermodule, ein- bis vierfach (23St), KNX-Präsenzmelder (12St), Jalousie-/Schaltaktoren (5St), Schaltaktoren mit Handbetätigung (3St) * Busleitungen (403m)				
490	**Sonst. Maßnahmen für techn. Anlagen**	1.648,86 m^2 BGF	8.488	**5,15**	0,9
	Gerüst (psch) * Miete für mobiles Heizgerät, Stellmotor (4Wo), Heizöl (psch)				
500	**Außenanlagen und Freiflächen**				**100,0**
510	**Erdbau**	251,32 m^3 EBR	10.076	**40,09**	5,5
	Baugrubenaushub, lagern, mit Folie abdecken (57m^3), laden, entsorgen (35m^3), Schachtaushub, lagern, verfüllen (38m^3), Rohrgrabenaushub, lagern, verfüllen (156m^3) * Rohrgrabenverbau (46m)				
520	**Gründung, Unterbau**	5.269,91 m^2 AF	6.007	**1,14**	3,3
	Drei Nebengebäude: Stb-Bodenplatten (53m^2) * Filterschicht aus Sportplatzoberbau, lagernd (23m^3), vertikal: Bitumenschweißbahnen (13m^2)				
540	**Baukonstruktionen**	5.269,91 m^2 AF	52.925	**10,04**	28,8
	Drei Nebengebäude: Brettsperrholzwände (120m^2), Brettsperrholzdächer, Kunststoffdachbahnen (62m^2), Wandbekleidungen Spielgerätehäuser: Boden-Deckelschalung (66m^2), Sockel, Faserzementplatten, lasiert (30m), Wandbekleidungen Kinderwagenabstellhaus: Rhombusleisten (45m^2), Sockeldämmung, Putz, Beschichtung (8m^2), Holz-Alu-Fenstertüren (7m^2), Kunststofffenster (1m^2)				
550	**Technische Anlagen**	5.269,91 m^2 AF	112.831	**21,41**	61,4
	PP-Rohre (224m), Kontrollschächte (3St), Übergabeschacht (1St), PE-Fettabscheider (1St), Probeentnahmeschacht (1St) * Erdsondenanlage 40kW, acht Bohrungen, t=100,00m, Doppel-U-Sonden, PE Druckrohre (794m), Frostschutzmittel (700l), Soleverteiler, PE-Schacht, Sondenanschlüsse (1St), PE-Erdsondenleitung, Anbindung Gebäude (42m), Pressringverschlüsse (2St), Anschlussgräben (94m)				
590	**Sonst. Maßnahmen für Außenanlagen u. Freiflächen**	5.269,91 m^2 AF	1.804	**0,34**	1,0
	Baustelleneinrichtung (psch) * Gerüste (2St) * Witterungsschutz der Dachflächen, Vordeckbahnen verklebt, temporär (38m^2)				

KG	Kostengruppe	Menge Einheit	Kosten €	€/Einheit	%
600	**Ausstattung und Kunstwerke**				**100,0**
610	**Allgemeine Ausstattung**	1.648,86 m² BGF	319.073	**193,51**	87,8
	Einrichtung, Möblierung (psch), Spiegel 60x70-100cm (3St), Seifenschaumspender (23St), Seifen-/ Desinfektionsspender (4St), Universalspender (12St), Handtuchspender (28St), WC-Bürstengarnituren (18St), WC-Papierhalter (18St), Reservepapierhalter (7St), Duschspritzschutz mit Vorhang (1St), Abfalleimer 50l (1St)				
640	**Künstlerische Ausstattung**	1.648,86 m² BGF	43.382	**26,31**	11,9
	Skulptur (1St)				
690	**Sonstige Ausstattung**	1.648,86 m² BGF	834	**0,51**	0,2
	Fluchtwegbeschilderung: Rettungszeichen (32St), Klapprahmen A3 (13St)				

Kostenkennwerte für die Kostengruppen 300 der 2. und 3. Ebene DIN 276 (Übersicht)

KG	Kostengruppe	Menge Einheit	€/Einheit	Kosten €	% an 3+4
300	**Bauwerk – Baukonstruktionen**	**1.648,86 m² BGF**	**1.535,74**	**2.532.219,83**	**73,5**
310	**Baugrube / Erdbau**	**1.379,02 m³ BGI**	**24,25**	**33.447,83**	**1,0**
311	Herstellung	1.379,02 m³ BGI	24,25	33.447,83	1,0
312	Umschließung	–	–	–	–
313	Wasserhaltung	–	–	–	–
314	Vortrieb	–	–	–	–
319	Sonstiges zur KG 310	–	–	–	–
320	**Gründung, Unterbau**	**1.403,26 m² GRF**	**334,98**	**470.065,34**	**13,6**
321	Baugrundverbesserung	–	–	–	–
322	Flachgründungen und Bodenplatten	1.403,26 m²	90,18	126.539,38	3,7
323	Tiefgründungen	–	–	–	–
324	Gründungsbeläge	1.337,61 m²	190,05	254.215,19	7,4
325	Abdichtungen und Bekleidungen	1.452,45 m²	55,83	81.094,07	2,4
326	Dränagen	1.403,26 m² GRF	5,86	8.216,73	0,2
329	Sonstiges zur KG 320	–	–	–	–
330	**Außenwände/Vert. Baukonstrukt., außen**	**1.167,65 m² AWF**	**604,04**	**705.305,87**	**20,5**
331	Tragende Außenwände	868,52 m²	134,04	116.413,05	3,4
332	Nichttragende Außenwände	25,10 m²	381,76	9.582,19	0,3
333	Außenstützen	20,80 m	214,00	4.451,20	0,1
334	Außenwandöffnungen	274,03 m²	794,80	217.797,98	6,3
335	Außenwandbekleidungen, außen	1.251,26 m²	236,36	295.748,58	8,6
336	Außenwandbekleidungen, innen	49,29 m²	144,43	7.118,76	0,2
337	Element. Außenwandkonstruktionen	–	–	–	–
338	Lichtschutz zur KG 330	181,55 m²	297,43	53.998,46	1,6
339	Sonstiges zur KG 330	1.167,65 m² AWF	0,17	195,64	< 0,1
340	**Innenwände/Vert. Baukonstrukt., innen**	**1.857,77 m² IWF**	**260,09**	**483.194,28**	**14,0**
341	Tragende Innenwände	1.338,16 m²	131,13	175.475,27	5,1
342	Nichttragende Innenwände	276,11 m²	136,94	37.810,86	1,1
343	Innenstützen	–	–	–	–
344	Innenwandöffnungen	181,19 m²	790,65	143.257,34	4,2
345	Innenwandbekleidungen	1.106,82 m²	91,23	100.970,89	2,9
346	Elementierte Innenwandkonstruktionen	62,31 m²	397,01	24.737,44	0,7
347	Lichtschutz zur KG 340	–	–	–	–
349	Sonstiges zur KG 340	1.857,77 m² IWF	0,51	942,47	< 0,1
350	**Decken/Horizontale Baukonstruktionen**	**196,22 m² DEF**	**252,91**	**49.625,22**	**1,4**
351	Deckenkonstruktionen	196,22 m²	139,45	27.363,61	0,8
352	Deckenöffnungen	–	–	–	–
353	Deckenbeläge	185,58 m²	61,78	11.464,34	0,3
354	Deckenbekleidungen	166,21 m²	64,96	10.797,27	0,3
355	Elementierte Deckenkonstruktionen	–	–	–	–
359	Sonstiges zur KG 350	–	–	–	–
360	**Dächer**	**1.545,42 m² DAF**	**414,41**	**640.434,81**	**18,6**
361	Dachkonstruktionen	1.526,70 m²	138,57	211.548,98	6,1
362	Dachöffnungen	18,72 m²	1.349,14	25.255,98	0,7
363	Dachbeläge	1.460,62 m²	187,30	273.571,53	7,9
364	Dachbekleidungen	1.318,79 m²	82,20	108.398,12	3,1
365	Elementierte Dachkonstruktionen	–	–	–	–
366	Lichtschutz zur KG 360	4,32 m²	1.499,64	6.478,46	0,2
369	Sonstiges zur KG 360	1.545,42 m² DAF	9,82	15.181,72	0,4
370	**Infrastrukturanlagen**	**–**	**–**	**–**	**–**
380	**Baukonstruktive Einbauten**	**1.648,86 m² BGF**	**3,25**	**5.357,74**	**0,2**
390	**Sonst. Maßnahmen für Baukonstrukt.**	**1.648,86 m² BGF**	**87,81**	**144.788,74**	**4,2**

Kostenkennwerte für die Kostengruppen 400 der 2. und 3.Ebene DIN 276 (Übersicht)

KG	Kostengruppe	Menge Einheit	€/Einheit	Kosten €	% an 3+4
400	**Bauwerk – Technische Anlagen**	**1.648,86 m²BGF**	**554,35**	**914.049,85**	**26,5**
410	**Abwasser-, Wasser-, Gasanlagen**	**1.648,86 m²BGF**	**83,67**	**137.952,97**	**4,0**
411	Abwasseranlagen	1.648,86 m²BGF	23,20	38.257,21	1,1
412	Wasseranlagen	1.648,86 m²BGF	55,03	90.730,61	2,6
413	Gasanlagen	–	–	–	–
419	Sonstiges zur KG 410	1.648,86 m²BGF	5,44	8.965,17	0,3
420	**Wärmeversorgungsanlagen**	**1.648,86 m²BGF**	**94,25**	**155.411,48**	**4,5**
421	Wärmeerzeugungsanlagen	1.648,86 m²BGF	30,80	50.777,34	1,5
422	Wärmeverteilnetze	1.648,86 m²BGF	33,35	54.989,31	1,6
423	Raumheizflächen	1.648,86 m²BGF	30,11	49.644,83	1,4
424	Verkehrsheizflächen	–	–	–	–
429	Sonstiges zur KG 420	–	–	–	–
430	**Raumlufttechnische Anlagen**	**1.648,86 m²BGF**	**127,45**	**210.148,88**	**6,1**
431	Lüftungsanlagen	1.648,86 m²BGF	127,45	210.148,88	6,1
432	Teilklimaanlagen	–	–	–	–
433	Klimaanlagen	–	–	–	–
434	Kälteanlagen	–	–	–	–
439	Sonstiges zur KG 430	–	–	–	–
440	**Elektrische Anlagen**	**1.648,86 m²BGF**	**134,34**	**221.510,58**	**6,4**
441	Hoch- und Mittelspannungsanlagen	–	–	–	–
442	Eigenstromversorgungsanlagen	1.648,86 m²BGF	11,68	19.261,31	0,6
443	Niederspannungsschaltanlagen	–	–	–	–
444	Niederspannungsinstallationsanlagen	1.648,86 m²BGF	76,26	125.738,02	3,6
445	Beleuchtungsanlagen	1.648,86 m²BGF	31,75	52.350,91	1,5
446	Blitzschutz- und Erdungsanlagen	1.648,86 m²BGF	14,65	24.160,35	0,7
447	Fahrleitungssysteme	–	–	–	–
449	Sonstiges zur KG 440	–	–	–	–
450	**Kommunikationstechnische Anlagen**	**1.648,86 m²BGF**	**17,38**	**28.658,22**	**0,8**
451	Telekommunikationsanlagen	1.648,86 m²BGF	0,54	896,59	< 0,1
452	Such- und Signalanlagen	1.648,86 m²BGF	0,97	1.598,21	< 0,1
453	Zeitdienstanlagen	–	–	–	–
454	Elektroakustische Anlagen	–	–	–	–
455	Audiovisuelle Medien- u. Antennenanl.	1.648,86 m²BGF	0,41	683,60	< 0,1
456	Gefahrenmelde- und Alarmanlagen	1.648,86 m²BGF	6,48	10.682,08	0,3
457	Datenübertragungsnetze	1.648,86 m²BGF	8,97	14.797,72	0,4
458	Verkehrsbeeinflussungsanlagen	–	–	–	–
459	Sonstiges zur KG 450	–	–	–	–
460	**Förderanlagen**	**–**	**–**	**–**	**–**
461	Aufzugsanlagen	–	–	–	–
462	Fahrtreppen, Fahrsteige	–	–	–	–
463	Befahranlagen	–	–	–	–
464	Transportanlagen	–	–	–	–
465	Krananlagen	–	–	–	–
466	Hydraulikanlagen	–	–	–	–
469	Sonstiges zur KG 460	–	–	–	–
470	**Nutzungsspez. u. verfahrenstechn. Anl.**	**1.648,86 m²BGF**	**79,84**	**131.643,09**	**3,8**
480	**Gebäude- und Anlagenautomation**	**1.648,86 m²BGF**	**12,27**	**20.236,82**	**0,6**
490	**Sonst. Maßnahmen für techn. Anlagen**	**1.648,86 m²BGF**	**5,15**	**8.487,81**	**0,2**

Kostenkennwerte für die Kostengruppen der 3. Ebene DIN 276

KG	Kostengruppe	Menge Einheit	Kosten €	€/Einheit	%
210	**Herrichten**				**100,0**
212	**Abbruchmaßnahmen**	6.750,00 m² GF	4.645	**0,69**	100,0
	Baugelände abräumen (3.663m²), Sportplatzoberbau abtragen, d=60cm, lagern, mit Folie abdecken (219m³), Abbruch von Rasenbordsteinen (41m), Einzelfundamenten (2St); Entsorgung, Deponiegebühren				
220	**Öffentliche Erschließung**				**100,0**
222	**Wasserversorgung**	6.750,00 m² GF	1.251	**0,19**	22,1
	Trinkwasseranschluss: PE-Rohre, Formstücke (38m), Wasserzählerhalterung (1St)				
225	**Stromversorgung**	6.750,00 m² GF	4.414	**0,65**	77,9
	Stromanschluss (1St)				
310	**Baugrube / Erdbau**				**100,0**
311	**Herstellung**	1.379,02 m³ BGI	33.448	**24,25**	100,0
	Baugrubenaushub BK 3-6, t bis 1,50m, losen, lagern, mit Folie abdecken, Planum (1.215m³), laden, entsorgen (725m³), Rohrgrabenaushub BK 4-6, t=0,20-2,00m, lagern, verfüllen (405m³)				
320	**Gründung, Unterbau**				**100,0**
322	**Flachgründungen und Bodenplatten**	1.403,26 m²	126.539	**90,18**	26,9
	Stb-Bodenplatte C20/25, d=25cm, Schalung, Bewehrung (1.403m²), Mehrsparten-Hauseinführung (1St), Gebäudeeinführungen DN100, Bodenplatte (2St), Rohrdurchführungen (43St), Arbeitsfuge (61m)				
324	**Gründungsbeläge**	1.337,61 m²	254.215	**190,05**	54,1
	Dichtungsschlämme, mineralisch (794m²), Dampfsperre (135m²), Mineralwolldämmung WLG 040, d=60mm (1.326m²), TSD WLG 035, d=20mm, PE-Folie (969m²), Zementheizestrich, d=70mm (1.298m²), Ausgleichsestrich, PUR-Dämmung WLG 025, d=20mm, Zementheizestrich d=65mm (29m²), Dehnfugenprofile (65m), schleifen, spachteln, Kautschukbeläge, d=3,5mm (1.338m²), Holzsockel (735m), Bodenfliesen 5x5cm (1m²)				
325	**Abdichtungen und Bekleidungen**	1.452,45 m²	81.094	**55,83**	17,3
	Filtervlies (1.745m²), Filterschicht, d=10cm, aus Sportplatzoberbau, lagernd (2.188m²), Lava 5/45mm, bauseits (698t), PE-Folie (1.403m²), Lavasand, d=5cm (1.426m²), XPS-Wärmedämmung, d=100mm (1.403m²), vertikal: Bitumenbahnen, zweilagig, Schaumglasdämmung WLS 042, d=140mm, Bitumenabdichtung, Armierung, Putz, Beschichtung (46m²)				
326	**Dränagen**	1.403,26 m² GRF	8.217	**5,86**	1,7
	PVC-Dränrohre DN100, Formstücke (166m), Dränkontrollschächte DN300, h=0,80-1,20m (4St), Anschluss an Sickerschacht (1St), Drängrabenaushub, t=50-200cm (95m)				

KG	Kostengruppe	Menge Einheit	Kosten €	€/Einheit	%
330	**Außenwände/Vertikale Baukonstruktionen, außen**				**100,0**
331	**Tragende Außenwände**	868,52 m²	116.413	**134,04**	16,5
	Brettsperrholzwände, d=10cm (433m²), innenseitig Sichtoberfläche (435m²), Befestigung Fensterstürze, U120, 38x60cm, brandschutzbeschichtet (30St), Bitumenbahnen, b=75cm, unter Wandfüßen (186m)				
332	**Nichttragende Außenwände**	25,10 m²	9.582	**381,76**	1,4
	BSH-Attika, d=10cm (25m²), Befestigungswinkel 900x800mm, Quadratrohre 60x60x5mm (43St)				
333	**Außenstützen**	20,80 m	4.451	**214,00**	0,6
	Stahlstützen HQ 60x5mm, F30 beschichtet, l=1,60m (21m)				
334	**Außenwandöffnungen**	274,03 m²	217.798	**794,80**	30,9
	Holz-Alu-Fenster-/Türelemente, drei- achtteilig, Ug<=0,7W/m²K, Dreifachverglasung, teilweise VSG innen, VSG außen, Drehflügel, Festverglasungen, Oberlichter (194m²), Holz-Alu-Fenster, Ug<=0,7W/m²K, ein-, zweiteilig, Drehkipp, Festverglasungen (76m²), Lüftungsgittereinsatz (2m²), Fenstertür (3m²), Fensterbänke, Alu, außen (22m), Panikschlösser (3St), Türöffner Kindergartenlösung (1St), Fluchttüröffner (1St), Türstopper (20St), Fingerschutz-Rollos (18St), Insektenschutz, Spannrahmen (6m²)				
335	**Außenwandbekleidungen, außen**	1.251,26 m²	295.749	**236,36**	41,9
	Bitumenbahnen (52m²), Schaumglasdämmung WLS 042, d=140mm (102m²), an Laibungen (57m), Bitumenbeschichtung (98m²), mineralischer Sockelputz, Beschichtung (46m²), Holzfaserdämmung WLS 042, d=160mm (802m²), mineralische Armierschicht, Silikonharz-Oberputz (847m²), an Laibungen (228m), Beschichtung (862m²), hinterlüftete Holzbekleidung, Rhombus-Leisten 28x65mm, lasiert (69m²), Alu-Laibungsprofile, beschichtet (83m), Attikabekleidung, waagrecht, Sperrholzplatten, d=22mm, b=40cm, vertikal: außenseitig, XPS-Wärmedämmung WLG 035, d=140mm, h=45-55cm, innenseitig, d=60mm, h=35-40cm, Abdichtungsbahnen (255m²), h=93cm (93m²)				
336	**Außenwandbekleidungen, innen**	49,29 m²	7.119	**144,43**	1,0
	Wandfliesen (16m²), geflieste Ablage (1m), Spachtelung Q4, Zellulosevlies, Latexbeschichtung (8m²), GK-Vorsatzschalen, d=10cm (23m²), mit Glaswolldämmung, d=150mm (1m²), Holzbekleidungen an Stahlstützen, vierseitig, l=1,60m (9m²)				
338	**Lichtschutz zur KG 330**	181,55 m²	53.998	**297,43**	7,7
	Alu-Lamellenraffstores, Motorantrieb (182m²)				
339	**Sonstiges zur KG 330**	1.167,65 m² AWF	196	**0,17**	< 0,1
	Briefkasten mit Zeitungsrolle, Edelstahl (1St)				
340	**Innenwände/Vertikale Baukonstruktionen, innen**				**100,0**
341	**Tragende Innenwände**	1.338,16 m²	175.475	**131,13**	36,3
	Brettsperrholzwände, d=10cm, Fichte (64m²), mit beidseitiger Sichtoberfläche (1.275m²), Bitumenschweißbahnen, b=100cm, unter Wandfüßen (377m), Wandausschnitte herstellen (89St), Installationsschlitze fräsen (194m)				

KG	Kostengruppe	Menge Einheit	Kosten €	€/Einheit	%
342	**Nichttragende Innenwände**	276,11 m²	37.811	**136,94**	7,8
	GK-Metallständerwände, d=20cm, beidseitig doppelt beplankt, Dämmung, d=160mm (48m²), d=12,5cm, Dämmung, d=80mm (86m²), GK-Installationswände, freistehend, beidseitig doppelt beplankt, d=12,5-30cm, Traversen (124m²), d=10-15cm, einseitig GK-Bekleidung, einseitig Zementplatte, Glasgittergewebe, nassraumgeeignet (13m²), GK-Brüstungswände, d=12,5cm, h=0,90-1,50m (5m²), Rauchschott über Tür (1St), T30 RS (2St)				
344	**Innenwandöffnungen**	181,19 m²	143.257	**790,65**	29,6
	Holz-Glaselemente, dreiteilig, Tür, Seitenteil und Oberlicht festverglast, VSG, Blockrahmen, OTS (14m²), RS (7m²), Fluchttürbeschläge, T30 RS (13m²), DS (10m²), zweiteilig, Tür, Oberlicht (5m²), Holz-Glastüren, zweiflüglig, Stahlzargen (7m²), Schiebetüranlage, doppelflüglig, Holztüren mit Glasausschnitten (6m²), Holztüren, Stahlzargen (41m²), mit Glasausschnitten, VSG (43m²), T30 RS (2m²), Innenfenster, VSG, festverglast (31m²), Türstopper (40St), Fingerschutzprofile (24St)				
345	**Innenwandbekleidungen**	1.106,82 m²	100.971	**91,23**	20,9
	Verbundabdichtung (39m²), Grundierung, Wandfliesen (456m²), an Laibungen (57m), Spiegel, fliesenbündig (3m²), Spachtelung Q4, Zellulosevlies, Latexbeschichtung (536m²), Holzlasur (70m²), GK-Vorsatzschalen, doppelt beplankt, d=10-30cm (94m²), GK-Verkofferungen (21m²), Akustik-Wandabsorber 120x60x4cm (18St), 270x60x4cm (4St), HPL-Platten, d=6mm, zum Schutz der Holzwände (15m²)				
346	**Elementierte Innenwandkonstruktionen**	62,31 m²	24.737	**397,01**	5,1
	Mobile Trennwand 50dB, d=10cm, fünf Elemente, Alu-Laufschiene, halbautomatisch, Bedientableau (18m²), WC-Trennwände, h=1,40m, HPL-Platten, d=13mm, elf Türen (29m²), h=1,97m, vier Türen (16m²)				
349	**Sonstiges zur KG 340**	1.857,77 m² IWF	942	**0,51**	0,2
	Handlauf, D=40mm, Lärche lackiert, Edelstahl-Handlaufstützen (5m)				
350	**Decken/Horizontale Baukonstruktionen**				**100,0**
351	**Deckenkonstruktionen**	196,22 m²	27.364	**139,45**	55,1
	Brettsperrholzdecken, d=14cm (190m²), Unterzüge, brandschutzbeschichtet, HEB100, l=2,50m (2St), HEB180, l=3,10m (1St), Brettsperrholztreppe, Laufbreite 1,20m, einläufig, 17 Steigungen 19,8x24cm (5m²), Leimholztreppe, Laufbreite 1,60m, drei Steigungen (1m²)				
353	**Deckenbeläge**	185,58 m²	11.464	**61,78**	23,1
	TSD WLG 040, d=12mm, PE-Folie, Zementestrich CT-C35-F5, d=50mm (181m²), Acrylat-Bodenbeschichtung (151m²), Kautschukbelag auf Treppenstufen, d=2mm (5m²), Alu-Treppenwinkel (16St)				
354	**Deckenbekleidungen**	166,21 m²	10.797	**64,96**	21,8
	Akustikdecken, Gips-Kassetten, Abhängehöhe 40cm (120m²), mit Hygieneplatten, Mineralplatten, folienkaschiert (46m²)				

KG	Kostengruppe	Menge Einheit	Kosten €	€/Einheit	%
360	**Dächer**				**100,0**
361	**Dachkonstruktionen**	1.526,70 m²	211.549	**138,57**	33,0
	Brettsperrholz-Flachdächer, d=12cm (139m²), d=14cm (842m²), d=16cm (111m²), d=20cm (348m²), d=22cm (86m²), Unterzüge HEA140, l=2,80m (2St), BSH 16x28cm, l=5,01m (1St), 16x24cm, l=7,89m (1St), l=2,88 (2St), 18x28cm, l=4,31m (1St), Überzug HEA160, l=4,40m (1St), Kabeldurchführungen (2St)				
362	**Dachöffnungen**	18,72 m²	25.256	**1.349,14**	3,9
	Lichtkuppeln 1,20x1,20m, dreischalig (14m²), mit Motoröffner (4m²), Aufsatzkränze, BSH, 12x43-50cm (13St)				
363	**Dachbeläge**	1.460,62 m²	273.572	**187,30**	42,7
	Bitumenschweißbahnen (1.636m²), PIR-Dämmung WLS 024, d=60mm, EPS-Gefälledämmung WLG 035, d=i.M. 200mm (1.347m²), Kunststoffdachbahnen (1.364m²), Schutzvlies (1.070m²), Vegetationssubstrat, d=8cm, extensive Dachbegrünung, Flachballenstauden (769m²), Kiesstreifen, d=8cm, b=50cm (300m²), Alu-Attikaabdeckungen, b=50cm (352m), Dachrandprofile (39m), Attikaabläufe (19St), Notüberläufe (17St), Regenfallrohre DN70 (74m), Dachrinnen (16m)				
364	**Dachbekleidungen**	1.318,79 m²	108.398	**82,20**	16,9
	Akustikdecken, Gips-Kassetten 62,5x62,5cm, Abhängehöhe 40-90cm (1.075m²), ballwurfsicher (67m²), Friese (480m), GK-Lichtkuppelbekleidungen, h=45-150cm (13St), GK-Decke (8m²), Spachtelung Q4, Dispersionsbeschichtung (149m²), an Vordach: Holzfaserdämmung WLS 042, d=260mm (20m²), d=80mm (6m²), Armierungsschicht, Putz, Beschichtung (27m²), Brandschutzbekleidung Lüftungskanal (4m), Revisionsklappe (1St)				
366	**Lichtschutz zur KG 360**	4,32 m²	6.478	**1.499,64**	1,0
	Plissee-Solar-Verschattung, seilgeführt, akkugepufferter Motor, integriertes Solarpaneel (4m²), Fernbedienungen (3St)				
369	**Sonstiges zur KG 360**	1.545,42 m² DAF	15.182	**9,82**	2,4
	Seilsicherungssystem: Edelstahl-Anschlagpunkte (45St), Stützrohre (28St), Edelstahlseil, D=6mm, l=25m (1St), l=55m (1St), Umlenkrollen (2St), Kraftbegrenzer (2St)				
380	**Baukonstruktive Einbauten**				**100,0**
381	**Allgemeine Einbauten**	1.648,86 m² BGF	5.358	**3,25**	100,0
	Podeste für Teeküche (2St), Schranksockel (1St), Distanzrahmen (1St), Arbeitsplatten (4St), Dekorplatten mit Beckenausfräsung (2St)				
390	**Sonstige Maßnahmen für Baukonstruktionen**				**100,0**
391	**Baustelleneinrichtung**	1.648,86 m² BGF	86.777	**52,63**	59,9
	Baustelleneinrichtung, Hauptgewerk (psch), Nebengewerke (4St), Bauzaun (305m), Baustellen-WC (57Wo), Bauschild (1St), Baustromverteiler (2St), Gummischlauchleitungen (100m), Baustellenbeleuchtung (psch), Verkehrssicherung (psch), Baustrom				
392	**Gerüste**	1.648,86 m² BGF	28.442	**17,25**	19,6
	Fassadengerüst, Lastklasse 3 (1.208m²), Konsolen Auslegergerüst (213m), Rollgerüste, Lastklasse 3 (3St)				

KG	Kostengruppe	Menge Einheit	Kosten €	€/Einheit	%
395	**Instandsetzungen**	1.648,86 m²BGF	865	**0,52**	0,6
	Nach Glasbruch: Isolierglasscheibe, Dreifachverglasung, VSG innen und außen, 25x125cm ersetzen, gerissene Glasscheibe entsorgen (5h), Profilzylinder austauschen: nicht öffenbaren Profilzylinder aufbohren, entsorgen, neuen Profilzylinder einbauen (1St)				
396	**Materialentsorgung**	1.648,86 m²BGF	1.362	**0,83**	0,9
	Bauschuttentsorgung (psch)				
397	**Zusätzliche Maßnahmen**	1.648,86 m²BGF	20.832	**12,63**	14,4
	Holz-Dach-/Deckenelemente abdecken, Folie (1.417m²), Vliesabdeckung für sichtbar bleibende Holzwände (691m²), Fenster-/Türelemente abkleben (426m²), Feinreinigung (32h), Glas- und Rahmenreinigung (psch), Bauendreinigung, innen (psch), Flachdachflächen absaugen, trockenlegen (86h), Eingangstür aushängen, zum Wiedereinbau lagern, Öffnung mit Bautür und Spanplatten schließen, Eingangstür wieder einsetzen (1St)				
398	**Provisorische Baukonstruktionen**	1.648,86 m²BGF	734	**0,45**	0,5
	PE-Schlauch provisorisch an Notentwässerung angeschlossen (46m), HT-Rohre DN75, Formstücke, provisorischer Anschluss Dachentwässerung (12m)				
399	**Sonstiges zur KG 390**	1.648,86 m²BGF	5.777	**3,50**	4,0
	Schließanlage: Profilzylinder (74St), Blindzylinder (8St), Halbzylinder (2St), GHS-Schlüssel (6St), Gruppenschlüssel (65St)				
410	**Abwasser-, Wasser-, Gasanlagen**				**100,0**
411	**Abwasseranlagen**	1.648,86 m²BGF	38.257	**23,20**	27,7
	KG-Rohre DN100-125, Formstücke (253m), PP-Rohre DN40-110, Formstücke, Rohrdämmung (333m), Brandmanschetten (10St), Anschlüsse an Grundleitungen (46St), Bodenabläufe (7St), Küchenabläufe (3St), Flachdachabläufe (3St), Geruchsverschlüsse (3St)				
412	**Wasseranlagen**	1.648,86 m²BGF	90.731	**55,03**	65,8
	PE-Xa-Rohre DN12-32, Formstücke, Rohrdämmung (598m), Druckminderer-Filter-Kombi (1St), Kaltwasserverteiler (1St), Waschtische (16St), barrierefrei (1St), Handwaschbecken (1St), Ausgussbecken (2St), Spiel-Waschlandschaften (3St), Einbaubecken, Babywanne (3St), Tiefspül-WCs (6St), barrierefrei (2St), für Kinder (8St), für Babys (2St), Spülautomatik (8St), Stützklappgriffe (4St), Rückenstützen (2St), Brausearmatur (1St), Einbauspülen (4St), Durchlauferhitzer (24St), Außenarmaturen (3St)				
419	**Sonstiges zur KG 410**	1.648,86 m²BGF	8.965	**5,44**	6,5
	Montageelemente für Waschtische (16St), für Wand-WCs (8St), barrierefrei (1St), für Kinder-WCs (8St), barrierefrei (1St), für Ausgussbecken (1St)				
420	**Wärmeversorgungsanlagen**				**100,0**
421	**Wärmeerzeugungsanlagen**	1.648,86 m²BGF	50.777	**30,80**	32,7
	Sole/Wasser-Wärmepumpe 50kW (1St), Solepaket (1St), Pufferspeicher 500l (1St), Tauchheizkörper 7,5kW (1St), Heizwasserverteiler (1St), Plattenwärmetauscher (1St), Wärmepumpenmanager (1St), Raumklimastation (1St), Erweiterungsmodul (1St), Heizungsverteiler (1St), Membran-Ausdehnungsgefäß 80l (1St), Kugelhähne (44St), Mischer mit Stellantrieben (2St), Schmutzabscheider (1St), Entsalzungspatrone (1St), automatische Entlüfter (13St)				

KG	Kostengruppe	Menge Einheit	Kosten €	€/Einheit	%
422	**Wärmeverteilnetze**	1.648,86 m² BGF	54.989	**33,35**	35,4
	Kupferrohre DN15-64, Formstücke, Rohrdämmung (371m), Umwälzpumpen (6St)				
423	**Raumheizflächen**	1.648,86 m² BGF	49.645	**30,11**	31,9
	Fußbodenheizung, PE-Xa-Rohre DN16 (8.771m), Noppenplatten (968m²), Tackerplatten (344m²), Heizkreisverteiler, Heiz-/Kühlkreise (6St), Raumregler (39St), Regelverteiler Anwendung Heizen/Kühlen (6St), Verteilerschränke (6St), Stellantriebe (62St), Heizkörper, Thermostate (4St)				
430	**Raumlufttechnische Anlagen**				**100,0**
431	**Lüftungsanlagen**	1.648,86 m² BGF	210.149	**127,45**	100,0
	Zu-/Abluftgeräte 2.500m³/h, WRG, Regelung, Wärmetauscher (2St), Luftkanäle, Dämmung (365m²), Rundrohre DN100-200, Formstücke (398m), Alu-Flexrohre DN125-200, Formstücke (466m), Telefonieschalldämpfer (28St), flexible Schalldämpfer (25St), Kulissenschalldämpfer (10St), Schalldämmelemente (28St), Volumenstromregler (3St), Volumenstromkonstanthalter (39St), Brandschutzklappen (10St), Luftdurchlässe (143St)				
440	**Elektrische Anlagen**				**100,0**
442	**Eigenstromversorgungsanlagen**	1.648,86 m² BGF	19.261	**11,68**	8,7
	Photovoltaikanlage: Solarmodule 245Wp (36St), Alu-Montagegestelle, Betonplattenauflage (psch), Windleitbleche (4St), Solarkabel (190m), Wechselrichter (1St), Überspannungsableiter (1St), Solar-Gateway, Netzteil, Datenkabel (1St)				
444	**Niederspannungsinstallationsanlagen**	1.648,86 m² BGF	125.738	**76,26**	56,8
	Zählerschrank (1St), Verteiler, bestückt (1St), Unterverteiler, bestückt (5St), Brandschutzschalter (16St), LSS (2St), Sicherungen (12St), DALI-Steuerungen (3St), Mantelleitungen (10.861m), Ölflexleitungen (795m), Leerrohre (588m), Kunststoffkanäle (42m), Kabelrinnen (132m), Schalter, Taster (73St), Steckdosen (267St), CEE-Steckdosen (8St), Herdanschlussdosen (11St), Präsenzmelder (19St), Bewegungsmelder (13St)				
445	**Beleuchtungsanlagen**	1.648,86 m² BGF	52.351	**31,75**	23,6
	Einlegeleuchten 62x62cm (111St), Einbauleuchten 62x62cm (9St), Downlights (39St), Anbauleuchten, rund (35St), Pendelleuchten (14St), Deckenleuchten (12St), Einbauleuchte, Spot (1St), Sportstättenleuchten, ballwurfsicher (6St), Wannenleuchten (19St)				
446	**Blitzschutz- und Erdungsanlagen**	1.648,86 m² BGF	24.160	**14,65**	10,9
	Ringerder, Edelstahl (521m), Funktionspotenzialausgleichsleiter, Stahldraht verzinkt (298m), Anschlussfahnen (20St), Potenzialausgleichsschienen (7St), Erdungskabel (20m)				
450	**Kommunikations-, sicherheits- und informationstechnische Anlagen**				**100,0**
451	**Telekommunikationsanlagen**	1.648,86 m² BGF	897	**0,54**	3,1
	Kabellose DECT-Telefone, Adapter RJ45/TAE (5St), Ladeschalen, Adapter Lan/TAE (2St)				
452	**Such- und Signalanlagen**	1.648,86 m² BGF	1.598	**0,97**	5,6
	Ruf-Kompaktset für barrierefreies WC (1St), Hupen (7St), Klingeltransformatoren (3St), Klingelleitungen (87m)				

KG	Kostengruppe	Menge Einheit	Kosten €	€/Einheit	%
455	**Audiovisuelle Medien- u. Antennenanl.**	1.648,86 m² BGF	684	**0,41**	2,4
	Koaxialkabel (229m), Antennenanschlussdosen (2St)				
456	**Gefahrenmelde- und Alarmanlagen**	1.648,86 m² BGF	10.682	**6,48**	37,3
	Funk-Branderkennungsanlage, Programmierung (1St), Funk-Rauchmelder (40St), Funk-Wärmemelder (6St), Funk- Reichweitenverstärker (1St), Backup-Akkus (2St)				
457	**Datenübertragungsnetze**	1.648,86 m² BGF	14.798	**8,97**	51,6
	Netzwerkschrank (1St), Verteiler 19", 24HE (3St), Panel 25 Port (1St), Router (1St), Datenkabel Cat7 (1.540m), Datenanschlussdosen, einfach (5St), zweifach (32St), Patchkabel Cat6 (5St), Steuerleitungen (799m), Switch (1St)				
470	**Nutzungsspezifische und verfahrenstechnische Anlagen**				**100,0**
471	**Küchentechnische Anlagen**	1.648,86 m² BGF	130.185	**78,95**	98,9
	Umluft-Kühlschränke (3St), Umluft-Tiefkühlschränke (2St), Außen-Kälteaggregate, Dachaufstellung (2St), Kombidämpfer (1St), Kondensationshaube (1St), Elektro-Kippbratpfanne (1St), Kochfeld (1St), Arbeitstische (3St), Tischplatte (1St), Arbeitsschränke (4St), Schubladenblöcke (2St), Spültisch, Unterbau (1St), Handwasch-/Ausgusskombination (1St), Geschirrbrause (1St), Haubenspülmaschine (1St), Abluft-WRG (1St), Ablauftisch (1St), Wandhaube (1St), Hängeschrank (1St), Regale (3St)				
474	**Feuerlöschanlagen**	1.648,86 m² BGF	1.458	**0,88**	1,1
	Feuerlöscher: Schaum-Löscher, 6l (8St), Kohlendioxid-Löscher, 5kg (1St), Fettbrand-Löscher, 6l (1St)				
480	**Gebäude- und Anlagenautomation**				**100,0**
481	**Automationseinrichtungen**	1.648,86 m² BGF	19.095	**11,58**	94,4
	KNX-Anlage, Projektierung (psch), KNX-Spannungsversorgung (2St), Koppler (1St), USB-Schnittstellen (2St), Wetterstation (1St), Binäreingänge, vierfach (1St), KNX-Tastermodule, ein- bis vierfach (23St), KNX-Präsenzmelder (12St), Jalousie-/Schaltaktoren (5St), Schaltaktoren mit Handbetätigung (3St)				
484	**Kabel, Leitungen und Verlegesysteme**	1.648,86 m² BGF	1.142	**0,69**	5,6
	Busleitungen, EIB (403m)				
490	**Sonstige Maßnahmen für technische Anlagen**				**100,0**
492	**Gerüste**	1.648,86 m² BGF	625	**0,38**	7,4
	Gerüst (psch)				
497	**Zusätzliche Maßnahmen**	1.648,86 m² BGF	7.863	**4,77**	92,6
	Miete für mobiles Heizgerät, Stellmotor (4Wo), Heizöl (psch)				
510	**Erdbau**				**100,0**
511	**Herstellung**	251,32 m³ EBR	8.992	**35,78**	89,2
	Baugrubenaushub BK 3-6, t=0,80-1,00m, lösen, lagern, mit Folie abdecken, Planum (57m³), laden, entsorgen (35m³), Schachtaushub, t=2,20m, lagern, verfüllen (38m³), Rohrgrabenaushub, lagern, verfüllen (156m³)				
512	**Umschließung**	138,00 m²	1.084	**7,86**	10,8
	Rohrgrabenverbau, t=1,00-2,00m (46m)				

KG	Kostengruppe	Menge Einheit	Kosten €	€/Einheit	%
520	**Gründung, Unterbau**				**100,0**
522	**Gründungen und Bodenplatten**	52,92 m²	4.667	**88,20**	77,7
	Drei Nebengebäude: Stb-Bodenplatten C20/25, d=20cm, Schalung, Bewehrung (53m²)				
524	**Abdichtungen und Bekleidungen**	65,52 m²	1.340	**20,45**	22,3
	Kapillarbrechende Schicht, aus Sportplatzoberbau, lagernd (23m³), vertikal: Bitumenschweißbahnen, zweilagig (13m²)				
540	**Baukonstruktionen**				**100,0**
545	**Überdachungen**	62,30 m²	52.925	**849,52**	100,0
	Drei Nebengebäude: Brettsperrholzwände, d=10cm (120m²), Brettsperrholzdächer, d=10cm, Kunststoffdachbahnen, Befestigungsschienen (62m²), Wandbekleidungen Spielgerätehäuser: UK, Boden-Deckelschalung, lasiert (66m²), Sockel, Faserzementplatten, lasiert, h=42cm (30m), Wandbekleidungen Kinderwagenabstellhaus: UK, Rhombusleisten (45m²), Sockeldämmung WLS 042, d=40mm, Armierung, Putz, Beschichtung (8m²); Holz-Alu-Fenstertüren (7m²), Kunststofffenster (1m²)				
550	**Technische Anlagen**				**100,0**
551	**Abwasseranlagen**	5.269,91 m² AF	32.098	**6,09**	28,4
	PP-Rohre DN100-200, Formstücke (224m), Kontrollschächte DN1.000, t=0,97-1,31m (3St), Übergabeschacht DN1.000, t=1,45m (1St), PE-Fettabscheider, h=1,59m, Gesamtvolumen 930l (1St), Aufsatzsystem Fettabscheider, Belastungsklasse D400 (1St), Probenentnahmeschacht DN100 (1St)				
554	**Wärmeversorgungsanlagen**	5.269,91 m² AF	80.498	**15,28**	71,3
	Erdsondenanlage 40kW, acht Bohrungen, t=100,00m, Bohrgut entsorgen, Doppel-U-Sonden, PE-Druckrohre DN32 einsetzen, Bohrlöcher verpressen (794m), Frostschutzmittel (700l), Soleverteiler, PE-Schacht, Sondenanschlüsse, Erdarbeiten (1St), PE-Erdsondenleitung DN63, Anbindung Gebäude (42m), Pressringverschlüsse (2St), Anschlussgräben ausheben, verfüllen (94m), Geothermal-Response-Test (1St)				
557	**Kommunikationstechnische Anlagen**	5.269,91 m² AF	234	**0,04**	0,2
	Kabelleerrohre DN100, Zugdraht, Sandabdeckung (19m)				
590	**Sonstige Maßnahmen für Außenanlagen und Freiflächen**				**100,0**
591	**Baustelleneinrichtung**	5.269,91 m² AF	850	**0,16**	47,1
	Baustelleneinrichtung (psch)				
592	**Gerüste**	5.269,91 m² AF	521	**0,10**	28,9
	Gerüste (2St)				
597	**Zusätzliche Maßnahmen**	5.269,91 m² AF	433	**0,08**	24,0
	Witterungsschutz der Dachflächen, Vordeckbahnen verklebt, temporär (38m²)				
640	**Künstlerische Ausstattung**				**100,0**
641	**Kunstobjekte**	1.648,86 m² BGF	43.382	**26,31**	100,0
	Skulptur (1St)				

Kostenkennwerte für Leistungsbereiche nach STLB (Kosten des Bauwerks nach DIN 276)

LB	Leistungsbereiche	Kosten €	€/m² BGF	€/m³ BRI	% an 3+4
000	Sicherheits-, Baustelleneinrichtungen inkl. 001	115.843	70,30	16,20	3,4
002	Erdarbeiten	36.708	22,30	5,10	1,1
006	Spezialtiefbauarbeiten inkl. 005	–	–	–	–
009	Entwässerungskanalarbeiten inkl. 011	14.422	8,70	2,00	0,4
010	Drän- und Versickerarbeiten	4.956	3,00	0,69	0,1
012	Mauerarbeiten	–	–	–	–
013	Betonarbeiten	185.290	112,40	25,90	5,4
014	Natur-, Betonwerksteinarbeiten	–	–	–	–
016	Zimmer- und Holzbauarbeiten	509.079	308,70	71,10	14,8
017	Stahlbauarbeiten	23.305	14,10	3,30	0,7
018	Abdichtungsarbeiten	27.925	16,90	3,90	0,8
019	Kampfmittelräumarbeiten	–	–	–	–
020	Dachdeckungsarbeiten	–	–	–	–
021	Dachabdichtungsarbeiten	320.608	194,40	44,80	9,3
022	Klempnerarbeiten	40.496	24,60	5,70	1,2
	Rohbau	**1.278.632**	**775,50**	**178,60**	**37,1**
023	Putz- und Stuckarbeiten, Wärmedämmsysteme	258.215	156,60	36,10	7,5
024	Fliesen- und Plattenarbeiten	46.489	28,20	6,50	1,3
025	Estricharbeiten	111.867	67,80	15,60	3,2
026	Fenster, Außentüren inkl. 029, 032	225.937	137,00	31,60	6,6
027	Tischlerarbeiten	196.786	119,30	27,50	5,7
028	Parkettarbeiten, Holzpflasterarbeiten	–	–	–	–
030	Rollladenarbeiten	60.477	36,70	8,40	1,8
031	Metallbauarbeiten inkl. 035	3.859	2,30	0,54	0,1
034	Maler- und Lackiererarbeiten inkl. 037	23.302	14,10	3,30	0,7
036	Bodenbelagarbeiten	130.665	79,20	18,30	3,8
038	Vorgehängte hinterlüftete Fassaden	20.082	12,20	2,80	0,6
039	Trockenbauarbeiten	181.733	110,20	25,40	5,3
	Ausbau	**1.259.413**	**763,80**	**176,00**	**36,5**
040	Wärmeversorgungsanl. - Betriebseinr. inkl. 041	141.614	85,90	19,80	4,1
042	Gas- und Wasserinstallation, Leitungen inkl. 043	34.359	20,80	4,80	1,0
044	Abwasseranlagen - Leitungen	20.680	12,50	2,90	0,6
045	GWE-Einrichtungsgegenstände inkl. 046	61.451	37,30	8,60	1,8
047	Dämmarbeiten an betriebstechnischen Anlagen	57.752	35,00	8,10	1,7
049	Feuerlöschanlagen, Feuerlöschgeräte	1.458	0,88	0,20	< 0,1
050	Blitzschutz- und Erdungsanlagen	24.160	14,70	3,40	0,7
053	Niederspannungsanlagen inkl. 052, 054	145.864	88,50	20,40	4,2
055	Sicherheits- u. Ersatzstromversorgungsanl.	–	–	–	–
057	Gebäudesystemtechnik	–	–	–	–
058	Leuchten und Lampen inkl. 059	52.351	31,70	7,30	1,5
060	Sprechanlagen, elektroakust. Anlagen inkl. 064	2.282	1,40	0,32	< 0,1
061	Kommunikationsnetze inkl. 063	26.376	16,00	3,70	0,8
069	Aufzüge	–	–	–	–
070	Gebäudeautomation	20.237	12,30	2,80	0,6
075	Raumlufttechnische Anlagen inkl. 078	178.973	108,50	25,00	5,2
	Gebäudetechnik	**767.556**	**465,50**	**107,20**	**22,3**
084	Abbruch, Rückbau, Schadstoffsanierung	47	0,03	< 0,01	< 0,1
	Abbrucharbeiten	**47**	**0,03**	**< 0,01**	**< 0,1**
	Sonstige Leistungsbereiche	**140.622**	**85,30**	**19,60**	**4,1**

4400-0364
Kindertagesstätte
(5 Gruppen)
(100 Kinder)

Objektübersicht

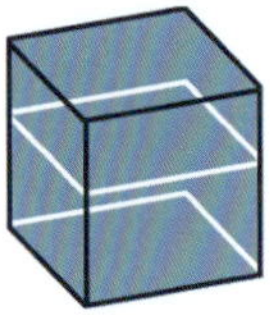

BRI **861 €/m³**

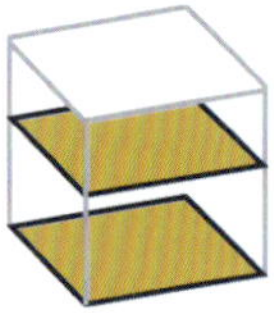

BGF **3.121 €/m²**

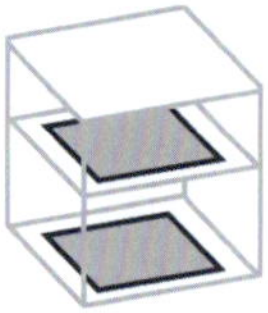

NUF **4.554 €/m²**

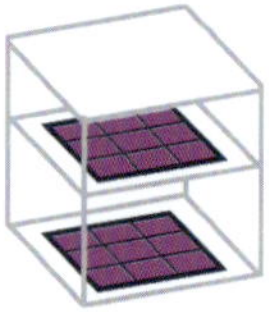

NE **34.623 €/NE**
NE: Kinder

Objekt:
Kennwerte: 1.Ebene DIN 276
BRI: 4.022 m³
BGF: 1.109 m²
NUF: 760 m²
Bauzeit: 70 Wochen
Bauende: 2021
Standard: Durchschnitt
Bundesland: Rheinland-Pfalz
Kreis: Alzey-Worms

Architekt*in:
werk.um architekten
Rheinstraße 99.4
64295 Darmstadt

Bauherr*in:
Stadtverwaltung Alzey
Ernst-Ludwig-Straße 42
55232 Alzey

Zeichnungen

Ansicht Nord

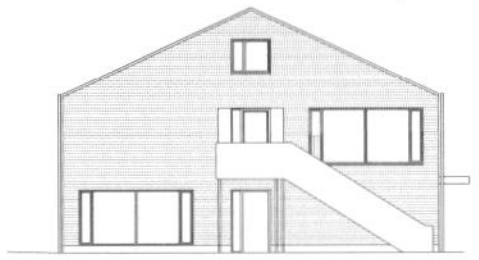

Ansicht Ost

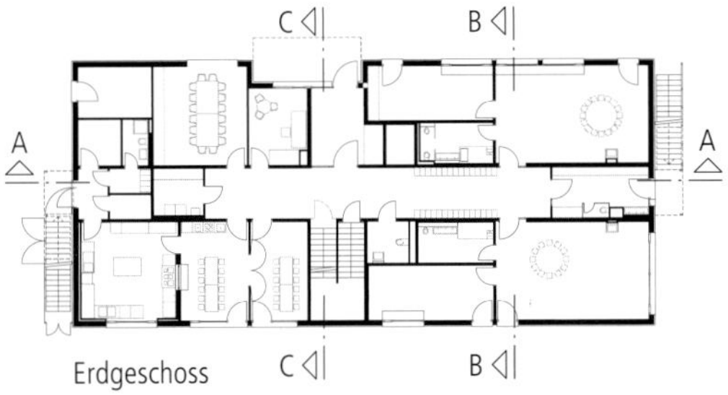

Erdgeschoss

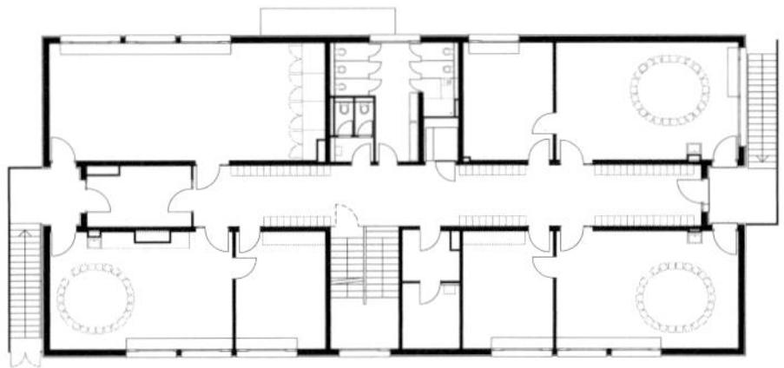

1. Obergeschoss

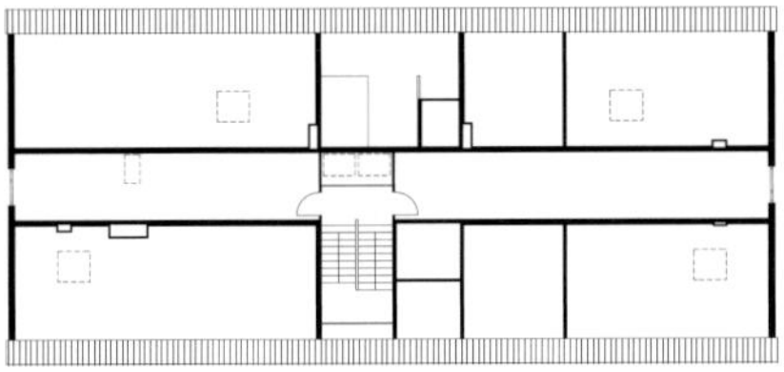

Dachgeschoss

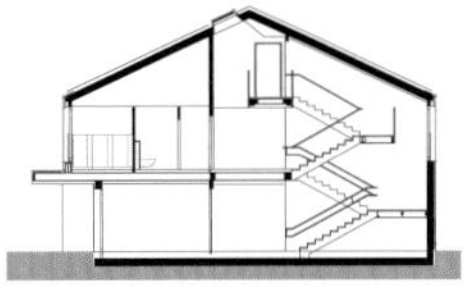

Schnitt C-C

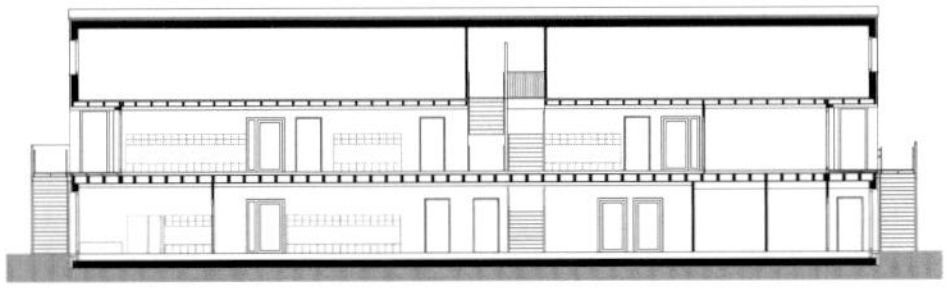

Schnitt A-A

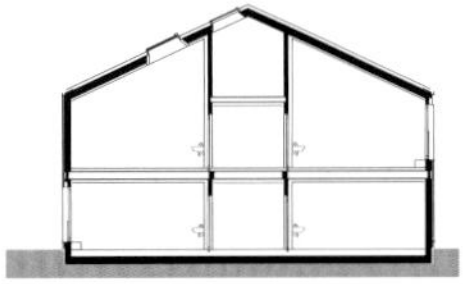

Schnitt B-B

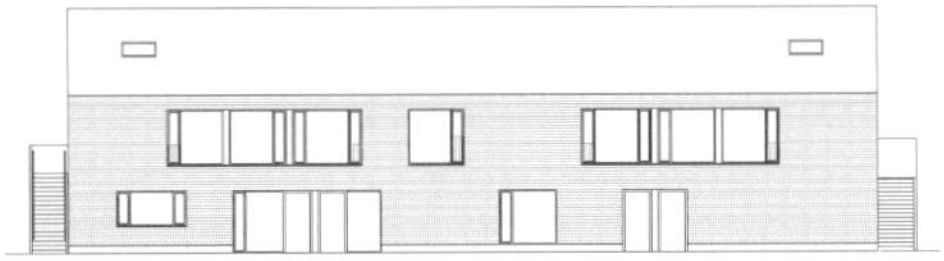

Ansicht Süd

Ansicht West

Objektbeschreibung

Allgemeine Objektinformationen

Die neue Kindertagesstätte bietet Platz für fünf Gruppen und ist in Holzbauweise errichtet. Im EG befinden sich die U3-Gruppenräume, im OG die Ü3-Räume sowie ein Bewegungsraum. Die Räume im OG haben auf Grund des Satteldachs eine größere Raumhöhe, das Dachgeschoss beschränkt sich auf den mittleren Gebäudeteil und enthält nur Nebenräume. Zwei Flucht-Außentreppen sind an den Giebelseiten angeordnet.

Nutzung

1 Erdgeschoss
Foyer, Küche, Hauswirtschaftsraum, Funktionsraum mit Kinderküche, Gruppenräume, Ruheräume, Büro, Personal, Garderoben, WCs, Umkleide, Lager, Hausanschlussraum

1 Obergeschoss
Gruppenräume, Bewegungsraum, Ruheräume, Spielflur, Garderoben, WCs, Lager

1 Dachgeschoss
Lagerraum, Technikraum

Nutzeinheiten

Gruppen: 5
Kinder: 100

Grundstück

Bauraum: Freier Bauraum
Neigung: Ebenes Gelände
Bodenklasse: BK 3 bis BK 4

Markt

Hauptvergabezeit: 3. Quartal 2019
Baubeginn: 4. Quartal 2019
Bauende: 1. Quartal 2021
Konjunkturelle Gesamtlage: Durchschnitt
Regionaler Baumarkt: Durchschnitt

Baukonstruktion

Die Außenwände wurden als vorgefertigte Holztafelkonstruktion mit ausgefachter Zwischendämmung erstellt. Die Fassade besteht aus einer hinterlüfteten Vorhangfassade aus Lärchenholz. Die Decken wurden als vorgefertigte Holzbalkendecken mit Splittfüllung ausgeführt und erhielten oberseitig einen schwimmenden Zementestrich, unterseitig Holz-Akustikelemente. Durch die einfache Grundrissgestaltung spannen die Decken als Dreifeldträger über die komplette Gebäudebreite. Das Holzsparren-Satteldach hat eine Neigung von 25°. Die Beton-Sohlplatte wurde oberseitig 18cm dick gedämmt.

Technische Anlagen

Die Beheizung erfolgt über eine Luft-Wasser-Wärmepumpe sowie einen Gas-Brennwertkessel. Über eine Fußbodenheizung wird die Wärme verteilt. Die zentrale Warmwasserbereitung wird über eine an einen Pufferspeicher angeschlossene Frischwasserstation mit Zirkulationssystem gewährleistet. Dezentrale Lüftungsgeräte mit Wärmerückgewinnung stellen den Mindestluftwechsel sicher. Auch eine Fensterlüftung ist möglich. Die Nachtauskühlung erfolgt über Fensterflügel mit Witterungsschutz aus Streckmetall.

Sonstiges

Ein Schwerpunkt liegt auf dem Thema Ernährung: In der Küche wird frisch gekocht. Es gibt außerdem eine separate Kinderküche. Kosteneinsparungen erfolgten durch die Mehrfachnutzung von Räumen. So wird z.B. der Speisesaal auch als Raum für pädagogische Arbeit genutzt und die Flure als Garderoben.

Energetische Kennwerte

Gesetzliche Grundlage: EnEV 2013
Gebäudenutzfläche: 925,90 m^2
Gebäudevolumen: 3.973,90 m^3
Spez. Transmissionswärmeverlust: 0,38 $W/(m^2 \cdot K)$
Mittlerer U-Wert (opake Bauteile): 0,15 $W/(m^2 \cdot K)$
Mittlerer U-Wert (transparente Bauteile): 1,30 $W/(m^2 \cdot K)$
Spez. Jahresprimärenergiebedarf: 92,70 $kWh/(m^2 \cdot a)$

Energetische Angaben zu Außenbauteilen

Bodenplatte

U-Wert: 0,19 W/(m²·K)

Gesamtdicke: 50,03 cm	d[cm]	l[W/(m·K)]
Estrich	7,00	1,400
Dämmung EPS	1,00	0,035
Trittschalldämmung	3,00	0,040
Dämmung	14,00	0,035
Dampfsperre	0,03	0,200
Stahlbeton	25,00	2,300

Außenwand

U-Wert: 0,18 W/(m²·K)

Gesamtdicke: 28,35 cm	d[cm]	l[W/(m·K)]
GK-Platte	1,25	0,210
OSB-Platte	1,50	0,130
Dämmung Zellulose	24,00	0,040
Holz	24,00	0,130
Holzfaserplatte	1,60	0,130

Decke gegen Außenluft oben

U-Wert: 0,14 W/(m²·K)

Gesamtdicke: 35,80 cm	d[cm]	l[W/(m·K)]
Holzfaserplatte	1,60	0,130
Dämmung MW	28,00	0,035
Holz	28,00	0,130
OSB-Platte	2,20	0,130
Dämmung PS	4,00	0,035

Decke gegen Außenluft unten EG

U-Wert: 0,15 W/(m²·K)

Gesamtdicke: 42,80 cm	d[cm]	l[W/(m·K)]
Estrich	7,00	1,400
Dämmung EPS	1,00	0,035
Trittschalldämmung	3,00	0,040
OSB-Platte	2,20	0,130
Dämmung MW	28,00	0,035
Holz	28,00	0,130
Holzfaserplatte	1,60	0,130

Decke gegen Außenluft unten OG

U-Wert: 0,25 W/(m²·K)

Gesamtdicke: 21,60 cm	d[cm]	l[W/(m·K)]
OSB-Platte	1,80	0,130
Dämmung	18,00	0,035
Holz	18,00	0,130
OSB-Platte	1,80	0,130

Dach

U-Wert: 0,16 W/(m²·K)

Gesamtdicke: 31,10 cm	d[cm]	l[W/(m·K)]
OSB-Platte	1,50	0,130
Dämmung MW	28,00	0,035
Holz	28,00	0,130
Holzfaserplatte	1,60	0,130

Planungskennwerte für Flächen und Rauminhalte nach DIN 277

Flächen des Grundstücks		Menge Einheit	% an GF
BF	Bebaute Fläche	501,03 m²	22,9
UF	Unbebaute Fläche	1.683,97 m²	77,1
GF	Grundstücksfläche	2.185,00 m²	100,0

Grundflächen des Bauwerks		Menge Einheit	% an NUF	% an BGF
NUF	Nutzungsfläche	760,27 m²	100,0	68,5
TF	Technikfläche	46,18 m²	6,1	4,2
VF	Verkehrsfläche	136,33 m²	17,9	12,3
NRF	Netto-Raumfläche	942,78 m²	124,0	85,0
KGF	Konstruktions-Grundfläche	166,71 m²	21,9	15,0
BGF	Brutto-Grundfläche	1.109,49 m²	145,9	100,0

Brutto-Rauminhalt des Bauwerks		Menge Einheit	BRI/NUF (m)	BRI/BGF (m)
BRI	Brutto-Rauminhalt	4.022,00 m³	5,29	3,63

Kostenkennwerte für die Kostengruppen der 1.Ebene DIN 276

KG	Kostengruppen (1. Ebene)	Einheit	Kosten €	€/Einheit	€/m² BGF	€/m³ BRI	% 300+400
100	Grundstück	m² GF	–	–	–	–	–
200	Vorbereitende Maßnahmen	m² GF	–	–	–	–	–
300	Bauwerk – Baukonstruktionen	m² BGF	2.272.646	2.048,37	2.048,37	565,05	65,6
400	Bauwerk – Technische Anlagen	m² BGF	1.189.658	1.072,26	1.072,26	295,79	34,4
	Bauwerk 300+400	**m² BGF**	**3.462.304**	**3.120,63**	**3.120,63**	**860,84**	**100,0**
500	Außenanlagen und Freiflächen	m² AF	–	–	–	–	–
600	Ausstattung und Kunstwerke	m² BGF	–	–	–	–	–
700	Baunebenkosten	m² BGF	–	–	–	–	–
800	Finanzierung	m² BGF	–	–	–	–	–

KG	Kostengruppe	Menge Einheit	Kosten €	€/Einheit	%
3+4	**Bauwerk**				**100,0**
300	**Bauwerk – Baukonstruktionen**	1.109,49 m² BGF	2.272.646	**2.048,37**	65,6

Baugrubenaushub; Stb-Bodenplatte WU-Beton, Abdichtung, Dämmung, Heizestrich, Kautschukbelag, Bodenfliesen; Holzrahmenwände, Holzfenster, Dreifachverglasung, hinterlüftete Lärchenholzfassade, Alu-Sonnenschutzlamellen; Holzständerwände, Wandfliesen, WC-Trennwände; Holzbalkendecke mit Kiesschüttung, Holztreppen, Heizestrich, Kautschukbelag, Bodenfliesen, Holzlamellen-Akustikdecken; Holz-Sparrendach, Dachfenster, Dachziegel, außenliegende Dachentwässerung, Eingangsüberdachung, Sonnenschutz, Holzlamellen-Akustikdecken; Einbauschränke, Garderoben, Wickeltische, Sitzbänke vor den Fenstern, Kinderküche

KG	Kostengruppe	Menge Einheit	Kosten €	€/Einheit	%
400	**Bauwerk – Technische Anlagen**	1.109,49 m² BGF	1.189.658	**1.072,26**	34,4

Gebäudeentwässerung, Fettabscheider, Hebeanlage, Kalt- und Warmwasserleitungen, Sanitärobjekte; Gas-Brennwerttherme, Luft-Wasser-Wärmepumpe, Fußbodenheizung; Einzelraumlüfter, kontrollierte Be- und Entlüftung mit Wärmerückgewinnung dezentral pro Gruppe; Elektroinstallation, Beleuchtung, Sicherheitsleuchten, Blitzschutzanlage; Brandmeldeanlage; Personenaufzug als Plattformlift, Gewerbeküche

4400-0365
Kindergarten
(6 Gruppen)
(126 Kinder)

Objektübersicht

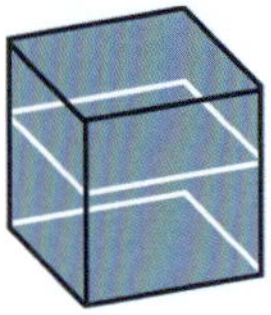

BRI 875 €/m³

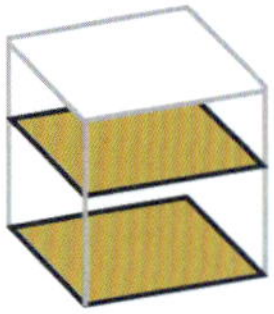

BGF 4.272 €/m²

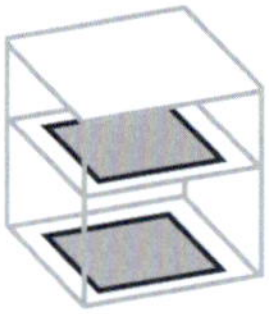

NUF 5.317 €/m²

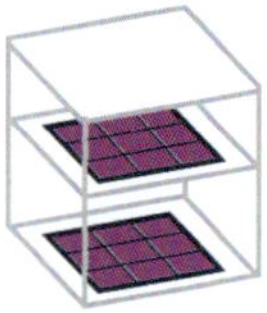

NE 43.974 €/NE
NE: Kinder

Objekt:
Kennwerte: 1. Ebene DIN 276
BRI: 6.335 m³
BGF: 1.297 m²
NUF: 1.042 m²
Bauzeit: 61 Wochen
Bauende: 2021
Standard: über Durchschnitt
Bundesland: Bayern
Kreis: Eichstätt

Architekt*in:
abhd architekten
denzinger und partner mbB
Luitpoldstraße C 66
86633 Neuburg

Bauherr*in:
Stadt Beilngries

Ansicht Nord

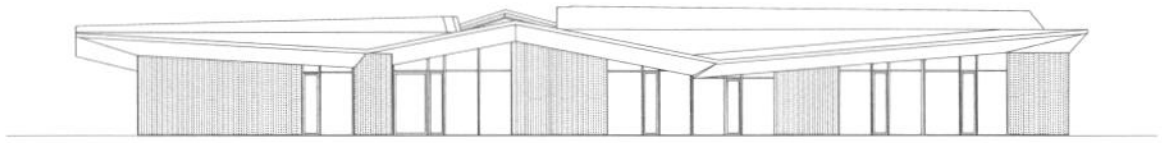

Ansicht Ost

Erdgeschoss

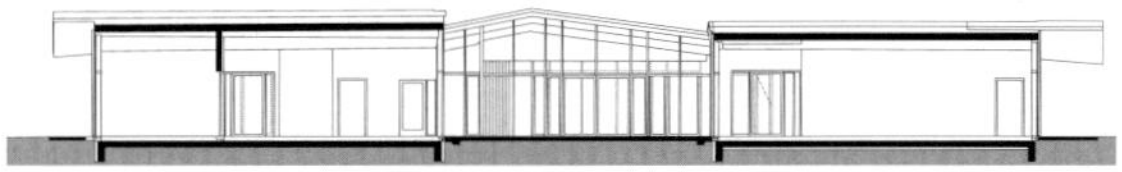

Schnitt A-A

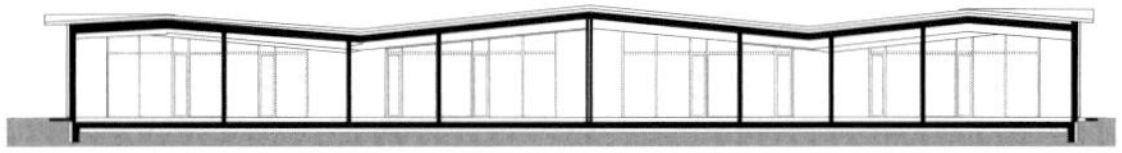

Schnitt C-C

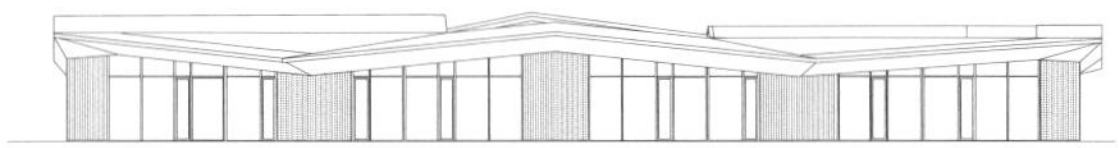

Ansicht Süd

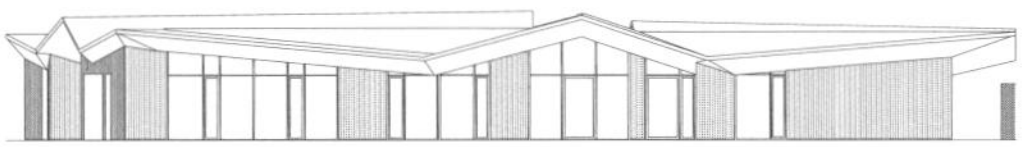

Ansicht West

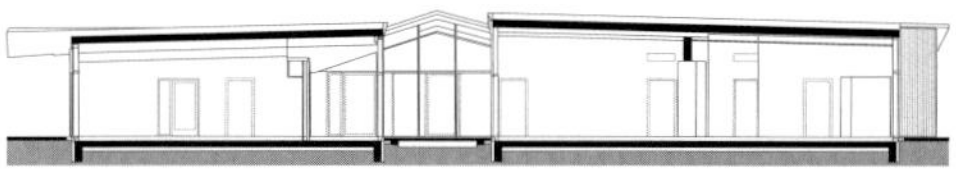

Schnitt B-B

Objektbeschreibung

Allgemeine Objektinformationen

Der Neubau des Kindergartens in städtischer Trägerschaft befindet sich südwestlich einer bestehenden Grundschule und grenzt an landwirtschaftliche Fläche, Sportplatz und Wohngebiet. Der eingeschossige Neubau wird von Westen erschlossen. Im Süden sind vier der sechs Gruppen angeordnet, im Osten an der Außenfassade die zwei Krippengruppen. Nebenräume und Mehrzweckräume orientieren sich nach Norden. Es gibt einen kleinen nach außen geöffneten Lichthof, den Patio.

Nutzung

1 Erdgeschoss
Gruppenräume, Ruheräume, Spielräume, Küche, Büroräume, Sanitärräume, Lager, Technik

Besonderer Kosteneinfluss Nutzung
Eingeschossiger Baukörper,
Materialauswahl nach Nachhaltigkeit

Nutzeinheiten

Gruppen: 6
Kinder: 126

Grundstück

Bauraum: Baulücke
Neigung: Ebenes Gelände
Bodenklasse: BK 1 bis BK 3

Besonderer Kosteneinfluss Grundstück
Überschwemmungsgebiet der Altmühl, Archäologische Untersuchung

Markt

Hauptvergabezeit: 1. Quartal 2020
Baubeginn: 3. Quartal 2020
Bauende: 3. Quartal 2021
Konjunkturelle Gesamtlage: über Durchschnitt
Regionaler Baumarkt: Durchschnitt

Baukonstruktion

Die Gründung erfolgt durch frostsichere Streifenfundamente. Das Gebäude ist in Holzmassivbauweise mit unterschiedlich geneigten Satteldächern mit 16 planaren Flächen als Pfettendach erstellt. Es gibt bis auf einen technischen Schacht keine Unterkellerung. Auf dem Heizestrich mit Wärme- und Trittschalldämmung liegen Linoleumbelag oder Bodenfliesen. Die Außenwände haben eine Weichfaserdämmung mit Fassadenschalung erhalten. Das Holzdach ist unterseitig mit einer abgehängten Holz-Akustikdecke bekleidet, oberseitig ist es als Industriemetalldach ausgeführt. Für die Fensterelemente wurde Holz-Alu verwendet.

Technische Anlagen

Das Gebäude wird über Fernwärme beheizt. Die Fernwärmetrasse zum Biomasseheizkraftwerk wurde hergestellt. Es kamen eine Fußbodenheizung und Deckenkühlung zum Einbau. Die Lüftung erfolgt über eine kontrollierte, zentrale Be- und Entlüftungsanlage mit Wärmerückgewinnung. Strom für den Eigenbedarf wird mit einer PV-Anlage erzeugt. Zur Ausführung kamen auch eine Gefahrenmelde- und Alarmanlage. Eine Spülküche, Küchengroßgeräte sowie Kühlung für Gruppennebenräume und Ruheräume bilden die nutzungsspezifischen Anlagen.

Sonstiges

Besonderer Wert wurde im Innenbereich auf nachhaltige Materialien und Einbaumöbel gelegt, die den Belastungen des Kindergartenbetriebs genauso gerecht werden, wie den Bedürfnissen von aktiven Kindern.

Energetische Kennwerte

Gesetzliche Grundlage: EnEV 2013
Gebäudenutzfläche: 1.165,00 m²
Spez. Jahresprimärenergiebedarf: 116,00 kWh/(m²·a)

Planungskennwerte für Flächen und Rauminhalte nach DIN 277

Flächen des Grundstücks		Menge Einheit	% an GF
BF	Bebaute Fläche	1.521,00 m²	14,0
UF	Unbebaute Fläche	9.325,00 m²	86,0
GF	Grundstücksfläche	10.846,00 m²	100,0

Grundflächen des Bauwerks		Menge Einheit	% an NUF	% an BGF
NUF	Nutzungsfläche	1.042,11 m²	100,0	80,3
TF	Technikfläche	31,96 m²	3,1	2,5
VF	Verkehrsfläche	51,87 m²	5,0	4,0
NRF	Netto-Raumfläche	1.125,94 m²	108,0	86,8
KGF	Konstruktions-Grundfläche	171,18 m²	16,4	13,2
BGF	Brutto-Grundfläche	1.297,12 m²	124,5	100,0

Brutto-Rauminhalt des Bauwerks		Menge Einheit	BRI/NUF (m)	BRI/BGF (m)
BRI	Brutto-Rauminhalt	6.335,33 m³	6,08	4,88

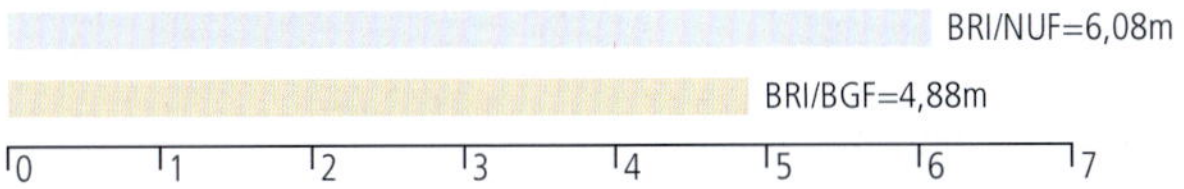

Kostenkennwerte für die Kostengruppen der 1. Ebene DIN 276

KG	Kostengruppen (1. Ebene)	Einheit	Kosten €	€/Einheit	€/m²BGF	€/m³BRI	% 300+400
100	Grundstück	m²GF	–	–	–	–	–
200	Vorbereitende Maßnahmen	m²GF	–	–	–	–	–
300	Bauwerk – Baukonstruktionen	m²BGF	4.419.786	3.407,38	3.407,38	697,64	79,8
400	Bauwerk – Technische Anlagen	m²BGF	1.120.876	864,13	864,13	176,92	20,2
	Bauwerk 300+400	**m²BGF**	**5.540.661**	**4.271,51**	**4.271,51**	**874,57**	**100,0**
500	Außenanlagen und Freiflächen	m²AF	825.535	1.077,00	636,44	130,31	14,9
600	Ausstattung und Kunstwerke	m²BGF	144.154	111,13	111,13	22,75	2,6
700	Baunebenkosten	m²BGF	–	–	–	–	–
800	Finanzierung	m²BGF	–	–	–	–	–

KG	Kostengruppe	Menge Einheit	Kosten €	€/Einheit	%
3+4	**Bauwerk**				**100,0**
300	**Bauwerk – Baukonstruktionen**	1.297,12 m²BGF	4.419.786	**3.407,38**	79,8

Stahlbetonbodenplatte WU25, Abdichtung, Wärmedämmung, Trittschalldämmung, Heizestrich, Linoleumbelag, Bodenfliesen, Perimeterdämmung; Außenwände Brettsperrholz 100mm, raumseitig Sichtoberflächen, Holz-Alu-Fensterelemente, Pfosten-Riegel-Fassade, Winddichtung, Fassadendämmung Weichfaser 140mm, Fassadenschalung auf UK, raumhohe Wandfliesen, textiler Sonnenschutz; Innenwände Brettsperrholz 100mm, Sichtoberflächen, nichttragende GK-Wände, Holz-Innentüren, mobile Trennwände; Sparrendach, unterschiedlich geneigte Satteldächer mit 16 planaren Flächen, abgehängte Holz-Akustikdecke, Abfangträger HEA, Dämmebene, Schalungsbahn winddicht, diffusionsoffen, Aufdachdämmung, Weichfaser 300mm, Schalung 24mm, Industriemetalldach; Garderobe mit Wandbekleidung, Wickelkommode, Einbauschränke Gruppenräume, Einbauküche

KG	Kostengruppe	Menge Einheit	Kosten €	€/Einheit	%
400	**Bauwerk – Technische Anlagen**	1.297,12 m²BGF	1.120.876	**864,13**	20,2

Gebäudeentwässerung, Kalt- und Warmwasserleitungen, Sanitärobjekte, dezentrale Warmwasserbereitung durch Elektro-Durchlauferhitzer, zusätzliche Boiler; Herstellung Fernwärmetrasse zum Biomasseheizkraftwerk, Fußbodenheizung; Lüftungsanlage, Eigenstromversorgung PV-Anlage, Gefahrenmelde- und Alarmanlage, Nutzungsspezifische Anlagen: Spülküche, Küchengroßgeräte, Kühlung für Gruppennebenräume und Ruheräume

KG	Kostengruppe	Menge Einheit	Kosten €	€/Einheit	%
500	**Außenanlagen und Freiflächen**	766,51 m²AF	825.535	**1.077,00**	14,9

Außenanlagen, Außenspielgeräte, Zaun

KG	Kostengruppe	Menge Einheit	Kosten €	€/Einheit	%
600	**Ausstattung und Kunstwerke**	1.297,12 m²BGF	144.154	**111,13**	2,6

Lose Möblierung, Bastelbedarf, Spielzeug, Bücher

4400-0366
Kinderhaus
(4 Gruppen)
(74 Kinder)

Objektübersicht

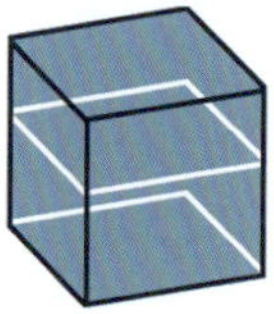

BRI 669 €/m^3

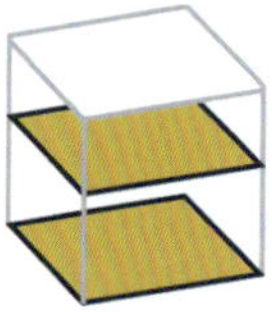

BGF 4.057 €/m^2

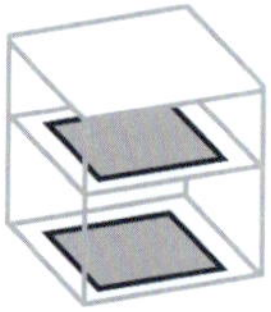

NUF 5.978 €/m^2

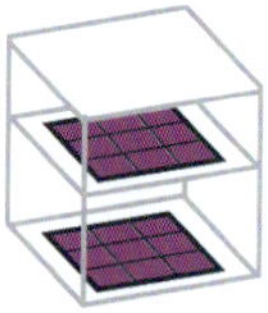

NE 55.435 €/NE
NE: Kinder

Objekt:
Kennwerte: 1. Ebene DIN 276
BRI: 6.132 m^3
BGF: 1.011 m^2
NUF: 686 m^2
Bauzeit: 56 Wochen
Bauende: 2021
Standard: Durchschnitt
Bundesland: Bayern
Kreis: Neumarkt i.d.OPf.

Architekt*in:
Berschneider +
Berschneider
Architekten BDA +
Innenarchitekten
Hauptstraße 10
92367 Pilsach

Bauherr*in:
Stadt Freystadt
Marktplatz 1
92342 Freystadt

© Axel Roderus

© Axel Roderus

© Axel Roderus

© Axel Roderus

Kostenstand: 4. Quartal 2023, Bundesdurchschnitt, **inkl. 19% MwSt.**

Zeichnungen

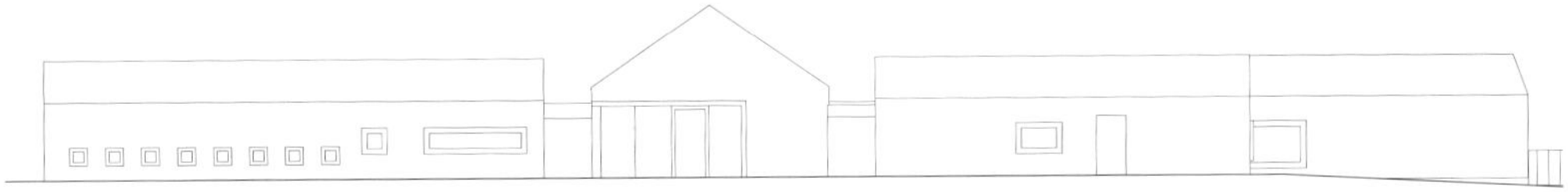

Ansicht Nord

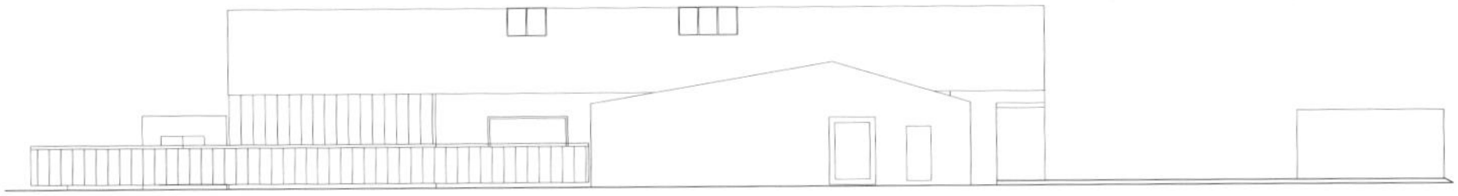

Ansicht Ost

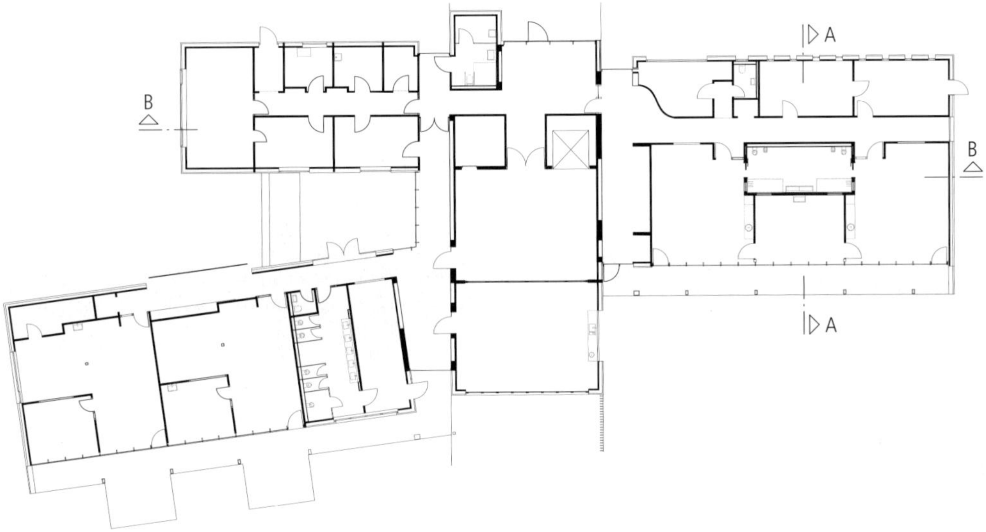

Erdgeschoss

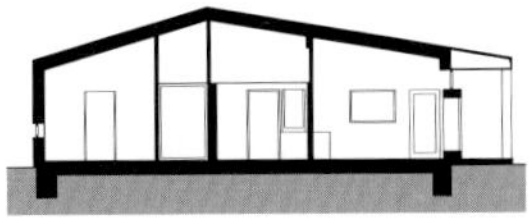

Schnitt A-A

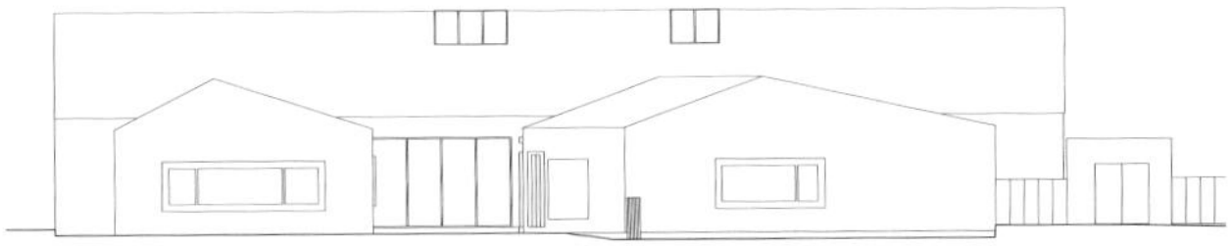

Ansicht West

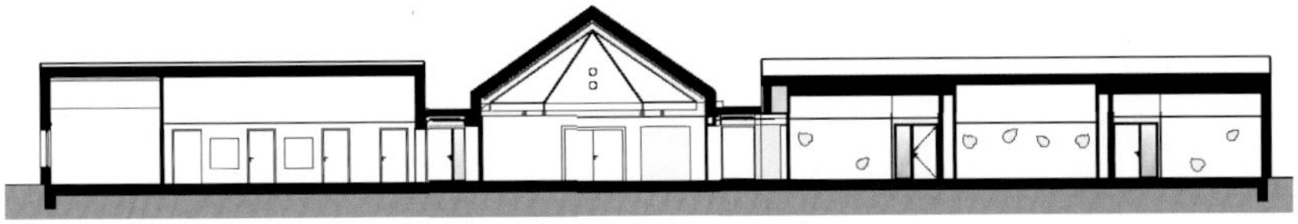

Schnitt B-B

Objektbeschreibung

Allgemeine Objektinformationen

Der Neubau bietet zwei Kinderkrippen-Gruppen à 12 Kinder und zwei Kindergarten-Gruppen à 25 Kinder Platz. Der zentrale Mittelbau beherbergt den Eingangsbereich, einen Mehrzweckraum und den gemeinsamen Essbereich mit angegliederter Terrasse. Wie die Hülle des Gebäudes ist auch sein Inneres vom Werkstoff Holz geprägt. Durch die eingeschossige Bauweise sind luftige Räume mit Raumhöhen bis zu sechs Metern entstanden, transparente Elemente in der Hülle und große Sitzfenster schaffen immer wieder einen direkten Bezug zum Außenbereich.

Nutzung

1 Erdgeschoss
Gruppenräume, Ruheräume, Nebenraum, Mehrzweckraum, Büro, Therapiezimmer, Personalraum, Essbereich, Sanitärräume, Eingangsbereich, Garderobe, Lagerräume, Putzraum, Waschküche, Technik

Nutzeinheiten

Gruppen: 4
Kinder: 74

Grundstück

Bauraum: Beengter Bauraum
Neigung: Ebenes Gelände
Bodenklasse: BK 3 bis BK 5

Markt

Hauptvergabezeit: 2. Quartal 2019
Baubeginn: 2. Quartal 2020
Bauende: 2. Quartal 2021
Konjunkturelle Gesamtlage: Durchschnitt
Regionaler Baumarkt: unter Durchschnitt

Baukonstruktion

Der CO_2-neutrale Neubau aus nachwachsenden Rohstoffen besitzt eine Gebäudehülle aus Holzmassivwänden mit Holzfaserdämmung. Die allseitige Holzschalung der Fassade aus grau gestrichenen Lärchenbrettern geht ohne sichtbare Traufe beinahe nahtlos in die gleichfarbige Dacheindeckung über, wodurch der Neubau monolithisch anmutet. Die Holz-Alufenster- und Türelemente sind mit Sonnenschutzglas dreifachverglast. Auf dem Heizestrich liegen Kautschukbelag oder Bodenfliesen. Im Innenbereich wurden die Holzoberflächen sichtbar gelassen.

Technische Anlagen

Eine energieeffiziente Wärmepumpe sorgt in Kombination mit einer Fußbodenheizung für behagliches Raumklima und eine gute energetische Bilanz. Frischluft fällt über ein zentrales Lüftungsgerät mit Wärmerückgewinnung ein.

Sonstiges

Das ausgewogene natürliche Farbkonzept im Innenraum mit sichtbar belassenem Holz, größtenteils weiß lasierter Fichte sowie grünen und blauen Akzenten führt dazu, dass das Innere und Äußere miteinander verschmelzen. Blätterförmige Ausschnitte als Guckfenster und organisch geformte Podestlandschaften aus Holz verstärken diesen Effekt. Große Fenster und Oberlichter sorgen für reichlich Tageslichteinfall, sonnengelbe Kautschukböden bringen Wärme in die Räume. Beleuchtung und Farben schaffen verschiedene Zonen für Konzentration, Ruhe, Spiel, Rückzug und Kommunikation. Der gesamte Neubau ist barrierefrei. Von den Gruppenräumen kann über eine Terrassenzone das gesamte Außen- und Spielgelände ebenerdig erreicht werden.

Energetische Kennwerte

Gesetzliche Grundlage: EnEV 2013
Gebäudenutzfläche: 876,00 m^2
Spez. Jahresprimärenergiebedarf: 93,00 kWh/($m^2 \cdot a$)
CO_2-Emissionen: 35,00 kg/($m^2 \cdot a$)

Planungskennwerte für Flächen und Rauminhalte nach DIN 277

Flächen des Grundstücks		Menge Einheit	% an GF
BF	Bebaute Fläche	2.258,52 m^2	31,9
UF	Unbebaute Fläche	4.832,48 m^2	68,1
GF	Grundstücksfläche	7.091,00 m^2	100,0

Grundflächen des Bauwerks		Menge Einheit	% an NUF	% an BGF
NUF	Nutzungsfläche	686,21 m^2	100,0	67,9
TF	Technikfläche	8,68 m^2	1,3	0,9
VF	Verkehrsfläche	200,04 m^2	29,2	19,8
NRF	Netto-Raumfläche	894,93 m^2	130,4	88,5
KGF	Konstruktions-Grundfläche	116,27 m^2	16,9	11,5
BGF	Brutto-Grundfläche	1.011,20 m^2	147,4	100,0

Brutto-Rauminhalt des Bauwerks		Menge Einheit	BRI/NUF (m)	BRI/BGF (m)
BRI	Brutto-Rauminhalt	6.131,58 m^3	8,94	6,06

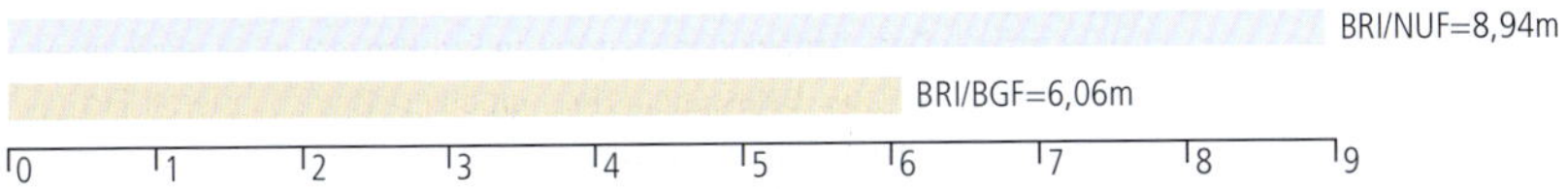

Kostenkennwerte für die Kostengruppen der 1. Ebene DIN 276

KG	Kostengruppen (1. Ebene)	Einheit	Kosten €	€/Einheit	€/m² BGF	€/m³ BRI	% 300+400
100	Grundstück	m² GF	–	–	–	–	–
200	Vorbereitende Maßnahmen	m² GF	–	–	–	–	–
300	Bauwerk – Baukonstruktionen	m² BGF	3.202.207	3.166,74	3.166,74	522,25	78,1
400	Bauwerk – Technische Anlagen	m² BGF	899.948	889,98	889,98	146,77	21,9
	Bauwerk 300+400	**m² BGF**	**4.102.155**	**4.056,72**	**4.056,72**	**669,02**	**100,0**
500	Außenanlagen und Freiflächen	m² AF	–	–	–	–	–
600	Ausstattung und Kunstwerke	m² BGF	–	–	–	–	–
700	Baunebenkosten	m² BGF	–	–	–	–	–
800	Finanzierung	m² BGF	–	–	–	–	–

KG	Kostengruppe	Menge Einheit	Kosten €	€/Einheit	%
3+4	**Bauwerk**				**100,0**
300	**Bauwerk – Baukonstruktionen**	1.011,20 m² BGF	3.202.207	**3.166,74**	78,1

Stb-Streifenfundamente, Stb-Bodenplatte, Tackerdämmplatte für Fußbodenheizung, Heizestrich, Kautschukbelag, Bodenfliesen, Abdichtung, Dämmung; Brettsperrholz-Außenwände, Dampfbremse, Holzfaserdämmstoff, Holz-Alufenster- und Türelemente, Dreifachverglasung, Sonnenschutzverglasung, Lattung, Holzschalung, Holzoberflächen innen und außen sichtbar; Brettsperrholz-Innenwände, Oberflächen sichtbar, Holzinnentüren, mobile Raumtrennwand; Holz-Dachkonstruktionen als Flach- und Satteldächer, Oberlichter, Lattung, luftdichte Abklebung, OSB-Platten, Sparren, Holzfaserweichdämmung, Unterspannbahn, Konterlattung, vollflächige Verschalung, Alu-Stehfalzdeckung, Akustik-Dachbekleidung

KG	Kostengruppe	Menge Einheit	Kosten €	€/Einheit	%
400	**Bauwerk – Technische Anlagen**	1.011,20 m² BGF	899.948	**889,98**	21,9

Gebäudeentwässerung, Kalt- und Warmwasserleitungen, Sanitärobjekte, elektrische Durchlauferhitzer; Wärmepumpe, Fußbodenheizung; zentrales Lüftungsgerät mit Wärmerückgewinnung; Elektroinstallation, Insta-BUS, LED-Beleuchtung; Telefon- und Sprechanlage, Brandmeldeanlage als Hausalarm

4400-0368
Kindertagesstätte
(3 Gruppen)
(75 Kinder)

Objektübersicht

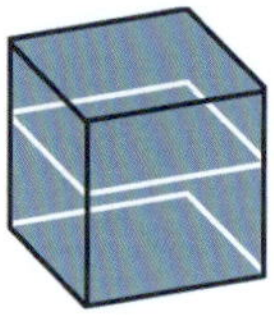

BRI 929 €/m^3

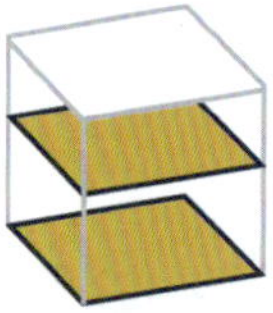

BGF 4.032 €/m^2

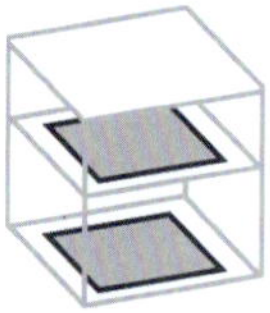

NUF 7.296 €/m^2

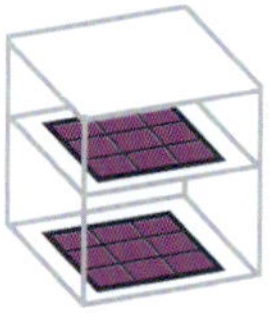

NE 70.743 €/NE

NE: Kinder

Objekt:
Kennwerte: 1.Ebene DIN 276
BRI: 5.712 m^3
BGF: 1.316 m^2
NUF: 727 m^2
Bauzeit: 74 Wochen
Bauende: 2022
Standard: über Durchschnitt
Bundesland: Bayern
Kreis: Ostallgäu

Architekt*in:
Freitag Hartmann Architekten
Belziger Straße 25
10823 Berlin

LPH 2, 7-9:
pur architekten
petri und raff PartGmbB
Schellingstraße 141
80798 München

Bauherr*in:
Stadt Marktoberdorf
Richard-Wengenmeier-Platz 1
87616 Marktoberdorf

© Philipp Nemenz

© Philipp Nemenz

© Philipp Nemenz

© Philipp Nemenz

Zeichnungen

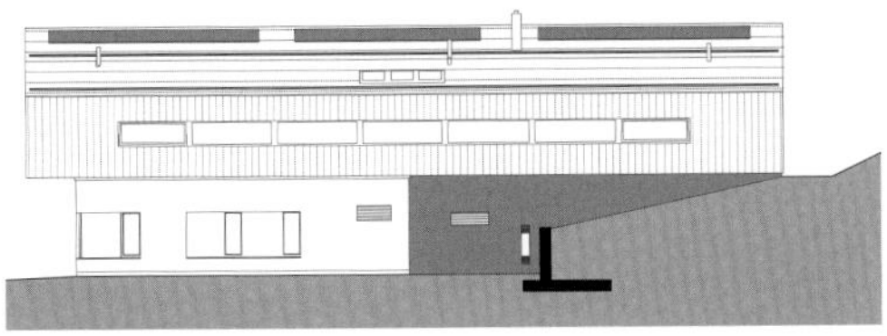

Ansicht Nord

Ansicht Süd

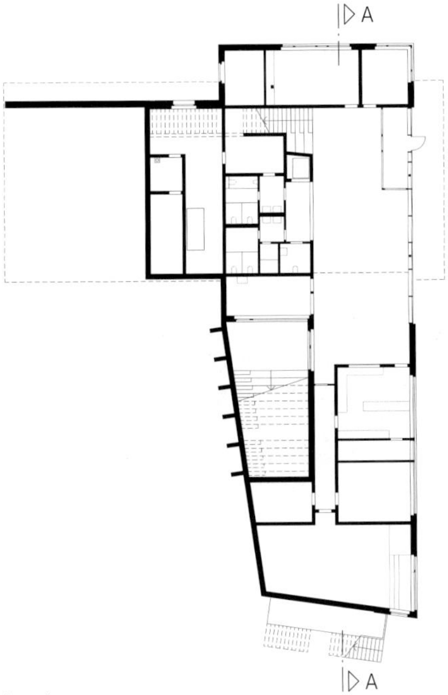

Erdgeschoss

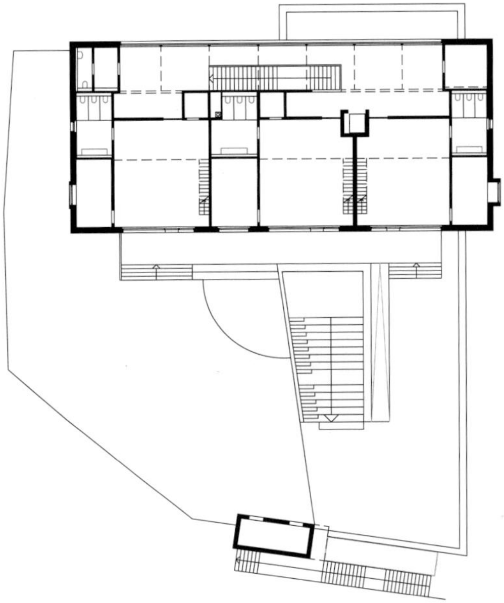

Obergeschoss

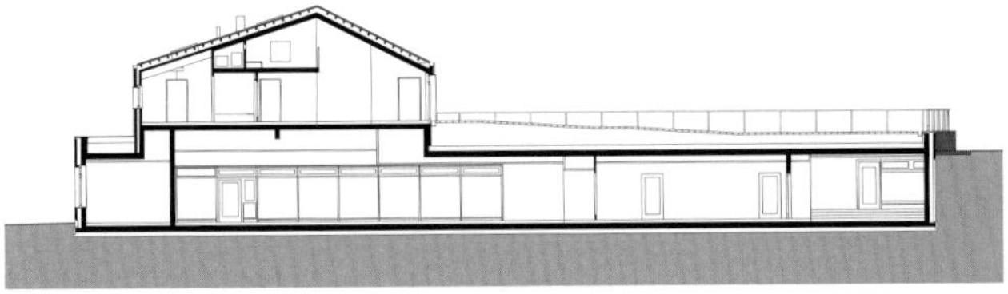

Schnitt A-A

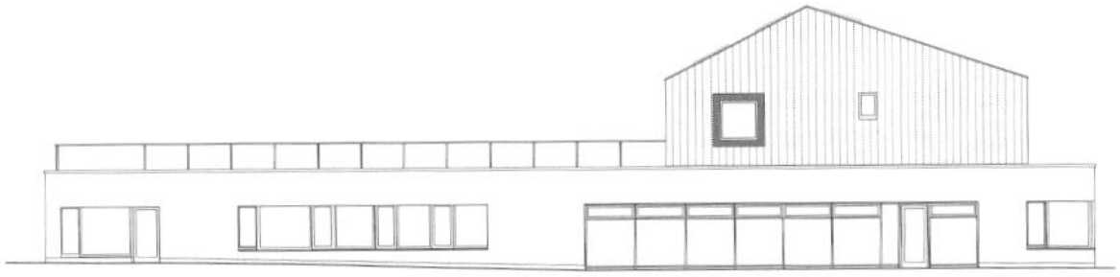

Ansicht Ost

Objektbeschreibung

Allgemeine Objektinformationen

Das Gebäude reagierte mit der Anhebung der Freifläche über das Sockelgeschoss auf die Hanglage, um die Freiflächen- und Besonnungssituation des Grundstücks zu verbessern. Alle Gemeinschaftseinrichtungen mit den zugeordneten Toiletten liegen im Erdgeschoss und sind auch außerhalb des Kindergartenbetriebes nutzbar. Das Foyer mit Treppenraum und Sitzstufen wird durch das Oberlicht zum lichtdurchfluteten Mittelpunkt des Hauses. Im Obergeschoss werden die Gruppenräume zu Familienbereichen zusammengefasst und funktionieren wie kleine Wohnungen.

Nutzung

1 Erdgeschoss
Foyer, Küche, Mensa, Verwaltung, Personalräume, Bewegung, Elternraum, Atelier, Treppe, Aufzug, Sanitärräume, Technik

1 Obergeschoss
Gruppenräume, Spielflur, Galerie, Sanitärräume, Terrasse

1 Dachgeschoss
Galerien zu den Gruppenräumen + Haustechnik

Nutzeinheiten

Gruppen: 3
Kinder: 75

Grundstück

Bauraum: Beengter Bauraum
Neigung: Hanglage
Bodenklasse: BK 1 bis BK 5

Markt

Hauptvergabezeit: 2.Quartal 2020
Baubeginn: 3.Quartal 2020
Bauende: 1.Quartal 2022
Konjunkturelle Gesamtlage: über Durchschnitt
Regionaler Baumarkt: unter Durchschnitt

Baukonstruktion

Das Sockelgeschoss des Hauses ist als gedämmter Stahlbeton-Massivbau ausgeführt. Die Flachgründung des Erdgeschosses mit Stahlbetonsporn zur hangabgewandten Seite ist in Massivbauweise errichtet und trägt das Obergeschoss aus einer Brettsperrholzkonstruktion. Die Verwendung von hochgedämmten, hinterlüfteten Holzfassaden im Obergeschoss, sowie gestrichenem WDVS für den Sockel schaffen ein Gleichgewicht zwischen Eigenständigkeit und Einfügung in die umgebende Bebauung. Das Dach und die Decken sind aus Holzhohl-Kastenelementen mit unterseitiger akustischer Lochung gefertigt. Große, dreifachverglaste Holz-Alu-Fenster bringen viel Licht in das Gebäude. Die Holz-Sparrenkonstruktion des Daches sind mit Dachziegeln belegt und haben eine Sparrenzwischendämmung. Die Böden sind mit Linoleum, in den Sanitärräumen mit Fliesen belegt. Die Materialen sind vorwiegend unbehandelt und farblich homogen.

Technische Anlagen

Das gesamt Gebäude wird mit einer Pelletheizung mit Wärme versorgt. Die Fußbodenheizung verteilt die Wärme in die Räume. Eine kontrollierte Be- und Entlüftung mit Wärmerückgewinnung wird wie die Elektroinstallation in Decken und Wände integriert und aktiviert die Bauteile thermisch. Auf süd- und nordorientiertem Dach wurde eine Photovoltaikanlage installiert. Ein Aufzug verbindet die Geschosse.

Sonstiges

Energiesparendes Gebäude nach KfW 55 Standard

Energetische Kennwerte

Gesetzliche Grundlage: EnEV 2013
Gebäudenutzfläche: 1.100,00 m^2
Gebäudevolumen: 4.618,00 m^3
A/V_e-Verhältnis (Kompaktheit): 0,55 m^{-1}
Hüllfläche des beheizten Volumens: 2.558,00 m^2
Mittlerer U-Wert (opake Bauteile): 0,16 $W/(m^2 \cdot K)$
Mittlerer U-Wert (transparente Bauteile): 0,90 $W/(m^2 \cdot K)$
Mittlerer U-Wert (Glasdächer, etc.): 1,30 $W/(m^2 \cdot K)$
Spez. Jahresprimärenergiebedarf: 40,77 $kWh/(m^2 \cdot a)$
Spez. Jahresendenergiebedarf: 123,08 $kWh/(m^2 \cdot a)$
CO_2-Emissionen: 6,62 $kg/(m^2 \cdot a)$

Planungskennwerte für Flächen und Rauminhalte nach DIN 277

Flächen des Grundstücks		Menge Einheit	% an GF
BF	Bebaute Fläche	745,00 m^2	6,9
UF	Unbebaute Fläche	10.086,00 m^2	93,1
GF	Grundstücksfläche	10.831,00 m^2	100,0

Grundflächen des Bauwerks		Menge Einheit	% an NUF	% an BGF
NUF	Nutzungsfläche	727,25 m^2	100,0	55,3
TF	Technikfläche	155,30 m^2	21,4	11,8
VF	Verkehrsfläche	175,40 m^2	24,1	13,3
NRF	Netto-Raumfläche	1.057,95 m^2	145,5	80,4
KGF	Konstruktions-Grundfläche	258,05 m^2	35,5	19,6
BGF	Brutto-Grundfläche	1.316,00 m^2	181,0	100,0

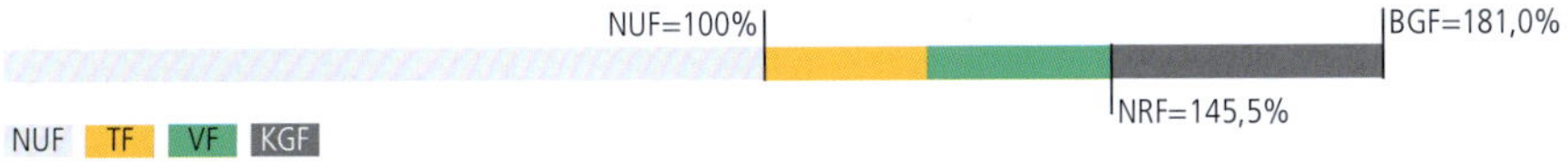

Brutto-Rauminhalt des Bauwerks		Menge Einheit	BRI/NUF (m)	BRI/BGF (m)
BRI	Brutto-Rauminhalt	5.712,00 m^3	7,85	4,34

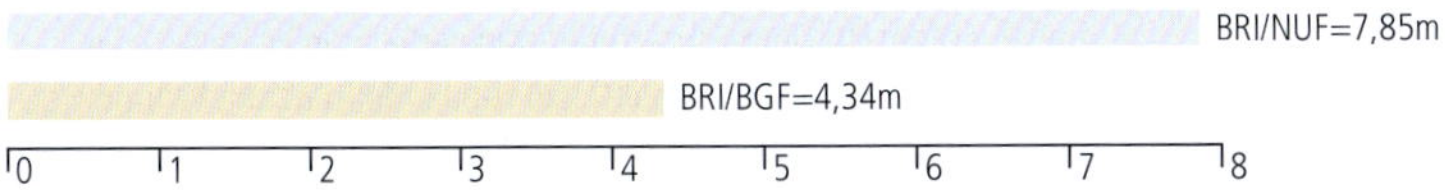

Kostenkennwerte für die Kostengruppen der 1. Ebene DIN 276

KG	Kostengruppen (1. Ebene)	Einheit	Kosten €	€/Einheit	€/m² BGF	€/m³ BRI	% 300+400
100	Grundstück	m² GF	–	–	–	–	–
200	Vorbereitende Maßnahmen	m² GF	219.704	20,28	166,95	38,46	4,1
300	Bauwerk – Baukonstruktionen	m² BGF	3.552.736	2.699,65	2.699,65	621,98	67,0
400	Bauwerk – Technische Anlagen	m² BGF	1.752.953	1.332,03	1.332,03	306,89	33,0
	Bauwerk 300+400	**m² BGF**	**5.305.689**	**4.031,68**	**4.031,68**	**928,87**	**100,0**
500	Außenanlagen und Freiflächen	m² AF	1.098.518	574,24	834,74	192,32	20,7
600	Ausstattung und Kunstwerke	m² BGF	77.542	58,92	58,92	13,58	1,5
700	Baunebenkosten	m² BGF	–	–	–	–	–
800	Finanzierung	m² BGF	–	–	–	–	–

KG	Kostengruppe	Menge Einheit	Kosten €	€/Einheit	%
200	**Vorbereitende Maßnahmen**	10.831,00 m² GF	219.704	**20,28**	4,1
	Abriss vorhandenes Gebäude				
3+4	**Bauwerk**				**100,0**
300	**Bauwerk – Baukonstruktionen**	1.316,00 m² BGF	3.552.736	**2.699,65**	67,0
	Baugrubenaushub; Stb-Bodenplatte, Dämmung, Zementestrich, Linoleum, Bodenfliesen; Stb-Wände, KS-Wände, Holz-Alu-Fenster, dreifachverglast, Holz-Alutüren, WDVS im EG, Dämmung, hinterlüftete Holzbekleidung im OG, Raffstores; GK-Wände, Holzständerwände, Holztüren, Holzbekleidung, GK-Bekleidung, Wandfliesen, Beschichtung; Stb-Decke, Stb-Treppe, Decken als Holzhohl-Kastenelemente, Heizestrich, Linoleum, Bodenfliesen, Holzbeläge Treppe, Geländer; Sparrendach, Holzhohl-Kastenelemente, Zwischensparrendämmung, Dachsteine, Dachentwässerung				
400	**Bauwerk – Technische Anlagen**	1.316,00 m² BGF	1.752.953	**1.332,03**	33,0
	Gebäudeentwässerung, Kalt- und Warmwasserleitungen, Sanitärobjekte; Luft-Wasser-Wärmepumpe, Fußbodenheizung; Lüftungsanlage mit Wärmerückgewinnung; PV-Anlage, Elektroinstallation, Beleuchtung; Türsprechanlage, Telefon, EDV-Verkabelung; Aufzug; Gebäudeautomation				
500	**Außenanlagen und Freiflächen**	1.913,00 m² AF	1.098.518	**574,24**	20,7
	Freianlage zum Kindergarten				
600	**Ausstattung und Kunstwerke**	1.316,00 m² BGF	77.542	**58,92**	1,5
	Möblierung				

4400-0369
Kindertagesstätte
(4 Gruppen)
(84 Kinder)

Objektübersicht

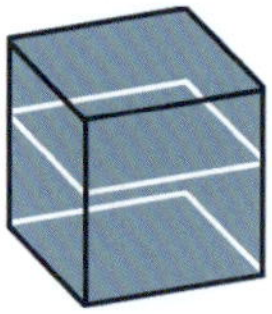

BRI 976 €/m^3

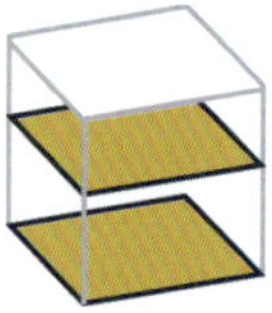

BGF 4.204 €/m^2

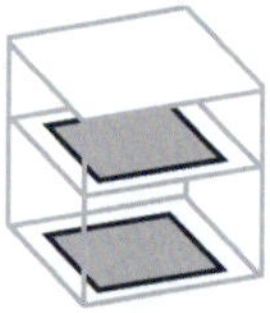

NUF 6.391 €/m^2

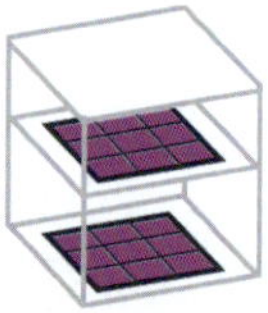

NE 43.140 €/NE

NE: Kinder

Objekt:
Kennwerte: 1. Ebene DIN 276
BRI: 3.712 m^3
BGF: 862 m^2
NUF: 567 m^2
Bauzeit: 74 Wochen
Bauende: 2021
Standard: Durchschnitt
Bundesland: Nordrhein-Westfalen
Kreis: Düsseldorf, Stadt

Architekt*in:
WOLLENWEBER-ARCHITEKTUR
Kronprinzenstraße 9
40717 Düsseldorf

Bauherr*in:
Gebäudemanagement Neuss
Meererhof 1
41462 Neuss

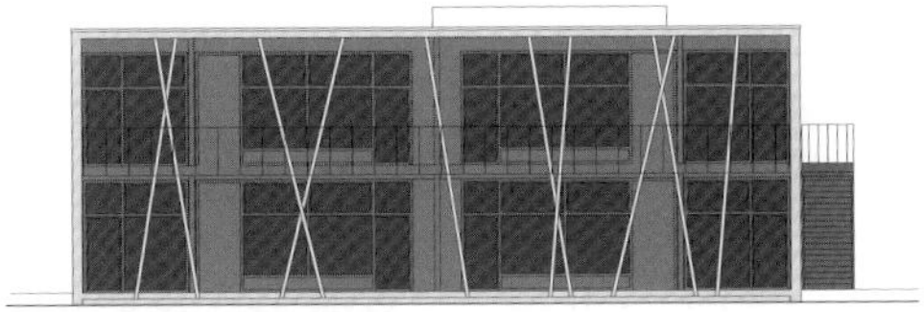
Ansicht Süd-West

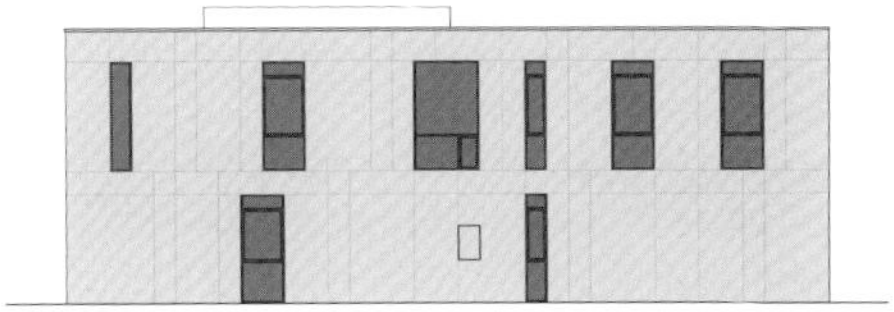
Ansicht Nord-Ost

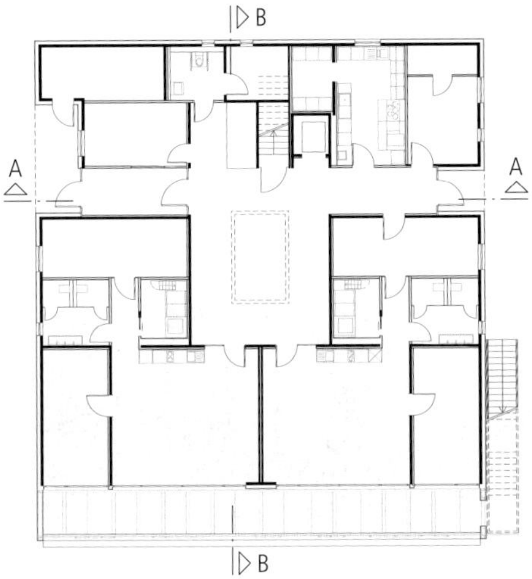

Erdgeschoss

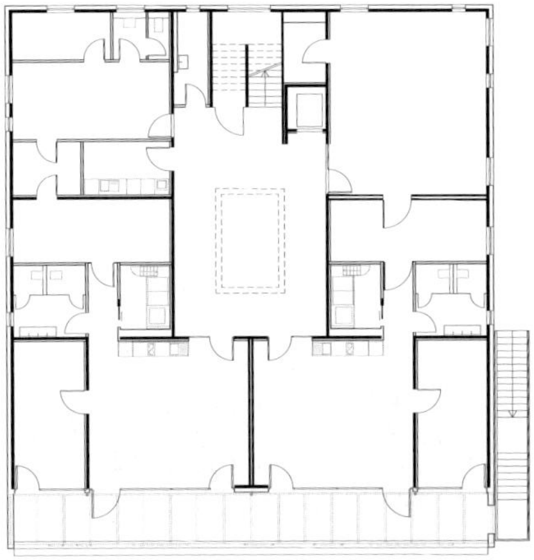
Obergeschoss

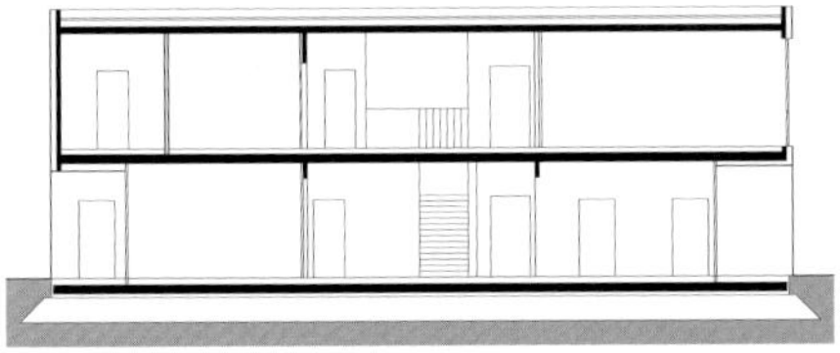
Schnitt A-A

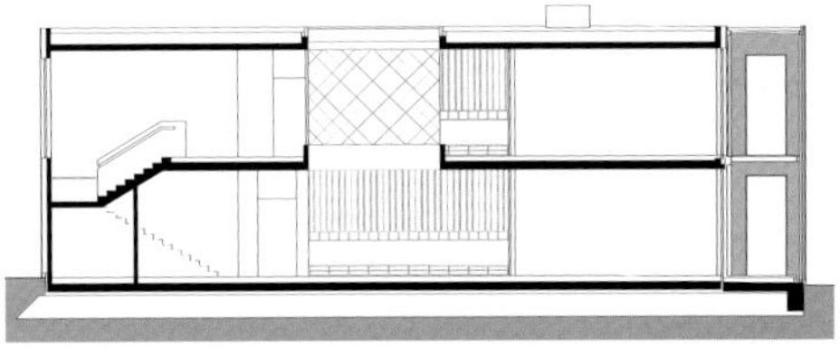
Schnitt B-B

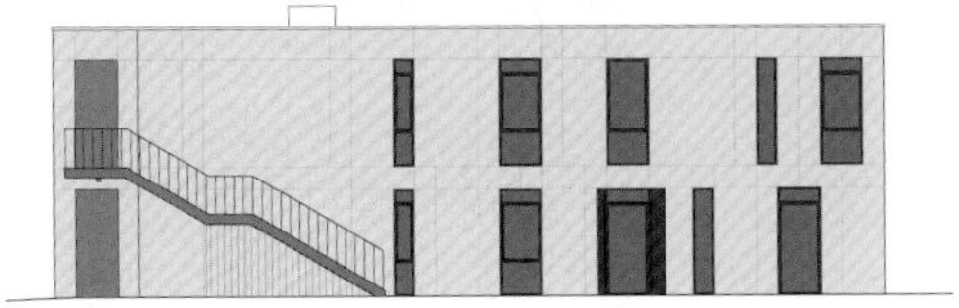
Ansicht Süd-Ost

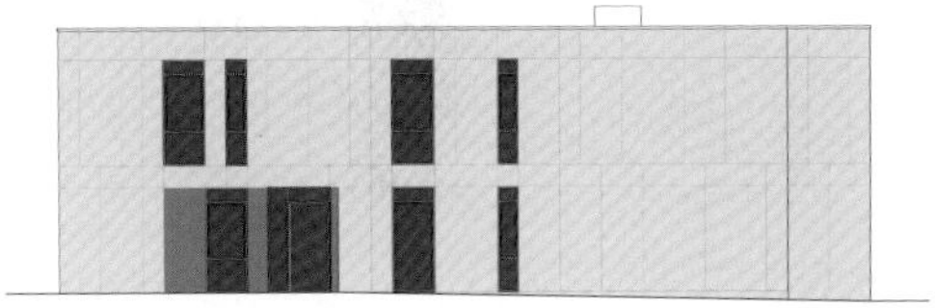
Ansicht Nord-West

Objektbeschreibung

Allgemeine Objektinformationen

Der zweigeschossige Neubau einer Kindertagesstätte beherbergt vier Gruppen. Im Herzstück befindet sich ein zweigeschossiger Bereich, der mit einem großen Oberlicht das Erdgeschoss mit Tageslicht und Frischluft versorgt. Die Gruppenräume sind um diesen zentralen Bereich angeordnet. Die sichtbare Holzkonstruktion sorgt für ein angenehmes Raumklima und macht die ökologische Bauweise erlebbar und strahlt ein hohes Maß an Behaglichkeit und Wärme aus.

Nutzung

1 Erdgeschoss
Foyer, Spielflur, Windfang, Gruppenräume, Schlafräume, Nebenräume, Sanitärräume, Küche, Therapieraum, Büro, Technik, Abstellraum, Aufzug

1 Obergeschoss
Spielflur, Gruppenräume, Schlafräume, Nebenräume, Mehrzweckraum, Personalräume, Sanitärräume, Verteilerküche, Hauswirtschaftsraum, Abstellraum, Aufzug

Nutzeinheiten

Gruppen: 4
Kinder: 84

Grundstück

Bauraum: Freier Bauraum
Neigung: Ebenes Gelände
Bodenklasse: BK 1 bis BK 3

Markt

Hauptvergabezeit: 2. Quartal 2020
Baubeginn: 1. Quartal 2020
Bauende: 3. Quartal 2021
Konjunkturelle Gesamtlage: Durchschnitt
Regionaler Baumarkt: Durchschnitt

Baukonstruktion

Der als massiver Holzbau konzipierte Baukörper gründet auf einer 25cm starken Stahlbetonbodenplatte. Die Außenwände, sowie die Decken und das Flachdach sind aus massiven Brettsperrholzplatten vorgefertigt. Die Innenwände sind teilweise in GK-Trockenbauweise oder aus Brettsperrholzelementen gefertigt. Die Fassade wurde mit hinterlüfteten Faserzementplatten bekleidet. Die Alufenster- und Türen sind dreifachverglast. Die Böden wurden mit Linoleum oder Bodenfliesen belegt, die Decken mit Holzakustikelementen abgehängt.

Technische Anlagen

Beheizt wird die Kita über eine geothermische Wärmepumpe, Warmwasser wird über einen elektrischen Durchlauferhitzer bereitet. Die Wärmeverteilung erfolgt über eine Fußbodenheizung. Ein zentrales Lüftungsgerät mit Wärmerückgewinnung wurde eingebaut und versorgt die Räume mit Frischluft. Das Gebäude ist barrierefrei mit einem Aufzug ausgestattet. Es wurde eine RWA-Anlage und eine Brandwarnanlage eingebaut.

Sonstiges

Eine außenliegende Verschattung sowie die vorgestellte Balkonkonstruktion verhindern eine Überhitzung des Innenraumes. Zudem werden über die großen Fensterflächen passive solare Gewinne generiert, die den Wärmebedarf minimieren.

Planungskennwerte für Flächen und Rauminhalte nach DIN 277

Flächen des Grundstücks		Menge Einheit	% an GF
BF	Bebaute Fläche	426,00 m2	18,4
UF	Unbebaute Fläche	1.884,00 m2	81,6
GF	Grundstücksfläche	2.310,00 m2	100,0

Grundflächen des Bauwerks		Menge Einheit	% an NUF	% an BGF
NUF	Nutzungsfläche	567,00 m2	100,0	65,8
TF	Technikfläche	14,00 m2	2,5	1,6
VF	Verkehrsfläche	169,00 m2	29,8	19,6
NRF	Netto-Raumfläche	750,00 m2	132,3	87,0
KGF	Konstruktions-Grundfläche	112,00 m2	19,8	13,0
BGF	Brutto-Grundfläche	862,00 m2	152,0	100,0

Brutto-Rauminhalt des Bauwerks		Menge Einheit	BRI/NUF (m)	BRI/BGF (m)
BRI	Brutto-Rauminhalt	3.712,00 m3	6,55	4,31

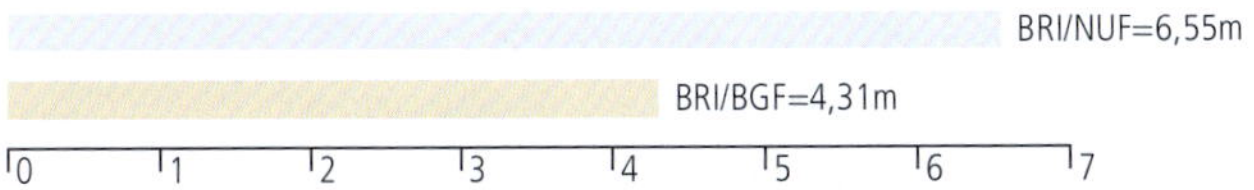

Kostenkennwerte für die Kostengruppen der 1. Ebene DIN 276

KG	Kostengruppen (1. Ebene)	Einheit	Kosten €	€/Einheit	€/m² BGF	€/m³ BRI	% 300+400
100	Grundstück	m² GF	–	–	–	–	–
200	Vorbereitende Maßnahmen	m² GF	–	–	–	–	–
300	Bauwerk – Baukonstruktionen	m² BGF	2.522.727	2.926,60	2.926,60	679,61	69,6
400	Bauwerk – Technische Anlagen	m² BGF	1.101.004	1.277,27	1.277,27	296,61	30,4
	Bauwerk 300+400	**m² BGF**	**3.623.731**	**4.203,86**	**4.203,86**	**976,22**	**100,0**
500	Außenanlagen und Freiflächen	m² AF	–	–	–	–	–
600	Ausstattung und Kunstwerke	m² BGF	–	–	–	–	–
700	Baunebenkosten	m² BGF	–	–	–	–	–
800	Finanzierung	m² BGF	–	–	–	–	–

KG	Kostengruppe	Menge Einheit	Kosten €	€/Einheit	%
3+4	**Bauwerk**				**100,0**
300	**Bauwerk – Baukonstruktionen**	862,00 m² BGF	2.522.727	**2.926,60**	69,6

Baugrundverbesserung, Stb-Bodenplatte, Abdichtung, Dämmung, Zementestrich, Linoleum, Bodenfliesen; Brettsperrholzwände, Alufenster, dreifachverglast, Alutüren, hinterlüftete, gedämmte Faserzementfassade, Holzoberflächen sichtbar, Beschichtung, Holzschalung, Raffstores; Brettschicht-Innenwände, GK-Wände, Holztüren, Blockzargen, Stahlumfassungszargen, GK-Vorsatzschalen, Beschichtung, Mineralwoll-Schalldämmung; Brettsperrholzdecken, Brettsperrholz-Treppen, Massivholzstufen, Stahl-Balkonanlage, Stahl-Fluchttreppe, Estrich, Linoleum, Bodenfliesen, Akustikdecken, GK-Decken, abgehängt; Brettsperrholz-Flachdach, Gefälledämmung, Abdichtung, Gründach, Dachentwässerung; Sekuranten

KG	Kostengruppe	Menge Einheit	Kosten €	€/Einheit	%
400	**Bauwerk – Technische Anlagen**	862,00 m² BGF	1.101.004	**1.277,27**	30,4

Gebäudeentwässerung, Kaltwasserleitungen, Sanitärobjekte, elektrische Durchlauferhitzer; geothermische Wärmepumpe, Fußbodenheizung, zentrales Lüftungsgerät mit Wärmerückgewinnung auf Dach; Elektroinstallation, LED-Beleuchtung, Blitzschutz; Telefonanlage, Gegensprechanlage; RWA-Anlage, Brandwarnanlage; Personenaufzug

4400-0370
Kindertagesstätte
(6 Gruppen)
(100 Kinder)

Objektübersicht

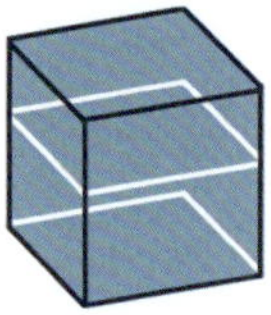

BRI 602 €/m³

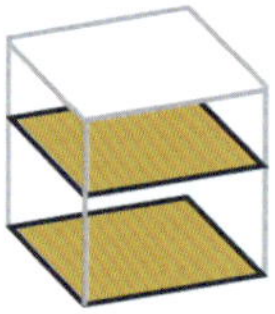

BGF 2.378 €/m²

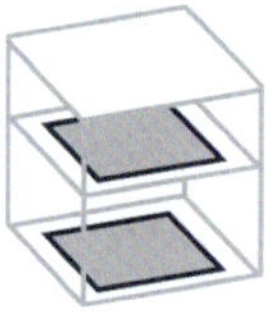

NUF 4.412 €/m²

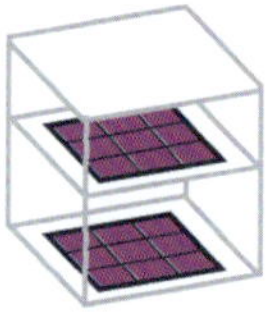

NE 36.014 €/NE

NE: Kinder

Objekt:
Kennwerte: 1. Ebene DIN 276
BRI: 5.980 m³
BGF: 1.515 m²
NUF: 816 m²
Bauzeit: 61 Wochen
Bauende: 2022
Standard: Durchschnitt
Bundesland: Schleswig-Holstein
Kreis: Nordfriesland

Architekt*in:
JF ARCHITEKTEN
UND STADTPLANER
Fuchs und Dycker
PartG mbB BDA
Hafenstraße 9
25813 Husum

Bauherr*in:
Gemeinde Mildstedt
25866 Mildstedt

Zeichnungen

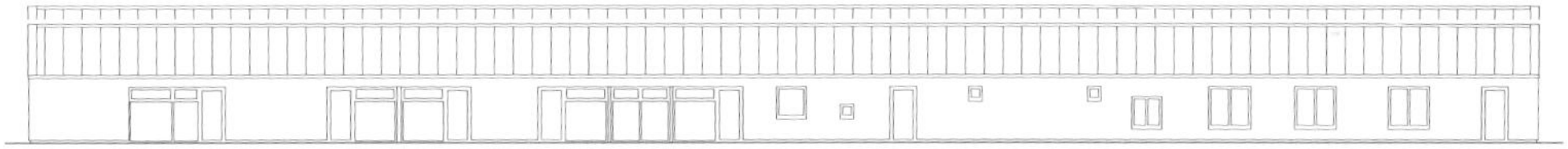

Ansicht Nord

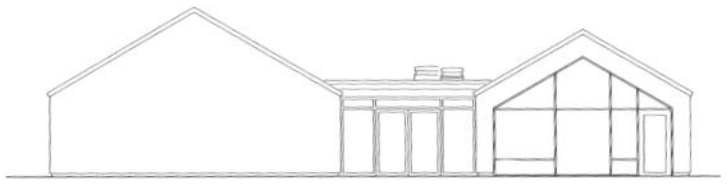

Ansicht Ost

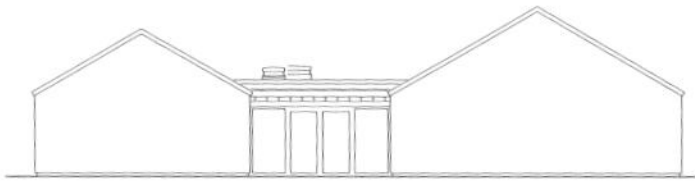

Ansicht West

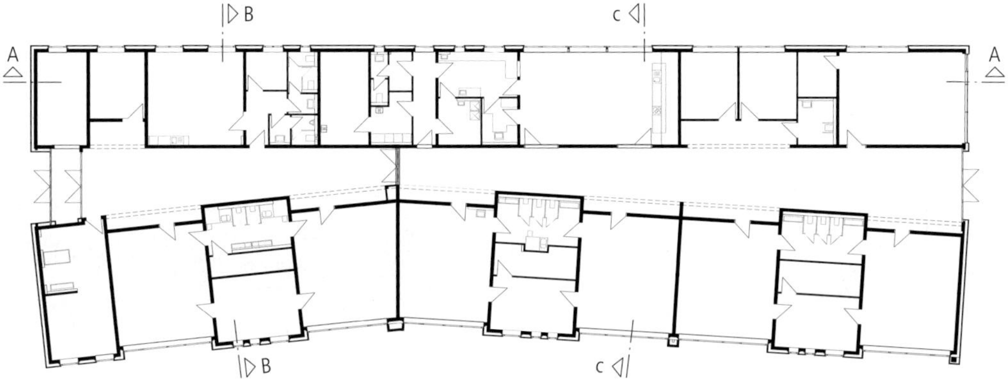

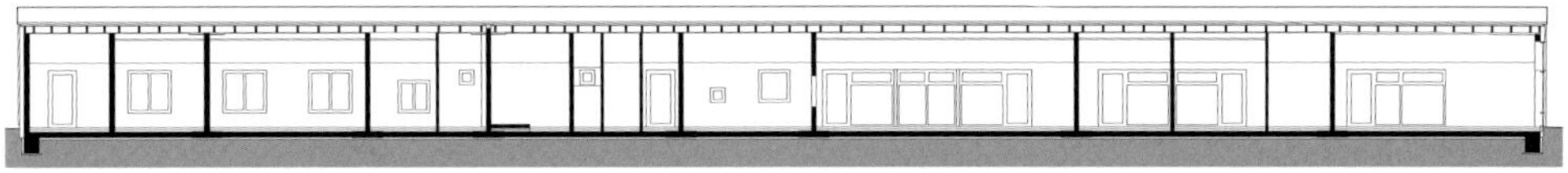

Schnitt A-A

Schnitt B-B

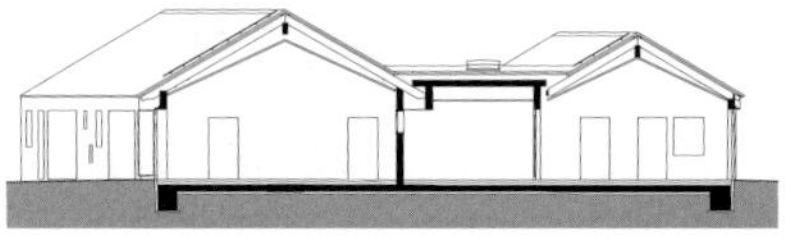

Schnitt C-C

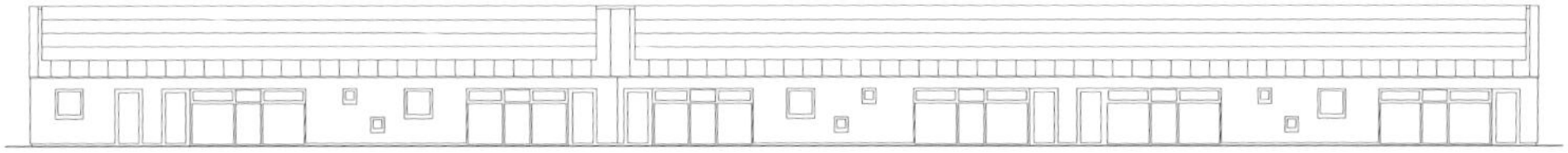

Ansicht Süd

Objektbeschreibung

Allgemeine Objektinformationen

Mit einer eingeschossigen Bauweise und Satteldachausbildung passt sich die Kindertagesstätte der umgebenden Bebauung an. Aufgrund der geringen Tiefe des Grundstücks erfolgte eine Ausbildung von zwei langgestreckten Gebäuderiegeln, die über eine mit einem Flachdach versehene Flurzone auf ganzer Länge verbunden sind. Sämtliche sechs Gruppenräume konnten Richtung Süden orientiert werden. Die übrigen Nutzungen wie z.B. Speise- und Bewegungsraum sowie Verwaltungsräume fanden Platz im nördlichen Gebäuderiegel.

Nutzung

1 Erdgeschoss
Gemeinschaftsflächen, Elternecke, Ausgabeküche, Speiseraum, Hauswirtschaftsraum, Fachräume, Bewegungsraum, Gruppenräume, Nebenräume, Ruheräume, Schlafräume, Matschraum, Büro, Personal, WCs, Umkleiden, Lager, Kinderwagen-Abstellraum, Abstellräume, Müllraum, Hausanschlussraum, Terrassen

1 Obergeschoss
Lüftungsräume

Nutzeinheiten

Gruppen: 6
Kinder: 100

Grundstück

Bauraum: Freier Bauraum
Neigung: Ebenes Gelände
Bodenklasse: BK 1 bis BK 4

Markt

Hauptvergabezeit: 2. Quartal 2021
Baubeginn: 2. Quartal 2021
Bauende: 3. Quartal 2022
Konjunkturelle Gesamtlage: über Durchschnitt
Regionaler Baumarkt: unter Durchschnitt

Baukonstruktion

Es wurde eine massive Bauweise aus Mauerwerk und Stahlbeton auf einer konventionellen Flachgründung gewählt, die insbesondere auch die Anforderungen an Schall- und Brandschutz auf wirtschaftliche Art und Weise erfüllt. Die Satteldächer bestehen aus Holzkonstruktionen, das Flachdach aus einer mit extensiver Dachbegrünung versehenen Stahlbetondecke.

Technische Anlagen

Für die Beheizung des Gebäudes ist eine Luft-Wasser-Wärmepumpe eingebaut. Die Verteilung der Wärme erfolgt über eine Fußbodenheizung. Der nötige Luftwechsel wird durch dezentrale Lüftungsanlagen mit Wärmerückgewinnung gewährleistet. Südorientierte PV-Module dienen der Eigenstromversorgung. Die Ausgabeküche ist mit Objekten aus Edelstahl ausgestattet.

Sonstiges

Die ausgeführten Materialien sind langlebig und verursachen keine höheren Wartungs- und Reinigungskosten. Die Kosten eines Nebengebäudes sind in den genannten Kosten enthalten.

Energetische Kennwerte

Gesetzliche Grundlage: EnEV 2013
Gebäudenutzfläche: 1.130,00 m²
Spez. Jahresprimärenergiebedarf: 89,00 kWh/(m²·a)
CO_2-Emissionen: 28,00 kg/(m²·a)

Planungskennwerte für Flächen und Rauminhalte nach DIN 277

Flächen des Grundstücks		Menge Einheit	% an GF
BF	Bebaute Fläche	1.325,59 m^2	16,3
UF	Unbebaute Fläche	6.792,41 m^2	83,7
GF	Grundstücksfläche	8.118,00 m^2	100,0

Grundflächen des Bauwerks		Menge Einheit	% an NUF	% an BGF
NUF	Nutzungsfläche	816,31 m^2	100,0	53,9
TF	Technikfläche	84,09 m^2	10,3	5,6
VF	Verkehrsfläche	329,31 m^2	40,3	21,7
NRF	Netto-Raumfläche	1.229,71 m^2	150,6	81,2
KGF	Konstruktions-Grundfläche	284,79 m^2	34,9	18,8
BGF	Brutto-Grundfläche	1.514,50 m^2	185,5	100,0

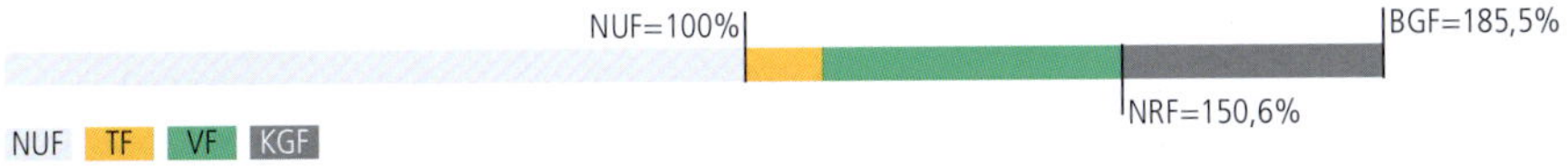

Brutto-Rauminhalt des Bauwerks		Menge Einheit	BRI/NUF (m)	BRI/BGF (m)
BRI	Brutto-Rauminhalt	5.979,87 m^3	7,33	3,95

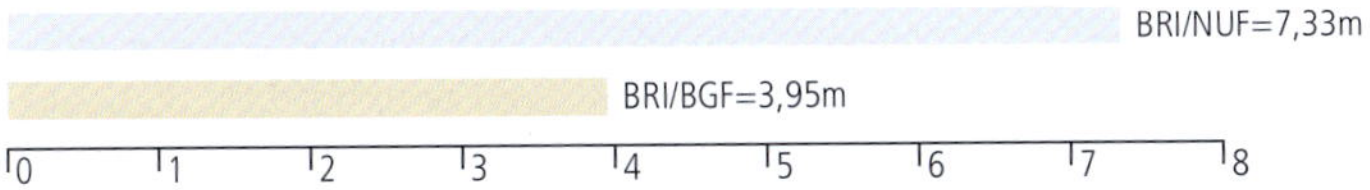

Kostenkennwerte für die Kostengruppen der 1. Ebene DIN 276

KG	Kostengruppen (1. Ebene)	Einheit	Kosten €	€/Einheit	€/m² BGF	€/m³ BRI	% 300+400
100	Grundstück	m² GF	–	–	–	–	–
200	Vorbereitende Maßnahmen	m² GF	–	–	–	–	–
300	Bauwerk – Baukonstruktionen	m² BGF	2.570.669	1.697,37	1.697,37	429,89	71,4
400	Bauwerk – Technische Anlagen	m² BGF	1.030.693	680,55	680,55	172,36	28,6
	Bauwerk 300+400	**m² BGF**	**3.601.363**	**2.377,92**	**2.377,92**	**602,25**	**100,0**
500	Außenanlagen und Freiflächen	m² AF	–	–	–	–	–
600	Ausstattung und Kunstwerke	m² BGF	–	–	–	–	–
700	Baunebenkosten	m² BGF	–	–	–	–	–
800	Finanzierung	m² BGF	–	–	–	–	–

KG	Kostengruppe	Menge Einheit	Kosten €	€/Einheit	%
3+4	**Bauwerk**				**100,0**
300	**Bauwerk – Baukonstruktionen**	1.514,50 m² BGF	2.570.669	**1.697,37**	71,4

Baugrubenaushub; Stb-Fundamente, Stb-Bodenplatte, Heizestrich, Kautschukbelag, Bodenfliesen, Abdichtung, Perimeterdämmung; Mauerwerkswände, Stb-Stützen, Alufenster, Dreifachverglasung, teilw. Sonnenschutzverglasung, Wärmedämmung, Faserzementfassade; Innenmauerwerk, Wandfliesen, WC-Trennwände; Stb-Decken, Bodenluken, Holzwolle-Leichtbau-Akustikplatten; Holzbalkendach, Stb-Dach, Oberlichter, Alu-Profilbleche, Dämmung, Abdichtung, extensive Dachbegrünung, Dachentwässerung, Holzwolle-Leichtbau-Akustikplatten

KG	Kostengruppe	Menge Einheit	Kosten €	€/Einheit	%
400	**Bauwerk – Technische Anlagen**	1.514,50 m² BGF	1.030.693	**680,55**	28,6

Gebäudeentwässerung, Kalt- und Warmwasserleitungen, Sanitärobjekte; Luft-Wasser-Wärmepumpe, Fußbodenheizung; dezentrale Lüftungsanlagen mit Wärmerückgewinnung; Elektroinstallation, PV-Anlage (365m²), Beleuchtung, Sicherheitsleuchten; Datenübertragungsanlage, LED-Hupe, Elektronik-Gong, Klingeltableau, Gefahrenmelde- und Alarmanlage mit automatischen Rauchmeldern; Ausgabeküche, Feuerlöscher

4400-0371
Kindertagesstätte
(4 Gruppen)
(80 Kinder)

Objektübersicht

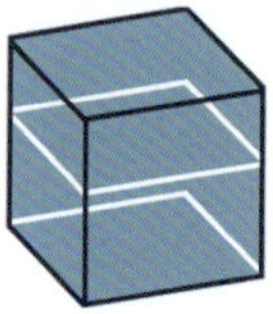

BRI 606 €/m³

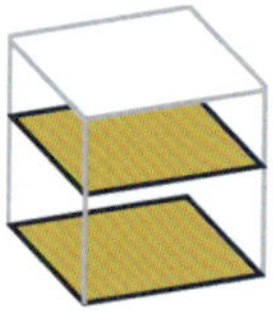

BGF 2.659 €/m²

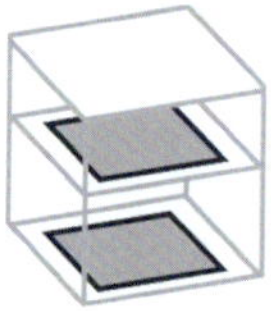

NUF 3.661 €/m²

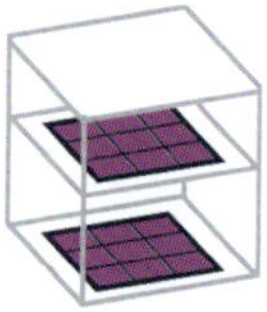

NE 29.187 €/NE

NE: Kinder

Objekt:
Kennwerte: 1. Ebene DIN 276
BRI: 3.851 m³
BGF: 878 m²
NUF: 638 m²
Bauzeit: 48 Wochen
Bauende: 2022
Standard: Durchschnitt
Bundesland: Schleswig-Holstein
Kreis: Nordfriesland

Architekt*in:
JF ARCHITEKTEN UND STADTPLANER
Fuchs und Dycker
PartG mbB BDA
Hafenstraße 9
25813 Husum

Bauherr*in:
Gemeinde Hattstedt
25856 Hattstedt

© JF ARCHITEKTEN UND STADTPLANER

© JF ARCHITEKTEN UND STADTPLANER

© JF ARCHITEKTEN

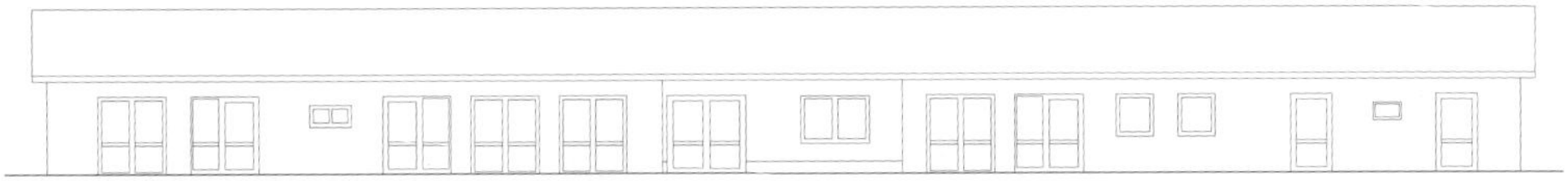

Ansicht Nord

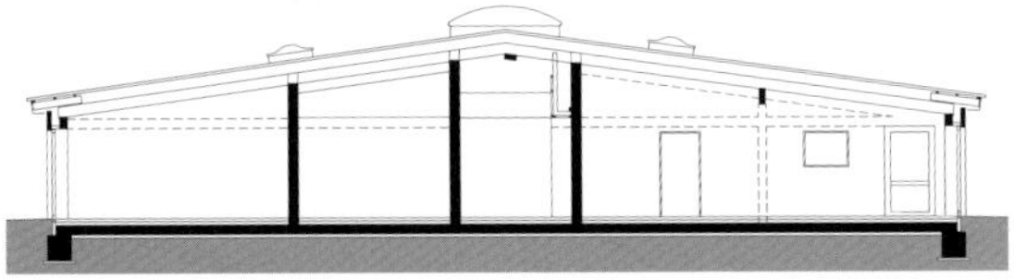

Schnitt A-A

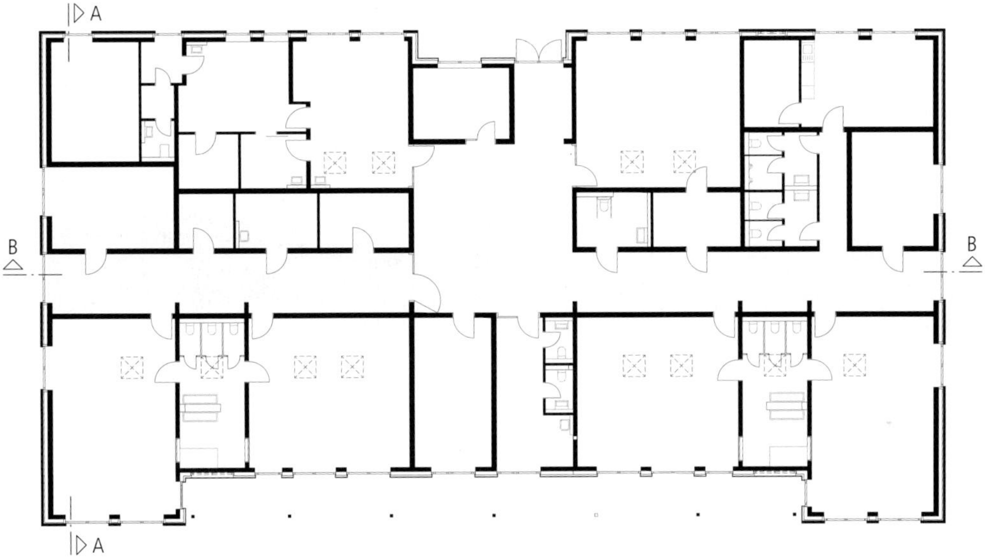

Erdgeschoss

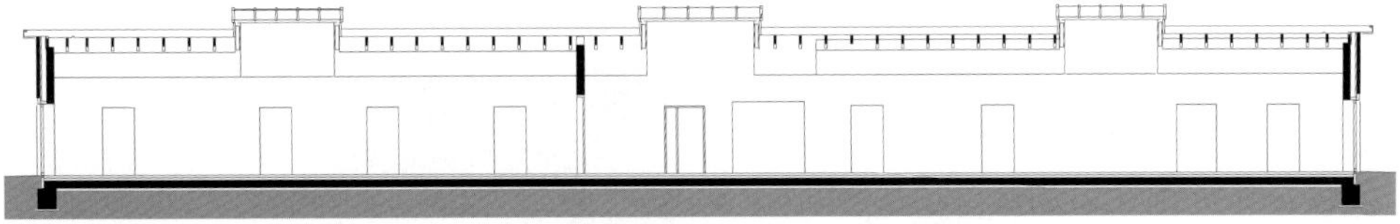

Schnitt B-B

Ansicht Ost

Objektbeschreibung

Allgemeine Objektinformationen

Eine klare Raumanordnung des Neubaus ermöglicht es, alle Gruppenräume gleichberechtigt nach Süden zur Spielfläche hin zu orientieren. Der zentrale Flur wird durch Oberlichter mit Tageslicht versorgt, sodass trotz des kompakten Grundrisses helle, freundliche Räume entstanden sind. Die Funktionsräume liegen in der Mittelzone ohne Tageslicht. Die Nebennutzungen, der Speiseraum, die Küche sowie der Bewegungsraum orientieren sich nach Norden.

Nutzung

1 Erdgeschoss
Gruppenräume, Schlafräume, Bewegungsraum, Küche, Speiseraum, Hauswirtschaftsraum, Büro, Personal, Garderoben, WCs, Umkleiden, Lager, Abstellräume, Hausanschlussraum

Nutzeinheiten

Gruppen: 4
Kinder: 80

Grundstück

Bauraum: Beengter Bauraum
Neigung: Ebenes Gelände
Bodenklasse: BK 1 bis BK 4

Besonderer Kosteneinfluss Grundstück
Die ca. 80cm starke Mutterbodenauffüllung auf dem Gelände musste aufgrund der Schadstoffanalysen abgefahren werden.

Markt

Hauptvergabezeit: 3. Quartal 2021
Baubeginn: 3. Quartal 2021
Bauende: 3. Quartal 2022
Konjunkturelle Gesamtlage: über Durchschnitt
Regionaler Baumarkt: unter Durchschnitt

Baukonstruktion

Das Gebäude ist mit einer konventionellen Flachgründung ausgeführt, die Sohlplatte allerdings aufgrund des Grundwasserstandes in WU-Qualität hergestellt. Das Tragwerk ist konventionell massiv aus Mauerwerk und Stahlbeton. So sind die Anforderungen an Schall- und Brandschutz auf wirtschaftliche Art und Weise erfüllt. Auf dem Heizestrich liegen Kautschukbelag oder Bodenfliesen. Die Kunststofffenster haben teilweise eine Sonnenschutzverglasung erhalten. Als Fassadenbekleidung wurde Ziegel und Lärchenholz gewählt. Das Dachtragwerk ist eine Holzkonstruktion mit Aufsparrendämmung. Die Decken sind als abgehängte Rasterdecken ausgeführt, im Bewegungsraum ist sie ballwurfsicher. Eine Teeküche, sowie ein Kinderküche komplettieren den Innenausbau.

Technische Anlagen

Der Neubau wird über eine Erdwärmepumpe mit Tiefensonden beheizt. Eine Fußbodenheizung überträgt die Wärme in die Räume. Die installierte PV-Anlage ist für den Eigenverbrauch optimiert. Außerdem ist eine mechanische Be- und Entlüftungsanlage für innenliegende Räume und die Sanitärräume montiert worden.

Sonstiges

Aufgrund einer möglichst reibungslosen und konstanten Betreuung war vorgesehen, dass der Bestand in direkter Nachbarschaft so lange in Betrieb bleibt, bis der Neubau bezugsfertig ist. So konnte ein teures und für die Kinder unvorteilhaftes Provisorium vermieden werden. Die verwendeten Materialien sind langlebig und verursachen keine höheren Wartungs- und Reinigungskosten. Das Gebäude erfüllt den Energiestandard KfW 40.

Energetische Kennwerte

Gesetzliche Grundlage: GEG 2020
Gebäudenutzfläche: 732,80 m^2
Hüllfläche des beheizten Volumens: 2.250,10 m^2
Spez. Transmissionswärmeverlust: 0,30 W/(m^2·K)
Mittlerer U-Wert (opake Bauteile): 0,15 W/(m^2·K)
Mittlerer U-Wert (transparente Bauteile): 1,00 W/(m^2·K)
Mittlerer U-Wert (Glasdächer, etc.): 1,50 W/(m^2·K)
Spez. Jahresprimärenergiebedarf: 125,60 kWh/(m^2·a)
Spez. Jahresendenergiebedarf: 69,80 kWh/(m^2·a)
CO_2-Emissionen: 39,09 kg/(m^2·a)

Energetische Angaben zu Außenbauteilen

Bodenplatte

U-Wert: 0,22 W/(m²·K)

Gesamtdicke: 46,90 cm	d[cm]	l[W/(m·K)]
Estrich	6,50	1,400
Trittschalldämmung	3,00	0,035
Dämmung	5,00	0,035
Abdichtung	0,40	0,230
Stahlbeton	24,00	2,100
Dämmung XPS	8,00	0,040

Außenwand hinterlüftet

U-Wert: 0,24 W/(m²·K)

Gesamtdicke: 37,50 cm	d[cm]	l[W/(m·K)]
Innenputz	1,50	1,000
Kalksandstein	20,00	0,990
Dämmung	16,00	0,035
Holz	16,00	0,130

Außenwand hinterlüftet Ziegel

U-Wert: 0,20 W/(m²·K)

Gesamtdicke: 37,50 cm	d[cm]	l[W/(m·K)]
Innenputz	1,50	1,000
Kalksandstein	20,00	0,990
Dämmung	16,00	0,035

Dach

U-Wert: 0,14 W/(m²·K)

Gesamtdicke: 26,40 cm	d[cm]	l[W/(m·K)]
Holz	2,40	0,130
Dämmung	10,00	0,035
Dämmung	14,00	0,035

4400-0371
Kindertagesstätte
(4 Gruppen)
(80 Kinder)

Planungskennwerte für Flächen und Rauminhalte nach DIN 277

Flächen des Grundstücks		Menge Einheit	% an GF
BF	Bebaute Fläche	878,12 m^2	22,7
UF	Unbebaute Fläche	2.991,88 m^2	77,3
GF	Grundstücksfläche	3.870,00 m^2	100,0

Grundflächen des Bauwerks		Menge Einheit	% an NUF	% an BGF
NUF	Nutzungsfläche	637,82 m^2	100,0	72,6
TF	Technikfläche	21,81 m^2	3,4	2,5
VF	Verkehrsfläche	88,36 m^2	13,9	10,1
NRF	Netto-Raumfläche	747,99 m^2	117,3	85,2
KGF	Konstruktions-Grundfläche	130,13 m^2	20,4	14,8
BGF	Brutto-Grundfläche	878,12 m^2	137,7	100,0

Brutto-Rauminhalt des Bauwerks		Menge Einheit	BRI/NUF (m)	BRI/BGF (m)
BRI	Brutto-Rauminhalt	3.850,71 m^3	6,04	4,39

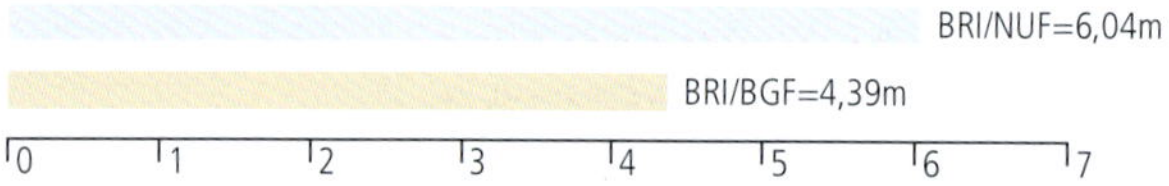

Kostenkennwerte für die Kostengruppen der 1.Ebene DIN 276

KG	Kostengruppen (1.Ebene)	Einheit	Kosten €	€/Einheit	€/m² BGF	€/m³ BRI	% 300+400
100	Grundstück	m² GF	–	–	–	–	–
200	Vorbereitende Maßnahmen	m² GF	64.478	16,66	73,43	16,74	2,8
300	Bauwerk – Baukonstruktionen	m² BGF	1.600.038	1.822,12	1.822,12	415,52	68,5
400	Bauwerk – Technische Anlagen	m² BGF	734.951	836,96	836,96	190,86	31,5
	Bauwerk 300+400	**m² BGF**	**2.334.989**	**2.659,08**	**2.659,08**	**606,38**	**100,0**
500	Außenanlagen und Freiflächen	m² AF	282.882	174,62	322,15	73,46	12,1
600	Ausstattung und Kunstwerke	m² BGF	–	–	–	–	–
700	Baunebenkosten	m² BGF	–	–	–	–	–
800	Finanzierung	m² BGF	–	–	–	–	–

KG	Kostengruppe	Menge Einheit	Kosten €	€/Einheit	%
200	**Vorbereitende Maßnahmen**	3.870,00 m² GF	64.478	**16,66**	2,8
	Abbruch des Bestandsgebäudes, Wasseranschluss, Gasanschluss, Stromanschluss; Telekommunikationsanschluss				
3+4	**Bauwerk**				**100,0**
300	**Bauwerk – Baukonstruktionen**	878,12 m² BGF	1.600.038	**1.822,12**	68,5
	Baugrubenaushub; Baugrundverbesserung, Magerbetonauffüllungen, Stb-Fundamente, Stb-Bodenplatte, WU-Beton, Heizestrich, Kautschukbelag, Bodenfliesen, Abdichtung, Perimeterdämmung; Mauerwerkswände, Stb-Stützen, Alutüren, Kunststofffenster, teilw. Sonnenschutzverglasung, Wärmedämmung, Ziegelfassade, Lärchenholzfassade, Innenputz, Beschichtung; Innenmauerwerk, Wandfliesen, WC-Trennwände; Holzbalkendach, Oberlichter, Aufsparrendämmung, Aluminiumschare, Entwässerung, abgehängte Rasterdecke, ballwurfsichere Decke (Bewegungsraum); Teeküche, Kinderküche, Baukran				
400	**Bauwerk – Technische Anlagen**	878,12 m² BGF	734.951	**836,96**	31,5
	Gebäudeentwässerung, Kalt- und Warmwasserleitungen, Sanitärobjekte; Sole-Wasser-Wärmepumpe mit Erdsondenanlage, Fußbodenheizung; zentrale Belüftungsanlage, Abluftanlage (Küche); Elektroinstallation, PV-Anlage (147m²), LED-Beleuchtung, Sicherheitsleuchten, Blitzschutzanlage; Fernmeldetechnische Anlage, Haustelefone, Brandwarnanlage, Datenübertragungsanlage; Ausgabeküche				
500	**Außenanlagen und Freiflächen**	1.620,00 m² AF	282.882	**174,62**	12,1
	Oberbodenarbeiten; gepflasterte Wege, Pkw-Stellplätze; Zäune, Tore, Winkelstützwände; Rigolenanlage, Außenbeleuchtungsanlagen; Fahrradständer, Müllplatzeinhausung, Kinderwagenunterstand; Oberbodenauftrag, Gehölze, Rasen				

4400-0372
Kindertagesstätte
(4 Gruppen)
(87 Kinder)

Objektübersicht

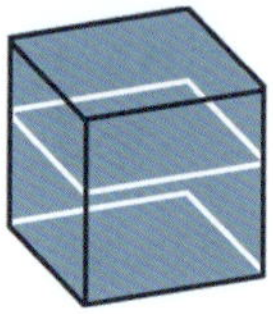

BRI 675 €/m³

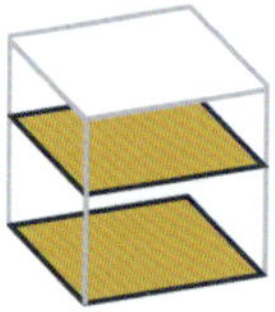

BGF 2.608 €/m²

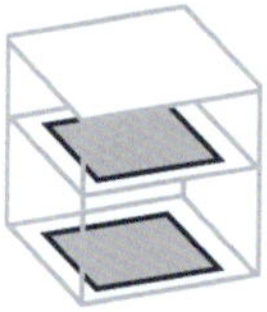

NUF 3.651 €/m²

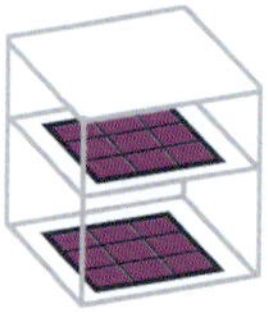

NE 47.277 €/NE
NE: Kinder

Objekt:
Kennwerte: 1.Ebene DIN 276
BRI: 6.093 m³
BGF: 1.577 m²
NUF: 1.127 m²
Bauzeit: 65 Wochen
Bauende: 2021
Standard: Durchschnitt
Bundesland: Hessen
Kreis: Fulda

Architekt*in:
trapp wagner Architekten
+ Ingenieure PartG mbH
Berthostraße 9
36088 Hünfeld

Bauherr*in:
Magistrat der Stadt Hünfeld
Konrad-Adenauer-Platz 1
36088 Hünfeld

© Ulrich Mayer

© Ulrich Mayer

© Ulrich Mayer

© Ulrich Mayer

© Ulrich Mayer

© Ulrich Mayer

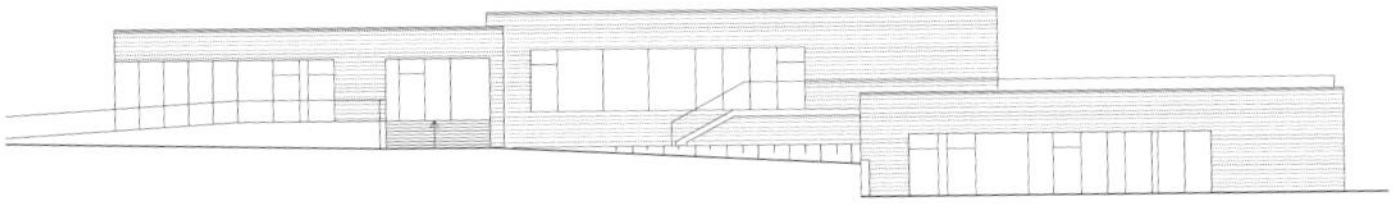
Ansicht Nord

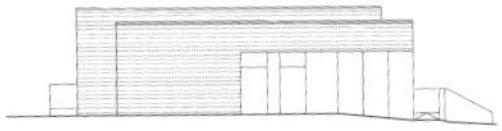
Ansicht Ost

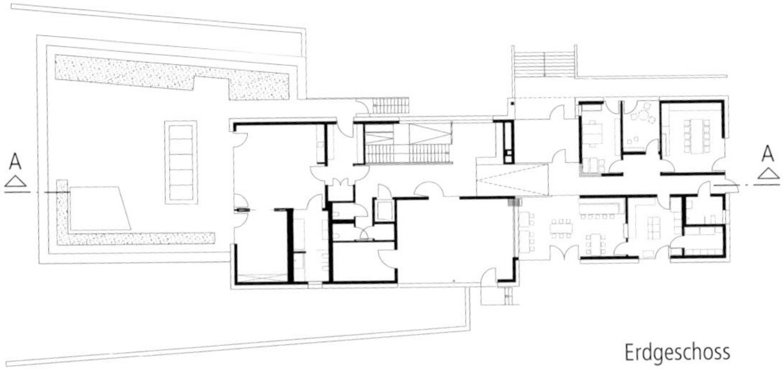

Erdgeschoss

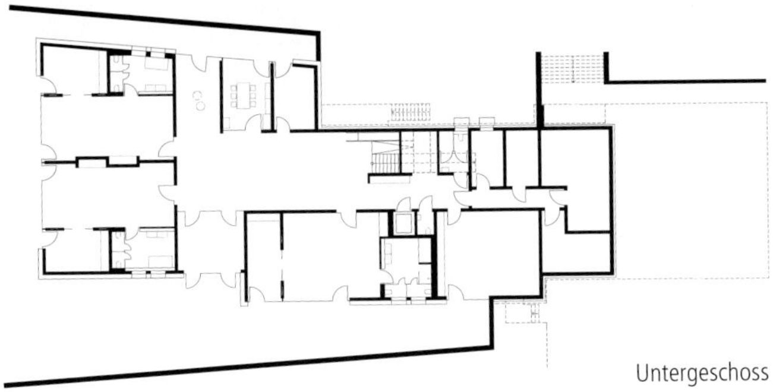
Untergeschoss

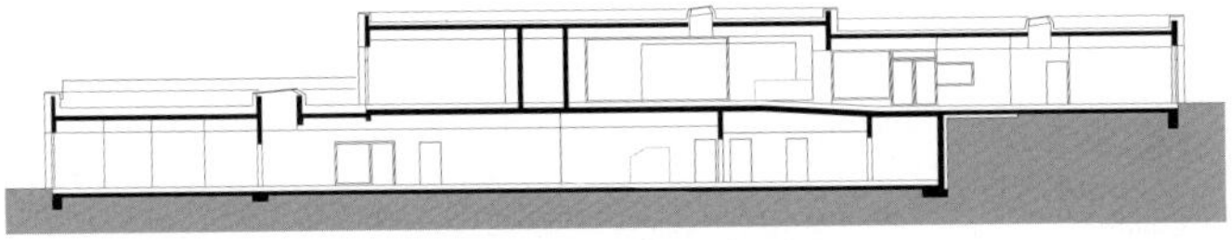
Schnitt A-A

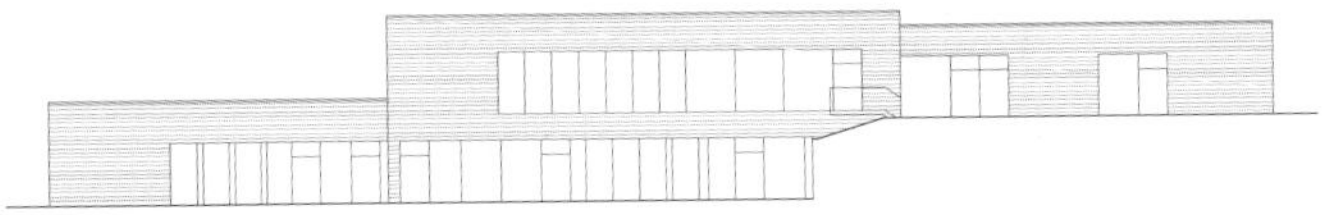
Ansicht Süd

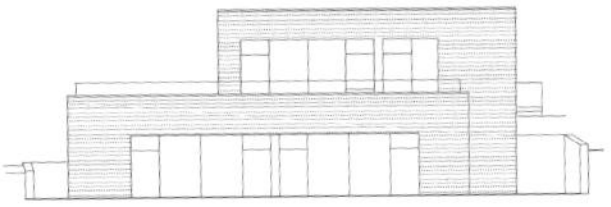
Ansicht West

4400-0372
Kindertagesstätte
(4 Gruppen)
(87 Kinder)

Objektbeschreibung

Allgemeine Objektinformationen

Der Neubau einer viergruppigen Kindertagesstätte entwickelt sich entsprechend der vorhandenen Hangstruktur des Geländes als zweigeschossiger, gestaffelter Komplex mit einer Dachterrasse im EG und den Gruppenräumen im Gartengeschoss mit großzügiger Außenspielfläche. Auf der EG-Ebene sind die Verwaltungs- und Personalräume sowie eine Küche mit angrenzender Terrassenfläche. Auf der höhergelegenen Ebene ist die Krippe angeordnet sowie die Turnhalle, der Spielflur sowie eine Zone zur Begegnung der Eltern. Im UG wird der großzügige, zentrale Bereich zwischen den Gruppen als Spielflur mit bespielbarer Rampe und Rutsche genutzt. Neben den Gruppenräumen sind hier ein Atelier, ein Snoozle- und ein Schlafraum angegliedert.

Nutzung

1 Untergeschoss
Gruppenräume, Differenzierungsräume, Schlafraum, Snoozleraum, Spielflur, Spielrampe, Atelier, Garderoben, WCs, Waschräume, Lager, Abstellräume, Hausanschlussraum, Technik

1 Erdgeschoss
Inforaum, Küche, Bistro, Gruppenraum, Schlaf- und Bewegungsraum, Spielflur, Spielrampe, Büro, Besprechung, Personal, Turnen, Garderobe, WCs, Waschraum, Lager, Abstellräume, Dachterrasse

Nutzeinheiten

Gruppen: 4
Kinder: 87

Grundstück

Bauraum: Freier Bauraum
Neigung: Geneigtes Gelände
Bodenklasse: BK 3 bis BK 4

Markt

Hauptvergabezeit: 4.Quartal 2019
Baubeginn: 4.Quartal 2019
Bauende: 1.Quartal 2021
Konjunkturelle Gesamtlage: Durchschnitt
Regionaler Baumarkt: unter Durchschnitt

Baukonstruktion

Das Gebäude wurde als Massivbau mit Holzvorhangfassade und begrünten Flachdächern gebaut. Aus Schallschutzgründen wurde eine Konstruktion aus Mauerwerk und Stahlbeton gewählt. Die Fassade ist mit horizontaler Holzschalung bekleidet und setzt mit Faserzementelementen farbige Akzente. Die Alu-Pfosten-Riegel-Fassade öffnet die Wandflächen großzügig nach Außen. Die Fenster wurden mit Dreischeiben-Verglasung ausgestattet; als Verschattung dienen textile Screens sowie innenliegende Plissees. Die Böden sind mit Vinyl belegt. Die Innentüren, Treppe und Rampe sowie weitere Einbauten wurden aus Ahorn hergestellt. Bunte Fliesen in den Waschräumen bringen Farbe in die Räume. Die Abtrennung der Treppenöffnung vom Spielflur erfolgt durch eine raumhohe Verglasung.

Technische Anlagen

Die Beheizung des Gebäudes wird durch eine Gastherme gewährleistet. Die Verteilung der Wärme erfolgt über eine Fußbodenheizung. Zudem wurde eine Zu- und Abluftanlage mit Wärmerückgewinnung installiert, die im Sommer auch zum Kühlen genutzt werden kann. Die Trinkwassererwärmung wird mittels dezentraler Durchlauferhitzer sichergestellt. Einen Aufzug wurde eingebaut.

Sonstiges

Die Innengestaltung folgt einem "reizarmen" Konzept, d.h. die Oberflächen nehmen sich zurück. Die Decken sind vorwiegend weiß gestrichen, die Wände in einem sehr hellen Beige-Ton.

Energetische Kennwerte

Gesetzliche Grundlage: EnEV 2013
Gebäudenutzfläche: 1.048,27 m^2
Gebäudevolumen: 4.815,08 m^3
A/V_e-Verhältnis (Kompaktheit): 0,55 m^{-1}
Hüllfläche des beheizten Volumens: 2.628,80 m^2
Spez. Transmissionswärmeverlust: 0,30 $W/(m^2 \cdot K)$
Mittlerer U-Wert (opake Bauteile): 0,17 $W/(m^2 \cdot K)$
Mittlerer U-Wert (transparente Bauteile): 0,94 $W/(m^2 \cdot K)$
Jahresprimärenergie: 60.417,11 kWh/a
Spez. Jahresprimärenergiebedarf: 57,64 $kWh/(m^2 \cdot a)$
Jahresendenergiebedarf: 53.293,88 kWh/a
Spez. Jahresendenergiebedarf: 50,84 $kWh/(m^2 \cdot a)$
CO_2-Emissionen: 17,01 $kg/(m^2 \cdot a)$

Energetische Angaben zu Außenbauteilen

Bodenplatte UG

U-Wert: 0,25 W/(m²·K)

Gesamtdicke: 44,00 cm	d[cm]	l[W/(m·K)]
Estrich	6,00	1,400
Dämmung	13,00	0,035
Stahlbeton	25,00	2,100

Bodenplatte EG

U-Wert: 0,21 W/(m²·K)

Gesamtdicke: 52,00 cm	d[cm]	l[W/(m·K)]
Estrich	6,00	1,400
Dämmung	18,00	0,040
Stahlbeton	28,00	2,100

Außenwand

U-Wert: 0,22 W/(m²·K)

Gesamtdicke: 43,00 cm	d[cm]	l[W/(m·K)]
Innenputz	1,50	1,000
Kalksandstein	24,00	0,790
Dämmung	16,00	0,040
Außenputz	1,50	1,000

Dach

U-Wert: 0,17 W/(m²·K)

Gesamtdicke: 42,00 cm	d[cm]	l[W/(m·K)]
Stahlbeton	22,00	2,100
Dämmung	10,00	0,035
Dämmung	10,00	0,035

Planungskennwerte für Flächen und Rauminhalte nach DIN 277

Flächen des Grundstücks		Menge Einheit	% an GF
BF	Bebaute Fläche	887,50 m²	29,0
UF	Unbebaute Fläche	2.168,34 m²	71,0
GF	Grundstücksfläche	3.055,84 m²	100,0

Grundflächen des Bauwerks		Menge Einheit	% an NUF	% an BGF
NUF	Nutzungsfläche	1.126,71 m²	100,0	71,4
TF	Technikfläche	44,54 m²	4,0	2,8
VF	Verkehrsfläche	175,38 m²	15,6	11,1
NRF	Netto-Raumfläche	1.346,63 m²	119,5	85,4
KGF	Konstruktions-Grundfläche	230,48 m²	20,5	14,6
BGF	Brutto-Grundfläche	1.577,11 m²	140,0	100,0

Brutto-Rauminhalt des Bauwerks		Menge Einheit	BRI/NUF (m)	BRI/BGF (m)
BRI	Brutto-Rauminhalt	6.092,73 m³	5,41	3,86

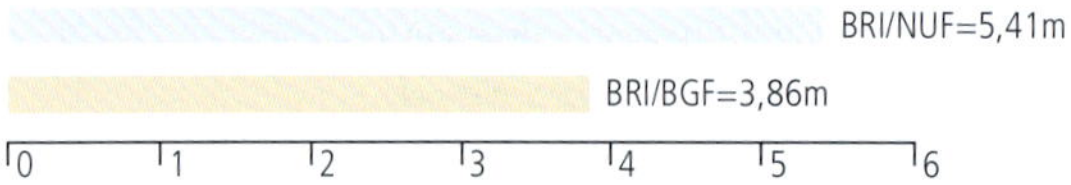

Kostenkennwerte für die Kostengruppen der 1.Ebene DIN 276

KG	Kostengruppen (1.Ebene)	Einheit	Kosten €	€/Einheit	€/m² BGF	€/m³ BRI	% 300+400
100	Grundstück	m² GF	–	–	–	–	–
200	Vorbereitende Maßnahmen	m² GF	–	–	–	–	–
300	Bauwerk – Baukonstruktionen	m² BGF	3.199.460	2.028,69	2.028,69	525,13	77,8
400	Bauwerk – Technische Anlagen	m² BGF	913.651	579,32	579,32	149,96	22,2
	Bauwerk 300+400	**m² BGF**	**4.113.112**	**2.608,01**	**2.608,01**	**675,09**	**100,0**
500	Außenanlagen und Freiflächen	m² AF	–	–	–	–	–
600	Ausstattung und Kunstwerke	m² BGF	–	–	–	–	–
700	Baunebenkosten	m² BGF	–	–	–	–	–
800	Finanzierung	m² BGF	–	–	–	–	–

KG	Kostengruppe	Menge Einheit	Kosten €	€/Einheit	%
3+4	**Bauwerk**				**100,0**
300	**Bauwerk – Baukonstruktionen**	1.577,11 m² BGF	3.199.460	**2.028,69**	77,8

Baugrubenaushub; Stb-Fundamente, Stb-Bodenplatte, Abdichtung, Dämmung, Heizestrich, Vinyl, Bodenfliesen, Perimeterdämmung; Stb-Wände, KS-Mauerwerk, Stb-Stützen, Alufenster, Dreifachverglasung, Alutüren, Wärmedämmung, vorgehängte Holzfassade, Faserzementfassade, Putz, Beschichtung, Wandfliesen, Alu-Pfosten-Riegel-Fassade, textiler Sonnenschutz; KS-Mauerwerk, Stb-Wände, GK-Wände, Stb-Stützen, Innenfenster, Wandfliesen, Beschichtung, WC-Trennwände, Holz-Glaswände, mobile Faltwand; Stb-Decken, Stb-Treppen, Stb-Rampe, Stahl-Außentreppe, Dämmung, Heizestrich, Vinyl, Bodenfliesen, abgehängte GK-Decken, Schallschutzdecken, Stahlgeländer, Treppengeländer; Stb-Dach, Dachverglasung, Lichtkuppeln, Dämmung, Abdichtung, Attika, Plattenbelag, Fallschutzmatten, extensive Dachbegrünung, Kies, innenliegende Dachentwässerung, abgehängte GK-Decken, teilw. Schallschutzdecken; Spielrampe, Metallrutsche, Spielgeräte, Sandkiste

KG	Kostengruppe	Menge Einheit	Kosten €	€/Einheit	%
400	**Bauwerk – Technische Anlagen**	1.577,11 m² BGF	913.651	**579,32**	22,2

Gebäudeentwässerung, Kalt- und Warmwasserleitungen, Sanitärobjekte; Gas-Brennwerttherme, Fußbodenheizung, dezentrale Trinkwassererwärmung (elektrisch); kontrollierte Be- und Entlüftung mit Wärmerückgewinnung auch zur sommerlichen Kühlung, RWA-Anlage; Elektroinstallation, LED-Beleuchtung, Sicherheitsleuchten; Videosprechanlage mit sechs Innenstationen, TV-Display, an Feuerwehr aufgeschaltete Brandmeldeanlage, WC-Notrufanlage, Datenverkabelung; Personenaufzug

4400-0373
Kindertagesstätte
(6 Gruppen, 90 Kinder)
Pflegedienst (6 AP)
Versammlungsraum

Objektübersicht

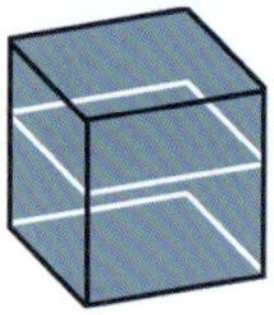

BRI 561 €/m³

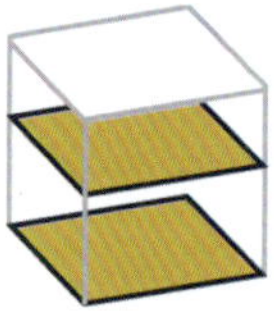

BGF 2.350 €/m²

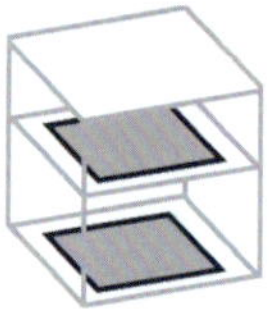

NUF 3.096 €/m²

Objekt:
Kennwerte: 1.Ebene DIN 276
BRI: 8.403 m³
BGF: 2.006 m²
NUF: 1.523 m²
Bauzeit: 61 Wochen
Bauende: 2022
Standard: über Durchschnitt
Bundesland: Mecklenburg-Vorpommern
Kreis: Mecklenburgische Seenplatte

Architekt*in:
OCEAN ARCHITECTS GmbH
Kietzstraße 8
17192 Waren

Bauherr*in:
DRK Kreisverband Mecklenburgische Seenplatte e.V.
Lessingstraße 70
17235 Neustrelitz

Ansicht Nord

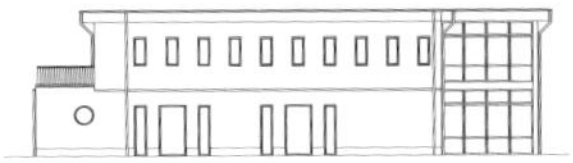

Ansicht Ost

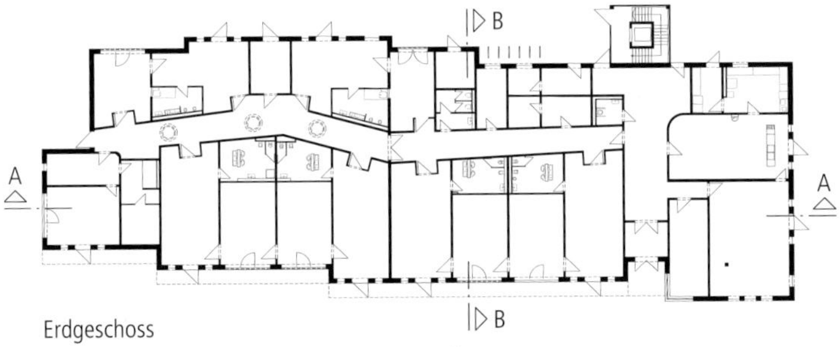

Erdgeschoss

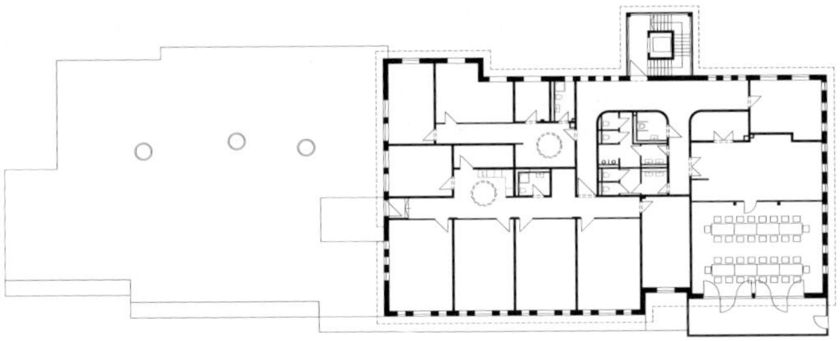

Obergeschoss

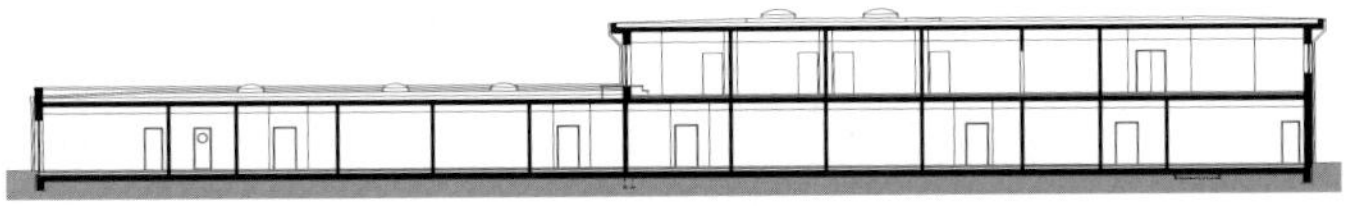

Schnitt A-A

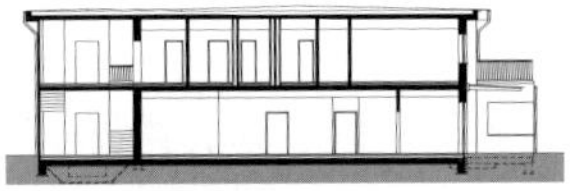

Schnitt B-B

Ansicht Süd

Ansicht West

Objektbeschreibung

Allgemeine Objektinformationen

Im Erdgeschoss des Neubaus befindet sich eine Kindertagesstätte für bis zu 90 Kinder. Im Geschoss darüber sind die Personalräume der Kita. Ein Pflegedienst befindet sich ebenfalls im 1.OG sowie ein großer Veranstaltungsraum mit zugehörigen WC-Räumen. Im Außenbereich wurden umfangreiche Spielanlagen und ein Nebengebäude mit WC und Abstellraum errichtet.

Nutzung

1 Erdgeschoss
Eingang, Windfang, Garderobe, Gruppenräume, Schlafräume, Sanitärräume, Umkleideraum, Kindersauna, Küche, Kinder-Kochstudio, Kreativraum, Lager, Technik, Wäscheraum, Aufzug

1 Obergeschoss
Kita: Büros, Umkleideraum, Personalküche, Personal-WC

Pflegedienst: Büros, Umkleideraum, WCs

Gemeinde: Foyer, Veranstaltungssaal, WCs, Büro, Abstellraum, Aufzug

Nutzeinheiten

Arbeitsplätze: 6
Gruppen: 6
Sitzplätze: 56

Grundstück

Bauraum: Freier Bauraum
Neigung: Ebenes Gelände
Bodenklasse: BK 1 bis BK 4

Markt

Hauptvergabezeit: 4. Quartal 2021
Baubeginn: 3. Quartal 2021
Bauende: 3. Quartal 2022
Konjunkturelle Gesamtlage: Durchschnitt
Regionaler Baumarkt: Durchschnitt

Baukonstruktion

Das Gebäude wurde in Massivbauweise mit monolithischem Wandaufbau hergestellt. Es wurde eine Putzfassade mit verschiedenen farbigen Anstrichen ausgeführt. Das Gebäude besteht aus einem eingeschossigen und einem zweigeschossigen Teil. Die Dächer wurden mit Stahlbetondecken und Gefälledämmung als Flachdächer ausgeführt. Das Erdgeschossdach besitzt ein extensives Gründach. Das Obergeschossdach wurde mit umlaufender Dachrinne ausgeführt. Es kamen Alufenster mit Dreifachverglasung zur Ausführung. Die Böden sind mit Kautschuk- und PVC-Belägen, in den Sanitärräumen mit Fliesen belegt. Die Decken wurden mit Akustikdecken abgehängt. Farbige Wandbeschichtungen erleichtern die Orientierung der Flurzonen zu den verschiedenen Gruppenräumen.

Technische Anlagen

Das Gebäude wird mit Erdgas beheizt. Eine Fußbodenheizung verteilt die Wärme im Gebäude. Der erforderliche Luftwechsel wird über Abluftventilatoren in den WCs und Nachströmung über Außenwandlüfter erreicht. Es wurde eine Brandschutzanlage eingebaut. Ein Personenaufzug ermöglicht den barrierefreien Zugang zum OG.

Energetische Kennwerte

Gesetzliche Grundlage: EnEV 2013
Gebäudenutzfläche: 1.850,35 m^2
Gebäudevolumen: 7.405,71 m^3
A/V_e-Verhältnis (Kompaktheit): 0,52 m^{-1}
Hüllfläche des beheizten Volumens: 3.878,86 m^2
Spez. Transmissionswärmeverlust: 0,18 $W/(m^2 \cdot K)$
Spez. Jahresprimärenergiebedarf: 49,18 $kWh/(m^2 \cdot a)$

Planungskennwerte für Flächen und Rauminhalte nach DIN 277

Flächen des Grundstücks		Menge Einheit	% an GF
BF	Bebaute Fläche	1.351,11 m²	15,4
UF	Unbebaute Fläche	7.404,89 m²	84,6
GF	Grundstücksfläche	8.756,00 m²	100,0

Grundflächen des Bauwerks		Menge Einheit	% an NUF	% an BGF
NUF	Nutzungsfläche	1.522,67 m²	100,0	75,9
TF	Technikfläche	9,76 m²	0,6	0,5
VF	Verkehrsfläche	227,34 m²	14,9	11,3
NRF	Netto-Raumfläche	1.759,77 m²	115,6	87,7
KGF	Konstruktions-Grundfläche	246,51 m²	16,2	12,3
BGF	Brutto-Grundfläche	2.006,28 m²	131,8	100,0

Brutto-Rauminhalt des Bauwerks		Menge Einheit	BRI/NUF (m)	BRI/BGF (m)
BRI	Brutto-Rauminhalt	8.403,38 m³	5,52	4,19

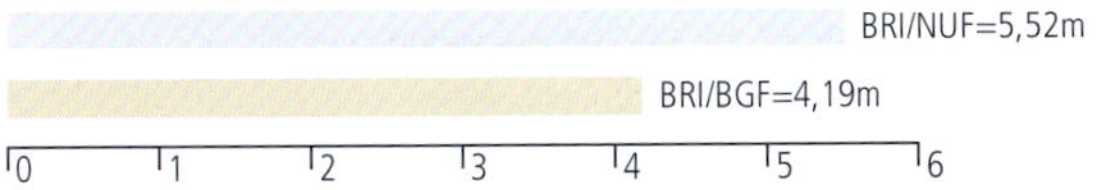

4400-0373
Kindertagesstätte
(6 Gruppen, 90 Kinder)
Pflegedienst (6 AP)
Versammlungsraum

Kostenkennwerte für die Kostengruppen der 1. Ebene DIN 276

KG	Kostengruppen (1. Ebene)	Einheit	Kosten €	€/Einheit	€/m² BGF	€/m³ BRI	% 300+400
100	Grundstück	m² GF	–	–	–	–	–
200	Vorbereitende Maßnahmen	m² GF	148.668	16,98	74,10	17,69	3,2
300	Bauwerk – Baukonstruktionen	m² BGF	3.592.084	1.790,42	1.790,42	427,46	76,2
400	Bauwerk – Technische Anlagen	m² BGF	1.122.672	559,58	559,58	133,60	23,8
	Bauwerk 300+400	**m² BGF**	**4.714.755**	**2.350,00**	**2.350,00**	**561,05**	**100,0**
500	Außenanlagen und Freiflächen	m² AF	731.878	98,84	364,79	87,09	15,5
600	Ausstattung und Kunstwerke	m² BGF	456.841	227,71	227,71	54,36	9,7
700	Baunebenkosten	m² BGF	–	–	–	–	–
800	Finanzierung	m² BGF	–	–	–	–	–

KG	Kostengruppe	Menge Einheit	Kosten €	€/Einheit	%
200	**Vorbereitende Maßnahmen**	8.756,00 m² GF	148.668	**16,98**	3,2

Herrichten der Geländeoberfläche; Erschließungskosten

KG	Kostengruppe	Menge Einheit	Kosten €	€/Einheit	%
3+4	**Bauwerk**				**100,0**
300	**Bauwerk – Baukonstruktionen**	2.006,28 m² BGF	3.592.084	**1.790,42**	76,2

Bodenarbeiten; Stb-Streifenfundamente, Stb-Bodenplatte, Abdichtung, Dämmung, Heizestrich, Bodenbeschichtung, Kautschuk, PVC-Beläge, Bodenfliesen, Sauberlaufzone; monolithisches Ziegelmauerwerk, Alufenster, Dreifachverglasung, Alu-Eingangstüren, Außenputz, Beschichtung, Innenputz, Wandfliesen, Beschichtung, Außenjalousien; KS-Mauerwerk, Stb-Stützen, Holztüren, Putz, Wandfliesen, Beschichtung, mobile Trennwand, Sanitärtrennwände; Stb-Decken, Stb-Treppen, Heizestrich, Kautschuk, Bodenfliesen, Akustikdecken, Treppengeländer; Stb-Flachdach, Gefälledämmung, Abdichtung, Dachentwässerung, Gründach, extensiv, abgehängte Akustikdecken, GK-Decken, Terrassengeländer; Einbaumöbel, Einbauküchen

KG	Kostengruppe	Menge Einheit	Kosten €	€/Einheit	%
400	**Bauwerk – Technische Anlagen**	2.006,28 m² BGF	1.122.672	**559,58**	23,8

Gebäudeentwässerung, Warm- und Kaltwasserleitungen, Sanitärobjekte; Gasbrennwertheizung, Fußbodenheizung, Handtuchheizkörper, Schornstein; Abluftanlage mit Nachströmung; Elektroinstallation, Beleuchtung; Wechselsprechanlagen, Telefonanlage, EDV-Verkabelung, Brandschutzanlage; Aufzug

KG	Kostengruppe	Menge Einheit	Kosten €	€/Einheit	%
500	**Außenanlagen und Freiflächen**	7.404,89 m² AF	731.878	**98,84**	15,5

Pflasterarbeiten für 34 Stellplätze, Spielplatzflächen, Sandflächen; Geländeentwässerung, Außenbeleuchtung; Pflanzflächen, Rasen, Bepflanzung; Spielgeräte

KG	Kostengruppe	Menge Einheit	Kosten €	€/Einheit	%
600	**Ausstattung und Kunstwerke**	2.006,28 m² BGF	456.841	**227,71**	9,7

Möblierung, Kita-Ausstattung

4400-0378
Kindergarten
(6 Gruppen)
(150 Kinder)

Objektübersicht

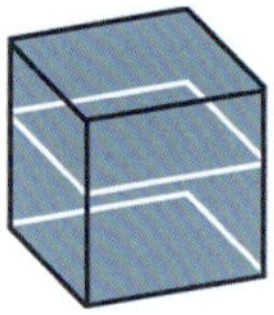
BRI 565 €/m³

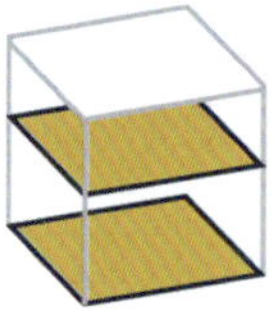
BGF 3.036 €/m²

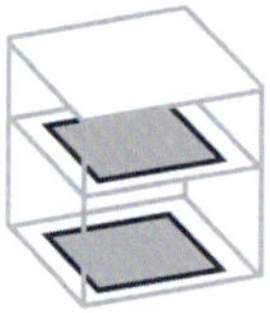
NUF 4.446 €/m²

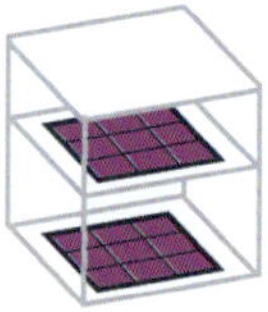
NE 33.131 €/NE
NE: Kinder

Objekt:
Kennwerte: 1. Ebene DIN 276
BRI: 8.792 m³
BGF: 1.637 m²
NUF: 1.118 m²
Bauzeit: 70 Wochen
Bauende: 2022
Standard: Durchschnitt
Bundesland: Bayern
Kreis: Pfaffenhofen a.d.Ilm

Architekt*in:
Architekturbüro
Obereisenbuchner
Schulstraße 13
85276 Pfaffenhofen

Bauherr*in:
Katholische Kirchenstiftung
Verklärung Christi
Kirchweg 3
85296 Rohrbach a.d.Ilm

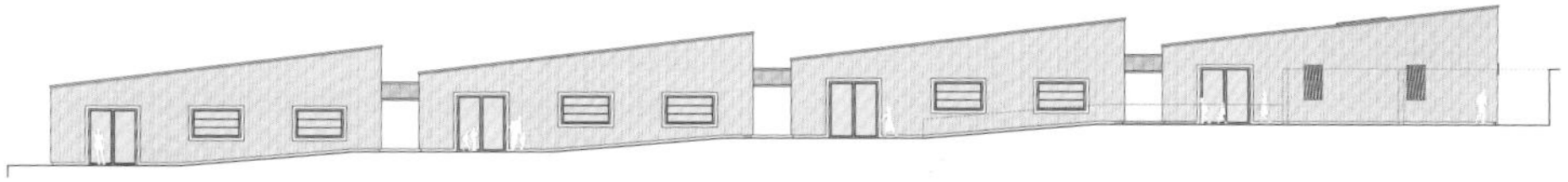

Ansicht Nord

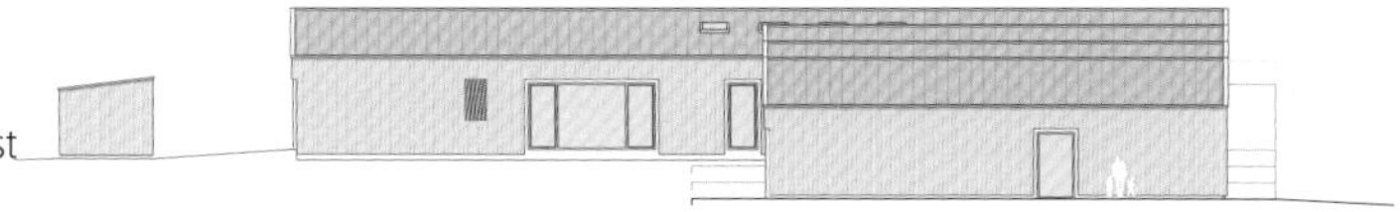

Ansicht Ost

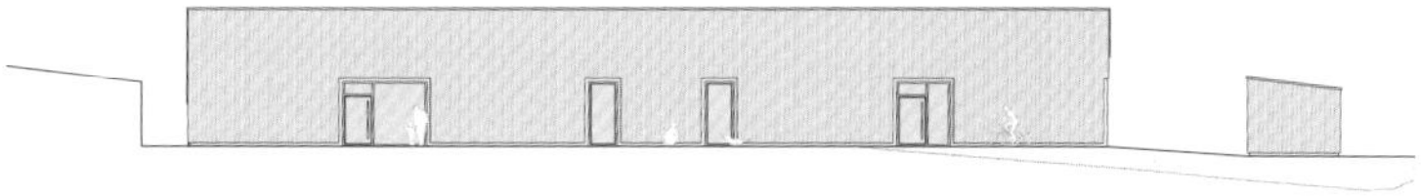

Ansicht West

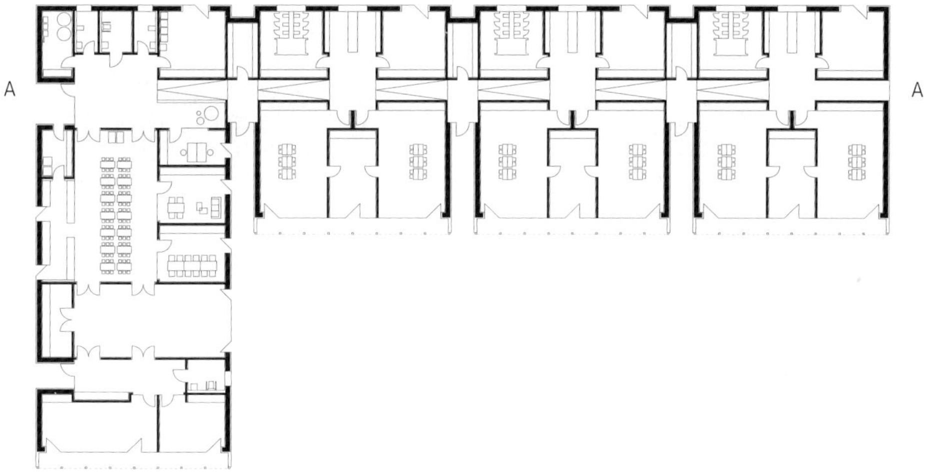

Erdgeschoss

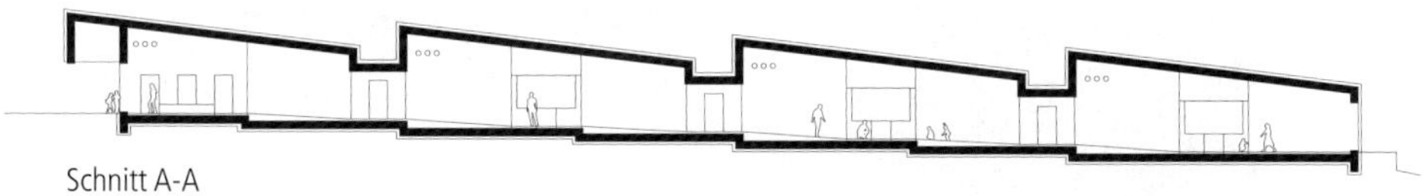

Schnitt A-A

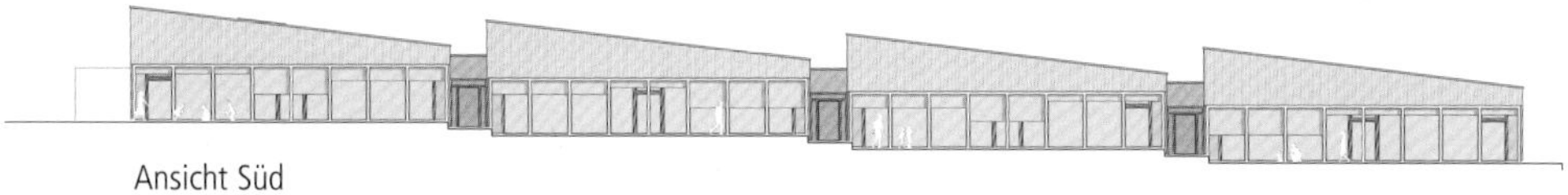

Ansicht Süd

Objektbeschreibung

Allgemeine Objektinformationen

Das L-förmige, eingeschossige Gebäude, wird durch drei Einschnitte in vier Baukörper gegliedert, welche sich entlang einer starken Hanglage kaskadenartig dem Gelände anpassen. Die innere Erschließung erfolgt entsprechend über sechs Rampen, wodurch eine umfassende Barrierefreiheit für die Inklusionseinrichtung geschaffen werden konnte.

Nutzung

1 Erdgeschoss
Gruppenräume, Garderoben, Nebenräume, Therapieraum, WCs, Personalräume, Küche, Speiseraum, Mehrzweckraum, Besprechung, Büroräume, Verwaltungsräume der Pfarrei, Technik, Flure

Nutzeinheiten

Gruppen: 6
Kinder: 150

Grundstück

Bauraum: Freier Bauraum
Neigung: Hanglage
Bodenklasse: BK 1 bis BK 5

Markt

Hauptvergabezeit: 3. Quartal 2020
Baubeginn: 1. Quartal 2021
Bauende: 3. Quartal 2022
Konjunkturelle Gesamtlage: über Durchschnitt
Regionaler Baumarkt: unter Durchschnitt

Baukonstruktion

Das Gebäude gründet auf einer Stahlbetonbodenplatte. Der vorgefundene Baugrund musste mittels Trockenmörtelsäulen verbessert werden. Die Wände wurden in Holzrahmenbauweise vorgefertigt und auf die Baustelle gebracht, darauf wurde eine hinterlüftete Holzschalung mit Holzfaserdämmung montiert. Die Fassadenschalung aus Fichtenholz mit mineralischer Beschichtung zur Vorvergrauung unterstützt die zurückhaltende äußere Erscheinung des Gebäudes in seinem Umfeld. Die Holz-Alufenster sind dreifachverglast und können mit Senkrechtmarkisen verschattet werden. Alle Konstruktionselemente sind in Holzrahmenbauweise vorgefertigt und mit Wärme- bzw. Schalldämmung aus Holzfaserplatten erstellt. Das Pultdach als Sparrendach wurde mit einer Doppelstehfalzdeckung gedeckt. Die Böden sind mit Linoleum und Fliesen belegt. Die Wände wurden nach der Installation mit GK bekleidet und beschichtet.

Technische Anlagen

Die Wärmeerzeugung erfolgt durch eine Luft-Wärmepumpe, eine Fußbodenheizung verteilt die Wärme in den Räumen. In den vier Baukörpern wurde jeweils eine mechanische Lüftungsanlage mit Wärmerückgewinnung verbaut. Auf den Dachflächen wurde eine PV-Anlage installiert.

Sonstiges

Südlich des Neubaus schließen Räume für die örtliche Pfarrei an. Trotz den individuellen, funktionalen und lokalen Anforderungen konnte der Baukörper durch eine hohe Vorfertigung aller Wand- und Dachelemente in kurzer Bauzeit realisiert werden.

Energetische Kennwerte

Gesetzliche Grundlage: EnEV 2013
Gebäudenutzfläche: 1.331,00 m^2
Gebäudevolumen: 7.662,50 m^3
A/V_e-Verhältnis (Kompaktheit): 0,60 m^{-1}
Hüllfläche des beheizten Volumens: 4.604,60 m^2
Mittlerer U-Wert (opake Bauteile): 0,13 $W/(m^2{\cdot}K)$
Mittlerer U-Wert (transparente Bauteile): 0,96 $W/(m^2{\cdot}K)$
Spez. Jahresprimärenergiebedarf: 124,90 $kWh/(m^2{\cdot}a)$
CO_2-Emissionen: 38,80 $kg/(m^2{\cdot}a)$

Energetische Angaben zu Außenbauteilen

Bodenplatte

U-Wert: 0,18 W/(m²·K)

Gesamtdicke: 54,00 cm	d [cm]	l [W/(m·K)]
Estrich	8,00	1,400
Dämmung	3,00	0,045
Dämmung	8,00	0,040
Stahlbeton	25,00	2,300
Dämmung	10,00	0,041

Außenwand gegen Erdreich

U-Wert: 0,26 W/(m²·K)

Gesamtdicke: 43,50 cm	d [cm]	l [W/(m·K)]
GK-Platte	2,50	0,250
Luftschicht ruhend	4,00	0,088
Holz	4,00	0,130
Stahlbeton	25,00	2,300
Dämmung	12,00	0,039

Außenwand hinterlüftet

U-Wert: 0,12 W/(m²·K)

Gesamtdicke: 45,00 cm	d [cm]	l [W/(m·K)]
GK-Platte	2,50	0,250
Luftschicht ruhend	4,00	0,088
Holz	4,00	0,130
OSB-Platte	2,50	0,130
Dämmung	30,00	0,040
Holz	30,00	0,130
Holzfaserplatte	6,00	0,055

Dach hinterlüftet

U-Wert: 0,16 W/(m²·K)

Gesamtdicke: 34,50 cm	d [cm]	l [W/(m·K)]
OSB-Platte	2,50	0,250
Dämmung	26,00	0,040
Holz	26,00	0,130
Holzfaserplatte	6,00	0,055

Planungskennwerte für Flächen und Rauminhalte nach DIN 277

Flächen des Grundstücks		Menge Einheit	% an GF
BF	Bebaute Fläche	1.570,89 m²	29,9
UF	Unbebaute Fläche	3.683,11 m²	70,1
GF	Grundstücksfläche	5.254,00 m²	100,0

Grundflächen des Bauwerks		Menge Einheit	% an NUF	% an BGF
NUF	Nutzungsfläche	1.117,90 m²	100,0	68,3
TF	Technikfläche	13,95 m²	1,2	0,9
VF	Verkehrsfläche	251,43 m²	22,5	15,4
NRF	Netto-Raumfläche	1.383,28 m²	123,7	84,5
KGF	Konstruktions-Grundfläche	253,81 m²	22,7	15,5
BGF	Brutto-Grundfläche	1.637,09 m²	146,4	100,0

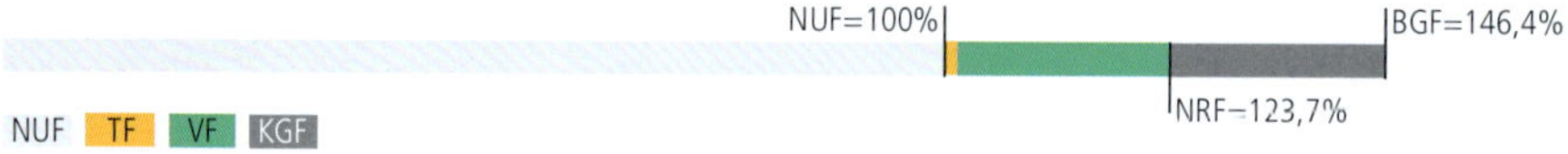

Brutto-Rauminhalt des Bauwerks		Menge Einheit	BRI/NUF (m)	BRI/BGF (m)
BRI	Brutto-Rauminhalt	8.791,92 m³	7,87	5,37

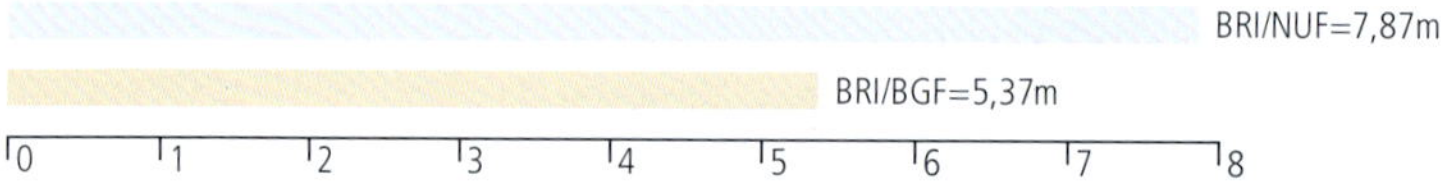

Kostenkennwerte für die Kostengruppen der 1. Ebene DIN 276

KG	Kostengruppen (1. Ebene)	Einheit	Kosten €	€/Einheit	€/m² BGF	€/m³ BRI	% 300+400
100	Grundstück	m² GF	–	–	–	–	–
200	Vorbereitende Maßnahmen	m² GF	–	–	–	–	–
300	Bauwerk – Baukonstruktionen	m² BGF	3.959.023	2.418,33	2.418,33	450,30	79,7
400	Bauwerk – Technische Anlagen	m² BGF	1.010.646	617,34	617,34	114,95	20,3
	Bauwerk 300+400	**m² BGF**	**4.969.669**	**3.035,67**	**3.035,67**	**565,25**	**100,0**
500	Außenanlagen und Freiflächen	m² AF	–	–	–	–	–
600	Ausstattung und Kunstwerke	m² BGF	–	–	–	–	–
700	Baunebenkosten	m² BGF	–	–	–	–	–
800	Finanzierung	m² BGF	–	–	–	–	–

KG	Kostengruppe	Menge Einheit	Kosten €	€/Einheit	%
3+4	**Bauwerk**				**100,0**
300	**Bauwerk – Baukonstruktionen**	1.637,09 m² BGF	3.959.023	**2.418,33**	79,7

Baugrubenaushub, Baugrundverbesserung mittels Trockenmörtelsäulen, Stb-Streifenfundamente, Stb-Bodenplatten, Stb-Rampen, Dämmung, Heizestrich, Linoleum, Bodenfliesen, Sauberlaufmatten, Sauberkeitsschicht, Perimeterdämmung; Stb-Aufkantung, Holzrahmenwände, Holzstützen, Holzfaserdämmung, Holz-Alufenster, -türen, hinterlüftete Fichtenholzschalung, GK-Installationsebenen, Beschichtung, Wandfliesen, Senkrechtmarkisen; Holzrahmen-Innenwände, Holzfaserdämmplatten, Holztüren, GK-Vorsatzschalen; Pfettendach (Pultdach), Holzrahmenelemente, Holzfaserdämmung, Dachflächenfenster, Metalldeckung Doppelstehfalz, Dachentwässerung, Akustikdecken, Beschichtung; Einbauschränke, Einbauküchen, Garderoben, Möbel

KG	Kostengruppe	Menge Einheit	Kosten €	€/Einheit	%
400	**Bauwerk – Technische Anlagen**	1.637,09 m² BGF	1.010.646	**617,34**	20,3

Gebäudeentwässerung, Kalt- und Warmwasserleitungen, Sanitärobjekte; Luft-Wärmepumpe, Fußbodenheizung, Durchlauferhitzer; dezentrale Lüftungsanlagen mit Wärmerückgewinnung (4St); Photovoltaikanlage, Elektroinstallation, Blitzschutzanlage, Beleuchtung; Datennetzwerk, Sprechanlage, Brandmeldeanlage; Küchengeräte

4400-0379
Kindertagesstätte
(8 Gruppen)
(148 Kinder)
Gemeindesaal
(199 Sitzplätze)

Objektübersicht

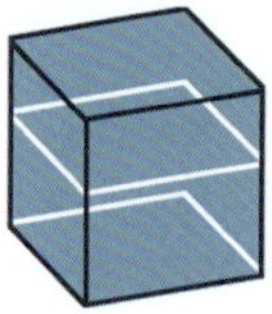

BRI 716 €/m³

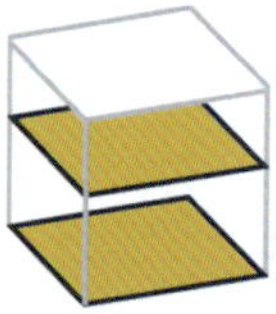

BGF 2.878 €/m²

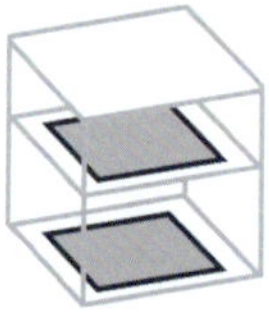

NUF 4.333 €/m²

Objekt:
Kennwerte: 1. Ebene DIN 276
BRI: 19.105 m³
BGF: 4.751 m²
NUF: 3.156 m²
Bauzeit: 122 Wochen
Bauende: 2021
Standard: über Durchschnitt
Bundesland: Bayern
Kreis: München

Architekt*in:
PSA Pfletscher und Steffan
Architekten + Ingenieure
Neureutherstraße 14
80799 München

Bauherr*in:
Gemeinde Unterhaching
Rathausplatz 7
82008 Unterhaching

Zeichnungen

4400-0379
Kindertagesstätte
(8 Gruppen)
(148 Kinder)
Gemeindesaal
(199 Sitzplätze)

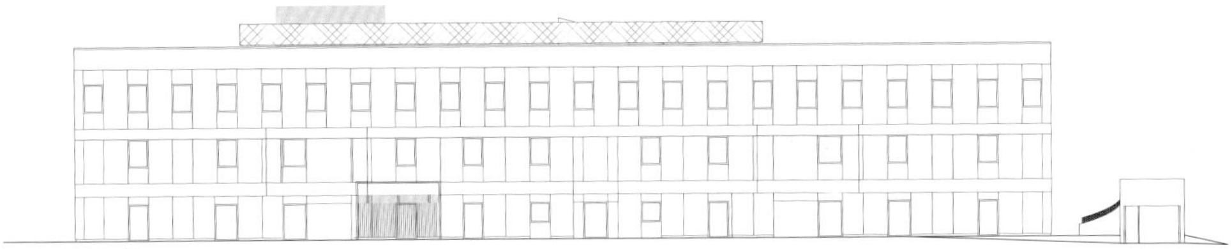
Ansicht Ost

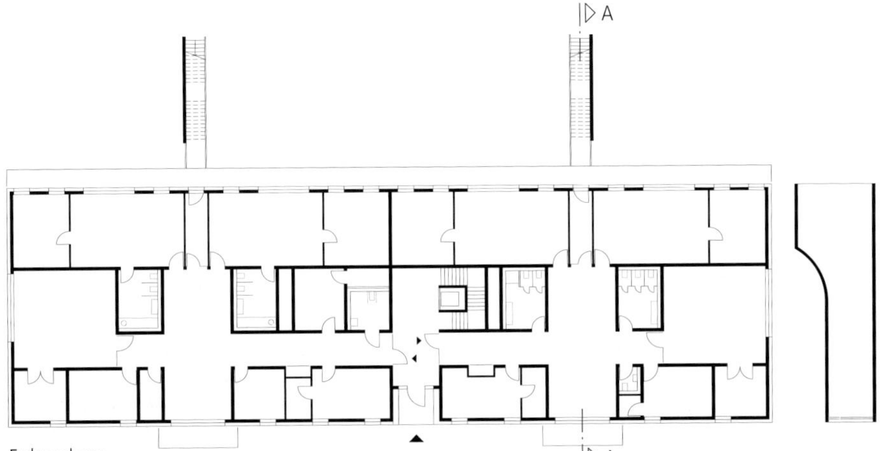

Erdgeschoss

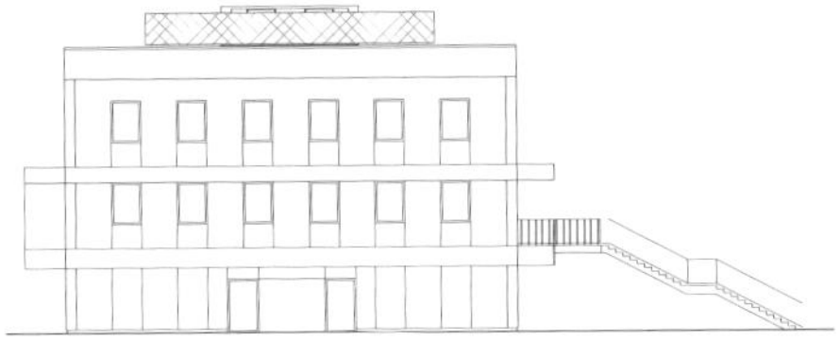
Ansicht Nord

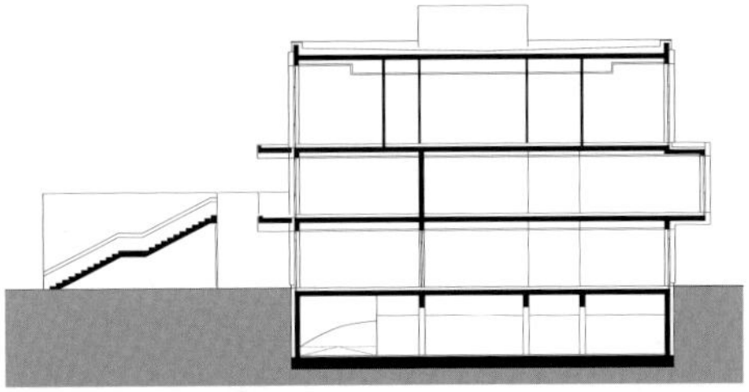
Schnitt A-A

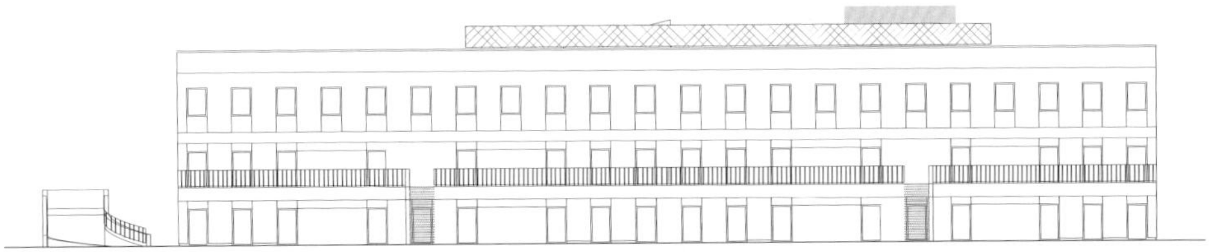
Ansicht West

4400-0379
Kindertagesstätte
(8 Gruppen)
(148 Kinder)
Gemeindesaal
(199 Sitzplätze)

Objektbeschreibung

Allgemeine Objektinformationen

Das Gebäude wurde als rechteckiger Baukörper mit sachlich klarem Erscheinungsbild erstellt. Die Deckenkanten wurden umlaufend bandartig abgesetzt, die Geschossigkeit wird dadurch betont und nach Außen hin ablesbar. Bei den Fassaden verweist der rhythmische Wechsel von offenen und geschlossenen Flächen auf die einzelnen Funktionen.

Nutzung

1 Untergeschoss
Tiefgarage, Haustechnikräume, Abstellräume, Besucher-WCs, Hausmeister, Flure, Treppenhäuser, Aufzug

1 Erdgeschoss
Eingang, Garderoben, Gruppenräume, Schlafraum, Nebenräume, Mehrzweckräume, Spielflure, Sanitäranlagen, Küchen, Lagerräume, Treppenhäuser, Aufzug

1 Obergeschoss
1.OG: Gruppenräume, Schlafraum, Nebenräume, Personalräume, Spielflure, Sanitäranlagen, Teeküchen, Lagerräume, Treppenhäuser, Aufzug, Fluchtbalkone, Außentreppen

2.OG: Foyer, Saal (199 Sitzplätze), Garderobe, Catering-Küche, WCs, Umkleiden, Büros, Besprechungsraum, Aufenthaltsraum, Küche, Treppenhäuser, Aufzug

Nutzeinheiten

Gruppen: 6
Stellplätze: 9
Zuschauerplätze: 199

Grundstück

Bauraum: Freier Bauraum
Neigung: Ebenes Gelände
Bodenklasse: BK 3

Markt

Hauptvergabezeit: 1.Quartal 2019
Baubeginn: 2.Quartal 2019
Bauende: 3.Quartal 2021
Konjunkturelle Gesamtlage: Durchschnitt
Regionaler Baumarkt: unter Durchschnitt

Baukonstruktion

Das ganze Tragwerk des Neubaus wurde in Stahlbeton realisiert. Der Stahlbetonskelettbau erhielt eine vorgehängte, wärmegedämmte Holzfassade. Die Bekleidung besteht aus Holzbretterschalung bzw. horizontal abgesetzter Metallbekleidung. Die Gründung erfolgte auf Streifenfundamenten mit Radonschutzmaßnahmen. Die Innenwände wurden in Stahlbeton und Trockenbauweise realisiert. Der große Saal erhielt aufgrund der großen Spannweite eine halbmonolithisch ausgeführte Stb-Kassettendecke. Innen sind alle Wände gespachtelt und beschichtet. In einigen Bereichen wurde eine zusätzliche Wandbekleidung aus Holzwerkstoff mit HPL- oder Textiloberflächen realisiert. Die Fenster und die Pfosten-Riegel-Fassaden wurden als Holz-Alu-Konstruktion mit dreifacher Sicherheitsverglasung hergestellt. Es kam grundsätzlich Echtholz-Parkettboden zur Ausführung, die Sanitärbereiche und Treppenhauskerne wurden gefliest. Im Gebäude wurden abgehängte akustisch wirksame Gipskarton-Plattendecken verbaut. Das hochwärmegedämmte Flachdach erhielt eine Kiesschüttung.

Technische Anlagen

Das Kinderhaus wurde an das Fernwärmenetz angeschlossen. Alle Räume der oberirdischen Geschosse werden mit Fußbodenheizung beheizt, im Keller wurden Wandheizkörper eingebaut. Der Saal im 2.OG verfügt über eine mechanische Lüftung (keine Kühlung/Klimaanlage) und die Gruppenräume der Kita über eine Grundlüftung. Des Weiteren kam ein barrierefreier Personenaufzug über alle Geschosse zum Einbau sowie eine Blitzschutzanlage. Es wurde eine PV-Anlage installiert.

Sonstiges

Auf dem Dach wurde ein "Technikgarten" mit Lüftungsgeräten und- kanälen und umlaufendem nach oben offenem Sichtschutzzaun realisiert.

Energetische Kennwerte

Gesetzliche Grundlage: EnEV 2013
Gebäudenutzfläche: 4.104,80 m^2
Spez. Jahresprimärenergiebedarf: 36,50 kWh/(m^2·a)

Planungskennwerte für Flächen und Rauminhalte nach DIN 277

Flächen des Grundstücks		Menge Einheit	% an GF
BF	Bebaute Fläche	1.219,63 m^2	29,3
UF	Unbebaute Fläche	2.940,37 m^2	70,7
GF	Grundstücksfläche	4.160,00 m^2	100,0

Grundflächen des Bauwerks		Menge Einheit	% an NUF	% an BGF
NUF	Nutzungsfläche	3.155,60 m^2	100,0	66,4
TF	Technikfläche	187,45 m^2	5,9	3,9
VF	Verkehrsfläche	646,21 m^2	20,5	13,6
NRF	Netto-Raumfläche	3.989,26 m^2	126,4	84,0
KGF	Konstruktions-Grundfläche	761,75 m^2	24,1	16,0
BGF	Brutto-Grundfläche	4.751,01 m^2	150,6	100,0

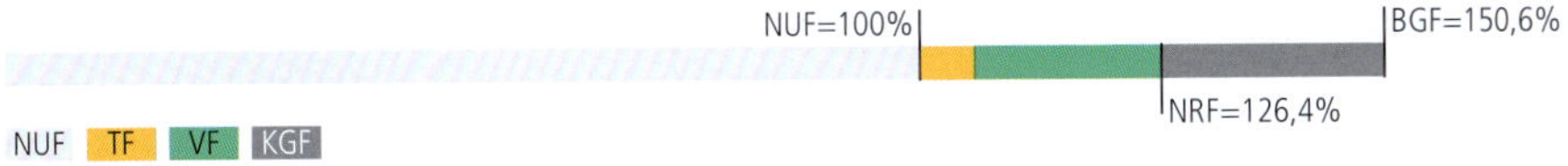

Brutto-Rauminhalt des Bauwerks		Menge Einheit	BRI/NUF (m)	BRI/BGF (m)
BRI	Brutto-Rauminhalt	19.104,53 m^3	6,05	4,02

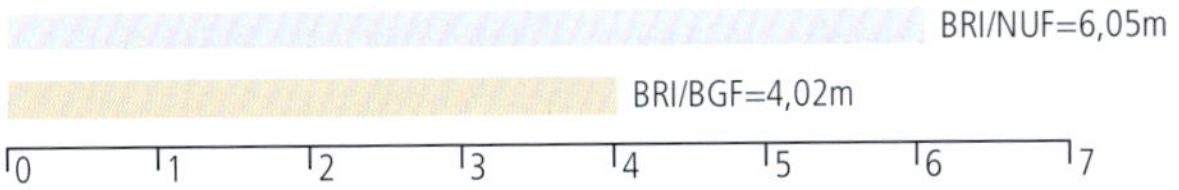

Kostenkennwerte für die Kostengruppen der 1. Ebene DIN 276

KG	Kostengruppen (1. Ebene)	Einheit	Kosten €	€/Einheit	€/m² BGF	€/m³ BRI	% 300+400
100	Grundstück	m² GF	–	–	–	–	–
200	Vorbereitende Maßnahmen	m² GF	113.145	27,20	23,82	5,92	0,8
300	Bauwerk – Baukonstruktionen	m² BGF	10.378.393	2.184,46	2.184,46	543,24	75,9
400	Bauwerk – Technische Anlagen	m² BGF	3.295.333	693,61	693,61	172,49	24,1
	Bauwerk 300+400	**m² BGF**	**13.673.726**	**2.878,07**	**2.878,07**	**715,73**	**100,0**
500	Außenanlagen und Freiflächen	m² AF	1.059.572	360,35	223,02	55,46	7,7
600	Ausstattung und Kunstwerke	m² BGF	166.540	35,05	35,05	8,72	1,2
700	Baunebenkosten	m² BGF	–	–	–	–	–
800	Finanzierung	m² BGF	–	–	–	–	–

KG	Kostengruppe	Menge Einheit	Kosten €	€/Einheit	%
200	**Vorbereitende Maßnahmen**	4.160,00 m² GF	113.145	**27,20**	0,8

Anschluss Fernwärme Geothermie, Wasser, Strom

KG	Kostengruppe	Menge Einheit	Kosten €	€/Einheit	%
3+4	**Bauwerk**				**100,0**
300	**Bauwerk – Baukonstruktionen**	4.751,01 m² BGF	10.378.393	**2.184,46**	75,9

Baugrubenaushub, Bodenaustausch; Verbau Trägerbohlwand; Stb-Streifenfundamente, Stb-Bodenplatte, Radonschutzfolie, Perimeterdämmung, bituminöse Dickbeschichtung, Gussasphalt, Heizestrich, Bodenfliesen, Parkettböden, Sportlinoleum; Stb-Wände, Holz-Alufenster, Dreifachverglasung, vorgehängte Holzbekleidung, Aluminiumpaneele, Innenputz, Beschichtung, Holz-Alu-Pfostenriegel-Fassade, Raffstores, Gelenkarmmarkisen, Tiefgaragentor; Stb-Wände in Sichtqualität, KS-Wände, GK-Wände, Alutüren, Holztüren, Stahlumfassungszargen, HPL-Wandbekleidungen, Textiloberflächen, Sanitärtrennwände, mobile Trennwände, Glasfaltwände; Stb-Decken, Stb-Kassettendecke, Stb-Fertigteiltreppen, abgehängte GK-Akustikdecken, Streckmetall-Akustikdecken, Stahl-Fluchttreppen, Treppengeländer, Balkongeländer; Stb-Flachdach, Alu-Oberlichtband, dreifachverglast, Oberlichter, Gefälledämmung, bituminöse Abdichtung, Kiesschicht, Dachentwässerung, Technik-Sichtschutz, Stahlkonstruktion; Einbaumöbel, Kindergarderoben, Wickelkommoden, Schränke mit Spielküchen, Teeküche

KG	Kostengruppe	Menge Einheit	Kosten €	€/Einheit	%
400	**Bauwerk – Technische Anlagen**	4.751,01 m² BGF	3.295.333	**693,61**	24,1

Gebäudeentwässerung, Kalt- und Warmwasserleitungen, Sanitärobjekte; Fernwärmenetzanschluss, Fußbodenheizung, Heizkörper; Abluftanlage, Zu- und Abluftanlage mit Wärmerückgewinnung; Elektroinstallation, Beleuchtung, Blitzschutz; Telekommunikationsanlage, Türsprechanlage, Rauchmeldeanlage, EDV-Verkabelung; Personenaufzug; MSR-Technik

KG	Kostengruppe	Menge Einheit	Kosten €	€/Einheit	%
500	**Außenanlagen und Freiflächen**	2.940,37 m² AF	1.059.572	**360,35**	7,7

Pflasterbeläge Vorplatz, Stellplätze, Spielplatz; Spielgeräte; Spielgarten, Bepflanzung, Rasen

KG	Kostengruppe	Menge Einheit	Kosten €	€/Einheit	%
600	**Ausstattung und Kunstwerke**	4.751,01 m² BGF	166.540	**35,05**	1,2

Ausstattung, Möblierung Kindergrippe, Kindergarten

4400-0380
Kindertagesstätte
(5 Gruppen)
(105 Kinder)

Objektübersicht

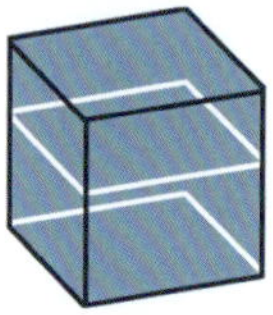
BRI 840 €/m3

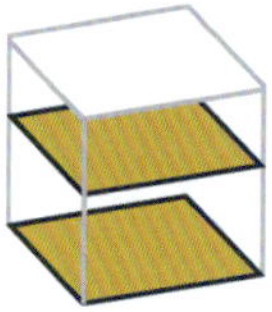
BGF 3.615 €/m2

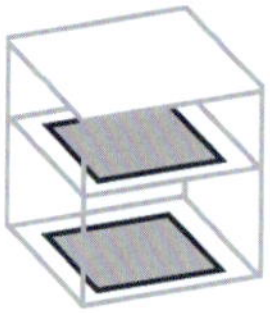
NUF 4.954 €/m2

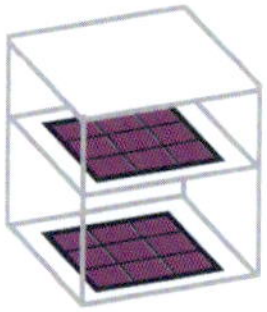
NE 46.442 €/NE
NE: Kinder

Objekt:
Kennwerte: 1. Ebene DIN 276
BRI: 5.808 m3
BGF: 1.349 m2
NUF: 984 m2
Bauzeit: 70 Wochen
Bauende: 2021
Standard: über Durchschnitt
Bundesland: Niedersachsen
Kreis: Verden

Architekt*in:
ulrich TILGNER
thomas GROTZ
Architekten GmbH
Konsul-Smidt-Straße 8d
28217 Bremen

Bauherr*in:
Stadt Verden
Große Straße 40
27283 Verden (Aller)

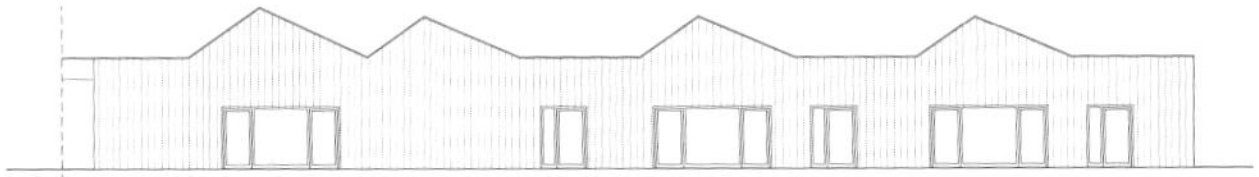

Ansicht Nord

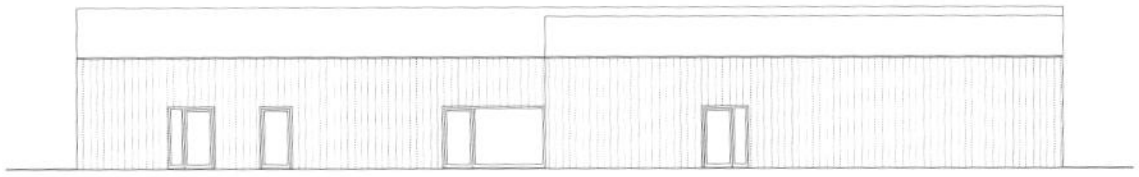

Ansicht West

Erdgeschoss

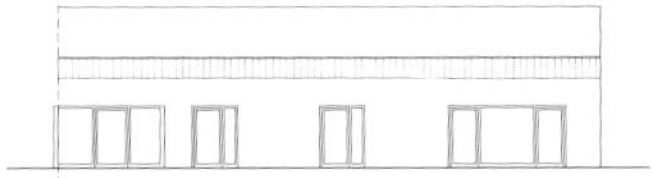

Ansicht Ost

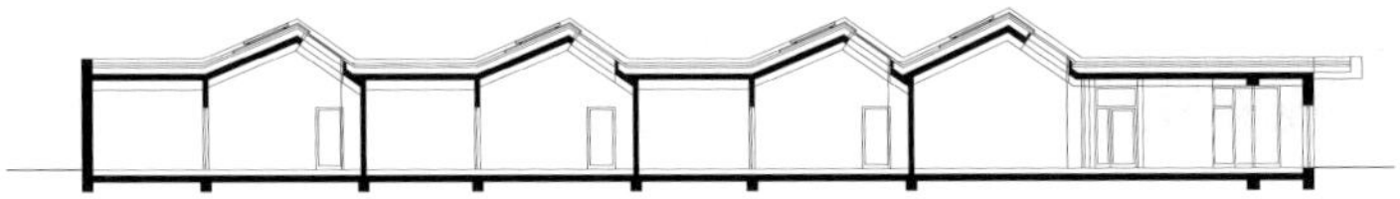

Schnitt A-A

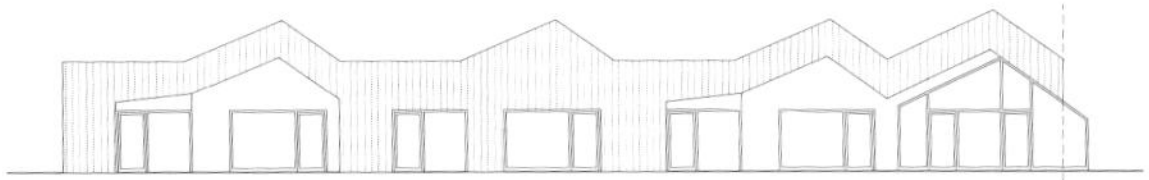

Ansicht Süd

Objektbeschreibung

Allgemeine Objektinformationen

Die Kindertagesstätte entstand in Holzrahmenbauweise mit Dachbegrünung. Aus der Form des Gebäudes werden die drei Nutzungen des Gebäudes erkennbar: die Kita, Krippe und das Familienzentrum stehen gleichberechtigt nebeneinander. Im hinteren Teil des Grundstücks befindet sich ein sicherer Spielbereich.

Nutzung

1 Erdgeschoss
Foyer, Garderoben, Gruppenräume für Krippe und Kita, Speiseraum, Bewegungsraum, Schlafräume, Sanitärräume, Büros Familienzentrum, Küche, Abstellräume, Terrassen

Nutzeinheiten

Gruppen: 5
Kinder: 105

Grundstück

Bauraum: Freier Bauraum
Neigung: Geneigtes Gelände
Bodenklasse: BK 1 bis BK 5

Markt

Hauptvergabezeit: 2.Quartal 2020
Baubeginn: 2.Quartal 2020
Bauende: 3.Quartal 2021
Konjunkturelle Gesamtlage: über Durchschnitt
Regionaler Baumarkt: Durchschnitt

Baukonstruktion

Das in Holzrahmenbauweise erstellte Gebäude wurde auf Streifenfundamenten und einer Stahlbeton-Bodenplatte gegründet. Sämtliche Holzrahmenwände sind mit einer vorgegrauten, hinterlüfteten Holzfassade oder an den Giebelseiten mit Faserzement-Fassadenplatten bekleidet. Die Holzfenster wurden mit einer Dreifachverglasung ausgeführt. Die Böden sind mit Kautschuk oder Bodenfliesen belegt. Sämtliche Materialien im Innenraum sind unter ökologischen Aspekten ausgewählt. Das Dach erhielt eine extensive Begrünung und im Innenbereich wurden die Dachflächen zur Verbesserung der Raumakustik mit Holzfaserplatten bekleidet.

Technische Anlagen

Eine Luft-Wasser-Wärmepumpe erzeugt die nötige Heizwärme, die über eine Fußbodenheizung im Gebäude verteilt wird. Im Sommer kann die Fußbodenheizung zum Kühlen des Gebäudes genutzt werden. Die Stromgewinnung erfolgt durch eine Photovoltaikanlage auf dem Dach.

Sonstiges

Die Form des Baukörpers soll es ermöglichen, dass den Kindern unterschiedliche Blickwinkel begegnen. Bei der Wahl der Materialien wurde großen Wert auf Nachhaltigkeit unter ökologischen Aspekten gelegt.

Energetische Kennwerte

Gesetzliche Grundlage: EnEV 2013
Gebäudenutzfläche: 2.107,00 m^2
Gebäudevolumen: 6.585,00 m^3
Hüllfläche des beheizten Volumens: 3.745,00 m^2
Mittlerer U-Wert (opake Bauteile): 0,23 W/(m^2·K)
Mittlerer U-Wert (transparente Bauteile): 0,93 W/(m^2·K)
Spez. Jahresprimärenergiebedarf: 178,24 kWh/(m^2·a)

Energetische Angaben zu Außenbauteilen

Dach

U-Wert: 0,20 W/(m²·K)

Gesamtdicke: 26,55 cm	d [cm]	l [W/(m·K)]
GK-Platte	2,50	0,250
PE-Folie	0,05	0,330
Dämmung	24,00	0,040
Holz	24,00	0,130

Bodenplatte

U-Wert: 0,27 W/(m²·K)

Gesamtdicke: 43,00 cm	d [cm]	l [W/(m·K)]
Estrich	6,00	1,400
Dämmung	12,00	0,035
Stahlbeton	25,00	2,300

Außenwand

U-Wert: 0,20 W/(m²·K)

Gesamtdicke: 27,00 cm	d [cm]	l [W/(m·K)]
OSB-Platte	1,50	0,130
Dämmung	24,00	0,040
Holz	24,00	0,130
Holz	1,50	0,070

Planungskennwerte für Flächen und Rauminhalte nach DIN 277

Flächen des Grundstücks		Menge Einheit	% an GF
BF	Bebaute Fläche	1.349,00 m²	28,8
UF	Unbebaute Fläche	3.333,85 m²	71,2
GF	Grundstücksfläche	4.682,85 m²	100,0

Grundflächen des Bauwerks		Menge Einheit	% an NUF	% an BGF
NUF	Nutzungsfläche	984,43 m²	100,0	73,0
TF	Technikfläche	25,00 m²	2,5	1,9
VF	Verkehrsfläche	178,74 m²	18,2	13,2
NRF	Netto-Raumfläche	1.188,17 m²	120,7	88,1
KGF	Konstruktions-Grundfläche	160,83 m²	16,3	11,9
BGF	Brutto-Grundfläche	1.349,00 m²	137,0	100,0

Brutto-Rauminhalt des Bauwerks		Menge Einheit	BRI/NUF (m)	BRI/BGF (m)
BRI	Brutto-Rauminhalt	5.808,00 m³	5,90	4,31

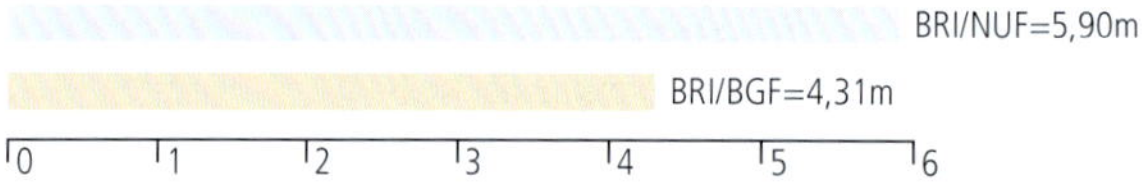

Kostenkennwerte für die Kostengruppen der 1.Ebene DIN 276

KG	Kostengruppen (1.Ebene)	Einheit	Kosten €	€/Einheit	€/m² BGF	€/m³ BRI	% 300+400
100	Grundstück	m² GF	–	–	–	–	–
200	Vorbereitende Maßnahmen	m² GF	21.207	4,53	15,72	3,65	0,4
300	Bauwerk – Baukonstruktionen	m² BGF	3.746.175	2.777,00	2.777,00	645,00	76,8
400	Bauwerk – Technische Anlagen	m² BGF	1.130.223	837,82	837,82	194,60	23,2
	Bauwerk 300+400	**m² BGF**	**4.876.398**	**3.614,82**	**3.614,82**	**839,60**	**100,0**
500	Außenanlagen und Freiflächen	m² AF	423.189	280,07	313,71	72,86	8,7
600	Ausstattung und Kunstwerke	m² BGF	119.503	88,59	88,59	20,58	2,5
700	Baunebenkosten	m² BGF	–	–	–	–	–
800	Finanzierung	m² BGF	–	–	–	–	–

KG	Kostengruppe	Menge Einheit	Kosten €	€/Einheit	%
200	**Vorbereitende Maßnahmen**	4.682,85 m² GF	21.207	**4,53**	0,4
	Gelände freimachen, Baugrube; Hauswasseranschluss				
3+4	**Bauwerk**				**100,0**
300	**Bauwerk – Baukonstruktionen**	1.349,00 m² BGF	3.746.175	**2.777,00**	76,8
	Oberbodenarbeiten; Fundamentaushub, Stb-Streifenfundamente, Stb-Bodenplatte, Abdichtung, Dämmung, Heizestrich, Kautschukbeläge, Bodenfliesen; Holzrahmenwände, Holzfenster, Dreifachverglasung, Holztüren, Dämmung, vertikale, vorgegraute Holzbekleidung, Faserzementbekleidung, Senkrechtmarkisen; Vollholzwände, Holzrahmenwände, GK-Wände, Holz-Glas-Türelemente, Holztüren, GK-Bekleidung, Beschichtung; Sparrendach, Abdichtung, Zinkblechdeckung, Flachdach mit Satteldachelementen, Dämmung, Abdichtung, Dachentwässerung, Dachbegrünung, Kies, abgehängte GK-Decken, Akustikdecken; Einbaumöbel, Garderoben, Regale, Raumtrennwand, Einbauküche, Aufwärm-, Spülküche				
400	**Bauwerk – Technische Anlagen**	1.349,00 m² BGF	1.130.223	**837,82**	23,2
	Gebäudeentwässerung, Kalt- und Warmwasserleitungen, Sanitärobjekte; Sole-Wasser-Wärmepumpe, Fußbodenheizung; Lüftungsanlage mit Wärmerückgewinnung; Photovoltaikanlage (200m²), Elektroinstallation, Beleuchtung, Blitzschutz; Telekommunikationsanlage, Brandmeldeanlage, Alarmanlage; Feuerlöschanlage				
500	**Außenanlagen und Freiflächen**	1.511,00 m² AF	423.189	**280,07**	8,7
	Pflaster für Wege, Plätze, Spielbereiche; Spielgeräte; Vegetationsflächen, Bepflanzung, Rasen				
600	**Ausstattung und Kunstwerke**	1.349,00 m² BGF	119.503	**88,59**	2,5
	Mobiliar Gruppenräume, u.a. Tische, Hocker				

4400-0381
Kindertagesstätte
(6 Gruppen)
(60 Kinder)

Objektübersicht

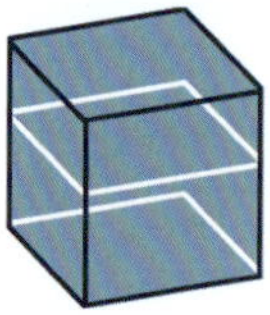

BRI 775 €/m^3

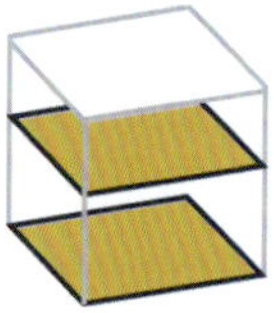

BGF 3.136 €/m^2

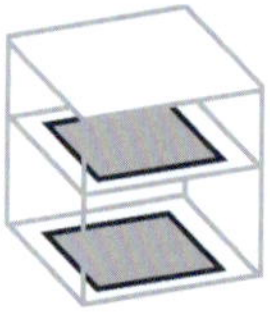

NUF 4.812 €/m^2

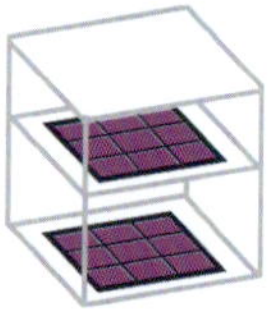

NE 68.450 €/NE

NE: Kinder

Objekt:
Kennwerte: 1. Ebene DIN 276
BRI: 5.301 m^3
BGF: 1.310 m^2
NUF: 854 m^2
Bauzeit: 191 Wochen
Bauende: 2021
Standard: über Durchschnitt
Bundesland: Hessen
Kreis: Frankfurt am Main, Stadt

Architekt*in:
pressel & müller architekten
Stuttgarter Straße 18
60329 Frankfurt am Main

Bauherr*in:
Amt für Bau und Immobilien der Stadt Frankfurt am Main
Solmsstraße 27-37
60486 Frankfurt am Main

Ansicht Nord-Ost

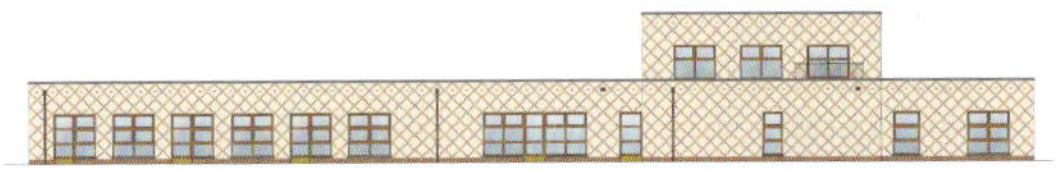

Ansicht Nord-West

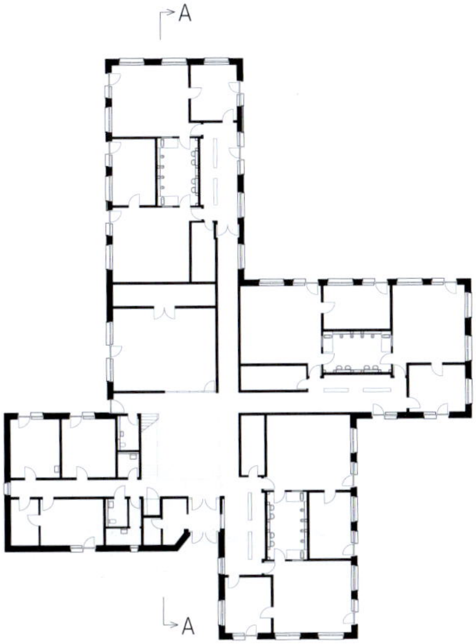

Erdgeschoss

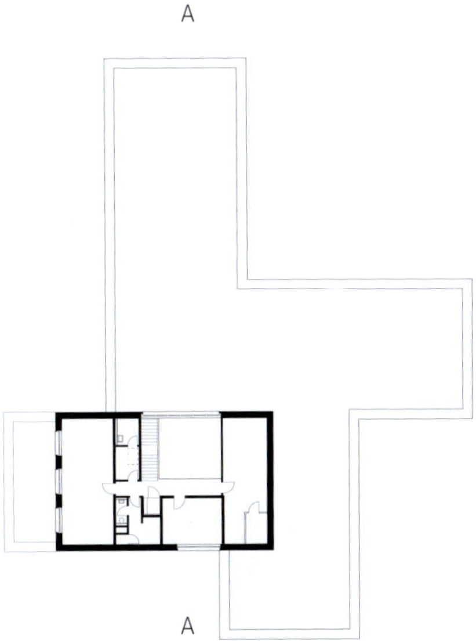

Obergeschoss

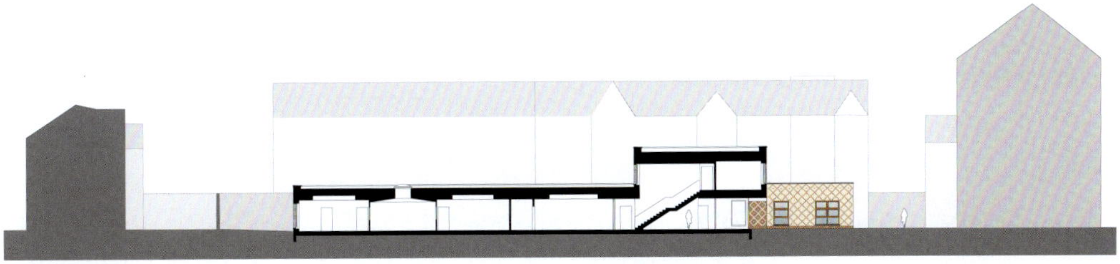

Schnitt A-A

Ansicht Süd-West

Ansicht Süd-Ost

Objektbeschreibung

Allgemeine Objektinformationen

Die städtische Kindertagesstätte wurde inmitten eines gründerzeitlich geprägten, lebendigen Wohnblocks errichtet. Das Gebäude liegt geschützt in dem früher gewerblich genutzten Innenhof, der ein unkonventionelles polygonales Baugrundstück freigab. Das Areal wird von hoch aufragenden Wohnhäusern gesäumt.

Nutzung

1 Erdgeschoss
Halle, Gruppenräume, Ruheräume, Werkraum, Küche, Hauswirtschaftsraum, Eltern- und Integrationsraum, Mehrzweckraum, Garderoben, WCs, Sanitärräume, Kinderwagenlager, Lager, Abstellräume

1 Obergeschoss
Büro, Personal, WC, Umkleide, Lager, Technik

Nutzeinheiten

Gruppen: 6
Kinder: 60

Grundstück

Bauraum: Beengter Bauraum
Neigung: Ebenes Gelände
Bodenklasse: BK 3 bis BK 5

Besonderer Kosteneinfluss Grundstück
Das Areal ist nur durch eine Einfahrt von der Straße aus in den Innenhof des Wohnblocks zugänglich. Auf dem Gelände mussten Altlasten beseitigt werden. Die Straße ist eine zentrale, innerstädtische Wohn- und Geschäftsstraße des Quartiers.

Markt

Hauptvergabezeit: 2. Quartal 2017
Baubeginn: 3. Quartal 2017
Bauende: 1. Quartal 2021
Konjunkturelle Gesamtlage: über Durchschnitt
Regionaler Baumarkt: über Durchschnitt

Besonderer Kosteneinfluss Markt
Aufwändige Verblendfassade mit rautenförmig hervorstehenden Ziegeln.

Baukonstruktion

Das Gebäude wurde in Massivbauweise als Stahlbeton-Skelettbau mit Stahlbeton-Geschossdecke und -dächern errichtet. Die Außenwände bestehen aus zweischaligem Mauerwerk mit Innenputz, Hochlochziegel und Verblendmauerwerk. Fenster und Türen wurden in Lärche gefertigt. Die Verschattung im Sommer wird durch außenliegende Jalousien gewährleistet. Das Flachdach erhielt ein Gründach.

Technische Anlagen

Die Beheizung erfolgt mit einer Gas-Brennwerttherme und Heizkörper. Das Gebäude wurde mit einer kontrollierten Be- und Entlüftungsanlage mit Wärmerückgewinnung ausgestattet. Die Küche erhielt eine eigene Lüftungsanlage. Es wurde ein Plattformlift für die barrierefreie Ausstattung realisiert.

Energetische Kennwerte

Gesetzliche Grundlage: EnEV 2013
Gebäudenutzfläche: 1.311,00 m^2
Hüllfläche des beheizten Volumens: 3.121,40 m^2
Mittlerer U-Wert (opake Bauteile): 0,15 W/(m^2·K)
Mittlerer U-Wert (transparente Bauteile): 1,10 W/(m^2·K)
Spez. Jahresprimärenergiebedarf: 68,00 kWh/(m^2·a)

Energetische Angaben zu Außenbauteilen

Bodenplatte

U-Wert: 0,23 W/(m²·K)

Gesamtdicke: 46,00 cm	d[cm]	l[W/(m·K)]
Stahlbeton	30,00	2,500
Dämmung	16,00	0,040

Außenwand hinterlüftet

U-Wert: 0,18 W/(m²·K)

Gesamtdicke: 37,50 cm	d[cm]	l[W/(m·K)]
Innenputz	1,50	1,000
Dämmziegel	36,00	0,070

Dach EG

U-Wert: 0,14 W/(m²·K)

Gesamtdicke: 51,00 cm	d[cm]	l[W/(m·K)]
Stahlbeton	25,00	2,500
Dämmung	26,00	0,038

Dach OG

U-Wert: 0,14 W/(m²·K)

Gesamtdicke: 48,00 cm	d[cm]	l[W/(m·K)]
Stahlbeton	22,00	2,500
Dämmung	26,00	0,038

4400-0381
Kindertagesstätte
(6 Gruppen)
(60 Kinder)

Planungskennwerte für Flächen und Rauminhalte nach DIN 277

Flächen des Grundstücks		Menge Einheit	% an GF
BF	Bebaute Fläche	1.075,15 m^2	34,9
UF	Unbebaute Fläche	2.003,85 m^2	65,1
GF	Grundstücksfläche	3.079,00 m^2	100,0

Grundflächen des Bauwerks		Menge Einheit	% an NUF	% an BGF
NUF	Nutzungsfläche	853,51 m^2	100,0	65,2
TF	Technikfläche	45,39 m^2	5,3	3,5
VF	Verkehrsfläche	221,27 m^2	25,9	16,9
NRF	Netto-Raumfläche	1.120,17 m^2	131,2	85,5
KGF	Konstruktions-Grundfläche	189,57 m^2	22,2	14,5
BGF	Brutto-Grundfläche	1.309,74 m^2	153,5	100,0

Brutto-Rauminhalt des Bauwerks		Menge Einheit	BRI/NUF (m)	BRI/BGF (m)
BRI	Brutto-Rauminhalt	5.300,60 m^3	6,21	4,05

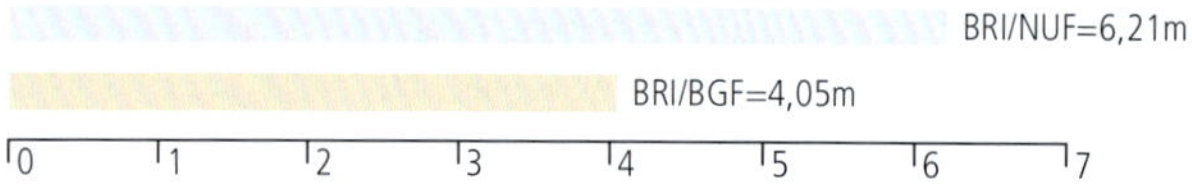

Kostenkennwerte für die Kostengruppen der 1.Ebene DIN 276

KG	Kostengruppen (1. Ebene)	Einheit	Kosten €	€/Einheit	€/m² BGF	€/m³ BRI	% 300+400
100	Grundstück	m² GF	–	–	–	–	–
200	Vorbereitende Maßnahmen	m² GF	555.291	180,35	423,97	104,76	13,5
300	Bauwerk – Baukonstruktionen	m² BGF	3.373.903	2.576,01	2.576,01	636,51	82,2
400	Bauwerk – Technische Anlagen	m² BGF	733.083	559,72	559,72	138,30	17,8
	Bauwerk 300+400	**m² BGF**	**4.106.986**	**3.135,73**	**3.135,73**	**774,82**	**100,0**
500	Außenanlagen und Freiflächen	m² AF	410.865	–	313,70	77,51	10,0
600	Ausstattung und Kunstwerke	m² BGF	–	–	–	–	–
700	Baunebenkosten	m² BGF	–	–	–	–	–
800	Finanzierung	m² BGF	–	–	–	–	–

KG	Kostengruppe	Menge Einheit	Kosten €	€/Einheit	%
200	**Vorbereitende Maßnahmen**	3.079,00 m² GF	555.291	**180,35**	13,5

Abbruch von Produktionsgebäuden, Altlastenbeseitigung, Bodenaustausch, Sicherung von Grundstücksgrenzen gegen invasive Pflanzen, Sicherung grenzständiger Nachbarbauten; Entsorgung, Deponiegebühren

KG	Kostengruppe	Menge Einheit	Kosten €	€/Einheit	%
3+4	**Bauwerk**				**100,0**
300	**Bauwerk – Baukonstruktionen**	1.309,74 m² BGF	3.373.903	**2.576,01**	82,2

Baugrubenaushub; Frostschürze, Stb-Fundamentplatte, Stb-Bodenplatte, Estrich, Linoleum, Bodenfliesen, Abdichtung, Sauberkeitsschicht, Perimeterdämmung; Stb-Stützen, Mauerwerkswände, Holzfenster, Dreifachverglasung, teilw. Sonnenschutzverglasung, Wärmedämmung, Ziegelfassade, außenliegende Jalousien; Innenmauerwerk, Innenfenster, Wandfliesen, mobile Trennwand; Stb-Decken, Stb-Treppen, Estrich, Linoleum, Bodenfliesen, teilw. abgehängte GK-Decken, teilw. Schallschutzdecken, Brüstungsgeländer, Treppengeländer; Stb-Dach, Dachausstiegsklappe, Dämmung, Abdichtung, Attika, extensive Dachbegrünung, Entwässerung, teilw. abgehängte GK-Decken, teilw. Schallschutzdecken

KG	Kostengruppe	Menge Einheit	Kosten €	€/Einheit	%
400	**Bauwerk – Technische Anlagen**	1.309,74 m² BGF	733.083	**559,72**	17,8

Gebäudeentwässerung, Kalt- und Warmwasserleitungen, elektrische Warmwasserbereitung, Sanitärobjekte; Gas-Brennwerttherme, Röhrenheizkörper; kontrollierte Be- und Entlüftung mit Wärmerückgewinnung, Lüftungsanlage Küche; Elektroinstallation, Beleuchtung, Sicherheitsleuchten; Gegensprechanlage, Rauchmelder, interne Gefahrenwarnanlage Brand, Störfall; Plattformlift

KG	Kostengruppe	Menge Einheit	Kosten €	€/Einheit	%
500	**Außenanlagen und Freiflächen**	–	410.865	**–**	10,0

Oberbodenabtrag, Bodenarbeiten; Natursteinpflaster, Betonrechteckpflaster, Pflasterziegel, Asphaltflächen, Spielplatzflächen, Fallschutzplatten; Stabgitterzäune mit sechs Toren; Sitzbänke, Holzpodeste, Gerätehütten, Spielgeräte; Oberbodenauftrag, Bäume, Rasen; Abbruch von Bodendecken, Asphaltfläche, Bauschutt Z1.2, Entsorgung, Deponiegebühren

4400-0382
Kindertagesstätte
(4 Gruppen)
(100 Kinder)

Objektübersicht

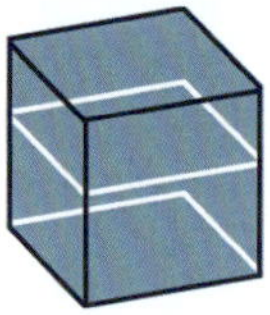
BRI 845 €/m³

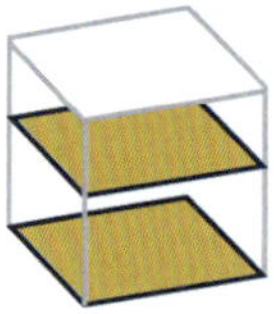
BGF 3.502 €/m²

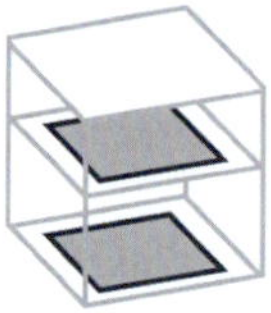
NUF 5.156 €/m²

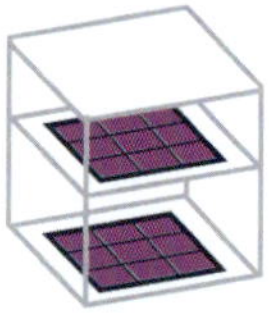
NE 40.730 €/NE

NE: Kinder

Objekt:
Kennwerte: 1.Ebene DIN 276
BRI: 4.819 m³
BGF: 1.163 m²
NUF: 790 m²
Bauzeit: 165 Wochen
Bauende: 2022
Standard: Durchschnitt
Bundesland: Rheinland-Pfalz
Kreis: Zweibrücken, Stadt

Architekt*in:
Stadtbauamt Zweibrücken
Herzogstraße 1
66482 Zweibrücken

Bauherr*in:
Stadt Zweibrücken
Herzogstraße 1
66482 Zweibrücken

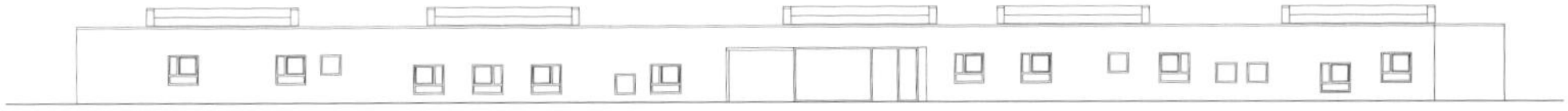

Ansicht Nord

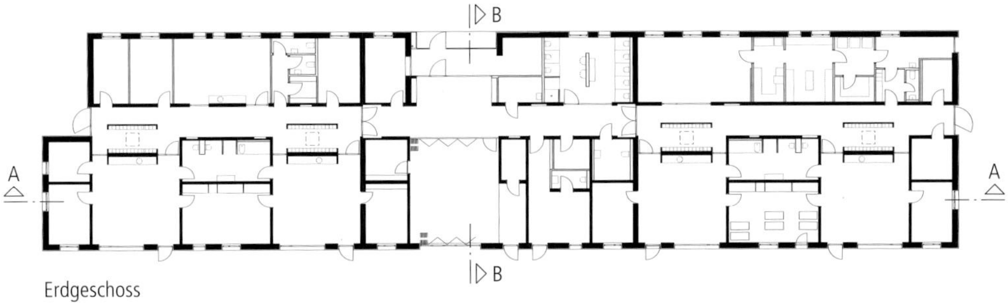

Erdgeschoss

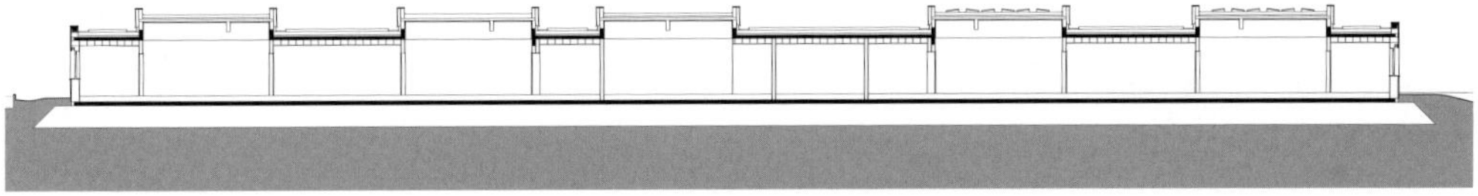

Schnitt A-A

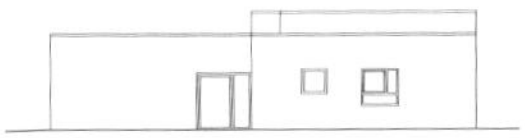

Ansicht West

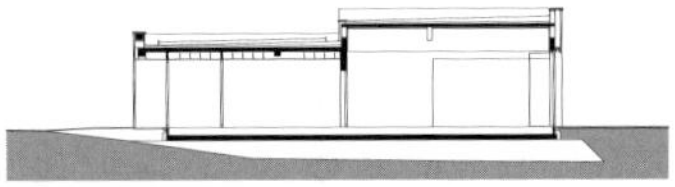

Schnitt B-B

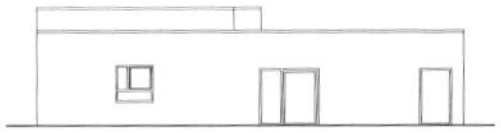

Ansicht Ost

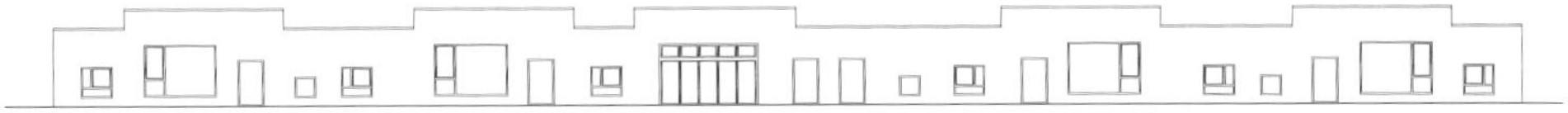

Ansicht Süd

Objektbeschreibung

Allgemeine Objektinformationen

Der Neubau mit seinen monolithisch erstellten Außenwänden wurde im Dachbereich mit einer Holzkonstruktion ergänzt. Die unterschiedlichen Dachhöhen spiegeln die unterschiedlichen Funktionen der Räume wieder. Unter den hohen Gebäudeteilen befinden sich die Gruppenräume sowie ein Mehrzweckraum. Die niederen Bauteile beherbergen die Nebenräume. Das Ergebnis ist eine Abfolge von Gebäudekuben, die in Verbindung mit dem Außengelände eine spannungsvolles Gesamtensemble ergeben.

Nutzung

1 Erdgeschoss
Foyer, Gruppenräume, Multifunktionsraum, Spielflure, Schlafräume, Speiseraum, Kochküche, Spülküche, Kühlraum, Büro, Elternsprechzimmer, Personalraum, Garderoben, WCs, Bäder, Lager, Abstellräume, Hausmeister, Technik

Nutzeinheiten

Gruppen: 4
Kinder: 100

Grundstück

Bauraum: Freier Bauraum
Neigung: Ebenes Gelände
Bodenklasse: BK 1 bis BK 4

Markt

Hauptvergabezeit: 4. Quartal 2019
Baubeginn: 4. Quartal 2019
Bauende: 4. Quartal 2022
Konjunkturelle Gesamtlage: Durchschnitt
Regionaler Baumarkt: Durchschnitt

Baukonstruktion

Das Bauwerk gründet auf einer Stahlbetonbodenplatte. Die Außenwände wurden aus monolithischem Mauerwerk erstellt und im Dachbereich mit einer Brettsperrholzkonstruktion ergänzt. Die Kunststoff- und Alufenster können mittels Textilscreens verdunkelt werden. Die Flachdächer der einzelnen Gebäudeteile wurden in Stahlbeton oder Brettschichtholz erstellt und extensiv begrünt. Die Böden sind mit Linoleum, in den Sanitärräumen mit Bodenfliesen belegt.

Technische Anlagen

Die Heizquelle des Gebäudes bildet eine Gasabsorptions-Wärmepumpe. Über eine Fußbodenheizung wird die Wärme in den Räumen verteilt. Es wurde eine kontrollierte Lüftungsanlage eingebaut. Die Schlafräume werden klimatisiert. Die Stromgewinnung erfolgt durch eine Photovoltaikanlage auf dem Dach.

Planungskennwerte für Flächen und Rauminhalte nach DIN 277

Flächen des Grundstücks		Menge Einheit	% an GF
BF	Bebaute Fläche	1.159,00 m²	27,3
UF	Unbebaute Fläche	3.081,00 m²	72,7
GF	Grundstücksfläche	4.240,00 m²	100,0

Grundflächen des Bauwerks		Menge Einheit	% an NUF	% an BGF
NUF	Nutzungsfläche	790,00 m²	100,0	67,9
TF	Technikfläche	10,00 m²	1,3	0,9
VF	Verkehrsfläche	219,00 m²	27,7	18,8
NRF	Netto-Raumfläche	1.019,00 m²	129,0	87,6
KGF	Konstruktions-Grundfläche	144,00 m²	18,2	12,4
BGF	Brutto-Grundfläche	1.163,00 m²	147,2	100,0

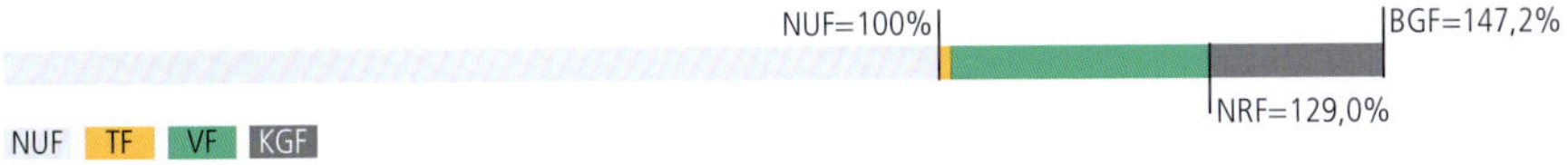

Brutto-Rauminhalt des Bauwerks		Menge Einheit	BRI/NUF (m)	BRI/BGF (m)
BRI	Brutto-Rauminhalt	4.819,00 m³	6,10	4,14

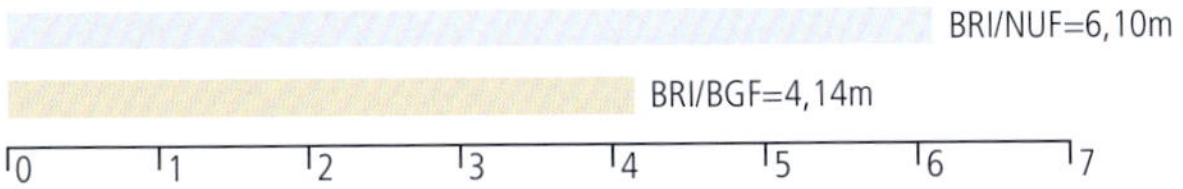

Kostenkennwerte für die Kostengruppen der 1. Ebene DIN 276

KG	Kostengruppen (1. Ebene)	Einheit	Kosten €	€/Einheit	€/m² BGF	€/m³ BRI	% 300+400
100	Grundstück	m² GF	–	–	–	–	–
200	Vorbereitende Maßnahmen	m² GF	134.287	31,67	115,47	27,87	3,3
300	Bauwerk – Baukonstruktionen	m² BGF	2.867.215	2.465,36	2.465,36	594,98	70,4
400	Bauwerk – Technische Anlagen	m² BGF	1.205.772	1.036,78	1.036,78	250,21	29,6
	Bauwerk 300+400	**m² BGF**	**4.072.987**	**3.502,14**	**3.502,14**	**845,19**	**100,0**
500	Außenanlagen und Freiflächen	m² AF	945.298	575,70	812,81	196,16	23,2
600	Ausstattung und Kunstwerke	m² BGF	–	–	–	–	–
700	Baunebenkosten	m² BGF	–	–	–	–	–
800	Finanzierung	m² BGF	–	–	–	–	–

KG	Kostengruppe	Menge Einheit	Kosten €	€/Einheit	%
200	**Vorbereitende Maßnahmen**	4.240,00 m² GF	134.287	**31,67**	3,3

Kampfmittelbeseitigung

KG	Kostengruppe	Menge Einheit	Kosten €	€/Einheit	%
3+4	**Bauwerk**				**100,0**
300	**Bauwerk – Baukonstruktionen**	1.163,00 m² BGF	2.867.215	**2.465,36**	70,4

Baugrubenaushub; Stb-Bodenplatte, Abdichtung, Dämmung, Heizestrich, Linoleum, Bodenfliesen; monolithisches Mauerwerk 42,5cm, BSH-Wände, Alu-, Kunststofffenster, Außenputz, Beschichtung, Innenputz, Beschichtung, Wandfliesen, Textilscreens; Hlz-Mauerwerk, GK-Wände, Holztüren, Putz, Beschichtung, Wandfliesen, Faltwand; Stb-Flachdächer, BSH-Dächer, Dämmung, Abdichtung, Dachentwässerung, Dachbegrünung

KG	Kostengruppe	Menge Einheit	Kosten €	€/Einheit	%
400	**Bauwerk – Technische Anlagen**	1.163,00 m² BGF	1.205.772	**1.036,78**	29,6

Gebäudeentwässerung, Fettabscheider, Kalt- und Warmwasserleitungen, Sanitärobjekte; Gasabsorptions-Wärmepumpe, Fußbodenheizung; Lüftungsanlage, Klimaanlage; PV-Anlage, Elektroinstallation, Beleuchtung, Blitzschutzanlage; WLAN

KG	Kostengruppe	Menge Einheit	Kosten €	€/Einheit	%
500	**Außenanlagen und Freiflächen**	1.642,00 m² AF	945.298	**575,70**	23,2

Bobbycar-Rennbahn, Holz-Spielgeräte, Rutsche, Schaukeln

4400-0383
Kindertagesstätte (4 Gruppen) (74 Kinder)

Objektübersicht

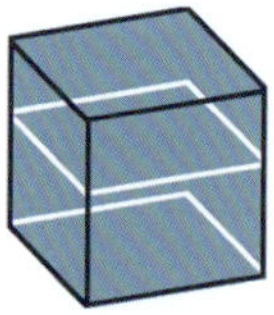

BRI 696 €/m³

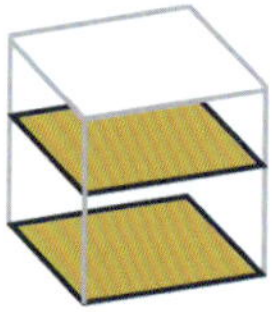

BGF 2.904 €/m²

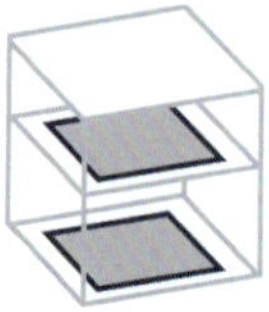

NUF 4.503 €/m²

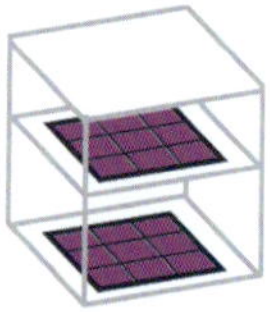

NE 45.184 €/NE

NE: Kinder

Objekt:
Kennwerte: 1. Ebene DIN 276
BRI: 4.803 m³
BGF: 1.151 m²
NUF: 742 m²
Bauzeit: 52 Wochen
Bauende: 2022
Standard: Durchschnitt
Bundesland: Bayern
Kreis: Ansbach

Architekt*in:
Dipl.Ing. (FH)
Martin Szymanski
Rötstraße 11
74589 Satteldorf-Gröningen

Bauherr*in:
Gemeinde Schnelldorf
Rothenburger Straße 13
91625 Schnelldorf

© Bauer Holzbau GmbH

© Bauer Holzbau GmbH

© Bauer Holzbau GmbH

© Bauer Holzbau GmbH

Ansicht Nord

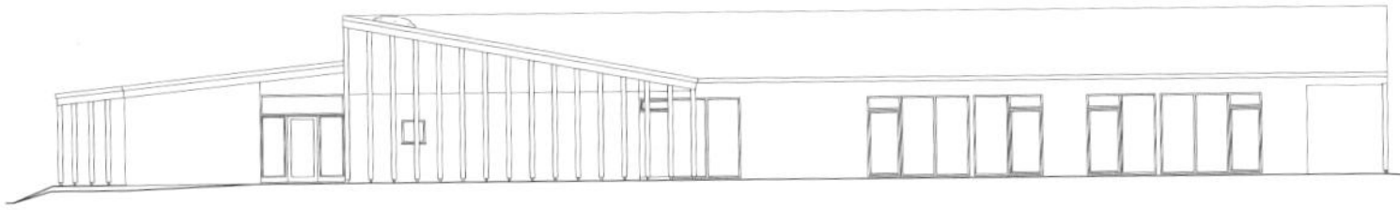

Ansicht West

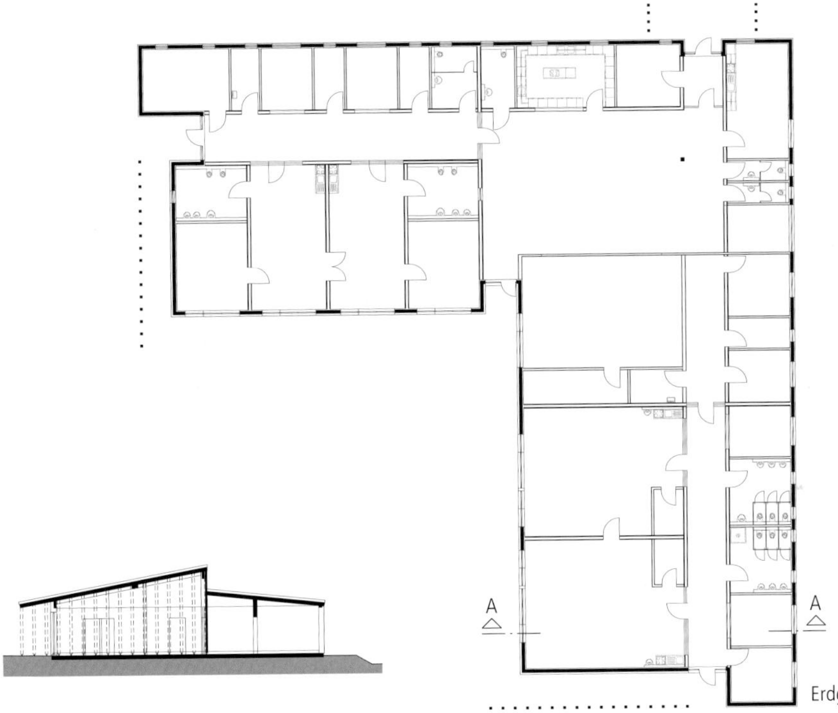

Erdgeschoss

Schnitt A-A

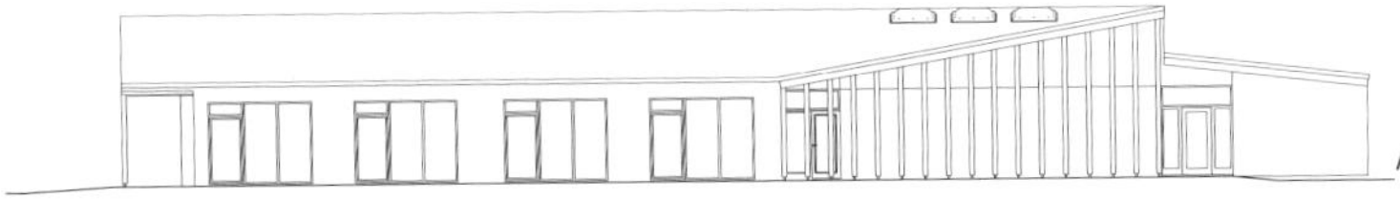

Ansicht Süd

Ansicht Ost

Objektbeschreibung

Allgemeine Objektinformationen

Beim Neubau der Kindertagesstätte war das Ziel, mit nachhaltigen Materialien eine Wohlfühlatmosphäre unter gesunden Bedingungen für die Kleinkinder zu kreieren. Der reine Holzbau in Holztafelbauweise sorgt dabei nicht nur für hervorragende Raumluft und Wohngesundheit, sondern setzt auch in Sachen Klimaschutz ein Ausrufezeichen. Die Architektur des Gebäudes überzeugt durch weite und helle Räume. Viel Glas und die nach Südwesten ausgerichtete Winkelbauweise verwandeln das Gebäude in einen lichtdurchfluteten Ort der Geborgenheit.

Nutzung

1 Erdgeschoss
Windfang, Foyer, Gemeinschaftsraum Krippe (2St), Gemeinschaftsraum Gruppe (2St), Ruheräume, Garderoben, Gemeinschaftsraum, Küche, Vorratsraum, Abstellräume, Personal, Büro, Sanitärräume, Lager, Flure

Nutzeinheiten

Gruppen: 4
Kinder: 74

Grundstück

Bauraum: Freier Bauraum
Neigung: Ebenes Gelände
Bodenklasse: BK 3 bis BK 5

Markt

Hauptvergabezeit: 3. Quartal 2021
Baubeginn: 4. Quartal 2021
Bauende: 4. Quartal 2022
Konjunkturelle Gesamtlage: Durchschnitt
Regionaler Baumarkt: unter Durchschnitt

Baukonstruktion

Die Gründung des Holzbaus erfolgte auf einer Stahlbetonbodenplatte. Für die Wand- und Dachkonstruktion wurden Holzständer aus Fichtenholz eingesetzt. Die innenseitige Klimainstallationsebene aus Holzweichfaserdämmung nimmt überschüssige Luftfeuchtigkeit auf und gibt diese bei Bedarf wieder an die Raumluft ab. Die Fassadenkonstruktion besteht aus unbehandelter Douglasie, ausgeführt als horizontale Rhombusschalung sowie verputzen Flächen. Auch für die Stelen an den Zugängen wurde Douglasie verwendet. Die Alu-Holzfenster sind mit Dreifachverglasung ausgestattet. Die Böden sind mit Linoleum und Fliesen belegt.

Technische Anlagen

Der Neubau wurde an das Fernwärmenetz der Stadt angeschlossen und mit einer Fußbodenheizung ausgestattet. Eine Lüftungsanlage mit Wärmerückgewinnung versorgt die Räume mit Frischluft.

Sonstiges

Das Projekt wurde in einer Rekordbauzeit von 13 Monaten durch Vorfertigung aller Wand- und Dachelemente realisiert. Die Gebäudehülle erreicht den KfW-40-Standard

Planungskennwerte für Flächen und Rauminhalte nach DIN 277

Flächen des Grundstücks		Menge Einheit	% an GF
BF	Bebaute Fläche	1.166,84 m²	–
UF	Unbebaute Fläche	–	–
GF	Grundstücksfläche	–	–

Grundflächen des Bauwerks		Menge Einheit	% an NUF	% an BGF
NUF	Nutzungsfläche	742,48 m²	100,0	64,5
TF	Technikfläche	20,97 m²	2,8	1,8
VF	Verkehrsfläche	196,61 m²	26,5	17,1
NRF	Netto-Raumfläche	960,06 m²	129,3	83,4
KGF	Konstruktions-Grundfläche	191,18 m²	25,7	16,6
BGF	Brutto-Grundfläche	1.151,24 m²	155,1	100,0

Brutto-Rauminhalt des Bauwerks		Menge Einheit	BRI/NUF (m)	BRI/BGF (m)
BRI	Brutto-Rauminhalt	4.802,66 m³	6,47	4,17

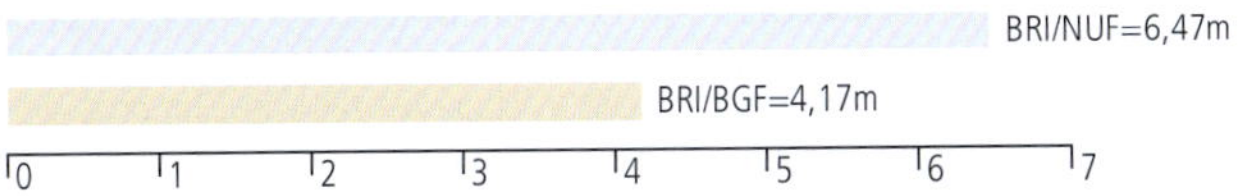

Kostenkennwerte für die Kostengruppen der 1. Ebene DIN 276

KG	Kostengruppen (1. Ebene)	Einheit	Kosten €	€/Einheit	€/m² BGF	€/m³ BRI	% 300+400
100	Grundstück	m² GF	–	–	–	–	–
200	Vorbereitende Maßnahmen	m² GF	–	–	–	–	–
300	Bauwerk – Baukonstruktionen	m² BGF	2.703.318	2.348,18	2.348,18	562,88	80,9
400	Bauwerk – Technische Anlagen	m² BGF	640.278	556,16	556,16	133,32	19,1
	Bauwerk 300+400	**m² BGF**	**3.343.597**	**2.904,34**	**2.904,34**	**696,20**	**100,0**
500	Außenanlagen und Freiflächen	m² AF	–	–	–	–	–
600	Ausstattung und Kunstwerke	m² BGF	–	–	–	–	–
700	Baunebenkosten	m² BGF	–	–	–	–	–
800	Finanzierung	m² BGF	–	–	–	–	–

KG	Kostengruppe	Menge Einheit	Kosten €	€/Einheit	%
3+4	**Bauwerk**				**100,0**
300	**Bauwerk – Baukonstruktionen**	1.151,24 m² BGF	2.703.318	**2.348,18**	80,9

Baugrubenaushub; Stb-Bodenplatte, Abdichtung, Dämmung, Heizestrich, Linoleum, Bodenfliesen; Holzständerwände, Holzstützen, Holzweichfaserdämmung, Alu-Holzfenster, Alutüren, horizontale Rhombusverschalung, Putz, Beschichtung, GK-Bekleidung, Beschichtung, Wandfliesen; Holzständerwände, Holz-Glastüren, Holztüren, Holzweichfaserdämmung, GK-Bekleidung, Beschichtung, Wandfliesen; Sparrendachstuhl, Schalung, Holzweichfaserdämmung, Abdichtung, Trapezblecheindeckung, Dachentwässerung, Akustikdecken

KG	Kostengruppe	Menge Einheit	Kosten €	€/Einheit	%
400	**Bauwerk – Technische Anlagen**	1.151,24 m² BGF	640.278	**556,16**	19,1

Gebäudeentwässerung, Kalt- und Warmwasserleitungen, Sanitärobjekte; Fernwärme, dezentrale Warmwasserversorgung, Fußbodenheizung; Lüftungsanlage mit Wärmerückgewinnung, Kleinlüfter Sanitärbereich; Elektroinstallation, Beleuchtung, Blitzschutzanlage; Telekommunikationsanlage, Sprechanlage, Zutrittskontrolle, Rauchmelder, Netzwerkverkabelung

4400-0384
Kindertagesstätte
(4 Gruppen)
(80 Kinder)

Objektübersicht

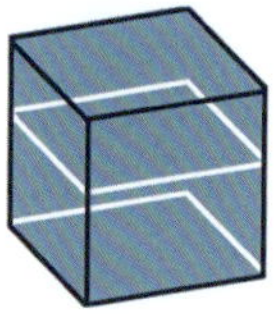

BRI 674 €/m³

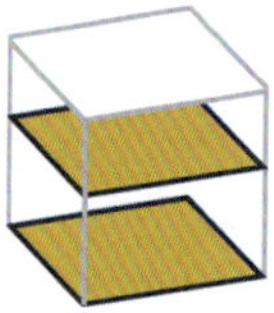

BGF 3.327 €/m²

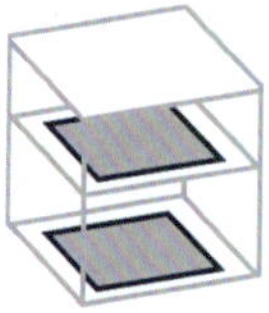

NUF 4.753 €/m²

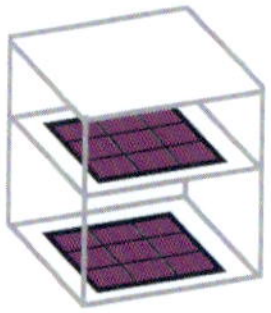

NE 39.963 €/NE

NE: Kinder

Objekt:
Kennwerte: 1. Ebene DIN 276
BRI: 4.747 m³
BGF: 961 m²
NUF: 673 m²
Bauzeit: 56 Wochen
Bauende: 2022
Standard: Durchschnitt
Bundesland: Niedersachsen
Kreis: Göttingen

Architekt*in:
RSE+ Architekten
Ingenieure GmbH
Heinrich-Hertz-Straße 1
34123 Kassel

Bauherr*in:
ASC Göttingen von 1846 e.V.
Danziger Straße 21
37083 Göttingen

Zeichnungen

Ansicht West

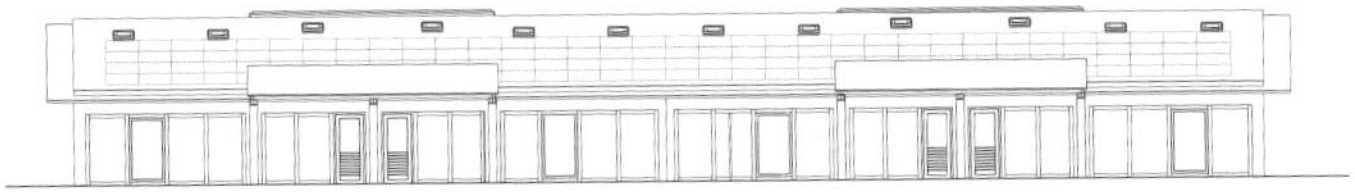

Ansicht Nord

Erdgeschoss

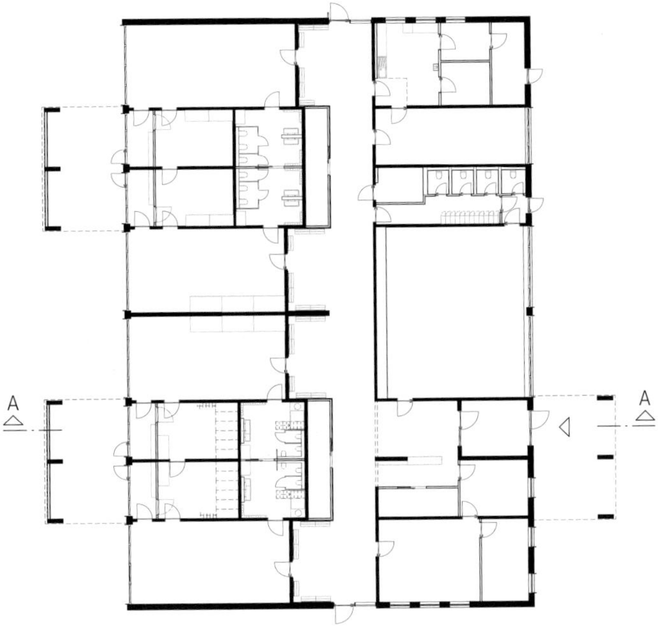

Schnitt A-A

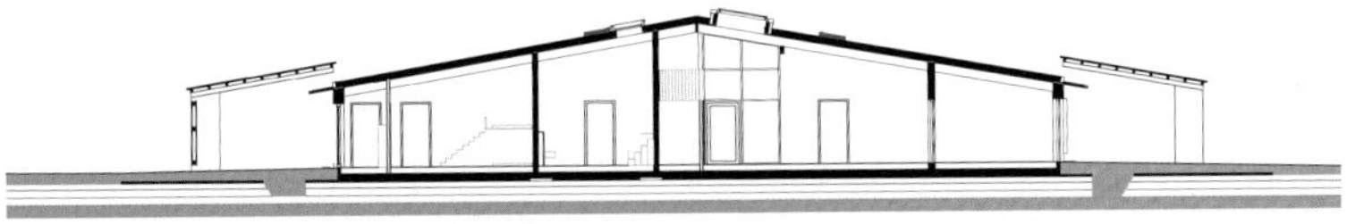

Ansicht Süd

Ansicht Ost

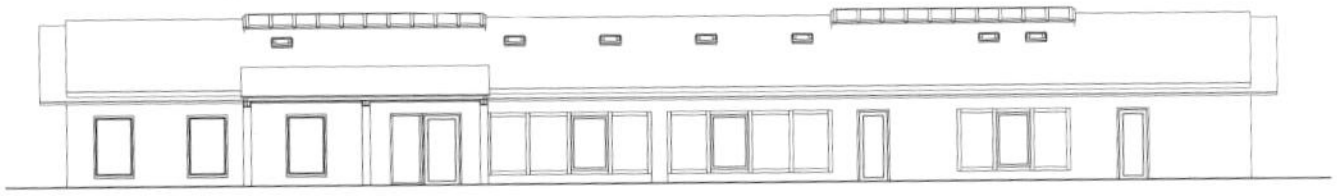

Objektbeschreibung

Allgemeine Objektinformationen

Für die Kindertagesstätte wurde ein eingeschossiger Baukörper mit klarer Grundrissstruktur umgesetzt. Die Gruppenräume sind über einen großzügigen Spiel- und Bewegungsflur miteinander verbunden. Das Baugrundstück ist ein ehemaliger Sportplatz mit Wiese und angrenzendem Baumbestand.

Nutzung

1 Erdgeschoss
Gruppenräume, Schlafräume, Ruheräume, Mehrzweckräume, Küche, Hauswirtschaftsraum, Büro, Besprechungsraum, Personal, Garderoben, WCs, Lager, Hausanschlussraum

Nutzeinheiten

Gruppen: 4
Kinder: 80

Grundstück

Bauraum: Freier Bauraum
Neigung: Ebenes Gelände
Bodenklasse: BK 3 bis BK 4

Markt

Hauptvergabezeit: 2. Quartal 2021
Baubeginn: 2. Quartal 2021
Bauende: 3. Quartal 2022
Konjunkturelle Gesamtlage: Durchschnitt
Regionaler Baumarkt: Durchschnitt

Baukonstruktion

Das schlichte, eingeschossige Gebäude wurde mittels monolithischem Mauerwerk auf einer Stahlbetonbodenplatte errichtet. Ein flach geneigtes Satteldach aus Brettschichtholzsparren ergänzt die Konstruktion. Der gestaltprägende, tiefe Dachüberstand bietet Schutz vor Bewitterung und Sonneneinstrahlung. Die Fassade wurde verputzt, es wurden Holzfenster mit einer Dreifachverglasung eingebaut, lediglich die großen Fensterelemente in der Nord- und Südfassade wurden als Pfosten-Riegelfassade in Aluminium ausgeführt. Die Böden sind mit Kautschuk und Bodenfliesen belegt.

Technische Anlagen

Es wurde eine Luft-Wasser-Wärmepumpe in Kombination mit flächendeckender Fußbodenheizung installiert. Die innenliegenden Räume werden mechanisch be- und entlüftet, alle übrigen Räume verfügen über eine freie Lüftung über Fensterflügel. Auf dem flachen Satteldach befindet sich eine PV-Anlage (150m²).

Sonstiges

Im Sinne suffizienten und nachhaltigen Bauens ist die Gebäudekonstruktion bewusst schlicht gehalten und alle Installationen wurden offen geführt. Weitestgehend natürliche Materialien und zurückhaltende Farben bieten den Kindern Raum, sich selbst einzubringen.

Energetische Kennwerte

Gebäudenutzfläche: 916,00 m²
Hüllfläche des beheizten Volumens: 3.953,60 m²
Spez. Transmissionswärmeverlust: 0,29 W/(m²·K)
Mittlerer U-Wert (opake Bauteile): 0,16 W/(m²·K)
Mittlerer U-Wert (transparente Bauteile): 1,02 W/(m²·K)
Mittlerer U-Wert (Glasdächer, etc.): 1,30 W/(m²·K)
Spez. Jahresprimärenergiebedarf: 138,40 kWh/(m²·a)

Energetische Angaben zu Außenbauteilen

Bodenplatte

U-Wert: 0,24 W/(m²·K)

Gesamtdicke: 42,50 cm	d[cm]	l[W/(m·K)]
Bodenbelag	1,00	1,000
Estrich	7,50	1,400
Trittschalldämmung	2,00	0,045
Dämmung	12,00	0,035
Stahlbeton	20,00	2,300

Außenwand

U-Wert: 0,23 W/(m²·K)

Gesamtdicke: 39,00 cm	d[cm]	l[W/(m·K)]
Innenputz	1,00	0,350
Porenbeton	36,50	0,090
Außenputz	1,50	0,350

Dach

U-Wert: 0,18 W/(m²·K)

Gesamtdicke: 24,40 cm	d[cm]	l[W/(m·K)]
Holz	4,20	0,130
Dämmung	20,00	0,040
Kunststoffabdichtung	0,20	0,170

Planungskennwerte für Flächen und Rauminhalte nach DIN 277

Flächen des Grundstücks		Menge Einheit	% an GF
BF	Bebaute Fläche	959,00 m²	20,9
UF	Unbebaute Fläche	3.632,00 m²	79,1
GF	Grundstücksfläche	4.591,00 m²	100,0

Grundflächen des Bauwerks		Menge Einheit	% an NUF	% an BGF
NUF	Nutzungsfläche	672,58 m²	100,0	70,0
TF	Technikfläche	10,70 m²	1,6	1,1
VF	Verkehrsfläche	180,14 m²	26,8	18,7
NRF	Netto-Raumfläche	863,42 m²	128,4	89,8
KGF	Konstruktions-Grundfläche	97,56 m²	14,5	10,2
BGF	Brutto-Grundfläche	960,98 m²	142,9	100,0

Brutto-Rauminhalt des Bauwerks		Menge Einheit	BRI/NUF (m)	BRI/BGF (m)
BRI	Brutto-Rauminhalt	4.746,61 m³	7,06	4,94

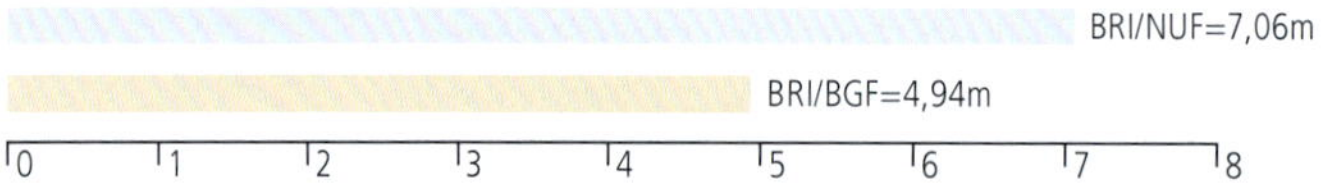

Kostenkennwerte für die Kostengruppen der 1.Ebene DIN 276

KG	Kostengruppen (1. Ebene)	Einheit	Kosten €	€/Einheit	€/m² BGF	€/m³ BRI	% 300+400
100	Grundstück	m² GF	–	–	–	–	–
200	Vorbereitende Maßnahmen	m² GF	69.707	15,18	72,54	14,69	2,2
300	Bauwerk – Baukonstruktionen	m² BGF	2.407.729	2.505,49	2.505,49	507,25	75,3
400	Bauwerk – Technische Anlagen	m² BGF	789.287	821,34	821,34	166,28	24,7
	Bauwerk 300+400	**m² BGF**	**3.197.016**	**3.326,83**	**3.326,83**	**673,54**	**100,0**
500	Außenanlagen und Freiflächen	m² AF	446.473	122,93	464,60	94,06	14,0
600	Ausstattung und Kunstwerke	m² BGF	–	–	–	–	–
700	Baunebenkosten	m² BGF	–	–	–	–	–
800	Finanzierung	m² BGF	–	–	–	–	–

KG	Kostengruppe	Menge Einheit	Kosten €	€/Einheit	%
200	**Vorbereitende Maßnahmen**	4.591,00 m² GF	69.707	**15,18**	2,2
	Baumrückschnitt; Wasseranschluss, Telekommunikationsanschluss				
3+4	**Bauwerk**				**100,0**
300	**Bauwerk – Baukonstruktionen**	960,98 m² BGF	2.407.729	**2.505,49**	75,3
	Baugrubenaushub; Bodenaustausch, Stb-Fundamentplatte, Heizestrich, Kautschuk, Parkett, Bodenfliesen, Abdichtung, Perimeterdämmung; monolithische Mauerwerkswände, Stb-Stützen, Holz-Fenster, Dreifachverglasung, Alu-Pfosten-Riegelfassade; KS-Mauerwerk, Holzständerwände, GK-Wände, Holztüren, Schiebetüren, Wandfliesen, Holzschalung, Beschichtung, WC-Trennwände; Brettschichtholz-Sichtsparrendach, Stahl-Kragarme (Vordächer), Dachfenster, Dämmung, Abdichtung, Dachentwässerung, Mehrschicht-Sichtholzplatte, Eingangsüberdachung, Acryl-Wellplatten; Einbauschränke				
400	**Bauwerk – Technische Anlagen**	960,98 m² BGF	789.287	**821,34**	24,7
	Gebäudeentwässerung, Kalt- und Warmwasserleitungen, Sanitärobjekte; Luft-Wasser-Wärmepumpe, Fußbodenheizung; dezentrale Lüftungsgeräte; PV-Anlage (150m²), Elektroinstallation, Beleuchtung, Blitzschutzanlage; Daten- und Telefonanlage; Rauchmelder; Staubsaugeranlage				
500	**Außenanlagen und Freiflächen**	3.632,00 m² AF	446.473	**122,93**	14,0
	Bodenarbeiten; Wege, Terrassen, Sandkasten; Zaunanlage, Sandkasten-Sonnenschutz; Oberbodenauftrag 60cm, Rollrasen				

4400-0386
Kindertagesstätte
(11 Gruppen)
(200 Kinder)

Objektübersicht

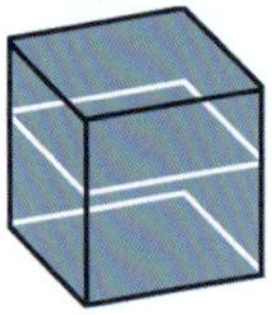

BRI 888 €/m³

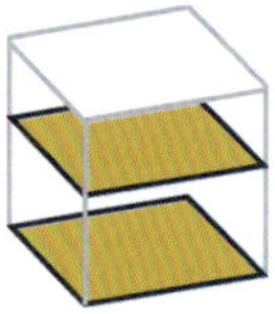

BGF 3.708 €/m²

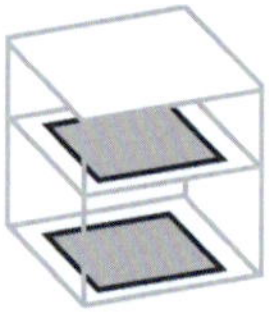

NUF 6.257 €/m²

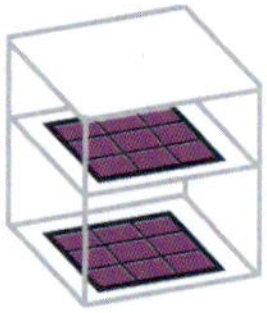

NE 45.394 €/NE
NE: Kinder

Objekt:
Kennwerte: 1.Ebene DIN 276
BRI: 10.225 m³
BGF: 2.449 m²
NUF: 1.451 m²
Bauzeit: 74 Wochen
Bauende: 2022
Standard: Durchschnitt
Bundesland: Sachsen
Kreis: Leipzig, Stadt

Architekt*in:
DNR Daab Nordheim
Reutler PartG mbB
Grimmaische Straße 21
04109 Leipzig

Bauherr*in:
Stadt Leipzig
Amt für Schulen
Naumburger Straße 26
04229 Leipzig

© Peter Eichler Fotografie

© Peter Eichler Fotografie

© Johannes Plate Fotograf

© Johannes Plate Fotograf

© Johannes Plate Fotograf

Ansicht West

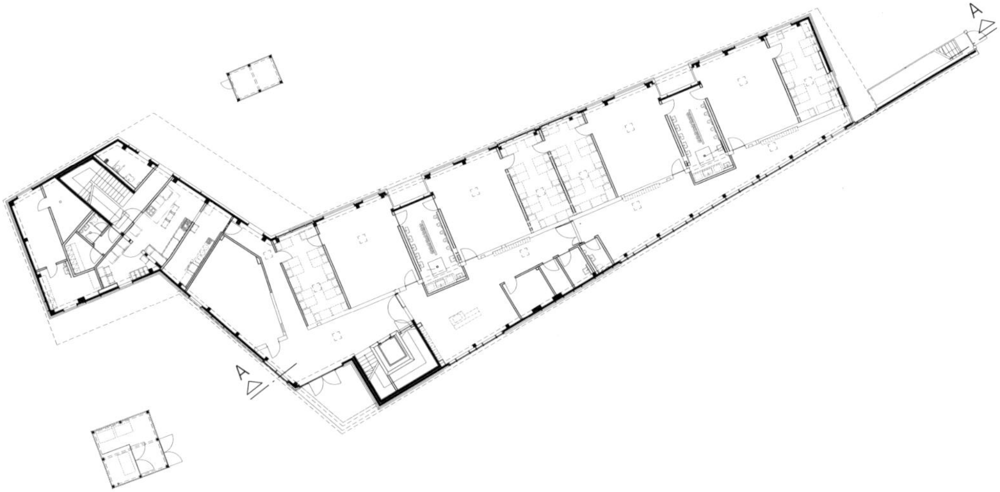

Erdgeschoss

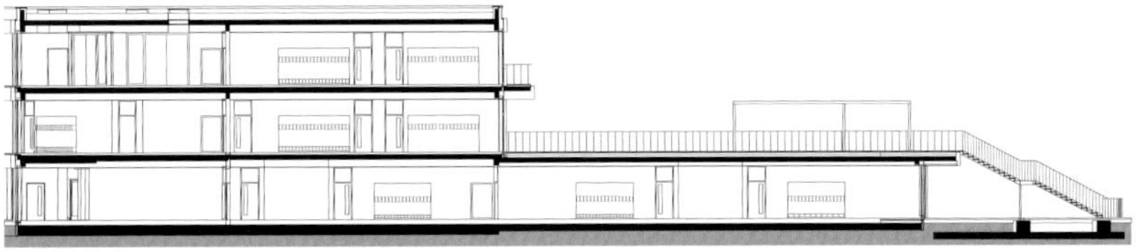

Schnitt A-A

Ansicht Süd

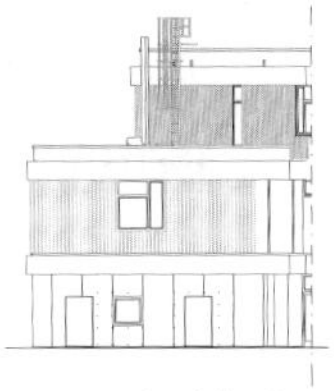

Ansicht Ost

Objektbeschreibung

Allgemeine Objektinformationen

Der Neubau beherbergt 200 Betreuungsplätze und ist als dreigeschossiges Gebäude ohne Unterkellerung konzipiert. Der Krippenbereich und die Ausgabeküche liegen im Erdgeschoss, darüber ist der Kindergartenbereich untergebracht. Alle Hauptaufenthaltsbereiche orientieren sich zur Freispielfläche. Unmittelbar am Foyer im Erdgeschoss befinden sich der Aufzug und das zentrale, offene Treppenhaus. Das Foyer zieht sich als offener Treppenraum über alle drei Etagen.

Nutzung

1 Erdgeschoss
Foyer, Treppenhäuser, Aufzug, vier Krippenräume, Schlafräume, Sanitärräume, Küche, Technik, Lager, Kinderwagenraum, Abstellräume

1 Obergeschoss
Foyer, Treppenhäuser, Aufzug, fünf Gruppenräume, Sanitärräume, Besprechungsraum, Projektraum, Büro, Abstellräume, Dachterrasse

1 Dachgeschoss
Foyer, Treppenhäuser, Aufzug, Personalraum, Mehrzweckraum, Familienraum, zwei Gruppenräume, Sanitärräume, Integrationsraum, Balkon

Nutzeinheiten

Gruppen: 11
Kinder: 200

Grundstück

Bauraum: Beengter Bauraum
Neigung: Ebenes Gelände
Bodenklasse: BK 3 bis BK 4

Markt

Hauptvergabezeit: 4. Quartal 2020
Baubeginn: 1. Quartal 2021
Bauende: 3. Quartal 2022
Konjunkturelle Gesamtlage: über Durchschnitt
Regionaler Baumarkt: über Durchschnitt

Baukonstruktion

Die Gründung der Stahlbeton-Bodenplatte erfolgte auf Rüttelstopfsäulen. Das Gebäude entstand in Hybridbauweise als Stahlbetonskelett mit Holzfassadenkonstruktion in Holzrahmenbauweise. Die Fassade ist in den oberen geschossen mit hinterlüfteter Lärchenholzprofilschalung bekleidet. Im EG wurden Faserzementplatten mit Antigraffitibeschichtung vorgehängt. Die Innenwände wurden zum Teil in Sichtbeton, oberflächenfertig ausgeführt. Die Böden wurden mit Linoleum oder Fliesen belegt.

Technische Anlagen

Für die Wärmeerzeugung kommt eine Luft-Wasser-Wärmepumpe in Kombination mit einem Gas-Brennwertkessel mit zwei gemischten Heizkreisen zum Einsatz. Die Wärmeverteilung erfolgt über Fußbodenheizung. Das Warmwasser wird dezentral erzeugt. Es wurde eine zentrale Lüftungsanlage für die Küche und Sanitärräume eingebaut. Die übrigen Räume werden manuell mittels Fenster belüftet.

Sonstiges

Bedingt durch die Hybridkonstruktion und den zum Erstellungszeitpunkt geltenden bauordnungsrechtlichen Regelungen wurden umfangreiche Abstimmungen mit der Branddirektion erforderlich. Durch ein kluges Brandschutzkonzept und den Einsatz einer Brandmeldeanlage konnte die Holzfassade im dreigeschossigen Neubau umgesetzt werden.

Planungskennwerte für Flächen und Rauminhalte nach DIN 277

Flächen des Grundstücks		Menge Einheit	% an GF
BF	Bebaute Fläche	847,43 m²	24,9
UF	Unbebaute Fläche	2.551,57 m²	75,1
GF	Grundstücksfläche	3.399,00 m²	100,0

Grundflächen des Bauwerks		Menge Einheit	% an NUF	% an BGF
NUF	Nutzungsfläche	1.451,02 m²	100,0	59,3
TF	Technikfläche	35,51 m²	2,4	1,5
VF	Verkehrsfläche	611,51 m²	42,1	25,0
NRF	Netto-Raumfläche	2.098,04 m²	144,6	85,7
KGF	Konstruktions-Grundfläche	350,66 m²	24,2	14,3
BGF	Brutto-Grundfläche	2.448,70 m²	168,8	100,0

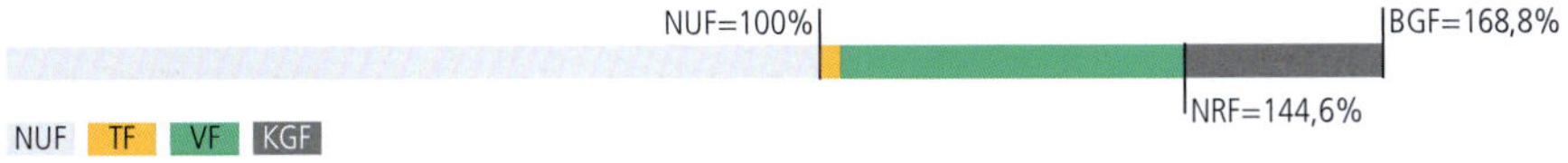

Brutto-Rauminhalt des Bauwerks		Menge Einheit	BRI/NUF (m)	BRI/BGF (m)
BRI	Brutto-Rauminhalt	10.225,13 m³	7,05	4,18

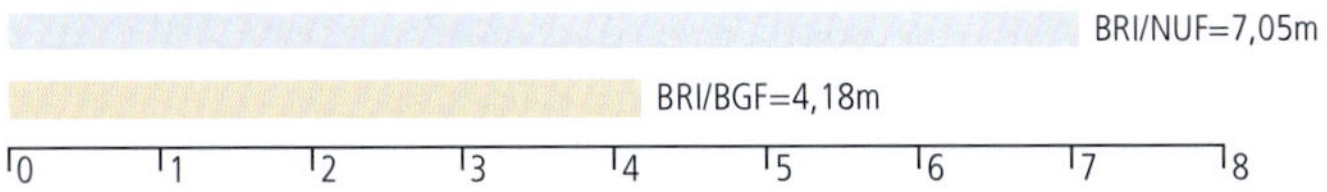

Kostenkennwerte für die Kostengruppen der 1. Ebene DIN 276

KG	Kostengruppen (1. Ebene)	Einheit	Kosten €	€/Einheit	€/m² BGF	€/m³ BRI	% 300+400
100	Grundstück	m² GF	–	–	–	–	–
200	Vorbereitende Maßnahmen	m² GF	223.262	65,68	91,18	21,83	2,5
300	Bauwerk – Baukonstruktionen	m² BGF	7.079.692	2.891,20	2.891,20	692,38	78,0
400	Bauwerk – Technische Anlagen	m² BGF	1.999.076	816,38	816,38	195,51	22,0
	Bauwerk 300+400	**m² BGF**	**9.078.768**	**3.707,59**	**3.707,59**	**887,89**	**100,0**
500	Außenanlagen und Freiflächen	m² AF	–	–	–	–	–
600	Ausstattung und Kunstwerke	m² BGF	–	–	–	–	–
700	Baunebenkosten	m² BGF	–	–	–	–	–
800	Finanzierung	m² BGF	–	–	–	–	–

KG	Kostengruppe	Menge Einheit	Kosten €	€/Einheit	%
200	**Vorbereitende Maßnahmen**	3.399,00 m² GF	223.262	**65,68**	2,5

Abbruch Garagenhof; Entsorgung, Deponiegebühren

KG	Kostengruppe	Menge Einheit	Kosten €	€/Einheit	%
3+4	**Bauwerk**				**100,0**
300	**Bauwerk – Baukonstruktionen**	2.448,70 m² BGF	7.079.692	**2.891,20**	78,0

Baugrubenaushub; StB-Bodenplatte, Rüttelstopfsäulen, Abdichtung, Dämmung, Heizestrich, Linoleum, Fliesen; Holzrahmenbauwände, Stahlbetonstützen, Holzfenster, Dreifachverglasung, Dämmung, hinterlüftete Lärchenholzprofilschalung, Faserzementplatten, Graffitischutz, OSB-Platten, Beschichtung, Holz-Pfosten-Riegelfassade; Stb-Innenwände, Stb-Stützen, KS-Mauerwerk, Holz-Rahmenbauwände, Holztüren, Stahlumfassungszargen, Alu-Rahmentüren, Putz, Beschichtung; Stb-Decken, Stb-Treppen, Dämmung, Heizestrich, Linoleum, Fliesen, GK-Schallschutzdecken, gelocht, Stahltreppen, Treppengeländer; Stb-Flachdach, Dämmung, Abdichtung, Dachentwässerung, Terrassenplatten, GK-Schallschutzdecken, gelocht, Stahlgeländer; Einbaumöbel

KG	Kostengruppe	Menge Einheit	Kosten €	€/Einheit	%
400	**Bauwerk – Technische Anlagen**	2.448,70 m² BGF	1.999.076	**816,38**	22,0

Gebäudeentwässerung, Kalt- und Warmwasserleitungen, Sanitärobjekte; Luft-Wasser-Wärmepumpe, Gas-Brennwertkessel, dezentrale Warmwasserbereiter, Fußbodenheizung; zentrale Lüftungsanlagen für Küche, Sanitärräume; Elektroinstallation, Beleuchtung, Sicherheitsleuchten; Personenaufzug

4400-0387
Kindertagesstätte
(5 Gruppen)
(70 Kinder)

Objektübersicht

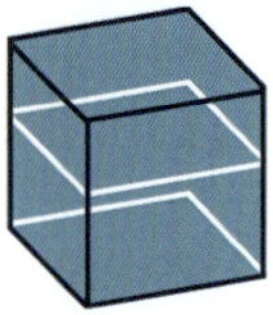

BRI 704 €/m^3

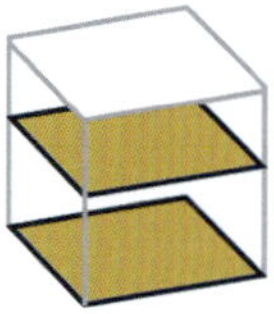

BGF 3.065 €/m^2

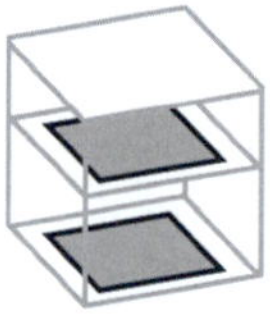

NUF 4.454 €/m^2

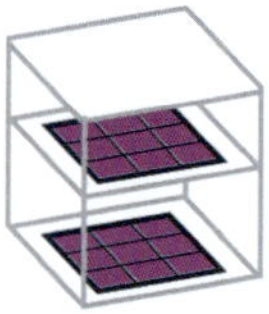

NE 47.425 €/NE
NE: Kinder

Objekt:
Kennwerte: 1. Ebene DIN 276
BRI: 4.714 m^3
BGF: 1.083 m^2
NUF: 745 m^2
Bauzeit: 61 Wochen
Bauende: 2021
Standard: Durchschnitt
Bundesland: Schleswig-Holstein
Kreis: Pinneberg

Architekt*in:
BKSA Hamburg GmbH
Jarrestraße 42a
22303 Hamburg

Bauherr*in:
Stadt Barmstedt
Am Markt 1
25355 Barmstedt

© Thomas Kleiner

© Thomas Kleiner

© Thomas Kleiner

© Thomas Kleiner

Zeichnungen

Ansicht Nord

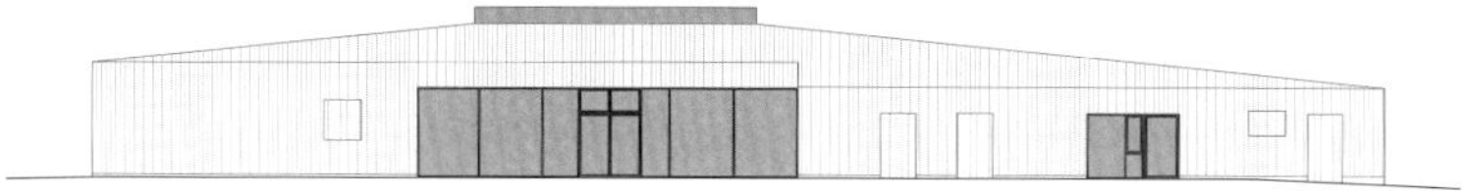

Ansicht Ost

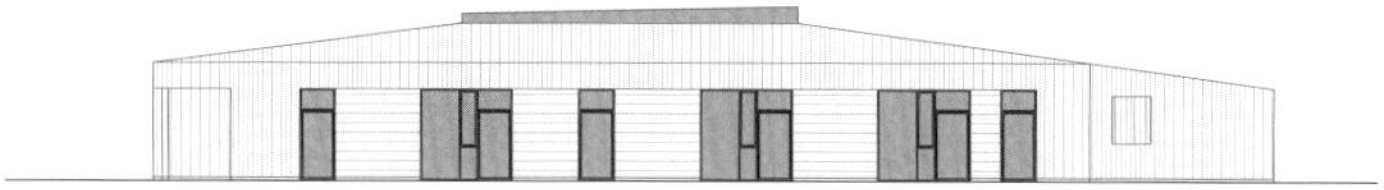

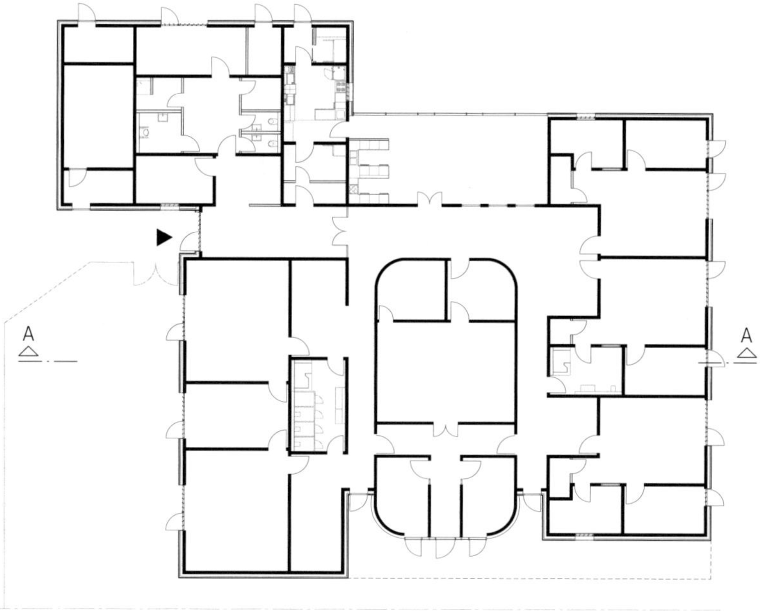

Erdgeschoss

Schnitt A-A

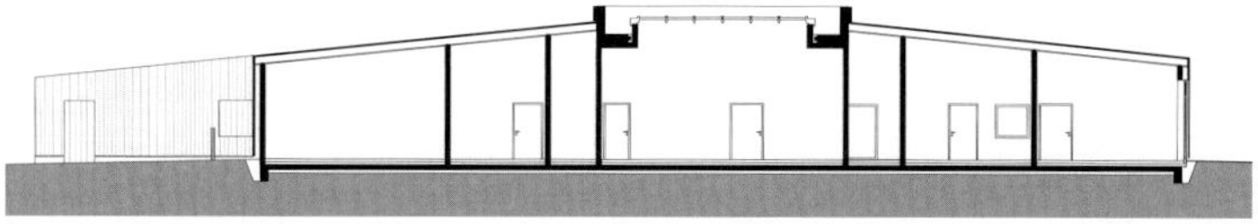

Ansicht Süd

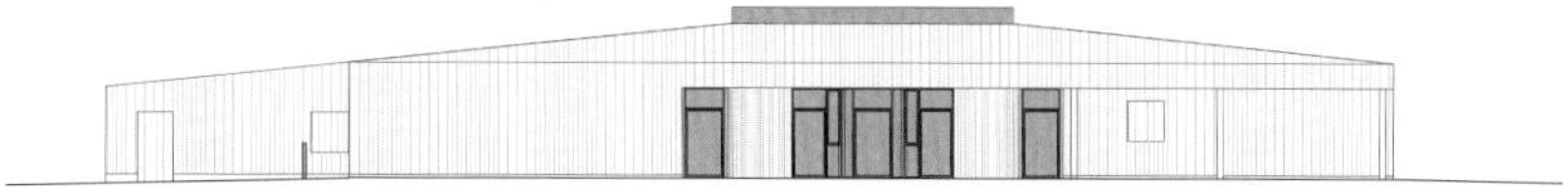

Objektbeschreibung

Allgemeine Objektinformationen

Die Kindertagesstätte wurde konzipiert für 70 Kinder in fünf Gruppen. Die Planung sah vor, dass eine spätere Erweiterung, um der Stadtentwicklung gerecht zu werden, problemlos durchgeführt werden kann.

Nutzung

1 Erdgeschoss
Gruppenräume, Schlafräume, Mehrzweck/Bewegungsraum, Werkraum, Küche, Kinderbistro, Sanitärräume, Personalräume, Anlieferung, Hauswirtschaftsraum, Büros, Technik, Abstellräume, Garderoben, Flure,

Nutzeinheiten

Gruppen: 5
Kinder: 70

Grundstück

Bauraum: Freier Bauraum
Neigung: Ebenes Gelände
Bodenklasse: BK 1 bis BK 4

Markt

Hauptvergabezeit: 1.Quartal 2020
Baubeginn: 2.Quartal 2020
Bauende: 2.Quartal 2021
Konjunkturelle Gesamtlage: über Durchschnitt
Regionaler Baumarkt: Durchschnitt

Baukonstruktion

Das Gebäude gründet auf umlaufenden Streifenfundamenten, es wurde in Massivbauweise errichtet. Alle tragenden und aussteifenden Bauteile wurden aus Kalksandsteinmauerwerk hergestellt. Für den zentralen Gebäudekern wurden teilweise runde Stahlbetonwände erstellt, die eine Sichtbetonoberfläche erhielten. An der Außenfassade wurde eine vertikale Holzlattung aus Lärchenholz angebracht, die als hinterlüftete Fassade ausgeführt ist. Die Alu-Pfosten-Riegelfassade ermöglicht den direkten Zugang zum Außenbereich. Die innenliegenden Räume erhielten Oberlichter. Ein außenliegender Sonnenschutz war gemäß KfW55 Anforderung nicht notwendig. Das Dach der Kita wurde als Holz-Sparrendach ausgeführt. Als oberste sichtbare Dachhaut kamen Trapezbleche zum Einsatz. Die Böden sind mit Linoleum, Nadelfilz und Betonwerkstein belegt. Die Nassräume wurden gefliest.

Technische Anlagen

Die Wärmeerzeugung erfolgt mit einem Gas-Brennwertgerät. In den Kinderbereichen ist eine Fußbodenheizung installiert. Die Personal- und Küchenbereiche werden mit Heizkörpern beheizt. Die Trinkwasserleitungen wurden in Edelstahl ausgeführt. Am Ende der Trinkwasserstränge wurden automatische Spüleinheiten installiert. Es wurden zwei zentrale Lüftungsanlagen eingebaut. In den Gruppenräumen sind Sensoren installiert, welche den CO_2, sowie den VOC-Wert erfassen. Anhand dieser Werte werden die Luftvolumenströme geregelt. Die Lüftungszentrale erhält eine flächendeckende Überwachung durch Rauchmelder, welche auf die Brandmeldeanlage aufgeschaltet sind. Das Dach des Gebäudes ist mit einer Photovoltaikanlage ausgestattet.

Energetische Kennwerte

Gesetzliche Grundlage: EnEV 2013
Gebäudenutzfläche: 1.045,00 m^2
Gebäudevolumen: 3.868,00 m^3
A/V_e-Verhältnis (Kompaktheit): 0,68 m^{-1}
Hüllfläche des beheizten Volumens: 2.633,00 m^2
Spez. Transmissionswärmeverlust: 0,22 W/(m^2·K)
Mittlerer U-Wert (opake Bauteile): 0,16 W/(m^2·K)
Mittlerer U-Wert (transparente Bauteile): 0,91 W/(m^2·K)
Mittlerer U-Wert (Glasdächer, etc.): 0,80 W/(m^2·K)
Spez. Jahresprimärenergiebedarf: 72,00 kWh/(m^2·a)
Spez. Jahresendenergiebedarf: 63,00 kWh/(m^2·a)

Energetische Angaben zu Außenbauteilen

Bodenplatte

U-Wert: 0,13 W/(m²·K)

Gesamtdicke: 52,30 cm	d[cm]	l[W/(m·K)]
Estrich	6,00	1,400
Dämmung	14,00	0,035
Dampfsperre	0,30	0,170
Stahlbeton	20,00	2,600
Dämmung	12,00	0,038

Bodenplatte Technik

U-Wert: 0,15 W/(m²·K)

Gesamtdicke: 44,00 cm	d[cm]	l[W/(m·K)]
Stahlbeton	20,00	2,600
Dämmung	24,00	0,038

Außenwand hinterlüftet

U-Wert: 0,20 W/(m²·K)

Gesamtdicke: 35,00 cm	d[cm]	l[W/(m·K)]
Innenputz	1,50	0,700
Kalksandstein	17,50	0,790
Holz	16,00	0,130
Dämmung	16,00	0,032

Dach

U-Wert: 0,12 W/(m²·K)

Gesamtdicke: 54,90 cm	d[cm]	l[W/(m·K)]
GK-Platte	2,00	0,250
Luftschicht ruhend	10,00	0,400
GK-Platte	2,50	0,210
Dämmung	4,00	0,035
Holz	24,00	0,130
Dämmung	24,00	0,032
Holzfaserplatte	2,00	0,045
Holz	8,00	0,130
Luftschicht ruhend	8,00	0,400
Holz	2,40	0,200

Flachdach

U-Wert: 0,15 W/(m²·K)

Gesamtdicke: 41,30 cm	d[cm]	l[W/(m·K)]
Stahlbeton	18,00	2,500
Bitumenbahn	0,30	0,170
Dämmung	22,00	0,035
Kunststoffbahn	1,00	0,170

Planungskennwerte für Flächen und Rauminhalte nach DIN 277

Flächen des Grundstücks		Menge Einheit	% an GF
BF	Bebaute Fläche	1.083,00 m²	23,5
UF	Unbebaute Fläche	3.517,00 m²	76,5
GF	Grundstücksfläche	4.600,00 m²	100,0

Grundflächen des Bauwerks		Menge Einheit	% an NUF	% an BGF
NUF	Nutzungsfläche	745,33 m²	100,0	68,8
TF	Technikfläche	37,86 m²	5,1	3,5
VF	Verkehrsfläche	163,45 m²	21,9	15,1
NRF	Netto-Raumfläche	946,64 m²	127,0	87,4
KGF	Konstruktions-Grundfläche	136,36 m²	18,3	12,6
BGF	Brutto-Grundfläche	1.083,00 m²	145,3	100,0

Brutto-Rauminhalt des Bauwerks		Menge Einheit	BRI/NUF (m)	BRI/BGF (m)
BRI	Brutto-Rauminhalt	4.713,78 m³	6,32	4,35

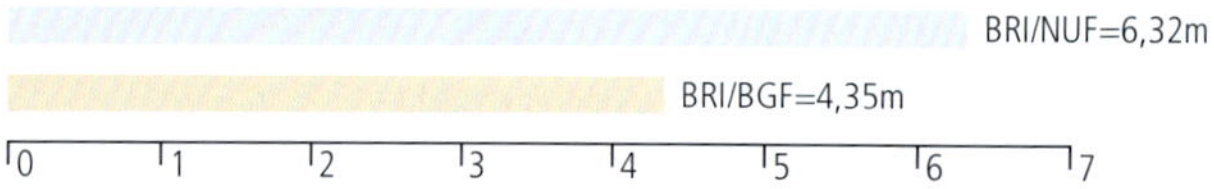

Kostenkennwerte für die Kostengruppen der 1.Ebene DIN 276

KG	Kostengruppen (1.Ebene)	Einheit	Kosten €	€/Einheit	€/m² BGF	€/m³ BRI	% 300+400
100	Grundstück	m² GF	–	–	–	–	–
200	Vorbereitende Maßnahmen	m² GF	–	–	–	–	–
300	Bauwerk – Baukonstruktionen	m² BGF	2.425.324	2.239,45	2.239,45	514,52	73,1
400	Bauwerk – Technische Anlagen	m² BGF	894.412	825,87	825,87	189,74	26,9
	Bauwerk 300+400	**m² BGF**	**3.319.736**	**3.065,31**	**3.065,31**	**704,26**	**100,0**
500	Außenanlagen und Freiflächen	m² AF	–	–	–	–	–
600	Ausstattung und Kunstwerke	m² BGF	–	–	–	–	–
700	Baunebenkosten	m² BGF	–	–	–	–	–
800	Finanzierung	m² BGF	–	–	–	–	–

KG	Kostengruppe	Menge Einheit	Kosten €	€/Einheit	%
3+4	**Bauwerk**				**100,0**
300	**Bauwerk – Baukonstruktionen**	1.083,00 m² BGF	2.425.324	**2.239,45**	73,1

Baugrubenaushub, Baugrubenverbau; Bodenaustausch, Stb-Streifenfundamente; Stb-Bodenplatte, Dämmung, Heizestrich, Linoleum, Betonwerkstein, Fliesen, Sportboden, Teppichböden, Abdichtung, Perimeterdämmung; Stb-Wände, KS-Mauerwerk, Stb-Stützen, Alufenster, Dreifachverglasung, Sonnenschutzverglasung, Dämmung, hinterlüftete Lärchenholzfassade, Innenputz, Wandfliesen, Beschichtung, Alu-Pfostenriegel-Fassade, Alu-Sonnenschutzlamellen; Stb-Wände, KS-Mauerwerk, GK-Wände, Stb-Stützen, Innenfenster, Holztüren, Putz, Wandfliesen, Beschichtung, Sanitärtrennwände; Holzbalken-Walmdach, Oberlichter, Stahltrapezblech, Dämmung, Folienabdichtung, Dachentwässerung, Kies, GK-Decke, Beschichtung; Einbauküche, Einbauschränke, Empfangstresen, Garderoben, Einbauregale

KG	Kostengruppe	Menge Einheit	Kosten €	€/Einheit	%
400	**Bauwerk – Technische Anlagen**	1.083,00 m² BGF	894.412	**825,87**	26,9

Gebäudeentwässerung, Kalt- und Warmwasserleitungen, Sanitärobjekte; Gas-Brennwertkessel, dezentrale Warmwasserbereiter, Fußbodenheizung, Heizkörper; zentrale Lüftungsanlagen; Photovoltaikanlage (28kW), Elektroinstallation, Beleuchtung, Sicherheitsbeleuchtung, Blitzschutz; Brandmeldeanlage, Datenverkabelung

4400-0388
Kinderhaus
(5 Gruppen)
(99 Kinder)

Objektübersicht

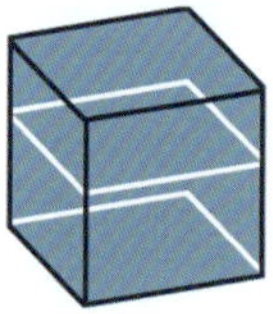

BRI 802 €/m³

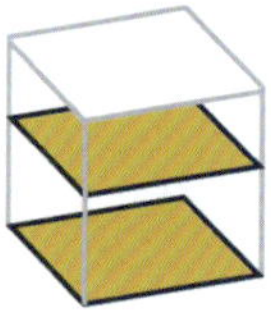

BGF 3.209 €/m²

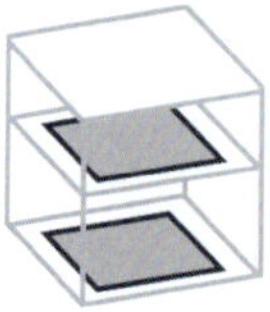

NUF 5.804 €/m²

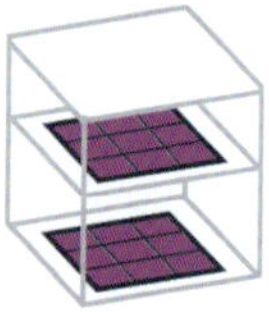

NE 54.649 €/NE
NE: Kinder

Objekt:
Kennwerte: 1. Ebene DIN 276
BRI: 6.749 m³
BGF: 1.686 m²
NUF: 932 m²
Bauzeit: 78 Wochen
Bauende: 2022
Standard: Durchschnitt
Bundesland: Bayern
Kreis: Freising

Architekt*in:
Firmhofer + Günther
Architekten PartG mbB
Konradinstraße 16
81543 München

Bauherr*in:
Kath. Kirchenstiftung
Jarzt-Mariä Himmelfahrt
Hauptstraße 17
85777 Fahrenzhausen

Zeichnungen

Ansicht Nord

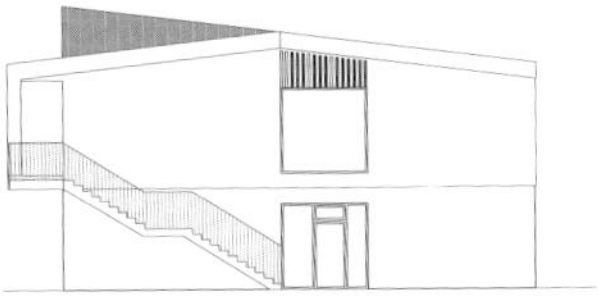

Ansicht Ost

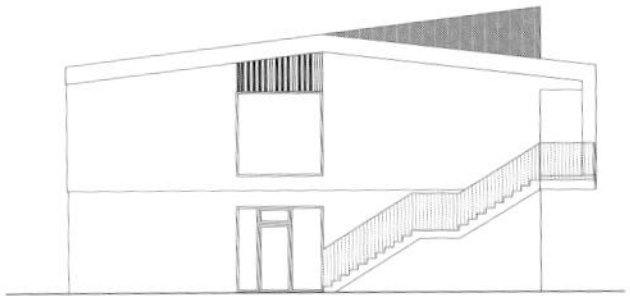

Ansicht West

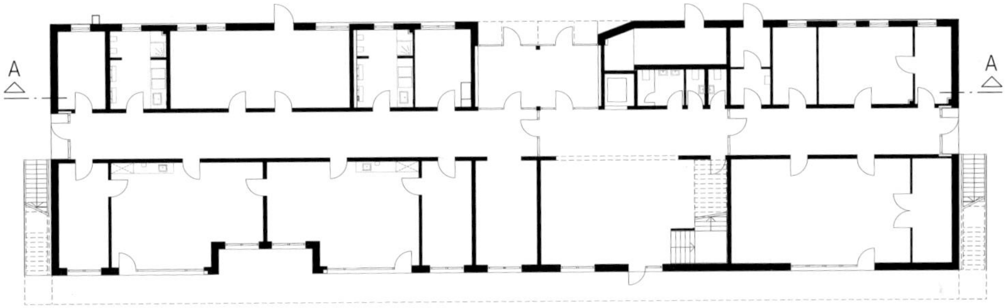

Erdgeschoss

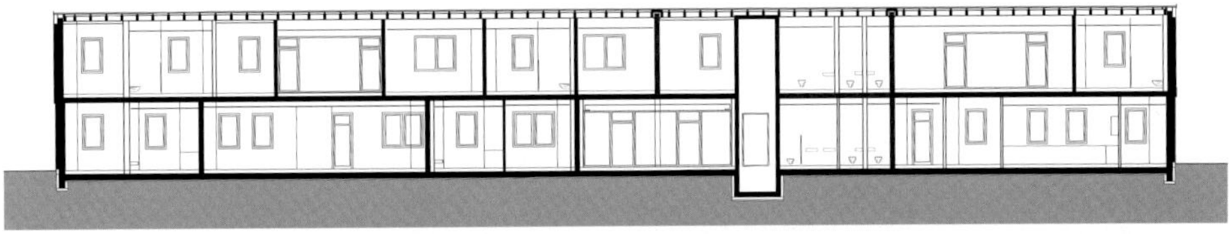

Schnitt A-A

Ansicht Süd

Objektbeschreibung

Allgemeine Objektinformationen

Der Neubau wurde als zweigeschossiger Riegelbau für drei Kindergartengruppen und zwei Krippengruppen erstellt.

Nutzung

1 Erdgeschoss
Kinderkrippenräume, Schlafräume, Garderobe, Sanitärräume, Besprechung, Mehrzweckraum, Verteilerküche, Nebenräume, Technik, Flure, Treppenhaus, Aufzug

1 Obergeschoss
Kindergartenräume, Nebenräume, Personal, Umkleideraum, Essensraum, Leitungsbüro, Therapieraum, Hauswirtschaftsraum, Flure, Treppenhaus, Aufzug

Nutzeinheiten

Gruppen: 5
Kinder: 99

Grundstück

Bauraum: Freier Bauraum
Neigung: Ebenes Gelände
Bodenklasse: BK 1 bis BK 4

Besonderer Kosteneinfluss Grundstück
besonderer Schallschutz und Raumakustik durch Inklusionsanforderungen, Emissionsschutz

Markt

Hauptvergabezeit: 1. Quartal 2021
Baubeginn: 2. Quartal 2021
Bauende: 4. Quartal 2022
Konjunkturelle Gesamtlage: Durchschnitt
Regionaler Baumarkt: unter Durchschnitt

Baukonstruktion

Aufgrund eines sehr schlechten Baugrunds musste eine großflächige Baugrundverbesserung durchgeführt werden. Die Außenwände sind in Wärmedämmziegeln ausgeführt. Die Innenwände wurden auf Grund der erhöhten Schallschutzanforderungen zum Großteil aus gefüllten Ziegeln errichtet. Es wurden Holz-Alufenster eingebaut. Das Obergeschoss setzt sich optisch durch eine Holzbekleidung der Fassade ab, welche sich in der Bekleidung der Nebengebäude wiederfindet und das Farbkonzept der Gruppenräume aufnimmt. Das Erdgeschoss wurde verputzt. Das flachgeneigte Holz-Satteldach wird südseitig durch drei großzügig Gauben im Bereich der Kindergarten-Gruppenräume aufgelockert und erhielt eine Blechdeckung. Die Böden wurden mit Linoleum und Parkett belegt, in den Sanitärräumen wurden Fliesen verlegt.

Technische Anlagen

Der Neubau wurde für die Beheizung an das Nahwärmenetz der Gemeinde angeschlossen. Das gesamte Gebäude wird mit einer Fußbodenheizung beheizt und die erforderlichen Luftwechselraten durch eine zentrale Lüftungsanlage erzielt. Anschlüsse und Leitungen für eine nachträglich zu errichtende PV-Anlage wurden vorgerüstet. Ein Personenaufzug macht das Kinderhaus barrierefrei.

Planungskennwerte für Flächen und Rauminhalte nach DIN 277

Flächen des Grundstücks		Menge Einheit	% an GF
BF	Bebaute Fläche	775,41 m²	20,3
UF	Unbebaute Fläche	3.036,54 m²	79,7
GF	Grundstücksfläche	3.811,95 m²	100,0

Grundflächen des Bauwerks		Menge Einheit	% an NUF	% an BGF
NUF	Nutzungsfläche	932,21 m²	100,0	55,3
TF	Technikfläche	20,79 m²	2,2	1,2
VF	Verkehrsfläche	408,23 m²	43,8	24,2
NRF	Netto-Raumfläche	1.361,23 m²	146,0	80,7
KGF	Konstruktions-Grundfläche	324,77 m²	34,8	19,3
BGF	Brutto-Grundfläche	1.686,00 m²	180,9	100,0

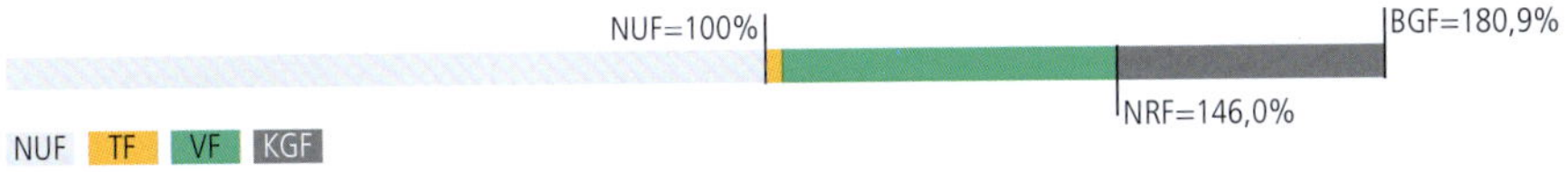

Brutto-Rauminhalt des Bauwerks		Menge Einheit	BRI/NUF (m)	BRI/BGF (m)
BRI	Brutto-Rauminhalt	6.749,10 m³	7,24	4,00

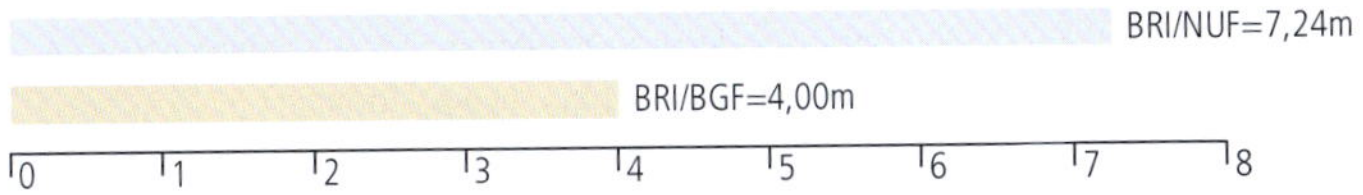

Kostenkennwerte für die Kostengruppen der 1. Ebene DIN 276

KG	Kostengruppen (1. Ebene)	Einheit	Kosten €	€/Einheit	€/m² BGF	€/m³ BRI	% 300+400
100	Grundstück	m² GF	–	–	–	–	–
200	Vorbereitende Maßnahmen	m² GF	–	–	–	–	–
300	Bauwerk – Baukonstruktionen	m² BGF	4.192.108	2.486,42	2.486,42	621,14	77,5
400	Bauwerk – Technische Anlagen	m² BGF	1.218.149	722,51	722,51	180,49	22,5
	Bauwerk 300+400	**m² BGF**	**5.410.257**	**3.208,93**	**3.208,93**	**801,63**	**100,0**
500	Außenanlagen und Freiflächen	m² AF	685.778	406,97	406,75	101,61	12,7
600	Ausstattung und Kunstwerke	m² BGF	134.034	79,50	79,50	19,86	2,5
700	Baunebenkosten	m² BGF	–	–	–	–	–
800	Finanzierung	m² BGF	–	–	–	–	–

KG	Kostengruppe	Menge Einheit	Kosten €	€/Einheit	%
3+4	**Bauwerk**				**100,0**
300	**Bauwerk – Baukonstruktionen**	1.686,00 m² BGF	4.192.108	**2.486,42**	77,5

Baugrubenaushub; Bodenaustausch, StB-Fundamente, Stb-Bodenplatte, Abdichtung, Dämmung, Estrich, Linoleum, Parkett, Fliesen, Schaumglasschotter; Wärmedämmziegel-Mauerwerk, Holz-Alu-fenster, Holz-Alutüren, Dreifachverglasung, Putz, Beschichtung, Holzlamellen, Innenputz, Wandfliesen, Beschichtung; Stb-Wände, KS-Wände, GK-Wände, Holztüren, Putz, Wandfliesen, Beschichtung, WC-Trennwände; Stb-Decke, Stb-Treppe, Dämmung, Heizestrich, Linoleum, Parkett, Fliesen, Abhang-decken-Holzfaserdämmplatten, Stahl-Außentreppe, Balkon-Stahlgeländer, Treppengeländer; Holz-Satteldach, Dachgauben, Einblasdämmung, Schalung, Blechdeckung, Dachentwässerung; Einbau-küchen, Einbauschränke, Garderoben, Spielebenen mit Treppen

KG	Kostengruppe	Menge Einheit	Kosten €	€/Einheit	%
400	**Bauwerk – Technische Anlagen**	1.686,00 m² BGF	1.218.149	**722,51**	22,5

Gebäudeentwässerung, Kaltwasserleitungen, Sanitärobjekte; Nahwärmeversorgung, dezentrale Warmwasserbereiter, Fußbodenheizung; zentrale Lüftungsanlage; Vorbereitung für PV-Anlage, Elektroinstallation, Beleuchtung, Sicherheitsleuchten, Notstromversorgung, Blitzschutzanlage; Datenübertragungsanlage; Personenaufzug; Feuerlöscher

KG	Kostengruppe	Menge Einheit	Kosten €	€/Einheit	%
500	**Außenanlagen und Freiflächen**	1.685,10 m² AF	685.778	**406,97**	12,7

Pflasterbeläge Eingangswege; Pflasterbeläge Terrassen; Parkplätze; Spielplatzflächen; Zaunanlage; Geländeentwässerung; Bepflanzung, Rasenansaat

KG	Kostengruppe	Menge Einheit	Kosten €	€/Einheit	%
600	**Ausstattung und Kunstwerke**	1.686,00 m² BGF	134.034	**79,50**	2,5

Möblierung

4500-0020
Seminar- und
Gästehaus
(12 Betten)

Objektübersicht

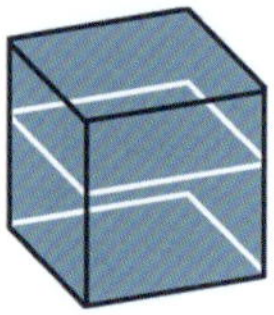

BRI 792 €/m³

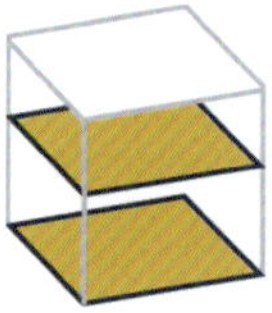

BGF 2.875 €/m²

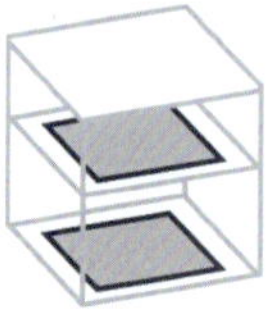

NUF 5.178 €/m²

Objekt:
Kennwerte: 1. Ebene DIN 276
BRI: 3.333 m³
BGF: 918 m²
NUF: 510 m²
Bauzeit: 61 Wochen
Bauende: 2021
Standard: Durchschnitt
Bundesland: Brandenburg
Kreis: Brandenburg a.d.Havel

Architekt*in:
LKK Lehrecke Kammerer Keiß
Gesellschaft von Architekt:innen mbH BDA
Lärchenweg 33
14055 Berlin

Bauherr*in:
Stiftung
Begegnungsstätte Gollwitz
14776 Brandenburg a.d.Havel

© LKK I Architekt:innen

© LKK I Architekt:innen

© LKK I Architekt:innen

© LKK I Architekt:innen

Zeichnungen

Ansicht Nord

Ansicht Ost

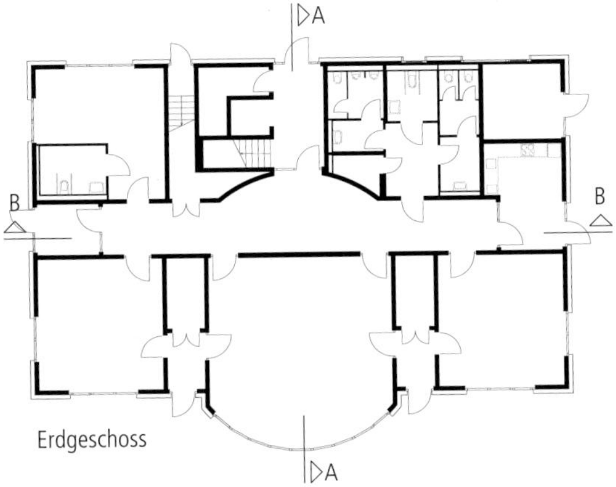

Erdgeschoss

Schnitt A-A

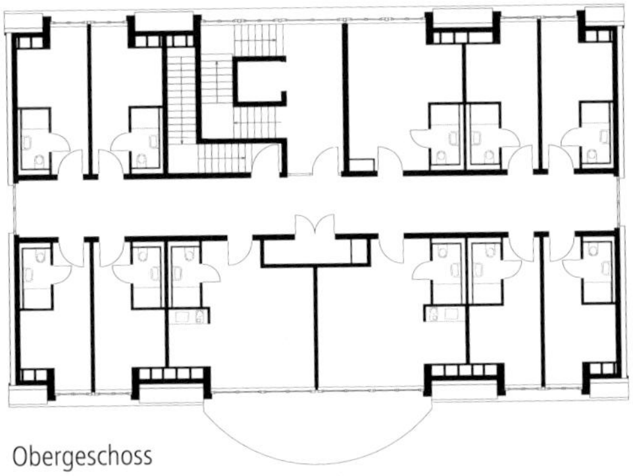

Obergeschoss

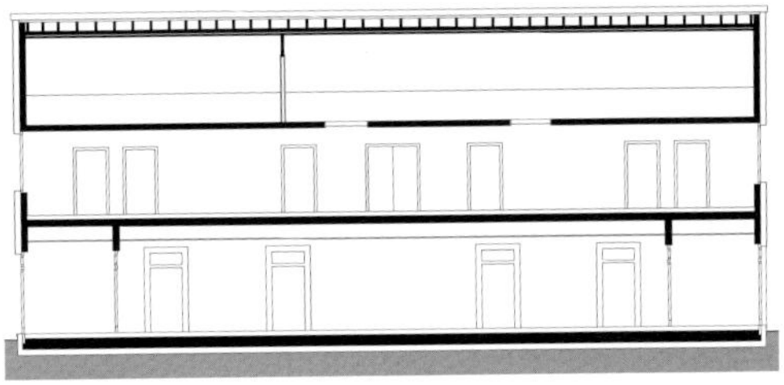

Schnitt B-B

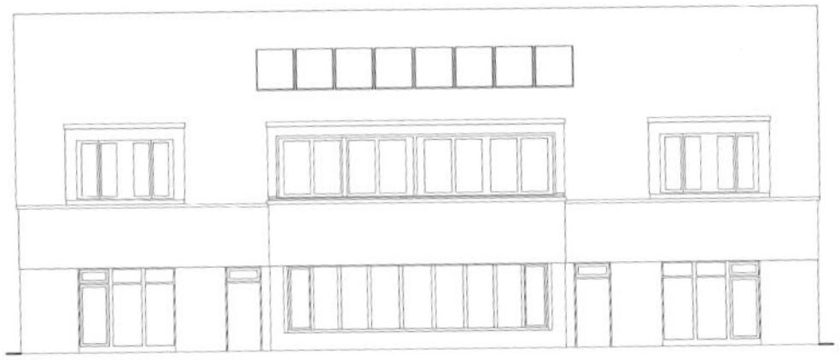

Ansicht Süd

Ansicht West

Objektbeschreibung

Allgemeine Objektinformationen

Selbstbewusst und dabei mit ortstypisch ausgebildeter Kubatur und einer Erscheinung in Anlehnung an die traufständigen und mit einem Satteldach versehenen Häuser der Region bildet der Neubau die Grundvoraussetzung für eine stetige Fortentwicklung der Auslastung und des inhaltlichen Profils der Stiftung Begegnungsstätte Gollwitz und bietet Flächen für Seminare, Übernachtungsmöglichkeiten, Teamer*innen und Referent*innen sowie weitere Büroflächen für den personell wachsenden Verwaltungsbereich. Alle Räume sind während des Seminarbetriebs unabhängig voneinander nutzbar, was einen ungestörten Ablauf zwischen Gästen, Verwaltung und Hauswirtschaft ermöglicht.

Nutzung

1 Erdgeschoss
Büro- und Seminarräume, Teeküche

1 Obergeschoss
Gästezimmer

Nutzeinheiten

Betten: 12

Grundstück

Bauraum: Freier Bauraum
Neigung: Ebenes Gelände
Bodenklasse: BK 1 bis BK 4

Markt

Hauptvergabezeit: 3. Quartal 2019
Baubeginn: 1. Quartal 2020
Bauende: 2. Quartal 2021
Konjunkturelle Gesamtlage: Durchschnitt
Regionaler Baumarkt: unter Durchschnitt

Baukonstruktion

Der Neubau gründet auf einer Stb-Fundamentplatte, das Tragwerk ist als Massivbau aus Kalksandstein-Mauerwerk mit mineralischer Außendämmung errichtet und verputzt. Die Holzfenster sind mit außenliegendem Sonnenschutz versehen, die Türelemente sind ebenfalls aus Holz. Auf dem Zement-Heizestrich liegen Parkett, Bodenfliesen oder Linoleum. Nach oben schließt der Neubau mit einem Holzsparrendach mit Ziegeldeckung ab.

Technische Anlagen

Beheizt wird das Gebäude durch eine Gas-Brennwerttherme, unterstützt durch eine thermische Solaranlage. Im großen Seminarraum gibt es eine Zu- und Abluftanlage mit Wärmerückgewinnung. Die Anlagentechnik befindet sich im Spitzboden, mit Leitungen der entsprechenden Brandschutzqualität. Die Vorgaben des EEWärmeG werden erfüllt. Ein Blower-Door-Test wurde durchgeführt.

Sonstiges

Sämtliche Räume sind barrierefrei zu erreichen. Das Gebäude ist in Nutzungseinheiten aufgeteilt, in denen Büro, Gemeinschaftsräume, Lagerräume und der Saal im EG vorzufinden sind und im OG die Gästezimmer und Appartements.

Energetische Kennwerte

Gesetzliche Grundlage: EnEV 2013
Gebäudenutzfläche: 735,70 m^2
Gebäudevolumen: 3.333,15 m^3
Mittlerer U-Wert (opake Bauteile): 0,17 W/($m^2 \cdot K$)
Mittlerer U-Wert (transparente Bauteile): 1,20 W/($m^2 \cdot K$)
Spez. Jahresprimärenergiebedarf: 134,50 kWh/($m^2 \cdot a$)

Energetische Angaben zu Außenbauteilen

Bodenplatte

U-Wert: 0,24 W/(m²·K)

Gesamtdicke: 44,00 cm	d [cm]	l [W/(m·K)]
Stahlbeton	30,00	2,100
Dämmung	14,00	0,037

Außenwand

U-Wert: 0,19 W/(m²·K)

Gesamtdicke: 44,50 cm	d [cm]	l [W/(m·K)]
Innenputz	1,50	0,870
Kalksandstein	20,00	1,100
Dämmung MW	20,00	0,041
Außenputz	3,00	0,870

Außenwand Holzpaneel

U-Wert: 0,49 W/(m²·K)

Gesamtdicke: 20,60 cm	d [cm]	l [W/(m·K)]
Innenputz	1,50	0,870
Kalksandstein	11,50	1,100
Holz	1,00	0,130
Dämmung MW	5,60	0,035
Holz	1,00	0,130

Außenwand Gaube

U-Wert: 0,19 W/(m²·K)

Gesamtdicke: 27,80 cm	d [cm]	l [W/(m·K)]
OSB-Platte	1,80	0,130
Dämmung Zellulose	20,00	0,045
Holz	20,00	0,130
Holzfaserplatte	6,00	0,040

Dach gegen Außenluft

U-Wert: 0,20 W/(m²·K)

Gesamtdicke: 25,77 cm	d [cm]	l [W/(m·K)]
GK-Platte	1,50	0,210
Holz	10,00	0,130
PE-Folie	0,02	0,300
Dämmung PS	14,00	0,035
Bitumenbahn	0,25	0,170

Dach gegen Außenluft

U-Wert: 0,15 W/(m²·K)

Gesamtdicke: 31,52 cm	d [cm]	l [W/(m·K)]
GK-Platte	1,50	0,210
PE-Folie	0,02	0,300
Dämmung HF	24,00	0,042
Holz	24,00	0,130
Dämmung MF	6,00	0,040

Planungskennwerte für Flächen und Rauminhalte nach DIN 277

Flächen des Grundstücks		Menge Einheit	% an GF
BF	Bebaute Fläche	396,10 m²	10,0
UF	Unbebaute Fläche	3.557,90 m²	90,0
GF	Grundstücksfläche	3.954,00 m²	100,0

Grundflächen des Bauwerks		Menge Einheit	% an NUF	% an BGF
NUF	Nutzungsfläche	509,95 m²	100,0	55,5
TF	Technikfläche	71,85 m²	14,1	7,8
VF	Verkehrsfläche	153,90 m²	30,2	16,8
NRF	Netto-Raumfläche	735,70 m²	144,3	80,1
KGF	Konstruktions-Grundfläche	182,70 m²	35,8	19,9
BGF	Brutto-Grundfläche	918,40 m²	180,1	100,0

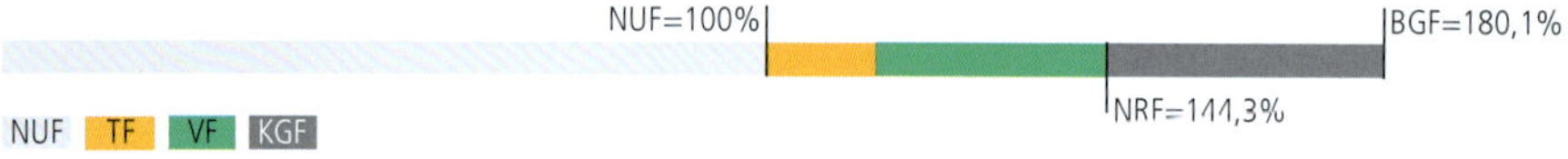

Brutto-Rauminhalt des Bauwerks		Menge Einheit	BRI/NUF (m)	BRI/BGF (m)
BRI	Brutto-Rauminhalt	3.333,15 m³	6,54	3,63

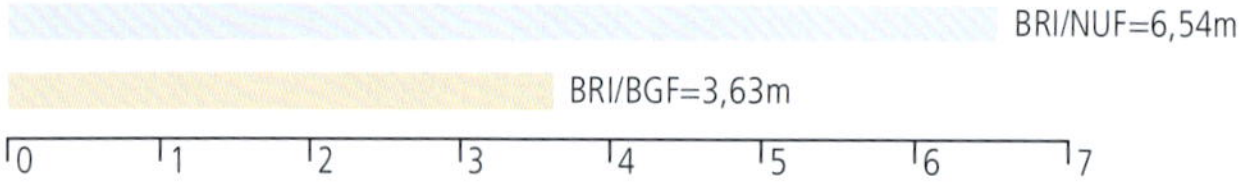

Kostenkennwerte für die Kostengruppen der 1. Ebene DIN 276

KG	Kostengruppen (1. Ebene)	Einheit	Kosten €	€/Einheit	€/m² BGF	€/m³ BRI	% 300+400
100	Grundstück	m² GF	–	–	–	–	–
200	Vorbereitende Maßnahmen	m² GF	92.444	23,38	100,66	27,73	3,5
300	Bauwerk – Baukonstruktionen	m² BGF	1.816.922	1.978,36	1.978,36	545,11	68,8
400	Bauwerk – Technische Anlagen	m² BGF	823.404	896,56	896,56	247,03	31,2
	Bauwerk 300+400	**m² BGF**	**2.640.327**	**2.874,92**	**2.874,92**	**792,14**	**100,0**
500	Außenanlagen und Freiflächen	m² AF	280.388	–	305,30	84,12	10,6
600	Ausstattung und Kunstwerke	m² BGF	–	–	–	–	–
700	Baunebenkosten	m² BGF	–	–	–	–	–
800	Finanzierung	m² BGF	–	–	–	–	–

KG	Kostengruppe	Menge Einheit	Kosten €	€/Einheit	%
200	**Vorbereitende Maßnahmen**	3.954,00 m² GF	92.444	**23,38**	3,5
	Medienanschlüsse herstellen und Abbruch von Bestandsgebäude				
3+4	**Bauwerk**				**100,0**
300	**Bauwerk – Baukonstruktionen**	918,40 m² BGF	1.816.922	**1.978,36**	68,8
	Baugrubenaushub, Verfüllung; Stb-Fundamentplatte mit schwarzer Wanne, Dämmung, Estrich, Parkett, Linoleum, Bodenfliesen, Kiesfilterschicht, Perimeterdämmung, Sauberkeitsschicht; KS-Mauerwerk, Holztüren und -fenster, Wärmedämmverbundsystem, Außenputz, Innenputz, Beschichtung, Sonnenschutz; KS-Mauerwerk, GK-Wände, Innentüren, Innenputz, Spachtelung, Beschichtung, Wandfliesen; Stb-Decken, Stb-Treppen, Installationsebene, Trittschalldämmung, Heizestrich, Linoleum, Bodenfliesen, abgehängte Akustikdecken, Beschichtung; Satteldach als Sparrenkonstruktion, Dachgauben, Zwischensparren- und Aufsparrendämmung, Ziegeleindeckung, Dachentwässerung; Einbauten: Garderobe, Teeküche, Einbaumöbel Gästezimmer				
400	**Bauwerk – Technische Anlagen**	918,40 m² BGF	823.404	**896,56**	31,2
	Gebäudeentwässerung, Kalt- und Warmwasserleitungen, Sanitärobjekte; Gas-Brennwerttherme, Fußbodenheizung, Solarthermie; Lüftungsanlage mit Wärmerückgewinnung; Elektroinstallation, Beleuchtung, Blitzschutz; Einbruchmeldeanlage, Brandmeldeanlage, Aufzug				
500	**Außenanlagen und Freiflächen**	–	280.388	**–**	10,6
	Wege, Terrasse mit Betonpflaster, Parkflächen, Fußballplatz, Zaunanlage, Pflanzflächen, Rasenfläche				

Sportbauten

5

- 5100 Hallen (ohne Schwimmhallen)
- 5200 Schwimmhallen
- 5300 Gebäude für Sportplatz und Freibadanlagen
- 5400 Sportplatzanlagen (Außenanlagen)
- 5500 Freibadanlagen (Außenanlagen)
- 5600 Sondersportanlagen

5100-0128
Sporthalle
(Einfeldhalle)

Objektübersicht

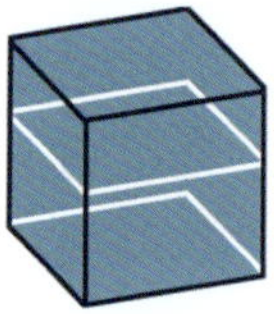

BRI 433 €/m³

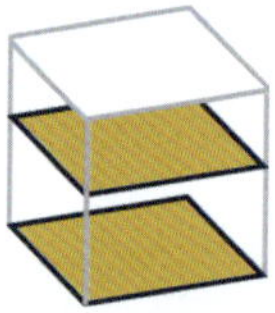

BGF 2.644 €/m²

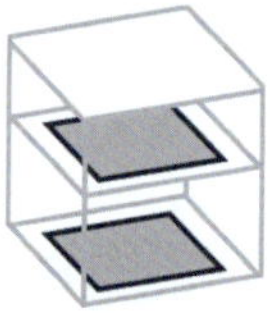

NUF 3.275 €/m²

Objekt:
Kennwerte: 3. Ebene DIN 276
BRI: 4.978 m³
BGF: 816 m²
NUF: 658 m²
Bauzeit: 39 Wochen
Bauende: 2018
Standard: Durchschnitt
Bundesland: Schleswig-Holstein
Kreis: Nordfriesland

Architekt*in:
JF ARCHITEKTEN
UND STADTPLANER
Fuchs und Dycker
PartG mbB BDA
Hafenstraße 9
25813 Husum

Bauherr*in:
Schulverband Witzwort

© JF ARCHITEKTEN UND STADTPLANER

© JF ARCHITEKTEN UND STADTPLANER

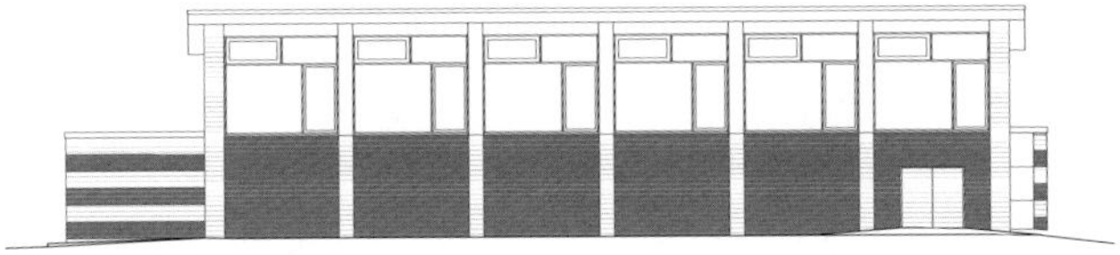

Ansicht Nord

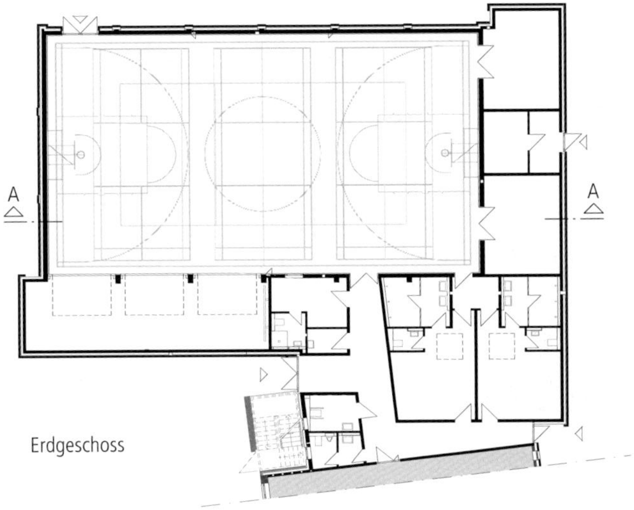

Erdgeschoss

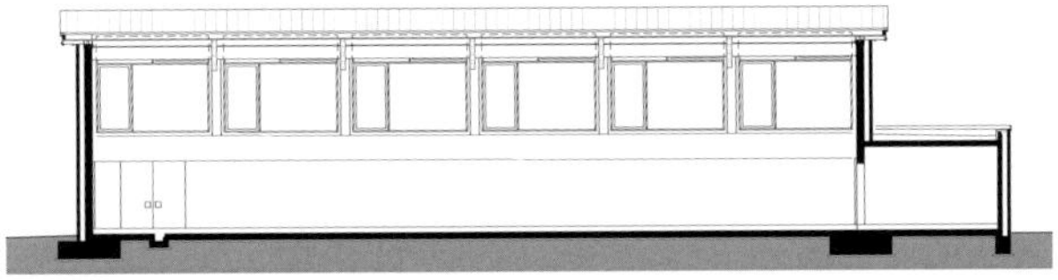

Schnitt A-A

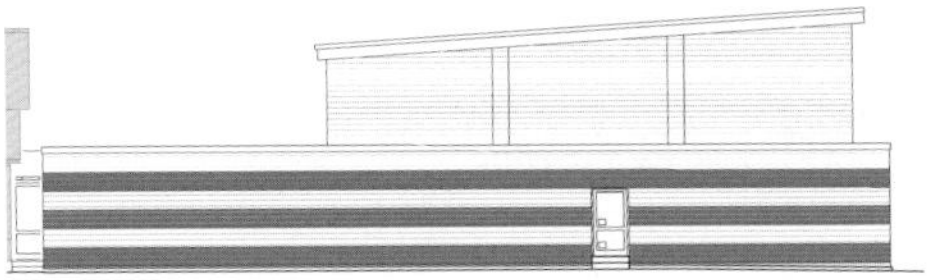

Ansicht Ost

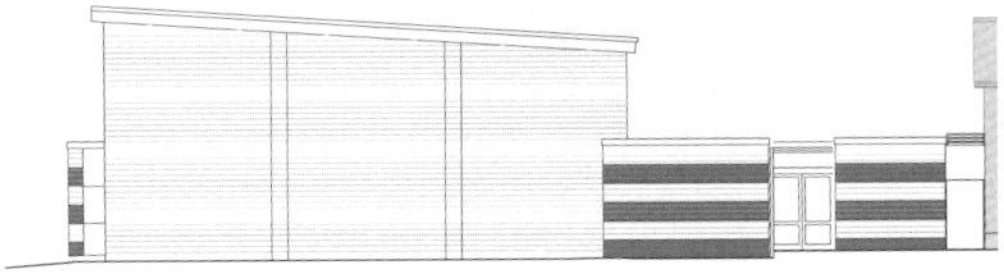

Ansicht West

Objektbeschreibung

Allgemeine Objektinformationen

Die Sporthalle ist direkt mit der Grundschule verbunden. Aufgrund der stark eingegrünten Umgebung und der vorgegebenen Ausrichtung der Halle, konnte die Nordseite großflächig verglast werden, ohne störende Blendwirkungen zu erhalten. Die Fenster im Süden, die mit Mattglas versehen sind, erlauben eine gute Querlüftung sowie eine Tageslichtnutzung.

Nutzung

1 Erdgeschoss
Sporthalle, Lagerräume, Technikraum, Umkleiden (2St), Duschen, WCs, Geräteraum

Nutzeinheiten

Hallenfelder: 1
Hallenfläche: 409 m²

Grundstück

Bauraum: Freier Bauraum
Neigung: Ebenes Gelände
Bodenklasse: BK 1 bis BK 4

Markt

Hauptvergabezeit: 4. Quartal 2017
Baubeginn: 4. Quartal 2017
Bauende: 3. Quartal 2018
Konjunkturelle Gesamtlage: über Durchschnitt
Regionaler Baumarkt: unter Durchschnitt

Baukonstruktion

Die Sporthalle gründet auf einer Bodenplatte. Die tragenden Bauteile bestehen aus KS-Mauerwerk, Betonwänden und Fertigteilstützen. Alle Außenwände sind mit HPL-Platten oder Verblendmauerwerk bekleidet und hinterlüftet. Eine Alu-Pfosten-Riegel-Fassade sorgt für die Belichtung in der Halle. Innenseitig erhielten die Wände einen Prallschutz, Fliesen oder Putz mit Beschichtung. Die Halle hat ein Pultdach in Holzkonstruktion aus BSH-Bindern mit Alu-Eindeckung. Über den Räumen ist ein Flachdach aus Stahlbeton als Foliendach mit Kiesschicht aufgebaut. Die innenliegenden Räume werden über Lichtkuppeln belichtet.

Technische Anlagen

Die Wärmeerzeugung erfolgt über zwei getrennte Gas-Brennwertthermen um unterschiedliche Lasten bedienen zu können. In der Halle sind ballwurfsichere Deckenstrahlplatten in die Akustikdecke integriert. Eine mechanische Be- und Entlüftung erfolgt nur für Umkleiden und Sanitärräume sowie die fensterlosen Geräteräume. Die Halle wird natürlich be- und entlüftet.

Sonstiges

Die Fassade wurde wegen des Ablaufs auf der Baustelle sowie aus wirtschaftlichen Gründen mit nur einer Steinsorte verblendet. Die Streifen entstehen durch die Verwendung von unterschiedlich farbigem Fugenmörtel.

Energetische Angaben zu Außenbauteilen

Bodenplatte

U-Wert: 0,29 W/(m²·K)

Gesamtdicke: 48,34 cm	d [cm]	l [W/(m·K)]
Fliesen	1,50	1,200
Estrich	5,50	1,400
PE-Folie	0,02	0,400
PE-Folie	0,02	4,000
Dämmung	11,00	0,035
Bitumenanstrich	0,30	0,170
Stahlbeton	25,00	2,500
Bestandsputz	5,00	2,000

Außenwand hinterlüftet

U-Wert: 0,23 W/(m²·K)

Gesamtdicke: 44,00 cm	d [cm]	l [W/(m·K)]
Stahlbeton	30,00	2,500
Dämmung	14,00	0,035

Dach Stahlbeton

U-Wert: 0,18 W/(m²·K)

Gesamtdicke: 38,84 cm	d [cm]	l [W/(m·K)]
Stahlbeton	20,00	2,500
Bitumenbahn	0,40	0,170
Dämmung	18,00	0,035
Bitumenbahn	0,04	0,170
Bitumenbahn	0,40	0,170

Dach

U-Wert: 0,18 W/(m²·K)

Gesamtdicke: 21,25 cm	d [cm]	l [W/(m·K)]
Holz	2,40	0,130
Dampfsperre	0,05	0,220
Dämmung	18,00	0,035
Bitumenbahn	0,40	0,170
Bitumenbahn	0,40	0,170

Planungskennwerte für Flächen und Rauminhalte nach DIN 277

Flächen des Grundstücks		Menge Einheit	% an GF
BF	Bebaute Fläche	816,28 m²	28,4
UF	Unbebaute Fläche	2.062,72 m²	71,6
GF	Grundstücksfläche	2.879,00 m²	100,0

Grundflächen des Bauwerks		Menge Einheit	% an NUF	% an BGF
NUF	Nutzungsfläche	658,36 m²	100,0	80,7
TF	Technikfläche	10,52 m²	1,6	1,3
VF	Verkehrsfläche	55,17 m²	8,4	6,8
NRF	Netto-Raumfläche	724,05 m²	110,0	88,8
KGF	Konstruktions-Grundfläche	91,45 m²	13,9	11,2
BGF	Brutto-Grundfläche	815,50 m²	123,9	100,0

Brutto-Rauminhalt des Bauwerks		Menge Einheit	BRI/NUF (m)	BRI/BGF (m)
BRI	Brutto-Rauminhalt	4.978,21 m³	7,56	6,10

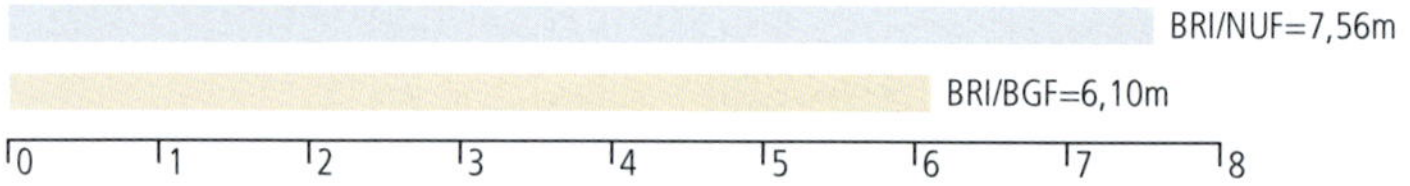

Lufttechnisch behandelte Flächen	Menge Einheit	% an NUF	% an BGF
Entlüftete Fläche	–	–	–
Be- und entlüftete Fläche	–	–	–
Teilklimatisierte Fläche	–	–	–
Klimatisierte Fläche	–	–	–

KG	Kostengruppen (2. Ebene)	Menge Einheit	Menge/NUF	Menge/BGF
310	Baugrube / Erdbau	939,87 m³ BGI	1,43	1,15
320	Gründung, Unterbau	786,94 m² GRF	1,20	0,97
330	Außenwände/Vertikale Baukonstruktionen, außen	575,50 m² AWF	0,87	0,71
340	Innenwände/Vertikale Baukonstruktionen, innen	536,85 m² IWF	0,82	0,66
350	Decken/Horizontale Baukonstruktionen	–	–	–
360	Dächer	866,88 m² DAF	1,32	1,06

Kostenkennwerte für die Kostengruppen der 1.Ebene DIN 276

KG	Kostengruppen (1.Ebene)	Einheit	Kosten €	€/Einheit	€/m² BGF	€/m³ BRI	% 300+400
100	Grundstück	m² GF	–	–	–	–	–
200	Vorbereitende Maßnahmen	m² GF	161	0,06	0,20	0,03	< 0,1
300	Bauwerk – Baukonstruktionen	m² BGF	1.589.388	1.948,97	1.948,97	319,27	73,7
400	Bauwerk – Technische Anlagen	m² BGF	566.917	695,18	695,18	113,88	26,3
	Bauwerk 300+400	**m² BGF**	**2.156.305**	**2.644,15**	**2.644,15**	**433,15**	**100,0**
500	Außenanlagen und Freiflächen	m² AF	11.277	–	13,83	2,27	0,5
600	Ausstattung und Kunstwerke	m² BGF	66.470	81,51	81,51	13,35	3,1
700	Baunebenkosten	m² BGF	–	–	–	–	–
800	Finanzierung	m² BGF	–	–	–	–	–

KG	Kostengruppe	Menge Einheit	Kosten €	€/Einheit	%
200	**Vorbereitende Maßnahmen**	2.879,00 m² GF	161	**0,06**	< 0,1

Wurzelstock roden, laden, entsorgen

KG	Kostengruppe	Menge Einheit	Kosten €	€/Einheit	%
3+4	**Bauwerk**				**100,0**
300	**Bauwerk – Baukonstruktionen**	815,50 m² BGF	1.589.388	**1.948,97**	73,7

Wasserhaltung; Bodenaustausch, Stb-Bodenplatte, Estrich, Dämmung, Sportboden, Beschichtung, Bodenfliesen; KS-Wände, Stb-Wände, Stb-FT-Stützen, Alufenster, Alutüren, Dämmung, Verblendmauerwerk, HPL-Fassadenbekleidung, Alu-Bekleidung, Alu-Pfosten-Riegel-Fassade; Holztüren, Stahltüren, Geräteraumtore, Putz, Beschichtung, Prallschutzbelag, Wandfliesen, Duschtrennwandanlagen; Holz-Pultdach, Stb-Flachdach, Lichtkuppeln, Dämmung, Alu-Profiltafeln, Alu-Bekleidungen, Dachentwässerung, Dämmung, Folienabdichtung, Rollkies, Akustikdecken, GK-Decken, HPL-Bekleidung

KG	Kostengruppe	Menge Einheit	Kosten €	€/Einheit	%
400	**Bauwerk – Technische Anlagen**	815,50 m² BGF	566.917	**695,18**	26,3

Gebäudeentwässerung, Kalt- und Warmwasserleitungen, Hauswasserstation, Rückspülautomatik, Hygienespülgerät, Sanitärobjekte; Gas-Brennwertthermen, Trinkwassererwärmer, rückspülbarer Trinkwasserfeinfilter, Pufferspeicher, Heizkreisverteiler, Stahlrohre, Deckenstrahlplatten, Ballabweishauben, Heizkörper; Zu- und Abluftgerät mit WRG; Notlichtsystem, Elektroinstallation, Rettungszeichenleuchten, Sicherheitsleuchten, Beleuchtung, Blitzschutz; WC-Notruf, Gongs, Brandmeldezentrale, Datenkabel; Gebäudeautomation

KG	Kostengruppe	Menge Einheit	Kosten €	€/Einheit	%
500	**Außenanlagen und Freiflächen**	–	11.277	–	0,5

Rohrgrabenarbeiten, Grundwasserabsenkung, Wasserhaltung; Wasserleitungen; Asphalt aufnehmen, entsorgen, untere Schichten lagern, wieder auftragen

KG	Kostengruppe	Menge Einheit	Kosten €	€/Einheit	%
600	**Ausstattung und Kunstwerke**	815,50 m² BGF	66.470	**81,51**	3,1

Umkleidebänke, Garderobenleiste, Duschabtrennungen, Spiegel, Seifenspender, Papierhandtuchspender, Abfallbehälter, Papierkörbe, Bürstengarnituren, Papierrollenhalter; Klettertauanlagen, Doppelsprossenwände, Multischaukel, Basketballkorbanlagen, Steckreckanlage, Handballtore, Wandeinbaukasten, Volleyballanlage, Slackline-Säulen

Kostenkennwerte für die Kostengruppen der 2. Ebene DIN 276

KG	Kostengruppe	Menge Einheit	Kosten €	€/Einheit	%
200	**Vorbereitende Maßnahmen**				**100,0**
210	**Herrichten**	2.879,00 m2 GF	161	**0,06**	100,0
	Wurzelstock roden, laden, entsorgen (1St)				
300	**Bauwerk – Baukonstruktionen**				**100,0**
310	**Baugrube / Erdbau**	939,87 m3 BGI	37.707	**40,12**	2,4
	Baugrubenaushub, laden, abfahren, entsorgen (885m3), Rohrgrabenaushub, lagern, wieder einbauen (38m3), laden, abfahren (16m3), Füllboden für Rohrgräben, liefern, einbauen (16m3) * offene Wasserhaltung für Rohrgräben, vorhalten, abbauen (64m)				
320	**Gründung, Unterbau**	786,94 m2 GRF	291.389	**370,28**	18,3
	Bodenaustausch (653m2), Nachverdichtung (919m2) * Stb-Streifenfundamente (124m3), Stb-Bodenplatte (787m2) * Bitumenschweißbahn, Ausgleichsschüttung, EPS-Dämmung, Sportboden, PUR-Beschichtung (544m2), Spielfeldmarkierungen (6St), Bitumenschweißbahn, Zementestrich, Bodenfliesen (194m2), Sauberlaufmatten (3m2) * Sauberkeitsschicht (869m2), vertikale Abdichtung, Dämmung (54m), Sockel-Verblendschale (24m2)				
330	**Außenwände/Vert. Baukonstrukt., außen**	575,50 m2 AWF	430.225	**747,57**	27,1
	KS-Wände (311m2), Stb-Wände (118m2) * Stb-Attika (19m2) * Stb-FT-Stützen (46m) * Alufenster (27m2), Alutüren (11m2) * Dämmung, Verblendmauerwerk (501m2), Dämmung, HPL-Fassadenbekleidung (80m2), Abdichtung (125m), an Stützen: Dämmung, Alu-Bekleidung (39m2) * Kalkzementputz (408m2), Beschichtung (286m2), Prallschutzbelag (102m2), Wandfliesen (16m2) * Alu-Pfosten-Riegel-Fassade (84m2), Alutür (6m2), Brüstungsabdeckungen, Alu (26m)				
340	**Innenwände/Vert. Baukonstrukt., innen**	536,85 m2 IWF	228.517	**425,66**	14,4
	KS-Wände (235m2), Stb-Wände (106m2) * KS-Wände (102m2) * Stb-FT-Stützen (35m) * Holztüren (27m2), T90 RS (3m2), Stahltüren (4m2), Sporthallentüren (16m2), Geräteraumtore (31m2), Stahlfenster (1m2) * Kalkzementputz (867m2), Beschichtung (580m2), Prallschutzbeläge (102m2), Wandfliesen (144m2) * Duschtrennwandanlagen (13m2)				
360	**Dächer**	866,88 m2 DAF	436.046	**503,01**	27,4
	Pultdach, BSH-Träger (81m), Koppelpfetten (659m), OSB-Platten (505m2), Stb-Flachdach (350m2) * Lichtkuppeln (12m2), RWA-Zentrale (1St) * Dämmung, Alu-Profiltafeln (519m2), Alu-Bekleidung (95m), Regenrinnen (39m), Regenfallrohre (32m), Bitumenbahnen (379m2), Dämmung (308m2), Folienabdichtung, Filtervlies, Rollkies (320m2), Attikaabdeckung, Dämmung, OSB-Abdeckung, Abdichtung (52m), Dachabläufe (10St) * Akustikdecken (244m2), GK-Decken (189m2), GKBI-Bekleidung (69m2), Beschichtungen (473m2), HPL-Bekleidung (110m2)				
390	**Sonst. Maßnahmen für Baukonstrukt.**	815,50 m2 BGF	165.503	**202,95**	10,4
	Baustelleneinrichtung Hauptgewerk (1St), Nebengewerke (11St), Baustraße (291m2), Kran (1St), Baustrom (1St), Gummischlauchleitungen (85m), Bauzaun (170m), Unterkonstruktion für Bauschild (1St), Baustellen-WC (1St) * Arbeits- und Schutzgerüst (832m2), Brücke (1St), Ausleger (386m), Rollgerüste (2St) * Nebeneingangstür provisorisch mit OSB-Platten schließen (1St), flexibles PVC-Rohr als provisorische Ableitung von Regenwasser anschließen (9m)				

KG	Kostengruppe	Menge Einheit	Kosten €	€/Einheit	%
400	**Bauwerk – Technische Anlagen**				**100,0**
410	**Abwasser-, Wasser-, Gasanlagen**	815,50 m²BGF	129.742	**159,09**	22,9
	PP-Rohre (171m), Bodenabläufe (11St) * Stahlrohre (409m), Hauswasserstation (1St), Rückspülautomatik (1St), Hygienespülgerät Kaltwasser (1St), Tiefspül-WCs (4St), barrierefrei (1St), Stützklappgriffe (4St), Rückenstützen (2St), Urinal (1St), Waschtische (10St), elektronisch gesteuerte Duschpaneele (7St), Funktionscontroller (1St), Ausgussbecken (2St), Außenwandventile (2St), Armaturen * Montageelemente (21St)				
420	**Wärmeversorgungsanlagen**	815,50 m²BGF	157.648	**193,31**	27,8
	Gas-Brennwertthermen (2St), Ausdehnungsgefäße (2St), hydraulische Weiche (1St), Trinkwassererwärmer (1St), Zirkulationspumpe (1St), rückspülbarer Trinkwasserfeinfilter (1St), Pufferspeicher (1St) * Heizkreisverteiler (1St), Schmutzfänger (5St), Stahlrohre (510m) * Deckenstrahlplatten (12St), Ballabweishauben (74m²), Kompaktheizkörper (17St), Röhrenradiatoren (3St), Thermostate (20St)				
430	**Raumlufttechnische Anlagen**	815,50 m²BGF	76.334	**93,60**	13,5
	Zu- und Abluftgerät mit WRG (1St), Lüftungsgitter (13St), Volumenstromregler (10St), Dachhauben (2St), Wetterschutzgitter (2St), Luftkanäle (98m²), Lüftungsrohre (65m), Flexrohre (7m)				
440	**Elektrische Anlagen**	815,50 m²BGF	158.465	**194,32**	28,0
	Notlichtsystem (1St), 3-Phasenüberwachung (1St) * Installationsverteiler (1St), Hauptschalter (1St), modularer Kombi-Ableiter (1St), Lasttrennschalter (5St), FI-Schutzschalter (6St), Brandschutzschalter (1St), LS-Schalter (38St), Mantelleitungen (6.500m), Steckdosen (57St), Schalter, Taster (17St), CEE-Kombi-Dose (1St), Bewegungsmelder (28St) * Rettungszeichenleuchten (18St), Sicherheitsleuchten (14St), Anbauleuchten (62St), Feuchtraumleuchten (13St), Außenleuchten (6St) * Fangleitungen (320m), Erdungsleitungen (185m), Fundamenterder (160m), Ableitungen (115m), Ringerder (320m)				
450	**Kommunikationstechnische Anlagen**	815,50 m²BGF	19.218	**23,57**	3,4
	WC-Notrufanlage (1St), elektronische Gongs (2St), Klingeltransformator (1St) * Brandmeldezentrale (1St), analoges Wählgerät (1St), Blitz-/Überspannungsableiter (1St), Brandmeldekabel (870m), optische Rauchmelder (3St), akustische Warntongeber (12St), Handmelder (6St), Feuerwehrlaufkarten (25St) * Datenkabel Cat7 (100m)				
480	**Gebäude- und Anlagenautomation**	815,50 m²BGF	17.406	**21,34**	3,1
	KNX-Raumbediengerät (1St), Wetterzentrale, Wettersensoren (1St), Luftqualitätssensor (1St), DALI Gateway (2St), Schaltaktor 8-fach (1St), Schaltnetzteil (1St), Linienkoppler (1St), Gruppentaster mit Busankoppler (4St), EIB-Spannungsversorgung (1St), Jalousieaktor (1St) * MSR-Leitungen (200m)				
490	**Sonst. Maßnahmen für techn. Anlagen**	815,50 m²BGF	8.105	**9,94**	1,4
	Baustelleneinrichtung (psch), Baustromverteiler (1St), Gummischlauchleitungen (50m), Feuchtraumleuchten (10St) * Montagegerüste (psch), Arbeitsbühne (1St)				
500	**Außenanlagen und Freiflächen**				**100,0**
510	**Erdbau**	28,95 m³EBR	8.884	**306,89**	78,8
	Rohrgrabenaushub, lagern, wieder einbauen (32m), laden, abfahren (12m³), Füllboden für Rohrgräben (12m³), Handschachtung (5m), Baugruben als Kopflöcher (2St) * Grundwasserabsenkung (32m), offene Wasserhaltung für Rohrgräben (32m)				

KG	Kostengruppe	Menge Einheit	Kosten €	€/Einheit	%
550	**Technische Anlagen**	–	1.166	–	10,3
	PE-Rohre (32m), Anschlüsse an vorhandene PE-Rohre (2St)				
590	**Sonst. Maßnahmen für Außenanlagen u. Freiflächen**	–	1.227	–	10,9
	Asphalt aufnehmen, entsorgen, untere Schichten aus Fein- und Grobkies lagern, wieder auftragen (38m²)				
600	**Ausstattung und Kunstwerke**				**100,0**
610	**Allgemeine Ausstattung**	815,50 m² BGF	17.712	**21,72**	26,6
	Umkleidebänke (19m), Garderobenleiste (15m), Duschabtrennung, Schiebetür, zweiflüglig, Sicherheitsglas (1St), Eckanlage, Pendeltüren (1St), Spiegel (9St), Flüssigseifenspender (7St), Papierhandtuchspender (7St), Papierhalter (2St), Ablageschalen (7St), Abfallbehälter 6l (5St), Papierkörbe (7St), Bürstengarnituren (4St), Papierrollenhalter (4St), Reserve-Papierrollenhalter (5St), Doppelhaken (7St)				
620	**Besondere Ausstattung**	815,50 m² BGF	48.758	**59,79**	73,4
	Klettertauanlagen für 4 Klettertaue (2St), Doppelsprossenwände, schwenkbar, hochschiebbar (2St), Multischaukel (1St), Basketballkorbanlagen (2St), Steckreckanlage (1St), Handballtore (2St), Wandeinbaukasten für Schaukelseile (3St), Volleyballanlage (1St), Bodenhülsen (5St), Slackline-Säulen (2St), Transportwagen (1St)				

Kostenkennwerte für die Kostengruppen 300 der 2. und 3.Ebene DIN 276 (Übersicht)

KG	Kostengruppe	Menge Einheit	€/Einheit	Kosten €	% an 3+4
300	**Bauwerk – Baukonstruktionen**	**815,50 m²BGF**	**1.948,97**	**1.589.387,62**	**73,7**
310	**Baugrube / Erdbau**	**939,87 m³BGI**	**40,12**	**37.707,25**	**1,7**
311	Herstellung	939,87 m³BGI	37,59	35.330,74	1,6
312	Umschließung	–	–	–	–
313	Wasserhaltung	–	–	2.376,51	0,1
314	Vortrieb	–	–	–	–
319	Sonstiges zur KG 310	–	–	–	–
320	**Gründung, Unterbau**	**786,94 m²GRF**	**370,28**	**291.388,63**	**13,5**
321	Baugrundverbesserung	919,28 m²	36,35	33.419,03	1,5
322	Flachgründungen und Bodenplatten	786,94 m²	164,21	129.226,75	6,0
323	Tiefgründungen	–	–	–	–
324	Gründungsbeläge	737,98 m²	147,26	108.675,47	5,0
325	Abdichtungen und Bekleidungen	811,33 m²	24,73	20.067,37	0,9
326	Dränagen	–	–	–	–
329	Sonstiges zur KG 320	–	–	–	–
330	**Außenwände/Vert. Baukonstrukt., außen**	**575,50 m²AWF**	**747,57**	**430.224,85**	**20,0**
331	Tragende Außenwände	428,66 m²	219,23	93.973,37	4,4
332	Nichttragende Außenwände	18,84 m²	323,07	6.086,64	0,3
333	Außenstützen	46,39 m	293,03	13.593,87	0,6
334	Außenwandöffnungen	37,74 m²	1.470,65	55.502,39	2,6
335	Außenwandbekleidungen, außen	620,53 m²	266,79	165.550,15	7,7
336	Außenwandbekleidungen, innen	403,36 m²	68,80	27.750,20	1,3
337	Element. Außenwandkonstruktionen	90,26 m²	750,81	67.768,21	3,1
338	Lichtschutz zur KG 330	–	–	–	–
339	Sonstiges zur KG 330	–	–	–	–
340	**Innenwände/Vert. Baukonstrukt., innen**	**536,85 m²IWF**	**425,66**	**228.517,25**	**10,6**
341	Tragende Innenwände	339,87 m²	187,41	63.696,70	3,0
342	Nichttragende Innenwände	101,89 m²	91,00	9.271,94	0,4
343	Innenstützen	35,00 m	391,37	13.698,07	0,6
344	Innenwandöffnungen	82,55 m²	965,20	79.676,94	3,7
345	Innenwandbekleidungen	825,49 m²	72,06	59.485,51	2,8
346	Elementierte Innenwandkonstruktionen	12,54 m²	214,36	2.688,10	0,1
347	Lichtschutz zur KG 340	–	–	–	–
349	Sonstiges zur KG 340	–	–	–	–
350	**Decken/Horizontale Baukonstruktionen**	**–**	**–**	**–**	**–**
351	Deckenkonstruktionen	–	–	–	–
352	Deckenöffnungen	–	–	–	–
353	Deckenbeläge	–	–	–	–
354	Deckenbekleidungen	–	–	–	–
355	Elementierte Deckenkonstruktionen	–	–	–	–
359	Sonstiges zur KG 350	–	–	–	–
360	**Dächer**	**866,88 m²DAF**	**503,01**	**436.046,36**	**20,2**
361	Dachkonstruktionen	854,88 m²	210,78	180.193,62	8,4
362	Dachöffnungen	12,00 m²	1.850,32	22.203,85	1,0
363	Dachbeläge	838,88 m²	191,47	160.616,21	7,4
364	Dachbekleidungen	826,70 m²	88,34	73.032,68	3,4
365	Elementierte Dachkonstruktionen	–	–	–	–
366	Lichtschutz zur KG 360	–	–	–	–
369	Sonstiges zur KG 360	–	–	–	–
370	**Infrastrukturanlagen**	**–**	**–**	**–**	**–**
380	**Baukonstruktive Einbauten**	**–**	**–**	**–**	**–**
390	**Sonst. Maßnahmen für Baukonstrukt.**	**815,50 m²BGF**	**202,95**	**165.503,28**	**7,7**

Kostenstand: 4. Quartal 2023, Bundesdurchschnitt, **inkl. 19% MwSt.**

Kostenkennwerte für die Kostengruppen 400 der 2. und 3. Ebene DIN 276 (Übersicht)

KG	Kostengruppe	Menge Einheit	€/Einheit	Kosten €	% an 3+4
400	**Bauwerk – Technische Anlagen**	**815,50 m2 BGF**	**695,18**	**566.917,31**	**26,3**
410	**Abwasser-, Wasser-, Gasanlagen**	**815,50 m2 BGF**	**159,09**	**129.741,89**	**6,0**
411	Abwasseranlagen	815,50 m2 BGF	35,51	28.958,98	1,3
412	Wasseranlagen	815,50 m2 BGF	104,44	85.170,93	3,9
413	Gasanlagen	–	–	–	–
419	Sonstiges zur KG 410	815,50 m2 BGF	19,14	15.611,96	0,7
420	**Wärmeversorgungsanlagen**	**815,50 m2 BGF**	**193,31**	**157.647,65**	**7,3**
421	Wärmeerzeugungsanlagen	815,50 m2 BGF	54,42	44.383,09	2,1
422	Wärmeverteilnetze	815,50 m2 BGF	63,49	51.776,89	2,4
423	Raumheizflächen	815,50 m2 BGF	75,40	61.487,67	2,9
424	Verkehrsheizflächen	–	–	–	–
429	Sonstiges zur KG 420	–	–	–	–
430	**Raumlufttechnische Anlagen**	**815,50 m2 BGF**	**93,60**	**76.333,92**	**3,5**
431	Lüftungsanlagen	815,50 m2 BGF	93,60	76.333,92	3,5
432	Teilklimaanlagen	–	–	–	–
433	Klimaanlagen	–	–	–	–
434	Kälteanlagen	–	–	–	–
439	Sonstiges zur KG 430	–	–	–	–
440	**Elektrische Anlagen**	**815,50 m2 BGF**	**194,32**	**158.465,37**	**7,3**
441	Hoch- und Mittelspannungsanlagen	–	–	–	–
442	Eigenstromversorgungsanlagen	815,50 m2 BGF	11,26	9.181,52	0,4
443	Niederspannungsschaltanlagen	–	–	–	–
444	Niederspannungsinstallationsanlagen	815,50 m2 BGF	94,17	76.793,74	3,6
445	Beleuchtungsanlagen	815,50 m2 BGF	66,94	54.591,83	2,5
446	Blitzschutz- und Erdungsanlagen	815,50 m2 BGF	21,95	17.898,29	0,8
447	Fahrleitungssysteme	–	–	–	–
449	Sonstiges zur KG 440	–	–	–	–
450	**Kommunikationstechnische Anlagen**	**815,50 m2 BGF**	**23,57**	**19.218,21**	**0,9**
451	Telekommunikationsanlagen	–	–	–	–
452	Such- und Signalanlagen	815,50 m2 BGF	1,02	831,45	< 0,1
453	Zeitdienstanlagen	–	–	–	–
454	Elektroakustische Anlagen	–	–	–	–
455	Audiovisuelle Medien- u. Antennenanl.	–	–	–	–
456	Gefahrenmelde- und Alarmanlagen	815,50 m2 BGF	22,11	18.031,57	0,8
457	Datenübertragungsnetze	815,50 m2 BGF	0,44	355,18	< 0,1
458	Verkehrsbeeinflussungsanlagen	–	–	–	–
459	Sonstiges zur KG 450	–	–	–	–
460	**Förderanlagen**	**–**	**–**	**–**	**–**
461	Aufzugsanlagen	–	–	–	–
462	Fahrtreppen, Fahrsteige	–	–	–	–
463	Befahranlagen	–	–	–	–
464	Transportanlagen	–	–	–	–
465	Krananlagen	–	–	–	–
466	Hydraulikanlagen	–	–	–	–
469	Sonstiges zur KG 460	–	–	–	–
470	**Nutzungsspez. u. verfahrenstechn. Anl.**	**–**	**–**	**–**	**–**
480	**Gebäude- und Anlagenautomation**	**815,50 m2 BGF**	**21,34**	**17.405,65**	**0,8**
490	**Sonst. Maßnahmen für techn. Anlagen**	**815,50 m2 BGF**	**9,94**	**8.104,65**	**0,4**

Kostenkennwerte für die Kostengruppen der 3.Ebene DIN 276

KG	Kostengruppe	Menge Einheit	Kosten €	€/Einheit	%
210	**Herrichten**				**100,0**
214	**Herrichten der Geländeoberfläche**	2.879,00 m² GF	161	**0,06**	100,0
	Wurzelstock, D=20cm, roden, laden, entsorgen (1St)				
310	**Baugrube / Erdbau**				**100,0**
311	**Herstellung**	939,87 m³ BGI	35.331	**37,59**	93,7
	Baugrubenaushub, t=i.M. 60cm, laden, abfahren, entsorgen (885m³), Rohrgrabenaushub BK 1-4, t bis 1,00m, lagern, wieder einbauen (38m³), laden, abfahren (16m³), Füllboden für Rohrgräben, liefern, einbauen (16m³)				
313	**Wasserhaltung**	–	2.377	–	6,3
	Offene Wasserhaltung für Rohrgräben, vorhalten, abbauen (64m)				
320	**Gründung, Unterbau**				**100,0**
321	**Baugrundverbesserung**	919,28 m²	33.419	**36,35**	11,5
	Verdichtungsfähige enggestufte Sande als Bodenaustausch (653m³), Nachverdichtung (919m²)				
322	**Flachgründungen und Bodenplatten**	786,94 m²	129.227	**164,21**	44,3
	Stb-Streifenfundamente C20/25, Schalung, Bewehrung (124m³), Stb-Bodenplatte C20/25, d=25cm (787m²)				
324	**Gründungsbeläge**	737,98 m²	108.675	**147,26**	37,3
	Bitumenschweißbahn, Ausgleichsschüttung, EPS-Dämmung, d=2x70mm, Sportboden, PUR-Beschichtung (544m²), Spielfeldmarkierungen (6St), Sockelleisten (76m), Flüssigabdichtung (34m²), Folienabdichtung (23m²), Bitumenschweißbahn, Zementestrich CT-C35-F5-S55, Bodenfliesen (194m²), Fliesensockel (140m), Sauberlaufmatten (3m²)				
325	**Abdichtungen und Bekleidungen**	811,33 m²	20.067	**24,73**	6,9
	Sauberkeitsschicht C8/10, d=5cm (869m²), PE-Folie (650m²), vertikale Abdichtung, Sockeldämmung WLG 035, d=180mm (54m), Sockel-Verblendschale (24m²)				
330	**Außenwände/Vertikale Baukonstruktionen, außen**				**100,0**
331	**Tragende Außenwände**	428,66 m²	93.973	**219,23**	21,8
	Stb-Wände, d=24cm (143m²), d=17,5cm (168m²), Stb-Wände C25/30, d=28cm, Schalung, Bewehrung (118m²), Stb-Balken C20/25 (38m)				
332	**Nichttragende Außenwände**	18,84 m²	6.087	**323,07**	1,4
	Stb-Attika C25/30, d=16cm, h=32cm, Schalung, Bewehrung (19m²)				
333	**Außenstützen**	46,39 m	13.594	**293,03**	3,2
	Stb-Fertigteilstützen C25/30, 32x32cm (37m), 20x24cm (9m)				

KG	Kostengruppe	Menge Einheit	Kosten €	€/Einheit	%
334	**Außenwandöffnungen**	37,74 m²	55.502	**1.470,65**	12,9
	Alufenster, Sonnenschutzverglasung, innen ballwurfsicher, mit satinierter PVB-Folie (27m²), Fensterbänke, Alu (26m), Alutüren, Sonnenschutzverglasung, VSG, Panikschloss, einflüglig (3m²), Riegel-Fallenschloss (3m²), innen belegt mit Sperrholzplatten für Prallschutzbelag (5m²), Türfeststeller, Poller, außen (4St)				
335	**Außenwandbekleidungen, außen**	620,53 m²	165.550	**266,79**	38,5
	Wärmedämmung WLG 035, d=140mm, Verblendmauerwerk (501m²), Mineralfaserdämmung, d=100-140mm, Alu-UK, HPL-Fassadenbekleidung (80m²), Abdichtung (125m), an Stützen: Wärmedämmung WLG 035, d=140mm, einseitig glasvlieskaschiert, Alu-Bekleidung, beschichtet (39m²)				
336	**Außenwandbekleidungen, innen**	403,36 m²	27.750	**68,80**	6,5
	Kalkzementputz (408m²), Armierungsgewebe (76m), Spachtelung (110m²), Dispersionsbeschichtung (286m²), Prallschutzbelag (102m²), Folienabdichtung, Wandfliesen (16m²), Mosaik-Fries (8m)				
337	**Element. Außenwandkonstruktionen**	90,26 m²	67.768	**750,81**	15,8
	Alu-Pfosten-Riegel-Fassade, Sonnenschutzverglasung, innen ballwurfsicher (84m²), Alutür, Sonnenschutzverglasung, VSG, Panikschloss, zweiflüglig (6m²), Brüstungsabdeckungen, Alu (26m), Fensterbänke, Alu (24m), Türfeststeller als Poller, außen (2St), Türstopper (2St)				
340	**Innenwände/Vertikale Baukonstruktionen, innen**				**100,0**
341	**Tragende Innenwände**	339,87 m²	63.697	**187,41**	27,9
	KS-Wände, d=24cm (39m²), d=17,5cm (196m²), Stb-Wände C25/30, d=28cm, Schalung, Bewehrung (106m²), Stb-Balken C20/25 (18m)				
342	**Nichttragende Innenwände**	101,89 m²	9.272	**91,00**	4,1
	KS-Wände, d=11,5cm (102m²)				
343	**Innenstützen**	35,00 m	13.698	**391,37**	6,0
	Stb-Fertigteilstützen C25/30, 32x55cm (35m)				
344	**Innenwandöffnungen**	82,55 m²	79.677	**965,20**	34,9
	Holztüren, Stahlumfassungszargen, Vollspanplatteneinlage (12m²), Röhrenspanplatteneinlage (11m²), Feuchtraumtüren (4m²), T90 RS, zweiflüglig, Oberlicht, Panikschloss (3m²), Stahltüren (4m²), Sporthallentüren, Einbau bündig, Türblatt hallenseitig mit Sperrholzplatte, zweiflüglig (9m²), einflüglig (3m²), Glasausschnitt ballwurfsicher, zweiflüglig (4m²), Türstopper (22St), Geräteraumtore (31m²), Stahlfenster, ballwurfsichere Festverglasung (1m²)				
345	**Innenwandbekleidungen**	825,49 m²	59.486	**72,06**	26,0
	Kalkzementputz (867m²), Spachtelung (298m²), Dispersionsbeschichtung (580m²), Prallschutzbeläge (102m²), Folienabdichtung (26m²), Wandfliesen (144m²), Mosaik-Fries (68m)				
346	**Elementierte Innenwandkonstruktionen**	12,54 m²	2.688	**214,36**	1,2
	Duschtrennwandanlagen, HPL-Vollkernplatten, Türen (13m²)				

KG	Kostengruppe	Menge Einheit	Kosten €	€/Einheit	%
360	**Dächer**				**100,0**
361	**Dachkonstruktionen**	854,88 m²	180.194	**210,78**	41,3
	Pultdach, BSH-Träger (81m), Koppelpfetten (659m), OSB-Platten (505m²), Stb-Flachdach C20/25, d=20cm, Schalung, Bewehrung (350m²)				
362	**Dachöffnungen**	12,00 m²	22.204	**1.850,32**	5,1
	Lichtkuppeln (5m²), als NRA-Gerät mit zwei Haubenflügel als Dunkelklappen, zweischalig aus Alu (8m²), RWA-Zentrale (1St)				
363	**Dachbeläge**	838,88 m²	160.616	**191,47**	36,8
	Wärmedämmung WLG 035, d=200mm, Alu-Profiltafeln (519m²), Alu-Bekleidung an First, Traufe, Ortgang (95m), Regenrinnen, Titanzink, kastenförmig (30m), halbrund (9m), Regenfallrohre DN100 (32m), Bitumenbahnen (379m²), EPS-Dämmung WLG 035, d=100mm, zweite Lage keilig, d=i.M. 94mm (208m²), Mineralfaserdämmung WLS 040, d=100mm, zweite Lage, d=i.M. 137mm (100m²), Folienabdichtung, Filtervlies, Rollkies 16/32mm, d=5cm (320m²), Perimeterdämmung WLG 035, d=60-120mm (34m²), Attikaabdeckung, Dämmung, d=60mm, OSB-Abdeckung, Abdichtung (52m), Dachabläufe DN100 (10St)				
364	**Dachbekleidungen**	826,70 m²	73.033	**88,34**	16,7
	Abgehängte Akustikdecken (244m²), GK-Decken (189m²), GKBI-Bekleidung (69m²), Spachtelung (294m²), Dispersionsbeschichtung (445m²), Latexbeschichtung (28m²), HPL-Bekleidung an First, Traufe, Ortgang, Vordach (110m²)				
390	**Sonstige Maßnahmen für Baukonstruktionen**				**100,0**
391	**Baustelleneinrichtung**	815,50 m² BGF	119.053	**145,99**	71,9
	Baustelleneinrichtung Hauptgewerk (1St), Nebengewerke (11St), Baustraße aus Recyclingbeton (291m²), Kran (1St), Baustrom (1St), Gummischlauchleitungen H07RN-F (85m), Bauzaun (170m), Tor (1St), Bautür (1St), Unterkonstruktion für Bauschild (1St), Baustellen-WC (1St)				
392	**Gerüste**	815,50 m² BGF	45.526	**55,83**	27,5
	Arbeits- und Schutzgerüst, Lastklasse 4 (832m²), Brücke, l=3,00m (1St), Ausleger, b=30cm (279m), b=60cm (107m), Rollgerüste (2St)				
398	**Provisorische Baukonstruktionen**	815,50 m² BGF	924	**1,13**	0,6
	Nebeneingangstür provisorisch mit OSB-Platten schließen, bei Bedarf öffnen (1St), flexibles PVC-Rohr DN100 als provisorische Ableitung von Regenwasser an vorhandene Rinneneinläufe anschließen (9m)				
410	**Abwasser-, Wasser-, Gasanlagen**				**100,0**
411	**Abwasseranlagen**	815,50 m² BGF	28.959	**35,51**	22,3
	PP-Rohre DN50-110, Formstücke (171m), Mauerkragen für Rohr DN110 (28St), Bodenabläufe (11St)				
412	**Wasseranlagen**	815,50 m² BGF	85.171	**104,44**	65,6
	Stahlrohre, Formstücke, Rohrdämmung (409m), Hauswasserstation DN40 (1St), Rückspülautomatik (1St), Hygienespülgerät Kaltwasser (1St), Tiefspül-WCs, Steuerungen (4St), barrierefrei (1St), Stützklappgriffe (4St), Rückenstützen (2St), Urinal (1St), Waschtische (10St), elektronisch gesteuerte Duschpaneele mit Zeitsteuerung (7St), Funktionscontroller (1St), Ausgussbecken (2St), Außenwandventile (2St), Armaturen				

KG	Kostengruppe	Menge Einheit	Kosten €	€/Einheit	%
419	**Sonstiges zur KG 410**	815,50 m2 BGF	15.612	**19,14**	12,0
	Montageelemente für WCs (5St), für Stützklappgriffe (4St), für Urinal (1St), für Waschtische (10St), für Ausgussbecken (1St)				
420	**Wärmeversorgungsanlagen**				**100,0**
421	**Wärmeerzeugungsanlagen**	815,50 m2 BGF	44.383	**54,42**	28,2
	Gas-Brennwertthermen 35kW (2St), Ausdehnungsgefäße (2St), hydraulische Weiche (1St), Trinkwassererwärmer (1St), Zirkulationspumpe (1St), rückspülbarer Trinkwasserfeinfilter (1St), Pufferspeicher (1St)				
422	**Wärmeverteilnetze**	815,50 m2 BGF	51.777	**63,49**	32,8
	Heizkreisverteiler (1St), Kugelhähne (14St), Schmutzfänger (5St), Stahlrohre, Formstücke, Rohrdämmung (510m)				
423	**Raumheizflächen**	815,50 m2 BGF	61.488	**75,40**	39,0
	Weitspannträgersystem (320m), Deckenstrahlplatten, b=46cm, l=140cm (8St), l=120cm (4St), Ballabweishauben (74m2), Kompaktheizkörper (17St), Röhrenradiatoren (3St), Thermostate (20St)				
430	**Raumlufttechnische Anlagen**				**100,0**
431	**Lüftungsanlagen**	815,50 m2 BGF	76.334	**93,60**	100,0
	Zu- und Abluftgerät mit WRG (1St), Lüftungsgitter (13St), Volumenstromregler (10St), Dachhauben (2St), Wetterschutzgitter (2St), Luftkanäle, Formstücke, Dämmung (98m2), Lüftungsrohre (65m), Flexrohre DN80-200 (7m)				
440	**Elektrische Anlagen**				**100,0**
442	**Eigenstromversorgungsanlagen**	815,50 m2 BGF	9.182	**11,26**	5,8
	Notlichtsystem (1St), Brandschutzgehäuse (1St), 3-Phasenüberwachung (1St), Fernanzeige (1St)				
444	**Niederspannungsinstallationsanlagen**	815,50 m2 BGF	76.794	**94,17**	48,5
	Installationsverteiler (1St), Hauptschalter, dreipolig (1St), modularer Kombi-Ableiter (1St), Lasttrennschalter (5St), FI-Schutzschalter (6St), Brandschutzschalter (1St), LS-Schalter (38St), Stromstoßschalter (4St), Schütze (10St), Mantelleitungen NYM-J (5.010m), NYY-J (75m), J-H(St)H (1.300m), NHXH (125m), Gummileitungen H07RN-F (50m), H05VV-F (55m), Leerrohre (220m), Kabelrinnen (45m), Stahlpanzerrohre (50m), Steckdosen (57St), Schalter (7St), Taster (5St), Jalousieschalter (4St), Schlüsselschalter (5St), Geräte-Anschlussdosen (3St), CEE-Kombi-Dose (1St), Bewegungsmelder (28St)				
445	**Beleuchtungsanlagen**	815,50 m2 BGF	54.592	**66,94**	34,5
	Rettungszeichenleuchten (18St), Ballschutzkörbe (12St), Sicherheitsleuchten (8St), ballwurfsicher (6St), Anbauleuchten (38St), ballwurfsicher (24St), Feuchtraumleuchten (13St), Außenleuchten (6St)				
446	**Blitzschutz- und Erdungsanlagen**	815,50 m2 BGF	17.898	**21,95**	11,3
	Fangleitungen (320m), Erdungsleitungen (185m), Fundamenterder (160m), Ableitungen (115m), Fangspitzen (22St), Fangstangen (12St), Ringerder (320m), Anschlussfahnen (2St), Tiefenerder (2St), Hauptpotenzialausgleich (1St), Potenzialausgleichsschienen (7St), Banderdungsschellen (15St)				

KG	Kostengruppe	Menge Einheit	Kosten €	€/Einheit	%
450	**Kommunikations-, sicherheits- und informationstechnische Anlagen**				**100,0**
452	**Such- und Signalanlagen**	815,50 m² BGF	831	**1,02**	4,3
	WC-Notrufanlage (1St), elektronische Gongs (2St), Ballschutzkorb (1St), Klingeltransformator (1St)				
456	**Gefahrenmelde- und Alarmanlagen**	815,50 m² BGF	18.032	**22,11**	93,8
	Brandmeldezentrale (1St), analoges Wählgerät (1St), Blitz-/Überspannungsableiter (1St), Brandmeldekabel JY-(St)-Y (750m), E30 (120m), optische Rauchmelder (3St), akustische Warntongeber (12St), Ballschutzkörbe (10St), Handmelder (6St), Feuerwehrlaufkarten (25St)				
457	**Datenübertragungsnetze**	815,50 m² BGF	355	**0,44**	1,8
	Datenkabel Cat7 (100m)				
480	**Gebäude- und Anlagenautomation**				**100,0**
481	**Automationseinrichtungen**	815,50 m² BGF	16.824	**20,63**	96,7
	KNX-Raumbediengerät (1St), Wetterzentrale, Wettersensoren (1St), Luftqualitätssensor (1St), DALI Gateway (2St), Schaltaktor 8-fach (1St), Schaltnetzteil (1St), Linienkoppler (1St), Gruppentaster mit Busankoppler (4St), EIB-Spannungsversorgung (1St), Jalousieaktor (1St)				
484	**Kabel, Leitungen und Verlegesysteme**	815,50 m² BGF	581	**0,71**	3,3
	MSR-Leitungen J-Y(ST)Y (200m)				
490	**Sonstige Maßnahmen für technische Anlagen**				**100,0**
491	**Baustelleneinrichtung**	815,50 m² BGF	4.149	**5,09**	51,2
	Baustelleneinrichtung (psch), Baustromverteiler (1St), Gummischlauchleitungen H07RN-F (50m), Feuchtraumleuchten (10St)				
492	**Gerüste**	815,50 m² BGF	3.955	**4,85**	48,8
	Montagegerüste (psch), Arbeitsbühne, h bis 7,00m (1St)				
510	**Erdbau**				**100,0**
511	**Herstellung**	28,95 m³ EBR	6.095	**210,52**	68,6
	Rohrgrabenaushub BK 1-4, t bis 1,20m, lagern, wieder einbauen (32m), laden, abfahren (12m³), Füllboden für Rohrgräben, liefern, einbauen (12m³), Handschachtung, t bis 1,20m (5m), Baugruben als Kopflöcher für Rohrleitungen, t=1,50m, l=1,50m, b=1,50m (2St)				
513	**Wasserhaltung**	–	2.790	–	31,4
	Grundwasserabsenkung (32m), offene Wasserhaltung für Rohrgräben, vorhalten, abbauen (32m)				
550	**Technische Anlagen**				**100,0**
552	**Wasseranlagen**	–	1.166	–	100,0
	PE-Rohre DN40 (32m), Anschlüsse an vorhandene PE-Rohre (2St)				
590	**Sonstige Maßnahmen für Außenanlagen und Freiflächen**				**100,0**
594	**Abbruchmaßnahmen**	–	1.227	–	100,0
	Asphalt aufnehmen, entsorgen, untere Schichten aus Fein- und Grobkies lagern, wieder auftragen (38m²)				

Kostenkennwerte für Leistungsbereiche nach STLB (Kosten des Bauwerks nach DIN 276)

LB	Leistungsbereiche	Kosten €	€/m² BGF	€/m³ BRI	% an 3+4
000	Sicherheits-, Baustelleneinrichtungen inkl. 001	173.608	212,90	34,90	8,1
002	Erdarbeiten	68.750	84,30	13,80	3,2
006	Spezialtiefbauarbeiten inkl. 005	–	–	–	–
009	Entwässerungskanalarbeiten inkl. 011	–	–	–	–
010	Drän- und Versickerarbeiten	–	–	–	–
012	Mauerarbeiten	67.745	83,10	13,60	3,1
013	Betonarbeiten	337.067	413,30	67,70	15,6
014	Natur-, Betonwerksteinarbeiten	–	–	–	–
016	Zimmer- und Holzbauarbeiten	159.515	195,60	32,00	7,4
017	Stahlbauarbeiten	–	–	–	–
018	Abdichtungsarbeiten	19.604	24,00	3,90	0,9
019	Kampfmittelräumarbeiten	–	–	–	–
020	Dachdeckungsarbeiten	79.740	97,80	16,00	3,7
021	Dachabdichtungsarbeiten	93.880	115,10	18,90	4,4
022	Klempnerarbeiten	9.200	11,30	1,80	0,4
	Rohbau	**1.009.109**	**1.237,40**	**202,70**	**46,8**
023	Putz- und Stuckarbeiten, Wärmedämmsysteme	37.310	45,80	7,50	1,7
024	Fliesen- und Plattenarbeiten	41.317	50,70	8,30	1,9
025	Estricharbeiten	10.137	12,40	2,00	0,5
026	Fenster, Außentüren inkl. 029, 032	74.147	90,90	14,90	3,4
027	Tischlerarbeiten	60.722	74,50	12,20	2,8
028	Parkettarbeiten, Holzpflasterarbeiten	–	–	–	–
030	Rollladenarbeiten	–	–	–	–
031	Metallbauarbeiten inkl. 035	77.935	95,60	15,70	3,6
034	Maler- und Lackiererarbeiten inkl. 037	23.491	28,80	4,70	1,1
036	Bodenbelagarbeiten	81.479	99,90	16,40	3,8
038	Vorgehängte hinterlüftete Fassaden	133.653	163,90	26,80	6,2
039	Trockenbauarbeiten	46.310	56,80	9,30	2,1
	Ausbau	**586.501**	**719,20**	**117,80**	**27,2**
040	Wärmeversorgungsanl. - Betriebseinr. inkl. 041	142.968	175,30	28,70	6,6
042	Gas- und Wasserinstallation, Leitungen inkl. 043	43.223	53,00	8,70	2,0
044	Abwasseranlagen - Leitungen	27.522	33,70	5,50	1,3
045	GWE-Einrichtungsgegenstände inkl. 046	54.753	67,10	11,00	2,5
047	Dämmarbeiten an betriebstechnischen Anlagen	26.176	32,10	5,30	1,2
049	Feuerlöschanlagen, Feuerlöschgeräte	–	–	–	–
050	Blitzschutz- und Erdungsanlagen	17.898	21,90	3,60	0,8
053	Niederspannungsanlagen inkl. 052, 054	85.975	105,40	17,30	4,0
055	Sicherheits- u. Ersatzstromversorgungsanl.	–	–	–	–
057	Gebäudesystemtechnik	–	–	–	–
058	Leuchten und Lampen inkl. 059	54.592	66,90	11,00	2,5
060	Sprechanlagen, elektroakust. Anlagen inkl. 064	831	1,00	0,17	< 0,1
061	Kommunikationsnetze inkl. 063	18.387	22,50	3,70	0,9
069	Aufzüge	–	–	–	–
070	Gebäudeautomation	17.406	21,30	3,50	0,8
075	Raumlufttechnische Anlagen inkl. 078	68.587	84,10	13,80	3,2
	Gebäudetechnik	**558.319**	**684,60**	**112,20**	**25,9**
084	Abbruch, Rückbau, Schadstoffsanierung	–	–	–	–
	Abbrucharbeiten	**–**	**–**	**–**	**–**
	Sonstige Leistungsbereiche	**2.377**	**2,90**	**0,48**	**0,1**

5100-0136
Sporthalle
(Zweifeldhalle)

Objektübersicht

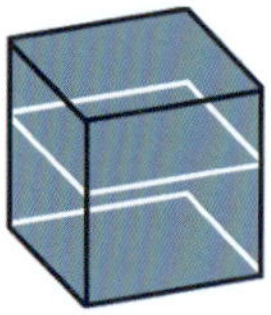

BRI 494 €/m³

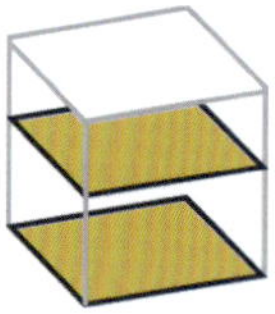

BGF 3.311 €/m²

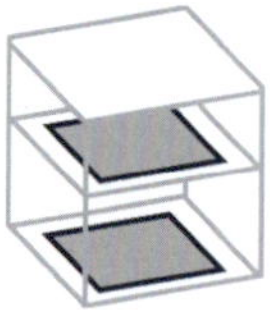

NUF 4.688 €/m²

Objekt:
Kennwerte: 1. Ebene DIN 276
BRI: 15.930 m³
BGF: 2.375 m²
NUF: 1.677 m²
Bauzeit: 104 Wochen
Bauende: 2021
Standard: Durchschnitt
Bundesland: Brandenburg
Kreis: Potsdam-Mittelmark

Architekt*in:
Scheidt Kasprusch
Architekten
Erkelenzdamm 59-61
10999 Berlin

Bauherr*in:
Gemeinde Stahnsdorf
Annastraße 3
14532 Stahnsdorf

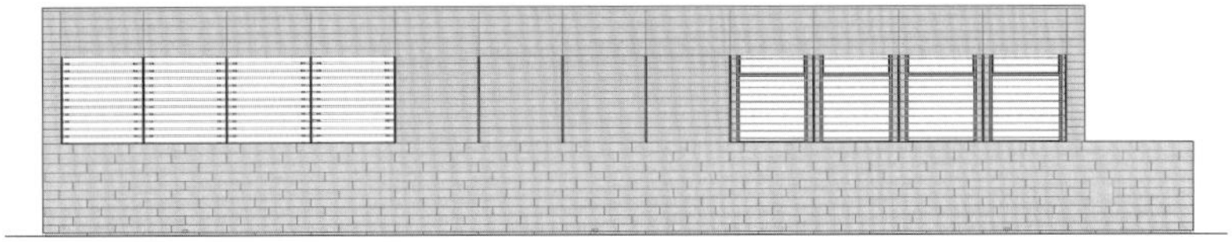

Ansicht Nord-Ost

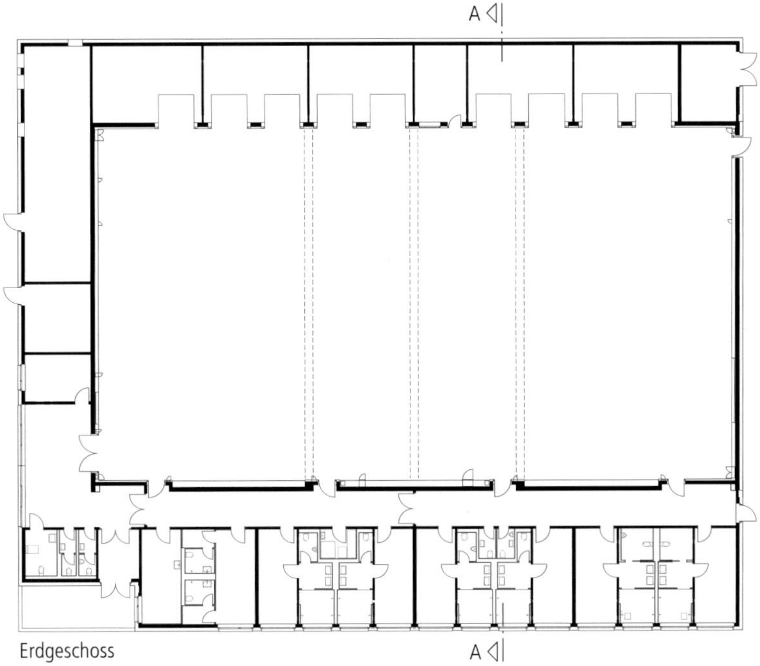

Erdgeschoss

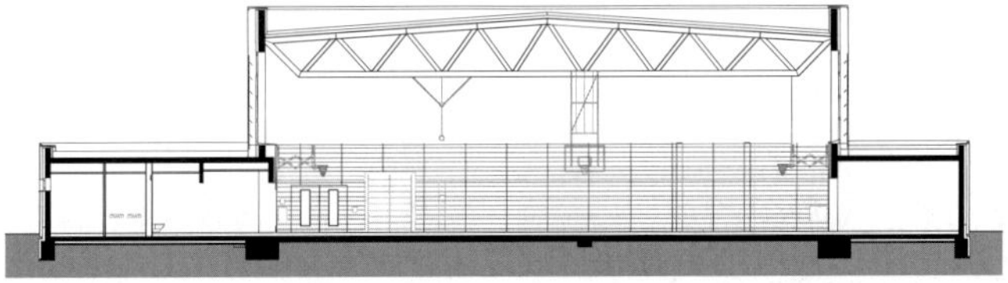

Schnitt A-A

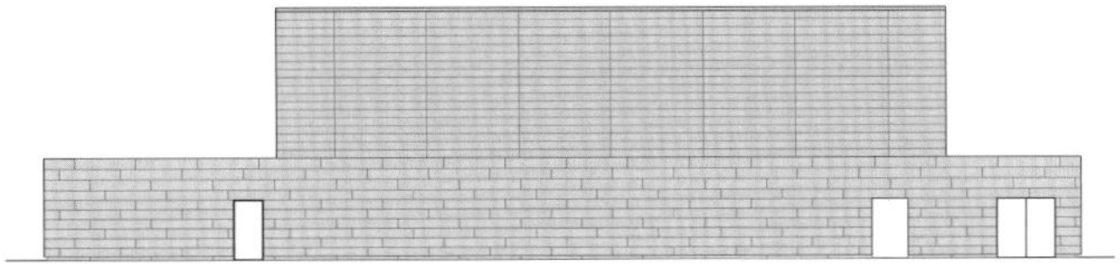

Ansicht Süd-Ost

Objektbeschreibung

Allgemeine Objektinformationen

Das Projekt wurde über ein öffentliches Vergabeverfahren vergeben. Aus Kostengründen wurde eine eingeschoßiger Bau mit manuell ausklappbaren Tribünen umgesetzt.

Nutzung

1 Erdgeschoss
Foyer, Sporthalle, Geräteraum, Umkleiden, Sanitärräume

Nutzeinheiten

Hallenfelder: 2

Grundstück

Bauraum: Freier Bauraum
Neigung: Ebenes Gelände
Bodenklasse: BK 1 bis BK 4

Markt

Hauptvergabezeit: 3. Quartal 2019
Baubeginn: 4. Quartal 2019
Bauende: 4. Quartal 2021
Konjunkturelle Gesamtlage: Durchschnitt
Regionaler Baumarkt: unter Durchschnitt

Baukonstruktion

Das Gebäude besteht aus einem Geschoss ohne Unterkellerung und gründet auf einer Stahlbetonbodenplatte. Die Tragkonstruktion des Gebäudes wurde aus statischen Gründen überwiegend in Stahlbeton umgesetzt. Große Alu-Fensteröffnungen auf der Längsseite des Gebäudes lösen die Außenwand nahezu auf. Die wärmegedämmte Vorhangfassade besteht im Sockelbereich aus hellgrauen Eternitplatten, im herausstehende Hallenbereich aus silbrig beschichteten Alukassetten. Es wurden Sonnenschutzlamellen aus Aluprofilen verbaut. Die schwarzen Fensterrahmen setzen einen Kontrast zur hellen Fassade. Der gleiche Hell-Dunkel-Kontrast setzt sich im Inneren fort über den schwarzen Linoleumboden und den weiß gestrichenen Wänden. Die Prallwandbekleidung aus Holz in der Halle wurde ebenfalls weiß lasiert. Die Sanitärräume setzen mit grünnuancierten Fliesen farbige Akzente.

Technische Anlagen

Die Wärmeerzeugung der Sporthalle erfolgt über eine innenliegende Sole-Wasser-Wärmepumpe sowie Erdgas zur Unterstützung der Warmwasserbereitung bei Spitzenlast. Der Sporthallenraum wird über Deckenstrahlplatten beheizt und natürlich über öffenbare Fenster belüftet. Da größere Veranstaltungen eher selten durchgeführt werden, wurde eine mechanische Lüftungsanlage nur für die Umkleidespange vorgesehen. Eine Verdunkelung des Hallenraums kann über elektrisch steuerbare Sonnenschutzlamellen stufenlos ermöglicht werden.

Sonstiges

Bei den weitspannenden tragenden Elemente der Hallendecke wurde eine Wirtschaftlichkeitsuntersuchung bezüglich Konstruktion und Material durchgeführt. Stahlbeton - Stahl - Spannbeton. Aus Transport- und Kostengründen wurde unter Berücksichtigung des Brandschutzes (keine Versammlungsstätte) zugunsten eines Stahlfachwerkbinders mit Stahlpfetten und Trapezblechabdeckung entschieden.

Energetische Kennwerte

Gesetzliche Grundlage: EnEV 2013
Gebäudenutzfläche: 1.920,00 m^2
Gebäudevolumen: 12.316,00 m^3
Hüllfläche des beheizten Volumens: 5.930,00 m^2
Mittlerer U-Wert (opake Bauteile): 0,21 $W/(m^2 \cdot K)$
Mittlerer U-Wert (transparente Bauteile): 1,20 $W/(m^2 \cdot K)$
Spez. Jahresprimärenergiebedarf: 129,40 $kWh/(m^2 \cdot a)$
CO_2-Emissionen: 43,00 $kg/(m^2 \cdot a)$

Energetische Angaben zu Außenbauteilen

Bodenplatte (Sporthalle)

U-Wert: 0,27 W/(m²·K)

Gesamtdicke: 45,00 cm	d [cm]	l [W/(m·K)]
Linoleum	0,40	0,170
Sperrholz	1,20	0,180
Holz (Blindboden)	1,90	0,130
Luftschicht ruhend	1,70	0,455
Federbrettlage	1,70	0,130
Luftschicht ruhend	0,40	0,455
Holzfaserplatte	0,40	0,070
Luftschicht ruhend	1,90	0,455
Federbrettlage	1,90	0,130
Holz (Abstandsklotz)	6,10	0,130
Luftschicht ruhend	6,10	0,455
Luftschicht ruhend	1,00	0,455
Verbundschaum	1,00	0,035
Bitumenbahn	0,40	0,170
Stahlbeton	20,00	1,150
Dämmung	10,00	0,036

Bodenplatte Nebenräume

U-Wert: 0,31 W/(m²·K)

Gesamtdicke: 42,50 cm	d [cm]	l [W/(m·K)]
Estrich	7,00	1,400
Bitumenbahn	0,50	0,230
Stahlbeton	25,00	1,150
Dämmung XPS	10,00	0,036

Außenwand hinterlüftet

U-Wert: 0,24 W/(m²·K)

Gesamtdicke: 36,00 cm	d [cm]	l [W/(m·K)]
Kalksandstein	24,00	0,560
Dämmung MW	12,00	0,035

Dach Halle

U-Wert: 0,24 W/(m²·K)

Gesamtdicke: 14,00 cm	d [cm]	l [W/(m·K)]
Dämmung	14,00	0,035

Dach Nebenräume

U-Wert: 0,23 W/(m²·K)

Gesamtdicke: 36,03 cm	d [cm]	l [W/(m·K)]
Innenputz	1,00	0,700
Stahlbeton	20,00	2,000
Dampfsperre	0,03	160,000
Dämmung	14,00	0,035
Bitumenbahn	1,00	0,170

Planungskennwerte für Flächen und Rauminhalte nach DIN 277

Flächen des Grundstücks		Menge Einheit	% an GF
BF	Bebaute Fläche	2.163,24 m²	7,2
UF	Unbebaute Fläche	27.716,76 m²	92,8
GF	Grundstücksfläche	29.880,00 m²	100,0

Grundflächen des Bauwerks		Menge Einheit	% an NUF	% an BGF
NUF	Nutzungsfläche	1.677,07 m²	100,0	70,6
TF	Technikfläche	77,66 m²	4,6	3,3
VF	Verkehrsfläche	171,66 m²	10,2	7,2
NRF	Netto-Raumfläche	1.926,39 m²	114,9	81,1
KGF	Konstruktions-Grundfläche	448,63 m²	26,8	18,9
BGF	Brutto-Grundfläche	2.375,02 m²	141,6	100,0

Brutto-Rauminhalt des Bauwerks		Menge Einheit	BRI/NUF (m)	BRI/BGF (m)
BRI	Brutto-Rauminhalt	15.930,17 m³	9,50	6,71

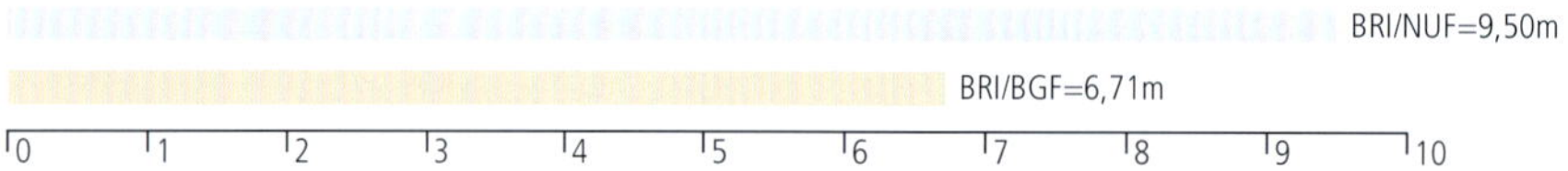

Kostenkennwerte für die Kostengruppen der 1. Ebene DIN 276

KG	Kostengruppen (1. Ebene)	Einheit	Kosten €	€/Einheit	€/m² BGF	€/m³ BRI	% 300+400
100	Grundstück	m² GF	–	–	–	–	–
200	Vorbereitende Maßnahmen	m² GF	200.266	6,70	84,32	12,57	2,5
300	Bauwerk – Baukonstruktionen	m² BGF	6.097.133	2.567,19	2.567,19	382,74	77,5
400	Bauwerk – Technische Anlagen	m² BGF	1.765.401	743,32	743,32	110,82	22,5
	Bauwerk 300+400	**m² BGF**	**7.862.535**	**3.310,51**	**3.310,51**	**493,56**	**100,0**
500	Außenanlagen und Freiflächen	m² AF	94.238	–	39,68	5,92	1,2
600	Ausstattung und Kunstwerke	m² BGF	91.648	38,59	38,59	5,75	1,2
700	Baunebenkosten	m² BGF	–	–	–	–	–
800	Finanzierung	m² BGF	–	–	–	–	–

KG	Kostengruppe	Menge Einheit	Kosten €	€/Einheit	%
200	**Vorbereitende Maßnahmen**	29.880,00 m² GF	200.266	**6,70**	2,5
	Abbruch der Laufbahnen, Weitsprunganlage; Entsorgung, Deponiegebühren; Herrichten der Geländeoberfläche				
3+4	**Bauwerk**				**100,0**
300	**Bauwerk – Baukonstruktionen**	2.375,02 m² BGF	6.097.133	**2.567,19**	77,5
	Baugrubenaushub, Stb-Streifenfundamente, Stb-Bodenplatte, Abdichtung, Dämmung, Estrich, Linoleum, Bodenfliesen, Beschichtung, Sauberlaufbereiche, Spielfeldmarkierung, Baugrundverbesserung; Stb-Wände, Alufenster, Alutüren, Dämmung, vorgehängte Faserzementplatten, Alukassetten, Prallschutz, Innenputz, Wandfliesen, Beschichtung, Alu-Sonnenschutzlamellen; Stb-Innenwände, GK-Wände, Innentüren HPL, Geräteraumtore, Prallwandbeläge, Beschichtung, Trennwandvorhänge; Stb-Flachdach, Stahlfachwerkbinder, Stahlpfetten, Stahlbinder, Akustiktrapezblechdach, Warmdachaufbau, Dämmung, Abdichtung, Akustik-Abhangdecken, Sekuranten, Falt-Klapptribüne				
400	**Bauwerk – Technische Anlagen**	2.375,02 m² BGF	1.765.401	**743,32**	22,5
	Gebäudeentwässerung, Warm- und Kaltwasserleitungen, Sanitärobjekte; Luft-, Wasserwärmepumpe, Heizleitungen, Deckenstrahlplatten, Planheizkörper; Abluftanlage in Sanitärräumen, Lüftungsanlage; Elektroinstallation, Beleuchtung, Außenbeleuchtung				
500	**Außenanlagen und Freiflächen**	–	94.238	–	1,2
	Oberbodenarbeiten, Planum, Pflanzflächen				
600	**Ausstattung und Kunstwerke**	2.375,02 m² BGF	91.648	**38,59**	1,2
	Bewegliche Sportgeräte				

5100-0140
Sporthalle
(Zweifeldhalle)

Objektübersicht

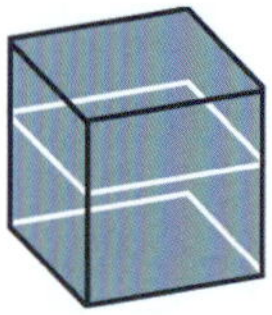

BRI 372 €/m³

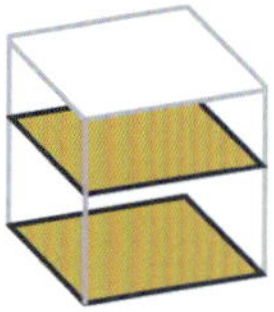

BGF 3.071 €/m²

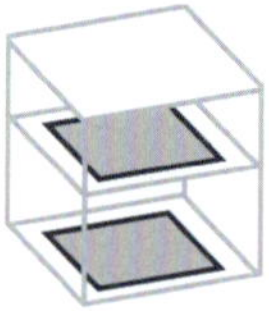

NUF 3.962 €/m²

Objekt:
Kennwerte: 1.Ebene DIN 276
BRI: 17.871 m³
BGF: 2.164 m²
NUF: 1.677 m²
Bauzeit: 139 Wochen
Bauende: 2023
Standard: Durchschnitt
Bundesland: Sachsen
Kreis: Mittelsachsen

Architekt*in:
BAUCONZEPT ®
PLANUNGSGESELLSCHAFT
MBH
Bachgasse 2
09350 Lichtenstein

Bauherr*in:
Gemeinde
Hartmannsdorf
Untere Hauptstraße 111
09232 Hartmannsdorf

Zeichnungen

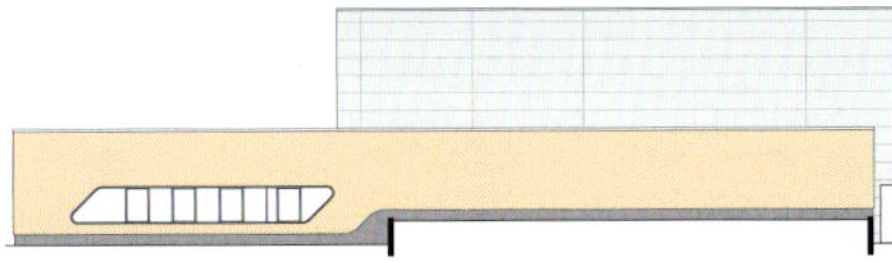
Ansicht Nord

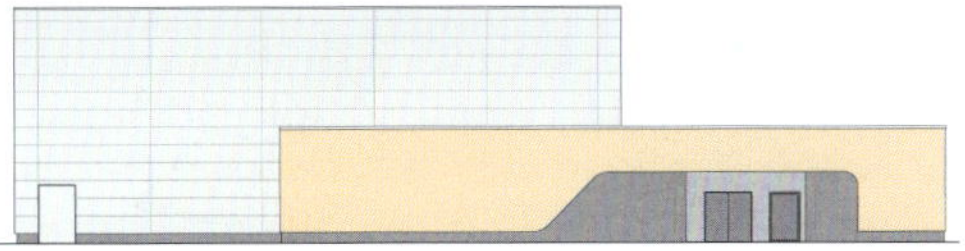
Ansicht Süd

Ansicht Ost

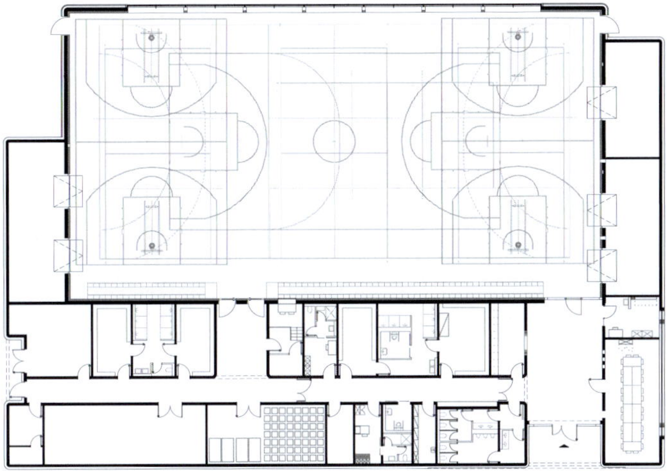
Erdgeschoss

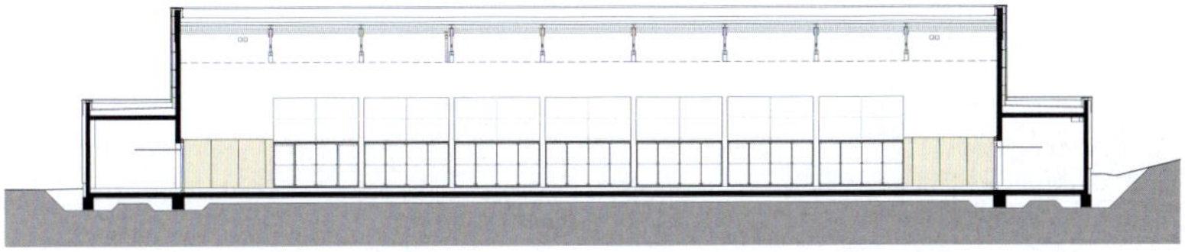
Schnitt A-A

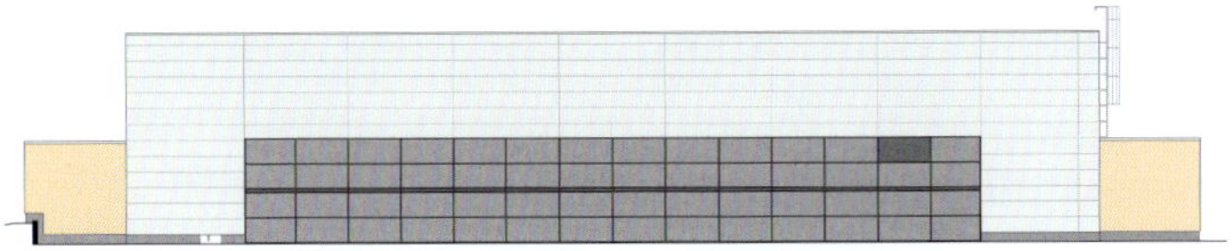
Ansicht West

Objektbeschreibung

Allgemeine Objektinformationen

Die Zweifeldsporthalle gliedert sich in zwei Baukörper - den höheren Sporthallenteil und den umschließenden Funktionsgebäudeteil. Die nutzbare Hallenfläche beträgt 22x45m. Auf der Längsseite der Halle befinden sich zwei Holztribünen für Veranstaltungen.

Nutzung

1 Erdgeschoss
Foyer, Umkleiden, Sanitärräume, Seminarraum, Technikraum, Sporthalle, Geräteräume

Nutzeinheiten

Hallenfelder: 2
Hallenfläche: 990 m^2

Grundstück

Bauraum: Freier Bauraum
Neigung: Ebenes Gelände
Bodenklasse: BK 3 bis BK 7

Markt

Hauptvergabezeit: 2. Quartal 2020
Baubeginn: 2. Quartal 2020
Bauende: 1. Quartal 2023
Konjunkturelle Gesamtlage: Durchschnitt
Regionaler Baumarkt: Durchschnitt

Baukonstruktion

Die Gründung der Sporthalle erfolgt auf Einzel-, Streifenfundamenten und einer massiven Bodenplatte. Die Sporthalle besteht aus Stahlbeton-Halbfertigteilelementen und einer Dachkonstruktion aus Stahlfachwerkbindern mit Trapezblech und Bitumenabdichtung. Die Verglasung der Sporthalle ist als Alu-Pfosten-Riegel-Fassade ausgeführt. Beim Funktionsgebäude wurden Alufenster eingebaut. In der Sporthalle wurde ein flächenelastischer Sportboden verlegt, Foyer und Sanitärräume sind gefliest, die Umkleideräume und Flure erhielten eine PU-Beschichtung. Die restlichen Räume sind mit Linoleum belegt. Die Dachdecke des Funktionsgebäudes besteht aus Stahlbeton-Halbfertigteilen mit Bitumenabdeckung und Kiesauflast.

Technische Anlagen

Die Wärmeerzeugung erfolgt in einer Kombination aus Gas-Brennwerttherme, Wärmepumpe und einer thermischen Solaranlage. Die Wärmepumpe steht auf dem Dach des Sozialtrakts. Sowohl für die Turnhalle als auch für den Sozialtrakt stehen Fußbodenheizungsflächen zur Verfügung. Eine mechanische Be- und Entlüftungsanlage wurde installiert. Warmwasseraufbereitung erfolgt zentral über die Warmwasserheizung.

Energetische Kennwerte

Gesetzliche Grundlage: EnEV 2013
Gebäudenutzfläche: 1.925,00 m^2
Hüllfläche des beheizten Volumens: 5.718,60 m^2
Spez. Transmissionswärmeverlust: 0,26 W/(m^2·K)
Mittlerer U-Wert (opake Bauteile): 0,16 W/(m^2·K)
Mittlerer U-Wert (transparente Bauteile): 1,30 W/(m^2·K)
Mittlerer U-Wert (Glasdächer, etc.): 2,50 W/(m^2·K)
Spez. Jahresprimärenergiebedarf: 122,10 kWh/(m^2·a)

Planungskennwerte für Flächen und Rauminhalte nach DIN 277

Flächen des Grundstücks		Menge Einheit	% an GF
BF	Bebaute Fläche	2.203,00 m²	28,6
UF	Unbebaute Fläche	5.497,00 m²	71,4
GF	Grundstücksfläche	7.700,00 m²	100,0

Grundflächen des Bauwerks		Menge Einheit	% an NUF	% an BGF
NUF	Nutzungsfläche	1.677,03 m²	100,0	77,5
TF	Technikfläche	98,62 m²	5,9	4,6
VF	Verkehrsfläche	179,51 m²	10,7	8,3
NRF	Netto-Raumfläche	1.955,16 m²	116,6	90,4
KGF	Konstruktions-Grundfläche	208,34 m²	12,4	9,6
BGF	Brutto-Grundfläche	2.163,50 m²	129,0	100,0

Brutto-Rauminhalt des Bauwerks		Menge Einheit	BRI/NUF (m)	BRI/BGF (m)
BRI	Brutto-Rauminhalt	17.870,63 m³	10,66	8,26

Kostenkennwerte für die Kostengruppen der 1. Ebene DIN 276

KG	Kostengruppen (1. Ebene)	Einheit	Kosten €	€/Einheit	€/m² BGF	€/m³ BRI	% 300+400
100	Grundstück	m² GF	–	–	–	–	–
200	Vorbereitende Maßnahmen	m² GF	–	–	–	–	–
300	Bauwerk – Baukonstruktionen	m² BGF	5.055.226	2.336,60	2.336,60	282,88	76,1
400	Bauwerk – Technische Anlagen	m² BGF	1.589.454	734,67	734,67	88,94	23,9
	Bauwerk 300+400	**m² BGF**	**6.644.680**	**3.071,26**	**3.071,26**	**371,82**	**100,0**
500	Außenanlagen und Freiflächen	m² AF	1.553.632	282,63	718,11	86,94	23,4
600	Ausstattung und Kunstwerke	m² BGF	–	–	–	–	–
700	Baunebenkosten	m² BGF	–	–	–	–	–
800	Finanzierung	m² BGF	–	–	–	–	–

KG	Kostengruppe	Menge Einheit	Kosten €	€/Einheit	%
3+4	**Bauwerk**				**100,0**
300	**Bauwerk – Baukonstruktionen**	2.163,50 m² BGF	5.055.226	**2.336,60**	76,1

Baugrubenaushub; Stb-Fundamente, Stb-Betonplatte, Dämmung, Estrich, Linoleum, flächenelastischer Sportboden, PU-Beschichtung, Bodenfliesen; Stb-Halbfertigteilwände, Ziegelmauerwerk, Alufenster, Dämmung, Putz, Alubekleidung, Prallschutzwände, Wandbeschichtung, Alu-Pfosten-Riegel-Fassade; Holztüren, Brandschutztüren, Stahltüren, Alu-Glastüren, Putz, GK-Vorsatzschalen, Beschichtung, Wandfliesen, Sanitärtrennwände; Stahlfachwerkbinder, Stb-Fertigteildecken, Stahl-Trapezblech, Lichtkuppeln, Dämmung, Abdichtung, Dachbekiesung, Dachentwässerung, abgehängte GK-Decken; Tribünensitzplätze

KG	Kostengruppe	Menge Einheit	Kosten €	€/Einheit	%
400	**Bauwerk – Technische Anlagen**	2.163,50 m² BGF	1.589.454	**734,67**	23,9

Gebäudeentwässerung, Kalt- und Warmwasserleitungen, Sanitärobjekte; Gas-Brennwertherme, Wärmepumpe, thermische Solaranlage, Fußbodenheizung; mechanische Be- und Entlüftungsanlage; Elektroinstallation, Beleuchtung; Gefahrenmelde- und Alarmanlage

KG	Kostengruppe	Menge Einheit	Kosten €	€/Einheit	%
500	**Außenanlagen und Freiflächen**	5.497,00 m² AF	1.553.632	**282,63**	23,4

Bodenarbeiten; Pflasterflächen für Wege, zwei barrierefreie Parkplätze, Fahrrad-Abstellplätze, Multispielfeld, Weitsprunggrube, Kugelstoßanlage, 50m Laufbahn; Einfriedung; Pflanzflächen, Bepflanzung

5100-0141
Sporthalle
(Einfeldhalle)

Objektübersicht

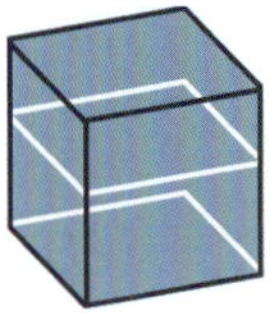

BRI 376 €/m³

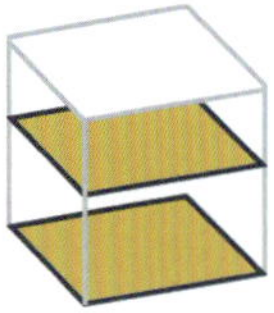

BGF 2.180 €/m²

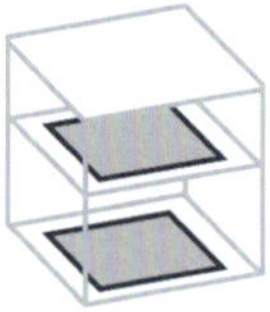

NUF 3.556 €/m²

Objekt:
Kennwerte: 1.Ebene DIN 276
BRI: 9.835 m³
BGF: 1.697 m²
NUF: 1.040 m²
Bauzeit: 100 Wochen
Bauende: 2023
Standard: Durchschnitt
Bundesland: Rheinland-Pfalz
Kreis: Rhein-Hunsrück-Kreis

Architekt*in:
Dillig Architekten GmbH
Bahnhofsplatz 5
55469 Simmern

Bauherr*in:
Stadtverwaltung Boppard
Mainzer Straße 46
56140 Boppard

© Dillig Architekten GmbH

© Dillig Architekten GmbH

© Dillig Architekten GmbH

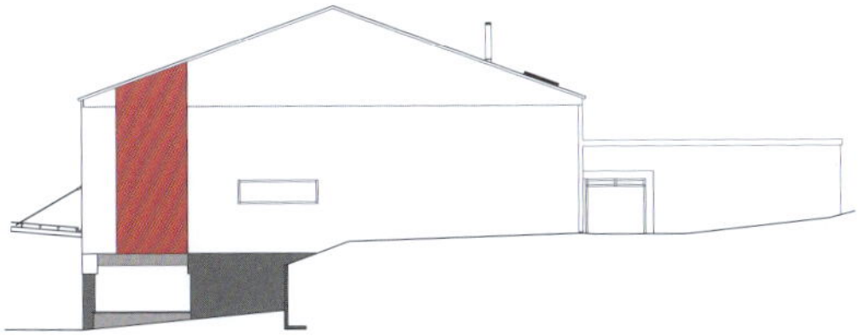

Ansicht West

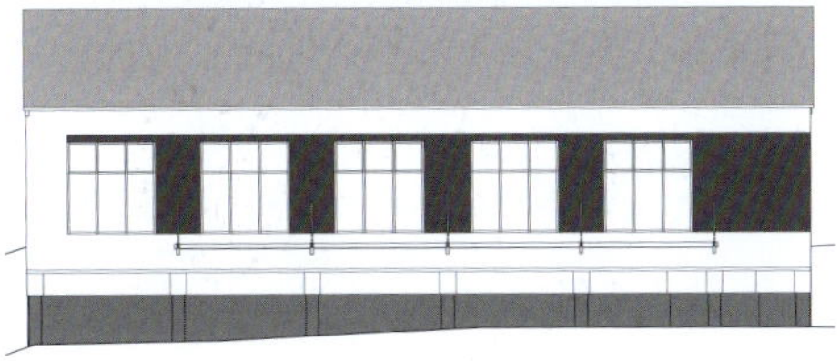

Ansicht Nord

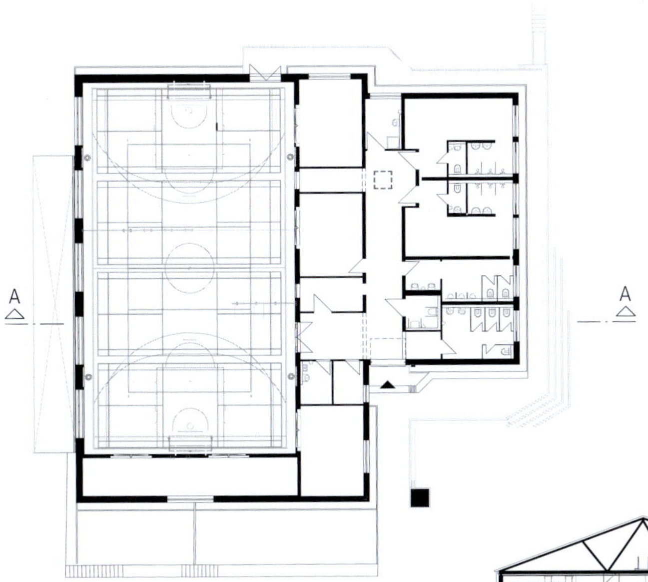

Erdgeschoss

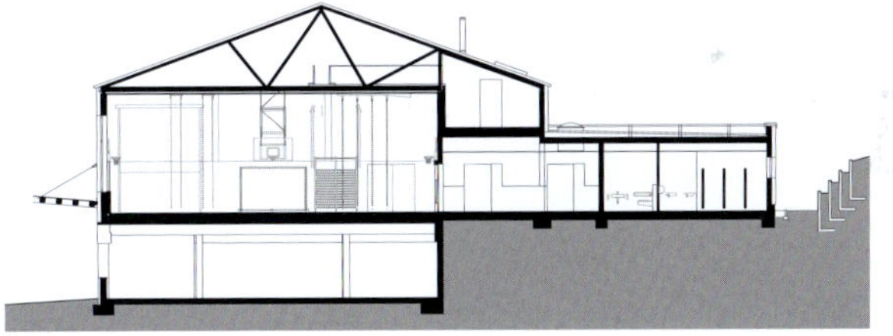

Schnitt A-A

Ansicht Süd

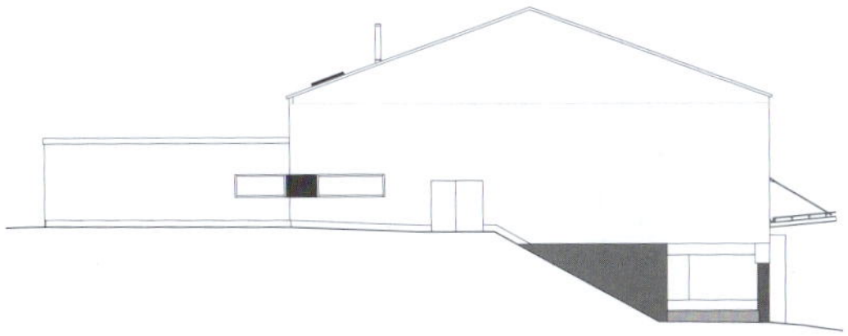

Ansicht Ost

Objektbeschreibung

Allgemeine Objektinformationen

Der Neubau soll vor allem dem Schulsport der Grundschule sowie dem Vereinssport zur Verfügung stehen. Durch die Hanglage konnte unter der Sporthalle ein Parkdeck angeordnet werden, dessen Parkplätze vor allem als Lehrerparkplätze dringend benötigt werden. Die Hallenebene wird ebenerdig über den Schulhof erschlossen. Der Eingang befindet sich im zentralen Bereich, wo Haupt- und Nebengebäude aneinanderstoßen. So können auch abweichende Nutzungen durchgeführt werden und die Halle kann barrierefrei ohne Einbau eines Aufzugs erreicht werden.

Nutzung

1 Untergeschoss
Parkdeck

1 Erdgeschoss
Foyer, Flur, Sporthalle, Geräteräume, Umkleideräume, Duschen, WCs, Lehrer-Umkleiden

1 Dachgeschoss
Technik, Lüftungsanlage

Nutzeinheiten

Hallenfelder: 1
Hallenfläche: 423 m^2
Stellplätze: 18

Grundstück

Bauraum: Beengter Bauraum
Neigung: Hanglage
Bodenklasse: BK 3 bis BK 4

Markt

Hauptvergabezeit: 1. Quartal 2021
Baubeginn: 2. Quartal 2021
Bauende: 1. Quartal 2023
Konjunkturelle Gesamtlage: Durchschnitt
Regionaler Baumarkt: Durchschnitt

Baukonstruktion

Die Sporthalle gründet auf einer Stahlbetonbodenplatte. Das teilunterkellerte Gebäude steht im Hallenbereich auf Stahlbetonstützen zwischen denen die Parkplätze angeordnet sind. Die Stahlbetondecke trägt die Fertigteil-Außenwände. Die Alu-Pfosten-Riegel-Fassade und Alufenster im Bereich der Nebenräume wurden mit einer Dreifachverglasung ausgestattet. Ein Wärmedämmverbundsystem kam zum Einsatz. In der Halle wurde ein Doppelschwingboden mit Linoleumbelag verlegt. In den Sanitärräumen und öffentlichen Bereichen kamen Bodenfliesen zum Einsatz. Über den Umkleideräumen wurde ein Stahlbeton-Elementdach verlegt, darüber befinden sich die Lüftungsanlage. Die Sporthalle erhielt ein Satteldach aus Nagelbindern. Über der Dachdeckung aus Dachpfannen wurde eine Photovoltaikanlage installiert. In der Halle wurden Prallschutzwände aus Holz montiert.

Technische Anlagen

Die Wärmeerzeugung erfolgt durch eine Gasabsorptionswärmepumpe, die neben hervorragender Effizienz auch eine geringe Geräuschkulisse beisteuert. Die Wärmepumpe entzieht der Umwelt durch eine integrierte Luft-Wasserwärmepumpe einen Teil der erforderlichen Heizenergie. Zur Bewältigung der Spitzenlasten wird ein Spitzenlastbrennwertkessel hinzugeschaltet. Die Wärmeverteilung erfolgt über Fußbodenheizung. Ein außenaufgestelltes Lüftungszentralgerät mit zwei Zonen versorgt das Gebäude mit Frischluft. Eine Blitzschutz- und Einbruchmeldeanlage wurden installiert.

Sonstiges

Bodenverbessernde Maßnahmen, Rüttelstopfverfahren verursachten Mehrkosten von rund 75.000,- € netto.

Planungskennwerte für Flächen und Rauminhalte nach DIN 277

Flächen des Grundstücks		Menge Einheit	% an GF
BF	Bebaute Fläche	968,00 m²	23,6
UF	Unbebaute Fläche	3.142,00 m²	76,4
GF	Grundstücksfläche	4.110,00 m²	100,0

Grundflächen des Bauwerks		Menge Einheit	% an NUF	% an BGF
NUF	Nutzungsfläche	1.040,05 m²	100,0	61,3
TF	Technikfläche	164,36 m²	15,8	9,7
VF	Verkehrsfläche	341,83 m²	32,9	20,1
NRF	Netto-Raumfläche	1.546,24 m²	148,7	91,1
KGF	Konstruktions-Grundfläche	150,82 m²	14,5	8,9
BGF	Brutto-Grundfläche	1.697,06 m²	163,2	100,0

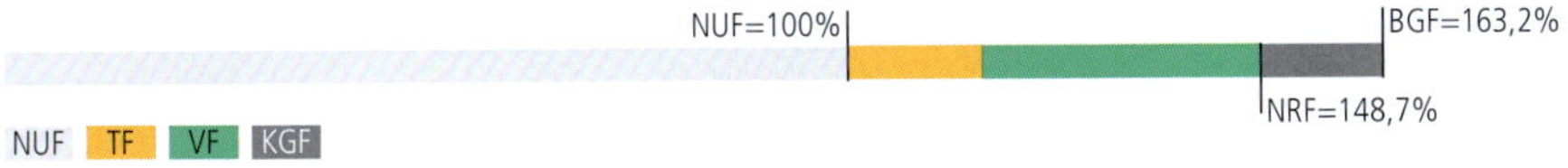

Brutto-Rauminhalt des Bauwerks		Menge Einheit	BRI/NUF (m)	BRI/BGF (m)
BRI	Brutto-Rauminhalt	9.835,30 m³	9,46	5,80

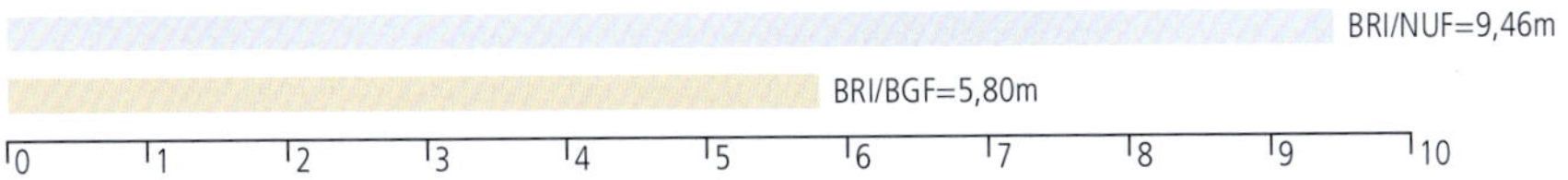

Kostenkennwerte für die Kostengruppen der 1. Ebene DIN 276

KG	Kostengruppen (1. Ebene)	Einheit	Kosten €	€/Einheit	€/m² BGF	€/m³ BRI	% 300+400
100	Grundstück	m² GF	–	–	–	–	–
200	Vorbereitende Maßnahmen	m² GF	220.197	53,58	129,75	22,39	6,0
300	Bauwerk – Baukonstruktionen	m² BGF	2.758.736	1.625,60	1.625,60	280,49	74,6
400	Bauwerk – Technische Anlagen	m² BGF	940.060	553,93	553,93	95,58	25,4
	Bauwerk 300+400	**m² BGF**	**3.698.796**	**2.179,53**	**2.179,53**	**376,07**	**100,0**
500	Außenanlagen und Freiflächen	m² AF	943.763	–	556,12	95,96	25,5
600	Ausstattung und Kunstwerke	m² BGF	62.425	36,78	36,78	6,35	1,7
700	Baunebenkosten	m² BGF	–	–	–	–	–
800	Finanzierung	m² BGF	–	–	–	–	–

KG	Kostengruppe	Menge Einheit	Kosten €	€/Einheit	%
200	**Vorbereitende Maßnahmen**	4.110,00 m² GF	220.197	**53,58**	6,0
	Roden von Büschen, Abbruch von Stützmauern, Abtragen von Böschungen; Entsorgung, Deponiegebühren				
3+4	**Bauwerk**				**100,0**
300	**Bauwerk – Baukonstruktionen**	1.697,06 m² BGF	2.758.736	**1.625,60**	74,6
	Bodenarbeiten; Stb-Fundamente, Stb-Bodenplatte, Abdichtung, Dämmung, Heizestrich, Linoleum, Bodenfliesen; Stb-Wände, Fertigbeton-Wand-Elemente, Stb-Stützen, Alufenster, Alu-Eingangselement, Mineralwolldämmung, Putz, Alufassade, Alu-Pfosten-Riegel-Fassade; Stb-Wände, KS-Wände, Holztüren, Brandschutztüren, Schiebetore, Putz, Beschichtung, Wandfliesen, Holz-Prallschutzwände, Sanitärtrennwände; Stb-Elementdecken, Dämmung, Estrich, Doppelschwingboden, Linoleum, Bodenfliesen; Stb-Elementflachdach, Nagelbinder-Satteldach, Schalung, Dachpfannen, Dämmung, Abdichtung, Dachentwässerung; Kletterwand, Sportgeräte				
400	**Bauwerk – Technische Anlagen**	1.697,06 m² BGF	940.060	**553,93**	25,4
	Gebäudeentwässerung, Kalt- und Warmwasserleitungen, Sanitärobjekte, Frischwasserstation; Gasabsorptionswärmepumpe, Spitzenlastbrennwertkessel, Fußbodenbodenheizung; Lüftungsanlage mit Wärmerückgewinnung, RWA-Anlagen, Lüftungsrohre; PV-Anlage, Elektroinstallation, LED-Beleuchtung, Außenbeleuchtung, Blitzschutzanlage, Notstrom; Telekommunikationsanlage, Türsprechanlage, elektronische Zugangskontrolle, BMA-Anlage, Datenverkabelung; Feuerlöscher				
500	**Außenanlagen und Freiflächen**	–	943.763	–	25,5
	Pflasterflächen Wege, Stellplätze, Schulhof; Stützmauer; Pflanzflächen, Bepflanzung				
600	**Ausstattung und Kunstwerke**	1.697,06 m² BGF	62.425	**36,78**	1,7
	Schulhofmöblierung				

5100-0142
Mehrzweckhalle
(540 Sitzplätze)

Objektübersicht

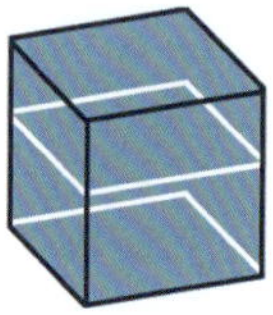

BRI 383 €/m^3

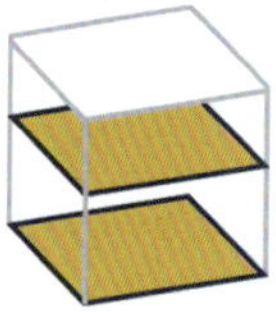

BGF 2.578 €/m^2

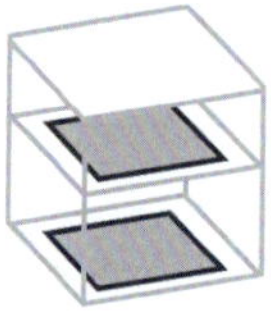

NUF 4.098 €/m^2

Objekt:
Kennwerte: 1. Ebene DIN 276
BRI: 25.474 m^3
BGF: 3.784 m^2
NUF: 2.381 m^2
Bauzeit: 109 Wochen
Bauende: 2021
Standard: Durchschnitt
Bundesland: Rheinland-Pfalz
Kreis: Trier, Stadt

Architekt*in:
Architekten BDA
Naujack.Rind.Hof GmbH
Bahnhofplatz 7
56068 Koblenz

PLANFAKTUR Architekten
BDA PartGmbB
Bahnhofsplatz 3
56410 Montabaur

Bauherr*in:
Stadtverwaltung Trier
Am Augustinerhof 3
54290 Trier

© Matthias Schmidt

© Matthias Schmidt

© Jörg Hempel

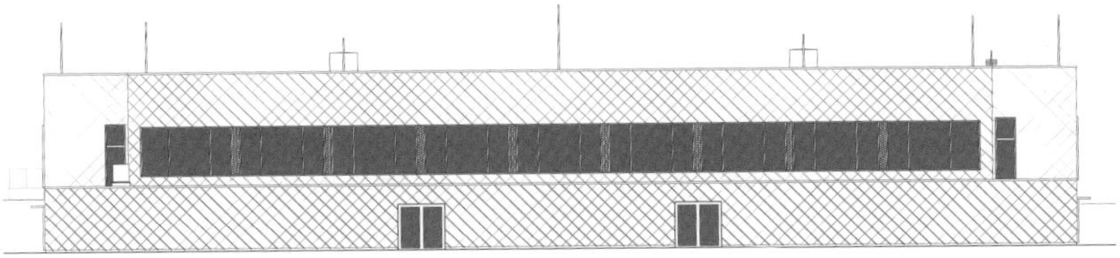

Ansicht Nord-Ost

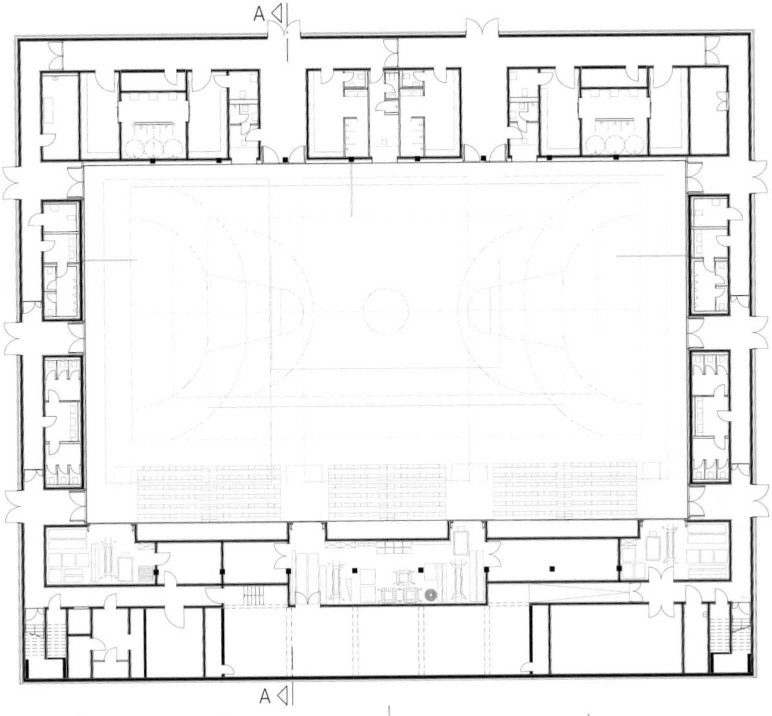

Erdgeschoss

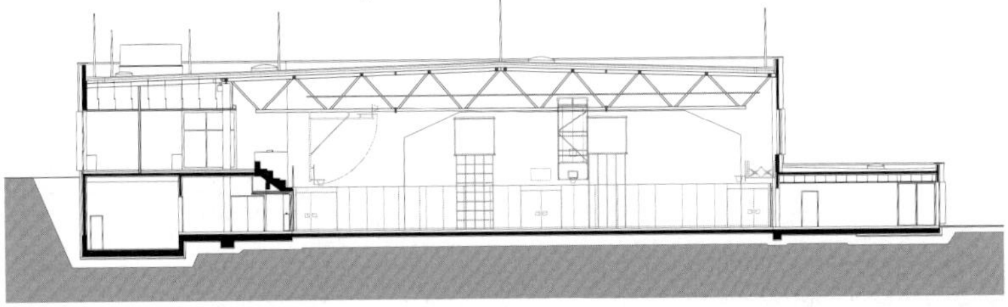

Schnitt A-A

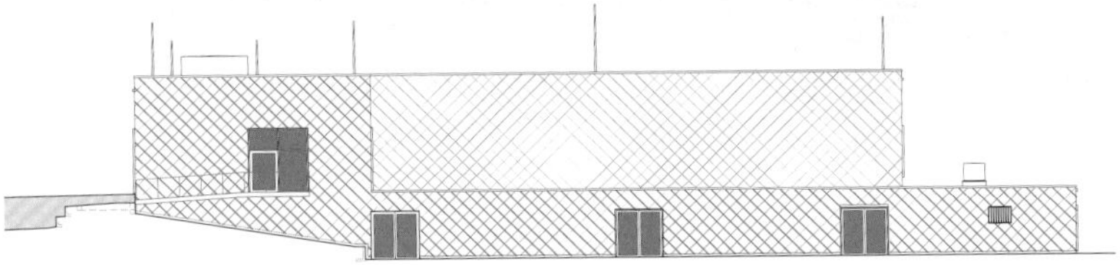

Ansicht Süd-Ost

Objektbeschreibung

Allgemeine Objektinformationen

Der Neubau ersetzt einen Vorgängerbau, der abgerissen werden musste. Es handelt sich um eine zweigeschossige Mehrzweckhalle die gegenüber dem Gelände um ein halbes Geschoss abgesenkt wurde. Den erhöht liegenden Eingangsbereich mit Foyer erreichen die Besucher über eine einladende, großzügige Treppenanlage mit Rampen. Von dort können die Tribünenplätze direkt erreicht werden.

Nutzung

1 Untergeschoss
Spiel- und Sportfläche, Auszugstribüne, Umkleideräume, Sanitärbereiche, Abstellräume, Technik

1 Erdgeschoss
Foyer, Ticketverkauf, Getränkeausschank, Mehrzweckraum, Garderobe, Besucher-WCs

Nutzeinheiten

Hallenfläche: 1.366 m²
Zuschauerplätze: 540

Grundstück

Bauraum: Freier Bauraum
Neigung: Ebenes Gelände
Bodenklasse: BK 1 bis BK 4

Markt

Hauptvergabezeit: 1. Quartal 2019
Baubeginn: 2. Quartal 2019
Bauende: 2. Quartal 2021
Konjunkturelle Gesamtlage: Durchschnitt
Regionaler Baumarkt: über Durchschnitt

Baukonstruktion

Die Halle gründet auf Stahlbetonbodenplatten mit umlaufenden Frostschürzen. Die Außenwände bestehen aus elementierten Stahlbetonhalbfertigteilen. Eine Alu-Pfosten-Riegelfassade belichtet das Gebäude. Die Außenwände erhielten eine Bekleidung aus nicht brennbarer Dämmung und Aluschindeln auf Trapezblechprofilen. Die Zwischendecken wurden aus elementierten Stahlbetonhalbfertigteilen mit Ortbeton massiv erstellt. Das von Stahl-Fachwerkbindern getragene Hallendach ist mit Trapezblechen gedeckt und mit einem Foliendach abgedichtet. In der Halle wurde ein Sportboden verlegt, in den übrigen Räumen kamen Fliesen und eine mineralische Estrichbeschichtung zum Einsatz.

Technische Anlagen

Für die Wärmeversorgung wurde die Mehrzweckhalle an das Nahwärmesystem der benachbarten Schule angeschlossen. Die Wärmeverteilung erfolgt über Fußbodenheizung in den Umkleidebereichen und Deckenstrahlplatten in der Halle. Die Nebenräume werden über Platten- und Röhrenheizkörper erwärmt. Zwei Lüftungsgeräte mit Wärmerückgewinnung versorgen die Halle und die Nebenräume mit Frischluft.
Es wurde eine Brandmeldeanlage eingebaut sowie eine kombinierte Sprachalarmierungsanlage installiert. Ein Aufzug verbindet die Ebenen barrierefrei.

Energetische Kennwerte

Gesetzliche Grundlage: EnEV 2013
Gebäudenutzfläche: 3.676,00 m²
Gebäudevolumen: 25.343,00 m³
A/V_e-Verhältnis (Kompaktheit): 0,31 m^{-1}
Hüllfläche des beheizten Volumens: 7.947,00 m²
Spez. Transmissionswärmeverlust: 0,25 W/(m²·K)
Mittlerer U-Wert (opake Bauteile): 1,90 W/(m²·K)
Mittlerer U-Wert (transparente Bauteile): 1,10 W/(m²·K)
Mittlerer U-Wert (Glasdächer, etc.): 2,20 W/(m²·K)
Spez. Jahresprimärenergiebedarf: 111,60 kWh/(m²·a)
Spez. Jahresendenergiebedarf: 100,00 kWh/(m²·a)

Energetische Angaben zu Außenbauteilen

Bodenplatte Sporthalle

U-Wert: 0,22 W/(m^2·K)

Gesamtdicke: 41,10 cm	d[cm]	l[W/(m·K)]
Dämmung	6,00	0,035
Stahlbeton	25,00	2,300
PE-Folie	0,10	0,350
Dämmung	10,00	0,040

Bodenplatte

U-Wert: 0,22 W/(m^2·K)

Gesamtdicke: 47,20 cm	d[cm]	l[W/(m·K)]
Estrich	6,00	1,400
PE-Folie	0,10	0,350
Dämmung	6,00	0,035
Stahlbeton	25,00	2,300
PE-Folie	0,10	0,350
Dämmung	10,00	0,040

Außenwand gegen Erdreich

U-Wert: 0,31 W/(m^2·K)

Gesamtdicke: 42,00 cm	d[cm]	l[W/(m·K)]
Stahlbeton	30,00	2,300
Dämmung	12,00	0,040

Außenwand EG

U-Wert: 0,27 W/(m^2·K)

Gesamtdicke: 40,00 cm	d[cm]	l[W/(m·K)]
Stahlbeton	6,00	2,100
Stahlbeton	15,00	2,300
Dämmung	12,00	0,035
Stahlbeton	7,00	2,100

Außenwand hinterlüftet

U-Wert: 0,19 W/(m^2·K)

Gesamtdicke: 46,00 cm	d[cm]	l[W/(m·K)]
Stahlbeton	30,00	2,300
Dämmung	16,00	0,032

Dach Trapezblech

U-Wert: 0,21 W/(m^2·K)

Gesamtdicke: 19,20 cm	d[cm]	l[W/(m·K)]
Trapezblech	0,80	60,000
Dampfsperre	0,40	0,170
Dämmung	14,00	0,032
Dachbahn	4,00	0,170

Dach Stahlbeton

U-Wert: 0,22 W/(m^2·K)

Gesamtdicke: 34,40 cm	d[cm]	l[W/(m·K)]
Stahlbeton	20,00	2,300
Dampfsperre	0,10	0,170
Dämmung	14,00	0,032
Dachbahn	0,30	0,170

Planungskennwerte für Flächen und Rauminhalte nach DIN 277

Flächen des Grundstücks		Menge Einheit	% an GF
BF	Bebaute Fläche	–	–
UF	Unbebaute Fläche	–	–
GF	Grundstücksfläche	–	–

Grundflächen des Bauwerks		Menge Einheit	% an NUF	% an BGF
NUF	Nutzungsfläche	2.380,77 m²	100,0	62,9
TF	Technikfläche	234,56 m²	9,9	6,2
VF	Verkehrsfläche	507,86 m²	21,3	13,4
NRF	Netto-Raumfläche	3.123,19 m²	131,2	82,5
KGF	Konstruktions-Grundfläche	660,70 m²	27,8	17,5
BGF	Brutto-Grundfläche	3.783,89 m²	158,9	100,0

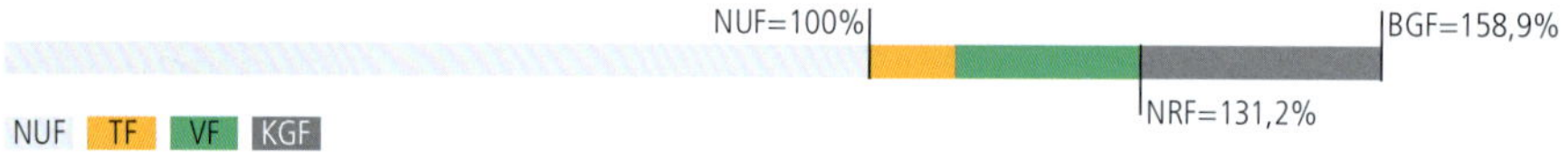

Brutto-Rauminhalt des Bauwerks		Menge Einheit	BRI/NUF (m)	BRI/BGF (m)
BRI	Brutto-Rauminhalt	25.473,66 m³	10,70	6,73

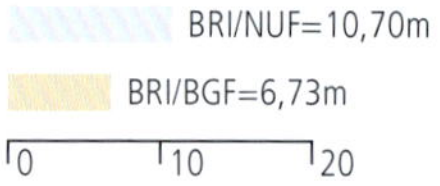

Kostenkennwerte für die Kostengruppen der 1.Ebene DIN 276

KG	Kostengruppen (1. Ebene)	Einheit	Kosten €	€/Einheit	€/m² BGF	€/m³ BRI	% 300+400
100	Grundstück	m² GF	–	–	–	–	–
200	Vorbereitende Maßnahmen	m² GF	–	–	–	–	–
300	Bauwerk – Baukonstruktionen	m² BGF	6.943.843	1.835,11	1.835,11	272,59	71,2
400	Bauwerk – Technische Anlagen	m² BGF	2.811.576	743,04	743,04	110,37	28,8
	Bauwerk 300+400	**m² BGF**	**9.755.419**	**2.578,15**	**2.578,15**	**382,96**	**100,0**
500	Außenanlagen und Freiflächen	m² AF	–	–	–	–	–
600	Ausstattung und Kunstwerke	m² BGF	–	–	–	–	–
700	Baunebenkosten	m² BGF	–	–	–	–	–
800	Finanzierung	m² BGF	–	–	–	–	–

KG	Kostengruppe	Menge Einheit	Kosten €	€/Einheit	%
3+4	**Bauwerk**				**100,0**
300	**Bauwerk – Baukonstruktionen**	3.783,89 m² BGF	6.943.843	**1.835,11**	71,2

Baugrubenaushub; Bodenaustausch, Stb-Fundamente, Stb-Bodenplatte, Abdichtung, Dämmung, Heizestrich, Estrich, Sportboden, Bodenfliesen, mineralische Estrichbeschichtung, Sauberlaufzone; Stb-Elementwände, Stb-Wände, Stb-Stützen, Sichtbeton, Stahlstützen, Alufenster, Alu-Außentüren, Dreifachverglasung, Dämmung, Trapezblech, Aluminiumschindeln, Perimeterdämmung, Sichtbetonoberfläche innen, Beschichtung, Prallschutzwände, Alu-Pfosten-Riegel-Fassade, Raffstores; Stb-Wände, GK-Wände, Alu-Glaswände, Stb-Stützen, Stahlblechtüren, Alu-Glastüren, Alu-Glasfenster, HPL-Türen, Geräteraumtore, Malervlies, Beschichtungen, Wandfliesen, Prallschutzwände, WC-Trennwände, Trennvorhänge; Stb-Decken, Stb-Treppen, Dämmung, Heizestrich, Sauberlaufmatten, Bodenfliesen, Linoleum, Estrichbeschichtung, GK-Decken, Beschichtung, Glasgeländer Tribüne, Stahl-Treppengeländer; Stb-Flachdach, Stahlfachwerkbinder, Stahltrapezblech, Lichtkuppeln, Wärmedämmung, Folienabdichtung, Dachentwässerung, GK-Decken, Absturzsicherung; Tribünenanlage, Sporteinbauten, Beschilderungen

KG	Kostengruppe	Menge Einheit	Kosten €	€/Einheit	%
400	**Bauwerk – Technische Anlagen**	3.783,89 m² BGF	2.811.576	**743,04**	28,8

Gebäudeentwässerung, Kalt- und Warmwasserleitungen, Sanitärobjekte; Wärmeversorgung (Nahwärmesystem der Schule), Wärmeübergabestation, Deckenstrahlplatten, Fußbodenheizung, Heizkörper; Teilklimageräte, Lüftungsanlagen mit WRG, Lüftungskanäle; Elektroinstallation, Beleuchtung, Sicherheitsbeleuchtung, Blitzschutz; Notrufanlage, BMA, Sprachalarmierungsanlage, EDV-Verkabelung; Personenaufzug; Gebäudeautomation

5300-0021
Duschhaus
(4 Duschen)

Objektübersicht

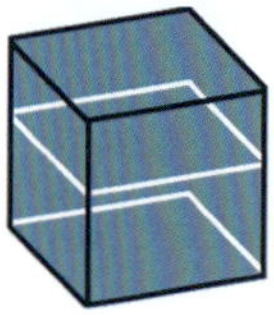

BRI 1.590 €/m³

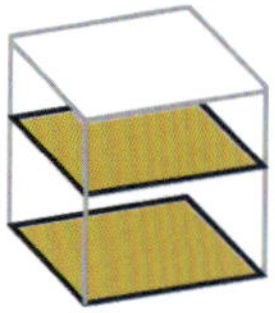

BGF 4.769 €/m²

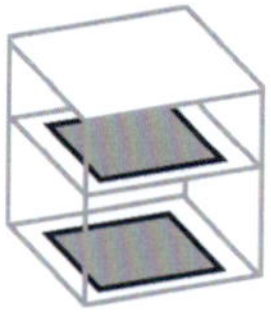

NUF 6.708 €/m²

Objekt:
Kennwerte: 1.Ebene DIN 276
BRI: 72 m³
BGF: 24 m²
NUF: 17 m²
Bauzeit: 61 Wochen
Bauende: 2022
Standard: über Durchschnitt
Bundesland: Bayern
Kreis: Landsberg am Lech

Architekt*in:
ARCHITEKTanBORD
Dipl.-Ing. Viktor Walter
Annastraße 36A
86150 Augsburg

Bauherr*in:
ESC Segel-Club Eching
vertr. d. Christian Gröbmüller
882140 Olching

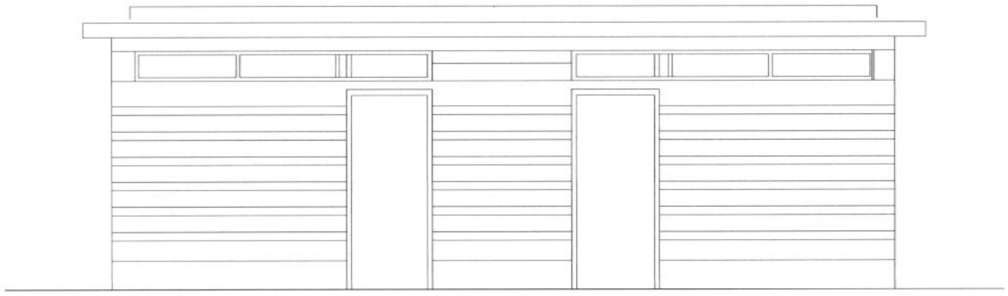

Ansicht Nord

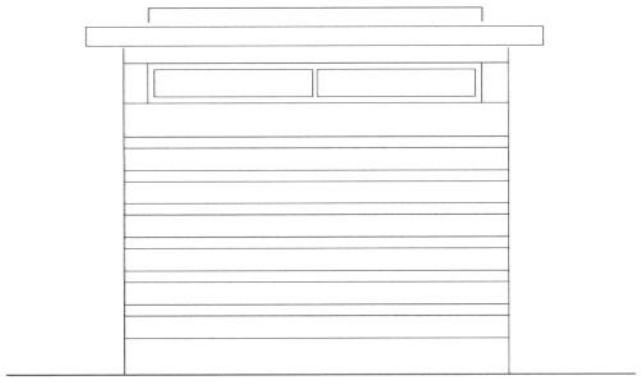

Ansicht West

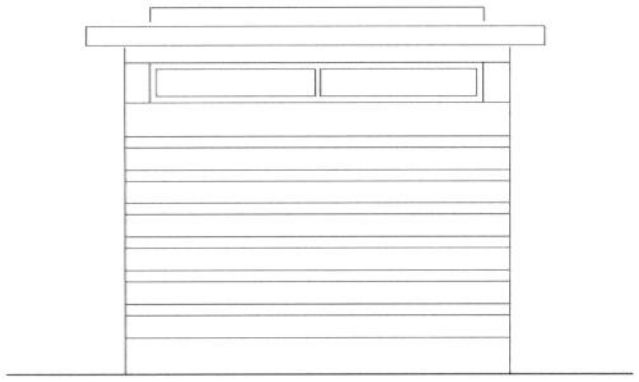

Ansicht Ost

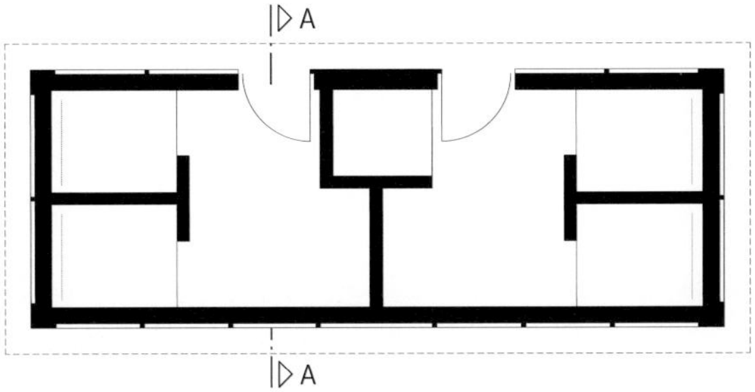

Erdgeschoss

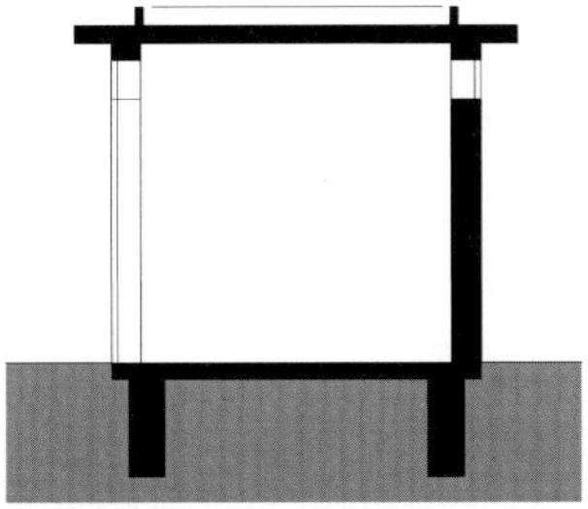

Schnitt A-A

Ansicht Süd

Objektbeschreibung

Allgemeine Objektinformationen

Bei dem Neubau handelt es sich um ein Duschhaus mit zwei Umkleide- sowie vier Duschkabinen.

Nutzung

1 Erdgeschoss
Duscheinrichtung mit Umkleidemöglichkeiten

Grundstück

Bauraum: Freier Bauraum
Neigung: Ebenes Gelände
Bodenklasse: BK 1 bis BK 3

Markt

Hauptvergabezeit: 3. Quartal 2021
Baubeginn: 1. Quartal 2021
Bauende: 2. Quartal 2022
Konjunkturelle Gesamtlage: über Durchschnitt
Regionaler Baumarkt: unter Durchschnitt

Baukonstruktion

Das Duschhaus gründet auf Stahlbetonfundamenten. Die 25cm starke Betonfundamentplatte ist mit einer 10cm dicken Dämmschicht versehen. Die Wände wurden in vorgefertigter Holzständerbauweise mit hinterlüfteter Holzlamellenbekleidung aus Lärche realisiert. Das Flachdach ist als Holzstapeldecke ausgeführt. Lichtbänder an allen vier Seiten über Kopfhöhe versorgen das gesamte Gebäude vollständig mit Tageslicht.

Technische Anlagen

Das Duschgebäude wird über eine ca. 20kW starke elektronische Heizung beheizt. Diese wird ebenso für die Warmwasseraufbereitung genutzt.

Planungskennwerte für Flächen und Rauminhalte nach DIN 277

Flächen des Grundstücks		Menge Einheit	% an GF
BF	Bebaute Fläche	24,00 m²	0,2
UF	Unbebaute Fläche	11.615,00 m²	99,8
GF	Grundstücksfläche	11.639,00 m²	100,0

Grundflächen des Bauwerks		Menge Einheit	% an NUF	% an BGF
NUF	Nutzungsfläche	17,06 m²	100,0	71,1
TF	Technikfläche	1,00 m²	5,9	4,2
VF	Verkehrsfläche	–	–	–
NRF	Netto-Raumfläche	18,06 m²	105,9	75,3
KGF	Konstruktions-Grundfläche	5,94 m²	34,8	24,8
BGF	Brutto-Grundfläche	24,00 m²	140,7	100,0

Brutto-Rauminhalt des Bauwerks		Menge Einheit	BRI/NUF (m)	BRI/BGF (m)
BRI	Brutto-Rauminhalt	72,00 m³	4,22	3,00

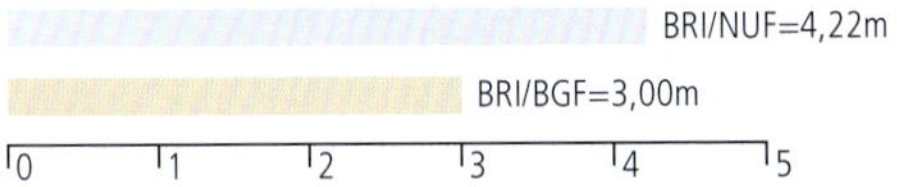

Kostenkennwerte für die Kostengruppen der 1. Ebene DIN 276

KG	Kostengruppen (1. Ebene)	Einheit	Kosten €	€/Einheit	€/m² BGF	€/m³ BRI	% 300+400
100	Grundstück	m² GF	–	–	–	–	–
200	Vorbereitende Maßnahmen	m² GF	3.940	0,34	164,16	54,72	3,4
300	Bauwerk – Baukonstruktionen	m² BGF	86.512	3.604,66	3.604,66	1.201,55	75,6
400	Bauwerk – Technische Anlagen	m² BGF	27.933	1.163,88	1.163,88	387,96	24,4
	Bauwerk 300+400	**m² BGF**	**114.445**	**4.768,53**	**4.768,53**	**1.589,51**	**100,0**
500	Außenanlagen und Freiflächen	m² AF	2.130	–	88,74	29,58	1,9
600	Ausstattung und Kunstwerke	m² BGF	–	–	–	–	–
700	Baunebenkosten	m² BGF	–	–	–	–	–
800	Finanzierung	m² BGF	–	–	–	–	–

KG	Kostengruppe	Menge Einheit	Kosten €	€/Einheit	%
200	**Vorbereitende Maßnahmen**	11.639,00 m² GF	3.940	**0,34**	3,4
	Schürfgruben herstellen, Baum fällen				
3+4	**Bauwerk**				**100,0**
300	**Bauwerk – Baukonstruktionen**	24,00 m² BGF	86.512	**3.604,66**	75,6
	Stahlbetonbodenplatte, Abdichtung, Ausgleichsdämmung, Trittschalldämmung, Zementestrich, Fliesenbelag, Perimeterdämmung; Holzständer-Außenwände, Fenster mit Dreifachverglasung, hinterlüftete Lärchenholzverkleidung, OSB-Bekleidung als Dampfbremse, GK-Bekleidung, Wandfliesen, Farbbeschichtung; Holzständer-Innenwände, GK-Wände, Wandfliesen, Farbbeschichtung; Holzstapeldecke als Flachdach, Zwischendämmung, Bitumenabdichtung, Notabdichtung, OSB-Bekleidung als Dampfbremse, GK-Bekleidung, Farbbeschichtung, Dachentwässerung; Schließanlage				
400	**Bauwerk – Technische Anlagen**	24,00 m² BGF	27.933	**1.163,88**	24,4
	Gebäudeentwässerung, Kalt- und Warmwasserleitungen, Sanitärobjekte; elektronische Heizung 20kW, Heizkörper; Elektroinstallation, Beleuchtung				
500	**Außenanlagen und Freiflächen**	–	2.130	**–**	1,9
	Außendusche; Bepflanzung				

5300-0022
Bootshaus
(6 Fahrzeuge)

Objektübersicht

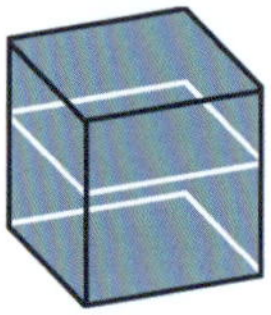
BRI 635 €/m³

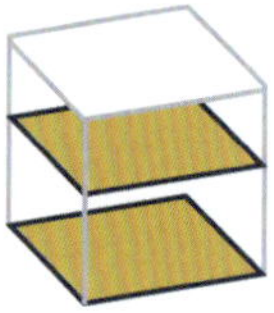
BGF 3.087 €/m²

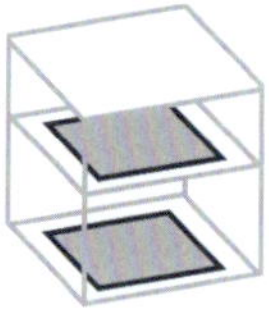
NUF 3.652 €/m²

Objekt:
Kennwerte: 1. Ebene DIN 276
BRI: 1.163 m³
BGF: 239 m²
NUF: 202 m²
Bauzeit: 43 Wochen
Bauende: 2022
Standard: Durchschnitt
Bundesland: Berlin
Kreis: Berlin, Stadt

Architekt*in:
Steiner Weißenberger
Architekten
Kurfürstenstraße 15-16
10785 Berlin

Bauherr*in:
Land Berlin
BIM Berliner Immobilien-
management GmbH
Keibelstraße 36
10178 Berlin

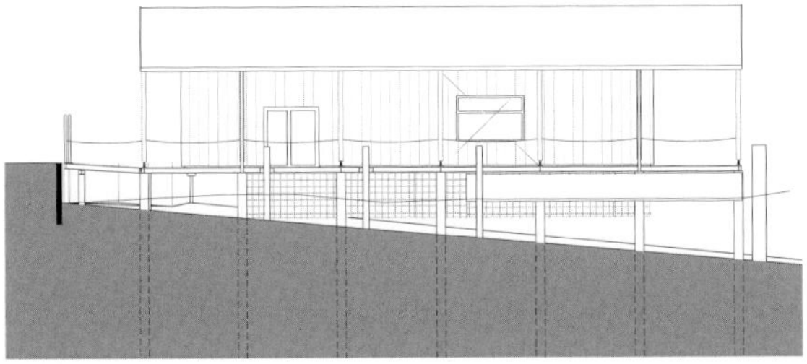

Ansicht Nord

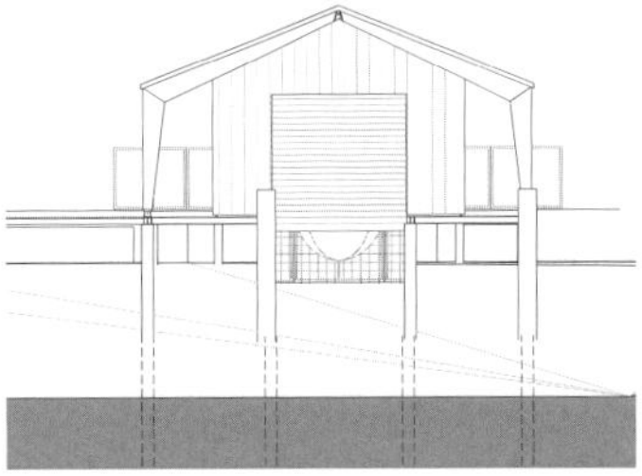

Ansicht West

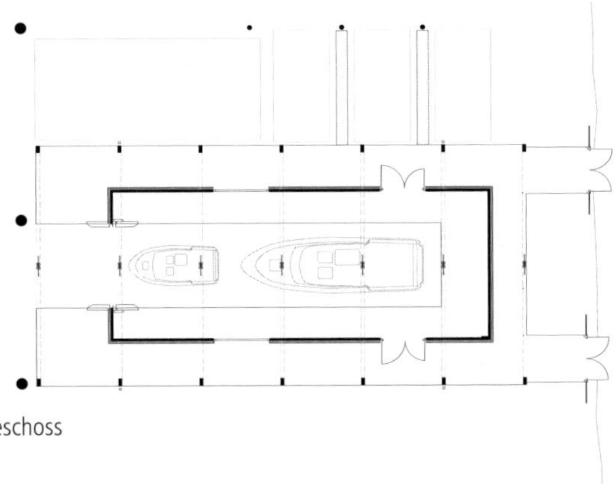

Erdgeschoss

Schnitt A-A

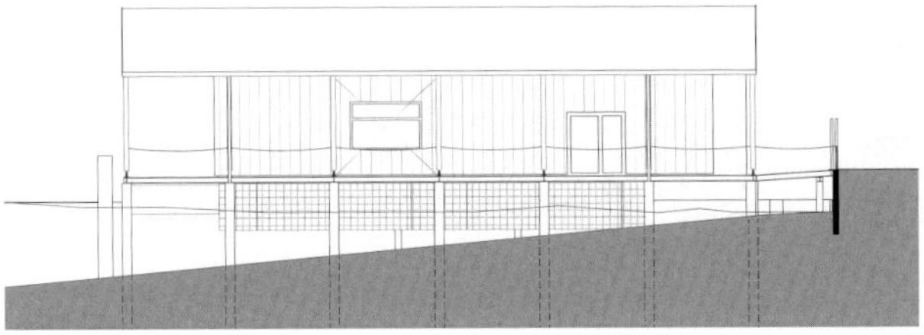

Ansicht Süd

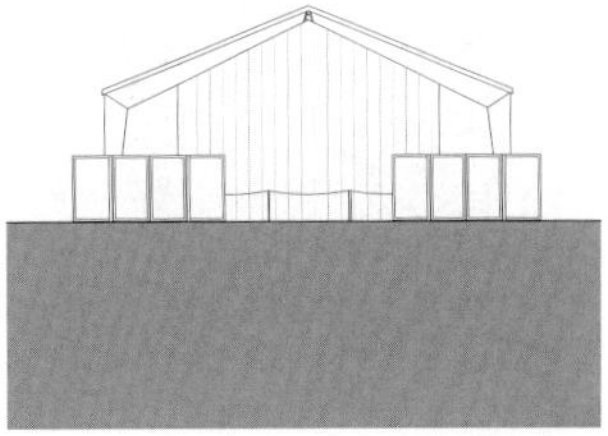

Ansicht Ost

Objektbeschreibung

Allgemeine Objektinformationen

Bootshaus für die Unterbringung der Feuerwehrboote der Freiwilligen Feuerwehr Berlin auf der Havel. Das Bootshaus ist von zwei seitlichen Stegen aus begehbar. Mittig befindet sich die Einhausung für zwei Boote. Die Außensteganlage ist überdacht und bietet Platz für vier weitere Liegeplätze, sowie für die Evakuierung von Personenschiffen.

Nutzung

1 Erdgeschoss
Steganlage und Bootsschuppen für sechs Liegeplätze der freiwilligen Feuerwehr

Besonderer Kosteneinfluss Nutzung
Wassergründung

Nutzeinheiten

Fahrzeugstellplätze: 6

Grundstück

Bauraum: Freier Bauraum
Neigung: Ebenes Gelände
Bodenklasse: BK 1 bis BK 3

Markt

Hauptvergabezeit: 4. Quartal 2021
Baubeginn: 4. Quartal 2021
Bauende: 3. Quartal 2022
Konjunkturelle Gesamtlage: Durchschnitt
Regionaler Baumarkt: über Durchschnitt

Baukonstruktion

Die Gründung besteht aus Stahlpfählen, die bis tief unter den Seegrund verankert wurden. Darauf lagert ein Stahlrost aus Stahlträgern, der mit KVH-Balken in der Stegebene ausgefacht ist. Dreigelenkbinder aus kesseldruckimprägniertem Furnierschichtholz bilden die Gebäudetragkonstruktion. Die Wände bestehen aus einem Holzständerwerk mit Holzfenstern. Alle Oberflächen wurden sichtbar belassen. Die Fassade besteht aus einem Holzständerwerk mit einer horizontal- und vertikal wechselnden Brettschalung. Das Satteldach, das aus den Dreigelenkbindern gebildet wurde, erhielt eine Bitumenabdichtung, die direkt auf dem Furnierschichtholz verlegt wurde.

Technische Anlagen

Das Bauwerk wurde mit einer Erdungs- und Blitzschutzanlage versehen. Ein steuerbares Rolltor schließt das Gebäude von der Wasserseite.

Sonstiges

Bei dem Bauwerk handelt es sich um einen Ersatzneubau. Die Abrisskosten des alten Bootshauses sind in dieser Dokumentation nicht enthalten.

Planungskennwerte für Flächen und Rauminhalte nach DIN 277

Flächen des Grundstücks		Menge Einheit	% an GF
BF	Bebaute Fläche	239,01 m²	100,0
UF	Unbebaute Fläche	–	–
GF	Grundstücksfläche	239,01 m²	100,0

Grundflächen des Bauwerks		Menge Einheit	% an NUF	% an BGF
NUF	Nutzungsfläche	202,07 m²	100,0	84,5
TF	Technikfläche	–	–	–
VF	Verkehrsfläche	25,80 m²	12,8	10,8
NRF	Netto-Raumfläche	227,87 m²	112,8	95,3
KGF	Konstruktions-Grundfläche	11,14 m²	5,5	4,7
BGF	Brutto-Grundfläche	239,01 m²	118,3	100,0

Brutto-Rauminhalt des Bauwerks		Menge Einheit	BRI/NUF (m)	BRI/BGF (m)
BRI	Brutto-Rauminhalt	1.162,80 m³	5,75	4,87

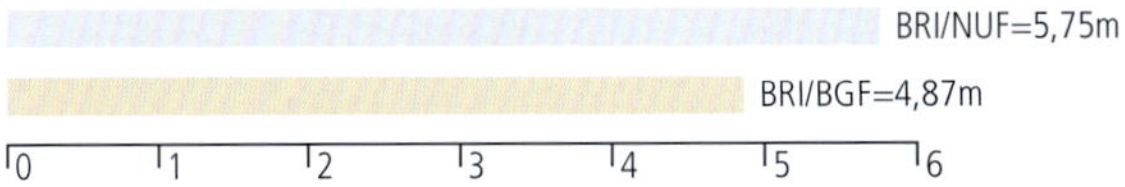

Kostenkennwerte für die Kostengruppen der 1. Ebene DIN 276

KG	Kostengruppen (1. Ebene)	Einheit	Kosten €	€/Einheit	€/m² BGF	€/m³ BRI	% 300+400
100	Grundstück	m² GF	–	–	–	–	–
200	Vorbereitende Maßnahmen	m² GF	–	–	–	–	–
300	Bauwerk – Baukonstruktionen	m² BGF	681.955	2.853,25	2.853,25	586,48	92,4
400	Bauwerk – Technische Anlagen	m² BGF	55.927	233,99	233,99	48,10	7,6
	Bauwerk 300+400	**m² BGF**	**737.882**	**3.087,24**	**3.087,24**	**634,57**	**100,0**
500	Außenanlagen und Freiflächen	m² AF	–	–	–	–	–
600	Ausstattung und Kunstwerke	m² BGF	–	–	–	–	–
700	Baunebenkosten	m² BGF	–	–	–	–	–
800	Finanzierung	m² BGF	–	–	–	–	–

KG	Kostengruppe	Menge Einheit	Kosten €	€/Einheit	%
3+4	**Bauwerk**				**100,0**
300	**Bauwerk – Baukonstruktionen**	239,01 m² BGF	681.955	**2.853,25**	92,4

Tiefgründung, Stahlpfähle, Stahlträgerrost, KVH-Holzbalken, Riffeldielen, Holzschrammborde, Sicherheitsgitter; Holzständerwerk, Holzfenster, festverglast, Holztüre, Rolltor mit Metallrahmen, OSB, Lattung, Holzschalung; Dreigelenkbinder, Schalung, Bitumenabdichtung, Dachentwässerung

KG	Kostengruppe	Menge Einheit	Kosten €	€/Einheit	%
400	**Bauwerk – Technische Anlagen**	239,01 m² BGF	55.927	**233,99**	7,6

Regenentwässerung; Elektroinstallation auf Kabelrinnen, Beleuchtung, Blitzschutz, Erdungsanlage; Alarmanlage; Steuerung Rolltor

Wohngebäude

6

- 6100 Wohnhäuser
- 6200 Wohnheime

6300 Gemeinschaftsunterkünfte

- 6400 Betreuungseinrichtungen
- 6500 Verpflegungseinrichtungen

6600 Beherbergungsstätten

6100-1603
Wohnanlage (159 WE)
Kindertagesstätte
(65 Kinder)
TG (85 STP)

Objektübersicht

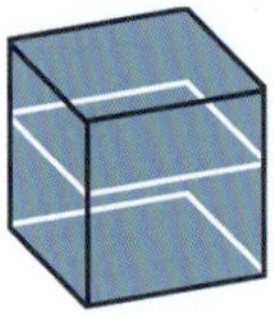

BRI 467 €/m³

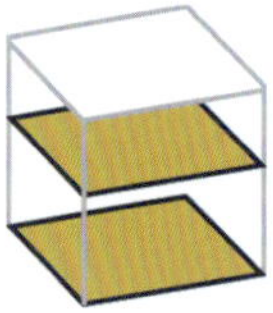

BGF 1.496 €/m²

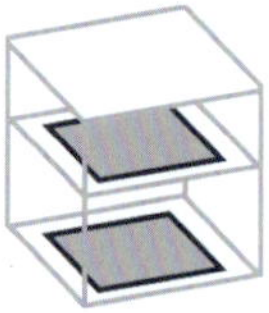

NUF 2.263 €/m²

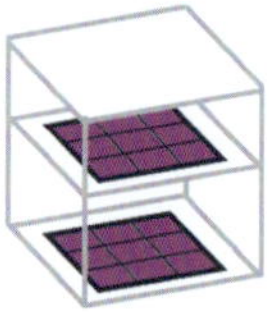

NE 2.843 €/NE

NE: Wohnfläche

Objekt:
Kennwerte: 1. Ebene DIN 276
BRI: 63.932 m³
BGF: 19.978 m²
NUF: 13.206 m²
Bauzeit: 117 Wochen
Bauende: 2021
Standard: über Durchschnitt
Bundesland: Berlin
Kreis: Berlin, Stadt

Architekt*in:
MBPK
Architekten und Stadtplaner GmbH
Potsdamer Straße 91
10785 Berlin

Bauherr*in:
Charlottenburger
Baugenossenschaft eG
Dresselstraße 1
14057 Berlin

© Lars Pillmann

© Lars Pillmann

© Lars Pillmann

© Lars Pillmann

© Lars Pillmann

© Lars Pillmann

Zeichnungen

Haus B Ansicht Nord

Haus B Ansicht Ost

Haus B Ansicht Süd

Haus B Ansicht West

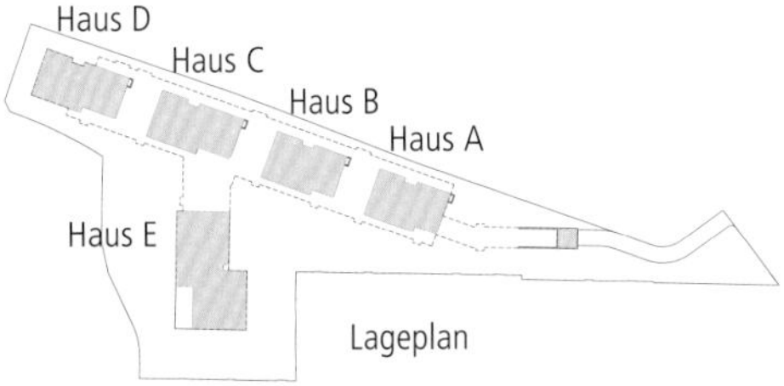

Lageplan

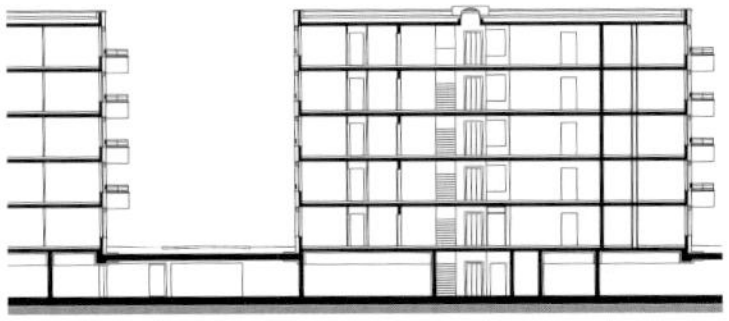
Haus B Schnitt A-A

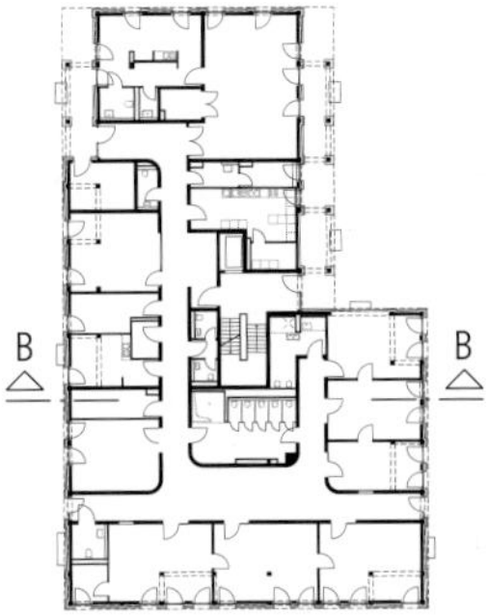

Haus E Erdgeschoss

Haus E 1.-7. Obergeschoss

Haus B Erdgeschoss

Haus B 1.-4. Obergeschoss

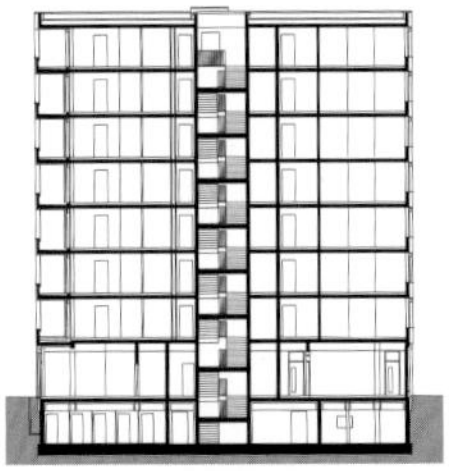
Haus E Schnitt B-B

Haus E Ansicht West

Haus E Ansicht Nord

Haus E Ansicht Ost

Haus E Ansicht Süd

6100-1603
Wohnanlage (159 WE)
Kindertagesstätte
(65 Kinder)
TG (85 STP)

Objektbeschreibung

Allgemeine Objektinformationen

Im Kontext der Großsiedlung aus den 1960er Jahre wurden vier fünfgeschossige Einzelbaukörper sowie ein achtgeschossiges Gebäude um einen zentralen Quartiersplatz organisiert, der als Treffpunkt für alle Bewohner dient und von dem aus alle Eingänge organisiert sind. Die Baukörper gewährleisten durch „Fugen zum Bestand" Durchgänge und Durchblicke für alle Bewohner. Die Wohnungen sind barrierefrei nutzbar.

Nutzung

1 Untergeschoss
Tiefgarage, Fahrradkeller, Bewohnerkeller, Technik, Kinderwagenabstellraum

1 Erdgeschoss
Wohnen, Kinderwagenabstellraum, Gartenlager Kindergarten, Gemeinschaftscafé

4 Obergeschosse
Wohnen

Nutzeinheiten

Gruppen: 4
Kinder: 65
Stellplätze: 85
Wohneinheiten: 159
Wohnfläche: 10.510 m²

Grundstück

Bauraum: Beengter Bauraum
Neigung: Ebenes Gelände
Bodenklasse: BK 1 bis BK 4

Besonderer Kosteneinfluss Grundstück
Durch den engen Grundstückszuschnitt und die Anforderungen die Bestandsgebäude jederzeit zu erreichen, sowie der Integration einer vorhandenen Nahwärmetrasse wurden besondere Anforderungen an die Logistik gestellt.

Markt

Hauptvergabezeit: 1. Quartal 2019
Baubeginn: 2. Quartal 2019
Bauende: 3. Quartal 2021
Konjunkturelle Gesamtlage: Durchschnitt
Regionaler Baumarkt: über Durchschnitt

Baukonstruktion

Der Neubau gründet auf einer in Teilen unterseitig gedämmten Stahlbetonbodenplatte. Die Gebäude sind voll unterkellert, wobei die Außenwände und die Bodenplatte des Kellers im Ganzen als WU-Konstruktion ausgebildet wurden. Die aufgehenden Baukörper sind in Massivbauweise mit Mauerwerk und in Teilen Stahlbeton ausgeführt. Die verglasten Bauteile sind als Holz-Aluminiumfenster mit Dreifachverglasung versehen. Die Fassade ist mit einem mineralischen Wärmedämmverbund versehen, in exponierten Bereichen in den Erdgeschossen sind hinterlüftete Fassaden mit Faserzementplatten ausgeführt worden.

Technische Anlagen

Alle Nutzungseinheiten sind an die anliegende Fernwärme angeschlossen und sind mit Wohnungsstationen und Fußbodenheizung ausgestattet. Auf den extensiv begrünten Retentionsdächern wurden PV-Mieterstromanlagen realisiert, die auch Ladestationen für E-Mobilität in der Tiefgarage mit grünem Strom speisen. Alle fünf Häuser sind mit einem barrierefreien Aufzug ausgestattet. Das anfallende Niederschlagswasser versickert auf dem Grundstück. Die Tiefgarage ist mit acht Elektro-Ladestationen für Pkws ausgestattet.

Sonstiges

Die Häuser wurden im KfW 55-Standard realisiert. Eine Nachhaltigkeitszertifizierung nach dem DGNB-Gold-Standard erfolgte projektbegleitend. Die drei Bauabschnitte wurden in nur 23 Monaten komplett fertig gestellt und die Bestandsbewohner so gering wie möglich belastet. Die Angaben bei den energetischen Kennwerten beziehen sich exemplarisch auf Haus A.

Energetische Kennwerte

Gesetzliche Grundlage: EnEV 2013
Gebäudenutzfläche: 1.909,00 m²
Gebäudevolumen: 5.965,00 m³
Hüllfläche des beheizten Volumens: 2.300,00 m²
Spez. Transmissionswärmeverlust: 0,27 W/(m²·K)
Spez. Jahresprimärenergiebedarf: 24,92 kWh/(m²·a)
Spez. Jahresendenergiebedarf: 55,40 kWh/(m²·a)
CO_2-Emissionen: 2,40 kg/(m²·a)

Energetische Angaben zu Außenbauteilen

Kellerdecke

U-Wert: 0,19 W/(m2·K)

Gesamtdicke: 45,50 cm	d[cm]	l[W/(m·K)]
Holz	1,50	0,130
Estrich	5,00	1,400
Trittschalldämmung	2,00	0,040
Dämmung MW	5,00	0,035
Stahlbeton	22,00	2,500
Dämmung MW	10,00	0,035

Außenwand

U-Wert: 0,16 W/(m2·K)

Gesamtdicke: 43,00 cm	d[cm]	l[W/(m·K)]
Innenputz	1,00	0,510
Kalksandstein	20,00	1,100
Dämmung MW	20,00	0,035
Außenputz	2,00	0,380

Dach

U-Wert: 0,11 W/(m2·K)

Gesamtdicke: 55,00 cm	d[cm]	l[W/(m·K)]
Stahlbeton	22,00	2,500
Bitumenbahn	1,00	0,230
Dämmung XPS	30,00	0,035
Bitumenbahn	2,00	0,230

Planungskennwerte für Flächen und Rauminhalte nach DIN 277

Flächen des Grundstücks		Menge Einheit	% an GF
BF	Bebaute Fläche	2.457,66 m²	19,9
UF	Unbebaute Fläche	9.865,34 m²	80,1
GF	Grundstücksfläche	12.323,00 m²	100,0

Grundflächen des Bauwerks		Menge Einheit	% an NUF	% an BGF
NUF	Nutzungsfläche	13.205,70 m²	100,0	66,1
TF	Technikfläche	135,20 m²	1,0	0,7
VF	Verkehrsfläche	3.064,70 m²	23,2	15,3
NRF	Netto-Raumfläche	16.405,60 m²	124,2	82,1
KGF	Konstruktions-Grundfläche	3.572,44 m²	27,1	17,9
BGF	Brutto-Grundfläche	19.978,04 m²	151,3	100,0

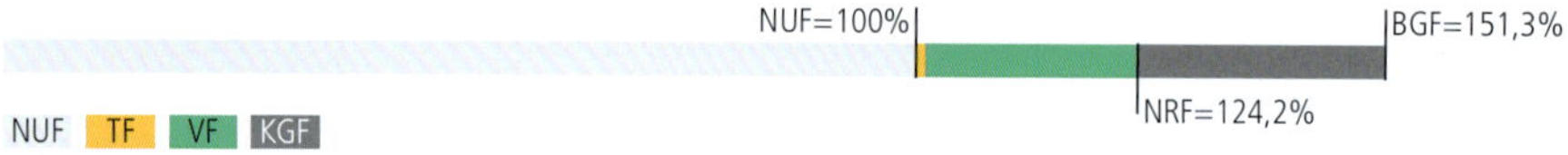

Brutto-Rauminhalt des Bauwerks		Menge Einheit	BRI/NUF (m)	BRI/BGF (m)
BRI	Brutto-Rauminhalt	63.931,69 m³	4,84	3,20

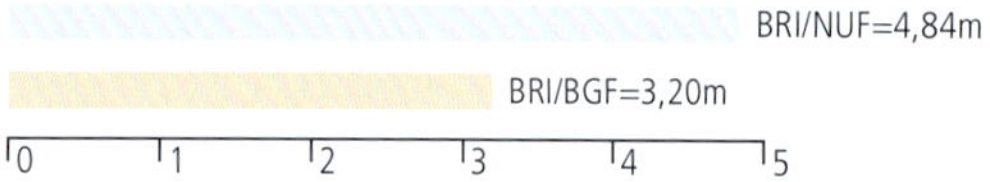

Kostenkennwerte für die Kostengruppen der 1.Ebene DIN 276

KG	Kostengruppen (1.Ebene)	Einheit	Kosten €	€/Einheit	€/m² BGF	€/m³ BRI	% 300+400
100	Grundstück	m² GF	–	–	–	–	–
200	Vorbereitende Maßnahmen	m² GF	300.372	24,37	15,04	4,70	1,0
300	Bauwerk – Baukonstruktionen	m² BGF	23.721.841	1.187,40	1.187,40	371,05	79,4
400	Bauwerk – Technische Anlagen	m² BGF	6.161.686	308,42	308,42	96,38	20,6
	Bauwerk 300+400	**m² BGF**	**29.883.527**	**1.495,82**	**1.495,82**	**467,43**	**100,0**
500	Außenanlagen und Freiflächen	m² AF	2.813.793	285,74	140,84	44,01	9,4
600	Ausstattung und Kunstwerke	m² BGF	28.398	1,42	1,42	0,44	< 0,1
700	Baunebenkosten	m² BGF	–	–	–	–	–
800	Finanzierung	m² BGF	–	–	–	–	–

KG	Kostengruppe	Menge Einheit	Kosten €	€/Einheit	%
200	**Vorbereitende Maßnahmen**	12.323,00 m² GF	300.372	**24,37**	1,0

Baufeldfreimachung, Räumung Mietergärten, Rodungsarbeiten, Rückbau Bolzplatz, provisorische Zuwegung Bestandsmieter

KG	Kostengruppe	Menge Einheit	Kosten €	€/Einheit	%
3+4	**Bauwerk**				**100,0**
300	**Bauwerk – Baukonstruktionen**	19.978,04 m² BGF	23.721.841	**1.187,40**	79,4

Baugrubenaushub; Stb-Bodenplatte, Epoxidharzbeschichtung, Perimeterdämmung, Sauberkeitsschicht; Kalksandsteinmauerwerk, Stb-Außenwände, teilweise WU, Stb-Außenstützen, Holz-Alufenster mit Dreifachverglasung, Wärmedämmverbundsystem, hinterlüftete Faserzementfassade, Gipsputz, Dispersionsbeschichtung, Wandfliesen, Alulamellen-Raffstoreanlagen mit Motorantrieb, Flachstahl-Absturzsicherungen; Kalksandsteinmauerwerk, Stb-Innenwände, Trockenbauwände, Innentüren Holz, teilweise mit Verglasung, Seitenteilen und Oberlichtern, Gipsputz, Dispersionsbeschichtung, Betonlasur, Wandfliesen, Streckmetall-Wandelemente; Stb-Decken, Stb-Balkone, Stb-Treppen, Linoleum, Industrieparkett, Fliesen, Betonwerkstein, abgehängte Decken, Akustikdecken, Dispersionsbeschichtung, Flachstahl-Treppengeländer mit Holzhandlauf, Flachstahl-Balkongeländer auf Mauerwerksbrüstungen mit Streckmetall-Sichtschutzelementen; Stb-Flachdächer, Dachabdichtung, Wärmedämmung, extensive Dachbegrünung, Dachentwässerung

KG	Kostengruppe	Menge Einheit	Kosten €	€/Einheit	%
400	**Bauwerk – Technische Anlagen**	19.978,04 m² BGF	6.161.686	**308,42**	20,6

Gebäudeentwässerung, Kalt- und Warmwasserleitungen, Sanitärobjekte; Fernwärmeanschluss, Wohnungsstationen, Fußbodenheizung; PV-Mieterstromanlagen, Gesamtleistung 98,56kWp, Elektroinstallation, acht Ladestationen für E-Mobilität mit je 11kW, Beleuchtung, Blitzschutz; Telefonanschlüsse, Türsprechanlage, Datenübertragungsnetz; barrierefreie Personenaufzüge

KG	Kostengruppe	Menge Einheit	Kosten €	€/Einheit	%
500	**Außenanlagen und Freiflächen**	9.847,34 m² AF	2.813.793	**285,74**	9,4

Grün-, Spiel- und Begegnungsräume, grünes Band aus Mietergärten, Versickerungsmulden mit Eingangsbrückenelementen und Vorgärten mit einheimischen Pflanzungen, Feuerwehrflächen, Oberflächenentwässerung, Unterflur-Müllentsorgung

KG	Kostengruppe	Menge Einheit	Kosten €	€/Einheit	%
600	**Ausstattung und Kunstwerke**	19.978,04 m² BGF	28.398	**1,42**	< 0,1

Hinweisschilder Außenanlagen, Etagenbeschilderung

6100-1604
Doppelhäuser
(3 Gebäude)
Einfamilienhäuser
(3 Gebäude)

Objektübersicht

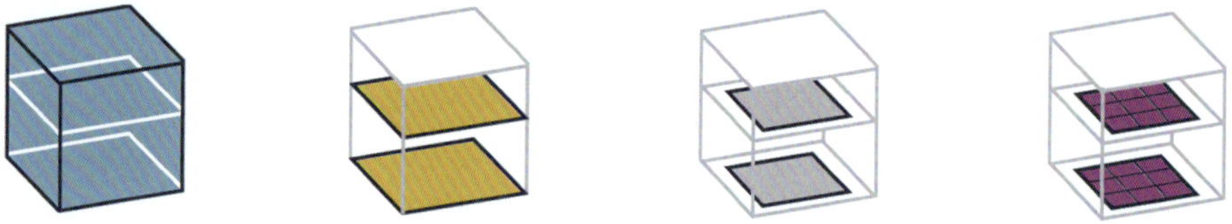

BRI **925 €/m³** **BGF** **2.597 €/m²** **NUF** **3.724 €/m²** **NE** **3.187 €/NE**

NE: Wohnfläche

Objekt:
Kennwerte: 1. Ebene DIN 276
BRI: 3.845 m³
BGF: 1.370 m²
NUF: 956 m²
Bauzeit: 148 Wochen
Bauende: 2022
Standard: Durchschnitt
Bundesland: Berlin
Kreis: Berlin, Stadt

Architekt*in:
Liebscher-Tauber und
Tauber Architekten PartG mbB
Anklamer Straße 12
10115 Berlin

Bauherr*in:
Baugemeinschaft
am Hahneberg GbR
Gneisenaustraße 45
10961 Berlin

© Annegret Liebscher-Tauber

© Annegret Liebscher-Tauber

© Annegret Liebscher-Tauber

Lageplan

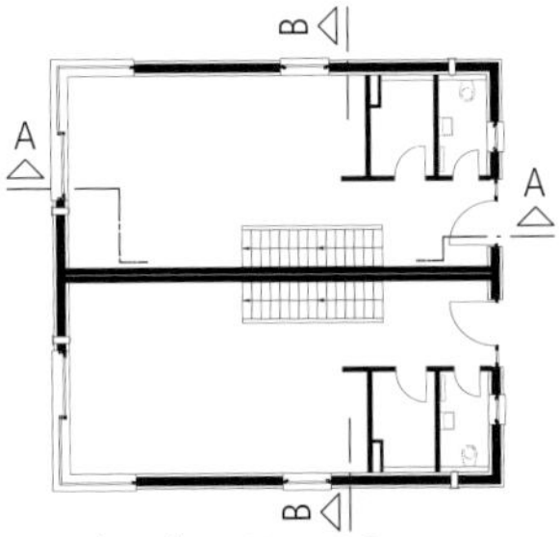

Erdgeschoss Haus 1-3

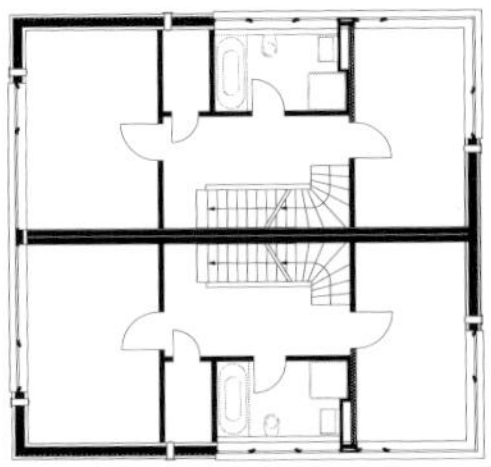

Obergeschoss Haus 1-3

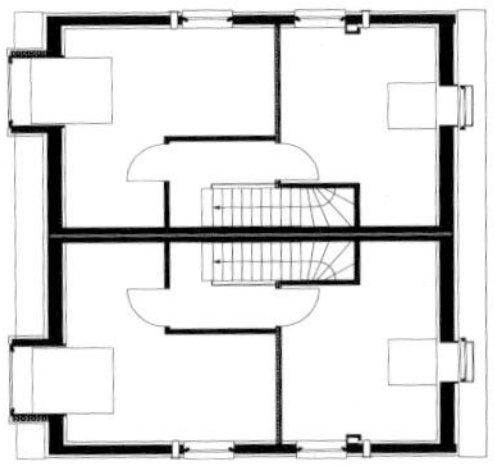

Dachgeschoss Haus 1-3

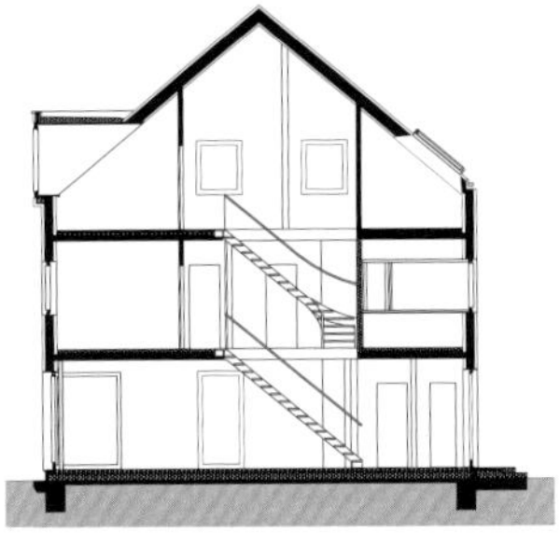

Schnitt A-A Haus 1-3

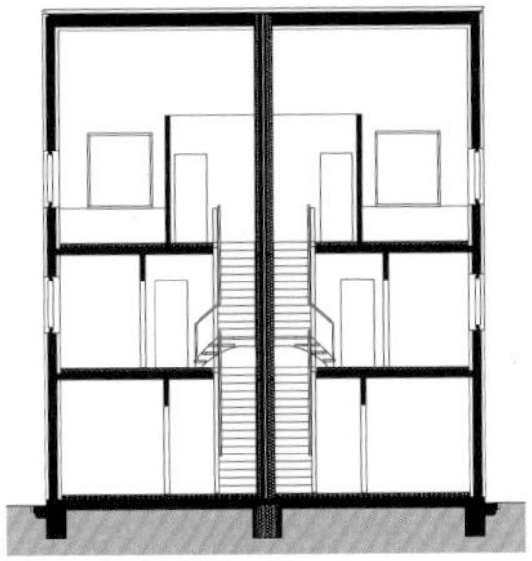

Schnitt B-B Haus 1-3

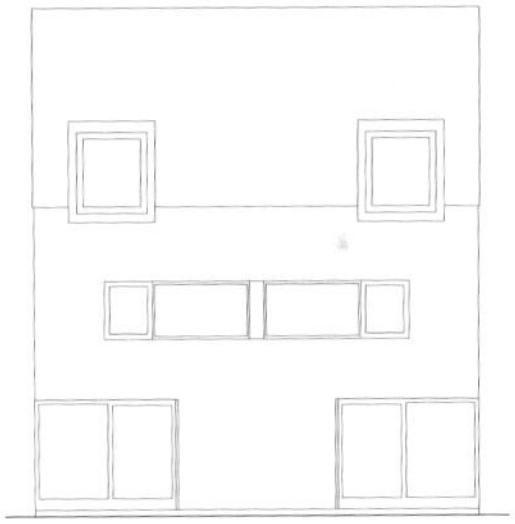

Ansicht West Haus 1-3

Ansicht Nord Haus 1-3

Ansicht Süd Haus 1-3

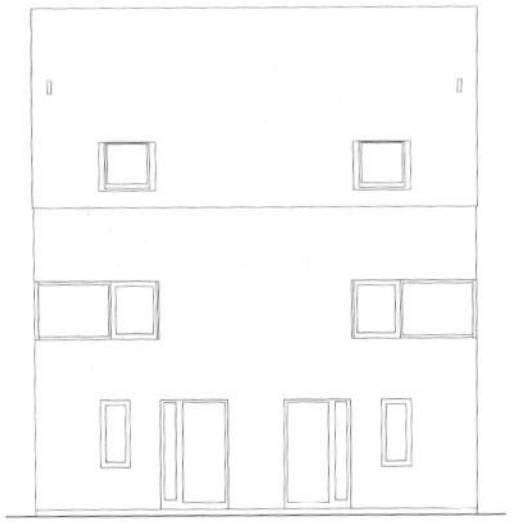

Ansicht Ost Haus 1-3

Objektbeschreibung

Allgemeine Objektinformationen

Auf einem Grundstück direkt am Naturschutzgebiet in unmittelbarer Nähe zu Berlin entstanden sechs Doppelhäuser und drei Einfamilienhäuser in moderner Holztafelbauweise. Die Doppelhaushälften wurden dreigeschossig und die Einfamilienhäuser zweigeschossig realisiert. Auf eine Unterkellerung wurde verzichtet, dafür großen Wert auf eine klare und prägnante Formensprache gelegt. Die Räume sind hoch und lichtdurchflutet. In Verbindung mit natürlichen Baustoffen entstand ein gesundes Raumklima.

Nutzung

1 Erdgeschoss
Wohn-/Essküchen, Eingangsflure, Gäste-WCs, Hauswirtschaftsräume

1 Obergeschoss
Schlafräume, Bäder, Abstellräume, Flure

1 Dachgeschoss
Schlafräume, Flure

Nutzeinheiten

Wohneinheiten: 9
Wohnfläche: 1.117 m²

Grundstück

Bauraum: Freier Bauraum
Neigung: Ebenes Gelände
Bodenklasse: BK 1 bis BK 4

Markt

Hauptvergabezeit: 2. Quartal 2019
Baubeginn: 2. Quartal 2019
Bauende: 2. Quartal 2022
Konjunkturelle Gesamtlage: über Durchschnitt
Regionaler Baumarkt: über Durchschnitt

Baukonstruktion

Erstellt wurden die sechs Gebäude in Holztafelbauweise und gründen auf Stahlbetonbodenplatten. Die Außenwände sind mit einer Zellulosefaserdämmung gedämmt. Davor verleiht die vorgegraute, senkrecht angebrachten Holzbekleidung eine zeitgemäße, moderne Optik. Die Decken sind mit Holztafelelementen ausgeführt. Die Holz-Aluminiumfenster sind dreifach verglast. Die Sparrendächer wurden mit einer Einblasdämmung aus Holzfasern gedämmt und sind mit einer Stehfalzdeckung aus Zinkblech mit verdeckter, innenliegender Rinne gedeckt. Die kubisch aufgesetzten Dachgauben erhielten ein schlichtes Flachdach. Im Innenbereich kam ein Heizestrich zum Einsatz, der mit massivem Eichenparkett und Bodenfliesen belegt wurde.

Technische Anlagen

Die Wohneinheiten verfügen jeweils über eine Wärmepumpe mittels Geothermie, die Wärmeverteilung erfolgt über Fußbodenheizung. Die notwendige Wohnraumlüftung wird mit Wandlüftern mit Wärmerückgewinnung erreicht. Auf den meisten Dächern wurde eine Photovoltaikanlage montiert.

Sonstiges

An die Holzhaussiedlung sind vielfältige Gemeinschaftseinrichtungen angebunden, z.B. ein Gemeinschaftsgarten mit Grillplatz, Sauna und Spielhaus.

Energetische Kennwerte

Gesetzliche Grundlage: EnEV 2013
Gebäudenutzfläche: 162,40 m²
Gebäudevolumen: 564,07 m³
Hüllfläche des beheizten Volumens: 325,70 m²
Spez. Transmissionswärmeverlust: 0,39 W/(m²·K)
Jahresprimärenergie: 9.333,00 kWh/a
Spez. Jahresprimärenergiebedarf: 57,50 kWh/(m²·a)
Jahresendenergiebedarf: 5.185,00 kWh/a
Anlagenaufwandszahl: 0,77

Energetische Angaben zu Außenbauteilen

Bodenplatte

U-Wert: 0,24 W/(m²·K)

Gesamtdicke: 38,00 cm	d[cm]	l[W/(m·K)]
Belag	1,00	1,000
Estrich	6,00	1,400
Trittschalldämmung	2,00	0,035
Dämmung MW	3,00	0,035
Stahlbeton	16,00	2,500
Dämmung	10,00	0,042

Außenwand hinterlüftet

U-Wert: 0,20 W/(m²·K)

Gesamtdicke: 26,14 cm	d[cm]	l[W/(m·K)]
GK-Platte	1,25	0,250
Dämmung	5,00	0,042
Holz	5,00	0,130
OSB-Platte	1,80	0,130
Dämmung Zellulose	18,00	0,040
Holz	18,00	0,130
Holzfaserplatte	0,09	3,500

Dach hinterlüftet

U-Wert: 0,16 W/(m²·K)

Gesamtdicke: 34,75 cm	d[cm]	l[W/(m·K)]
GK-Platte	1,25	0,250
Luftschicht ruhend	4,00	0,313
Holz	4,00	0,130
OSB-Platte	2,00	0,130
Dämmung Zellulose	24,00	0,040
Holz	24,00	0,130
Holzfaserplatte	3,50	0,047

Planungskennwerte für Flächen und Rauminhalte nach DIN 277

Flächen des Grundstücks		Menge Einheit	% an GF
BF	Bebaute Fläche	609,07 m²	19,0
UF	Unbebaute Fläche	2.594,93 m²	81,0
GF	Grundstücksfläche	3.204,00 m²	100,0

Grundflächen des Bauwerks		Menge Einheit	% an NUF	% an BGF
NUF	Nutzungsfläche	955,50 m²	100,0	69,7
TF	Technikfläche	26,40 m²	2,8	1,9
VF	Verkehrsfläche	150,00 m²	15,7	10,9
NRF	Netto-Raumfläche	1.131,90 m²	118,5	82,6
KGF	Konstruktions-Grundfläche	238,29 m²	24,9	17,4
BGF	Brutto-Grundfläche	1.370,19 m²	143,4	100,0

Brutto-Rauminhalt des Bauwerks		Menge Einheit	BRI/NUF (m)	BRI/BGF (m)
BRI	Brutto-Rauminhalt	3.844,67 m³	4,02	2,81

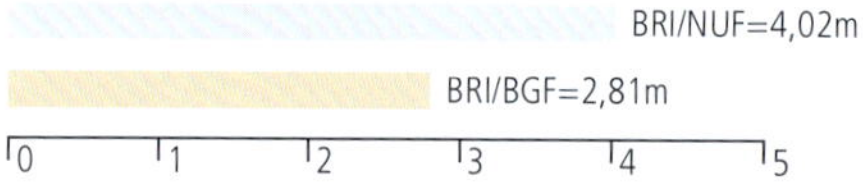

Kostenkennwerte für die Kostengruppen der 1.Ebene DIN 276

KG	Kostengruppen (1. Ebene)	Einheit	Kosten €	€/Einheit	€/m² BGF	€/m³ BRI	% 300+400
100	Grundstück	m² GF	–	–	–	–	–
200	Vorbereitende Maßnahmen	m² GF	17.268	5,39	12,60	4,49	0,5
300	Bauwerk – Baukonstruktionen	m² BGF	2.742.153	2.001,29	2.001,29	713,24	77,1
400	Bauwerk – Technische Anlagen	m² BGF	815.699	595,32	595,32	212,16	22,9
	Bauwerk 300+400	**m² BGF**	**3.557.852**	**2.596,61**	**2.596,61**	**925,40**	**100,0**
500	Außenanlagen und Freiflächen	m² AF	–	–	–	–	–
600	Ausstattung und Kunstwerke	m² BGF	–	–	–	–	–
700	Baunebenkosten	m² BGF	–	–	–	–	–
800	Finanzierung	m² BGF	–	–	–	–	–

KG	Kostengruppe	Menge Einheit	Kosten €	€/Einheit	%
200	**Vorbereitende Maßnahmen**	3.204,00 m² GF	17.268	**5,39**	0,5
	Freimachen des Grundstückes				
3+4	**Bauwerk**				**100,0**
300	**Bauwerk – Baukonstruktionen**	1.370,19 m² BGF	2.742.153	**2.001,29**	77,1
	Baugrubenaushub; Stb-Bodenplatte, Abdichtung, Heizestrich, Bodenfliesen, Eichenparkett; Holztafelwände, Holz-Alufenster, dreifachverglast, Zellulosefaserdämmung, senkrechte Holzschalung, GK-Bekleidung, Wandfliesen, Dispersionsbeschichtung; Holztafel-Innenwände, Holztüren, GK-Bekleidung, Wandfliesen; Holztafeldecken, Holztreppen, Heizestrich, Bodenfliesen, Eichenparkett, Holzhandlauf; Holzsatteldach, Dachflächenfenster, Einblasdämmung, Dachabdichtung, Zinkblech-Doppelstehfalzdeckung, Dachgauben, Dachentwässerung, GK-Bekleidung, Beschichtung				
400	**Bauwerk – Technische Anlagen**	1.370,19 m² BGF	815.699	**595,32**	22,9
	Gebäudeentwässerung, Kalt- und Warmwasserleitungen, Sanitärobjekte; Wärmepumpe (Geothermie), Fußbodenheizung; kontrollierte Wohnraumlüftung mit Wärmerückgewinnung; Elektroinstallation, Starkstrom, Photovoltaikanlagen; Telekommunikationsanlage, Fernseh- und Antennenanlage				

6100-1605
Mehrfamilienhaus
(11 WE)

Objektübersicht

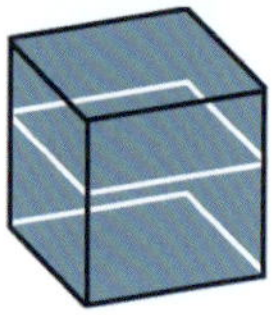

BRI 716€/m³

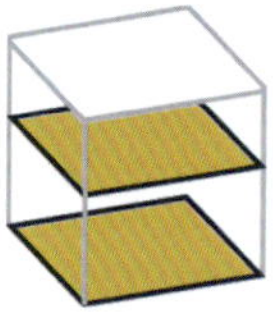

BGF 2.171€/m²

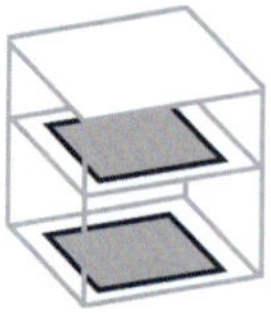

NUF 3.011€/m²

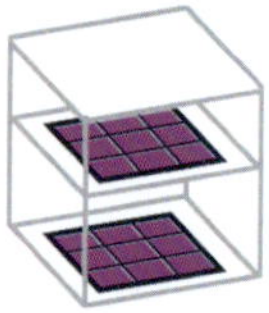

NE 3.366€/NE

NE: Wohnfläche

Objekt:
Kennwerte: 1.Ebene DIN 276
BRI: 5.616m³
BGF: 1.851m²
NUF: 1.335m²
Bauzeit: 78 Wochen
Bauende: 2022
Standard: über Durchschnitt
Bundesland: Berlin
Kreis: Berlin, Stadt

Architekt*in:
LPH 2-5:
pfeifer architekten
Charlottenstraße 95
10969 Berlin

Entwurf:
Patzschke Schwebel
Planungsgesellschaft mbH

LPH 6-8
wbs3 architekten

Bauherr*in:
Baugemeinschaft
"jacobsohn-4-zehn GbR"

© Markus Löffelhardt

© Markus Löffelhardt

Ansicht Süd

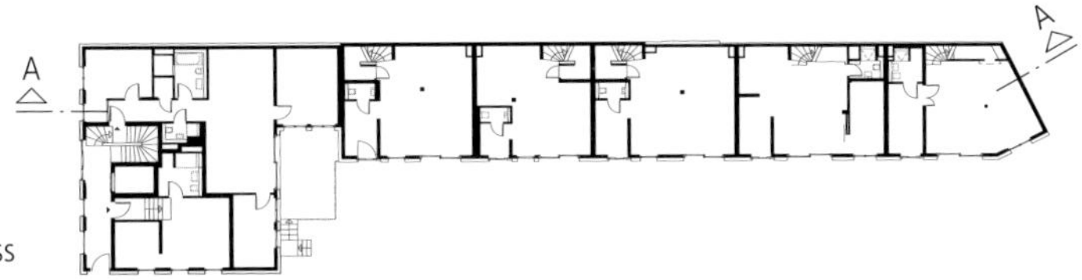
Erdgeschoss

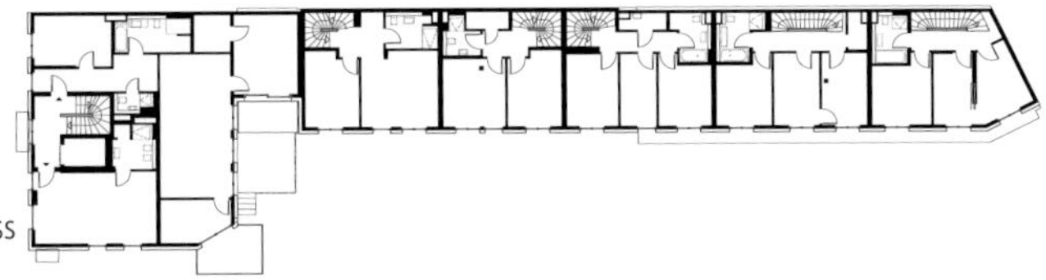
1. Obergeschoss

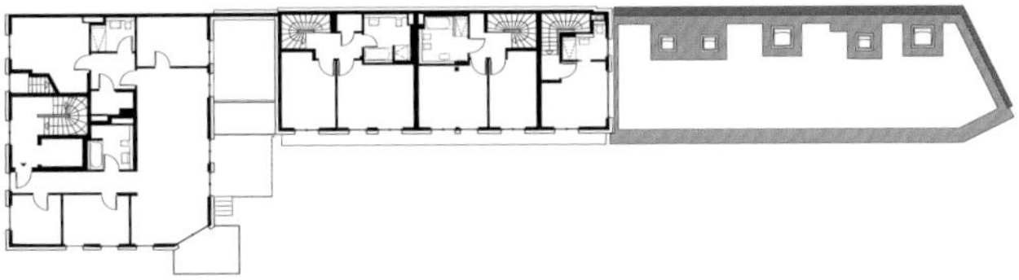
2. Obergeschoss

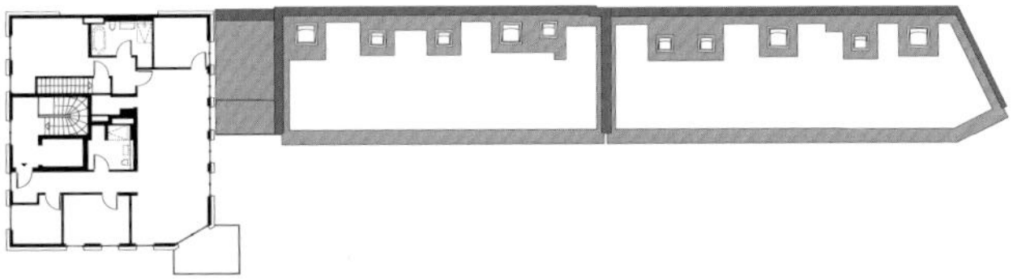
3. Obergeschoss

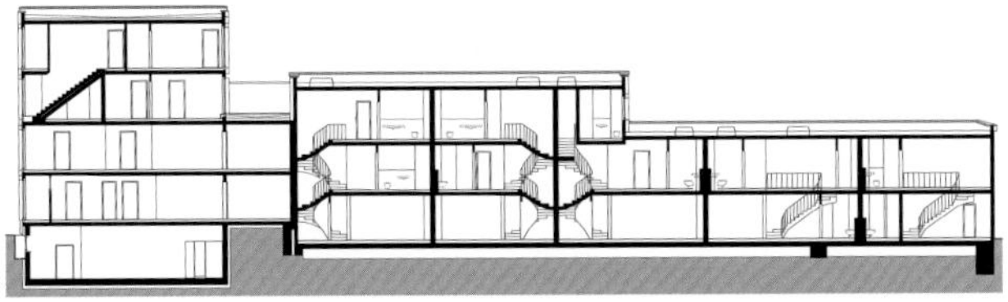
Schnitt A-A

Objektbeschreibung

Allgemeine Objektinformationen

Bei dem Bauvorhaben handelt es sich um den Neubau eines schlüsselfertigen, innerstädtischen Gebäudes mit elf Eigentumswohnungen für eine Baugemeinschaft. Das Projekt wurde als familiengerechtes Wohnhaus mit KfW-Förderung entwickelt. Fünf Wohneinheiten sind als Maisonette-Wohnungen mit internen Treppen ausgeführt. Das Vorderhaus ist unterkellert und bietet Stellplätze für Fahrräder. Es gibt keine Pkw-Stellplätze.

Nutzung

1 Untergeschoss
Technik, Fahrradkeller, Abstellräume

1 Erdgeschoss
Wohnen

3 Obergeschosse
Wohnen

Nutzeinheiten

Wohneinheiten: 11
Wohnfläche: 1.194 m^2

Grundstück

Bauraum: Beengter Bauraum
Neigung: Ebenes Gelände
Bodenklasse: BK 1 bis BK 3

Besonderer Kosteneinfluss Grundstück
Typischer Berliner Boden: stark sandig, teilweise lehmig, teilweise schluffig. Besonderer Aufwand wegen Angrenzungen und teilweise Unterfangungen von Nachbargebäuden

Markt

Hauptvergabezeit: 3.Quartal 2020
Baubeginn: 3.Quartal 2020
Bauende: 1.Quartal 2022
Konjunkturelle Gesamtlage: über Durchschnitt
Regionaler Baumarkt: über Durchschnitt

Baukonstruktion

Das Gebäude gründet auf Stb-Fundamenten und wurde in Massivbauweise mit einem WDVS und teilweise Riemchenbekleidung errichtet. Das UG ist als Weiße Wanne ausgebildet. Die Bodenplatte ist mit einer Bodenbeschichtung versehen. Alle Fenster sind aus Holz mit Dreifachverglasung ausgeführt und mit Alu-Raffstoreanlagen mit Motorantrieb ausgestattet. Im Innenbereich wurden Holz-Innentüren und teilweise Schiebetüren in GK-Taschen eingebaut. Die Trockenbauwände sind Q3-verspachtelt und beschichtet. Auf den Stb-Decken liegt schwimmend Zementestrich mit Parkett, Bodenfliesen oder Betonwerkstein. Das Vorderhaus hat ein Stb-Flachdach, der Seitenflügel zwei Pultdächer mit extensiver Dachbegrünung.

Technische Anlagen

Das Gebäude wurde als besonders energieeffizientes „KfW-55-Haus" gebaut. Im Untergeschoss versorgt ein zentrales Blockheizkraftwerk den Neubau mit Wärme und Warmwasser. Eine Fußbodenheizung verteilt die Wärme in den Räumen. In den Bädern sind Lüftungsanlagen ohne Wärmerückgewinnung vorhanden. im Vorderhaus steht ein Personenaufzug zur Verfügung. Die Luftdichtigkeit des Gebäudes wurde mit einem Blower-Door-Test nachgewiesen.

Sonstiges

Die Grundrisse der Wohnungen wurden in einem Workshopartigen Prozess gemeinsam mit den Bewohnern entwickelt.

Energetische Kennwerte

Gesetzliche Grundlage: EnEV 2013
Gebäudenutzfläche: 1.658,70 m^2
Gebäudevolumen: 5.762,10 m^3
A/V_e-Verhältnis (Kompaktheit): 0,43 m^{-1}
Hüllfläche des beheizten Volumens: 2.457,70 m^2
Spez. Transmissionswärmeverlust: 0,31 W/(m^2·K)
Spez. Jahresprimärenergiebedarf: 25,63 kWh/(m^2·a)
Spez. Jahresendenergiebedarf: 53,60 kWh/(m^2·a)
Spez. Jahresheizwärmebedarf: 30,70 kWh/(m^2·a)
Anlagenaufwandszahl: 0,59

Energetische Angaben zu Außenbauteilen

Bodenplatte

U-Wert: 0,18 W/(m2·K)

Gesamtdicke: 50,90 cm	d[cm]	l[W/(m·K)]
Estrich	6,50	1,400
Dämmung XPS	3,00	0,040
Schüttung	9,00	0,066
Bitumenbahn	0,40	0,170
Stahlbeton	20,00	2,300
Dämmung XPS	12,00	0,037

Außenwand

U-Wert: 0,19 W/(m2·K)

Gesamtdicke: 41,50 cm	d[cm]	l[W/(m·K)]
Innenputz	1,00	0,510
Kalksandstein	20,00	1,100
Kleber	0,50	0,900
Dämmung MW	18,00	0,036
Außenputz	2,00	1,000

Decke gegen Außenluft oben

U-Wert: 0,28 W/(m2·K)

Gesamtdicke: 33,20 cm	d[cm]	l[W/(m·K)]
Stahlbeton	20,00	2,300
Dampfsperre	0,40	0,170
Dämmung PS	12,00	0,037
Bitumenbahn	0,40	0,170
Bitumenbahn	0,40	0,170

Flachdach

U-Wert: 0,13 W/(m2·K)

Gesamtdicke: 48,20 cm	d[cm]	l[W/(m·K)]
Stahlbeton	22,00	2,300
Dampfsperre	0,40	0,170
Dämmung EPS	25,00	0,035
Bitumenbahn	0,40	0,170
Bitumenbahn	0,40	0,170

Steildach

U-Wert: 0,13 W/(m2·K)

Gesamtdicke: 48,20 cm	d[cm]	l[W/(m·K)]
Stahlbeton	22,00	2,300
Dampfsperre	0,40	0,170
Dämmung PS	25,00	0,035
Bitumenbahn	0,40	0,170
Bitumenbahn	0,40	0,170

Planungskennwerte für Flächen und Rauminhalte nach DIN 277

Flächen des Grundstücks		Menge Einheit	% an GF
BF	Bebaute Fläche	528,00 m²	45,3
UF	Unbebaute Fläche	637,00 m²	54,7
GF	Grundstücksfläche	1.165,00 m²	100,0

Grundflächen des Bauwerks		Menge Einheit	% an NUF	% an BGF
NUF	Nutzungsfläche	1.334,57 m²	100,0	72,1
TF	Technikfläche	39,00 m²	2,9	2,1
VF	Verkehrsfläche	135,00 m²	10,1	7,3
NRF	Netto-Raumfläche	1.508,57 m²	113,0	81,5
KGF	Konstruktions-Grundfläche	342,43 m²	25,7	18,5
BGF	Brutto-Grundfläche	1.851,00 m²	138,7	100,0

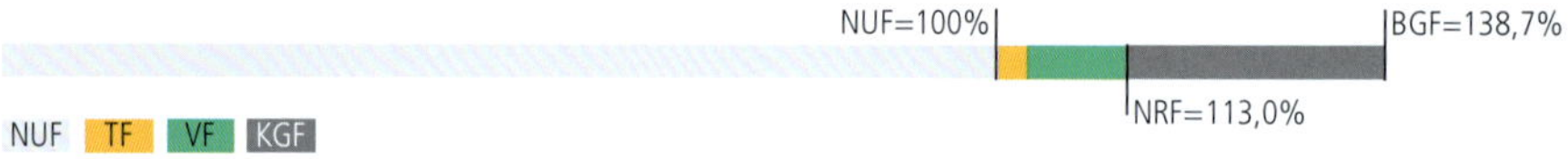

Brutto-Rauminhalt des Bauwerks		Menge Einheit	BRI/NUF (m)	BRI/BGF (m)
BRI	Brutto-Rauminhalt	5.616,00 m³	4,21	3,03

Kostenkennwerte für die Kostengruppen der 1.Ebene DIN 276

KG	Kostengruppen (1. Ebene)	Einheit	Kosten €	€/Einheit	€/m² BGF	€/m³ BRI	% 300+400
100	Grundstück	m² GF	–	–	–	–	–
200	Vorbereitende Maßnahmen	m² GF	166.907	143,27	90,17	29,72	4,2
300	Bauwerk – Baukonstruktionen	m² BGF	3.082.729	1.665,44	1.665,44	548,92	76,7
400	Bauwerk – Technische Anlagen	m² BGF	935.693	505,51	505,51	166,61	23,3
	Bauwerk 300+400	**m² BGF**	**4.018.423**	**2.170,95**	**2.170,95**	**715,53**	**100,0**
500	Außenanlagen und Freiflächen	m² AF	–	–	–	–	–
600	Ausstattung und Kunstwerke	m² BGF	–	–	–	–	–
700	Baunebenkosten	m² BGF	–	–	–	–	–
800	Finanzierung	m² BGF	–	–	–	–	–

KG	Kostengruppe	Menge Einheit	Kosten €	€/Einheit	%
200	**Vorbereitende Maßnahmen**	1.165,00 m² GF	166.907	**143,27**	4,2

Abbruch von Altbestand (Ruinen); Entsorgung, Deponiegebühren

KG	Kostengruppe	Menge Einheit	Kosten €	€/Einheit	%
3+4	**Bauwerk**				**100,0**
300	**Bauwerk – Baukonstruktionen**	1.851,00 m² BGF	3.082.729	**1.665,44**	76,7

Baugrubenaushub, Baugrubenverbau, teilweise Unterfangung Nachbargebäude; Stb-Fundamentplatte, Stb-Streifenfundamente, Abdichtung, Dämmung, Zementestrich, Bodenbeschichtung, Kiesfilterschicht, Perimeterdämmung, Sauberkeitsschicht; Stb-UG-Wände als Weiße Wanne, Stb-Außenwände, KS-Mauerwerkswände, Stb-Stützen, Holzfenster mit Dreifachverglasung, RC2 im EG, WDVS 20cm, teilweise mit Riemchen bekleidet, Alu-Raffstoreanlagen mit Motorantrieb, Flachstahl-Absturzsicherungen an Fenstern; Stb-Innenwände, KS-Mauerwerkswände, Trockenbauwände, Holz-Innentüren mit Umfassungszargen, teilweise Schiebetüren in GK-Taschen, Q3-Spachtelung, Innenputz, Wandbeschichtung; Stb-Decken, Stb-Balkone, Stb-FT-Treppen, Dämmung, Zementestrich, Parkett, Bodenfliesen, Betonwerkstein, Terrassendielen, Metallgeländer, teilweise mit Holzauflage; Stb-Flachdach, Stb-Pultdach, Lichtkuppeln, Wärmedämmung, Bekiesung, extensive Dachbegrünung, Dachentwässerung

KG	Kostengruppe	Menge Einheit	Kosten €	€/Einheit	%
400	**Bauwerk – Technische Anlagen**	1.851,00 m² BGF	935.693	**505,51**	23,3

Gebäudeentwässerung, Kalt- und Warmwasserleitungen, Sanitärobjekte; Blockheizkraftwerk für zentrale Warmwasserbereitung und Heizung, Fußbodenheizung; Lüftungsanlagen in Bädern, ohne Wärmerückgewinnung; Elektroinstallation, Ausstattungsgrad 2; Personenaufzug

6100-1610
Einfamilienhaus

Objektübersicht

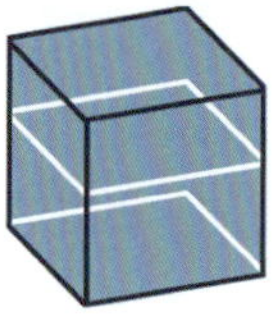

BRI 1.049€/m³

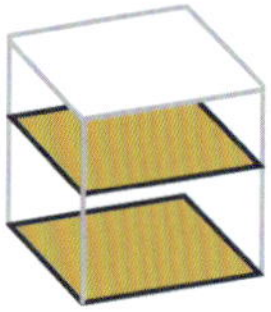

BGF 3.413€/m²

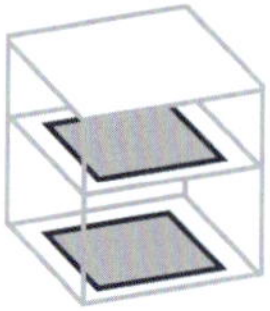

NUF 5.424€/m²

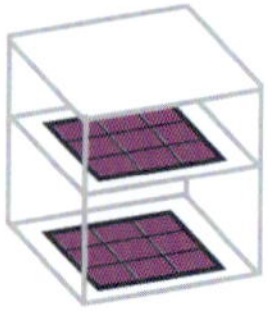

NE 5.807€/NE

NE: Wohnfläche

Objekt:
Kennwerte: 1.Ebene DIN 276
BRI: 591 m³
BGF: 182 m²
NUF: 114 m²
Bauzeit: 113 Wochen
Bauende: 2020
Standard: über Durchschnitt
Bundesland: Bayern
Kreis: Augsburg

Architekt*in:
Niebler + Thormann
Architekten GmbH
Reichsstraße 58
86609 Donauwörth

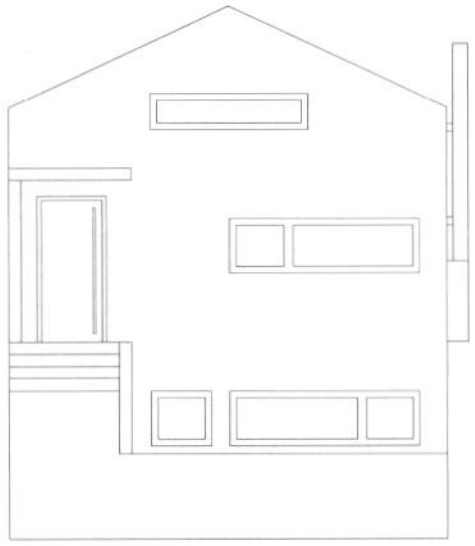
Ansicht Nord-West

Ansicht Nord-Ost

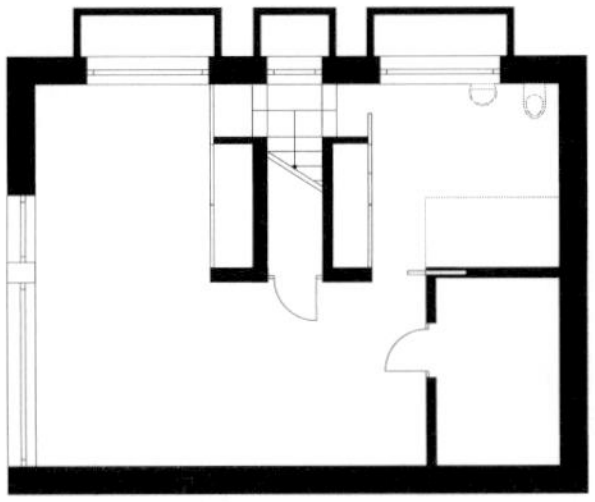
Untergeschoss

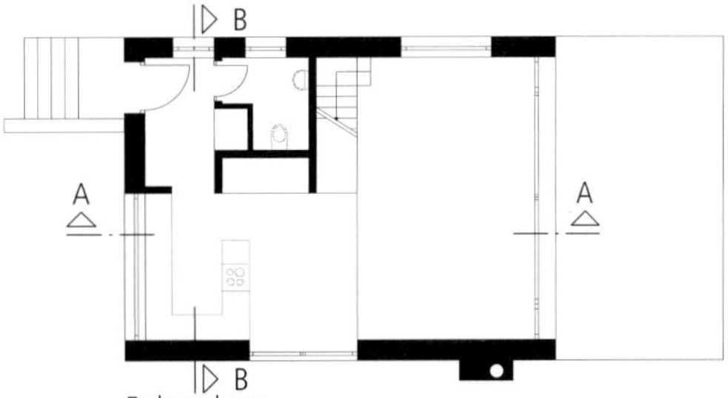

Erdgeschoss

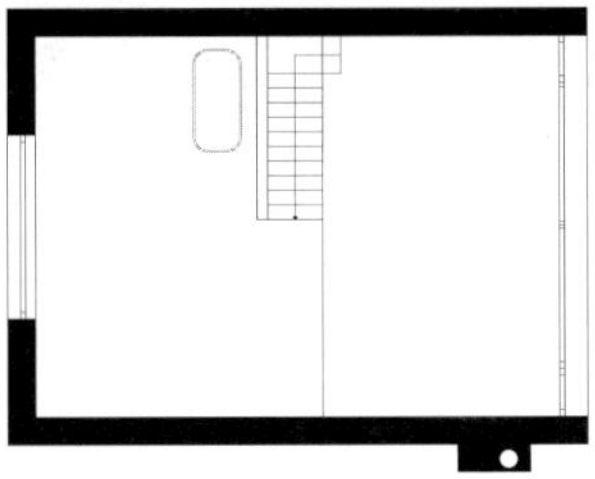
Dachgeschoss

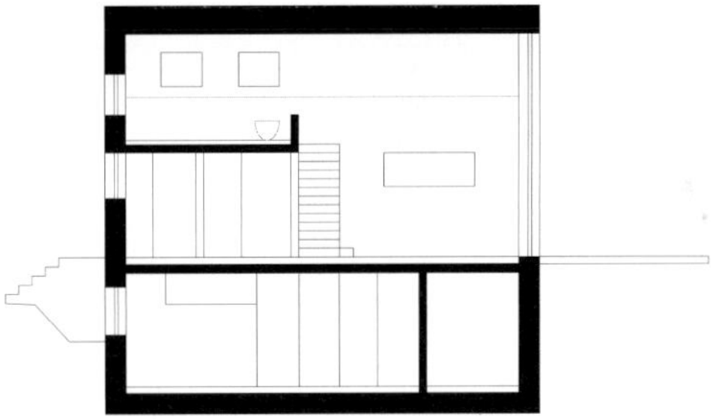
Schnitt A-A

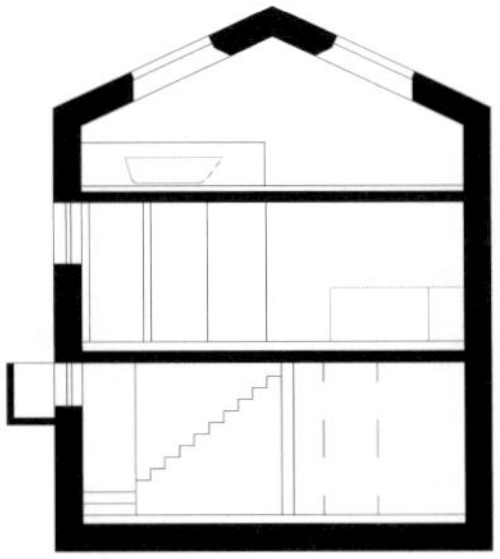
Schnitt B-B

Ansicht Süd-Ost

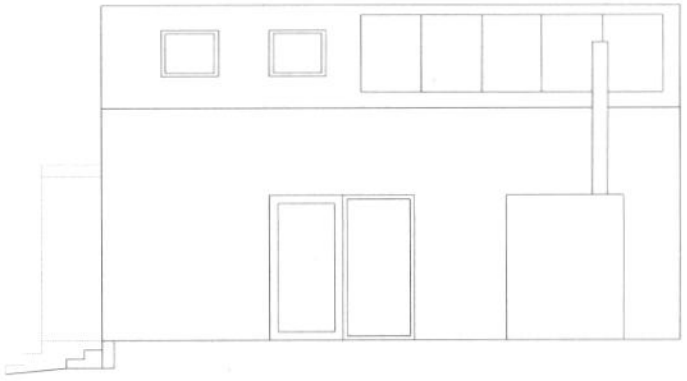
Ansicht Süd-West

Objektbeschreibung

Allgemeine Objektinformationen

Ziel des Projekts war es, den Wunsch nach einer kleinen Wohnfläche von ca. 100m² in einem Haus umzusetzen. Das Grundstück mit knapp 1.000m² und altem Baumbestand in Waldrandlage boten die Möglichkeit, eng mit der Natur zu planen ohne zu viele Einblicke zu gewähren. Das Maß der Bebaubarkeit durch den geltenden Bebauungsplan war stark eingeschränkt, so ergaben sich die Lage und Form des Hauses mittig im Grundstück.

Nutzung

1 Untergeschoss
Technik, Abstellraum, Bad, Zimmer

1 Erdgeschoss
Wohnen, Essen, Kochen, WC

1 Dachgeschoss
Schlafbereich (Galerie)

Nutzeinheiten

Wohneinheiten: 1
Wohnfläche: 107m²

Grundstück

Bauraum: Freier Bauraum
Neigung: Geneigtes Gelände
Bodenklasse: BK 1 bis BK 3

Markt

Hauptvergabezeit: 2.Quartal 2015
Baubeginn: 1.Quartal 2018
Bauende: 1.Quartal 2020
Konjunkturelle Gesamtlage: Durchschnitt
Regionaler Baumarkt: unter Durchschnitt

Baukonstruktion

Die Grundkonstruktion des gesamten Hauses ist aus Beton. Dadurch konnte der Giebel stützenfrei gehalten werden. Alle Außenwände und auch die 25° geneigten Dachflächen sind als Sichtbeton vor Ort betoniert. Dachflächen sowie Fassaden sind durchgehend flächenbündig mit einer schwarzblauen Faserzement-Doppeldeckung bekleidet. Die Entwässerung der Dachflächen erfolgt verdeckt in der Hinterlüftungsebene, um von der schlichten Fassade nicht abzulenken. Durch die solaren Einträge der großen Giebelverglasung und die hochwertige Dämmung der Gebäudehülle erreicht das Haus den Effizienzhaus-55-Standard. Auf Türen wurde verzichtet und stattdessen mit raumhohen Schiebeelementen gearbeitet. Im Untergeschoss dienen diese gleichzeitig als räumliche Trennung zur Treppe. Über alle drei Ebenen ist Eichenparkett durchlaufend verlegt.

Technische Anlagen

Neben einem Kamin mit Wassertasche wird das Haus über eine kleine Pelletanlage beheizt, die aus Platzgründen dezentral in der bereits bestehenden Garage untergebracht ist. Im Sommerhalbjahr decken 16m² Solarkollektoren den Warmwasser- und Heizungsbedarf über einen 1.000l großen Pufferspeicher.

Energetische Kennwerte

Gesetzliche Grundlage: EnEV 2013
Gebäudenutzfläche: 189,10m²
Gebäudevolumen: 591,00m³
A/V_e-Verhältnis (Kompaktheit): 0,63m⁻¹
Hüllfläche des beheizten Volumens: 374,46m²
Spez. Transmissionswärmeverlust: 0,28W/(m²·K)
Spez. Jahresprimärenergiebedarf: 18,92kWh/(m²·a)
Anlagenaufwandszahl: 0,43

Energetische Angaben zu Außenbauteilen

Bodenplatte

U-Wert: 0,14 W/(m²·K)

Gesamtdicke: 53,50 cm	d [cm]	l [W/(m·K)]
Parkett	1,50	0,130
Estrich	7,00	1,400
Trittschalldämmung	8,00	0,024
Stahlbeton	25,00	2,500
Dämmung XPS	12,00	0,033

Außenwand gegen Erdreich

U-Wert: 0,13 W/(m²·K)

Gesamtdicke: 48,00 cm	d [cm]	l [W/(m·K)]
Stahlbeton	24,00	2,500
Dämmung XPS	24,00	0,033

Außenwand

U-Wert: 0,16 W/(m²·K)

Gesamtdicke: 46,06 cm	d [cm]	l [W/(m·K)]
Stahlbeton	20,00	2,500
Dämmung PIR	10,00	0,024
Holz	10,00	0,130
Dämmung PIR	8,00	0,024
Holz	8,00	0,130
PE-Folie	0,06	0,300
Faserzementplatte	8,00	1.000,000

Dach

U-Wert: 0,16 W/(m²·K)

Gesamtdicke: 46,06 cm	d [cm]	l [W/(m·K)]
Stahlbeton	20,00	2,500
Dämmung PIR	10,00	0,024
Holz	10,00	0,130
Dämmung PIR	8,00	0,024
Holz	8,00	0,130
PE-Folie	0,06	0,300
Faserzementplatte	8,00	1.000,000

Planungskennwerte für Flächen und Rauminhalte nach DIN 277

Flächen des Grundstücks		Menge Einheit	% an GF
BF	Bebaute Fläche	–	–
UF	Unbebaute Fläche	–	–
GF	Grundstücksfläche	–	–

Grundflächen des Bauwerks		Menge Einheit	% an NUF	% an BGF
NUF	Nutzungsfläche	114,32 m²	100,0	62,9
TF	Technikfläche	6,25 m²	5,5	3,4
VF	Verkehrsfläche	12,37 m²	10,8	6,8
NRF	Netto-Raumfläche	132,94 m²	116,3	73,2
KGF	Konstruktions-Grundfläche	48,72 m²	42,6	26,8
BGF	Brutto-Grundfläche	181,66 m²	158,9	100,0

Brutto-Rauminhalt des Bauwerks		Menge Einheit	BRI/NUF (m)	BRI/BGF (m)
BRI	Brutto-Rauminhalt	591,00 m³	5,17	3,25

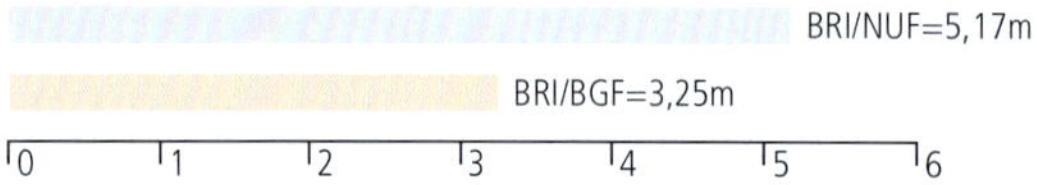

Kostenkennwerte für die Kostengruppen der 1.Ebene DIN 276

KG	Kostengruppen (1.Ebene)	Einheit	Kosten €	€/Einheit	€/m² BGF	€/m³ BRI	% 300+400
100	Grundstück	m² GF	–	–	–	–	–
200	Vorbereitende Maßnahmen	m² GF	–	–	–	–	–
300	Bauwerk – Baukonstruktionen	m² BGF	503.769	2.773,14	2.773,14	852,40	81,2
400	Bauwerk – Technische Anlagen	m² BGF	116.254	639,96	639,96	196,71	18,8
	Bauwerk 300+400	**m² BGF**	**620.023**	**3.413,09**	**3.413,09**	**1.049,11**	**100,0**
500	Außenanlagen und Freiflächen	m² AF	–	–	–	–	–
600	Ausstattung und Kunstwerke	m² BGF	–	–	–	–	–
700	Baunebenkosten	m² BGF	–	–	–	–	–
800	Finanzierung	m² BGF	–	–	–	–	–

KG	Kostengruppe	Menge Einheit	Kosten €	€/Einheit	%
3+4	**Bauwerk**				**100,0**
300	**Bauwerk – Baukonstruktionen**	181,66 m² BGF	503.769	**2.773,14**	81,2

Baugrubenaushub; Stb-Fundamentplatte, Abdichtung, Estrich, Eichenparkett, Natursteinbelag, Perimeterdämmung, Kiesfilter, Sauberkeitsschicht; Stb-Außenwände, Ortbeton, innenseitig Sichtbeton, Holz-Alufenster, Wärmedämmung, Faserzement-Fassade mit Doppeldeckung, Sonnenschutz-Jalousien; Stb-Innenwände, raumhohe Schiebeelemente, teilweise gleichzeitig als räumliche Trennung; Stb-Decken, Stb-Treppe, auskragende Freitreppe ins DG; Stb-Satteldach, innenseitig Sichtbeton, Dachflächenfenster, Faserzement-Dachdeckung, Dachentwässerung verdeckt in der Hinterlüftungsebene; Einbauschränke, Einbauküche

KG	Kostengruppe	Menge Einheit	Kosten €	€/Einheit	%
400	**Bauwerk – Technische Anlagen**	181,66 m² BGF	116.254	**639,96**	18,8

Gebäudeentwässerung, Kalt- und Warmwasserleitungen, Sanitärobjekte; Pelletanlage (in separater Garage), Nahwärmeleitung zum Haus, Stückholzkaminofen mit Wassertasche und Anbindung an Pufferspeicher 1.000l, Brauchwasser-Solaranlage 16m²; Elektroinstallation, Einbaustrahler; Bussystem

6100-1611
Tiny House

Objektübersicht

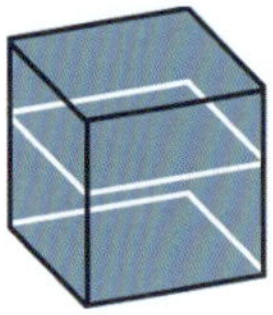

BRI 872 €/m³

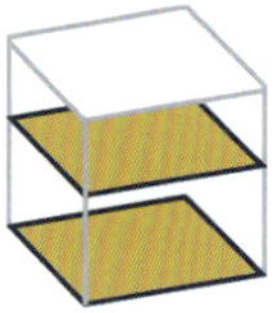

BGF 3.385 €/m²

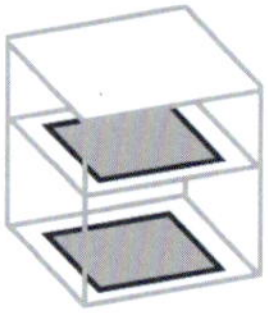

NUF 5.654 €/m²

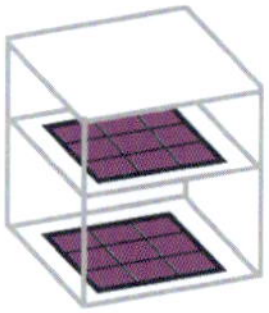

NE 4.774 €/NE
NE: Wohnfläche

Objekt:
Kennwerte: 1. Ebene DIN 276
BRI: 115 m³
BGF: 30 m²
NUF: 18 m²
Bauzeit: 18 Wochen
Bauende: 2021
Standard: über Durchschnitt
Bundesland: Bayern
Kreis: Traunstein

Architekt*in:
DIESSBACHER ARCHITEKTUR GmbH
Marienstraße 9
83278 Traunstein

© Marcel Laponder Photography

© Marcel Laponder Photography

© Marcel Laponder Photography

© Marcel Laponder Photography

Ansicht Nord

Ansicht West

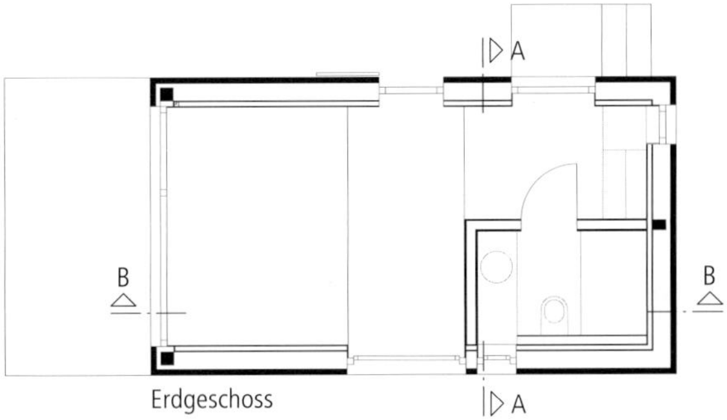

Erdgeschoss

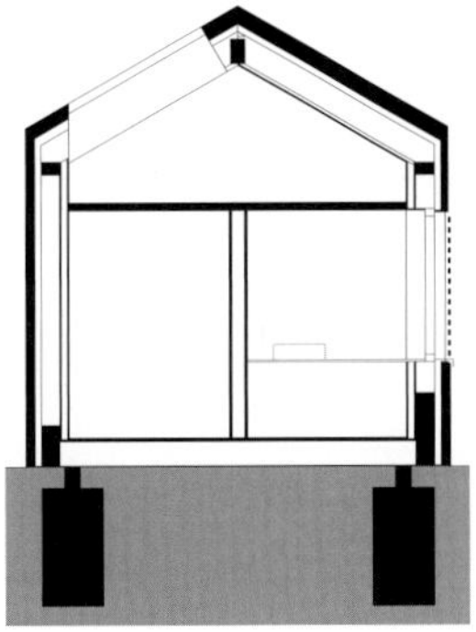
Schnitt A-A

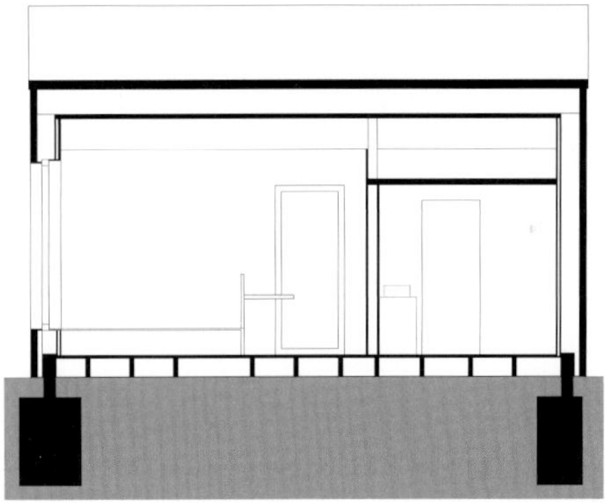
Schnitt B-B

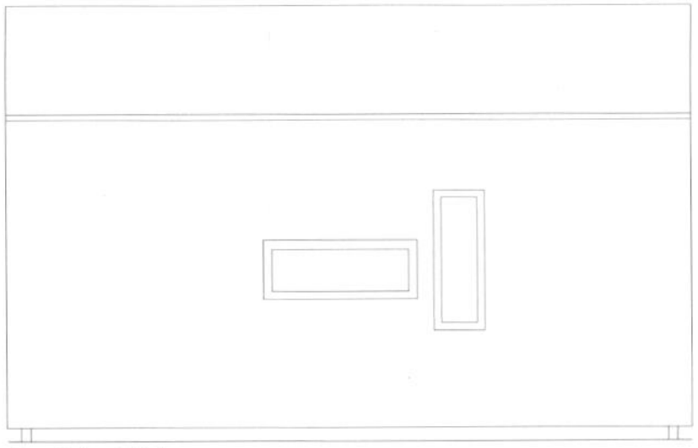
Ansicht Süd

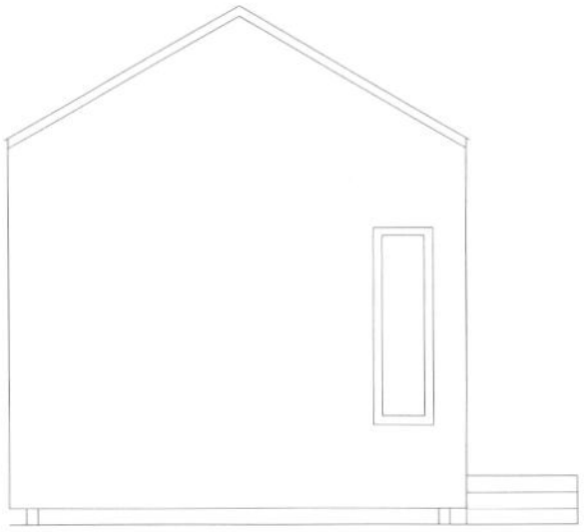
Ansicht Ost

Objektbeschreibung

Allgemeine Objektinformationen

Das Tiny House ergänzt das bestehende Zweifamilienhaus um eine eigene kleine Wohneinheit. Durch seine reduzierte Formensprache und seine Außenhaut aus unbehandelter Lärche fügt es sich wie ein Gartenhaus ganz selbstverständlich in die Umgebung ein. Es wird vor allem als privates Gästehaus genutzt, ist aber auch Rückzugsort und Yogaraum für die Bauherrn.

Nutzung

1 Erdgeschoss
Wohnen

Nutzeinheiten

Wohneinheiten: 1
Wohnfläche: 21 m²

Grundstück

Bauraum: Freier Bauraum
Neigung: Ebenes Gelände
Bodenklasse: BK 1 bis BK 3

Markt

Hauptvergabezeit: 4. Quartal 2020
Baubeginn: 4. Quartal 2020
Bauende: 1. Quartal 2021
Konjunkturelle Gesamtlage: über Durchschnitt
Regionaler Baumarkt: unter Durchschnitt

Baukonstruktion

Das kleine Haus ist in Holzrahmenbauweise errichtet. Der Boden besteht aus einer Holzbalkenlage, die auf Einzelfundamenten aufgeständert steht. Das Satteldach wurde als klassischer zimmermannsmäßiger Dachstuhl aufgestellt. Die Verwendung ökologische Baustoffe war ein wichtiger Bestandteil des Projekts. Die Dämmung der Wände, des Dachs und des Balkenbodens erfolgte mit Holzfaser-Einblasdämmung. Es wurden Holzfenster mit Dreifach-Wärmeschutzverglasung eingebaut. Außen erhielt das Häuschen eine vertikale Schalung aus unbehandeltem Lärchenholz in verschiedenen Brettbreiten. Die Dachuntersicht innen besteht aus Fichten-Dreischichtplatten, der Fußboden aus Fichtendielen.

Technische Anlagen

Das Tiny House wird durch Fernwärme von der Luft-Wasser-Wärmepumpe des Hauptwohnhauses mit versorgt. Aufgrund der geringen Fläche und des hohen Energiestandards (KfW 40) ist die Versorgung unproblematisch möglich. Strom- und Wasserversorgung funktionieren ebenfalls über den Anschluss an das Hauptwohngebäude.

Sonstiges

Es gibt eine Schlafgalerie mit großem Dachfenster, das zum einen auf der Galerie Platz schafft, zum anderen den Blick in die Sterne ermöglicht. Der Wohnraum ist in einem Teilbereich durch ein Podest erhöht. Dieses Podest bietet Stauraum mittels Schubladen und gliedert den Raum. Das Podest sowie die anderen Einbauten wie Küchenzeile, Esstisch, Waschtisch und Schlafgalerie mit Treppe wurden von der Architektin geplant und von einem Schreiner umgesetzt.

Energetische Kennwerte

Gesetzliche Grundlage: EnEV 2013
Gebäudenutzfläche: 35,60 m²
Gebäudevolumen: 111,40 m³
A/V_e-Verhältnis (Kompaktheit): 1,26 m^{-1}
Hüllfläche des beheizten Volumens: 140,90 m²
Spez. Transmissionswärmeverlust: 0,21 W/(m²·K)
Spez. Jahresprimärenergiebedarf: 54,13 kWh/(m²·a)
Spez. Jahresendenergiebedarf: 61,20 kWh/(m²·a)
Spez. Jahresheizwärmebedarf: 48,00 kWh/(m²·a)
Anlagenaufwandszahl: 0,89

Energetische Angaben zu Außenbauteilen

Bodenplatte

U-Wert: 0,20 W/(m2·K)

Gesamtdicke: 28,95 cm	d[cm]	l[W/(m·K)]
Parkett	1,50	0,130
OSB-Platte	2,20	0,130
Dämmung Zellulose	24,00	0,039
Holz	24,00	0,130
Leichtbetonbauplatte	1,25	0,290

Außenwand hinterlüftet

U-Wert: 0,14 W/(m2·K)

Gesamtdicke: 33,10 cm	d[cm]	l[W/(m·K)]
Holz	1,50	0,130
Dämmung HF	6,00	0,040
Holz	6,00	0,130
OSB-Platte	1,50	0,130
Dämmung Zellulose	18,00	0,039
Holz	18,00	0,130
Dämmung HF	6,00	0,039
PE-Folie	0,10	2,300

Dach hinterlüftet

U-Wert: 0,14 W/(m2·K)

Gesamtdicke: 36,12 cm	d[cm]	l[W/(m·K)]
GK-Platte	1,52	0,250
Luftschicht	3,00	0,156
Holz	3,00	0,130
OSB-Platte	1,50	0,130
Dämmung Zellulose	24,00	0,039
Holz	24,00	0,130
Dämmung HF	6,00	0,039
PE-Folie	0,10	0,039

Planungskennwerte für Flächen und Rauminhalte nach DIN 277

Flächen des Grundstücks		Menge Einheit	% an GF
BF	Bebaute Fläche	284,98 m²	24,1
UF	Unbebaute Fläche	899,02 m²	75,9
GF	Grundstücksfläche	1.184,00 m²	100,0

Grundflächen des Bauwerks		Menge Einheit	% an NUF	% an BGF
NUF	Nutzungsfläche	17,67 m²	100,0	59,9
TF	Technikfläche	–	–	–
VF	Verkehrsfläche	3,26 m²	18,4	11,0
NRF	Netto-Raumfläche	20,93 m²	118,4	70,9
KGF	Konstruktions-Grundfläche	8,59 m²	48,6	29,1
BGF	Brutto-Grundfläche	29,52 m²	167,1	100,0

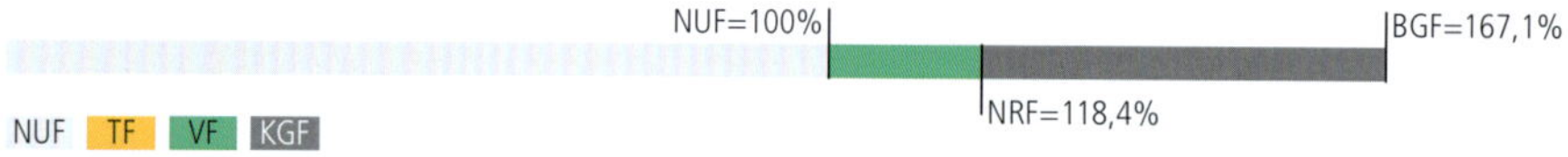

Brutto-Rauminhalt des Bauwerks		Menge Einheit	BRI/NUF (m)	BRI/BGF (m)
BRI	Brutto-Rauminhalt	114,54 m³	6,48	3,88

Kostenkennwerte für die Kostengruppen der 1.Ebene DIN 276

KG	Kostengruppen (1.Ebene)	Einheit	Kosten €	€/Einheit	€/m² BGF	€/m³ BRI	% 300+400
100	Grundstück	m² GF	–	–	–	–	–
200	Vorbereitende Maßnahmen	m² GF	–	–	–	–	–
300	Bauwerk – Baukonstruktionen	m² BGF	75.884	2.570,60	2.570,60	662,51	76,0
400	Bauwerk – Technische Anlagen	m² BGF	24.027	813,93	813,93	209,77	24,0
	Bauwerk 300+400	**m² BGF**	**99.911**	**3.384,53**	**3.384,53**	**872,28**	**100,0**
500	Außenanlagen und Freiflächen	m² AF	–	–	–	–	–
600	Ausstattung und Kunstwerke	m² BGF	–	–	–	–	–
700	Baunebenkosten	m² BGF	–	–	–	–	–
800	Finanzierung	m² BGF	–	–	–	–	–

KG	Kostengruppe	Menge Einheit	Kosten €	€/Einheit	%
3+4	**Bauwerk**				**100,0**
300	**Bauwerk – Baukonstruktionen**	29,52 m² BGF	75.884	**2.570,60**	76,0

Erdarbeiten, Stb-Streifenfundamente, Holzbalkenlage, Zellulosefaserdämmung, Fichtendielen, Bodenfliesen, Abdichtung; Holzrahmen-Außenwände, Holzfenster mit Dreifach-Wärmeschutzverglasung, Eingangstür, Außenschalung Lärche, Dispersionsbeschichtung, Wandfliesen; Holzrahmen-Innenwände, Innentür; Holzdachstuhl, Holzfaserdämmung, Dachfenster, Ziegeldeckung, GK-Bekleidung, Dachentwässerung; Schlafgalerie mit Stahl-Holztreppe, Podest im Wohnbereich als Stauraum, Einbauküchenzeile

KG	Kostengruppe	Menge Einheit	Kosten €	€/Einheit	%
400	**Bauwerk – Technische Anlagen**	29,52 m² BGF	24.027	**813,93**	24,0

Gebäudeentwässerung, Anschluss an bestehenden Revisionsschacht, Kalt- und Warmwasserleitungen, Sanitärobjekte; Fernwärmeanschluss an bestehende Luft-Wasser-Wärmepumpe von Wohnhaus, Wandheizung; Elektroinstallation, Anschluss an bestehendes Wohnhaus

6100-1612
Mehrfamilienhaus
(33 WE)
TG (42 STP)

Objektübersicht

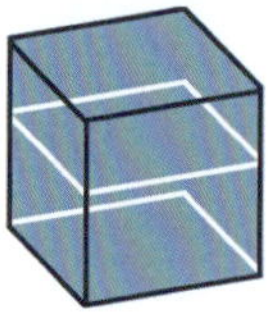

BRI 678 €/m³

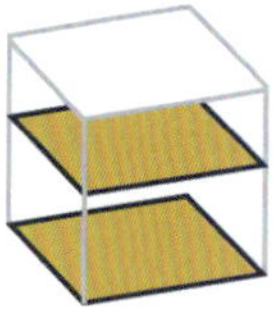

BGF 2.227 €/m²

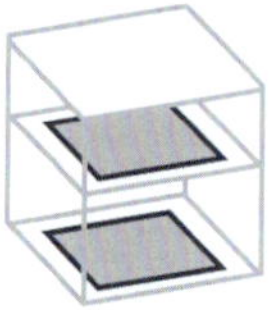

NUF 4.144 €/m²

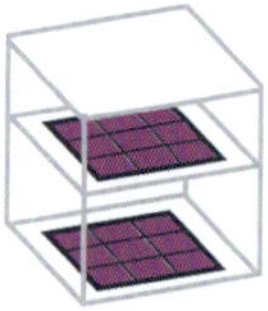

NE 8.029 €/NE

NE: Wohnfläche

Objekt:
Kennwerte: 1.Ebene DIN 276
BRI: 10.557 m³
BGF: 3.212 m²
NUF: 1.726 m²
Bauzeit: 79 Wochen
Bauende: 2021
Standard: über Durchschnitt
Bundesland: Bayern
Kreis: Regensburg, Stadt

Architekt*in:
Bayerische Staatsforsten AöR
Thomas Feigl & Lisa Schex
Tillystraße 2
93053 Regensburg

Bauherr*in:
Bayerische Staatsforsten AöR

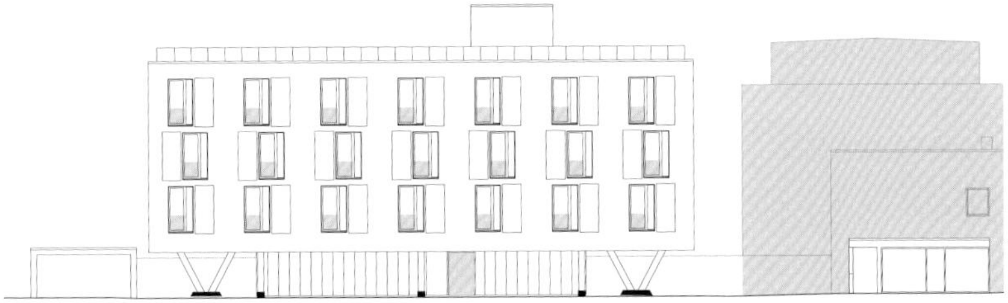

Ansicht Nord-Ost

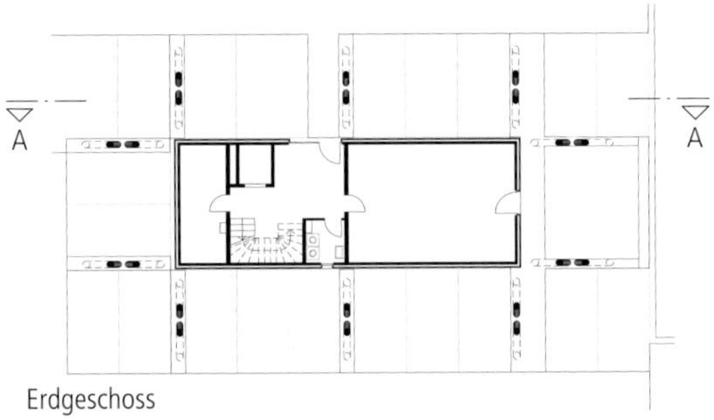

Erdgeschoss

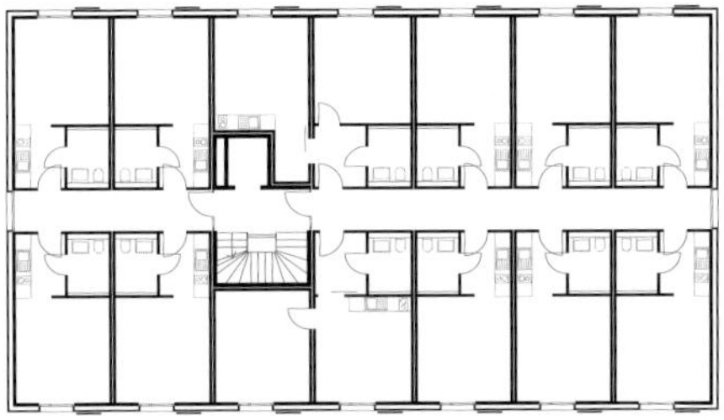

1.+2. Obergeschoss

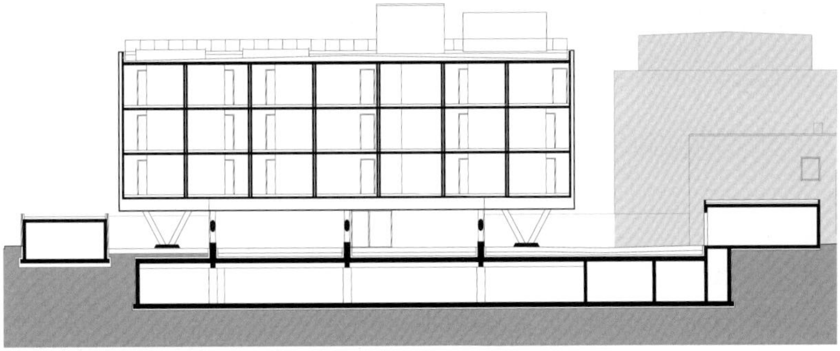

Schnitt A-A

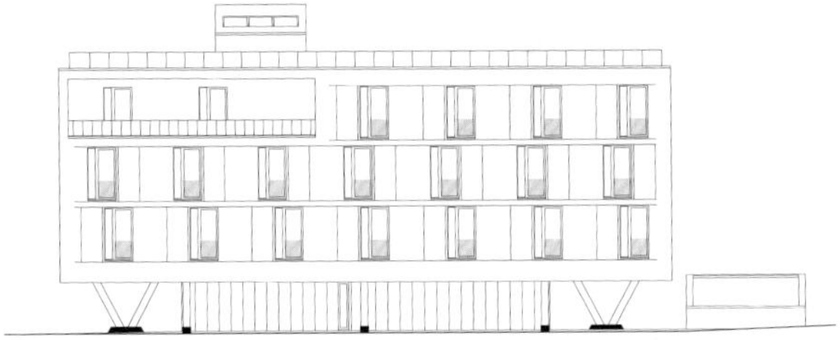

Ansicht Süd-West

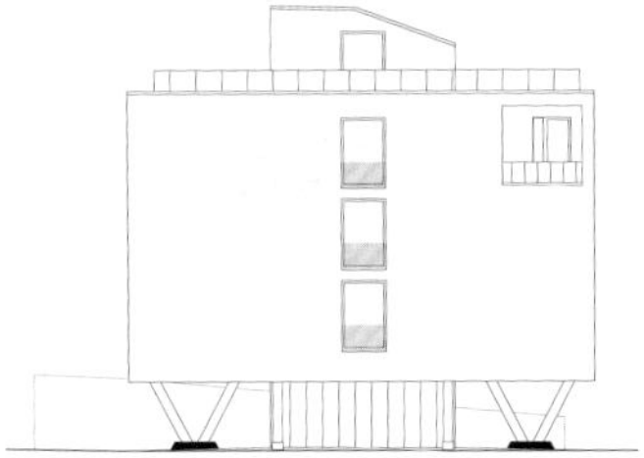

Ansicht Nord-West

Objektbeschreibung

Allgemeine Objektinformationen

Für den Neubau wurde eine als Mitarbeiterparkplatz genutzte Fläche herangezogen, um u. a. auch für Mitarbeiter*innen neuen Wohnraum zu schaffen. Auf insgesamt sechs Ebenen überlagern sich unterschiedliche Nutzungen: Die ehemaligen Mitarbeiterparkplätze stehen in der Tiefgarage zur Verfügung, die Bewohner parken direkt unter dem aufgeständerten Gebäude im Erdgeschossbereich. Durch die Überbauung und innerstädtische Nachverdichtung entsteht dringend benötigter Wohnraum ohne neue Flächen zu erschließen und zu versiegeln. Das Flachdach als grüne Oase steht allen Hausbewohnern mit der Möglichkeit zum urban gardening zur Verfügung.

Nutzung

1 Untergeschoss
Tiefgarage: 42 Stellplätze

1 Erdgeschoss
Erschließung, Abstellräume, Technikräume, Müll, Fahrräder, 21 Stellplätze unter Dach

3 Obergeschosse
26 Einzimmerwohnungen
7 Zweizimmerwohnungen

1 Dachgeschoss
Dachgarten für alle Mieter*innen

Nutzeinheiten

Stellplätze: 75
Wohneinheiten: 33
Wohnfläche: 891 m²

Grundstück

Bauraum: Beengter Bauraum
Neigung: Ebenes Gelände
Bodenklasse: BK 1 bis BK 5

Besonderer Kosteneinfluss Grundstück
Ehem. Parkplatz der Betriebszentrale der Bayerischen Staatsforsten in Regensburg

Markt

Hauptvergabezeit: 2. Quartal 2019
Baubeginn: 3. Quartal 2019
Bauende: 1. Quartal 2021
Konjunkturelle Gesamtlage: über Durchschnitt
Regionaler Baumarkt: Durchschnitt

Baukonstruktion

Die Tiefgarage des Gebäudes ist massiv ausgeführt. Der Erschließungskern ist aus Stahlbeton und hat im EG eine vierseitig auskragende Decke als Tragrost aus Baubuche und Stahl. Ab dem EG sind alle Geschosse in Massivholz erstellt. Die Oberflächen wurden in Sichtqualität ausgeführt. Die Fassade besteht aus einer karbonisierten Holzoberfläche, die bodentiefen Lärchenholzfenster haben Schiebeläden. Der Boden wurde mit Eichendielen belegt oder als Estrichbeschichtung ausgeführt. Die Bäder sind raumhoch gefliest. Das Flachdach ist intensiv begrünt.

Technische Anlagen

Das Haus ist über einen Nahwärmeanschluss an die Biomasseheizung der angrenzenden Betriebszentrale angeschlossen. Über eine Fußbodenheizung wird die Wärme in den Räumen verteilt. Die Bäder verfügen über eine dezentrale Abluftanlage, die Zuluft erfolgt über Außenluftdurchlässe.

Sonstiges

In den 26 Einzimmerwohnungen wird die Küche vom Vermieter zur Verfügung gestellt. Alle Wohneinheiten sind barrierefrei.

Energetische Kennwerte

Gesetzliche Grundlage: EnEV 2013
Gebäudenutzfläche: 1.142,67 m²
Gebäudevolumen: 3.570,83 m³
A/V_e-Verhältnis (Kompaktheit): 0,49 m^{-1}
Hüllfläche des beheizten Volumens: 1.752,95 m²
Spez. Transmissionswärmeverlust: 0,29 W/(m²·K)
Spez. Jahresprimärenergiebedarf: 20,30 kWh/(m²·a)
Spez. Jahresendenergiebedarf: 57,70 kWh/(m²·a)
Anlagenaufwandszahl: 0,17

Energetische Angaben zu Außenbauteilen

Decke gegen Außenluft unten

U-Wert: 0,07 W/(m2·K)

Gesamtdicke: 78,77 cm	d[cm]	l[W/(m·K)]
Estrich	6,50	1,400
PE-Folie	0,02	0,330
Dämmung MW	4,00	0,035
Schüttung	8,50	0,700
Holz (Brettsperrholz)	16,00	0,130
Dämmung MW	40,00	0,035
GK-Platte	1,25	0,250
HWL-Platte	2,50	0,080

Außenwand hinterlüftet

U-Wert: 0,18 W/(m2·K)

Gesamtdicke: 28,00 cm	d[cm]	l[W/(m·K)]
Holz (Brettsperrholz)	10,00	0,130
Dämmung MW	18,00	0,040

Decke gegen Außenluft oben

U-Wert: 0,17 W/(m2·K)

Gesamtdicke: 61,00 cm	d[cm]	l[W/(m·K)]
Holz (Brettsperrholz)	18,00	0,130
Schüttung	7,00	0,700
Dampfsperre	1,00	0,170
Dämmung EPS	16,00	0,040
Abdichtung	1,00	0,170
Kies	18,00	0,700

Dach

U-Wert: 0,29 W/(m2·K)

Gesamtdicke: 44,00 cm	d[cm]	l[W/(m·K)]
Stahlbeton	20,00	2,300
Dampfsperre	1,00	0,170
Dämmung EPS	12,00	0,040
Abdichtung	1,00	17,000
Kies	10,00	0,700

Planungskennwerte für Flächen und Rauminhalte nach DIN 277

Flächen des Grundstücks		Menge Einheit	% an GF
BF	Bebaute Fläche	3.968,94 m²	70,2
UF	Unbebaute Fläche	1.684,06 m²	29,8
GF	Grundstücksfläche	5.653,00 m²	100,0

Grundflächen des Bauwerks		Menge Einheit	% an NUF	% an BGF
NUF	Nutzungsfläche	1.725,93 m²	100,0	53,7
TF	Technikfläche	33,72 m²	2,0	1,0
VF	Verkehrsfläche	1.017,61 m²	59,0	31,7
NRF	Netto-Raumfläche	2.777,26 m²	160,9	86,5
KGF	Konstruktions-Grundfläche	434,59 m²	25,2	13,5
BGF	Brutto-Grundfläche	3.211,85 m²	186,1	100,0

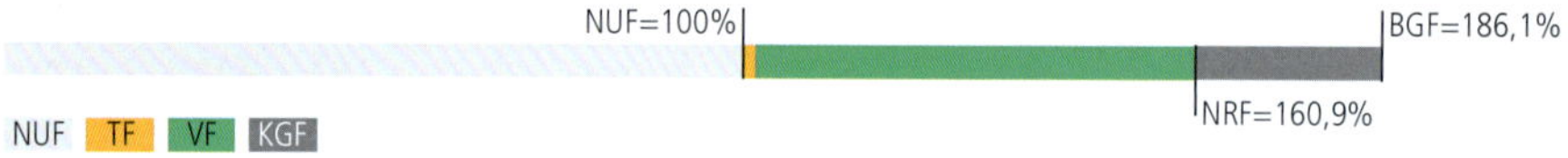

Brutto-Rauminhalt des Bauwerks		Menge Einheit	BRI/NUF (m)	BRI/BGF (m)
BRI	Brutto-Rauminhalt	10.557,35 m³	6,12	3,29

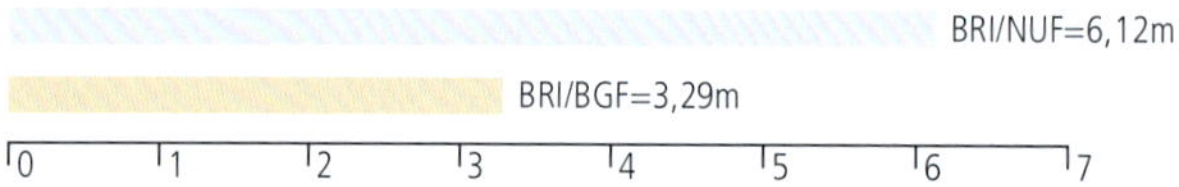

Kostenkennwerte für die Kostengruppen der 1.Ebene DIN 276

KG	Kostengruppen (1.Ebene)	Einheit	Kosten €	€/Einheit	€/m² BGF	€/m³ BRI	% 300+400
100	Grundstück	m² GF	–	–	–	–	–
200	Vorbereitende Maßnahmen	m² GF	–	–	–	–	–
300	Bauwerk – Baukonstruktionen	m² BGF	6.487.099	2.019,74	2.019,74	614,46	90,7
400	Bauwerk – Technische Anlagen	m² BGF	665.555	207,22	207,22	63,04	9,3
	Bauwerk 300+400	**m² BGF**	**7.152.654**	**2.226,96**	**2.226,96**	**677,50**	**100,0**
500	Außenanlagen und Freiflächen	m² AF	238.714	–	74,32	22,61	3,3
600	Ausstattung und Kunstwerke	m² BGF	–	–	–	–	–
700	Baunebenkosten	m² BGF	–	–	–	–	–
800	Finanzierung	m² BGF	–	–	–	–	–

KG	Kostengruppe	Menge Einheit	Kosten €	€/Einheit	%
3+4	**Bauwerk**				**100,0**
300	**Bauwerk – Baukonstruktionen**	3.211,85 m² BGF	6.487.099	**2.019,74**	90,7

Stb-Bodenplatte, Bodenbeschichtung, Kiesfilterschicht, Sauberkeitsschicht; Brettsperrholz-Außenwände in Sichtqualität, Stb-Wände, Sichtbeton, Holzfenster, karbonisierte Holzfassade, Holzoberflächen geölt, Wandfliesen, Holz-Schiebeläden, Glasbrüstungen; Brettsperrholz-Innenwände in Sichtqualität, Stb-Wände, Sichtbeton, Holzoberflächen geölt, Wandfliesen, Wandspiegel, flächenbündig, Innentüren; vierseitig auskragende Decke als Hybrid-Konstruktion Stahl-Baubuche über EG, Brettschichtholzdecken über OGs, zementgebundene Estrichbeschichtung, Eichendielen, geölt; Brettschichtholz-Flachdach, Abdichtung, intensive Dachbegrünung als Dachgarten mit bis zu 60cm Substrathöhe; Küche mit Schränken, Regalen, Herd, Kühlschrank und Spülmaschine

KG	Kostengruppe	Menge Einheit	Kosten €	€/Einheit	%
400	**Bauwerk – Technische Anlagen**	3.211,85 m² BGF	665.555	**207,22**	9,3

Gebäudeentwässerung, Kalt- und Warmwasserleitungen, Sanitärobjekte, Glas-Duschtrennwände; Nahwärmeanschluss, Fußbodenheizung; Außenluftdurchlässe im Bereich Fensterstürze, Abluft in innenliegenden Bädern; Elektroinstallation; Hausalarmanlage mit Druckknopfmeldern und akustischem Signalgeber in jedem Aufenthaltsraum (Kompensationsmaßnahme für brennbare Oberflächen im Flurbereich und 1.Rettungsweg durch offene Mittelgarage im EG)

KG	Kostengruppe	Menge Einheit	Kosten €	€/Einheit	%
500	**Außenanlagen und Freiflächen**	–	238.714	–	3,3

Rasenfugenpflaster; Kinderspielplatz mit Balanciergeräten, Sandkasten, Holzliegen, Bänke, Rohstahl-Pflanztröge; Bäume, tierfreundliche Stauden, Gräser

6100-1613
Mehrfamilienhaus
(44 WE)

Objektübersicht

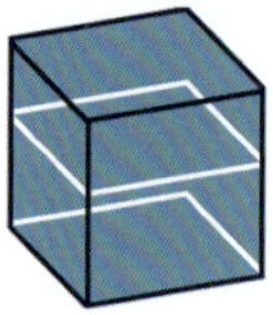

BRI **503 €/m³**

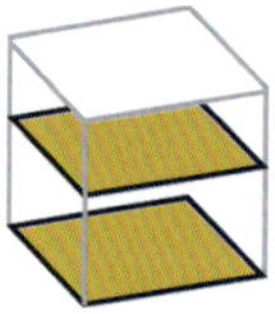

BGF **1.481 €/m²**

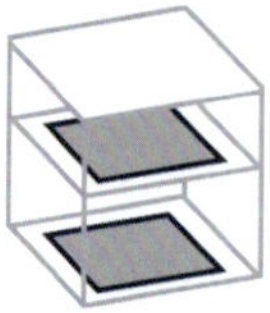

NUF **2.233 €/m²**

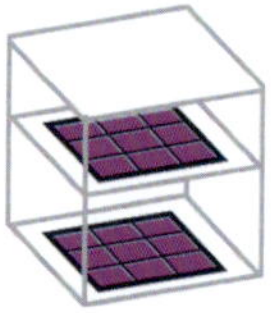

NE **2.599 €/NE**
NE: Wohnfläche

Objekt:
Kennwerte: 1. Ebene DIN 276
BRI: 15.018 m³
BGF: 5.098 m²
NUF: 3.381 m²
Bauzeit: 91 Wochen
Bauende: 2020
Standard: Durchschnitt
Bundesland: Hessen
Kreis: Fulda

Architekt*in:
Reith Wehner Storch
Architekten
Heinrichstraße 67
36037 Fulda

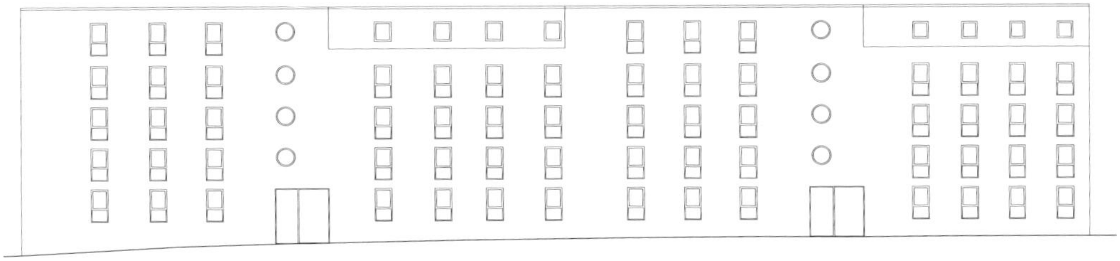

Ansicht Nord-Ost

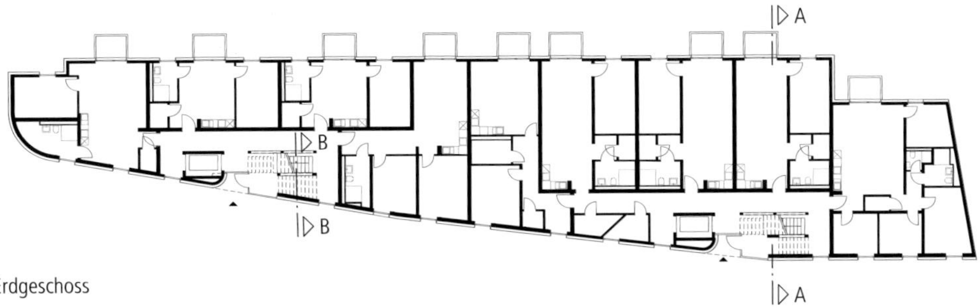

Erdgeschoss

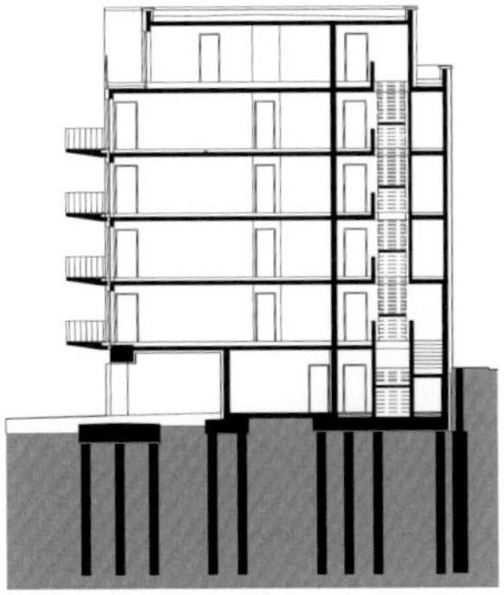

Schnitt A-A

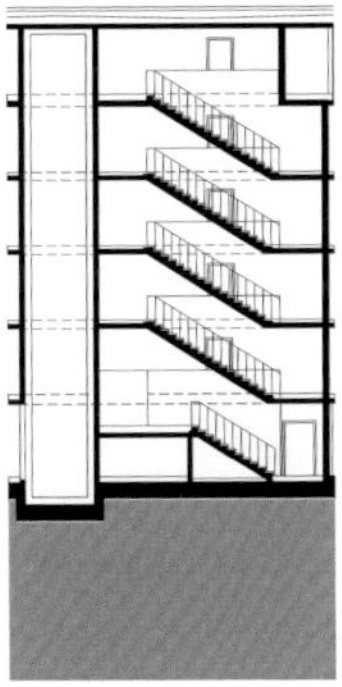

Schnitt B-B

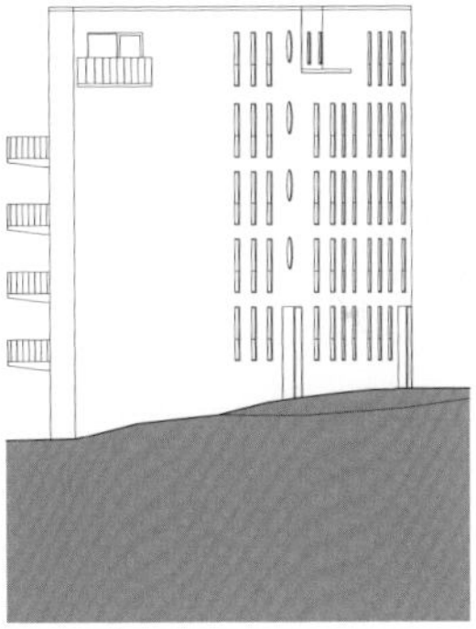

Ansicht Süd-Ost

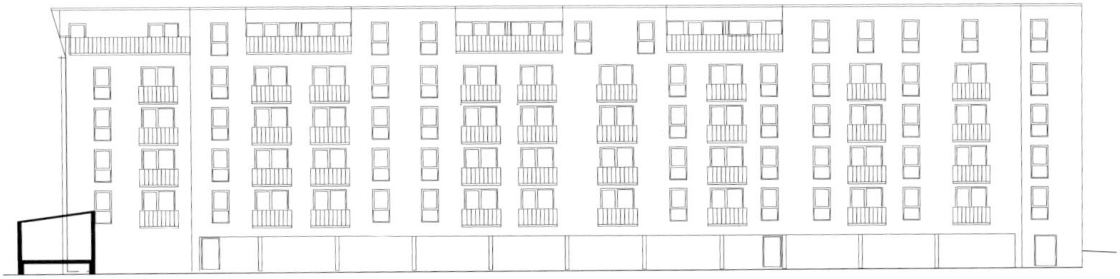

Ansicht Süd-West

Objektbeschreibung

Allgemeine Objektinformationen

Das Mehrfamilienhaus mit 44 barrierefreien Wohnungen wird über zwei Treppenhäuser mit jeweils einem Aufzug erschlossen. Die Treppenhäuser sind im UG über Flure miteinander verbunden. Über zwei Ausgänge gelangt man ins Freie und zu den von außen frei zugänglichen Stellplätzen. Die Wohnungen bis zum 3.OG haben Balkone, die Wohnungen im DG erhielten Dachterrassen.

Nutzung

1 Untergeschoss
offene Stellplätze, Abstellräume, Waschküche, Trockenraum, Kinderwagenraum, Müllraum, Technikräume

1 Erdgeschoss
Wohn-Koch-Essräume, Schlafräume, Gästeräume, Bäder, WCs, Abstellräume, Balkone

3 Obergeschosse
Wohn-Koch-Essräume, Schlafräume, Gästeräume, Bäder, WCs, Abstellräume, Balkone

1 Dachgeschoss
Wohn-Koch-Essräume, Schlafräume, Gästeräume, Bäder, WCs, Abstellräume, Loggia, Dachterrassen

Besonderer Kosteneinfluss Nutzung
Besondere Schallschutzanforderungen wegen Nähe Bahn und öffentlicher Straße.

Nutzeinheiten

Stellplätze: 23
Wohneinheiten: 44
Wohnfläche: 2.905 m²

Grundstück

Bauraum: Beengter Bauraum
Neigung: Ebenes Gelände
Bodenklasse: BK 3 bis BK 5

Besonderer Kosteneinfluss Grundstück
Abriss aufstehender Gebäude, Spezialtiefbau (Pfahlgründung) mit Verbau der Baugrube wegen Grenzständigkeit zur öffentlichen Straße.

Markt

Hauptvergabezeit: 4. Quartal 2018
Baubeginn: 1. Quartal 2019
Bauende: 4. Quartal 2020
Konjunkturelle Gesamtlage: Durchschnitt
Regionaler Baumarkt: Durchschnitt

Baukonstruktion

Die Gründung des Gebäudes erfolgte mit einer Pfahlgründung mit Pfahlkopfplatte in WU-Beton. Das Untergeschoss ist als weiße Wanne ebenfalls in WU-Beton hergestellt, die Obergeschosse in Stahlbeton und KS-Mauerwerk. Die Fassade wurde mit einem WDVS bekleidet. Fenster und Fenstertüren sind in Kunststoff ausgeführt. Den oberen Gebäudeabschluss bildet ein Stb-Flachdach mit Abdichtungen und Dachterrassen.

Technische Anlagen

Die Wärmeversorgung erfolgt über eine Gasbrennwertheizung mit Ergänzung um ein gasbetriebenes BHKW. Die Wohnungen werden durch die Fenster mittels in den Rahmenprofilen eingelassenen oder aufgesetzten, selbst regulierenden Lüftern, sowie über in die Wand integrierte Außenluftdurchlässe belüftet.

Sonstiges

Das Gebäude mit Wohnungen und Außenanlage wurde schlüsselfertig hergestellt und nach der Fertigstellung verkauft. Es ist als KfW-Effizienzhaus 55 realisiert.

Energetische Kennwerte

Gesetzliche Grundlage: EnEV 2013
Gebäudenutzfläche: 3.872,30 m²
Gebäudevolumen: 12.100,86 m³
A/V_e-Verhältnis (Kompaktheit): 0,34 m⁻¹
Hüllfläche des beheizten Volumens: 4.111,63 m²
Spez. Transmissionswärmeverlust: 0,32 W/(m²·K)
Spez. Jahresprimärenergiebedarf: 1,78 kWh/(m²·a)

Energetische Angaben zu Außenbauteilen

Bodenplatte

U-Wert: 0,24 W/(m^2·K)

Gesamtdicke: 39,00 cm	d[cm]	l[W/(m·K)]
Estrich	5,00	1,400
Dämmung MW	2,00	0,040
Dämmung PS	12,00	0,035
Stahlbeton	20,00	2,500

Außenwand gegen Erdreich

U-Wert: 0,27 W/(m^2·K)

Gesamtdicke: 38,50 cm	d[cm]	l[W/(m·K)]
Innenputz	1,50	1,000
Stahlbeton	25,00	2,500
Dämmung PS	12,00	0,035

Außenwand Keller

U-Wert: 0,27 W/(m^2·K)

Gesamtdicke: 38,50 cm	d[cm]	l[W/(m·K)]
Innenputz	1,50	1,000
Stahlbeton	25,00	2,500
Dämmung PS	12,00	0,035

Decke unten kalt

U-Wert: 0,21 W/(m^2·K)

Gesamtdicke: 37,02 cm	d[cm]	l[W/(m·K)]
Estrich	5,00	1,400
PE-Folie	0,02	0,230
Dämmung MW	2,00	0,040
Dämmung PS	12,00	0,032
Stahlbeton	18,00	2,000

Decke gegen Außenluft unten

U-Wert: 0,16 W/(m^2·K)

Gesamtdicke: 43,20 cm	d[cm]	l[W/(m·K)]
Estrich	5,00	1,400
PE-Folie	0,20	0,230
Dämmung MW	2,00	0,040
Dämmung PS	12,00	0,032
Stahlbeton	18,00	2,000
Dämmung MW	6,00	0,035

Außenwand Beton

U-Wert: 0,18 W/(m^2·K)

Gesamtdicke: 44,50 cm	d[cm]	l[W/(m·K)]
Innenputz	1,50	0,700
Stahlbeton	25,00	2,000
Dämmung PS	18,00	0,035

Außenwand Kalksandstein

U-Wert: 0,16 W/(m^2·K)

Gesamtdicke: 39,00 cm	d[cm]	l[W/(m·K)]
Innenputz	1,50	0,700
Kalksandstein	17,50	1,100
Dämmung MW	20,00	0,035

Decke gegen Außenluft oben

U-Wert: 0,30 W/(m^2·K)

Gesamtdicke: 29,50 cm	d[cm]	l[W/(m·K)]
Innenputz	1,50	0,510
Stahlbeton	18,00	2,000
Dämmung PS	10,00	0,032

Dach

U-Wert: 0,11 W/(m^2·K)

Gesamtdicke: 49,80 cm	d[cm]	l[W/(m·K)]
Innenputz	1,50	0,540
Stahlbeton	18,00	2,500
Bitumenbahn	0,30	0,170
Dämmung PS	30,00	0,035

Planungskennwerte für Flächen und Rauminhalte nach DIN 277

Flächen des Grundstücks		Menge Einheit	% an GF
BF	Bebaute Fläche	826,39 m²	46,2
UF	Unbebaute Fläche	961,61 m²	53,8
GF	Grundstücksfläche	1.788,00 m²	100,0

Grundflächen des Bauwerks		Menge Einheit	% an NUF	% an BGF
NUF	Nutzungsfläche	3.381,29 m²	100,0	66,3
TF	Technikfläche	32,45 m²	1,0	0,6
VF	Verkehrsfläche	754,59 m²	22,3	14,8
NRF	Netto-Raumfläche	4.168,33 m²	123,3	81,8
KGF	Konstruktions-Grundfläche	929,61 m²	27,5	18,2
BGF	Brutto-Grundfläche	5.097,94 m²	150,8	100,0

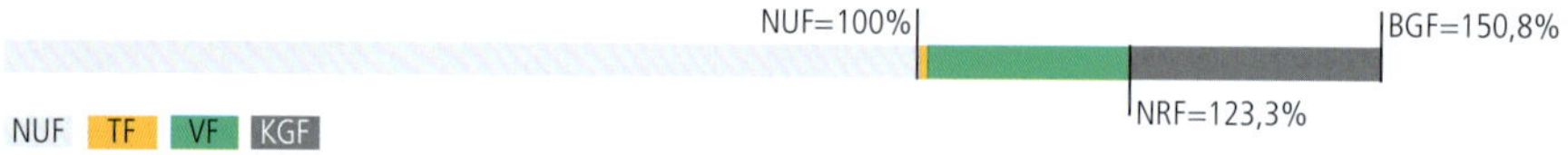

Brutto-Rauminhalt des Bauwerks		Menge Einheit	BRI/NUF (m)	BRI/BGF (m)
BRI	Brutto-Rauminhalt	15.018,08 m³	4,44	2,95

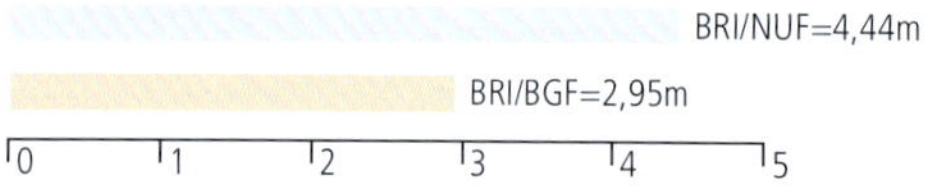

Kostenkennwerte für die Kostengruppen der 1.Ebene DIN 276

KG	Kostengruppen (1.Ebene)	Einheit	Kosten €	€/Einheit	€/m² BGF	€/m³ BRI	% 300+400
100	Grundstück	m² GF	–	–	–	–	–
200	Vorbereitende Maßnahmen	m² GF	387.702	216,84	76,05	25,82	5,1
300	Bauwerk – Baukonstruktionen	m² BGF	6.165.317	1.209,37	1.209,37	410,53	81,7
400	Bauwerk – Technische Anlagen	m² BGF	1.383.782	271,44	271,44	92,14	18,3
	Bauwerk 300+400	**m² BGF**	**7.549.098**	**1.480,81**	**1.480,81**	**502,67**	**100,0**
500	Außenanlagen und Freiflächen	m² AF	–	–	–	–	–
600	Ausstattung und Kunstwerke	m² BGF	–	–	–	–	–
700	Baunebenkosten	m² BGF	–	–	–	–	–
800	Finanzierung	m² BGF	–	–	–	–	–

KG	Kostengruppe	Menge Einheit	Kosten €	€/Einheit	%
200	**Vorbereitende Maßnahmen**	1.788,00 m² GF	387.702	**216,84**	5,1

Abbruchmaßnahmen; nicht öffentliche Erschließung

KG	Kostengruppe	Menge Einheit	Kosten €	€/Einheit	%
3+4	**Bauwerk**				**100,0**
300	**Bauwerk – Baukonstruktionen**	5.097,94 m² BGF	6.165.317	**1.209,37**	81,7

Baugrubenaushub, Baugrubenverbau; Stb-Fundamentplatte, Stb-Fundamente, Pfahlgründung, Stb-Bodenplatte, WU-Beton, Anstrich, Betonwerkstein, Dämmung; Stb-Wände, teilw. WU-Beton, Mauerwerkswände, Stb-Stützen, Kunststofffenster, Dreifachverglasung, teilw. Schallschutzverglasung Klasse 6, runde Treppenraumfenster, WDVS, teilw. Vorbautextilscreens mit Motorantrieb; Innenmauerwerk, Stb-Wände, GK-Wände, Wandfliesen, elementierte Kellertrennwände; Stb-Decken, Stb-Fertigteilbalkone, Stb-Treppen, Estrich, Linoleum, Betonwerkstein, Bodenfliesen, Stahl-Balkongeländer, Stahl-Treppengeländer; Stb-Dach, Dämmung, Abdichtung, Attika, Dachentwässerung

KG	Kostengruppe	Menge Einheit	Kosten €	€/Einheit	%
400	**Bauwerk – Technische Anlagen**	5.097,94 m² BGF	1.383.782	**271,44**	18,3

Gebäudeentwässerung, Kalt- und Warmwasserleitungen, Sanitärobjekte; Gas-Brennwerttherme, gasbetriebenes BHKW, Plattenheizkörper; Einzelraumlüfter, RWA-Anlage; Elektroinstallation; Fernseh- und Antennenanlagen, Telefonanlage; Personenaufzüge (2St)

6100-1614
Wohnturm (21 WE)
TG (21 STP)

Objektübersicht

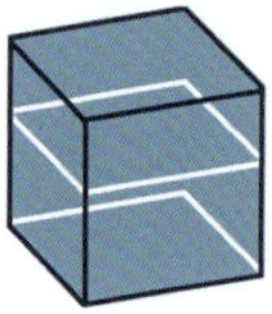

BRI 768 €/m³

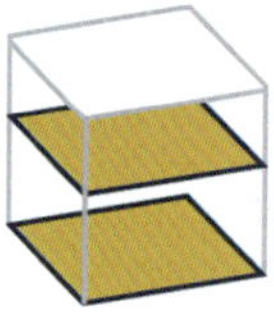

BGF 2.246 €/m²

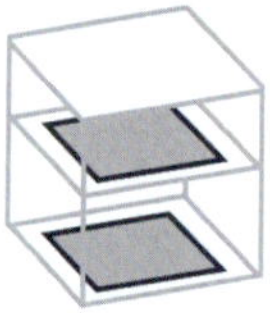

NUF 3.118 €/m²

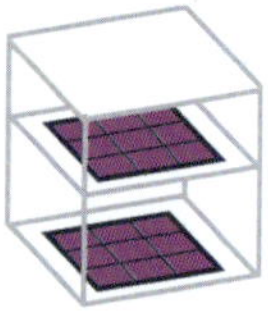

NE 4.441 €/NE

NE: Wohnfläche

Objekt:
Kennwerte: 1. Ebene DIN 276
BRI: 15.733 m³
BGF: 5.383 m²
NUF: 3.877 m²
Bauzeit: 70 Wochen
Bauende: 2019
Standard: über Durchschnitt
Bundesland: Hessen
Kreis: Kassel, Stadt

Architekt*in:
roller architekten gmbh
Wilhelmsstraße 4
34117 Kassel

Bauherr*in:
GWH Bauprojekte GmbH
Kölnische Straße 4
34117 Kassel

© Christian Bierwagen

© Christian Bierwagen

© Christian Bierwagen

Ansicht Süd

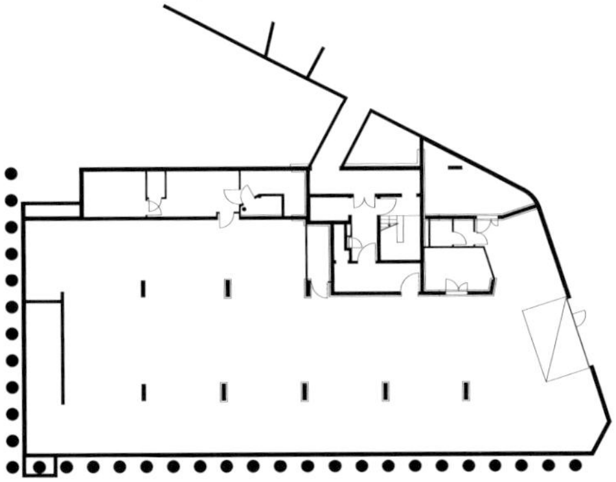

Untergeschoss

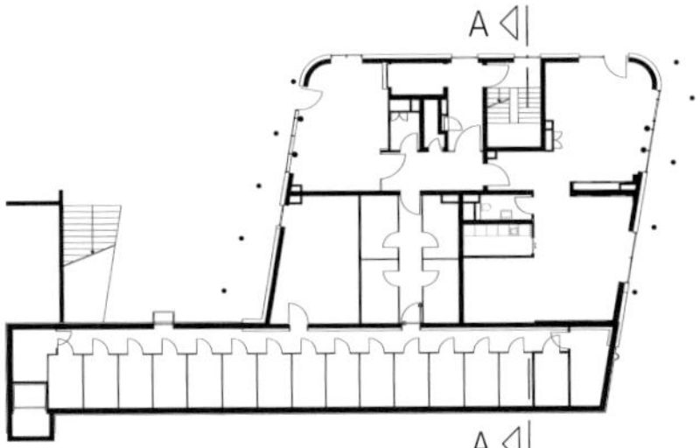

Erdgeschoss

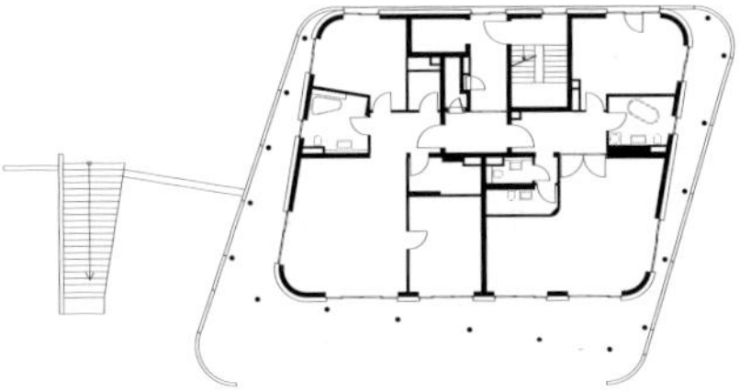

1. Obergeschoss

Ansicht Ost

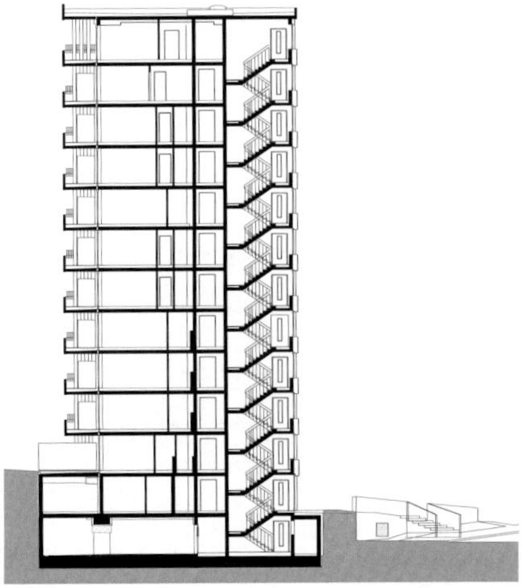

Schnitt A-A

Objektbeschreibung

Allgemeine Objektinformationen

Der 37 Meter hohe Wohnturm mit 11 Etagen ist mit 21 Eigentumswohnungen im Luxussegment sowie einer Tiefgarage und einer Gewerbeeinheit im EG ausgestattet. Die Wohnungen sind großzügig geschnitten und durch die großzügigen Fensterfronten lichtdurchflutet. Alle Wohngeschosse haben umlaufende Balkone und Loggien. Die Bauform des Gebäudes ist asymmetrisch.

Nutzung

1 Untergeschoss
Tiefgarage, Technikräume, Müllraum

1 Erdgeschoss
Frisörsalon, WCs, Teeküche, Fahrradraum, Abstellräume

11 Obergeschosse
Wohnräume, Küchen, Wohnküchen, Bäder, Schlafräume, Abstellräume, Balkone, Terrassen

Nutzeinheiten

Wohneinheiten: 21
Wohnfläche: 2.722 m²

Grundstück

Bauraum: Beengter Bauraum
Neigung: Hanglage
Bodenklasse: BK 1 bis BK 4

Markt

Hauptvergabezeit: 4. Quartal 2018
Baubeginn: 3. Quartal 2018
Bauende: 4. Quartal 2019
Konjunkturelle Gesamtlage: Durchschnitt
Regionaler Baumarkt: über Durchschnitt

Baukonstruktion

Das Gebäude ist als Stahlbetonbau mit tragender Fundamentplatte und Stahlbetondach errichtet. Die Fassade ist mit Kammzugputz auf WDVS bekleidet. Bodentiefe, dreifachverglaste Fenster mit elektrisch betriebener Verschattung lassen viel Licht in die Räume. Alle Wohnungen sind mit Echtholzparkettböden ausgestattet. Die Tiefgaragenstellplätze wurden extra groß ausgeführt.

Technische Anlagen

Der Neubau ist an die Fernwärmeversorgung angebunden. Die Wohnungen erhielten Fußbodenheizung sowie bodengleiche Duschen und Badewannen. Es wurden ein Feuerwehraufzug, eine Druckerhöhungsanlage, nasse Steigleitungen, eine Druckbelüftungsanlage, ein Notstromaggregat und ein Rauchschutzvorhang ausgeführt.

Sonstiges

Der Wohnturm ist im KfW 55 Standard errichtet, der Primärenergieverbrauch entspricht EnEV Klasse A+.

Energetische Kennwerte

Gebäudenutzfläche: 3.125,00 m²
Spez. Transmissionswärmeverlust: 0,41 W/(m²·K)
Spez. Jahresprimärenergiebedarf: 14,00 kWh/(m²·a)
Spez. Jahresendenergiebedarf: 53,00 kWh/(m²·a)

Planungskennwerte für Flächen und Rauminhalte nach DIN 277

Flächen des Grundstücks		Menge Einheit	% an GF
BF	Bebaute Fläche	554,00 m²	34,9
UF	Unbebaute Fläche	1.032,66 m²	65,1
GF	Grundstücksfläche	1.586,66 m²	100,0

Grundflächen des Bauwerks		Menge Einheit	% an NUF	% an BGF
NUF	Nutzungsfläche	3.877,00 m²	100,0	72,0
TF	Technikfläche	91,86 m²	2,4	1,7
VF	Verkehrsfläche	472,00 m²	12,2	8,8
NRF	Netto-Raumfläche	4.440,86 m²	114,5	82,5
KGF	Konstruktions-Grundfläche	942,14 m²	24,3	17,5
BGF	Brutto-Grundfläche	5.383,00 m²	138,8	100,0

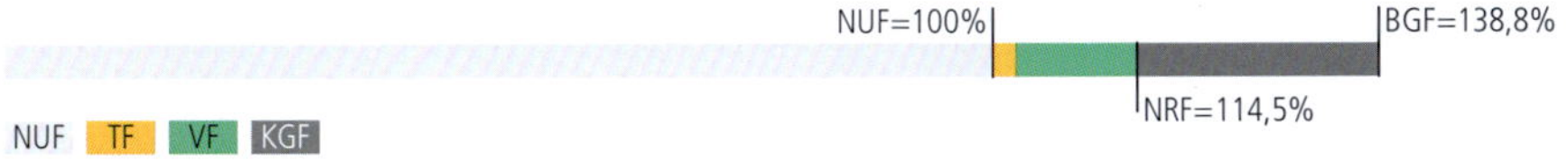

Brutto-Rauminhalt des Bauwerks		Menge Einheit	BRI/NUF (m)	BRI/BGF (m)
BRI	Brutto-Rauminhalt	15.732,80 m³	4,06	2,92

Kostenkennwerte für die Kostengruppen der 1. Ebene DIN 276

KG	Kostengruppen (1. Ebene)	Einheit	Kosten €	€/Einheit	€/m² BGF	€/m³ BRI	% 300+400
100	Grundstück	m² GF	–	–	–	–	–
200	Vorbereitende Maßnahmen	m² GF	82.314	51,88	15,29	5,23	0,7
300	Bauwerk – Baukonstruktionen	m² BGF	9.403.348	1.746,86	1.746,86	597,69	77,8
400	Bauwerk – Technische Anlagen	m² BGF	2.685.674	498,92	498,92	170,71	22,2
	Bauwerk 300+400	**m² BGF**	**12.089.023**	**2.245,78**	**2.245,78**	**768,40**	**100,0**
500	Außenanlagen und Freiflächen	m² AF	623.635	603,91	115,85	39,64	5,2
600	Ausstattung und Kunstwerke	m² BGF	–	–	–	–	–
700	Baunebenkosten	m² BGF	–	–	–	–	–
800	Finanzierung	m² BGF	–	–	–	–	–

KG	Kostengruppe	Menge Einheit	Kosten €	€/Einheit	%
200	**Vorbereitende Maßnahmen**	1.586,66 m² GF	82.314	**51,88**	0,7
	Gelände freimachen, Hausanschlüsse				
3+4	**Bauwerk**				**100,0**
300	**Bauwerk – Baukonstruktionen**	5.383,00 m² BGF	9.403.348	**1.746,86**	77,8
	Baugrubenaushub, Trägerbohlenverbau; Baugrundverbesserung, Stb-Fundamentplatte, WU-Beton, Epoxidharzbeschichtung, Abdichtung, Sauberkeitsschicht; Stb-Wände, teilw. Sichtbeton, teilw. WU-Beton, Stb-Stützen, Alu-Pfosten-Riegelfassade, Kunststofffenster, Dreifachverglasung, teilw. Schallschutzverglasung, teilw. Sonnenschutzverglasung, Garagentor, WDVS, textiler Sonnenschutz; Stb-Wände, GK-Wände, Stb-Stützen, Rauchschutzvorhang, Wandfliesen, elementierte Kellertrennwände; Stb-Decken, Stb-Treppen, Estrich, Heizestrich, Anstrich, Epoxidharzbeschichtung, Betonwerkstein, Parkett, Dielen, Bodenfliesen, Dämmung, Treppengeländer; Stb-Dach, Oberlichter, Dämmung, Abdichtung, Attika, extensive Dachbegrünung, Dachentwässerung, abgehängte GK-Decke				
400	**Bauwerk – Technische Anlagen**	5.383,00 m² BGF	2.685.674	**498,92**	22,2
	Gebäudeentwässerung, Hebeanlage, Kalt- und Warmwasserleitungen, nasse Steigleitung, Druckerhöhungsanlage, Sanitärobjekte; Fernwärmeversorgung, Fußbodenheizung; Einzelraumlüfter, Abluftanlage, Klimaanlagen (Penthouse), Kälteanlagen, RWA-Anlage, Druckbelüftungsanlagen der Treppenhäuser; Elektroinstallation, Beleuchtung, Sicherheitsleuchten, Notstromversorgung, Blitzschutzanlage, Ladeinfrastruktur für E-Mobilität; Datenübertragungsanlage, Fernseh- und Antennenanlagen, Brandmeldeanlage, Rauchmelder; Feuerwehraufzug; Feuerlöscher; Überwachungseinrichtungen, Regeleinrichtungen				
500	**Außenanlagen und Freiflächen**	1.032,66 m² AF	623.635	**603,91**	5,2
	Oberbodenarbeiten, Bodenarbeiten, Erdbaumaßnahmen; Stützmaßnahmen; Wege, Zufahrt; Winkelstützmauern, Treppen, Rampen, Geländer; Außenbeleuchtungsanlage; Oberbodenauftrag, Gehölze, Stauden, Rasen				

Objektübersicht

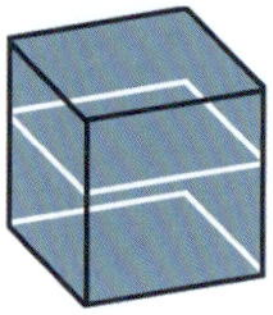

BRI 1.116 €/m^3

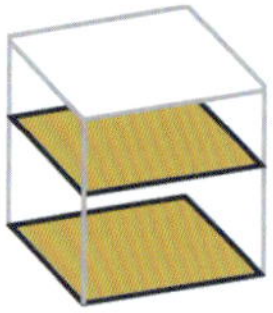

BGF 3.465 €/m^2

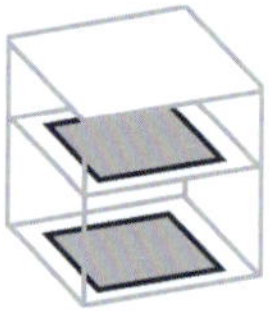

NUF 5.686 €/m^2

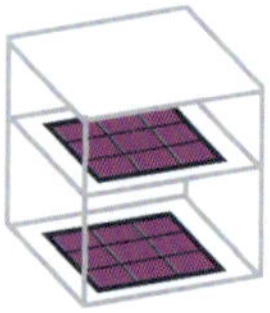

NE 4.610 €/NE
NE: Wohnfläche

Objekt:
Kennwerte: 1.Ebene DIN 276
BRI: 564 m^3
BGF: 182 m^2
NUF: 111 m^2
Bauzeit: 70 Wochen
Bauende: 2022
Standard: Durchschnitt
Bundesland: Baden-Württemberg
Kreis: Lörrach

Architekt*in:
mann architektur+
Prof. Michael Mann
Albrechtstraße 3
99089 Erfurt

Bauherr*in:
Graziella und Michael Mann
99089 Erfurt

© Prof. Michael Mann

© Prof. Michael Mann

© Prof. Michael Mann

© Prof. Michael Mann

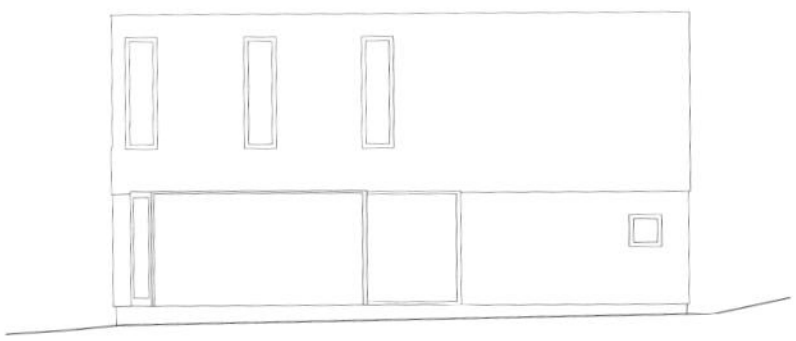

Ansicht Nord

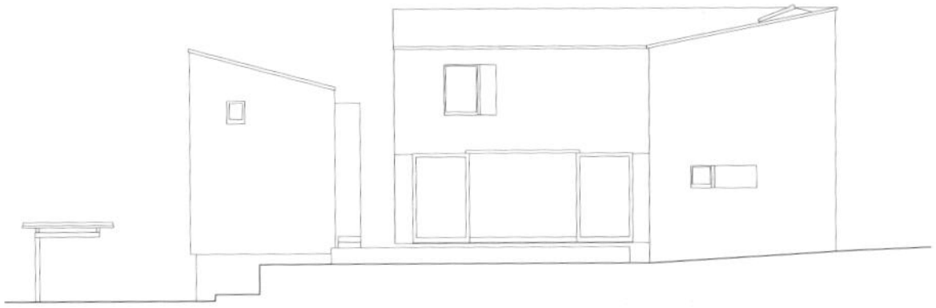

Ansicht Ost

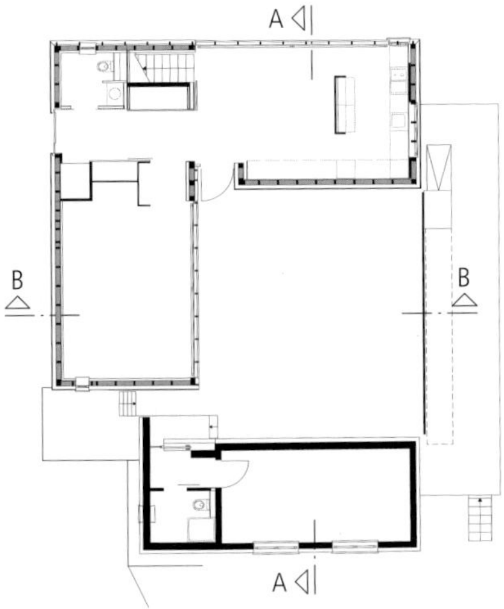

Erdgeschoss

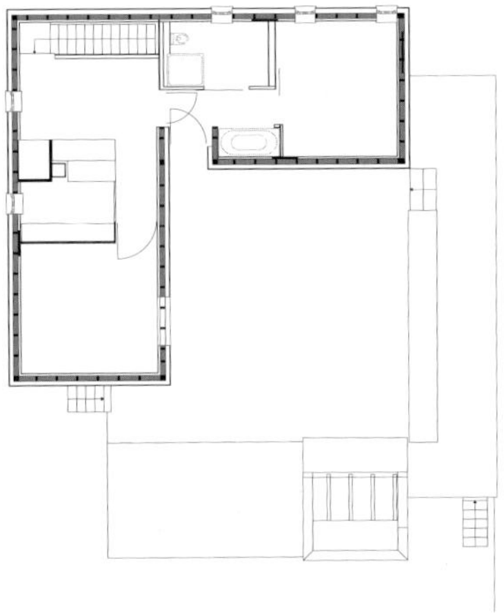

Obergeschoss

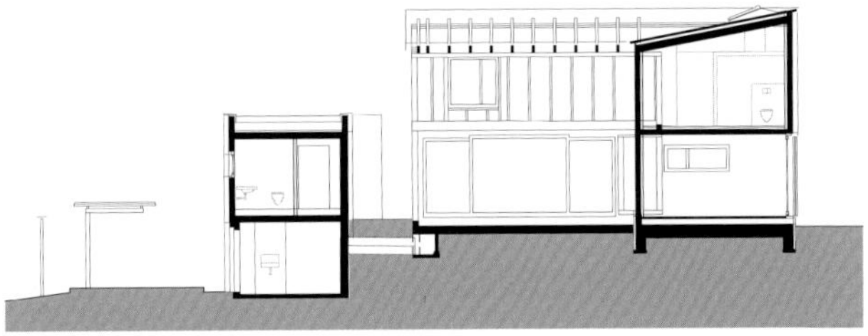

Schnitt A-A

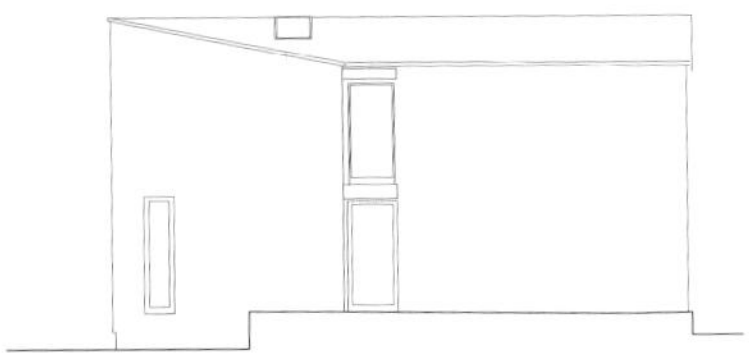

Ansicht Süd

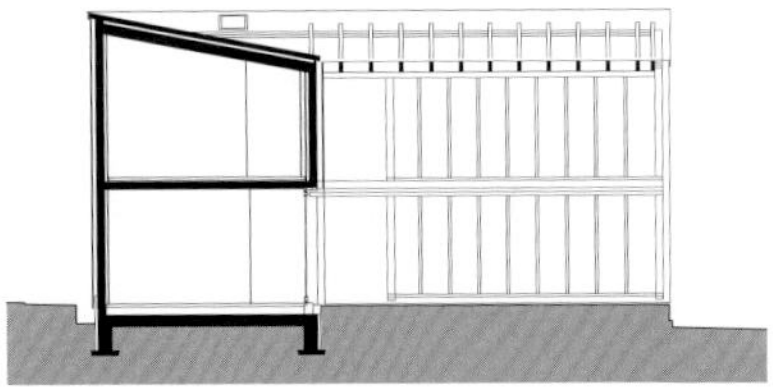

Schnitt B-B

Objektbeschreibung

Allgemeine Objektinformationen

Das freistehende Einfamilienhaus ist zweigeschossig, nicht unterkellert und hat einen winkelförmigen Grundriss.

Nutzung

1 Erdgeschoss
Wohnen, Essen, Kochen

1 Obergeschoss
Schlafen, Bad, Arbeiten

Nutzeinheiten

Wohneinheiten: 1
Wohnfläche: 137 m^2

Grundstück

Bauraum: Freier Bauraum
Neigung: Ebenes Gelände
Bodenklasse: BK 1 bis BK 4

Markt

Hauptvergabezeit: 4. Quartal 2020
Baubeginn: 2. Quartal 2021
Bauende: 3. Quartal 2022
Konjunkturelle Gesamtlage: über Durchschnitt
Regionaler Baumarkt: unter Durchschnitt

Baukonstruktion

Der Neubau gründet auf einer Bodenplatte aus WU-Beton mit umlaufenden Frostschürzen. Das Tragwerk ist in Holzständerbauweise realisiert, die Geschossdecken sind aus 16cm starken Brettstapelelementen. Das Dach wurde mit Sparren aus Leimbindern gefertigt. Als Wärmedämmung kamen Holzfaserdämmstoffe bzw. Holzdämmplatten zum Einsatz. Die Fassade besteht aus vorbewittertem Douglasienholz. Im EG liegt oberflächenfertiger, geschliffener Zementestrich, im OG Lamellenparkett aus Räuchereiche. Die Schiebetore vor den Fenstern dienen als Sicht- und Sonnenschutz. Sie wurden als Metallrahmenkonstruktionen mit senkrechter Holzlattung ausgeführt. Auf dem Dach wurde Aluminium als oberer Gebäudeabschluss eingesetzt.

Technische Anlagen

Als Heizung wird eine Luftwärmepumpe mit Brauchwassererwärmung genutzt. Solarpaneele können später auf dem Dach nachgerüstet werden. Zusätzlich sorgt ein Grundofen für Kaminholz im Erdgeschoss für angenehme Wärme.

Energetische Kennwerte

Gesetzliche Grundlage: EnEV 2013
Gebäudenutzfläche: 256,70 m^2
Gebäudevolumen: 802,30 m^3
A/V_e-Verhältnis (Kompaktheit): 0,59 m^{-1}
Hüllfläche des beheizten Volumens: 474,40 m^2
Spez. Transmissionswärmeverlust: 0,31 W/(m^2·K)
Spez. Jahresprimärenergiebedarf: 42,20 kWh/(m^2·a)
Spez. Jahresendenergiebedarf: 23,40 kWh/(m^2·a)
Spez. Jahresheizwärmebedarf: 41,87 kWh/(m^2·a)
CO_2-Emissionen: 14,50 kg/(m^2·a)
Anlagenaufwandszahl: 0,78

Energetische Angaben zu Außenbauteilen

Bodenplatte

U-Wert: 0,22 W/(m²·K)

Gesamtdicke: 46,00 cm	d[cm]	l[W/(m·K)]
Estrich	6,00	1,200
Trittschalldämmung	3,00	0,040
Dämmung PS	12,00	0,035
Stahlbeton	25,00	2,100

Außenwand

U-Wert: 0,16 W/(m²·K)

Gesamtdicke: 29,50 cm	d[cm]	l[W/(m·K)]
GK-Platte	1,25	0,210
Dämmung HF	5,00	0,050
Holz	5,00	0,130
GF-Platte	1,25	0,300
Dämmung MW	16,00	0,035
Holz	16,00	0,130
Holzfaserplatte	6,00	0,045

Dach

U-Wert: 0,14 W/(m²·K)

Gesamtdicke: 31,83 cm	d[cm]	l[W/(m·K)]
Dreischichtplatte	1,80	0,210
PE-Folie	0,03	0,200
Dämmung MW	22,00	0,035
Holz	22,00	0,130
Holzfaserplatte	8,00	0,045

Planungskennwerte für Flächen und Rauminhalte nach DIN 277

Flächen des Grundstücks		Menge Einheit	% an GF
BF	Bebaute Fläche	93,00 m²	33,3
UF	Unbebaute Fläche	186,00 m²	66,7
GF	Grundstücksfläche	279,00 m²	100,0

Grundflächen des Bauwerks		Menge Einheit	% an NUF	% an BGF
NUF	Nutzungsfläche	110,67 m²	100,0	60,9
TF	Technikfläche	1,47 m²	1,3	0,8
VF	Verkehrsfläche	27,39 m²	24,7	15,1
NRF	Netto-Raumfläche	139,53 m²	126,1	76,8
KGF	Konstruktions-Grundfläche	42,08 m²	38,0	23,2
BGF	Brutto-Grundfläche	181,61 m²	164,1	100,0

Brutto-Rauminhalt des Bauwerks		Menge Einheit	BRI/NUF (m)	BRI/BGF (m)
BRI	Brutto-Rauminhalt	564,00 m³	5,10	3,11

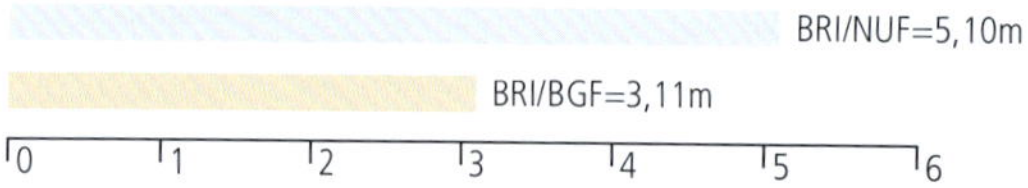

Kostenkennwerte für die Kostengruppen der 1.Ebene DIN 276

KG	Kostengruppen (1.Ebene)	Einheit	Kosten €	€/Einheit	€/m² BGF	€/m³ BRI	% 300+400
100	Grundstück	m² GF	–	–	–	–	–
200	Vorbereitende Maßnahmen	m² GF	–	–	–	–	–
300	Bauwerk – Baukonstruktionen	m² BGF	536.422	2.953,70	2.953,70	951,10	85,2
400	Bauwerk – Technische Anlagen	m² BGF	92.883	511,44	511,44	164,69	14,8
	Bauwerk 300+400	**m² BGF**	**629.305**	**3.465,15**	**3.465,15**	**1.115,79**	**100,0**
500	Außenanlagen und Freiflächen	m² AF	–	–	–	–	–
600	Ausstattung und Kunstwerke	m² BGF	–	–	–	–	–
700	Baunebenkosten	m² BGF	–	–	–	–	–
800	Finanzierung	m² BGF	–	–	–	–	–

KG	Kostengruppe	Menge Einheit	Kosten €	€/Einheit	%
3+4	**Bauwerk**				**100,0**
300	**Bauwerk – Baukonstruktionen**	181,61 m² BGF	536.422	**2.953,70**	85,2

Stahlbeton-Frostschürzen, Stahlbetonbodenplatte, WU-Beton 25cm, Zementestrich, Oberfläche geschliffen, Perimeterdämmung, Sauberkeitsschicht; Holzständer-Außenwände, Holzfaserdämmstoff, Holzdämmplatten, Holzfassade aus vorbewitterter Douglasie, Malervlies, Beschichtung, Schiebetore aus Metallrahmen; Holzständer-Innenwände, Schiebetüren, GK-Beplankung, Malervlies, Beschichtung; Brettstapel-Elementdecken 16cm, Zementestrich, Lamellenparkett Räuchereiche; Pultdach mit Sparren aus Leimbindern, Wärmedämmung, Dachdeckung Aluminium; Dachentwässerung; Einbauschränke, teilweise auch zur Raumtrennung

KG	Kostengruppe	Menge Einheit	Kosten €	€/Einheit	%
400	**Bauwerk – Technische Anlagen**	181,61 m² BGF	92.883	**511,44**	14,8

Gebäudeentwässerung, Kalt- und Warmwasserleitungen, Sanitärobjekte; Luftwärmepumpe mit Brauchwassererwärmung, Leitungen, Armaturen, Heizflächen, Grundofen für Kaminholz; Elektroinstallation; Telefonanschluss

6100-1616
Mehrfamilienhaus
(6 WE)

Objektübersicht

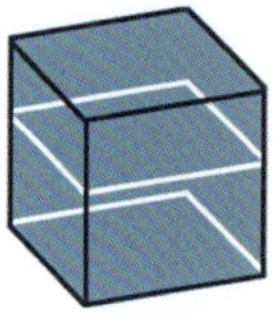
BRI 1.076 €/m³

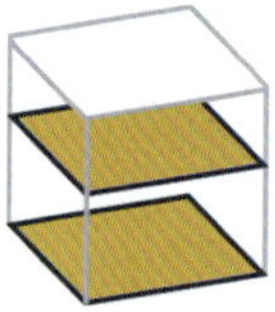
BGF 3.239 €/m²

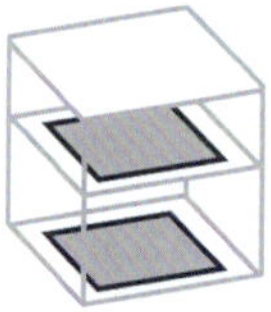
NUF 4.613 €/m²

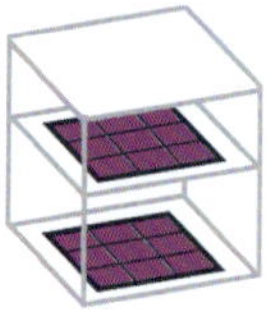
NE 5.484 €/NE
NE: Wohnfläche

Objekt:
Kennwerte: 1. Ebene DIN 276
BRI: 2.722 m³
BGF: 904 m²
NUF: 635 m²
Bauzeit: 61 Wochen
Bauende: 2022
Standard: Durchschnitt
Bundesland: Sachsen-Anhalt
Kreis: Halle (Saale), Stadt

Architekt*in:
DNR Architekten
Stadt- und Umweltplaner
PartGmbB
Grimmaische Straße 21
04109 Leipzig

Bauherr*in:
Wohnungsbaugenossenschaft
Eisenbahn e.G.
Peißener Straße 1a
06112 Halle

© Peter Eichler Fotografie

© Peter Eichler Fotografie

Zeichnungen

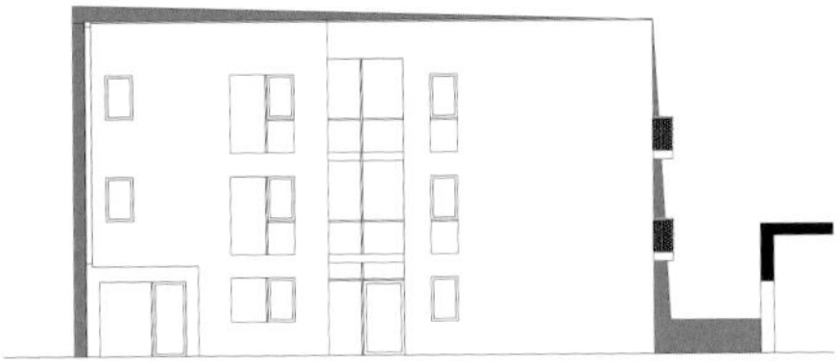

Ansicht Nord-Ost

Ansicht Süd-Ost

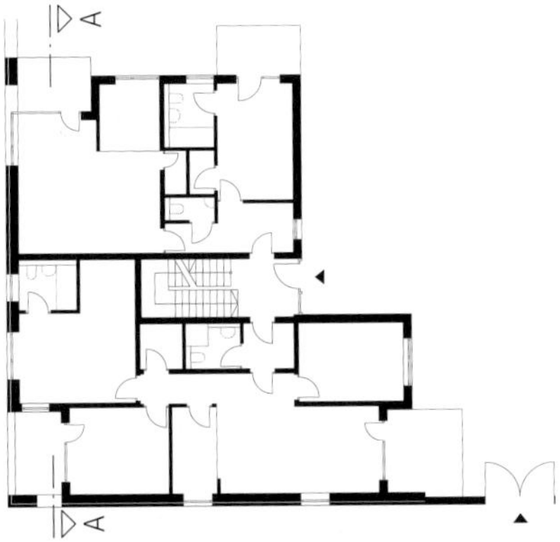

Erdgeschoss

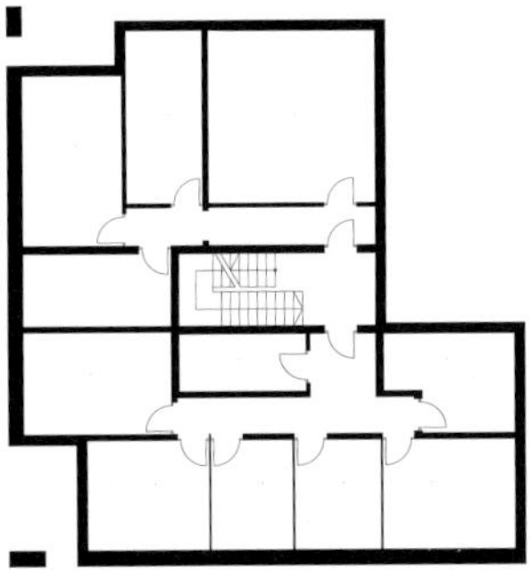

Untergeschoss

1. -2. Obergeschoss

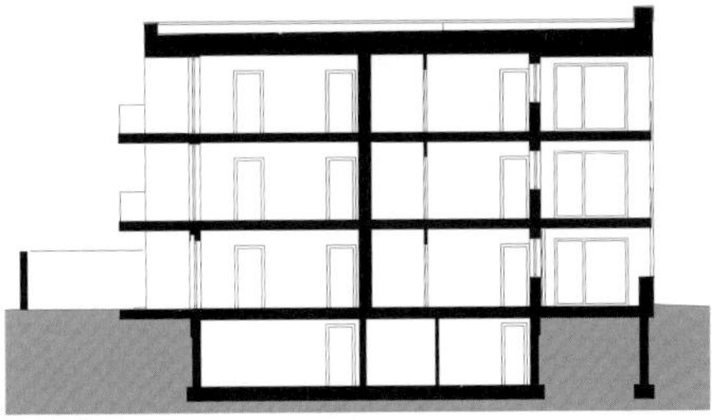

Schnitt A-A

Ansicht Süd-West

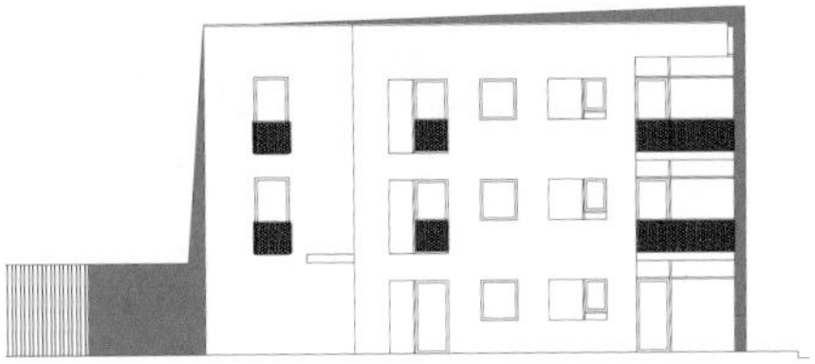

Ansicht Nord-West

Objektbeschreibung

Allgemeine Objektinformationen

Der Gebäudewinkel des Neubaus schafft eine abgeschirmte Hofsituation zur Eingangsseite. In drei Geschossen werden jeweils zwei Wohnungen mit zwei bzw. vier Zimmern angeordnet. Die Wohnungen im Erdgeschoss sind barrierefrei und haben Terrassen zum Garten oder zum Hof. In den oberen Geschossen sind jeweils Loggien und Balkone Teil der Wohnungen.

Nutzung

1 Untergeschoss
Technik, Abstellräume Mieter

1 Erdgeschoss
zwei Wohnungen, Treppenhaus

1 Obergeschoss
zwei Wohnungen, Treppenhaus

1 Dachgeschoss
zwei Wohnungen, Treppenhaus

Nutzeinheiten

Wohneinheiten: 6
Wohnfläche: 534 m^2

Grundstück

Bauraum: Beengter Bauraum
Neigung: Ebenes Gelände
Bodenklasse: BK 3 bis BK 5

Besonderer Kosteneinfluss Grundstück
Baugrubensicherung und Baustelleneinrichtung im unmittelbaren Grenzverlauf auf öffentlicher Verkehrsfläche. Der Baumbestand auf dem benachbarten Friedhof musste gesichert werden. Regenwasserversickerung musste durch den Einbau von Rigolen gewährleistet werden.

Markt

Hauptvergabezeit: 1. Quartal 2021
Baubeginn: 1. Quartal 2021
Bauende: 2. Quartal 2022
Konjunkturelle Gesamtlage: Durchschnitt
Regionaler Baumarkt: Durchschnitt

Baukonstruktion

Das Gebäude gründet auf einer Stahlbeton-Fundamentplatte. Die Stahlbetonwände im Kellergeschoss sind, mit Rücksicht auf teilweise anstauendes Sickerwasser, als Weiße Wanne ausgebildet. In den oberen Geschossen wurden die Außenwände in homogener Ziegelbauweise mit hochwärmedämmenden Porenziegel errichtet. Wärme- und Schallschutzanforderungen konnten damit erfüllt werden. Es wurden dreifachverglaste Kunststofffenster und ein Alu-Eingangselement eingebaut. In die Außenwand integrierte Alu-Raffstoreanlagen fungieren als Sonnenschutz. Die Fassaden wurden auf der Straßenseite mit Klinkerriemchen, im rückwärtigen Bereich mit mineralischen Putz bekleidet. Die Innenwände sind in Ziegelbauweise oder in Trockenbau errichtet. Die Böden wurden mit Parkett oder Fliesen belegt. Das Flachdach aus Halbfertigteil-Dachelementen mit Aufbeton wurde mit Folie abgedichtet und erhielt eine Kiesschüttung.

Technische Anlagen

Eine Sole-Wasser-Wärmepumpe mit Erdsonden versorgt das gesamte Haus mit Energie für die Heizung und die Warmwasserbereitung. Eine Fußbodenheizung mit niedriger Vorlauftemperatur verteilt die Wärme in den Wohnungen. Es wurde eine Wohnraumlüftung mit Brüstungs- und Laibungslüftern in den Außenwänden eingebaut. Der gesamte Neubau wurde mit integriertem Schallschutz ausgestattet, da die Straßenseite stark lärmbelastet ist. Es wurden unterirdische Rigolen zur Aufnahme und verzögerter Ableitung des Regenwassers eingebaut.

Energetische Kennwerte

Gesetzliche Grundlage: EnEV 2013
Gebäudenutzfläche: 568,35 m^2
Gebäudevolumen: 1.978,76 m^3
A/V_e-Verhältnis (Kompaktheit): 0,57 m^{-1}
Hüllfläche des beheizten Volumens: 1.127,00 m^2
Spez. Jahresprimärenergiebedarf: 65,29 $kWh/(m^2 \cdot a)$
Spez. Jahresendenergiebedarf: 36,27 $kWh/(m^2 \cdot a)$
CO_2-Emissionen: 21,58 $kg/(m^2 \cdot a)$

Planungskennwerte für Flächen und Rauminhalte nach DIN 277

Flächen des Grundstücks		Menge Einheit	% an GF
BF	Bebaute Fläche	226,00 m²	38,0
UF	Unbebaute Fläche	368,00 m²	62,0
GF	Grundstücksfläche	594,00 m²	100,0

Grundflächen des Bauwerks		Menge Einheit	% an NUF	% an BGF
NUF	Nutzungsfläche	634,81 m²	100,0	70,2
TF	Technikfläche	68,50 m²	10,8	7,6
VF	Verkehrsfläche	70,40 m²	11,1	7,8
NRF	Netto-Raumfläche	773,71 m²	121,9	85,6
KGF	Konstruktions-Grundfläche	130,29 m²	20,5	14,4
BGF	Brutto-Grundfläche	904,00 m²	142,4	100,0

Brutto-Rauminhalt des Bauwerks		Menge Einheit	BRI/NUF (m)	BRI/BGF (m)
BRI	Brutto-Rauminhalt	2.722,00 m³	4,29	3,01

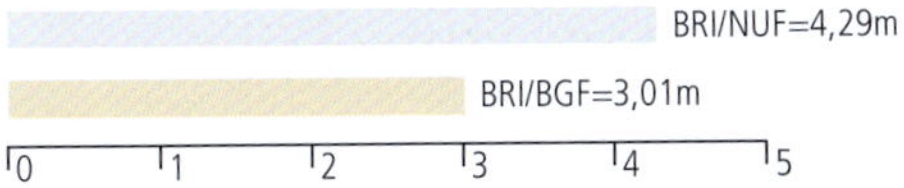

Kostenkennwerte für die Kostengruppen der 1. Ebene DIN 276

KG	Kostengruppen (1. Ebene)	Einheit	Kosten €	€/Einheit	€/m² BGF	€/m³ BRI	% 300+400
100	Grundstück	m² GF	–	–	–	–	–
200	Vorbereitende Maßnahmen	m² GF	–	–	–	–	–
300	Bauwerk – Baukonstruktionen	m² BGF	2.291.100	2.534,40	2.534,40	841,70	78,2
400	Bauwerk – Technische Anlagen	m² BGF	637.214	704,88	704,88	234,10	21,8
	Bauwerk 300+400	**m² BGF**	**2.928.313**	**3.239,28**	**3.239,28**	**1.075,79**	**100,0**
500	Außenanlagen und Freiflächen	m² AF	129.281	351,31	143,01	47,49	4,4
600	Ausstattung und Kunstwerke	m² BGF	–	–	–	–	–
700	Baunebenkosten	m² BGF	–	–	–	–	–
800	Finanzierung	m² BGF	–	–	–	–	–

KG	Kostengruppe	Menge Einheit	Kosten €	€/Einheit	%
3+4	**Bauwerk**				**100,0**
300	**Bauwerk – Baukonstruktionen**	904,00 m² BGF	2.291.100	**2.534,40**	78,2

Baugrubenverbau; Stb-Fundamentplatte, WU, Dämmung, Estrich, Beschichtung; Stb-Wände, WU, homogenes Porenziegelmauerwerk, Kunststofffenster, Dreifachverglasung, Alu-Eingangselement, Klinkerriemchen, mineralischer Oberputz, Innenputz, Beschichtung, Alu-Raffstores; Ziegelmauerwerk, GK-Wände, Holztüren, Röhrenspan, Innenputz, Beschichtung, Wandfliesen; Stb-Halbfertigteil-Deckenelemente, Stb-Treppen, Stb-Fertigteilbalkone, Dämmung, Heizestrich, Parkett, Fliesen, Spachtelung, Beschichtung; Stb-Fertigteil-Flachdachelemente mit Aufbeton, Gefälledämmung, Folienabdichtung, Dachentwässerung, Kiesschüttung

KG	Kostengruppe	Menge Einheit	Kosten €	€/Einheit	%
400	**Bauwerk – Technische Anlagen**	904,00 m² BGF	637.214	**704,88**	21,8

Gebäudeentwässerung, Rigolen zur Regenwasseraufnahme, Kalt- und Warmwasserleitungen, Sanitärobjekte; Sole-Wasser-Wärmepumpe, Fußbodenheizung; Wohnraumlüftung mit Brüstungs- und Laibungslüftern in den Außenwänden; Elektroinstallation, Beleuchtung

KG	Kostengruppe	Menge Einheit	Kosten €	€/Einheit	%
500	**Außenanlagen und Freiflächen**	368,00 m² AF	129.281	**351,31**	4,4

Zufahrt zu den Stellplätzen, Beläge der Stellplätze, Terrassenbeläge; Pflanzflächen für die EG-Wohnungen, Heckenbepflanzung als Einfriedung

6100-1617
Mehrfamilienhaus
(9 WE)

Objektübersicht

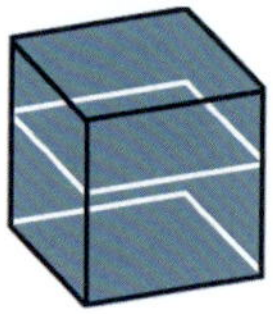

BRI 630 €/m³

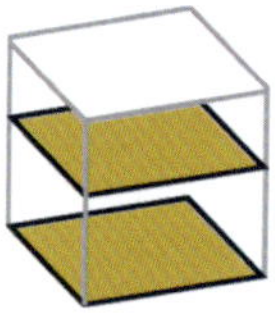

BGF 1.802 €/m²

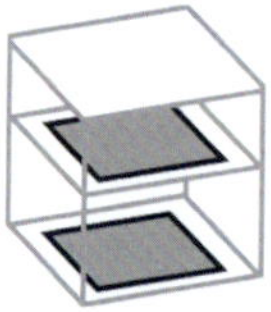

NUF 2.793 €/m²

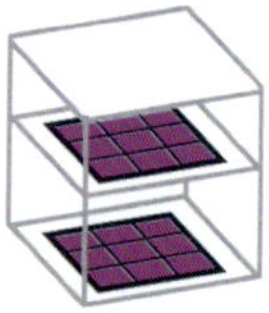

NE 3.701 €/NE

NE: Wohnfläche

Objekt:
Kennwerte: 1. Ebene DIN 276
BRI: 5.874 m³
BGF: 2.053 m²
NUF: 1.325 m²
Bauzeit: 70 Wochen
Bauende: 2022
Standard: über Durchschnitt
Bundesland: Nordrhein-Westfalen
Kreis: Remscheid, Stadt

Architekt*in:
edelhoff + reska
architekten und partner mbB
Hochstraße 9-13
42853 Remscheid

Bauherr*in:
bauGUT
Projektentwicklung
Hochstraße 9-13
42853 Remscheid

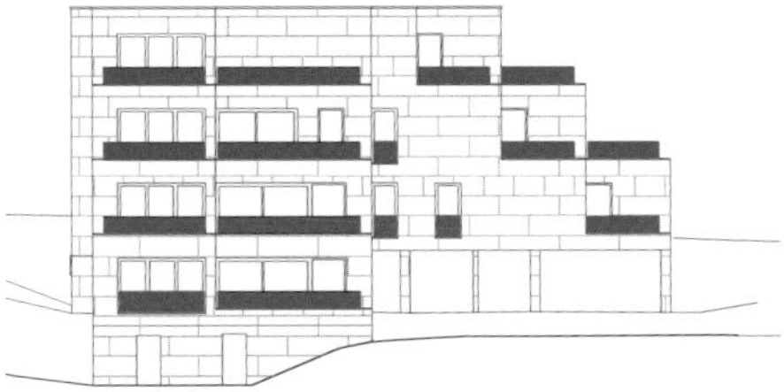

Ansicht Nord

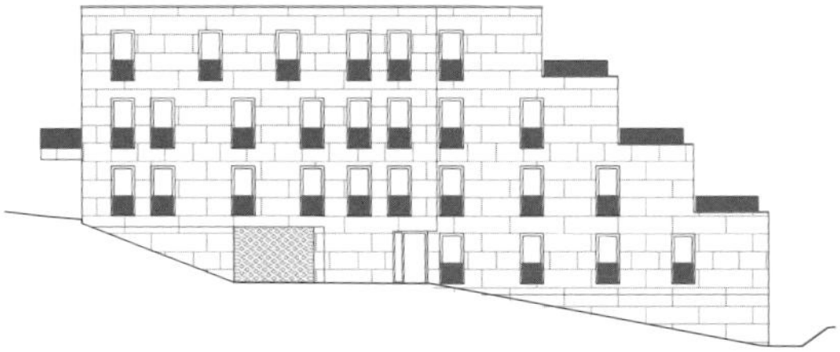

Ansicht Ost

Erdgeschoss

1. Obergeschoss

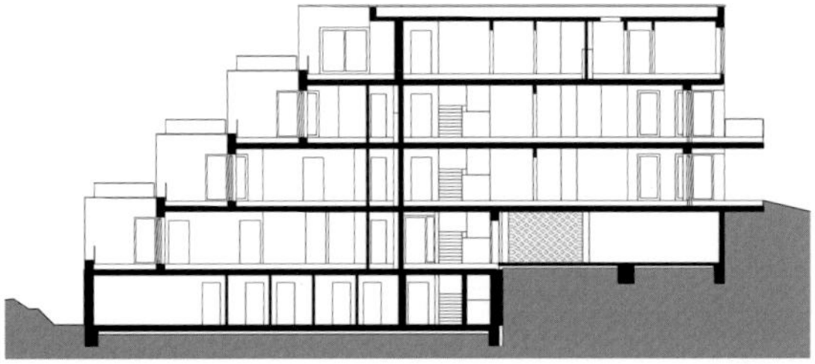

Schnitt A-A

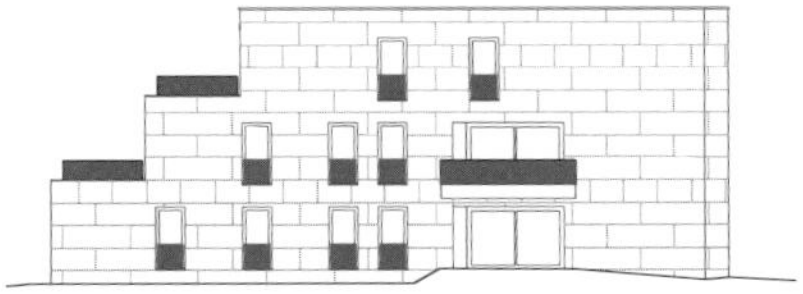

Ansicht Süd

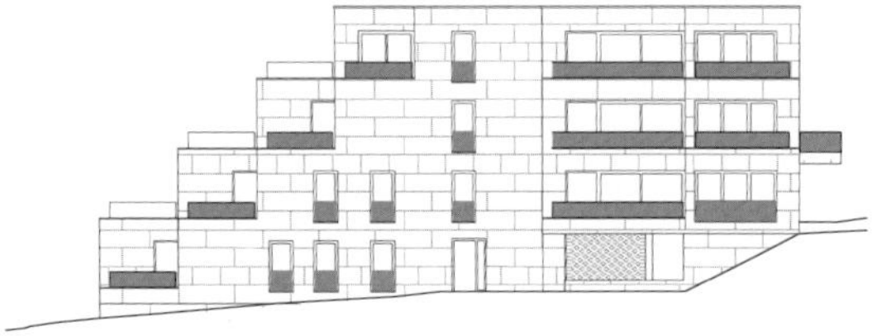

Ansicht West

Objektbeschreibung

Allgemeine Objektinformationen

Das Mehrfamilienhaus mit neun Wohnungen wurde von einem Bauträger unter den hohen Energiestandards eines Niedrigenergiehauses erstellt und als Eigentumswohnungen veräußert.

Nutzung

1 Untergeschoss
Abstellräume, Technik, Flure, Trockenraum, Fahrradkeller, Treppenhaus

1 Erdgeschoss
Wohnen, Schlafen, Kinderzimmer, Küche, Bäder, Abstellräume, Terrassen, Flure, Treppenhaus, offene Garage

2 Obergeschosse
Wohnen, Schlafen, Kinderzimmer, Küche, Bäder, Abstellräume, Terrassen, Flure, Treppenhaus

1 Dachgeschoss
Wohnen, Schlafen, Kinderzimmer, Küche, Bäder, Abstellräume, Terrassen, Flure, Treppenhaus

Nutzeinheiten

Stellplätze: 15
Wohneinheiten: 9
Wohnfläche: 1.000 m^2

Grundstück

Bauraum: Freier Bauraum
Neigung: Hanglage
Bodenklasse: BK 2 bis BK 5

Markt

Hauptvergabezeit: 3. Quartal 2020
Baubeginn: 3. Quartal 2020
Bauende: 1. Quartal 2022
Konjunkturelle Gesamtlage: Durchschnitt
Regionaler Baumarkt: über Durchschnitt

Baukonstruktion

Die Außenhülle des Hauses wurde monolithisch aus hochwertigem gedämmten Ziegelmauerwerk mit einer Klinkerriemchenfassade erstellt. Es gründet auf einer Stahlbetonbodenplatte auf Streifenfundamenten. Durch die Hanglage wurde das Gebäude nur teilunterkellert. Die Kellerwände wurden mit WU-Beton errichtet, die tragenden Innenwände in Kalksandstein gemauert. Nichttragende Wände wurden in Trockenbauweise erstellt. Die dreifachverglasten Kunststofffenster erhielten eine Wärmeschutzverglasung. Die Stahlbetondecken sind auf den Heizestrichen mit Parkett oder Fliesen belegt. Das Stahlbetonflachdach ist mit einem Gründachaufbau ausgestattet.

Technische Anlagen

Die Heiz- und Warmwasserversorgung erfolgt über eine Sole-Wasser-Wärmepumpe mit Erdsonde. Neben der klassischen Anwendung als Wärmeerzeuger an kalten Tagen, kann die Wärmepumpe im Sommer für ein angenehmes Raumklima genutzt werden. Verteilt wird die Wärme, bzw. Kälte über eine Fußbodenheizung.

Sonstiges

Das Wohnhaus wurde durchgehend barrierearm gebaut und mit einem modernen, für Rollstuhlfahrer geeigneten Aufzug ausgestattet, welcher auch durch die Garage stufenlos zu erreichen ist. Bei dem Gebäude handelt es sich um ein KFW Effizienzhaus 55%.

Energetische Kennwerte

Gesetzliche Grundlage: EnEV 2013
Gebäudenutzfläche: 1.663,40 m^2
Gebäudevolumen: 5.198,00 m^3
A/V_e-Verhältnis (Kompaktheit): 0,41 m^{-1}
Hüllfläche des beheizten Volumens: 2.127,57 m^2
Spez. Transmissionswärmeverlust: 0,29 W/(m^2·K)
Spez. Jahresprimärenergiebedarf: 28,00 kWh/(m^2·a)
Spez. Jahresendenergiebedarf: 15,00 kWh/(m^2·a)

Energetische Angaben zu Außenbauteilen

Kellerdecke

U-Wert: 0,14 W/(m²·K)

Gesamtdicke: 58,00 cm	d [cm]	l [W/(m·K)]
Kunststein	1,50	1,300
Estrich	6,50	1,400
Dämmung EPS	2,00	0,045
Blähperlit	20,00	0,045
Stahlbeton	22,00	2,000
Dämmung MW	6,00	0,035

Außenwand

U-Wert: 0,18 W/(m²·K)

Gesamtdicke: 46,90 cm	d [cm]	l [W/(m·K)]
Klinker	1,40	0,810
Innenputz	1,50	0,700
Ziegel	42,50	0,080
Mörtel	1,50	0,810

Decke gegen Außenluft unten

U-Wert: 0,14 W/(m²·K)

Gesamtdicke: 58,00 cm	d [cm]	l [W/(m·K)]
Holz	1,50	0,180
Estrich	6,50	1,400
Dämmung EPS	2,00	0,045
Blähperlit	20,00	0,045
Stahlbeton	22,00	2,000
Dämmung MW	6,00	0,035

Decke gegen Außenluft oben

U-Wert: 0,14 W/(m²·K)

Gesamtdicke: 38,90 cm	d [cm]	l [W/(m·K)]
Innenputz	0,20	0,350
Stahlbeton	22,00	2,000
Bitumenbahn	0,50	0,170
Dämmung PUR	16,00	0,024
Dachdichtungsbahn	0,20	0,230

Dach

U-Wert: 0,14 W/(m²·K)

Gesamtdicke: 44,90 cm	d [cm]	l [W/(m·K)]
Innenputz	0,20	0,350
Stahlbeton	22,00	2,000
Bitumenbahn	0,50	0,170
Dämmung EPS	22,00	0,032
Dachdichtungsbahn	0,20	0,230

Planungskennwerte für Flächen und Rauminhalte nach DIN 277

Flächen des Grundstücks		Menge Einheit	% an GF
BF	Bebaute Fläche	–	–
UF	Unbebaute Fläche	–	–
GF	Grundstücksfläche	–	–

Grundflächen des Bauwerks		Menge Einheit	% an NUF	% an BGF
NUF	Nutzungsfläche	1.325,08 m^2	100,0	64,5
TF	Technikfläche	23,02 m^2	1,7	1,1
VF	Verkehrsfläche	339,14 m^2	25,6	16,5
NRF	Netto-Raumfläche	1.687,24 m^2	127,3	82,2
KGF	Konstruktions-Grundfläche	366,08 m^2	27,6	17,8
BGF	Brutto-Grundfläche	2.053,32 m^2	155,0	100,0

Brutto-Rauminhalt des Bauwerks		Menge Einheit	BRI/NUF (m)	BRI/BGF (m)
BRI	Brutto-Rauminhalt	5.874,36 m^3	4,43	2,86

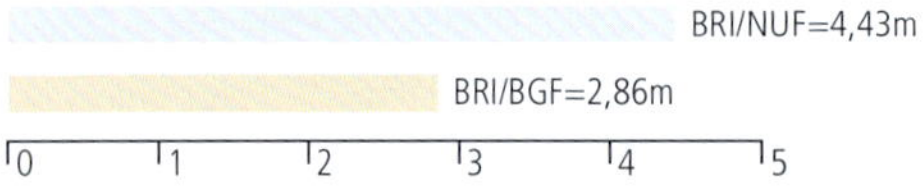

Kostenkennwerte für die Kostengruppen der 1.Ebene DIN 276

KG	Kostengruppen (1. Ebene)	Einheit	Kosten €	€/Einheit	€/m² BGF	€/m³ BRI	% 300+400
100	Grundstück	m² GF	–	–	–	–	–
200	Vorbereitende Maßnahmen	m² GF	92.393	–	45,00	15,73	2,5
300	Bauwerk – Baukonstruktionen	m² BGF	2.989.463	1.455,92	1.455,92	508,90	80,8
400	Bauwerk – Technische Anlagen	m² BGF	711.361	346,44	346,44	121,10	19,2
	Bauwerk 300+400	**m² BGF**	**3.700.824**	**1.802,36**	**1.802,36**	**630,00**	**100,0**
500	Außenanlagen und Freiflächen	m² AF	185.293	–	90,24	31,54	5,0
600	Ausstattung und Kunstwerke	m² BGF	–	–	–	–	–
700	Baunebenkosten	m² BGF	–	–	–	–	–
800	Finanzierung	m² BGF	–	–	–	–	–

KG	Kostengruppe	Menge Einheit	Kosten €	€/Einheit	%
200	**Vorbereitende Maßnahmen**	–	92.393	–	2,5
	Herrichten Geländeoberfläche; Verkehrserschließung				
3+4	**Bauwerk**				**100,0**
300	**Bauwerk – Baukonstruktionen**	2.053,32 m² BGF	2.989.463	**1.455,92**	80,8
	Erdarbeiten; Stb-Streifenfundamente, Stb-Punktfundamente, Stb-Bodenplatte, Abdichtung, Estrich, Beschichtung, Fliesen; Stb-Wände, Ziegelmauerwerk, Stb-Stützen, Kunststofffenster, dreifach wärmeschutzverglast, Klinkerriemchenfassade, gedämmt, Gipsputz, Beschichtung; KS-Mauerwerk, GK-Wände, Holztüren, Putz, Beschichtung, Fliesen; Stb-Decken, Heizestrich, Parkettböden, Fliesen, Deckenputz, Beschichtung; Stb-Flachdach, Dachflächenfenster, Gefälledämmung, Abdichtung, Dachbegrünung, Dachentwässerung, Sekuranten				
400	**Bauwerk – Technische Anlagen**	2.053,32 m² BGF	711.361	**346,44**	19,2
	Gebäudeentwässerung, Kalt- und Warmwasserleitungen, Sanitärobjekte; Erd-Wärmepumpe, Fußbodenheizung; Einzellüfter; Elektroinstallation, Beleuchtung; Personenaufzug				
500	**Außenanlagen und Freiflächen**	–	185.293	–	5,0
	Landschaftsbauarbeiten, Baugrundverbesserung				

Objektübersicht

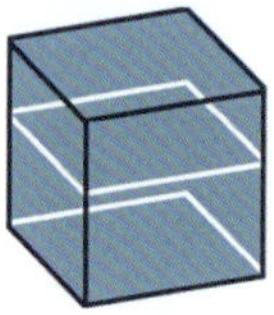

BRI 1.493 €/m³

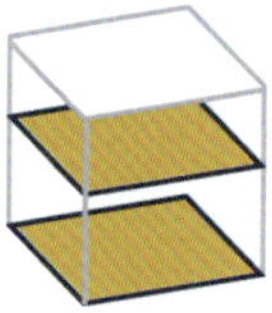

BGF 2.601 €/m²

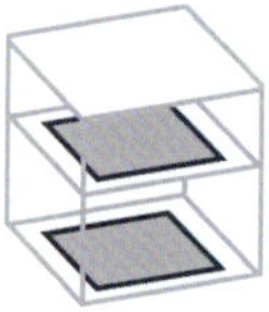

NUF 4.191 €/m²

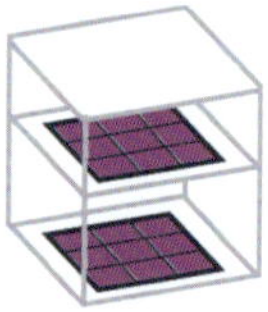

NE 4.914 €/NE
NE: Wohnfläche

Objekt:
Kennwerte: 1. Ebene DIN 276
BRI: 283 m³
BGF: 162 m²
NUF: 101 m²
Bauzeit: 65 Wochen
Bauende: 2020
Standard: über Durchschnitt
Bundesland: Mecklenburg-Vorpommern
Kreis: Mecklenburgische Seenplatte

Architekt*in:
Wanja Wechselberger Studio & Legeer Architekten
Oranienstraße 69
10969 Berlin

Bauherr*in:
Jutta Rieger
Andrea Kleinsorge
Kastanienweg 12
91083 Baiersdorf

Ansicht Nord-West

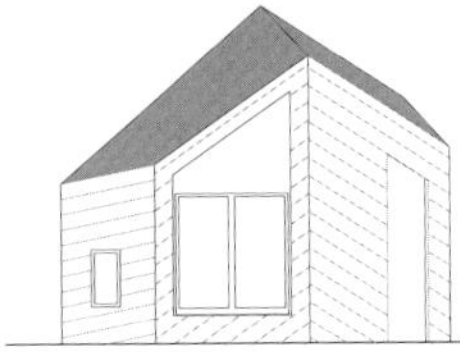

Ansicht Nord-Ost

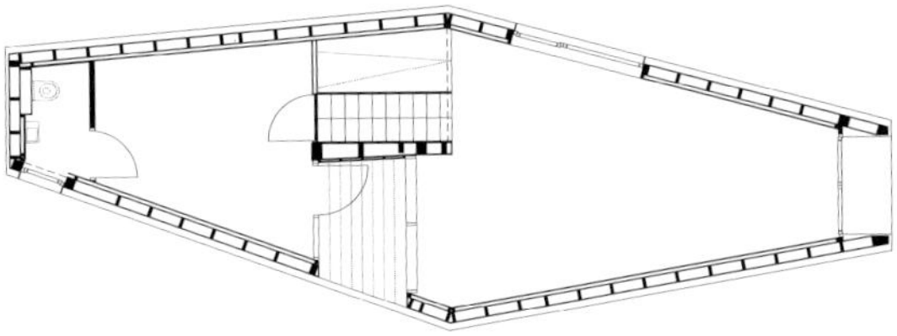

1. Obergeschoss

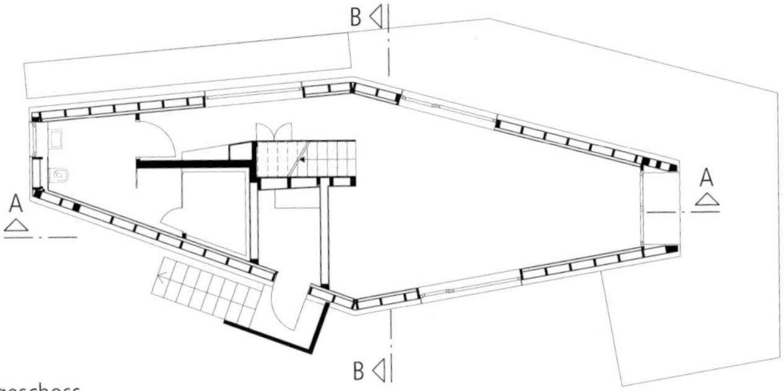

Erdgeschoss

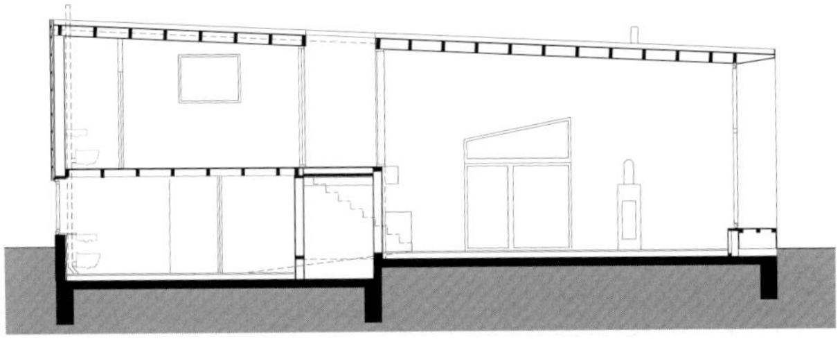

Schnitt A-A

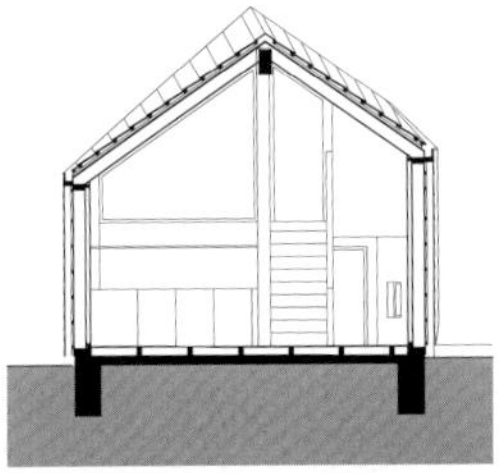

Schnitt B-B

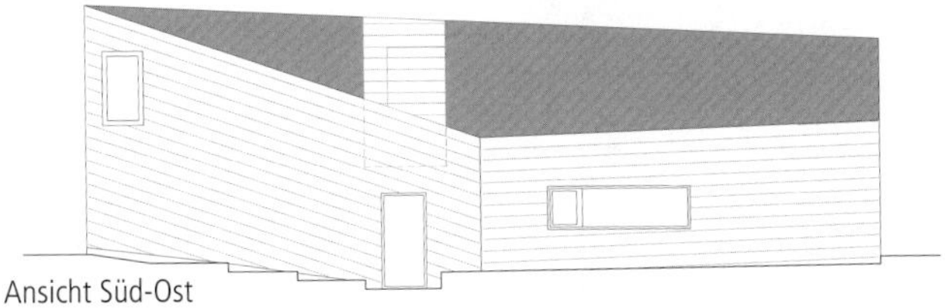

Ansicht Süd-Ost

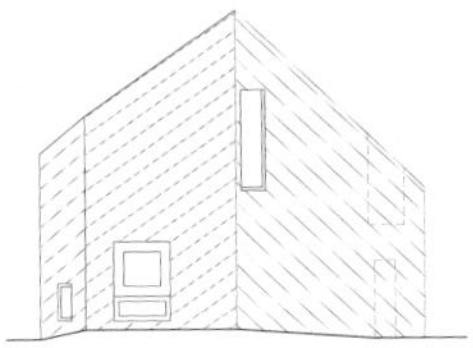

Ansicht Süd-West

Objektbeschreibung

Allgemeine Objektinformationen

Haus Wustrow liegt an der Mecklenburgischen Seenplatte und ist Teil einer Ferienhaussiedlung mit 20 Ferienhäusern. Der Gebäudeentwurf ist eine Neudefinition der regionalen Bootshaus- und Scheunentypologie mit Inspiration aus dem Bootsbau und findet so den Bezug zur umliegenden Landschaft. Der rautenförmige nach Nord-Süd ausgerichtete Baukörper bietet zu allen Richtungen wechselnde Perspektiven und Ansichten. Diese Außenwirkung wird durch die zwei unterschiedlich geformten Dachflächen und sorgfältig positionierten, verschieden große Fensterformate verstärkt. Genau wie das Gebäude beim Umlaufen immer neue Eindrücke entstehen lässt, fängt es in seinem Inneren über die Fenster stets neue Blicke auf die Landschaft ein und erzeugt eine Vielzahl an Lichtstimmungen, die je nach Tages- und Jahreszeit wechseln.

Nutzung

1 Untergeschoss
Abstellen, Bad, Sauna

1 Erdgeschoss
Küche, Wohnraum

1 Obergeschoss
Schlafen, Bad, Balkon

Nutzeinheiten

Wohneinheiten: 1
Wohnfläche: 86 m^2

Grundstück

Bauraum: Freier Bauraum
Neigung: Geneigtes Gelände
Bodenklasse: BK 3 bis BK 5

Markt

Hauptvergabezeit: 3. Quartal 2018
Baubeginn: 2. Quartal 2019
Bauende: 3. Quartal 2020
Konjunkturelle Gesamtlage: unter Durchschnitt
Regionaler Baumarkt: unter Durchschnitt

Baukonstruktion

Das Gebäude ist in Holzständerbauweise errichtet. Die Gründung erfolgte durch eine Stahlbeton-Fundamentplatte. Die Wände im UG sind in Ziegelmauerwerk errichtet, die Wandkonstruktionen darüber wurden als Holzrahmenwände vorgefertigt. Die vorgehängte hinterlüftete Fassade besteht aus anthrazitfarbener lasierter Lärche. Die Stülpschalung ist parallel zur Traufkante ausgerichtet und verläuft daher diagonal zur Fußbodenkante. Die Fenster sind aus Aluminium und zweifach verglast. Der gesamte Innenausbau des maisonetteartigen Ferienhauses, das sich über drei Ebenen erstreckt, wurde überwiegend aus Birkensperrholz – in Form von Dielen und großformatigen Wand- und Deckenpaneelen – gefertigt.

Technische Anlagen

Das Haus wird nur durch eine Fußbodenheizung im Bad und Saunabereich und einem Holzspeicherofen im Wohnraum beheizt. Die Luftdichtheit des Gebäudes wurde mit einem Blower-Door-Test geprüft. Regenwasser wird in einer Zisterne gesammelt.

Sonstiges

Die beiden unteren Ebenen sind über eine flach ansteigende Rampe barrierefrei miteinander verbunden. Im Erdgeschoss befindet sich zusätzlich ein rollstuhlgerechtes Badezimmer mit anschließender Sauna. Nachhaltigkeit und Umweltverträglichkeit war ebenfalls ein Thema, bei dem Bau des Ferienhauses fanden ausschließlich heimische Hölzer wie Fichte und Kiefer Verwendung. Große Fenster sorgen für eine natürliche Belichtung. Das großzügige Hauptfenster zum See ist zurückgesetzt, sodass durch die Geometrie des Baukörpers eine Verschattung der großen Glasfläche gewährleisten werden kann.

Planungskennwerte für Flächen und Rauminhalte nach DIN 277

Flächen des Grundstücks		Menge Einheit	% an GF
BF	Bebaute Fläche	128,40 m²	20,4
UF	Unbebaute Fläche	499,60 m²	79,6
GF	Grundstücksfläche	628,00 m²	100,0

Grundflächen des Bauwerks		Menge Einheit	% an NUF	% an BGF
NUF	Nutzungsfläche	100,83 m²	100,0	62,1
TF	Technikfläche	3,12 m²	3,1	1,9
VF	Verkehrsfläche	16,51 m²	16,4	10,2
NRF	Netto-Raumfläche	120,46 m²	119,5	74,1
KGF	Konstruktions-Grundfläche	42,02 m²	41,7	25,9
BGF	Brutto-Grundfläche	162,48 m²	161,1	100,0

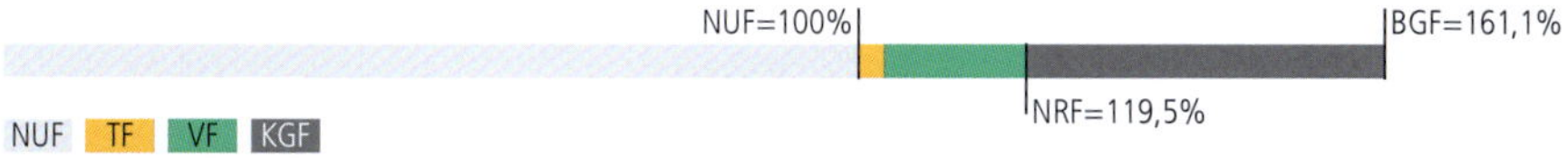

Brutto-Rauminhalt des Bauwerks		Menge Einheit	BRI/NUF (m)	BRI/BGF (m)
BRI	Brutto-Rauminhalt	283,00 m³	2,81	1,74

Kostenkennwerte für die Kostengruppen der 1. Ebene DIN 276

KG	Kostengruppen (1. Ebene)	Einheit	Kosten €	€/Einheit	€/m² BGF	€/m³ BRI	% 300+400
100	Grundstück	m² GF	–	–	–	–	–
200	Vorbereitende Maßnahmen	m² GF	–	–	–	–	–
300	Bauwerk – Baukonstruktionen	m² BGF	382.203	2.352,31	2.352,31	1.350,54	90,4
400	Bauwerk – Technische Anlagen	m² BGF	40.406	248,68	248,68	142,78	9,6
	Bauwerk 300+400	**m² BGF**	**422.608**	**2.600,99**	**2.600,99**	**1.493,32**	**100,0**
500	Außenanlagen und Freiflächen	m² AF	38.938	–	239,65	137,59	9,2
600	Ausstattung und Kunstwerke	m² BGF	–	–	–	–	–
700	Baunebenkosten	m² BGF	–	–	–	–	–
800	Finanzierung	m² BGF	–	–	–	–	–

KG	Kostengruppe	Menge Einheit	Kosten €	€/Einheit	%
3+4	**Bauwerk**				**100,0**
300	**Bauwerk – Baukonstruktionen**	162,48 m² BGF	382.203	**2.352,31**	90,4

Baugrubenaushub; Stb-Fundamentplatte, Abdichtung, Holzunterkonstruktion, Dämmung, Dielung, Bodenfliesen 60x60cm, Kiesschüttung; UG: Ziegelmauerwerk, Abdichtung, Dämmung, EG+OG: Holzrahmenkonstruktion, Dämmung, Schalung, Alu-Fenster, zweifach verglast, Fassadenbahn, Holzfaserplatte, Multiplex-Birkenfurnierplatte, lasiert; Holzrahmenwände, Schalung, GK-Bekleidung, GK-Wände, doppelt beplankt, Holztüren, Beschichtung; Holzbalkendecken, Dämmung, Dielung, Wangentreppe Kiefer, lasiert, Multiplex Treppengeländer; Sparrendach, Dachflächenfenster, Zwischensparrendämmung, Rauspundschalung, Dachbahn, Lattung, Betondachsteine, Birkenfurnierplatte, hell lasiert, Dachentwässerung; Einbauküche, Sauna, Einbauschrank

KG	Kostengruppe	Menge Einheit	Kosten €	€/Einheit	%
400	**Bauwerk – Technische Anlagen**	162,48 m² BGF	40.406	**248,68**	9,6

Gebäudeentwässerung, Kalt- und Warmwasserleitungen, Sanitärobjekte; Holz-Kaminofen mit Speichersteinen, Saunaofen; Elektroinstallation, Beleuchtung, elektrische Fußbodenheizung (Bad, Sauna); Telekommunikationsanschluss

KG	Kostengruppe	Menge Einheit	Kosten €	€/Einheit	%
500	**Außenanlagen und Freiflächen**	–	38.938	–	9,2

Stb-Einzelfundamente; Terrassendeck, Außenrampe, Terrassendielen auf Unterkonstruktion, Parkplatzbefestigung; Klinkerwände, Außentreppe in UG; Regenwasserzisterne, Bewässerungssystem

6100-1619
Reihenendhaus
Doppelcarport

Objektübersicht

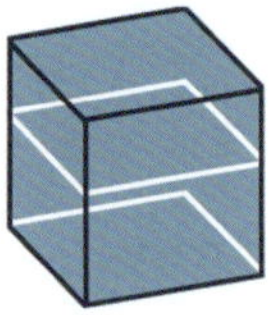
BRI 960 €/m³

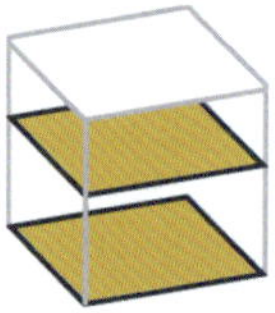
BGF 2.979 €/m²

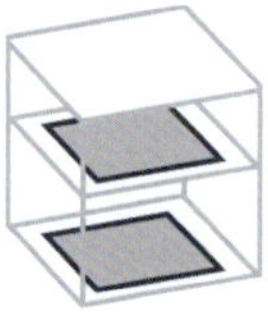
NUF 4.550 €/m²

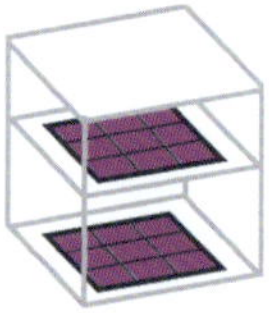
NE 3.910 €/NE

NE: Wohnfläche

Objekt:
Kennwerte: 1.Ebene DIN 276
BRI: 913 m³
BGF: 294 m²
NUF: 193 m²
Bauzeit: 83 Wochen
Bauende: 2021
Standard: über Durchschnitt
Bundesland: Saarland
Kreis: Saarbrücken, Regionalverband

Architekt*in:
SCHNEEWEISS ARCHITEKTEN
Neumarkt 11
66117 Saarbrücken

Zeichnungen

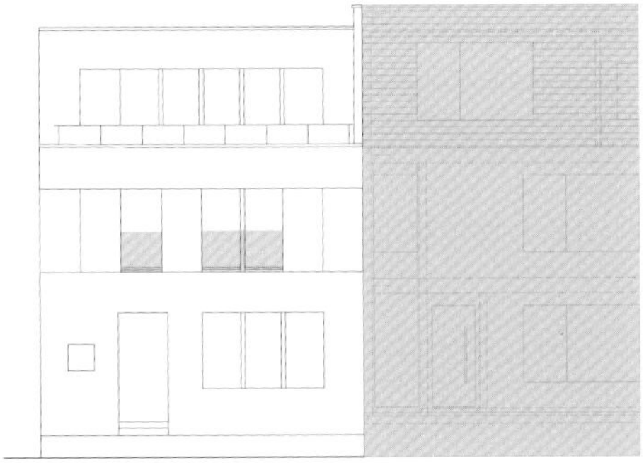

Ansicht Nord

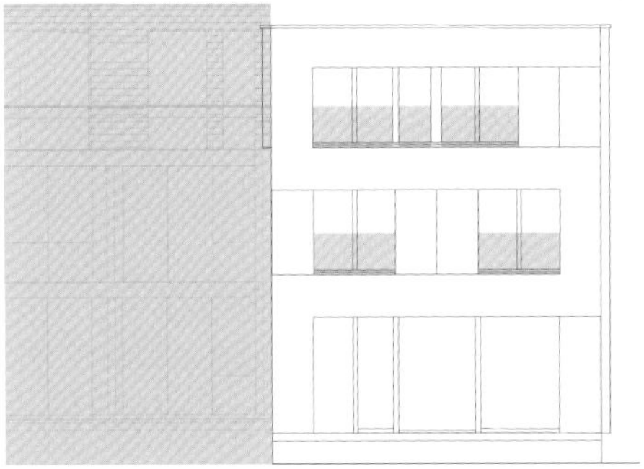

Ansicht Süd

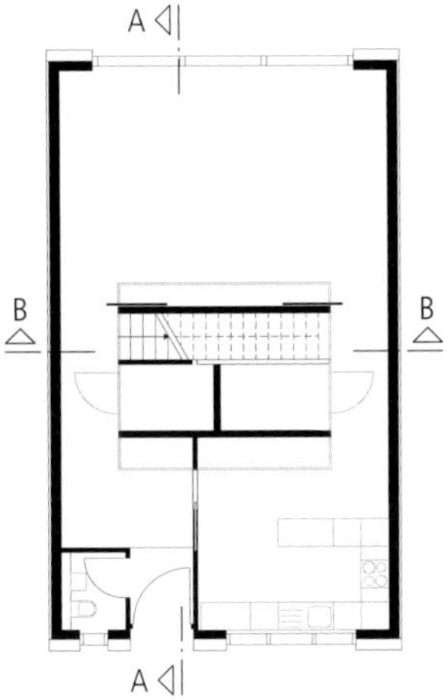

Erdgeschoss

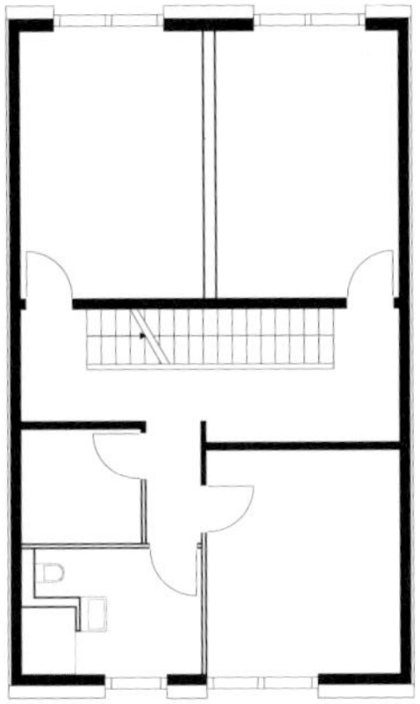

Obergeschoss

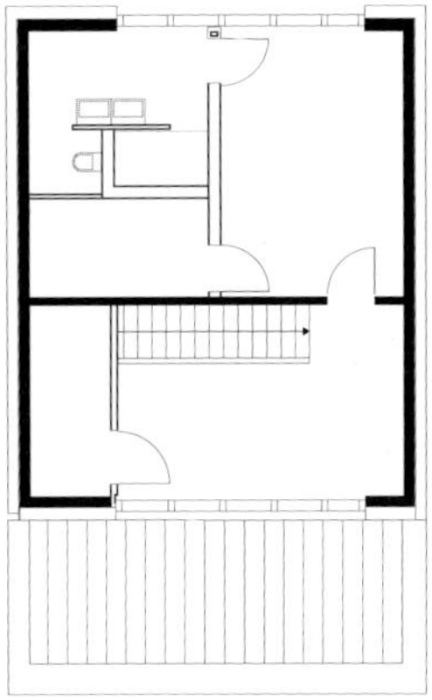

Dachgeschoss

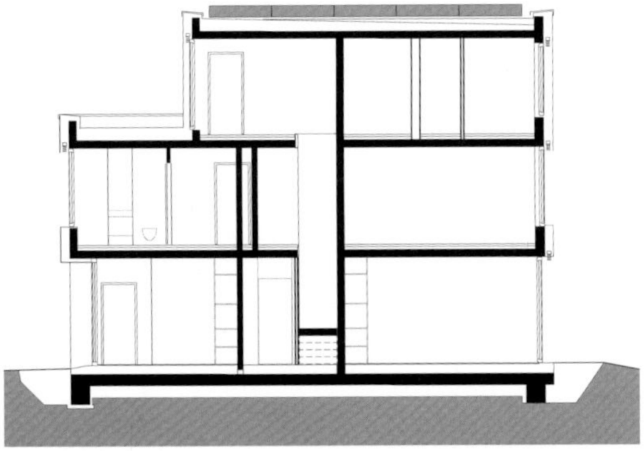

Schnitt A-A

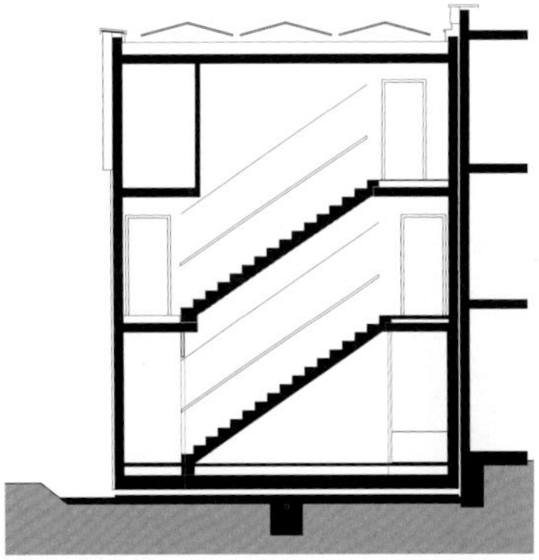

Schnitt B-B

Objektbeschreibung

Allgemeine Objektinformationen

Die Bauherrn hatten den Wunsch nach einem extrem sparsamen, zukunftsfähigen Haus, das zugleich alle Voraussetzungen für altersgerechtes Wohnen in Zukunft erfüllen sollte.

Nutzung

1 Erdgeschoss
Wohn-Essraum, Küche, Hausanschlussraum, WC, Abstellraum

1 Obergeschoss
Kinderzimmer, Gäste, Hauswirtschaftsraum, Bad

1 Dachgeschoss
Schlafraum, Ankleide, Arbeitsgalerie, Bad, Technikraum, Dachterrasse

Nutzeinheiten

Wohneinheiten: 1
Wohnfläche: 224 m^2

Grundstück

Bauraum: Beengter Bauraum
Neigung: Geneigtes Gelände
Bodenklasse: BK 2 bis BK 5

Markt

Hauptvergabezeit: 2. Quartal 2020
Baubeginn: 2. Quartal 2020
Bauende: 4. Quartal 2021
Konjunkturelle Gesamtlage: über Durchschnitt
Regionaler Baumarkt: über Durchschnitt

Baukonstruktion

Aufgrund der großen Spannweiten ist der Neubau in Massivbauweise erstellt. Tragende Wände sind aus Stahlbeton und Mauerwerk. Alle Fenster sind in Holz mit Dreifachverglasung und Sonnenschutz ausgeführt. Die Dämmung erfolgt über ein mineralisches Wärmedämmverbundsystem mit mineralischem Putzaufbau. Im Innenbereich sind die Wände aus Stahlbeton, teilweise in Sichtbeton. Nichttragende Wände sind als GK-Wände ausgeführt. Auf dem Heizestrich liegen Parkett oder Bodenfliesen, auf der Dachterrasse sind Dielen verlegt. Das Stahlbeton-Flachdach ist gedämmt und mit einer Photovoltaikanlage ausgestattet.

Technische Anlagen

Der geringe Restwärmebedarf des Gebäudes wird über ein Kombigerät, bestehend aus einer Luft-Wasser-Wärmepumpe und einer Lüftungsanlage mit Wärmerückgewinnung, produziert. Über eine Fußbodenheizung wird die Wärme in den Räumen verteilt. Der Strombedarf wird unter Berücksichtigung der Jahresbilanz komplett über eine Photovoltaikanlage auf dem Dach gedeckt.

Sonstiges

Das Haus erfüllt den KfW 40 Plus-Standard.

Energetische Kennwerte

Gesetzliche Grundlage: EnEV 2013
Gebäudenutzfläche: 266,60 m^2
Gebäudevolumen: 833,24 m^3
A/V_e-Verhältnis (Kompaktheit): 0,41 m^{-1}
Hüllfläche des beheizten Volumens: 339,91 m^2
Spez. Transmissionswärmeverlust: 0,20 $W/(m^2 \cdot K)$
Spez. Jahresprimärenergiebedarf: 14,15 $kWh/(m^2 \cdot a)$
Spez. Jahresendenergiebedarf: 7,87 $kWh/(m^2 \cdot a)$
CO_2-Emissionen: 5,00 $kg/(m^2 \cdot a)$
Anlagenaufwandszahl: 0,38

Energetische Angaben zu Außenbauteilen

Bodenplatte

U-Wert: 0,11 W/(m²·K)

Gesamtdicke: 66,00 cm	d[cm]	l[W/(m·K)]
Estrich	5,00	1,400
Dämmung GF	12,00	0,036
Trittschalldämmung	0,50	0,045
Dämmung PIR	10,00	0,024
Ausgleichsschicht	8,00	0,056
Bitumenbahn	0,50	0,170
Stahlbeton	30,00	2,300

Außenwand

U-Wert: 0,16 W/(m²·K)

Gesamtdicke: 43,00 cm	d[cm]	l[W/(m·K)]
Stahlbeton	20,00	2,300
Dämmung MW	22,00	0,037
Außenputz	1,00	1,000

Dachterrasse

U-Wert: 0,16 W/(m²·K)

Gesamtdicke: 36,20 cm	d[cm]	l[W/(m·K)]
Stahlbeton	20,00	2,300
Bitumenbahn	0,50	0,170
Dämmung PIR	14,70	0,024
Bitumenbahn	1,00	0,170

Dach

U-Wert: 0,12 W/(m²·K)

Gesamtdicke: 46,50 cm	d[cm]	l[W/(m·K)]
Stahlbeton	20,00	2,300
Bitumenbahn	0,50	0,230
Dämmung PS	25,00	0,032
Bitumenbahn	1,00	0,170

Planungskennwerte für Flächen und Rauminhalte nach DIN 277

Flächen des Grundstücks		Menge Einheit	% an GF
BF	Bebaute Fläche	97,50 m²	37,4
UF	Unbebaute Fläche	163,15 m²	62,6
GF	Grundstücksfläche	260,65 m²	100,0

Grundflächen des Bauwerks		Menge Einheit	% an NUF	% an BGF
NUF	Nutzungsfläche	192,72 m²	100,0	65,5
TF	Technikfläche	8,18 m²	4,2	2,8
VF	Verkehrsfläche	40,26 m²	20,9	13,7
NRF	Netto-Raumfläche	241,16 m²	125,1	81,9
KGF	Konstruktions-Grundfläche	53,16 m²	27,6	18,1
BGF	Brutto-Grundfläche	294,32 m²	152,7	100,0

Brutto-Rauminhalt des Bauwerks		Menge Einheit	BRI/NUF (m)	BRI/BGF (m)
BRI	Brutto-Rauminhalt	913,17 m³	4,74	3,10

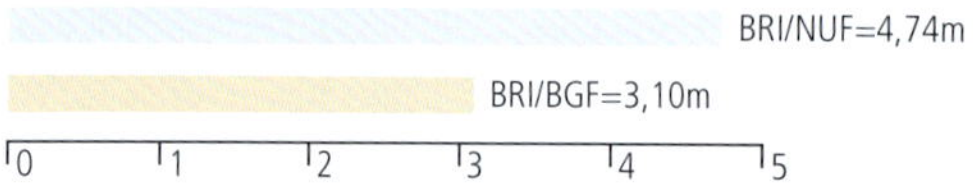

Kostenkennwerte für die Kostengruppen der 1.Ebene DIN 276

KG	Kostengruppen (1.Ebene)	Einheit	Kosten €	€/Einheit	€/m² BGF	€/m³ BRI	% 300+400
100	Grundstück	m² GF	–	–	–	–	–
200	Vorbereitende Maßnahmen	m² GF	–	–	–	–	–
300	Bauwerk – Baukonstruktionen	m² BGF	654.813	2.224,83	2.224,83	717,08	74,7
400	Bauwerk – Technische Anlagen	m² BGF	221.995	754,27	754,27	243,10	25,3
	Bauwerk 300+400	**m² BGF**	**876.808**	**2.979,10**	**2.979,10**	**960,18**	**100,0**
500	Außenanlagen und Freiflächen	m² AF	104.580	743,55	355,33	114,52	11,9
600	Ausstattung und Kunstwerke	m² BGF	–	–	–	–	–
700	Baunebenkosten	m² BGF	–	–	–	–	–
800	Finanzierung	m² BGF	–	–	–	–	–

KG	Kostengruppe	Menge Einheit	Kosten €	€/Einheit	%
3+4	**Bauwerk**				**100,0**
300	**Bauwerk – Baukonstruktionen**	294,32 m² BGF	654.813	**2.224,83**	74,7

Baugrubenaushub; Stb-Fundamente, Stb-Bodenplatte, Heizestrich, Parkett, Bodenfliesen, Abdichtung, Kiesfilterschicht, Dämmung, Perimeterdämmung, Dränage; Stb-Wände, Mauerwerkswände, Holzfenster, Dreifachverglasung, WDVS, Sonnenschutz an allen Fenstern; Innenmauerwerk, Stb-Wände, teilw. Sichtbeton, GK-Wände, Wandfliesen; Stb-Decken, Stb-Treppen, allseits in Sichtbeton, Heizestrich, Parkett, Bodenfliesen, Treppengeländer, Handläufe; Stb-Dach, Dämmung, Abdichtung, Attika, Dachentwässerung

KG	Kostengruppe	Menge Einheit	Kosten €	€/Einheit	%
400	**Bauwerk – Technische Anlagen**	294,32 m² BGF	221.995	**754,27**	25,3

Gebäudeentwässerung, Kalt- und Warmwasserleitungen, Sanitärobjekte; Luft-Wasser-Wärmepumpe, Fußbodenheizung; kontrollierte Be- und Entlüftung mit Wärmerückgewinnung; Elektroinstallation, PV-Anlage (43m²); Fernseh- und Antennenanlagen, Rauchmelder

KG	Kostengruppe	Menge Einheit	Kosten €	€/Einheit	%
500	**Außenanlagen und Freiflächen**	140,65 m² AF	104.580	**743,55**	11,9

Oberbodenarbeiten, Bodenarbeiten, Erdbaumaßnahmen; Gründungsmaßnahmen; Wege, Terrassen, Stellplätze; Winkelstützmauern, Treppen, Geländer, Doppel-Carport: Stahlstützen, Schiebetor, Lärchenholz-Wandbekleidung; Stahldach, Trapezblech, extensives Gründach; Oberbodenauftrag, Stauden, Rasen

6100-1620
Mehrfamilienhäuser
(2 Gebäude, 16 WE)
TG (19 STP)

Objektübersicht

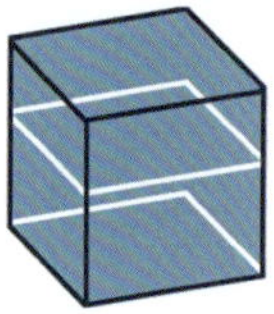

BRI 608 €/m³

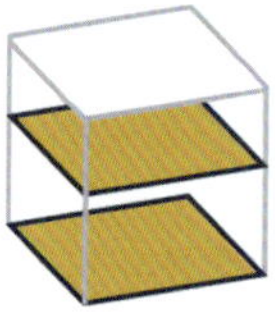

BGF 1.839 €/m²

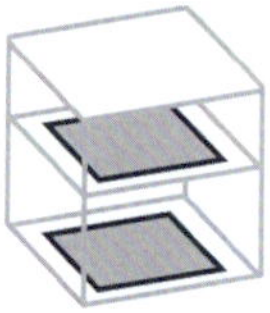

NUF 2.987 €/m²

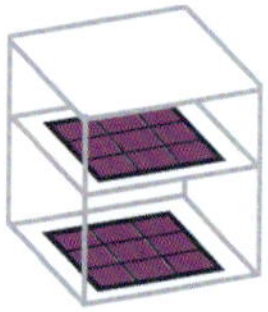

NE 4.209 €/NE

NE: Wohnfläche

Objekt:
Kennwerte: 1. Ebene DIN 276
BRI: 9.332 m³
BGF: 3.086 m²
NUF: 1.900 m²
Bauzeit: 78 Wochen
Bauende: 2022
Standard: über Durchschnitt
Bundesland: Hessen
Kreis: Marburg-Biedenkopf

Architekt*in:
integrale planung
Ockershäuser Allee 38d
35037 Marburg

© Christian Lademann

© integrale planung

© integrale planung

© integrale planung

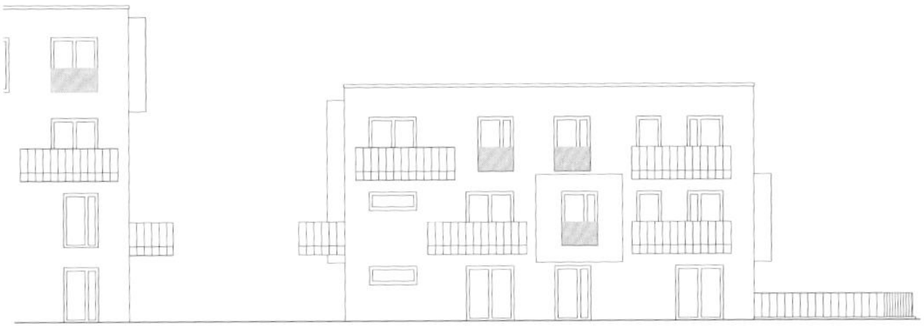

Ansicht Nord-Ost Haus 7

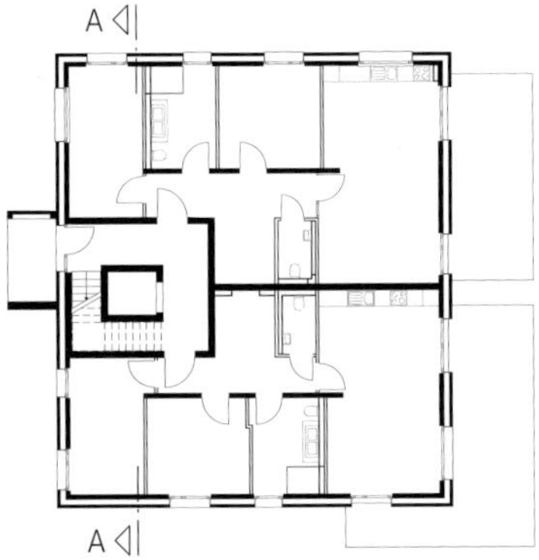

Erdgeschoss Haus 7

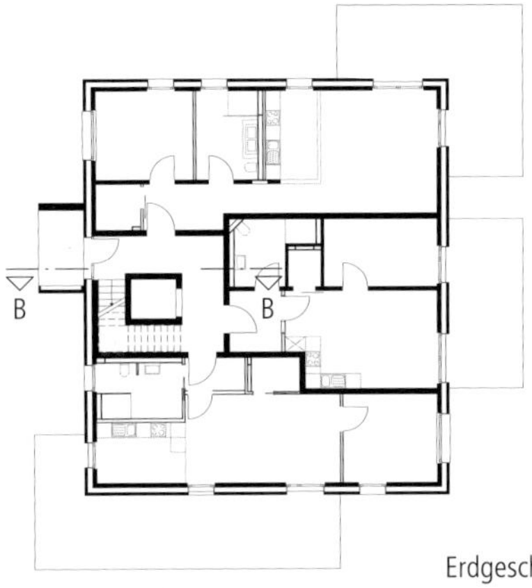

Erdgeschoss Haus 8

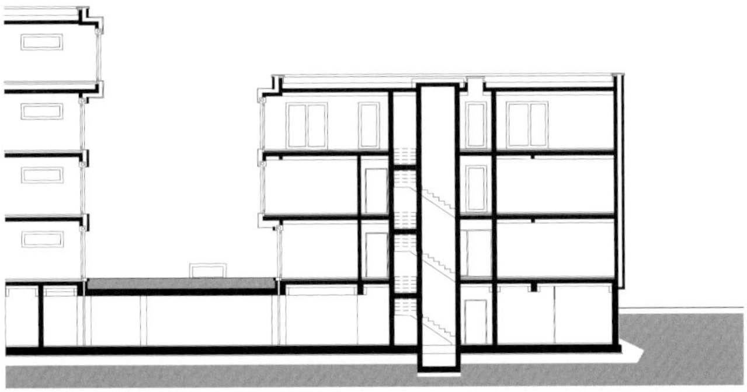

Schnitt A-A Haus 7

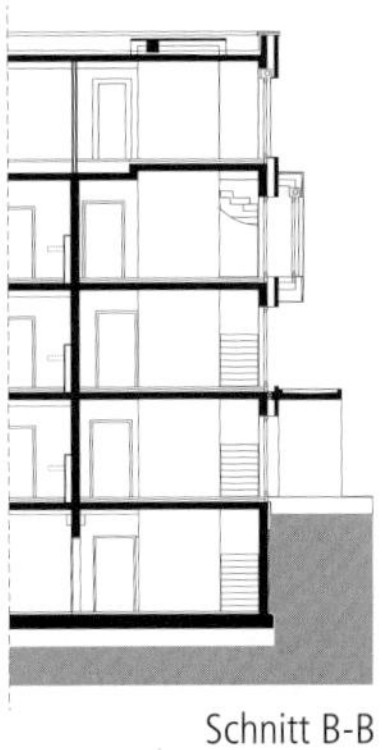

Schnitt B-B Haus 8

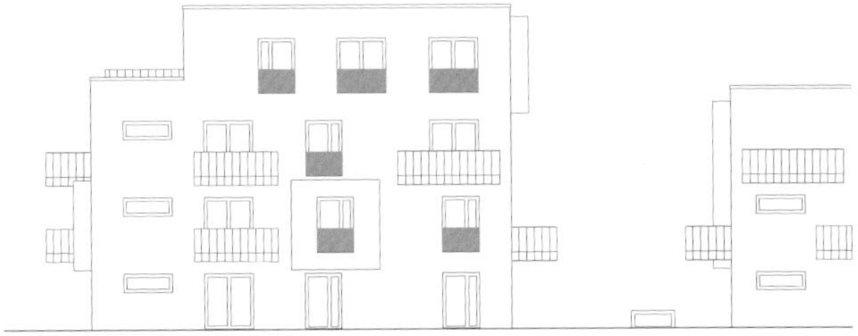

Ansicht Nord-Ost Haus 8

Objektbeschreibung

Allgemeine Objektinformationen

Auf dem Gelände einer ehemaligen Ziegelei wurde der Neubau von zwei freistehenden, modern-kubistisch-gestalteten Wohnhäusern mit einer verbindenden, eingeschossigen Tiefgarage realisiert. Es wurden 16 Wohneinheiten mit Wohnflächen zwischen 55 und 160 Quadratmetern verwirklicht. Die Tiefgarage verfügt über 19 Pkw- sowie 12 Fahrradstellplätze. Als Hommage an das historische, noch bestehende Ringofengebäude erhielten die beiden Häuser eine Fassadengestaltung aus Klinkersteinen.

Nutzung

1 Untergeschoss
Tiefgarage, Abstellräume, Heizungsräume, Wasch- und Trockenräume, Hausanschlussräume, Technikräume

1 Erdgeschoss
Wohn-Koch-Essräume, Schlafräume, Bäder, WCs, Garderoben, Terrassen

2 Obergeschosse
Wohn-Koch-Essräume, Schlafräume, Bäder, WCs, Abstellräume, Balkone

1 Dachgeschoss
Wohn-Koch-Essraum, Schlafräume, Ankleide, Bad, WC, Hauswirtschaftsraum, Dachterrasse

Besonderer Kosteneinfluss Nutzung
Alle Wohnungen und Räume in den Wohnungen sind barrierefrei erreichbar und zugänglich. Auch die Freisitze (Terrassen und Balkone) sind schwellenlos umgesetzt worden. Bis zu den jeweiligen Wohnungstüren werden dabei die R-Anforderungen erfüllt.

Nutzeinheiten

Stellplätze: 19
Wohneinheiten: 16
Wohnfläche: 1.348 m^2

Grundstück

Bauraum: Freier Bauraum
Neigung: Ebenes Gelände
Bodenklasse: BK 1 bis BK 4

Markt

Hauptvergabezeit: 1. Quartal 2021
Baubeginn: 1. Quartal 2021
Bauende: 3. Quartal 2022
Konjunkturelle Gesamtlage: über Durchschnitt
Regionaler Baumarkt: über Durchschnitt

Baukonstruktion

Die Gebäude wurden massiv als zweischaliges Mauerwerk mit Kerndämmung errichtet. Die Tiefgarage hat Außenwände aus Stahlbeton mit einer XPS-Dämmung. Die Geschossdecken sind ebenfalls in Stahlbeton ausgeführt. Die vorgehängten Balkone wurden mit Sichtbetonfertigteilen als Kragplatten errichtet. Beide Flachdächer erhielten eine extensive Dachbegrünung, die als Retentionsgründächer ausgeführt sind. Die auskragenden „Würfel" in der Fassade wurden ebenfalls in Massivbauweise mit hinterlüfteten Fassadenplatten hergestellt und dienen als Kontrast zur restlichen Fassade aus Klinker, in der zur Förderung von Fledermausquartieren Spaltenquartiere als Ruheplätze für Fledermäuse angebracht wurden.

Technische Anlagen

Die Gebäude sind mit einer Hybridheizung ausgestattet (Wärmepumpe und Gastherme; CO_2-neutrale Luft-Wasser-Wärme-Pumpe mit Wärmerückgewinnung je Wohngebäude). Die Lüftung der Wohnräume erfolgt über Fensterfalzlüftungen. Beide Wohnhäuser verfügen über einen Aufzug. In der Tiefgarage befinden sich auch Vorrichtungen für E-Auto-Ladestationen. Auf einem der beiden Häuser wurde eine PV-Anlage montiert. Diese besteht aus 29 Modulen mit einer Gesamtleistung von 11,31kWp.

Energetische Kennwerte

Gesetzliche Grundlage: EnEV 2013
Gebäudenutzfläche: 683,00 m^2
Spez. Transmissionswärmeverlust: 0,28 W/(m^2·K)
Spez. Jahresprimärenergiebedarf: 34,00 kWh/(m^2·a)
Spez. Jahresendenergiebedarf: 20,00 kWh/(m^2·a)
CO_2-Emissionen: 11,00 kg/(m^2·a)

Planungskennwerte für Flächen und Rauminhalte nach DIN 277

Flächen des Grundstücks		Menge Einheit	% an GF
BF	Bebaute Fläche	967,20 m²	37,5
UF	Unbebaute Fläche	1.611,80 m²	62,5
GF	Grundstücksfläche	2.579,00 m²	100,0

Grundflächen des Bauwerks		Menge Einheit	% an NUF	% an BGF
NUF	Nutzungsfläche	1.899,87 m²	100,0	61,6
TF	Technikfläche	51,47 m²	2,7	1,7
VF	Verkehrsfläche	672,67 m²	35,4	21,8
NRF	Netto-Raumfläche	2.624,01 m²	138,1	85,0
KGF	Konstruktions-Grundfläche	462,26 m²	24,3	15,0
BGF	Brutto-Grundfläche	3.086,27 m²	162,4	100,0

Brutto-Rauminhalt des Bauwerks		Menge Einheit	BRI/NUF (m)	BRI/BGF (m)
BRI	Brutto-Rauminhalt	9.331,88 m³	4,91	3,02

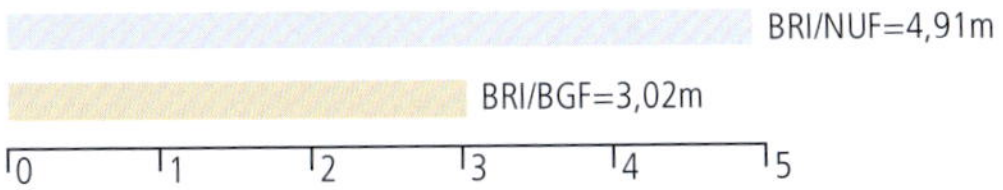

Kostenkennwerte für die Kostengruppen der 1. Ebene DIN 276

KG	Kostengruppen (1. Ebene)	Einheit	Kosten €	€/Einheit	€/m² BGF	€/m³ BRI	% 300+400
100	Grundstück	m² GF	–	–	–	–	–
200	Vorbereitende Maßnahmen	m² GF	–	–	–	–	–
300	Bauwerk – Baukonstruktionen	m² BGF	4.850.669	1.571,69	1.571,69	519,80	85,5
400	Bauwerk – Technische Anlagen	m² BGF	823.898	266,96	266,96	88,29	14,5
	Bauwerk 300+400	**m² BGF**	**5.674.567**	**1.838,65**	**1.838,65**	**608,08**	**100,0**
500	Außenanlagen und Freiflächen	m² AF	553.159	265,98	179,23	59,28	9,7
600	Ausstattung und Kunstwerke	m² BGF	–	–	–	–	–
700	Baunebenkosten	m² BGF	–	–	–	–	–
800	Finanzierung	m² BGF	–	–	–	–	–

KG	Kostengruppe	Menge Einheit	Kosten €	€/Einheit	%
3+4	**Bauwerk**				**100,0**
300	**Bauwerk – Baukonstruktionen**	3.086,27 m² BGF	4.850.669	**1.571,69**	85,5

Baugrubenaushub; Stb-Fundamentplatte, Gründungspolster, Gussasphalt, Estrich, Anstrich, Natursteinbelag, Abdichtung, Kiesfilterschicht, Sauberkeitsschicht, Dränage; Stb-Wände, Mauerwerkswände, Kunststofffenster, Dreifachverglasung, Garagentor, Wärmedämmung, Ziegelfassade, Rollläden; Innenmauerwerk, Stb-Wände, GK-Wände, Stb-Stützen, Wandfliesen, elementierte Kellertrennwände; Stb-Decken, Stb-Fertigteilbalkone, Stb-Treppen, Heizestrich, Natursteinbelag, Parkett, Bodenfliesen, abgehängte GK-Decken, Dämmung zum UG, Treppengeländer; Stb-Dach, Dämmung, Abdichtung, Attika, extensive Dachbegrünung als Retentionsgründach, Dachentwässerung, abgehängte GK-Decke

KG	Kostengruppe	Menge Einheit	Kosten €	€/Einheit	%
400	**Bauwerk – Technische Anlagen**	3.086,27 m² BGF	823.898	**266,96**	14,5

Gebäudeentwässerung, Kalt- und Warmwasserleitungen, Sanitärobjekte; Hybridheizung mit Luft-Wasser-Wärmepumpe und Gas-Brennwerttherme (2St), Fußbodenheizung; RWA-Anlage; Elektroinstallation, PV-Anlage (55m²); Fernseh- und Antennenanlagen, Rauchmelder; Personenaufzüge (2St)

KG	Kostengruppe	Menge Einheit	Kosten €	€/Einheit	%
500	**Außenanlagen und Freiflächen**	2.079,68 m² AF	553.159	**265,98**	9,7

Oberbodenarbeiten, Bodenarbeiten; Wege, Terrassen, Pkw-Stellplätze, Fahrradstellplätze; Zäune; Fahrradständer, Cortenstahl-Pflanzbehälter; Oberbodenauftrag, Gehölze, Stauden, Bäume, Rasen

6100-1621
Mehrfamilienhaus
(5 WE)

Objektübersicht

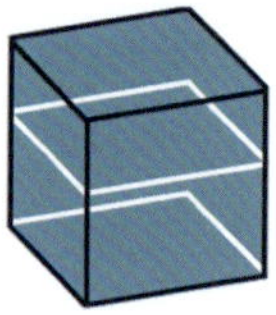
BRI 1.032 €/m³

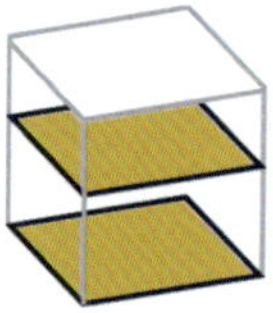
BGF 2.864 €/m²

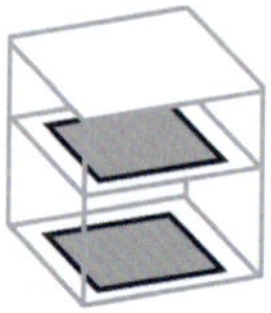
NUF 4.326 €/m²

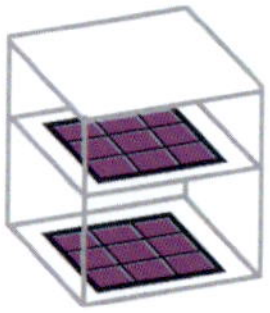
NE 5.481 €/NE
NE: Wohnfläche

Objekt:
Kennwerte: 1.Ebene DIN 276
BRI: 2.421 m³
BGF: 873 m²
NUF: 578 m²
Bauzeit: 87 Wochen
Bauende: 2021
Standard: über Durchschnitt
Bundesland: Schleswig-Holstein
Kreis: Lübeck, Stadt

Architekt*in:
Henrik Becker Architekt ETH
Thedestraße 2
22767 Hamburg

© Hannes Heitmüller

© Hannes Heitmüller

© Hannes Heitmüller

© Hannes Heitmüller

Ansicht Nord

Ansicht Süd

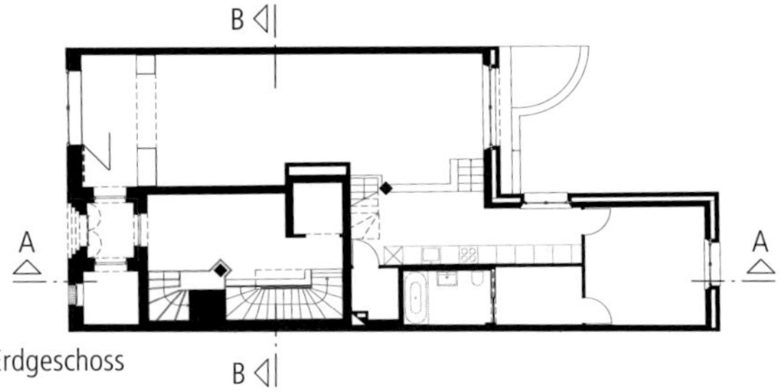

Erdgeschoss

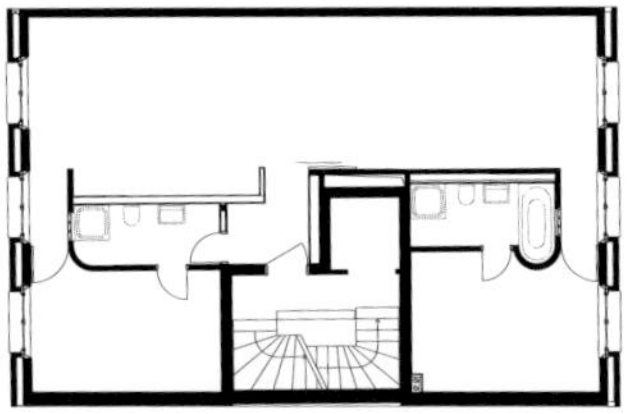

2. Obergeschoss

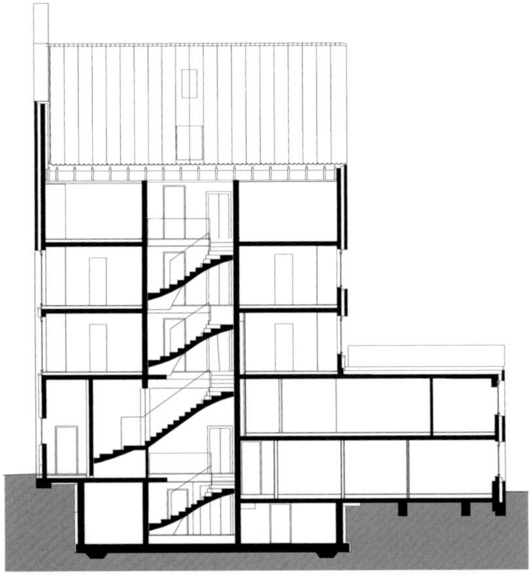

Schnitt A-A

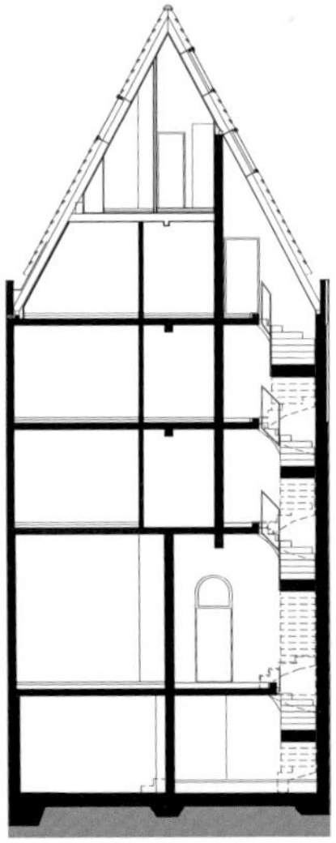

Schnitt B-B

Objektbeschreibung

Allgemeine Objektinformationen

Auf dem im Zweiten Weltkrieg stark zerstörten ältesten Kaufmannsviertel, dem Lübecker Gründungsviertel, entstanden giebelständige Stadthäuser in geschlossener Bauweise auf den ursprünglichen Parzellen, die sich in ihrer Dichte und gemischten Nutzung an historischen Vorbildern orientieren. Das Wohnhaus knüpft an historische Grundrissstrukturen an und macht diese für zeitgemäßes Wohnen in der Stadt nutzbar. Die für die Kaufmannshäuser typische doppelgeschossige Erdgeschossdiele sowie die Verengung der Grundrisse im spitz zulaufenden Dachraum bei einer Gebäudetiefe von 14 Metern, ermöglichen sehr spezifische Grundrissgestaltungen mit überhohen Räumen, Galeriesituationen und sich von Fassade zu Fassade erstreckenden Wohnräumen. Es entstanden fünf unterschiedliche, sehr individuelle Wohnungen.

Nutzung

1 Untergeschoss
Kellerräume, Technikräume

1 Erdgeschoss
Wohnen

3 Obergeschosse
Wohnen

1 Dachgeschoss
Wohnen

Nutzeinheiten

Wohneinheiten: 5
Wohnfläche: 456 m^2

Grundstück

Bauraum: Baulücke
Neigung: Geneigtes Gelände
Bodenklasse: BK 3 bis BK 4

Markt

Hauptvergabezeit: 3. Quartal 2019
Baubeginn: 3. Quartal 2019
Bauende: 2. Quartal 2021
Konjunkturelle Gesamtlage: über Durchschnitt
Regionaler Baumarkt: über Durchschnitt

Baukonstruktion

Das Haus steht mittels einer Pfahlgründung auf der darunter liegenden archäologischen Grabungsstätte. Die tragenden Wände sind eine Mischkonstruktion aus Stahlbeton und Kalksandsteinmauerwerk mit davorgesetztem Verblendmauerwerk. Die Holzfenster wurden dreifachverglast. Der Heizestrich ist entweder geschliffen und versiegelt oder mit Parkett, Naturstein, und Bodenfliesen belegt. Die Decken sind Stahlbetondecken, Treppen sind in Stahlbeton oder Stahl ausgeführt. Das Holzbalkendach ist mit Ziegeln belegt.

Technische Anlagen

Die Energieversorgung erfolgt über ein eigens für das Gründungsviertel erstelltes Blockheizkraftwerk. Eine Fußbodenheizung überträgt die Wärme in die Räume. Ein Personenaufzug verbindet die Geschosse miteinander.

Sonstiges

Die Anforderungen der Gestaltungssatzung des UNESCO-Weltkulturerbes waren einzuhalten.

Energetische Kennwerte

Gesetzliche Grundlage: EnEV 2013
Gebäudenutzfläche: 686,50 m^2
Gebäudevolumen: 2.429,50 m^3
A/V_e-Verhältnis (Kompaktheit): 0,33 m^{-1}
Hüllfläche des beheizten Volumens: 811,80 m^2
Spez. Transmissionswärmeverlust: 0,39 $W/(m^2 \cdot K)$
Spez. Jahresprimärenergiebedarf: 35,42 $kWh/(m^2 \cdot a)$
Spez. Jahresendenergiebedarf: 58,30 $kWh/(m^2 \cdot a)$

Energetische Angaben zu Außenbauteilen

Bodenplatte

U-Wert: 0,27 W/(m²·K)

Gesamtdicke: 36,80 cm	d [cm]	l [W/(m·K)]
Bodenbelag	0,40	0,170
Estrich	6,00	1,400
PE-Folie	0,00	2,300
Trittschalldämmung	2,00	0,045
Dämmung	10,00	0,035
Bitumenbahn	0,40	0,170
Stahlbeton	18,00	2,300

Außenwand gegen Erdreich

U-Wert: 0,36 W/(m²·K)

Gesamtdicke: 40,00 cm	d [cm]	l [W/(m·K)]
Stahlbeton	30,00	2,300
Dämmung	10,00	0,040

Außenwand Kalksandstein

U-Wert: 0,22 W/(m²·K)

Gesamtdicke: 45,00 cm	d [cm]	l [W/(m·K)]
Innenputz	1,00	0,600
Kalksandstein	17,50	1,210
Dämmung	14,00	0,035
Luftschicht ruhend	1,00	0,094
Klinker	11,50	0,810

Außenwand Stahlbeton

U-Wert: 0,22 W/(m²·K)

Gesamtdicke: 47,50 cm	d [cm]	l [W/(m·K)]
Innenputz	1,00	0,600
Stahlbeton	20,00	2,300
Dämmung	14,00	0,035
Luftschicht ruhend	1,00	0,094
Klinker	11,50	0,810

Decke gegen Außenluft unten

U-Wert: 0,19 W/(m²·K)

Gesamtdicke: 36,40 cm	d [cm]	l [W/(m·K)]
Stahlbeton	20,00	2,300
Dämmung	16,00	0,032
Abdichtung	0,40	0,170

Dach hinterlüftet

U-Wert: 0,17 W/(m²·K)

Gesamtdicke: 27,79 cm	d [cm]	l [W/(m·K)]
GK-Platte	1,25	0,250
Luftschicht ruhend	2,40	0,156
Holz	2,40	0,130
Dampfsperre	0,10	2,300
Dämmung	24,00	0,035
Holz	24,00	0,130
Unterspannbahn	0,04	0,200

Planungskennwerte für Flächen und Rauminhalte nach DIN 277

Flächen des Grundstücks		Menge Einheit	% an GF
BF	Bebaute Fläche	160,05 m²	65,9
UF	Unbebaute Fläche	82,95 m²	34,1
GF	Grundstücksfläche	243,00 m²	100,0

Grundflächen des Bauwerks		Menge Einheit	% an NUF	% an BGF
NUF	Nutzungsfläche	577,65 m²	100,0	66,2
TF	Technikfläche	28,00 m²	4,8	3,2
VF	Verkehrsfläche	99,10 m²	17,2	11,4
NRF	Netto-Raumfläche	704,75 m²	122,0	80,8
KGF	Konstruktions-Grundfläche	167,75 m²	29,0	19,2
BGF	Brutto-Grundfläche	872,50 m²	151,0	100,0

Brutto-Rauminhalt des Bauwerks		Menge Einheit	BRI/NUF (m)	BRI/BGF (m)
BRI	Brutto-Rauminhalt	2.420,63 m³	4,19	2,77

Kostenkennwerte für die Kostengruppen der 1.Ebene DIN 276

KG	Kostengruppen (1.Ebene)	Einheit	Kosten €	€/Einheit	€/m² BGF	€/m³ BRI	% 300+400
100	Grundstück	m² GF	–	–	–	–	–
200	Vorbereitende Maßnahmen	m² GF	–	–	–	–	–
300	Bauwerk – Baukonstruktionen	m² BGF	2.150.619	2.464,89	2.464,89	888,45	86,1
400	Bauwerk – Technische Anlagen	m² BGF	348.547	399,48	399,48	143,99	13,9
	Bauwerk 300+400	**m² BGF**	**2.499.167**	**2.864,37**	**2.864,37**	**1.032,44**	**100,0**
500	Außenanlagen und Freiflächen	m² AF	36.123	1.444,91	41,40	14,92	1,4
600	Ausstattung und Kunstwerke	m² BGF	–	–	–	–	–
700	Baunebenkosten	m² BGF	–	–	–	–	–
800	Finanzierung	m² BGF	–	–	–	–	–

KG	Kostengruppe	Menge Einheit	Kosten €	€/Einheit	%
3+4	**Bauwerk**				**100,0**
300	**Bauwerk – Baukonstruktionen**	872,50 m² BGF	2.150.619	**2.464,89**	86,1

Baugrubenaushub, Baugrubenverbau; Stb-Fundamentplatte WU-Beton, Stb-Fundamente, Pfahlgründung, Brunnenringfundamente, Stb-Bodenplatte WU-Beton, Anstrich, Dämmung; Stb-Wände, teilw. WU-Beton, Mauerwerkswände, Holzfenster, Dreifachverglasung, Wärmedämmung, Ziegelfassade; Innenmauerwerk, Stb-Wände, GK-Wände, Wandfliesen, elementierte Kellertrennwände; Stb-Decken, Stb-Treppen, Stahltreppen, Heizestrich, geschliffener versiegelter Estrich, Parkett, Naturstein, Bodenfliesen, Treppengeländer; Holzbalkendach, Dachfenster, Dämmung, Dachziegel, Dachentwässerung; Einbauküchen, Garderoben

KG	Kostengruppe	Menge Einheit	Kosten €	€/Einheit	%
400	**Bauwerk – Technische Anlagen**	872,50 m² BGF	348.547	**399,48**	13,9

Gebäudeentwässerung, Kalt- und Warmwasserleitungen, Sanitärobjekte; Fernwärmeversorgung, Fußbodenheizung; Einzelraumlüfter, RWA-Anlage; Elektroinstallation, Sicherheitsleuchten, Blitzschutzanlage; Fernseh- und Antennenanlagen, Rauchmelder; Personenaufzug

KG	Kostengruppe	Menge Einheit	Kosten €	€/Einheit	%
500	**Außenanlagen und Freiflächen**	25,00 m² AF	36.123	**1.444,91**	1,4

Oberbodenarbeiten, Bodenarbeiten; Gründungsmaßnahmen; Hofpflasterung; Mauern; Oberbodenauftrag, Bodenverbesserung, Baum

6100-1622
Mehrfamilienhäuser
(5 Gebäude, 66 WE)
TG (66 STP)

Objektübersicht

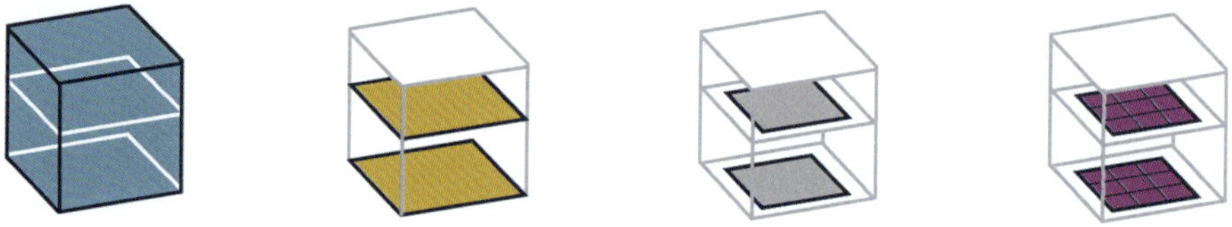

BRI 602 €/m³ | **BGF** 1.951 €/m² | **NUF** 3.025 €/m² | **NE** 3.417 €/NE

NE: Wohnfläche

Objekt:
Kennwerte: 1. Ebene DIN 276
BRI: 35.216 m³
BGF: 10.874 m²
NUF: 7.011 m²
Bauzeit: 91 Wochen
Bauende: 2021
Standard: über Durchschnitt
Bundesland: Hessen
Kreis: Wiesbaden, Stadt

Architekt*in:
grabowski.spork GmbH
Lahnstraße 31
65195 Wiesbaden

Bauherr*in:
Gemeinnütziges
Siedlungswerk GmbH
Blumenstraße 14-16
60318 Frankfurt am Main

© Fotografie Jean-Luc Valentin

Ansicht Nord Haus 1

Ansicht Süd Haus 2

Ansicht Ost Haus 3

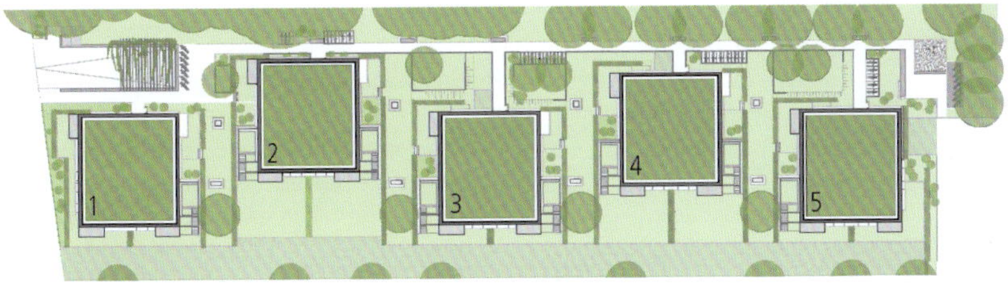

Lageplan

Erdgeschoss Haus 1-4

1-3. Obergeschoss Haus 1-5

Erdgeschoss Haus 5

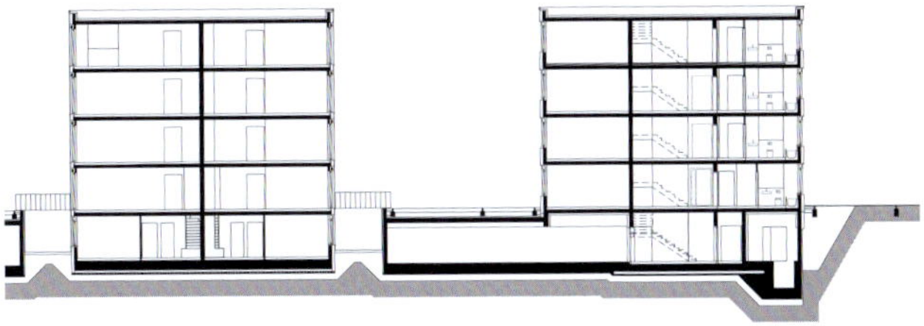
Längsschnitt Haus 4-5

Längsschnitt Haus 1-3

Objektbeschreibung

Allgemeine Objektinformationen

Bei dem Bauvorhaben entstanden 66 Eigentumswohnungen, die sich auf fünf freistehende und allseitig belichtete Wohnhäuser in Massivbauweise verteilen. Die drei westlichen Häuser sind fünfgeschossig, zwei weitere sind viergeschossig angelegt. Eine Tiefgarage mit 66 Stellplätzen verbindet im Untergeschoss alle fünf Baukörper.

Nutzung

1 Untergeschoss
Tiefgarage z.T. mit Parkpaletten, Abstellräume, Kinderwagenräume, Müllräume, Hausmeisterraum, Hausanschlussräume, Technikräume, Schlafräume, Bäder, Lichthöfe

1 Erdgeschoss
Wohn-Essräume mit Küchen, Schlafräume, Bäder, WCs, Terrassen

3 Obergeschosse
Wohn-Essräume mit Küchen, Schlafräume, Bäder, WCs, Balkone

1 Dachgeschoss
Wohn-Essräume mit Küchen, Schlafräume, Bäder, WCs, Balkone

Nutzeinheiten

Fahrzeugstellplätze: 66
Wohneinheiten: 66
Wohnfläche: 6.207 m^2

Grundstück

Bauraum: Freier Bauraum
Neigung: Ebenes Gelände
Bodenklasse: BK 1 bis BK 5

Markt

Hauptvergabezeit: 4. Quartal 2019
Baubeginn: 1. Quartal 2020
Bauende: 4. Quartal 2021
Konjunkturelle Gesamtlage: über Durchschnitt
Regionaler Baumarkt: über Durchschnitt

Baukonstruktion

Das Untergeschoss ist als Weiße Wanne erstellt. Die Obergeschosse sind in Massivbauweise mit WDVS realisiert. Die Fassaden wurden horizontal mit Putz- und hellen Klinkerflächen gegliedert. Die Metallblenden der Rollladen- und Jalousiekästen sind pulverbeschichtet, die Fenster aus Kostengründen mit einem Kunststoffprofilsystem mit metallischer Sonderfolierung und Dreifachverglasung ausgeführt. Die Flachdächer sind extensiv begrünt.

Technische Anlagen

Die Wärmeerzeugung erfolgt über eine hausweise voneinander unabhängige „Kalte Nahwärmeversorgung", auch Kanal-Abwasserwärme genannt, mittels einer Sole-Wasser-Wärmepumpe. Die zentrale Warmwasserbereitung über eine Frischwarmwasserstation sowie die erforderlichen Pufferspeicher gehören zum Leistungsbereich des Energieversorgers. Bei der Wärmeerzeugung kommen keine fossilen Brennstoffe zum Einsatz. Eine Doppel-Hebeanlage mit Benachrichtigungssystem im Falle eines Systemfehlers zur Entwässerung des unter Rückstau anfallenden Schmutzwassers wurde ebenfalls verbaut.

Sonstiges

In der Tiefgarage wurden Parkpaletten mit Überflurantrieb verbaut, um eine maximale Auslastung der TG-Flächen zu erreichen. Ein Teil der Stellplätze ist mit Ladestationen versehen. Die Tiefgarage wurde aus Kostengründen soweit angehoben, dass die Aufbauhöhe für einen Rasenbewuchs ausreichend ist. Alle anderen Freiflächen mit Baumbestand oder Staudenbewuchs wurden als erhöhte Pflanzbeete ausgeführt und sind im Außenraum als Relief erlebbar. Die Gebäude wurden nach der Energieeinsparverordnung EnEV ab 2016 Energieeffizienz A+ / KfW 55EE errichtet. Exemplarisch sind unten die Kennwerte eines der fünf Gebäude aufgeführt.

Energetische Kennwerte

Gesetzliche Grundlage: EnEV 2013
Gebäudenutzfläche: 1.471,00 m^2
Gebäudevolumen: 4.598,00 m^3
A/V_e-Verhältnis (Kompaktheit): 0,39 m^{-1}
Hüllfläche des beheizten Volumens: 1.812,20 m^2
Spez. Transmissionswärmeverlust: 0,33 $W/(m^2 \cdot K)$
Spez. Jahresprimärenergiebedarf: 18,50 $kWh/(m^2 \cdot a)$
Anlagenaufwandszahl: 0,52
Differenzdruck-Messverfahren: 0,75 h^{-1}

Planungskennwerte für Flächen und Rauminhalte nach DIN 277

Flächen des Grundstücks		Menge Einheit	% an GF
BF	Bebaute Fläche	3.353,00 m²	49,4
UF	Unbebaute Fläche	3.437,00 m²	50,6
GF	Grundstücksfläche	6.790,00 m²	100,0

Grundflächen des Bauwerks		Menge Einheit	% an NUF	% an BGF
NUF	Nutzungsfläche	7.011,06 m²	100,0	64,5
TF	Technikfläche	166,11 m²	2,4	1,5
VF	Verkehrsfläche	1.892,38 m²	27,0	17,4
NRF	Netto-Raumfläche	9.069,55 m²	129,4	83,4
KGF	Konstruktions-Grundfläche	1.804,45 m²	25,7	16,6
BGF	Brutto-Grundfläche	10.874,00 m²	155,1	100,0

Brutto-Rauminhalt des Bauwerks		Menge Einheit	BRI/NUF (m)	BRI/BGF (m)
BRI	Brutto-Rauminhalt	35.216,20 m³	5,02	3,24

Kostenkennwerte für die Kostengruppen der 1. Ebene DIN 276

KG	Kostengruppen (1. Ebene)	Einheit	Kosten €	€/Einheit	€/m² BGF	€/m³ BRI	% 300+400
100	Grundstück	m² GF	–	–	–	–	–
200	Vorbereitende Maßnahmen	m² GF	–	–	–	–	–
300	Bauwerk – Baukonstruktionen	m² BGF	16.967.001	1.560,33	1.560,33	481,80	80,0
400	Bauwerk – Technische Anlagen	m² BGF	4.244.222	390,31	390,31	120,52	20,0
	Bauwerk 300+400	**m² BGF**	**21.211.222**	**1.950,64**	**1.950,64**	**602,31**	**100,0**
500	Außenanlagen und Freiflächen	m² AF	–	–	–	–	–
600	Ausstattung und Kunstwerke	m² BGF	–	–	–	–	–
700	Baunebenkosten	m² BGF	–	–	–	–	–
800	Finanzierung	m² BGF	–	–	–	–	–

KG	Kostengruppe	Menge Einheit	Kosten €	€/Einheit	%
3+4	**Bauwerk**				**100,0**
300	**Bauwerk – Baukonstruktionen**	10.874,00 m² BGF	16.967.001	**1.560,33**	80,0

Baugrubenaushub, Wasserhaltung; Bodenaustausch, Stb-Fundamentplatte 60cm, WU-Beton, Estrich, Anstrich, Beschichtung, Natursteinbelag, Parkett, Bodenfliesen, Sauberkeitsschicht, Perimeterdämmung; Stb-Wände, teilw. WU-Beton, teilw. Sichtbeton, Mauerwerkswände, Kunststofffenster, Dreifachverglasung, Rollgittertor, WDVS, Riemchenfassade, elektrische Rollläden, Jalousien; Innenmauerwerk, Stb-Wände, teilw. Sichtbeton, GK-Wände, Wandfliesen, elementierte Kellertrennwände; Stb-Decken, Stb-Fertigteilbalkone, Stb-Treppen, Heizestrich, Natursteinbelag, Parkett, Bodenfliesen, Stahlgeländer, Treppengeländer; Stb-Dach, Dachfenster, Dämmung, Abdichtung, Attika, extensive Dachbegrünung, innenliegende Dachentwässerung

KG	Kostengruppe	Menge Einheit	Kosten €	€/Einheit	%
400	**Bauwerk – Technische Anlagen**	10.874,00 m² BGF	4.244.222	**390,31**	20,0

Gebäudeentwässerung, Doppel-Hebeanlage, Kalt- und Warmwasserleitungen, Sanitärobjekte; kalte Nahwärmeversorgung als Kanal-Abwasserwärme mittels Sole-Wasser-Wärmepumpe, Frischwasserstationen, Fußbodenheizung; kontrollierte Be- und Entlüftung, RWA-Anlagen; Elektroinstallation; Datenübertragungsanlage, Glasfaseranschluss für TV und Telefonie, Rauchmelder; Personenaufzüge (5St), Parkpaletten

6100-1624
Mehrfamilienhäuser
(8 Gebäude, 161 WE)

Objektübersicht

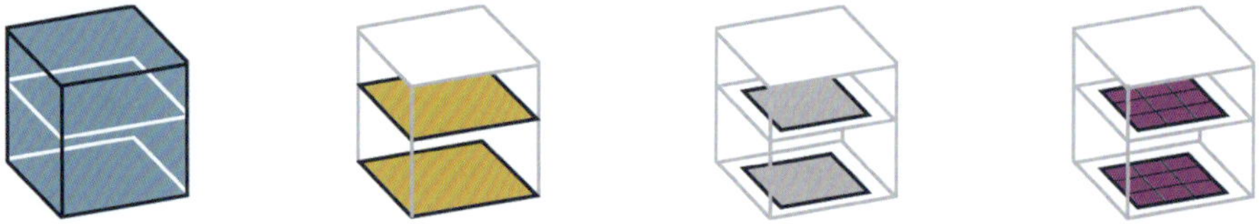

BRI 480€/m³ | BGF 1.510€/m² | NUF 2.333€/m² | NE 2.683€/NE

NE: Wohnfläche

Objekt:
Kennwerte: 1.Ebene DIN 276
BRI: 51.104m³
BGF: 16.241m²
NUF: 10.514m²
Bauzeit: 144 Wochen
Bauende: 2022
Standard: Durchschnitt
Bundesland: Brandenburg
Kreis: Potsdam, Stadt

Architekt*in:
Galandi Schirmer
Architekten + Ingenieure
GmbH
Bismarckstraße 98
10625 Berlin

Bauherr*in:
Pro Potsdam GmbH
Pappelallee 4
14469 Potsdam

© Andreas Muhs

© Jannis Chavakis

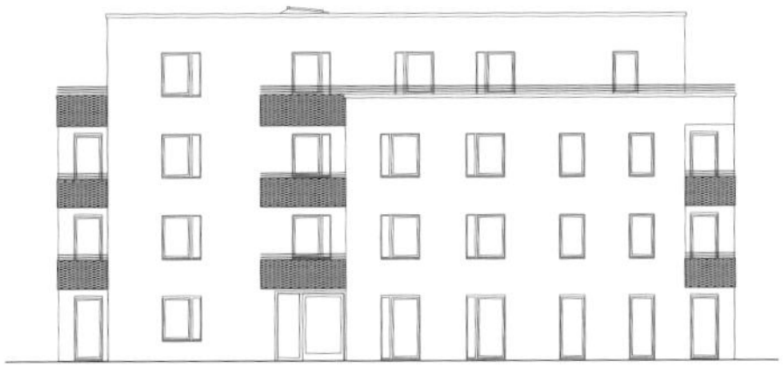

Ansicht Nord/Süd Haus 1, 3, 8

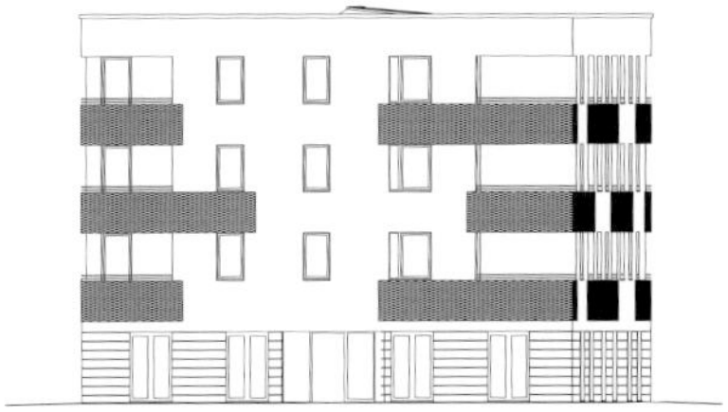

Ansicht Süd Haus 5

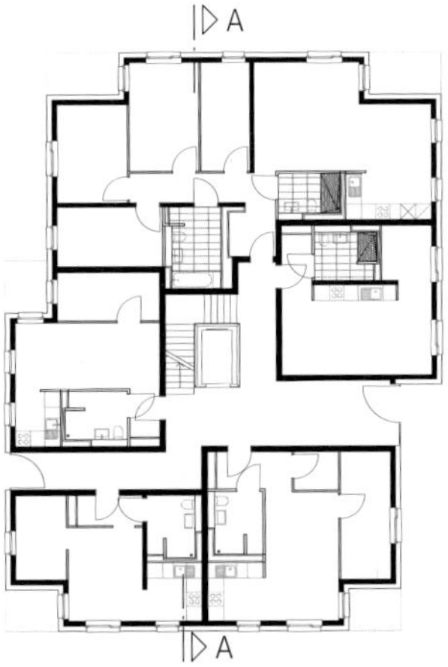

Erdgeschoss Haus 1, 3, 8

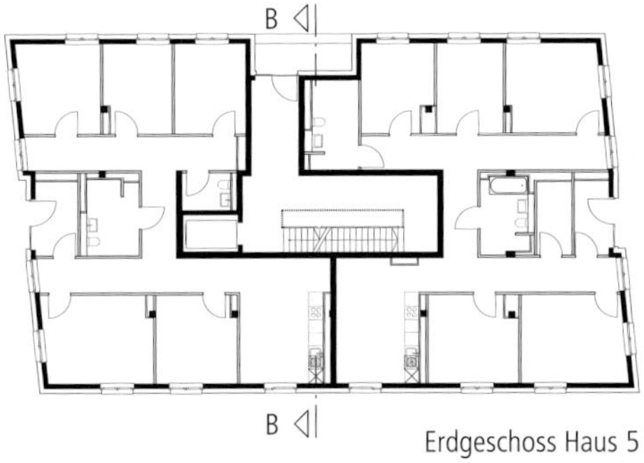

Erdgeschoss Haus 5

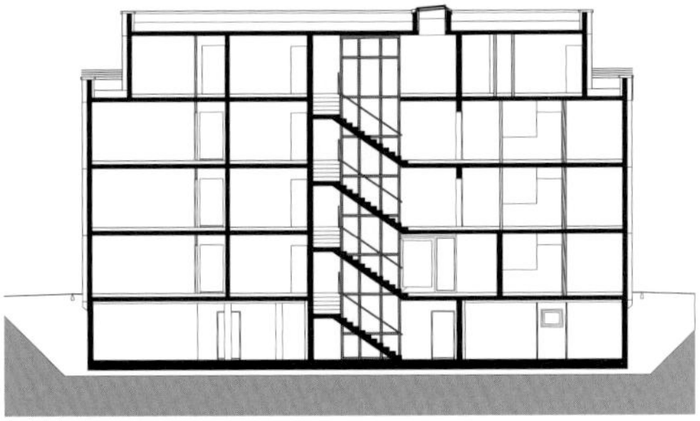

Schnitt A-A Haus 1, 3, 8

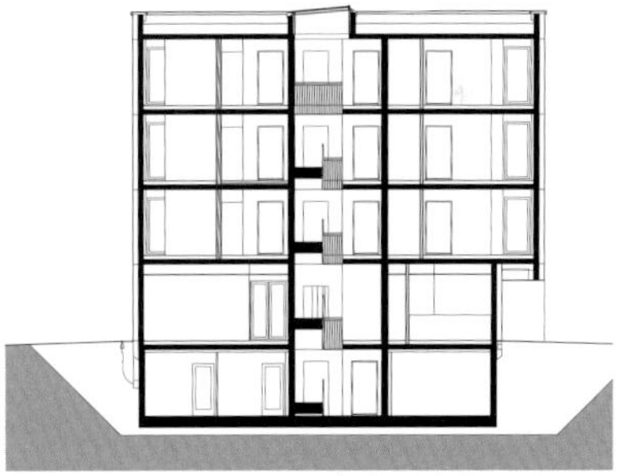

Schnitt B-B Haus 5

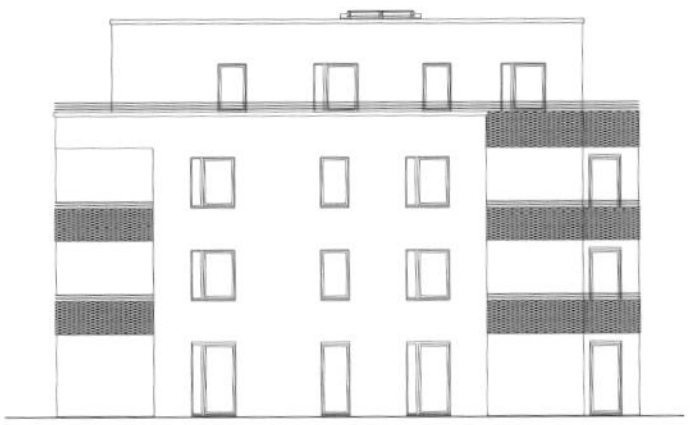

Ansicht West Haus 1, 3, 8

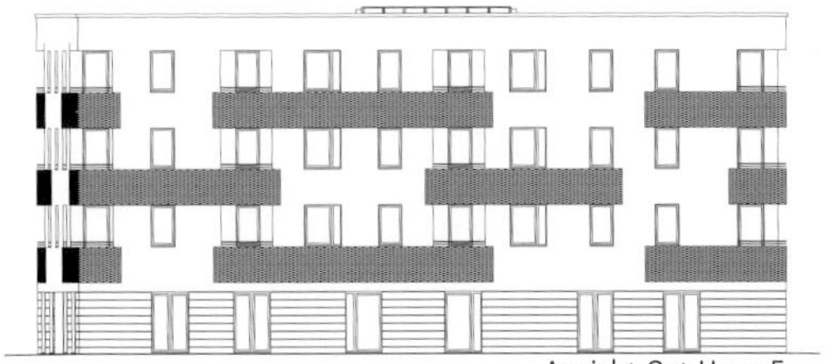

Ansicht Ost Haus 5

Objektbeschreibung

Allgemeine Objektinformationen

Die acht öffentlich geförderten Wohngebäude mit insgesamt 161 barrierefreien Wohneinheiten unterscheiden sich in der Grundrissorganisation und Farbgebung. Die Ausgestaltung dieses städtebaulichen Ensembles erfolgte als serieller Bau von Stadthäusern mit vier Subtypen. Zwei siebenspännige, viergeschossige Wohnhäuser Typ B und sechs nahezu identische, viergeschossige Wohnhäuser Typ C1 bzw. C2 und C3. Die 7-Spänner bilden ein parallel zur Straße verlaufendes Band und somit eine Trennung zwischen dieser und dem hinteren Grundstücksbereich, wo sich die Stadthäuser befinden.

Nutzung

1 Untergeschoss
Abstellräume, Fahrradkeller, Technik, Trockenräume, Flure, Treppenhäuser

1 Erdgeschoss
Wohnräume, Küchen, Bäder, Flure, Treppenhäuser, Terrassen

3 Obergeschosse
Wohnräume, Küchen, Bäder, Flure, Treppenhäuser, Balkone, Loggien

Nutzeinheiten

Gebäude: 8
Stellplätze: 70
Wohneinheiten: 161
Wohnfläche: 9.141 m²

Grundstück

Bauraum: Freier Bauraum
Neigung: Ebenes Gelände
Bodenklasse: BK 3 bis BK 6

Markt

Hauptvergabezeit: 1.Quartal 2019
Baubeginn: 3.Quartal 2019
Bauende: 2.Quartal 2022
Konjunkturelle Gesamtlage: Durchschnitt
Regionaler Baumarkt: Durchschnitt

Baukonstruktion

Die Massivbauten gründen auf 45cm starken Stb-Fundamentplatten. Die Außenwände sind größtenteils in Kalksandstein gemauert oder aus Stahlbeton gegossen. Nichttragende Wände wurden in Trockenbauweise erstellt. Die Decken und Flachdächer sowie die auskragenden Loggiaplatten wurden aus Stahlbeton-Fertigteilen hergestellt. Das Wärmedämmverbundsystem bildet mit den dreifachverglasten Kunststofffenstern die Fassade. Die Erschließung erfolgt durch zentrale Treppenhäuser im Gebäudekern. Diese erhalten eine großzügige Lichtöffnung in den Dachflächen. Die Wohnungseingangstüren sind Schallschutztüren. Die Böden wurden mit PVC, Parkett oder Fliesen belegt. Die Dächer erhielten eine bituminöse Abdichtung und wurden als Gründach ausgebildet oder mit einer Kiesschüttung versehen.

Technische Anlagen

Beheizt werden die Gebäude über Fernwärme, die Verteilung der Wärme erfolgt über Fußbodenheizung. Zur Be- und Entlüftung der Gebäude werden alle innenliegenden Räume mit Konvektionslüfter ausgestattet. Innenliegende Bäder sind mit feuchtegesteuerten Einzelraumventilatoren ausgestattet. Es wurden Blitzschutzanlagen und Rauchmeldeanlagen eingebaut. Jedes Treppenhaus erhielt eine natürliche Rauchabzugsanlage.

Sonstiges

Im Hinblick auf die Förderung wurde auf Barrierefreiheit und Generationengerechtigkeit besonderen Wert gelegt. Das bezieht sich auf das Wohnumfeld und die Planung von rollstuhlgerechten Wohnungen. Die vier Wohngemeinschaften ermöglichen durch vorausgedachte Strangführungen eine größtmögliche Grundrissflexibilität.

Planungskennwerte für Flächen und Rauminhalte nach DIN 277

Flächen des Grundstücks		Menge Einheit	% an GF
BF	Bebaute Fläche	–	–
UF	Unbebaute Fläche	–	–
GF	Grundstücksfläche	–	–

Grundflächen des Bauwerks		Menge Einheit	% an NUF	% an BGF
NUF	Nutzungsfläche	10.514,01 m²	100,0	64,7
TF	Technikfläche	395,19 m²	3,8	2,4
VF	Verkehrsfläche	2.459,68 m²	23,4	15,1
NRF	Netto-Raumfläche	13.368,88 m²	127,2	82,3
KGF	Konstruktions-Grundfläche	2.872,02 m²	27,3	17,7
BGF	Brutto-Grundfläche	16.240,90 m²	154,5	100,0

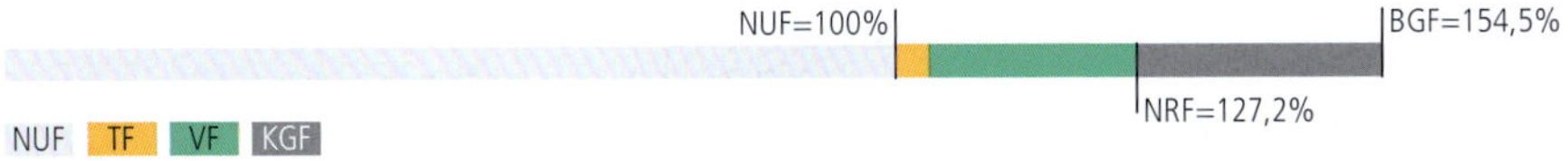

Brutto-Rauminhalt des Bauwerks		Menge Einheit	BRI/NUF (m)	BRI/BGF (m)
BRI	Brutto-Rauminhalt	51.103,74 m³	4,86	3,15

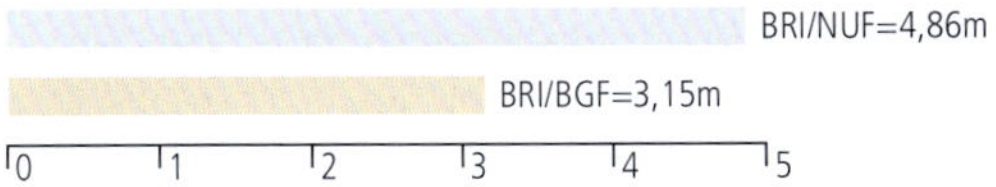

Kostenkennwerte für die Kostengruppen der 1. Ebene DIN 276

KG	Kostengruppen (1. Ebene)	Einheit	Kosten €	€/Einheit	€/m² BGF	€/m³ BRI	% 300+400
100	Grundstück	m² GF	–	–	–	–	–
200	Vorbereitende Maßnahmen	m² GF	–	–	–	–	–
300	Bauwerk – Baukonstruktionen	m² BGF	19.234.622	1.184,33	1.184,33	376,38	78,4
400	Bauwerk – Technische Anlagen	m² BGF	5.292.705	325,89	325,89	103,57	21,6
	Bauwerk 300+400	**m² BGF**	**24.527.327**	**1.510,22**	**1.510,22**	**479,95**	**100,0**
500	Außenanlagen und Freiflächen	m² AF	1.562.431	–	96,20	30,57	6,4
600	Ausstattung und Kunstwerke	m² BGF	–	–	–	–	–
700	Baunebenkosten	m² BGF	–	–	–	–	–
800	Finanzierung	m² BGF	–	–	–	–	–

KG	Kostengruppe	Menge Einheit	Kosten €	€/Einheit	%
3+4	**Bauwerk**				**100,0**
300	**Bauwerk – Baukonstruktionen**	16.240,90 m² BGF	19.234.622	**1.184,33**	78,4

Erdarbeiten; Stb-Bodenplatten, d=45cm, Glattstrich, Beschichtung, Bodenfliesen, Perimeterdämmung; Stb-Außenwände, KS-Mauerwerk, Kunststofffenster, dreifachverglast, Fensterfalzlüfter, WDVS, Innenputz, Wandfliesen, Beschichtung; KS-Innenwände, Stb-Wände, GK-Wände, Holztüren, Innenputz, Beschichtung, Wandfliesen; Stb-Decken, Stb-Treppen, Dämmung, Heizestrich, Bodenfliesen, PVC, Parkett, Terrassenplatten, Deckenputz, Beschichtung, Treppengeländer, Balkon-, Loggiageländer; Stb-Flachdächer, Oberlichter, Dämmung, Bitumenabdichtung, Kies, Dachbegrünung, Dachentwässerung

KG	Kostengruppe	Menge Einheit	Kosten €	€/Einheit	%
400	**Bauwerk – Technische Anlagen**	16.240,90 m² BGF	5.292.705	**325,89**	21,6

Gebäudeentwässerung, Kalt- und Warmwasserleitungen, Sanitärobjekte; Fernwärmeanschluss, Fußbodenheizung; Be- und Entlüftung, Einzelraumventilatoren, Fensterfalzlüfter; Elektroinstallation, Beleuchtung, Blitzschutz; Türsprechanlage, Rauchmelder

KG	Kostengruppe	Menge Einheit	Kosten €	€/Einheit	%
500	**Außenanlagen und Freiflächen**	–	1.562.431	**–**	6,4

Oberbodenarbeiten; Betonsteinpflaster, Betonplatten für Wege, Müllsammelplätze, Fahrradparkplätze, Spielplatz: Fallschutzsand, Holzhäcksel; Einfriedung, Tore; Geländeentwässerung, Rigolen, Außenbeleuchtung; Spielgeräte, 44 Fahrradanlehnbügel; Vegetationsflächen, Bepflanzung, Rasen

6100-1626
Mehrfamilienhäuser
(2 Gebäude, 42 WE)

Objektübersicht

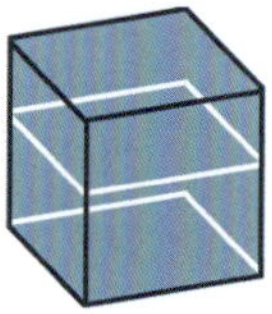

BRI 529 €/m^3

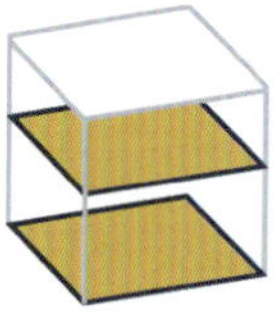

BGF 1.561 €/m^2

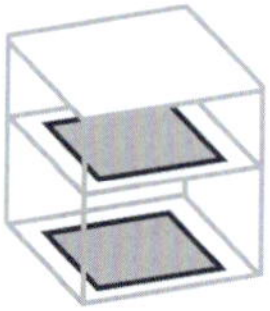

NUF 2.223 €/m^2

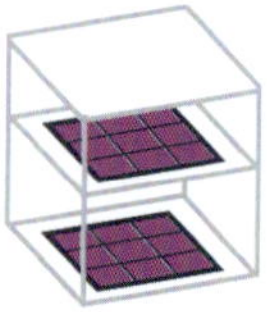

NE 2.266 €/NE

NE: Wohnfläche

Objekt:
Kennwerte: 1.Ebene DIN 276
BRI: 14.129 m^3
BGF: 4.786 m^2
NUF: 3.361 m^2
Bauzeit: 109 Wochen
Bauende: 2021
Standard: Durchschnitt
Bundesland: Berlin
Kreis: Berlin, Stadt

Architekt*in:
Peter Ruge Architekten GmbH
Rheinstraße 5
12159 Berlin

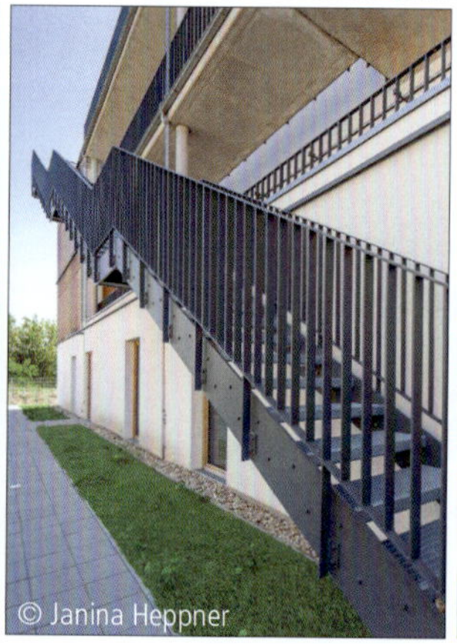

Ansicht Nord Haus 2

Erdgeschoss Haus 1 und 2

1. Obergeschoss Haus 1 und 2

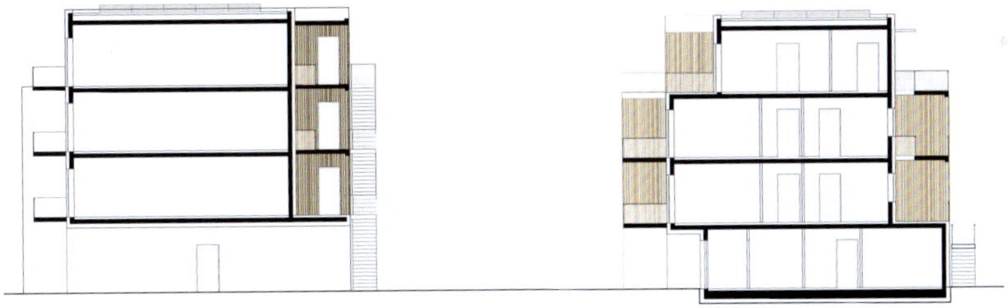

Schnitt A-A

Ansicht Süd Haus 1

Objektbeschreibung

Allgemeine Objektinformationen

Die beiden klimapositiven Mehrfamilienhäuser wurden in Holz-Hybridbauweise errichtet. Die Zugänge zu den 41 flächeneffizienten Mietwohnungen (mit ein bis fünf Zimmern) sowie einer Clusterwohnung sind barrierefrei. 20 Wohnungen sind barrierefrei nutzbar und neun Wohnungen wurden rollstuhlgerecht ausgebaut. Im Erdgeschoss des Vorderhauses befindet sich eine große Cluster-Wohnung für betreutes Wohnen. Der offene Innenhof ist ein Treffpunkt für alle Bewohner*innen. Hier sind Spielplätze, Sitzbereiche, Grünanlagen und Fahrradabstellbereiche angelegt.

Nutzung

1 Erdgeschoss
Wohnen, Schlafzimmer, Kinderzimmer, Küchen, Bäder, Flure, Technik, Abstellräume, Terrassen, Treppenaufgänge, Aufzug

2 Obergeschosse
Wohnen, Schlafzimmer, Kinderzimmer, Küchen, Bäder, Flure, Balkone, Laubengänge, Treppenaufgänge, Aufzug

1 Dachgeschoss
Wohnen, Schlafzimmer, Kinderzimmer, Küchen, Bäder, Flure, Dachterrassen, Laubengänge, Treppenaufgänge, Aufzug

Besonderer Kosteneinfluss Nutzung
Klimapositive Energieversorgung aus 100% erneuerbaren Energien durch Einsatz von 100% Biogas aus Reststoffen, Blockheizkraftwerk und Photovoltaikanlage. Holzhybridbauweise, Ausschluss von kritischen Baustoffen. KfW 55 Standard

Nutzeinheiten

Wohneinheiten: 42
Wohnfläche: 3.297 m²

Grundstück

Bauraum: Beengter Bauraum
Neigung: Ebenes Gelände
Bodenklasse: BK 1 bis BK 3

Markt

Hauptvergabezeit: 3. Quartal 2019
Baubeginn: 3. Quartal 2019
Bauende: 3. Quartal 2021
Konjunkturelle Gesamtlage: Durchschnitt
Regionaler Baumarkt: über Durchschnitt

Baukonstruktion

Das Erdgeschoss ist massiv ausgeführt. Tragende Bauteile, wie Decken, Wände und Stützen wurden aus Beton oder Kalksandstein erstellt. Die Außenwände der OGs sind in Holzrahmenbauweise erstellt. Die Holzrahmen mit oberflächenfertiger Fassade wurden mit gebrauchsfertigen Fenstern und Sonnenschutz eingebaut. Die Außenfassaden wurden als vorgefertigte großformatige Holztafelelementen gefertigt. Die Böden sind mit Parkett und Fliesen belegt. Das Dach erhielt eine Begrünung mit Retentionsflächen.

Technische Anlagen

Die Gebäude werden durch Biogas in Kraft-Wärme-Kopplung über ein BHKW und Solarenergie versorgt. Die Dächer sind als begrünte Retentionsdächer ausgebildet und speichern Regenwasser, mit dem das Gebäude im Sommer gekühlt wird. Zusammen mit einer Rigole wird so das Regenwasser auf dem Grundstück gesammelt.

Sonstiges

Bei allen Baustoffen wurde auf die Ökobilanz geachtet.
Das Ensemble wurde durch den TÜV Nord als Netto-Nullemissionsgebäude zertifiziert und ausgezeichnet als „Klimaschutz Partner Berlin 2021", Gewinner „Erfolgreich realisiertes Projekt". Die energetischen Kennwerte beziehen sich auf das Vorderhaus.

Energetische Kennwerte

Gesetzliche Grundlage: EnEV 2013
Gebäudenutzfläche: 1.913,60 m²
Gebäudevolumen: 6.921,80 m³
A/V_e-Verhältnis (Kompaktheit): 0,39 m^{-1}
Hüllfläche des beheizten Volumens: 2.668,50 m²
Spez. Transmissionswärmeverlust: 0,31 W/(m²·K)
Spez. Jahresprimärenergiebedarf: 4,23 kWh/(m²·a)
Anlagenaufwandszahl: 0,12

Energetische Angaben zu Außenbauteilen

Bodenplatte

U-Wert: 0,18 W/(m²·K)

Gesamtdicke: 77,02 cm	d [cm]	l [W/(m·K)]
Estrich	4,00	1,400
PE-Folie	0,02	0,330
Dämmung	2,00	0,040
Holzfaserplatte	0,80	0,050
Blähsplitt	13,40	0,050
Bitumenbahn	0,80	0,170
Stahlbeton	45,00	2,300
Leichtbeton	5,00	1,000
Dämmung	6,00	0,038

Außenwand

U-Wert: 0,22 W/(m²·K)

Gesamtdicke: 38,00 cm	d [cm]	l [W/(m·K)]
Innenputz	1,50	0,700
Kalksandstein	17,50	0,700
Dämmung	18,00	0,045
Außenputz	1,00	1,000

Decke Laubengang

U-Wert: 0,32 W/(m²·K)

Gesamtdicke: 33,93 cm	d [cm]	l [W/(m·K)]
Stahlbeton	22,00	2,400
Bitumenbahn	0,43	0,170
Dämmung	10,00	0,037
Bitumenbahn	0,80	0,170
Gummi	0,70	0,170

Außenwand hinterlüftet

U-Wert: 0,15 W/(m²·K)

Gesamtdicke: 29,07 cm	d [cm]	l [W/(m·K)]
GK-Platte	1,50	0,250
PE-Folie	0,05	0,330
Dämmung	26,00	0,035
Holz	26,00	0,110
GK-Platte	1,50	0,250
PE-Folie	0,02	0,330

Dach

U-Wert: 0,15 W/(m²·K)

Gesamtdicke: 49,23 cm	d [cm]	l [W/(m·K)]
Stahlbeton	22,00	2,400
Bitumenbahn	0,43	0,170
Dämmung	14,00	0,040
Dämmung	12,00	0,040
Bitumenbahn	0,80	0,170

Planungskennwerte für Flächen und Rauminhalte nach DIN 277

Flächen des Grundstücks		Menge Einheit	% an GF
BF	Bebaute Fläche	1.180,00 m²	42,4
UF	Unbebaute Fläche	1.604,00 m²	57,6
GF	Grundstücksfläche	2.784,00 m²	100,0

Grundflächen des Bauwerks		Menge Einheit	% an NUF	% an BGF
NUF	Nutzungsfläche	3.361,24 m²	100,0	70,2
TF	Technikfläche	72,26 m²	2,1	1,5
VF	Verkehrsfläche	556,74 m²	16,6	11,6
NRF	Netto-Raumfläche	3.990,24 m²	118,7	83,4
KGF	Konstruktions-Grundfläche	796,19 m²	23,7	16,6
BGF	Brutto-Grundfläche	4.786,43 m²	142,4	100,0

Brutto-Rauminhalt des Bauwerks		Menge Einheit	BRI/NUF (m)	BRI/BGF (m)
BRI	Brutto-Rauminhalt	14.128,50 m³	4,20	2,95

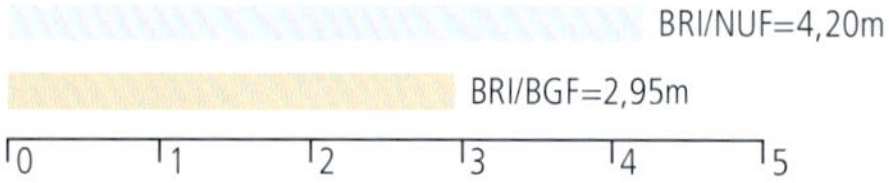

Kostenkennwerte für die Kostengruppen der 1. Ebene DIN 276

KG	Kostengruppen (1. Ebene)	Einheit	Kosten €	€/Einheit	€/m² BGF	€/m³ BRI	% 300+400
100	Grundstück	m² GF	–	–	–	–	–
200	Vorbereitende Maßnahmen	m² GF	45.506	16,35	9,51	3,22	0,6
300	Bauwerk – Baukonstruktionen	m² BGF	5.712.185	1.193,41	1.193,41	404,30	76,5
400	Bauwerk – Technische Anlagen	m² BGF	1.758.954	367,49	367,49	124,50	23,5
	Bauwerk 300+400	**m² BGF**	**7.471.138**	**1.560,90**	**1.560,90**	**528,80**	**100,0**
500	Außenanlagen und Freiflächen	m² AF	238.613	155,35	49,85	16,89	3,2
600	Ausstattung und Kunstwerke	m² BGF	–	–	–	–	–
700	Baunebenkosten	m² BGF	–	–	–	–	–
800	Finanzierung	m² BGF	–	–	–	–	–

KG	Kostengruppe	Menge Einheit	Kosten €	€/Einheit	%
200	**Vorbereitende Maßnahmen**	2.784,00 m² GF	45.506	**16,35**	0,6
	Baumfällung, Hausanschlüsse				
3+4	**Bauwerk**				**100,0**
300	**Bauwerk – Baukonstruktionen**	4.786,43 m² BGF	5.712.185	**1.193,41**	76,5
	Baugrubenaushub; StB-Bodenplatte, Abdichtung, Dämmung, Estrich, Parkett, Fliesen, Perimeterdämmung; Stb-Wände, KS-Mauerwerk, Stb-Stützen, Holzfenster, Holztüren, WDVS, Holzfassade, Holzpfostenriegelfassade, Glasvordächer; KS-Innenwände, GK-Wände, Holztüren, Innenputz, Wandfliesen, Beschichtung; Stb-Decken, Stb-Laubengänge, Stb-Balkone, Stahl-Außentreppen, Estriche, Parkettbeläge, Fliesen, Terrassenplatten, Sonnenschutz, Staketengeländer; Stb-Flachdach, Dämmung, Flachdachabdichtung, Dachbegrünung, Betonterrassenplatten, Dachentwässerung				
400	**Bauwerk – Technische Anlagen**	4.786,43 m² BGF	1.758.954	**367,49**	23,5
	Gebäudeentwässerung, Regenwassersammlung, Kalt- und Warmwasserleitungen, Sanitärobjekte; Wärmeversorgung mit BHKW, Flächenheizungen in AW; Fenster mit Zwangslüftung, Badeinzellüfter; Photovoltaikanlage, Elektroinstallation, Blitzschutz; Fernmelde- und Informationstechnische Anlagen; Personenaufzüge				
500	**Außenanlagen und Freiflächen**	1.536,00 m² AF	238.613	**155,35**	3,2
	Pflasterbeläge Wege, Terrassen, Fahrradabstellplatz, Müllplatz; Spielgeräte; Pflanzflächen				

6100-1627
Einfamilienhaus
experimentell

Objektübersicht

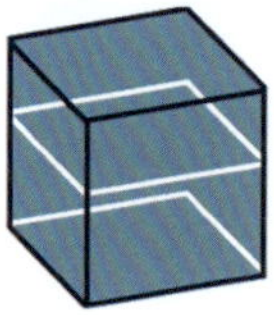

BRI 269 €/m³

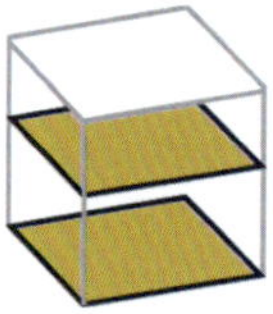

BGF 1.254 €/m²

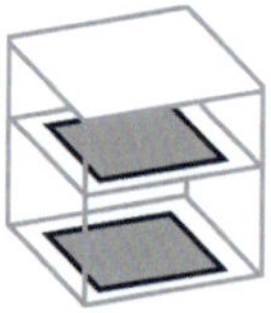

NUF 1.598 €/m²

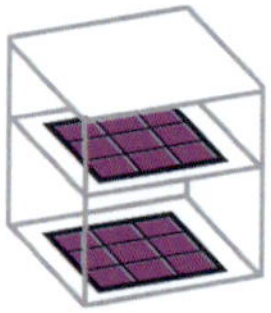

NE 2.225 €/NE

NE: Wohnfläche

Objekt:
Kennwerte: 1.Ebene DIN 276
BRI: 1.365 m³
BGF: 292 m²
NUF: 230 m²
Bauzeit: 130 Wochen
Bauende: 2022
Standard: Durchschnitt
Bundesland: Brandenburg
Kreis: Potsdam-Mittelmark

Architekt*in:
c/o now
(Studio CO NOW GmbH)
Wilhelmshavener Straße 47
10551 Berlin

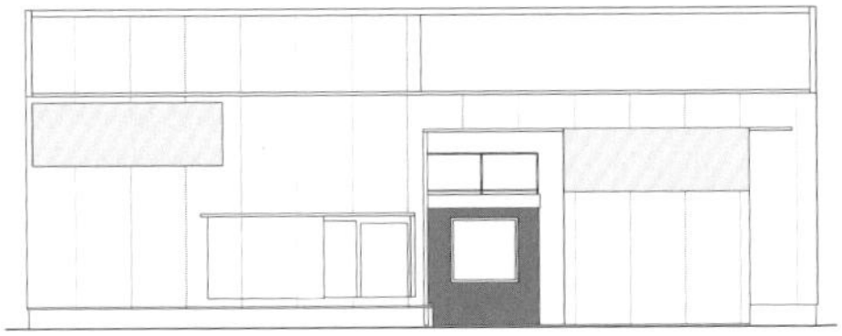

Ansicht West

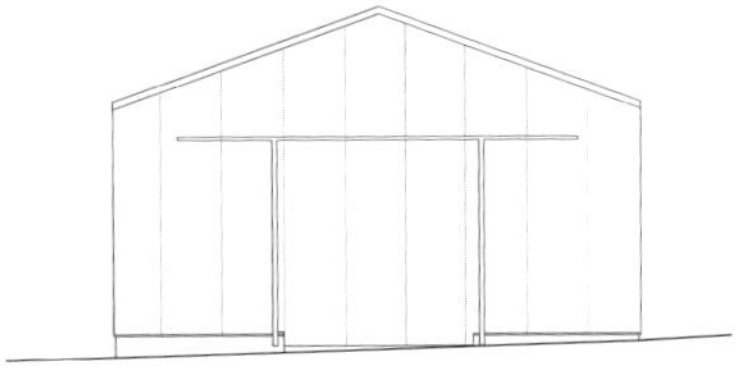

Ansicht Süd

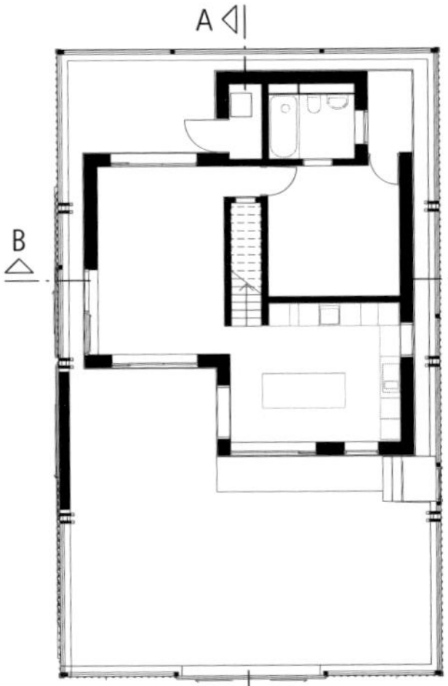

Erdgeschoss

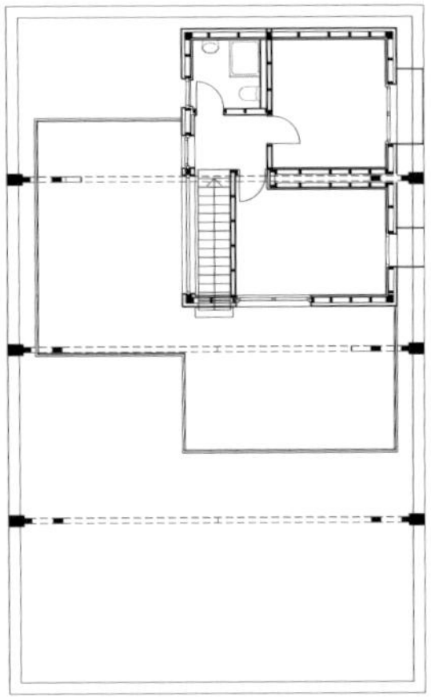

Obergeschoss

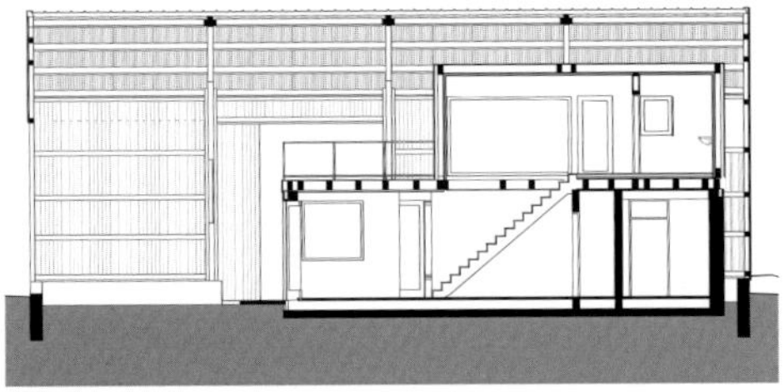

Schnitt A-A

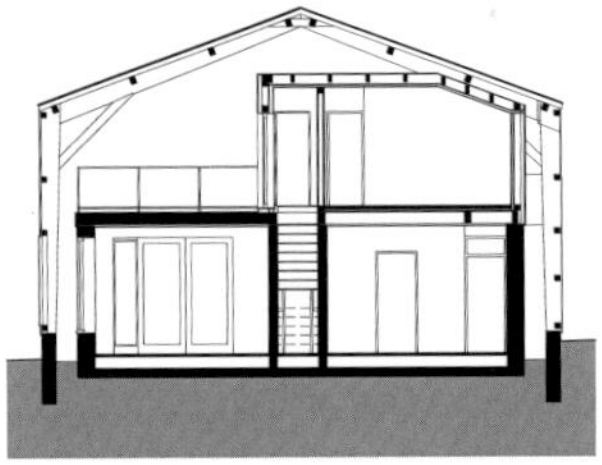

Schnitt B-B

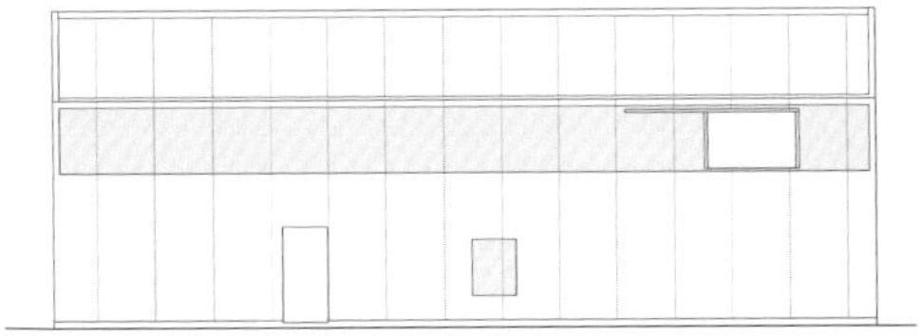

Ansicht Ost

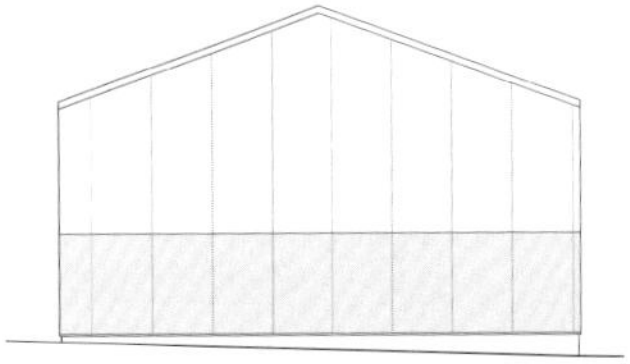

Ansicht Nord

Objektbeschreibung

Allgemeine Objektinformationen

Das Wohnhaus orientiert sich an französischen Architekturen der 1980/90er Jahre, bei denen industriell gefertigte Gewächshäuser als Ausbauhäuser Anwendung fanden. Bei diesem Objekt dient eine vorfabrizierte Halle in Holzbauweise, bekleidet mit Trapezblechen, Licht- und Sandwichpaneelen als witterungsfeste Klimahülle für ein beheizbares Kernhaus.

Nutzung

1 Erdgeschoss
Eingang, Wohnen, Schlafen, Küche, Bad, Terrasse, Indoorgarten

1 Obergeschoss
Kinderzimmer, Büro, Duschbad, Terrasse

Nutzeinheiten

Wohneinheiten: 1
Wohnfläche: 165 m^2

Grundstück

Bauraum: Freier Bauraum
Neigung: Geneigtes Gelände
Bodenklasse: BK 1 bis BK 4

Markt

Hauptvergabezeit: 4. Quartal 2019
Baubeginn: 4. Quartal 2019
Bauende: 2. Quartal 2022
Konjunkturelle Gesamtlage: über Durchschnitt
Regionaler Baumarkt: unter Durchschnitt

Baukonstruktion

Die Hallenkonstruktion wurde auf leicht erhöhten Streifenfundament aus Teilfertigteilen montiert. Das beheizbare Kernhaus steht auf einer von der Hallenkonstruktion entkoppelten Bodenplatte. Die EG-Außenwände des Kernhauses wurden mit monolithischen Dämmziegel gemauert, wogegen das OG mit einer einfachen, gedämmten Holzständerkonstruktion mit Installations- und Hinterlüftungsebene ausgeführt wurde.
Es kamen Kunststofffenster zum Einsatz. Die Innenwände im EG wurden in Hlz gemauert und verputzt, im OG wurden sie in Holzständerbauweise mit Gipskartonbeplankung ausgeführt. Bei der Hallenkonstruktion handelt es sich um eine ingenieursmäßige Holzkonstruktion aus Brettschichtholzbindern, die mit geschlossenen, opaken und transparenten Industriebaustoffen wie Trapezblechen im Wandbereich und Sandwichpaneelen im Dachbereich bekleidet ist. Durch die witterungsfeste Hülle der Halle konnte beim Kernhaus auf Abdichtungsmaßnahmen verzichtet werden. Auch bot das durch die Halle erzeugte Zwischenklima bauphysikalischen Vorteile in Bezug auf die Reduktion von Dämmstärken.

Technische Anlagen

Die Wärmeversorgung erfolgt über eine zentrale Luft-Wasser-Wärmepumpe. Die Verteilung der Wärme erfolgt über eine Fußbodenheizung. Alle Räume werden natürlich belüftet.
Bei der Elektroinstallation wurde ein einfacher Standard inkl. LAN + TV gewählt.

Sonstiges

Die Baustelle wurde offiziell mit dem Einzug der Auftraggeber*innen beendet. Der fortlaufende Ausbau, erfolgt durch die Bewohner*innen in Eigenregie. Ausgehend von ursprünglich 90 m^2 Wohnfläche kann das Haus bei einer überbauten Fläche von 200 m^2 bis zu einem Maximum von 400 m^2 Wohnfläche ausgebaut werden.

Energetische Kennwerte

Gesetzliche Grundlage: EnEV 2013
Gebäudenutzfläche: 112,00 m^2
Gebäudevolumen: 390,00 m^3
Spez. Transmissionswärmeverlust: 0,26 W/(m^2·K)
Spez. Jahresprimärenergiebedarf: 51,20 kWh/(m^2·a)
Spez. Jahresendenergiebedarf: 28,40 kWh/(m^2·a)
CO_2-Emissionen: 9,00 kg/(m^2·a)
Anlagenaufwandszahl: 0,76

Energetische Angaben zu Außenbauteilen

Bodenplatte Wohnwürfel

U-Wert: 0,18 W/(m²·K)

Gesamtdicke: 50,00 cm	d [cm]	l [W/(m·K)]
Bodenbelag	2,00	0,170
Estrich	8,50	1,400
Trittschalldämmung	3,00	0,048
Dämmung	16,00	0,035
Bitumenbahn	0,50	0,230
Stahlbeton WU	20,00	2,100

Außenwand Wohnwürfel EG

U-Wert: 0,21 W/(m²·K)

Gesamtdicke: 39,50 cm	d [cm]	l [W/(m·K)]
Innenputz	1,50	1,000
Dämmziegel	36,50	0,080
Außenputz	1,50	1,000

Außenwand Wohnwürfel OG

U-Wert: 0,22 W/(m²·K)

Gesamtdicke: 22,35 cm	d [cm]	l [W/(m·K)]
GK-Platte	2,50	0,250
Dämmung	4,00	0,040
OSB-Platte	1,80	0,130
Dämmung	14,00	0,035
Holz	14,00	0,130
PE-Folie	0,05	0,150

Dachterrasse Wohnwürfel

U-Wert: 0,16 W/(m²·K)

Gesamtdicke: 31,45 cm	d [cm]	l [W/(m·K)]
GK-Platte	1,25	0,250
Dämmung	4,00	0,040
Holz	4,00	0,130
Dämmung	24,00	0,035
Holz	24,00	0,130
OSB-Platte	2,20	0,130

Dach Wohnwürfel

U-Wert: 0,21 W/(m²·K)

Gesamtdicke: 23,45 cm	d [cm]	l [W/(m·K)]
GK-Platte	1,25	0,250
Dämmung	4,00	0,040
Dämmung	16,00	0,035
Holz	16,00	0,130
Holz	2,20	0,130

Planungskennwerte für Flächen und Rauminhalte nach DIN 277

Flächen des Grundstücks		Menge Einheit	% an GF
BF	Bebaute Fläche	201,99 m²	18,7
UF	Unbebaute Fläche	878,16 m²	81,3
GF	Grundstücksfläche	1.080,15 m²	100,0

Grundflächen des Bauwerks		Menge Einheit	% an NUF	% an BGF
NUF	Nutzungsfläche	229,51 m²	100,0	78,5
TF	Technikfläche	2,09 m²	0,9	0,7
VF	Verkehrsfläche	10,42 m²	4,5	3,6
NRF	Netto-Raumfläche	242,02 m²	105,5	82,8
KGF	Konstruktions-Grundfläche	50,41 m²	22,0	17,2
BGF	Brutto-Grundfläche	292,43 m²	127,4	100,0

Brutto-Rauminhalt des Bauwerks		Menge Einheit	BRI/NUF (m)	BRI/BGF (m)
BRI	Brutto-Rauminhalt	1.365,45 m³	5,95	4,67

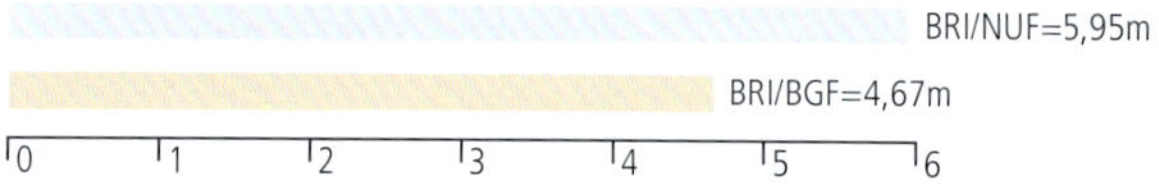

Kostenkennwerte für die Kostengruppen der 1.Ebene DIN 276

KG	Kostengruppen (1. Ebene)	Einheit	Kosten €	€/Einheit	€/m² BGF	€/m³ BRI	% 300+400
100	Grundstück	m² GF	–	–	–	–	–
200	Vorbereitende Maßnahmen	m² GF	9.402	8,70	32,15	6,89	2,6
300	Bauwerk – Baukonstruktionen	m² BGF	319.157	1.091,40	1.091,40	233,74	87,0
400	Bauwerk – Technische Anlagen	m² BGF	47.594	162,75	162,75	34,86	13,0
	Bauwerk 300+400	**m² BGF**	**366.751**	**1.254,15**	**1.254,15**	**268,59**	**100,0**
500	Außenanlagen und Freiflächen	m² AF	3.287	–	11,24	2,41	0,9
600	Ausstattung und Kunstwerke	m² BGF	–	–	–	–	–
700	Baunebenkosten	m² BGF	–	–	–	–	–
800	Finanzierung	m² BGF	–	–	–	–	–

KG	Kostengruppe	Menge Einheit	Kosten €	€/Einheit	%
200	**Vorbereitende Maßnahmen**	1.080,15 m² GF	9.402	**8,70**	2,6
	Suchschachtung, Baumfällarbeiten; Anschluss Medien, Wasser, Abwasser, Telefon				
3+4	**Bauwerk**				**100,0**
300	**Bauwerk – Baukonstruktionen**	292,43 m² BGF	319.157	**1.091,40**	87,0
	Klimahülle: Streifenfundamente; ingenieursmäßige Holzkonstruktion, Brettschichtholzbinder, KVH-Balken, Aussteifungen, opale, transparente Industriebaustoffe, Schiebetore, Schiebefenster; Dachbinder, Sandwichpaneelplatten, Dachentwässerung Kerngebäude: Stb-Bodenplatte, Dämmung, Heizestrich, Terrassenplatten, Bodenfliesen, Parkett; Ziegelmauerwerk, Holzständerwände mit Installationsebene, Dämmung, Kunststofffenster, Dreifachverglasung, Eingangstüre, Außenputz, Innenputz; Hlz-Mauerwerk, GK-Holzständerwände, Holztüren, Innenputz, GK-Beplankungen, Beschichtung, Wandfliesen; Holzbalkendecke, Holztreppe, Heizestrich, Parkett, Fliesen, Geländer; Holzbalkendach, Dämmung, OSB-Platten, Geländer				
400	**Bauwerk – Technische Anlagen**	292,43 m² BGF	47.594	**162,75**	13,0
	Gebäudeentwässerung, Kalt- und Warmwasserleitungen, Sanitärobjekte; Sole-Wasser-Wärmepumpe, Heizleitungen, Fußbodenheizung, Handtuchheizkörper; Einzellüfter in Bädern; Elektroinstallation, Beleuchtung				
500	**Außenanlagen und Freiflächen**	–	3.287	–	0,9
	Anarbeiten des Geländes an die Außenwände				

6100-1628
Einfamilienhaus

Objektübersicht

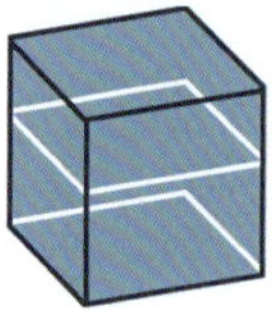

BRI 767 €/m³

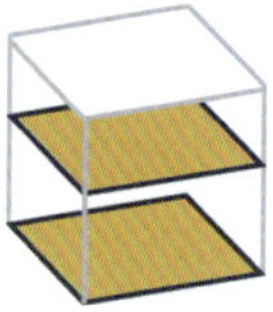

BGF 2.520 €/m²

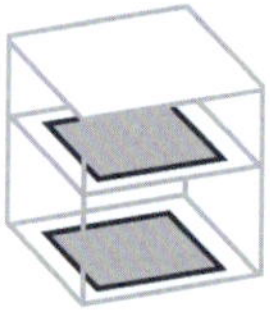

NUF 2.961 €/m²

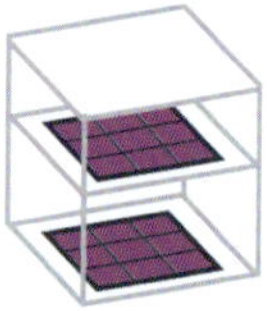

NE 4.938 €/NE

NE: Wohnfläche

Objekt:
Kennwerte: 1.Ebene DIN 276
BRI: 483 m³
BGF: 147 m²
NUF: 125 m²
Bauzeit: 43 Wochen
Bauende: 2022
Standard: über Durchschnitt
Bundesland: Nordrhein-Westfalen
Kreis: Euskirchen

Architekt*in:
Kai Matzak
Rosenstraße 27
50678 Köln

© Dorit Werheid

© Dorit Werheid

© Dorit Werheid

© Dorit Werheid

© Dorit Werheid

© Dorit Werheid

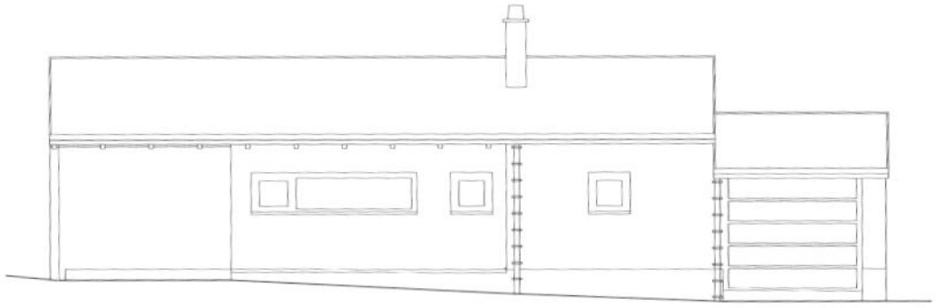

Ansicht Nord-Ost

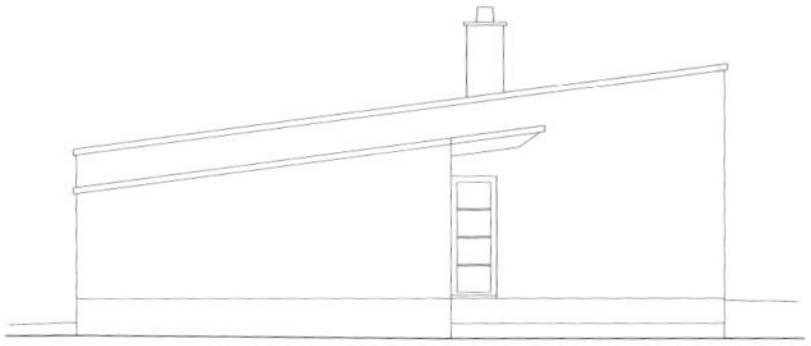

Ansicht Nord-West

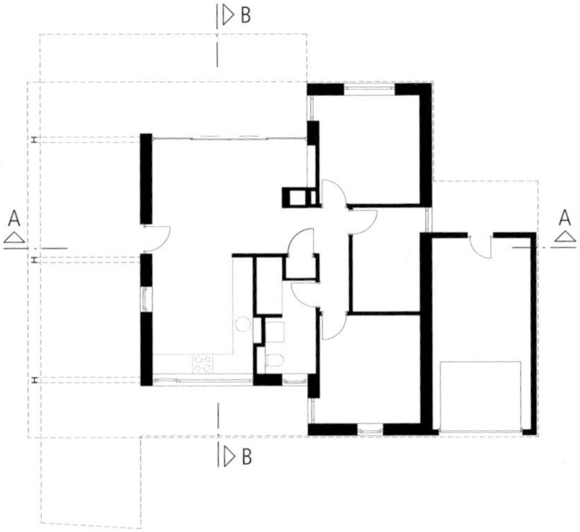

Erdgeschoss

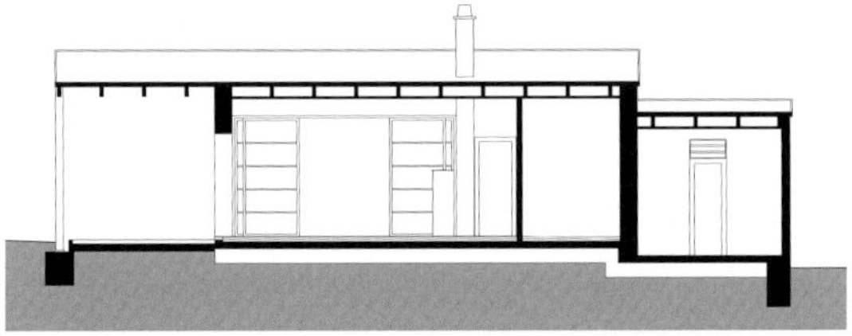

Schnitt A-A

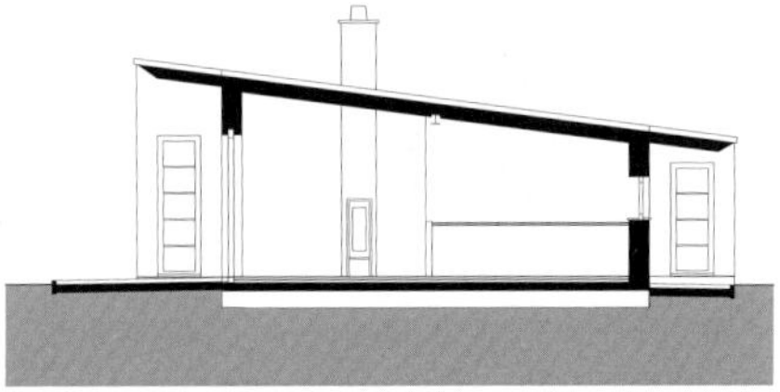

Schnitt B-B

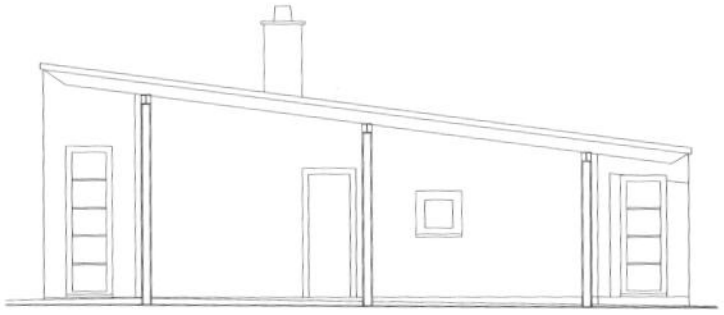

Ansicht Süd-Ost

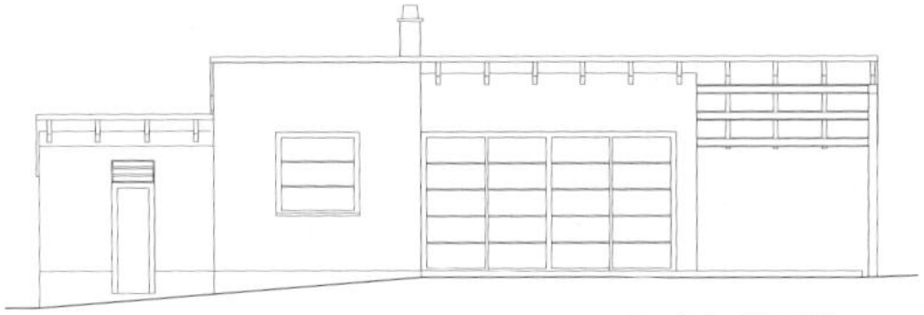

Ansicht Süd-West

Objektbeschreibung

Allgemeine Objektinformationen

Das Refugio 75 thematisiert eine Architektur in einer heute angemessenen Größe für das Leben auf dem Land. Das kleine, barrierefreie Einfamilienhaus, gedacht für ein Leben in und mit der Natur hat große, überdachte Außenflächen, die die Wohnfläche im Freien erweitern.

Nutzung

1 Erdgeschoss
Wohn-, Essküche, Schlafzimmer, Büro, Gästezimmer, Bad, Flur, Garage, Terrasse

Nutzeinheiten

Wohneinheiten: 1
Wohnfläche: 75 m^2

Grundstück

Bauraum: Freier Bauraum
Neigung: Ebenes Gelände
Bodenklasse: BK 1 bis BK 5

Markt

Hauptvergabezeit: 1. Quartal 2021
Baubeginn: 2. Quartal 2021
Bauende: 1. Quartal 2022
Konjunkturelle Gesamtlage: Durchschnitt
Regionaler Baumarkt: unter Durchschnitt

Besonderer Kosteneinfluss Markt
Während der Bauausführung Kostensteigerungen bei den Materialkosten (Holz), sowie Einflüsse der Flutkatastrophe 2021. Verzögerter Einbau der Fenster sowie des Estrichs.

Baukonstruktion

Das eingeschoßige Gebäude gründet auf einer Stb-Bodenplatte auf einem Bett aus Recyclingmaterial. Die tragenden Außenwände wurden aus einem lokal abgebautem Bimsstein gemauert. Aufgrund der hohen Wärmedämmfähigkeit des Bimssteins war keine zusätzliche Dämmung notwendig. Darüber hinaus wurden die Außenwände mit Weibener Tuffstein in Trassmörtel bekleidet. Die Fenster sowie die Eingangstüre sind aus Lärchenholz gefertigt. Das schwach geneigt Pultdach aus einer Holzsparrenkonstruktion wurde mineralisch gedämmt und mit Zinkscharen gedeckt. Die Böden sind mit Eichendielen und Naturschieferplatten belegt. Die lokalen Lavabasaltplatten der Terrasse sind in versickerungsoffenem Trass-Monokornbett verlegt. Sämtliche Einbauten wurden aus geöltem Birkenholz gefertigt.

Technische Anlagen

Der Wärmebedarf des Gebäudes wird durch eine Luft-Wasser-Wärmepumpe mit Pufferspeicher und mobiler App gesteuert. Eine Fußbodenheizung mit Zonierungssteuerung verteilt die Wärme. Zusätzlich kann über einen Holzscheitofen mit geschlossener Zuluftführung geheizt werden. Die Installation einer E-Ladestation wurde vorbereitet.

Sonstiges

Der Baumbestand der Grundstücks blieb vollständig erhalten. Das Haus ist gebaut aus Stein, Holz und Metall in Sichtqualität des Materials. Regenerative Wärmeerzeuger komplettieren den nachhaltigen Entwurf.

Energetische Kennwerte

Gesetzliche Grundlage: GEG 2020
Gebäudenutzfläche: 62,00 m^2
Gebäudevolumen: 163,00 m^3
Hüllfläche des beheizten Volumens: 288,10 m^2
Spez. Transmissionswärmeverlust: 0,36 W/(m^2·K)
Spez. Jahresprimärenergiebedarf: 92,80 kWh/(m^2·a)
Jahresheizwärmebedarf: 5.733,00 kWh/a
Anlagenaufwandszahl: 1,13

Energetische Angaben zu Außenbauteilen

Bodenplatte

U-Wert: 0,23 W/(m²·K)

Gesamtdicke: 45,50 cm	d[cm]	l[W/(m·K)]
Estrich	6,50	1,400
Dämmung	6,00	0,035
Stahlbeton	25,00	2,100
Dämmung	8,00	0,035

Außenwand

U-Wert: 0,26 W/(m²·K)

Gesamtdicke: 42,00 cm	d[cm]	l[W/(m·K)]
Innenputz	1,50	0,700
Bimsstein	36,50	0,100
Mörtel	1,00	1,000
Naturstein	3,00	0,480

Dach

U-Wert: 0,21 W/(m²·K)

Gesamtdicke: 24,90 cm	d[cm]	l[W/(m·K)]
GK-Platte	2,50	0,250
Dämmung	20,00	0,032
Holz	20,00	0,130
Holz	2,40	0,130

Planungskennwerte für Flächen und Rauminhalte nach DIN 277

Flächen des Grundstücks		Menge Einheit	% an GF
BF	Bebaute Fläche	147,00 m²	29,5
UF	Unbebaute Fläche	352,00 m²	70,5
GF	Grundstücksfläche	499,00 m²	100,0

Grundflächen des Bauwerks		Menge Einheit	% an NUF	% an BGF
NUF	Nutzungsfläche	125,10 m²	100,0	85,1
TF	Technikfläche	–	–	–
VF	Verkehrsfläche	3,40 m²	2,7	2,3
NRF	Netto-Raumfläche	128,50 m²	102,7	87,4
KGF	Konstruktions-Grundfläche	18,50 m²	14,8	12,6
BGF	Brutto-Grundfläche	147,00 m²	117,5	100,0

Brutto-Rauminhalt des Bauwerks		Menge Einheit	BRI/NUF (m)	BRI/BGF (m)
BRI	Brutto-Rauminhalt	482,81 m³	3,86	3,28

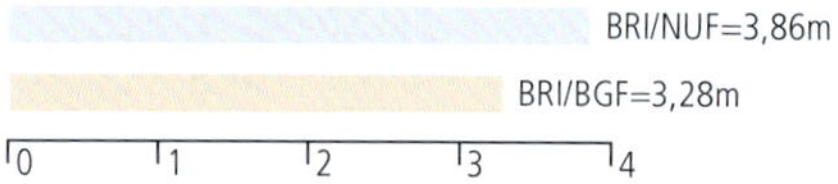

Kostenkennwerte für die Kostengruppen der 1.Ebene DIN 276

KG	Kostengruppen (1.Ebene)	Einheit	Kosten €	€/Einheit	€/m² BGF	€/m³ BRI	% 300+400
100	Grundstück	m² GF	–	–	–	–	–
200	Vorbereitende Maßnahmen	m² GF	–	–	–	–	–
300	Bauwerk – Baukonstruktionen	m² BGF	311.298	2.117,67	2.117,67	644,76	84,0
400	Bauwerk – Technische Anlagen	m² BGF	59.089	401,97	401,97	122,39	16,0
	Bauwerk 300+400	**m² BGF**	**370.386**	**2.519,64**	**2.519,64**	**767,15**	**100,0**
500	Außenanlagen und Freiflächen	m² AF	–	–	–	–	–
600	Ausstattung und Kunstwerke	m² BGF	–	–	–	–	–
700	Baunebenkosten	m² BGF	–	–	–	–	–
800	Finanzierung	m² BGF	–	–	–	–	–

KG	Kostengruppe	Menge Einheit	Kosten €	€/Einheit	%
3+4	**Bauwerk**				**100,0**
300	**Bauwerk – Baukonstruktionen**	147,00 m² BGF	311.298	**2.117,67**	84,0

Stb-Bodenplatte, Abdichtung, Dämmung, Heizestrich, Holzdielen, Schieferplatten, Perimeterdämmung, Recyclingmaterial; Bimsbeton-Mauerwerk, Holzfenster, Holztüren, Natursteinschale aus Tuffplatten, Innenputz, Beschichtung, Schiebeladen; Bims-Innenwände, Holztüren, Holzzargen, Innenputz, Natursteinfliesen, Beschichtung; Holzsparrendach, mineralische Dämmung, Abdichtung, Zinkscharendeckung, Dachentwässerung

KG	Kostengruppe	Menge Einheit	Kosten €	€/Einheit	%
400	**Bauwerk – Technische Anlagen**	147,00 m² BGF	59.089	**401,97**	16,0

Gebäudeentwässerung, Kalt- und Warmwasserleitungen, Sanitärobjekte; Luft-Wasser-Wärmepumpe, Pufferspeicher, Fußbodenheizung; Elektroinstallation, Beleuchtung, Vorbereitung E-Ladestation; Rauchmelder

6100-1629
Einfamilienhaus
Carport (2 STP)

Objektübersicht

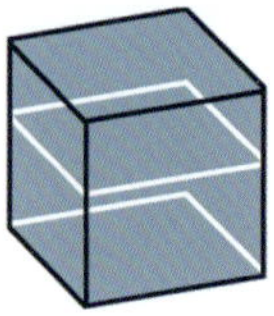
BRI 788 €/m³

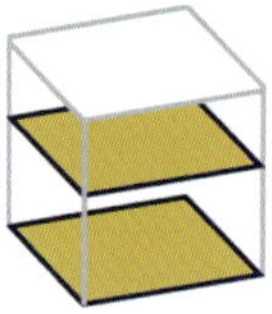
BGF 3.011 €/m²

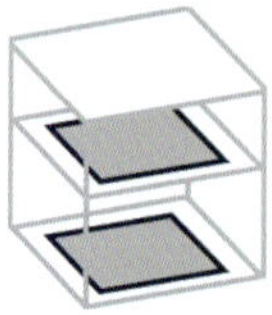
NUF 4.647 €/m²

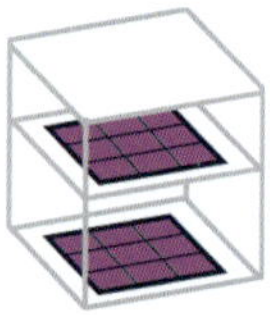
NE 5.170 €/NE
NE: Wohnfläche

Objekt:
Kennwerte: 1. Ebene DIN 276
BRI: 1.358 m³
BGF: 355 m²
NUF: 230 m²
Bauzeit: 74 Wochen
Bauende: 2020
Standard: über Durchschnitt
Bundesland: Rheinland-Pfalz
Kreis: Trier-Saarburg

Architekt*in:
cl.ar Carsten Larusch
Architektur
Holunderweg 10
54634 Bitburg

© Rudi Rach

© Rudi Rach

© Rudi Rach

© Rudi Rach

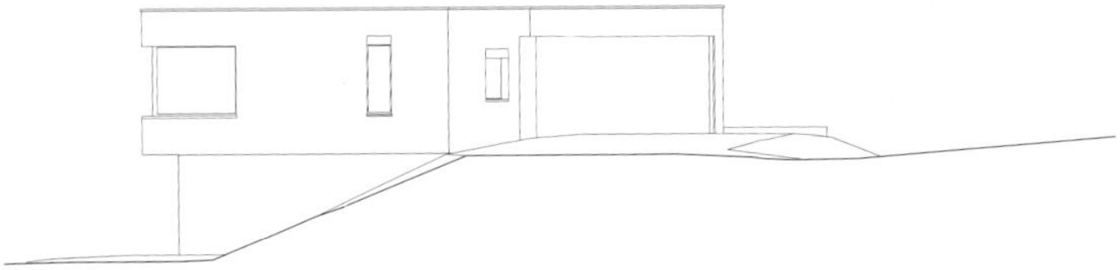

Ansicht Süd

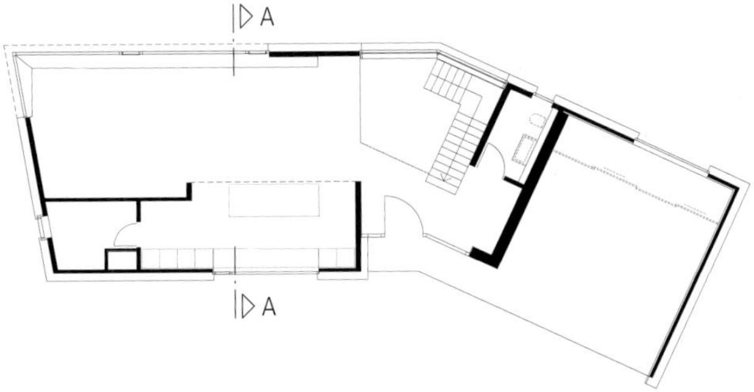

Erdgeschoss

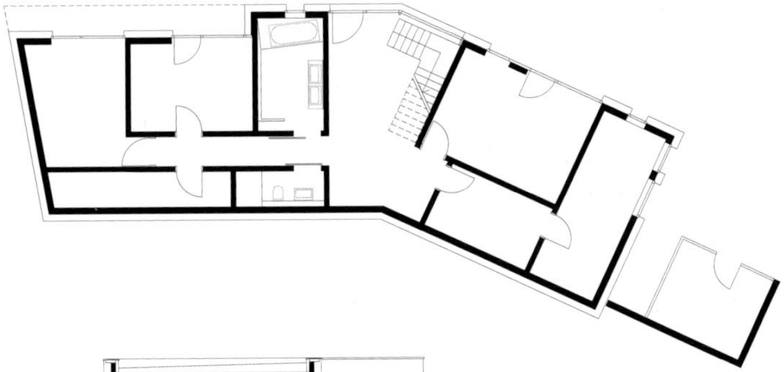

Untergeschoss

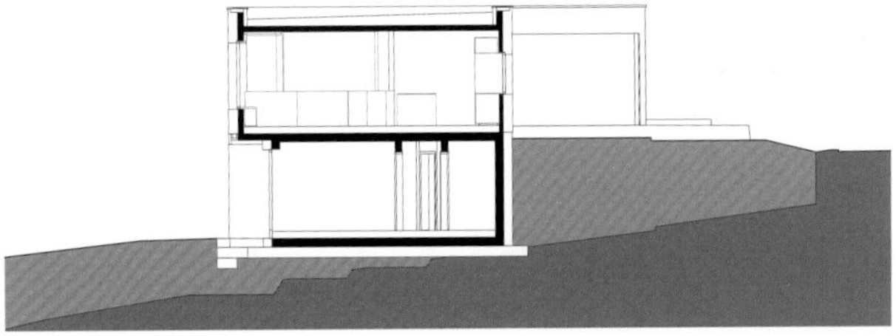

Schnitt A-A

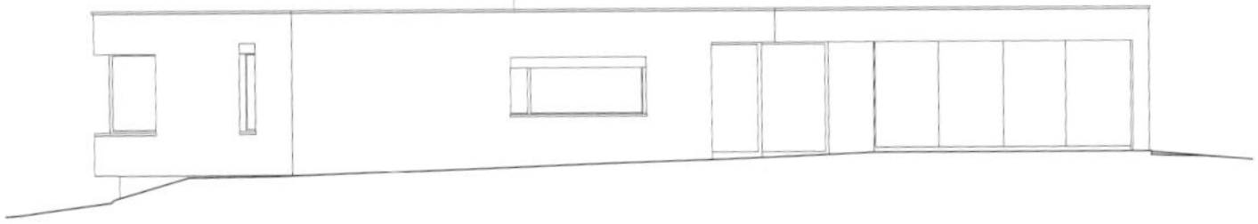

Ansicht Ost

Objektbeschreibung

Allgemeine Objektinformationen

Das Objekt in Hanglage flankiert von hochgewachsenen Bäumen, bietet einen eindrucksvollen Ausblick über das Tal bis hin ins benachbarte Luxemburg. Der zweigeschossige Bau bettet sich respektvoll in den natürlichen Geländeverlauf ein. Der geradlinige Baukörper winkelt sich im Bereich des zentralen Eingangsbereichs ab, sodass sich der Außenraum des Gartens öffnet und der straßenseitige Hof räumlich gefasst wird. Der Südgiebel dreht sich aus seinem rechten Winkel heraus, vergrößert somit die talseitige Westfassade und weitet das Panorama vom Innenraum über das Tal.

Nutzung

1 Untergeschoss
Treppenhaus, Schlafzimmer mit Ankleide, zwei Zimmer, Bad, Duschbad, Wirtschaftsraum, Geräteraum, Technik

2 Erdgeschosse
Eingangsbereich mit Garderobe, Wohnraum, Ess-Küche, Vorräte, WC, Carport (zwei Stellplätze)

Nutzeinheiten

Wohneinheiten: 1
Wohnfläche: 207 m^2

Grundstück

Bauraum: Freier Bauraum
Neigung: Hanglage
Bodenklasse: BK 1 bis BK 5

Markt

Hauptvergabezeit: 1.Quartal 2019
Baubeginn: 1.Quartal 2019
Bauende: 2.Quartal 2020
Konjunkturelle Gesamtlage: Durchschnitt
Regionaler Baumarkt: unter Durchschnitt

Baukonstruktion

Das zweigeschoßige Gebäude wurde in Massivbauweise errichtet und gründet auf einer Stb-Fundamentplatte. Die Kellerwände sind aus Fertigteil-Hohlwänden gefertigt, die Wände im EG dagegen aus massivem Brettsperrholz. Ebenso verhält es sich mit den Decken über UG in Stahlbeton, wogegen das Flachdach über EG aus Brettsperrholz gefertigt auf Brettschichtholzträgern lagert. Die Böden sind mit Parkett und Fliesen belegt. Es wurden Holz-Alu-Fenster und Türen verbaut. Zellulose-Einblasdämmung in Kombination mit Holzwolle-Dämmplatten, die als Putzträger dienen, bilden zusammen mit den konstruktiven Tragelementen aus Brettsperrholzelementen hocheffiziente und nachhaltige Bauteile für Fassade und Dach. Der bewusst raue, grobkörnige Außenputz in einem erdigen Naturton bildet den schützenden Abschluss der Fassade.

Technische Anlagen

Für geringsten energetischen Verbrauch sorgen die Luft-Wärmepumpe und die zentrale Lüftungsanlage. Mit den Erträgen aus der (geplanten) Photovoltaikanlage auf dem Flachdach kombiniert mit einem Batteriespeicher wird der „KfW Effizienzhaus 40+"-Standard erreicht. Somit erzeugt das Gebäude in der Gesamtjahresbetrachtung mehr Energie als es verbraucht.

Sonstiges

Das Wohngebäude ist die Symbiose aus ökologischer, gesunder Bauweise mit zukunftsfähigen, nachrüstbaren energetischen Standards, umgesetzt in zeitloser, klarer Architektur.

Energetische Kennwerte

Gesetzliche Grundlage: EnEV 2013
Gebäudenutzfläche: 335,92 m^2
Gebäudevolumen: 1.049,76 m^3
A/V_e-Verhältnis (Kompaktheit): 0,76 m^{-1}
Hüllfläche des beheizten Volumens: 797,62 m^2
Spez. Transmissionswärmeverlust: 0,22 $W/(m^2 \cdot K)$
Spez. Jahresprimärenergiebedarf: 22,10 $kWh/(m^2 \cdot a)$
Spez. Jahresendenergiebedarf: 12,28 $kWh/(m^2 \cdot a)$
Spez. Jahresheizwärmebedarf: 53,52 $kWh/(m^2 \cdot a)$
CO_2-Emissionen: 8,39 $kg/(m^2 \cdot a)$
Anlagenaufwandszahl: 0,50

Planungskennwerte für Flächen und Rauminhalte nach DIN 277

Flächen des Grundstücks		Menge Einheit	% an GF
BF	Bebaute Fläche	214,00 m²	26,6
UF	Unbebaute Fläche	592,00 m²	73,4
GF	Grundstücksfläche	806,00 m²	100,0

Grundflächen des Bauwerks		Menge Einheit	% an NUF	% an BGF
NUF	Nutzungsfläche	230,28 m²	100,0	64,8
TF	Technikfläche	10,07 m²	4,4	2,8
VF	Verkehrsfläche	30,84 m²	13,4	8,7
NRF	Netto-Raumfläche	271,19 m²	117,8	76,3
KGF	Konstruktions-Grundfläche	84,26 m²	36,6	23,7
BGF	Brutto-Grundfläche	355,45 m²	154,4	100,0

Brutto-Rauminhalt des Bauwerks		Menge Einheit	BRI/NUF (m)	BRI/BGF (m)
BRI	Brutto-Rauminhalt	1.358,00 m³	5,90	3,82

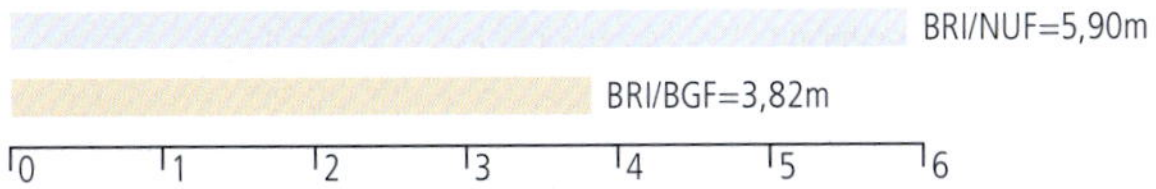

Kostenkennwerte für die Kostengruppen der 1. Ebene DIN 276

KG	Kostengruppen (1. Ebene)	Einheit	Kosten €	€/Einheit	€/m² BGF	€/m³ BRI	% 300+400
100	Grundstück	m² GF	–	–	–	–	–
200	Vorbereitende Maßnahmen	m² GF	–	–	–	–	–
300	Bauwerk – Baukonstruktionen	m² BGF	881.439	2.479,78	2.479,78	649,07	82,4
400	Bauwerk – Technische Anlagen	m² BGF	188.714	530,92	530,92	138,96	17,6
	Bauwerk 300+400	**m² BGF**	**1.070.153**	**3.010,70**	**3.010,70**	**788,04**	**100,0**
500	Außenanlagen und Freiflächen	m² AF	40.253	62,70	113,24	29,64	3,8
600	Ausstattung und Kunstwerke	m² BGF	–	–	–	–	–
700	Baunebenkosten	m² BGF	–	–	–	–	–
800	Finanzierung	m² BGF	–	–	–	–	–

KG	Kostengruppe	Menge Einheit	Kosten €	€/Einheit	%
3+4	**Bauwerk**				**100,0**
300	**Bauwerk – Baukonstruktionen**	355,45 m² BGF	881.439	**2.479,78**	82,4

Schottertragschichten, Stb-Bodenplatte, Abdichtung, Dämmung, Estrich, Parkett, Fliesen, Schaumglasschotter; Stb-Fertigteil-Hohlwände, Brettsperrholzwände, Holz-Alufenster, dreifachverglast, Holz-Alutürelemente, Zelluloseeinblasdämmung in Hohlkammern, Holzfaserträgerplatte, Außenputz, Sichtbetonoberflächen, Innenputz, Beschichtung, Wandfliesen; Brettsperrholz-Innenwände, Holztüren, Schiebetüren, Innenputz, Beschichtung, Fliesen; Stb-Decke, Stb-Treppe, Estrich, Parkett, Fliesen, Ganzglasgeländer; Brettsperrholz-Flachdach, Brettsperrholzunterzüge, Gefälledämmung, Abdichtung, Dachentwässerung; Einbaumöbel

KG	Kostengruppe	Menge Einheit	Kosten €	€/Einheit	%
400	**Bauwerk – Technische Anlagen**	355,45 m² BGF	188.714	**530,92**	17,6

Gebäudeentwässerung, Warm- und Kaltwasserleitungen, Sanitärobjekte; Luft-Wärmepumpe mit Fassadenansaugung, Pufferspeicher; zentrale Lüftungsanlage; Elektroinstallation, "SmartHome"-System, Cat7-Verkabelung, Beleuchtung, Blitzschutz; EDV-Verkabelung

KG	Kostengruppe	Menge Einheit	Kosten €	€/Einheit	%
500	**Außenanlagen und Freiflächen**	642,00 m² AF	40.253	**62,70**	3,8

Stb-Winkelstützelemente, Unterbau, Schottertragschicht für Zufahrt

6100-1630
Einfamilienhaus
Garage

Objektübersicht

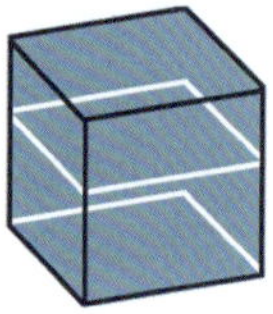
BRI 1.051 €/m³

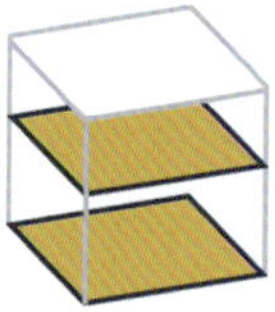
BGF 2.895 €/m²

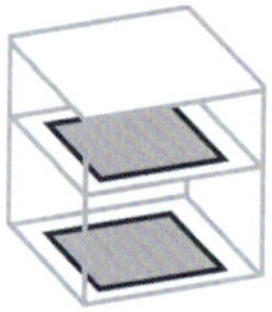
NUF 4.744 €/m²

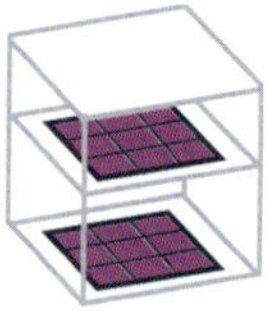
NE 4.740 €/NE

NE: Wohnfläche

Objekt:
Kennwerte: 1.Ebene DIN 276
BRI: 824 m³
BGF: 299 m²
NUF: 182 m²
Bauzeit: 61 Wochen
Bauende: 2021
Standard: über Durchschnitt
Bundesland: Nordrhein-Westfalen
Kreis: Mettmann

Architekt*in:
Wendling Architektur
Tempelstraße 2
50679 Köln-Deutz

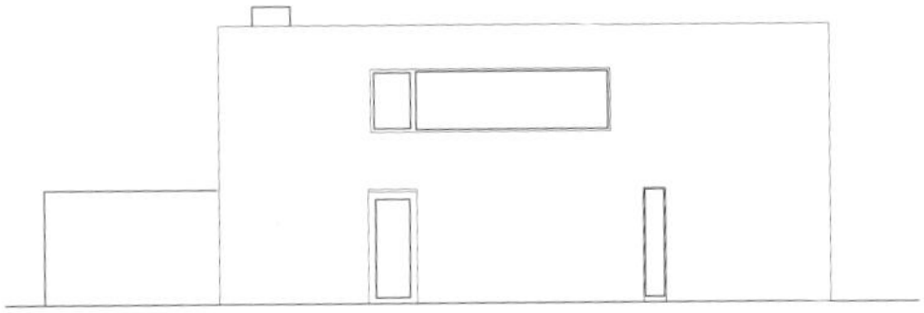

Ansicht Nord-Ost

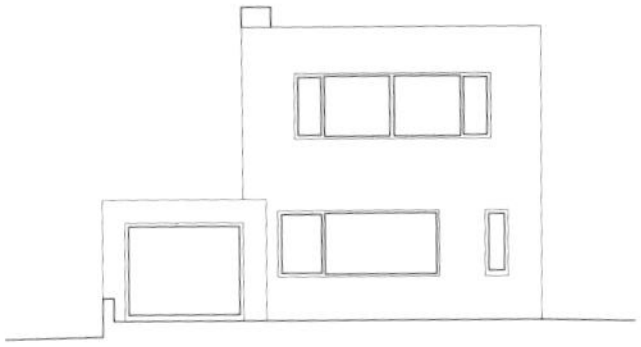

Ansicht Nord-West

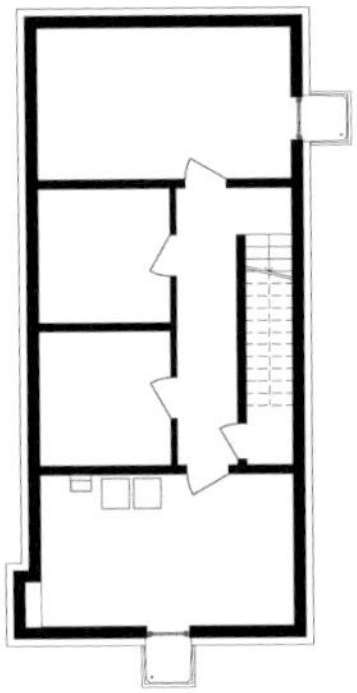

Untergeschoss

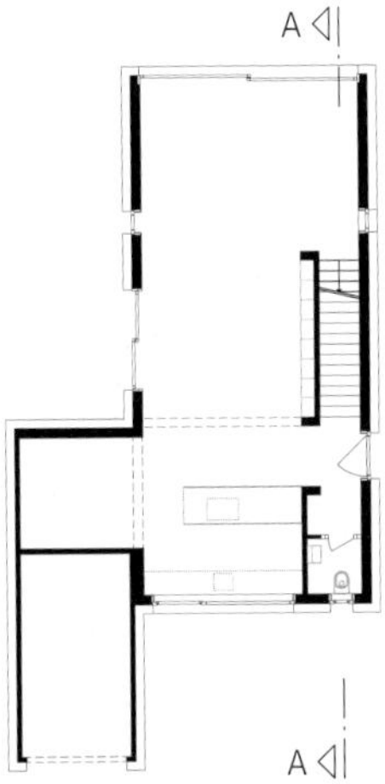

Erdgeschoss

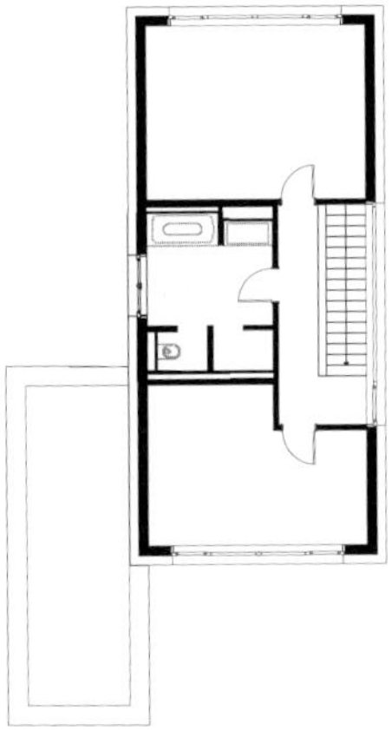

Obergeschoss

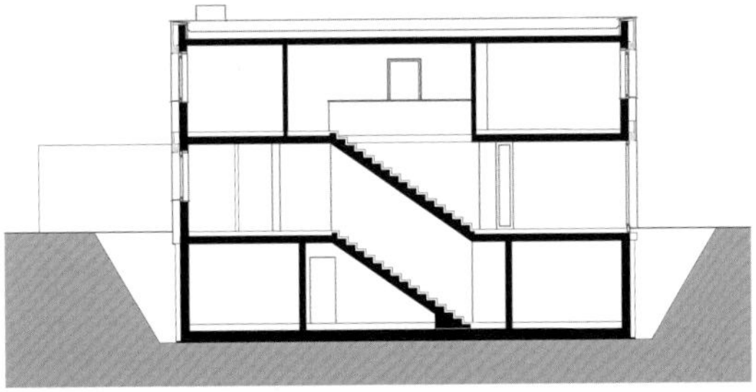

Schnitt A-A

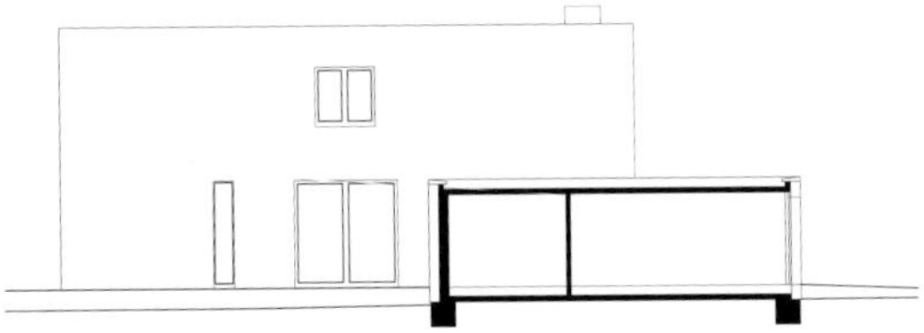

Ansicht Süd-Ost

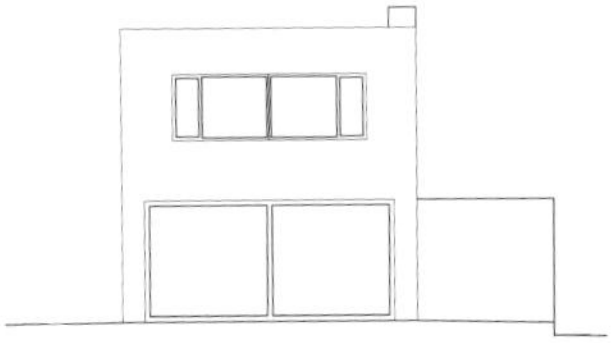

Ansicht Süd-West

Objektbeschreibung

Allgemeine Objektinformationen

Das Einfamilienhaus befindet sich in einem ruhigen Stadtteil, der durch freistehende Wohnhäuser geprägt wird. Der Neubau besteht aus drei Baukörpern: Fahrradhaus, Garage und Haupthaus bilden einen städtebaulichen Dreiklang aus klein, mittel und groß. Die drei Baukörper staffeln sich von der Straße bis zum Haus und bilden ein homogenes Ensemble.

Nutzung

1 Untergeschoss
Hobbyraum, Abstellräume, Waschküche, Flur, Treppe

1 Erdgeschoss
Wohnzimmer, Essküche, WC, Treppe

1 Obergeschoss
Schlafzimmer, Kinderzimmer, Bad, Flur, Treppe

Nutzeinheiten

Stellplätze: 2
Wohneinheiten: 1
Wohnfläche: 183 m^2

Grundstück

Bauraum: Freier Bauraum
Neigung: Ebenes Gelände
Bodenklasse: BK 2 bis BK 5

Markt

Hauptvergabezeit: 1. Quartal 2020
Baubeginn: 3. Quartal 2020
Bauende: 4. Quartal 2021
Konjunkturelle Gesamtlage: über Durchschnitt
Regionaler Baumarkt: Durchschnitt

Baukonstruktion

Das Gebäude gründet auf einer Stb-Platte, die mit den Stahlbetonwänden des UGs als Weiße Wanne ausgebildet wurde. Die Wände der darüberliegenden Geschosse wurden in Kalksandstein gemauert. Geschossdecken und das Flachdach wurden wie die einläufige Treppe aus Stahlbeton hergestellt. Die Böden und die Treppen wurden mit Eichenholz belegt. Auch die Innentüren und die Fenster sind aus Eichenhölzern gefertigt. Die dreifachverglasten Fenster sind zudem schalldämmend ausgeführt. Sämtliche Innenwände sind weiß verputzt. Außen wurde die Fassade mit einem Wärmedämmverbundsystem belegt und erhielt eine graue Beschichtung aus einer natürlichen Pigmentfarbe.

Technische Anlagen

Beheizt wird das Gebäude über ein Gasheizungssystem in Verbindung mit einer solarthermischen Anlage. Verteilt wird die Wärme über eine Fußbodenheizung.

Energetische Kennwerte

Gesetzliche Grundlage: EnEV 2013
Gebäudenutzfläche: 263,22 m^2
Gebäudevolumen: 822,57 m^3
A/V_e-Verhältnis (Kompaktheit): 0,69 m^{-1}
Hüllfläche des beheizten Volumens: 569,98 m^2
Spez. Transmissionswärmeverlust: 0,30 $W/(m^2 \cdot K)$
Spez. Jahresprimärenergiebedarf: 38,94 $kWh/(m^2 \cdot a)$
Spez. Jahresendenergiebedarf: 34,96 $kWh/(m^2 \cdot a)$
CO_2-Emissionen: 8,94 $kg/(m^2 \cdot a)$

Energetische Angaben zu Außenbauteilen

Bodenplatte

U-Wert: 0,19 W/(m²·K)

Gesamtdicke: 49,80 cm	d[cm]	l[W/(m·K)]
Estrich	6,50	1,200
Dämmung	4,00	0,035
Bitumenbahn	0,30	0,170
Stahlbeton	25,00	2,500
Dämmung	14,00	0,038

Außenwand gegen Erdreich

U-Wert: 0,21 W/(m²·K)

Gesamtdicke: 42,50 cm	d[cm]	l[W/(m·K)]
Innenputz	1,50	1,000
Stahlbeton	25,00	2,500
Dämmung	16,00	0,035

Außenwand

U-Wert: 0,19 W/(m²·K)

Gesamtdicke: 49,00 cm	d[cm]	l[W/(m·K)]
Innenputz	1,50	0,400
Kalksandstein	24,00	0,990
Dämmung	22,00	0,045
Außenputz	1,50	0,870

Dach

U-Wert: 0,17 W/(m²·K)

Gesamtdicke: 40,20 cm	d[cm]	l[W/(m·K)]
Innenputz	1,00	0,700
Stahlbeton	18,00	2,100
Dampfsperre	0,40	0,170
Dämmung	20,00	0,035
Abdichtung	0,30	0,170
Abdichtung	0,50	0,170

Planungskennwerte für Flächen und Rauminhalte nach DIN 277

Flächen des Grundstücks		Menge Einheit	% an GF
BF	Bebaute Fläche	130,00 m²	22,1
UF	Unbebaute Fläche	458,00 m²	77,9
GF	Grundstücksfläche	588,00 m²	100,0

Grundflächen des Bauwerks		Menge Einheit	% an NUF	% an BGF
NUF	Nutzungsfläche	182,49 m²	100,0	61,0
TF	Technikfläche	18,16 m²	10,0	6,1
VF	Verkehrsfläche	20,73 m²	11,4	6,9
NRF	Netto-Raumfläche	221,38 m²	121,3	74,0
KGF	Konstruktions-Grundfläche	77,68 m²	42,6	26,0
BGF	Brutto-Grundfläche	299,06 m²	163,9	100,0

Brutto-Rauminhalt des Bauwerks		Menge Einheit	BRI/NUF (m)	BRI/BGF (m)
BRI	Brutto-Rauminhalt	824,00 m³	4,52	2,76

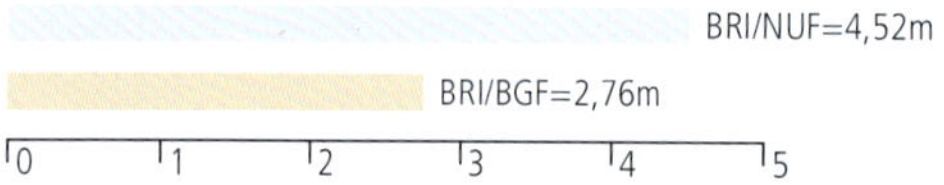

Kostenkennwerte für die Kostengruppen der 1. Ebene DIN 276

KG	Kostengruppen (1. Ebene)	Einheit	Kosten €	€/Einheit	€/m² BGF	€/m³ BRI	% 300+400
100	Grundstück	m² GF	–	–	–	–	–
200	Vorbereitende Maßnahmen	m² GF	–	–	–	–	–
300	Bauwerk – Baukonstruktionen	m² BGF	724.880	2.423,86	2.423,86	879,71	83,7
400	Bauwerk – Technische Anlagen	m² BGF	140.839	470,94	470,94	170,92	16,3
	Bauwerk 300+400	**m² BGF**	**865.719**	**2.894,80**	**2.894,80**	**1.050,63**	**100,0**
500	Außenanlagen und Freiflächen	m² AF	99.354	216,93	332,22	120,58	11,5
600	Ausstattung und Kunstwerke	m² BGF	–	–	–	–	–
700	Baunebenkosten	m² BGF	–	–	–	–	–
800	Finanzierung	m² BGF	–	–	–	–	–

KG	Kostengruppe	Menge Einheit	Kosten €	€/Einheit	%
3+4	**Bauwerk**				**100,0**
300	**Bauwerk – Baukonstruktionen**	299,06 m² BGF	724.880	**2.423,86**	83,7

Stb-Bodenplatte WU, Dämmung, Estrich, Parkett, Fliesen; Stb-Wände WU, KS-Mauerwerk, Eichenholzfenster, Holzeingangstüre, Garagentor, WDVS, Innenputz, Beschichtung, Wandfliesen; KS-Innenwände, Holztüren, Innenputz, GK-Vorsatzschalen, Beschichtung; Stb-Decke, Stb-Treppe, Estrich, Parkett, Fliesen; Holzflachdach, Dämmung, Dachabdichtung, Dachentwässerung; Einbaumöbel, Einbauküche

KG	Kostengruppe	Menge Einheit	Kosten €	€/Einheit	%
400	**Bauwerk – Technische Anlagen**	299,06 m² BGF	140.839	**470,94**	16,3

Gebäudeentwässerung, Warm- und Kaltwasserleitungen, Sanitärobjekte; Gasheizsystem, solarthermische Anlage, Heizleitungen, Fußbodenheizung; Elektroinstallation, Beleuchtung, Einbauleuchten

KG	Kostengruppe	Menge Einheit	Kosten €	€/Einheit	%
500	**Außenanlagen und Freiflächen**	458,00 m² AF	99.354	**216,93**	11,5

Einfahrt, Terrasse, Gartengestaltung, Bepflanzung

6100-1631
Mehrfamilienhaus
(2 WE)

Objektübersicht

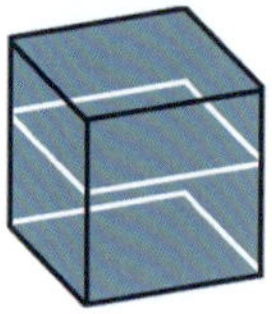

BRI 678 €/m³

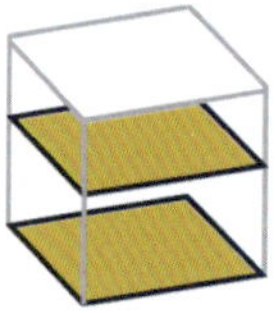

BGF 2.503 €/m²

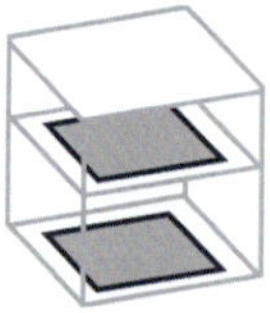

NUF 3.712 €/m²

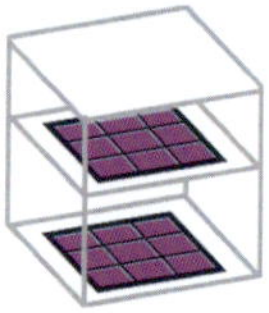

NE 3.453 €/NE

NE: Wohnfläche

Objekt:
Kennwerte: 1.Ebene DIN 276
BRI: 923 m³
BGF: 250 m²
NUF: 169 m²
Bauzeit: 52 Wochen
Bauende: 2022
Standard: Durchschnitt
Bundesland: Nordrhein-Westfalen
Kreis: Rheinisch-Bergischer Kreis

Architekt*in:
Wendling Architektur
Tempelstraße 2
50679 Köln-Deutz

© Ben Van Skyhawk

© Ben Van Skyhawk

© Ben Van Skyhawk

© Ben Van Skyhawk

© Ben Van Skyhawk

Ansicht Ost

Ansicht West

Erdgeschoss

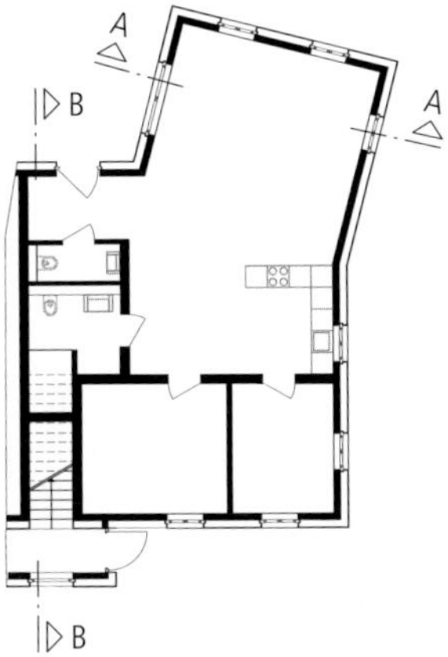

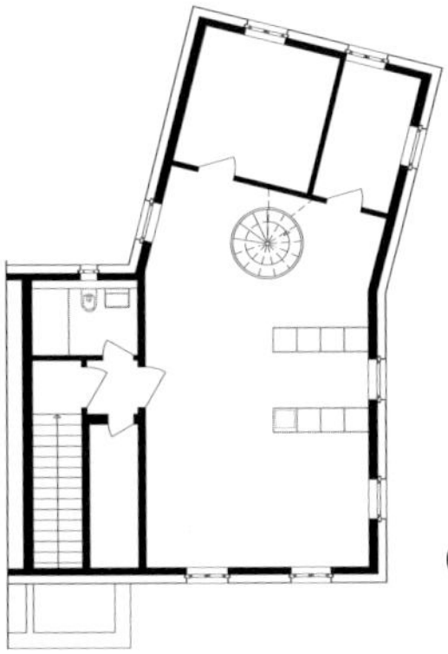

Obergeschoss

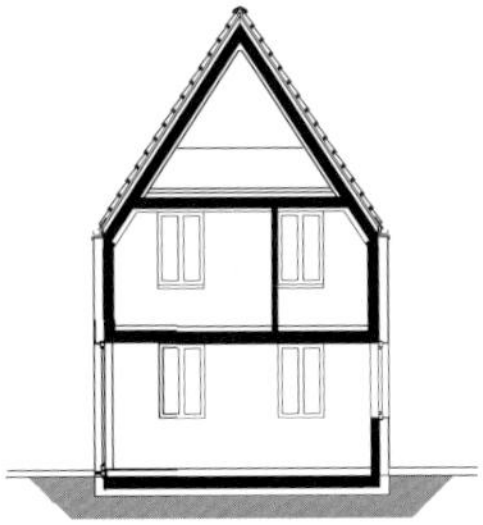

Schnitt A-A

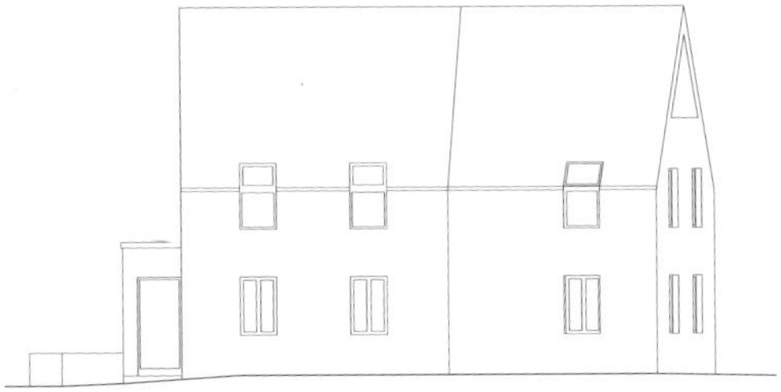

Ansicht Nord

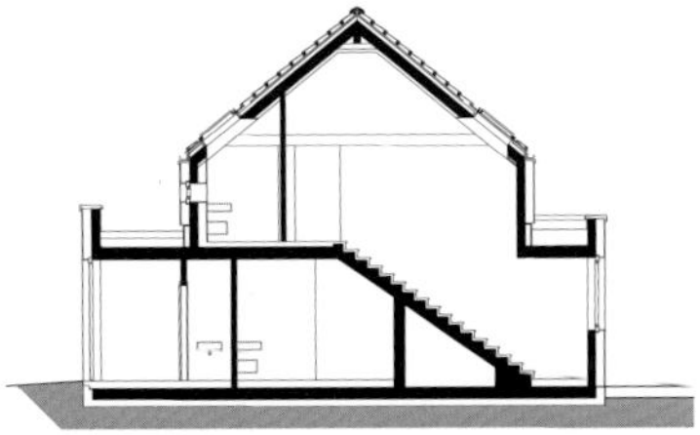

Schnitt B-B

Objektbeschreibung

Allgemeine Objektinformationen

Auf dem Grundstück befand sich eine marode Doppelhaushälfte in Fachwerkbauweise. Statt einer unwirtschaftlichen Sanierung wurde ein Neubau der Doppelhaushälfte realisiert.

Nutzung

1 Erdgeschoss
Treppe ins OG, Eingang, Gäste-WC, Wohn-, Essküche, Schlafzimmer, Gästezimmer, Bad

1 Obergeschoss
Eingang, Dusch-WC, Wohn-, Essküche, Schlafzimmer, Büro, Bad, Abstellraum, Wendeltreppe ins DG

1 Dachgeschoss
Loggia

Besonderer Kosteneinfluss Nutzung
Es wurde Wert auf einen hohen Schallschutz gelegt. Der Neubau entspricht einem KfW-Effizienzhaus 55 nach EnEV 2016.

Nutzeinheiten

Wohneinheiten: 2
Wohnfläche: 181 m²

Grundstück

Bauraum: Freier Bauraum
Neigung: Ebenes Gelände
Bodenklasse: BK 2 bis BK 5

Besonderer Kosteneinfluss Grundstück
Es lag eine Gestaltungssatzung vor

Markt

Hauptvergabezeit: 1. Quartal 2021
Baubeginn: 2. Quartal 2021
Bauende: 2. Quartal 2022
Konjunkturelle Gesamtlage: über Durchschnitt
Regionaler Baumarkt: Durchschnitt

Baukonstruktion

Bei dem Neubau handelt es sich um eine Massivkonstruktion aus Kalksandstein und Stahlbeton, die auf einer Stb-Fundamentplatte gründet. Das Dachgeschoss wurde als Sparrendach auf einem Betonwiderlager hergestellt. Die Böden sind mit Parkett und Fliesen belegt, eine moderne Stahl-Spindeltreppe erschließt das Dachgeschoss. Dort befindet sich eine Loggia unter dem Steildach. Die Wände haben einen mineralischen Aufbau und sind sowohl innen als auch außen verputzt. Es wurden hoch schallgedämmte Aluminiumfenster mit Dreifachverglasung eingebaut. Das gesamte Haus ist mit einem mineralischen WDVS versehen.

Technische Anlagen

Es wurde ein KfW-Effizienzhaus 55 nach EnEV 2016 realisiert. Beheizt wird das Gebäude über eine Fußbodenheizung mit einem hybriden Heizungssystem bestehend aus einer Luft-Wärmepumpe und einer Gas-Brennwerttherme in Verbindung mit einer PV-Anlage.

Sonstiges

Bei diesem Projekt wurde besonders auf den Einsatz von nachhaltigen und hochwertigen Materialien geachtet: ökologische Dämmstoffe, Aluminium-Fenster, Parkett aus Eschenholz und die Spindeltreppe aus Stahl.

Energetische Kennwerte

Gesetzliche Grundlage: EnEV 2013
Gebäudenutzfläche: 283,32 m²
Gebäudevolumen: 885,37 m³
A/V_e-Verhältnis (Kompaktheit): 0,60 m^{-1}
Hüllfläche des beheizten Volumens: 529,89 m²
Spez. Transmissionswärmeverlust: 0,26 W/(m²·K)
Spez. Jahresprimärenergiebedarf: 29,89 kWh/(m²·a)
Jahresheizwärmebedarf: 22,42 kWh/a
CO_2-Emissionen: 8,79 kg/(m²·a)

Energetische Angaben zu Außenbauteilen

Bodenplatte

U-Wert: 0,15 W/(m²·K)

Gesamtdicke: 54,60 cm	d [cm]	l [W/(m·K)]
Estrich	6,50	1,400
Dämmung	9,00	0,035
Bitumenbahn	0,10	0,170
Stahlbeton	25,00	2,500
Dämmung	14,00	0,035

Außenwand

U-Wert: 0,23 W/(m²·K)

Gesamtdicke: 38,50 cm	d [cm]	l [W/(m·K)]
Innenputz	1,50	0,400
Kalksandstein	17,50	0,990
Dämmung	18,00	0,045
Außenputz	1,50	0,870

Decke unter Loggia

U-Wert: 0,12 W/(m²·K)

Gesamtdicke: 39,65 cm	d [cm]	l [W/(m·K)]
GK-Platte	1,25	0,250
Luftschicht ruhend	3,00	0,188
Holz	3,00	0,130
Dampfsperre	0,40	0,170
Dämmung	24,00	0,035
Holz	24,00	0,130
OSB-Platte	2,20	0,130
Dämmung	8,00	0,035
Abdichtung	0,30	0,170
Abdichtung	0,50	0,170

Dachterrasse

U-Wert: 0,18 W/(m²·K)

Gesamtdicke: 34,20 cm	d [cm]	l [W/(m·K)]
Innenputz	1,00	0,700
Stahlbeton	20,00	2,100
Dampfsperre	0,40	0,170
Dämmsystem	12,00	0,023
Abdichtung	0,30	0,170
Abdichtung	0,50	0,170

Steildach

U-Wert: 0,15 W/(m²·K)

Gesamtdicke: 32,25 cm	d [cm]	l [W/(m·K)]
GK-Platte	1,25	0,250
Luftschicht ruhend	3,00	0,188
Dämmung	22,00	0,035
Holz	22,00	0,130
Holzfaserplatte	6,00	0,040

Planungskennwerte für Flächen und Rauminhalte nach DIN 277

Flächen des Grundstücks		Menge Einheit	% an GF
BF	Bebaute Fläche	124,26 m²	33,7
UF	Unbebaute Fläche	245,00 m²	66,3
GF	Grundstücksfläche	369,26 m²	100,0

Grundflächen des Bauwerks		Menge Einheit	% an NUF	% an BGF
NUF	Nutzungsfläche	168,71 m²	100,0	67,4
TF	Technikfläche	–	–	–
VF	Verkehrsfläche	20,35 m²	12,1	8,1
NRF	Netto-Raumfläche	189,06 m²	112,1	75,6
KGF	Konstruktions-Grundfläche	61,18 m²	36,3	24,4
BGF	Brutto-Grundfläche	250,24 m²	148,3	100,0

Brutto-Rauminhalt des Bauwerks		Menge Einheit	BRI/NUF (m)	BRI/BGF (m)
BRI	Brutto-Rauminhalt	923,00 m³	5,47	3,69

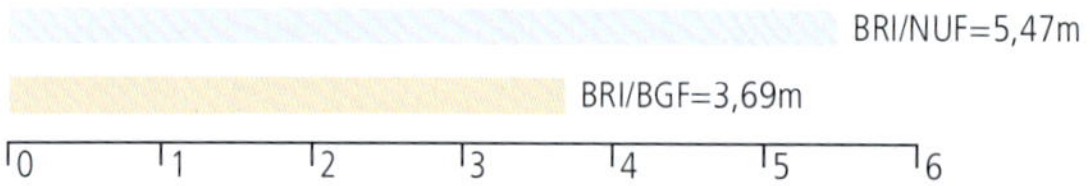

Kostenkennwerte für die Kostengruppen der 1.Ebene DIN 276

KG	Kostengruppen (1.Ebene)	Einheit	Kosten €	€/Einheit	€/m² BGF	€/m³ BRI	% 300+400
100	Grundstück	m² GF	–	–	–	–	–
200	Vorbereitende Maßnahmen	m² GF	–	–	–	–	–
300	Bauwerk – Baukonstruktionen	m² BGF	552.110	2.206,32	2.206,32	598,17	88,2
400	Bauwerk – Technische Anlagen	m² BGF	74.133	296,25	296,25	80,32	11,8
	Bauwerk 300+400	**m² BGF**	**626.243**	**2.502,57**	**2.502,57**	**678,49**	**100,0**
500	Außenanlagen und Freiflächen	m² AF	80.564	328,83	321,95	87,28	12,9
600	Ausstattung und Kunstwerke	m² BGF	–	–	–	–	–
700	Baunebenkosten	m² BGF	–	–	–	–	–
800	Finanzierung	m² BGF	–	–	–	–	–

KG	Kostengruppe	Menge Einheit	Kosten €	€/Einheit	%
3+4	**Bauwerk**				**100,0**
300	**Bauwerk – Baukonstruktionen**	250,24 m² BGF	552.110	**2.206,32**	88,2

Stb-Fundamentplatte, Abdichtung, Dämmung, Heizestrich, Parkett, Fliesen, Perimeterdämmung; Stb-Außenwände, KS-Mauerwerk, Alu-Fenster, dreifachverglast, Alu-Türen, Dämmung, Außenputz, Beschichtung, Innenputz, Beschichtung; KS-Innenwände, GK-Wände, Holztüren, Innenputz, Beschichtung, Wandfliesen; Stb-Decke, Holzbalkendecke, Stb-Fertigteiltreppe, Stahl-Wendeltreppen, Heizestrich, Parkett, Fliesen, Terrassenbelag, Stahl-Treppengeländer; Holzdachstuhl, Zwischensparrendämmung, Schalung, Ziegeldeckung, Dachentwässerung

KG	Kostengruppe	Menge Einheit	Kosten €	€/Einheit	%
400	**Bauwerk – Technische Anlagen**	250,24 m² BGF	74.133	**296,25**	11,8

Gebäudeentwässerung, Kalt- und Warmwasserleitungen, Sanitärobjekte; Luft-Wärmepumpe, Gas-Brennwertkessel, solarthermische Anlage, Heizleitungen, Fußbodenheizung, Heizkörper; Elektroinstallation, Beleuchtung

KG	Kostengruppe	Menge Einheit	Kosten €	€/Einheit	%
500	**Außenanlagen und Freiflächen**	245,00 m² AF	80.564	**328,83**	12,9

Pflasterbeläge für Einfahrt, Stellplätze, Terrassen; Pflanzflächen, Bepflanzung

6100-1632
Mehrfamilienhäuser
(2 Gebäude, 15 WE)

Objektübersicht

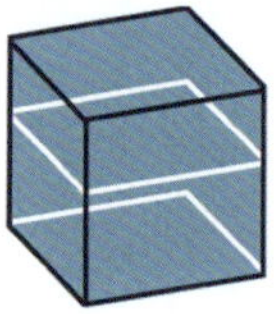
BRI 687 €/m³

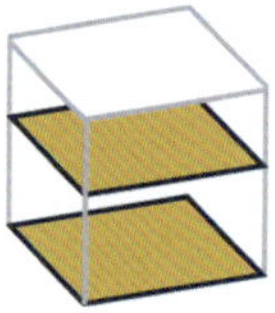
BGF 2.081 €/m²

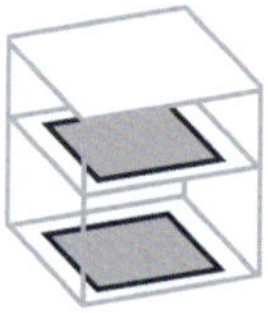
NUF 3.212 €/m²

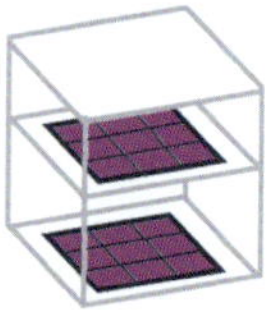
NE 3.388 €/NE
NE: Wohnfläche

Objekt:
Kennwerte: 1. Ebene DIN 276
BRI: 6.395 m³
BGF: 2.110 m²
NUF: 1.367 m²
Bauzeit: 113 Wochen
Bauende: 2021
Standard: Durchschnitt
Bundesland: Bayern
Kreis: Regensburg, Stadt

Architekt*in:
Ferdinand Weber
Obermünsterstraße 11
93047 Regensburg

Bauherr*in:
Bäckergasse 35:
ETG Hopfner
Steinstraße 19
81667 München

Bäckergasse 37:
Effizienz-Holding AG
Goethestraße 2
93049 Regensburg

Ansicht West Haus A, Haus B

Ansicht Ost Haus B, Haus A

Erdgeschoss

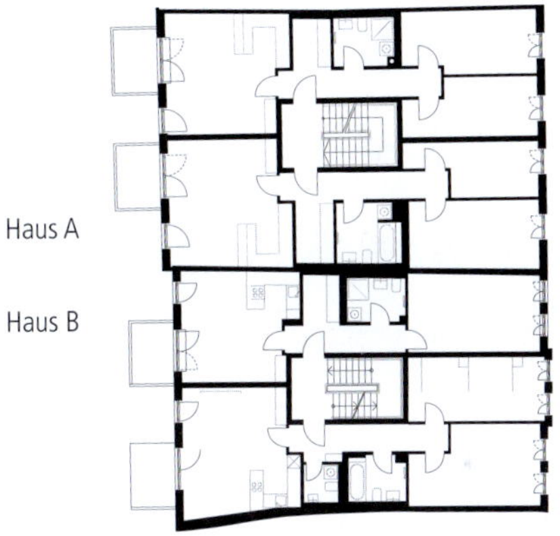

1. Obergeschoss

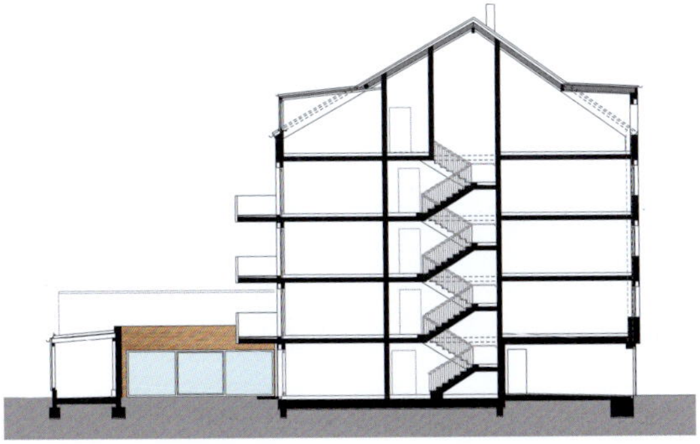

Schnitt A-A

Objektbeschreibung

Allgemeine Objektinformationen

Die beiden Häuser wurden gemeinsam von zwei Bauherren erstellt. Die dort stehenden Wohngebäude mussten abgerissen werden, die entstandene Baulücke galt es wieder zu bebauen. Die Firsthöhen verspringen leicht und passen sich damit den übrigen Gebäuden in der Straße an. Aufgrund der unterschiedlichen Vorstellungen der beiden Bauherren, wurde die Fassade des einen Hauses etwas moderner und das andere eher klassisch gestaltet.

Nutzung

1 Erdgeschoss
Wohnungen, Parken, Technik, Abstellräume

3 Obergeschosse
Wohnungen, Treppenhaus

1 Dachgeschoss
Wohnungen, Treppenhaus

Besonderer Kosteneinfluss Nutzung
Es lag eine Gestaltungssatzung vor

Nutzeinheiten

Wohneinheiten: 15
Wohnfläche: 1.296 m^2

Grundstück

Bauraum: Baulücke
Neigung: Ebenes Gelände
Bodenklasse: BK 3 bis BK 5

Besonderer Kosteneinfluss Grundstück
Baugrundstück liegt im Überschwemmungsgebiet, Bodendenkmäler wurden vermutet

Markt

Hauptvergabezeit: 2. Quartal 2019
Baubeginn: 3. Quartal 2019
Bauende: 4. Quartal 2021
Konjunkturelle Gesamtlage: über Durchschnitt
Regionaler Baumarkt: Durchschnitt

Baukonstruktion

Die Häuser wurden in Massivbauweise mit kerngedämmten Ziegeln für die Außenwände errichtet. Sie gründen auf insgesamt 44 Reibungspfeilern aus Beton und einer Stb-Fundamentplatte. Der Dachstuhl besteht aus Holz mit einer Zwischensparrendämmung. An den Giebelseiten wurden wegen des Brandüberschlags je 50cm breite Kragplatten aus Beton ausgeführt. Die Fenster und Außentüren wurden in Lärchenholz gefertigt und sind dreifachverglast. Die Innenwände wurden in Trockenbauweise erstellt. Sämtliche Böden der Wohnräume erhielten einen Parkettbelag, wobei die Bäder und Küchen mit Fliesen belegt wurden. Auf den Terrassen und Balkonen wurde ein WPC-Belag verlegt. Auf eine Unterkellerung wurde auf Grund der Lage in einem Überschwemmungsgebiet verzichtet. Die Nebengebäude wurden in Holzbauweise errichtet.

Technische Anlagen

Die Häuser werden jeweils über eine Luft-Wasser-Wärmepumpe und einen zusätzlichen Gaskessel zum Ausgleich der Spitzenlasten beheizt. Die Verteilung erfolgt über Fußbodenheizungen. In einer Dachgeschosswohnung ist zudem ein Kamin zum Anschluss eines Schwedenofens vorgesehen. Der Luftwechsel erfolgt über eine dezentrale Zu- und Abluftanlage mit hoher Schallschutzanforderung aufgrund der Nähe zur einer viel befahrenen Straße.

Sonstiges

Da keine Möglichkeit für das Anleitern einer Drehleiter durch die Feuerwehr besteht, wurden für die höher liegenden Geschosse ausklappbare, fest montierte Leitern für den zweiten Rettungsweg vorgesehen, die über Austritte erreichbar sind.

Energetische Kennwerte

Gesetzliche Grundlage: GEG 2020
Gebäudenutzfläche: 774,20 m^2
Spez. Transmissionswärmeverlust: 0,35 W/(m^2·K)
Spez. Jahresprimärenergiebedarf: 31,20 kWh/(m^2·a)
Spez. Jahresendenergiebedarf: 19,60 kWh/(m^2·a)

Energetische Angaben zu Außenbauteilen

Bodenplatte

U-Wert: 0,19 W/(m²·K)

Gesamtdicke: 65,00 cm	d [cm]	l [W/(m·K)]
Estrich	6,50	1,400
Trittschalldämmung	2,50	0,045
Dämmung	5,00	0,035
Bitumenbahn	1,00	0,170
Stahlbeton	40,00	2,500
Dämmung	10,00	0,035

Außenwand

U-Wert: 0,23 W/(m²·K)

Gesamtdicke: 40,50 cm	d [cm]	l [W/(m·K)]
Innenputz	2,00	1,000
Dämmziegel	36,50	0,090
Außenputz	2,00	0,250

Decke gegen Außenluft unten

U-Wert: 0,23 W/(m²·K)

Gesamtdicke: 39,00 cm	d [cm]	l [W/(m·K)]
Estrich	4,50	1,400
Dämmung	2,50	0,045
Stahlbeton	20,00	2,200
Dämmung	12,00	0,035

Dach EG

U-Wert: 0,18 W/(m²·K)

Gesamtdicke: 42,02 cm	d [cm]	l [W/(m·K)]
Stahlbeton	22,00	2,300
PE-Folie	0,02	0,170
Dämmung	18,00	0,035
Bitumenbahn	2,00	0,170

Dach

U-Wert: 0,17 W/(m²·K)

Gesamtdicke: 26,72 cm	d [cm]	l [W/(m·K)]
GK-Platte	2,60	0,250
PE-Folie	0,02	0,330
Dämmung	20,00	0,035
Holz	20,00	0,130
Holzfaserplatte	4,00	0,040
PE-Folie	0,10	0,330

Planungskennwerte für Flächen und Rauminhalte nach DIN 277

Flächen des Grundstücks		Menge Einheit	% an GF
BF	Bebaute Fläche	–	–
UF	Unbebaute Fläche	–	–
GF	Grundstücksfläche	–	–

Grundflächen des Bauwerks		Menge Einheit	% an NUF	% an BGF
NUF	Nutzungsfläche	1.366,94 m²	100,0	64,8
TF	Technikfläche	18,80 m²	1,4	0,9
VF	Verkehrsfläche	380,75 m²	27,9	18,0
NRF	Netto-Raumfläche	1.766,49 m²	129,2	83,7
KGF	Konstruktions-Grundfläche	343,35 m²	25,1	16,3
BGF	Brutto-Grundfläche	2.109,84 m²	154,3	100,0

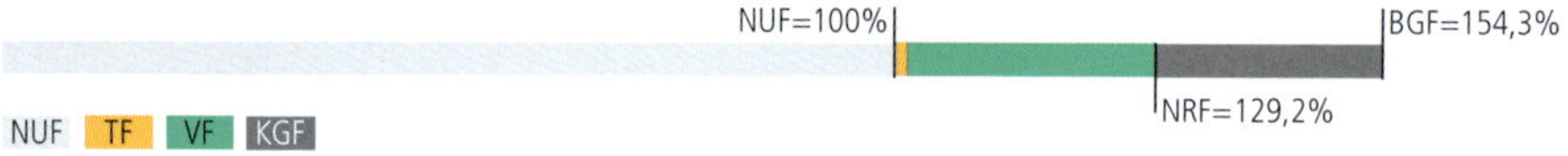

Brutto-Rauminhalt des Bauwerks		Menge Einheit	BRI/NUF (m)	BRI/BGF (m)
BRI	Brutto-Rauminhalt	6.395,38 m³	4,68	3,03

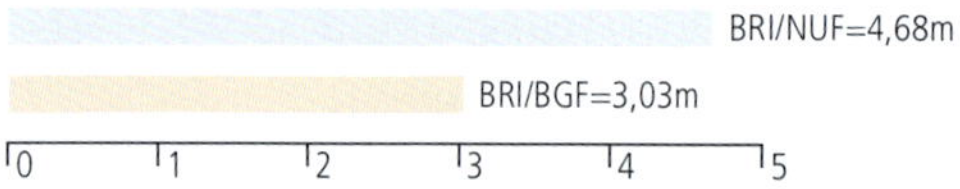

Kostenkennwerte für die Kostengruppen der 1.Ebene DIN 276

KG	Kostengruppen (1.Ebene)	Einheit	Kosten €	€/Einheit	€/m² BGF	€/m³ BRI	% 300+400
100	Grundstück	m² GF	–	–	–	–	–
200	Vorbereitende Maßnahmen	m² GF	–	–	–	–	–
300	Bauwerk – Baukonstruktionen	m² BGF	3.117.632	1.477,66	1.477,66	487,48	71,0
400	Bauwerk – Technische Anlagen	m² BGF	1.272.830	603,28	603,28	199,02	29,0
	Bauwerk 300+400	**m² BGF**	**4.390.461**	**2.080,95**	**2.080,95**	**686,51**	**100,0**
500	Außenanlagen und Freiflächen	m² AF	295.464	–	140,04	46,20	6,7
600	Ausstattung und Kunstwerke	m² BGF	–	–	–	–	–
700	Baunebenkosten	m² BGF	–	–	–	–	–
800	Finanzierung	m² BGF	–	–	–	–	–

KG	Kostengruppe	Menge Einheit	Kosten €	€/Einheit	%
3+4	**Bauwerk**				**100,0**
300	**Bauwerk – Baukonstruktionen**	2.109,84 m² BGF	3.117.632	**1.477,66**	71,0

Stb-Reibungspfeiler, Stb-Streifenfundamente, Stb-Fundamentplatten, Abdichtung, Dämmung, Heizestrich, Parkett, Fliesen, Pflaster; kerngedämmtes Ziegelmauerwerk, Stb-Wände, Lärchenholzfenster, dreifachverglast, Holzhaustüren, Holzlamellen-Kipptore, Außenputz, Beschichtung, Innenputz, Beschichtung, Wandfliesen, Raffstores; betongefülltes Ziegelmauerwerk, GK-Wände, Holztüren, Innenputz, Beschichtung, Wandfliesen, Stahl-Absturzgeländer; Stb-Decken, Stb-Fertigteiltreppen, Stb-Fertigteilbalkone, Stahl-Wendeltreppen, Heizestrich, Parkett, Fliesen, WPC-Balkonbeläge, Stahl-Balkongeländer, Holzbekleidung, Treppengeländer; Holzdachstuhl, Stb-Flachdach, Zwischensparrendämmung, Schalung, Ziegeldeckung, Blechstehfalzdeckung, Dachentwässerung, extensive Dachbegrünung, WPC-Terrassenbeläge

KG	Kostengruppe	Menge Einheit	Kosten €	€/Einheit	%
400	**Bauwerk – Technische Anlagen**	2.109,84 m² BGF	1.272.830	**603,28**	29,0

Gebäudeentwässerung mit Hebeanlage, Kalt- und Warmwasserleitungen, Sanitärobjekte; Luft-Wasser-Wärmepumpe, Gas-Brennwertkessel, Heizleitungen, Fußbodenheizung, Heizkörper; dezentrale Be- und Entlüftung; Elektroinstallation, Beleuchtung

KG	Kostengruppe	Menge Einheit	Kosten €	€/Einheit	%
500	**Außenanlagen und Freiflächen**	–	295.464	**–**	6,7

Erdarbeiten; Pflasterbeläge für Stellplätze; Kinderspielplatz mit Spielgeräten; Fahrradanlehnbügel; Pflanzflächen, Bepflanzung, Rasen

6100-1633
Mehrfamilienhaus
(12 WE)
Gewerbe (14 AP)

Objektübersicht

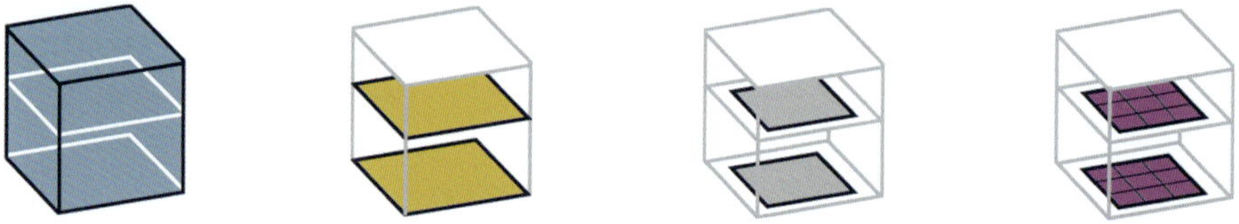

BRI 549 €/m³ | BGF 1.577 €/m² | NUF 2.533 €/m² | NE 4.106 €/NE

NE: Wohnfläche

Objekt:
Kennwerte: 1. Ebene DIN 276
BRI: 6.467 m³
BGF: 2.253 m²
NUF: 1.402 m²
Bauzeit: 113 Wochen
Bauende: 2021
Standard: Durchschnitt
Bundesland: Nordrhein-Westfalen
Kreis: Warendorf

Architekt*in:
Thomas Becker
Architekten GmbH
Overbergstraße 19
59320 Ennigerloh

Bauherr*in:
Städtische Baugesellschaft
Ennigerloh GmbH
Ennigerstraße 10
59320 Ennigerloh

© Foto & Film Zeisel

© Foto & Film Zeisel

© Foto & Film Zeisel

Ansicht Nord

Ansicht Süd

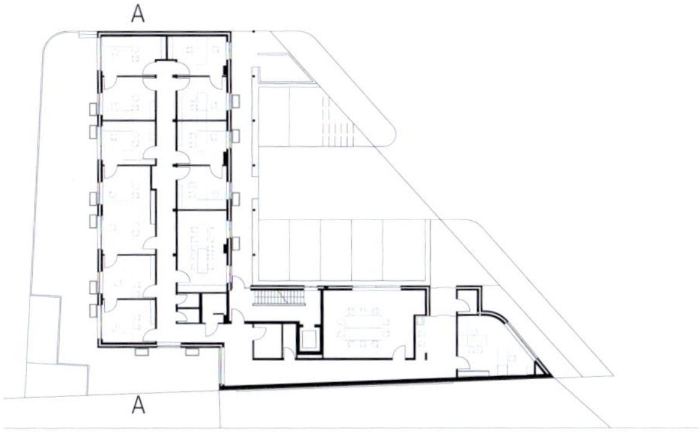

Erdgeschoss

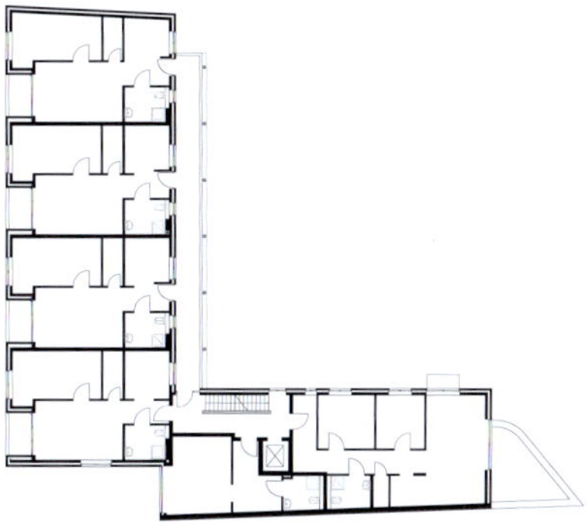

1. Obergeschoss

2. Obergeschoss

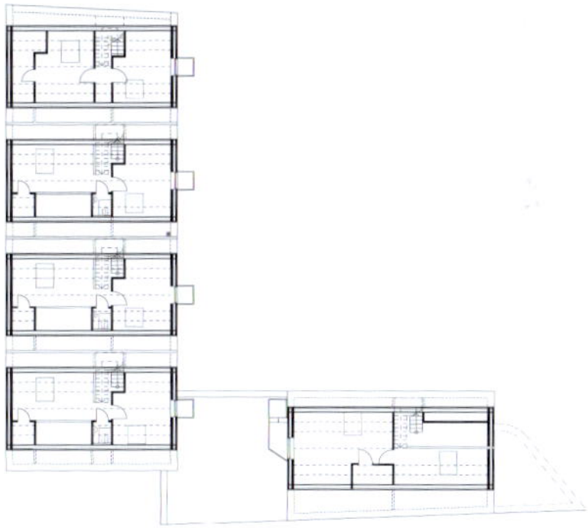

Dachgeschoss

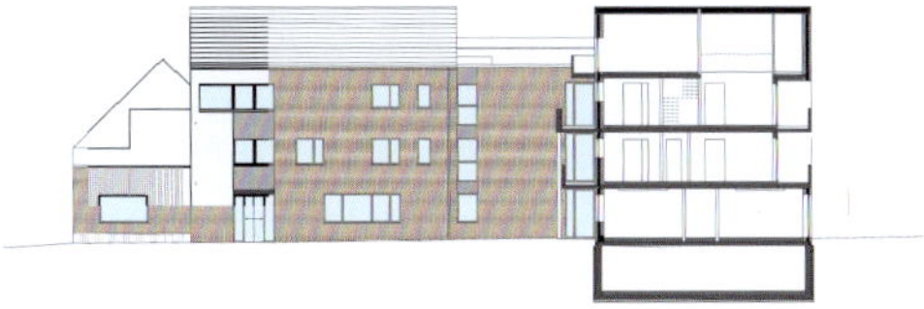

Ansicht West

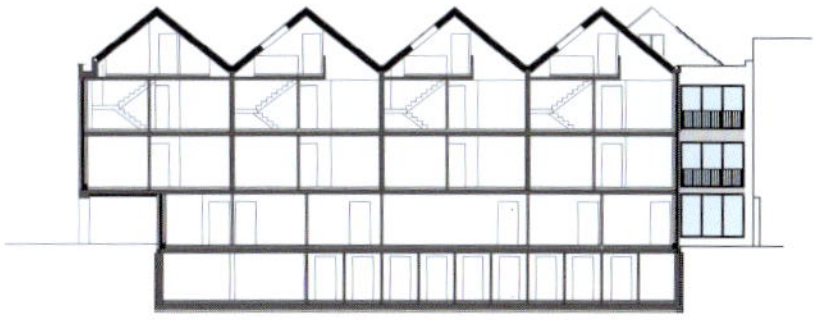

Schnitt A-A

Objektbeschreibung

Allgemeine Objektinformationen

Der Neubau des Mehrfamilienhauses mit Jobcenter wurde in einer Baulücke erstellt. Das Gebäude ist nur teilunterkellert und besitzt zwei Obergeschosse und ein Dachgeschoss. Die Wohnungen im 2.OG sind als Maisonettewohnungen ausgeführt.

Nutzung

1 Untergeschoss
Abstellräume, Archiv, Trockenraum, Heiztechnik, Flur, Treppenhaus, Aufzug

1 Erdgeschoss
Büros, Personalräume, Besprechungsraum, Empfang, Wartebereich, WCs, Flur, Treppenhaus, Aufzug

2 Obergeschosse
sechs Wohnungen, fünf Maisonettewohnungen mit Wohnen, Schlafzimmer, Kinderzimmer, Küche, Bad
Laubengang, Treppenhaus, Aufzug

1 Dachgeschoss
Maisonettegeschosse zu Wohnungen im 2.OG

Nutzeinheiten

Wohneinheiten: 12
Wohnfläche: 865 m^2

Grundstück

Bauraum: Baulücke
Neigung: Ebenes Gelände
Bodenklasse: BK 3 bis BK 5

Besonderer Kosteneinfluss Grundstück
Das Nachbargrundstück musste teilweise unterfangen werden.

Markt

Hauptvergabezeit: 3.Quartal 2019
Baubeginn: 3.Quartal 2019
Bauende: 4.Quartal 2021
Konjunkturelle Gesamtlage: Durchschnitt
Regionaler Baumarkt: unter Durchschnitt

Baukonstruktion

Das Wohn- und Geschäftshaus ist in Massivbauweise mit Klinkervorsatzschale erstellt. Die Bodenplatte und die Wände im UG wurden in WU-Beton ausgeführt. Die gesamte Außenwände wurden in KS-Mauerwerk und mit einer gedämmten Klinkervorsatzschale gemauert. Es wurden Kunststofffenster und Alu-Eingangstüren eingebaut. Nichttragende Innenwände sind als GK-Wände erstellt. Die zu verputzenden Wände im Innenbereich erhielten einen Kalkgipsputz und wurden mit Wandfliesen belegt oder beschichtet. Die Stb-Elementdecken wurden auf dem Heizestrich mit Steinzeugfliesen in den Treppenhäusern, Bädern und Fluren und mit Designböden bzw. Nadelfilz in den Wohnungen belegt. Im EG sind die Decken als Rasterdecken ausgeführt. Die Satteldächer wurden in Holz als Sparrendächer ausgeführt und mit Betonziegel gedeckt.

Technische Anlagen

Zur Beheizung und Warmwasserversorgung dient eine Gasbrennwerttherme und wird mit Solarthermie unterstützt. Die Wärmeverteilung erfolgt über Fußbodenheizung. Da alle Räume einen direkten Außenbezug haben, konnte auf eine Lüftungsanlage verzichtet werden. Die Fenster wurden mit Fensterfalzlüftern ausgestattet. Es wurde eine Briefkastenanlage mit Klingel- und Türsprechanlage eingebaut. Ein Personenaufzug ermöglicht den barrierefreien Zugang zu allen Wohneinheiten.

Energetische Kennwerte

Gesetzliche Grundlage: EnEV 2013
Gebäudenutzfläche: 1.107,00 m^2
Gebäudevolumen: 3.458,46 m^3
Hüllfläche des beheizten Volumens: 1.599,20 m^2
Spez. Jahresprimärenergiebedarf: 43,30 kWh/(m^2·a)
Spez. Jahresheizwärmebedarf: 33,50 kWh/(m^2·a)
Anlagenaufwandszahl: 0,94

Energetische Angaben zu Außenbauteilen

Bodenplatte
U-Wert: 0,28 W/(m²·K)

Gesamtdicke: 36,02 cm	d[cm]	l[W/(m·K)]
Estrich	6,00	1,400
Trittschalldämmung	3,00	0,040
Dämmung	9,00	0,035
Bitumenbahn	0,02	0,170
Stahlbeton	18,00	2,100

Außenwand
U-Wert: 0,20 W/(m²·K)

Gesamtdicke: 45,00 cm	d[cm]	l[W/(m·K)]
Innenputz	1,00	0,700
Kalksandstein	17,50	1,100
Dämmung	14,00	0,032
Luftschicht ruhend	1,00	0,150
Klinker	11,50	0,810

Decke Durchfahrt
U-Wert: 0,21 W/(m²·K)

Gesamtdicke: 38,00 cm	d[cm]	l[W/(m·K)]
Estrich	5,00	1,400
Trittschalldämmung	4,00	0,040
Dämmung	3,00	0,032
Dämmung	8,00	0,032
Stahlbeton	18,00	2,100

Decke über Loggia
U-Wert: 0,18 W/(m²·K)

Gesamtdicke: 40,50 cm	d[cm]	l[W/(m·K)]
Estrich	5,00	1,400
Dämmung	3,00	0,040
Stahlbeton	18,00	2,100
Dämmung	14,00	0,032
Außenputz	0,50	0,870

Decke unter Loggia
U-Wert: 0,23 W/(m²·K)

Gesamtdicke: 28,80 cm	d[cm]	l[W/(m·K)]
Stahlbeton	18,00	2,100
Bitumenbahn	0,40	0,170
Dämmung	10,00	0,025
Bitumenbahn	0,20	0,170
Bitumenbahn	0,20	0,170

Flachdach
U-Wert: 0,15 W/(m²·K)

Gesamtdicke: 38,80 cm	d[cm]	l[W/(m·K)]
Stahlbeton	18,00	2,100
Bitumenbahn	0,40	0,170
Dämmung	20,00	0,032
Bitumenbahn	0,20	0,170
Bitumenbahn	0,20	0,170

Steildach
U-Wert: 0,16 W/(m²·K)

Gesamtdicke: 24,29 cm	d[cm]	l[W/(m·K)]
GK-Platte	1,25	0,250
Dämmung	3,00	0,032
PE-Folie	0,02	0,170
Holz	20,00	0,130
Dämmung	20,00	0,032
Unterspannbahn	0,02	0,170

Planungskennwerte für Flächen und Rauminhalte nach DIN 277

Flächen des Grundstücks		Menge Einheit	% an GF
BF	Bebaute Fläche	563,49 m²	39,5
UF	Unbebaute Fläche	861,51 m²	60,5
GF	Grundstücksfläche	1.425,00 m²	100,0

Grundflächen des Bauwerks		Menge Einheit	% an NUF	% an BGF
NUF	Nutzungsfläche	1.402,29 m²	100,0	62,3
TF	Technikfläche	21,91 m²	1,6	1,0
VF	Verkehrsfläche	400,52 m²	28,6	17,8
NRF	Netto-Raumfläche	1.824,72 m²	130,1	81,0
KGF	Konstruktions-Grundfläche	427,78 m²	30,5	19,0
BGF	Brutto-Grundfläche	2.252,50 m²	160,6	100,0

Brutto-Rauminhalt des Bauwerks		Menge Einheit	BRI/NUF (m)	BRI/BGF (m)
BRI	Brutto-Rauminhalt	6.466,66 m³	4,61	2,87

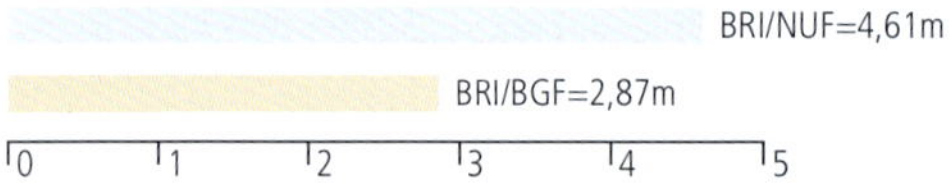

Kostenkennwerte für die Kostengruppen der 1.Ebene DIN 276

KG	Kostengruppen (1. Ebene)	Einheit	Kosten €	€/Einheit	€/m² BGF	€/m³ BRI	% 300+400
100	Grundstück	m² GF	–	–	–	–	–
200	Vorbereitende Maßnahmen	m² GF	–	–	–	–	–
300	Bauwerk – Baukonstruktionen	m² BGF	2.871.798	1.274,94	1.274,94	444,09	80,8
400	Bauwerk – Technische Anlagen	m² BGF	680.288	302,01	302,01	105,20	19,2
	Bauwerk 300+400	**m² BGF**	**3.552.086**	**1.576,95**	**1.576,95**	**549,29**	**100,0**
500	Außenanlagen und Freiflächen	m² AF	–	–	–	–	–
600	Ausstattung und Kunstwerke	m² BGF	–	–	–	–	–
700	Baunebenkosten	m² BGF	–	–	–	–	–
800	Finanzierung	m² BGF	–	–	–	–	–

KG	Kostengruppe	Menge Einheit	Kosten €	€/Einheit	%
3+4	**Bauwerk**				**100,0**
300	**Bauwerk – Baukonstruktionen**	2.252,50 m² BGF	2.871.798	**1.274,94**	80,8

Baugrubenaushub; Stb-Streifenfundamente, Stb-Bodenplatte WU, Dämmung, Heizestrich, Zementestrich, Beschichtung, Bodenfliesen, Nadelfilz, Perimeterdämmung; KS-Außenmauerwerk, Stb-Wände, Stb-Stützen, Kunststofffenster, Alu-Eingangstüren, Dämmung, Klinkervorsatzschale, Kalkgipsputz, Wandfliesen, Beschichtung, Rollläden, Vordach; KS-Mauerwerk, Stb-Wände, GK-Wände, KS-Brüstungen, Stb-Stützen, Holztüren, Kalkgipsputz, Wandfliesen, Beschichtung, Handläufe; Stb-Elementdecken, Stb-Treppen, Stb-Laubengänge, Dämmung, Heizestrich, Abdichtung, Bodenfliesen, Nadelfilz, Designböden, Terrassenplatten, abgehängte Mineralfaser-Rasterdecken, Stahltreppengeländer, Stahl-Glasgeländer an Balkonen/Laubengängen; Stb-Flachdach, Satteldächer Holzdachkonstruktion, Dachflächenfenster, Wärmedämmung, Dachabdichtung, Terrassenplatten, Betonsteindeckung, GK-Bekleidung, Beschichtung, Dachentwässerung

KG	Kostengruppe	Menge Einheit	Kosten €	€/Einheit	%
400	**Bauwerk – Technische Anlagen**	2.252,50 m² BGF	680.288	**302,01**	19,2

Gebäudeentwässerung, Kalt- und Warmwasserleitungen, Sanitärobjekte; Gasbrennwertherme mit Solarthermie zur Heizungsunterstützung, Fußbodenheizung; Fensterfalzlüftung; Elektroinstallation, Beleuchtung; Briefkastenanlage mit Klingel- und Türsprechanlage; Personenaufzug

6100-1634
Mehrfamilienhäuser
(2 Gebäude, 11 WE)

Objektübersicht

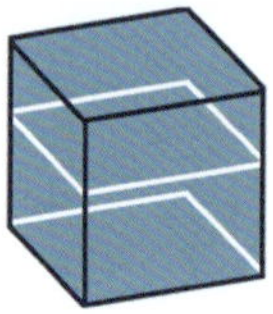

BRI **852 €/m³**

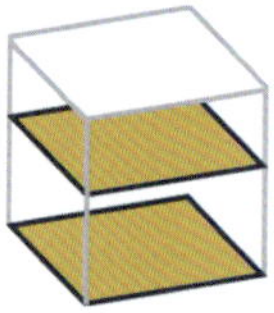

BGF **2.522 €/m²**

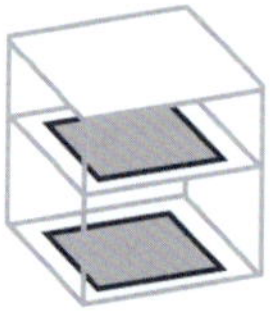

NUF **3.699 €/m²**

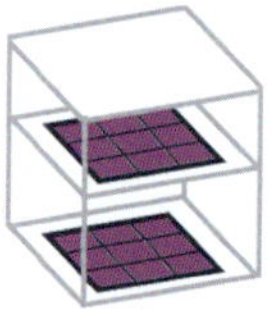

NE **4.329 €/NE**

NE: Wohnfläche

Objekt:
Kennwerte: 1. Ebene DIN 276
BRI: 4.691 m³
BGF: 1.585 m²
NUF: 1.080 m²
Bauzeit: 65 Wochen
Bauende: 2022
Standard: Durchschnitt
Bundesland: Niedersachsen
Kreis: Stade

Architekt*in:
Neustadtarchitekten
Röhrigstraße 11
22763 Hamburg

Bauherr*in:
DSW Immobilien GmbH & CoKG
Thuner Straße 86a
21680 Stade

Ansicht West Haus 1 und 2

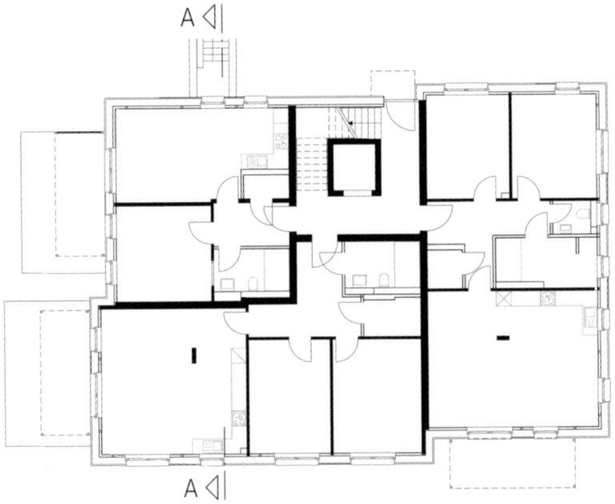

Erdgeschoss Haus 1

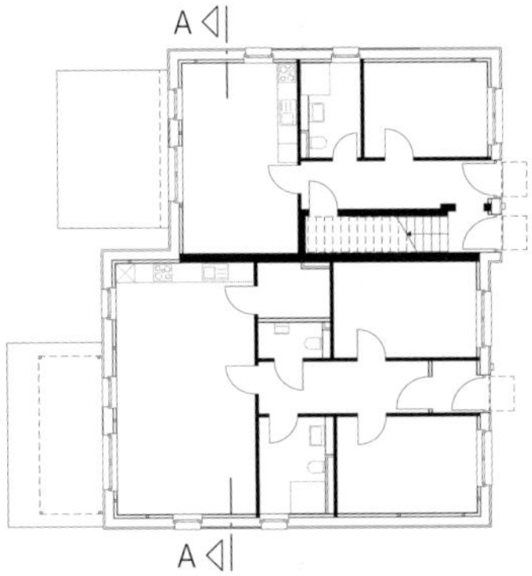

Erdgeschoss Haus 2

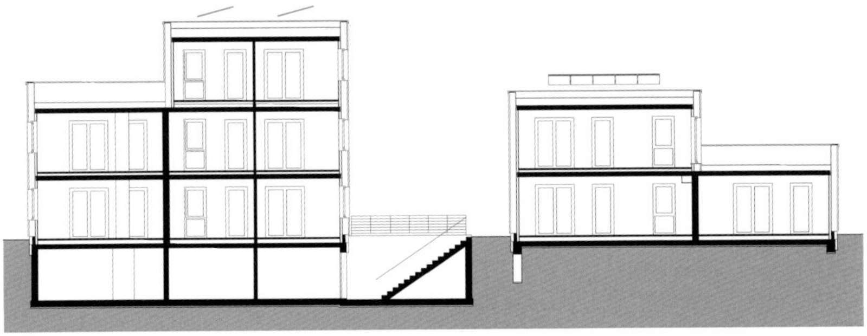

Schnitt A-A

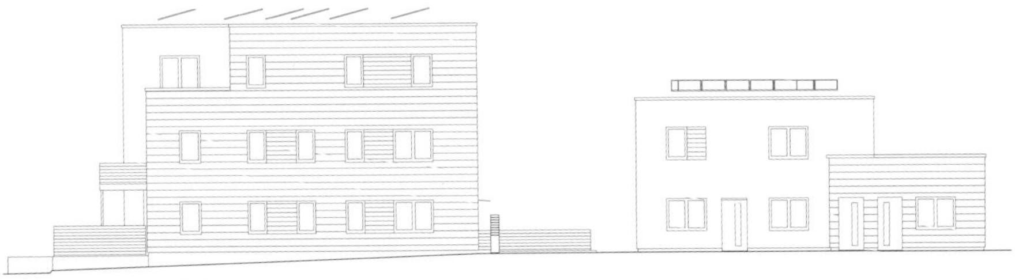

Ansicht Ost Haus 1 und 2

Objektbeschreibung

Allgemeine Objektinformationen

Im Rahmen der inneren Nachverdichtung wurden elf barrierefreie Wohneinheiten (individuelles Eigentum) von 53-130m² in zwei Gebäuden auf einem ehemaligen Gärtnereigrundstück errichtet. Das Gelände wurde um einen Meter angehoben. Es entstand ein Plusenergiehaus in Holzhybrid-Bauweise mit großer PV-Anlage und Mieterstrommodell. Das regenerative Heizsystem nutzt die Energie aus Sonne, Luft und Erde.

Nutzung

1 Untergeschoss
Abstellräume, Fahrradräume Hausanschlussraum, Technikräume

1 Erdgeschoss
Wohn-Essräume mit Küchenbereichen, Schlafräume, Bäder, WCs, Abstellräume, Terrassen

1 Obergeschoss
Wohn-Essräume mit Küchenbereichen, Schlafräume, Fitnessraum, Bäder, WCs, Abstellräume, Balkone, Dachterrasse

1 Dachgeschoss
Wohn-Essräume mit Küchenbereichen, Schlafräume, Bäder, WC, Abstellräume, Balkon, Dachterrassen

Nutzeinheiten

Wohneinheiten: 11
Wohnfläche: 923m²

Grundstück

Bauraum: Freier Bauraum
Neigung: Ebenes Gelände
Bodenklasse: BK 1 bis BK 3

Besonderer Kosteneinfluss Grundstück
Wasserhaltung mit Grundwasserabsenkung während der Bauzeit

Markt

Hauptvergabezeit: 1.Quartal 2021
Baubeginn: 2.Quartal 2021
Bauende: 3.Quartal 2022
Konjunkturelle Gesamtlage: Durchschnitt
Regionaler Baumarkt: Durchschnitt

Besonderer Kosteneinfluss Markt
Materialpreissteigerung während der Bauphase

Baukonstruktion

Errichtet wurden die Gebäude in hybrider Bauweise im KfW 40+EE -Standard auf Stahlbetonfundamenten. Die innere tragende massive Konstruktion wurde kombiniert mit nicht tragenden Fassaden in vorgefertigter Holzrahmenbauweise mit Zellulosedämmung. Die Kunststofffenster sind dreifachverglast, teilweise mit Sonnenschutzverglasung ausgestattet. Als Fassadenbekleidung wurden Putz, Holz und Faserzement gewählt. Auf dem Heizestrich liegen Parkett oder Bodenfliesen. Vorgestellte Stahlbalkone haben einen Holzbelag erhalten. Die Stahlbetondächer erhielten eine extensive Begrünung.

Technische Anlagen

Das Energiesystem für Heizung und Warmwasser besteht aus einer Wärmepumpe, die ihre Energie aus hybriden PVT-Modulen und vier Erdwärmekörben bezieht. Das System ist zu 80% regenerativ und wird ergänzt durch 20% PV-Strom vom Dach oder Ökostrom aus dem Netz. Die große PV-Fläche besteht aus PVT-Modulen mit einer Leistung von 11,5kWp und einer PV-Anlage mit einer Leistung von 31,7kWp. Die Wärmepumpe geht im Sommer in den umgekehrten Betrieb und kühlt damit die Räume um 2-3° herunter. Das Regenwasser versickert auf dem Gelände.

Energetische Kennwerte

Gesetzliche Grundlage: GEG 2020
Gebäudenutzfläche: 933,10m²
Gebäudevolumen: 2.916,00m³
A/V_e-Verhältnis (Kompaktheit): 0,47m⁻¹
Hüllfläche des beheizten Volumens: 1.385,10m²
Spez. Transmissionswärmeverlust: 0,20W/(m²·K)
Spez. Jahresendenergiebedarf: 9,58kWh/(m²·a)
Anlagenaufwandszahl: 0,79

Energetische Angaben zu Außenbauteilen

Bodenplatte

U-Wert: 0,16 W/(m²·K)

Gesamtdicke: 50,00 cm	d [cm]	l [W/(m·K)]
Estrich	7,00	1,400
Dämmung MW	3,00	0,040
Dämmung EPS	15,00	0,030
Stahlbeton	25,00	2,300

Außenwand hinterlüftet

U-Wert: 0,13 W/(m²·K)

Gesamtdicke: 37,50 cm	d [cm]	l [W/(m·K)]
GK-Platte	2,50	0,250
Dämmung HF	6,00	0,040
OSB-Platte	1,50	0,130
Dämmung Zellulose	24,00	0,040
Holz	24,00	0,130
Dämmung HF	3,50	0,045

Dach

U-Wert: 0,11 W/(m²·K)

Gesamtdicke: 50,00 cm	d [cm]	l [W/(m·K)]
Stahlbeton	22,00	2,500
Dämmung PUR	10,00	0,024
Dämmung EPS	17,00	0,039
Dachdichtungsbahn	1,00	0,170

Planungskennwerte für Flächen und Rauminhalte nach DIN 277

Flächen des Grundstücks		Menge Einheit	% an GF
BF	Bebaute Fläche	546,00 m²	39,9
UF	Unbebaute Fläche	823,00 m²	60,1
GF	Grundstücksfläche	1.369,00 m²	100,0

Grundflächen des Bauwerks		Menge Einheit	% an NUF	% an BGF
NUF	Nutzungsfläche	1.080,36 m²	100,0	68,2
TF	Technikfläche	35,47 m²	3,3	2,2
VF	Verkehrsfläche	157,78 m²	14,6	10,0
NRF	Netto-Raumfläche	1.273,61 m²	117,9	80,4
KGF	Konstruktions-Grundfläche	311,03 m²	28,8	19,6
BGF	Brutto-Grundfläche	1.584,64 m²	146,7	100,0

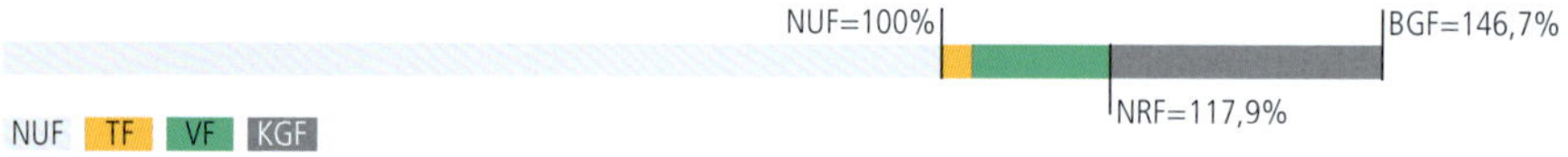

Brutto-Rauminhalt des Bauwerks		Menge Einheit	BRI/NUF (m)	BRI/BGF (m)
BRI	Brutto-Rauminhalt	4.691,00 m³	4,34	2,96

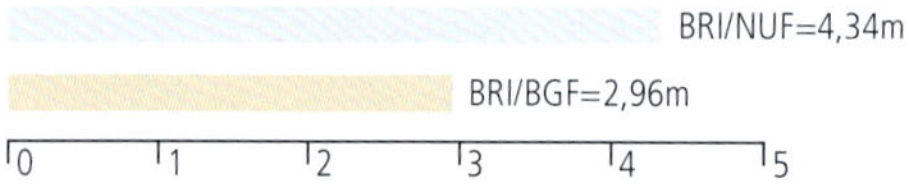

Kostenkennwerte für die Kostengruppen der 1.Ebene DIN 276

KG	Kostengruppen (1.Ebene)	Einheit	Kosten €	€/Einheit	€/m² BGF	€/m³ BRI	% 300+400
100	Grundstück	m² GF	–	–	–	–	–
200	Vorbereitende Maßnahmen	m² GF	94.561	69,07	59,67	20,16	2,4
300	Bauwerk – Baukonstruktionen	m² BGF	2.909.740	1.836,22	1.836,22	620,28	72,8
400	Bauwerk – Technische Anlagen	m² BGF	1.086.867	685,88	685,88	231,69	27,2
	Bauwerk 300+400	**m² BGF**	**3.996.607**	**2.522,09**	**2.522,09**	**851,97**	**100,0**
500	Außenanlagen und Freiflächen	m² AF	225.322	883,62	142,19	48,03	5,6
600	Ausstattung und Kunstwerke	m² BGF	–	–	–	–	–
700	Baunebenkosten	m² BGF	–	–	–	–	–
800	Finanzierung	m² BGF	–	–	–	–	–

KG	Kostengruppe	Menge Einheit	Kosten €	€/Einheit	%
200	**Vorbereitende Maßnahmen**	1.369,00 m² GF	94.561	**69,07**	2,4

Asbest-Altlastenbeseitigung; Stromanschlüsse für E-Mobilität und Photovoltaikanlage

KG	Kostengruppe	Menge Einheit	Kosten €	€/Einheit	%
3+4	**Bauwerk**				**100,0**
300	**Bauwerk – Baukonstruktionen**	1.584,64 m² BGF	2.909.740	**1.836,22**	72,8

Baugrubenaushub, Wasserhaltung; Stb-Fundamentplatte, Stb-Fundamente, Stb-Bodenplatte, WU-Beton, Heizestrich, Beschichtung, Parkett, Bodenfliesen, Abdichtung, Perimeterdämmung, Sauberkeitsschicht; Stb-Wände WU-Beton (KG), nichttragende Holzrahmenwände, Mauerwerk mit Stb-Stützen (Carport), Stahlstützen, Kunststofffenster, Dreifachverglasung, teilw. Sonnenschutzverglasung, Zellulosedämmung, hinterlüftete Putzfassade, Holzfassade, Faserzementfassade, GK-Bekleidung; Innenmauerwerk, GK-Wände mit Holzfaserdämmung, Wandfliesen, elementierte Kellertrennwände; Stb-Decken, vorgestellte Stahlbalkone mit Holzbelag, Stb-Treppen, Heizestrich, Parkett, Bodenfliesen, Stahlgeländer, Treppengeländer; Stb-Dach, Stahlprofile mit Trapezblech (Carport), Oberlicht, Dämmung, Abdichtung, Attika, extensive Dachbegrünung, Dachentwässerung

KG	Kostengruppe	Menge Einheit	Kosten €	€/Einheit	%
400	**Bauwerk – Technische Anlagen**	1.584,64 m² BGF	1.086.867	**685,88**	27,2

Gebäudeentwässerung, Kalt- und Warmwasserleitungen, Sanitärobjekte; Erdwärmepumpe, Warmwasserbereitung über Trinkwasserstationen, Fußbodenheizung, auch zum Kühlen; kontrollierte Be- und Entlüftung mit Wärmerückgewinnung, RWA-Anlage; Elektroinstallation, PV-Anlage (62m²), Tragkonstruktion für weitere 162m² PV-Module (inkl. 48.000 € Zuschuss für Energiegenossenschaft im Mieterstrommodell), E-Mobilität vorbereitet, Außenbeleuchtung; Datenübertragungsanlage, Fernseh- und Antennenanlagen, Rauchmelder; Personenaufzug

KG	Kostengruppe	Menge Einheit	Kosten €	€/Einheit	%
500	**Außenanlagen und Freiflächen**	255,00 m² AF	225.322	**883,62**	5,6

Oberbodenarbeiten, Geländeaufschüttung 1m; Wege, Terrassen; Winkelstützmauern; Fahrradständer, Müllbehälter; Oberbodenauftrag, Stauden, Rasen

6100-1635
Mehrfamilienhaus
(24 WE)
Sozialzentrum

Objektübersicht

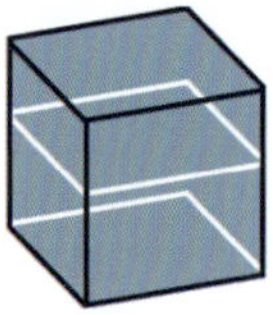

BRI 597€/m³

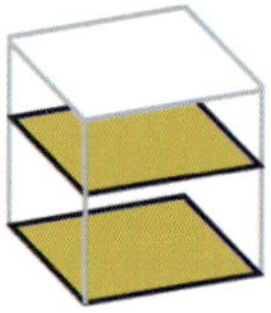

BGF 1.934€/m²

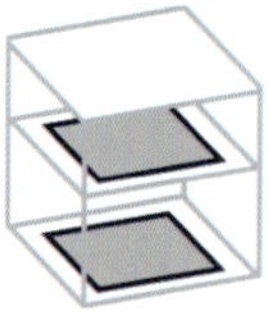

NUF 2.901€/m²

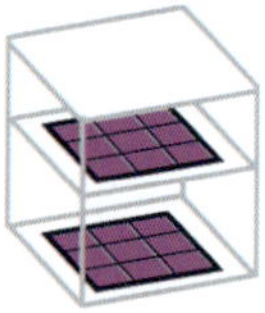

NE 4.239€/NE

NE: Wohnfläche

Objekt:
Kennwerte: 1.Ebene DIN 276
BRI: 9.738m³
BGF: 3.005m²
NUF: 2.002m²
Bauzeit: 61 Wochen
Bauende: 2022
Standard: Durchschnitt
Bundesland: Brandenburg
Kreis: Brandenburg a.d. Havel

Architekt*in:
LPH 1-5
Matthias Wegner
Holzmarktstraße 11
14467 Potsdam

LPH 6-8
SWP schäferwenninger-
projekt GmbH
Steinstraße 41
12307 Berlin

Bauherr*in:
Volkssolidarität Landes-
verband Brandenburg e. V.
Benzstraße 10
14482 Potsdam

© SWP GmbH

© SWP GmbH

© SWP GmbH

© SWP GmbH

Ansicht Nord-Ost

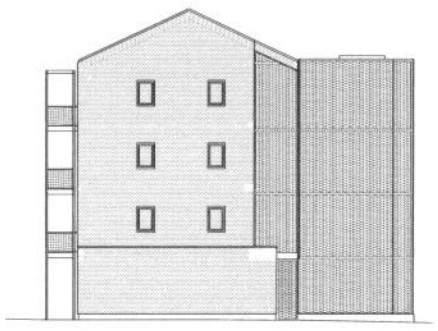

Ansicht Süd-Ost

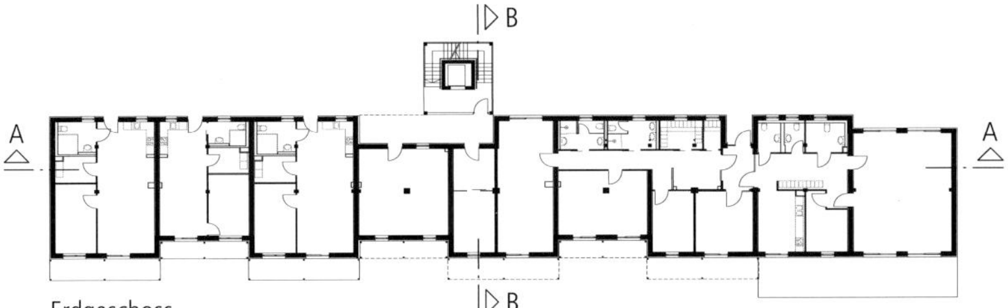

Erdgeschoss

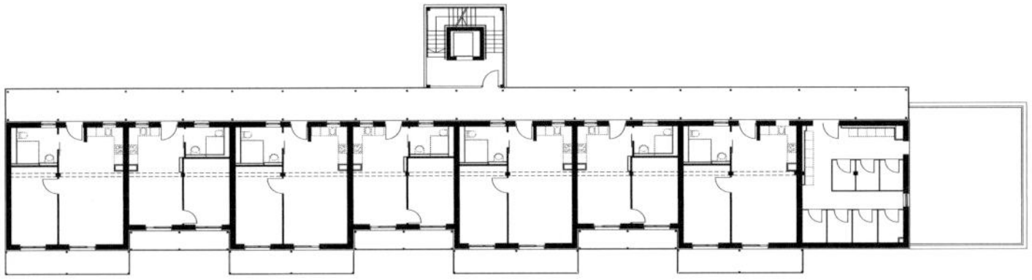

1.-3. Obergeschoss

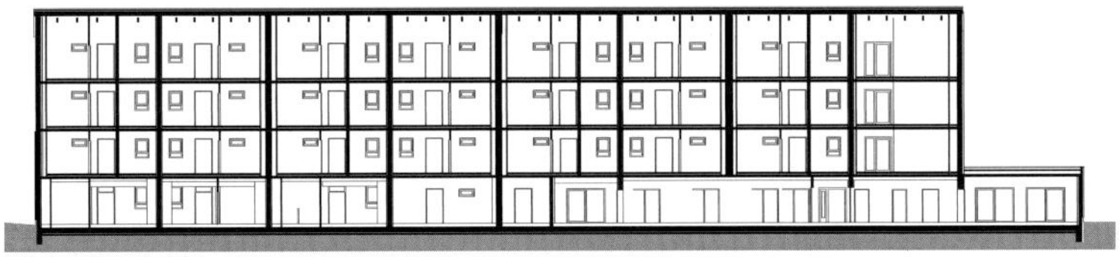

Schnitt A-A

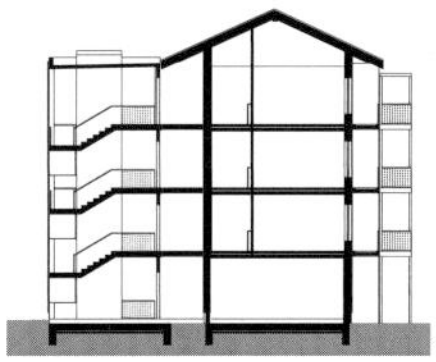

Schnitt B-B

Ansicht Nord-West

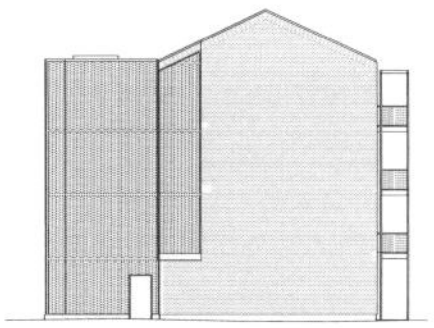

Ansicht Süd-West

Objektbeschreibung

Allgemeine Objektinformationen

Der Neubau mit 24 Wohneinheiten auf vier Geschossen wurde in nachhaltiger Holzrahmenbauweise erstellt. Im Erdgeschoss befindet sich ein Sozialzentrum mit Begegnungsstätte und die Räumen eines ambulanten Pflegedienstes. Das Gebäude ist insgesamt 68m lang und 17m tief. Ein gesundes Wohnklima und ein KfW 40 Standard zeichnen das Gebäude aus.

Nutzung

1 Erdgeschoss
drei Wohnungen, Abstellräume, Technikräume, Begegnungsstätte, Sanitärräume, Büros Pflegedienst, Umkleideräume

2 Obergeschosse
sieben Wohnungen, Abstellräume, Wäscherei

1 Dachgeschoss
sieben Wohnungen, Abstellräume, Wäscherei

Besonderer Kosteneinfluss Nutzung
Nachträglich geforderte Fluchttreppen an den Gebäudegiebeln.

Nutzeinheiten

Bürofläche: 135 m²
Versammlungsraumfläche: 496 m²
Wohneinheiten: 24
Wohnfläche: 1.371 m²

Grundstück

Bauraum: Freier Bauraum
Neigung: Ebenes Gelände
Bodenklasse: BK 3 bis BK 4

Markt

Hauptvergabezeit: 1. Quartal 2021
Baubeginn: 4. Quartal 2021
Bauende: 4. Quartal 2022
Konjunkturelle Gesamtlage: Durchschnitt
Regionaler Baumarkt: Durchschnitt

Baukonstruktion

Der Bau ist als Hybridbau errichtet. Das Tragwerk gründet auf Stb-Streifenfundamenten und einer 30cm starken Stb-Bodenplatte, das Treppenhaus, der Aufzugschacht und die tragenden Balkonelemente sind in Stahlbeton gefertigt. Die übrigen Tragelemente bestehen aus einem Holzskelettbau, aus Leimholzstützen und -trägern. Dieses Skelett wird mittels Holzrahmbau-Elementen ausgefüllt. Alle nichttragenden Wände bestehen aus Trockenbau, teilweise aus Strohbauplatten. Die Geschossdecken sind aus Massivholzdecken hergestellt, auf dem schwimmend verlegten Estrich wurde Vinyl oder Fliesen verlegt. Für die Fassadengestaltung wurde ein Wärmeverbundsystem gewählt. Es wurden dreifachverglaste Fenster eingebaut. Die Balkon- und Laubenganggeländer sind in Stahl gefertigt und weiß beschichtet.

Technische Anlagen

Ein Fernwärmeanschluss versorgt die Wohnungen mit Wärme. Die Verteilung erfolgt über eine Fußbodenheizung, zusätzlich sind die Bäder mit einem Handtuch-Heizkörper ausgestattet. Die Warmwasserversorgung erfolgt zentral über die Fernwärme-Übergabestation mit einem Speicher im Haustechnikraum. Jede Wohnung erhält eine Zu- und Abluftanlage. Ein Personenaufzug wurde eingebaut.

Sonstiges

Alle Wohnungen sind mit Küchen ausgestattet. Im Außenbereich wurde eine Retentionsanlage und Versickerungsmulden modelliert. Außenmobiliar steht den Bewohnern zur Verfügung.

Energetische Kennwerte

Gesetzliche Grundlage: GEG 2020
Gebäudenutzfläche: 1.405,30 m²
Gebäudevolumen: 5.530,20 m³
A/V_e-Verhältnis (Kompaktheit): 0,40 m^{-1}
Hüllfläche des beheizten Volumens: 2.211,00 m²
Spez. Transmissionswärmeverlust: 0,24 W/(m²·K)
Spez. Jahresprimärenergiebedarf: 29,68 kWh/(m²·a)
Anlagenaufwandszahl: 0,58

Energetische Angaben zu Außenbauteilen

Bodenplatte

U-Wert: 0,21 W/(m²·K)

Gesamtdicke: 51,50 cm	d [cm]	l [W/(m·K)]
Estrich	6,00	1,400
Dämmung	15,00	0,035
Abdichtung	0,50	0,170
Stahlbeton	30,00	2,300

Außenwand

U-Wert: 0,17 W/(m²·K)

Gesamtdicke: 47,80 cm	d [cm]	l [W/(m·K)]
GK-Platte	1,50	0,250
Luftschicht ruhend	1,00	0,670
Dämmung	4,00	0,040
GF-Platte	1,80	0,320
GF-Platte	1,80	0,320
Holz	9,00	0,240
Dämmung	3,00	0,040
Holz	9,00	0,240
GK-Platte	1,80	0,320
GK-Platte	1,80	0,320
Dämmung	12,00	0,040
Außenputz	1,10	1,000

Außenwand

U-Wert: 0,12 W/(m²·K)

Gesamtdicke: 42,47 cm	d [cm]	l [W/(m·K)]
GK-Platte	1,50	0,250
Luftschicht ruhend	1,00	0,067
Dämmung	4,00	0,040
Dampfbremse	0,02	0,330
GF-Platte	1,80	0,320
GF-Platte	1,80	0,320
Holz	24,00	0,130
Dämmung	24,00	0,035
GF-Platte	1,25	0,320
Dämmung	6,00	0,040
Außenputz	1,10	1,000

Flachdach

U-Wert: 0,11 W/(m²·K)

Gesamtdicke: 36,80 cm	d [cm]	l [W/(m·K)]
Holz	16,00	0,130
Dampfbremse	0,30	0,330
Dämmung	20,00	0,025
Bitumenbahn	0,50	0,170

Dach

U-Wert: 0,16 W/(m²·K)

Gesamtdicke: 30,25 cm	d [cm]	l [W/(m·K)]
GF-Platte	1,25	0,300
Luftschicht ruhend	3,00	0,156
Dampfbremse	0,50	0,330
Holz	24,00	0,130
Dämmung	24,00	0,035
Holzfaserplatte	1,50	0,100

Planungskennwerte für Flächen und Rauminhalte nach DIN 277

Flächen des Grundstücks		Menge Einheit	% an GF
BF	Bebaute Fläche	813,86 m^2	28,7
UF	Unbebaute Fläche	2.018,14 m^2	71,3
GF	Grundstücksfläche	2.832,00 m^2	100,0

Grundflächen des Bauwerks		Menge Einheit	% an NUF	% an BGF
NUF	Nutzungsfläche	2.002,44 m^2	100,0	66,6
TF	Technikfläche	24,00 m^2	1,2	0,8
VF	Verkehrsfläche	519,00 m^2	25,9	17,3
NRF	Netto-Raumfläche	2.545,44 m^2	127,1	84,7
KGF	Konstruktions-Grundfläche	459,25 m^2	22,9	15,3
BGF	Brutto-Grundfläche	3.004,69 m^2	150,1	100,0

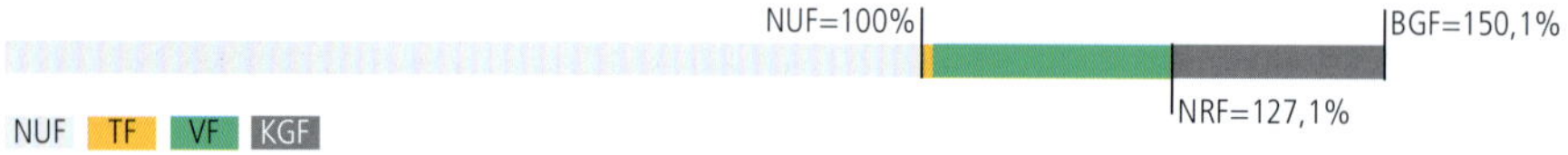

Brutto-Rauminhalt des Bauwerks		Menge Einheit	BRI/NUF (m)	BRI/BGF (m)
BRI	Brutto-Rauminhalt	9.737,66 m^3	4,86	3,24

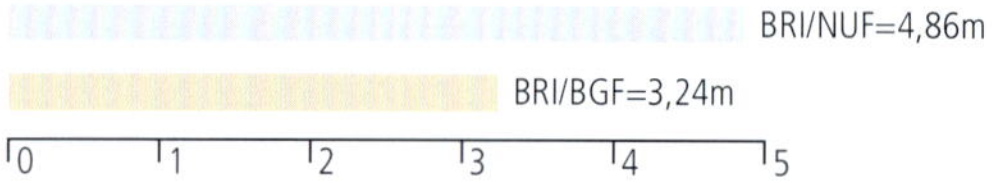

Kostenkennwerte für die Kostengruppen der 1.Ebene DIN 276

KG	Kostengruppen (1.Ebene)	Einheit	Kosten €	€/Einheit	€/m² BGF	€/m³ BRI	% 300+400
100	Grundstück	m² GF	–	–	–	–	–
200	Vorbereitende Maßnahmen	m² GF	–	–	–	–	–
300	Bauwerk – Baukonstruktionen	m² BGF	4.704.602	1.565,75	1.565,75	483,13	81,0
400	Bauwerk – Technische Anlagen	m² BGF	1.105.011	367,76	367,76	113,48	19,0
	Bauwerk 300+400	**m² BGF**	**5.809.613**	**1.933,51**	**1.933,51**	**596,61**	**100,0**
500	Außenanlagen und Freiflächen	m² AF	343.615	–	114,36	35,29	5,9
600	Ausstattung und Kunstwerke	m² BGF	114.450	38,09	38,09	11,75	2,0
700	Baunebenkosten	m² BGF	–	–	–	–	–
800	Finanzierung	m² BGF	–	–	–	–	–

KG	Kostengruppe	Menge Einheit	Kosten €	€/Einheit	%
3+4	**Bauwerk**				**100,0**
300	**Bauwerk – Baukonstruktionen**	3.004,69 m² BGF	4.704.602	**1.565,75**	81,0

Baugrubenaushub; Stb-Streifenfundamente, Stb-Bodenplatte, Dämmung, Estrich, Vinyl, Bodenfliesen, Sauberkeitsschicht, Perimeterdämmung; Holzrahmenwände, Holzstützen, Fenster, dreifachverglast, Eingangstüren, WDVS, GK-Bekleidung, Beschichtung; Holz-Innenwände, BSH-Stützen, Strohwände, GK-Wände, Holztüren, Innenputz, Holzbekleidung, Beschichtung; Massivholzdecken, Stb-Treppen, Balkone, Laubengänge, Estrich, Vinyl, Bodenfliesen, Balkonbeläge, Abhangdecken, Stahlgeländer; Holzpfetten, Massivholzdach, Wellplatten, Dämmung, Stehfalzdeckung, Dachentwässerung

KG	Kostengruppe	Menge Einheit	Kosten €	€/Einheit	%
400	**Bauwerk – Technische Anlagen**	3.004,69 m² BGF	1.105.011	**367,76**	19,0

Gebäudeentwässerung, Kalt- und Warmwasserleitungen, Sanitärobjekte, Warmwasserspeicher; Fernwärmeanschluss, Heizungsrohre, Fußbodenheizung, Handtuch-Heizkörper mit E-Patrone für Sommerbetrieb; Zu- und Abluftanlage je WE; Elektroinstallation, Beleuchtung, Starkstromversorgung; Fernmeldeanlage

KG	Kostengruppe	Menge Einheit	Kosten €	€/Einheit	%
500	**Außenanlagen und Freiflächen**	–	343.615	–	5,9

Frostschutzschicht, Pflasterbeläge auf Wegen, auf Terrassen, auf Stellplätzen; Geländeentwässerung, Retentionsanlage, Versickerungsmulden; Beleuchtung, LED-Pollerleuchten; Fahrradständer, Sitzbänke; Pflanzflächen, Bäume, Hecken, Stauden, Bodendecker, Rasen

KG	Kostengruppe	Menge Einheit	Kosten €	€/Einheit	%
600	**Ausstattung und Kunstwerke**	3.004,69 m² BGF	114.450	**38,09**	2,0

Einbauküchen, Geräte

6100-1638
Doppelhaus (2 WE)
Wellnessbereich

Objektübersicht

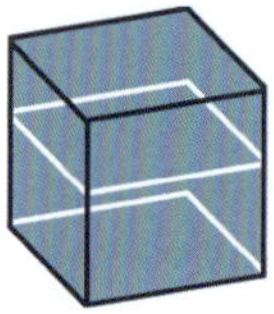

BRI **810 €/m³**

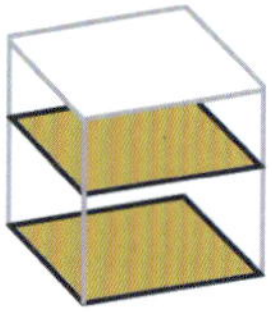

BGF **3.292 €/m²**

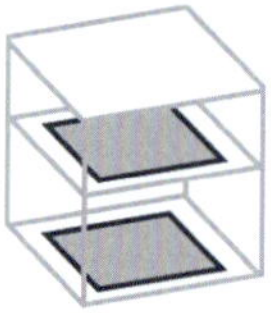

NUF **5.446 €/m²**

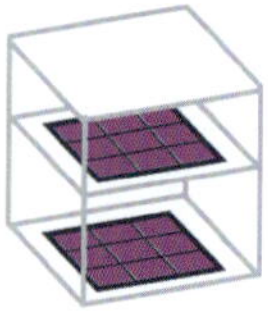

NE **6.923 €/NE**

NE: Wohnfläche

Objekt:
Kennwerte: 1. Ebene DIN 276
BRI: 1.611 m³
BGF: 396 m²
NUF: 240 m²
Bauzeit: 83 Wochen
Bauende: 2021
Standard: über Durchschnitt
Bundesland: Rheinland-Pfalz
Kreis: Eifelkreis Bitburg-Prüm

Architekt*in:
architekten Borne +
Heinz + Linden PartGmbB
Römermauer 8
54634 Bitburg

Bauherr*in:
Ferienwohnungen Kohnshof
Meilbrücker Straße 14a
54636 Idenheim

Ansicht Süd-Ost

Ansicht Nord-Ost

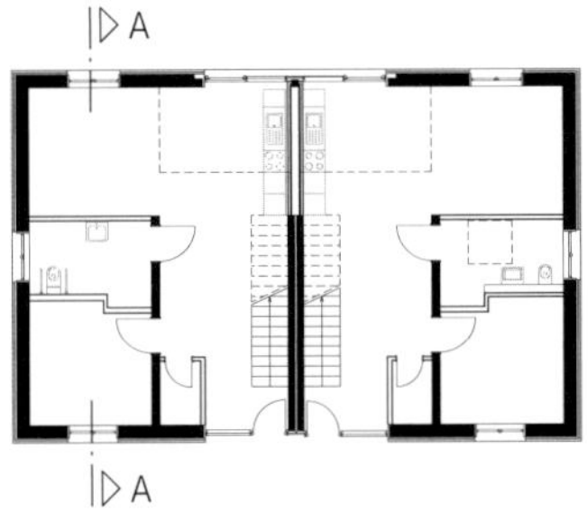

Erdgeschoss

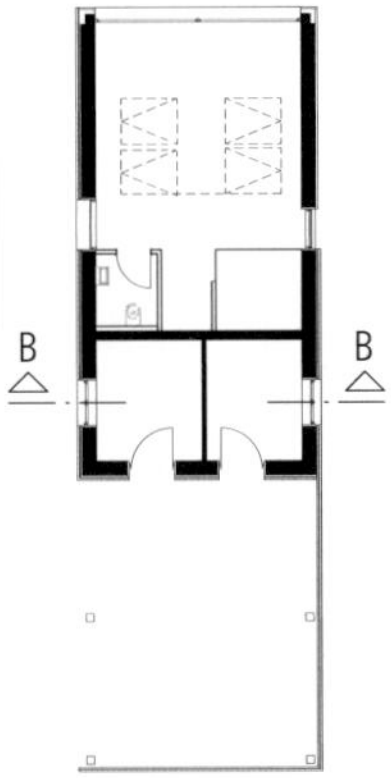

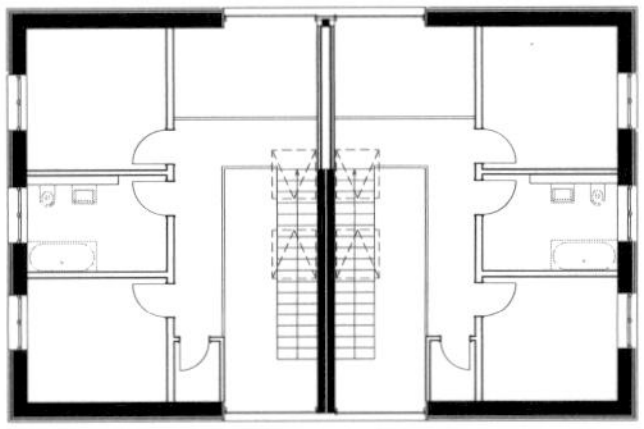

Obergeschoss

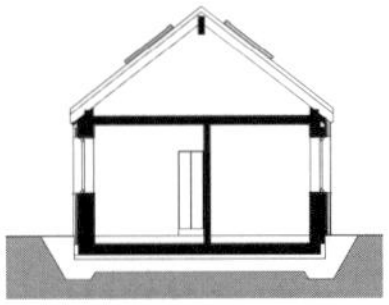

Schnitt B-B

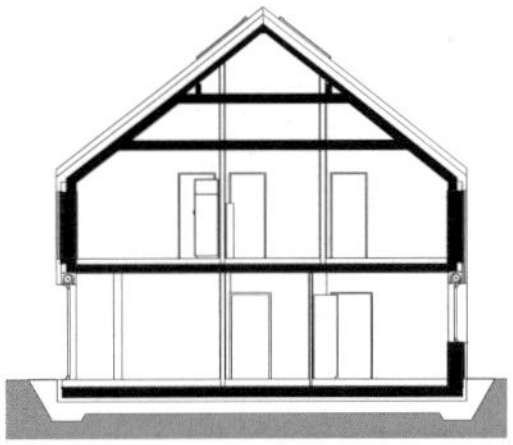

Schnitt A-A

Ansicht Nord-West

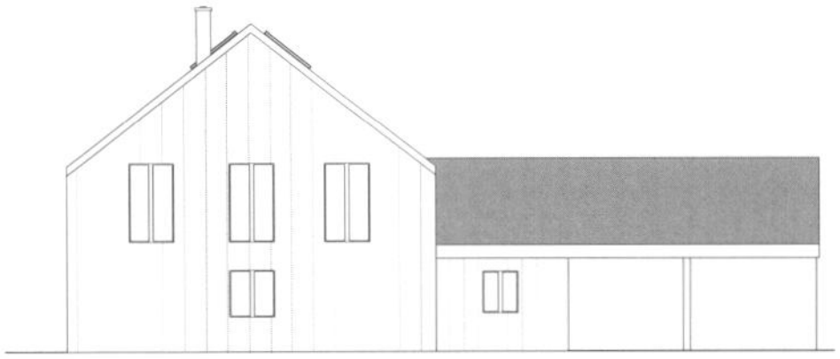

Ansicht Süd-West

Objektbeschreibung

Allgemeine Objektinformationen

Im Konzeptmittelpunkt stand die Vorstellung eines Neubaus im modernen Scheunencharakter. Die Bauherren realisierten ein Doppelhaus als Ferienhaus mit gemeinsamem Wellnessbereich in einem Nebengebäude.

Nutzung

1 Erdgeschoss
Haupthaus: je eine Wohn-Essküche, Bad, Schlafzimmer, Diele, Abstellraum, Terrasse

Nebengebäude: Whirlpool, Sauna, Duschbad, Abstellraum, Technik, Carport

1 Obergeschoss
Haupthaus: je zwei Schlafzimmer, Bad, Galerie, Abstellraum, Luftraum

Nutzeinheiten

Fahrzeugstellplätze: 2
Wohneinheiten: 2
Wohnfläche: 189 m^2

Grundstück

Bauraum: Freier Bauraum
Neigung: Geneigtes Gelände
Bodenklasse: BK 1 bis BK 5

Markt

Hauptvergabezeit: 4. Quartal 2019
Baubeginn: 2. Quartal 2020
Bauende: 4. Quartal 2021
Konjunkturelle Gesamtlage: unter Durchschnitt
Regionaler Baumarkt: unter Durchschnitt

Baukonstruktion

Beide Bauteile wurden in Massivbauweise ausgeführt. Die Gründung erfolgte auf einer Stb-Bodenplatte. Die Außenwände wurden mit Ziegelmauerwerk ausgeführt und mit einer gedämmten, hinterlüfteten Lärchenholzschalung bekleidet. Bei den Fenstern fiel die Wahl auf Alu-Holzfenster mit Dreifachverglasung, für Verschattung sorgen Raffstores. Über dem Erdgeschoss wurde die Decke betoniert, das Satteldach wurde in einer zimmermannsmäßigen Holzkonstruktion ausgeführt. Auf der Aufsparrendämmung wurde eine Alu-Stehfalzdeckung verlegt. Die Böden sind mit Parkett, Fliesen und Naturstein belegt.

Technische Anlagen

Die Heizung wird mithilfe von Erdwärmekollektoren betrieben. Die Wärmeverteilung erfolgt über Fußbodenheizung. Die Elektroinstallation wurde als Smart Home System ausgeführt. Weiterhin wurde eine Photovoltaikanlage eingebaut.

Sonstiges

Das Ferienhaus besteht aus zwei Einheiten für jeweils sechs Personen. Die Fassade aus vertikalen Lärchenhölzern steht im Kontrast zum Nebengebäude mit Wellnessbereich und Natursteinfassade.

Energetische Kennwerte

Gesetzliche Grundlage: EnEV 2013
Gebäudenutzfläche: 457,38 m^2
Gebäudevolumen: 1.429,32 m^3
A/V_e-Verhältnis (Kompaktheit): 0,66 m^{-1}
Hüllfläche des beheizten Volumens: 948,61 m^2
Spez. Transmissionswärmeverlust: 0,25 $W/(m^2 \cdot K)$
Spez. Jahresprimärenergiebedarf: 27,58 $kWh/(m^2 \cdot a)$
Spez. Jahresendenergiebedarf: 15,00 $kWh/(m^2 \cdot a)$

Energetische Angaben zu Außenbauteilen

Bodenplatte

U-Wert: 0,13 W/(m²·K)

Gesamtdicke: 72,00 cm	d [cm]	l [W/(m·K)]
Fliesen	1,50	1,300
Estrich	6,50	1,400
Dämmung	3,00	0,035
Dämmung	8,00	0,035
Dampfsperre	0,50	0,170
Stahlbeton	25,00	2,000
Dämmung	12,00	0,035
Beton	0,50	1,150
Kiesschüttung	15,00	0,220

Außenwand

U-Wert: 0,18 W/(m²·K)

Gesamtdicke: 39,50 cm	d [cm]	l [W/(m·K)]
Innenputz	1,00	1,000
Dämmziegel	36,50	0,070
Außenputz	2,00	0,560

Dach

U-Wert: 0,18 W/(m²·K)

Gesamtdicke: 23,05 cm	d [cm]	l [W/(m·K)]
Holz	2,50	0,130
Dämmung	18,00	0,038
Dämmung	2,50	0,046
Dachdichtungsbahn	0,05	0,170

Planungskennwerte für Flächen und Rauminhalte nach DIN 277

Flächen des Grundstücks		Menge Einheit	% an GF
BF	Bebaute Fläche	233,60 m²	5,0
UF	Unbebaute Fläche	4.470,54 m²	95,0
GF	Grundstücksfläche	4.704,14 m²	100,0

Grundflächen des Bauwerks		Menge Einheit	% an NUF	% an BGF
NUF	Nutzungsfläche	239,69 m²	100,0	60,5
TF	Technikfläche	14,73 m²	6,1	3,7
VF	Verkehrsfläche	54,54 m²	22,8	13,8
NRF	Netto-Raumfläche	308,96 m²	128,9	77,9
KGF	Konstruktions-Grundfläche	87,52 m²	36,5	22,1
BGF	Brutto-Grundfläche	396,48 m²	165,4	100,0

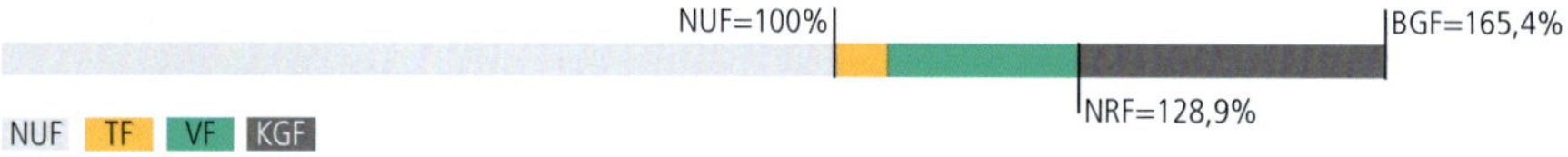

Brutto-Rauminhalt des Bauwerks		Menge Einheit	BRI/NUF (m)	BRI/BGF (m)
BRI	Brutto-Rauminhalt	1.611,19 m³	6,72	4,06

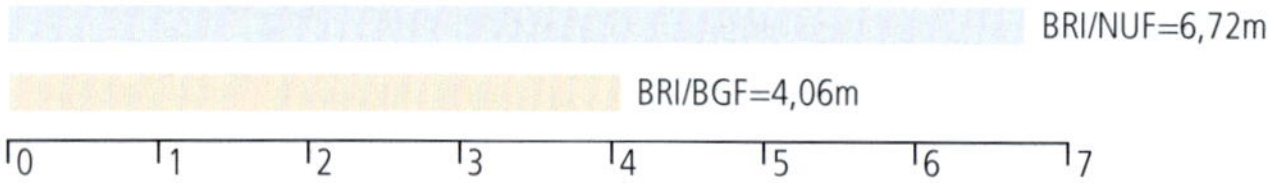

Kostenkennwerte für die Kostengruppen der 1.Ebene DIN 276

KG	Kostengruppen (1. Ebene)	Einheit	Kosten €	€/Einheit	€/m² BGF	€/m³ BRI	% 300+400
100	Grundstück	m² GF	–	–	–	–	–
200	Vorbereitende Maßnahmen	m² GF	13.172	2,80	33,22	8,18	1,0
300	Bauwerk – Baukonstruktionen	m² BGF	1.007.290	2.540,58	2.540,58	625,18	77,2
400	Bauwerk – Technische Anlagen	m² BGF	298.097	751,86	751,86	185,02	22,8
	Bauwerk 300+400	**m² BGF**	**1.305.387**	**3.292,44**	**3.292,44**	**810,20**	**100,0**
500	Außenanlagen und Freiflächen	m² AF	110.920	177,15	279,76	68,84	8,5
600	Ausstattung und Kunstwerke	m² BGF	–	–	–	–	–
700	Baunebenkosten	m² BGF	–	–	–	–	–
800	Finanzierung	m² BGF	–	–	–	–	–

KG	Kostengruppe	Menge Einheit	Kosten €	€/Einheit	%
200	**Vorbereitende Maßnahmen**	4.704,14 m² GF	13.172	**2,80**	1,0

Erschließungskosten

KG	Kostengruppe	Menge Einheit	Kosten €	€/Einheit	%
3+4	**Bauwerk**				**100,0**
300	**Bauwerk – Baukonstruktionen**	396,48 m² BGF	1.007.290	**2.540,58**	77,2

Baugrubenaushub; Stb-Bodenplatten, Abdichtung, Dämmung, Heizestrich, Parkett, Bodenfliesen, Naturstein, Perimeterdämmung; Ziegelmauerwerk, Holz-Alufenster, Dreifachverglasung, Holz-Alutüren, hinterlüftete, beschichtete Lärchenholzfassade, Natursteinfassade, Innenputz, Wandfliesen, Beschichtung, Rollläden, Raffstores; Mauerwerk, GK-Wände, Holztüren, Holzzargen, GK-Bekleidung, Beschichtung, Fliesen, Natursteinbekleidung; Stb-Decke, Holzblockstufen-Treppe, Heizestrich, Parkett, Wandfliesen; Satteldach-Holzdachstuhl, Stb-Ringanker, Dachflächenfenster, Aufsparrendämmung, Dachentwässerung, Stehfalzdeckung, Titanzink, GK-Bekleidung; Sauna

KG	Kostengruppe	Menge Einheit	Kosten €	€/Einheit	%
400	**Bauwerk – Technische Anlagen**	396,48 m² BGF	298.097	**751,86**	22,8

Gebäudeentwässerung, Kalt- und Warmwasserleitungen, Sanitärobjekte, Whirlpool; Erdwärmekollektoren, Fußbodenheizung; PV-Anlage, Batteriespeicher, Elektroinstallation, Smart Home System, Beleuchtung

KG	Kostengruppe	Menge Einheit	Kosten €	€/Einheit	%
500	**Außenanlagen und Freiflächen**	626,15 m² AF	110.920	**177,15**	8,5

Zufahrt, Hoffläche, Kopfsteinpflaster, Terrassenplatten; Naturstein-Stützmauern; Pflanzflächen, Beeteinfassungen, Bepflanzung, Rasen

6100-1639
Mehrfamilienhaus
(5 WE)

Objektübersicht

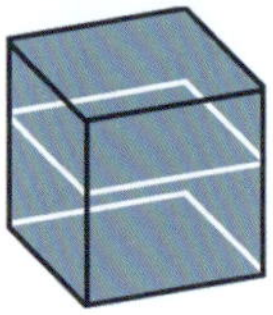

BRI 668 €/m^3

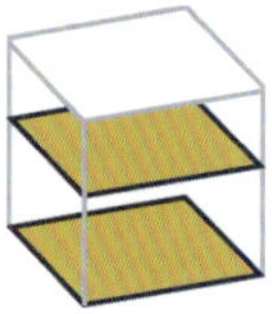

BGF 2.343 €/m^2

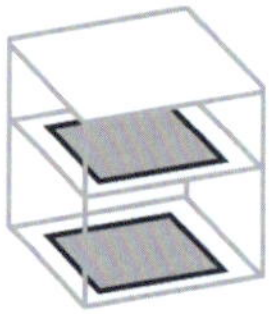

NUF 3.773 €/m^2

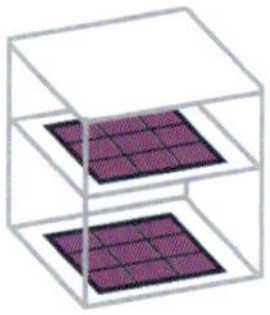

NE 4.894 €/NE

NE: Wohnfläche

Objekt:
Kennwerte: 1.Ebene DIN 276
BRI: 2.551 m^3
BGF: 727 m^2
NUF: 451 m^2
Bauzeit: 61 Wochen
Bauende: 2020
Standard: über Durchschnitt
Bundesland: Bayern
Kreis: Erding

Architekt*in:
Planungsgruppe Heilmaier
Wilhelm-von-Diez-Straße 3
85435 Erding

© Fotografin Antje Neßler

© Fotografin Antje Neßler

© Fotografin Antje Neßler

© Fotografin Antje Neßler

© Fotografin Antje Neßler

© Planungsgruppe Heilmaier

Ansicht Nord

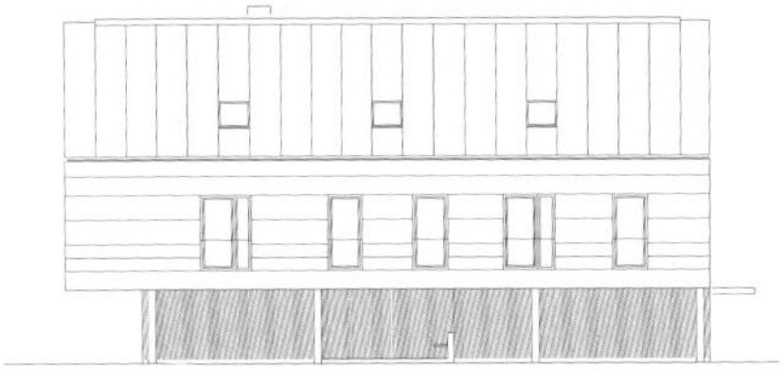

Ansicht Ost

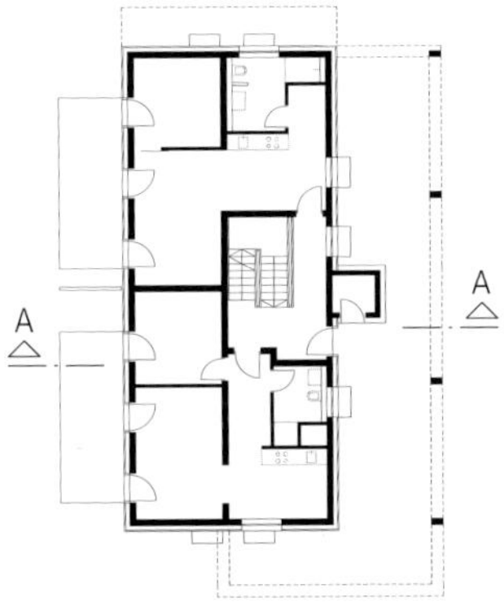

Erdgeschoss

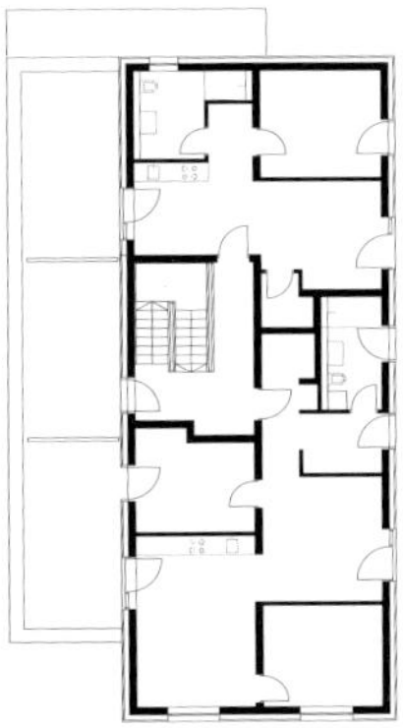

Obergeschoss

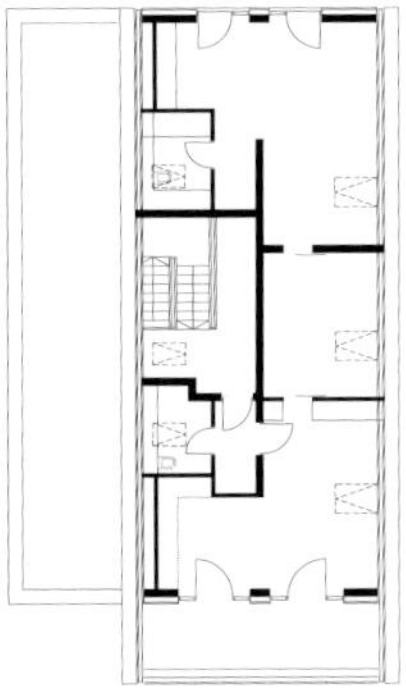

Dachgeschoss

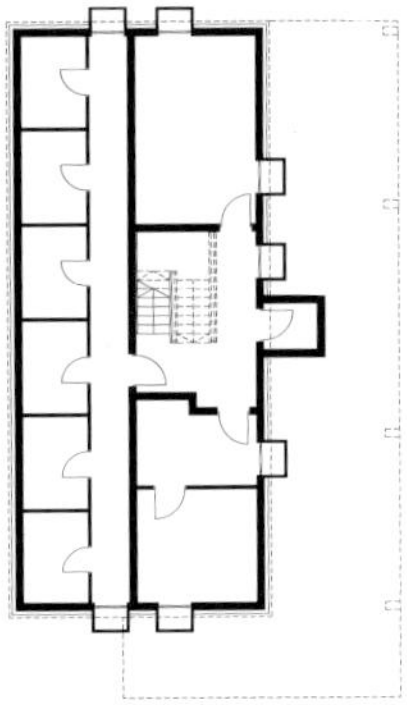

Untergeschoss

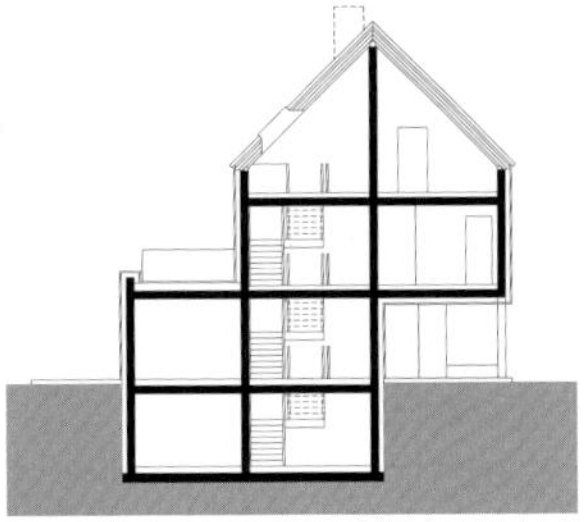

Schnitt A-A

Ansicht Süd

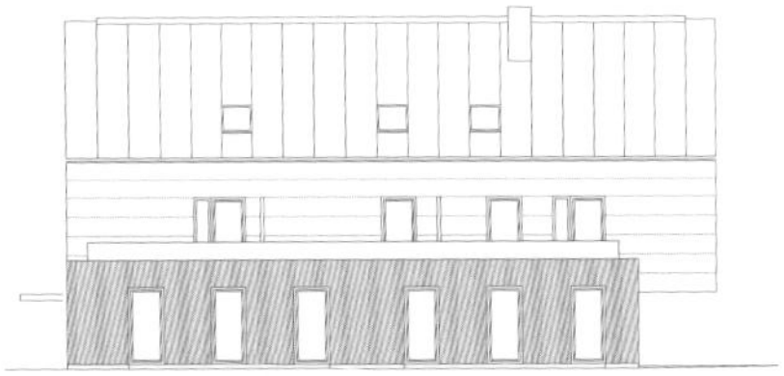

Ansicht West

Objektbeschreibung

Allgemeine Objektinformationen

Die Bauherrschaft wünschte sich unterschiedlich große Wohnungen, geeignet für eine Eigennutzung in verschiedenen Lebenssituationen. So entstanden fünf Wohneinheiten mit hochwertigen Freiflächen in Form von Terrasse, Dachterrasse oder Loggia. Die Dachgeschosswohnung wurde teilbar konzipiert. Entwurfsbestimmend war die Unterbringung der notwendigen acht Stellplätze: sieben davon wurden im Erdgeschoss unter das Haus geschoben. Das Gebäude liegt in einer kleinen Seitenstraße und fügt sich dort geometrisch in die umgebende Bebauung ein.

Nutzung

1 Untergeschoss
Haustechnik, Mieterkeller, Trockenraum, Treppenhaus

1 Erdgeschoss
Treppenhaus; 2 WE: Wohnen, Küche, Schlafen, Bad, Flur, Terrassen

1 Obergeschoss
Treppenhaus; 2 WE: Wohnen, Küche, Schlafen, Bad, Flur, Abstellen, Dachterrasse

1 Dachgeschoss
Treppenhaus; 1 WE: Wohnen, Küche, Schlafen, Arbeiten, Bad, WC, Flur, Loggia

Nutzeinheiten

Stellplätze: 8
Wohneinheiten: 5
Wohnfläche: 348 m^2

Grundstück

Bauraum: Beengter Bauraum
Neigung: Ebenes Gelände
Bodenklasse: BK 1 bis BK 5

Markt

Hauptvergabezeit: 2. Quartal 2019
Baubeginn: 4. Quartal 2019
Bauende: 4. Quartal 2020
Konjunkturelle Gesamtlage: über Durchschnitt
Regionaler Baumarkt: Durchschnitt

Baukonstruktion

Das Mehrfamilienhaus wurde in Massivbauweise mit hinterlüfteter Wärmedämmung und vorgehängter Holzschalung im EG und Faserzementplatten in den oberen Geschossen errichtet. Die Bodenplatte und Kelleraußenwände wurden in WU-Beton ausgeführt. Das Dach besteht aus weitgehend in der Zimmerei vorgefertigten Elementen und erhielt eine Blechdeckung. Die Alufenster mit Glasbrüstungen als Absturzsicherungen wurden mit elektrischen Raffstoreanlagen ausgestattet. In allen Wohnungen wurde durchgehend Eiche-Industrieparkett und auf Terrassen und Loggia Lärchenholzdielen verlegt.

Technische Anlagen

Das Gebäude wird mit einer Grundwasserwärmepumpe beheizt. Die Verteilung der Wärme erfolgt über Fußbodenheizung. Die erforderliche Installation für die Nachrüstung einer PV- Anlage wurde bereits verlegt, ebenso wird ein Kamin vorgehalten, an den in den beiden großen Wohnungen Kaminöfen angeschlossen werden können. Der benötigte Luftwechsel erfolgt über dezentrale Lüftungsgeräte mit Wärmerückgewinnung. Ein Aufzugschacht für einen Plattformlift ist vom Keller bis ins 1.OG vorhanden und kann nachgerüstet werden. Im Schachtbereich wurden provisorische Zwischendecken eingebaut, sodass der Schacht einstweilen anders genutzt werden kann.

Sonstiges

Den Bauherr*innen war eine hochwertige, robuste, nachhaltige und wartungsarme Ausführung aller Bauteile wichtig. Verbundwerkstoffe wurden bewusst vermieden. Besondere Sorgfalt wurde auf die Gestaltung des Treppenhauses gelegt, das mit seinen Treppenläufen aus Stahlbetonfertigteilen, Geländern aus gewalztem Rohstahl mit Eiche-Handläufen und LED-Beleuchtung das Herz des Hauses bildet.

Energetische Kennwerte

Gesetzliche Grundlage: EnEV 2013
Gebäudenutzfläche: 614,70 m^2
Gebäudevolumen: 1.920,90 m^3
A/V_e-Verhältnis (Kompaktheit): 0,60 m^{-1}
Hüllfläche des beheizten Volumens: 1.150,00 m^2
Spez. Transmissionswärmeverlust: 0,30 $W/(m^2 \cdot K)$
Spez. Jahresendenergiebedarf: 30,27 $kWh/(m^2 \cdot a)$
CO_2-Emissionen: 10,60 $kg/(m^2 \cdot a)$
Anlagenaufwandszahl: 0,53

Energetische Angaben zu Außenbauteilen

Bodenplatte

U-Wert: 0,29 W/(m²·K)

Gesamtdicke: 58,00 cm	d [cm]	l [W/(m·K)]
Estrich	6,50	1,400
Dämmung	3,00	0,040
Dämmung	8,00	0,035
Abdichtung	0,50	0,170
Stahlbeton	40,00	2,300

Außenwand hinterlüftet

U-Wert: 0,25 W/(m²·K)

Gesamtdicke: 40,00 cm	d [cm]	l [W/(m·K)]
Stahlbeton	24,00	2,300
Dämmung	8,00	0,035
Holz	8,00	0,130
Dämmung	8,00	0,035
Holz	8,00	0,130

Decke gegen Außenluft unten

U-Wert: 0,18 W/(m²·K)

Gesamtdicke: 53,50 cm	d [cm]	l [W/(m·K)]
Estrich	6,50	1,400
Dämmung	3,00	0,040
Dämmung	3,00	0,035
Stahlbeton	25,00	2,300
Dämmung	8,00	0,035
Holz	8,00	0,130
Dämmung	8,00	0,035
Holz	8,00	0,130

Dach Terrasse/Loggia

U-Wert: 0,16 W/(m²·K)

Gesamtdicke: 37,00 cm	d [cm]	l [W/(m·K)]
Stahlbeton	22,00	2,300
Dampfsperre	0,50	0,170
Dämmung	14,00	0,023
Abdichtung	0,50	0,170

Dach

U-Wert: 0,16 W/(m²·K)

Gesamtdicke: 33,70 cm	d [cm]	l [W/(m·K)]
GK-Platte	2,50	0,250
Dämmung	3,00	0,032
Holz	3,00	0,130
OSB-Platte	1,80	0,130
Dämmung	24,00	0,040
Holz	24,00	0,130
Holz	2,40	0,130

Planungskennwerte für Flächen und Rauminhalte nach DIN 277

Flächen des Grundstücks		Menge Einheit	% an GF
BF	Bebaute Fläche	245,00 m²	39,0
UF	Unbebaute Fläche	383,00 m²	61,0
GF	Grundstücksfläche	628,00 m²	100,0

Grundflächen des Bauwerks		Menge Einheit	% an NUF	% an BGF
NUF	Nutzungsfläche	451,34 m²	100,0	62,1
TF	Technikfläche	19,67 m²	4,4	2,7
VF	Verkehrsfläche	96,69 m²	21,4	13,3
NRF	Netto-Raumfläche	567,70 m²	125,8	78,1
KGF	Konstruktions-Grundfläche	159,19 m²	35,3	21,9
BGF	Brutto-Grundfläche	726,89 m²	161,1	100,0

Brutto-Rauminhalt des Bauwerks		Menge Einheit	BRI/NUF (m)	BRI/BGF (m)
BRI	Brutto-Rauminhalt	2.551,00 m³	5,65	3,51

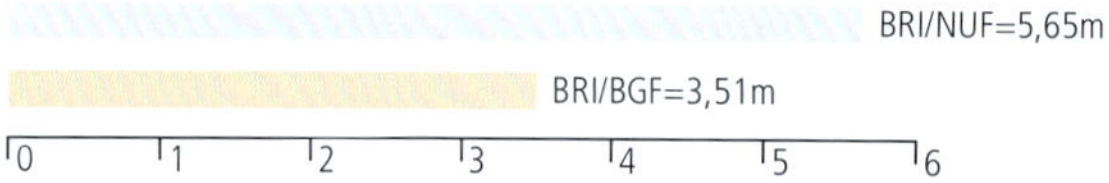

Kostenkennwerte für die Kostengruppen der 1. Ebene DIN 276

KG	Kostengruppen (1. Ebene)	Einheit	Kosten €	€/Einheit	€/m² BGF	€/m³ BRI	% 300+400
100	Grundstück	m² GF	–	–	–	–	–
200	Vorbereitende Maßnahmen	m² GF	–	–	–	–	–
300	Bauwerk – Baukonstruktionen	m² BGF	1.501.503	2.065,65	2.065,65	588,59	88,2
400	Bauwerk – Technische Anlagen	m² BGF	201.447	277,13	277,13	78,97	11,8
	Bauwerk 300+400	**m² BGF**	**1.702.950**	**2.342,79**	**2.342,79**	**667,56**	**100,0**
500	Außenanlagen und Freiflächen	m² AF	–	–	–	–	–
600	Ausstattung und Kunstwerke	m² BGF	–	–	–	–	–
700	Baunebenkosten	m² BGF	–	–	–	–	–
800	Finanzierung	m² BGF	–	–	–	–	–

KG	Kostengruppe	Menge Einheit	Kosten €	€/Einheit	%
3+4	**Bauwerk**				**100,0**
300	**Bauwerk – Baukonstruktionen**	726,89 m² BGF	1.501.503	**2.065,65**	88,2

Bodenarbeiten, Stb-Bodenplatte, WU, Abdichtung, Dämmung, Estrich, Linoleum, Beschichtung; Stb-Wände WU, KS-Wände, Holz-/Alufenster, Holz-/Alu-Eingangstür, Dämmung, hinterlüftete Holzschalung, hinterlüftete Faserzementfassade, Innenputz, Beschichtung, Raffstores, Glasbrüstungen; KS-Wände, GK-Wände, Holztüren, Stahlumfassungszargen, Putz, Beschichtung, Wandfliesen; Stb-Decken, Stb-Treppen, Heizestrich, Parkett, Linoleum, Flachstahl-Treppengeländer, Holzhandlauf; Stb-Flachdach, elementierte Satteldach-Holzbaukonstruktion, Dämmung, Edelstahl-Doppelstehfalzdeckung, Dachentwässerung, Abdichtung, Terrassendielen, Holzverschalung, GK-Decke, Beschichtung, Terrassengeländer

KG	Kostengruppe	Menge Einheit	Kosten €	€/Einheit	%
400	**Bauwerk – Technische Anlagen**	726,89 m² BGF	201.447	**277,13**	11,8

Gebäudeentwässerung, Kalt- und Warmwasserleitungen, Wasseraufbereitung, Sanitärobjekte; Grundwasser-Wärmepumpe, Fußbodenheizung; dezentrale Lüftungsgeräte; Elektroinstallation, Beleuchtung, Leerrohrsystem in Beton, Nachrüstung PV-Anlage; Datenverkabelung

6100-1648
Mehrfamilienhaus
(33 WE)
TG (30 STP)

Objektübersicht

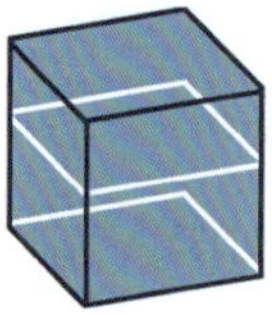

BRI 473 €/m³

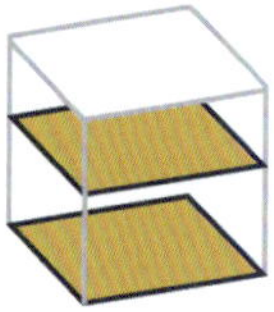

BGF 1.531 €/m²

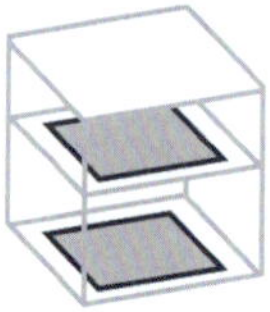

NUF 2.631 €/m²

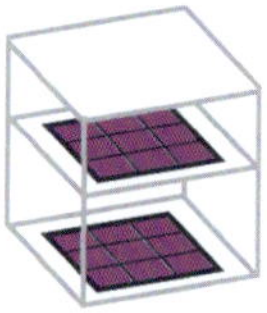

NE 2.951 €/NE

NE: Wohnfläche

Objekt:
Kennwerte: 1. Ebene DIN 276
BRI: 18.732 m³
BGF: 5.790 m²
NUF: 3.369 m²
Bauzeit: 91 Wochen
Bauende: 2022
Standard: Durchschnitt
Bundesland: Brandenburg
Kreis: Cottbus, Stadt

Architekt*in:
Hampel Kotzur & Kollegen
Architekten und Ingenieure
Rudolf-Breitscheid-Straße 79
03046 Cottbus

Bauherr*in:
Immo-Pool Spreewald
GmbH
Bonnaskenstraße 18
03044 Cottbus

© Hampel Kotzur & Kollegen

© Hampel Kotzur & Kollegen

© Hampel Kotzur & Kollegen

© Hampel Kotzur & Kollegen

Ansicht Nord

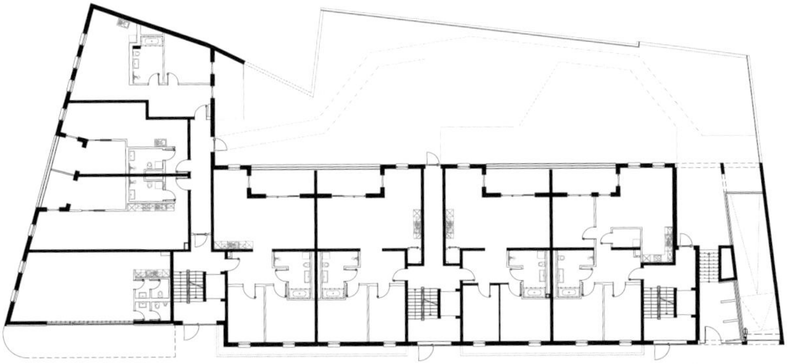

Erdgeschoss

Ansicht West

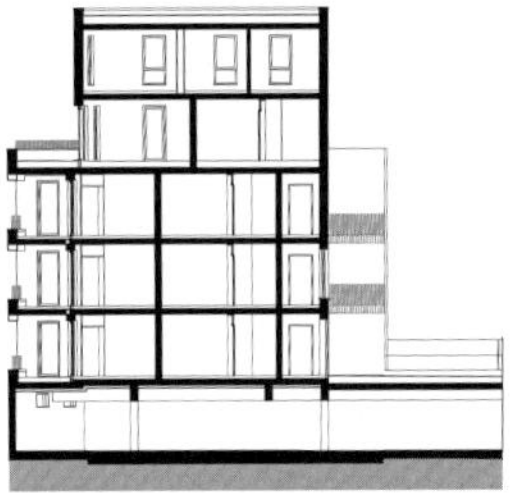

Schnitt A-A

Ansicht Süd

6100-1648
Mehrfamilienhaus
(33 WE)
TG (30 STP)

Objektbeschreibung

Allgemeine Objektinformationen

Das Mehrfamilienhaus mit Tiefgarage wurde auf dem Grundstück einer ehemaligen Brauerei errichtet und zu 100% überbaut. Die Blockrandbebauung wird durch Einschnitte und Rücksprünge im Erd- und Obergeschoss aufgegliedert, welche Raum für Terrassen und ein repräsentatives Entrée zur Geschäftseinheit bieten.

Nutzung

1 Untergeschoss
Tiefgarage, TG-Zufahrt, Schleuse, Abstellräume, Technik, Flure, Treppenhäuser, Aufzüge

1 Erdgeschoss
1 Gewerbeeinheit, WCs, Teeküche
7 Wohnungen mit Wohnraum, Küche, Bad, Schlafzimmer, Kinderzimmer, Abstellraum, Flur, Balkon

Müllraum, Flure, Treppenhäuser, Aufzüge

2 Obergeschosse
1.OG: 9 Wohnungen mit Wohnraum, Küche, Bad, Schlafzimmer, Kinderzimmer, Abstellraum, Flur, Balkon

2.OG: 9 Wohnungen mit Wohnraum, Küche, Bad, Schlafzimmer, Kinderzimmer, Abstellraum, Flur, Balkon
Treppenhäuser, Aufzüge

2 Dachgeschosse
1.DG: 8 Wohnungen mit Wohnraum, Küche, Bad, Schlafzimmer, Kinderzimmer, Abstellraum, Flur, Treppen, Terrassen

2.DG: 2.Ebene der Maisonette-Wohnungen: Wohnräume, Bäder, Flure, Treppen

Besonderer Kosteneinfluss Nutzung
Alle Wohnungen sind barrierefrei mit Aufzügen zu erreichen. Von den 33 Wohneinheiten sind 19 barrierefrei gestaltet.

Nutzeinheiten

Fahrzeugstellplätze: 30
Verkaufsfläche: 64 m²
Wohneinheiten: 33
Wohnfläche: 3.003 m²

Grundstück

Bauraum: Baulücke
Neigung: Ebenes Gelände
Bodenklasse: BK 1 bis BK 3

Markt

Hauptvergabezeit: 4. Quartal 2019
Baubeginn: 3. Quartal 2020
Bauende: 2. Quartal 2022
Konjunkturelle Gesamtlage: Durchschnitt
Regionaler Baumarkt: Durchschnitt

Baukonstruktion

Das Gebäude gründet auf einer bis zu 60cm starken Stahlbetonbodenplatte. Die Konstruktion mit Betonhalbfertigteilen für das Untergeschoss und 36cm dicken Poren-Systemwandelementen für alle weiteren Geschosse ermöglichen durch Vorfertigung eine schnelle Montage und hohe Ausführungsgenauigkeit. Sämtliche Kunststofffenster sind mit Dreifachverglasungen ausgeführt. Die Innenwände wurden in Trockenbauweise oder KS-Mauerwerk errichtet. In Bädern wurden Wandfliesen verlegt. Die Böden erhielten einen Vinyl- oder Parkettbelag, in den Bädern Bodenfliesen. Auf den Balkonen und Terrassen wurden WPC-Dielen verlegt. Alle Dächer sind extensiv- bzw. intensiv begrünt.

Technische Anlagen

Die Beheizung des Gebäudes erfolgt über Gasbrennwerttechnik und den Anschluss an das städtische Versorgungsnetz. Dabei unterstützt eine Gas-Absorptionswärmepumpe die Wärmeerzeugung. Die Wärmeverteilung in den Wohnungen erfolgt über Fußbodenheizungen. In der Tiefgarage wurden zehn Stellplätze mit Elektro-Ladestationen ausgestattet. Alle Wohnungen sind mit Aufzügen erreichbar.

Energetische Kennwerte

Gesetzliche Grundlage: EnEV 2013
Gebäudenutzfläche: 3.535,00 m²
Gebäudevolumen: 12.511,50 m³
A/V_e-Verhältnis (Kompaktheit): 0,43 m^{-1}
Hüllfläche des beheizten Volumens: 5.312,70 m²
Spez. Transmissionswärmeverlust: 0,38 W/(m²·K)
Spez. Jahresprimärenergiebedarf: 63,90 kWh/(m²·a)
Spez. Jahresendenergiebedarf: 56,90 kWh/(m²·a)
CO_2-Emissionen: 14,30 kg/(m²·a)

Energetische Angaben zu Außenbauteilen

Bodenplatte

U-Wert: 0,23 W/(m2·K)

Gesamtdicke: 41,25 cm	d [cm]	l [W/(m·K)]
Fliesen	1,50	1,000
Estrich	7,50	1,400
Dämmung	10,00	0,025
Bitumenbahn	0,25	0,170
Stahlbeton	22,00	2,100

Außenwand gegen Erdreich

U-Wert: 0,23 W/(m2·K)

Gesamtdicke: 39,20 cm	d [cm]	l [W/(m·K)]
Stahlbeton	25,00	2,100
Bitumenbahn	0,20	0,170
Dämmung	14,00	0,035

Kellerdecke

U-Wert: 0,19 W/(m2·K)

Gesamtdicke: 44,60 cm	d [cm]	l [W/(m·K)]
Linoleum	0,40	0,170
Estrich	5,00	1,400
Dämmung	6,00	0,035
Bitumenbahn	0,20	0,170
Stahlbeton	22,00	2,100
Dämmung	10,00	0,035
HWL-Platte	1,00	0,100

Außenwand

U-Wert: 0,23 W/(m2·K)

Gesamtdicke: 40,00 cm	d [cm]	l [W/(m·K)]
Innenputz	1,50	0,550
Porenbeton	36,50	0,090
Außenputz	2,00	0,870

Dach

U-Wert: 0,19 W/(m2·K)

Gesamtdicke: 39,90 cm	d [cm]	l [W/(m·K)]
Stahlbeton	22,00	2,100
Aluminium	0,10	200,000
Dämmung	17,00	0,035
Bitumenbahn	0,80	0,170

Planungskennwerte für Flächen und Rauminhalte nach DIN 277

Flächen des Grundstücks		Menge Einheit	% an GF
BF	Bebaute Fläche	1.622,10 m²	100,0
UF	Unbebaute Fläche	–	–
GF	Grundstücksfläche	1.622,10 m²	100,0

Grundflächen des Bauwerks		Menge Einheit	% an NUF	% an BGF
NUF	Nutzungsfläche	3.368,50 m²	100,0	58,2
TF	Technikfläche	20,34 m²	0,6	0,4
VF	Verkehrsfläche	1.415,17 m²	42,0	24,4
NRF	Netto-Raumfläche	4.804,01 m²	142,6	83,0
KGF	Konstruktions-Grundfläche	985,90 m²	29,3	17,0
BGF	Brutto-Grundfläche	5.789,91 m²	171,9	100,0

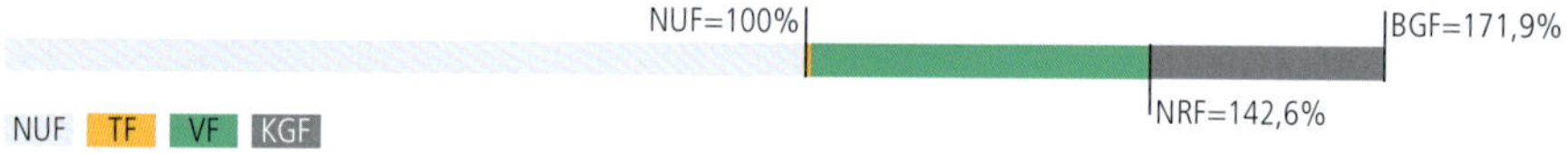

Brutto-Rauminhalt des Bauwerks		Menge Einheit	BRI/NUF (m)	BRI/BGF (m)
BRI	Brutto-Rauminhalt	18.732,00 m³	5,56	3,24

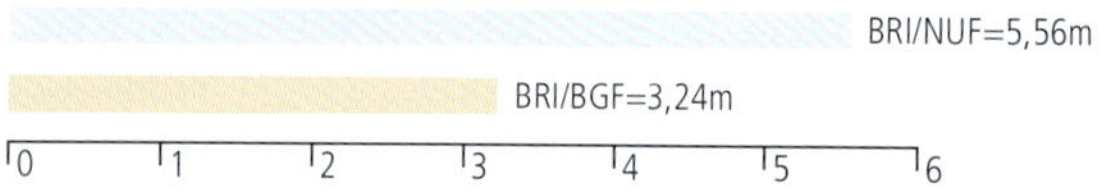

Kostenkennwerte für die Kostengruppen der 1.Ebene DIN 276

KG	Kostengruppen (1. Ebene)	Einheit	Kosten €	€/Einheit	€/m² BGF	€/m³ BRI	% 300+400
100	Grundstück	m² GF	–	–	–	–	–
200	Vorbereitende Maßnahmen	m² GF	–	–	–	–	–
300	Bauwerk – Baukonstruktionen	m² BGF	6.895.946	1.191,03	1.191,03	368,14	77,8
400	Bauwerk – Technische Anlagen	m² BGF	1.965.514	339,47	339,47	104,93	22,2
	Bauwerk 300+400	**m² BGF**	**8.861.460**	**1.530,50**	**1.530,50**	**473,07**	**100,0**
500	Außenanlagen und Freiflächen	m² AF	–	–	–	–	–
600	Ausstattung und Kunstwerke	m² BGF	–	–	–	–	–
700	Baunebenkosten	m² BGF	–	–	–	–	–
800	Finanzierung	m² BGF	–	–	–	–	–

KG	Kostengruppe	Menge Einheit	Kosten €	€/Einheit	%
3+4	**Bauwerk**				**100,0**
300	**Bauwerk – Baukonstruktionen**	5.789,91 m² BGF	6.895.946	**1.191,03**	77,8

Bodenarbeiten; Stb-Fundamentplatte, Abdichtung, Dämmung, Estrich, Bodenfliesen, Beschichtung, Recyclingmaterial; Stb-Wände, Porenbeton-Systemwandelemente, Stb-Stützen, Kunststofffenster, Dreifachverglasung, Hebe-Schiebetüren, Alu-Türen als PR-Element, Garagentor, Perimeterdämmung, Außenputz, Beschichtung, Innenputz, Wandfliesen, Pfosten-Riegel-Fassaden; Stb-Wände, KS-Mauerwerk, GK-Wände, Holztüren, Putz, Wandfliesen, Beschichtung; Stb-Elementdecken, Stb-Fertigteiltreppen, Dämmung, Heizestrich, Parkett, Bodenfliesen, Vinylböden, Dämmung, Terrassendielen, Putz, Beschichtung, Treppengeländer, Balkongeländer; Stb-Flachdächer, Oberlichter, Gefälledämmung, Abdichtung, Drain-Speicherelemente, Kies, Dachentwässerung, Intensiv-/Extensivbegrünung, Putz, Beschichtung

KG	Kostengruppe	Menge Einheit	Kosten €	€/Einheit	%
400	**Bauwerk – Technische Anlagen**	5.789,91 m² BGF	1.965.514	**339,47**	22,2

Gebäudeentwässerung, Kalt- und Warmwasserleitungen, Sanitärobjekte; Gasbrennwerttherme, Gas-Absorptionswärmepumpe; Fußbodenheizung; Elektroinstallation, Beleuchtung, zehn Elektro-Ladestationen für Elektroautos; Personenaufzug

6100-1649
Mehrfamilienhaus
(31 WE)
Gewerbe (3 GE)

Objektübersicht

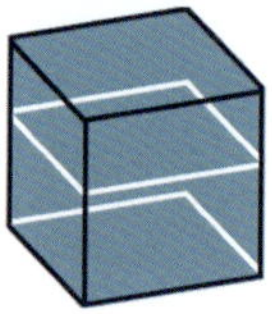

BRI 992 €/m³

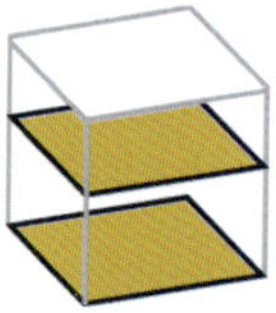

BGF 3.126 €/m²

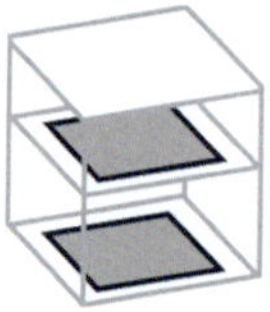

NUF 4.504 €/m²

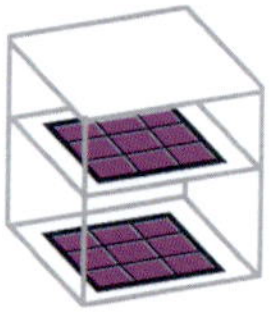

NE 5.363 €/NE

NE: Wohnfläche

Objekt:
Kennwerte: 1. Ebene DIN 276
BRI: 14.888 m³
BGF: 4.722 m²
NUF: 3.278 m²
Bauzeit: 87 Wochen
Bauende: 2023
Standard: Durchschnitt
Bundesland: Baden-Württemberg
Kreis: Mannheim, Stadt

Architekt*in:
Wandel Lorch
Götze Wach GmbH
Kaiserstraße 39
60329 Frankfurt am Main

Bauherr*in:
Wohnwerk Rhein-Neckar
GmbH & Co. KG
Albert-Camus-Allee 1
54294 Trier

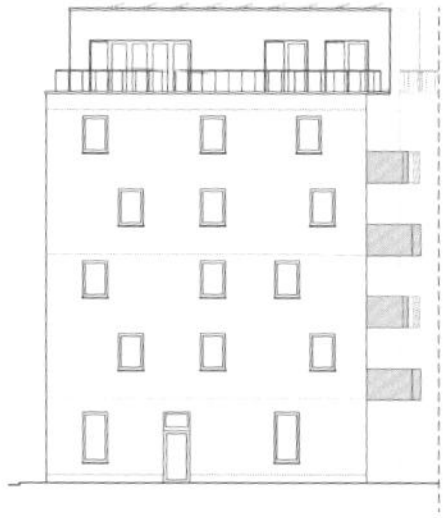

Ansicht Ost

Ansicht Nord-Ost

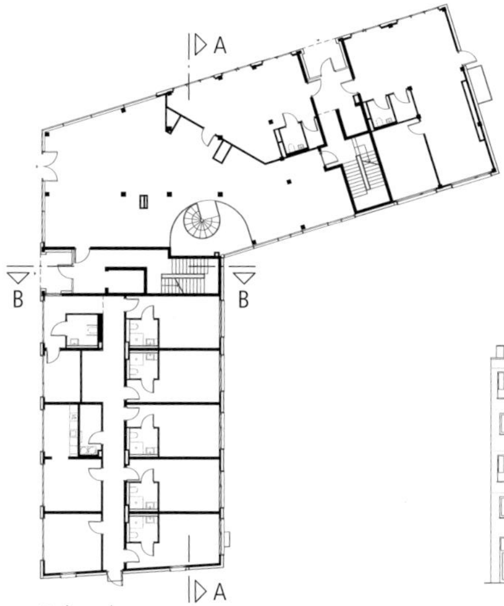

Erdgeschoss

Ansicht Süd-West

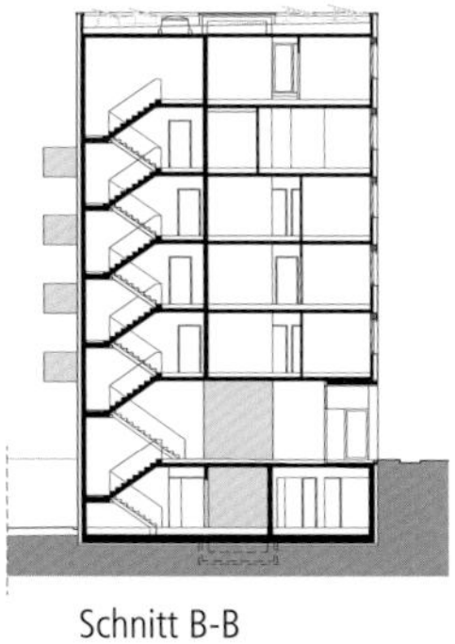

Schnitt B-B

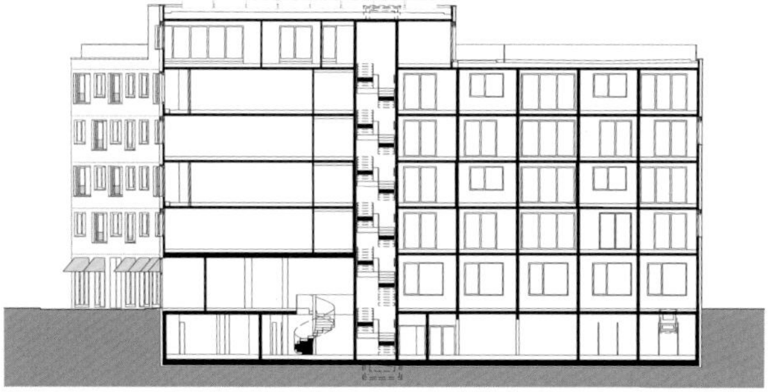

Schnitt A-A

Objektbeschreibung

Allgemeine Objektinformationen

Das Bauvorhaben ist Teil eines neuen Quartiers mit besonderem Fokus auf Nachhaltigkeit, klimagerechte Stadtentwicklung und sozialem Miteinander. Das Gebäude versucht einen Paradigmenwechsel im Wohnungsbau. Durch die Kombination unterschiedlicher Wohnformen mit gemeinschaftlich genutzten Räumen wird eine Reduktion der Wohnfläche pro Bewohner auf ca. 30m² erreicht. Im EG und UG befinden sich drei kleine Gewerbeeinheiten.

Nutzung

1 Untergeschoss
Gewerbe: Büros, Besprechungsraum

Allgemein: Gemeinschaftszone, Fitnessraum, WCs, Abstellräume, Fahrradkeller, Müllraum, Traforäume, Schaltraum, Technikräume, Terrasse

1 Erdgeschoss
Gewerbe: Büros, WCs

1 Wohnung: Wohnraum, Speiseraum, Küche, Schlafräume, Büro, Bäder, WCs, Abstellraum

4 Obergeschosse
28 Wohnungen: Wohnen, Essen, Küche, Schlafräume, Bäder, Balkone

1 Dachgeschoss
2 Wohnungen: Wohnen, Essen, Küche, Schlafräume, Bäder, Abstellräume, Terrassen

Nutzeinheiten

Wohneinheiten: 31
Wohnfläche: 2.753m²

Grundstück

Bauraum: Freier Bauraum
Neigung: Ebenes Gelände
Bodenklasse: BK 3 bis BK 4

Markt

Hauptvergabezeit: 4. Quartal 2020
Baubeginn: 2. Quartal 2021
Bauende: 1. Quartal 2023
Konjunkturelle Gesamtlage: über Durchschnitt
Regionaler Baumarkt: über Durchschnitt

Baukonstruktion

Zentrales Ziel der Planung im Sinne des Einsatzes von nachwachsenden Rohstoffen war es, das Gebäude möglichst weitgehend in Holzbauweise zu errichten. Das UG, Teile der Decke über dem EG sowie beide Treppenhauskerne wurden in Beton ausgeführt. Das übrige Gebäude wurde als massiver Holzbau errichtet. Die Böden wurden mit Parkett, Fliesen und textilen Belägen ausgestattet. Die Kunststoff- und Aluminiumfenster sowie die Pfosten-Riegelfassaden sind mit einer Dreifachverglasung versehen. Die Fassaden erhielten ein Wärmedämmverbundsystem. Die Balkone wurden in einer Stahl-Holzkonstruktion vor die Fassade gehängt. Das Dach erhielt eine extensive Begrünung.

Technische Anlagen

Das Gebäude wurde an das Fernwärmenetz angeschlossen. Die Heizungsverteilung erfolgt über Fußbodenheizung und Plattenheizkörper. Innenliegende Badezimmer erhielten eine Abluftanlage mit integriertem Feuchtesensor für die Raumentlüftung. Auf der Dachfläche befindet sich eine PV-Anlage, die im Mieterstrommodell genutzt wird. Zwei Aufzüge dienen der barrierefreien Erschließung.

Sonstiges

Die unterschiedlichen Farbkonzepte der Eingänge und Treppenhäuser bieten den Bewohnern eine Möglichkeit der Identifikation mit dem Gebäude. Das Gebäude erfüllt den KfW-Energieeffizienzstandard 40.

Energetische Kennwerte

Gesetzliche Grundlage: GEG 2020
Gebäudenutzfläche: 3.349,60m²
Gebäudevolumen: 10.467,50m³
A/V_e-Verhältnis (Kompaktheit): 0,27m⁻¹
Hüllfläche des beheizten Volumens: 2.867,20m²
Spez. Transmissionswärmeverlust: 0,31W/(m²·K)
Jahresprimärenergie: 62.225,00kWh/a
Spez. Jahresprimärenergiebedarf: 18,60kWh/(m²·a)
Jahresendenergiebedarf: 137.479,00kWh/a
Jahresheizwärmebedarf: 77.105,00kWh/a
Spez. Jahresheizwärmebedarf: 23,02kWh/(m²·a)

Energetische Angaben zu Außenbauteilen

Außenwand

U-Wert: 0,16 W/(m²·K)

Gesamtdicke: 33,00 cm	d [cm]	l [W/(m·K)]
GK-Platte	1,00	0,250
GK-Platte	1,00	0,250
Holz	10,00	0,130
Klebstoff	1,00	1,600
Dämmung	18,00	0,035
Armierung	1,00	1,000
Außenputz	1,00	0,250

Dach

U-Wert: 0,08 W/(m²·K)

Gesamtdicke: 45,50 cm	d [cm]	l [W/(m·K)]
Holz	14,00	0,130
Bitumenbahn	0,50	0,170
Dämmung	16,00	0,023
Gefälledämmung	15,00	0,035

Planungskennwerte für Flächen und Rauminhalte nach DIN 277

Flächen des Grundstücks		Menge Einheit	% an GF
BF	Bebaute Fläche	794,00 m²	53,9
UF	Unbebaute Fläche	679,00 m²	46,1
GF	Grundstücksfläche	1.473,00 m²	100,0

Grundflächen des Bauwerks		Menge Einheit	% an NUF	% an BGF
NUF	Nutzungsfläche	3.277,67 m²	100,0	69,4
TF	Technikfläche	59,46 m²	1,8	1,3
VF	Verkehrsfläche	715,75 m²	21,8	15,2
NRF	Netto-Raumfläche	4.052,88 m²	123,7	85,8
KGF	Konstruktions-Grundfläche	669,43 m²	20,4	14,2
BGF	Brutto-Grundfläche	4.722,31 m²	144,1	100,0

Brutto-Rauminhalt des Bauwerks		Menge Einheit	BRI/NUF (m)	BRI/BGF (m)
BRI	Brutto-Rauminhalt	14.887,80 m³	4,54	3,15

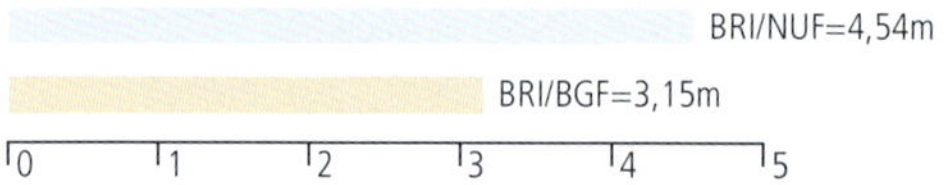

Kostenkennwerte für die Kostengruppen der 1.Ebene DIN 276

KG	Kostengruppen (1.Ebene)	Einheit	Kosten €	€/Einheit	€/m² BGF	€/m³ BRI	% 300+400
100	Grundstück	m² GF	–	–	–	–	–
200	Vorbereitende Maßnahmen	m² GF	–	–	–	–	–
300	Bauwerk – Baukonstruktionen	m² BGF	11.060.888	2.342,26	2.342,26	742,95	74,9
400	Bauwerk – Technische Anlagen	m² BGF	3.700.570	783,64	783,64	248,56	25,1
	Bauwerk 300+400	**m² BGF**	**14.761.459**	**3.125,90**	**3.125,90**	**991,51**	**100,0**
500	Außenanlagen und Freiflächen	m² AF	465.685	616,80	98,61	31,28	3,2
600	Ausstattung und Kunstwerke	m² BGF	–	–	–	–	–
700	Baunebenkosten	m² BGF	–	–	–	–	–
800	Finanzierung	m² BGF	–	–	–	–	–

KG	Kostengruppe	Menge Einheit	Kosten €	€/Einheit	%
3+4	**Bauwerk**				**100,0**
300	**Bauwerk – Baukonstruktionen**	4.722,31 m² BGF	11.060.888	**2.342,26**	74,9

Baugrubenaushub, Baugrubenverbau; Stb-Fundamentplatte, Estrich, Epoxidharz-Beschichtung, Linoleum, Teppichboden, Bodenfliesen, Abdichtung, Sauberkeitsschicht, Perimeterdämmung; Stb-Wände, massive Brettsperrholzwände, BSH-Stützen, Stb-Stützen, Kunststofffenster, Alu-Fenster, WDVS, GK-Bekleidung, Pfosten-Riegelfassade, feststehende Markisen, Rollläden, Zip-Screens, Fassadenbegrünung, Rankgerüst; massive Brettsperrholzwände, Stb-Wände, GK-Wände, Glaswände, Stb-Stützen, Holztüren, Wandfliesen, Beschichtung; Stb-Decken, Sicht-Brettsperrholzdecken, Stb-Fertigteilbalkone, Brettsperrholzplatten, Stb-Treppen, Dämmung, Estrich, Heizestrich, Teppichboden, Parkett, Bodenfliesen, teilw. abgehängte GK-Decken, Glasgeländer, Treppengeländer; Massives Brettsperrholzdach, Dämmung, Abdichtung, Attika, Terrassenplatten, extensive Dachbegrünung, Dachentwässerung, teilw. abgehängte GK-Decken, Beschichtung

KG	Kostengruppe	Menge Einheit	Kosten €	€/Einheit	%
400	**Bauwerk – Technische Anlagen**	4.722,31 m² BGF	3.700.570	**783,64**	25,1

Gebäudeentwässerung, Kalt- und Warmwasserleitungen, Sanitärobjekte; Fernwärmeversorgung, Wohnungstationen für Warmwasser und Heizung, Plattenheizkörper, Fußbodenheizung; Einzelraumlüfter, RWA-Anlagen; Elektroinstallation, PV-Anlage (58 m²); Datenübertragungsanlage; Personenaufzüge (2St)

KG	Kostengruppe	Menge Einheit	Kosten €	€/Einheit	%
500	**Außenanlagen und Freiflächen**	755,00 m² AF	465.685	**616,80**	3,2

Oberbodenarbeiten, Bodenarbeiten; Terrassenbeläge; Treppen, Rampen, Sitzstufen; Oberbodenauftrag, Böschungssicherungen, Gehölze, Stauden, Rasen

6100-1650
Mehrfamilienhaus
(42 WE)

Objektübersicht

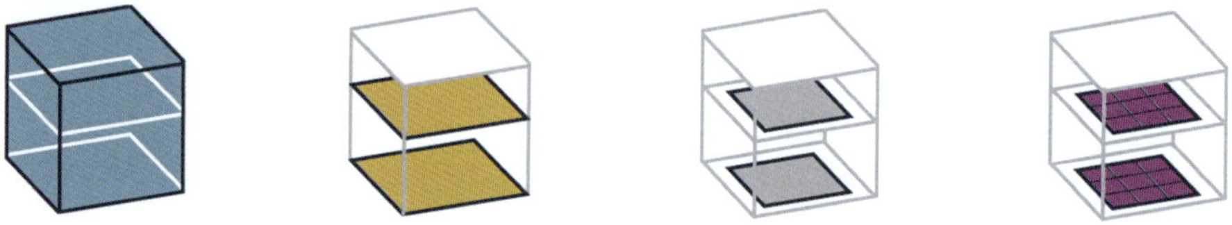

BRI 906 €/m³ | BGF 2.561 €/m² | NUF 3.804 €/m² | NE 4.392 €/NE

NE: Wohnfläche

Objekt:
Kennwerte: 1.Ebene DIN 276
BRI: 9.854 m³
BGF: 3.486 m²
NUF: 2.347 m²
Bauzeit: 70 Wochen
Bauende: 2021
Standard: Durchschnitt
Bundesland: Berlin
Kreis: Berlin, Stadt

Architekt*in:
tafkaoo architects GmbH
Adolfstraße 4
13347 Berlin

Bauherr*in:
LiM Living in Metropolises SCE
Knobelsdorffstraße 96
14050 Berlin

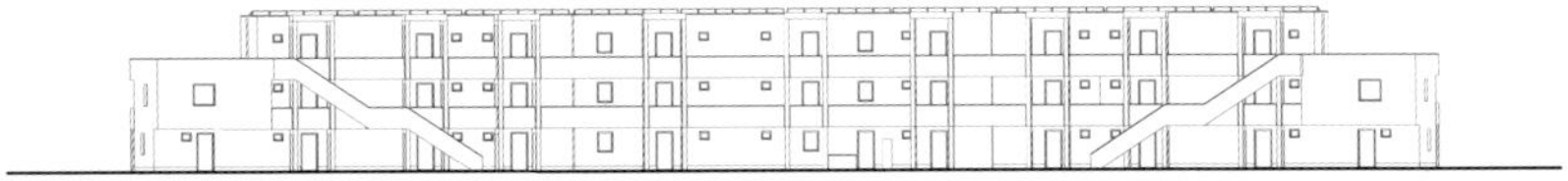

Ansicht Nord

Erdgeschoss

Obergeschoss

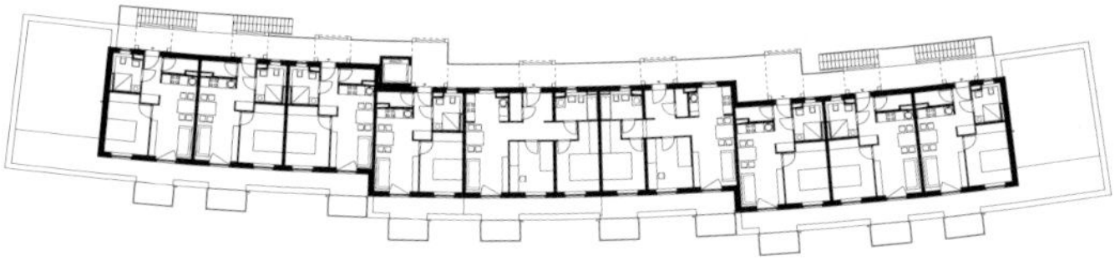

Dachgeschoss

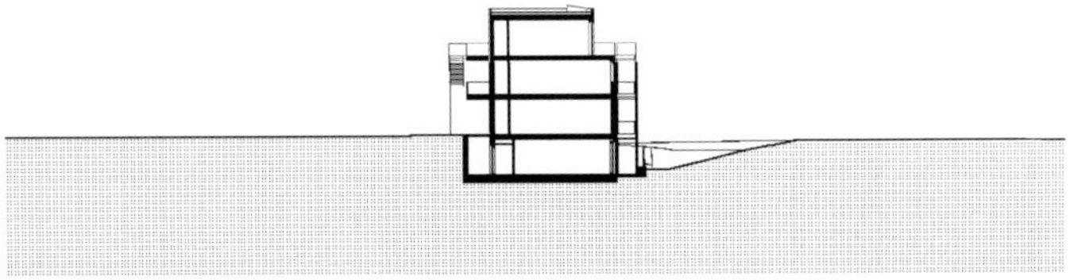

Schnitt A-A

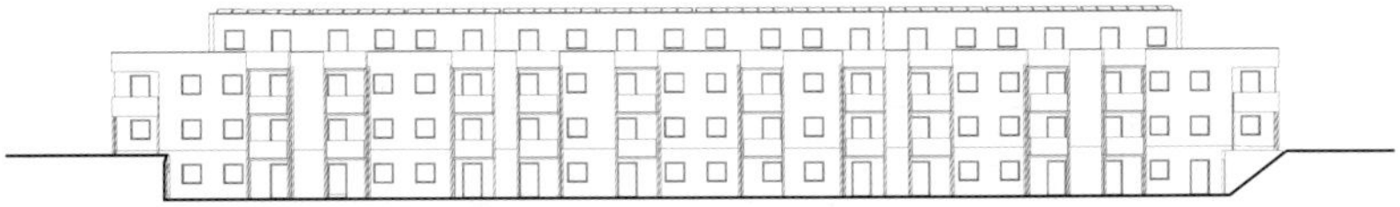

Ansicht Süd

Objektbeschreibung

Allgemeine Objektinformationen

Die Wohnanlage besteht aus einem Garten-, zwei Regel- und einem darüber liegenden Staffelgeschoss. Diese werden im Norden durch einen außenliegenden Aufzug, Treppen und externe Laubengänge erschlossen. Gemeinschaftsflächen, die zur flexiblen Nutzung oder auch als Co-Working Space zur Verfügung stehen, sind auf verschiedenen Ebenen vorgesehen.

Nutzung

1 Untergeschoss
elf Wohnungen mit Wohn-, Essküche, Schlafzimmer, Bad, Abstellen, Flur; Technik, Flur, Aufzug, Treppenhaus

1 Erdgeschoss
elf Wohnungen mit Wohn-, Essküche, Schlafzimmer, Kinderzimmer, Bad, Abstellen, Flur; Erschließungsflur, Aufzug, Treppenhaus

1 Obergeschoss
elf Wohnungen mit Wohn-, Essküche, Schlafzimmer, Kinderzimmer, Bad, Abstellen, Flur; Laubengang, Aufzug, Treppenhaus

1 Dachgeschoss
neun Wohnungen mit Wohn-, Essküche, Schlafzimmer, Kinderzimmer, Bad, Abstellen, Flur; Laubengang, Aufzug, Treppenhaus

Nutzeinheiten

Wohneinheiten: 42
Wohnfläche: 2.033 m^2

Grundstück

Bauraum: Freier Bauraum
Neigung: Ebenes Gelände
Bodenklasse: BK 2 bis BK 6

Markt

Hauptvergabezeit: 2. Quartal 2020
Baubeginn: 2. Quartal 2020
Bauende: 4. Quartal 2021
Konjunkturelle Gesamtlage: Durchschnitt
Regionaler Baumarkt: über Durchschnitt

Baukonstruktion

Das Gebäude besteht aus einem Gartengeschoss aus Stahlbeton-Fertigteilen und einem aufgesetzten dreigeschossigen Holzbau in Rahmenbauweise, welcher in vorgefertigten Elementen mit eingebauten Fenstern auf die Baustelle geliefert und montiert wurde. Tragende sowie Wohnungstrennwände bestehen ebenso wie die Decken aus CLT-Platten unterschiedlicher Dicke. Die gartenseitigen Balkone sind als Stahltürme ausgebildet und wie die Stahlbeton-Erschließungszone thermisch von der Holzkonstruktion getrennt. Die Fassaden sind mit einer Holzschalung bekleidet, rauminnenseitig wurden die Wände mit Gipskarton belegt und beschichtet. Die Böden wurden mit einem schwimmenden Estrich versehen und mit Fliesen oder Parkett belegt. Die Dachterrassen und Balkone erhielten einen Belag aus Betonplatten, das Flachdach wurde begrünt.

Technische Anlagen

Für die Bereitstellung der Wärmeenergie ist eine Wärmepumpe in Kombination mit Erdwärme-Flächenkollektoren verantwortlich. Die Heizwärmeverteilung erfolgt über Fußbodenheizungen. Ergänzend dazu liefern PV-Module, die auf dem Dach über dem Dachgeschoss montiert sind, elektrische Energie für die dezentrale Herstellung von Warmwasser über Durchlauferhitzer in den Wohneinheiten. Ein Aufzug ermöglicht die barrierefreie Erschließung aller Wohnungen.

Energetische Kennwerte

Gesetzliche Grundlage: EnEV 2013
Gebäudenutzfläche: 2.251,30 m^2
Gebäudevolumen: 7.035,20 m^3
A/V_e-Verhältnis (Kompaktheit): 0,49 m^{-1}
Hüllfläche des beheizten Volumens: 3.464,00 m^2
Spez. Transmissionswärmeverlust: 0,32 $W/(m^2 \cdot K)$
Spez. Jahresprimärenergiebedarf: 26,80 $kWh/(m^2 \cdot a)$
Spez. Jahresendenergiebedarf: 14,90 $kWh/(m^2 \cdot a)$
Spez. Jahresheizwärmebedarf: 37,70 $kWh/(m^2 \cdot a)$
Anlagenaufwandszahl: 0,83

Planungskennwerte für Flächen und Rauminhalte nach DIN 277

Flächen des Grundstücks		Menge Einheit	% an GF
BF	Bebaute Fläche	820,00 m²	42,0
UF	Unbebaute Fläche	1.132,00 m²	58,0
GF	Grundstücksfläche	1.952,00 m²	100,0

Grundflächen des Bauwerks		Menge Einheit	% an NUF	% an BGF
NUF	Nutzungsfläche	2.346,76 m²	100,0	67,3
TF	Technikfläche	42,64 m²	1,8	1,2
VF	Verkehrsfläche	562,19 m²	24,0	16,1
NRF	Netto-Raumfläche	2.951,59 m²	125,8	84,7
KGF	Konstruktions-Grundfläche	534,27 m²	22,8	15,3
BGF	Brutto-Grundfläche	3.485,86 m²	148,5	100,0

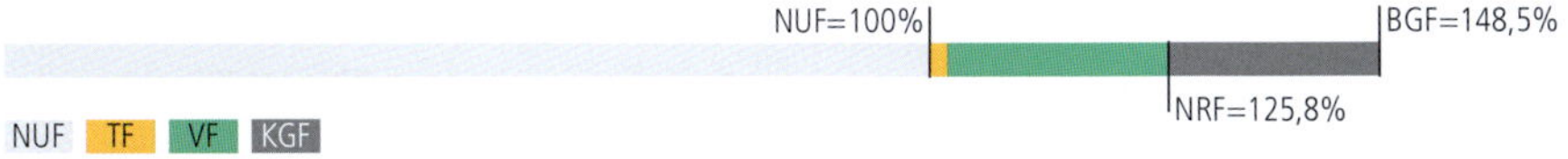

Brutto-Rauminhalt des Bauwerks		Menge Einheit	BRI/NUF (m)	BRI/BGF (m)
BRI	Brutto-Rauminhalt	9.854,19 m³	4,20	2,83

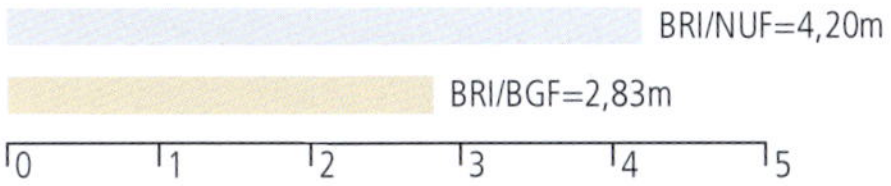

Kostenkennwerte für die Kostengruppen der 1.Ebene DIN 276

KG	Kostengruppen (1.Ebene)	Einheit	Kosten €	€/Einheit	€/m²BGF	€/m³BRI	%300+400
100	Grundstück	m²GF	–	–	–	–	–
200	Vorbereitende Maßnahmen	m²GF	–	–	–	–	–
300	Bauwerk – Baukonstruktionen	m²BGF	7.221.267	2.071,59	2.071,59	732,81	80,9
400	Bauwerk – Technische Anlagen	m²BGF	1.706.395	489,52	489,52	173,16	19,1
	Bauwerk 300+400	**m²BGF**	**8.927.663**	**2.561,11**	**2.561,11**	**905,98**	**100,0**
500	Außenanlagen und Freiflächen	m²AF	–	–	–	–	–
600	Ausstattung und Kunstwerke	m²BGF	–	–	–	–	–
700	Baunebenkosten	m²BGF	–	–	–	–	–
800	Finanzierung	m²BGF	–	–	–	–	–

KG	Kostengruppe	Menge Einheit	Kosten €	€/Einheit	%
3+4	**Bauwerk**				**100,0**
300	**Bauwerk – Baukonstruktionen**	3.485,86 m²BGF	7.221.267	**2.071,59**	80,9

Bodenarbeiten; Stb-Bodenplatte, Dämmung Heizestrich, Parkett, Bodenfliesen, Betonplatten, Perimeterdämmung; Stb-Fertigteilwände, Holzrahmenwände, Stb-Stützen, Stb-Laubengänge, Fenster, Zweifachverglasung, Wohnungstüren, Dämmung, Holzschalung, GK-Vorsatzschalung, Beschichtung, Wandfliesen; Stb-Wände, GK-Wände, Holztüren, GK-Vorsatzschalen, Beschichtung, Wandfliesen; Stb-Fertigteildecken, CLT-Brettsperrholzdecken, Schüttung, TS-Dämmung, Heizestrich, Parkettbeläge, Bodenfliesen, Stahltreppen, Stahl-Balkontürme, Stahl-Balkongeländer; CLT-Sperrholzflachdach, Oberlichter, Dämmung, Abdichtung, Dachentwässerung, Dachbegrünung

KG	Kostengruppe	Menge Einheit	Kosten €	€/Einheit	%
400	**Bauwerk – Technische Anlagen**	3.485,86 m²BGF	1.706.395	**489,52**	19,1

Gebäudeentwässerung, Kalt- und Warmwasserleitungen, dezentrale Warmwassererzeugung, Durchlauferhitzer; Sanitärobjekte; Wasser-Sole-Wärmepumpe mit Erdwärme-Flächenkollektoren, Fußbodenheizung; PV-Anlage, Elektroinstallation; Personenaufzug

6100-1651
Mehrfamilienhaus
(3 WE)
Praxis

Objektübersicht

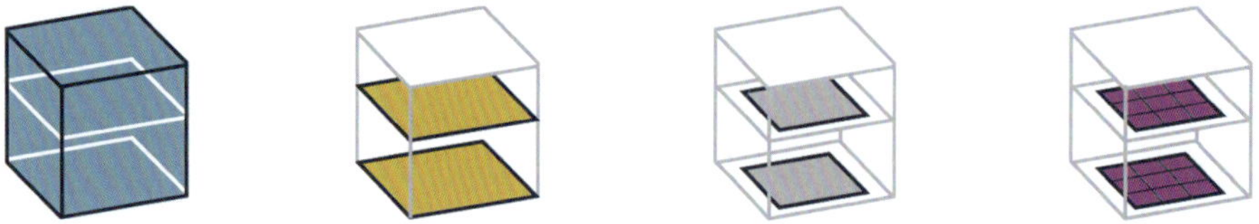

BRI 579 €/m³ **BGF 1.755 €/m²** **NUF 2.676 €/m²** **NE 4.706 €/NE**

NE: Wohnfläche

Objekt:
Kennwerte: 1. Ebene DIN 276
BRI: 1.943 m³
BGF: 641 m²
NUF: 420 m²
Bauzeit: 70 Wochen
Bauende: 2022
Standard: über Durchschnitt
Bundesland: Bayern
Kreis: Oberallgäu

Architekt*in:
brack architekten
Brennergasse 9
87435 Kempten

© Matthias Baumgartner

© Matthias Baumgartner

© Matthias Baumgartner

© Matthias Baumgartner

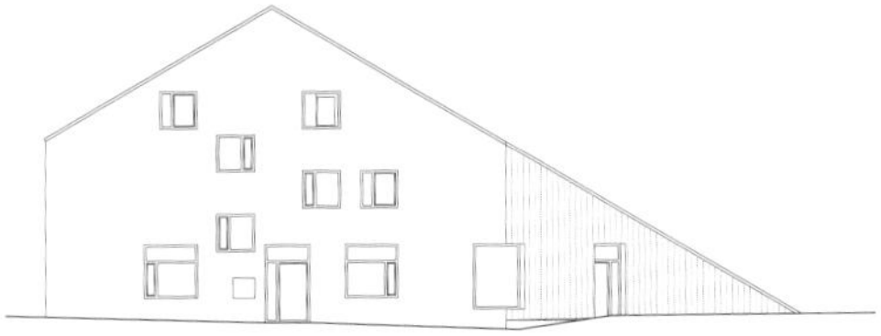

Ansicht Nord

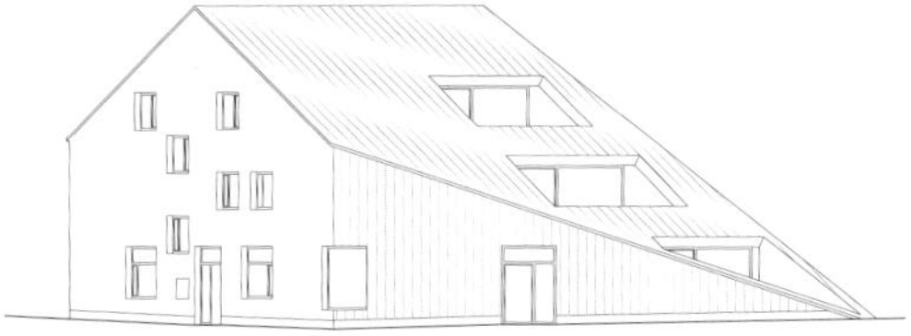

Ansicht West

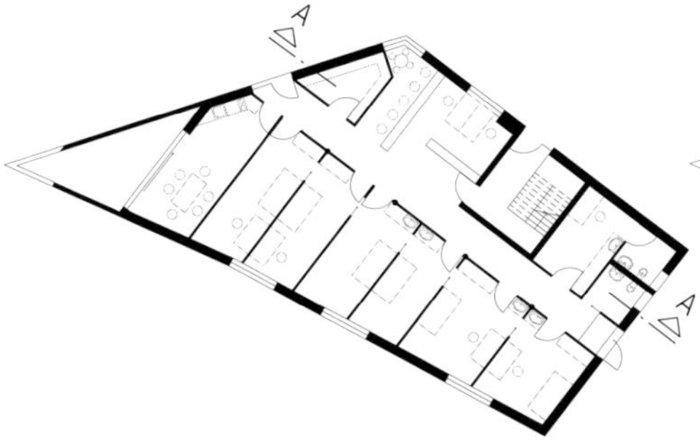

Erdgeschoss

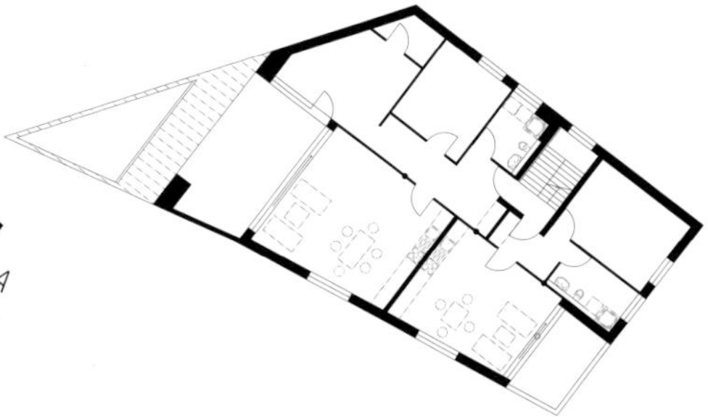

Obergeschoss

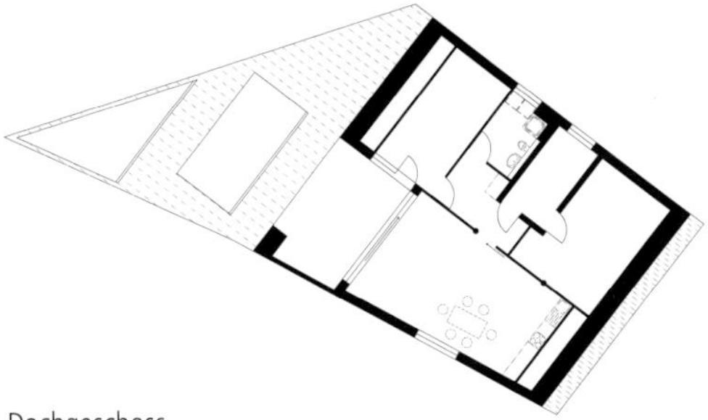

Dachgeschoss

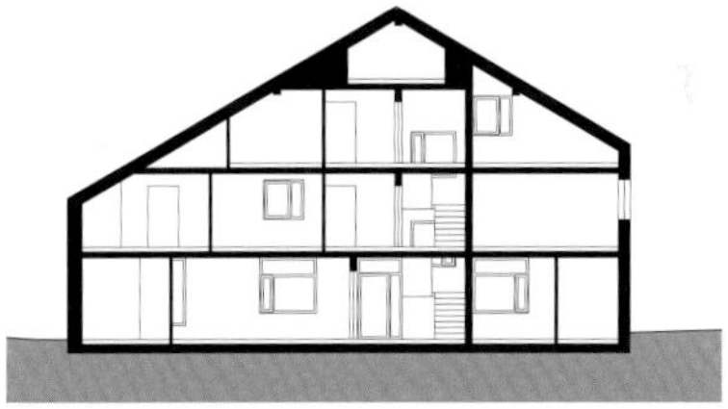

Schnitt A-A

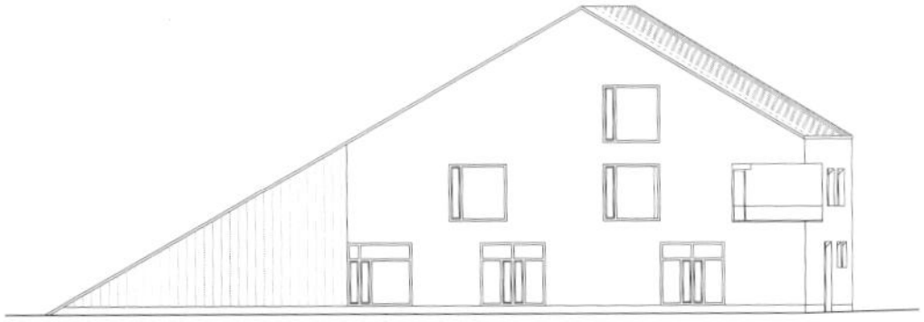

Ansicht Süd

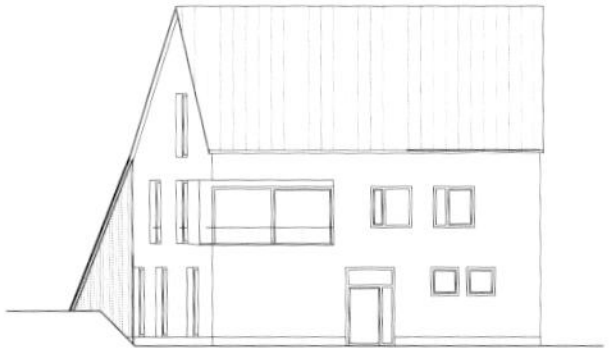

Ansicht Ost

Objektbeschreibung

Allgemeine Objektinformationen

Auf einem sehr schmalen und auf zwei Seiten spitz zulaufenden Grundstück sollten eine Praxis und drei Wohnungen untergebracht werden. Durch eine geschickte Anwendung der gültigen Abstandsflächenregeln entstand ein Gebäude mit einer rollstuhlgerechten Praxis auf 200m² Nutzungsfläche im Erdgeschoss sowie drei individuelle 2- bzw. 3-Zimmer-Wohnungen in Ober- und Dachgeschoss. Jede Wohnung verfügt über einen großzügigen Freibereich wie Terrasse, Dachterrasse oder Loggia.

Nutzung

1 Erdgeschoss
Praxis: Empfang, Wartebereich, Behandlungszimmer, Labor, WCs, Personalraum, Lager, Flur, Terrasse

1 Obergeschoss
2 WE: Wohn-Essküche, Schlafen, Bad, Flur, Loggia
Treppenhaus

1 Dachgeschoss
1 WE: Wohn- Essküche, Schlafen, Bad, Flur, Dachterrasse
Treppenhaus, Technik

Nutzeinheiten

Wohneinheiten: 3
Wohnfläche: 239m²

Grundstück

Bauraum: Beengter Bauraum
Neigung: Geneigtes Gelände
Bodenklasse: BK 3 bis BK 5

Besonderer Kosteneinfluss Grundstück
Besonderen Auflagen durch die Nähe der Bahnlinie und Staatsstraße

Markt

Hauptvergabezeit: 3.Quartal 2020
Baubeginn: 4.Quartal 2020
Bauende: 1.Quartal 2022
Konjunkturelle Gesamtlage: über Durchschnitt
Regionaler Baumarkt: unter Durchschnitt

Baukonstruktion

Der Neubau gründet auf einer Stahlbeton-Bodenplatte mit Aufkantung. Das Treppenhaus wurde ebenfalls in Stahlbeton hergestellt, alle Außenwände sind in Holzständerbauweise mit Holz-Weichfaserdämmung gefertigt. Es wurden Holz-Alufenster eingebaut, die Fassaden sind teilweise verputzt, teilweise holzverschalt. Aus Gründen des Schallschutzes wurden die Decken als sichtbare Massivholzdecken mit erhöhtem Trittschallschutz errichtet. Die Böden wurden mit Linoleum und Fliesen belegt, auf den Terrassenböden sind Lärchenholzdielen verbaut. Die mit Fliesen belegte Stahlbetontreppe erhielt ein massives Stahlplattengeländer. Das Dach ist mit einer Edelstahl-Banddeckung eingedeckt.

Technische Anlagen

Eine Solewärmepumpe mit drei ca. 100m tiefen Erdsonden versorgt das Gebäude mit Wärme. Eine Fußbodenheizung verteilt die Heizwärme in allen Geschossen. Die Frischwasserbereitung erfolgt mit Hilfe von Wohnungsstationen in jeder Einheit. Eine PV-Anlage mit 27kWp sorgt für die Eigenstromversorgung. Das Erdgeschoss wird Mithilfe einer zentralen Lüftungsanlage mit Wärmerückgewinnung mit Frischluft versorgt.

Sonstiges

Die Außenanlage zu dem Gebäude ist unter der Objektnummer 6100-1653 separat dokumentiert.

Energetische Kennwerte

Gesetzliche Grundlage: EnEV 2013
Gebäudenutzfläche: 545,00m²
Gebäudevolumen: 1.702,00m³
Hüllfläche des beheizten Volumens: 908,00m²
Spez. Transmissionswärmeverlust: 0,27W/(m²·K)
Spez. Jahresprimärenergiebedarf: 12,53kWh/(m²·a)

Energetische Angaben zu Außenbauteilen

Bodenplatte

U-Wert: 0,17 W/(m²·K)

Gesamtdicke: 80,05 cm	d [cm]	l [W/(m·K)]
Fliesen	1,00	1,300
Estrich	6,50	1,400
Trittschalldämmung	3,50	0,045
Dämmung	4,00	0,040
Abdichtung	0,05	0,170
Stahlbeton	25,00	2,300
Schaumglasschotter	40,00	0,105

Außenwand

U-Wert: 0,16 W/(m²·K)

Gesamtdicke: 33,50 cm	d [cm]	l [W/(m·K)]
GF-Platte	1,00	0,320
Dämmung	4,00	0,040
Holz	4,00	0,130
OSB-Platte	1,50	0,130
Dämmung	20,00	0,040
Holz	20,00	0,130
Holzfaserplatte	6,00	0,050
Außenputz	1,00	1,000

Dachterrasse

U-Wert: 0,15 W/(m²·K)

Gesamtdicke: 32,55 cm	d [cm]	l [W/(m·K)]
Holz	20,00	0,130
Dampfsperre	0,40	0,170
Dämmung	12,00	0,025
Abdichtung	0,15	0,170

Dach

U-Wert: 0,15 W/(m²·K)

Gesamtdicke: 35,57 cm	d [cm]	l [W/(m·K)]
GK-Platte	1,25	0,250
OSB-Platte	1,50	0,130
PE-Folie	0,02	0,330
Dämmung	24,00	0,040
Holz	24,00	0,130
Holz	2,50	0,130
Abdichtung	0,31	2,300
Holzfaserplatte	6,00	0,042

Planungskennwerte für Flächen und Rauminhalte nach DIN 277

Flächen des Grundstücks		Menge Einheit	% an GF
BF	Bebaute Fläche	254,44 m²	38,4
UF	Unbebaute Fläche	408,56 m²	61,6
GF	Grundstücksfläche	663,00 m²	100,0

Grundflächen des Bauwerks		Menge Einheit	% an NUF	% an BGF
NUF	Nutzungsfläche	420,39 m²	100,0	65,6
TF	Technikfläche	17,70 m²	4,2	2,8
VF	Verkehrsfläche	81,51 m²	19,4	12,7
NRF	Netto-Raumfläche	519,60 m²	123,6	81,1
KGF	Konstruktions-Grundfläche	121,40 m²	28,9	18,9
BGF	Brutto-Grundfläche	641,00 m²	152,5	100,0

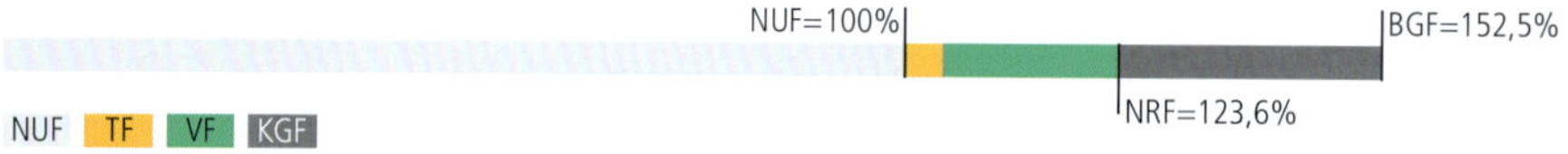

Brutto-Rauminhalt des Bauwerks		Menge Einheit	BRI/NUF (m)	BRI/BGF (m)
BRI	Brutto-Rauminhalt	1.942,77 m³	4,62	3,03

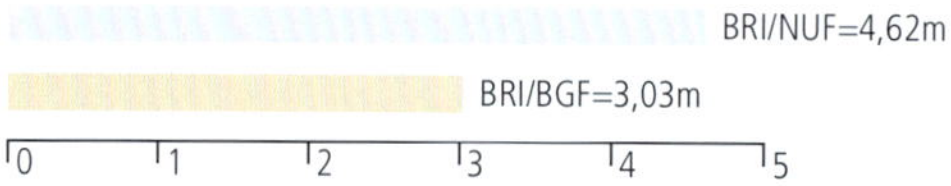

Kostenkennwerte für die Kostengruppen der 1. Ebene DIN 276

KG	Kostengruppen (1. Ebene)	Einheit	Kosten €	€/Einheit	€/m² BGF	€/m³ BRI	% 300+400
100	Grundstück	m² GF	–	–	–	–	–
200	Vorbereitende Maßnahmen	m² GF	–	–	–	–	–
300	Bauwerk – Baukonstruktionen	m² BGF	886.363	1.382,78	1.382,78	456,24	78,8
400	Bauwerk – Technische Anlagen	m² BGF	238.808	372,56	372,56	122,92	21,2
	Bauwerk 300+400	**m² BGF**	**1.125.171**	**1.755,34**	**1.755,34**	**579,16**	**100,0**
500	Außenanlagen und Freiflächen	m² AF	–	–	–	–	–
600	Ausstattung und Kunstwerke	m² BGF	–	–	–	–	–
700	Baunebenkosten	m² BGF	–	–	–	–	–
800	Finanzierung	m² BGF	–	–	–	–	–

KG	Kostengruppe	Menge Einheit	Kosten €	€/Einheit	%
3+4	**Bauwerk**				**100,0**
300	**Bauwerk – Baukonstruktionen**	641,00 m² BGF	886.363	**1.382,78**	78,8

Bodenarbeiten; Stb-Bodenplatte, Abdichtung, Dämmung, Heizestrich, Bodenfliesen, Linoleum, Lärchenholzdielen, Schaumglasschotter; Stb-Aufkantung, Stb-Wände, Holzrahmenwände, Dämmung, Holz-Alufenster, Holz-Alutüre, OSB-Platten, Holzfaserdämmplatten, Putz, Holzbekleidung, Gipsfaserplatten, Beschichtung, Wandfliesen, Raffstores; Stb-Wände, GK-Wände, Holz-Schiebetüren, Holztüren, Gipsfaserplatten, Beschichtung, Wandfliesen; Massivholzdecken, Stb-Treppe, Dämmung, Heizestrich, Linoleum, Bodenfliesen, Lärchen-Terrassendielen, abgehängte Rasterdecken, massives Stahlplattengeländer; Holz-Sparren-Pfettendach, Weichfaserdämmung, Schalung, Edelstahl-Banddeckung, Dachentwässerung

KG	Kostengruppe	Menge Einheit	Kosten €	€/Einheit	%
400	**Bauwerk – Technische Anlagen**	641,00 m² BGF	238.808	**372,56**	21,2

Gebäudeentwässerung, Kalt- und Warmwasserleitungen, Wohnungsstationen, Sanitärobjekte; Wasser-Sole-Wärmepumpe 20kW, 100m tiefe Erdsonden, Pufferspeicher 950l, Fußbodenheizung; zentrale Lüftungsanlage mit Wärmerückgewinnung, feuchtegesteuerte Bad-Entlüfter; PV-Anlage 126m², Elektroinstallation, Beleuchtung; LAN-Anschlüsse

6100-1654
Einfamilienhaus
Doppelgarage

Objektübersicht

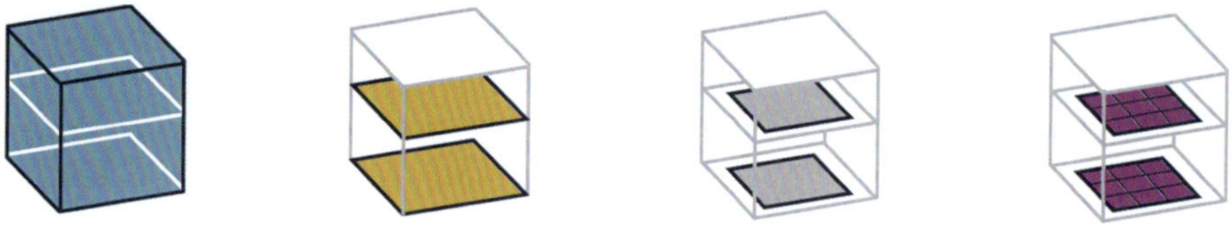

BRI **672 €/m³**

BGF **2.402 €/m²**

NUF **3.563 €/m²**

NE **3.784 €/NE**
NE: Wohnfläche

Objekt:
Kennwerte: 1. Ebene DIN 276
BRI: 1.272 m³
BGF: 356 m²
NUF: 240 m²
Bauzeit: 78 Wochen
Bauende: 2021
Standard: über Durchschnitt
Bundesland: Niedersachsen
Kreis: Hannover, Region

Architekt*in:
Zymara Loitzenbauer Giesecke
Architekten BDA
Im Moore 17b
30167 Hannover

© Olaf Mahlstedt

Zeichnungen

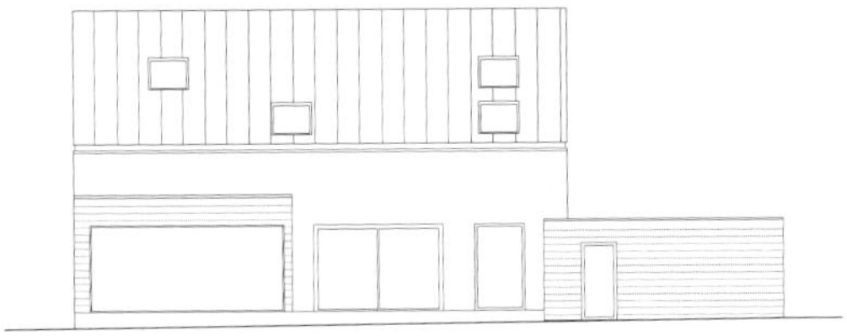

Ansicht West

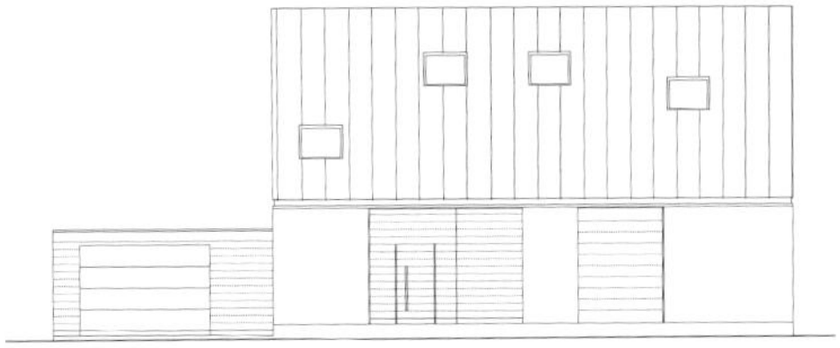

Ansicht Ost

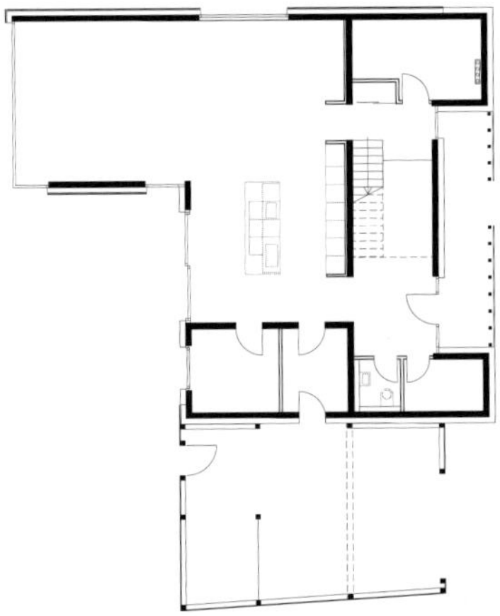

Erdgeschoss

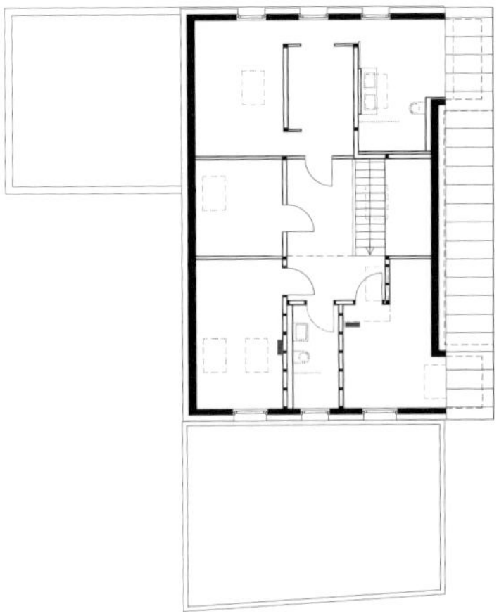

Obergeschoss

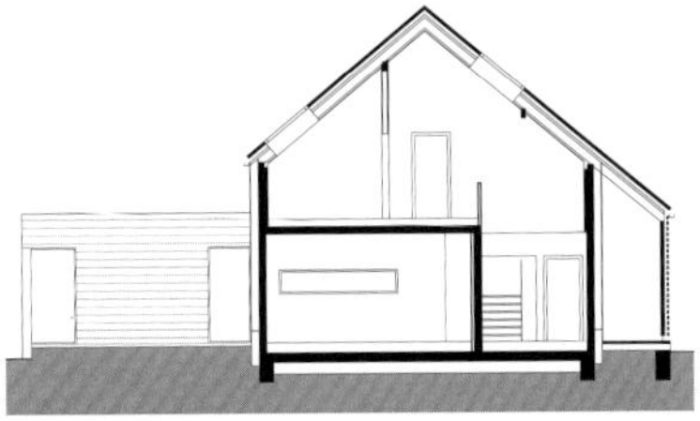

Schnitt A-A

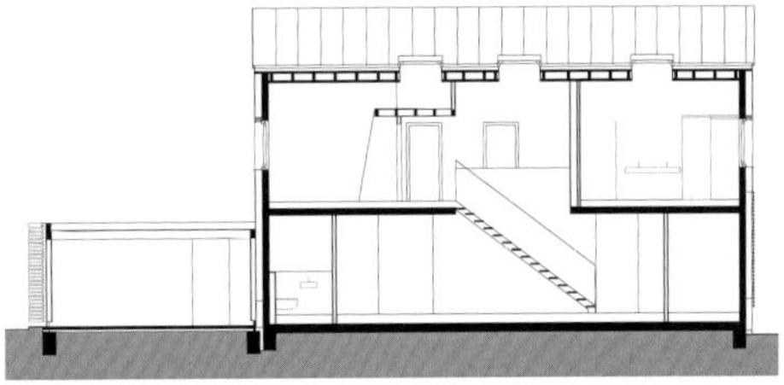

Schnitt B-B

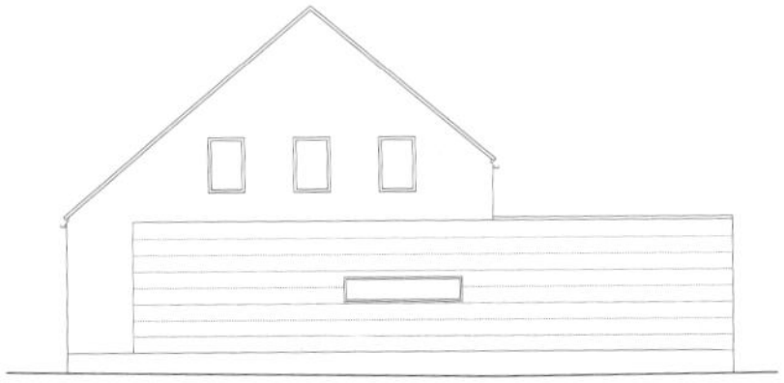

Ansicht Nord

Ansicht Süd

Objektbeschreibung

Allgemeine Objektinformationen

Das Einfamilienhaus besteht aus einem zentralen Satteldachhaus, das durch zwei eingeschobene, eingeschossige Kuben ergänzt wird. Es wurde auf einem unbebauten Grundstück im Ortskern errichtet und behutsam in die bestehende Bebauung eingefügt. Durch die Platzierung des Gebäudes im Nordosten des Baugrundstücks wird der Straßenraum gefasst und es entsteht gleichzeitig ein großzügiger Gartenbereich.

Nutzung

1 Erdgeschoss
Wohnen/Essen/Kochen, Diele, Büro, Pantry, WC, Abstellraum, Hausanschlussraum, Terrasse, Garage

1 Dachgeschoss
Kinderzimmer (2St), Schlafzimmer, Ankleide, Bäder (2St), Hauswirtschaftsraum

Nutzeinheiten

Stellplätze: 2
Wohneinheiten: 1
Wohnfläche: 226 m^2

Grundstück

Bauraum: Freier Bauraum
Neigung: Ebenes Gelände
Bodenklasse: BK 1 bis BK 4

Markt

Hauptvergabezeit: 1. Quartal 2020
Baubeginn: 2. Quartal 2020
Bauende: 4. Quartal 2021
Konjunkturelle Gesamtlage: Durchschnitt
Regionaler Baumarkt: unter Durchschnitt

Baukonstruktion

Das Gebäude ist in Massivbauweise errichtet, die tragenden Wände sind in Kalksandstein ausgeführt. Im Erdgeschoss sind Fensterelemente mit Aluminiumprofilen, im Dachgeschoss mit Kunststoffprofilen eingebaut. Für die Wärmedämmverbundfassade wurde Mineralwolldämmstoff gewählt. Die Fassade folgt der Gebäudekubatur. Das Satteldachhaus verfügt über eine beigegraue Putzfassade, die eingeschobenen Kuben setzen sich durch horizontale Holzlamellen vom Satteldachhaus ab.

Technische Anlagen

Der Energiebedarf des Gebäudes wird über eine Erdwärmepumpe abgedeckt. Die Verteilung der Wärme und passive Kühlung erfolgt im Erdgeschoss über eine Fußbodenheizung, im Dachgeschoss ausschließlich über die Dachfläche. Der Luftaustausch ist über eine zentrale Lüftungsanlage mit Wärmerückgewinnung geregelt.

Energetische Kennwerte

Gesetzliche Grundlage: EnEV 2013
Gebäudenutzfläche: 279,70 m^2
Gebäudevolumen: 1.044,80 m^3
A/V_e-Verhältnis (Kompaktheit): 0,66 m^{-1}
Hüllfläche des beheizten Volumens: 688,70 m^2
Spez. Transmissionswärmeverlust: 0,30 $W/(m^2 \cdot K)$
Spez. Jahresprimärenergiebedarf: 34,50 $kWh/(m^2 \cdot a)$

Energetische Angaben zu Außenbauteilen

Bodenplatte

U-Wert: 0,21 W/(m²·K)

Gesamtdicke: 47,70 cm	d [cm]	l [W/(m·K)]
Holz	1,50	0,200
Estrich	6,00	1,400
Dämmung	8,00	0,025
Blähsplitt	7,00	0,055
Bitumenbahn	0,20	0,170
Stahlbeton	25,00	2,500

Außenwand

U-Wert: 0,20 W/(m²·K)

Gesamtdicke: 36,30 cm	d [cm]	l [W/(m·K)]
Innenputz	1,50	0,550
Kalksandstein	17,50	0,560
Dämmung	16,00	0,035
Außenputz	1,30	0,700

Außenwand Holz

U-Wert: 0,22 W/(m²·K)

Gesamtdicke: 33,00 cm	d [cm]	l [W/(m·K)]
Innenputz	1,50	0,550
Kalksandstein	17,50	0,560
Dämmung	14,00	0,035

Flachdach

U-Wert: 0,15 W/(m²·K)

Gesamtdicke: 41,00 cm	d [cm]	l [W/(m·K)]
Stahlbeton	20,00	2,500
Bitumenbahn	0,20	0,170
Dämmung	20,00	0,032
Bitumenbahn	0,80	0,170

Steildach

U-Wert: 0,15 W/(m²·K)

Gesamtdicke: 31,27 cm	d [cm]	l [W/(m·K)]
GK-Platte	1,25	0,210
Luftschicht ruhend	4,00	0,250
PE-Folie	0,02	0,300
Dämmung	20,00	0,032
Holz	20,00	0,130
Holzfaserplatte	6,00	0,046

Planungskennwerte für Flächen und Rauminhalte nach DIN 277

Flächen des Grundstücks		Menge Einheit	% an GF
BF	Bebaute Fläche	235,38 m²	32,8
UF	Unbebaute Fläche	481,62 m²	67,2
GF	Grundstücksfläche	717,00 m²	100,0

Grundflächen des Bauwerks		Menge Einheit	% an NUF	% an BGF
NUF	Nutzungsfläche	240,02 m²	100,0	67,4
TF	Technikfläche	10,58 m²	4,4	3,0
VF	Verkehrsfläche	41,76 m²	17,4	11,7
NRF	Netto-Raumfläche	292,36 m²	121,8	82,1
KGF	Konstruktions-Grundfläche	63,64 m²	26,5	17,9
BGF	Brutto-Grundfläche	356,00 m²	148,3	100,0

Brutto-Rauminhalt des Bauwerks		Menge Einheit	BRI/NUF (m)	BRI/BGF (m)
BRI	Brutto-Rauminhalt	1.272,26 m³	5,30	3,57

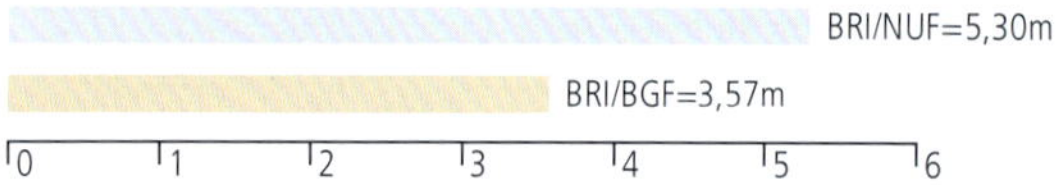

Kostenkennwerte für die Kostengruppen der 1.Ebene DIN 276

KG	Kostengruppen (1.Ebene)	Einheit	Kosten €	€/Einheit	€/m² BGF	€/m³ BRI	% 300+400
100	Grundstück	m² GF	–	–	–	–	–
200	Vorbereitende Maßnahmen	m² GF	–	–	–	–	–
300	Bauwerk – Baukonstruktionen	m² BGF	657.037	1.845,61	1.845,61	516,43	76,8
400	Bauwerk – Technische Anlagen	m² BGF	198.182	556,69	556,69	155,77	23,2
	Bauwerk 300+400	**m² BGF**	**855.220**	**2.402,30**	**2.402,30**	**672,20**	**100,0**
500	Außenanlagen und Freiflächen	m² AF	–	–	–	–	–
600	Ausstattung und Kunstwerke	m² BGF	–	–	–	–	–
700	Baunebenkosten	m² BGF	–	–	–	–	–
800	Finanzierung	m² BGF	–	–	–	–	–

KG	Kostengruppe	Menge Einheit	Kosten €	€/Einheit	%
3+4	**Bauwerk**				**100,0**
300	**Bauwerk – Baukonstruktionen**	356,00 m² BGF	657.037	**1.845,61**	76,8

Baugrubenaushub; Stb-Fundamente, Stb-Bodenplatte, Heizestrich, Parkett, Bodenfliesen, Abdichtung, Dämmung; Mauerwerkswände, Alufenster, Kunststofffenster, Garagentor, WDVS, Holzfassade, teilw. Raffstores, teilw. Markisen; Innenmauerwerk, Holzrahmenwände, GK-Wände, Wandfliesen; Stb-Decken, Stahlwangentreppe mit Holzstufen, Heizestrich, Parkett, Bodenfliesen, Glasbrüstung, Treppengeländer; Holzbalkendach, Dachfenster, Dämmung, Ziegeldeckung, Abdichtung, teilw. Attika, Dachentwässerung, GK-Decken

KG	Kostengruppe	Menge Einheit	Kosten €	€/Einheit	%
400	**Bauwerk – Technische Anlagen**	356,00 m² BGF	198.182	**556,69**	23,2

Gebäudeentwässerung, Kalt- und Warmwasserleitungen, Sanitärobjekte; Erdwärmepumpe, Fußboden-/Dachflächenheizung/-kühlung; Lüftungsanlage mit WRG; Elektroinstallation; Smart-Home-Zentrale

6100-1656
Mehrfamilienhäuser
(7 Gebäude, 82 WE)
TG (70 STP)

Objektübersicht

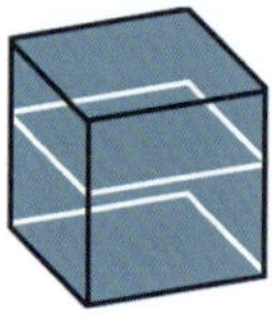

BRI 593€/m³

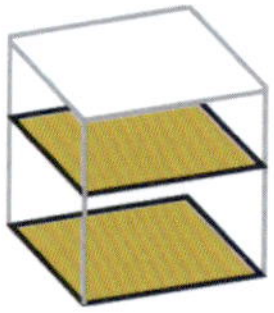

BGF 1.764€/m²

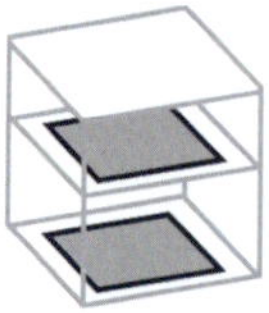

NUF 2.808€/m²

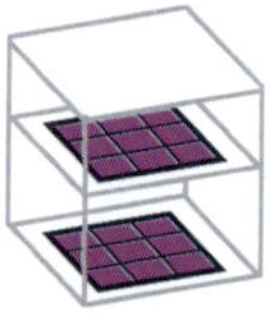

NE 3.629€/NE

NE: Wohnfläche

Objekt:
Kennwerte: 1.Ebene DIN 276
BRI: 32.268m³
BGF: 10.846m²
NUF: 6.813m²
Bauzeit: 104 Wochen
Bauende: 2021
Standard: Durchschnitt
Bundesland: Hessen
Kreis: Wiesbaden, Stadt

Architekt*in:
Kramm & Strigl
Architekten und Stadtplaner-
gesellschaft mbH
Arheilger Straße 46
64289 Darmstadt

Bauherr*in:
GWW Wiesbadener Wohn-
baugesellschaft mbH
Kronprinzenstraße 28
65185 Wiesbaden

Ansicht Süd

Erdgeschoss Haus A,B,C,D

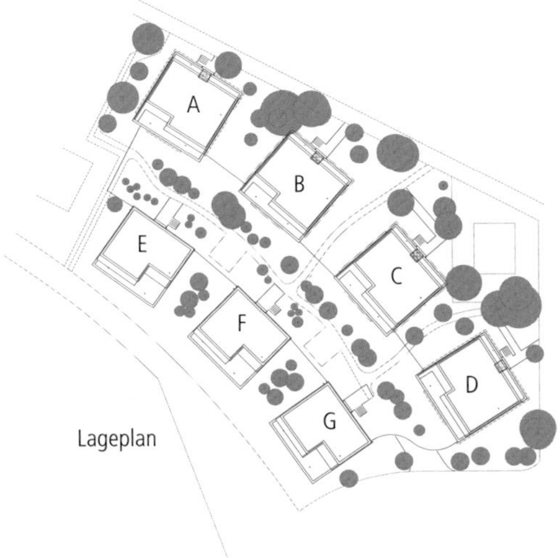

Lageplan

Erdgeschoss Haus E,F,G

2. Obergeschoss Haus A,B,C,D

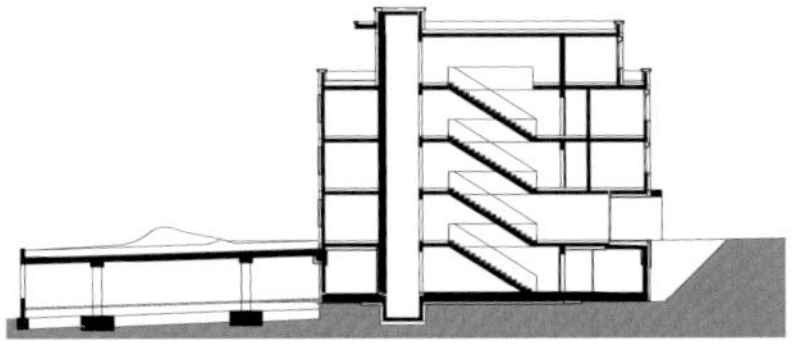

Schnitt A-A Haus A,B,C,D

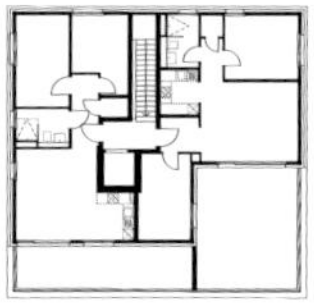

2. Obergeschoss Haus E,F,G

Ansicht Ost Haus A,B,C,D

Ansicht Ost Haus E,F,G

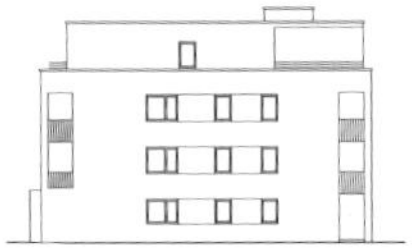

Ansicht West Haus A,B,C,D

Ansicht West Haus E,F,G

Objektbeschreibung

Allgemeine Objektinformationen

Der städtebauliche Gesamtentwurf zeichnet sich durch eine aufgelockerte Bebauungsstruktur aus, die die Topografie aufnimmt, so dass die einzelnen Baukörper dem vorhandenen Geländeverlauf folgen. Eine Natursteintrockenmauer nimmt den Höhenversprung auf. Die zu den sieben Wohnhäusern gehörigen Freiflächen wurden als gemeinschaftliche Grünbereiche ausgeführt. Die Freiflächen zwischen den beiden Häuserzeilen bilden einen grünen Erlebnisraum und laden zum Spielen wie auch zum Verweilen ein.

Nutzung

1 Untergeschoss
Tiefgarage, Abstellräume, Wasch- und Trockenraum, Fahrradkeller, Hausanschlussraum, Technikräume, Heizzentrale, Wohn-Essräume, Küchen, Schlafräume, Bäder, Terrassen

1 Erdgeschoss
Wohn-Essräume mit Küchen, Schlafräume, Bäder, Abstellräume, Technikräume, Loggien, Terrassen

2 Obergeschosse
Wohn-Essräume mit Küchen, Schlafräume, Bäder, Abstellräume, Loggien, Dachterrassen

1 Dachgeschoss
Wohn-Essräume mit Küchen, Schlafräume, Bäder, Abstellräume, Dachterrassen

Nutzeinheiten

Stellplätze: 70
Wohneinheiten: 82
Wohnfläche: 5.272 m^2

Grundstück

Bauraum: Freier Bauraum
Neigung: Hanglage
Bodenklasse: BK 4 bis BK 7

Markt

Hauptvergabezeit: 4. Quartal 2018
Baubeginn: 1. Quartal 2019
Bauende: 1. Quartal 2021
Konjunkturelle Gesamtlage: Durchschnitt
Regionaler Baumarkt: über Durchschnitt

Baukonstruktion

Die fünf Gebäude wurden in Massivbauweise erstellt, die Gründung erfolgte als Plattengründung. Die zwischen den Einzelhäusern liegende Tiefgarage wurde auf Streifen- und Punktfundamenten gegründet. Sie erhielt einen Pflasterbelag. Die Kelleraußenwände wurden in Stahlbeton mit Bauwerksabdichtung erstellt, die Raumtrennwände gemauert bzw. als Gitter-Trennwände ausgeführt. Die Außenwände der oberirdischen Geschosse sind in KS-Mauerwerk oder, soweit statisch erforderlich, in Stahlbeton errichtet. Die Gebäude sind mit einem Wärmedämmverbundsystem bekleidet, das teilweise verklinkert ist. Die Geschossdecken wurden als Stahlbeton-Flachdecken ausgeführt. Als Bodenbeläge kam Parkett oder Fliesen zur Ausführung.

Technische Anlagen

Alle 82 Wohnungen haben einen Nahwärmeanschluss; das BHKW wurde in einem der Keller untergebracht. Es ist ausgelegt für ca. 275 Wohneinheiten und somit für alle nachfolgenden Bauabschnitte. Alle Bäder und WCs erhalten eine feuchtegeregelte Abluftanlage mit je einem Dachventilator. Die Zuluftelemente sind feuchtegeregelt. Es sind Aufzüge vorhanden, die von der Tiefgarage bis in die Dachgeschosse alle Geschosse barrierefrei verbinden.

Sonstiges

Die Gestaltung der Freiflächen der Wohnanlage sieht eine offene Parkanlage vor. Ein Teil der Freiflächen befinden sich über der Tiefgarage und wurden durch eine intensive Dachbegrünung hergestellt. Die Gebäude entsprechen dem KfW Effizienzhaus 55 Standard. Die energetischen Kennwerte beziehen sich auf das Haus A.

Energetische Kennwerte

Gesetzliche Grundlage: EnEV 2013
Gebäudenutzfläche: 1.050,00 m^2
Gebäudevolumen: 3.281,13 m^3
Hüllfläche des beheizten Volumens: 1.632,30 m^2
Spez. Transmissionswärmeverlust: 0,31 W/(m^2·K)
Spez. Jahresprimärenergiebedarf: 26,50 kWh/(m^2·a)
Spez. Jahresheizwärmebedarf: 28,60 kWh/(m^2·a)
Anlagenaufwandszahl: 0,65

Energetische Angaben zu Außenbauteilen

Bodenplatte

U-Wert: 0,20 W/(m²·K)

Gesamtdicke: 56,00 cm	d [cm]	l [W/(m·K)]
Naturstein	2,00	1,000
Mörtel	1,50	1,400
Estrich	5,00	1,400
Trittschalldämmung	3,00	0,045
Dampfsperre	0,50	0,170
Dämmung	14,00	0,036
Stahlbeton	30,00	1,650

Außenwand gegen Erdreich

U-Wert: 0,26 W/(m²·K)

Gesamtdicke: 37,50 cm	d [cm]	l [W/(m·K)]
Stahlbeton	25,00	2,300
Abdichtung	0,50	0,170
Dämmung	12,00	0,034

Kellerdecke

U-Wert: 0,13 W/(m²·K)

Gesamtdicke: 52,00 cm	d [cm]	l [W/(m·K)]
PVC-Belag	0,40	0,230
Klebespachtel	0,10	0,595
Estrich	6,00	1,400
Trittschalldämmung	3,00	0,045
Dämmung	5,00	0,040
Stahlbeton	20,00	1,650
Holz	17,50	0,035

Außenwand Sockel

U-Wert: 0,23 W/(m²·K)

Gesamtdicke: 37,40 cm	d [cm]	l [W/(m·K)]
Innenputz	1,50	0,400
Mauerstein	17,50	0,990
Dämmung	16,00	0,040
Mörtel	1,00	0,700
Riemchen	1,40	1,050

Außenwand WDVS

U-Wert: 0,18 W/(m²·K)

Gesamtdicke: 37,40 cm	d [cm]	l [W/(m·K)]
Innenputz	1,50	0,400
Mauerstein	17,50	0,990
Dämmung	16,00	0,032
Mörtel	1,00	0,700
Riemchen	1,40	1,050

Decke gegen Außenluft unten

U-Wert: 0,19 W/(m²·K)

Gesamtdicke: 48,40 cm	d [cm]	l [W/(m·K)]
PVC-Belag	0,40	0,230
Kleber	0,10	0,595
Estrich	6,00	1,400
Trittschalldämmung	3,00	0,045
Dämmung	5,00	0,040
Stahlbeton	20,00	2,300
Mörtel	1,00	1,000
Dämmung	12,00	0,040
Armierung	0,50	1,000
Außenputz	0,40	0,880

Dach

U-Wert: 0,13 W/(m²·K)

Gesamtdicke: 42,50 cm	d [cm]	l [W/(m·K)]
Stahlbeton	23,00	2,300
Dampfsperre	0,50	0,170
Dämmung	12,00	0,023
Dämmung	6,00	0,028
Bitumenbahn	0,50	0,170
Bitumenbahn	0,50	0,170

Planungskennwerte für Flächen und Rauminhalte nach DIN 277

Flächen des Grundstücks		Menge Einheit	% an GF
BF	Bebaute Fläche	2.063,49 m²	31,6
UF	Unbebaute Fläche	4.461,51 m²	68,4
GF	Grundstücksfläche	6.525,00 m²	100,0

Grundflächen des Bauwerks		Menge Einheit	% an NUF	% an BGF
NUF	Nutzungsfläche	6.813,42 m²	100,0	62,8
TF	Technikfläche	227,26 m²	3,3	2,1
VF	Verkehrsfläche	2.077,34 m²	30,5	19,2
NRF	Netto-Raumfläche	9.118,02 m²	133,8	84,1
KGF	Konstruktions-Grundfläche	1.728,30 m²	25,4	15,9
BGF	Brutto-Grundfläche	10.846,32 m²	159,2	100,0

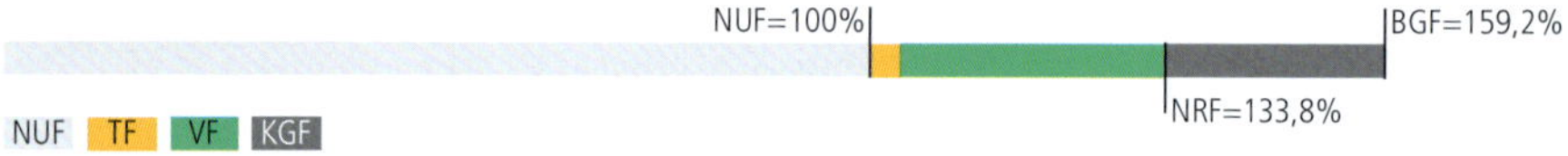

Brutto-Rauminhalt des Bauwerks		Menge Einheit	BRI/NUF (m)	BRI/BGF (m)
BRI	Brutto-Rauminhalt	32.268,28 m³	4,74	2,98

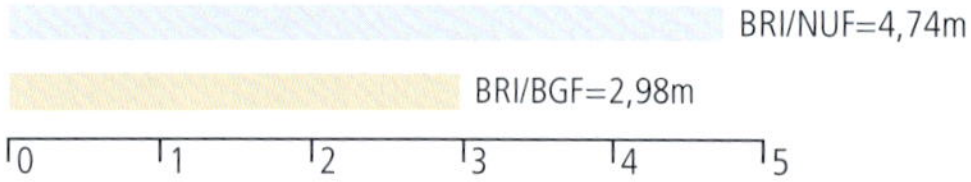

Kostenkennwerte für die Kostengruppen der 1.Ebene DIN 276

KG	Kostengruppen (1. Ebene)	Einheit	Kosten €	€/Einheit	€/m² BGF	€/m³ BRI	% 300+400
100	Grundstück	m² GF	–	–	–	–	–
200	Vorbereitende Maßnahmen	m² GF	–	–	–	–	–
300	Bauwerk – Baukonstruktionen	m² BGF	14.505.116	1.337,33	1.337,33	449,52	75,8
400	Bauwerk – Technische Anlagen	m² BGF	4.625.831	426,49	426,49	143,36	24,2
	Bauwerk 300+400	**m² BGF**	**19.130.947**	**1.763,82**	**1.763,82**	**592,87**	**100,0**
500	Außenanlagen und Freiflächen	m² AF	1.508.714	338,16	139,10	46,76	7,9
600	Ausstattung und Kunstwerke	m² BGF	–	–	–	–	–
700	Baunebenkosten	m² BGF	–	–	–	–	–
800	Finanzierung	m² BGF	–	–	–	–	–

KG	Kostengruppe	Menge Einheit	Kosten €	€/Einheit	%
3+4	**Bauwerk**				**100,0**
300	**Bauwerk – Baukonstruktionen**	10.846,32 m² BGF	14.505.116	**1.337,33**	75,8

Bodenaushub; Stb-Fundamentplatte, Stb-Fundamente, Estrich, Pflasterbelag (Tiefgarage), Anstrich, Abdichtung; Stb-Wände, KS-Mauerwerk, Stb-Stützen, Kunststofffenster, Wärmeschutzverglasung, Alu-Glastüren, Rollgittertore, WDVS mit Riemchen, elektrische Rollläden; Innenmauerwerk, Stb-Wände, GK-Wände, Stb-Stützen, Holztüren, Putz, Wandfliesen, Tapeten, Beschichtung, elementierte Kellertrennwände; Stb-Decken, Stb-Treppen, Dämmung, Estrich, Parkett, Bodenfliesen, Stahlgeländer, Treppengeländer; Stb-Dach, Dämmung, Abdichtung, Attika, extensive Dachbegrünung, außenliegende Dachentwässerung

KG	Kostengruppe	Menge Einheit	Kosten €	€/Einheit	%
400	**Bauwerk – Technische Anlagen**	10.846,32 m² BGF	4.625.831	**426,49**	24,2

Gebäudeentwässerung, Kalt- und Warmwasserleitungen, Sanitärobjekte; Nahwärmeversorgung, BHKW, Plattenheizkörper; Einzelraumlüfter, RWA-Anlagen; Elektroinstallation; Fernseh- und Antennenanlagen, Rauchmelder; Personenaufzüge (7St)

KG	Kostengruppe	Menge Einheit	Kosten €	€/Einheit	%
500	**Außenanlagen und Freiflächen**	4.461,51 m² AF	1.508.714	**338,16**	7,9

Oberbodenarbeiten, Bodenarbeiten; Wege, Feuerwehr-Aufstellflächen mit Rasenwaben; Terrassen, Stellplätze; Außenbeleuchtungsanlagen; Abfallbehälter mit Müllplatzeinhausung; Oberbodenauftrag, Gehölze, Stauden, Bäume

6100-1657
Studierenden-
apartments (11 WE)

Objektübersicht

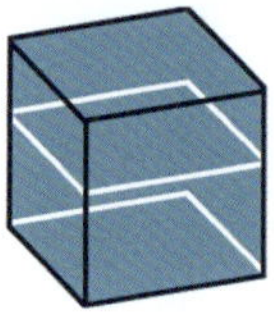

BRI 1.090 €/m³

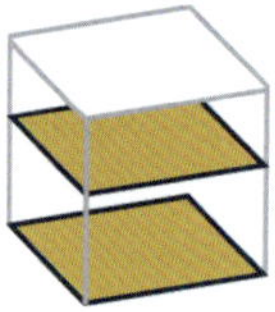

BGF 3.417 €/m²

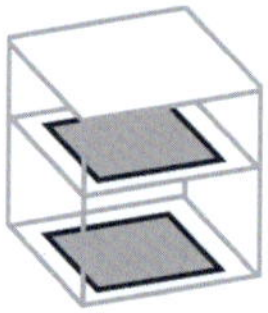

NUF 5.899 €/m²

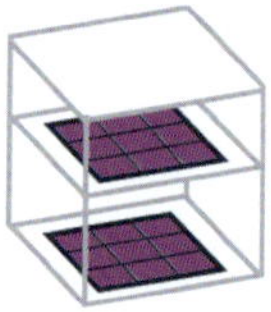

NE 5.899 €/NE

NE: Wohnfläche

Objekt:
Kennwerte: 1.Ebene DIN 276
BRI: 1.234 m³
BGF: 394 m²
NUF: 228 m²
Bauzeit: 26 Wochen
Bauende: 2021
Standard: Durchschnitt
Bundesland: Hessen
Kreis: Fulda

Architekt*in:
HfM Architektur
+ Energiedesign
Peterstor 10
36037 Fulda

Bauherr*in:
André Eydt
Am Tannenstück 20
36041 Fulda

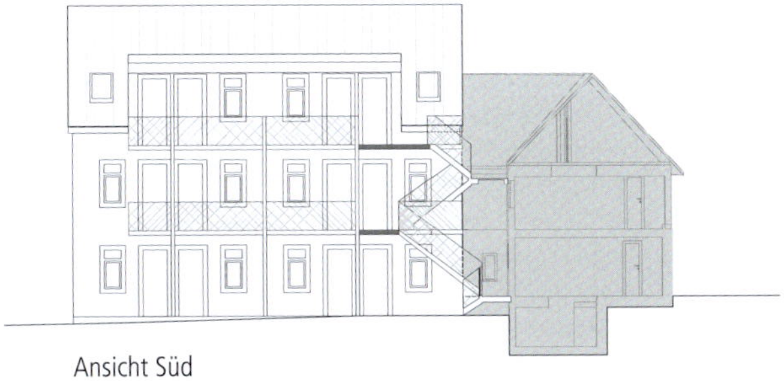

Ansicht Süd

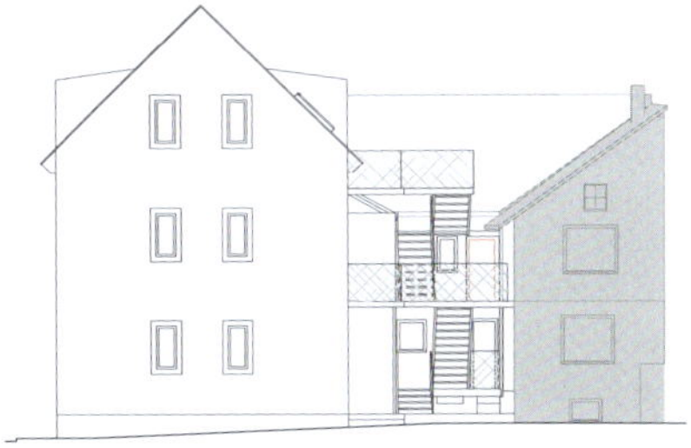

Ansicht West

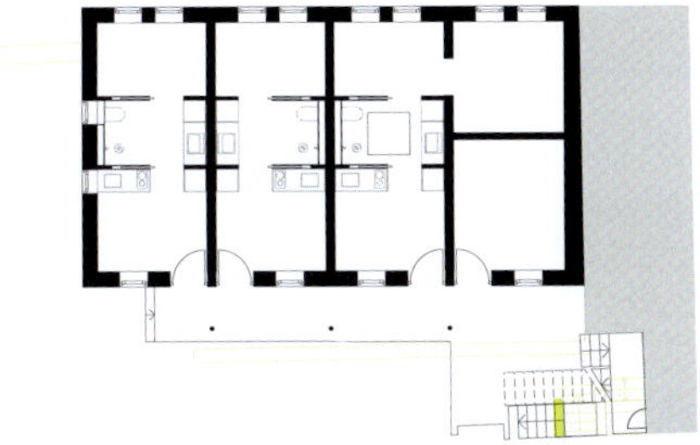

Erdgeschoss

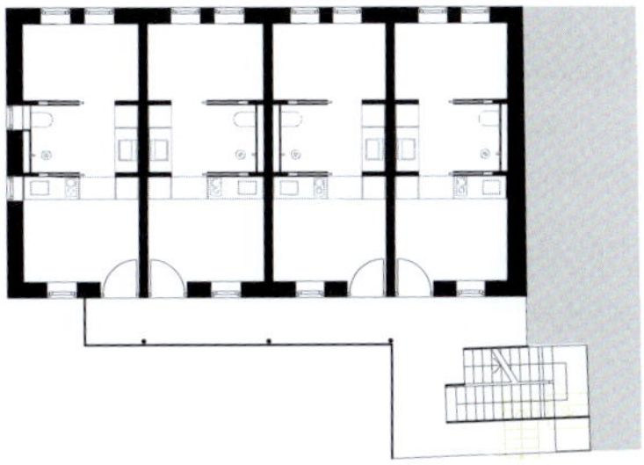

Obergeschoss

Schnitt A-A

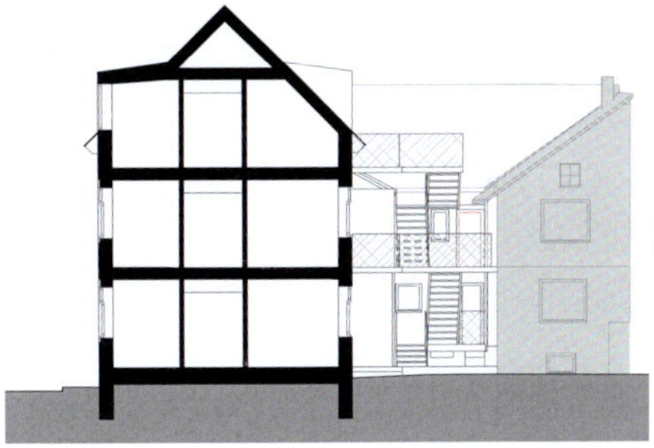

Schnitt B-B

Ansicht Nord

Objektbeschreibung

Allgemeine Objektinformationen

Der Bauherr hat einen Altbau mit vier Wohneinheiten und einer angrenzenden Baulücke erworben. Diese Baulücke sollte größtmöglich bebaut und mit einer maximalen Anzahl an Wohneinheiten in der Effizienzhausklasse 40plus realisiert werden. Nach Fertigstellung wurden die elf Apartments vollständig an Studierende vermietet.

Nutzung

1 Erdgeschoss
drei Apartments mit Wohn-Schlafraum, Küche, Bad, Technik, Abstellraum

1 Obergeschoss
vier Apartments mit Wohn-Schlafraum, Küche, Bad, Laubengang

1 Dachgeschoss
vier Apartments mit Wohn-Schlafraum, Küche, Bad, Laubengang

Nutzeinheiten

Wohneinheiten: 11
Wohnfläche: 228 m^2

Grundstück

Bauraum: Baulücke
Neigung: Ebenes Gelände
Bodenklasse: BK 1 bis BK 4

Markt

Hauptvergabezeit: 1. Quartal 2021
Baubeginn: 1. Quartal 2021
Bauende: 3. Quartal 2021
Konjunkturelle Gesamtlage: über Durchschnitt
Regionaler Baumarkt: Durchschnitt

Baukonstruktion

Der nicht unterkellerte Anbau gründet auf einer Bodenplatte. Für das Tragwerk der Wohngeschosse wurde ein Holzrahmenbau mit Zellulosedämmung gewählt. Alle Wände wurden von der Holzbaufirma vorproduziert und vor Ort errichtet. Dadurch verkürzte sich die Bauzeit erheblich. Das Dach wurde klassisch als zimmermannsmäßiges Pfettendach ausgeführt und mit Ziegeln gedeckt. Bei den Fenstern handelt es sich um dreifachverglaste Holzfenster. Die Fassade erhielt einen grauen Verputz. Eine Stahltreppenanlage mit Laubengängen, die gleichzeitig als Balkone genutzt werden können, wurden vor das Gebäude gehängt. Die Böden wurden mit Linoleum belegt.

Technische Anlagen

Ein Gas-BHKW mit Pufferspeicher versorgt den Neubau mit Wärme. Die Verteilung der Heizwärme erfolgt über Fußbodenheizung. Außerdem wurde eine Lüftungsanlage mit Wärmerückgewinnung eingebaut. Die Luftdichtheit der Räume wurde mit einem Blower-Door-Test bestätigt.

Sonstiges

Die Lochfassade mit ihren hochformatigen Einzelfenstern nimmt die horizontalen Linien des Bestandsbaus auf und fügt sich so gut in das Stadtbild ein.

Energetische Kennwerte

Gesetzliche Grundlage: EnEV 2013
Gebäudenutzfläche: 323,00 m^2
Gebäudevolumen: 1.009,00 m^3
Hüllfläche des beheizten Volumens: 579,50 m^2
Spez. Transmissionswärmeverlust: 0,25 $W/(m^2 \cdot K)$
Spez. Jahresprimärenergiebedarf: 26,90 $kWh/(m^2 \cdot a)$
Anlagenaufwandszahl: 0,56

Energetische Angaben zu Außenbauteilen

Bodenplatte

U-Wert: 0,19 W/(m²·K)

Gesamtdicke: 55,40 cm	d[cm]	l[W/(m·K)]
Bodenbelag	1,00	1,000
Estrich	6,00	1,400
Dämmung	2,00	0,040
Dämmung	8,00	0,035
Bitumenbahn	0,40	0,170
Stahlbeton	30,00	2,100
Dämmung	8,00	0,038

Außenwand

U-Wert: 0,14 W/(m²·K)

Gesamtdicke: 38,75 cm	d[cm]	l[W/(m·K)]
GK-Platte	1,25	0,250
OSB-Platte	2,00	0,130
Dämmung	26,00	0,040
Holz	26,00	0,180
Dämmung	8,00	0,043
Außenputz	1,50	1,000

Dach

U-Wert: 0,14 W/(m²·K)

Gesamtdicke: 37,75 cm	d[cm]	l[W/(m·K)]
GK-Platte	1,25	0,250
Luftschicht	3,00	0,156
OSB-Platte	1,50	0,130
Dämmung	26,00	0,040
Holz	26,00	0,130
Dämmung	6,00	0,043

Planungskennwerte für Flächen und Rauminhalte nach DIN 277

Flächen des Grundstücks		Menge Einheit	% an GF
BF	Bebaute Fläche	275,33 m²	65,8
UF	Unbebaute Fläche	143,05 m²	34,2
GF	Grundstücksfläche	418,38 m²	100,0

Grundflächen des Bauwerks		Menge Einheit	% an NUF	% an BGF
NUF	Nutzungsfläche	228,17 m²	100,0	57,9
TF	Technikfläche	10,61 m²	4,7	2,7
VF	Verkehrsfläche	60,85 m²	26,7	15,4
NRF	Netto-Raumfläche	299,63 m²	131,3	76,1
KGF	Konstruktions-Grundfläche	94,30 m²	41,3	23,9
BGF	Brutto-Grundfläche	393,93 m²	172,6	100,0

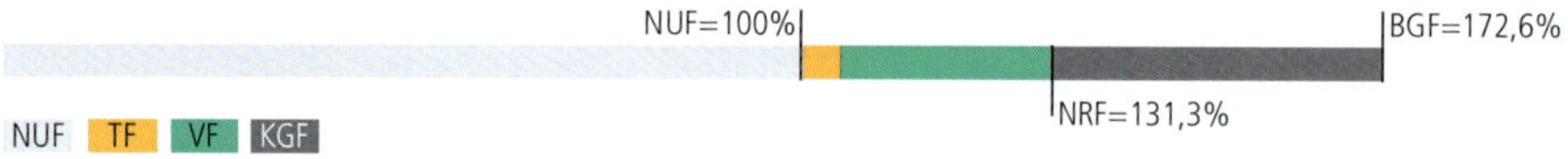

Brutto-Rauminhalt des Bauwerks		Menge Einheit	BRI/NUF (m)	BRI/BGF (m)
BRI	Brutto-Rauminhalt	1.234,42 m³	5,41	3,13

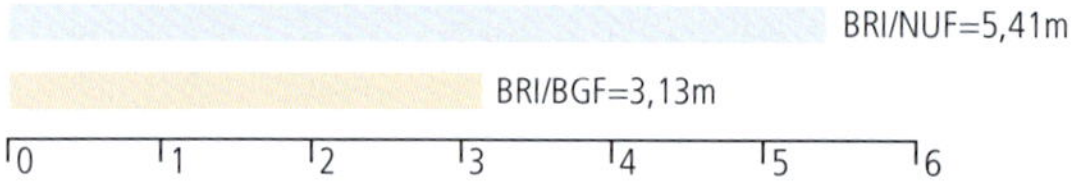

Kostenkennwerte für die Kostengruppen der 1.Ebene DIN 276

KG	Kostengruppen (1. Ebene)	Einheit	Kosten €	€/Einheit	€/m² BGF	€/m³ BRI	% 300+400
100	Grundstück	m² GF	–	–	–	–	–
200	Vorbereitende Maßnahmen	m² GF	27.846	66,56	70,69	22,56	2,1
300	Bauwerk – Baukonstruktionen	m² BGF	1.130.226	2.869,10	2.869,10	915,59	84,0
400	Bauwerk – Technische Anlagen	m² BGF	215.677	547,50	547,50	174,72	16,0
	Bauwerk 300+400	**m² BGF**	**1.345.902**	**3.416,60**	**3.416,60**	**1.090,31**	**100,0**
500	Außenanlagen und Freiflächen	m² AF	45.836	526,86	116,36	37,13	3,4
600	Ausstattung und Kunstwerke	m² BGF	21.234	53,90	53,90	17,20	1,6
700	Baunebenkosten	m² BGF	–	–	–	–	–
800	Finanzierung	m² BGF	–	–	–	–	–

KG	Kostengruppe	Menge Einheit	Kosten €	€/Einheit	%
200	**Vorbereitende Maßnahmen**	418,38 m² GF	27.846	**66,56**	2,1
	Erschließung: Abwasseranschluss, Stromanschluss				
3+4	**Bauwerk**				**100,0**
300	**Bauwerk – Baukonstruktionen**	393,93 m² BGF	1.130.226	**2.869,10**	84,0
	Baugrubenaushub; Stb-Fundamente, Stb-Bodenplatte, Abdichtung, Dämmung, Heizestrich, geschliffen, versiegelt; Holzrahmenbauwände, Holzfenster, Dreifachverglasung, Holztüren, Wärmedämmung, Außenputz, GK-Bekleidung, Sonnenschutzplissees; Holzrahmenbauwände, Wandfliesen, Schiebetüren; Massivholzdecken, Stahltreppen, Heizestrich, geschliffen, versiegelt, Spanndecken, Stahlgeländer, Treppengeländer; Holz-Satteldach, Sparren, Dachgauben, Dachfenster, Dämmung, Ziegeldeckung, Dachentwässerung, GK-Bekleidung; Einbauküchen, Einbauschränke mit Schreibtischen, Einbauregale, Waschtischeinbauelemente				
400	**Bauwerk – Technische Anlagen**	393,93 m² BGF	215.677	**547,50**	16,0
	Gebäudeentwässerung, Kalt- und Warmwasserleitungen, Sanitärobjekte; gasbetriebenes BHKW mit Pufferspeicher, Fußbodenheizung; kontrollierte Be- und Entlüftung mit Wärmerückgewinnung; Elektroinstallation, Beleuchtung; Fernseh- und Antennenanlagen, Rauchmelder				
500	**Außenanlagen und Freiflächen**	87,00 m² AF	45.836	**526,86**	3,4
	Oberbodenarbeiten, Bodenarbeiten; Pflasterarbeiten Innenhof; Oberbodenauftrag, Stauden, Rasen				
600	**Ausstattung und Kunstwerke**	393,93 m² BGF	21.234	**53,90**	1,6
	Holzbetten, Regalbretter zu den Einbaumöbeln				

6100-1658
Einfamilienhaus

Objektübersicht

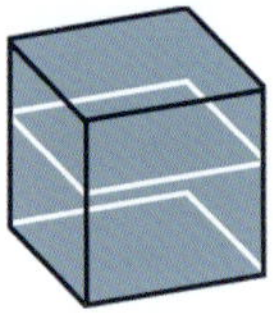

BRI 846 €/m^3

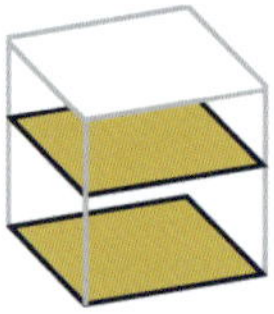

BGF 2.528 €/m^2

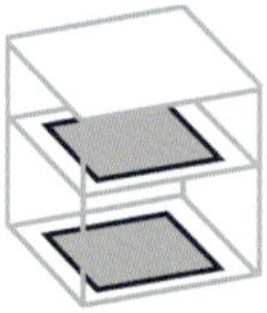

NUF 3.740 €/m^2

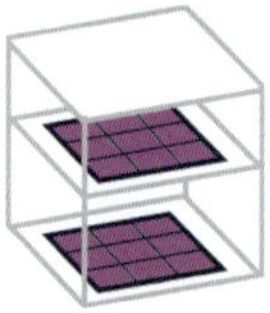

NE 3.118 €/NE

NE: Wohnfläche

Objekt:
Kennwerte: 3.Ebene DIN 276
BRI: 450 m^3
BGF: 151 m^2
NUF: 102 m^2
Bauzeit: 39 Wochen
Bauende: 2022
Standard: unter Durchschnitt
Bundesland: Baden-Württemberg
Kreis: Main-Tauber-Kreis

Architekt*in:
claus arnold architekt bda
m. eng. dipl.-ing. fh architekt
Methfesselstraße 19
97074 Würzburg

© claus arnold architekt

© claus arnold architekt

© claus arnold architekt

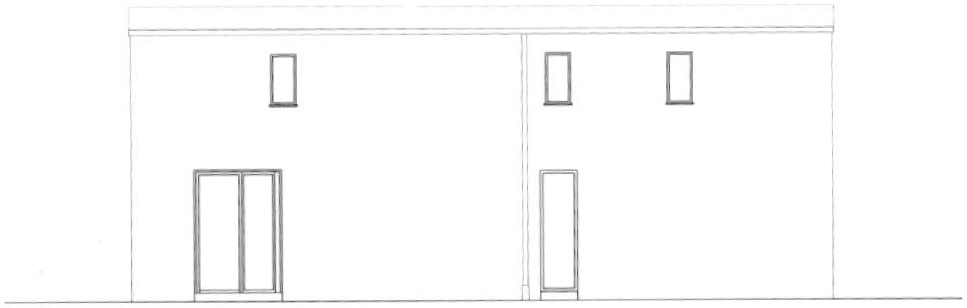

Ansicht Nord

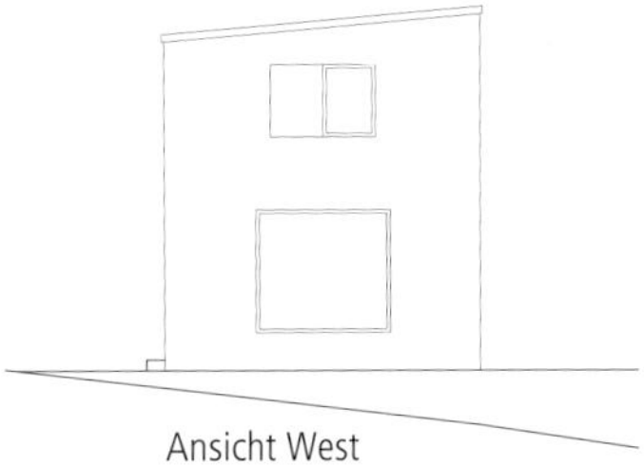

Ansicht West

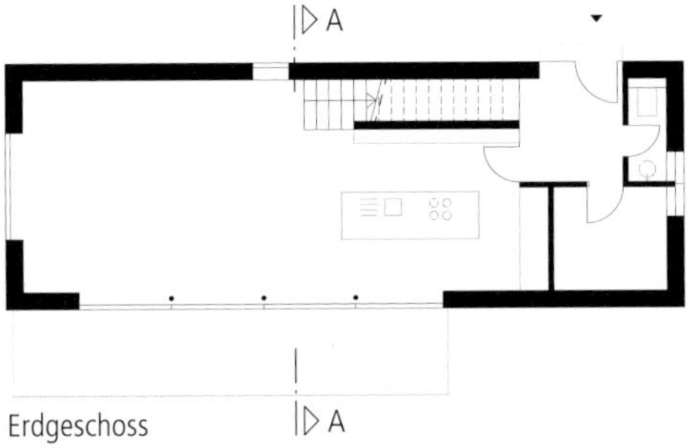

Erdgeschoss

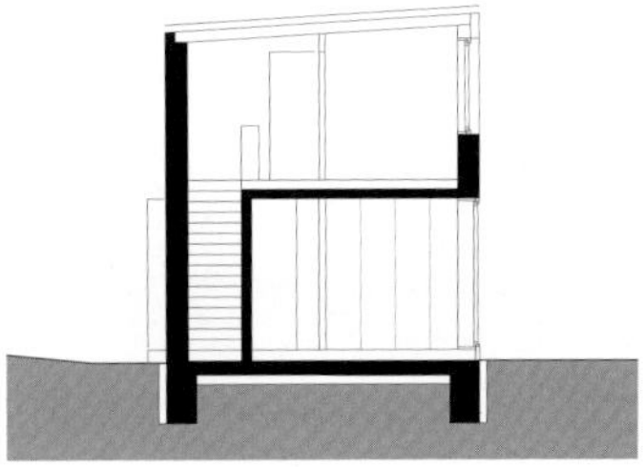

Schnitt A-A

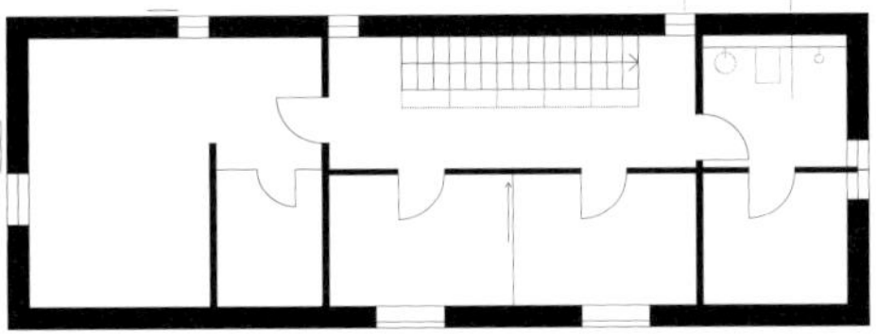

Obergeschoss

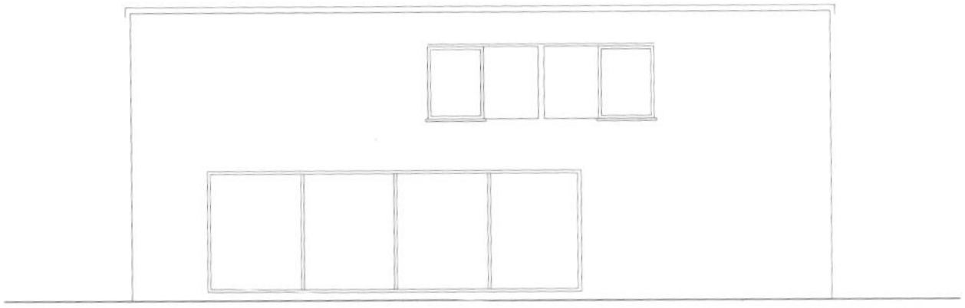

Ansicht Süd

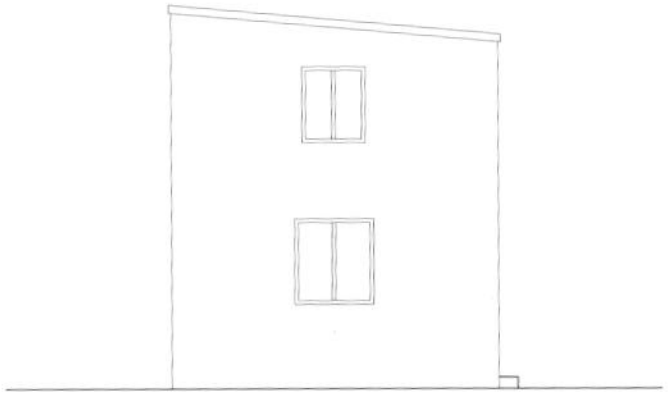

Ansicht Ost

Objektbeschreibung

Allgemeine Objektinformationen

Der kompakte Neubau bietet Wohnraum für eine Patchworkfamilie. Durch intelligente Grundrisszonierung und sparsamen Materialeinsatz wurde kostengünstig ein effizientes Einfamilienhaus errichtet. Der Kontrast von großen Räumen im Erdgeschoss mit offenem Wohn-Koch-Essbereich und kleinen Räumen im Obergeschoss mit Schlafzimmer, Bad schafft eine Großzügigkeit, ohne Abstriche bei den Bedürfnissen der Familie zu machen. Das große Kinderzimmer im Obergeschoss kann bei Bedarf durch Schiebeelemente in zwei kleinere Kinderzimmer unterteilt werden.

Nutzung

1 Erdgeschoss
Wohnen/Essen/Kochen, Windfang, Lager, Abstellraum, WC

1 Obergeschoss
Schlafzimmer, Ankleide, Kinderzimmer, Gästezimmer, Bad, Technikraum

Nutzeinheiten

Wohneinheiten: 1
Wohnfläche: 122 m²

Grundstück

Bauraum: Freier Bauraum
Neigung: Geneigtes Gelände
Bodenklasse: BK 3 bis BK 5

Markt

Hauptvergabezeit: 1. Quartal 2021
Baubeginn: 2. Quartal 2021
Bauende: 1. Quartal 2022
Konjunkturelle Gesamtlage: über Durchschnitt
Regionaler Baumarkt: unter Durchschnitt

Baukonstruktion

Der Massivbau ist mit wärmegedämmten Mauerwerkswänden, Betondecken und Holzdachstuhl errichtet. Der schmale Baukörper mit nur 5,24m Gebäudebreite ermöglicht wirtschaftliche Bauteilhöhen der Bodenplatte von 16cm und der Stahlbetondecke von 20cm. Das einfache Pultdach, als Pfettendach mit Stahl-Wellblechdeckung ausgeführt, trägt ebenfalls zur wirtschaftlichen Bauweise bei. Der einfache grobe Kalkputz an den inneren Wandflächen erzeugt eine besondere, warme Lichtstimmung der einfallenden Sonne. Der Innenausbau erfolgte mit beschichteten Trockenbauwänden. Der Sichtestrich wird als Endoberfläche genutzt. Die Bautreppe aus Massivholz wurde nach Fertigstellung der Baustelle abgeschliffen und dient als fertiger Laufbelag.

Technische Anlagen

Die Beheizung des Wohnhauses erfolgt durch einen Gas-Brennwertkessel. Die Wärme wird über eine Fußbodenheizung abgegeben. Außerdem wurden Leerrohre für eine Photovoltaikanlage auf der Dachfläche verlegt.

Sonstiges

Die fertigen Rohbauoberflächen sparen Kosten und vermitteln eine besondere Haptik der Oberflächen der Räume.

Energetische Kennwerte

Gesetzliche Grundlage: EnEV 2013
Gebäudenutzfläche: 139,10 m²
Gebäudevolumen: 434,80 m³
A/V_e-Verhältnis (Kompaktheit): 0,87 m^{-1}
Hüllfläche des beheizten Volumens: 377,50 m²
Spez. Transmissionswärmeverlust: 0,34 W/(m²·K)
Spez. Jahresprimärenergiebedarf: 92,72 kWh/(m²·a)
Anlagenaufwandszahl: 1,35

Planungskennwerte für Flächen und Rauminhalte nach DIN 277

Flächen des Grundstücks		Menge Einheit	% an GF
BF	Bebaute Fläche	75,30 m²	12,1
UF	Unbebaute Fläche	547,70 m²	87,9
GF	Grundstücksfläche	623,00 m²	100,0

Grundflächen des Bauwerks		Menge Einheit	% an NUF	% an BGF
NUF	Nutzungsfläche	101,80 m²	100,0	67,6
TF	Technikfläche	5,30 m²	5,2	3,5
VF	Verkehrsfläche	14,10 m²	13,9	9,4
NRF	Netto-Raumfläche	121,20 m²	119,1	80,5
KGF	Konstruktions-Grundfläche	29,40 m²	28,9	19,5
BGF	Brutto-Grundfläche	150,60 m²	147,9	100,0

Brutto-Rauminhalt des Bauwerks		Menge Einheit	BRI/NUF (m)	BRI/BGF (m)
BRI	Brutto-Rauminhalt	449,74 m³	4,42	2,99

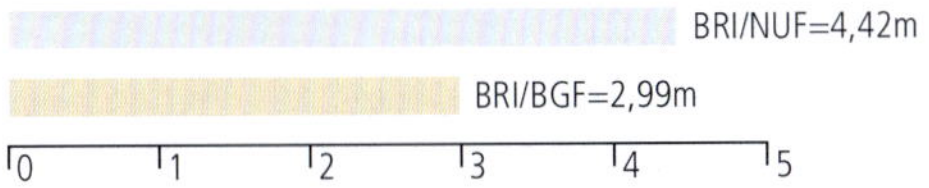

Lufttechnisch behandelte Flächen	Menge Einheit	% an NUF	% an BGF
Entlüftete Fläche	–	–	–
Be- und entlüftete Fläche	–	–	–
Teilklimatisierte Fläche	–	–	–
Klimatisierte Fläche	–	–	–

KG	Kostengruppen (2. Ebene)	Menge Einheit	Menge/NUF	Menge/BGF
310	Baugrube / Erdbau	–	–	–
320	Gründung, Unterbau	75,50 m² GRF	0,74	0,50
330	Außenwände/Vertikale Baukonstruktionen, außen	220,70 m² AWF	2,17	1,47
340	Innenwände/Vertikale Baukonstruktionen, innen	113,65 m² IWF	1,12	0,76
350	Decken/Horizontale Baukonstruktionen	73,28 m² DEF	0,72	0,49
360	Dächer	77,60 m² DAF	0,76	0,52

Kostenkennwerte für die Kostengruppen der 1. Ebene DIN 276

KG	Kostengruppen (1. Ebene)	Einheit	Kosten €	€/Einheit	€/m² BGF	€/m³ BRI	% 300+400
100	Grundstück	m² GF	–	–	–	–	–
200	Vorbereitende Maßnahmen	m² GF	1.430	2,30	9,50	3,18	0,4
300	Bauwerk – Baukonstruktionen	m² BGF	311.670	2.069,52	2.069,52	693,00	81,9
400	Bauwerk – Technische Anlagen	m² BGF	69.021	458,31	458,31	153,47	18,1
	Bauwerk 300+400	**m² BGF**	**380.691**	**2.527,83**	**2.527,83**	**846,47**	**100,0**
500	Außenanlagen und Freiflächen	m² AF	10.993	20,07	72,99	24,44	2,9
600	Ausstattung und Kunstwerke	m² BGF	1.096	7,28	7,28	2,44	0,3
700	Baunebenkosten	m² BGF	–	–	–	–	–
800	Finanzierung	m² BGF	–	–	–	–	–

KG	Kostengruppe	Menge Einheit	Kosten €	€/Einheit	%
200	**Vorbereitende Maßnahmen**	623,00 m² GF	1.430	**2,30**	0,4
	Suchgraben, Oberbodenabtrag				
3+4	**Bauwerk**				**100,0**
300	**Bauwerk – Baukonstruktionen**	150,60 m² BGF	311.670	**2.069,52**	81,9
	Baugrundverbesserung, Stb-Flachgründung, Dämmung, Heizestrich, Versiegelung; Ziegelmauerwerk, Stb-Stützen, Stahlstützen, Holz-Alufenster, Holzeingangstür, Abdichtung, Außenputz, Kalkputz, Wandfliesen, Spiegel, Schiebeläden, Vordach; KS-Mauerwerk, GK-Wände, Holzbrüstung, Holztüren, Beschichtung, Holzbekleidung, Holz-Raumteiler; Stb-Decke, Holztreppe, Bodenfliesen, Beschichtung; Holz-Pultdach, Stahl-Wellblechdeckung, Dachentwässerung, GK-Bekleidung; Einbaumöbel				
400	**Bauwerk – Technische Anlagen**	150,60 m² BGF	69.021	**458,31**	18,1
	Gebäudeentwässerung, Kalt- und Warmwasserleitungen, Sanitärobjekte; Gas-Brennwertkessel, Heizleitungen, Fußbodenheizung, Abgasanlage; Einzelraumlüftungsgerät; Elektroinstallation, Beleuchtung, Erdung; Datenverkabelung				
500	**Außenanlagen und Freiflächen**	547,70 m² AF	10.993	**20,07**	2,9
	Graben-/Schachtaushub; Schottertragschicht, Kiestraufe; Gebäudeentwässerung, Leerrohre für Gasleitungen				
600	**Ausstattung und Kunstwerke**	150,60 m² BGF	1.096	**7,28**	0,3
	Duschabtrennung				

Kostenkennwerte für die Kostengruppen der 2.Ebene DIN 276

KG	Kostengruppe	Menge Einheit	Kosten €	€/Einheit	%
200	**Vorbereitende Maßnahmen**				**100,0**
210	**Herrichten**	623,00 m^2 GF	1.430	**2,30**	100,0
	Suchgraben (5m^3) * Oberboden abtragen, lagern (284m^2)				
300	**Bauwerk – Baukonstruktionen**				**100,0**
310	**Baugrube / Erdbau**	–	869	–	0,3
	Rohrgrabenaushub, lagern, verfüllen (9m), Planum (80m^2)				
320	**Gründung, Unterbau**	75,50 m^2 GRF	41.234	**546,14**	13,2
	Aushub für Bodenaustausch, lagern (28m^3), Baugrundverbesserung mit Mineralbeton (110m^3) * Stb-Streifenfundamente (20m^3), Stb-Bodenplatte (76m^2) * EPS-Dämmung, Zement-Heizestrich (63m^2), maschinelle Glättung, Versiegelung (54m^2) * Frostschutzschicht, Kies (9m^3)				
330	**Außenwände/Vert. Baukonstrukt., außen**	220,70 m^2 AWF	133.037	**602,79**	42,7
	Wärmedämm-Ziegelmauerwerk (180m^2) * Stb-Stützen (9m), Stahlstützen (8m) * Holz-Alu-Hebeschiebetür (10m^2), Festverglasungen (14m^2), Holz-Alufenster (12m^2), Holzeingangstür (4m^2) * Sockelabdichtungen (25m^2), EPS-Dämmung (71m^2), Faserleichtputz (168m^2), Sockelputz (16m^2), Oberputz, Beschichtung (202m^2) * Kalkputz (164m^2), Spachtelung (10m^2), Silikatbeschichtung (162m^2), Wandfliesen (9m^2), Spiegel, flächenbündig (3m^2) * Schiebeläden (4m^2) * Vordach, Aludeckung (2m^2)				
340	**Innenwände/Vert. Baukonstrukt., innen**	113,65 m^2 IWF	30.653	**269,71**	9,8
	KS-Mauerwerk (10m^2) * GK-Wände (76m^2), Holz-Treppenbrüstung (1m^2) * Holztüren (20m^2) * Kalkputz (20m^2), Spachtelung (1m^2), Silikatbeschichtung (159m^2), Holzbekleidung (7m^2), Spiegel, flächenbündig (1m^2) * Holz-Raumteiler, als Falttür (6m^2)				
350	**Decken/Horizontale Baukonstruktionen**	73,28 m^2 DEF	27.680	**377,73**	8,9
	Stb-Decke (70m^2), Holzwangentreppe (4m^2) * Trittschalldämmung, Zement-Heizestrich (54m^2), maschinelle Glättung, Versiegelung (54m^2), Bodenfliesen (2m^2) * Silikatbeschichtung (62m^2), Holzbekleidung für Laufschiene (9m)				
360	**Dächer**	77,60 m^2 DAF	37.930	**488,79**	12,2
	Holzpfetten-Pultdach, Zwischensparrendämmung, unterseitig OSB-Schalung (76m^2) * Holzfaser-Unterdeckung, Lattungen, Stahl-Wellblechdeckung (78m^2), Dachrinnen (15m), Fallrohre (6m) * Installationsebene, GK-Bekleidung, Silikatbeschichtung (62m^2)				
380	**Baukonstruktive Einbauten**	150,60 m^2 BGF	8.015	**53,22**	2,6
	Einbau-Brüstungsregal (1St), Holzsitzbank (1St), Waschtischmöbel (2St), Holzablage (2m)				
390	**Sonst. Maßnahmen für Baukonstrukt.**	150,60 m^2 BGF	32.253	**214,17**	10,3
	Baustelleneinrichtung (psch), Baukran (1St), Bauzaun (20m), Baustellen-WC (1St), Bauwasser, Baustrom (1St) * Fassadengerüste (606m^2), Dachfanggerüst (41m) * Schutzabdeckungen (108m^2), Bauteilabklebungen (76m^2), Öffnungen schließen (16m^2)				

KG	Kostengruppe	Menge Einheit	Kosten €	€/Einheit	%
400	**Bauwerk – Technische Anlagen**				**100,0**
410	**Abwasser-, Wasser-, Gasanlagen**	150,60 m² BGF	22.411	**148,81**	32,5
	Abwasserrohre (psch) * Mehrschichtverbundrohre (psch), Wand-WCs (2St), Waschbecken (2St), Duschanlage (1St), Ausgussbecken (1St), Außenarmatur (1St) * Montageelemente (4St)				
420	**Wärmeversorgungsanlagen**	150,60 m² BGF	24.791	**164,62**	35,9
	Gas-Brennwertkessel (1St) * Kupferrohre * Fußbodenheizung (119m²) * Abgasanlage (1St)				
430	**Raumlufttechnische Anlagen**	150,60 m² BGF	623	**4,13**	0,9
	Einzelraumlüftungsgerät (1St)				
440	**Elektrische Anlagen**	150,60 m² BGF	20.025	**132,97**	29,0
	Zählerschrank (1St), Mantelleitungen, Erdkabel (psch), Steckdosen (53St), Schalter, Taster (27St), Geräteanschlüsse (9St), Raumtemperaturregler (7St) * Leuchten (30St), LED-Band (10m) * Ringerder (41m), Fundamenterder (39m)				
450	**Kommunikationstechnische Anlagen**	150,60 m² BGF	715	**4,75**	1,0
	Datenverkabelung (psch), Datenanschlussdosen (2St)				
490	**Sonst. Maßnahmen für techn. Anlagen**	150,60 m² BGF	457	**3,03**	0,7
	Baustelleneinrichtung (psch)				
500	**Außenanlagen und Freiflächen**				**100,0**
510	**Erdbau**	74,50 m³ EBR	5.205	**69,87**	47,3
	Rohrgrabenaushub, lagern, verfüllen (68m³), Schachtaushub (7m³), Verfüllung mit Mineralbeton (4m³), Kopfloch (1St)				
530	**Oberbau, Deckschichten**	25,00 m² BFF	1.422	**56,90**	12,9
	Schottertragschicht (25m²) * Kiestraufe (6m³)				
550	**Technische Anlagen**	547,70 m² AF	4.365	**7,97**	39,7
	KG-Rohre (20m), Kontrollschacht (1St), Abstürze (2St) * KG-Leerrohre (25m), Sandbett (2m³)				
600	**Ausstattung und Kunstwerke**				**100,0**
610	**Allgemeine Ausstattung**	150,60 m² BGF	1.096	**7,28**	100,0
	Duschabtrennung, ESG mit Alu-Profilen (1St)				

Kostenkennwerte für die Kostengruppen 300 der 2. und 3.Ebene DIN 276 (Übersicht)

KG	Kostengruppe	Menge Einheit	€/Einheit	Kosten €	% an 3+4
300	**Bauwerk – Baukonstruktionen**	**150,60 m² BGF**	**2.069,52**	**311.670,29**	**81,9**
310	**Baugrube / Erdbau**	**–**	**–**	**868,65**	**0,2**
311	Herstellung	–	–	868,65	0,2
312	Umschließung	–	–	–	–
313	Wasserhaltung	–	–	–	–
314	Vortrieb	–	–	–	–
319	Sonstiges zur KG 310	–	–	–	–
320	**Gründung, Unterbau**	**75,50 m² GRF**	**546,14**	**41.233,56**	**10,8**
321	Baugrundverbesserung	79,75 m²	108,21	8.629,65	2,3
322	Flachgründungen und Bodenplatten	75,50 m²	295,48	22.309,05	5,9
323	Tiefgründungen	–	–	–	–
324	Gründungsbeläge	62,51 m²	146,18	9.137,91	2,4
325	Abdichtungen und Bekleidungen	75,50 m²	15,32	1.156,93	0,3
326	Dränagen	–	–	–	–
329	Sonstiges zur KG 320	–	–	–	–
330	**Außenwände/Vert. Baukonstrukt., außen**	**220,70 m² AWF**	**602,79**	**133.036,81**	**34,9**
331	Tragende Außenwände	179,99 m²	188,62	33.949,75	8,9
332	Nichttragende Außenwände	–	–	–	–
333	Außenstützen	16,97 m	306,54	5.201,93	1,4
334	Außenwandöffnungen	40,71 m²	811,02	33.016,58	8,7
335	Außenwandbekleidungen, außen	201,54 m²	225,22	45.390,53	11,9
336	Außenwandbekleidungen, innen	173,90 m²	68,71	11.948,17	3,1
337	Element. Außenwandkonstruktionen	–	–	–	–
338	Lichtschutz zur KG 330	3,85 m²	379,33	1.460,42	0,4
339	Sonstiges zur KG 330	220,70 m² AWF	9,38	2.069,41	0,5
340	**Innenwände/Vert. Baukonstrukt., innen**	**113,65 m² IWF**	**269,71**	**30.652,97**	**8,1**
341	Tragende Innenwände	9,72 m²	115,62	1.123,79	0,3
342	Nichttragende Innenwände	77,60 m²	135,50	10.514,79	2,8
343	Innenstützen	–	–	–	–
344	Innenwandöffnungen	20,48 m²	616,01	12.615,89	3,3
345	Innenwandbekleidungen	166,23 m²	22,26	3.699,77	1,0
346	Elementierte Innenwandkonstruktionen	5,85 m²	461,32	2.698,74	0,7
347	Lichtschutz zur KG 340	–	–	–	–
349	Sonstiges zur KG 340	–	–	–	–
350	**Decken/Horizontale Baukonstruktionen**	**73,28 m² DEF**	**377,73**	**27.680,01**	**7,3**
351	Deckenkonstruktionen	73,28 m²	235,04	17.223,69	4,5
352	Deckenöffnungen	–	–	–	–
353	Deckenbeläge	56,32 m²	138,06	7.775,27	2,0
354	Deckenbekleidungen	61,64 m²	43,50	2.681,04	0,7
355	Elementierte Deckenkonstruktionen	–	–	–	–
359	Sonstiges zur KG 350	–	–	–	–
360	**Dächer**	**77,60 m² DAF**	**488,79**	**37.930,30**	**10,0**
361	Dachkonstruktionen	76,30 m²	158,27	12.076,09	3,2
362	Dachöffnungen	–	–	–	–
363	Dachbeläge	77,60 m²	257,18	19.956,86	5,2
364	Dachbekleidungen	61,63 m²	95,69	5.897,35	1,5
365	Elementierte Dachkonstruktionen	–	–	–	–
366	Lichtschutz zur KG 360	–	–	–	–
369	Sonstiges zur KG 360	–	–	–	–
370	**Infrastrukturanlagen**	**–**	**–**	**–**	**–**
380	**Baukonstruktive Einbauten**	**150,60 m² BGF**	**53,22**	**8.014,65**	**2,1**
390	**Sonst. Maßnahmen für Baukonstrukt.**	**150,60 m² BGF**	**214,17**	**32.253,36**	**8,5**

Kostenkennwerte für die Kostengruppen 400 der 2. und 3. Ebene DIN 276 (Übersicht)

KG	Kostengruppe	Menge Einheit	€/Einheit	Kosten €	% an 3+4
400	**Bauwerk – Technische Anlagen**	**150,60 m² BGF**	**458,31**	**69.020,82**	**18,1**
410	**Abwasser-, Wasser-, Gasanlagen**	**150,60 m² BGF**	**148,81**	**22.410,53**	**5,9**
411	Abwasseranlagen	150,60 m² BGF	14,13	2.127,67	0,6
412	Wasseranlagen	150,60 m² BGF	103,88	15.644,95	4,1
413	Gasanlagen	–	–	–	–
419	Sonstiges zur KG 410	150,60 m² BGF	30,80	4.637,91	1,2
420	**Wärmeversorgungsanlagen**	**150,60 m² BGF**	**164,62**	**24.791,13**	**6,5**
421	Wärmeerzeugungsanlagen	150,60 m² BGF	105,62	15.906,36	4,2
422	Wärmeverteilnetze	150,60 m² BGF	11,31	1.702,76	0,4
423	Raumheizflächen	150,60 m² BGF	39,33	5.923,75	1,6
424	Verkehrsheizflächen	–	–	–	–
429	Sonstiges zur KG 420	150,60 m² BGF	8,36	1.258,27	0,3
430	**Raumlufttechnische Anlagen**	**150,60 m² BGF**	**4,13**	**622,64**	**0,2**
431	Lüftungsanlagen	150,60 m² BGF	4,13	622,64	0,2
432	Teilklimaanlagen	–	–	–	–
433	Klimaanlagen	–	–	–	–
434	Kälteanlagen	–	–	–	–
439	Sonstiges zur KG 430	–	–	–	–
440	**Elektrische Anlagen**	**150,60 m² BGF**	**132,97**	**20.024,70**	**5,3**
441	Hoch- und Mittelspannungsanlagen	–	–	–	–
442	Eigenstromversorgungsanlagen	–	–	–	–
443	Niederspannungsschaltanlagen	–	–	–	–
444	Niederspannungsinstallationsanlagen	150,60 m² BGF	88,76	13.367,40	3,5
445	Beleuchtungsanlagen	150,60 m² BGF	33,74	5.080,84	1,3
446	Blitzschutz- und Erdungsanlagen	150,60 m² BGF	10,47	1.576,46	0,4
447	Fahrleitungssysteme	–	–	–	–
449	Sonstiges zur KG 440	–	–	–	–
450	**Kommunikationstechnische Anlagen**	**150,60 m² BGF**	**4,75**	**715,00**	**0,2**
451	Telekommunikationsanlagen	–	–	–	–
452	Such- und Signalanlagen	–	–	–	–
453	Zeitdienstanlagen	–	–	–	–
454	Elektroakustische Anlagen	–	–	–	–
455	Audiovisuelle Medien- u. Antennenanl.	–	–	–	–
456	Gefahrenmelde- und Alarmanlagen	–	–	–	–
457	Datenübertragungsnetze	150,60 m² BGF	4,75	715,00	0,2
458	Verkehrsbeeinflussungsanlagen	–	–	–	–
459	Sonstiges zur KG 450	–	–	–	–
460	**Förderanlagen**	**–**	**–**	**–**	**–**
461	Aufzugsanlagen	–	–	–	–
462	Fahrtreppen, Fahrsteige	–	–	–	–
463	Befahranlagen	–	–	–	–
464	Transportanlagen	–	–	–	–
465	Krananlagen	–	–	–	–
466	Hydraulikanlagen	–	–	–	–
469	Sonstiges zur KG 460	–	–	–	–
470	**Nutzungsspez. u. verfahrenstechn. Anl.**	**–**	**–**	**–**	**–**
480	**Gebäude- und Anlagenautomation**	**–**	**–**	**–**	**–**
490	**Sonst. Maßnahmen für techn. Anlagen**	**150,60 m² BGF**	**3,03**	**456,80**	**0,1**

Kostenkennwerte für die Kostengruppen der 3.Ebene DIN 276

KG	Kostengruppe	Menge Einheit	Kosten €	€/Einheit	%
210	**Herrichten**				**100,0**
211	**Sicherungsmaßnahmen**	623,00 m² GF	730	**1,17**	51,1
	Suchgraben (5m³)				
214	**Herrichten der Geländeoberfläche**	623,00 m² GF	700	**1,12**	48,9
	Oberboden abtragen, d bis 10cm, lagern (284m²)				
310	**Baugrube / Erdbau**				**100,0**
311	**Herstellung**	–	869	–	100,0
	Rohrgrabenaushub, lagern, verfüllen (9m), Planum (80m²)				
320	**Gründung, Unterbau**				**100,0**
321	**Baugrundverbesserung**	79,75 m²	8.630	**108,21**	20,9
	Aushub für Bodenaustausch, lagern (28m³), Baugrundverbesserung mit Mineralbeton 0/32mm (110m³)				
322	**Flachgründungen und Bodenplatten**	75,50 m²	22.309	**295,48**	54,1
	Fundamentaushub, Stb-Streifenfundamente C25/30, Schalung, Bewehrung (20m³), Stb-Bodenplatte C25/30, d=16cm (76m²), Vierspartenhauseinführung (1St), Medienrohrdurchführung DN100 (1St)				
324	**Gründungsbeläge**	62,51 m²	9.138	**146,18**	22,2
	Dampfsperre, EPS-Dämmung WLG 035, d=100mm, Zement-Heizschnellestrich, d=75mm (63m²), maschinelle Glättung, Versiegelung (54m²), PU-Wandanschlüsse (63m)				
325	**Abdichtungen und Bekleidungen**	75,50 m²	1.157	**15,32**	2,8
	Frostschutzschicht, Kies 16/32mm, d=15cm (9m³)				
330	**Außenwände/Vertikale Baukonstruktionen, außen**				**100,0**
331	**Tragende Außenwände**	179,99 m²	33.950	**188,62**	25,5
	Wärmedämm-Ziegelmauerwerk, d=30cm (180m²), Stb-Ringanker C25/30, Schalung, Bewehrung, Perimeterdämmung (39m), Fertigteilstürze (3m)				
333	**Außenstützen**	16,97 m	5.202	**306,54**	3,9
	Stb-Stützen C25/30, d=20cm, Schalung, Bewehrung (9m), Stahlstützen, D=76mm (8m)				
334	**Außenwandöffnungen**	40,71 m²	33.017	**811,02**	24,8
	Holz-Alu-Hebeschiebetür, Zweifachverglasung, zweiteilig (10m²), Festverglasungen, zweiteilig (10m²), Dreifachverglasung, einteilig (4m²), Holz-Alufenster, Zweifachverglasung, Drehkipp, einteilig (7m²), zweiteilig (3m²), als Fenstertür, einteilig (2m²), Holz-Hauseingangstür, Seitenverglasung (4m²), Fensterbänke außen, Alu (18m), innen, MDF (5m), Laibungsbekleidung, MDF (6m)				
335	**Außenwandbekleidungen, außen**	201,54 m²	45.391	**225,22**	34,1
	Sockelabdichtungen (25m²), EPS-Dämmung, d=30-100mm (71m²), Faserleichtputz, d=40-60mm (168m²), Sockelputz, d=20mm (16m²), Oberputz, Beschichtung (202m²), Laibungen, XPS-Dämmung WLG 035, d=40mm, Oberputz (31m), Alu-Abdeckbleche (14m)				

KG	Kostengruppe	Menge Einheit	Kosten €	€/Einheit	%
336	**Außenwandbekleidungen, innen**	173,90 m²	11.948	**68,71**	9,0
	Kalkputz, d=15mm (164m²), in Laibungen (34m), Kratzspachtelung (10m²), Silikatbeschichtung (162m²), GK-Vorsatzschalen (10m²), Abdichtung, Wandfliesen (9m²), Spiegel, flächenbündig (3m²)				
338	**Lichtschutz zur KG 330**	3,85 m²	1.460	**379,33**	1,1
	Schiebeläden, Holzfüllung, Röhrenwerkaufhängung (4m²)				
339	**Sonstiges zur KG 330**	220,70 m² AWF	2.069	**9,38**	1,6
	Vordach, Furnierschichtholz, d=33mm, Gefälledämmung WLS 031, d=20-40mm, Aludeckung (2m²), Betonwerkstein-Blockstufen (3m)				
340	**Innenwände/Vertikale Baukonstruktionen, innen**				**100,0**
341	**Tragende Innenwände**	9,72 m²	1.124	**115,62**	3,7
	KS-Mauerwerk, d=17,5cm (10m²)				
342	**Nichttragende Innenwände**	77,60 m²	10.515	**135,50**	34,3
	GK-Metallständerwände, d=10-15cm (76m²), Treppenbrüstung, d=12,5cm, Dreischichtplatte, d=27mm, Oberfläche Hartwachs (1m²)				
344	**Innenwandöffnungen**	20,48 m²	12.616	**616,01**	41,2
	Holztüren, Holzzargen (9m²), raumhoch (7m²), Holztürelement, feste Seitenteile (4m²)				
345	**Innenwandbekleidungen**	166,23 m²	3.700	**22,26**	12,1
	Kalkputz, d=15mm (20m²), Kratzspachtelung (1m²), Silikatbeschichtung (159m²), Holzbekleidung (7m²), Spiegel, flächenbündig (1m²)				
346	**Elementierte Innenwandkonstruktionen**	5,85 m²	2.699	**461,32**	8,8
	Holz-Raumteiler, als vierflüglige Falttür (6m²)				
350	**Decken/Horizontale Baukonstruktionen**				**100,0**
351	**Deckenkonstruktionen**	73,28 m²	17.224	**235,04**	62,2
	Stb-Decke, d=20cm, Schalung Bewehrung (70m²), Holzwangentreppe, einläufig, 16 Steigungen, Laufbreite 90cm (4m²)				
353	**Deckenbeläge**	56,32 m²	7.775	**138,06**	28,1
	Trittschalldämmung, d=60mm, Zement-Heizschnellestrich, d=75mm (54m²), maschinelle Glättung, Versiegelung (54m²), PU-Wandanschlüsse (64m), Heizestrich, Abdichtung, Bodenfliesen (2m²)				
354	**Deckenbekleidungen**	61,64 m²	2.681	**43,50**	9,7
	Deckenstöße spachteln (21m), Silikatbeschichtung (62m²), Holzbekleidung für Laufschiene, Oberfläche lackiert (9m)				
360	**Dächer**				**100,0**
361	**Dachkonstruktionen**	76,30 m²	12.076	**158,27**	31,8
	Holzpfetten-Pultdach, KVH 10x20cm, Dachneigung 3°, Zwischensparrendämmung WLG 040, unterseitig OSB-Schalung, d=15mm (76m²)				

KG	Kostengruppe	Menge Einheit	Kosten €	€/Einheit	%
363	**Dachbeläge**	77,60 m²	19.957	**257,18**	52,6
	Holzfaser-Unterdeckung, d=60mm, Unterdeckbahn, Konterlattung 40x60mm, Traglattung 60x80mm, Stahl-Wellblechdeckung (78m²), Stellbretter (39m), Hängedachrinnen, Titanzink (15m), Fallrohre, Titanzink (6m), Standrohr (1St)				
364	**Dachbekleidungen**	61,63 m²	5.897	**95,69**	15,5
	Installationsebene, d=30mm, GK-Bekleidung, Silikatbeschichtung (62m²)				
380	**Baukonstruktive Einbauten**				**100,0**
381	**Allgemeine Einbauten**	150,60 m² BGF	8.015	**53,22**	100,0
	Einbau-Brüstungsregal, MDF, l=4,25m (1St), Holzsitzbank, l=4,55m, sechs Auszüge (1St), Waschtischmöbel, Auszüge (2St), Holzablage (2m)				
390	**Sonstige Maßnahmen für Baukonstruktionen**				**100,0**
391	**Baustelleneinrichtung**	150,60 m² BGF	16.594	**110,19**	51,4
	Baustelleneinrichtung (psch), Baukran (1St), Schnurgerüst (1St), Bauzaun (20m), Baustellen-WC (1St), Bautür (1St), Bauwasser-, Baustromanschluss (1St)				
392	**Gerüste**	150,60 m² BGF	14.388	**95,54**	44,6
	Fassadengerüste, Lastklasse 4 (283m²), Lastklasse 3 (323m²), Dachfanggerüst (41m), Gitterträger (1St)				
397	**Zusätzliche Maßnahmen**	150,60 m² BGF	1.272	**8,44**	3,9
	Schutzabdeckungen, Karton (108m²), Bauteilabklebungen (76m²), Öffnungen schließen, Folie (16m²)				
410	**Abwasser-, Wasser-, Gasanlagen**				**100,0**
411	**Abwasseranlagen**	150,60 m² BGF	2.128	**14,13**	9,5
	Abwasserrohre DN50-125, Formstücke, Rohrdämmung (psch)				
412	**Wasseranlagen**	150,60 m² BGF	15.645	**103,88**	69,8
	Mehrschichtverbundrohre DN12-20, Formstücke, Rohrdämmung (psch), Brauchwasserpumpe (1St), Rückspürfilter (1St), Ventile (psch), Wand-WCs (2St), Aufsatz-Waschbecken, Armaturen (2St), Duschrinne, Kopfbrause, Wandarmatur (1St), Ausgussbecken (1St), Außenarmatur (1St)				
419	**Sonstiges zur KG 410**	150,60 m² BGF	4.638	**30,80**	20,7
	Montageelemente für WCs (2St), für Waschtischarmaturen (2St)				
420	**Wärmeversorgungsanlagen**				**100,0**
421	**Wärmeerzeugungsanlagen**	150,60 m² BGF	15.906	**105,62**	64,2
	Gas-Brennwertkessel (1St), Nachspeisearmatur (1St), Ausdehnungsgefäß 35l (1St), Schlammabscheider (1St), Gasanschluss (psch)				
422	**Wärmeverteilnetze**	150,60 m² BGF	1.703	**11,31**	6,9
	Kupferrohre DN12-25, Formstücke, Rohrdämmung (psch)				
423	**Raumheizflächen**	150,60 m² BGF	5.924	**39,33**	23,9
	Fußbodenheizung, EPS-Tackerplatten, d=20-30mm, PE-Xa-Rohre 17x2mm, Stellantriebe (119m²), Verteilerschränke (2St)				

KG	Kostengruppe	Menge Einheit	Kosten €	€/Einheit	%
429	**Sonstiges zur KG 420**	150,60 m² BGF	1.258	**8,36**	5,1
	Abgasanlage, raumluftunabhängig (1St)				
430	**Raumlufttechnische Anlagen**				**100,0**
431	**Lüftungsanlagen**	150,60 m² BGF	623	**4,13**	100,0
	Einzelraumlüftungsgerät (1St)				
440	**Elektrische Anlagen**				**100,0**
444	**Niederspannungsinstallationsanlagen**	150,60 m² BGF	13.367	**88,76**	66,8
	Zählerschrank (1St), FI-Schutzschalter (3St), Überspannungsschutz (2St), Sicherungen (24St), Mantelleitungen, Erdkabel, Leerrohre (psch), Steckdosen, doppelt (18St), einfach (10St), dreifach (2St), Außensteckdose (1St), Schalter, Taster (27St) Geräteanschlüsse (9St), Raumtemperaturregler (7St)				
445	**Beleuchtungsanlagen**	150,60 m² BGF	5.081	**33,74**	25,4
	Leuchten (30St), LED-Band (10m)				
446	**Blitzschutz- und Erdungsanlagen**	150,60 m² BGF	1.576	**10,47**	7,9
	V4A-Ringerder (41m), Fundamenterder (39m), Anschlussfahnen (2St), Potenzialausgleich (psch)				
450	**Kommunikations-, sicherheits- und informationstechnische Anlagen**				**100,0**
457	**Datenübertragungsnetze**	150,60 m² BGF	715	**4,75**	100,0
	Datenverkabelung (psch), Datenanschlussdosen (2St)				
490	**Sonstige Maßnahmen für technische Anlagen**				**100,0**
491	**Baustelleneinrichtung**	150,60 m² BGF	457	**3,03**	100,0
	Baustelleneinrichtung HLS (psch)				
510	**Erdbau**				**100,0**
511	**Herstellung**	74,50 m³ EBR	5.205	**69,87**	100,0
	Rohrgrabenaushub, lagern, verfüllen (68m³), Schachtaushub (7m³), Verfüllung mit Mineralbeton (4m³), Kopfloch (1St)				
530	**Oberbau, Deckschichten**				**100,0**
533	**Plätze, Höfe, Terrassen**	25,00 m²	647	**25,86**	45,5
	Schottertragschicht 16/32mm, d=20cm (25m²)				
539	**Sonstiges zur KG 530**	25,00 m² BFF	776	**31,03**	54,5
	Kiestraufe 16/32mm, b=30cm, d=50cm (6m³)				
550	**Technische Anlagen**				**100,0**
551	**Abwasseranlagen**	547,70 m² AF	3.456	**6,31**	79,2
	KG-Rohre DN125, Formstücke (20m), Kontrollschacht DN1.200, vier Schachtringe 50cm (1St), Abstürze (2St), Kanalanschluss (psch)				
552	**Wasseranlagen**	547,70 m² AF	909	**1,66**	20,8
	KG-Leerrohre (25m), Sandbett (2m³)				

Kostenkennwerte für Leistungsbereiche nach STLB (Kosten des Bauwerks nach DIN 276)

LB	Leistungsbereiche	Kosten €	€/m² BGF	€/m³ BRI	% an 3+4
000	Sicherheits-, Baustelleneinrichtungen inkl. 001	31.438	208,80	69,90	8,3
002	Erdarbeiten	11.515	76,50	25,60	3,0
006	Spezialtiefbauarbeiten inkl. 005	–	–	–	–
009	Entwässerungskanalarbeiten inkl. 011	508	3,40	1,10	0,1
010	Drän- und Versickerarbeiten	–	–	–	–
012	Mauerarbeiten	30.399	201,90	67,60	8,0
013	Betonarbeiten	45.534	302,40	101,20	12,0
014	Natur-, Betonwerksteinarbeiten	–	–	–	–
016	Zimmer- und Holzbauarbeiten	22.844	151,70	50,80	6,0
017	Stahlbauarbeiten	2.122	14,10	4,70	0,6
018	Abdichtungsarbeiten	4.460	29,60	9,90	1,2
019	Kampfmittelräumarbeiten	–	–	–	–
020	Dachdeckungsarbeiten	6.992	46,40	15,50	1,8
021	Dachabdichtungsarbeiten	1.612	10,70	3,60	0,4
022	Klempnerarbeiten	9.797	65,10	21,80	2,6
	Rohbau	**167.222**	**1.110,40**	**371,80**	**43,9**
023	Putz- und Stuckarbeiten, Wärmedämmsysteme	48.426	321,60	107,70	12,7
024	Fliesen- und Plattenarbeiten	3.706	24,60	8,20	1,0
025	Estricharbeiten	14.995	99,60	33,30	3,9
026	Fenster, Außentüren inkl. 029, 032	29.488	195,80	65,60	7,7
027	Tischlerarbeiten	28.155	186,90	62,60	7,4
028	Parkettarbeiten, Holzpflasterarbeiten	–	–	–	–
030	Rollladenarbeiten	1.460	9,70	3,20	0,4
031	Metallbauarbeiten inkl. 035	–	–	–	–
034	Maler- und Lackiererarbeiten inkl. 037	4.262	28,30	9,50	1,1
036	Bodenbelagarbeiten	–	–	–	–
038	Vorgehängte hinterlüftete Fassaden	–	–	–	–
039	Trockenbauarbeiten	14.920	99,10	33,20	3,9
	Ausbau	**145.413**	**965,60**	**323,30**	**38,2**
040	Wärmeversorgungsanl. - Betriebseinr. inkl. 041	23.802	158,00	52,90	6,3
042	Gas- und Wasserinstallation, Leitungen inkl. 043	4.350	28,90	9,70	1,1
044	Abwasseranlagen - Leitungen	1.464	9,70	3,30	0,4
045	GWE-Einrichtungsgegenstände inkl. 046	13.950	92,60	31,00	3,7
047	Dämmarbeiten an betriebstechnischen Anlagen	3.296	21,90	7,30	0,9
049	Feuerlöschanlagen, Feuerlöschgeräte	–	–	–	–
050	Blitzschutz- und Erdungsanlagen	1.576	10,50	3,50	0,4
053	Niederspannungsanlagen inkl. 052, 054	13.200	87,60	29,40	3,5
055	Sicherheits- u. Ersatzstromversorgungsanl.	–	–	–	–
057	Gebäudesystemtechnik	–	–	–	–
058	Leuchten und Lampen inkl. 059	5.081	33,70	11,30	1,3
060	Sprechanlagen, elektroakust. Anlagen inkl. 064	–	–	–	–
061	Kommunikationsnetze inkl. 063	715	4,70	1,60	0,2
069	Aufzüge	–	–	–	–
070	Gebäudeautomation	–	–	–	–
075	Raumlufttechnische Anlagen inkl. 078	623	4,10	1,40	0,2
	Gebäudetechnik	**68.056**	**451,90**	**151,30**	**17,9**
084	Abbruch, Rückbau, Schadstoffsanierung	–	–	–	–
	Abbrucharbeiten	**–**	**–**	**–**	**–**
	Sonstige Leistungsbereiche	**–**	**–**	**–**	**–**

6100-1660
Mehrfamilienhäuser
(2 Gebäude, 30 WE)
(40 STP)

Objektübersicht

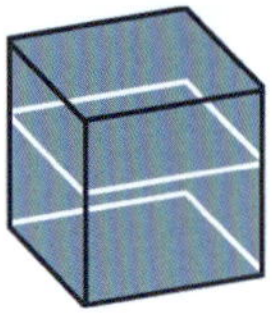

BRI 612 €/m³

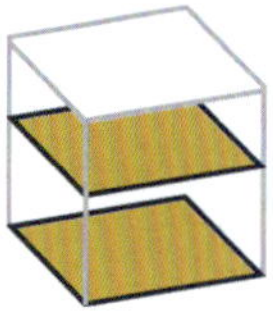

BGF 1.789 €/m²

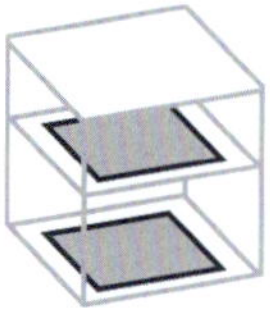

NUF 2.660 €/m²

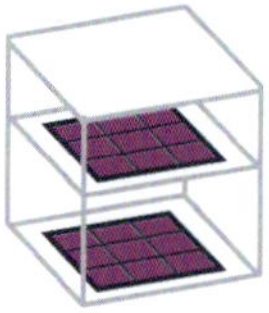

NE 3.994 €/NE

NE: Wohnfläche

Objekt:
Kennwerte: 1. Ebene DIN 276
BRI: 15.127 m³
BGF: 5.177 m²
NUF: 3.482 m²
Bauzeit: 104 Wochen
Bauende: 2021
Standard: Durchschnitt
Bundesland: Bayern
Kreis: Eichstätt

Architekt*in:
Neumann & Heinsdorff
Architekten
Donnersberger Straße 24
80634 München

© Sebastian Schels

© Sebastian Schels

© Sebastian Schels

© Sebastian Schels

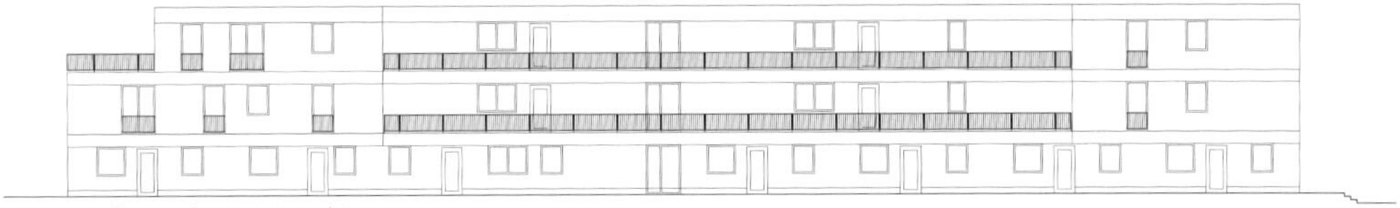

Ansicht Nord Haus 1 und 2

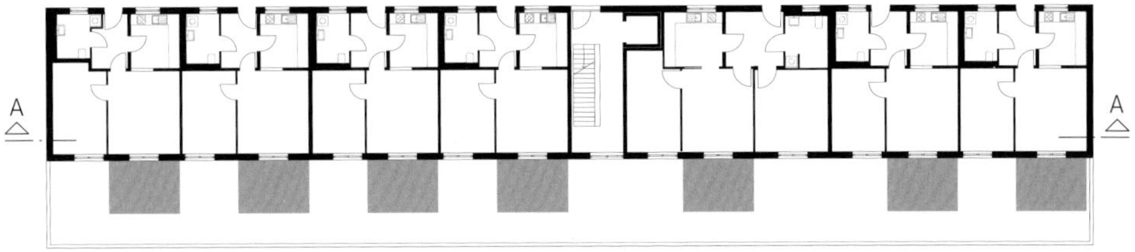

Erdgeschoss Haus 1 und 2

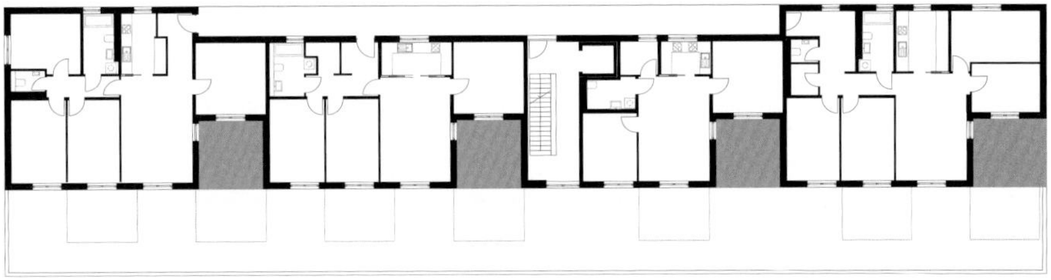

1. Obergeschoss Haus 1 und 2

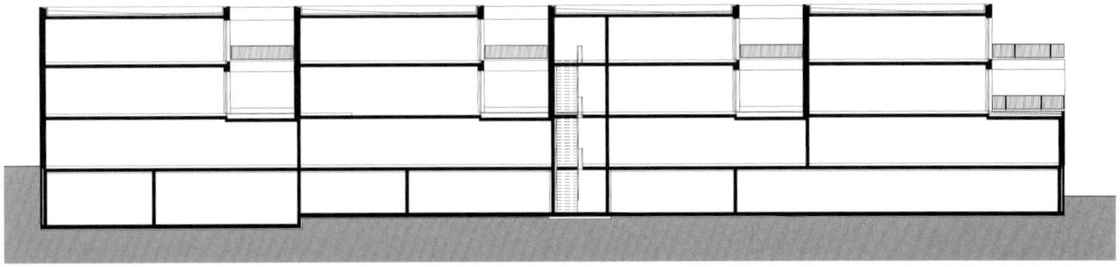

Schnitt A-A

Ansicht Süd Haus 1 und 2

Objektbeschreibung

Allgemeine Objektinformationen

Die aus zwei Riegeln bestehende Wohnbebauung befindet sich am Stadtrand im Übergang zur freien Landschaft. Das vorherrschende Prinzip einer zeilenförmigen Bebauung parallel zur Hangneigung wurde aufgegriffen. Durch Einschnitte in die Volumen lösen sich die Baukörper nach oben hin auf, es ergibt sich eine aufgelockerte Struktur mit großzügigen Freibereichen und Dachterrassen. Die drei Baukörper werden um jeweils ein Geschoss höhenversetzt am Hang platziert, sodass unter den Dachterrassen der erdgeschossigen Wohnungen geparkt werden kann. Während die kleineren erdgeschossigen Wohnungen über direkte Wohnungseingänge auf der Nordseite verfügen, werden alle Wohnungen in den Obergeschossen über ein zentrales Treppenhaus und kurze Laubengänge erschlossen.

Nutzung

1 Untergeschoss
Abstellräume, Technik, 40 Stellplätze, Trockenräume, Fahrradabstellräume, Müllräume, Treppenhäuser

1 Erdgeschoss
14 Wohnungen: Wohnen, Küchen, Schlafräume, Bäder, Terrassen, Treppenhäuser, Aufzüge

2 Obergeschosse
8 Wohnungen: Wohnen, Küchen, Schlafräume, Bäder, Terrassen, Treppenhäuser, Laubengänge, Aufzüge

Besonderer Kosteneinfluss Nutzung
Besondere Auflagen für den Brandschutz und den Wärmeschutz

Nutzeinheiten

Stellplätze: 40
Wohneinheiten: 30
Wohnfläche: 2.319 m^2

Grundstück

Bauraum: Freier Bauraum
Neigung: Hanglage
Bodenklasse: BK 1 bis BK 5

Markt

Hauptvergabezeit: 1. Quartal 2019
Baubeginn: 1. Quartal 2019
Bauende: 1. Quartal 2021
Konjunkturelle Gesamtlage: Durchschnitt
Regionaler Baumarkt: Durchschnitt

Baukonstruktion

Die in den Hang gebauten Sockelgeschosse wurden als WU-Wanne in Stahlbetonbauweise ausgeführt. Die Aussteifung erfolgt durch Decken- und Wandscheiben. Die Geschossdecken in Stahlbetonbauweise sind auf tragende Innen- und Außenwände sowie Stahlstützen aufgelegt. Die Außenwände sind als einschaliges Ziegelmauerwerk aus Leichthochlochziegeln errichtet worden. Die Kunststofffenster sind mit einer Dreifachverglasung ausgestattet und durch Rollläden abzudunkeln. Die nicht tragenden Innenwände wurden in Gipskarton erstellt. Die Böden wurden mit Linoleum belegt, auf den Terrassen kam Betonwerkstein zum Einsatz. Das Stahlbeton-Flachdach wurde extensiv begrünt.

Technische Anlagen

Die Neubauten wurden mit einer kombinierten Pellet- und Gas-Brennwertanlage ausgestattet, somit können die Grundlasten mit der Pelletanlage und die Spitzenlasten im Winter mit der Gas-Brennwertanlage gedeckt werden. Die Heizzentrale befindet sich im südlichen Haus, um eine spätere Erweiterung für weitere zwei Riegel zu ermöglichen. Innenliegende Bäder wurden mit Abluftventilatoren ausgestattet. Beide Häuser verfügen über einen Personenaufzug.

Sonstiges

Die energetischen Werte beziehen sich auf das Haus 1.

Energetische Kennwerte

Gesetzliche Grundlage: EnEV 2013
Gebäudenutzfläche: 1.384,00 m^2
Spez. Transmissionswärmeverlust: 0,41 W/(m^2·K)
Spez. Jahresprimärenergiebedarf: 42,00 kWh/(m^2·a)
Spez. Jahresendenergiebedarf: 122,00 kWh/(m^2·a)

Planungskennwerte für Flächen und Rauminhalte nach DIN 277

Flächen des Grundstücks		Menge Einheit	% an GF
BF	Bebaute Fläche	2.739,00 m²	50,6
UF	Unbebaute Fläche	2.674,00 m²	49,4
GF	Grundstücksfläche	5.413,00 m²	100,0

Grundflächen des Bauwerks		Menge Einheit	% an NUF	% an BGF
NUF	Nutzungsfläche	3.481,70 m²	100,0	67,3
TF	Technikfläche	166,40 m²	4,8	3,2
VF	Verkehrsfläche	795,34 m²	22,8	15,4
NRF	Netto-Raumfläche	4.443,44 m²	127,6	85,8
KGF	Konstruktions-Grundfläche	733,57 m²	21,1	14,2
BGF	Brutto-Grundfläche	5.177,01 m²	148,7	100,0

Brutto-Rauminhalt des Bauwerks		Menge Einheit	BRI/NUF (m)	BRI/BGF (m)
BRI	Brutto-Rauminhalt	15.126,96 m³	4,35	2,92

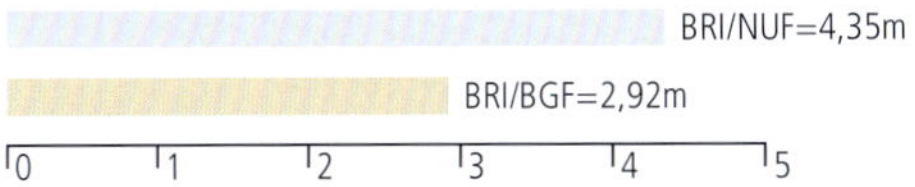

Kostenkennwerte für die Kostengruppen der 1. Ebene DIN 276

KG	Kostengruppen (1. Ebene)	Einheit	Kosten €	€/Einheit	€/m² BGF	€/m³ BRI	% 300+400
100	Grundstück	m² GF	–	–	–	–	–
200	Vorbereitende Maßnahmen	m² GF	–	–	–	–	–
300	Bauwerk – Baukonstruktionen	m² BGF	7.282.703	1.406,74	1.406,74	481,44	78,6
400	Bauwerk – Technische Anlagen	m² BGF	1.977.425	381,96	381,96	130,72	21,4
	Bauwerk 300+400	**m² BGF**	**9.260.129**	**1.788,70**	**1.788,70**	**612,16**	**100,0**
500	Außenanlagen und Freiflächen	m² AF	–	–	–	–	–
600	Ausstattung und Kunstwerke	m² BGF	–	–	–	–	–
700	Baunebenkosten	m² BGF	–	–	–	–	–
800	Finanzierung	m² BGF	–	–	–	–	–

KG	Kostengruppe	Menge Einheit	Kosten €	€/Einheit	%
3+4	**Bauwerk**				**100,0**
300	**Bauwerk – Baukonstruktionen**	5.177,01 m² BGF	7.282.703	**1.406,74**	78,6

Baugrubenaushub, Stb-Fundamentsohle WU-Beton, Zementestrich schwimmend, Linoleumböden; Stb-Wände WU, Leichhochloch-Mauerwerk, Stb-Stützen, Kunststofffenster, dreifachverglast, Holz-Wohnungseingangstüren, Außenputz, Innenputz, Beschichtung; Stb-Wände, GK-Wände, Holztüren, Stahltüren T30, Putz, Wandfliesen, Beschichtung, Rollläden; Stb-Decken, Stb-Fertigtreppen, Estrich, Linoleumböden, Terrassenbeläge Betonwerkstein, Beschichtung Decken, Treppengeländer, Terrassengeländer; Stb-Flachdach, Gefälledämmung, Abdichtung, extensive Dachbegrünung, Dachentwässerung

KG	Kostengruppe	Menge Einheit	Kosten €	€/Einheit	%
400	**Bauwerk – Technische Anlagen**	5.177,01 m² BGF	1.977.425	**381,96**	21,4

Gebäudeentwässerung, Kalt- und Warmwasserleitungen, Sanitärobjekte; Haus 1: kombinierte Pellet- und Gas-Brennwertanlage, Haus 2: Anschluss Nahwärmeversorgung, Wärmeverteilnetze, Heizkörper; Abluftventilatoren in den Bädern; Elektroinstallationen, Beleuchtung; Aufzugsanlagen

6100-1661
Einfamilienhaus
Nebengebäude

Objektübersicht

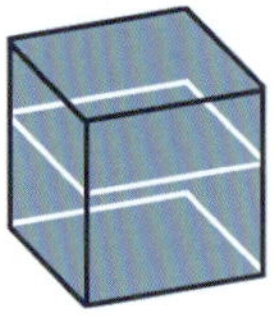

BRI 471 €/m³

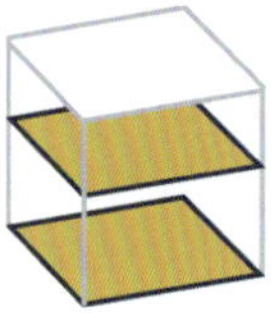

BGF 2.342 €/m²

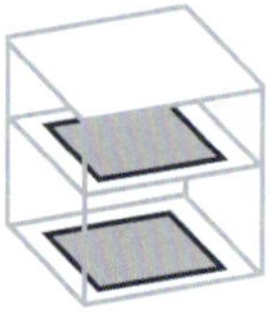

NUF 3.592 €/m²

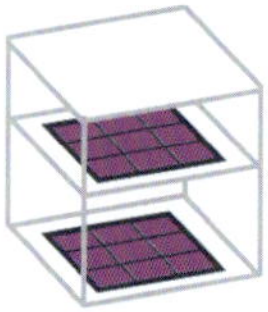

NE 3.813 €/NE

NE: Wohnfläche

Objekt:
Kennwerte: 1.Ebene DIN 276
BRI: 1.249 m³
BGF: 251 m²
NUF: 164 m²
Bauzeit: 52 Wochen
Bauende: 2022
Standard: Durchschnitt
Bundesland: Rheinland-Pfalz
Kreis: Rhein-Lahn-Kreis

Architekt*in:
b@ugilde architekten
Schlossberg 20
65582 Diez

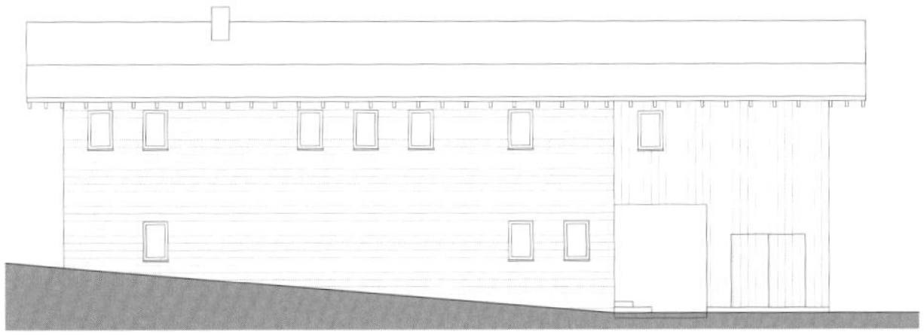

Ansicht Nord

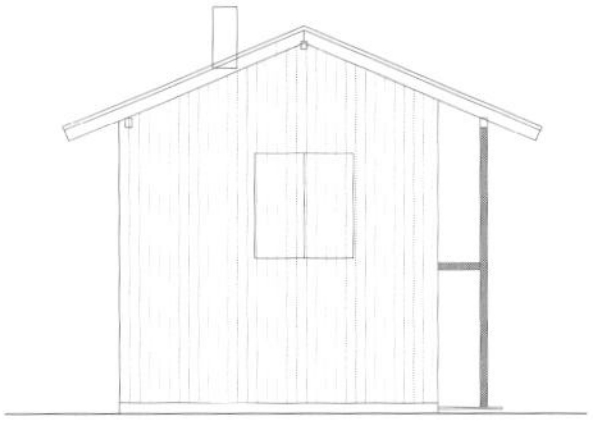

Ansicht West

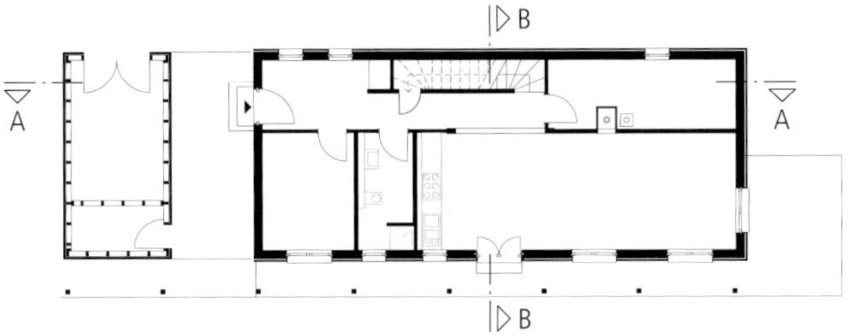

Erdgeschoss

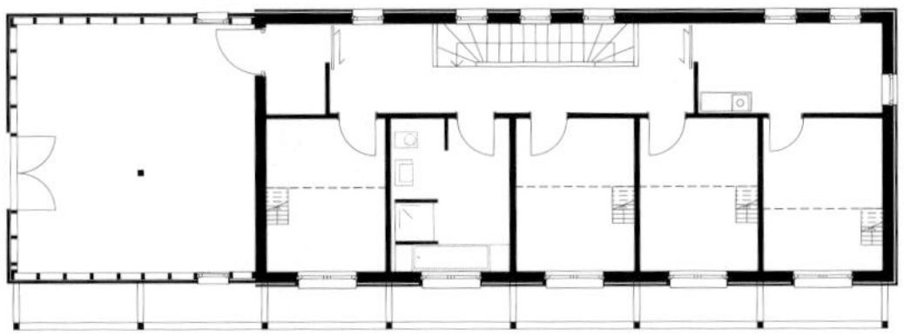

Obergeschoss

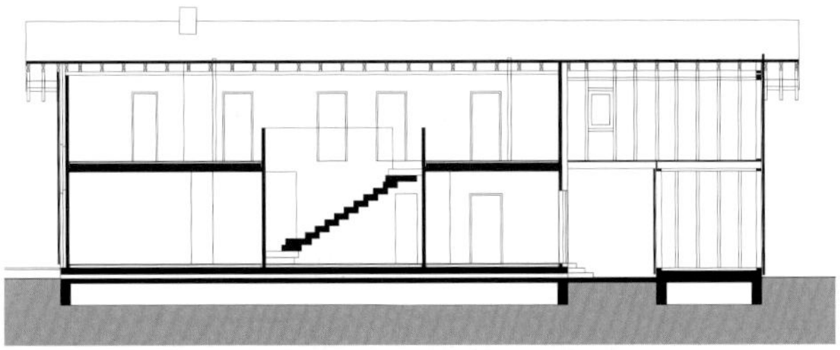

Schnitt A-A

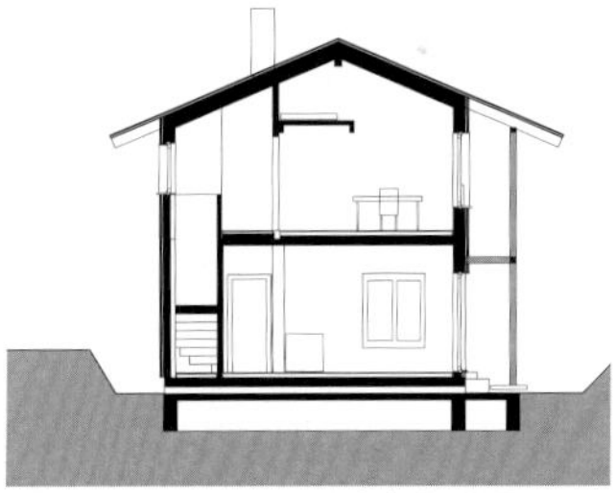

Schnitt B-B

Ansicht Süd

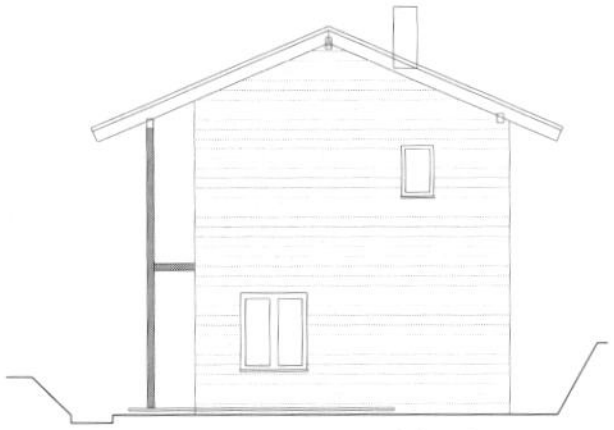

Ansicht Ost

Objektbeschreibung

Allgemeine Objektinformationen

Bei diesem Gebäude wurden die Einflüsse des Ortes, das Nutzungsverhalten der Ortsbewohner sowie die Architektursprache vom Architekten in einen bewussten Materialeinsatz übersetzt. Entstanden ist ein Holzhaus, mit wenigen einfachen Details, demontierbaren Fügungen und einer geringen Technikausstattung. Bei der Wahl der Baustoffe hatten regionale, ökologisch wertvolle und auch wiederverwertete Materialien höchste Priorität.

Nutzung

1 Erdgeschoss
Wohnhaus: Wohnen, Ess-Küche, Gästezimmer, Technik, Bad, Diele, Treppe

Nebenhaus: Werkstatt, Fahrradabstellraum

1 Obergeschoss
Schlafzimmer mit Schlafgalerie, drei Kinderzimmer mit Schlafgalerie, Arbeitszimmer, Bad, Flur, Dachboden

Nutzeinheiten

Wohneinheiten: 1
Wohnfläche: 154 m^2

Grundstück

Bauraum: Freier Bauraum
Neigung: Geneigtes Gelände
Bodenklasse: BK 1 bis BK 4

Markt

Hauptvergabezeit: 1. Quartal 2021
Baubeginn: 2. Quartal 2021
Bauende: 2. Quartal 2022
Konjunkturelle Gesamtlage: Durchschnitt
Regionaler Baumarkt: unter Durchschnitt

Baukonstruktion

Die Gründung erfolgte auf einer Stahlbetonbodenplatte. Die Wände des Wohnhauses wurden aus massiven Brettsperrholzelementen erstellt. Die Holzfaserdämmung in Dach, Wand und Boden wurde im Außenwandbereich mit Lärchenschalung bekleidet. Die Fenster aus Fichtenholz sind zweifachverglast. Das Dach wurde mit Tonziegeln gedeckt. Als Bodenbeläge kamen Fichtedielen und Fliesen zum Einsatz. Die Wände erhielten einen Lehmputz. Das Nebengebäude wurde in Holzrahmenbauweise erstellt und mit sägerauer Fichtenverschalung bekleidet.

Technische Anlagen

Das Gebäude wurde nach dem Lowtech-Prinzip ausgestattet. Eine Solarthermieanlage auf dem Dach und ein wasserführender Holzvergaserkaminofen im Wohnzimmer erwärmen das Wasser, das in einem 850l Schichtspeicher für Heizung und Trinkwasser vorgehalten wird. Die Verteilung der Wärme erfolgt über Wandheizungsflächen in Lehmplatten. Ein Balkonkraftwerk sorgt für den Alltagsbedarf an regenerativem Strom.

Sonstiges

Das Gebäude ist bis auf die Gründung reversibel und nach dem Cradle-to-Cradle Prinzip erstellt.

Energetische Kennwerte

Gesetzliche Grundlage: EnEV 2013
Spez. Transmissionswärmeverlust: 0,38 W/(m^2·K)
Spez. Jahresprimärenergiebedarf: 35,90 kWh/(m^2·a)

Energetische Angaben zu Außenbauteilen

Bodenplatte Fliesen

U-Wert: 0,14 W/(m²·K)

Gesamtdicke: 63,05 cm	d[cm]	l[W/(m·K)]
Fliesen	1,00	1,000
Mörtel	0,50	1,000
Dampfbremse	0,50	50,000
OSB-Platte	2,00	0,130
Dämmung	10,00	0,035
Holz	10,00	0,130
Dampfsperre	0,05	2,000
Stahlbeton	20,00	2,500
Dämmung	14,00	0,036
Kies	15,00	0,700

Bodenplatte Parkett

U-Wert: 0,15 W/(m²·K)

Gesamtdicke: 61,05 cm	d[cm]	l[W/(m·K)]
Holz	2,00	0,154
Dämmung	10,00	0,040
Holz	10,00	0,130
Dampfsperre	0,05	2,000
Stahlbeton	20,00	2,500
Dämmung	14,00	0,036
Kies	15,00	0,700

Außenwand Brettsperrholz

U-Wert: 0,20 W/(m²·K)

Gesamtdicke: 26,00 cm	d[cm]	l[W/(m·K)]
Holz	10,00	0,130
Holzfaserplatte	16,00	0,040

Dach

U-Wert: 0,16 W/(m²·K)

Gesamtdicke: 33,00 cm	d[cm]	l[W/(m·K)]
Holz	8,00	0,090
Dampfsperre	0,50	2,000
Dämmung	24,00	0,035
Holz	24,00	0,130
Dachdichtungsbahn	0,50	0,040

Planungskennwerte für Flächen und Rauminhalte nach DIN 277

Flächen des Grundstücks		Menge Einheit	% an GF
BF	Bebaute Fläche	133,34 m²	9,5
UF	Unbebaute Fläche	1.271,66 m²	90,5
GF	Grundstücksfläche	1.405,00 m²	100,0

Grundflächen des Bauwerks		Menge Einheit	% an NUF	% an BGF
NUF	Nutzungsfläche	163,72 m²	100,0	65,2
TF	Technikfläche	12,43 m²	7,6	4,9
VF	Verkehrsfläche	30,46 m²	18,6	12,1
NRF	Netto-Raumfläche	206,61 m²	126,2	82,3
KGF	Konstruktions-Grundfläche	44,51 m²	27,2	17,7
BGF	Brutto-Grundfläche	251,12 m²	153,4	100,0

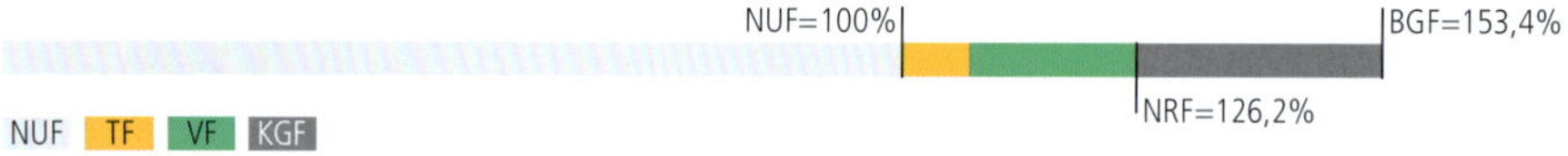

Brutto-Rauminhalt des Bauwerks		Menge Einheit	BRI/NUF (m)	BRI/BGF (m)
BRI	Brutto-Rauminhalt	1.248,99 m³	7,63	4,97

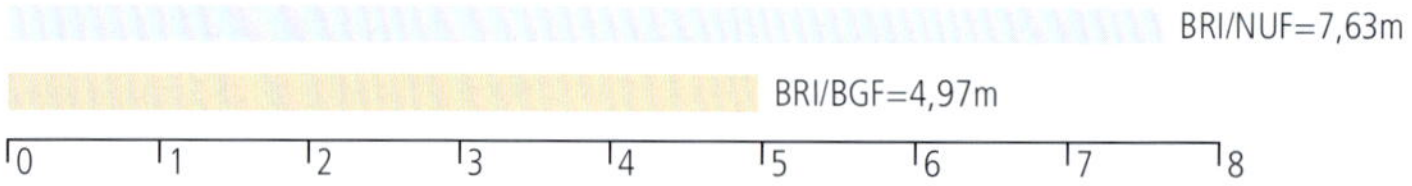

Kostenkennwerte für die Kostengruppen der 1. Ebene DIN 276

KG	Kostengruppen (1. Ebene)	Einheit	Kosten €	€/Einheit	€/m² BGF	€/m³ BRI	% 300+400
100	Grundstück	m² GF	–	–	–	–	–
200	Vorbereitende Maßnahmen	m² GF	–	–	–	–	–
300	Bauwerk – Baukonstruktionen	m² BGF	476.798	1.898,69	1.898,69	381,75	81,1
400	Bauwerk – Technische Anlagen	m² BGF	111.263	443,07	443,07	89,08	18,9
	Bauwerk 300+400	**m² BGF**	**588.062**	**2.341,76**	**2.341,76**	**470,83**	**100,0**
500	Außenanlagen und Freiflächen	m² AF	–	–	–	–	–
600	Ausstattung und Kunstwerke	m² BGF	–	–	–	–	–
700	Baunebenkosten	m² BGF	–	–	–	–	–
800	Finanzierung	m² BGF	–	–	–	–	–

KG	Kostengruppe	Menge Einheit	Kosten €	€/Einheit	%
3+4	**Bauwerk**				**100,0**
300	**Bauwerk – Baukonstruktionen**	251,12 m² BGF	476.798	**1.898,69**	81,1

Erdarbeiten; Stahlbetonbodenplatte, Kiesfrostschürzen, Holzfaserdämmung, Brettsperrholzplatten, Fichtedielenböden; Brettsperrholzwände, Holzstützen, Fichtenholzfenster, Holzeingangtüren, Holzfaserdämmung, Lärchenschalung, Lehmbekleidung, Beschichtung; Brettsperrholzwände, Holztüren; Brettsperrholzdecken, Holztreppe, Fichtendielenböden, Bodenfliesen, Oberflächenfertige Deckenuntersichten, Treppengeländer; Satteldach-Brettsperrholzkonstruktion, Holzfaserdämmung, Lattung, Ziegeldeckung, Dachentwässerung

KG	Kostengruppe	Menge Einheit	Kosten €	€/Einheit	%
400	**Bauwerk – Technische Anlagen**	251,12 m² BGF	111.263	**443,07**	18,9

Gebäudeentwässerung, Kalt- und Warmwasserleitungen, Entkalkungsanlage, Sanitärobjekte; Holzvergaserkaminofen mit Wassertasche, Solarthermieanlage, Pufferspeicher 850l, Wandplattenheizung; Elektroinstallation, Balkonkraftwerk, Beleuchtung

6100-1662
Mehrfamilienhäuser
(3 Gebäude, 37 WE)
Kindertagesstätte
(2 Gruppen, 34 Kinder)

Objektübersicht

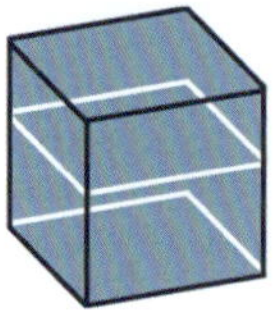

BRI 610 €/m³

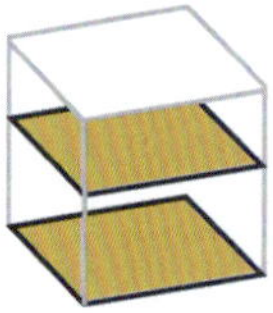

BGF 2.068 €/m²

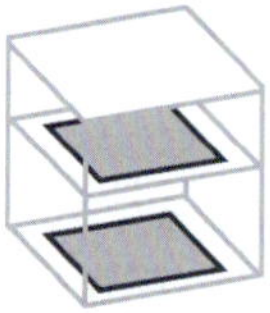

NUF 3.342 €/m²

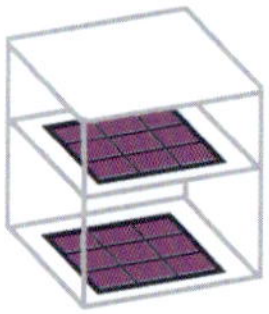

NE 3.778 €/NE

NE: Wohnfläche

Objekt:
Kennwerte: 1. Ebene DIN 276
BRI: 14.494 m³
BGF: 4.275 m²
NUF: 2.644 m²
Bauzeit: 104 Wochen
Bauende: 2023
Standard: Durchschnitt
Bundesland: Hamburg
Kreis: Hamburg, Stadt

Architekt*in:
RENNER HAINKE WIRTH
ZIRN ARCHITEKTEN GMBH
Bernstorffstraße 69
22767 Hamburg

Bauherr*in:
Bauverein
Reiherstieg eG
Georg-Wilhelm-Straße 127a
21107 Hamburg

Ansicht Nord-West Haus A und B

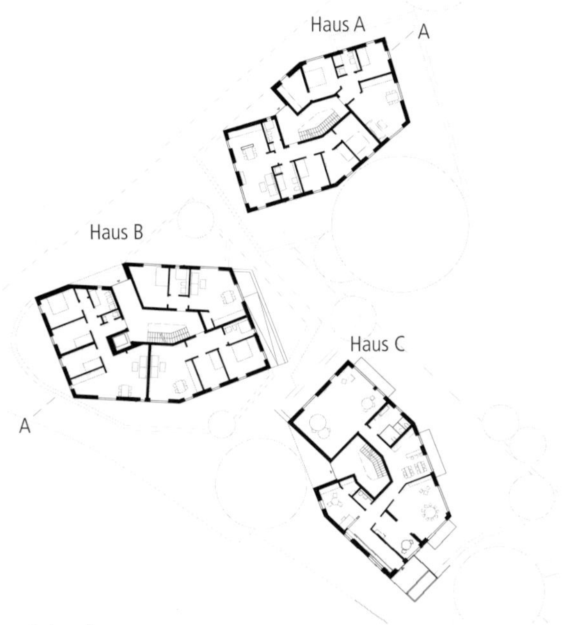

Erdgeschoss

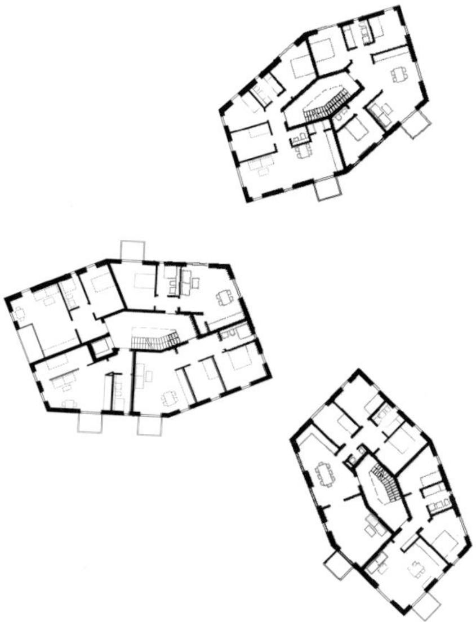

Obergeschoss

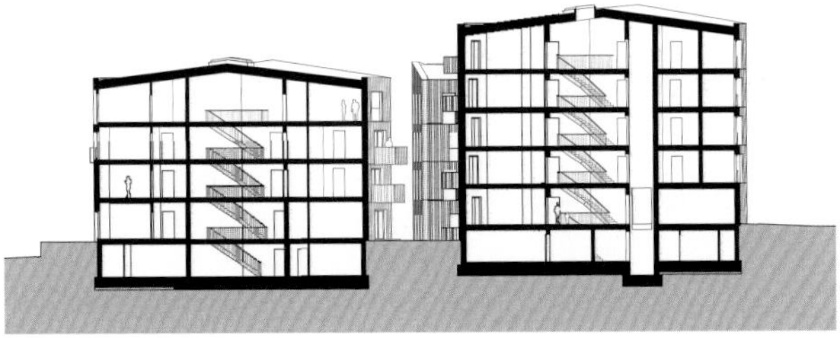

Schnitt A-A

Objektbeschreibung

Allgemeine Objektinformationen

Das Baugrundstück wurde mit drei rautenförmigen vier-, bzw. fünfgeschossigen Gebäuden bebaut. Das Konzept, einen urbanen, kosten- und flächensparenden Wohnungsbau umzusetzen, wurde dabei konsequent verfolgt. Im Erdgeschoss von Haus C wurde eine Kita mit zwei Gruppen für 34 Kinder realisiert, die das neue Quartier belebt. Die Wohngebäude sind voll unterkellert.

Nutzung

1 Untergeschoss
Abstellräume, Kinderwagenraum, Fahrradabstellräume, Hausanschlussräume, Technikräume

1 Erdgeschoss
Wohn-Essraum mit Küche, Schlafräume, Arbeitsraum, Bäder, Abstellräume, Terrassen, Gruppenräume, Gruppennebenräume, Küche mit Speiseraum, Therapieraum, Personal, Garderoben, WCs, Lager

4 Obergeschosse
Wohn-Essraum mit Küche, Wohnraum, Küche, Schlafräume, Arbeitsraum, Bäder, WCs, Abstellräume, Balkone, Loggien

Nutzeinheiten

Gebäude: 3
Gruppen: 2
Kinder: 34
Wohneinheiten: 37
Wohnfläche: 2.339 m^2

Grundstück

Bauraum: Beengter Bauraum
Neigung: Geneigtes Gelände
Bodenklasse: BK 1 bis BK 4

Markt

Hauptvergabezeit: 2. Quartal 2021
Baubeginn: 2. Quartal 2021
Bauende: 2. Quartal 2023
Konjunkturelle Gesamtlage: Durchschnitt
Regionaler Baumarkt: über Durchschnitt

Baukonstruktion

Die drei Gebäude sind in Massivbauweise in Stahlbeton und Kalksandstein errichtet. Die Dächer sind als geneigte Stahlbetondecken realisiert und extensiv begrünt. Die Keller wurden in WU-Betonbauweise errichtet, um die hydrologischen Anforderungen zu erfüllen. Die Fassade ist aus einem individuell gekanteten Aluminiumblech als Vorhangfassade ausgeführt worden. Die Blechfugen verspringen an den Fensteröffnungen und erzeugen ein abwechslungsreiches, flächiges Gesamtfassadenbild. Die eingeschossig eingeschnittenen Hauseingangsbereiche sind mit einer Natursteinfassade bekleidet. Die Fenster wurden in Kunststoff ausgeführt und dreifachverglast. In der Kita kamen Holzfenster zur Ausführung.

Technische Anlagen

Die Gebäude wurden im KfW Effizienzhaus 55-Standard errichtet. Sie werden über je eine Heizungsanlage für den bivalenten Betrieb beheizt. Dabei wird die Wärme über eine Luft-Wärmepumpe erzeugt. In den Tagen unter 3°C unterstützt eine Gas-Brennwerttherme die Versorgung der Häuser. Die Wärme wird über eine Fußbodenheizung in den Wohnungen verteilt. Die Lüftung erfolgt über eine Abluftanlage. Der sommerliche Wärmeschutz wird durch Sonnenschutzverglasung sichergestellt.

Sonstiges

Die Fassaden verbinden durch ihre Materialien und Strukturen die verschiedenen Charakteristiken der umliegenden Viertel. Auf einem benachbarten Grundstück ist auf dem Abstandsgrün eine ebenerdige Stellplatzanlage für 18 Pkws errichtet worden.

Energetische Kennwerte

Gesetzliche Grundlage: EnEV 2013
Gebäudenutzfläche: 1.018,22 m^2
Gebäudevolumen: 3.181,93 m^3
A/V_e-Verhältnis (Kompaktheit): 0,42 m^{-1}
Hüllfläche des beheizten Volumens: 1.332,24 m^2
Spez. Transmissionswärmeverlust: 0,33 W/(m^2·K)
Spez. Jahresprimärenergiebedarf: 30,47 kWh/(m^2·a)
Anlagenaufwandszahl: 0,67

Energetische Angaben zu Außenbauteilen

Kellerdecke

U-Wert: 0,25 W/(m²·K)

Gesamtdicke: 39,00 cm	d[cm]	l[W/(m·K)]
Estrich	7,00	1,400
Trittschalldämmung	3,00	0,032
Dämmung	9,00	0,035
Stahlbeton	20,00	2,300

Außenwand hinterlüftet

U-Wert: 0,18 W/(m²·K)

Gesamtdicke: 35,00 cm	d[cm]	l[W/(m·K)]
Innenputz	1,50	0,700
Kalksandstein	17,50	1,100
Dämmung	16,00	0,032

Dach

U-Wert: 0,11 W/(m²·K)

Gesamtdicke: 53,50 cm	d[cm]	l[W/(m·K)]
Stahlbeton	20,00	2,300
Dämmung	32,00	0,035
Bitumenbahn	1,50	0,170

Planungskennwerte für Flächen und Rauminhalte nach DIN 277

Flächen des Grundstücks		Menge Einheit	% an GF
BF	Bebaute Fläche	880,00 m^2	48,2
UF	Unbebaute Fläche	946,00 m^2	51,8
GF	Grundstücksfläche	1.826,00 m^2	100,0

Grundflächen des Bauwerks		Menge Einheit	% an NUF	% an BGF
NUF	Nutzungsfläche	2.644,40 m^2	100,0	61,9
TF	Technikfläche	149,04 m^2	5,6	3,5
VF	Verkehrsfläche	566,21 m^2	21,4	13,2
NRF	Netto-Raumfläche	3.359,65 m^2	127,0	78,6
KGF	Konstruktions-Grundfläche	914,94 m^2	34,6	21,4
BGF	Brutto-Grundfläche	4.274,59 m^2	161,6	100,0

Brutto-Rauminhalt des Bauwerks		Menge Einheit	BRI/NUF (m)	BRI/BGF (m)
BRI	Brutto-Rauminhalt	14.493,99 m^3	5,48	3,39

Kostenkennwerte für die Kostengruppen der 1.Ebene DIN 276

KG	Kostengruppen (1. Ebene)	Einheit	Kosten €	€/Einheit	€/m² BGF	€/m³ BRI	% 300+400
100	Grundstück	m² GF	–	–	–	–	–
200	Vorbereitende Maßnahmen	m² GF	–	–	–	–	–
300	Bauwerk – Baukonstruktionen	m² BGF	6.540.613	1.530,11	1.530,11	451,26	74,0
400	Bauwerk – Technische Anlagen	m² BGF	2.297.537	537,49	537,49	158,52	26,0
	Bauwerk 300+400	**m² BGF**	**8.838.149**	**2.067,60**	**2.067,60**	**609,78**	**100,0**
500	Außenanlagen und Freiflächen	m² AF	552.418	583,95	129,23	38,11	6,3
600	Ausstattung und Kunstwerke	m² BGF	–	–	–	–	–
700	Baunebenkosten	m² BGF	–	–	–	–	–
800	Finanzierung	m² BGF	–	–	–	–	–

KG	Kostengruppe	Menge Einheit	Kosten €	€/Einheit	%
3+4	**Bauwerk**				**100,0**
300	**Bauwerk – Baukonstruktionen**	4.274,59 m² BGF	6.540.613	**1.530,11**	74,0

Baugrubenaushub, Baugrubenverbau, Wasserhaltung; Stb-Fundamentplatten, WU-Beton, PU-Beschichtung, Sauberkeitsschicht; Stb-Wände, WU-Beton, KS-Mauerwerk, Holzfenster, Kunststofffenster, Dreifachverglasung, teilw. Sonnenschutzverglasung, Wärmedämmung, hinterlüftete Fassade aus individuell gekanteten Aluminiumblechen, Natursteinfassade, Rollläden; Innenmauerwerk, Stb-Wände, GK-Wände, Glaswände, Wandfliesen, Beschichtung, WC-Trennwände; Stb-Decken, Stb-Fertigteilbalkone, Stb-Treppen, Heizestrich, PVC-Belag, Betonwerkstein, Bodenfliesen, teilw. Schallschutzdecken, Stahlgeländer, Glasgeländer, Treppengeländer; Stb-Flachdach, Oberlichter, Dachfenster, Dämmung, Abdichtung, Attika, extensive Dachbegrünung, innenliegende Dachentwässerung, Eingangsüberdachungen

KG	Kostengruppe	Menge Einheit	Kosten €	€/Einheit	%
400	**Bauwerk – Technische Anlagen**	4.274,59 m² BGF	2.297.537	**537,49**	26,0

Gebäudeentwässerung, Kalt- und Warmwasserleitungen, Sanitärobjekte; Luft-Wärmepumpe, Gas-Brennwerttherme, Fußbodenheizung; Abluftanlage, RWA-Anlage; Elektroinstallation, LED-Beleuchtung; Fernseh- und Antennenanlagen; Rauchmelder; Personenaufzug

KG	Kostengruppe	Menge Einheit	Kosten €	€/Einheit	%
500	**Außenanlagen und Freiflächen**	946,00 m² AF	552.418	**583,95**	6,3

Oberbodenarbeiten, Bodenarbeiten; Wege, Terrassen, Spielplatz; Zäune, Tore; Winkelstützwände, Stufen; Sitzbänke, Unterflurmüllentsorgung; Spielgeräte; Oberbodenauftrag, Bepflanzung, Rasen

6100-1670
Einfamilienhaus
Praxis

Objektübersicht

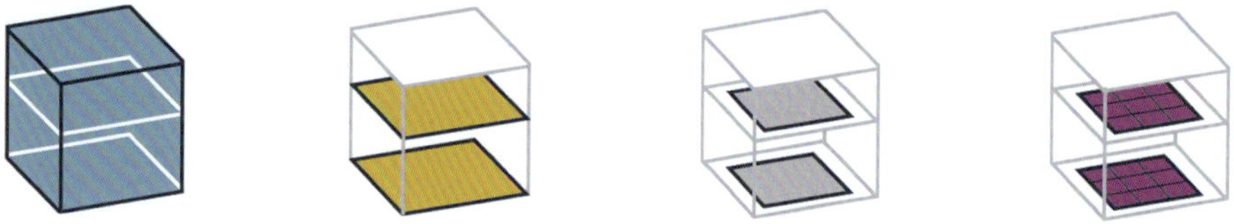

BRI 772 €/m³ **BGF 2.560 €/m²** **NUF 4.685 €/m²** **NE 7.343 €/NE**

NE: Wohnfläche

Objekt:
Kennwerte: 1. Ebene DIN 276
BRI: 1.111 m³
BGF: 335 m²
NUF: 183 m²
Bauzeit: 87 Wochen
Bauende: 2022
Standard: Durchschnitt
Bundesland: Nordrhein-Westfalen
Kreis: Rhein-Sieg-Kreis

Architekt*in:
Architekturbüro
Sylvia Fröbel
Alexander-Bell-Straße 29
53332 Bornheim

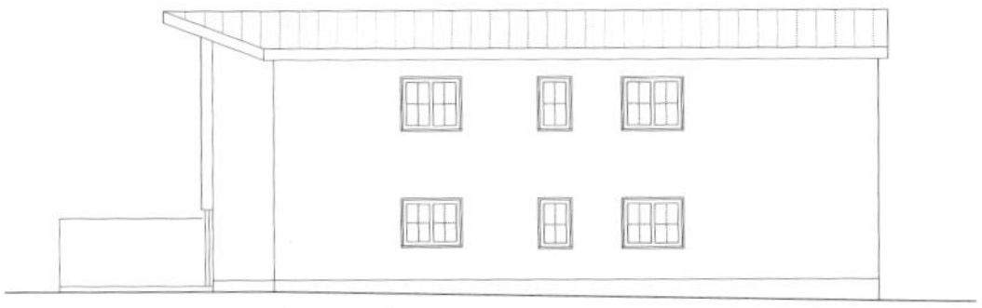

Ansicht Nord-Ost

Ansicht Nord-West

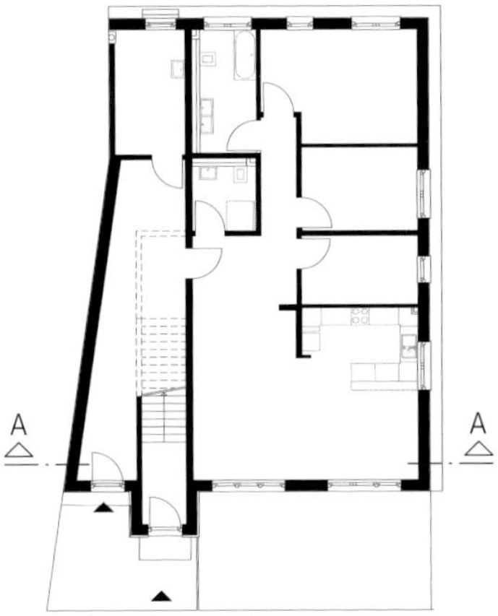

Erdgeschoss

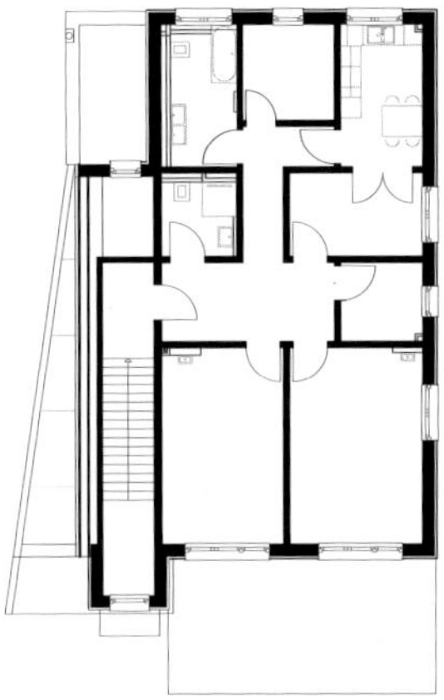

Obergeschoss

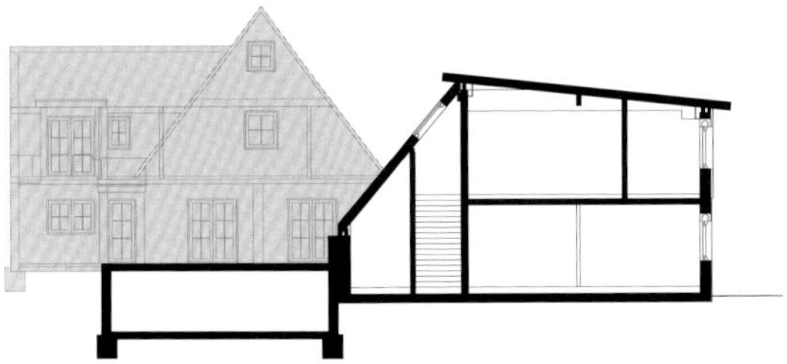

Schnitt A-A

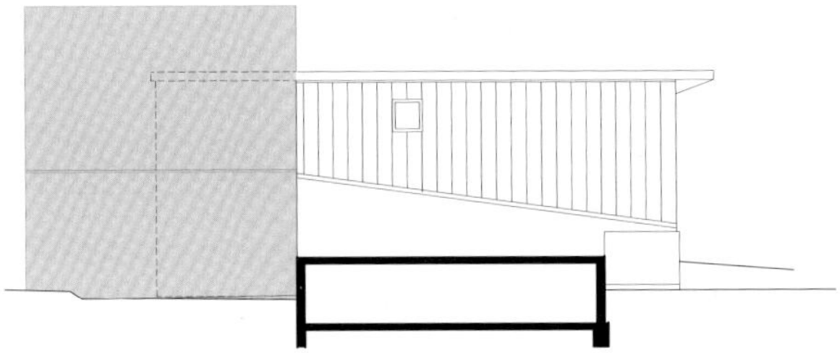

Ansicht Süd-West

Ansicht Süd-Ost

Objektbeschreibung

Allgemeine Objektinformationen

Das Gebäude entstand in einer schmalen Baulücke und wurde an das Nachbarhaus angebaut. Es entstand ein nicht unterkellertes Einfamilienhaus mit Praxis im Obergeschoss, das über eine einläufige Treppe erschlossen wird.

Nutzung

1 Erdgeschoss
Eingangsflur, Treppenhaus, Wohn-Essküche, Schlafzimmer, Bad, WC, Flur, Technik, Terrasse

1 Obergeschoss
Treppenhaus, Flur, Wartezimmer, Behandlungszimmer, Arbeitszimmer, WC, Küche, Bad, Abstellen

Nutzeinheiten

Wohneinheiten: 1
Wohnfläche: 117 m^2

Grundstück

Bauraum: Freier Bauraum
Neigung: Ebenes Gelände
Bodenklasse: BK 2 bis BK 5

Besonderer Kosteneinfluss Grundstück
Lage im Überschwemmungsgebiet

Markt

Hauptvergabezeit: 3. Quartal 2020
Baubeginn: 3. Quartal 2020
Bauende: 2. Quartal 2022
Konjunkturelle Gesamtlage: über Durchschnitt
Regionaler Baumarkt: Durchschnitt

Baukonstruktion

Die Gründung erfolgte auf einer Bodenplatte mit einem 60cm hohen Kieskoffer. Die Außenwände wurden mit 36,5er Ziegelmauerwerk gemauert und im Erdgeschoss verputzt. Das Obergeschoss erhielt eine vertikale Holzbekleidung. Die Kunststofffenster sind dreifachverglast und können mit Rollläden abgedunkelt werden. Die Böden sind im ganzen Haus mit Fliesen belegt. Das Steildach über dem Treppenhaus wurde als Sparrendach konzipiert und mit moosgrünen Tondachziegeln gedeckt. Das Hauptdach ist als Pultdach aus Holztafelbauweise erstellt und sorgt durch die Dachbegrünung für ein angenehmes Klima in den Praxisräumen des Obergeschosses.

Technische Anlagen

Eine Erdwärme-Pumpenheizung versorgt das Haus mit Heizwärme, die über Fußbodenheizung in den Räumen verteilt wird. Die Bohrung erfolgte bis in 128m Tiefe. Die Heizungsanlage kann im Sommer auch um einige Grad auf Kühlung eingestellt werden.

Planungskennwerte für Flächen und Rauminhalte nach DIN 277

Flächen des Grundstücks		Menge Einheit	% an GF
BF	Bebaute Fläche	–	–
UF	Unbebaute Fläche	–	–
GF	Grundstücksfläche	–	–

Grundflächen des Bauwerks		Menge Einheit	% an NUF	% an BGF
NUF	Nutzungsfläche	182,99 m^2	100,0	54,6
TF	Technikfläche	9,26 m^2	5,1	2,8
VF	Verkehrsfläche	70,23 m^2	38,4	21,0
NRF	Netto-Raumfläche	262,48 m^2	143,4	78,4
KGF	Konstruktions-Grundfläche	72,49 m^2	39,6	21,6
BGF	Brutto-Grundfläche	334,97 m^2	183,1	100,0

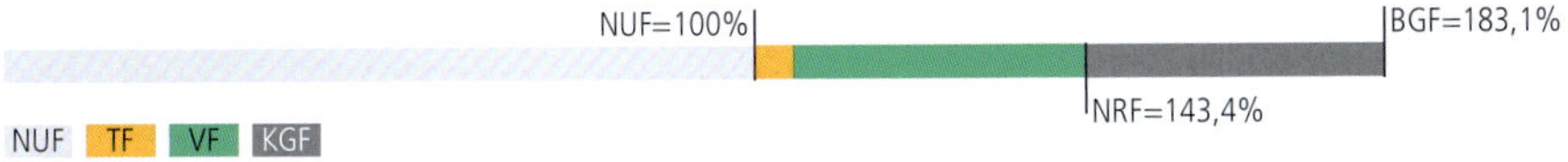

Brutto-Rauminhalt des Bauwerks		Menge Einheit	BRI/NUF (m)	BRI/BGF (m)
BRI	Brutto-Rauminhalt	1.110,51 m^3	6,07	3,32

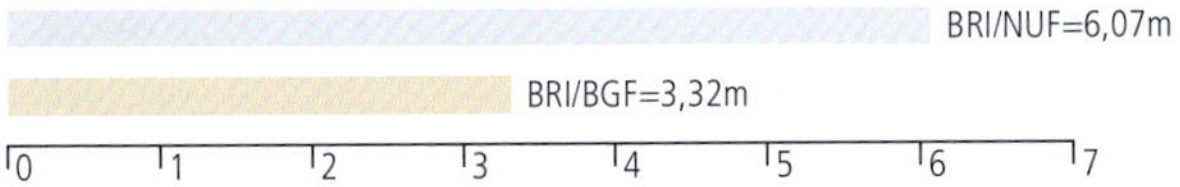

Kostenkennwerte für die Kostengruppen der 1. Ebene DIN 276

KG	Kostengruppen (1. Ebene)	Einheit	Kosten €	€/Einheit	€/m² BGF	€/m³ BRI	% 300+400
100	Grundstück	m² GF	–	–	–	–	–
200	Vorbereitende Maßnahmen	m² GF	–	–	–	–	–
300	Bauwerk – Baukonstruktionen	m² BGF	709.092	2.116,88	2.116,88	638,53	82,7
400	Bauwerk – Technische Anlagen	m² BGF	148.285	442,68	442,68	133,53	17,3
	Bauwerk 300+400	**m² BGF**	**857.376**	**2.559,56**	**2.559,56**	**772,06**	**100,0**
500	Außenanlagen und Freiflächen	m² AF	–	–	–	–	–
600	Ausstattung und Kunstwerke	m² BGF	–	–	–	–	–
700	Baunebenkosten	m² BGF	–	–	–	–	–
800	Finanzierung	m² BGF	–	–	–	–	–

KG	Kostengruppe	Menge Einheit	Kosten €	€/Einheit	%
3+4	**Bauwerk**				**100,0**
300	**Bauwerk – Baukonstruktionen**	334,97 m² BGF	709.092	**2.116,88**	82,7

Baugrubenaushub; Kieskoffer, Stb-Bodenplatte, Abdichtung, Dämmung, Heizestrich, Bodenfliesen; Mauerwerk 36,5cm, Kunststofffenster, Dreifachverglasung, Kunststofftüren, Holzbekleidung, Putz, Beschichtung, Rollläden; Stb-Wände, GK-Wände, Holztüren, Holzumfassungszargen, Gipsputz, Kalk-Zementputz, Beschichtung, Wandfliesen; Stb-Decke, Stb-Treppe, Dämmung, Heizestrich, Bodenfliesen, teilw. abgehängte GK-Decken, Beschichtung, Handläufe; Holzdachkonstruktion Steildach: Sparrenkonstruktion, Dachflächenfenster, Schalung, Zwischensparrendämmung, Tondachziegel, GK-Bekleidung; Pultdach: Holzpfettendach mit Vollholzkonstruktion, Oberlicht, Dämmung, Abdichtung, extensive Dachbegrünung, Dachentwässerung

KG	Kostengruppe	Menge Einheit	Kosten €	€/Einheit	%
400	**Bauwerk – Technische Anlagen**	334,97 m² BGF	148.285	**442,68**	17,3

Gebäudeentwässerung, Kalt- und Warmwasserleitungen, Sanitärobjekte; Erdwärme- Wärmepumpenheizung, Erdsondenbohrung, Fußbodenheizung; Elektroinstallation, Beleuchtung; Telekommunikationsverkabelung, Gegensprechanlagen, Rauchmelder

6100-1673
Reihenendhaus

Objektübersicht

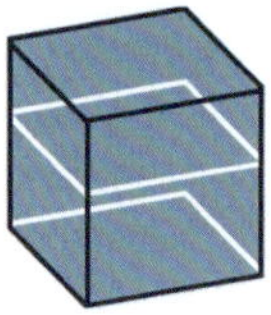
BRI 745 €/m³

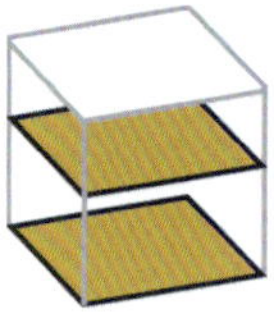
BGF 2.517 €/m²

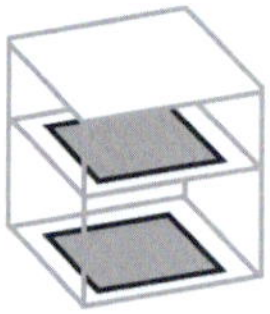
NUF 3.790 €/m²

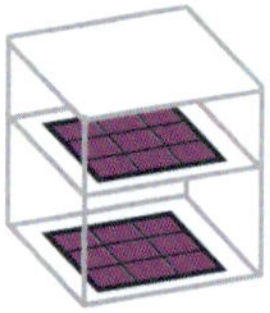
NE 4.057 €/NE

NE: Wohnfläche

Objekt:
Kennwerte: 1. Ebene DIN 276
BRI: 970 m³
BGF: 287 m²
NUF: 191 m²
Bauzeit: 35 Wochen
Bauende: 2021
Standard: über Durchschnitt
Bundesland: Bremen
Kreis: Bremen, Stadt

Architekt*in:
ARGE
Architekten
Dennes Janßen
Dennis Winkler
Vagtstraße 48/49
28203 Bremen

Bauherr*in:
Anja und Klaus Richter
Marie-Mindermann-Str. 43a
28277 Bremen

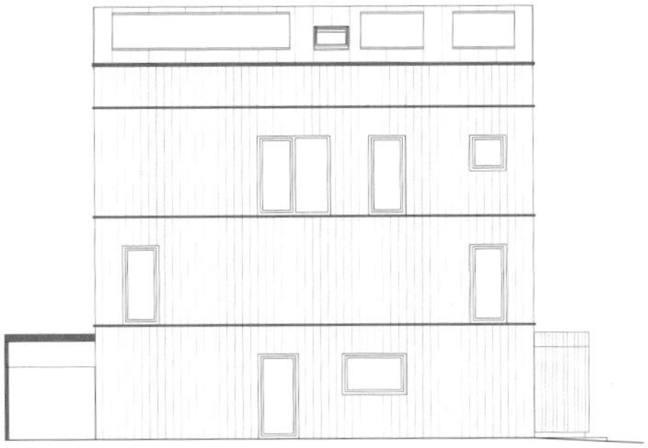

Ansicht Ost

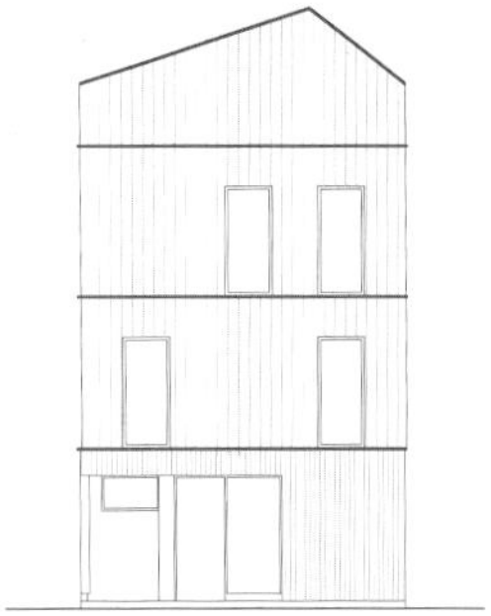

Ansicht Nord

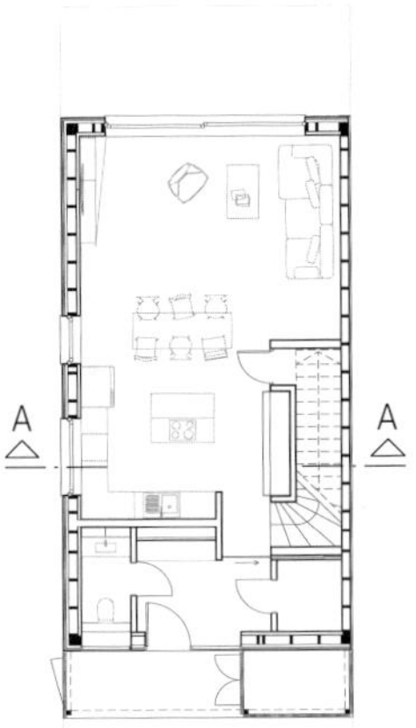

Erdgeschoss

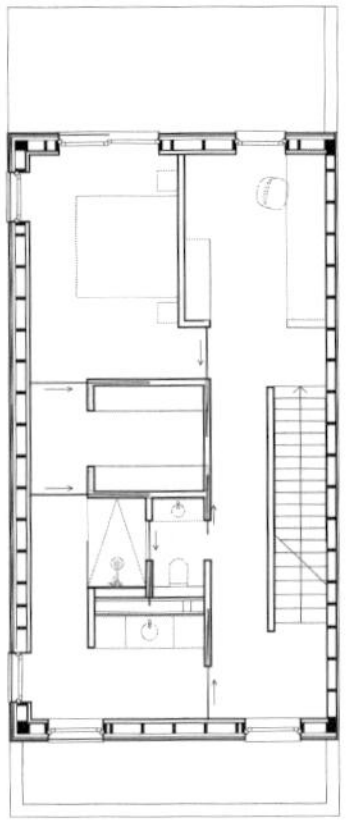

1. Obergeschoss

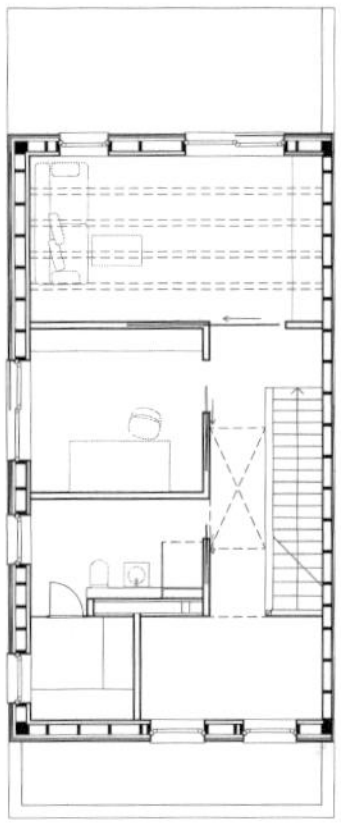

2. Obergeschoss

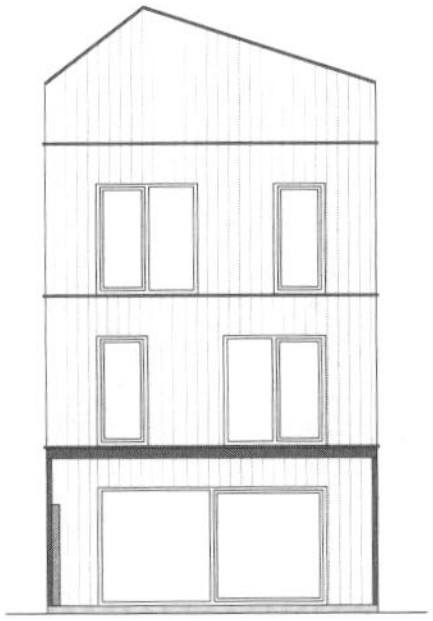

Ansicht Süd

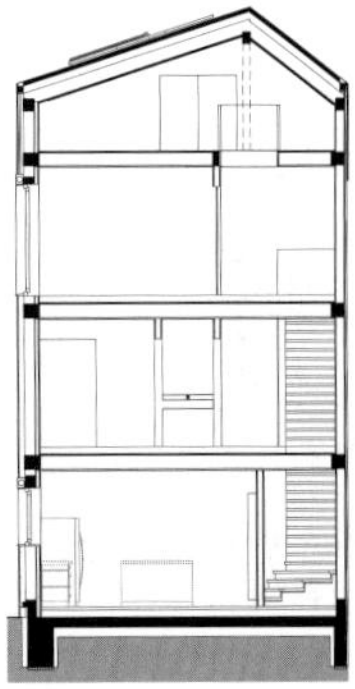

Schnitt A-A

Objektbeschreibung

Allgemeine Objektinformationen

Im Entwurfsprozess war es den Bauherren zu jedem Zeitpunkt wichtig, sich in die Abstimmungsprozesse auf allen Ebenen einbringen zu können, um mit einem auf ihre Bedürfnisse zugeschnittenen Haus Teil des sich dynamisch entwickelnden Stadtquartiers zu werden.

Nutzung

1 Erdgeschoss
Wohn-, Koch- und Essbereich, WC, Abstellraum, Hausanschlussraum

2 Obergeschosse
Schlafraum, Ankleide, Dusche, WC, Bäder, Arbeiten, Gästezimmer, Büro, Sauna, Ruheraum

Nutzeinheiten

Wohneinheiten: 1
Wohnfläche: 178 m²

Grundstück

Bauraum: Freier Bauraum
Neigung: Ebenes Gelände
Bodenklasse: BK 1 bis BK 3

Markt

Hauptvergabezeit: 4. Quartal 2020
Baubeginn: 1. Quartal 2021
Bauende: 4. Quartal 2021
Konjunkturelle Gesamtlage: Durchschnitt
Regionaler Baumarkt: über Durchschnitt

Baukonstruktion

Die vorgefertigte Holzbauweise ermöglichte innerhalb kürzester Zeit die Realisierung eines klimafreundlichen Wohnhauses. Die Außenwände sind mit einem Holzständerwerk mit Einblasdämmung ausgeführt. Unterseitig sind die tragenden Holzmassivdecken in Sichtqualität hergestellt. Der in allen Bereichen durchgängig verlaufende, geschliffene Estrich sorgt für eine fugenlose Bodenoberfläche. Die Holz-Alufenster mit Dreifachverglasung sind auf einen hohen Wärme- und Schallschutz ausgelegt.

Technische Anlagen

Die Wärmeversorgung für Heizung und Warmwasser erfolgt über den Anschluss an ein Quartierswärmenetz. Innerhalb des Hauses sorgt eine Fußbodenheizung für die gleichmäßige Verteilung der Wärme. Der ausgeführte Estrich mit Sichtqualität bietet dabei eine Wärmespeichermasse im Holzbau. Der optimale Luftaustausch kann über die zentrale Lüftungsanlage mit Wärmerückgewinnung gesteuert werden. Über die Photovoltaikanlage auf dem Dach und zugehörige Speichereinheiten erfolgt eine nachhaltige Stromversorgung.

Sonstiges

Durch die Vergabe der Bauleistungen an einen Generalunternehmer konnte der hohe Vorfertigungsgrad sowie eine kurze und witterungsunabhängige Bauzeit sichergestellt werden. Auch konnte die Planung der Baukosten über eine frühzeitige Einbindung des Unternehmens im Entwurfsprozess sichergestellt werden.

Energetische Kennwerte

Gesetzliche Grundlage: EnEV 2013
Gebäudenutzfläche: 263,50 m²
Gebäudevolumen: 823,50 m³
Hüllfläche des beheizten Volumens: 447,83 m²
Spez. Transmissionswärmeverlust: 0,24 W/(m²·K)
Spez. Jahresprimärenergiebedarf: 18,94 kWh/(m²·a)

Planungskennwerte für Flächen und Rauminhalte nach DIN 277

Flächen des Grundstücks		Menge Einheit	% an GF
BF	Bebaute Fläche	88,00 m²	29,3
UF	Unbebaute Fläche	212,00 m²	70,7
GF	Grundstücksfläche	300,00 m²	100,0

Grundflächen des Bauwerks		Menge Einheit	% an NUF	% an BGF
NUF	Nutzungsfläche	190,56 m²	100,0	66,4
TF	Technikfläche	2,28 m²	1,2	0,8
VF	Verkehrsfläche	36,11 m²	18,9	12,6
NRF	Netto-Raumfläche	228,95 m²	120,1	79,8
KGF	Konstruktions-Grundfläche	58,02 m²	30,4	20,2
BGF	Brutto-Grundfläche	286,97 m²	150,6	100,0

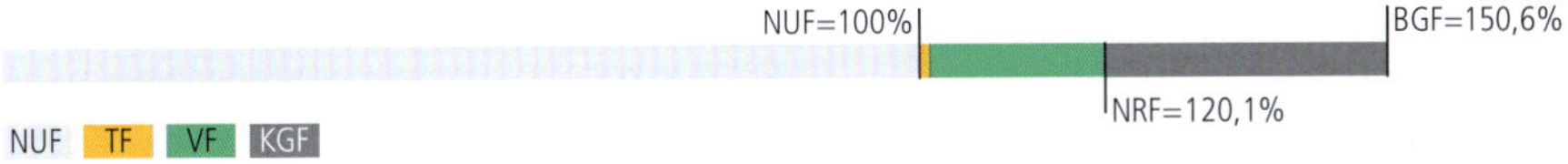

Brutto-Rauminhalt des Bauwerks		Menge Einheit	BRI/NUF (m)	BRI/BGF (m)
BRI	Brutto-Rauminhalt	970,00 m³	5,09	3,38

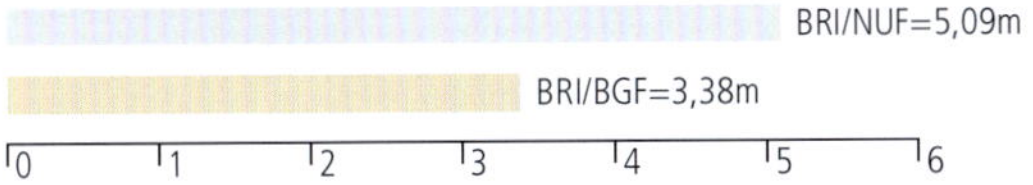

Kostenkennwerte für die Kostengruppen der 1. Ebene DIN 276

KG	Kostengruppen (1. Ebene)	Einheit	Kosten €	€/Einheit	€/m² BGF	€/m³ BRI	% 300+400
100	Grundstück	m² GF	–	–	–	–	–
200	Vorbereitende Maßnahmen	m² GF	–	–	–	–	–
300	Bauwerk – Baukonstruktionen	m² BGF	593.870	2.069,45	2.069,45	612,24	82,2
400	Bauwerk – Technische Anlagen	m² BGF	128.358	447,29	447,29	132,33	17,8
	Bauwerk 300+400	**m² BGF**	**722.229**	**2.516,74**	**2.516,74**	**744,57**	**100,0**
500	Außenanlagen und Freiflächen	m² AF	–	–	–	–	–
600	Ausstattung und Kunstwerke	m² BGF	–	–	–	–	–
700	Baunebenkosten	m² BGF	–	–	–	–	–
800	Finanzierung	m² BGF	–	–	–	–	–

KG	Kostengruppe	Menge Einheit	Kosten €	€/Einheit	%
3+4	**Bauwerk**				**100,0**
300	**Bauwerk – Baukonstruktionen**	286,97 m² BGF	593.870	**2.069,45**	82,2

Baugrubenaushub; Bodenaustausch, Baugrundverbesserung, Stb-Fundamente, Stb-Bodenplatte, WU-Beton, geschliffener Heizestrich, Abdichtung, Sauberkeitsschicht, Perimeterdämmung; Holzrahmenbauwände, Brandwand, Gipsfaserplatten, Holz-Alufenster, Dreifachverglasung, Holzfaser-Dämmplatten, Einblasdämmung, hinterlüftete Holzfassade, Gipsfaser-Bekleidung, Rollladenkästen; GK-Wände, teilw. Schiebetüren, fugenlose Wandbekleidung; mehrschichtige Massivholz-Balkendecke, unterseitig Sichtqualität, Holztreppen, geschliffener Heizestrich, Gipsfaserbekleidung; Holzbalkendach, Dachfenster, Holzfaser-Dämmplatten, Dachziegel, innenliegende Dachentwässerung, Gipsfaser-Bekleidung, Flachdach-Eingangsüberdachung

KG	Kostengruppe	Menge Einheit	Kosten €	€/Einheit	%
400	**Bauwerk – Technische Anlagen**	286,97 m² BGF	128.358	**447,29**	17,8

Gebäudeentwässerung, Kalt- und Warmwasserleitungen, Sanitärobjekte; Nahwärmeversorgung, Fußbodenheizung; kontrollierte Be- und Entlüftung mit Wärmerückgewinnung; Elektroinstallation, PV-Anlage (30m²), Beleuchtung, Stromspeicher; Musikanlage, Fernseh-, Antennenanlagen; Rauchmelder

6100-1674
Mehrfamilienhaus
(3 WE)

Objektübersicht

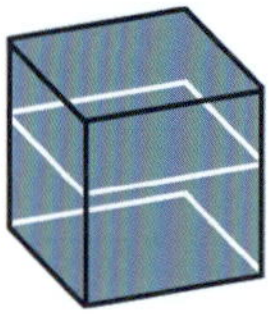

BRI 789 €/m³

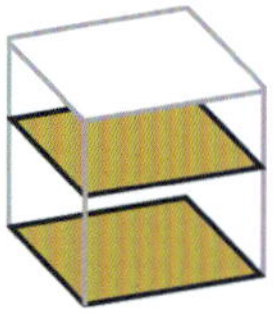

BGF 2.483 €/m²

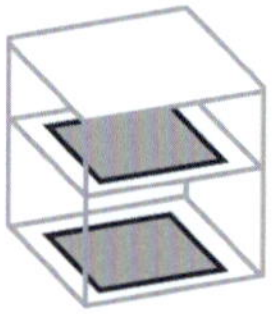

NUF 3.785 €/m²

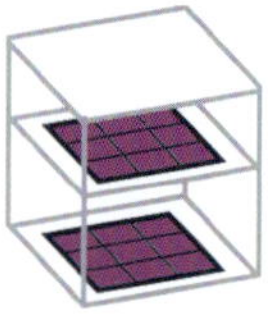

NE 3.883 €/NE

NE: Wohnfläche

Objekt:
Kennwerte: 1.Ebene DIN 276
BRI: 1.608 m³
BGF: 511 m²
NUF: 335 m²
Bauzeit: 131 Wochen
Bauende: 2023
Standard: Durchschnitt
Bundesland: Hessen
Kreis: Offenbach

Architekt*in:
petri architekten
Am Steinbruch 6a
63303 Dreieich

Zeichnungen

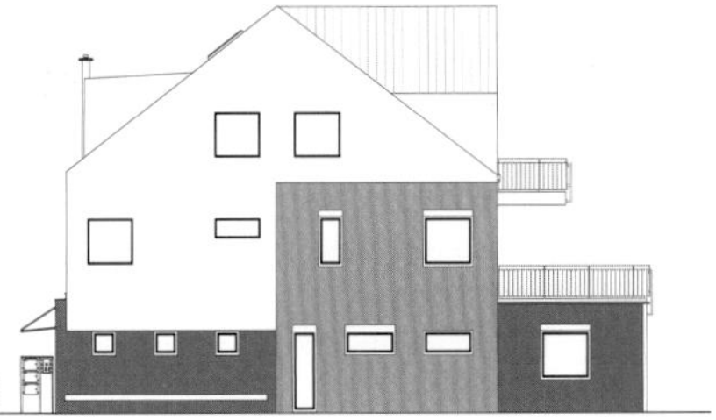
Ansicht Nord

Ansicht West

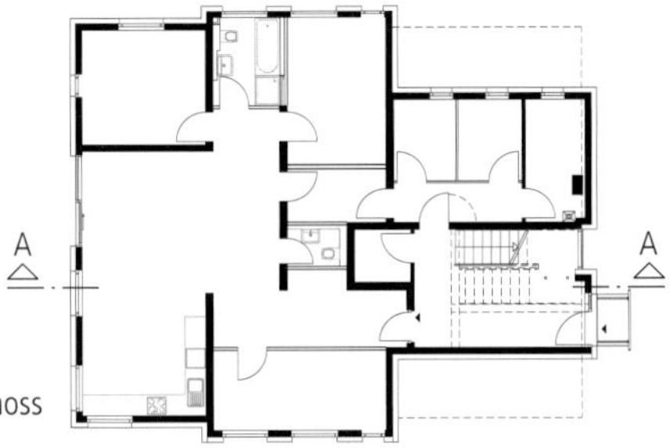

Erdgeschoss

Obergeschoss

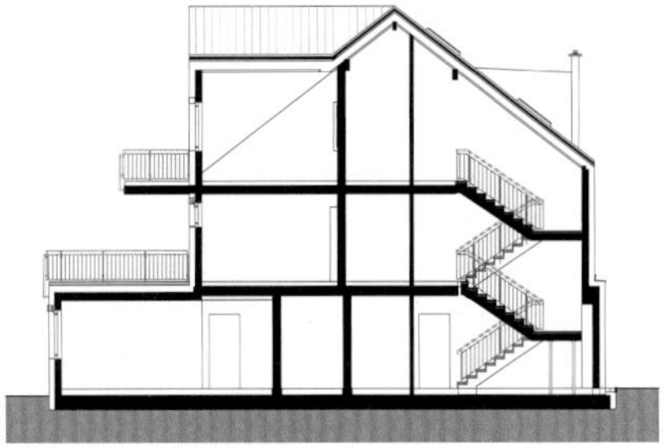
Schnitt A-A

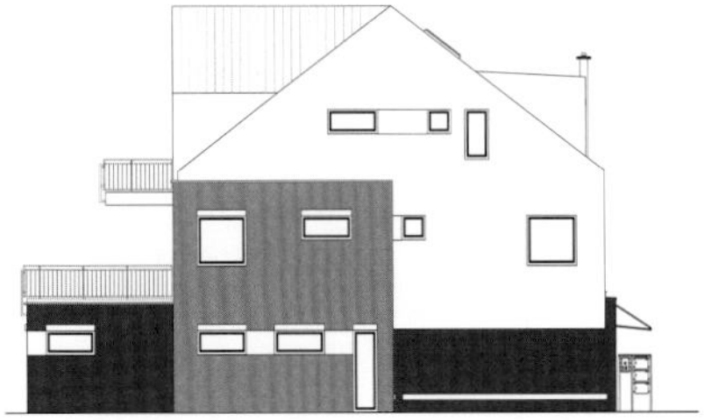
Ansicht Süd

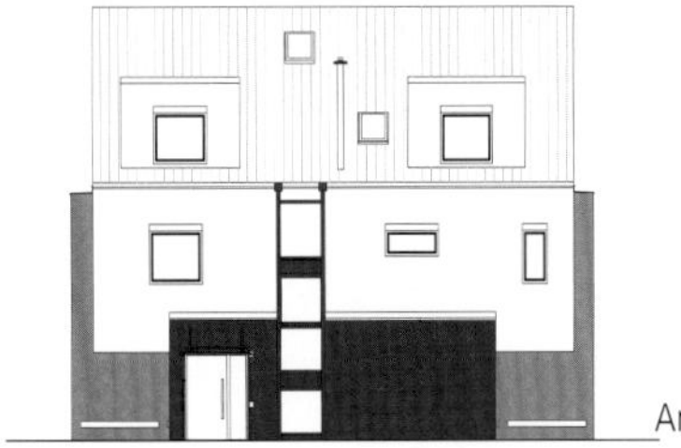
Ansicht Ost

Objektbeschreibung

Allgemeine Objektinformationen

Das Gebäude wurde ohne Kellergeschoss errichtet. Je Geschoss ist eine Wohneinheit vorhanden, welche über ein gemeinsames Treppenhaus verbunden sind.

Nutzung

1 Erdgeschoss
Wohn-Essraum mit Küche, Schlafräume, Arbeitsraum, Hausanschlussraum, Bad, WC, Abstellräume, Flur, Treppenhaus

1 Obergeschoss
Wohn-Essraum mit Küche, Schlafräume, Arbeitsraum, Bad, WC, Abstellraum, Dachterrasse, Flur, Treppenhaus

1 Dachgeschoss
Wohn-Essraum mit Küche, Schlafraum, Arbeitsraum, Bad, WC, Abstellraum, Balkon, Flur, Treppenhaus

Nutzeinheiten

Stellplätze: 4
Wohneinheiten: 3
Wohnfläche: 327 m^2

Grundstück

Bauraum: Freier Bauraum
Neigung: Ebenes Gelände
Bodenklasse: BK 1 bis BK 3

Markt

Hauptvergabezeit: 3. Quartal 2020
Baubeginn: 3. Quartal 2020
Bauende: 1. Quartal 2023
Konjunkturelle Gesamtlage: über Durchschnitt
Regionaler Baumarkt: Durchschnitt

Baukonstruktion

Das Gebäude wurde in Massivbauweise ausgeführt. Tragenden Wände sind in Kalksandsteinmauerwerk, Bodenplatte und Geschossdecken in Stahlbeton ausgeführt. Das Dach ist in Zimmermannsbauweise hergestellt. Die Bauteildimensionen folgen den Bemessungen aus Schall- und Wärmeschutz sowie dem Standsicherheitsnachweis. Die Kunststofffenster sind dreifach verglast. Die Fassaden erhielten ein Wärmedämmverbundsystem. Die nichttragenden Wände wurden in Trockenbauweise erstellt. Die Fußböden sind mit Parkett oder Fliesen belegt.

Technische Anlagen

Die Beheizung des Gebäudes erfolgt über eine bivalente Anlage aus Luft-Wasser-Wärmepumpe und einer Gasbrennwerttherme ohne solare Unterstützung. Die Wärmeverteilung erfolgt über Fußbodenheizung.

Sonstiges

Das Wohngebäude besteht aus mehreren kubischen Gebäudeteilen, welche sich durch verschiedene Grautöne von einander abheben. Der Eingangsbereich rückt auf beiden Seiten ein, so dass zwei überdachte Stellplätze jeweils an den äußeren Kanten des Gebäudes entstanden.

Energetische Kennwerte

Gesetzliche Grundlage: EnEV 2013
Gebäudenutzfläche: 401,00 m^2
A/V_e-Verhältnis (Kompaktheit): 0,57 m^{-1}
Hüllfläche des beheizten Volumens: 814,31 m^2
Spez. Transmissionswärmeverlust: 0,31 $W/(m^2 \cdot K)$
Spez. Jahresprimärenergiebedarf: 45,10 $kWh/(m^2 \cdot a)$
Spez. Jahresendenergiebedarf: 40,90 $kWh/(m^2 \cdot a)$
Spez. Jahresheizwärmebedarf: 39,59 $kWh/(m^2 \cdot a)$
CO_2-Emissionen: 14,88 $kg/(m^2 \cdot a)$
Anlagenaufwandszahl: 0,87

Energetische Angaben zu Außenbauteilen

Bodenplatte

U-Wert: 0,25 W/(m^2·K)

Gesamtdicke: 44,50 cm	d[cm]	l[W/(m·K)]
Estrich	6,50	1,400
Trittschalldämmung	3,00	0,040
Dämmung	10,00	0,035
Stahlbeton	25,00	2,500

Außenwand

U-Wert: 0,20 W/(m^2·K)

Gesamtdicke: 37,30 cm	d[cm]	l[W/(m·K)]
Innenputz	1,00	0,700
Kalksandstein	20,00	0,990
Dämmung	16,00	0,034
Außenputz	0,30	0,380

Decke gegen Außenluft unten

U-Wert: 0,15 W/(m^2·K)

Gesamtdicke: 51,30 cm	d[cm]	l[W/(m·K)]
Estrich	5,00	1,400
Trittschalldämmung	3,00	0,040
Dämmung	3,00	0,035
Stahlbeton	24,00	2,500
Dämmung	16,00	0,035
Außenputz	0,30	0,380

Decke Balkon

U-Wert: 0,14 W/(m^2·K)

Gesamtdicke: 43,00 cm	d[cm]	l[W/(m·K)]
Innenputz	1,00	0,510
Stahlbeton	24,00	2,500
Dämmung	16,00	0,023
Abdichtung	2,00	2,100

Außenwand Gaube

U-Wert: 0,14 W/(m^2·K)

Gesamtdicke: 32,60 cm	d[cm]	l[W/(m·K)]
GK-Platte	1,20	0,250
Holz	2,40	0,130
OSB-Platte	1,50	0,130
Holz	16,00	0,130
Dämmung	16,00	0,035
OSB-Platte	1,50	0,130
Dämmung	10,00	0,035

Flachdach Gaube

U-Wert: 0,22 W/(m^2·K)

Gesamtdicke: 45,50 cm	d[cm]	l[W/(m·K)]
GK-Platte	1,20	0,250
Holz	2,40	13,000
Luftschicht ruhend	2,40	0,150
Holz	24,00	0,130
Luftschicht ruhend	18,00	0,778
OSB-Platte	1,90	0,130
Holzfaserplatte	16,00	0,042

Steildach

U-Wert: 0,21 W/(m^2·K)

Gesamtdicke: 23,60 cm	d[cm]	l[W/(m·K)]
GK-Platte	1,20	0,250
Holz	2,40	0,130
Luftschicht ruhend	2,40	0,150
Holz	20,00	0,130
Dämmung	20,00	0,035

Planungskennwerte für Flächen und Rauminhalte nach DIN 277

Flächen des Grundstücks		Menge Einheit	% an GF
BF	Bebaute Fläche	177,13 m²	35,6
UF	Unbebaute Fläche	319,87 m²	64,4
GF	Grundstücksfläche	497,00 m²	100,0

Grundflächen des Bauwerks		Menge Einheit	% an NUF	% an BGF
NUF	Nutzungsfläche	335,13 m²	100,0	65,6
TF	Technikfläche	6,63 m²	2,0	1,3
VF	Verkehrsfläche	64,84 m²	19,3	12,7
NRF	Netto-Raumfläche	406,60 m²	121,3	79,6
KGF	Konstruktions-Grundfläche	104,19 m²	31,1	20,4
BGF	Brutto-Grundfläche	510,79 m²	152,4	100,0

Brutto-Rauminhalt des Bauwerks		Menge Einheit	BRI/NUF (m)	BRI/BGF (m)
BRI	Brutto-Rauminhalt	1.608,04 m³	4,80	3,15

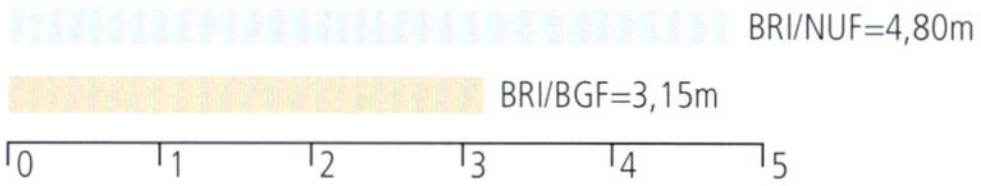

Kostenkennwerte für die Kostengruppen der 1.Ebene DIN 276

KG	Kostengruppen (1.Ebene)	Einheit	Kosten €	€/Einheit	€/m² BGF	€/m³ BRI	% 300+400
100	Grundstück	m² GF	–	–	–	–	–
200	Vorbereitende Maßnahmen	m² GF	–	–	–	–	–
300	Bauwerk – Baukonstruktionen	m² BGF	1.001.631	1.960,95	1.960,95	622,89	79,0
400	Bauwerk – Technische Anlagen	m² BGF	266.760	522,25	522,25	165,89	21,0
	Bauwerk 300+400	**m² BGF**	**1.268.392**	**2.483,20**	**2.483,20**	**788,78**	**100,0**
500	Außenanlagen und Freiflächen	m² AF	76.247	238,37	149,27	47,42	6,0
600	Ausstattung und Kunstwerke	m² BGF	–	–	–	–	–
700	Baunebenkosten	m² BGF	–	–	–	–	–
800	Finanzierung	m² BGF	–	–	–	–	–

KG	Kostengruppe	Menge Einheit	Kosten €	€/Einheit	%
3+4	**Bauwerk**				**100,0**
300	**Bauwerk – Baukonstruktionen**	510,79 m² BGF	1.001.631	**1.960,95**	79,0

Baugrubenaushub; Stb-Fundamentplatte, Abdichtung, Dämmung, Heizestrich, Beschichtung, Parkett, Bodenfliesen; Mauerwerkswände, Kunststofffenster, Alu-Eingangselement, WDVS, teilw. Vorbaurollläden; KS-Wände, GK-Wände, Holztüren, Putz, Beschichtung, Wandfliesen; Stb-Decken, Stb-Fertigteilbalkon, Stb-Treppen, Heizestrich, Parkett, Bodenfliesen, Treppengeländer, Balkongeländer; Holzbalkendach, Dachflächenfenster, Dämmung, Dachziegel, Dachentwässerung, GK-Deckenbekleidung, Beschichtung

KG	Kostengruppe	Menge Einheit	Kosten €	€/Einheit	%
400	**Bauwerk – Technische Anlagen**	510,79 m² BGF	266.760	**522,25**	21,0

Gebäudeentwässerung, Kalt- und Warmwasserleitungen, Sanitärobjekte; Gas-Brennwerttherme, Luft-Wasser-Wärmepumpe, Fußbodenheizung; Einzelraumlüfter; Elektroinstallation; Fernseh- und Antennenanlagen, Rauchmelder

KG	Kostengruppe	Menge Einheit	Kosten €	€/Einheit	%
500	**Außenanlagen und Freiflächen**	319,87 m² AF	76.247	**238,37**	6,0

Oberbodenarbeiten, Bodenarbeiten; Wege, Terrassen, Stellplätze; Zäune; Oberbodenauftrag, Bepflanzung

6100-1675
Mehrfamilienhäuser
(2 Gebäude, 15 WE)

Objektübersicht

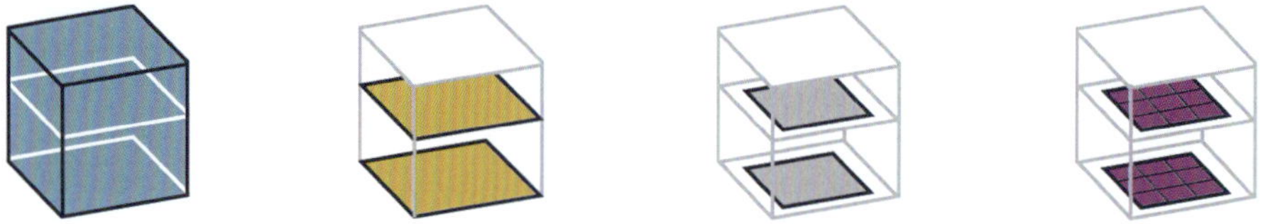

BRI 809 €/m³ | BGF 2.627 €/m² | NUF 3.638 €/m² | NE 3.954 €/NE

NE: Wohnfläche

Objekt:
Kennwerte: 1. Ebene DIN 276
BRI: 6.998 m³
BGF: 2.155 m²
NUF: 1.556 m²
Bauzeit: 78 Wochen
Bauende: 2022
Standard: über Durchschnitt
Bundesland: Niedersachsen
Kreis: Hannover, Region

Architekt*in:
saboArchitekten BDA
Rote Reihe 5
30169 Hannover

Bauherr*in:
Martina und Gerhard Lochte
Am Balgenstück 33a
33611 Bielefeld

Hof Ansicht

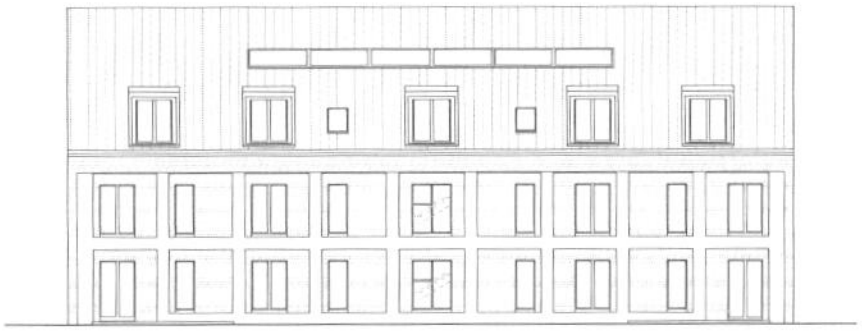

Straßen Ansicht

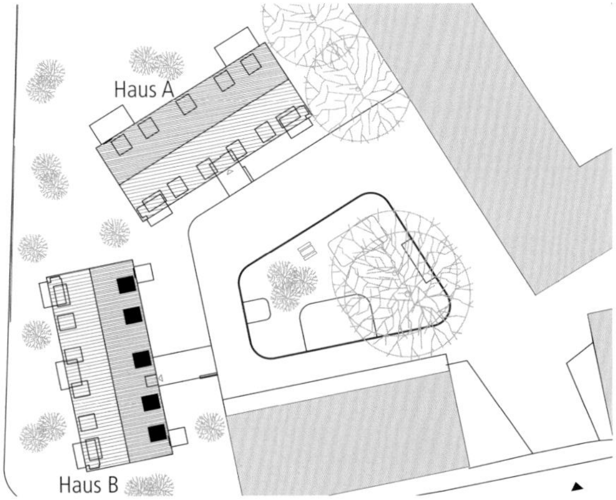

Lageplan

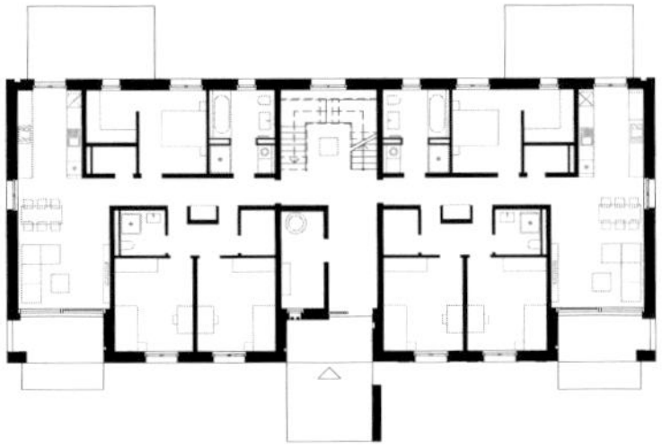

Erdgeschoss Haus A

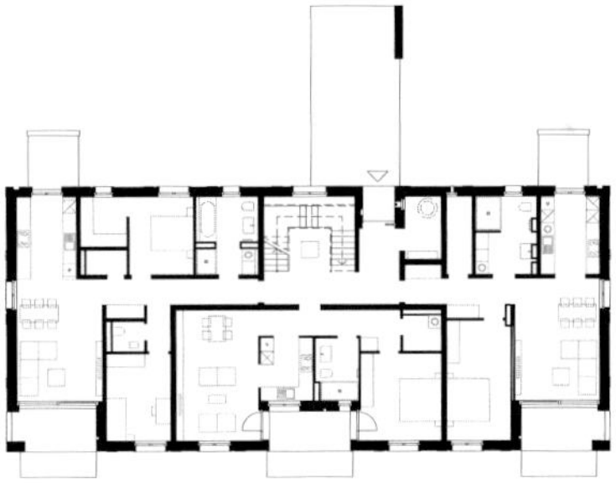

Erdgeschoss Haus B

Giebel Ansicht

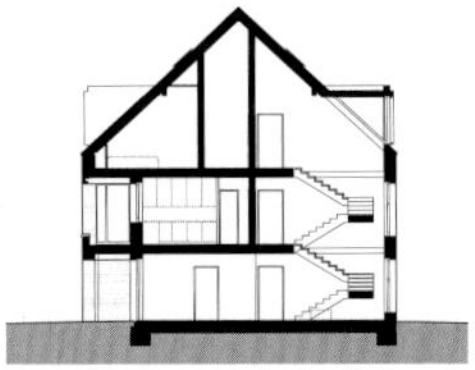

Schnitt A-A

Objektbeschreibung

Allgemeine Objektinformationen

Eine denkmalgeschützte Hofstelle in Hannover wurde um zwei ensembleartige Baukörper erweitert und das vorgefundene Motiv des Hofes als grüne Mitte unter Einbeziehung des ortsprägenden Baumbestandes neu interpretiert. Es entstanden insgesamt 15 Geschosswohnungen. Die äußere Gestalt der neuen Baukörper orientieren sich am Kontext der Bestandsgebäude.

Nutzung

2 Erdgeschosse
5 WE: Wohn-Essräume, Küchen, Schlafräume, Bäder, WCs, Abstellräume, Hausanschlussräume, Technikraum, Loggien, Terrassen

2 Obergeschosse
6 WE: Wohn-Essräume, Küche, Schlafräume, Bäder, WC, Abstellräume, Loggien

2 Dachgeschosse
4 WE: Wohn-Essräume, Küche, Schlafräume, Bäder, WC, Abstellräume, Technikraum, Loggien

Nutzeinheiten

Wohneinheiten: 15
Wohnfläche: 1.432 m^2

Grundstück

Bauraum: Freier Bauraum
Neigung: Ebenes Gelände
Bodenklasse: BK 1 bis BK 4

Besonderer Kosteneinfluss Grundstück
Die Bestandsgebäude sind Teil einer Gruppe baulicher Anlagen gem. § 3.3 des Niedersächsischen Denkmalschutzgesetzes (NDSchG).

Markt

Hauptvergabezeit: 4. Quartal 2020
Baubeginn: 1. Quartal 2021
Bauende: 3. Quartal 2022
Konjunkturelle Gesamtlage: über Durchschnitt
Regionaler Baumarkt: Durchschnitt

Baukonstruktion

Der Massivbau wurde aus KS-Mauerwerk mit Verblendklinker als zweischalige Außenwandkonstruktion erstellt. Die Massivdecken sind als Elementdecken erstellt, die geneigten Dachflächen sowie die Gauben als gedämmte Holzkonstruktionen. Die Tondacheindeckung wurde mit Glattziegeln ausgeführt, die Gauben mit einer feingliedrigen Metallbekleidung belegt. Alle Fenster sind als Holz-Alufenster, teilweise mit außenliegenden Screens als Sonnen- und Sichtschutz, ausgeführt. Bodenbeläge wurden mit Mehrschichtparkett Eiche bzw. großformatigen Fliesen erstellt.

Technische Anlagen

Die Heizwärme und das Warmwasser werden mittels Gasbrennwertheizung mit solarer Unterstützung erzeugt. Die Wärmeverteilung erfolgt durch eine Fußbodenheizung. Eine dezentrale Abluftanlage in Sanitär- bzw. Technikräumen wurde kombiniert mit in den Fenstern integrierten Nachströmöffnungen. Als Teil des Elektrokonzeptes wurden umfangreich Deckeneinbauleuchten in Hohlraumdosen und Lichtvouten ausgeführt.

Sonstiges

Reliefartige Mauerwerksflächen prägen die streng gegliederten Fassaden. Das als Läuferverband ausgeführte zweischalige Sichtmauerwerk wurde homogen zum rötlichen Klinker verfugt. Mauerabdeckungen und Fensterbänke wurden als eingefärbte Betonfertigteile gestalterisch-konstruktiv in die Fassade integriert. Dachrinnen und Fallleitungen sind ebenfalls farblich passend ausgeführt.

Energetische Kennwerte

Gesetzliche Grundlage: GEG 2020
Gebäudenutzfläche: 96,60 m^2
Gebäudevolumen: 3.299,00 m^3
A/V_e-Verhältnis (Kompaktheit): 0,47 m^{-1}
Hüllfläche des beheizten Volumens: 1.554,70 m^2
Spez. Transmissionswärmeverlust: 0,29 $W/(m^2 \cdot K)$
Spez. Jahresprimärenergiebedarf: 46,30 $kWh/(m^2 \cdot a)$
Spez. Jahresendenergiebedarf: 45,00 $kWh/(m^2 \cdot a)$
CO_2-Emissionen: 11,47 $kg/(m^2 \cdot a)$

Energetische Angaben zu Außenbauteilen

Bodenplatte

U-Wert: 0,30 W/(m²·K)

Gesamtdicke: 43,50 cm	d[cm]	l[W/(m·K)]
Estrich	6,50	1,400
Trittschalldämmung	3,00	0,045
Dämmung	8,00	0,035
Bitumenbahn	1,00	0,170
Stahlbeton	25,00	2,500

Außenwand Kalksandstein

U-Wert: 0,16 W/(m²·K)

Gesamtdicke: 50,00 cm	d[cm]	l[W/(m·K)]
Innenputz	1,50	0,550
Kalksandstein	17,50	1,100
Dämmung	18,00	0,032
Luftschicht	1,50	0,088
Klinker	11,50	0,810

Außenwand Stahlbeton

U-Wert: 0,16 W/(m²·K)

Gesamtdicke: 51,00 cm	d[cm]	l[W/(m·K)]
Stahlbeton	20,00	2,300
Dämmung	18,00	0,032
Luftschicht	1,50	0,088
Klinker	11,50	0,810

Außenwand Gaube

U-Wert: 0,24 W/(m²·K)

Gesamtdicke: 24,60 cm	d[cm]	l[W/(m·K)]
GK-Platte	2,50	0,210
OSB-Platte	1,60	0,130
Holz	12,00	0,130
Dämmung	12,00	0,032
Holz	6,00	0,130
Dämmung	6,00	0,032
Holzfaserplatte	2,50	0,063

Dach Gaube

U-Wert: 0,16 W/(m²·K)

Gesamtdicke: 28,80 cm	d[cm]	l[W/(m·K)]
GK-Platte	2,50	0,210
OSB-Platte	1,50	0,130
Holz	18,00	0,130
Dämmung	18,00	0,032
OSB-Platte	2,40	0,130
Bitumenbahn	0,40	0,170
Dämmung	4,00	0,035

Dach

U-Wert: 0,17 W/(m²·K)

Gesamtdicke: 27,77 cm	d[cm]	l[W/(m·K)]
GK-Platte	1,25	0,210
Holz	2,50	0,130
Luftschicht ruhend	2,50	0,139
PE-Folie	0,02	0,200
Holz	24,00	0,130
Dämmung	24,00	0,032

Planungskennwerte für Flächen und Rauminhalte nach DIN 277

Flächen des Grundstücks		Menge Einheit	% an GF
BF	Bebaute Fläche	3.401,25 m²	29,6
UF	Unbebaute Fläche	8.085,82 m²	70,4
GF	Grundstücksfläche	11.487,07 m²	100,0

Grundflächen des Bauwerks		Menge Einheit	% an NUF	% an BGF
NUF	Nutzungsfläche	1.556,02 m²	100,0	72,2
TF	Technikfläche	28,13 m²	1,8	1,3
VF	Verkehrsfläche	121,22 m²	7,8	5,6
NRF	Netto-Raumfläche	1.705,37 m²	109,6	79,1
KGF	Konstruktions-Grundfläche	449,89 m²	28,9	20,9
BGF	Brutto-Grundfläche	2.155,26 m²	138,5	100,0

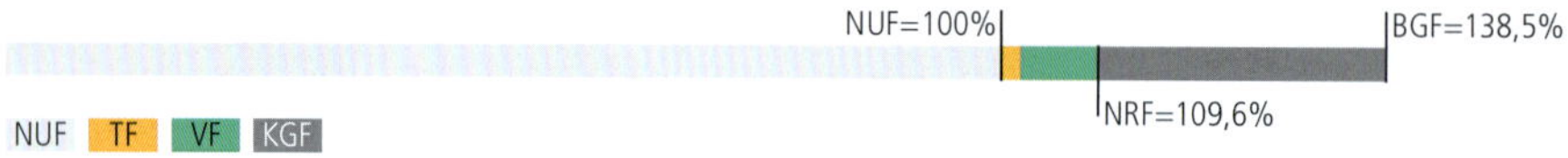

Brutto-Rauminhalt des Bauwerks		Menge Einheit	BRI/NUF (m)	BRI/BGF (m)
BRI	Brutto-Rauminhalt	6.998,12 m³	4,50	3,25

Kostenkennwerte für die Kostengruppen der 1.Ebene DIN 276

KG	Kostengruppen (1.Ebene)	Einheit	Kosten €	€/Einheit	€/m² BGF	€/m³ BRI	% 300+400
100	Grundstück	m² GF	–	–	–	–	–
200	Vorbereitende Maßnahmen	m² GF	44.341	3,86	20,57	6,34	0,8
300	Bauwerk – Baukonstruktionen	m² BGF	4.640.161	2.152,95	2.152,95	663,06	82,0
400	Bauwerk – Technische Anlagen	m² BGF	1.021.310	473,87	473,87	145,94	18,0
	Bauwerk 300+400	**m² BGF**	**5.661.471**	**2.626,82**	**2.626,82**	**809,00**	**100,0**
500	Außenanlagen und Freiflächen	m² AF	555.325	178,17	257,66	79,35	9,8
600	Ausstattung und Kunstwerke	m² BGF	–	–	–	–	–
700	Baunebenkosten	m² BGF	–	–	–	–	–
800	Finanzierung	m² BGF	–	–	–	–	–

KG	Kostengruppe	Menge Einheit	Kosten €	€/Einheit	%
200	**Vorbereitende Maßnahmen**	11.487,07 m² GF	44.341	**3,86**	0,8

Abbruch Oberflächen der Außenanlagen; Hausanschlüsse

KG	Kostengruppe	Menge Einheit	Kosten €	€/Einheit	%
3+4	**Bauwerk**				**100,0**
300	**Bauwerk – Baukonstruktionen**	2.155,26 m² BGF	4.640.161	**2.152,95**	82,0

Baugrubenaushub; Stb-Fundamente, Stb-Bodenplatte, Dämmung, Heizestrich, Betonwerkstein, Eichenparkett, Bodenfliesen, Abdichtung, Sauberkeitsschicht, Perimeterdämmung; Mauerwerkswände, Holz-Alufenster mit Nachströmöffnungen, Dreifachverglasung, Wärmedämmung, Ziegelfassade, textiler Sonnenschutz, Balkongeländer, Absturzsicherungen, verglast; KS-Mauerwerk, GK-Holzständerwände, Holztüren, Putz, Wandfliesen, Beschichtung; Stb-Elementdecken, Stb-Treppen, Dämmung, Heizestrich, Betonwerkstein, Eichenparkett, Bodenfliesen, Terrassenplatten, Treppengeländer; Holzsparrendach, Holz-Dachgauben, Dachflächenfenster, Dämmung, Glatt-Dachziegel, Gauben-Metalldeckung, Dachentwässerung, GK-Decken; teilw. Einbauküchen (8St)

KG	Kostengruppe	Menge Einheit	Kosten €	€/Einheit	%
400	**Bauwerk – Technische Anlagen**	2.155,26 m² BGF	1.021.310	**473,87**	18,0

Gebäudeentwässerung, Kalt- und Warmwasserleitungen, Sanitärobjekte; Gas-Brennwerttherme, Solaranlage (60m²), Fußbodenheizung; dezentrale Abluftanlagen; Elektroinstallation, Beleuchtung, Lichtvouten; Fernseh- und Antennenanlagen, Rauchmelder

KG	Kostengruppe	Menge Einheit	Kosten €	€/Einheit	%
500	**Außenanlagen und Freiflächen**	3.116,75 m² AF	555.325	**178,17**	9,8

Oberbodenarbeiten; Fundamente; Beton-, Klinkerpflaster für Wege, Terrassen, Stellplätze, Spielplatzflächen; Mauern; Außenbeleuchtung; Fahrradständer, Briefkastenanlage in Mauerwerkswand, Spielgeräte, Klettereinrichtungen; Oberbodenauftrag, Gehölze, Stauden, Bäume, Rollrasen

6100-1677
Mehrfamilienhaus
(17 WE)

Objektübersicht

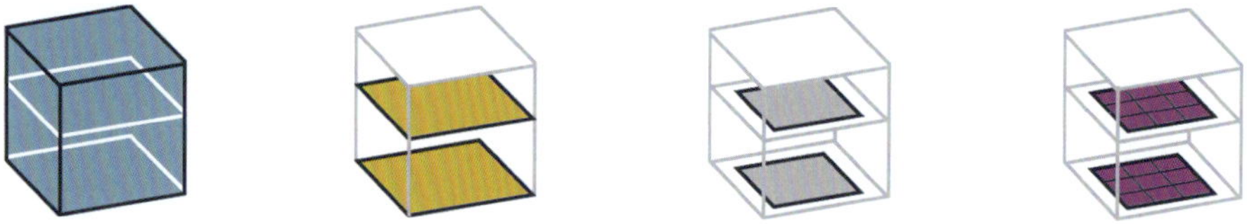

BRI 602 €/m³ | BGF 1.827 €/m² | NUF 2.807 €/m² | NE 3.209 €/NE

NE: Wohnfläche

Objekt:
Kennwerte: 1.Ebene DIN 276
BRI: 6.762 m³
BGF: 2.227 m²
NUF: 1.449 m²
Bauzeit: 74 Wochen
Bauende: 2021
Standard: Durchschnitt
Bundesland: Nordrhein-Westfalen
Kreis: Duisburg, Stadt

Architekt*in:
Druschke und Grosser
Architektur
Architekten BDA
Mühlheimer Straße 43
47058 Duisburg

© Feuss Fotografie

© Dirk Druschke

Hof Ansicht

Erdgeschoss

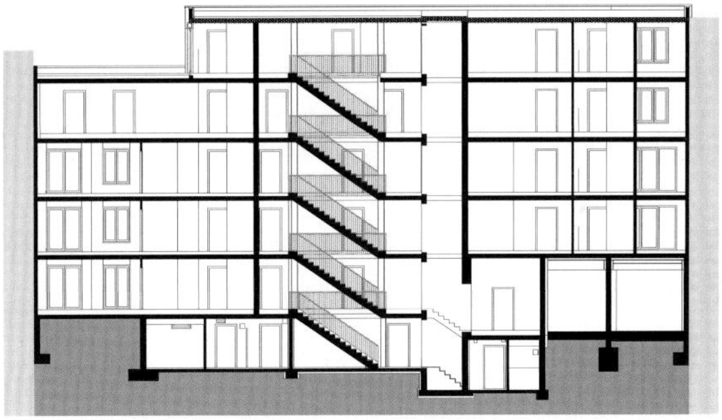

Schnitt A-A

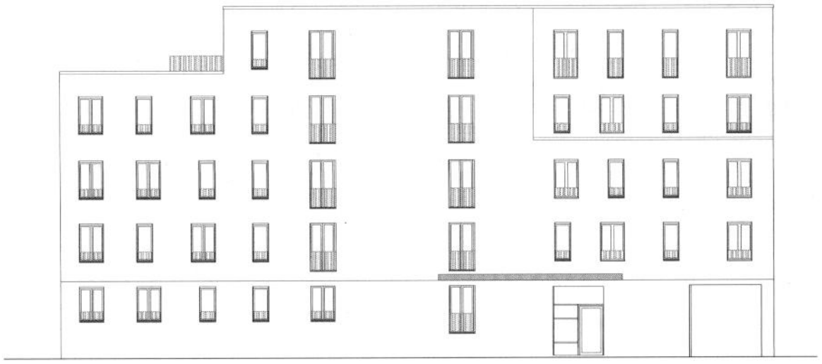

Straßen Ansicht

Objektbeschreibung

Allgemeine Objektinformationen

Das Bauvorhaben umfasst 17 freifinanzierte und barrierefreie Wohnungen mit Wohnflächen zwischen 57m² und 130m². Zur Gartenseite hin öffnet sich die durch Loggien gegliederte Fassade dem Außenraum und bietet großzügige Ausblicke auf den neu gestalteten Innenhof. Die notwendigen Stellplätze wurden im Hofbereich oberirdisch realisiert.

Nutzung

1 Untergeschoss
Abstellräume, Technik, Trockenraum, Flure, Treppenhaus, Aufzug

1 Erdgeschoss
Ein-, Zwei-Zimmerwohnungen (3St), Müllraum, Fahrradabstellraum, Kinderwagenraum, Flur, Treppenhaus, Aufzug, Terrassen

3 Obergeschosse
1.+2.OG: Zwei-Zimmerwohnungen (5St), Flur, Treppenhaus, Aufzug, Loggia

3.OG: Vier-, Fünf-Zimmerwohnung (2St), Flur, Treppenhaus, Aufzug, Terrassen

4.OG: Zwei-, Dreizimmerwohnung (2St), Flur, Treppenhaus, Aufzug, Terrasse, Loggia

Nutzeinheiten

Stellplätze: 17
Wohneinheiten: 17
Wohnfläche: 1.268m²

Grundstück

Bauraum: Baulücke
Neigung: Ebenes Gelände
Bodenklasse: BK 1

Markt

Hauptvergabezeit: 3.Quartal 2019
Baubeginn: 4.Quartal 2019
Bauende: 1.Quartal 2021
Konjunkturelle Gesamtlage: Durchschnitt
Regionaler Baumarkt: Durchschnitt

Baukonstruktion

Das Gebäude wurde in Massivbauweise errichtet. Um auf aufwendige Abfangungen zu verzichten, ist das Gebäude nur teilunterkellert. Die Gründungen erfolgten auf Stahlbetonbodenplatten- und Fundamenten. Die Außenwände bestehen aus Kalksandstein-Mauerwerk und Ortbeton. Die Innenwände sind aus mit Gipskartonplatten beplankten Metallständern erstellt. Die Balkone wurden in Ortbeton und die Treppenläufe mit Betonfertigteilen errichtet. Alle Innenwände und Decken sind tapeziert und gestrichen. Die Fassaden sind mit einem mineralischen Wärmedämmverbundsystem oder Klinker bekleidet. Die Kunststofffenster wurden zweifach Isolierverglast. Die Fußböden erhielten einen Vinylbelag oder wurden mit Bodenfliesen belegt.

Technische Anlagen

Das Gebäude ist an das Fernwärmenetz der Stadt angeschlossen, das auch die Warmwasserversorgung übernimmt. Die Wärmeverteilung erfolgt über Fußbodenheizung, in den Bädern wurden zusätzlich Handtuchheizkörper installiert. Es wurden Abluftventilatoren in den Bädern und Gäste-WCs eingebaut. Die Nachströmung erfolgt über Außenluftdurchlässe in den Rollladenkästen. Für die barrierefreie Erschließung der Wohnungen wurde ein Aufzug eingebaut.

Sonstiges

Eine Außentreppe ermöglicht den Zugang in den Quartiersgarten. Angrenzend an diesen befindet sich das Gemeinschaftshaus mit den neu angelegten Spiel- und Aufenthaltsbereich des gesamten Quartiers.

Energetische Kennwerte

Gesetzliche Grundlage: EnEV 2013
Gebäudenutzfläche: 1.717,90m²
Gebäudevolumen: 5.368,30m³
Spez. Transmissionswärmeverlust: 0,42W/(m²·K)
Spez. Jahresprimärenergiebedarf: 4,00kWh/(m²·a)
Spez. Jahresendenergiebedarf: 64,00kWh/(m²·a)
CO_2-Emissionen: -3,00kg/(m²·a)

Energetische Angaben zu Außenbauteilen

Bodenplatte

U-Wert: 0,19 W/(m²·K)

Gesamtdicke: 46,50 cm	d[cm]	l[W/(m·K)]
Estrich	6,50	1,400
Trittschalldämmung	3,00	0,040
Dämmung	15,00	0,035
Stahlbeton	22,00	2,100

Außenwand gegen Erdreich

U-Wert: 0,56 W/(m²·K)

Gesamtdicke: 36,20 cm	d[cm]	l[W/(m·K)]
Stahlbeton	30,00	2,100
Bitumenanstrich	0,20	0,170
Dämmung	6,00	0,040

Kellerdecke

U-Wert: 0,18 W/(m²·K)

Gesamtdicke: 46,50 cm	d[cm]	l[W/(m·K)]
Estrich	6,50	1,400
Trittschalldämmung	3,00	0,040
Dämmung	15,00	0,035
Stahlbeton	22,00	2,100

Außenwand WDVS

U-Wert: 0,20 W/(m²·K)

Gesamtdicke: 38,00 cm	d[cm]	l[W/(m·K)]
Innenputz	1,50	0,700
Kalksandstein	17,50	0,990
Dämmung	18,00	0,040
Außenputz	1,00	0,700

Decke gegen Außenluft unten

U-Wert: 0,21 W/(m²·K)

Gesamtdicke: 46,53 cm	d[cm]	l[W/(m·K)]
Estrich	6,50	1,400
PE-Folie	0,03	0,200
Trittschalldämmung	3,00	0,040
Dämmung	5,00	0,040
Stahlbeton	22,00	2,100
Dämmung	10,00	0,040

Außenwand Klinker

U-Wert: 0,41 W/(m²·K)

Gesamtdicke: 27,00 cm	d[cm]	l[W/(m·K)]
Innenputz	1,50	0,700
Kalksandstein	17,50	0,990
Dämmung	8,00	0,040

Dachterrasse

U-Wert: 0,21 W/(m²·K)

Gesamtdicke: 37,52 cm	d[cm]	l[W/(m·K)]
Innenputz	1,50	0,870
Stahlbeton	22,00	2,300
PE-Folie	0,02	0,200
Dämmung	6,00	0,023
Dämmung	7,00	0,035
Abdichtung	1,00	50,000

Dach

U-Wert: 0,19 W/(m²·K)

Gesamtdicke: 40,28 cm	d[cm]	l[W/(m·K)]
Stahlbeton	22,00	2,300
Dampfsperre	0,03	2,000
Dämmung	8,00	0,035
Dämmung	10,00	0,035
Bitumenanstrich	0,25	17,000

Planungskennwerte für Flächen und Rauminhalte nach DIN 277

Flächen des Grundstücks		Menge Einheit	% an GF
BF	Bebaute Fläche	635,86 m²	26,3
UF	Unbebaute Fläche	1.778,14 m²	73,7
GF	Grundstücksfläche	2.414,00 m²	100,0

Grundflächen des Bauwerks		Menge Einheit	% an NUF	% an BGF
NUF	Nutzungsfläche	1.449,42 m²	100,0	65,1
TF	Technikfläche	19,33 m²	1,3	0,9
VF	Verkehrsfläche	378,70 m²	26,1	17,0
NRF	Netto-Raumfläche	1.847,45 m²	127,5	83,0
KGF	Konstruktions-Grundfläche	379,11 m²	26,2	17,0
BGF	Brutto-Grundfläche	2.226,56 m²	153,6	100,0

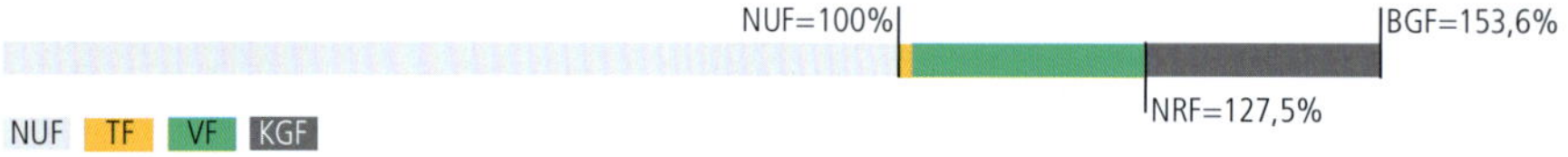

Brutto-Rauminhalt des Bauwerks		Menge Einheit	BRI/NUF (m)	BRI/BGF (m)
BRI	Brutto-Rauminhalt	6.762,06 m³	4,67	3,04

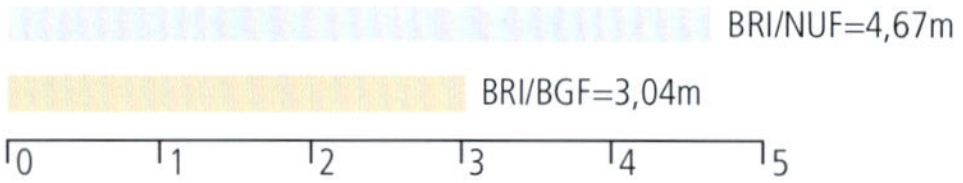

Kostenkennwerte für die Kostengruppen der 1.Ebene DIN 276

KG	Kostengruppen (1.Ebene)	Einheit	Kosten €	€/Einheit	€/m² BGF	€/m³ BRI	% 300+400
100	Grundstück	m² GF	–	–	–	–	–
200	Vorbereitende Maßnahmen	m² GF	546.453	226,37	245,42	80,81	13,4
300	Bauwerk – Baukonstruktionen	m² BGF	3.238.539	1.454,50	1.454,50	478,93	79,6
400	Bauwerk – Technische Anlagen	m² BGF	829.528	372,56	372,56	122,67	20,4
	Bauwerk 300+400	**m² BGF**	**4.068.067**	**1.827,06**	**1.827,06**	**601,60**	**100,0**
500	Außenanlagen und Freiflächen	m² AF	141.771	–	63,67	20,97	3,5
600	Ausstattung und Kunstwerke	m² BGF	–	–	–	–	–
700	Baunebenkosten	m² BGF	–	–	–	–	–
800	Finanzierung	m² BGF	–	–	–	–	–

KG	Kostengruppe	Menge Einheit	Kosten €	€/Einheit	%
200	**Vorbereitende Maßnahmen**	2.414,00 m² GF	546.453	**226,37**	13,4

Abbruch Bestandsgebäude; Verbau-Arbeiten, Herrichten Geländeoberflächen

KG	Kostengruppe	Menge Einheit	Kosten €	€/Einheit	%
3+4	**Bauwerk**				**100,0**
300	**Bauwerk – Baukonstruktionen**	2.226,56 m² BGF	3.238.539	**1.454,50**	79,6

Baugrubenaushub; Stb-Fundamente, Stb-Bodenplatte, Abdichtung, Dämmung, Heizestrich, Vinyl, Bodenfliesen; Stb-Wände, KS-Mauerwerk, Kunststofffenster, Alutüren, WDVS mit mineralischem Oberputz, Klinkerriemchen, Putz, Wandfliesen, Raufasertapete, Beschichtung, Kunststoff-Pfosten-Riegel-Fassade, zweifachisolierverglast, Rollläden; Stb-Wände, KS-Mauerwerk, Holztüren, Brandschutztüren, Putz, Wandfliesen, Raufasertapete, Beschichtung, Metall-Kellertrennwände; Stb-Decken, Stb-Treppen, Stb-Balkone, Dämmung, Heizestrich, Vinyl, Bodenfliesen, Betonwerkstein-Terrassenplatten auf Stelzlagern, Deckenputz, Beschichtung, Treppengeländer, Holzhandlauf, Balkongeländer; Stb-Flachdach, Dämmung, Folien-Abdichtung, Dachentwässerung, Betonwerksteinbeläge auf Stelzlagern, Briefkastenanlage

KG	Kostengruppe	Menge Einheit	Kosten €	€/Einheit	%
400	**Bauwerk – Technische Anlagen**	2.226,56 m² BGF	829.528	**372,56**	20,4

Gebäudeentwässerung, Kalt- und Warmwasserleitungen; Fernwärmeanschluss, Fußbodenheizung, Handtuchheizkörper, zentrale Warmwasserbereitung; Abluftventilatoren, Nachströmung über Außenluftdurchlässe; Elektroinstallation, Beleuchtung, Blitzschutz; Personenaufzug

KG	Kostengruppe	Menge Einheit	Kosten €	€/Einheit	%
500	**Außenanlagen und Freiflächen**	–	141.771	–	3,5

Stützmauer-L-Steine, Treppe; Oberbodenarbeiten, Pflanzflächen, Bepflanzung, Hecken

6100-1678
Einfamilienhaus
Doppelgarage

Objektübersicht

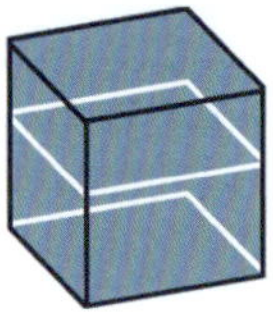
BRI 1.275€/m³

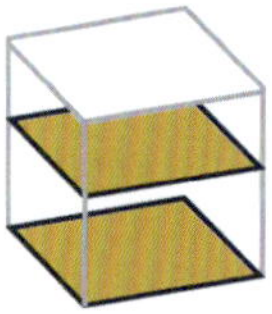
BGF 3.742€/m²

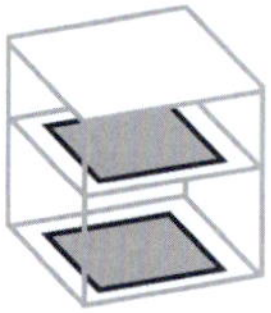
NUF 5.868€/m²

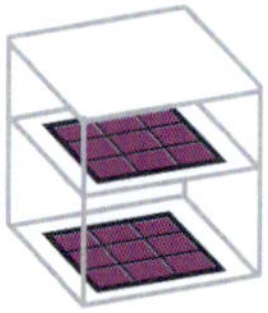
NE 7.209€/NE

NE: Wohnfläche

Objekt:
Kennwerte: 1.Ebene DIN 276
BRI: 1.291 m³
BGF: 440 m²
NUF: 280 m²
Bauzeit: 74 Wochen
Bauende: 2021
Standard: über Durchschnitt
Bundesland: Nordrhein-Westfalen
Kreis: Rhein-Sieg-Kreis

Architekt*in:
Corneille Uedingslohmann Architekten
Konrad-Adenauer-Ufer 83
50668 Köln

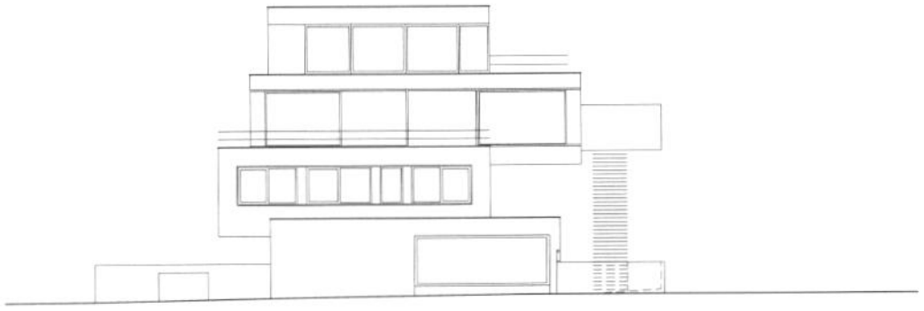

Ansicht Süd-Ost

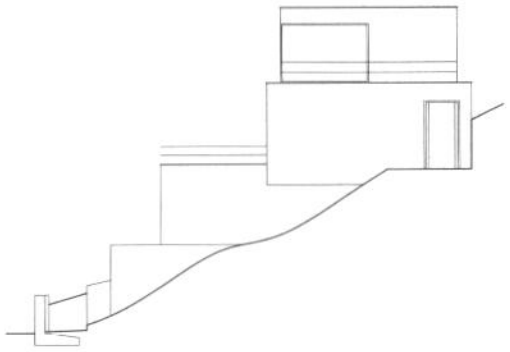

Ansicht Nord-Ost

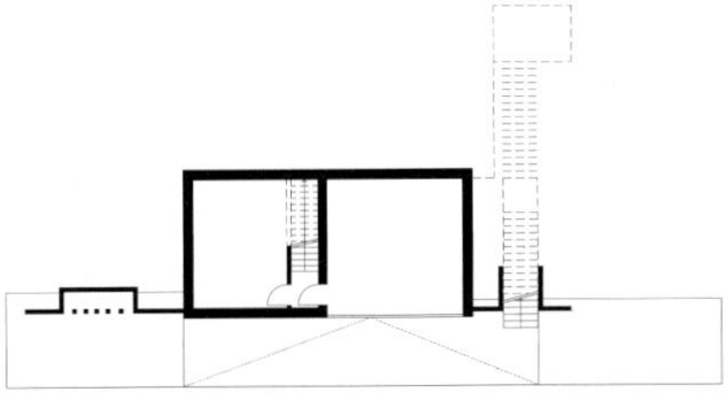

Erdgeschoss

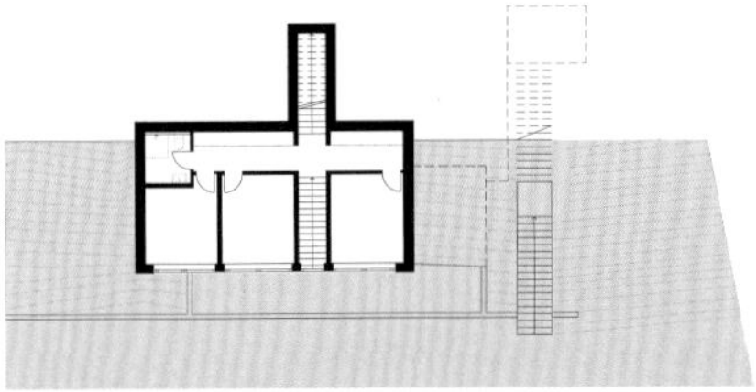

1. Obergeschoss

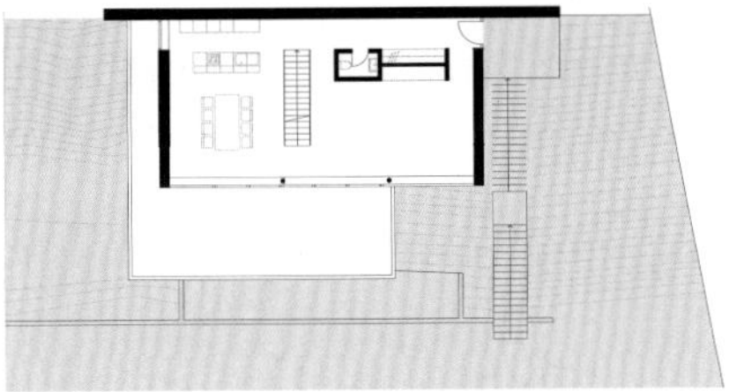

2. Obergeschoss

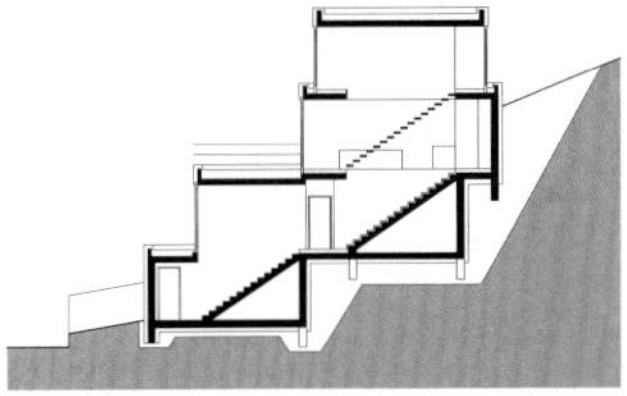

Schnitt A-A

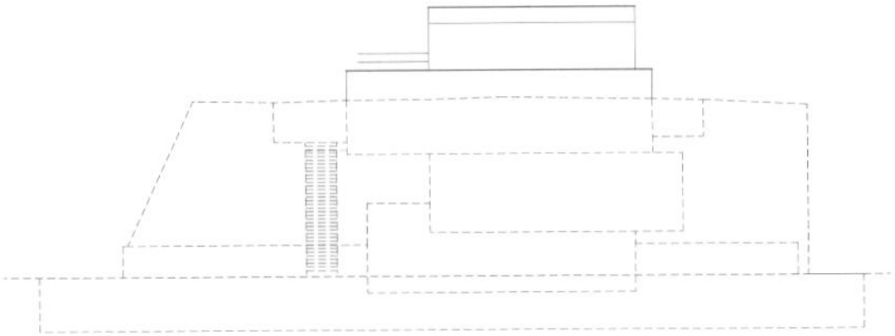

Ansicht Nord-West

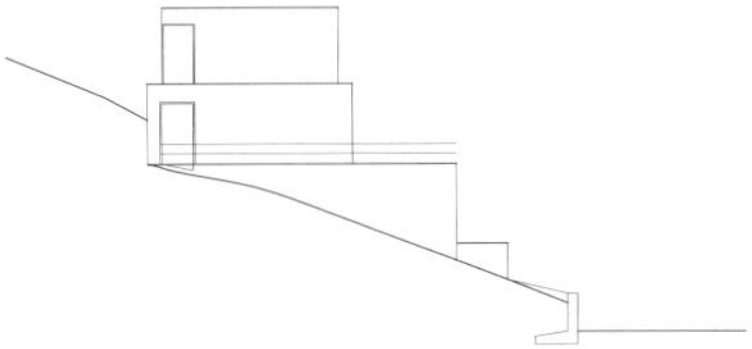

Ansicht Süd-West

Objektbeschreibung

Allgemeine Objektinformationen

Das Wohnhaus in abgelegener Waldrandlage zeichnet sich durch seine Positionierung im Steilhang aus. Durch eine Auflösung des Baukörpers in vier horizontale, gegeneinander versetzte Einheiten kommt die Architektur der Dynamik nach, die die Disposition des Grundstücks vorgibt. Die drei oberen Einheiten bilden die Wohngeschosse. Eine offene Wohnraumgestaltung verleiht dem Familiendomizil Großzügigkeit, die mit dem Ausblick durch die großen Fensterfronten verstärkt wird. Optisch heben sich die drei Wohngeschosse mit ihrer weißen Putzfassade und den offenen Glasbereichen vom untersten Geschoß ab, das mit Sichtbeton seinen verschlossenen und massiven Charakter nach außen hin widerspiegelt. Der Zugang zum Gebäude erfolgt seitlich am Haus entlang in die zweitoberste Ebene.

Nutzung

1 Untergeschoss
Doppelgarage, Technik, Flur, Treppe

1 Erdgeschoss
Bad, Kinderzimmer, Flur, Treppe

1 Obergeschoss
Entrée, Wohn- Essküche, WC, Treppe, Terrasse

1 Dachgeschoss
Bad, Ankleide, Schlafzimmer, Terrasse

Nutzeinheiten

Stellplätze: 2
Wohneinheiten: 1
Wohnfläche: 228 m²

Grundstück

Bauraum: Freier Bauraum
Neigung: Hanglage
Bodenklasse: BK 1 bis BK 7

Besonderer Kosteneinfluss Grundstück
Das Grundstück liegt in Hanglage am Naturschutzgebiet Siebengebirge.

Markt

Hauptvergabezeit: 2. Quartal 2020
Baubeginn: 2. Quartal 2020
Bauende: 4. Quartal 2021
Konjunkturelle Gesamtlage: über Durchschnitt
Regionaler Baumarkt: Durchschnitt

Baukonstruktion

Da die untersten drei Geschosse rückseitig in den Hang gebaut wurden, sind die Bodenplatten, Decken und Außenwände gegen Erdreich aus wasserundurchlässigen Beton errichtet. Das zurückgesetzte Dachgeschoss wurde abweichend davon zur Gewichtsreduktion mit Außenwänden aus Porenbeton errichtet. Das Flachdach wurde ebenfalls in Stahlbeton errichtet. Bis auf das Garagengeschoss sind alle Außenwände mit einem Wärmedämmverbundsystem ausgeführt. Die Alufenster wurden mit einer Dreifachverglasung ausgestattet. Die Böden sind mit Fliesen und Parkett belegt.

Technische Anlagen

Für die Beheizung des Gebäudes dient eine Luft-Wasser-Wärmepumpe. Die Verteilung der Wärme erfolgt über Fußbodenheizung. Ein Kaminofen im Wohngeschoss dient als zusätzliche Wärmequelle.

Sonstiges

Mit der Verschachtelung der vier Teilbaukörper gelingt es, die technischen Herausforderungen eines im Hang eingebetteten Bauwerks seiner Gestaltung unterzuordnen und dem Gebäude Leichtigkeit und Eleganz zu verleihen.

Energetische Kennwerte

Gesetzliche Grundlage: EnEV 2013
Gebäudenutzfläche: 307,04 m²
Gebäudevolumen: 959,51 m³
A/V_e-Verhältnis (Kompaktheit): 0,85 m^{-1}
Hüllfläche des beheizten Volumens: 816,54 m²
Spez. Transmissionswärmeverlust: 0,33 W/(m²·K)
Spez. Jahresprimärenergiebedarf: 56,46 kWh/(m²·a)
Spez. Jahresendenergiebedarf: 50,82 kWh/(m²·a)
Anlagenaufwandszahl: 9,00
Differenzdruck-Messverfahren: 0,60 h^{-1}

Energetische Angaben zu Außenbauteilen

Decke über Garage

U-Wert: 0,19 W/(m²·K)

Gesamtdicke: 46,50 cm	d[cm]	l[W/(m·K)]
Estrich	6,50	1,400
Dämmung	9,00	0,035
Bitumenbahn	0,50	0,170
Stahlbeton	20,00	2,500
Dämmung	10,00	0,045
Innenputz	0,50	0,320

Bodenplatte

U-Wert: 0,17 W/(m²·K)

Gesamtdicke: 51,60 cm	d[cm]	l[W/(m·K)]
Estrich	6,50	1,400
Dämmung	20,00	0,035
Bitumenbahn	0,10	0,170
Stahlbeton	25,00	2,500

Außenwand

U-Wert: 0,19 W/(m²·K)

Gesamtdicke: 43,50 cm	d[cm]	l[W/(m·K)]
Innenputz	1,00	0,400
Stahlbeton	25,00	2,500
Dämmung	16,00	0,032
Außenputz	1,50	0,800

Außenwand 3.OG

U-Wert: 0,14 W/(m²·K)

Gesamtdicke: 42,50 cm	d[cm]	l[W/(m·K)]
Innenputz	1,00	0,400
Porenbeton	24,00	0,120
Dämmung	16,00	0,032
Außenputz	1,50	0,870

Dach

U-Wert: 0,17 W/(m²·K)

Gesamtdicke: 42,20 cm	d[cm]	l[W/(m·K)]
Innenputz	1,00	0,700
Stahlbeton	20,00	2,100
Dampfsperre	0,40	0,170
Dämmung	20,00	0,035
Abdichtung	0,30	0,170
Abdichtung	0,50	0,170

Planungskennwerte für Flächen und Rauminhalte nach DIN 277

Flächen des Grundstücks		Menge Einheit	% an GF
BF	Bebaute Fläche	–	–
UF	Unbebaute Fläche	–	–
GF	Grundstücksfläche	–	–

Grundflächen des Bauwerks		Menge Einheit	% an NUF	% an BGF
NUF	Nutzungsfläche	280,43 m²	100,0	63,8
TF	Technikfläche	27,00 m²	9,6	6,1
VF	Verkehrsfläche	60,74 m²	21,7	13,8
NRF	Netto-Raumfläche	368,17 m²	131,3	83,7
KGF	Konstruktions-Grundfläche	71,59 m²	25,5	16,3
BGF	Brutto-Grundfläche	439,76 m²	156,8	100,0

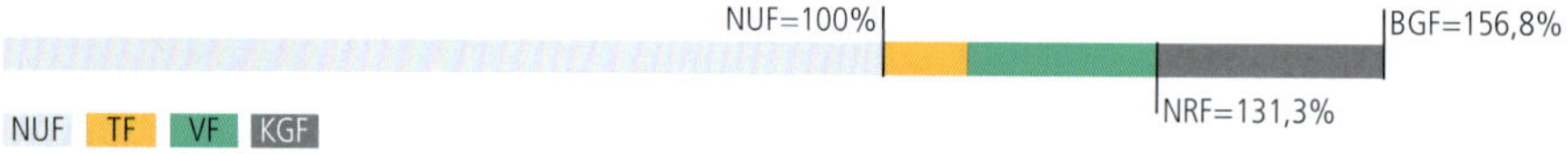

Brutto-Rauminhalt des Bauwerks		Menge Einheit	BRI/NUF (m)	BRI/BGF (m)
BRI	Brutto-Rauminhalt	1.291,00 m³	4,60	2,94

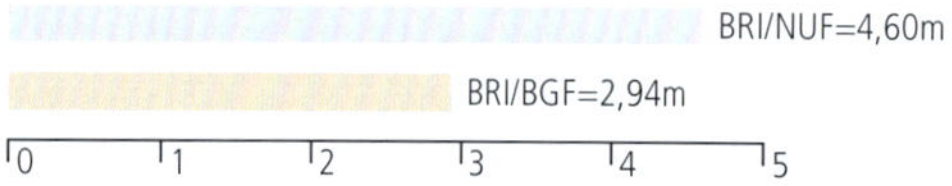

Kostenkennwerte für die Kostengruppen der 1. Ebene DIN 276

KG	Kostengruppen (1. Ebene)	Einheit	Kosten €	€/Einheit	€/m² BGF	€/m³ BRI	% 300+400
100	Grundstück	m² GF	–	–	–	–	–
200	Vorbereitende Maßnahmen	m² GF	37.181	–	84,55	28,80	2,3
300	Bauwerk – Baukonstruktionen	m² BGF	1.464.958	3.331,27	3.331,27	1.134,75	89,0
400	Bauwerk – Technische Anlagen	m² BGF	180.593	410,66	410,66	139,89	11,0
	Bauwerk 300+400	**m² BGF**	**1.645.551**	**3.741,93**	**3.741,93**	**1.274,63**	**100,0**
500	Außenanlagen und Freiflächen	m² AF	–	–	–	–	–
600	Ausstattung und Kunstwerke	m² BGF	–	–	–	–	–
700	Baunebenkosten	m² BGF	–	–	–	–	–
800	Finanzierung	m² BGF	–	–	–	–	–

KG	Kostengruppe	Menge Einheit	Kosten €	€/Einheit	%
200	**Vorbereitende Maßnahmen**	–	37.181	–	2,3
	Rodung, Baumfällarbeiten; Hausanschlüsse; Ausgleichsabgaben				
3+4	**Bauwerk**				**100,0**
300	**Bauwerk – Baukonstruktionen**	439,76 m² BGF	1.464.958	**3.331,27**	89,0
	Baugrubenaushub; Stb-Fundamentplatte WU, Dämmung, Estrich, Beschichtung; Stb-Wände WU, brettgeschalte Sichtbetonwände, Mauerwerkswände, Stb-Terrassenbrüstungen, Alufenster, Dreifachverglasung, Sonnenschutzverglasung, Hebeschiebetür-Elemente, Hauseingangstür, Garagentor, Kellertür, WDVS-Fassade, Innenputz, Wandfliesen, Beschichtung, Raffstores, Motorantrieb; Innenmauerwerk, Stb-Wände, GK-Wände, Holztüren, Putz, Wandfliesen, Beschichtung; Stb-Decken, Stb-Fertigteiltreppen, Stahltreppe, Dämmung, Heizestrich, Bodenfliesen, Parkett, Holzstufen, Stahlgeländer; Stb-Flachdach, Stb-Attika, Dämmung, Abdichtung, Dachentwässerung, Terrassenplatten auf Stelzlager				
400	**Bauwerk – Technische Anlagen**	439,76 m² BGF	180.593	**410,66**	11,0
	Gebäudeentwässerung, Kalt- und Warmwasserleitungen, Sanitärobjekte; strombetriebene Luftwärmepumpe, Kaminofen, Fußbodenheizung, Badheizkörper, Schornstein; teilw. mechanische Entlüftung; Elektroinstallation, Vorrüstung für E-Ladestation, Beleuchtung, Blitzschutz; Gegensprechanlage, Sat-Antennenanlage, Datenverkabelung, LAN-Datenübertragungsanlage, Rauchmelder				

6100-1679
Einfamilienhaus
Garage

Objektübersicht

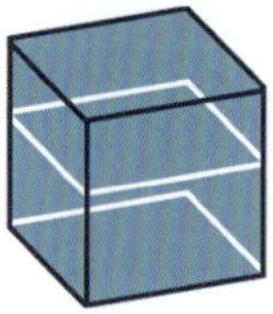
BRI 936 €/m³

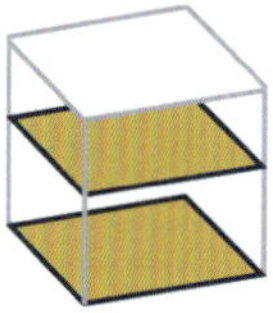
BGF 3.051 €/m²

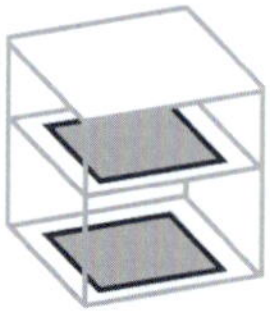
NUF 4.154 €/m²

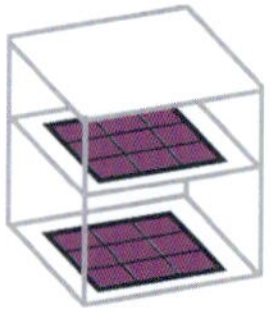
NE 5.926 €/NE
NE: Wohnfläche

Objekt:
Kennwerte: 1.Ebene DIN 276
BRI: 978 m³
BGF: 300 m²
NUF: 220 m²
Bauzeit: 39 Wochen
Bauende: 2022
Standard: über Durchschnitt
Bundesland: Nordrhein-Westfalen
Kreis: Kleve

Architekt*in:
Patrick Lehn
Architekt BDA
Schravelen 5
47626 Kevelaer

© Lioba Schneider Architekturfotografie

Zeichnungen

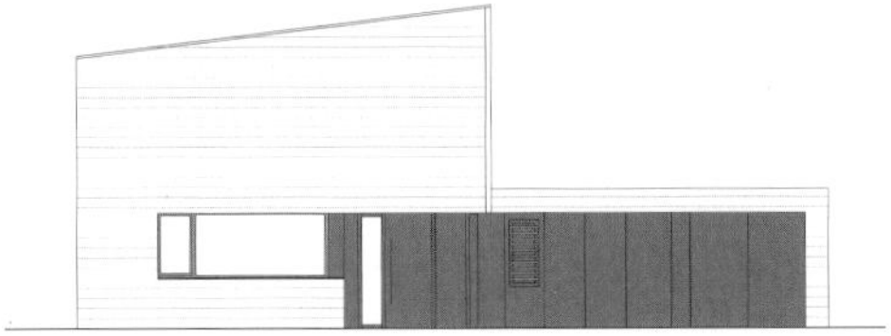

Ansicht Ost

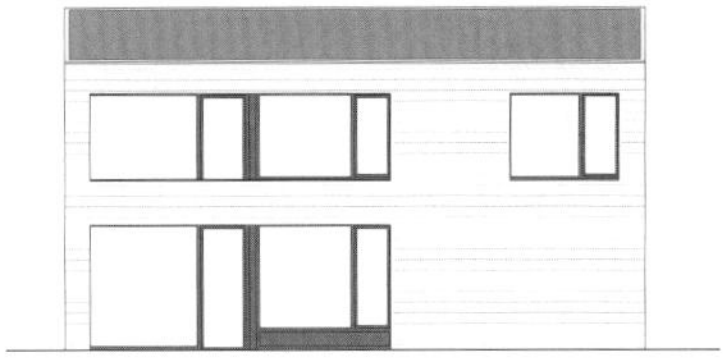

Ansicht Süd

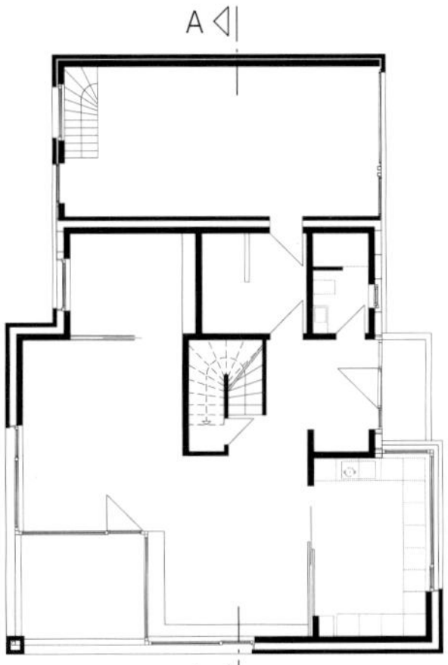

Erdgeschoss

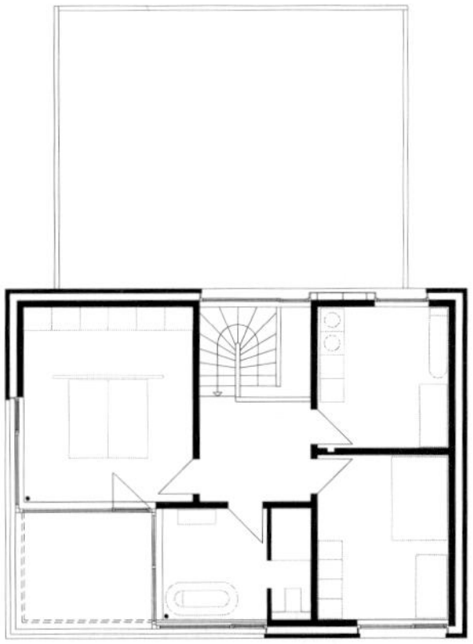

Obergeschoss

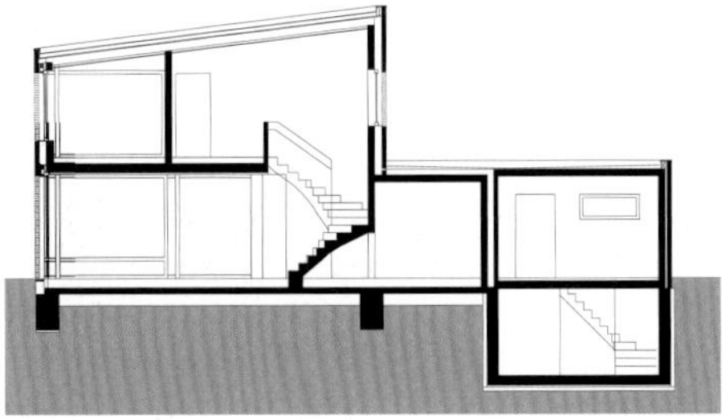

Schnitt A-A

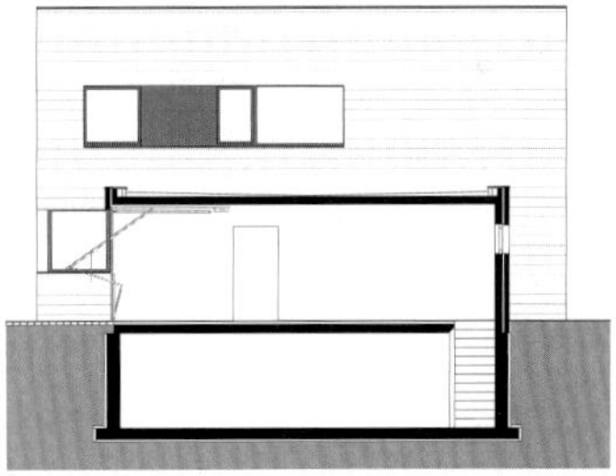

Ansicht Nord

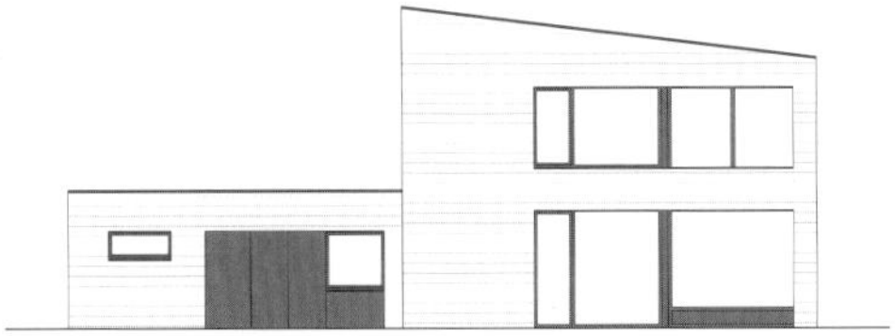

Ansicht West

Objektbeschreibung

Allgemeine Objektinformationen

Bei dem Gebäude handelt es sich um ein nicht unterkellertes Einfamilienhaus mit einer angefügten Garage unter der sich ein Kellerraum befindet.

Nutzung

1 Untergeschoss
Abstellraum

1 Erdgeschoss
Wohn-, Esszimmer, Küche, Büro, Diele, WC, Technik, Garage, Flur, Terrasse

1 Obergeschoss
Schlafzimmer, Ankleide, Hauswirtschaft, Gästezimmer, Bad, Flur, Loggia

Nutzeinheiten

Stellplätze: 1
Wohnfläche: 154 m^2

Grundstück

Bauraum: Freier Bauraum
Neigung: Ebenes Gelände
Bodenklasse: BK 3 bis BK 4

Markt

Hauptvergabezeit: 2. Quartal 2021
Baubeginn: 3. Quartal 2021
Bauende: 2. Quartal 2022
Konjunkturelle Gesamtlage: Durchschnitt
Regionaler Baumarkt: unter Durchschnitt

Baukonstruktion

Das Gebäude wurde als Massivbau umgesetzt. Fundamente, Bodenplatte, Geschossdecke sowie das Flachdach der Garage wurden aus Stahlbeton erstellt. Die Unterkellerung der Garage wurde wegen des hohen Grundwasserstands komplett aus WU-Beton gefertigt. Die Außenwände sind zweischalig mit einer regionaltypischen Verblendschale ausgeführt. Die dreifachverglasten Holz-Alufenster können mit elektrischen Raffstores verdunkelt werden. Stahlstützen im Erdgeschoss ermöglichen eine große, vorgesetzte Fensterfront. Die Innenwände wurden aus Hochlochziegeln gemauert oder in Trockenbauweise erstellt. Das Pultdach wurde mittels einer herkömmlichen Holzkonstruktion errichtet, gedämmt und bituminös abgedichtet. Die Böden sind mit Fliesen oder Parkett belegt.

Technische Anlagen

Für die Maßgabe, ein KfW 55 Effizienzhaus zu generieren, wurde eine Sole-Wasser-Wärmepumpe mittels Geothermie und eine zentrale Lüftungsanlage mit Wärmerückgewinnung installiert. Die Luftdichtigkeit wurde durch einen Blower-Door-Test überprüft. Zusätzlich ließen die Bauherren auf dem flachgeneigten Dach eine PV-Anlage installieren, die neben dem direkten Eigenverbrauch auch einen Batteriespeicher speist.

Energetische Kennwerte

Gesetzliche Grundlage: GEG 2020
Gebäudenutzfläche: 215,00 m^2
Gebäudevolumen: 671,86 m^3
A/V_e-Verhältnis (Kompaktheit): 78,00 m^{-1}
Hüllfläche des beheizten Volumens: 524,84 m^2
Spez. Transmissionswärmeverlust: 0,30 $W/(m^2 \cdot K)$
Spez. Jahresprimärenergiebedarf: 34,10 $kWh/(m^2 \cdot a)$
Spez. Jahresendenergiebedarf: 189,00 $kWh/(m^2 \cdot a)$
CO_2-Emissionen: 10,59 $kg/(m^2 \cdot a)$
Anlagenaufwandszahl: 0,68

Energetische Angaben zu Außenbauteilen

Bodenplatte

U-Wert: 0,23 W/(m²·K)

Gesamtdicke: 37,54 cm	d[cm]	l[W/(m·K)]
Estrich	6,50	1,400
PE-Folie	0,02	23,000
Dämmung	3,00	0,045
Dämmung	12,00	0,035
Dampfsperre	0,02	0,230
Stahlbeton	16,00	2,300

Außenwand

U-Wert: 0,17 W/(m²·K)

Gesamtdicke: 47,00 cm	d[cm]	l[W/(m·K)]
Innenputz	1,00	0,350
Kalksandstein	17,50	0,700
Dämmung	16,00	0,032
Luftschicht ruhend	1,00	0,067
Klinker	11,50	0,960

Außenwand hinterlüftet

U-Wert: 0,18 W/(m²·K)

Gesamtdicke: 34,50 cm	d[cm]	l[W/(m·K)]
Innenputz	1,00	0,350
Kalksandstein	17,50	0,700
Dämmung	16,00	0,032

Außenwand Garage

U-Wert: 0,17 W/(m²·K)

Gesamtdicke: 47,00 cm	d[cm]	l[W/(m·K)]
Innenputz	1,00	0,350
Kalksandstein	17,50	0,700
Dämmung	16,00	0,032
Luftschicht ruhend	1,00	0,067
Kalksandstein	11,50	0,700

Decke gegen Außenluft unten

U-Wert: 0,14 W/(m²·K)

Gesamtdicke: 54,52 cm	d[cm]	l[W/(m·K)]
Estrich	6,50	1,400
PE-Folie	0,02	0,230
Dämmung	3,00	0,045
Dämmung	5,00	0,035
Stahlbeton	24,00	2,300
Dämmung	16,00	0,035

Flachdach

U-Wert: 0,14 W/(m²·K)

Gesamtdicke: 48,90 cm	d[cm]	l[W/(m·K)]
Stahlbeton	24,00	2,000
Dampfsperre	0,50	0,230
Dämmung	24,00	0,035
Bitumenbahn	0,40	0,170

Pultdach

U-Wert: 0,12 W/(m²·K)

Gesamtdicke: 35,87 cm	d[cm]	l[W/(m·K)]
GK-Platte	1,25	0,250
Holz	2,40	0,130
Luftschicht ruhend	2,40	0,160
Klimamembran	0,02	0,230
Holz	20,00	0,130
Dämmung	20,00	0,035
OSB-Platte	2,20	0,130
Dämmung	10,00	0,035

Planungskennwerte für Flächen und Rauminhalte nach DIN 277

Flächen des Grundstücks		Menge Einheit	% an GF
BF	Bebaute Fläche	152,16 m^2	36,1
UF	Unbebaute Fläche	268,84 m^2	63,9
GF	Grundstücksfläche	421,00 m^2	100,0

Grundflächen des Bauwerks		Menge Einheit	% an NUF	% an BGF
NUF	Nutzungsfläche	220,30 m^2	100,0	73,5
TF	Technikfläche	4,02 m^2	1,8	1,3
VF	Verkehrsfläche	27,24 m^2	12,4	9,1
NRF	Netto-Raumfläche	251,56 m^2	114,2	83,9
KGF	Konstruktions-Grundfläche	48,35 m^2	21,9	16,1
BGF	Brutto-Grundfläche	299,91 m^2	136,1	100,0

Brutto-Rauminhalt des Bauwerks		Menge Einheit	BRI/NUF (m)	BRI/BGF (m)
BRI	Brutto-Rauminhalt	977,56 m^3	4,44	3,26

Kostenkennwerte für die Kostengruppen der 1.Ebene DIN 276

KG	Kostengruppen (1.Ebene)	Einheit	Kosten €	€/Einheit	€/m² BGF	€/m³ BRI	% 300+400
100	Grundstück	m² GF	–	–	–	–	–
200	Vorbereitende Maßnahmen	m² GF	–	–	–	–	–
300	Bauwerk – Baukonstruktionen	m² BGF	693.794	2.313,34	2.313,34	709,72	75,8
400	Bauwerk – Technische Anlagen	m² BGF	221.297	737,88	737,88	226,38	24,2
	Bauwerk 300+400	**m² BGF**	**915.092**	**3.051,22**	**3.051,22**	**936,10**	**100,0**
500	Außenanlagen und Freiflächen	m² AF	–	–	–	–	–
600	Ausstattung und Kunstwerke	m² BGF	–	–	–	–	–
700	Baunebenkosten	m² BGF	–	–	–	–	–
800	Finanzierung	m² BGF	–	–	–	–	–

KG	Kostengruppe	Menge Einheit	Kosten €	€/Einheit	%
3+4	**Bauwerk**				**100,0**
300	**Bauwerk – Baukonstruktionen**	299,91 m² BGF	693.794	**2.313,34**	75,8

Baugrubenaushub; Streifenfundamente, Stb-Bodenplatte, Abdichtung, Estrich, Heizestrich, Bodenfliesen, Perimeterdämmung; Stb-Wände WU, Mauerwerkswände, Stahlstützen, Holz-Alu-Fenster, Dreifachverglasung, Garagentor, Dämmung, vorgehängte Ziegelfassade, Putz, Wandfliesen, Beschichtung, Raffstoreanlagen; Mauerwerk, GK-Wände, Holz-Innentüren, Holz-Schiebetüren, Kalk-Innenputz, Beschichtung, Wandfliesen; Stb-Ortbetondecken, Stb-Treppen, Dämmung, Heizestrich, Parkett, Bodenfliesen, Treppenbrüstung, Geländer; Sparren-Pultdach, OSB-Schalung, Stb-Flachdach, Zellulosedämmung, Abdichtung, GK-Bekleidung, Dachentwässerung, Attika

KG	Kostengruppe	Menge Einheit	Kosten €	€/Einheit	%
400	**Bauwerk – Technische Anlagen**	299,91 m² BGF	221.297	**737,88**	24,2

Gebäudeentwässerung, Kalt- und Warmwasserleitungen, Sanitärobjekte; Geothermie mit Tiefenbohrungen, Sole-Wasser-Wärmepumpe, Fußbodenheizung; zentrale Lüftungsanlage mit kontrollierter Be- und Entlüftung und Wärmerückgewinnung; Photovoltaikanlage, Stromspeicher, Elektroinstallation, Beleuchtung; Telekommunikationsanlage, Fernseh- und Antennenanlage, LAN-Übertragungsnetz

6100-1680
Mehrfamilienhäuser
(3 Gebäude, 45 WE)

Objektübersicht

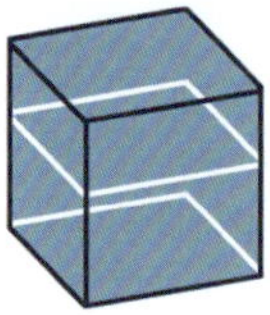
BRI 490 €/m³

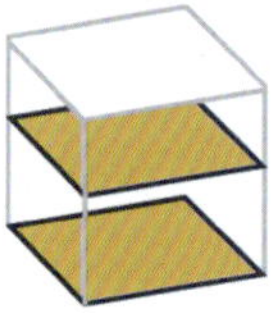
BGF 1.457 €/m²

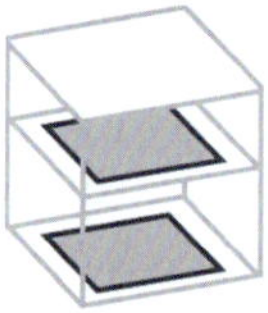
NUF 2.159 €/m²

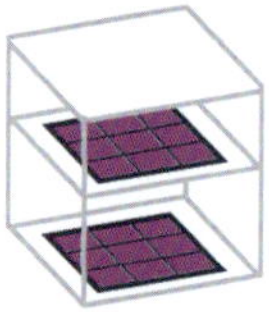
NE 3.084 €/NE

NE: Wohnfläche

Objekt:
Kennwerte: 1. Ebene DIN 276
BRI: 19.396 m³
BGF: 6.526 m²
NUF: 4.404 m²
Bauzeit: 100 Wochen
Bauende: 2022
Standard: Durchschnitt
Bundesland: Bayern
Kreis: München, Stadt

Architekt*in:
Klumpe Architekten GbR
Moselstraße 7
68167 Mannheim

Bauherr*in:
Kooperative Großstadt eG
Friedenstraße 25
81671 München

© Fabio Burghardt

© Fabio Burghardt

© Carolin Klumpe

© Fabio Burghardt

© Sebastian Schels

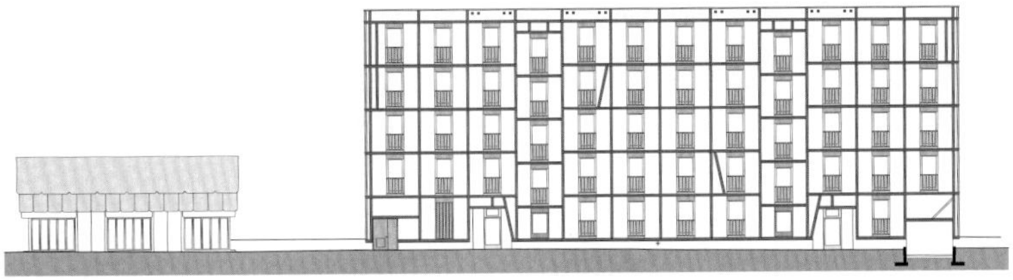

Ansicht Ost
Pavillion
Gebäude Ost

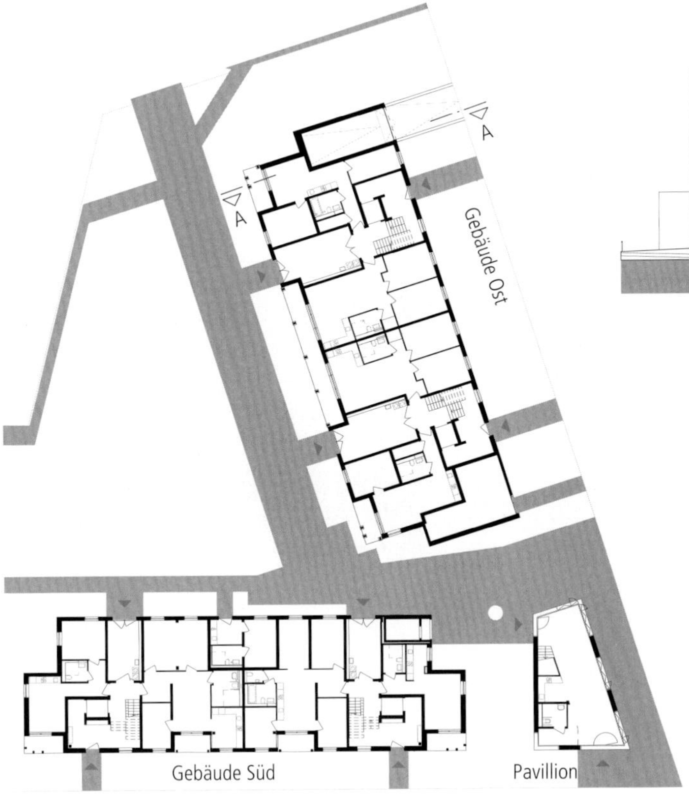

Erdgeschoss

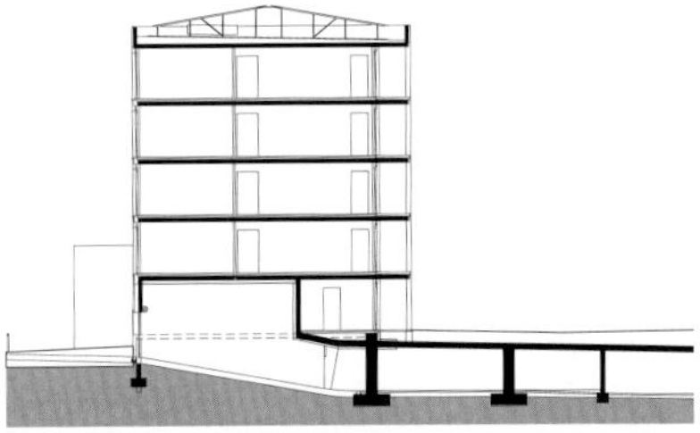

Gebäude Ost Schnitt A-A

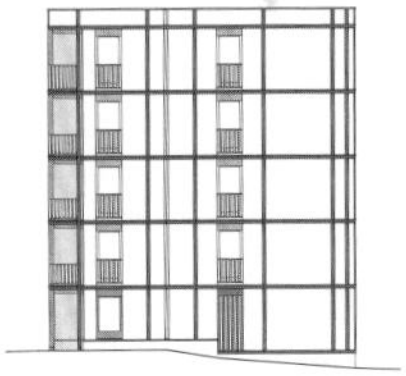

Gebäude Ost Ansicht Süd

Gebäude Ost Ansicht West

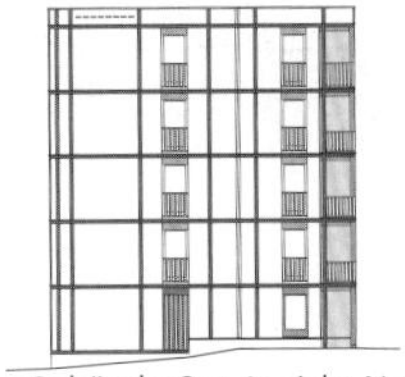

Gebäude Ost Ansicht Nord

Objektbeschreibung

Allgemeine Objektinformationen

Von der KOOPERATIVE GROSSSTADT eG wurde im März 2019 der offene Realisierungswettbewerb „Freihampton" ausgelobt. 2022 konnten die 45 Wohnungen bezogen werden. Die beiden drei- bis fünfgeschossigen Wohngebäude wurden durch einen eingeschossigen Gemeinschaftspavillon an der Straßenecke ergänzt. Neben dem Pavillon gibt es gemeinschaftlich genutzte Gartenzimmer sowie ein Gästeapartment und zwei Kooperationsräume, die von den Bewohnern angemietet werden können. Ein großzügiger Fahrradaufzug erschließt die Fahrradgarage im Untergeschoss barrierefrei.

Nutzung

1 Untergeschoss
Tiefgarage, Keller, Fahrradgarage, Haustechnik, Elektroverteilerraum, Schleuse, Treppenhäuser

1 Erdgeschoss
Gebäude Ost: Zwei- und Dreizimmerwohnungen, Terrassen, Gemeinschaftsräume, Müllraum, Treppenhäuser, Aufzüge

Gebäude Süd: Ein- bis Vierzimmerwohnungen, Loggien, Gemeinschaftsräume, Gästeappartement, Treppenhäuser, Aufzüge

Pavillon: Gemeinschaftsraum, WC, Küche, Galerie

4 Obergeschosse
Gebäude Ost: 1.-4.OG: Ein- bis Fünfzimmerwohnungen, Loggien, Kooperationsräume, Treppenhäuser, Aufzüge

Gebäude Süd: 1-4.OG: Zwei- bis Fünfzimmerwohnungen, eine Clusterwohnung für sechs Personen, eine Wohngemeinschaft 60plus mit vier Clustereinheiten, Loggien, Kooperationsräume, Treppenhäuser, Aufzüge

Nutzeinheiten

Gebäude: 3
Stellplätze: 19
Wohneinheiten: 45
Wohnfläche: 3.083 m^2

Grundstück

Bauraum: Freier Bauraum
Neigung: Ebenes Gelände
Bodenklasse: BK 1 bis BK 3

Markt

Hauptvergabezeit: 4. Quartal 2020
Baubeginn: 1. Quartal 2021
Bauende: 4. Quartal 2022
Konjunkturelle Gesamtlage: über Durchschnitt
Regionaler Baumarkt: über Durchschnitt

Baukonstruktion

Die Häuser gründen auf Stb-Fundamenten und Stb-Bodenplatten. Die tragenden Bauteile wurden in Stahlbeton oder KS-Mauerwerk errichtet. Die Fassaden sind aus Holzständerelementen mit hinterlüfteter Bretterschalung und einer Installationsebene hergestellt. Nichttragende Innenwände sind in Trockenbauweise erstellt. Die Balkonelemente wurden in Holzbauweise vormontiert und werden von Holzstützen getragen. Die Holzfenster wurden mit einer Dreifachverglasung ausgestattet und können mit Alu-Raffstores verschattet werden. Die Böden der Gemeinschaftsbereiche erhielten einen geschliffenen Sichtestrich, in den Wohnungen wurden Stäbchenparkett und Bodenfliesen verlegt.

Technische Anlagen

Beheizt werden die Gebäude mit Fernwärme in Verbindung mit einer Fußbodenheizung. Bis auf den begrünten Dachgarten sind die Dächer mit Photovoltaik-Modulen belegt. Die Abluft erfolgt über die Bäder, in den Fenstern sind Nachströmelemente integriert, die für Luftzirkulation sorgen.

Sonstiges

Durch ein Mobilitätskonzept konnten die Pkw-Stellplätze in der Tiefgarage auf 19 reduziert werden. Dafür gibt es eine große Fahrradgarage. Es können Lastenräder und ein Car-Sharing Fahrzeug angemietet werden. Die Gebäude erfüllen den KfW 55-Standard nach EnEV 2016. Die Gebäude sind komplett barrierefrei nach DIN 18040-2 geplant und umgesetzt. Es gibt eine Wohngemeinschaft für Erwachsene und eine Wohngemeinschaft 60plus.

Energetische Kennwerte

Gesetzliche Grundlage: EnEV 2013
Gebäudenutzfläche: 2.506,20 m^2
Spez. Transmissionswärmeverlust: 0,32 W/($m^2 \cdot$K)
Spez. Jahresprimärenergiebedarf: 25,60 kWh/($m^2 \cdot$a)
Spez. Jahresendenergiebedarf: 65,40 kWh/($m^2 \cdot$a)
CO_2-Emissionen: 4,40 kg/($m^2 \cdot$a)

Planungskennwerte für Flächen und Rauminhalte nach DIN 277

Flächen des Grundstücks		Menge Einheit	% an GF
BF	Bebaute Fläche	1.118,43 m²	32,8
UF	Unbebaute Fläche	2.289,48 m²	67,2
GF	Grundstücksfläche	3.407,91 m²	100,0

Grundflächen des Bauwerks		Menge Einheit	% an NUF	% an BGF
NUF	Nutzungsfläche	4.403,78 m²	100,0	67,5
TF	Technikfläche	81,97 m²	1,9	1,3
VF	Verkehrsfläche	922,70 m²	21,0	14,1
NRF	Netto-Raumfläche	5.408,45 m²	122,8	82,9
KGF	Konstruktions-Grundfläche	1.117,34 m²	25,4	17,1
BGF	Brutto-Grundfläche	6.525,79 m²	148,2	100,0

Brutto-Rauminhalt des Bauwerks		Menge Einheit	BRI/NUF (m)	BRI/BGF (m)
BRI	Brutto-Rauminhalt	19.395,89 m³	4,40	2,97

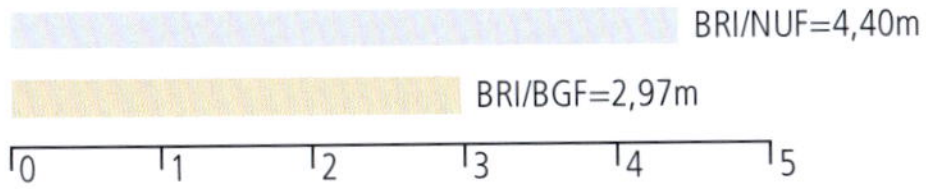

Kostenkennwerte für die Kostengruppen der 1. Ebene DIN 276

KG	Kostengruppen (1. Ebene)	Einheit	Kosten €	€/Einheit	€/m² BGF	€/m³ BRI	% 300+400
100	Grundstück	m² GF	–	–	–	–	–
200	Vorbereitende Maßnahmen	m² GF	–	–	–	–	–
300	Bauwerk – Baukonstruktionen	m² BGF	7.481.210	1.146,41	1.146,41	385,71	78,7
400	Bauwerk – Technische Anlagen	m² BGF	2.027.430	310,68	310,68	104,53	21,3
	Bauwerk 300+400	**m² BGF**	**9.508.640**	**1.457,09**	**1.457,09**	**490,24**	**100,0**
500	Außenanlagen und Freiflächen	m² AF	–	–	–	–	–
600	Ausstattung und Kunstwerke	m² BGF	–	–	–	–	–
700	Baunebenkosten	m² BGF	–	–	–	–	–
800	Finanzierung	m² BGF	–	–	–	–	–

KG	Kostengruppe	Menge Einheit	Kosten €	€/Einheit	%
3+4	**Bauwerk**				**100,0**
300	**Bauwerk – Baukonstruktionen**	6.525,79 m² BGF	7.481.210	**1.146,41**	78,7

Baugrubenaushub; Stb-Fundamente, Stb-Bodenplatten, Pflaster, Sichtestrich, Beschichtung; Stb-Wände, KS-Mauerwerk, Stb-Stützen, Holzständerelemente, gedämmt, Holzfenster, Dreifachverglasung, Holz-Eingangselemente, hinterlüftete Bretterschalung, Stahl-Wellblechfassade, Trockenbau-Vorsatzschalen, Putz, Wandfliesen, Beschichtung, Alu-Raffstores, Markisen, Absturzsicherungen; Stb-Wände, KS-Mauerwerk, GK-Wände, Stb-Stützen, Holzstützen, Holztüren, Stahltüren, Putz, Wandfliesen, Beschichtung, Kellertrennwände; Stb-Decken, Stb-Treppen, Holz-Balkonelemente, Dämmung, Heizestrich, Sichtestrich, Parkett, Bodenfliesen, Beton-Terrassenplatten, Treppengeländer, Holz-Balkongeländer; Stb-Flachdach, Dämmung, Abdichtung, Dachentwässerung, extensive Dachbegrünung, Beton-Terrassenplatten

KG	Kostengruppe	Menge Einheit	Kosten €	€/Einheit	%
400	**Bauwerk – Technische Anlagen**	6.525,79 m² BGF	2.027.430	**310,68**	21,3

Gebäudeentwässerung, Kalt- und Warmwasserleitungen, Sanitärobjekte; Fernwärmeanschluss, Fußbodenheizung, Badheizkörper; Abluftanlagen, Nachströmelemente im Fensterrahmen; PV-Anlage, Elektroinstallationen, Beleuchtung, Sprechanlagen; Personenaufzüge, Fahrradaufzug

6100-1682
Wohn-/Geschäftshaus
(3 WE, 20 AP)

Objektübersicht

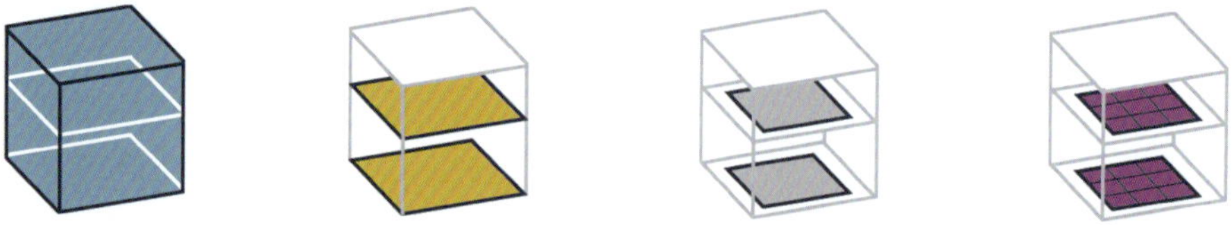

BRI 731 €/m³ | BGF 2.193 €/m² | NUF 3.568 €/m² | NE 6.100 €/NE

NE: Wohnfläche

Objekt:
Kennwerte: 1.Ebene DIN 276
BRI: 3.291 m³
BGF: 1.097 m²
NUF: 674 m²
Bauzeit: 78 Wochen
Bauende: 2023
Standard: über Durchschnitt
Bundesland: Rheinland-Pfalz
Kreis: Kaiserslautern, Stadt

Architekt*in:
.pg1 Architekten BDA
Rudolf-Breitscheid-Straße 43
67655 Kaiserslautern

© Michael Heinrich

Ansicht Ost

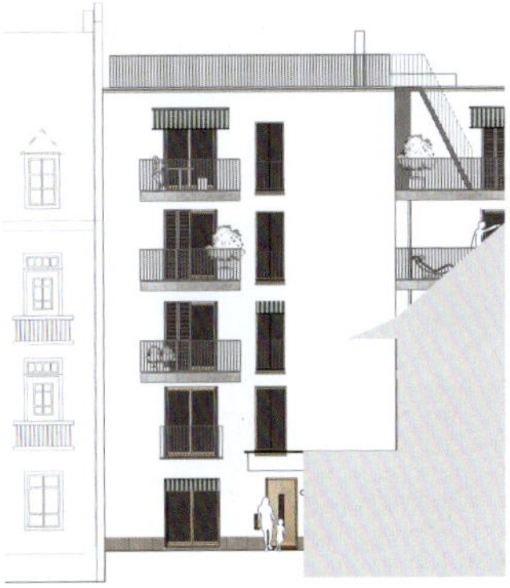

Ansicht West

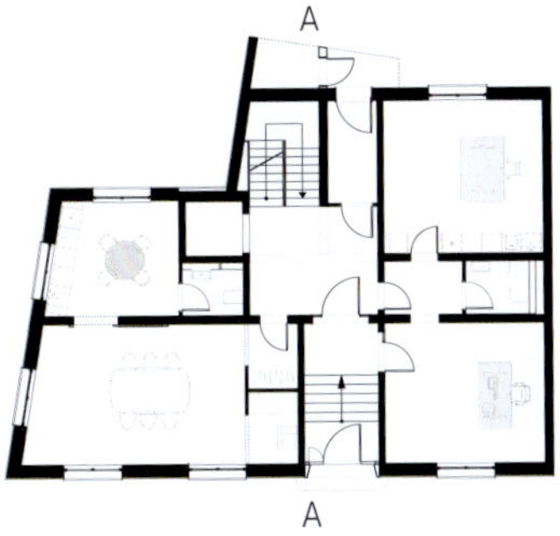

Erdgeschoss

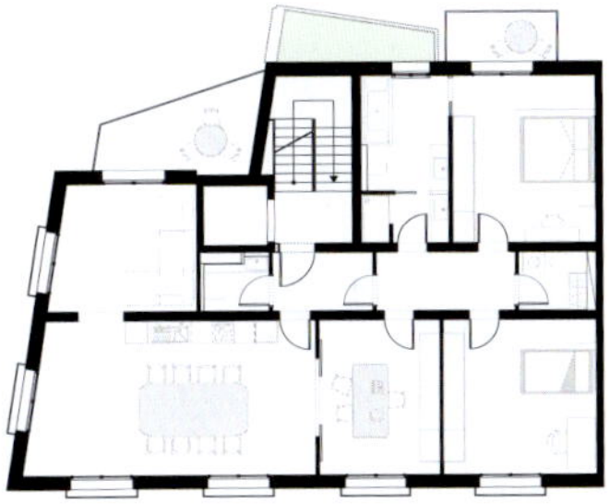

2. Obergeschoss

Ansicht Süd

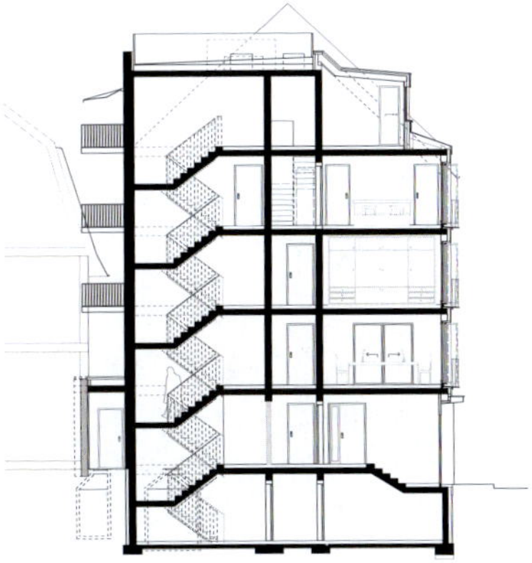

Schnitt A-A

Objektbeschreibung

Allgemeine Objektinformationen

Der Neubau des Wohn- und Geschäftshauses in innerstädtischer Lage befindet sich in gründerzeitlichem Bestand. Bei der Bebauung der herausfordernden Ecksituation wurden die historischen Achsen und die umgebenden historischen Bestandsgebäude präzise berücksichtigt.

Nutzung

1 Untergeschoss
Abstellräume, Technik, Waschküche, Flur, Treppenhaus, Aufzug

1 Erdgeschoss
Büroräume, WC, Eingang, Diele, Treppenhaus, Aufzug

2 Obergeschosse
1.OG: Büroräume, WC, Eingang, Diele, Treppenhaus, Aufzug

2-4.OG: Wohnküchen, Wohnzimmer, Schlafzimmer, Bäder, WCs, HWR, Loggien, Balkone, Flure, Treppenhaus, Aufzug

1 Dachgeschoss
Dachterrasse

Nutzeinheiten

Arbeitsplätze: 20
Bürofläche: 295 m^2
Wohneinheiten: 3
Wohnfläche: 394 m^2

Grundstück

Bauraum: Baulücke
Neigung: Ebenes Gelände
Bodenklasse: BK 3 bis BK 6

Markt

Hauptvergabezeit: 3. Quartal 2021
Baubeginn: 4. Quartal 2021
Bauende: 2. Quartal 2023
Konjunkturelle Gesamtlage: über Durchschnitt
Regionaler Baumarkt: Durchschnitt

Baukonstruktion

Der monolithischer Massivbau aus Bimssteinen gründet auf einer Stahlbetonbodenplatte und Stahlbeton-Streifenfundamenten. Die Stahlbetondecken sind mit Betonkernaktivierung ausgestattet. In die Putzfassaden wurden Holzfenster mit Dreifachverglasung eingebaut. Die Holzfenster und die faltbaren Klappläden verleihen dem Gebäude einen besonderen Charme und ermöglichen den Bewohnern eine individuelle Gestaltung des Lichteinfalls. Alle bodentiefen Fenster sind mit französischen Balkonen ausgestattet. Das Stahlbeton-Flachdach wurde begrünt und das Satteldach mit Stehfalz-Zinkblech eingedeckt. Die Böden wurden mit Wasserglas geschliffen oder mit Bodenfliesen belegt.

Technische Anlagen

Das Gebäude wird mit einer Luftwärmepumpe in Kombination mit Fernwärme beheizt und gekühlt, wobei die effiziente Verteilung der Heizung in den Betondecken für eine optimale Wärmeausnutzung sorgt. Das Gebäude ist mit einem Personenaufzug ausgestattet.

Sonstiges

Die Grundrisse sind so flexibel ausgelegt, dass auf den jeweiligen Nutzungsbedarf,- gleich ob Gewerbe- oder Wohnnutzung, auch nachträglich reagiert werden kann. Das Gebäude erfüllt den KfW 55-Standard nach EnEV 2016.

Energetische Kennwerte

Gesetzliche Grundlage: EnEV 2013
Gebäudenutzfläche: 470,00 m^2
Gebäudevolumen: 1.470,00 m^3
A/V_e-Verhältnis (Kompaktheit): 0,37 m^{-1}
Hüllfläche des beheizten Volumens: 545,20 m^2
Spez. Transmissionswärmeverlust: 0,33 W/(m^2·K)
Spez. Jahresprimärenergiebedarf: 26,40 kWh/(m^2·a)
Spez. Jahresheizwärmebedarf: 24,00 kWh/(m^2·a)
Anlagenaufwandszahl: 0,78

Energetische Angaben zu Außenbauteilen

Außenwand

U-Wert: 0,21 W/(m²·K)

Gesamtdicke: 39,00 cm	d[cm]	l[W/(m·K)]
Innenputz	1,00	50,000
Porenbeton	36,50	0,080
Außenputz	1,50	0,870

Dach

U-Wert: 0,12 W/(m²·K)

Gesamtdicke: 48,70 cm	d[cm]	l[W/(m·K)]
Stahlbeton	20,00	2,500
Bitumenbahn	0,50	0,170
Dämmung	28,00	0,035
Dachdichtungsbahn	0,20	50,000

Planungskennwerte für Flächen und Rauminhalte nach DIN 277

Flächen des Grundstücks		Menge Einheit	% an GF
BF	Bebaute Fläche	184,50 m²	65,9
UF	Unbebaute Fläche	95,50 m²	34,1
GF	Grundstücksfläche	280,00 m²	100,0

Grundflächen des Bauwerks		Menge Einheit	% an NUF	% an BGF
NUF	Nutzungsfläche	674,30 m²	100,0	61,5
TF	Technikfläche	40,70 m²	6,0	3,7
VF	Verkehrsfläche	161,90 m²	24,0	14,8
NRF	Netto-Raumfläche	876,90 m²	130,0	79,9
KGF	Konstruktions-Grundfläche	220,00 m²	32,6	20,1
BGF	Brutto-Grundfläche	1.096,90 m²	162,7	100,0

Brutto-Rauminhalt des Bauwerks		Menge Einheit	BRI/NUF (m)	BRI/BGF (m)
BRI	Brutto-Rauminhalt	3.290,85 m³	4,88	3,00

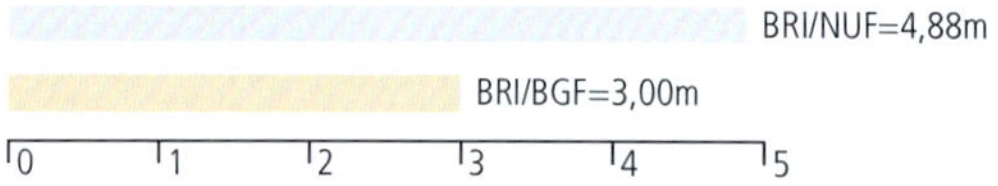

Kostenkennwerte für die Kostengruppen der 1.Ebene DIN 276

KG	Kostengruppen (1.Ebene)	Einheit	Kosten €	€/Einheit	€/m² BGF	€/m³ BRI	% 300+400
100	Grundstück	m² GF	–	–	–	–	–
200	Vorbereitende Maßnahmen	m² GF	5.565	19,87	5,07	1,69	0,2
300	Bauwerk – Baukonstruktionen	m² BGF	1.923.724	1.753,78	1.753,78	584,57	80,0
400	Bauwerk – Technische Anlagen	m² BGF	482.236	439,63	439,63	146,54	20,0
	Bauwerk 300+400	**m² BGF**	**2.405.960**	**2.193,42**	**2.193,42**	**731,11**	**100,0**
500	Außenanlagen und Freiflächen	m² AF	–	–	–	–	–
600	Ausstattung und Kunstwerke	m² BGF	–	–	–	–	–
700	Baunebenkosten	m² BGF	–	–	–	–	–
800	Finanzierung	m² BGF	–	–	–	–	–

KG	Kostengruppe	Menge Einheit	Kosten €	€/Einheit	%
200	**Vorbereitende Maßnahmen**	280,00 m² GF	5.565	**19,87**	0,2

Rückbau von Holzkiosk für den Wiederaufbau

KG	Kostengruppe	Menge Einheit	Kosten €	€/Einheit	%
3+4	**Bauwerk**				**100,0**
300	**Bauwerk – Baukonstruktionen**	1.096,90 m² BGF	1.923.724	**1.753,78**	80,0

Erdaushub; Streifenfundamente, Stb-Bodenplatte, Abdichtung, Dämmung, Estrich, Beschichtung; Stb-Wände, Sichtbeton, Bimsmauerwerk, Stahltüren, Holzfenster, Dreifachverglasung, Außenputz, Beschichtung, Kalkputz, Beschichtung, Alu-Faltklappläden; Stb-Wände, KS-Sichtmauerwerk, GK-Wände, Bimsmauerwerk, Holztüren, Kalkputz, Beschichtung, Wandfliesen; Stb-Decken mit Bauteilaktivierung, Stb-Elementdecken, Stb-Treppen, Dämmung, Estrich, Wasserglas geschliffener Estrich, Bodenfliesen, Metall-Treppengeländer, französische Balkone mit verzinkten Geländern; Stb-Flachdach, Satteldach in Holzkonstruktion, Zwischensparrendämmung, Zink-Stehfalzeindeckung, Dämmung, extensive Dachbegrünung, Dachentwässerung; Einbauküchen

KG	Kostengruppe	Menge Einheit	Kosten €	€/Einheit	%
400	**Bauwerk – Technische Anlagen**	1.096,90 m² BGF	482.236	**439,63**	20,0

Gebäudeentwässerung, Kalt- und Warmwasserleitungen, Sanitärobjekte; Luftwärmepumpe in Kombination mit Fernwärme zur Heizung/Kühlung, Betonkernaktivierung in Decken; Abluftanlage in Sanitärbereichen; Elektroinstallation, LED-Beleuchtung; Videosprechanlage, Rauchmelder, Netzwerkverkabelung; Personenaufzug

6200-0122
Seniorenwohnanlage
(27 WE)
TG (15 STP)

Objektübersicht

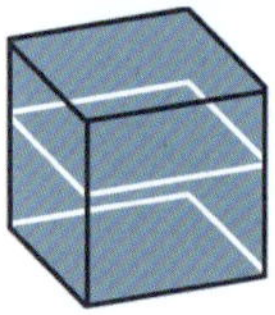

BRI **653 €/m³**

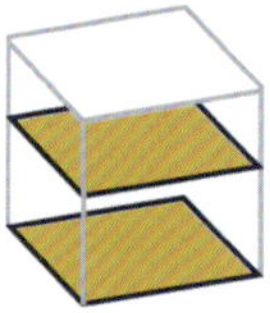

BGF **1.993 €/m²**

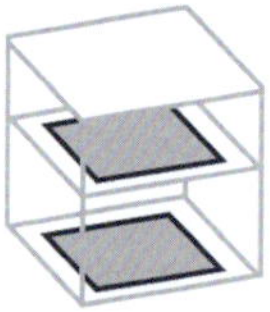

NUF **3.089 €/m²**

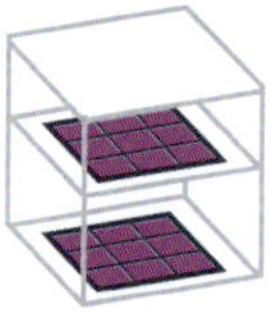

NE **4.413 €/NE**
NE: Wohnfläche

Objekt:
Kennwerte: 1.Ebene DIN 276
BRI: 9.367 m³
BGF: 3.071 m²
NUF: 1.981 m²
Bauzeit: 78 Wochen
Bauende: 2022
Standard: Durchschnitt
Bundesland: Nordrhein-Westfalen
Kreis: Krefeld, Stadt

Architekt*in:
Brechtel Architekten
PartG mbB
Kamekestraße 19
50672 Köln

Ansicht West

Ansicht Süd

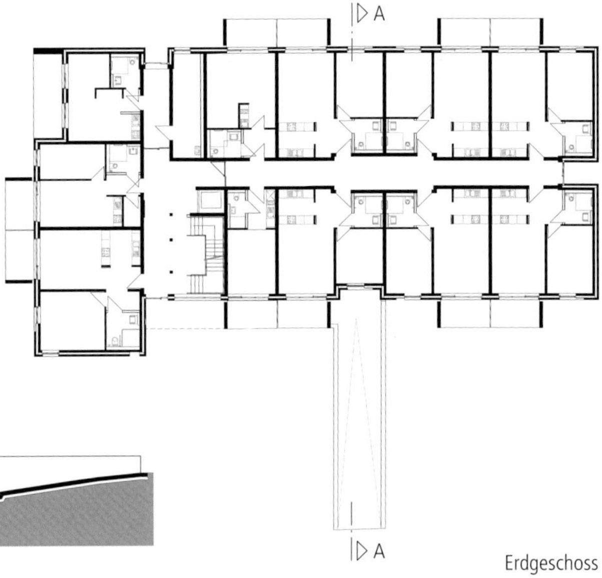

Erdgeschoss

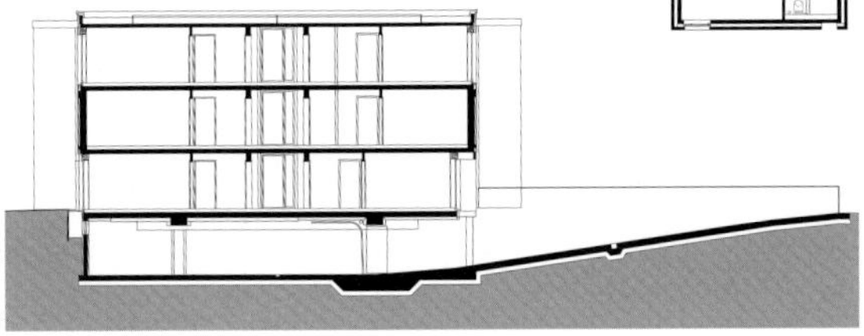

Schnitt A-A

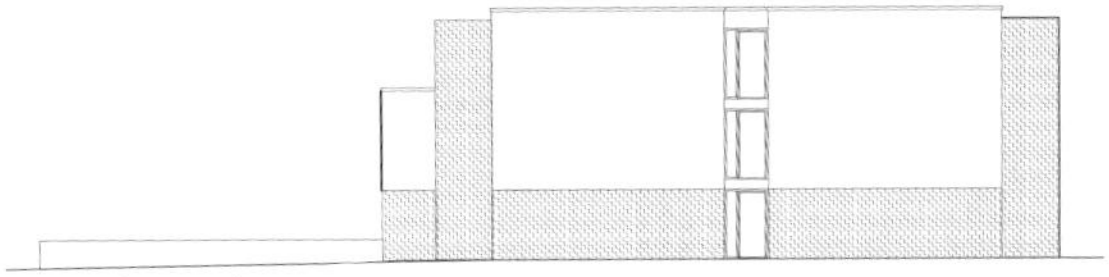

Ansicht Nord

Ansicht Ost

Objektbeschreibung

Allgemeine Objektinformationen

Auf dem Areal entstanden Service-Wohnungen für Senioren und eine Tiefgarage. Der Entwurf zeichnet sich durch eine gut durchdachte Gebäudestruktur aus, sodass Kosten und Bauzeit von Beginn an effizient gestaltet werden konnten. Ein wichtiges Augenmerk liegt auf einer klaren Erschließungsstruktur mit geringen Verkehrsflächen, welche durch Aufweitungen der Flure und Sichtachsen mit Tageslicht für die Bewohner attraktiv gestaltet wurde.

Nutzung

1 Untergeschoss
Mieterkeller, Tiefgarage, Fahrradabstellraum, Technik, Schleuse, Aufzug

1 Erdgeschoss
zehn Wohnungen, Büro, Wäscheraum, Aufzug

1 Obergeschoss
zehn Wohnungen, Wäscheraum, Aufzug

1 Dachgeschoss
sieben Wohnungen, Wäscheraum, Aufzug

Nutzeinheiten

Stellplätze: 15
Wohneinheiten: 27
Wohnfläche: 1.387 m^2

Grundstück

Bauraum: Freier Bauraum
Neigung: Ebenes Gelände
Bodenklasse: BK 3 bis BK 5

Markt

Hauptvergabezeit: 1. Quartal 2021
Baubeginn: 1. Quartal 2021
Bauende: 3. Quartal 2022
Konjunkturelle Gesamtlage: über Durchschnitt
Regionaler Baumarkt: Durchschnitt

Baukonstruktion

Das Kellergeschoss wurde in wasserundurchlässiger Bauweise als „weiße Wanne" ausgebildet und gründet auf Stb-Streifenfundamenten und Bodenplatte. Der Rohbau erfolgte durch eine Massivbauweise mit Außenwänden aus Porenbeton- bzw. Kalksandstein in Kombination mit Stb-Elementdecken. Das Fassadenbild staffelt sich von einer zweischaligen Klinkerfassade im Erdgeschoss zu einem einschalig, verputzten Wandaufbau in den oberen Geschossen. Es wurden Kunststofffenster mit Dreifachverglasung eingebaut, die mit Rollläden verdunkelt werden können. Nach oben hin schließt der Bau mit einem Flachdach ab. Die Treppenläufe sowie Balkone wurden als Fertigteile ausgebildet. Die Böden sind mit Vinyl und Fliesen belegt.

Technische Anlagen

Das Gebäude wurde an das Fernwärmenetz angeschlossen und wird so mit Heizwärme und einer zentralen Wasseraufbereitung versorgt. Die Verteilung der Wärme wird über eine Fußbodenheizung reguliert. Ein zentraler Aufzug im Eingangsbereich sorgt für eine rollstuhlgerechte Erschließung aller Wohneinheiten in den oberen Geschossen.

Sonstiges

Der Neubau entspricht dem KfW 55 Standard.

Energetische Kennwerte

Gesetzliche Grundlage: GEG 2020
Gebäudenutzfläche: 1.894,80 m^2
Gebäudevolumen: 6.508,60 m^3
A/V_e-Verhältnis (Kompaktheit): 0,40 m^{-1}
Hüllfläche des beheizten Volumens: 2.586,80 m^2
Spez. Transmissionswärmeverlust: 0,27 $W/(m^2 \cdot K)$
Spez. Jahresprimärenergiebedarf: 17,50 $kWh/(m^2 \cdot a)$
Spez. Jahresendenergiebedarf: 53,50 $kWh/(m^2 \cdot a)$
Spez. Jahresheizwärmebedarf: 30,33 $kWh/(m^2 \cdot a)$
CO_2-Emissionen: 3,30 $kg/(m^2 \cdot a)$
Anlagenaufwandszahl: 0,41

Energetische Angaben zu Außenbauteilen

Kellerdecke

U-Wert: 0,17 W/(m²·K)

Gesamtdicke: 50,52 cm	d [cm]	l [W/(m·K)]
Estrich	6,00	1,400
PE-Folie	0,02	0,200
Trittschalldämmung	2,00	0,040
Stahlbeton	25,00	2,100
Dämmung	16,50	0,035
Holzfaserplatte	1,00	0,035

Außenwand Klinker hinterlüftet

U-Wert: 0,21 W/(m²·K)

Gesamtdicke: 33,00 cm	d [cm]	l [W/(m·K)]
Innenputz	1,50	0,700
Kalksandstein	17,50	0,990
Dämmung	14,00	0,032

Außenwand

U-Wert: 0,20 W/(m²·K)

Gesamtdicke: 39,50 cm	d [cm]	l [W/(m·K)]
Innenputz	1,00	0,700
Hohlblockstein	36,50	0,080
Dämmputz	2,00	0,070

Dach gegen Außenluft

U-Wert: 0,12 W/(m²·K)

Gesamtdicke: 49,30 cm	d [cm]	l [W/(m·K)]
Innenputz	1,00	0,550
Bitumenbahn	0,30	0,170
Stahlbeton	18,00	2,100
Bitumenanstrich	0,20	0,170
Dämmung	12,00	0,035
Dämmung	12,00	0,025
Bitumenbahn	0,30	0,170
Bitumenanstrich	0,20	0,170
Bitumenbahn	0,30	0,170
Kiesschüttung	5,00	1,400

Planungskennwerte für Flächen und Rauminhalte nach DIN 277

Flächen des Grundstücks		Menge Einheit	% an GF
BF	Bebaute Fläche	822,30 m²	42,1
UF	Unbebaute Fläche	1.131,64 m²	57,9
GF	Grundstücksfläche	1.953,94 m²	100,0

Grundflächen des Bauwerks		Menge Einheit	% an NUF	% an BGF
NUF	Nutzungsfläche	1.981,19 m²	100,0	64,5
TF	Technikfläche	25,51 m²	1,3	0,8
VF	Verkehrsfläche	627,89 m²	31,7	20,4
NRF	Netto-Raumfläche	2.634,59 m²	133,0	85,8
KGF	Konstruktions-Grundfläche	436,56 m²	22,0	14,2
BGF	Brutto-Grundfläche	3.071,15 m²	155,0	100,0

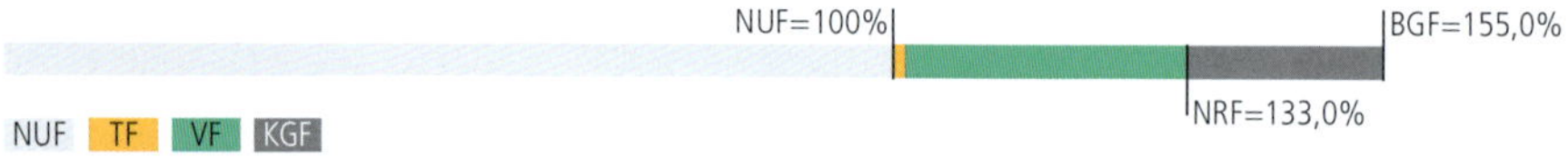

Brutto-Rauminhalt des Bauwerks		Menge Einheit	BRI/NUF (m)	BRI/BGF (m)
BRI	Brutto-Rauminhalt	9.367,20 m³	4,73	3,05

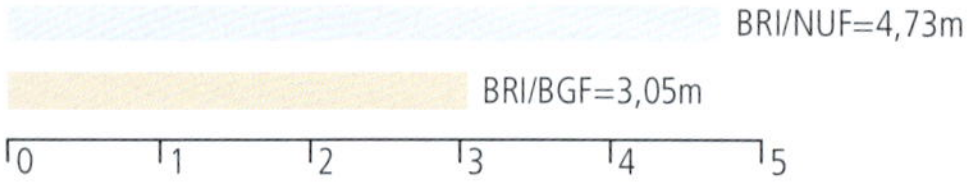

Kostenkennwerte für die Kostengruppen der 1.Ebene DIN 276

KG	Kostengruppen (1.Ebene)	Einheit	Kosten €	€/Einheit	€/m² BGF	€/m³ BRI	% 300+400
100	Grundstück	m² GF	–	–	–	–	–
200	Vorbereitende Maßnahmen	m² GF	118.746	60,77	38,66	12,68	1,9
300	Bauwerk – Baukonstruktionen	m² BGF	4.294.696	1.398,40	1.398,40	458,48	70,2
400	Bauwerk – Technische Anlagen	m² BGF	1.826.085	594,59	594,59	194,94	29,8
	Bauwerk 300+400	**m² BGF**	**6.120.782**	**1.992,99**	**1.992,99**	**653,43**	**100,0**
500	Außenanlagen und Freiflächen	m² AF	320.242	–	104,27	34,19	5,2
600	Ausstattung und Kunstwerke	m² BGF	–	–	–	–	–
700	Baunebenkosten	m² BGF	–	–	–	–	–
800	Finanzierung	m² BGF	–	–	–	–	–

KG	Kostengruppe	Menge Einheit	Kosten €	€/Einheit	%
200	**Vorbereitende Maßnahmen**	1.953,94 m² GF	118.746	**60,77**	1,9
	Abbruch von Kirchengebäude				
3+4	**Bauwerk**				**100,0**
300	**Bauwerk – Baukonstruktionen**	3.071,15 m² BGF	4.294.696	**1.398,40**	70,2
	Baugrubenaushub; Stb-Fundamentplatten in WU-Beton, Beschichtung, Betonwerkstein, Sauberkeitsschicht; Stb-Wände in WU-Beton, Porenbeton-Mauerwerk, KS-Mauerwerk, Kunststofffenster, Dreifachverglasung, Alu-Außentüren, Dämmung, Verblendmauerwerk, Innenputz, Beschichtung, Rollläden; Stb-Wände, KS-Mauerwerk, GK-Wände, Stb-Stützen, Feuerschutz-, Rauchschutztüren, Innenputz, Tapeten, Beschichtung, Wandfliesen, Kellertrennwände; Stb-Decken, Stb-Treppen, Stb-Fertigteilbalkone, Dämmung, Heizestrich, Vinylbeläge, Bodenfliesen, Betonwerkstein, Treppengeländer, Stb-Balkonbrüstungen; Stb-Flachdach, Gefälledämmung, Abdichtung, Dachentwässerung				
400	**Bauwerk – Technische Anlagen**	3.071,15 m² BGF	1.826.085	**594,59**	29,8
	Gebäudeentwässerung, Hebeanlage, Schmutzwasserpumpe, Kalt- und Warmwasserleitungen, Löschwasserleitungen, Sanitärobjekte; Fernwärme, Fußbodenheizung; Elektroinstallation, Sicherheitsbeleuchtung, Blitzschutz; Multimedia- und Breitbandkabelanschlüsse; Personenaufzug				
500	**Außenanlagen und Freiflächen**	–	320.242	**–**	5,2
	Wege Betonsteinpflaster, Verbundsteinpflaster, Müll- und Fahrradstellplätze, Terrassenbeläge, Pkw-Stellplätze, Sandflächen für Spielplatz; Muldenentwässerung, Außenbeleuchtung; Pflanzflächen, Bepflanzung, Bäume, Rasenflächen				

6200-0123
Wohnheim
für Menschen mit
Behinderung
(22 Betten)

Objektübersicht

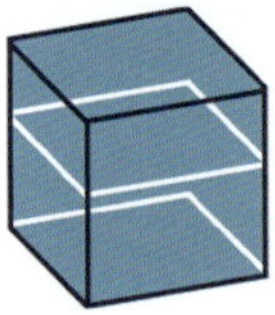

BRI 993 €/m³

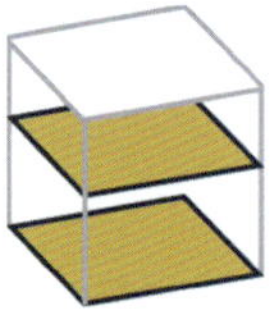

BGF 2.936 €/m²

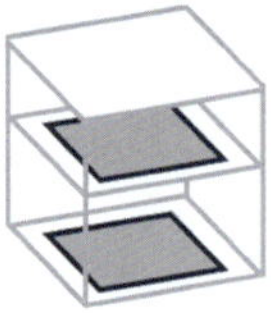

NUF 5.042 €/m²

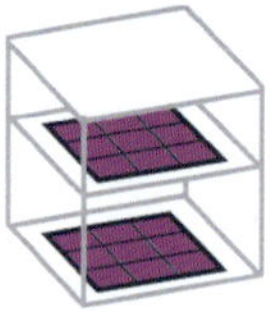

NE 220.963 €/NE

NE: Betten

Objekt:
Kennwerte: 1.Ebene DIN 276
BRI: 4.895 m³
BGF: 1.655 m²
NUF: 964 m²
Bauzeit: 70 Wochen
Bauende: 2019
Standard: Durchschnitt
Bundesland: Nordrhein-Westfalen
Kreis: Rhein-Sieg-Kreis

Architekt*in:
Brechtel Architekten
PartG mbB
Kamekestraße 19
50672 Köln

© Brechtel Architekten

Ansicht Süd-Ost

Ansicht Nord-Ost

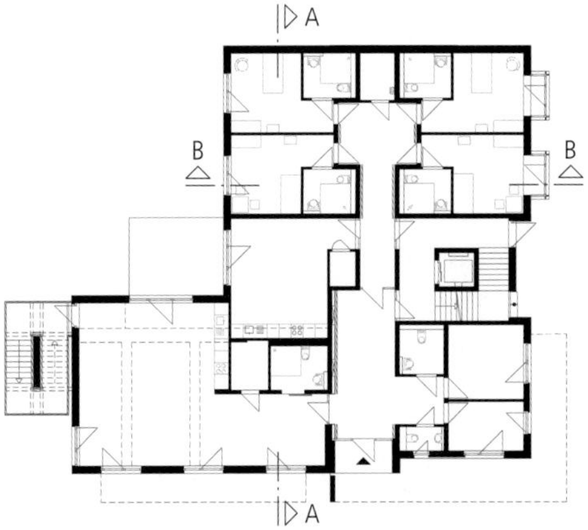

Erdgeschoss

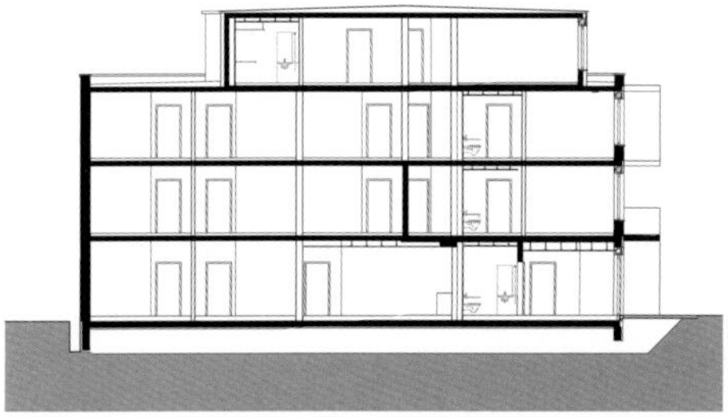

Schnitt A-A

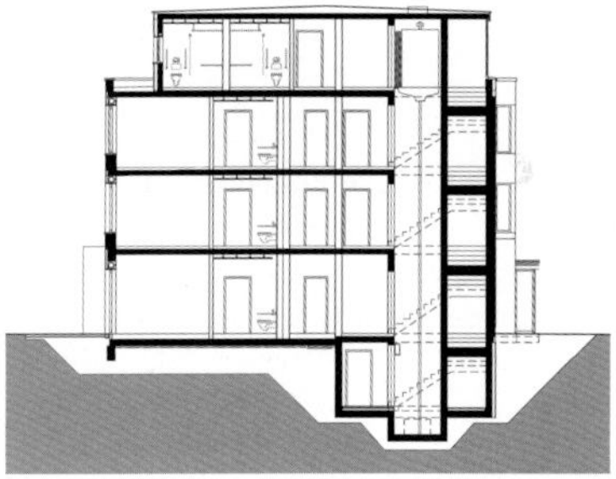

Schnitt B-B

Ansicht Nord-West

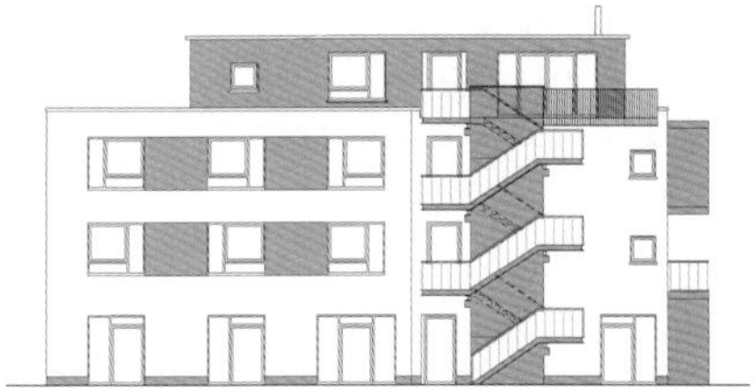

Ansicht Süd-West

Objektbeschreibung

Allgemeine Objektinformationen

Der Neubau verfügt auf insgesamt vier Etagen über 18 barrierefreie Einzelzimmer und vier rollstuhlgeeignete Einzelzimmer mit Einzelbäder. Auf jeder Etage befindet sich ein Gemeinschaftsraum mit Aufenthalts- und Kochmöglichkeit sowie entweder Terrasse, Balkon oder Zugang zum Garten. Im Erdgeschoss bietet ferner ein großer Raum Möglichkeiten für Angebote zur so genannten Tagesstruktur. Hier wird gespielt, gebastelt, gemalt und Musik gemacht. Auch für externe Besucher steht die Tagesstruktur offen.

Nutzung

1 Untergeschoss
Waschküchen, Abstellräume, Hausanschlussraum, Flur, Treppenhaus, Aufzug

1 Erdgeschoss
Bewohnerzimmer mit Bad (4St), Aufenthaltsräume, Wohnküche, Therapieraum, Büro, Abstellraum, WCs, Flure, Treppenhaus, Aufzug, Terrassen

2 Obergeschosse
Bewohnerzimmer mit Bad (7St), Wohnküche, Pflegebad, Abstellräume, WCs, Flure, Treppenhaus, Aufzug, Balkone

1 Dachgeschoss
Bewohnerzimmer mit Bad (4St), Wohnküche, Abstellräume, Flure, Treppenhaus, Aufzug, Terrassen

Besonderer Kosteneinfluss Nutzung
Der Abbruch des Bestandsgebäudes war erst nach Fertigstellung eines Ersatzneubaus möglich. Ersatzmaßnahmen führten zur Bauzeitverlängerung.

Nutzeinheiten

Betten: 22
Wohnfläche: 1.104 m²

Grundstück

Bauraum: Beengter Bauraum
Neigung: Ebenes Gelände
Bodenklasse: BK 3 bis BK 5

Besonderer Kosteneinfluss Grundstück
Erschwerte Baustelleneinrichtung durch bestehenden Altbau

Markt

Hauptvergabezeit: 4. Quartal 2017
Baubeginn: 1. Quartal 2018
Bauende: 3. Quartal 2019
Konjunkturelle Gesamtlage: über Durchschnitt
Regionaler Baumarkt: unter Durchschnitt

Baukonstruktion

Das Gebäude ist als Massivbau ausgebildet, mit einschaligen, verputzten Außenwänden aus Porenbetonsteinen und Stb-Elementdecken. Unterkellert ist der Bau lediglich im Bereich der vertikalen Haupterschließung. Die angehängten Balkone sind in Stahlbeton als Fertigteile ausgebildet und mit Stahlgeländern gesichert. Die Fassade ist verputzt und die wärmeschutzverglasten Kunststofffenster bringen viel Licht in die Räume. Die Böden wurden mit Vinyl und Linoleum belegt. Sämtliche Bäder sind gefliest, die Terrassen und Balkone erhielten einen Holzdielenbelag.

Technische Anlagen

Die Beheizung des Gebäudes erfolgt über eine Luft-Wasser-Wärmepumpe, die Wärme wird über eine Fußbodenheizung verteilt. Alle Zimmer verfügen über Anschlüsse für TV, Telefon und Internet. Ein zentraler Aufzug im Eingangsbereich, sorgt für eine rollstuhlgerechte Erschließung aller Wohneinheiten.

Sonstiges

Das Wohnheim wurde barrierefrei nach DIN 18040 erstellt.

Planungskennwerte für Flächen und Rauminhalte nach DIN 277

Flächen des Grundstücks		Menge Einheit	% an GF
BF	Bebaute Fläche	382,00 m²	22,5
UF	Unbebaute Fläche	1.317,00 m²	77,5
GF	Grundstücksfläche	1.699,00 m²	100,0

Grundflächen des Bauwerks		Menge Einheit	% an NUF	% an BGF
NUF	Nutzungsfläche	964,05 m²	100,0	58,2
TF	Technikfläche	16,21 m²	1,7	1,0
VF	Verkehrsfläche	387,53 m²	40,2	23,4
NRF	Netto-Raumfläche	1.350,05 m²	140,0	81,6
KGF	Konstruktions-Grundfläche	287,68 m²	29,8	17,4
BGF	Brutto-Grundfläche	1.655,47 m²	171,7	100,0

Brutto-Rauminhalt des Bauwerks		Menge Einheit	BRI/NUF (m)	BRI/BGF (m)
BRI	Brutto-Rauminhalt	4.894,60 m³	5,08	2,96

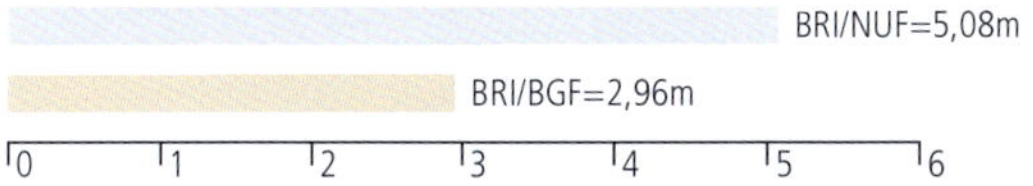

Kostenkennwerte für die Kostengruppen der 1. Ebene DIN 276

KG	Kostengruppen (1. Ebene)	Einheit	Kosten €	€/Einheit	€/m² BGF	€/m³ BRI	% 300+400
100	Grundstück	m² GF	–	–	–	–	–
200	Vorbereitende Maßnahmen	m² GF	313.709	184,64	189,50	64,09	6,5
300	Bauwerk – Baukonstruktionen	m² BGF	3.498.788	2.113,47	2.113,47	714,83	72,0
400	Bauwerk – Technische Anlagen	m² BGF	1.362.393	822,96	822,96	278,35	28,0
	Bauwerk 300+400	**m² BGF**	**4.861.182**	**2.936,44**	**2.936,44**	**993,17**	**100,0**
500	Außenanlagen und Freiflächen	m² AF	496.332	376,87	299,81	101,40	10,2
600	Ausstattung und Kunstwerke	m² BGF	–	–	–	–	–
700	Baunebenkosten	m² BGF	–	–	–	–	–
800	Finanzierung	m² BGF	–	–	–	–	–

KG	Kostengruppe	Menge Einheit	Kosten €	€/Einheit	%
200	**Vorbereitende Maßnahmen**	1.699,00 m² GF	313.709	**184,64**	6,5

Abbruch von Bestandsgebäude; Erschließungskosten

KG	Kostengruppe	Menge Einheit	Kosten €	€/Einheit	%
3+4	**Bauwerk**				**100,0**
300	**Bauwerk – Baukonstruktionen**	1.655,47 m² BGF	3.498.788	**2.113,47**	72,0

Baugrubenaushub, Baugrubenverbau; Stb-Fundamente, Stb-Fundamentplatten WU, Dämmung, Heizestrich, Vinyl, Linoleum, Bodenfliesen, Terrassenbeläge; Stb-Wände WU, Hlz-Mauerwerk, Kunststofffenster, Zweifach-Wärmeschutzverglasung, Eingangstür, Putz, Beschichtung, Innenputz, Wandfliesen, Rollläden; Stb-Wände, KS-Mauerwerk, GK-Wände, Holztüren, Putz, Beschichtung, Wandfliesen; Stb-Elementdecken, Stb-Treppen, Dämmung, Heizestrich, Linoleum, Vinyl, Bodenfliesen, Terrassen-Holzdielen, abgehängte Rasterdecken, GK-Decken, Beschichtung, Stb-Fertigteilbalkone, Stahl-Außentreppe mit Geländer, Stahl-Treppengeländer, Balkongeländer; Stb-Flachdach, Gefälledämmung, Abdichtung, Attika, Dachentwässerung, abgehängte GK-Decken; Einbauküchen

KG	Kostengruppe	Menge Einheit	Kosten €	€/Einheit	%
400	**Bauwerk – Technische Anlagen**	1.655,47 m² BGF	1.362.393	**822,96**	28,0

Gebäudeentwässerung, Hebeanlage, Kalt- und Warmwasserleitungen, Sanitärobjekte; Luft-Wasser-Wärmepumpe, Fußbodenheizung; Einzelraumlüfter; Elektroinstallation, Beleuchtung, Sicherheitsbeleuchtung, Blitzschutzanlage; Multimedia-, Breitbandkabelanschlüsse; Personenaufzug

KG	Kostengruppe	Menge Einheit	Kosten €	€/Einheit	%
500	**Außenanlagen und Freiflächen**	1.317,00 m² AF	496.332	**376,87**	10,2

Bodenarbeiten; Wege, Klinkerpflaster, Natursteinpflaster, Terrassen, Müllplätze, Fahrradstellplätze, Pkw-Stellplätze, Mehrzweckspielflächen; Zaun; Geländeentwässerung, Außenbeleuchtung; Sitzbänke, Wasserspiel; Pflanzflächen, Sinnesgarten, Bepflanzung, Rasenflächen

6200-0126
Wohnheim
für Menschen mit
Behinderung
(16 Betten)

Objektübersicht

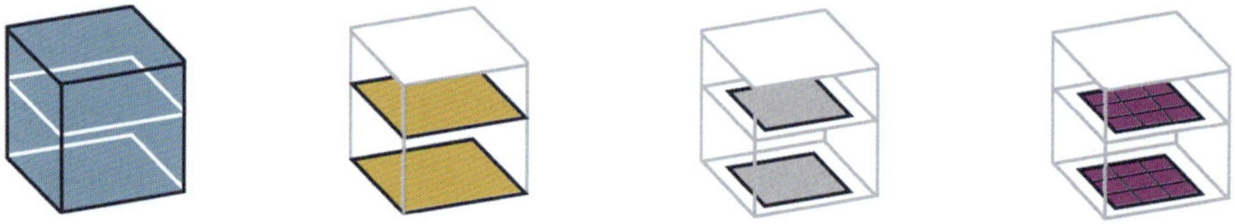

BRI 728 €/m³ **BGF** 3.020 €/m² **NUF** 4.997 €/m² **NE** 204.868 €/NE

NE: Betten

Objekt:
Kennwerte: 1. Ebene DIN 276
BRI: 4.503 m³
BGF: 1.086 m²
NUF: 656 m²
Bauzeit: 91 Wochen
Bauende: 2020
Standard: Durchschnitt
Bundesland: Hessen
Kreis: Kassel, Stadt

Architekt*in:
foundation 5+
architekten BDA
Am alten Sudhaus 6
34119 Kassel

Bauherr*in:
Diakonie Wohnstätten
gGmbH
Kirchbaunaer Straße 19
34225 Baunatal

© Constantin Meyer, Köln

Ansicht Nord-West

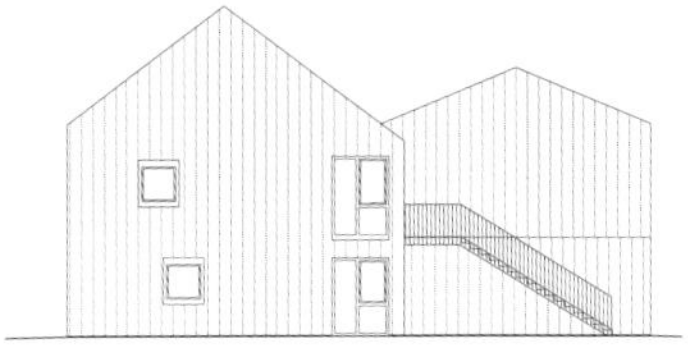

Ansicht Nord-Ost

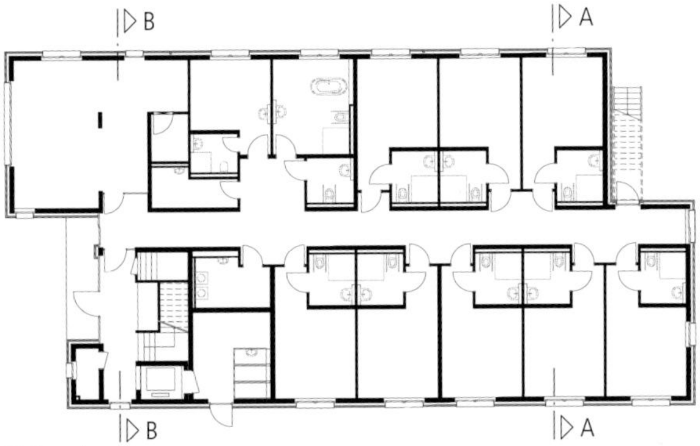

Erdgeschoss

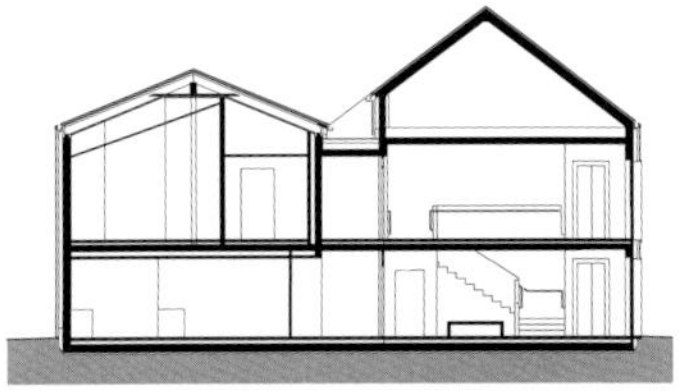

Schnitt B-B

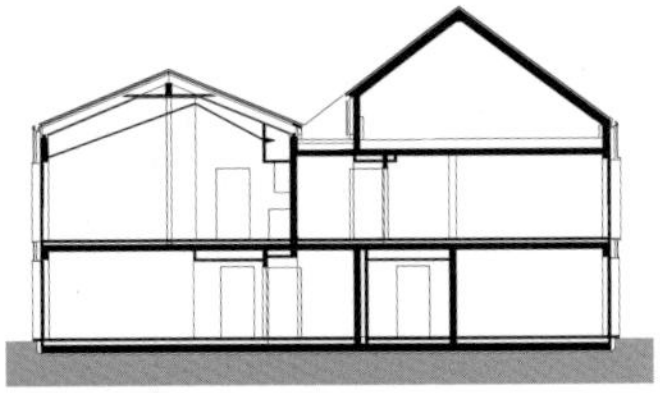

Schnitt A-A

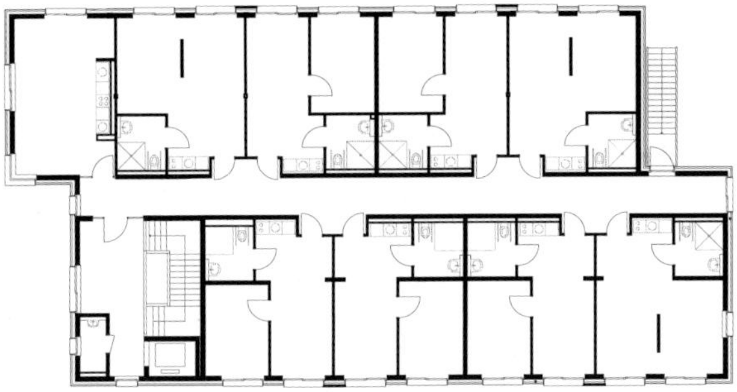

Obergeschoss

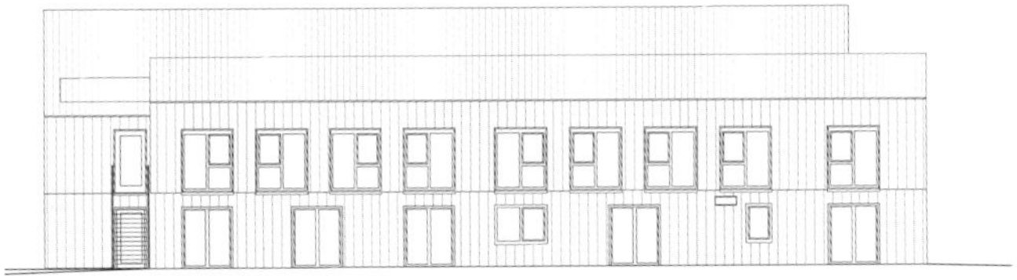

Ansicht Süd-Ost

Ansicht Süd-West

6200-0126
Wohnheim
für Menschen mit
Behinderung
(16 Betten)

Objektbeschreibung

Allgemeine Objektinformationen

Bei dem Neubau handelt es sich um ein Wohngebäude mit stationären Wohnangeboten für 16 erwachsene Menschen mit geistiger und mehrfacher Beeinträchtigung. Das zweigeschossige, nicht unterkellerte Gebäude ist parallel zur nordwestlichen Grundstücksgrenze angeordnet. Die Körnigkeit der umgebenden Baustruktur wird durch eine Zweiteilung des Baukörpers in Längsrichtung aufgenommen. Die zwei unterschiedlich stark geneigten Satteldächer stellen Bezüge zur Nachbarbebauung her.

Nutzung

1 Erdgeschoss
Wohn-Essraum mit Küche, Bewohner-Schlafräume mit Bäder (8St), Dienstraum mit Schlafmöglichkeit, Pflegebad, WCs, Abstellräume, Hausanschlussraum, BMA-Raum

1 Obergeschoss
Multifunktionsraum, Bewohner-Apartments zum Wohnen, Schlafen und Kochen, Bäder (8St), Abstellraum

Nutzeinheiten

Betten: 16
Wohnfläche: 886 m^2
Zimmer: 16

Grundstück

Bauraum: Freier Bauraum
Neigung: Ebenes Gelände
Bodenklasse: BK 1 bis BK 7

Markt

Hauptvergabezeit: 3. Quartal 2018
Baubeginn: 3. Quartal 2018
Bauende: 2. Quartal 2020
Konjunkturelle Gesamtlage: Durchschnitt
Regionaler Baumarkt: über Durchschnitt

Baukonstruktion

Die Außenwände wurden in Porenbeton-Mauerwerk mit mineralischer Dämmebene und vorgehängter, hinterlüfteter Metallfassade ausgeführt. Durch die schlanken Stahlbeton-Elementdecken konnten geringe Deckenstärken realisiert werden. Die Dächer wurden als Sparrendach mit Zwischen- und Aufsparrendämmung ausgeführt. Das Nebengebäude erhielt Holzrahmenwände, ein Holzbalkendach sowie die gleiche Alufassade und das Alu-Trapezblechdach wie das Hauptgebäude.

Technische Anlagen

Beheizt wird das Gebäude über einen Fernwärmeanschluss. Die Wärme wird über Plattenheizkörper in die Räume übertragen. Für die innenliegenden Bäder sind Abluftanlagen ohne Wärmerückgewinnung vorhanden. Die Zuluftversorgung erfolgt über Fensterfalz- und Laibungsluft-Elemente. Außerdem wurden eine Brandmeldeanlage und ein Personenaufzug eingebaut.

Energetische Kennwerte

Gesetzliche Grundlage: EnEV 2013
Gebäudenutzfläche: 1.000,60 m^2
Gebäudevolumen: 3.127,00 m^3
A/V_e-Verhältnis (Kompaktheit): 0,59 m^{-1}
Hüllfläche des beheizten Volumens: 1.854,60 m^2
Spez. Transmissionswärmeverlust: 0,33 $W/(m^2 \cdot K)$
Spez. Jahresprimärenergiebedarf: 19,09 $kWh/(m^2 \cdot a)$
Spez. Jahresendenergiebedarf: 64,70 $kWh/(m^2 \cdot a)$
CO_2-Emissionen: 8,20 $kg/(m^2 \cdot a)$
Anlagenaufwandszahl: 0,37

Energetische Angaben zu Außenbauteilen

Bodenplatte

U-Wert: 0,25 W/(m²·K)

Gesamtdicke: 43,50 cm	d[cm]	l[W/(m·K)]
Estrich	5,50	1,400
Dämmung	13,00	0,035
Stahlbeton	25,00	2,300

Außenwand hinterlüftet

U-Wert: 0,21 W/(m²·K)

Gesamtdicke: 37,00 cm	d[cm]	l[W/(m·K)]
Innenputz	1,00	0,700
Porenbeton	24,00	0,210
Dämmung	12,00	0,035

Decke gegen kalten Dachraum

U-Wert: 0,17 W/(m²·K)

Gesamtdicke: 40,00 cm	d[cm]	l[W/(m·K)]
Stahlbeton	20,00	2,500
Dämmung	20,00	0,035

Dach gegen Außenluft hinterlüftet

U-Wert: 0,16 W/(m²·K)

Gesamtdicke: 29,50 cm	d[cm]	l[W/(m·K)]
OSB-Platte	1,50	0,130
Dämmung	24,00	0,040
Holz	24,00	0,130
Holzfaserplatte	4,00	0,042

Planungskennwerte für Flächen und Rauminhalte nach DIN 277

Flächen des Grundstücks		Menge Einheit	% an GF
BF	Bebaute Fläche	542,80 m²	23,1
UF	Unbebaute Fläche	1.806,20 m²	76,9
GF	Grundstücksfläche	2.349,00 m²	100,0

Grundflächen des Bauwerks		Menge Einheit	% an NUF	% an BGF
NUF	Nutzungsfläche	655,98 m²	100,0	60,4
TF	Technikfläche	19,82 m²	3,0	1,8
VF	Verkehrsfläche	209,86 m²	32,0	19,3
NRF	Netto-Raumfläche	885,66 m²	135,0	81,6
KGF	Konstruktions-Grundfläche	199,84 m²	30,5	18,4
BGF	Brutto-Grundfläche	1.085,50 m²	165,5	100,0

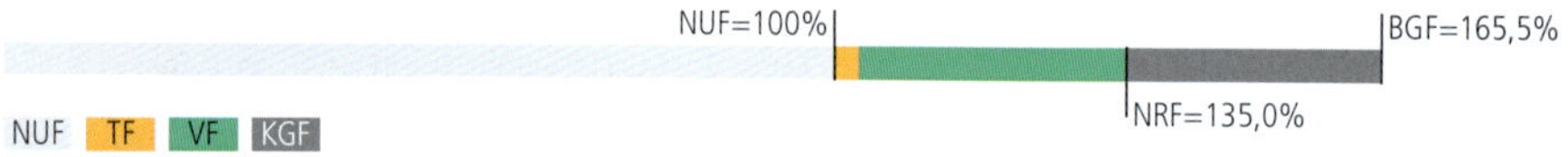

Brutto-Rauminhalt des Bauwerks		Menge Einheit	BRI/NUF (m)	BRI/BGF (m)
BRI	Brutto-Rauminhalt	4.502,60 m³	6,86	4,15

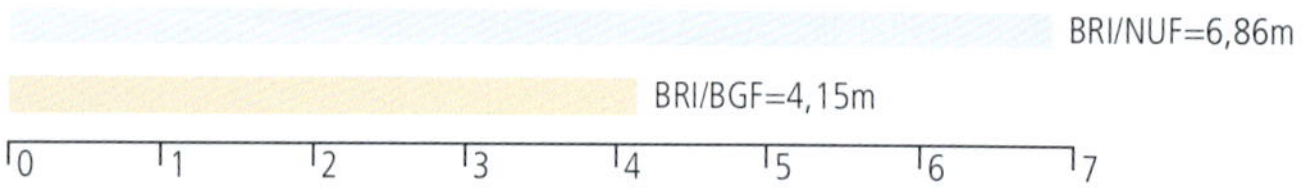

Kostenkennwerte für die Kostengruppen der 1.Ebene DIN 276

KG	Kostengruppen (1.Ebene)	Einheit	Kosten €	€/Einheit	€/m² BGF	€/m³ BRI	% 300+400
100	Grundstück	m² GF	–	–	–	–	–
200	Vorbereitende Maßnahmen	m² GF	–	–	–	–	–
300	Bauwerk – Baukonstruktionen	m² BGF	2.441.496	2.249,19	2.249,19	542,24	74,5
400	Bauwerk – Technische Anlagen	m² BGF	836.397	770,52	770,52	185,76	25,5
	Bauwerk 300+400	**m² BGF**	**3.277.893**	**3.019,71**	**3.019,71**	**728,00**	**100,0**
500	Außenanlagen und Freiflächen	m² AF	319.237	504,88	294,09	70,90	9,7
600	Ausstattung und Kunstwerke	m² BGF	–	–	–	–	–
700	Baunebenkosten	m² BGF	–	–	–	–	–
800	Finanzierung	m² BGF	–	–	–	–	–

KG	Kostengruppe	Menge Einheit	Kosten €	€/Einheit	%
3+4	**Bauwerk**				**100,0**
300	**Bauwerk – Baukonstruktionen**	1.085,50 m² BGF	2.441.496	**2.249,19**	74,5

Baugrubenaushub; Bodenaustausch, Baugrundverbesserung, Stb-Fundamentplatte, Beton-Winkelstützen mit Streifenfundamenten (Nebengebäude), Estrich, Linoleum, Bodenfliesen, Abdichtung, Sauberkeitsschicht, Schotterbett 120cm, Vlies, Dämmung, Dränage; Mauerwerkswände, Holzrahmenwände (Nebengebäude), Kunststofffenster, Dreifachverglasung, teilw. Schallschutzverglasung, Wärmedämmung, hinterlüftete Metallfassade, textiler Sonnenschutz; Innenmauerwerk, GK-Wände, Glaswände, Wandfliesen, Fichte-Dreischichtplatten (Nebengebäude); Stb-Decken, Holzbalkendach (Nebengebäude), Stb-Treppe, Stahl-Außentreppe mit Stahlgeländer, Estrich, Linoleum, Bodenfliesen, abgehängte GK-Decken, Schallschutzdecken, Treppenhandlauf; Holzbalkendach, Alu-Trapezblech, Dämmung, Abdichtung, außenliegende Entwässerung, abgehängte GK-Decke, Schallschutzdecke; Einbauküchen

KG	Kostengruppe	Menge Einheit	Kosten €	€/Einheit	%
400	**Bauwerk – Technische Anlagen**	1.085,50 m² BGF	836.397	**770,52**	25,5

Gebäudeentwässerung, Hebeanlage, Kalt- und Warmwasserleitungen, Sanitärobjekte; Fernwärmeanschluss, Plattenheizkörper; Einzelraumlüfter, RWA-Anlage; Elektroinstallation, Beleuchtung, Sicherheitsleuchten, Blitzschutzanlage; Brandmeldeanlage, Rauchmelder; Personenaufzug

KG	Kostengruppe	Menge Einheit	Kosten €	€/Einheit	%
500	**Außenanlagen und Freiflächen**	632,30 m² AF	319.237	**504,88**	9,7

Oberbodenabtrag, Bodenarbeiten, Erdbaumaßnahmen; Wege, Terrassen, Stellplätze; Zäune, Winkelstützmauern, Stufen; Außenbeleuchtung; Sitzbänke, Fahrradständer, Pflanzbehälter; Oberbodenauftrag, Bodenverbesserung, Gehölze, Stauden, Bäume

6200-0127
Studierenden-
wohnheim
(110 WE)

Objektübersicht

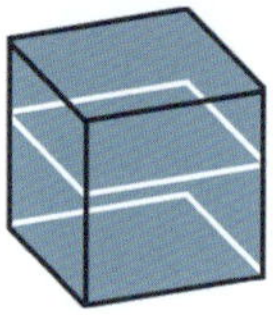

BRI **852 €/m^3**

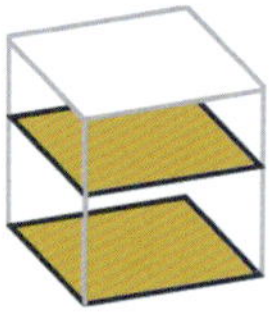

BGF **2.753 €/m^2**

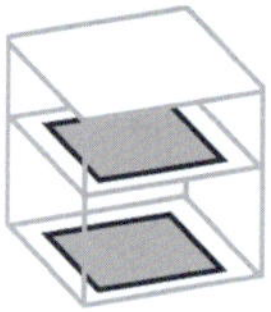

NUF **5.500 €/m^2**

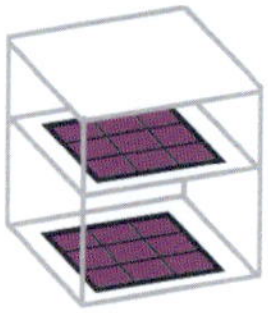

NE **132.234 €/NE**

NE: Betten

Objekt:
Kennwerte: 1. Ebene DIN 276
BRI: 17.073 m^3
BGF: 5.284 m^2
NUF: 2.645 m^2
Bauzeit: 74 Wochen
Bauende: 2022
Standard: Durchschnitt
Bundesland: Rheinland-Pfalz
Kreis: Trier, Stadt

Architekt*in:
ARCHITEKTEN STEIN
HEMMES WIRTZ
Bahnhofstraße 11
54317 Kasel

Bauherr*in:
Studierendenwerk Trier
Universitätsring 12a
54296 Trier

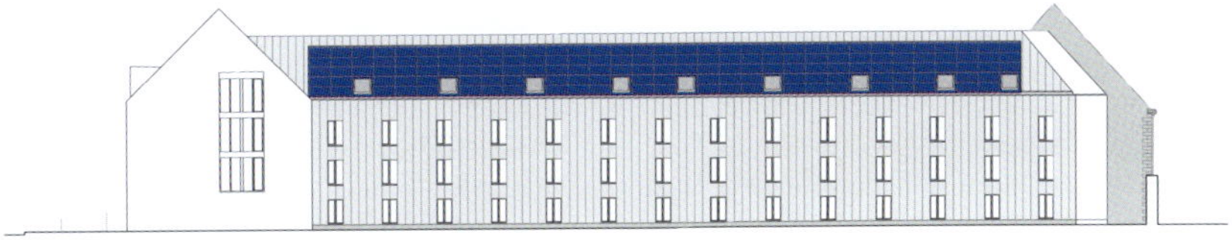

Ansicht Ost

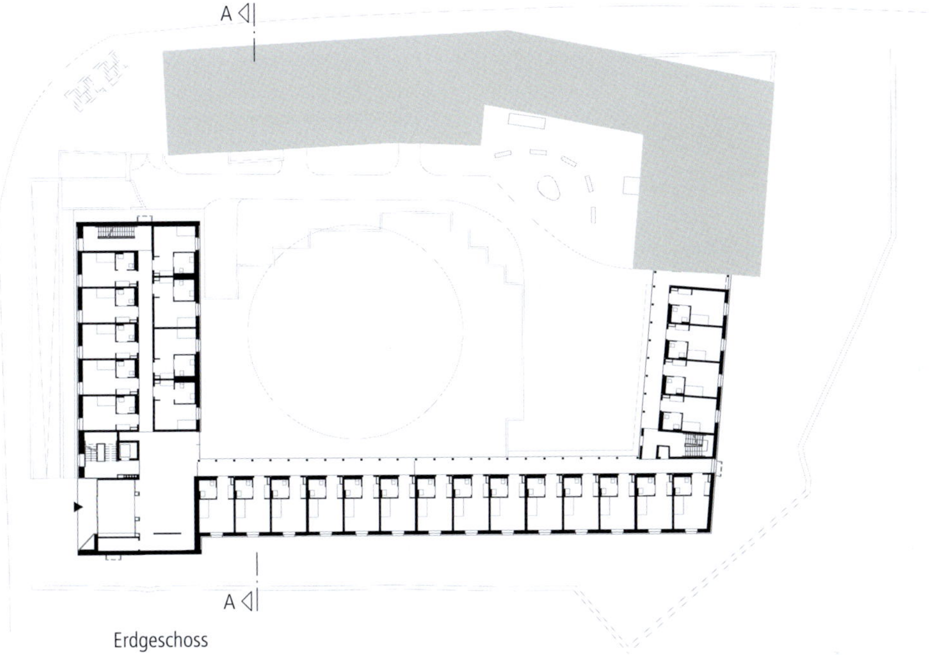

Erdgeschoss

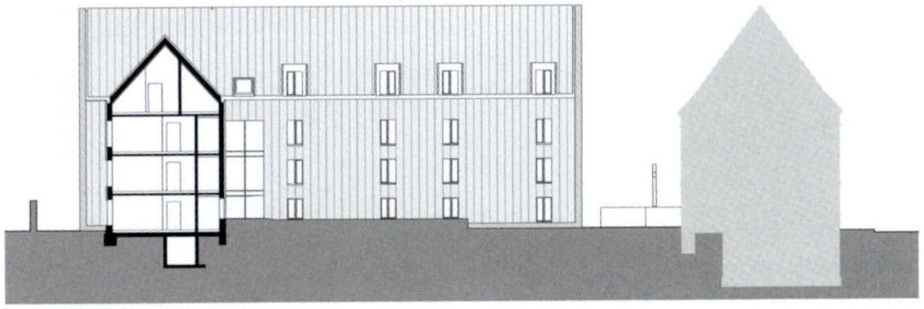

Schnitt A-A und Hof Ansicht

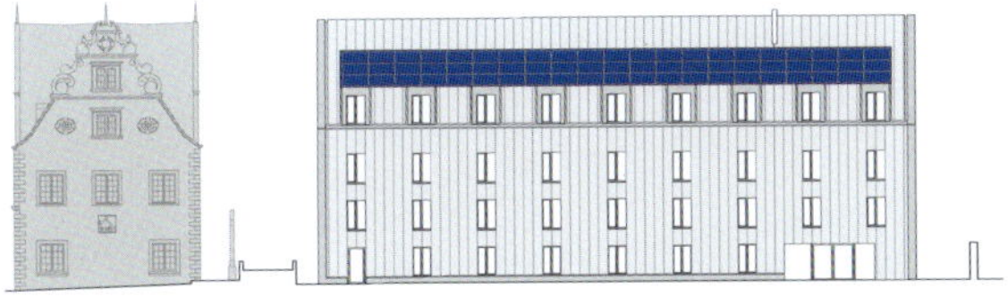

Ansicht Süd

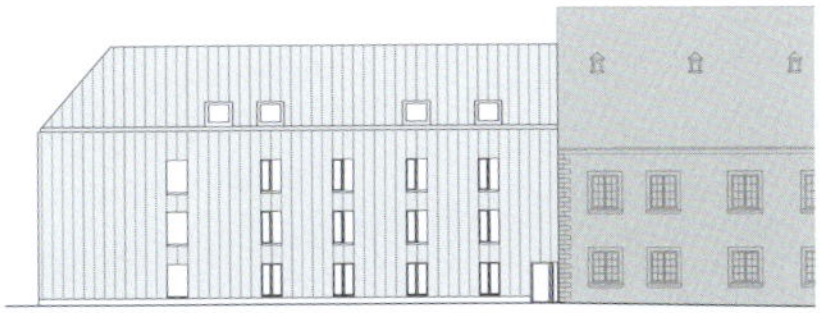

Ansicht Nord

Objektbeschreibung

Allgemeine Objektinformationen

Der Ersatzneubau, ein innovativer Holz-Hybridbau, wurde in der Flucht des ehemaligen Kreuzgangs errichtet und bildet mit dem Altbau einen gemeinsamen Innenhof. In dessen Zentrum steht eine mehrere Jahrhunderte alte Rotbuche, eine der ältesten Bäume Triers. Am Platz der ehemaligen Klosterkirche schließt der Südflügel die Straßenflucht zur vielbefahrenen Straße hin ab.

Nutzung

1 Untergeschoss
Technikräume, Hausanschlussräume, Abstellraum, Flure, Treppenhäuser, Aufzüge

1 Erdgeschoss
27 Einzelappartements, Windfang, Foyer, Flure, Treppenhäuser, Aufzüge

2 Obergeschosse
59 Einzelappartements, Windfang, Foyer, Flure, Luftraum, Putzmittelraum, Abstellen, Treppenhäuser, Aufzüge

1 Dachgeschoss
24 Einzelappartements, Windfang, Foyer, Abstellen, Flure, Treppenhäuser, Aufzüge

Nutzeinheiten

Betten: 110
Wohneinheiten: 110
Wohnfläche: 2.421 m²

Grundstück

Bauraum: Beengter Bauraum
Neigung: Ebenes Gelände
Bodenklasse: BK 3 bis BK 5

Besonderer Kosteneinfluss Grundstück
Gestaltungssatzung, Anforderungen an den Schallschutz und Denkmalschutz

Markt

Hauptvergabezeit: 1. Quartal 2020
Baubeginn: 1. Quartal 2021
Bauende: 3. Quartal 2022
Konjunkturelle Gesamtlage: Durchschnitt
Regionaler Baumarkt: Durchschnitt

Baukonstruktion

Auf Stahlbetonfundamenten gegründet wurde der gesamte Holz-Hybridbau in Form von vorgefertigten Wandelementen errichtet. Die Vorteile von Holz- und Betonbauten wurden so kombiniert. Die Fenster, Lüftung und andere haustechnische Elemente konnten bereits ab Werk integriert werden. Die Decken bestehen aus massiven, von unten sichtbaren Leimholzelementen mit Aufbeton. Die Alu-Stehfalzelemente kombiniert mit einer Alu-Pfostenriegelkonstruktion bilden die Fassaden. Die Böden wurden mit Linoleum und Parkett belegt, in den Bädern wurden Fliesen verlegt.

Technische Anlagen

Die Wärmeerzeugung für Heizung und Warmwasser erfolgt über ein Blockheizkraftwerk, sowie eine Luft-Wasser-Wärmepumpe. Eine Fußbodenheizung verteilt die Wärme in den Räumen. Auf dem Dach wurde eine PV-Anlage installiert. Ein Personenaufzug erschließt die Geschosse barrierefrei.

Energetische Kennwerte

Gesetzliche Grundlage: EnEV 2013
Gebäudenutzfläche: 4.999,00 m²
Spez. Transmissionswärmeverlust: 0,21 W/(m²·K)
Spez. Jahresprimärenergiebedarf: 20,00 kWh/(m²·a)
Spez. Jahresendenergiebedarf: 21,00 kWh/(m²·a)
CO_2-Emissionen: 6,00 kg/(m²·a)

Planungskennwerte für Flächen und Rauminhalte nach DIN 277

Flächen des Grundstücks		Menge Einheit	% an GF
BF	Bebaute Fläche	2.118,00 m²	39,2
UF	Unbebaute Fläche	3.279,00 m²	60,8
GF	Grundstücksfläche	5.397,00 m²	100,0

Grundflächen des Bauwerks		Menge Einheit	% an NUF	% an BGF
NUF	Nutzungsfläche	2.644,92 m²	100,0	50,1
TF	Technikfläche	104,02 m²	3,9	2,0
VF	Verkehrsfläche	1.211,48 m²	45,8	22,9
NRF	Netto-Raumfläche	3.960,42 m²	149,7	74,9
KGF	Konstruktions-Grundfläche	1.323,99 m²	50,1	25,1
BGF	Brutto-Grundfläche	5.284,41 m²	199,8	100,0

Brutto-Rauminhalt des Bauwerks		Menge Einheit	BRI/NUF (m)	BRI/BGF (m)
BRI	Brutto-Rauminhalt	17.073,42 m³	6,46	3,23

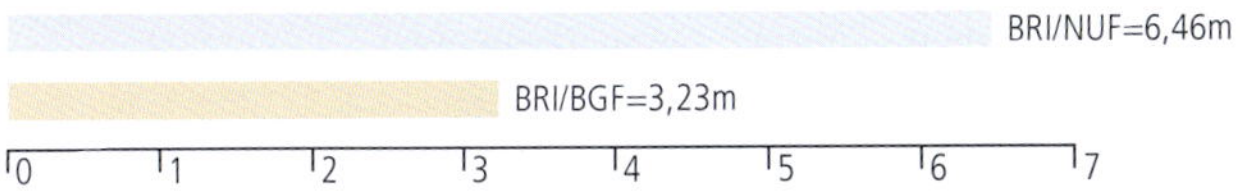

Kostenkennwerte für die Kostengruppen der 1. Ebene DIN 276

KG	Kostengruppen (1. Ebene)	Einheit	Kosten €	€/Einheit	€/m² BGF	€/m³ BRI	% 300+400
100	Grundstück	m² GF	–	–	–	–	–
200	Vorbereitende Maßnahmen	m² GF	–	–	–	–	–
300	Bauwerk – Baukonstruktionen	m² BGF	10.193.402	1.928,96	1.928,96	597,03	70,1
400	Bauwerk – Technische Anlagen	m² BGF	4.352.375	823,63	823,63	254,92	29,9
	Bauwerk 300+400	**m² BGF**	**14.545.777**	**2.752,58**	**2.752,58**	**851,95**	**100,0**
500	Außenanlagen und Freiflächen	m² AF	–	–	–	–	–
600	Ausstattung und Kunstwerke	m² BGF	–	–	–	–	–
700	Baunebenkosten	m² BGF	–	–	–	–	–
800	Finanzierung	m² BGF	–	–	–	–	–

KG	Kostengruppe	Menge Einheit	Kosten €	€/Einheit	%
3+4	**Bauwerk**				**100,0**
300	**Bauwerk – Baukonstruktionen**	5.284,41 m² BGF	10.193.402	**1.928,96**	70,1

Baugrubenaushub; Baugrundverbesserung, Stb-Fundamente, Stb-Bodenplatte WU, Abdichtung, Wärmedämmung, Estrich, Bodenfliesen, Linoleum, Parkett, teilw. staubbindender Anstrich; Stb-Wände WU, Stb-Sockel, Holzriegelwerk, Dämmung, GF-Platten, Alufenster, Dreifachverglasung, Traglattung, Schalung, Alu-Stehfalzfassade, GK-Platten, Beschichtung, Wandfliesen, Alu-Pfosten-Riegelkonstruktion; Stb-Wände, GK-Wände, Holztüren, Brandschutztüren, Wandfliesen, Beschichtung; Stb-Decken (UG), Brettsperrholzdecken, Aufbeton, Wärmedämmung, Heizestrich, Bodenfliesen, Parkett, Linoleum; Satteldach-Holzkonstruktion, Dachgauben, Dachflächenfenster, Sparrendämmung, Traglattung, Schalung, Alu-Stehfalzdeckung, GK-Platten, Beschichtung, Dachentwässerung; Einbauküchen

KG	Kostengruppe	Menge Einheit	Kosten €	€/Einheit	%
400	**Bauwerk – Technische Anlagen**	5.284,41 m² BGF	4.352.375	**823,63**	29,9

Gebäudeentwässerung, Kalt- und Warmwasserleitungen, Sanitärobjekte; Blockheizkraftwerk, Luft-Wasser-Wärmepumpe, Fußbodenheizung; dezentrale Lüftungsgeräte; PV-Anlage, Elektroinstallation, Beleuchtung, Sicherheitsbeleuchtung, Blitzschutzanlage; Personenaufzug; Feuerlöscher

6400-0095
Familienzentrum
Kindertagesstätte
(86 Kinder)
Seniorenwohnungen
(9 WE)

Objektübersicht

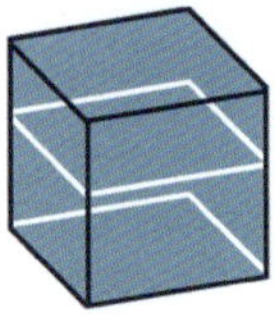

BRI 630 €/m^3

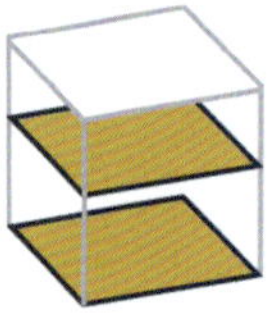

BGF 2.185 €/m^2

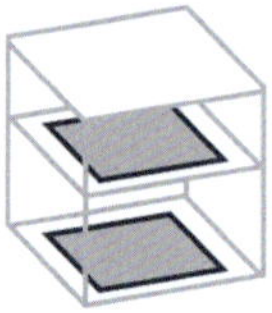

NUF 3.689 €/m^2

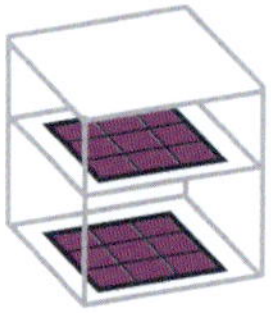

NE 13.874 €/NE
NE: Wohnfläche

Objekt:
Kennwerte: 1. Ebene DIN 276
BRI: 9.454 m^3
BGF: 2.729 m^2
NUF: 1.616 m^2
Bauzeit: 83 Wochen
Bauende: 2020
Standard: Durchschnitt
Bundesland: Hessen
Kreis: Groß-Gerau

Architekt*in:
raum-z architekten gmbh
Hanauer Landstraße 189
60314 Frankfurt am Main

Bauherr*in:
gewobau
Gesellschaft für Wohnen
und Bauen Rüsselsheim mbH
Marktstraße 40
65428 Rüsselsheim am Main

© Thomas Ott, www.o2t.de

© Thomas Ott, www.o2t.de

© Thomas Ott, www.o2t.de

© Thomas Ott, www.o2t.de

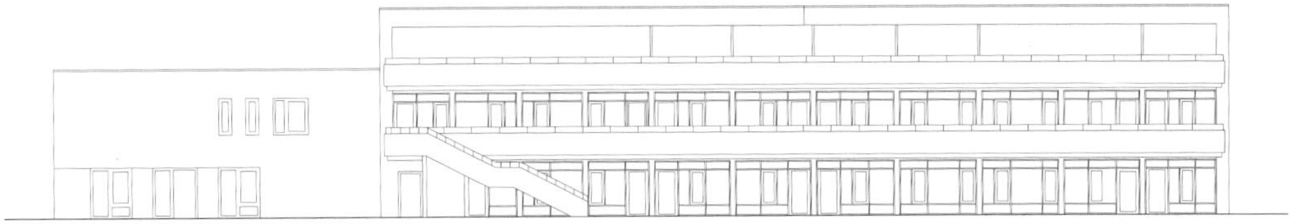

Ansicht West

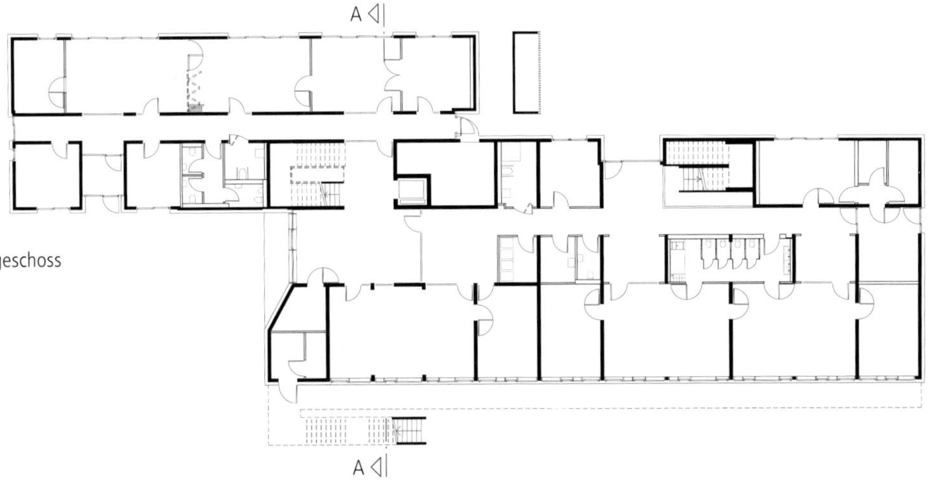

Erdgeschoss

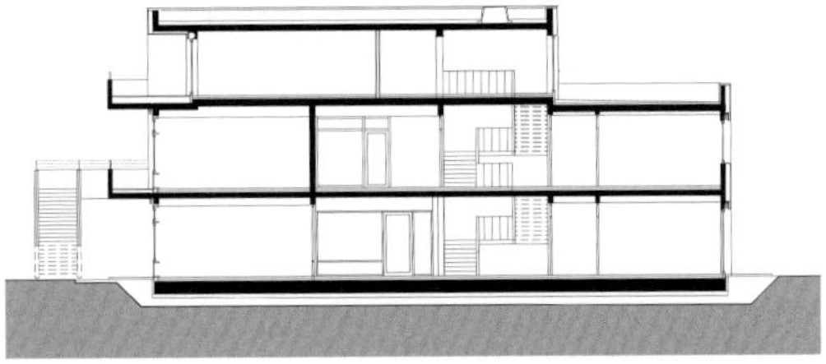

Schnitt A-A

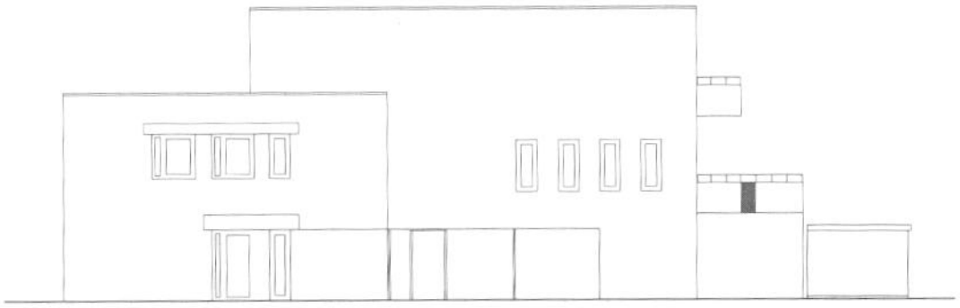

Ansicht Nord

Ansicht Ost

Objektbeschreibung

Allgemeine Objektinformationen

Der Neubau umfasst zwei, sich an einer Ecke überschneidende Baukörper. Dabei dient eine zentrale Verbindungshalle als Erschließung aller Nutzungseinheiten. Der Hauptbau mit der Kindertagesstätte mit zwei U3-Gruppen sowie drei Ü3-Gruppen und neun Seniorenwohnungen wurde entlang der Straße als „platzkantenprägender Baukörper" ausgeführt. Dabei ist das dritte Geschoss ein Staffelgeschoss mit Laubengang und Loggien. Der Nebenbau ist zweigeschossig und beinhaltet Räumlichkeiten für das Nachbarschafts- und Familienzentrum. Das Gebäude bildet sich als heller, aber nicht weißer, verputzter Körper in Anlehnung an die benachbarte Kirche ab.

Nutzung

1 Erdgeschoss
Foyer, Gruppenräume, Nebenräume, Garderoben, Mehrzweckräume, Büros, Küchen, Essensraum, Lager, WCs mit Wickelraum, Abstellräume, Batterieraum, Technikräume

1 Obergeschoss
Gruppenräume, Nebenräume, Bewegungsraum, Garderoben, Beratungsraum, Büro, Hauswirtschaftsraum, Personalraum, Umkleide, Materialraum, WCs mit Wickelraum, Abstellräume, Kellerersatzräume, Technikraum

1 Dachgeschoss
Wohnräume, Schlafräume, Küchen, Bäder, Abstellräume, Technikraum

Nutzeinheiten

Gruppen: 5
Kinder: 86
Stellplätze: 24
Wohneinheiten: 9
Wohnfläche: 430 m^2

Grundstück

Bauraum: Freier Bauraum
Neigung: Ebenes Gelände
Bodenklasse: BK 3 bis BK 5

Markt

Hauptvergabezeit: 2. Quartal 2019
Baubeginn: 2. Quartal 2019
Bauende: 4. Quartal 2020
Konjunkturelle Gesamtlage: über Durchschnitt
Regionaler Baumarkt: Durchschnitt

Baukonstruktion

Der Rohbau wurde als Stahlbeton- und Kalksandsteinbau mit Flachdächern und WDVS hergestellt. Er erhielt eine Holz-Alu-Pfosten-Riegelfassade und Kunststofffenster. Die applizierten Bauteile, der Fluchtbalkon und die Fluchttreppe wurden in Sichtbeton hergestellt. Die Absturzsicherungen sind aus Stahl. Der Innenbereich zeigt sich warm und einladend durch die Verwendung von Holz bei den Türen der Haupträume sowie der Einbaumöbel.

Technische Anlagen

Das Gebäude erhielt einen Gas-Brennwertkessel sowie eine Wärmepumpe mit mehreren zentralen Warmwassererzeugungen. In der Kita wurde eine Fußbodenheizung ausgeführt, ansonsten gibt es Radiatoren. Im Wohnbereich wurde eine Badabluft realisiert. In der Kita, im Jugendtreff und in der Beratungsstelle wurden Lüftungsanlagen ausgeführt. Zudem erhielt das Gebäude einen Aufzug.

Sonstiges

Die Barrierefreiheit gemäß HBO ist im Gebäude und in einzelnen Wohnungen gegeben. Im EG gibt es barrierefreie WCs. Die barrierefreie Erschließung der Obergeschosse wird mittels Aufzug gesichert.

Energetische Kennwerte

Gesetzliche Grundlage: EnEV 2013
Gebäudenutzfläche: 472,00 m^2
Gebäudevolumen: 1.638,00 m^3
A/V_e-Verhältnis (Kompaktheit): 0,51 m^{-1}
Hüllfläche des beheizten Volumens: 830,00 m^2
Spez. Transmissionswärmeverlust: 0,36 $W/(m^2 \cdot K)$
Spez. Jahresprimärenergiebedarf: 50,00 $kWh/(m^2 \cdot a)$
Spez. Jahresendenergiebedarf: 30,00 $kWh/(m^2 \cdot a)$
CO_2-Emissionen: 16,00 $kg/(m^2 \cdot a)$

Planungskennwerte für Flächen und Rauminhalte nach DIN 277

Flächen des Grundstücks		Menge Einheit	% an GF
BF	Bebaute Fläche	986,90 m²	31,4
UF	Unbebaute Fläche	2.152,10 m²	68,6
GF	Grundstücksfläche	3.139,00 m²	100,0

Grundflächen des Bauwerks		Menge Einheit	% an NUF	% an BGF
NUF	Nutzungsfläche	1.615,90 m²	100,0	59,2
TF	Technikfläche	51,20 m²	3,2	1,9
VF	Verkehrsfläche	544,80 m²	33,7	20,0
NRF	Netto-Raumfläche	2.211,90 m²	136,9	81,1
KGF	Konstruktions-Grundfläche	516,70 m²	32,0	18,9
BGF	Brutto-Grundfläche	2.728,60 m²	168,9	100,0

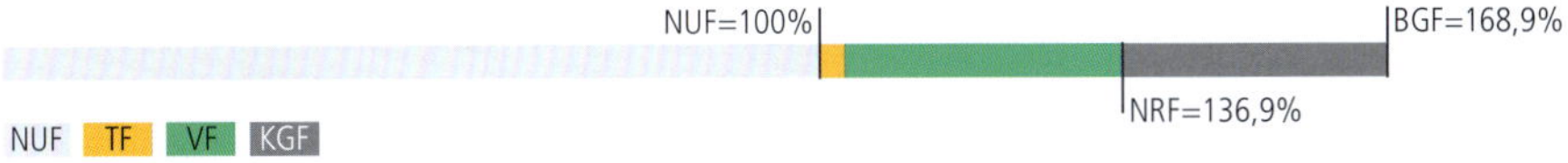

Brutto-Rauminhalt des Bauwerks		Menge Einheit	BRI/NUF (m)	BRI/BGF (m)
BRI	Brutto-Rauminhalt	9.454,26 m³	5,85	3,47

6400-0095
Familienzentrum
Kindertagesstätte
(86 Kinder)
Seniorenwohnungen
(9 WE)

Kostenkennwerte für die Kostengruppen der 1. Ebene DIN 276

KG	Kostengruppen (1. Ebene)	Einheit	Kosten €	€/Einheit	€/m² BGF	€/m³ BRI	% 300+400
100	Grundstück	m² GF	–	–	–	–	–
200	Vorbereitende Maßnahmen	m² GF	237.353	75,61	86,99	25,11	4,0
300	Bauwerk – Baukonstruktionen	m² BGF	4.553.825	1.668,92	1.668,92	481,67	76,4
400	Bauwerk – Technische Anlagen	m² BGF	1.407.079	515,68	515,68	148,83	23,6
	Bauwerk 300+400	**m² BGF**	**5.960.905**	**2.184,60**	**2.184,60**	**630,50**	**100,0**
500	Außenanlagen und Freiflächen	m² AF	559.265	259,87	204,96	59,15	9,4
600	Ausstattung und Kunstwerke	m² BGF	–	–	–	–	–
700	Baunebenkosten	m² BGF	–	–	–	–	–
800	Finanzierung	m² BGF	–	–	–	–	–

KG	Kostengruppe	Menge Einheit	Kosten €	€/Einheit	%
200	**Vorbereitende Maßnahmen**	3.139,00 m² GF	237.353	**75,61**	4,0

Baufeldfreimachung, Erschließung, Verlegen von Hausanschlüssen auf dem Grundstück

KG	Kostengruppe	Menge Einheit	Kosten €	€/Einheit	%
3+4	**Bauwerk**				**100,0**
300	**Bauwerk – Baukonstruktionen**	2.728,60 m² BGF	4.553.825	**1.668,92**	76,4

Baugrubenaushub; Stb-Fundamentplatte 50cm, Estrich, Heizestrich, Linoleum, Betonwerkstein, Bodenfliesen, Abdichtung, Kiesfilterschicht, Perimeterdämmung; Mauerwerkswände, Stb-Stützen, Alu-Holz-Pfosten-Riegelfassade, Kunststofffenster, WDVS; Innenmauerwerk, Stb-Wände, GK-Wände, Glaswände, Wandfliesen, WC-Trennwände; Stb-Decken, Stb-Fertigteil-Fluchtbalkone in Sichtbeton, Stb-Treppen, Stb-Fluchttreppe in Sichtbeton, Estrich, Heizestrich, Linoleum, Betonwerkstein, Bodenfliesen, teilw. abgehängte Schallschutzdecken, Stahl-Treppengeländer; Stb-Dach, Dämmung, Abdichtung, Attika, Entwässerung

KG	Kostengruppe	Menge Einheit	Kosten €	€/Einheit	%
400	**Bauwerk – Technische Anlagen**	2.728,60 m² BGF	1.407.079	**515,68**	23,6

Gebäudeentwässerung, Kalt- und Warmwasserleitungen, Sanitärobjekte; Gas-Brennwerttherme, Wärmepumpe, Plattenheizkörper, Fußbodenheizung (Kita); Einzelraumlüfter (Bäder), kontrollierte Be- und Entlüftung mit Wärmerückgewinnung, RWA-Anlage; Elektroinstallation, Beleuchtung, Sicherheitsleuchten; Rauchmelder; Personenaufzug; küchentechnische Anlage

KG	Kostengruppe	Menge Einheit	Kosten €	€/Einheit	%
500	**Außenanlagen und Freiflächen**	2.152,10 m² AF	559.265	**259,87**	9,4

Oberbodenarbeiten, Bodenarbeiten; Wege, Plätze, Terrassen, Stellplätze, Spielplatzflächen; Zäune, Tore; Sitzbänke, Fahrradständer, Pflanzbehälter, Müllplatzeinhausung, Hütten für Spielgeräte, Klettereinrichtungen; Oberbodenauftrag, Stauden, Bäume, Rasen

6400-0121
Pflegeheim
(147 Betten)
(36 Tagesplätze)

Objektübersicht

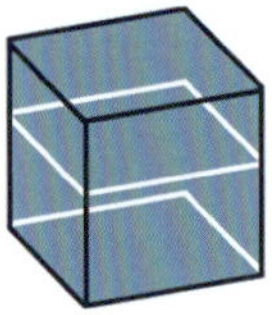

BRI 715 €/m³

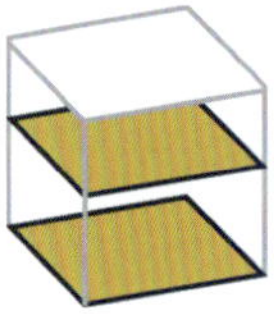

BGF 2.223 €/m²

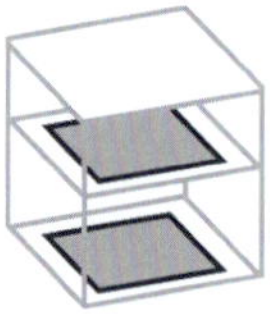

NUF 4.168 €/m²

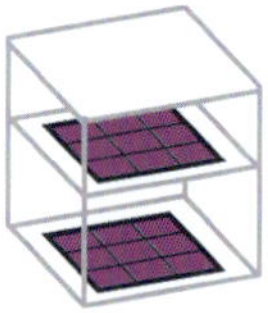

NE 140.823 €/NE

NE: Betten

Objekt:
Kennwerte: 1.Ebene DIN 276
BRI: 36.043 m³
BGF: 11.592 m²
NUF: 6.183 m²
Bauzeit: 113 Wochen
Bauende: 2021
Standard: über Durchschnitt
Bundesland: Berlin
Kreis: Berlin, Stadt

Architekt*in:
MHB Architekten +
Ingenieure GmbH
Hufelandstraße 11a
10407 Berlin

Bauherr*in:
Vivantes Service GmbH
Aroser Allee 72-76
13407 Berlin

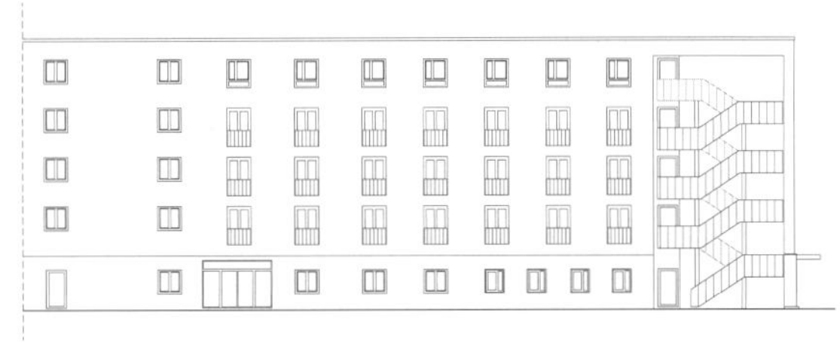

Teilansicht Nord

Ansicht Ost

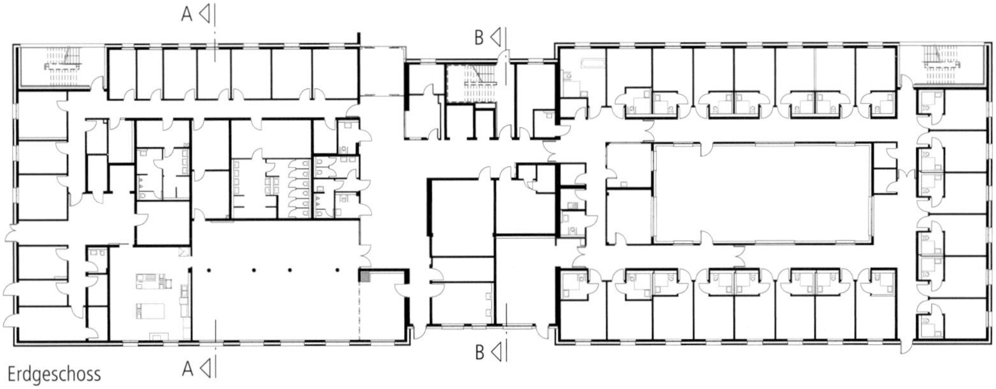

Erdgeschoss

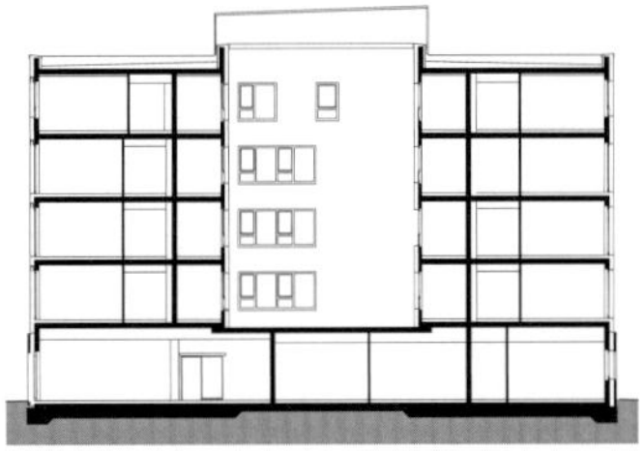

Schnitt A-A

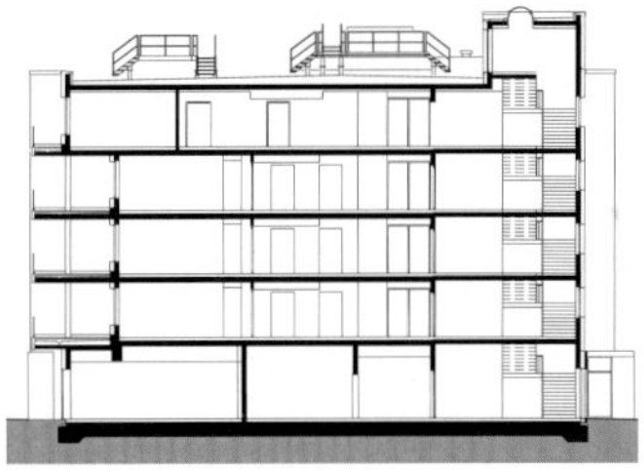

Schnitt B-B

Teilansicht Süd

Ansicht West

Objektbeschreibung

Allgemeine Objektinformationen

Mit dem Neubau von 147 vollstationären und 36 geronto-psychiatrischen Plätzen möchte der Bauherr die regionale Versorgung optimieren. Die Bewohner werden dabei in überschaubaren Wohngruppen auf übersichtlichen Ebenen in vier Vollgeschossen untergebracht. Das Gebäude gliedert sich in drei Baukörper. Der zurückspringende mittlere Gebäudeteil beherbergt die Haupterschließung und die Tagesräume. Die psychiatrische Tagesklinik befindet sich im vierten Obergeschoss.

Nutzung

1 Erdgeschoss
Empfang, Foyer, Verwaltung, 21 Einzelzimmer, Gäste-WCs, Umkleide Personal, Sanitärräume, Aufenthaltsräume, Küche, Speiseräume, Friseur, Flure, Treppenhäuser, Lagerräume, Technikräume, Innenhof

4 Obergeschosse
je 23 Einzelzimmer, Gäste-WCs, Küche, Aufenthaltsräume, Diensträume, Lagerräume, Flure, Treppenhäuser

Nutzeinheiten

Betten: 183
Pflegeplätze: 183

Grundstück

Bauraum: Freier Bauraum
Neigung: Ebenes Gelände
Bodenklasse: BK 3 bis BK 4

Markt

Hauptvergabezeit: 1.Quartal 2019
Baubeginn: 2.Quartal 2019
Bauende: 2.Quartal 2021
Konjunkturelle Gesamtlage: über Durchschnitt
Regionaler Baumarkt: über Durchschnitt

Baukonstruktion

Das Gebäude gründet auf einer 70cm starken, elastisch gebetteten Stahlbeton-Sohlplatte. Das Tragwerk wurde zu großen Teilen in Stahlbeton und Mauerwerksbauweise hergestellt. Die Stb-Geschoßdecken liegen in den Flurachsen auf tragenden Wänden auf. Im Kernbereich kamen kreuzweise gespannte Flachdecken auf Stb-Stützen zur Ausführung. Stb-Treppen verbinden die Geschosse miteinander. Die verbauten Holz-Alufenster sind dreifachverglast. Die Außenfassade ist im Erdgeschoss mit Klinker bekleidet, in den darüberliegenden Geschossen kam ein WDVS zur Ausführung. Die Innenwände sind in Trockenbau ausgeführt. Verglaste Holztüren und verglaste Innenwandelemente wurden verbaut. Die Böden sind mit Linoleum oder Feinsteinzeug belegt. Das Stb-Flachdach ist bituminös abgedichtet und mit Kiesschüttung belegt. Sämtliche Brüstungs- und Treppengeländer wurden als Flachstahl-Stabgeländer aufgeführt. Zwei große Sonnensegel verschatten die Innenhöfe.

Technische Anlagen

Die Wärme für das gesamte Pflegeheim wird zentral aus der bestehenden Energiezentrale bereitgestellt und versorgt den gesamten Bau mit Wärme und Warmwasser. Die Wärmeverteilung erfolgt durch Heizkörper. Die Patientenbäder erhielten Badheizkörper, alle anderen Räume Plattenheizkörper. Für alle Räume ist eine natürliche Belüftung durch die Fenster vorgesehen. Innenliegende Räume werden maschinell be- und entlüftet. Für die Küche und den Speisesaal ist eine Zu- und Abluftanlage installiert. Das 4. Obergeschoss erhält eine separate Lüftungsanlage.

Sonstiges

Das Pflegeheim steht auf dem Gelände des Klinikums Berlin-Kaulsdorf und soll den Krankenhausstandort aufwerten.

Energetische Kennwerte

Gesetzliche Grundlage: EnEV 2013
Gebäudenutzfläche: 7.530,00 m^2
Spez. Transmissionswärmeverlust: 0,41 W/(m^2·K)
Spez. Jahresprimärenergiebedarf: 28,50 kWh/(m^2·a)
Spez. Jahresendenergiebedarf: 38,00 kWh/(m^2·a)
CO_2-Emissionen: 15,00 kg/(m^2·a)

Energetische Angaben zu Außenbauteilen

Bodenplatte

U-Wert: 0,16 W/(m²·K)

Gesamtdicke: 98,50 cm	d[cm]	l[W/(m·K)]
Estrich	6,50	1,400
Dämmung	2,00	0,040
Dämmung	6,00	0,035
Stahlbeton	70,00	2,100
Dämmung	14,00	0,040

Außenwand Ziegel

U-Wert: 0,16 W/(m²·K)

Gesamtdicke: 56,50 cm	d[cm]	l[W/(m·K)]
Kalksandstein	24,00	1,100
Dämmung MW	20,00	0,035
Luftschicht ruhend	1,00	0,067
Ziegel	11,50	0,810

Decke gegen Außenluft unten

U-Wert: 0,20 W/(m²·K)

Gesamtdicke: 49,00 cm	d[cm]	l[W/(m·K)]
Estrich	6,00	1,400
Dämmung	3,00	0,040
Dämmung	6,00	0,035
Stahlbeton	26,00	2,100
Dämmung	8,00	0,035

Decke Loggia

U-Wert: 0,14 W/(m²·K)

Gesamtdicke: 50,00 cm	d[cm]	l[W/(m·K)]
Stahlbeton	26,00	2,100
Dämmung	24,00	0,035

Außenwand WDVS

U-Wert: 0,16 W/(m²·K)

Gesamtdicke: 44,00 cm	d[cm]	l[W/(m·K)]
Kalksandstein	24,00	1,100
Dämmung	20,00	0,035

Dach Lichthof

U-Wert: 0,21 W/(m²·K)

Gesamtdicke: 42,00 cm	d[cm]	l[W/(m·K)]
Stahlbeton	26,00	2,100
Dämmung	16,00	0,035

Dach gegen Außenluft

U-Wert: 0,14 W/(m²·K)

Gesamtdicke: 50,00 cm	d[cm]	l[W/(m·K)]
Stahlbeton	26,00	2,100
Dämmung	24,00	0,035

Planungskennwerte für Flächen und Rauminhalte nach DIN 277

Flächen des Grundstücks		Menge Einheit	% an GF
BF	Bebaute Fläche	12.376,61 m²	22,2
UF	Unbebaute Fläche	43.275,39 m²	77,8
GF	Grundstücksfläche	55.652,00 m²	100,0

Grundflächen des Bauwerks		Menge Einheit	% an NUF	% an BGF
NUF	Nutzungsfläche	6.182,98 m²	100,0	53,3
TF	Technikfläche	227,92 m²	3,7	2,0
VF	Verkehrsfläche	3.062,32 m²	49,5	26,4
NRF	Netto-Raumfläche	9.473,22 m²	153,2	81,7
KGF	Konstruktions-Grundfläche	2.118,79 m²	34,3	18,3
BGF	Brutto-Grundfläche	11.592,01 m²	187,5	100,0

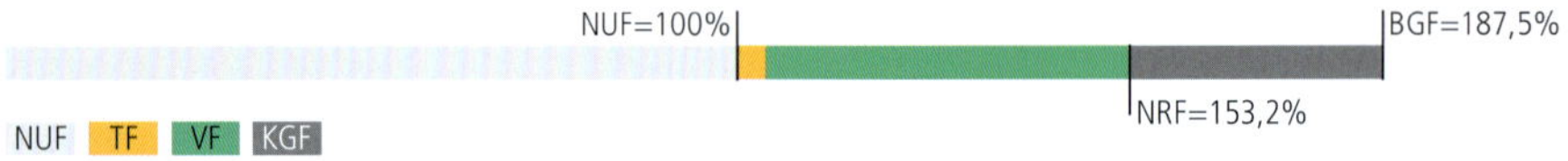

Brutto-Rauminhalt des Bauwerks		Menge Einheit	BRI/NUF (m)	BRI/BGF (m)
BRI	Brutto-Rauminhalt	36.042,80 m³	5,83	3,11

Kostenkennwerte für die Kostengruppen der 1.Ebene DIN 276

KG	Kostengruppen (1.Ebene)	Einheit	Kosten €	€/Einheit	€/m² BGF	€/m³ BRI	% 300+400
100	Grundstück	m² GF	–	–	–	–	–
200	Vorbereitende Maßnahmen	m² GF	–	–	–	–	–
300	Bauwerk – Baukonstruktionen	m² BGF	16.969.098	1.463,86	1.463,86	470,80	65,8
400	Bauwerk – Technische Anlagen	m² BGF	8.801.534	759,28	759,28	244,20	34,2
	Bauwerk 300+400	**m² BGF**	**25.770.633**	**2.223,14**	**2.223,14**	**715,00**	**100,0**
500	Außenanlagen und Freiflächen	m² AF	716.947	187,19	61,85	19,89	2,8
600	Ausstattung und Kunstwerke	m² BGF	–	–	–	–	–
700	Baunebenkosten	m² BGF	–	–	–	–	–
800	Finanzierung	m² BGF	–	–	–	–	–

KG	Kostengruppe	Menge Einheit	Kosten €	€/Einheit	%
3+4	**Bauwerk**				**100,0**
300	**Bauwerk – Baukonstruktionen**	11.592,01 m² BGF	16.969.098	**1.463,86**	65,8

Baugrubenaushub; Stahlbetonbodenplatte, d=70cm, Dämmung, Estrich, Feinsteinzeug, Linoleum, Bodenfliesen; Stb-Wände, KS-Mauerwerk, Holz-Alufenster, dreifachverglast, Alu-Glastüren, Automatik-Schiebetüranlagen, Dämmung, Klinkerfassade, WDVS, Gipsputz, Beschichtung, Pfosten-Riegel-Fassade; Stb-Innenwände, GK-Wände, Holz-Glaswände, Holztüren, HPL-Beschichtung, Stahl-Glas-Türelemente, Rauchschutztüren, Feuchtraumtüren, Innenputz, Beschichtung, mobile Trennwände; Stb-Decken, Stb-Fertigteiltreppen, Estrich, Linoleum, Fliesenbeläge, Feinsteinzeugbeläge, Gipsputz, abgehängte Akustikdecken, Beschichtung; Stb-Flachdach, Dämmung, bituminöse Abdichtung, Kiesschüttung, Dachentwässerung; Einbauküchen, Einbauschränke, Sonnenschutzsegel

KG	Kostengruppe	Menge Einheit	Kosten €	€/Einheit	%
400	**Bauwerk – Technische Anlagen**	11.592,01 m² BGF	8.801.534	**759,28**	34,2

Gebäudeentwässerung, Kalt- und Warmwasserleitungen, Sanitärobjekte, Fettabscheider; Fernwärmeanschluss, Heizungsrohre, Heizkörper; Zu-/Abluftgerät mit WRG, Klimaanlage, Lüftungsleitungen; Elektroinstallation, Beleuchtung, Blitzschutzanlage; Sprechanlage, Türsprechanlage, Antennenanlage, Brandmeldeanlage, Lichtrufanlage; MSR-Anlage; Personenaufzug, Bettenaufzug

KG	Kostengruppe	Menge Einheit	Kosten €	€/Einheit	%
500	**Außenanlagen und Freiflächen**	3.830,00 m² AF	716.947	**187,19**	2,8

Außenanlagengestaltung

6400-0122
Heilpädagogische
Tagesstätte (20 AP)
Wohnungen (4 WE)
TG (16 STP)

Objektübersicht

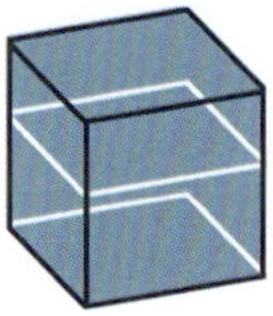

BRI **619 €/m³**

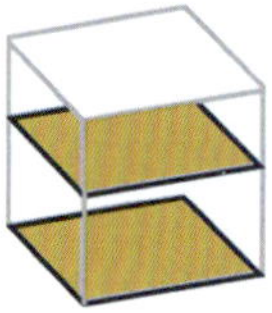

BGF **1.835 €/m²**

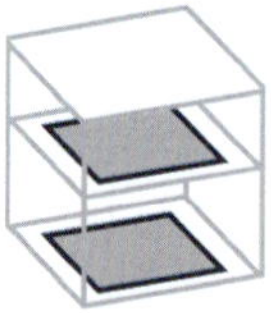

NUF **2.867 €/m²**

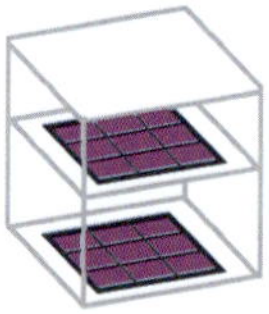

NE **7.504 €/NE**

NE: Wohnfläche

Objekt:
Kennwerte: 1. Ebene DIN 276
BRI: 6.562 m³
BGF: 2.214 m²
NUF: 1.417 m²
Bauzeit: 91 Wochen
Bauende: 2022
Standard: über Durchschnitt
Bundesland: Bayern
Kreis: München, Stadt

Architekt*in:
Kammerl & Kollegen
Hauptstraße 19
83539 Pfaffing

Bauherr*in:
Evangelisch-Lutherischer
Dekanatsbezirk München
Landwehrstraße 11
80336 München

Ansicht Nord

Ansicht Ost

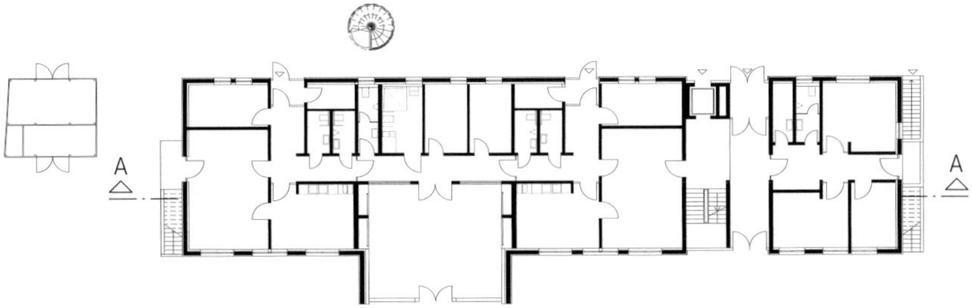

Erdgeschoss

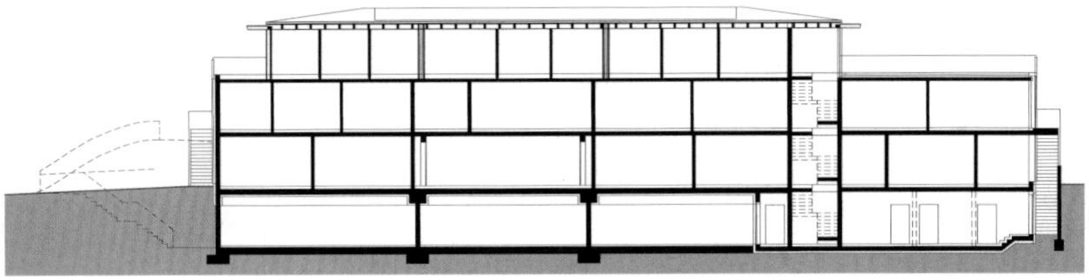

Schnitt A-A

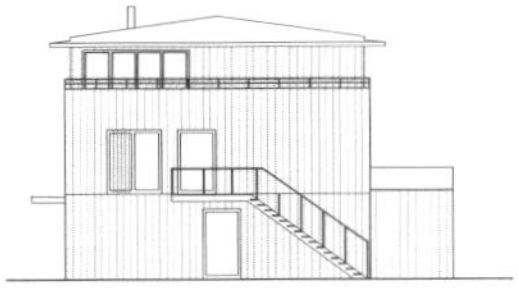

Ansicht Süd

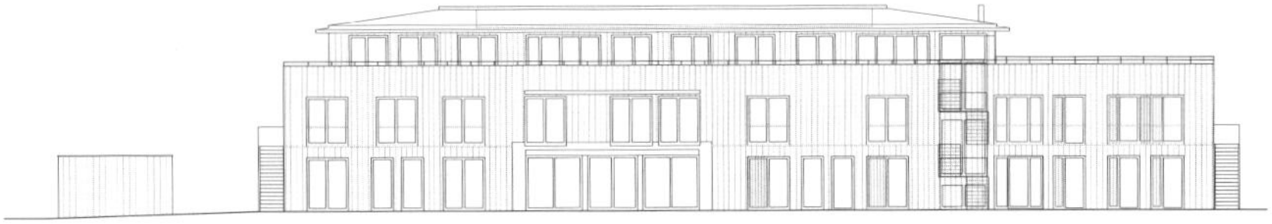

Ansicht West

6400-0122
Heilpädagogische
Tagesstätte (20 AP)
Wohnungen (4 WE)
TG (16 STP)

Objektbeschreibung

Allgemeine Objektinformationen

Die heilpädagogische Tagesstätte ist ein nachhaltiges Haus für Kinder und Jugendliche, das Inklusion und ein offenes Miteinander verschiedener Altersstufen ermöglicht. Das Gebäude beinhaltet eine Mischnutzung aus Kindertagesstätte, betreutem Wohnen, Mitarbeiter-Wohnen und Arbeiten. Bei der Gestaltung des Holzkubus stand eine kompakte, schlichte Form im Vordergrund, die innerhalb der Fassadenhülle Freiräume und private Zonen bietet und somit, fernab der gemeinsamen Freiflächen im Garten, auch eigene private Rückzugsmöglichkeiten schafft.

Nutzung

1 Untergeschoss
Tiefgarage, Technikräume, Waschküche, Aufwärmküche, Abstellen, Flure, Treppenhaus

1 Erdgeschoss
Windfang, Foyer, Gruppenräume, Bewegungsraum, Büroräume, Therapieräume, Nebenräume, WCs, Flure, Treppenhaus, Aufzug

1 Obergeschoss
Gruppenraum, Personalräume, Übernachtungsräume, Dienstzimmer, Sanitärräume, Wohn-Essküche, Fernsehraum, Flure, Treppenhaus, Aufzug, Balkone

1 Dachgeschoss
Drei Wohngruppen, Schlafzimmer, Wohn-Essküchen, Bäder, WCs, Flure, Treppenhaus, Aufzug, Dachterrassen, Loggien

Nutzeinheiten

Arbeitsplätze: 20
Gruppen: 3
Wohneinheiten: 4
Wohnfläche: 541 m²

Grundstück

Bauraum: Beengter Bauraum
Neigung: Ebenes Gelände
Bodenklasse: BK 1 bis BK 2

Markt

Hauptvergabezeit: 4. Quartal 2020
Baubeginn: 1. Quartal 2021
Bauende: 4. Quartal 2022
Konjunkturelle Gesamtlage: über Durchschnitt
Regionaler Baumarkt: Durchschnitt

Baukonstruktion

Das Gebäude gründet auf einer Stahlbetonbodenplatte und wurde als, länglicher Holzkubus in Hybridbauweise ausgeführt. Das UG, sowie das EG wurden in Stahlbeton erstellt, die darüberliegenden Geschosse sind in Brettsperrholzbauweise errichtet. Die Fassade, mit dreifachverglasten Holzfenstern wurde aus hinterlüftetem Lärchenholz mit Dämmung aus Holzwolle und Zellulose gestaltet. Sowohl die Stb-Bauteile als auch die Holzwände wurden oberflächenfertig belassen.

Technische Anlagen

Beheizt wird das Gebäude mittels einer Luft-Wasser-Wärmepumpe, unterstützt von einer Photovoltaikanlage. Die Wärmeverteilung erfolgt über Fußbodenheizung. Die Belüftung des Gebäudes erfolgt durch eine mechanische, dezentrale Lüftungsanlage mit Wärmerückgewinnung.

Sonstiges

Der Aspekt der Barrierefreiheit mit einer durchgehend rollstuhlgerechten Planung im Außen-und Innenbereich spielt eine tragende Rolle, um den Bewohnern uneingeschränkte Mobilität zu ermöglichen. Das Gebäude erfüllt den KfW 55-Standard nach EnEV 2016. Erfolgte Auszeichnungen 2023: Prädikat "KlimaKulturKompetenz" der Bayerischen Architektenkammer in den Bereichen "Barrierefreiheit" und "Energieeffizienz", sowie das Signet "Bayern barrierefrei" des Bayerischen Sozialministeriums.

Energetische Kennwerte

Gesetzliche Grundlage: EnEV 2013
Gebäudenutzfläche: 629,60 m²
Spez. Transmissionswärmeverlust: 0,33 W/(m²·K)
Spez. Jahresprimärenergiebedarf: 16,80 kWh/(m²·a)
Spez. Jahresendenergiebedarf: 11,20 kWh/(m²·a)
CO_2-Emissionen: 4,60 kg/(m²·a)

Planungskennwerte für Flächen und Rauminhalte nach DIN 277

Flächen des Grundstücks		Menge Einheit	% an GF
BF	Bebaute Fläche	527,20 m^2	12,7
UF	Unbebaute Fläche	3.622,80 m^2	87,3
GF	Grundstücksfläche	4.150,00 m^2	100,0

Grundflächen des Bauwerks		Menge Einheit	% an NUF	% an BGF
NUF	Nutzungsfläche	1.416,82 m^2	100,0	64,0
TF	Technikfläche	47,00 m^2	3,3	2,1
VF	Verkehrsfläche	411,08 m^2	29,0	18,6
NRF	Netto-Raumfläche	1.874,90 m^2	132,3	84,7
KGF	Konstruktions-Grundfläche	338,96 m^2	23,9	15,3
BGF	Brutto-Grundfläche	2.213,86 m^2	156,3	100,0

Brutto-Rauminhalt des Bauwerks		Menge Einheit	BRI/NUF (m)	BRI/BGF (m)
BRI	Brutto-Rauminhalt	6.561,78 m^3	4,63	2,96

Kostenkennwerte für die Kostengruppen der 1. Ebene DIN 276

KG	Kostengruppen (1. Ebene)	Einheit	Kosten €	€/Einheit	€/m² BGF	€/m³ BRI	% 300+400
100	Grundstück	m² GF	–	–	–	–	–
200	Vorbereitende Maßnahmen	m² GF	–	–	–	–	–
300	Bauwerk – Baukonstruktionen	m² BGF	3.338.635	1.508,06	1.508,06	508,80	82,2
400	Bauwerk – Technische Anlagen	m² BGF	723.121	326,63	326,63	110,20	17,8
	Bauwerk 300+400	**m² BGF**	**4.061.756**	**1.834,69**	**1.834,69**	**619,00**	**100,0**
500	Außenanlagen und Freiflächen	m² AF	–	–	–	–	–
600	Ausstattung und Kunstwerke	m² BGF	–	–	–	–	–
700	Baunebenkosten	m² BGF	–	–	–	–	–
800	Finanzierung	m² BGF	–	–	–	–	–

KG	Kostengruppe	Menge Einheit	Kosten €	€/Einheit	%
3+4	**Bauwerk**				**100,0**
300	**Bauwerk – Baukonstruktionen**	2.213,86 m² BGF	3.338.635	**1.508,06**	82,2

Baugrubenaushub; Stb-Streifenfundamente, Stb-Bodenplatte, Abdichtung, Dämmung, Estrich, Bodenfliesen, Garagenpflaster, Perimeterdämmung; Stb-Wände, Brettsperrholz-Außenwände, Holzfenster, Holz-Glastüren, Dreifachverglasung, Abdichtung, Dämmung, hinterlüftete Holzverschalung Lärche; Innenputz, Beschichtung, Wandfliesen, textiler Sonnenschutz, Markisen; Stb-Innenwände, Brettsperrholzwände, GK-Wände, Innentüren, HPL-beschichtet, Sichtholzoberflächen, Sichtbeton, GK-Bekleidung, Beschichtung, Wandfliesen; Stb-Decken, Stb-Treppen, Holzsperrholzdecken, Dämmung, Heizestrich, Linoleum, Bodenfliesen, abgehängte Akustikdecken, Stahl-Elementtreppen, Treppengeländer; Stb-Flachdach, Brettsperrholzdach, Dämmung, Abdichtung, Zinkdeckung, Dachentwässerung

KG	Kostengruppe	Menge Einheit	Kosten €	€/Einheit	%
400	**Bauwerk – Technische Anlagen**	2.213,86 m² BGF	723.121	**326,63**	17,8

Gebäudeentwässerung, Kalt- und Warmwasserleitungen, Sanitärobjekte; Luft-Wasser-Wärmepumpe, Fußbodenheizung; dezentrale Lüftungsanlage; Photovoltaikanlage, Elektroinstallation, Beleuchtung; Aufzugsanlage

6400-0123
Spielhaus

Objektübersicht

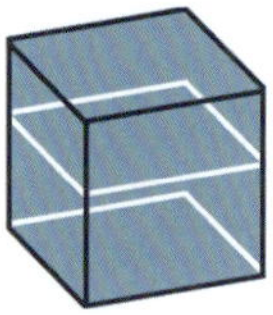

BRI 1.147 €/m³

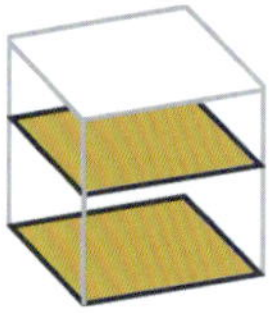

BGF 5.331 €/m²

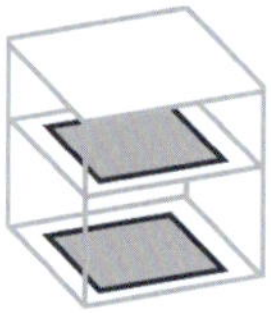

NUF 7.436 €/m²

Objekt:
Kennwerte: 1.Ebene DIN 276
BRI: 925 m³
BGF: 199 m²
NUF: 143 m²
Bauzeit: 61 Wochen
Bauende: 2023
Standard: Durchschnitt
Bundesland: Hamburg
Kreis: Hamburg, Stadt

Architekt*in:
Hormann Architektur
www.janhormann.de

Bauherr*in:
Bezirksamt Hamburg Altona
Jessenstraße 1-3
22767 Hamburg

Ansicht Nord

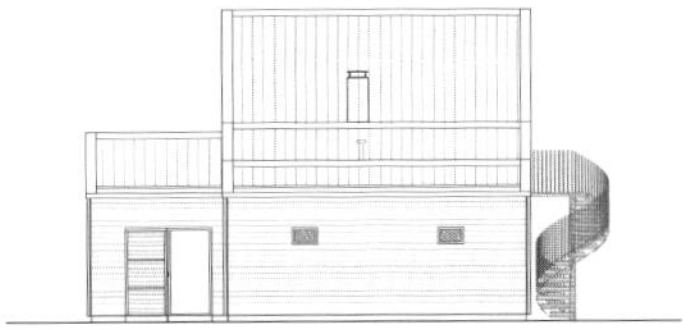

Ansicht Ost

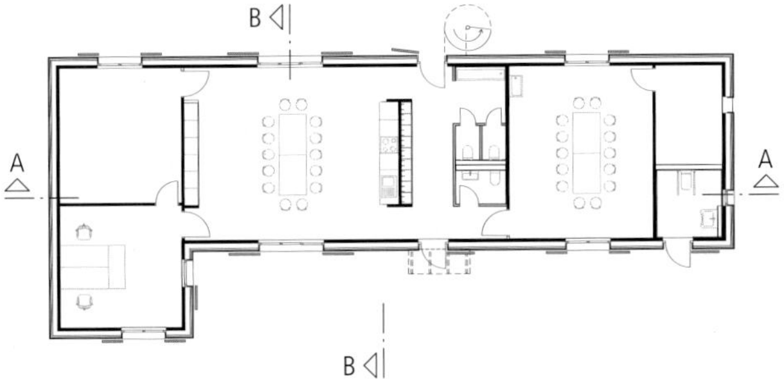

Erdgeschoss

Schnitt A-A

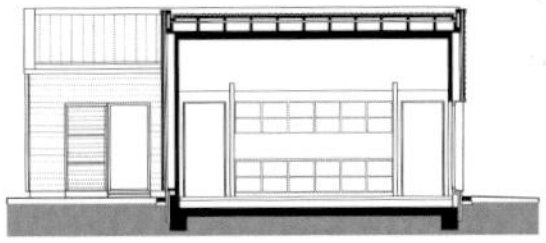

Schnitt B-B

Ansicht Süd

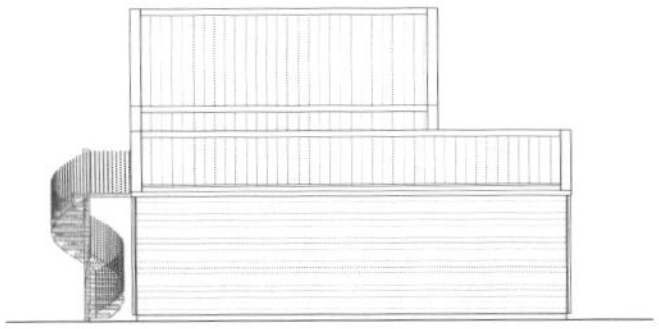

Ansicht West

Objektbeschreibung

Allgemeine Objektinformationen

Im Zuge der Neustrukturierung eines Grünzugs erhielt der Bauspielplatz mitten in einem innerstädtischen Park ein neues Zuhause mit großem Außenbereich. Das Bauspielhaus beherbergt die Gruppenräume, in denen Kinder unter Betreuung spielen und werken können. Der Raum im DG dient den Kindern als überdachte Terrasse.

Nutzung

1 Erdgeschoss
Gemeinschaftsraum mit Küche, Multifunktionsraum, Werkstatt, Büro, WCs, Hausanschlussraum

1 Dachgeschoss
Überdachte Terrasse im Spitzboden

Grundstück

Bauraum: Freier Bauraum
Neigung: Ebenes Gelände
Bodenklasse: BK 1 bis BK 3

Markt

Hauptvergabezeit: 1. Quartal 2022
Baubeginn: 1. Quartal 2022
Bauende: 2. Quartal 2023
Konjunkturelle Gesamtlage: über Durchschnitt
Regionaler Baumarkt: über Durchschnitt

Baukonstruktion

Die Baumaterialien spiegeln die Nutzung wider. Die Konstruktion besteht aus Massivholzwänden und -dächern, die im Innenraum sichtbar sind. Außen befindet sich die Dämmebene mit einer Ständerkonstruktion und Mineralwolldämmung. Die Lärchenbretter für die Stülpschalung wurden von der Bezirksförsterei mit Holz aus dem bezirkseigenen Forst hergestellt. Die Baukosten dafür wurden auf Marktpreise hochgerechnet. Der Raum im DG wurde als Dachterrasse mit Gefälledämmung, Abdichtung und Holzbelag auf Balkenlage ausgeführt.

Technische Anlagen

Das Haus ist als „LowTech" -Gebäude mit möglichst wenig technischer Ausstattung konzipiert. Die bestehende Infrastruktur eines ehemaligen WC-Gebäudes an selbiger Stelle wurde für die Wasser, Abwasser und für die Gaszentralheizung reaktiviert. Raumweise angeordnete Wandlüfter mit Wärmerückgewinnung unterstützen die Heizung als regeneratives Element und sorgen für einen kontinuierlichen Luftaustausch.

Sonstiges

Der Baukörper wird durch die Dachabwicklung in seine Nutzungsbereiche strukturiert. Die Interpretation der Typologie klassischer Satteldachhäuser verleiht dem Gebäude ein Gesicht und macht es zum Identifikationsobjekt für Kinder und Parkbesucher.

Energetische Kennwerte

Gesetzliche Grundlage: GEG 2020
Gebäudenutzfläche: 165,00 m^2
Gebäudevolumen: 680,00 m^3
Hüllfläche des beheizten Volumens: 637,00 m^2
Mittlerer U-Wert (opake Bauteile): 0,13 W/($m^2 \cdot K$)
Mittlerer U-Wert (transparente Bauteile): 1,06 W/($m^2 \cdot K$)
Spez. Jahresprimärenergiebedarf: 109,80 kWh/($m^2 \cdot a$)

Energetische Angaben zu Außenbauteilen

Bodenplatte

U-Wert: 0,18 W/(m2·K)

Gesamtdicke: 46,30 cm	d[cm]	l[W/(m·K)]
Estrich	8,00	0,870
Dämmung	18,00	0,035
Abdichtung	0,30	0,170
Beton	20,00	1,510

Außenwand hinterlüftet

U-Wert: 0,16 W/(m2·K)

Gesamtdicke: 32,00 cm	d[cm]	l[W/(m·K)]
Holz	10,00	0,130
Holz	18,00	0,130
Dämmung	18,00	0,035
Holzfaserplatte	4,00	0,047

Decke gegen kalten Dachraum

U-Wert: 0,16 W/(m2·K)

Gesamtdicke: 38,80 cm	d[cm]	l[W/(m·K)]
Holz	16,00	0,130
Holz	20,00	0,130
Dämmung	20,00	0,035
Holz	2,80	0,130

Dach hinterlüftet

U-Wert: 0,14 W/(m2·K)

Gesamtdicke: 42,00 cm	d[cm]	l[W/(m·K)]
Holz	18,00	0,130
Holz	20,00	0,130
Dämmung	20,00	0,035
Holzfaserplatte	4,00	0,047

Planungskennwerte für Flächen und Rauminhalte nach DIN 277

Flächen des Grundstücks		Menge Einheit	% an GF
BF	Bebaute Fläche	199,00 m²	18,9
UF	Unbebaute Fläche	856,00 m²	81,1
GF	Grundstücksfläche	1.055,00 m²	100,0

Grundflächen des Bauwerks		Menge Einheit	% an NUF	% an BGF
NUF	Nutzungsfläche	142,66 m²	100,0	71,7
TF	Technikfläche	9,08 m²	6,4	4,6
VF	Verkehrsfläche	14,83 m²	10,4	7,5
NRF	Netto-Raumfläche	166,57 m²	116,8	83,7
KGF	Konstruktions-Grundfläche	32,43 m²	22,7	16,3
BGF	Brutto-Grundfläche	199,00 m²	139,5	100,0

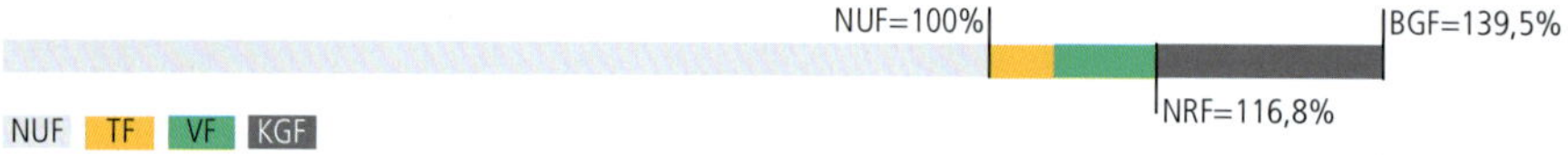

Brutto-Rauminhalt des Bauwerks		Menge Einheit	BRI/NUF (m)	BRI/BGF (m)
BRI	Brutto-Rauminhalt	924,50 m³	6,48	4,65

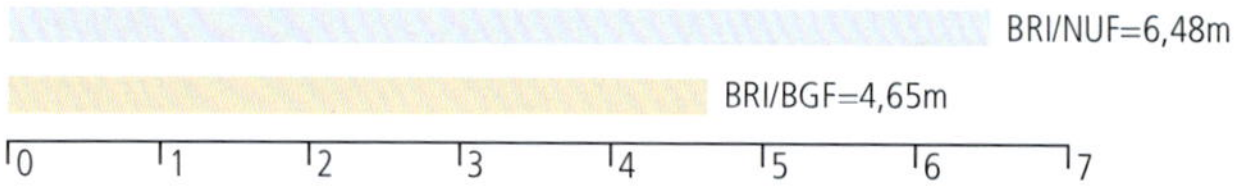

Kostenkennwerte für die Kostengruppen der 1.Ebene DIN 276

KG	Kostengruppen (1.Ebene)	Einheit	Kosten €	€/Einheit	€/m² BGF	€/m³ BRI	% 300+400
100	Grundstück	m² GF	–	–	–	–	–
200	Vorbereitende Maßnahmen	m² GF	–	–	–	–	–
300	Bauwerk – Baukonstruktionen	m² BGF	826.519	4.153,36	4.153,36	894,02	77,9
400	Bauwerk – Technische Anlagen	m² BGF	234.297	1.177,37	1.177,37	253,43	22,1
	Bauwerk 300+400	**m² BGF**	**1.060.816**	**5.330,73**	**5.330,73**	**1.147,45**	**100,0**
500	Außenanlagen und Freiflächen	m² AF	–	–	–	–	–
600	Ausstattung und Kunstwerke	m² BGF	–	–	–	–	–
700	Baunebenkosten	m² BGF	–	–	–	–	–
800	Finanzierung	m² BGF	–	–	–	–	–

KG	Kostengruppe	Menge Einheit	Kosten €	€/Einheit	%
3+4	**Bauwerk**				**100,0**
300	**Bauwerk – Baukonstruktionen**	199,00 m² BGF	826.519	**4.153,36**	77,9

Baugrubenaushub; Stb-Fundamente, Stb-Bodenplatte, Estrich geschliffen, Bodenfliesen, Abdichtung, Kiesschicht, Perimeterdämmung; Massivholzwände, Sichtqualität, Stahlstützen Wettersegel, Holzfenster, Wärmedämmung, Lärchenholz-Stülpschalung, Stahl-Holz-Fensterläden, Sonnen/Wettersegel; Massivholz-Innenwände, GK-Wände, Wandfliesen; Massivholzdecke, Außen-Stahltreppe, Gefälledämmung, Balkenlage mit Holzterrassendielen, Abdichtung, Treppengeländer; Massivholzdach, teilw. Holzbalkendach, Dämmung, Faserzementplatten, Abdichtung, Attika, Dachentwässerung; Einbauküche, Garderobe, Einbauregale

KG	Kostengruppe	Menge Einheit	Kosten €	€/Einheit	%
400	**Bauwerk – Technische Anlagen**	199,00 m² BGF	234.297	**1.177,37**	22,1

Gebäudeentwässerung, Kalt- und Warmwasserleitungen, Sanitärobjekte; Gas-Brennwerttherme, Plattenheizkörper; kontrollierte dezentrale Be- und Entlüftung mit Wärmerückgewinnung; Elektroinstallation, Beleuchtung; Telefon- und Datenleitungen; Rauchmelder

6400-0124
Bürgerhaus
(120 Sitzplätze)
Remise

Objektübersicht

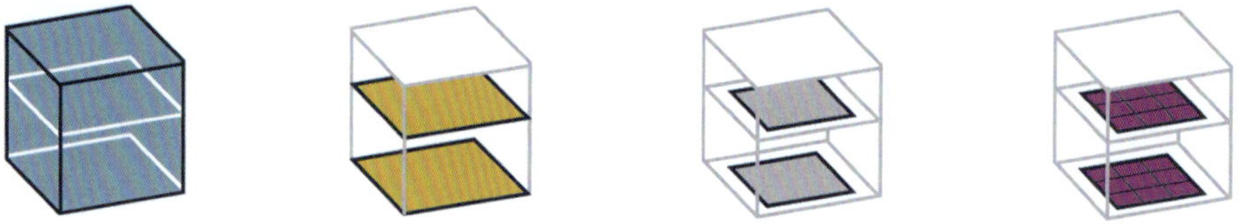

BRI 696€/m³ | BGF 3.715€/m² | NUF 4.960€/m² | NE 12.926€/NE

NE: Sitzplätze

Objekt:
Kennwerte: 1.Ebene DIN 276
BRI: 2.227m³
BGF: 418m²
NUF: 313m²
Bauzeit: 126 Wochen
Bauende: 2022
Standard: über Durchschnitt
Bundesland: Bayern
Kreis: Straubing-Bogen

Architekt*in:
querluft Architekten GmbH
Wittelsbacher Straße 12
94315 Straubing

Bauherr*in:
Gemeinde Rain
Schloßplatz 2
94369 Rain

© querluft architekten

© querluft architekten

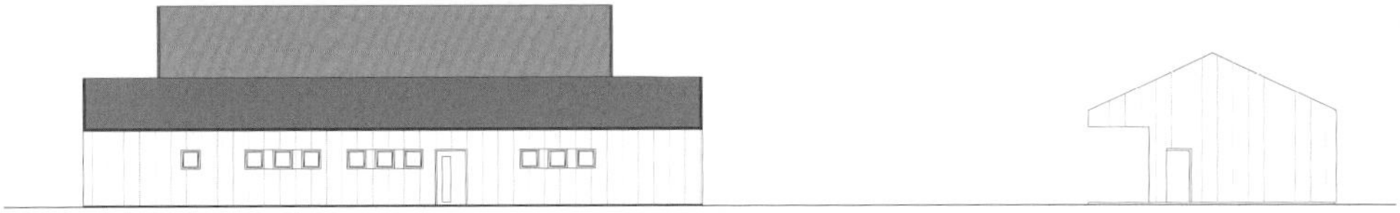

Ansicht Nord

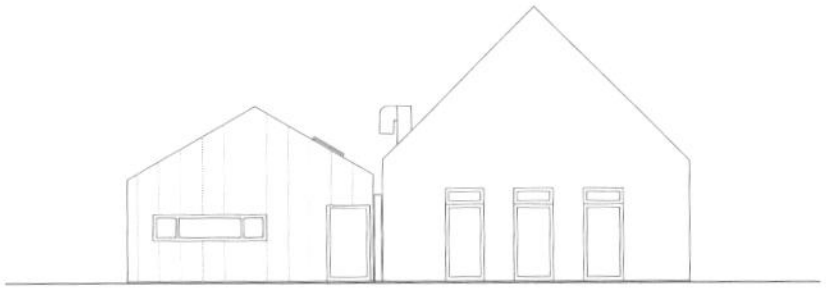

Ansicht West

Ansicht Ost

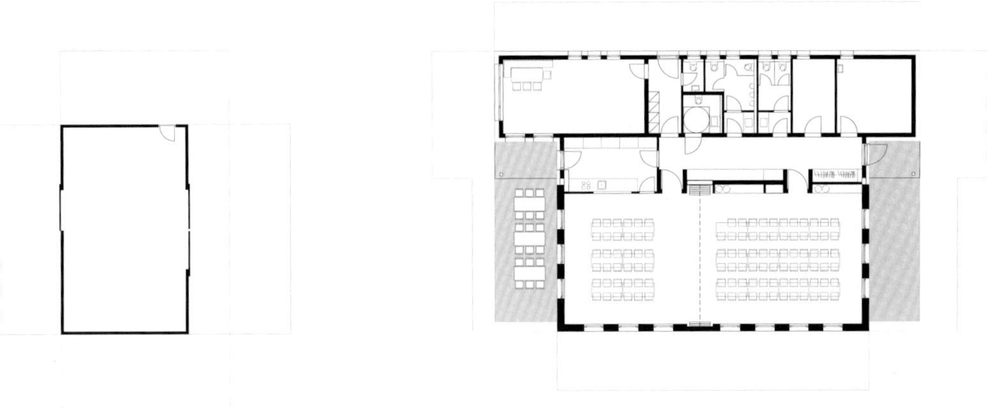

Erdgeschoss

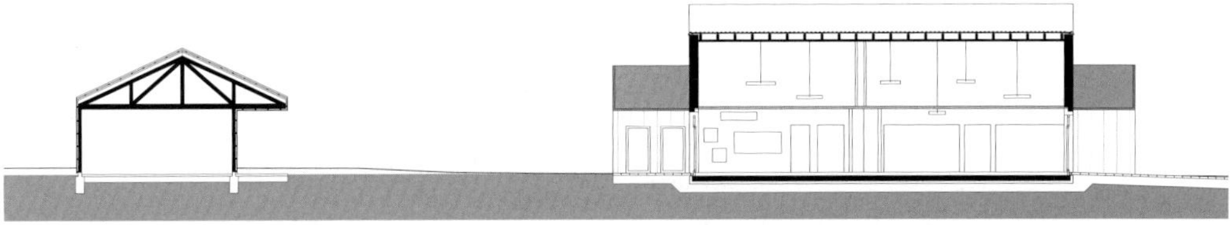

Schnitt A-A

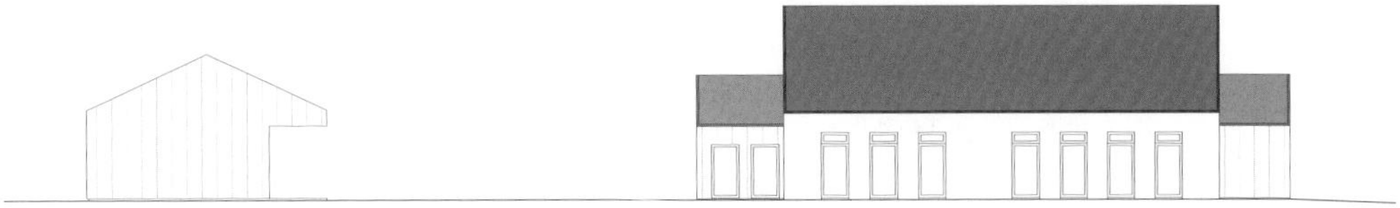

Ansicht Süd

6400-0124
Bürgerhaus
(120 Sitzplätze)
Remise

Objektbeschreibung

Allgemeine Objektinformationen

Der eingeschossige Neubau ist ebenerdig zugänglich und besteht aus Saalbau und Nebengebäude. Die unterschiedlich gestalteten Baukörper orientieren sich an der Hofstruktur der örtlich traditionellen Bebauung und erhielten deshalb zwei Satteldächer. Der Saalbau dominiert das Ensemble und dient als multifunktionaler Veranstaltungsraum für ca. 120 Personen. Die Nebenräume sind im niedrigeren Gebäudeteil untergebracht. Zusätzlich gibt es eine Remise, die als Lagerfläche und Unterstand dient.

Nutzung

1 Erdgeschoss
Foyer, Saal, Küche, Gemeinschaftsraum, WCs, Abstellräume, Technikraum

Nutzeinheiten

Sitzplätze: 120

Grundstück

Bauraum: Freier Bauraum
Neigung: Ebenes Gelände
Bodenklasse: BK 1 bis BK 4

Markt

Hauptvergabezeit: 2. Quartal 2020
Baubeginn: 2. Quartal 2020
Bauende: 4. Quartal 2022
Konjunkturelle Gesamtlage: über Durchschnitt
Regionaler Baumarkt: unter Durchschnitt

Baukonstruktion

Die beiden Gebäudeteile sind in Massivbauweise errichtet. Die Bodenplatten wurden in Stahlbeton hergestellt. Der höhere Saalbau wurde verputzt, das Nebengebäude erhielt eine gedämmte Holzfassade. Die Dachkonstruktion ist ein Sparrendach, das auf einem umlaufenden Ringanker aufliegt und sich selbst aussteift. Das Dach über dem Saal wurde mit Ziegeln gedeckt, über den Nebenräumen erhielt das Satteldach eine Blechdeckung. Die dreifachverglasten Holz-Alufenster wurden mit außenliegenden Raffstores ausgestattet. Die Innenwände sind zum Teil in Sichtbeton errichtet, die Wände im Saal sind mit einer waagerechten Akustikbekleidung ausgestattet. Die Böden wurden mit Parkett und großflächigen Fliesen belegt. Die Remise ist eine reine Holzkonstruktion mit Holzfassade und Pfettendach; es wurde mit Ziegeln eingedeckt.

Technische Anlagen

Das Bürgerhaus wird mittels Fernwärme beheizt. Die Verteilung der Wärme erfolgt über eine Fußbodenheizung. Eine Lüftungsanlage mit Wärmerückgewinnung im Saal sorgt für frische Raumluft. Die Nebenräume werden durch dezentrale Hygrostat-Einzellüfter entlüftet. Eine PV-Anlage befindet sich auf dem Dach der Remise, die ansonsten technisch nicht ausgestattet ist. Sie wird nicht beheizt und erhielt nur eine einfache Elektroinstallation.

Sonstiges

Das Gebäude erreicht den KfW 55 Standard.
Inspiriert wurde die Planung von Bauernhöfen, bei denen es auch traditionell üblich war, dass ein gemauertes Wohnhaus neben einem Stall in Holzbauweise steht.

Energetische Kennwerte

Gebäudenutzfläche: 336,00 m^2
Gebäudevolumen: 1.050,00 m^3
Hüllfläche des beheizten Volumens: 1.079,00 m^2
Mittlerer U-Wert (opake Bauteile): 0,18 $W/(m^2 \cdot K)$
Mittlerer U-Wert (transparente Bauteile): 0,91 $W/(m^2 \cdot K)$
Spez. Jahresprimärenergiebedarf: 55,69 $kWh/(m^2 \cdot a)$

Energetische Angaben zu Außenbauteilen

Außenwand Saal

U-Wert: 0,18 W/(m²·K)

Gesamtdicke: 46,00 cm	d[cm]	l[W/(m·K)]
Innenputz	1,50	0,700
Dämmziegel	42,50	0,080
Außenputz	2,00	1,000

Bodenplatte

U-Wert: 0,16 W/(m²·K)

Gesamtdicke: 63,07 cm	d[cm]	l[W/(m·K)]
Fliesen	1,50	1,300
Estrich	6,50	1,400
PE-Folie	0,02	0,330
Dämmung	3,00	0,035
Dämmung	5,00	0,035
Stahlbeton	30,00	2,500
PE-Folie	0,03	0,330
Dämmung	12,00	0,035
Beton	5,00	1,200
PE-Folie	0,03	0,330

Außenwand hinterlüftet

U-Wert: 0,25 W/(m²·K)

Gesamtdicke: 41,50 cm	d[cm]	l[W/(m·K)]
Innenputz	1,50	0,700
Ziegel	24,00	0,450
Holz	16,00	0,130
Dämmung	16,00	0,040

Dach Nebengebäude

U-Wert: 0,23 W/(m²·K)

Gesamtdicke: 26,70 cm	d[cm]	l[W/(m·K)]
GK-Platte	1,25	0,250
Holz	3,00	0,130
Luftschicht ruhend	3,00	1,875
OSB-Platte	1,50	0,130
Holz	18,00	0,130
Dämmung	18,00	0,040
Holz	2,70	0,130
PP-Folie	0,25	0,250

Pultdach hinterlüftet

U-Wert: 0,20 W/(m²·K)

Gesamtdicke: 40,45 cm	d[cm]	l[W/(m·K)]
Holzfaserplatte	3,00	0,070
Holz	5,00	0,130
Luftschicht ruhend	5,00	1,875
Holz	16,00	0,170
PP-Folie	0,20	0,250
Holz	16,00	0,130
Dämmung	16,00	0,040
PP-Folie	0,25	0,250

Planungskennwerte für Flächen und Rauminhalte nach DIN 277

Flächen des Grundstücks		Menge Einheit	% an GF
BF	Bebaute Fläche	417,50 m²	20,4
UF	Unbebaute Fläche	1.627,50 m²	79,6
GF	Grundstücksfläche	2.045,00 m²	100,0

Grundflächen des Bauwerks		Menge Einheit	% an NUF	% an BGF
NUF	Nutzungsfläche	312,70 m²	100,0	74,9
TF	Technikfläche	10,60 m²	3,4	2,5
VF	Verkehrsfläche	40,80 m²	13,0	9,8
NRF	Netto-Raumfläche	364,10 m²	116,4	87,2
KGF	Konstruktions-Grundfläche	53,40 m²	17,1	12,8
BGF	Brutto-Grundfläche	417,50 m²	133,5	100,0

Brutto-Rauminhalt des Bauwerks		Menge Einheit	BRI/NUF (m)	BRI/BGF (m)
BRI	Brutto-Rauminhalt	2.227,00 m³	7,12	5,33

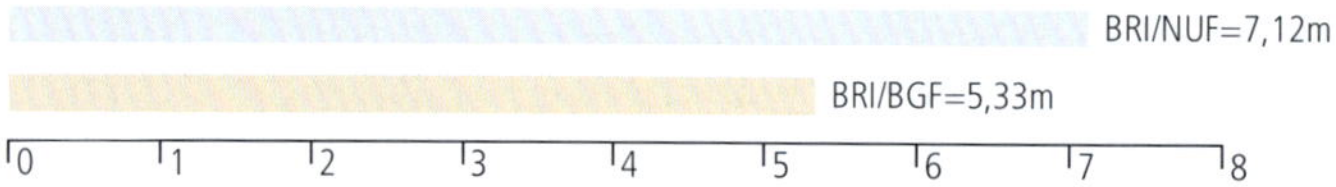

Kostenkennwerte für die Kostengruppen der 1. Ebene DIN 276

KG	Kostengruppen (1. Ebene)	Einheit	Kosten €	€/Einheit	€/m² BGF	€/m³ BRI	% 300+400
100	Grundstück	m² GF	–	–	–	–	–
200	Vorbereitende Maßnahmen	m² GF	70.161	34,31	168,05	31,50	4,5
300	Bauwerk – Baukonstruktionen	m² BGF	1.251.569	2.997,77	2.997,77	562,00	80,7
400	Bauwerk – Technische Anlagen	m² BGF	299.519	717,41	717,41	134,49	19,3
	Bauwerk 300+400	**m² BGF**	**1.551.087**	**3.715,18**	**3.715,18**	**696,49**	**100,0**
500	Außenanlagen und Freiflächen	m² AF	–	–	–	–	–
600	Ausstattung und Kunstwerke	m² BGF	–	–	–	–	–
700	Baunebenkosten	m² BGF	–	–	–	–	–
800	Finanzierung	m² BGF	–	–	–	–	–

KG	Kostengruppe	Menge Einheit	Kosten €	€/Einheit	%
200	**Vorbereitende Maßnahmen**	2.045,00 m² GF	70.161	**34,31**	4,5

Abbruch von Bestandsgebäude; Überprüfung auf Schadstoffe

KG	Kostengruppe	Menge Einheit	Kosten €	€/Einheit	%
3+4	**Bauwerk**				**100,0**
300	**Bauwerk – Baukonstruktionen**	417,50 m² BGF	1.251.569	**2.997,77**	80,7

Bürgerhaus: Stb-Bodenplatte, Abdichtung, Dämmung, Heizestrich, Sportboden, Feinsteinzeug, Perimeterdämmung; Stb-Wände, Hlz-Mauerwerk, Holz-Alufenster, Alutüren, Putz, Beschichtung, Dämmung, Holzverschalung, Akustik-Holzbekleidung, Innenputz, Wandfliesen, Beschichtung; Stb-Innenwände, GK-Wände, Holztüren, Sichtbetonoberflächen, Putz, GK-Vorsatzschalen, Wandfliesen, Beschichtung, Faltwand, verglaste Trennwand, WC-Trennwände; Holz-Satteldach, Oberlichter, Dämmung, Ziegeldeckung, Blechdeckung, Dachentwässerung; Einbauküche, Einbauschränke
Remise: Kiesfilterschicht, Pflasterbelag; Holz-Außenwände, Holztore, Holztüre, Dämmung, Holzschalung; Pfettendachstuhl, Abdichtung, Ziegeldeckung, Dachentwässerung

KG	Kostengruppe	Menge Einheit	Kosten €	€/Einheit	%
400	**Bauwerk – Technische Anlagen**	417,50 m² BGF	299.519	**717,41**	19,3

Bürgerhaus: Gebäudeentwässerung, Kalt- und Warmwasserleitungen, Sanitärobjekte; Fernwärmeanschluss, Fußbodenheizung; Lüftungsanlage mit WRG, Einzelraumlüfter; Elektroinstallation, Erdung, Beleuchtung, Sicherheitsleuchten, Datenverkabelung mit zentralem WLAN, Internetanschluss
Remise: PV-Anlage, Elektroinstallation

6400-0125
Bürgerhaus
(48 Sitzplätze)

Objektübersicht

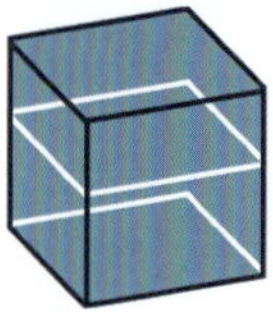

BRI 664 €/m³

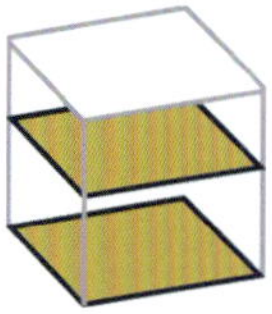

BGF 3.076 €/m²

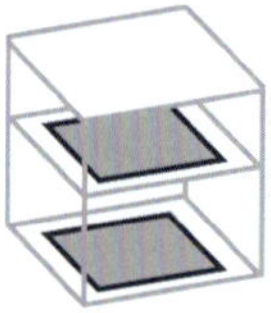

NUF 3.686 €/m²

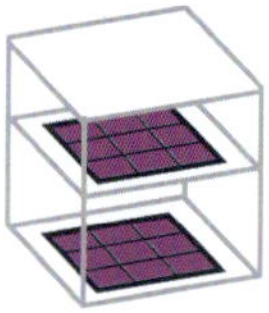

NE 13.594 €/NE
NE: Sitzplätze

Objekt:
Kennwerte: 1. Ebene DIN 276
BRI: 982 m³
BGF: 212 m²
NUF: 177 m²
Bauzeit: 69 Wochen
Bauende: 2023
Standard: Durchschnitt
Bundesland: Rheinland-Pfalz
Kreis: Mayen-Koblenz

Architekt*in:
Neukirch Architektur
Porta-Nigra-Platz 3
54292 Trier

Bauherr*in:
Stadt Polch
Marktplatz 2
56751 Polch

© Patty Neu

© Patty Neu

© Patty Neu

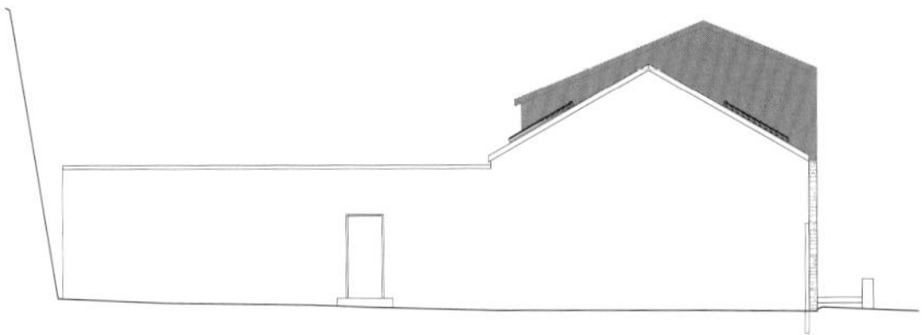

Ansicht West

Ansicht Süd

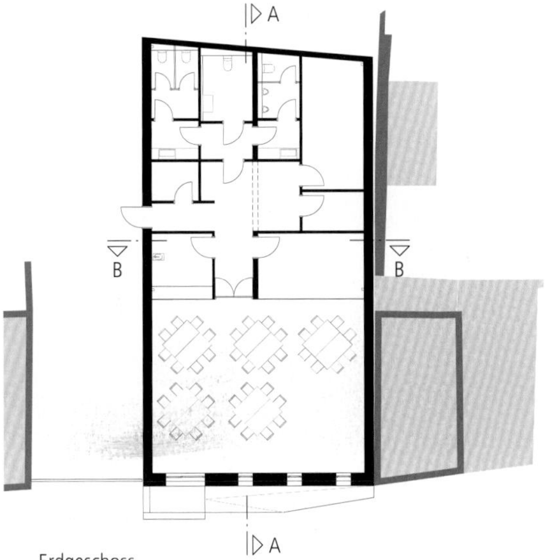

Erdgeschoss

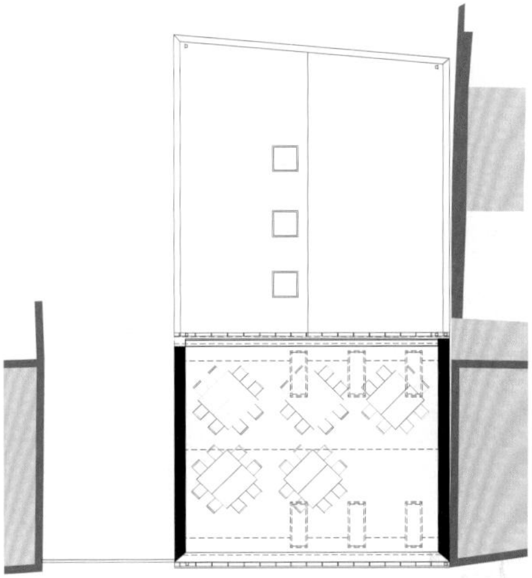

Dachgeschoss

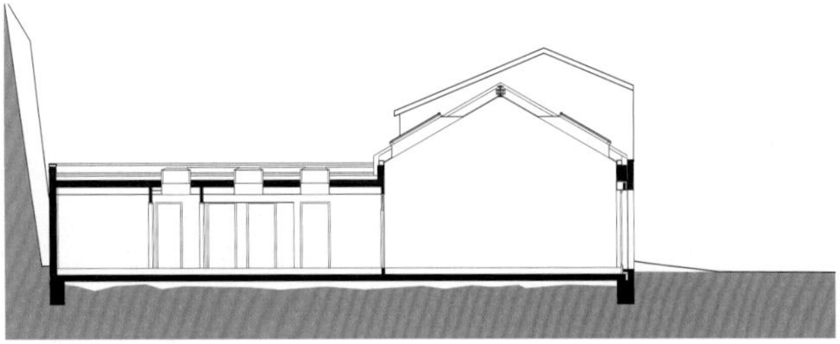

Schnitt A-A

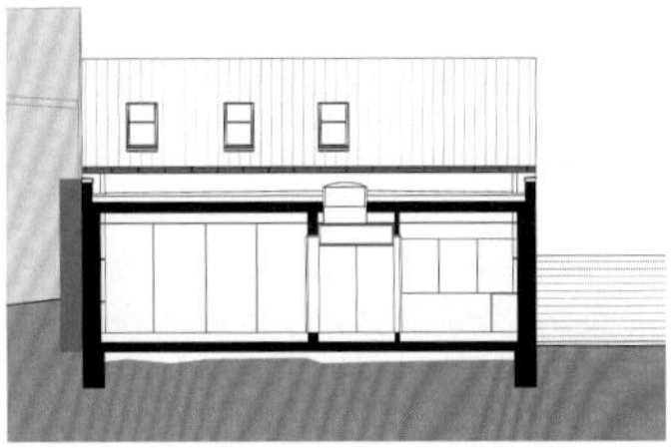

Schnitt B-B

Objektbeschreibung

Allgemeine Objektinformationen

Im Rahmen der Dorfmodernisierung entschied sich die Gemeinde, das in die Jahre gekommene, zentral im Ortskern gelegene Bürgerhaus durch einen Neubau zu ersetzen. Im Rahmen der Baumaßnahmen wurde der Fels hinter dem Haus gesichert und eine alte Scheune zur Erweiterung der Räumlichkeiten abgebrochen. Für die Fassade wurde ein ortstypischer Schiefer als Sichtmauerwerk verwendet.

Nutzung

1 Erdgeschoss
Bürgersaal, Besprechungsraum, Lager, Teeküche, Kühlraum, Sanitäranlagen, Technik, Flur

Nutzeinheiten

Sitzplätze: 48
Versammlungsraumfläche: 76 m^2

Grundstück

Bauraum: Beengter Bauraum
Neigung: Ebenes Gelände
Bodenklasse: BK 1 bis BK 6

Markt

Hauptvergabezeit: 4. Quartal 2021
Baubeginn: 4. Quartal 2021
Bauende: 1. Quartal 2023
Konjunkturelle Gesamtlage: Durchschnitt
Regionaler Baumarkt: unter Durchschnitt

Baukonstruktion

Das in massiver Bauweise errichtete Gebäude gründet auf Stahlbeton-Streifenfundamenten und einer Stahlbeton-Bodenplatte. Die in einem monolithischen Dämmstein gemauerten Außenwände wurden auf der Vorderansicht mit einem ortstypischen Schiefer verblendet. Die platzabgewandten Wände wurden verputzt. Es wurden dreifachverglaste Alufenster eingebaut. Das Satteldach ist in Holz erstellt und mit Ziegel gedeckt. Dachflächenfenster bringen viel Licht in den sechs Meter hohen Saal. Das Dach über den Nebenräumen wurde als Stahlbetonflachdach mit Dachbegrünung ausgebildet. Die Böden wurden mit Parkett und Bodenfliesen belegt.

Technische Anlagen

Eine Wärmepumpe erzeugt die nötige Heizwärme, die durch Fußbodenheizung verteilt wird. Die zentrale Lüftungsanlage sorgt für einen zweistündigen Lüftungsaustausch und wurde mit Wärmerückgewinnung ausgestattet.

Energetische Kennwerte

Gesetzliche Grundlage: EnEV 2013
Gebäudenutzfläche: 290,72 m^2
Gebäudevolumen: 908,50 m^3
A/V_e-Verhältnis (Kompaktheit): 0,71 m^{-1}
Hüllfläche des beheizten Volumens: 642,97 m^2
Spez. Transmissionswärmeverlust: 0,23 W/(m^2·K)
Spez. Jahresprimärenergiebedarf: 37,03 kWh/(m^2·a)

Energetische Angaben zu Außenbauteilen

Bodenplatte

U-Wert: 0,21 W/(m²·K)

Gesamtdicke: 45,10 cm	d [cm]	l [W/(m·K)]
Estrich	5,00	1,400
Dämmung	3,00	0,035
Dämmung	12,00	0,035
Bitumenbahn	0,10	0,170
Stahlbeton	25,00	1,350

Außenwand

U-Wert: 0,22 W/(m²·K)

Gesamtdicke: 45,00 cm	d [cm]	l [W/(m·K)]
Innenputz	1,00	1,000
Hohlblockstein	42,50	0,100
Außenputz	1,50	1,000

Außenwand hinterlüftet

U-Wert: 0,14 W/(m²·K)

Gesamtdicke: 54,00 cm	d [cm]	l [W/(m·K)]
Innenputz	1,00	1,000
Hohlblockstein	42,50	0,100
Klebemörtel	0,50	0,870
Dämmung	10,00	0,035

Flachdach

U-Wert: 0,17 W/(m²·K)

Gesamtdicke: 41,40 cm	d [cm]	l [W/(m·K)]
Innenputz	1,00	0,510
Stahlbeton	20,00	2,000
Bitumenbahn	0,40	0,170
Dämmung	20,00	0,035

Steildach

U-Wert: 0,16 W/(m²·K)

Gesamtdicke: 33,15 cm	d [cm]	l [W/(m·K)]
GK-Platte	1,25	0,250
Holz	4,40	0,130
Luftschicht ruhend	4,40	0,275
Holz	24,00	0,130
Dämmung	24,00	0,039
Holzfaserplatte	3,50	0,043

Planungskennwerte für Flächen und Rauminhalte nach DIN 277

Flächen des Grundstücks		Menge Einheit	% an GF
BF	Bebaute Fläche	–	–
UF	Unbebaute Fläche	–	–
GF	Grundstücksfläche	–	–

Grundflächen des Bauwerks		Menge Einheit	% an NUF	% an BGF
NUF	Nutzungsfläche	177,00 m²	100,0	83,4
TF	Technikfläche	5,00 m²	2,8	2,4
VF	Verkehrsfläche	4,00 m²	2,3	1,9
NRF	Netto-Raumfläche	186,00 m²	105,1	87,7
KGF	Konstruktions-Grundfläche	26,14 m²	14,8	12,3
BGF	Brutto-Grundfläche	212,14 m²	119,9	100,0

Brutto-Rauminhalt des Bauwerks		Menge Einheit	BRI/NUF (m)	BRI/BGF (m)
BRI	Brutto-Rauminhalt	982,46 m³	5,55	4,63

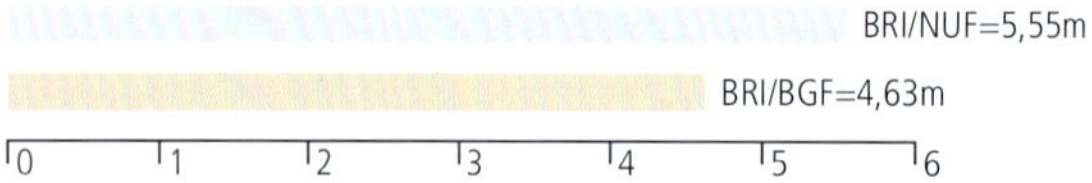

Kostenkennwerte für die Kostengruppen der 1.Ebene DIN 276

KG	Kostengruppen (1.Ebene)	Einheit	Kosten €	€/Einheit	€/m² BGF	€/m³ BRI	% 300+400
100	Grundstück	m² GF	–	–	–	–	–
200	Vorbereitende Maßnahmen	m² GF	–	–	–	–	–
300	Bauwerk – Baukonstruktionen	m² BGF	487.425	2.297,66	2.297,66	496,13	74,7
400	Bauwerk – Technische Anlagen	m² BGF	165.066	778,10	778,10	168,01	25,3
	Bauwerk 300+400	**m² BGF**	**652.491**	**3.075,76**	**3.075,76**	**664,14**	**100,0**
500	Außenanlagen und Freiflächen	m² AF	–	–	–	–	–
600	Ausstattung und Kunstwerke	m² BGF	–	–	–	–	–
700	Baunebenkosten	m² BGF	–	–	–	–	–
800	Finanzierung	m² BGF	–	–	–	–	–

KG	Kostengruppe	Menge Einheit	Kosten €	€/Einheit	%
3+4	**Bauwerk**				**100,0**
300	**Bauwerk – Baukonstruktionen**	212,14 m² BGF	487.425	**2.297,66**	74,7

Streifenfundamente, Stb-Bodenplatte, Abdichtung, Wärmedämmung, Zementestrich, Parkett, Fliesen; Wärmedämmziegel-Mauerwerk, Alufenster, Dreifachverglasung, Alutüre, Natursteinfassade, Putzfassade, Innenputz, Beschichtung; KS-Mauerwerk, Holzinnentüren, Glasausschnitt, Putz, Beschichtung, Fliesen, WC-Trennwände; Stb-Flachdach, Holz-Satteldach, Dachflächenfenster, Oberlicht, Dämmung, Abdichtung, Zwischensparrendämmung, Ziegeldeckung, Dachbegrünung, Dachentwässerung, GK-Akustik-Lochdecken; Einbauschränke, Teeküche

KG	Kostengruppe	Menge Einheit	Kosten €	€/Einheit	%
400	**Bauwerk – Technische Anlagen**	212,14 m² BGF	165.066	**778,10**	25,3

Gebäudeentwässerung, Kalt- und Warmwasserleitungen, Sanitärobjekte; Wärmepumpe, Fußbodenheizung; zentrale Lüftungsanlage mit Wärmerückgewinnung; Elektroinstallation, Beleuchtung, Sicherheitsbeleuchtung

6500-0058
Schulmensa
(150 Sitzplätze)

Objektübersicht

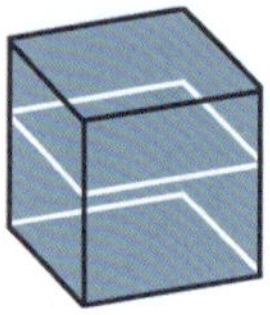
BRI 1.330 €/m³

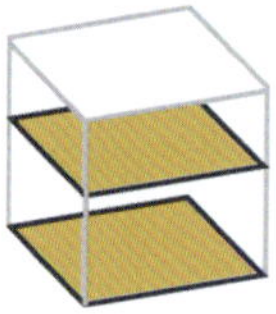
BGF 5.911 €/m²

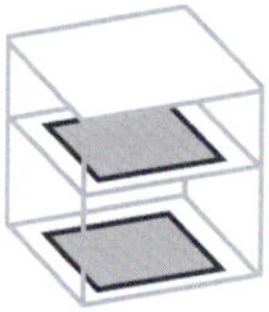
NUF 10.762 €/m²

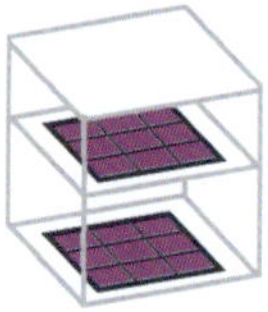
NE 32.732 €/NE

NE: Sitzplätze

Objekt:
Kennwerte: 1. Ebene DIN 276
BRI: 3.691 m³
BGF: 831 m²
NUF: 456 m²
Bauzeit: 52 Wochen
Bauende: 2021
Standard: Durchschnitt
Bundesland: Sachsen-Anhalt
Kreis: Magdeburg, Stadt

Architekt*in:
Prof. Dipl.-Ing. Ralf Niebergall
Klausenerstraße 31a
39112 Magdeburg

Bauherr*in:
Kuratorium Ökumenisches
Domgymnasium Magdeburg
Hegelstraße 5
39104 Magdeburg

© Steffen Spitzner

© Steffen Spitzner

© Steffen Spitzner

Ansicht Nord-West

Ansicht Süd-Ost

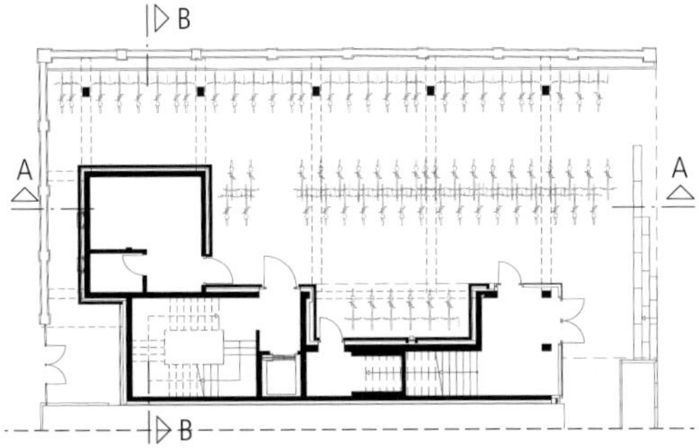

Erdgeschoss

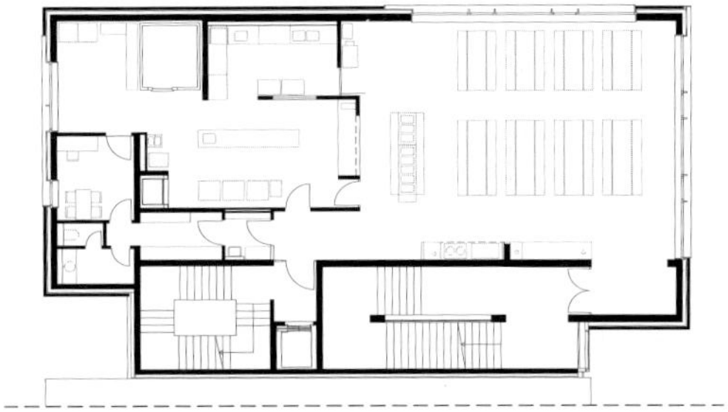

1. Obergeschoss

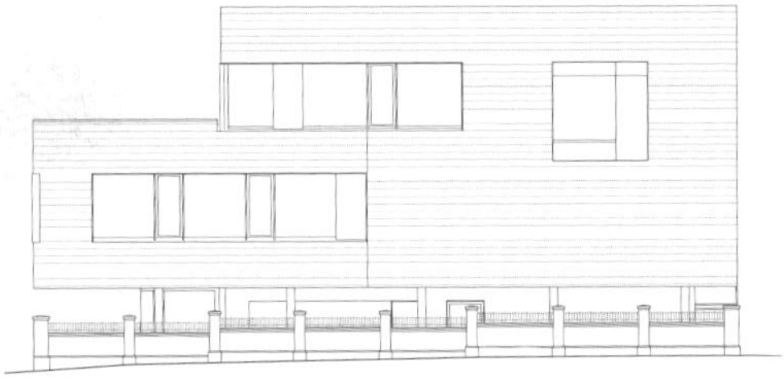

Ansicht Nord-Ost

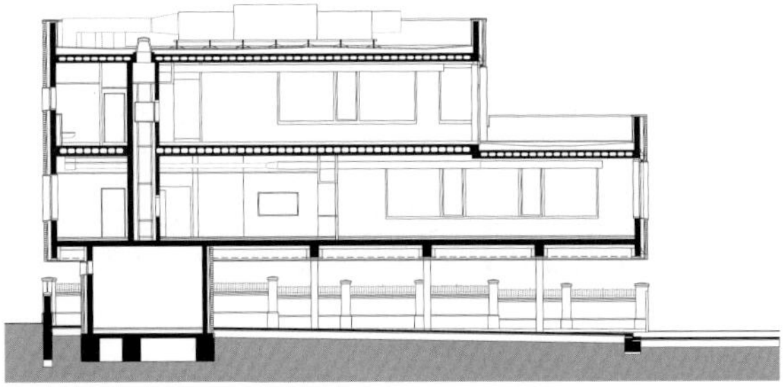

Schnitt A-A

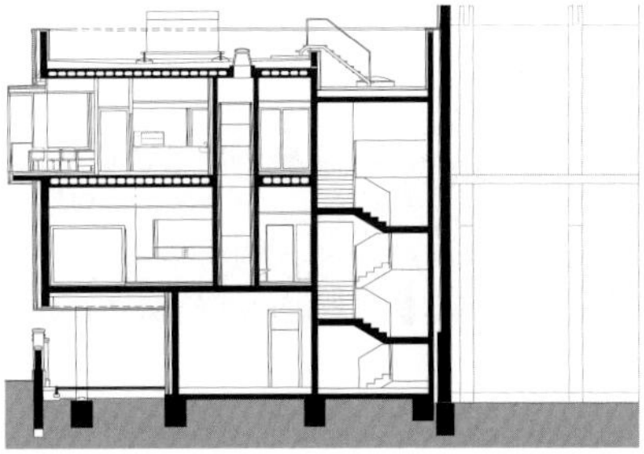

Schnitt B-B

Objektbeschreibung

Allgemeine Objektinformationen

Als Standort für den Neubau einer Mensa stand ein 380m² kleines Baugrundstück zur Verfügung, das direkt an die bestehende Sporthalle angrenzt. Die auf dieser Fläche vorhandenen Fahrradabstellplätze sollten weitgehend dort verbleiben, außerdem musste eine denkmalgeschützte Grundstücksmauer erhalten bleiben.

Nutzung

1 Erdgeschoss
Fahrradabstellplätze, Heiztechnik, Hausanschluss, Eingang, Aufzug, Treppenhäuser

1 Obergeschoss
Speiseraum, Ausgabe, Küche, Trockenlager, Kühlraum, Spülküche, Technik, Personalraum, Personalumkleiden, WCs, Aufzug, Treppenhäuser

1 Dachgeschoss
Speiseraum, Ausgabe, Sanitärbereich, Aufzug, Treppenhäuser, Terrasse

Nutzeinheiten

Sitzplätze: 150

Grundstück

Bauraum: Beengter Bauraum
Neigung: Geneigtes Gelände
Bodenklasse: BK 3 bis BK 6

Besonderer Kosteneinfluss Grundstück
Eine Tiefgründung mit Mikrobohrpfählen war notwendig. Die denkmalgeschützte Grundstückseinfriedung musste erhalten bleiben.

Markt

Hauptvergabezeit: 4. Quartal 2020
Baubeginn: 4. Quartal 2020
Bauende: 4. Quartal 2021
Konjunkturelle Gesamtlage: über Durchschnitt
Regionaler Baumarkt: über Durchschnitt

Baukonstruktion

Der Baukörper der Schulmensa wurde weitgehend aufgeständert. Er ist auf 36 Microbohrpfählen mit nur 24cm Durchmesser bis in eine Tiefe von 11m gegründet. Die Außenwände bestehen aus Stahlbeton mit Mineralfaserdämmung und einer hinterlüfteten Vorsatzschale aus Wasserstrichziegeln. Die Alu-Fensterbänder haben teils geschlossene Alu-Paneele. Ab dem 1.OG kamen Hohlkörperdecken mit 9,6m Spannweite zum Einsatz. Tragende Innenwände bestehen ebenfalls aus monolithischem Stahlbeton. Die Fußböden wurden mit Linoleum oder Fliesen belegt, die Decken sind mit HWL-Platten abgehängt.

Technische Anlagen

Die Mensa ist an die bestehende Fernwärmeversorgung der Schule angeschlossen. Sie ist in allen Bereichen mit Fußbodenheizung ausgestattet. Be- und Entlüftung übernimmt eine Lüftungsanlage mit Wärmerückgewinnung in Dachaufstellung. Alle Leuchten werden mit LED-Leuchtmitteln betrieben. Über Access-Points in den Geschossen sind Speiseräume und Küche an das WLAN-Netz der Schule angeschlossen.

Sonstiges

Mit dem historischen Schulgebäude von 1880, einem modernen Erweiterungsbau von 1930 und einem zweiten gläsernen Erweiterungsbau von 2000, sowie dem Sporthallenneubau aus gleicher Zeit, waren bereits mehrere architektonische Zeitschichten auf dem relativ kleinen Grundstück versammelt. Um sich möglichst behutsam in diesen Kontext einzufügen, wurde der Bezug zur klassischen Moderne des Baus von 1930 mit seinen ruhigen Ziegelwänden und großflächigen Fensteröffnungen gesucht und zeitgemäß interpretiert. Aluminiumfenster und Paneele nehmen Bezug zur Materialität der direkt angrenzenden Sporthalle.

Energetische Kennwerte

Gesetzliche Grundlage: EnEV 2013
Gebäudenutzfläche: 551,10m²
Gebäudevolumen: 2.824,50m³
A/V_e-Verhältnis (Kompaktheit): 0,59m⁻¹
Hüllfläche des beheizten Volumens: 1.114,00m²
Mittlerer U-Wert (opake Bauteile): 0,21W/(m²·K)
Mittlerer U-Wert (transparente Bauteile): 1,30W/(m²·K)
Spez. Jahresprimärenergiebedarf: 67,20kWh/(m²·a)

Energetische Angaben zu Außenbauteilen

Bodenplatte

U-Wert: 0,30 W/(m²·K)

Gesamtdicke: 38,75 cm	d[cm]	l[W/(m·K)]
Estrich	6,50	1,400
Dämmung	12,00	0,040
Bitumenbahn	0,25	0,170
Stahlbeton	20,00	2,100

Außenwand

U-Wert: 0,23 W/(m²·K)

Gesamtdicke: 34,00 cm	d[cm]	l[W/(m·K)]
Stahlbeton	20,00	2,100
Dämmung	14,00	0,035

Außenwand - zur Sporthalle

U-Wert: 0,27 W/(m²·K)

Gesamtdicke: 32,00 cm	d[cm]	l[W/(m·K)]
Stahlbeton	20,00	2,100
Dämmung	12,00	0,035

Decke gegen Außenluft unten

U-Wert: 0,23 W/(m²·K)

Gesamtdicke: 36,00 cm	d[cm]	l[W/(m·K)]
Stahlbeton	20,00	2,100
Dämmung	14,00	0,035
Außenputz	2,00	0,870

Dachterrasse

U-Wert: 0,19 W/(m²·K)

Gesamtdicke: 38,06 cm	d[cm]	l[W/(m·K)]
Stahlbeton	20,00	2,100
PE-Folie	0,03	0,200
Dämmung	18,00	0,035
PE-Folie	0,03	0,200

Dach

U-Wert: 0,19 W/(m²·K)

Gesamtdicke: 38,06 cm	d[cm]	l[W/(m·K)]
Stahlbeton	20,00	2,100
PE-Folie	0,03	0,200
Dämmung	18,00	0,035
PE-Folie	0,03	0,200

Planungskennwerte für Flächen und Rauminhalte nach DIN 277

Flächen des Grundstücks		Menge Einheit	% an GF
BF	Bebaute Fläche	370,50 m²	98,1
UF	Unbebaute Fläche	7,25 m²	1,9
GF	Grundstücksfläche	377,75 m²	100,0

Grundflächen des Bauwerks		Menge Einheit	% an NUF	% an BGF
NUF	Nutzungsfläche	456,20 m²	100,0	54,9
TF	Technikfläche	25,00 m²	5,5	3,0
VF	Verkehrsfläche	193,96 m²	42,5	23,4
NRF	Netto-Raumfläche	675,16 m²	148,0	81,3
KGF	Konstruktions-Grundfläche	155,39 m²	34,1	18,7
BGF	Brutto-Grundfläche	830,55 m²	182,1	100,0

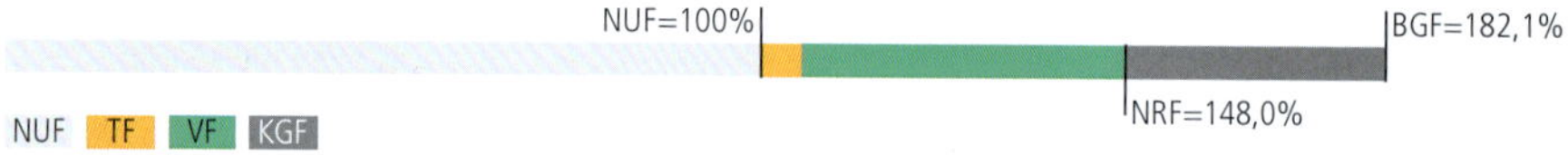

Brutto-Rauminhalt des Bauwerks		Menge Einheit	BRI/NUF (m)	BRI/BGF (m)
BRI	Brutto-Rauminhalt	3.690,81 m³	8,09	4,44

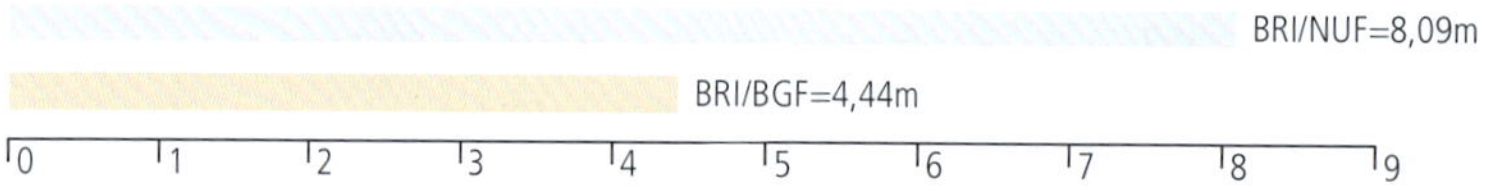

Kostenkennwerte für die Kostengruppen der 1. Ebene DIN 276

KG	Kostengruppen (1. Ebene)	Einheit	Kosten €	€/Einheit	€/m² BGF	€/m³ BRI	% 300+400
100	Grundstück	m² GF	–	–	–	–	–
200	Vorbereitende Maßnahmen	m² GF	–	–	–	–	–
300	Bauwerk – Baukonstruktionen	m² BGF	3.554.589	4.279,80	4.279,80	963,09	72,4
400	Bauwerk – Technische Anlagen	m² BGF	1.355.178	1.631,66	1.631,66	367,18	27,6
	Bauwerk 300+400	**m² BGF**	**4.909.767**	**5.911,47**	**5.911,47**	**1.330,27**	**100,0**
500	Außenanlagen und Freiflächen	m² AF	–	–	–	–	–
600	Ausstattung und Kunstwerke	m² BGF	–	–	–	–	–
700	Baunebenkosten	m² BGF	–	–	–	–	–
800	Finanzierung	m² BGF	–	–	–	–	–

KG	Kostengruppe	Menge Einheit	Kosten €	€/Einheit	%
3+4	**Bauwerk**				**100,0**
300	**Bauwerk – Baukonstruktionen**	830,55 m² BGF	3.554.589	**4.279,80**	72,4

Tiefgründung mit Mikrobohrpfählen; Stb-Bodenplatte, Abdichtung, Dämmung, Heizestrich, Pflasterbeläge; Stb-Wände, Stb-Stützen, Alu-Türen, Mineralfaserdämmung, hinterlüftete Ziegel-Vorsatzschale, teilw. Aluminium-Paneele, Wandfliesen, Beschichtung, Alu-Pfosten-Riegel-Fassade; Stb-Wände, KS-Wände, GK-Wände, Aluinnentüren, Holztüren, Stahlzargen, Beschichtung; Stb-Decken, Stb-Unterzüge, Stb-Hohlkörperdecken, Stb-Treppen, Dämmung, Heizestrich, Linoleum, Bodenfliesen, Synthesekautschuk Treppenstufen, Metallpaneel-Unterdecken, Treppengeländer, Terrassengeländer; Stb-Hohlkörperdecken, Heizestrich, Linoleum, Bodenfliesen, HWL-Deckenbekleidung; Stb-Flachdach mit Füllkörpern, Stb-Schrägdach, Oberlichter mit RWA, Dämmung, Abdichtung, Betonwerksteinplatten, Kiesschüttung, Alu-Paneele auf Schrägdach, Akustikpaneele, Dachleiter, Absturzsicherungen

KG	Kostengruppe	Menge Einheit	Kosten €	€/Einheit	%
400	**Bauwerk – Technische Anlagen**	830,55 m² BGF	1.355.178	**1.631,66**	27,6

Gebäudeentwässerung, Sickerschacht mit geschlossenem Kunststoff-Rigolensystem, Kalt- und Warmwasserleitungen, Sanitärobjekte; Fernwärmeanschluss, Fußbodenheizung; Be- und Entlüftungsanlage mit Wärmerückgewinnung; Elektroinstallation, LED-Pendelleuchten, Langfeldleuchten, Sicherheitsbeleuchtung; Brandmeldeanlage, Access-Points; Personenaufzug, Kleingüteraufzug; Kühlzelle

6500-0059
Studierenden-
wohnheim
(70 Betten)
Mensa
(400 Sitzplätze)

Objektübersicht

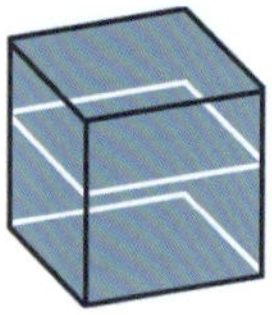

BRI 801 €/m³

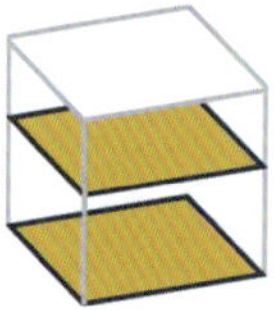

BGF 3.124 €/m²

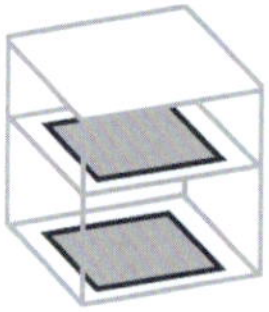

NUF 5.285 €/m²

Objekt:
Kennwerte: 1. Ebene DIN 276
BRI: 19.694 m³
BGF: 5.048 m²
NUF: 2.984 m²
Bauzeit: 104 Wochen
Bauende: 2022
Standard: über Durchschnitt
Bundesland: Mecklenburg-Vorpommern
Kreis: Rostock, Stadt

Architekt*in:
MHB GmbH
Rosa-Luxemburg-Straße 4
18055 Rostock

Bauherr*in:
Studierendenwerk
Rostock-Wismar AöR
St.-Georg-Straße 104-107
18055 Rostock

© Konstantin Börner

© Konstantin Börner

© Konstantin Börner

© Konstantin Börner

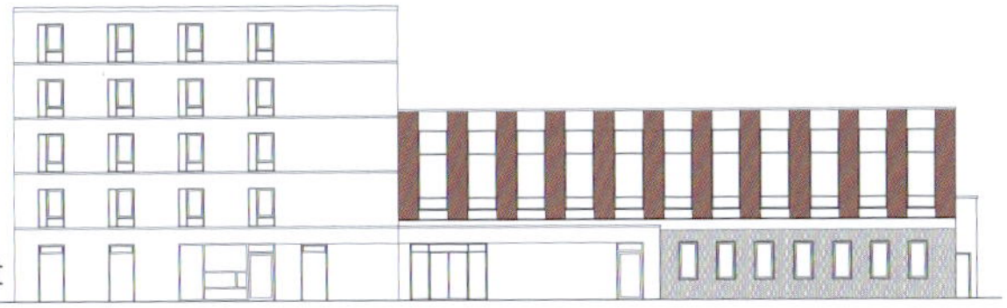

Ansicht Süd-West

Erdgeschoss

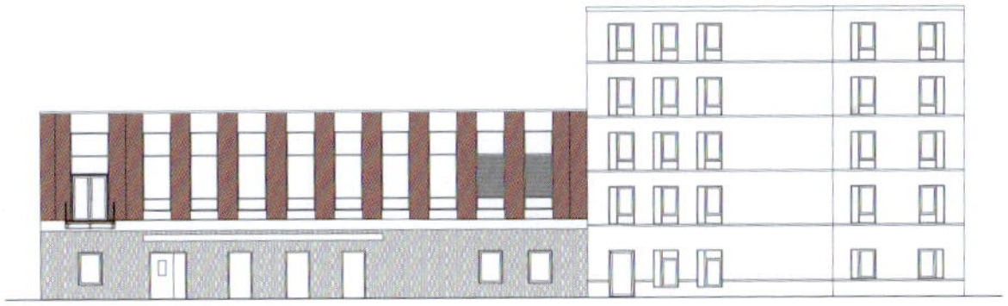

Ansicht Nord-Ost

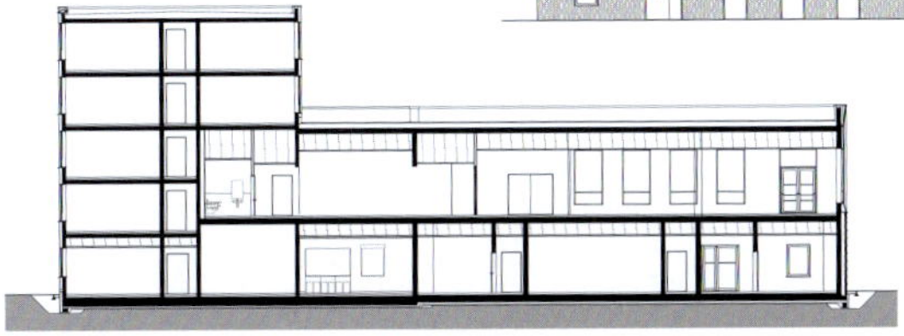

Schnitt A-A

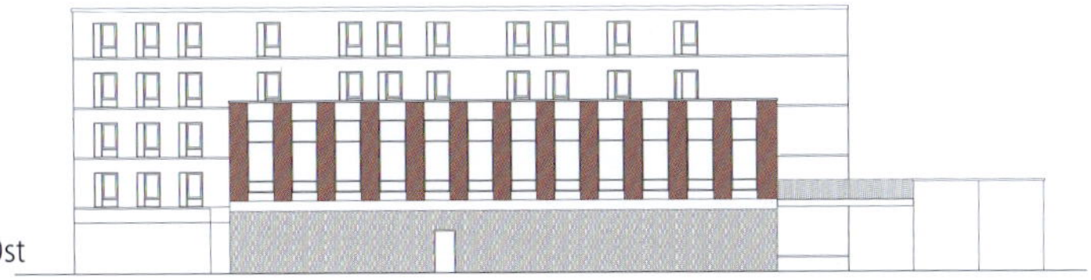

Ansicht Süd-Ost

Objektbeschreibung

Allgemeine Objektinformationen

Das Studierendenwerk realisierte den Neubau einer Mensa mit studentischem Wohnen. Die Mensa verfügt über 400 Sitzplätze und eine Produktionsküche, die täglich 1.600 Portionen produzieren kann. Das Studierendenwohnheim stellt 70 zusätzliche Wohnheimplätze in 32 Wohneinheiten bereit.

Nutzung

1 Erdgeschoss
Großküche, Ausgabebereich, Kasse, Kühlräume, Personal, Sanitärräume, Umkleide, Lager, Haustechnikräume, Müll, Büros, Wareneingang, Studierendenzimmer, Treppenhäuser, Flure, Aufzüge

4 Obergeschosse
1.OG: Caféteria, Speisesaal, Foyer, WCs, Lüftungszentrale, Studierendenzimmer, Bäder, Küchen, Sportraum, Treppenhäuser, Flure, Aufzüge

2-4.OG: Studierendenzimmer, Bäder, Küchen, Treppenhäuser, Flure, Aufzüge

Nutzeinheiten

Sitzplätze: 400
Wohneinheiten: 70

Grundstück

Bauraum: Baulücke
Neigung: Ebenes Gelände
Bodenklasse: BK 3 bis BK 4

Markt

Hauptvergabezeit: 2.Quartal 2020
Baubeginn: 3.Quartal 2020
Bauende: 3.Quartal 2022
Konjunkturelle Gesamtlage: über Durchschnitt
Regionaler Baumarkt: über Durchschnitt

Baukonstruktion

Die Gründung wurde mittels einer Stahlbetonbodenplatte ausgeführt. Die Herstellung der Außenwände erfolgte als Mauerwerks- bzw. Stahlbetonwände. Nach statischer Erfordernis sind Stahlbetonstützen ausgeführt. Das Wohngebäude erhielt eine gedämmte Putzfassade, die Mensa wurde im OG mit einer hinterlüfteten Vorhangfassade bekleidet, im EG mit einer Klinkervorsatzschale. Die Alufenster erhielten eine Wärmeschutzverglasung. Die tragenden Innenwände bestehen aus Mauerwerk bzw. Stahlbeton, die nichttragenden Innenwände wurden in Mauerwerk und Trockenbauweise hergestellt. Für die Innentüren und Innenfenster im Bereich der Wohnbereiche kamen Holzwerkstoffe mit HPL-Oberflächen zum Einsatz. Flurtüren sowie Türen zum Gebäudeteilabschluss bestehen aus Alu-Rohrrahmen-Konstruktion mit Verglasung. Das Wohngebäude erhielt eine Stahlbeton-Elementdecke, die Mensa eine Ortbetondecke mit Unter- und Überzügen. Die Böden sind mit Linoleum, Parkett oder Bodenfliesen belegt.

Technische Anlagen

Die Wärmeversorgung des Gebäudes erfolgt über den Anschluss an das Fernwärmenetz der Stadtwerke, die Verteilung erfolgt über Platten- und Stahlröhren-Radiatoren. Die Mensa verfügt über eine Zu- und Abluftanlage mit Wärmerückgewinnung, alle Zuluftanlagen wurden mit Heizregistern der Fernwärme bestückt. Eine Fahrtreppe dient zur Erschließung des EGs zum 1.OG und verbindet den Speisesaal mit der Cafeteria. Es wurde eine Großküche inklusive diversen Kühlräumen und küchentechnischen Geräten eingebaut. Eine Feuerlöschanlage sowie Gefahrenmeldeanlagen wurden installiert.

Sonstiges

Für die energetischen Werte wurden die Angaben des Wohnheims zugrunde gelegt.

Energetische Kennwerte

Gesetzliche Grundlage: EnEV 2013
Gebäudenutzfläche: 2.192,60 m^2
Hüllfläche des beheizten Volumens: 2.565,80 m^2
Spez. Transmissionswärmeverlust: 0,40 W/(m^2·K)
Spez. Jahresprimärenergiebedarf: 36,10 kWh/(m^2·a)

Energetische Angaben zu Außenbauteilen

Bodenplatte Wohnen

U-Wert: 0,21 W/(m²·K)

Gesamtdicke: 74,00 cm	d[cm]	l[W/(m·K)]
Estrich	8,00	1,400
Trittschalldämmung	2,00	0,040
Dämmung	6,00	0,035
Stahlbeton	50,00	2,300
Dämmung	8,00	0,040

Außenwand im Erdreich Wohnen

U-Wert: 0,31 W/(m²·K)

Gesamtdicke: 35,50 cm	d[cm]	l[W/(m·K)]
Innenputz	1,50	0,510
Stahlbeton	20,00	2,500
Dämmung	14,00	0,047

Außenwand Wohnen

U-Wert: 0,23 W/(m²·K)

Gesamtdicke: 35,50 cm	d[cm]	l[W/(m·K)]
Innenputz	1,50	0,510
Kalksandstein	20,00	1,100
Dämmung	14,00	0,035

Dach Wohnen

U-Wert: 0,13 W/(m²·K)

Gesamtdicke: 52,50 cm	d[cm]	l[W/(m·K)]
Stahlbeton	22,00	2,300
Dämmung	10,00	0,040
Dämmung	10,00	0,040
Dämmung	10,50	0,038

Bodenplatte Mensa

U-Wert: 0,29 W/(m²·K)

Gesamtdicke: 60,00 cm	d[cm]	l[W/(m·K)]
Estrich	8,00	1,400
Stahlbeton	40,00	2,300
Dämmung	12,00	0,040

Außenwand im Erdreich Mensa

U-Wert: 0,31 W/(m²·K)

Gesamtdicke: 35,50 cm	d[cm]	l[W/(m·K)]
Innenputz	1,50	0,510
Stahlbeton	20,00	2,500
Dämmung	14,00	0,047

Außenwand hinterlüftet Mensa

U-Wert: 0,23 W/(m²·K)

Gesamtdicke: 40,50 cm	d[cm]	l[W/(m·K)]
Innenputz	1,50	0,510
Stahlbeton	25,00	2,300
Dämmung	14,00	0,035

Dach Mensa

U-Wert: 0,13 W/(m²·K)

Gesamtdicke: 60,20 cm	d[cm]	l[W/(m·K)]
Stahlbeton	30,00	2,300
Dämmung	10,00	0,040
Dämmung	12,00	0,040
Dämmung	8,20	0,040

Planungskennwerte für Flächen und Rauminhalte nach DIN 277

Flächen des Grundstücks		Menge Einheit	% an GF
BF	Bebaute Fläche	1.592,13 m²	30,7
UF	Unbebaute Fläche	3.591,87 m²	69,3
GF	Grundstücksfläche	5.184,00 m²	100,0

Grundflächen des Bauwerks		Menge Einheit	% an NUF	% an BGF
NUF	Nutzungsfläche	2.983,81 m²	100,0	59,1
TF	Technikfläche	368,01 m²	12,3	7,3
VF	Verkehrsfläche	894,52 m²	30,0	17,7
NRF	Netto-Raumfläche	4.246,34 m²	142,3	84,1
KGF	Konstruktions-Grundfläche	801,26 m²	26,9	15,9
BGF	Brutto-Grundfläche	5.047,60 m²	169,2	100,0

Brutto-Rauminhalt des Bauwerks		Menge Einheit	BRI/NUF (m)	BRI/BGF (m)
BRI	Brutto-Rauminhalt	19.694,22 m³	6,60	3,90

Kostenkennwerte für die Kostengruppen der 1.Ebene DIN 276

KG	Kostengruppen (1.Ebene)	Einheit	Kosten €	€/Einheit	€/m² BGF	€/m³ BRI	% 300+400
100	Grundstück	m² GF	–	–	–	–	–
200	Vorbereitende Maßnahmen	m² GF	–	–	–	–	–
300	Bauwerk – Baukonstruktionen	m² BGF	8.807.113	1.744,81	1.744,81	447,19	55,8
400	Bauwerk – Technische Anlagen	m² BGF	6.963.449	1.379,56	1.379,56	353,58	44,2
	Bauwerk 300+400	**m² BGF**	**15.770.562**	**3.124,37**	**3.124,37**	**800,77**	**100,0**
500	Außenanlagen und Freiflächen	m² AF	–	–	–	–	–
600	Ausstattung und Kunstwerke	m² BGF	–	–	–	–	–
700	Baunebenkosten	m² BGF	–	–	–	–	–
800	Finanzierung	m² BGF	–	–	–	–	–

KG	Kostengruppe	Menge Einheit	Kosten €	€/Einheit	%
3+4	**Bauwerk**				**100,0**
300	**Bauwerk – Baukonstruktionen**	5.047,60 m² BGF	8.807.113	**1.744,81**	55,8

Baugrubenaushub; Stahlbetonbodenplatte, Abdichtung, Dämmung, Estrich, Linoleum, Bodenfliesen, Perimeterdämmung; Stb-Wände, KS-Wände, Alufenster, Alu-Glaselemente, Wärmeschutzverglasung, Automatikschiebetüren, Dämmung, hinterlüftete Vorhangfassade, Klinkerschale, WDVS, Sichtbeton, Beschichtung, Sonnenschutz; Stb-Innenwände, KS-Mauerwerk, GK-Wände, Stb-Stützen, Holztüren, HPL-Oberflächen, Stahltüren, Automatikschiebetüren, Putz, Wandfliesen, Beschichtung; Stb-Decken, Stb-Treppen, Dämmung, Estrich, Stabparkett, Linoleum, Bodenfliesen, Abhangdecken, Akustikdecken, Treppengeländer; Stb-Flachdach, Lichtkuppeln, Lichtband, Gefälledämmung, Abdichtung, Kiesschüttung, Dachentwässerung; Einbauküchen, Einbaumöbel; Unterfangung von Bestandsfundamenten angrenzender Gebäude

KG	Kostengruppe	Menge Einheit	Kosten €	€/Einheit	%
400	**Bauwerk – Technische Anlagen**	5.047,60 m² BGF	6.963.449	**1.379,56**	44,2

Gebäudeentwässerung, Hebeanlage, Kalt- und Warmwasserleitungen, Sanitärobjekte; Fernwärmeanschluss, Plattenheizkörper, Stahl-Röhrenradiatoren, profilierte Ventil-Plattenheizkörper; Zu- und Abluftanlagen mit Wärmerückgewinnung, RLT-Anlage; Elektroinstallation, Beleuchtungsanlagen, Blitzschutzanlage; Telekommunikationsanlage, Such- und Signalanlage, Gefahrenmelde-, Alarmanlage, Datenverkabelung; Aufzugsanlagen, Fahrtreppe; küchentechnische Anlagen, Feuerlöschanlage

6500-0060
Mensa
Mediathek
(350 Sitzplätze)

Objektübersicht

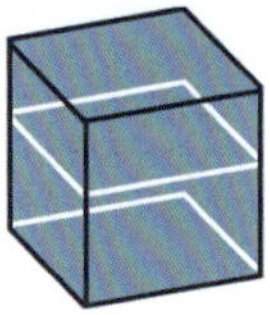

BRI 1.117€/m^3

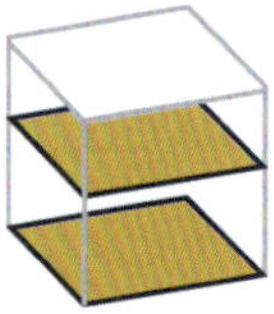

BGF 4.605€/m^2

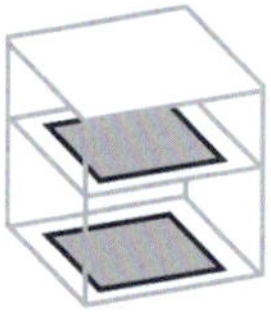

NUF 8.323€/m^2

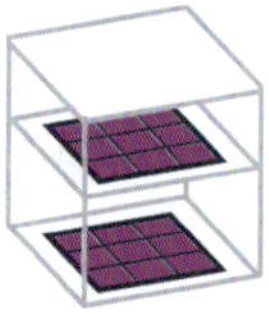

NE 56.920€/NE

NE: Sitzplätze

Objekt:
Kennwerte: 1.Ebene DIN 276
BRI: 17.831m^3
BGF: 4.326m^2
NUF: 2.394m^2
Bauzeit: 143 Wochen
Bauende: 2021
Standard: Durchschnitt
Bundesland: Hessen
Kreis: Darmstadt, Stadt

Architekt*in:
wulf architekten gmbh
Breitscheidstraße 8
70174 Stuttgart

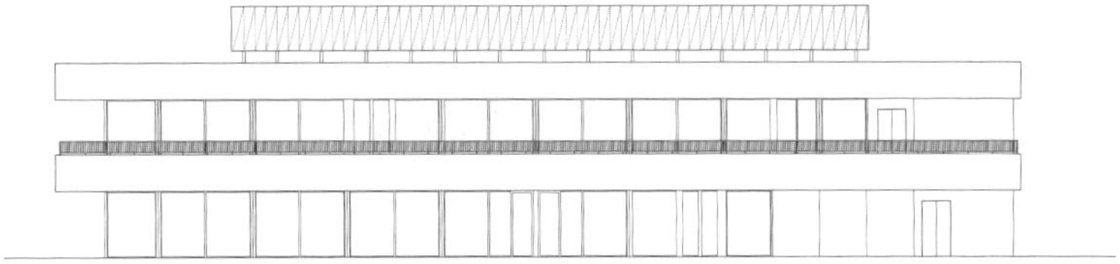

Ansicht Nord

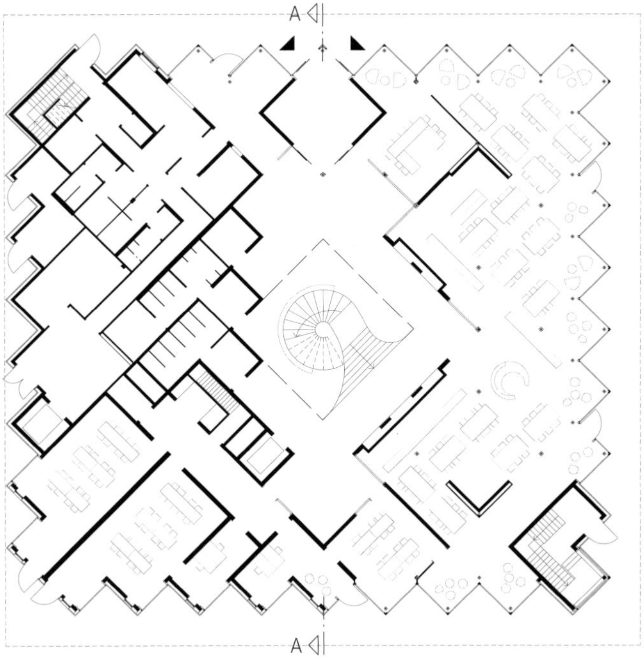

Erdgeschoss

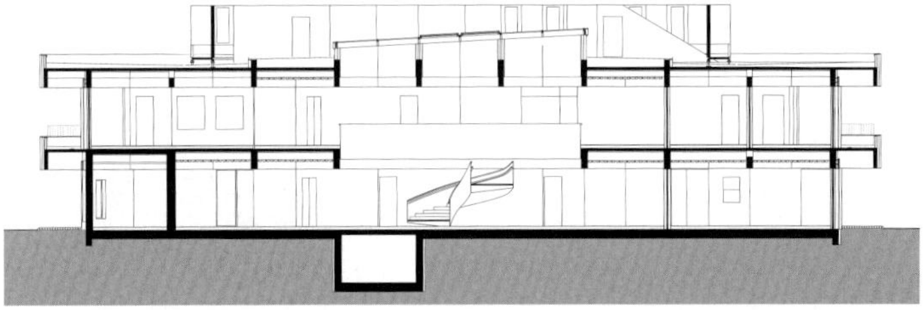

Schnitt A-A

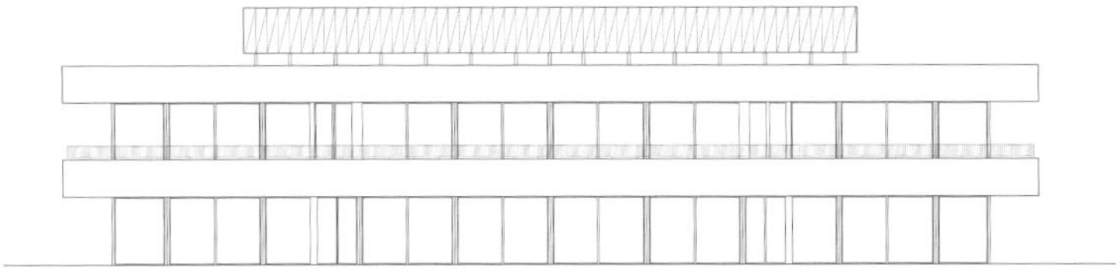

Ansicht Ost

Objektbeschreibung

Allgemeine Objektinformationen

Der Neubau mit einer Nutzfläche von ca. 2.400 m² auf 2 Vollgeschossen steht als Solitär im Bürgerpark. Das Gebäude wird über einen zentralen Hauptzugang im Norden erschlossen, von dort erreicht man das Bistro mit Außensitzbereich, die Mediathek und den VHS-Bereich. Im OG befindet sich die Mensa mit angrenzendem Multifunktionsbereich. Im Inneren ist die Wegeführung klar entsprechend der Funktionsabläufe entwickelt. Eine großzügig gewendelte Freitreppe im Zentrum des Gebäudes führt als Raumskulptur zum Zugang der Mensa.

Nutzung

1 Untergeschoss
Stuhllager, Serverraum, Hausanschlussraum, Technikräume

1 Erdgeschoss
Foyer mit Treppe, Cafeteria, Essensausgabe, Küchenräume, Spülküche, Kühl-, Tiefkühllager, Anlieferung, Entsorgung, Büro, Bibliothek, Zeitschriftensammlung, Schülerarbeitsbereiche, Sozialraum, Kopierraum, WCs

1 Obergeschoss
Lounge, Speisesaal, Essensausgabe, Shop, Küchenräume, Kühllager, Büro, Sozialräume, Lagerräume, Galerie

1 Dachgeschoss
Technik Küche, HLS

Nutzeinheiten

Sitzplätze: 350

Grundstück

Bauraum: Freier Bauraum
Neigung: Ebenes Gelände
Bodenklasse: BK 3 bis BK 4

Markt

Hauptvergabezeit: 3. Quartal 2018
Baubeginn: 1. Quartal 2019
Bauende: 4. Quartal 2021
Konjunkturelle Gesamtlage: über Durchschnitt
Regionaler Baumarkt: Durchschnitt

Baukonstruktion

Gegründet wurde das Gebäude auf einer 45cm starken Stahlbetonbodenplatte aus WU-Beton. Die tragenden Wände sind in Sicht-Stahlbeton ausgeführt. Der Gebäudekern ist massiv in Stahlbeton, Innenwände wurden in Kalksandstein oder in Trockenbau erstellt. Die Decke über der Mediathek, dem Foyer und dem Bistro bildet einen sichtbaren Holzträgerrost, bestehend aus Brettschichtholzträgern, die punktuell auf Stb-Verbundstützen und massiven Bauteilen gelagert werden. Dabei kragt die Holzkonstruktion des Dachs für den Balkon im 1.OG weit aus. Die Deckenscheibe wird durch eine Brettsperrholzdecke gebildet, die zur Verteilung der Vertikallasten dient. Die Fassaden bestehen aus vorgehängten, anthrazitfarbenen Metallelementen und einer Alu-Pfosten-Riegelfassade mit dreifachverglastem Sonnenschutzglas. Das Flachdach wurde bekiest.

Technische Anlagen

Die Wärmeversorgung erfolgt aus dem bestehenden Fernwärmenetz mit Übergabestation im Mensagebäude. Die Wärme wird über eine Fußbodenheizung und Heizkörper verteilt. Das anfallende Regenwasser wird über eine Rigole mit Überlauf in das öffentliche Kanalnetz entsorgt. Es kam eine Be- und Entlüftungsanlage mit Wärmerückgewinnung zum Einsatz. Die Küchen werden mit separater Lüftungsanlage behandelt. Es sind zwei Vollküchen vorhanden. Eine im EG des Bistros, eine im OG der Mensa. Es wurde eine Gebäudeautomation zur Regelung und Optimierung der technischen Anlagen eingebaut.

Sonstiges

In der unmittelbaren Umgebung des Berufsschulzentrums befinden sich weitere fünf Schulen, sowie Sporthallen und Sportplätze, die zusammen einen Schulcampus bilden. Der Neubau soll eine Zentrumsfunktion einnehmen und den Bürger*innen des angrenzenden Viertels und den Besucher*innen des Bürgerparks zur Verfügung stehen.

Energetische Kennwerte

Gesetzliche Grundlage: EnEV 2013
Gebäudenutzfläche: 2.845,60 m²
Hüllfläche des beheizten Volumens: 4.986,10 m²
Spez. Transmissionswärmeverlust: 0,45 W/(m²·K)
Mittlerer U-Wert (opake Bauteile): 0,18 W/(m²·K)
Mittlerer U-Wert (Vorhangfassade): 1,40 W/(m²·K)
Mittlerer U-Wert (Glasdächer, etc.): 1,68 W/(m²·K)
Spez. Jahresprimärenergiebedarf: 56,87 kWh/(m²·a)

Energetische Angaben zu Außenbauteilen

Bodenplatte UG

U-Wert: 0,35 W/(m²·K)

Gesamtdicke: 55,00 cm	d[cm]	l[W/(m·K)]
Stahlbeton	45,00	2,300
Dämmung	10,00	0,040

Außenwand gegen Erdreich

U-Wert: 0,36 W/(m²·K)

Gesamtdicke: 40,00 cm	d[cm]	l[W/(m·K)]
Stahlbeton	30,00	2,300
Dämmung	10,00	0,040

Bodenplatte EG

U-Wert: 0,30 W/(m²·K)

Gesamtdicke: 57,00 cm	d[cm]	l[W/(m·K)]
Stahlbeton	45,00	2,300
Dämmung	12,00	0,040

Außenwand

U-Wert: 0,18 W/(m²·K)

Gesamtdicke: 43,00 cm	d[cm]	l[W/(m·K)]
Stahlbeton	25,00	2,300
Dämmung	18,00	0,035

Dach

U-Wert: 0,17 W/(m²·K)

Gesamtdicke: 22,80 cm	d[cm]	l[W/(m·K)]
Dämmung	22,80	0,040

Planungskennwerte für Flächen und Rauminhalte nach DIN 277

Flächen des Grundstücks		Menge Einheit	% an GF
BF	Bebaute Fläche	1.849,00 m²	77,0
UF	Unbebaute Fläche	551,00 m²	23,0
GF	Grundstücksfläche	2.400,00 m²	100,0

Grundflächen des Bauwerks		Menge Einheit	% an NUF	% an BGF
NUF	Nutzungsfläche	2.393,50 m²	100,0	55,3
TF	Technikfläche	868,77 m²	36,3	20,1
VF	Verkehrsfläche	550,53 m²	23,0	12,7
NRF	Netto-Raumfläche	3.812,80 m²	159,3	88,1
KGF	Konstruktions-Grundfläche	513,14 m²	21,4	11,9
BGF	Brutto-Grundfläche	4.325,94 m²	180,7	100,0

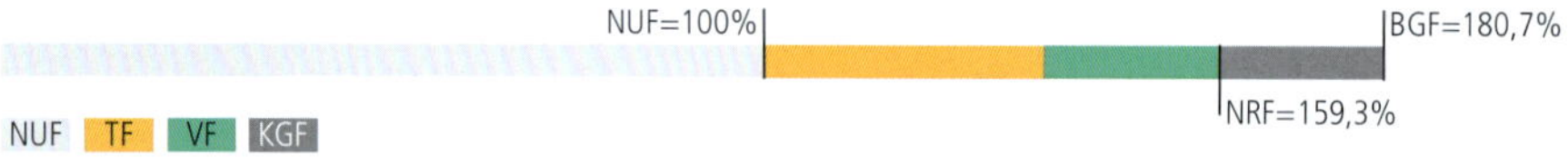

Brutto-Rauminhalt des Bauwerks		Menge Einheit	BRI/NUF (m)	BRI/BGF (m)
BRI	Brutto-Rauminhalt	17.830,83 m³	7,45	4,12

Kostenkennwerte für die Kostengruppen der 1.Ebene DIN 276

KG	Kostengruppen (1.Ebene)	Einheit	Kosten €	€/Einheit	€/m² BGF	€/m³ BRI	% 300+400
100	Grundstück	m² GF	–	–	–	–	–
200	Vorbereitende Maßnahmen	m² GF	–	–	–	–	–
300	Bauwerk – Baukonstruktionen	m² BGF	12.317.190	2.847,29	2.847,29	690,78	61,8
400	Bauwerk – Technische Anlagen	m² BGF	7.604.953	1.757,99	1.757,99	426,51	38,2
	Bauwerk 300+400	**m² BGF**	**19.922.143**	**4.605,27**	**4.605,27**	**1.117,29**	**100,0**
500	Außenanlagen und Freiflächen	m² AF	1.411.136	2.561,04	326,20	79,14	7,1
600	Ausstattung und Kunstwerke	m² BGF	379.305	87,68	87,68	21,27	1,9
700	Baunebenkosten	m² BGF	–	–	–	–	–
800	Finanzierung	m² BGF	–	–	–	–	–

KG	Kostengruppe	Menge Einheit	Kosten €	€/Einheit	%
3+4	**Bauwerk**				**100,0**
300	**Bauwerk – Baukonstruktionen**	4.325,94 m² BGF	12.317.190	**2.847,29**	61,8

Baugrubenaushub; teilw. Frostschürzen, Stb-Fundamentplatte, Heizestrich, Beschichtung, Parkett, Bodenfliesen, Abdichtung, Kiesschicht, Perimeterdämmung; Stb-Wände, teilw. Sichtbeton, teilw. WU-Beton, Mauerwerkswände, Verbundstützen, Alu-Pfosten-Riegelfassade, Dreifachverglasung, Sonnenschutzverglasung, Wärmedämmung, Metallfassade, gezackte Stahl-Dacheinhausung; Innenmauerwerk, Stb-Wände, GK-Wände, Verbundstützen, Wandfliesen, mobile Trennwände, WC-Trennwände; sichtbare BSH-Holzträgerroste, Holz-Brettsperrholzdecken, Stb-Treppen, Stahltreppen, Stahlwendeltreppe mit Industrieparkettstufen, Heizestrich, Parkett, Bodenfliesen, abgehängte Schallschutzdecken, teilw. abgehängte Faltblechbekleidung, Stahlgeländer, Treppengeländer; sichtbare BSH-Holzträgerroste, Holz-Brettsperrholzdecken, Oberlichter, Dämmung, Abdichtung, extensive Dachbegrünung, Kies, Dachentwässerung, Schallschutzdecken; Einbauregale, Infotheke, Garderoben, Schließfächer, Kassenmöbel

KG	Kostengruppe	Menge Einheit	Kosten €	€/Einheit	%
400	**Bauwerk – Technische Anlagen**	4.325,94 m² BGF	7.604.953	**1.757,99**	38,2

Gebäudeentwässerung, Fettabscheider, Kalt- und Warmwasserleitungen, Sanitärobjekte; Fernwärmeversorgung, Fußbodenheizung; kontrollierte Be- und Entlüftungen mit Wärmerückgewinnung, RWA-Anlagen; Elektroinstallation, LED-Lichtlinien, LED-Downlights, LED-Ringleuchten, Sicherheitsleuchten; Datenübertragungsanlage, Rauchmelder; elektronische Zugangskontrolle mit Chipkarten; Personenaufzug, Lastenaufzug; Großküchen (2St); Gebäudeautomation

KG	Kostengruppe	Menge Einheit	Kosten €	€/Einheit	%
500	**Außenanlagen und Freiflächen**	551,00 m² AF	1.411.136	**2.561,04**	7,1

Oberbodenarbeiten, Bodenarbeiten; Wege, Terrassen; Außenbeleuchtung; Oberbodenauftrag, Rasen

KG	Kostengruppe	Menge Einheit	Kosten €	€/Einheit	%
600	**Ausstattung und Kunstwerke**	4.325,94 m² BGF	379.305	**87,68**	1,9

Möblierung

6500-0061
Klostergaststätte
(303 Sitzplätze)
TG (21 STP)

Objektübersicht

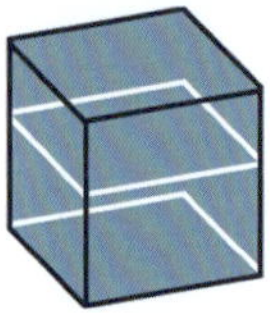

BRI 698 €/m³

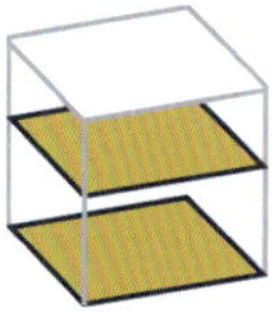

BGF 2.590 €/m²

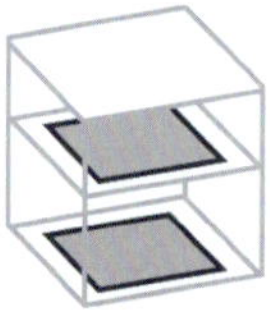

NUF 5.577 €/m²

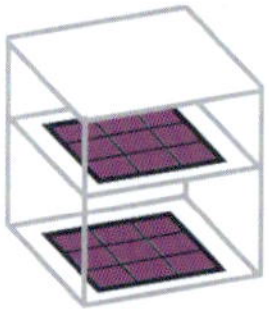

NE 12.872 €/NE
NE: Sitzplätze

Objekt:
Kennwerte: 1. Ebene DIN 276
BRI: 5.585 m³
BGF: 1.506 m²
NUF: 699 m²
Bauzeit: 69 Wochen
Bauende: 2022
Standard: über Durchschnitt
Bundesland: Rheinland-Pfalz
Kreis: Ahrweiler

Architekt*in:
fries architekten GmbH
Rheinstraße 103
56179 Vallendar

Bauherr*in:
Vereinigung der Benediktiner
zu Maria Laach e.V.
Benediktiner Abtei
56653 Maria Laach

© fries architekten

© fries architekten

© fries architekten

© fries architekten

Zeichnungen

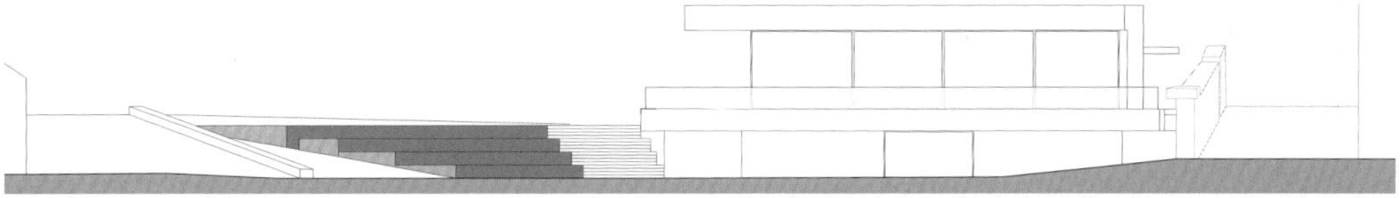

Ansicht Ost

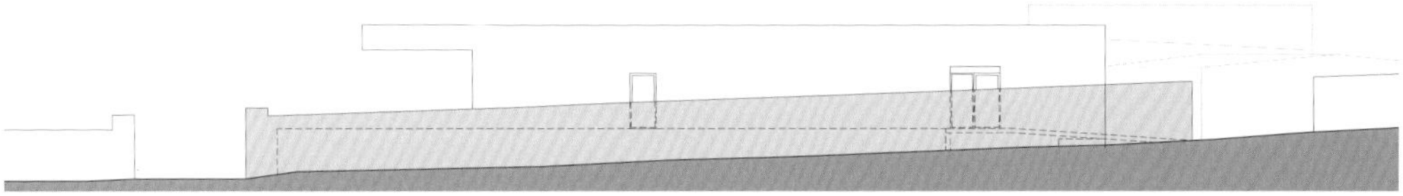

Ansicht Nord

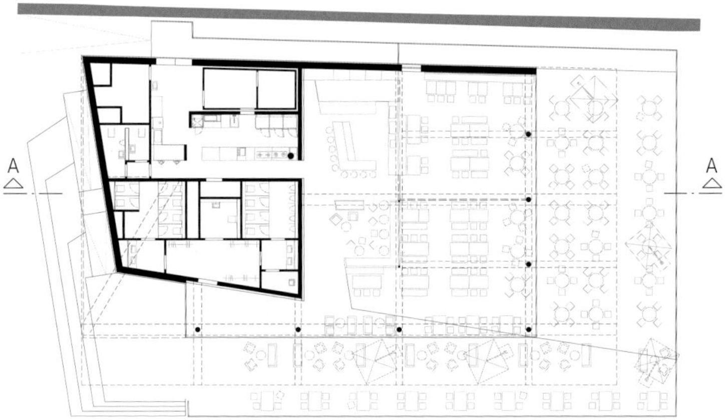

Erdgeschoss

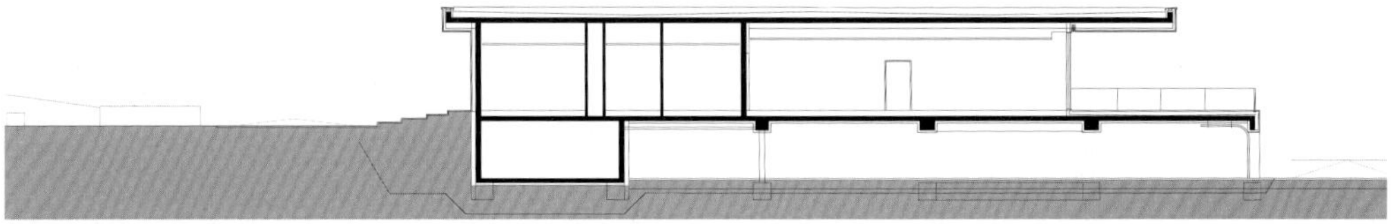

Schnitt A-A

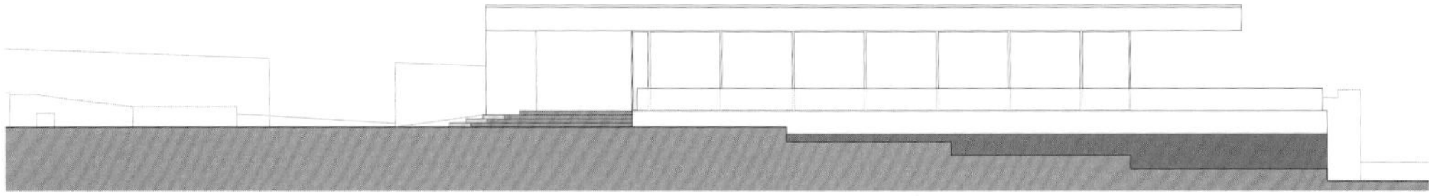

Ansicht Süd

6500-0061
Klostergaststätte
(303 Sitzplätze)
TG (21 STP)

Objektbeschreibung

Allgemeine Objektinformationen

Die neue Klostergaststätte fügt sich mit ihrer klaren und transparenten Architektur harmonisch und selbstbewusst in das hochmittelalterliche Klosterensemble ein. Die Öffnung der alten Klausurmauer, die zuvor die Abtei von dem Hotelgebäude abgrenzte, sorgt nun für einen barrierefreien Zugang zur neuen Gaststätte. Die Neugestaltung der Außenanlagen bietet Platz zum Verweilen und Staunen und Spaß für die Kleinen.

Nutzung

1 Untergeschoss
offene Tiefgarage, Technikräume, Abstellraum

1 Erdgeschoss
Eingangsbereich, Garderobe, WCs, Gastraum, Küche, Kühlzellen, Lager, Barbereich

Nutzeinheiten

Sitzplätze: 303
Stellplätze: 21

Grundstück

Bauraum: Freier Bauraum
Neigung: Hanglage
Bodenklasse: BK 1 bis BK 4

Markt

Hauptvergabezeit: 4. Quartal 2020
Baubeginn: 4. Quartal 2020
Bauende: 1. Quartal 2022
Konjunkturelle Gesamtlage: Durchschnitt
Regionaler Baumarkt: unter Durchschnitt

Baukonstruktion

Der Neubau präsentiert sich als zweigeschossiger kubischer Baukörper in Stahlbeton mit vorgehängter, hinterlüfteter Betonwerksteinfassade. Gegründet auf einer Stahlbetonbodenplatte mit Streifen- und Einzelfundamenten in WU-Beton, schmiegen sich die Stahlbetonwände in den Hang ein. Die deckenhohen Alu-Glas-Fassadenelemente sind dreifachverglast. Die offene, großzügige Terrasse wird von einem auskragenden Flachdach vor der Witterung geschützt. Im Innenraum sind Sichtbetonwände und Akustikdecken die wesentlichen Oberflächen. Die Böden sind mit Parkett und Fliesen belegt.

Technische Anlagen

Durch ein intelligentes Haustechnikkonzept mit Wärmepumpen, Wärmerückgewinnung und Photovoltaikanlage wird in Verbindung mit Dämmung und Gebäudekonstruktion, ein 0-Energiehaus über die Jahresbilanz erzielt. Die beheizte oder gekühlte Zuluft der Lüftungsanlage wird über Deckenauslässe in der Küche und im Gastraum eingeblasen, die Abluft wird über Abzugshauben in der Küche und über Schattenfugen im Gastraum abgesaugt. Die Abluft der Küche wird mit einer UV-C Technologie behandelt. Diese verhindert ein Auftreten von Geruchsemissionen im angrenzenden öffentlichen Raum.

Sonstiges

Die deckenhohen Glas-Fassadenelemente besitzen eine innenliegende Vogelschutzfolie, da die Klostergaststätte inmitten eines Vogelschutzgebietes liegt. Die großformatigen Betonplatten der Fassade sind an den Fassadenton des in der Klosteranlage verbauten Tuffs angelehnt. Dem Beton sind keine Farbpigmente beigemischt.

Energetische Kennwerte

Gebäudenutzfläche: 505,00 m^2
Gebäudevolumen: 2.690,00 m^3
Hüllfläche des beheizten Volumens: 1.517,00 m^2
Mittlerer U-Wert (opake Bauteile): 0,11 W/(m^2·K)
Mittlerer U-Wert (transparente Bauteile): 0,90 W/(m^2·K)
Spez. Jahresprimärenergiebedarf: 221,50 kWh/(m^2·a)
Spez. Jahresendenergiebedarf: 123,08 kWh/(m^2·a)

Energetische Angaben zu Außenbauteilen

Bodenplatte UG

U-Wert: 0,16 W/(m²·K)

Gesamtdicke: 70,03 cm	d[cm]	l[W/(m·K)]
Beschichtung	0,01	0,170
Beton	20,00	1,350
PE-Folie	0,02	0,330
Dämmung	10,00	0,024
Schaumlava	40,00	0,220

Außenwand gegen Erdreich

U-Wert: 0,16 W/(m²·K)

Gesamtdicke: 47,00 cm	d[cm]	l[W/(m·K)]
Innenputz	1,50	1,000
Beton	25,00	1,350
Dämmung	20,00	0,035
Bitumenanstrich	0,50	0,170

Außenwand UG

U-Wert: 0,16 W/(m²·K)

Gesamtdicke: 47,00 cm	d[cm]	l[W/(m·K)]
Innenputz	0,50	1,000
Beton	25,00	1,350
Dämmung	20,00	0,035
Außenputz	1,50	1,000

Decke gegen Außenluft unten

U-Wert: 0,11 W/(m²·K)

Gesamtdicke: 56,56 cm	d[cm]	l[W/(m·K)]
Plattenbelag	3,00	2,300
Dämmung	14,00	0,024
Bitumenbahn	0,06	0,170
Estrich	6,00	1,400
Beton	22,00	1,350
Dämmung	10,00	0,035
Außenputz	1,50	1,000

Bodenplatte EG

U-Wert: 0,12 W/(m²·K)

Gesamtdicke: 91,52 cm	d[cm]	l[W/(m·K)]
Fliesen	1,50	1,300
Estrich	6,00	1,400
Dämmung	6,50	0,032
Dämmung	12,00	0,032
Bitumenbahn	0,50	0,170
Beton	25,00	1,350
PE-Folie	0,02	0,330
Schaumlava	40,00	0,220

Außenwand

U-Wert: 0,19 W/(m²·K)

Gesamtdicke: 51,50 cm	d[cm]	l[W/(m·K)]
Innenputz	1,50	0,510
Beton	25,00	1,350
Dämmung	16,00	0,035
Luftschicht ruhend	3,00	0,139
Naturstein	6,00	0,850

Dach

U-Wert: 0,13 W/(m²·K)

Gesamtdicke: 47,40 cm	d[cm]	l[W/(m·K)]
Innenputz	1,50	0,510
Beton	25,00	1,350
Bitumenbahn	0,50	0,170
Dämmung	20,00	0,028
Verbundfolie	0,40	80,000

Planungskennwerte für Flächen und Rauminhalte nach DIN 277

Flächen des Grundstücks		Menge Einheit	% an GF
BF	Bebaute Fläche	–	–
UF	Unbebaute Fläche	–	–
GF	Grundstücksfläche	–	–

Grundflächen des Bauwerks		Menge Einheit	% an NUF	% an BGF
NUF	Nutzungsfläche	699,38 m^2	100,0	46,4
TF	Technikfläche	128,36 m^2	18,4	8,5
VF	Verkehrsfläche	552,86 m^2	79,1	36,7
NRF	Netto-Raumfläche	1.380,60 m^2	197,4	91,7
KGF	Konstruktions-Grundfläche	125,15 m^2	17,9	8,3
BGF	Brutto-Grundfläche	1.505,75 m^2	215,3	100,0

Brutto-Rauminhalt des Bauwerks		Menge Einheit	BRI/NUF (m)	BRI/BGF (m)
BRI	Brutto-Rauminhalt	5.584,78 m^3	7,99	3,71

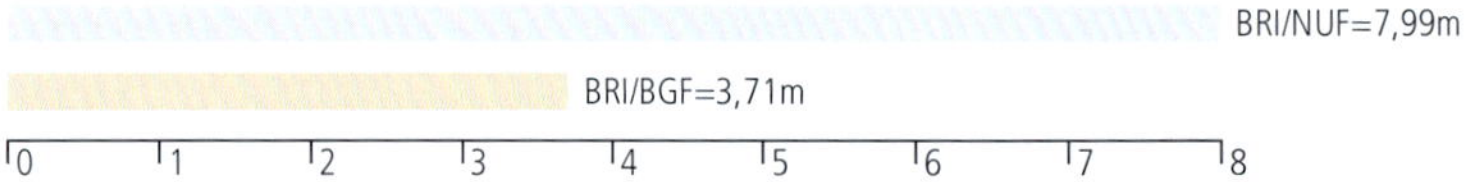

Kostenkennwerte für die Kostengruppen der 1.Ebene DIN 276

KG	Kostengruppen (1.Ebene)	Einheit	Kosten €	€/Einheit	€/m² BGF	€/m³ BRI	% 300+400
100	Grundstück	m² GF	–	–	–	–	–
200	Vorbereitende Maßnahmen	m² GF	–	–	–	–	–
300	Bauwerk – Baukonstruktionen	m² BGF	2.528.555	1.679,27	1.679,27	452,76	64,8
400	Bauwerk – Technische Anlagen	m² BGF	1.371.601	910,91	910,91	245,60	35,2
	Bauwerk 300+400	**m² BGF**	**3.900.156**	**2.590,18**	**2.590,18**	**698,35**	**100,0**
500	Außenanlagen und Freiflächen	m² AF	–	–	–	–	–
600	Ausstattung und Kunstwerke	m² BGF	–	–	–	–	–
700	Baunebenkosten	m² BGF	–	–	–	–	–
800	Finanzierung	m² BGF	–	–	–	–	–

KG	Kostengruppe	Menge Einheit	Kosten €	€/Einheit	%
3+4	**Bauwerk**				**100,0**
300	**Bauwerk – Baukonstruktionen**	1.505,75 m² BGF	2.528.555	**1.679,27**	64,8

Baugrubenaushub; Stb-Einzelfundamente, Stb-Streifenfundamente, Stb-Fundamentplatte WU, Dämmung, Heizestrich, Bodenfliesen, Parkett, Abdichtung, Bodenbeschichtung, Perimeterdämmung; Stb-Wände, Sichtbeton, Stb-Stützen, Alufenster, Dreifachverglasung mit Vogelschutz, Alutüren, hinterlüftete Betonwerksteinfassade, Pfosten-Riegel-Fassaden, Textilscreens; Stb-Wände, teilw. Fertigbeton, Sichtbeton, GK-Wände, Stb-Stützen, Holztüren, GK-Bekleidung, Beschichtung, mobile Trennwand, WC-Trennwände; Stb-Decken, Stb-Fertigteiltreppen, Colorbeton, Dämmung, Heizestrich, Parkett, Bodenfliesen; Stb-Flachdach, Gefälledämmung, Abdichtung, Dachentwässerung, Terrassenbeläge: Werksteinplatten auf Stelzlager, Glasgeländer

KG	Kostengruppe	Menge Einheit	Kosten €	€/Einheit	%
400	**Bauwerk – Technische Anlagen**	1.505,75 m² BGF	1.371.601	**910,91**	35,2

Gebäudeentwässerung, Kalt- und Warmwasserleitungen, Sanitärobjekte; Luft-Wasser-Wärmepumpe, Fußbodenheizung; Lüftungsanlage mit Wärmerückgewinnung, adiabatische Kühlung; Photovoltaikanlage, Elektroinstallation, Beleuchtung, Sicherheitsleuchten, Blitzschutz; Rauchmelder, Gebäude- und Anlagenautomation

Gewerbegebäude

7

- 7100 Industrielle Produktionsstätten und Labors
- 7200 Geschäftshäuser, Läden
- 7300 Betriebs- und Werkstätten

7400 Landwirtschaftliche Betriebsgebäude
7500 Bank- und Postfilialen, gewerbliche Rechenzentren

- 7600 Gebäude öffentlicher Bereitschaftsdienste
- 7700 Lager- und Versandgebäude
- 7800 Hoch- und Tiefgaragen, gewerbl. Fahrzeughallen

7100-0070
Produktionshalle
(268 AP)

Objektübersicht

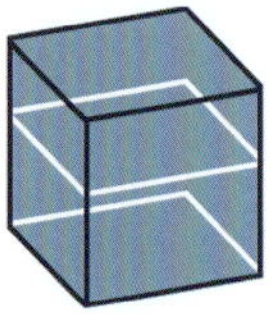

BRI 495 €/m³

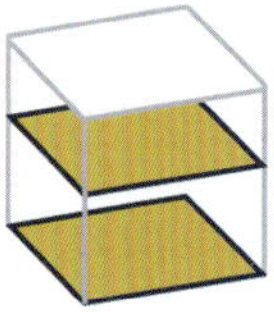

BGF 3.027 €/m²

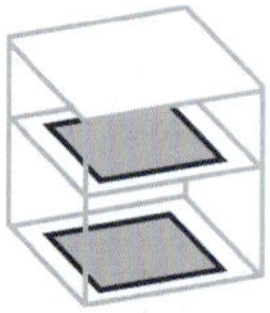

NUF 3.752 €/m²

Objekt:
Kennwerte: 1.Ebene DIN 276
BRI: 34.292 m³
BGF: 5.611 m²
NUF: 4.527 m²
Bauzeit: 104 Wochen
Bauende: 2020
Standard: über Durchschnitt
Bundesland: Baden-Württemberg
Kreis: Ravensburg

Architekt*in:
f64 Architekten und
Stadtplaner PartGmbB
Füssener Straße 64
87437 Kempten

Bauherr*in:
grimelo GmbH & Co. KG
Zeppelinstraße 44
88299 Leutkirch

© Rainer Retzlaff

© Rainer Retzlaff

© Rainer Retzlaff

© Rainer Retzlaff

© Rainer Retzlaff

© Rainer Retzlaff

Kostenstand: 4. Quartal 2023, Bundesdurchschnitt, **inkl. 19% MwSt.**

Zeichnungen

Ansicht Nord

Ansicht Ost

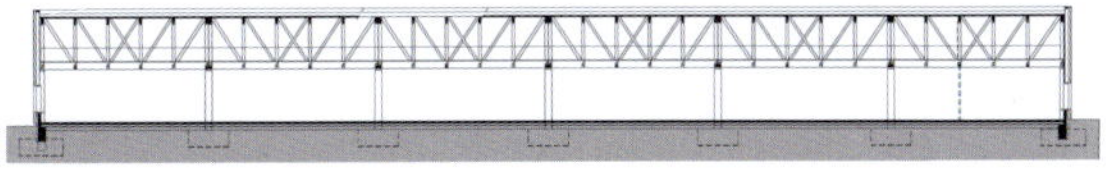
Schnitt B-B

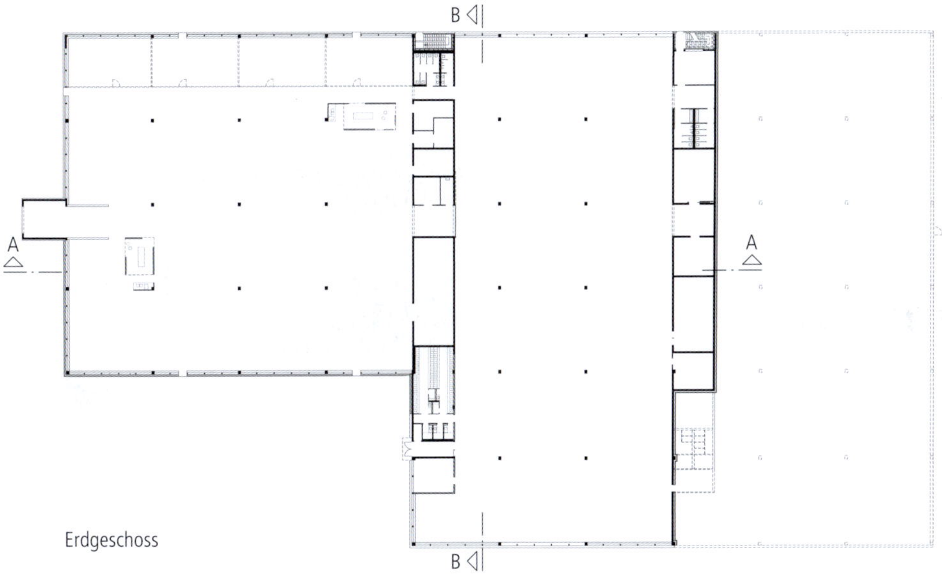

Erdgeschoss

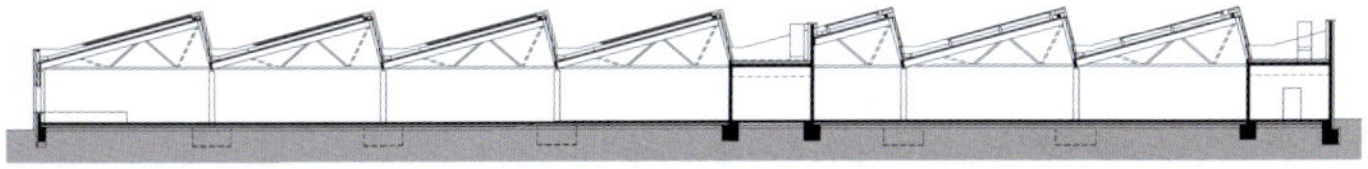
Schnitt A-A

Ansicht Süd

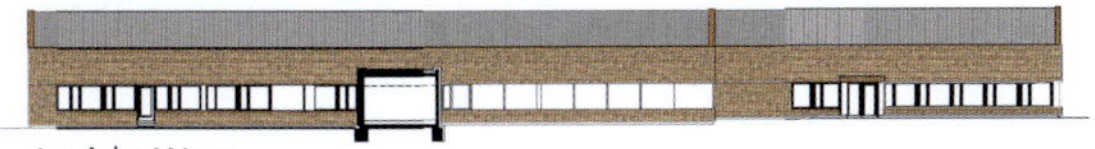
Ansicht West

Objektbeschreibung

Allgemeine Objektinformationen

Der Erweiterungsbau umfasst zwei Hallen mit Produktions- sowie Büroarbeitsplätzen im Energie-Plus-Standard und wurde in zwei Bauabschnitten fertig gestellt. Produktion und Büroarbeitsplätze können flexibel in der Halle untergebracht werden. Im Inneren sorgen Sheddächer für tageslichtdurchflutete Hallen mit hohem Wohlfühlcharakter. Insbesondere die für einen Industriebau ungewöhnliche, bis in die Dachebene hochgeführte Holzschindelfassade gibt den Baukörpern im Kontext mit den insgesamt sieben Reitern des Sheddachs eine ganz eigene Architektursprache.

Nutzung

1 Erdgeschoss
Produktionshallen, Büros, Arztzimmer, Pausenraum, Lager, Sanitäranlagen, Putzmittelräume, Technikräume

Nutzeinheiten

Arbeitsplätze: 268

Grundstück

Bauraum: Freier Bauraum
Neigung: Ebenes Gelände
Bodenklasse: BK 1 bis BK 3

Markt

Hauptvergabezeit: 3. Quartal 2018
Baubeginn: 3. Quartal 2018
Bauende: 3. Quartal 2020
Konjunkturelle Gesamtlage: über Durchschnitt
Regionaler Baumarkt: unter Durchschnitt

Baukonstruktion

Das Primärtragwerk für die Produktionshallen bilden eingespannte Stahlbetonstützen im Abstand von 12,50m in die eine bzw. 12,20m in die andere Richtung. Auf diesen ruht das Dachtragwerk aus Fachwerkbindern in der leicht geneigten Fensterebene sowie Sparren und Zugbänder in der geneigten Dachfläche. Die Hallen sind in Holzbauweise erstellt.

Technische Anlagen

Die Beheizung und Kühlung der Hallen erfolgt über eine Industriefußbodenheizung und das Lüftungsnetz. Die Lüftungsanlage erfolgt mit integrierter Wärmerückgewinnung. Es kommen keine fossilen Brennstoffe zum Einsatz. Die PV-Anlage liefert eine Leistung von ca. 580kWp. Weitere Energie wird durch Wärmepumpen und den Einsatz von Strom aus einer nahen Biogasanlage gewonnen.

Sonstiges

Sowohl bei der Planung als auch bei der Ausführung wurde größter Wert auf Nachhaltigkeit gelegt. Regionalität spielte bei der Auswahl der Baumaterialien sowie bei den beauftragten Firmen eine große Rolle. Außerdem sollten sich die verwendeten Baustoffe recyceln oder wiederverwenden lassen. Für den Bauherrn wurden bereits zwei Projekte in Zusammenarbeit mit dem Architekturbüro realisiert.

Energetische Kennwerte

Gesetzliche Grundlage: EnEV 2013
Gebäudenutzfläche: 2.645,00 m^2
Mittlerer U-Wert (opake Bauteile): 0,18 W/(m^2·K)
Mittlerer U-Wert (transparente Bauteile): 0,96 W/(m^2·K)
Spez. Jahresprimärenergiebedarf: 42,70 kWh/(m^2·a)

Energetische Angaben zu Außenbauteilen

Bodenplatte

U-Wert: 0,36 W/(m²·K)

Gesamtdicke: 30,00 cm	d[cm]	l[W/(m·K)]
Stahlbeton	20,00	2,300
Dämmung XPS	10,00	0,040

Außenwand Sockel hinterlüftet

U-Wert: 0,28 W/(m²·K)

Gesamtdicke: 49,90 cm	d[cm]	l[W/(m·K)]
OSB-Platte	1,90	0,130
Luftschicht	13,00	0,722
Stahlbeton	25,00	2,300
Dämmung XPS	10,00	0,035

Außenwand hinterlüftet

U-Wert: 0,15 W/(m²·K)

Gesamtdicke: 33,30 cm	d[cm]	l[W/(m·K)]
Holz	1,80	0,130
Dämmung MW	4,00	0,035
Holz	4,00	0,130
OSB-Platte	1,90	0,130
Dämmung MW	24,00	0,035
Holz	24,00	0,130
Holzfaserplatte	1,60	0,090

Außenwand hinterlüftet

U-Wert: 0,28 W/(m²·K)

Gesamtdicke: 40,60 cm	d[cm]	l[W/(m·K)]
Stahlbeton	25,00	2,300
Dämmung MW	14,00	0,035
Holz	14,00	0,130
Holzfaserplatte	1,60	0,090

Außenwand hinterlüftet

U-Wert: 0,20 W/(m²·K)

Gesamtdicke: 39,00 cm	d[cm]	l[W/(m·K)]
Stahlbeton	25,00	0,300
Dämmung MW	14,00	0,035

Sheddach

U-Wert: 0,15 W/(m²·K)

Gesamtdicke: 33,65 cm	d[cm]	l[W/(m·K)]
Holz	9,00	0,130
Aluminium	0,15	160,000
Bitumenbahn	0,50	0,170
Dämmung MW	24,00	0,040

Sheddach Fensterbereich

U-Wert: 0,30 W/(m²·K)

Gesamtdicke: 15,15 cm	d[cm]	l[W/(m·K)]
OSB-Platte	2,50	0,130
Aluminium	0,15	160,000
Bitumenbahn	0,50	0,170
Dämmung MW	12,00	0,040

Planungskennwerte für Flächen und Rauminhalte nach DIN 277

Flächen des Grundstücks		Menge Einheit	% an GF
BF	Bebaute Fläche	15.178,00 m^2	53,3
UF	Unbebaute Fläche	13.313,00 m^2	46,7
GF	Grundstücksfläche	28.491,00 m^2	100,0

Grundflächen des Bauwerks		Menge Einheit	% an NUF	% an BGF
NUF	Nutzungsfläche	4.527,18 m^2	100,0	80,7
TF	Technikfläche	149,49 m^2	3,3	2,7
VF	Verkehrsfläche	13,00 m^2	0,3	0,2
NRF	Netto-Raumfläche	4.689,67 m^2	103,6	83,6
KGF	Konstruktions-Grundfläche	921,33 m^2	20,4	16,4
BGF	Brutto-Grundfläche	5.611,00 m^2	123,9	100,0

Brutto-Rauminhalt des Bauwerks		Menge Einheit	BRI/NUF (m)	BRI/BGF (m)
BRI	Brutto-Rauminhalt	34.292,00 m^3	7,58	6,11

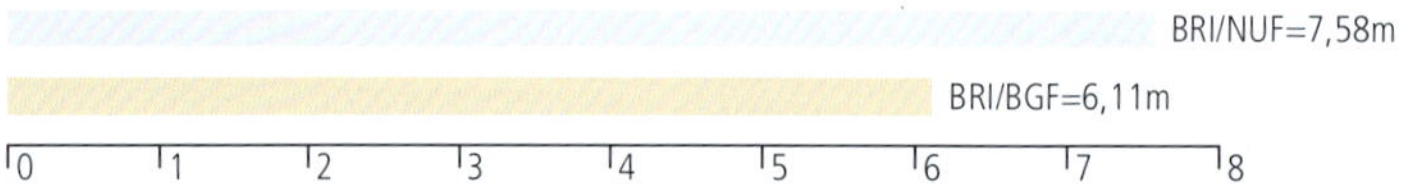

Kostenkennwerte für die Kostengruppen der 1.Ebene DIN 276

KG	Kostengruppen (1.Ebene)	Einheit	Kosten €	€/Einheit	€/m² BGF	€/m³ BRI	% 300+400
100	Grundstück	m² GF	–	–	–	–	–
200	Vorbereitende Maßnahmen	m² GF	–	–	–	–	–
300	Bauwerk – Baukonstruktionen	m² BGF	12.694.759	2.262,48	2.262,48	370,20	74,7
400	Bauwerk – Technische Anlagen	m² BGF	4.292.323	764,98	764,98	125,17	25,3
	Bauwerk 300+400	**m² BGF**	**16.987.081**	**3.027,46**	**3.027,46**	**495,37**	**100,0**
500	Außenanlagen und Freiflächen	m² AF	–	–	–	–	–
600	Ausstattung und Kunstwerke	m² BGF	–	–	–	–	–
700	Baunebenkosten	m² BGF	–	–	–	–	–
800	Finanzierung	m² BGF	–	–	–	–	–

KG	Kostengruppe	Menge Einheit	Kosten €	€/Einheit	%
3+4	**Bauwerk**				**100,0**
300	**Bauwerk – Baukonstruktionen**	5.611,00 m² BGF	12.694.759	**2.262,48**	74,7

Erdarbeiten; Stb-Streifenfundamente, Stb-Bodenplatte, ableitfähige ESD-Beschichtung, Teppichfliesen, Bodenbeschichtung, XPS-Perimeterdämmung, Kies Sauberkeitsschicht; Holzrahmenwände, eingespannte Stahlbetonstützen, Holz-Alufenster, hinterlüftete Holzschindelfassade, Holzfaser-Akustikpaneele; Stb-Wände, Holzrahmenwände, Trockenbauwände, Holztüren, Glasrahmen-Trennwände; Sheddachkonstruktion mit Folienabdichtung, Mineralwolldämmung, Dampfsperre, Holzdachscheibe, Fachwerkbinder Fichte/Baubuche, Holzfaser-Akustikpaneel zwischen Holzbinder, Dachentwässerung

KG	Kostengruppe	Menge Einheit	Kosten €	€/Einheit	%
400	**Bauwerk – Technische Anlagen**	5.611,00 m² BGF	4.292.323	**764,98**	25,3

Gebäudeentwässerung, Kalt- und Warmwasserleitungen, Sanitärobjekte; Luft-Wasser-Wärmepumpe, Industriefußbodenheizung, Heizkörper; Lüftungsanlage mit integrierter Wärmerückgewinnung; PV-Anlage 580kWp, Elektroinstallation, Beleuchtung

7100-0072
Vinothek (8 AP)

Objektübersicht

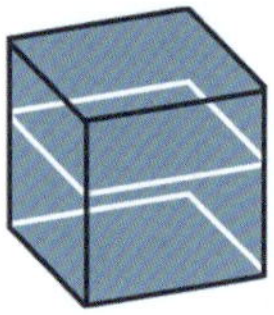

BRI 1.216 €/m³

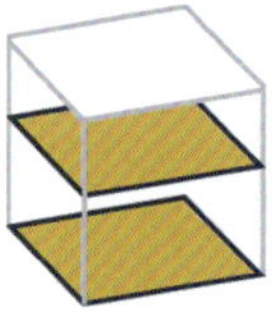

BGF 3.738 €/m²

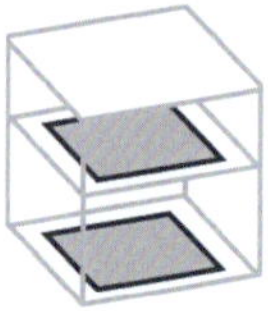

NUF 5.332 €/m²

Objekt:
Kennwerte: 1.Ebene DIN 276
BRI: 2.388 m³
BGF: 777 m²
NUF: 545 m²
Bauzeit: 104 Wochen
Bauende: 2022
Standard: über Durchschnitt
Bundesland: Rheinland-Pfalz
Kreis: Mainz-Bingen

Architekt*in:
PFALZARCHITEKT REITER
Weinarchitektur/Loft-architektur/
Firmenarchitektur
Galoppgasse 5
67271 Kindenheim

Bauherr*in:
Eric Manz
55278 Weinolsheim

© dieth+schröder

© dieth+schröder

© dieth+schröder

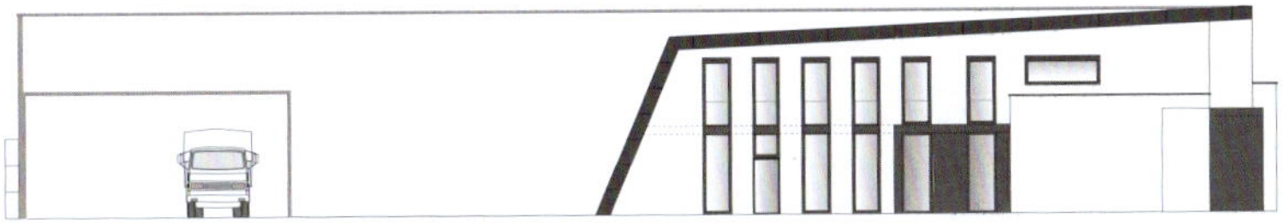

Ansicht Nord

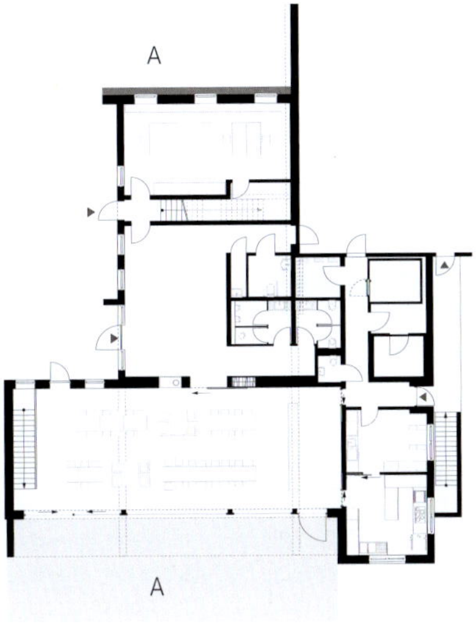

Erdgeschoss

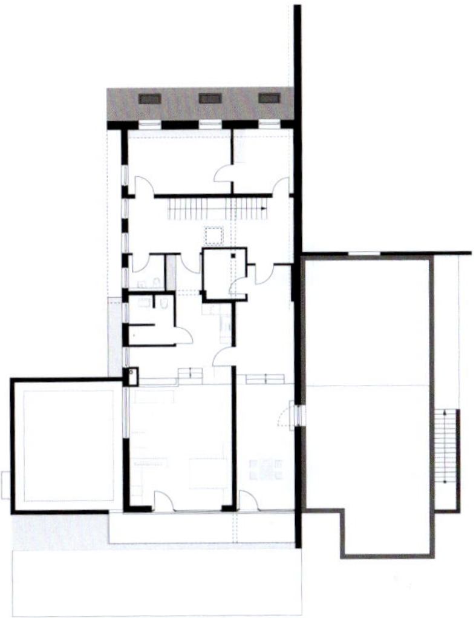

Obergeschoss

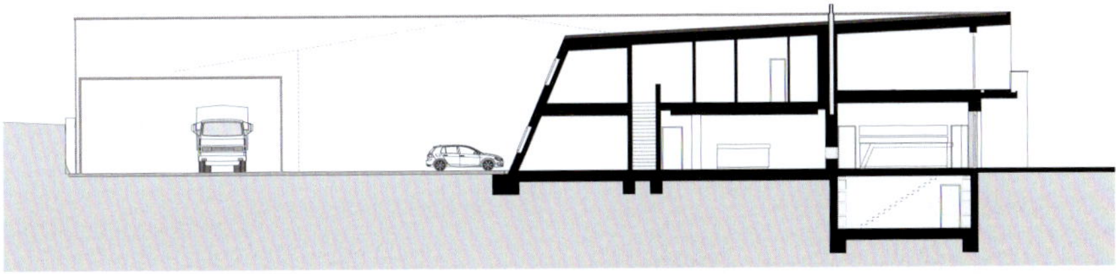

Schnitt A-A

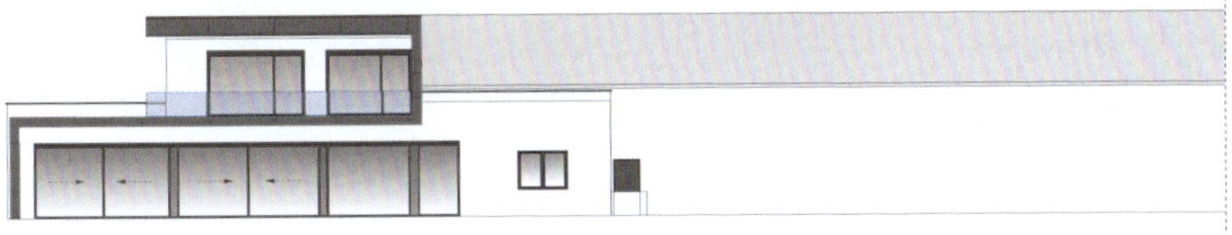

Ansicht West

Objektbeschreibung

Allgemeine Objektinformationen

Der Neubau der Vinothek schafft mit seiner um 67° geneigten, steilen Außenwand eine Verbindung zwischen Weinberg und Weingut. Der Kontrast aus schwarzer HPL-Fassade und regionalen Materialien sorgt für eine moderne und doch zeitlose Architektur. Im Innenraum bilden Materialien wie Beton und Holz, gespickt mit goldenen und schwarzen Akzenten, eine edle Atmosphäre für die Weinverkostung.

Nutzung

1 Untergeschoss
Raritätenkeller, Abstellraum

1 Erdgeschoss
Büro, Empfang, Vinothek, Küche, Lager, Spülküche, Technik, Kühlraum, Sanitärräume, Putzraum

1 Obergeschoss
Chefbüro, Besprechungsraum, Serverraum, Mitarbeiter-WC, Mitarbeiterwohnung, Balkon

Nutzeinheiten

Arbeitsplätze: 8
Wohnfläche: 67 m²

Grundstück

Bauraum: Freier Bauraum
Neigung: Ebenes Gelände
Bodenklasse: BK 3 bis BK 5

Markt

Hauptvergabezeit: 2. Quartal 2020
Baubeginn: 3. Quartal 2020
Bauende: 3. Quartal 2022
Konjunkturelle Gesamtlage: über Durchschnitt
Regionaler Baumarkt: unter Durchschnitt

Besonderer Kosteneinfluss Markt
Kostensteigernd: Corona & Lockdowns -> Liefer-/Materialengpässe, Infektionen der Handwerker

Kostensenkend: geringe Anzahl an Fachplanern (Architekt & Handwerker), Eigenleistung Bauherr, lokale Firmen

Baukonstruktion

Der Keller ist aus WU-Beton erstellt. Die Bodenplatten, Decken, tragende Stützen, FT-Treppen und die geneigte Wandfläche bestehen aus Stahlbeton. Die Außenwände wurden aus Porenbeton gemauert, tragende Innenwände aus KS-Stein. Fenster und Türen sind aus Alu und dreifachverglast. Alle Böden wurden mit großformatigen Fliesen belegt. Ein Bodenprofilbild 6x3 bis 5m befindet sich im Gastraum. Große Teile des Hauptdachs bestehen aus Stahl-Trapezblech. Die übrigen Flachdächer sind aus Stahlbeton mit Plattenbelag oder Kiesauflage. Die Fassade wurde verputzt. Die übrigen Dach- und Balkonränder sowie die schräge Wand sind mit einer hinterlüfteten HPL-Fassade bekleidet. Die Wand zwischen Flur und Gastraum ist als Einbauschrank ausgebaut. Die Weinregale sind aus Betonfertigteilen.

Technische Anlagen

Als Heizanlage und für die Warmwasseraufbereitung wurde eine Luft-Wasser-Wärmepumpe auf dem Technikdach aufgestellt. Ein Innengerät mit Speicher puffert den Warmwasserbedarf. Im Gebäude gibt es eine Fußbodenheizung mit Naturkühlung. Für Serverraum, Kühlräume, Büros und Gastraum gibt es Klimaanlagen. Regenwasser wird in einer Zisterne gespeichert. Ein Überlauf davon versickert überschüssiges Regenwasser vor Ort. Die Dachflächen der angrenzenden Lagerhalle sind vollständig mit Photovoltaik belegt und machen die Vinothek energieautark. Ein Gaskamin wurde im Gastraum installiert, dient jedoch eher als Eventheizung.

Sonstiges

Erdarbeiten wurden bauseits ausgeführt (Einsparung von ca. 60.000€ Netto). Die Außenanlagen sind umlaufend mitgestaltet.

Energetische Kennwerte

Gesetzliche Grundlage: EnEV 2013
Gebäudenutzfläche: 482,00 m²
Gebäudevolumen: 2.034,00 m³
A/V_e-Verhältnis (Kompaktheit): 0,66 m^{-1}
Spez. Transmissionswärmeverlust: 0,37 W/(m²·K)
Mittlerer U-Wert (opake Bauteile): 0,18 W/(m²·K)
Mittlerer U-Wert (transparente Bauteile): 0,89 W/(m²·K)
Spez. Jahresprimärenergiebedarf: 167,80 kWh/(m²·a)
Spez. Jahresendenergiebedarf: 93,00 kWh/(m²·a)

Energetische Angaben zu Außenbauteilen

Bodenplatte EG

U-Wert: 0,21 W/(m²·K)

Gesamtdicke: 47,20 cm	d[cm]	l[W/(m·K)]
Bodenbelag	1,00	1,000
Estrich	6,00	1,400
Dämmung	3,00	0,040
Dämmung	5,00	0,035
Bitumenbahn	0,20	0,170
Stahlbeton	24,00	2,100
Dämmung	8,00	0,037

Kellerdecke

U-Wert: 0,30 W/(m²·K)

Gesamtdicke: 40,00 cm	d[cm]	l[W/(m·K)]
Bodenbelag	1,00	1,000
Estrich	6,00	1,400
Dämmung	3,00	0,040
Dämmung	5,00	0,024
Stahlbeton	24,00	2,100
Innenputz	1,00	0,870

Außenwand schräg

U-Wert: 0,23 W/(m²·K)

Gesamtdicke: 38,00 cm	d[cm]	l[W/(m·K)]
Stahlbeton	24,00	2,300
Dämmung	14,00	0,035

Dach Hauptbereich

U-Wert: 0,19 W/(m²·K)

Gesamtdicke: 18,50 cm	d[cm]	l[W/(m·K)]
Stahlblech verzinkt	0,20	60,000
Dämmung	18,00	0,035
Bitumenbahn	0,30	0,170

Dach Büro

U-Wert: 0,18 W/(m²·K)

Gesamtdicke: 42,40 cm	d[cm]	l[W/(m·K)]
Stahlbeton	24,00	1,050
Dämmung	18,00	0,035
Bitumenbahn	0,40	0,170

Dach Gründach

U-Wert: 0,16 W/(m²·K)

Gesamtdicke: 53,90 cm	d[cm]	l[W/(m·K)]
Stahlbeton	24,00	2,100
Dämmung	14,00	0,028
Bitumenbahn	0,20	0,170
Schutzmatte	0,40	0,070
Wasserspeicherplatte	5,00	0,100
Filtervlies	0,30	0,080
Erde	10,00	0,350

Planungskennwerte für Flächen und Rauminhalte nach DIN 277

Flächen des Grundstücks		Menge Einheit	% an GF
BF	Bebaute Fläche	377,00 m²	5,1
UF	Unbebaute Fläche	7.058,00 m²	94,9
GF	Grundstücksfläche	7.435,00 m²	100,0

Grundflächen des Bauwerks		Menge Einheit	% an NUF	% an BGF
NUF	Nutzungsfläche	544,69 m²	100,0	70,1
TF	Technikfläche	5,10 m²	0,9	0,7
VF	Verkehrsfläche	83,86 m²	15,4	10,8
NRF	Netto-Raumfläche	633,65 m²	116,3	81,6
KGF	Konstruktions-Grundfläche	143,33 m²	26,3	18,4
BGF	Brutto-Grundfläche	776,98 m²	142,6	100,0

Brutto-Rauminhalt des Bauwerks		Menge Einheit	BRI/NUF (m)	BRI/BGF (m)
BRI	Brutto-Rauminhalt	2.388,00 m³	4,38	3,07

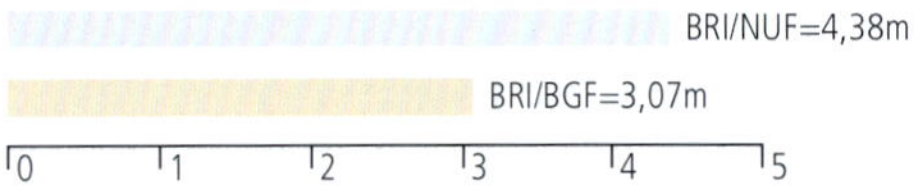

Kostenkennwerte für die Kostengruppen der 1.Ebene DIN 276

KG	Kostengruppen (1.Ebene)	Einheit	Kosten €	€/Einheit	€/m² BGF	€/m³ BRI	% 300+400
100	Grundstück	m² GF	–	–	–	–	–
200	Vorbereitende Maßnahmen	m² GF	12.004	1,61	15,45	5,03	0,4
300	Bauwerk – Baukonstruktionen	m² BGF	2.138.355	2.752,14	2.752,14	895,46	73,6
400	Bauwerk – Technische Anlagen	m² BGF	765.870	985,70	985,70	320,72	26,4
	Bauwerk 300+400	**m² BGF**	**2.904.225**	**3.737,84**	**3.737,84**	**1.216,17**	**100,0**
500	Außenanlagen und Freiflächen	m² AF	468.725	86,80	603,27	196,28	16,1
600	Ausstattung und Kunstwerke	m² BGF	171.489	220,71	220,71	71,81	5,9
700	Baunebenkosten	m² BGF	–	–	–	–	–
800	Finanzierung	m² BGF	–	–	–	–	–

KG	Kostengruppe	Menge Einheit	Kosten €	€/Einheit	%
200	**Vorbereitende Maßnahmen**	7.435,00 m² GF	12.004	**1,61**	0,4

Umlegen bestehender Gasanschluss, zusätzlicher Zähler Wärmepumpe und Hauptstrom, Erdarbeiten

KG	Kostengruppe	Menge Einheit	Kosten €	€/Einheit	%
3+4	**Bauwerk**				**100,0**
300	**Bauwerk – Baukonstruktionen**	776,98 m² BGF	2.138.355	**2.752,14**	73,6

Erdaushub auf Grundstück verteilen, Stahlbetonbodenplatte, Abdichtung, Zement-Heizestrich, Großformat-Bodenfliesen, Bodenprofilbild, Perimeterdämmung; Stb-Wände, teilw. Sichtbeton, UG mit WU-Beton-Fertigteilen, Porenbetonmauerwerk, Stb-Außenstützen, Alufenster- und -türen mit Dreifachverglasung, Außenwandputz, hinterlüftete HPL-Fassade, Natursteinfassade; KS-Mauerwerk, GK-Metallständerwände, Stb-Innenstützen, Holz-Innentüren, Innenputz, Malervlies auf Q3 gespachtelte Wände, weiß bzw. schwarz gestrichen, Goldflächen auf Innenausbautheke, Wandfliesen; Stb-Decken, Stb-Fertigteiltreppen, GK Decken Q3, Akustikdecken aus Holz und GK, Bodenfliesen; Stahl-Trapezblechdach, Stb-Flachdächer, Dämmung, Abdichtung, Kiesschüttung, Plattenbelag auf Balkon, Glasbrüstung; Beton-Weinregale, Innenwand als Einbauschrank, Theke und Empfangsbereich

KG	Kostengruppe	Menge Einheit	Kosten €	€/Einheit	%
400	**Bauwerk – Technische Anlagen**	776,98 m² BGF	765.870	**985,70**	26,4

Gebäudeentwässerung, Kalt- und Warmwasserleitungen, Sanitärobjekte, Wasseraufbereitungsanlage, Regenwasser-Zisterne 120.000l; Luft-Wasser-Wärmepumpe, Gaskamin 6kW im Gastraum als Eventheizung, Fußbodenheizung mit Naturkühlung; Zu- und Abluftanlage für WCs, Klimaanlagen, Kühlraum; Photovoltaikanlage, Elektroinstallation, Innen- und Außenbeleuchtung; Bus-System in Gastraum, Büro und Empfang, Überwachungskameras, Serverraum

KG	Kostengruppe	Menge Einheit	Kosten €	€/Einheit	%
500	**Außenanlagen und Freiflächen**	5.400,00 m² AF	468.725	**86,80**	16,1

Pflasterflächen, Terrasse, 20 Stellplätze, davon zwei barrierefrei; Natursteinquader, L-Winkelstein-Emporen; Schirmständer; Schotterbeet mit Lavendel, Rollrasen

KG	Kostengruppe	Menge Einheit	Kosten €	€/Einheit	%
600	**Ausstattung und Kunstwerke**	776,98 m² BGF	171.489	**220,71**	5,9

Aufwärmküche, Spülküche, Büromöbel, Stühle und Tische Gastraum für Innen- und Außenbereich, Gastroschirme

7100-0073
Weingut (4 AP)
Einfamilienhaus

Objektübersicht

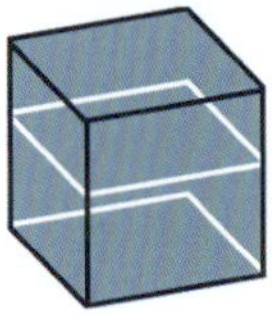

BRI 421 €/m³

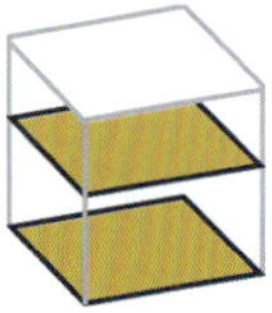

BGF 2.214 €/m²

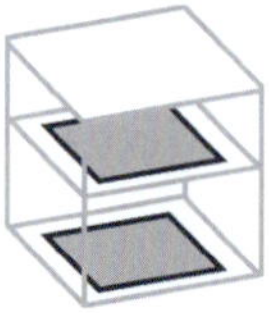

NUF 2.787 €/m²

Objekt:
Kennwerte: 1.Ebene DIN 276
BRI: 3.899 m³
BGF: 741 m²
NUF: 589 m²
Bauzeit: 56 Wochen
Bauende: 2022
Standard: Durchschnitt
Bundesland: Rheinland-Pfalz
Kreis: Trier-Saarburg

Architekt*in:
BKS Architekten
Hilt + Uhl PartGmbB
Maximilianstraße 17b
54292 Trier

Bauherr*in:
Weingut Stefan Müller
St. Ursula Straße 1
54329 Konz-Knettnach

Ansicht West

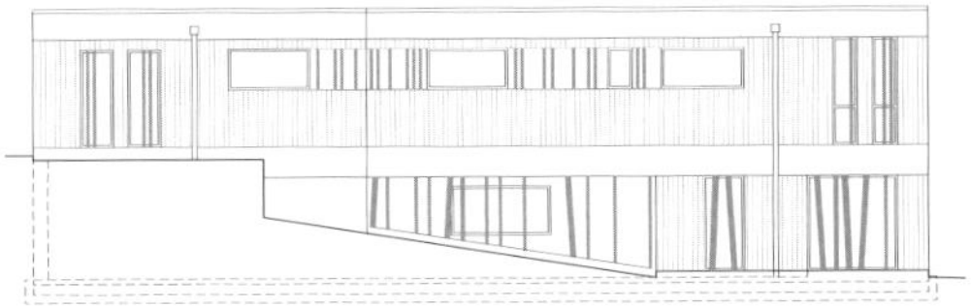

Ansicht Nord

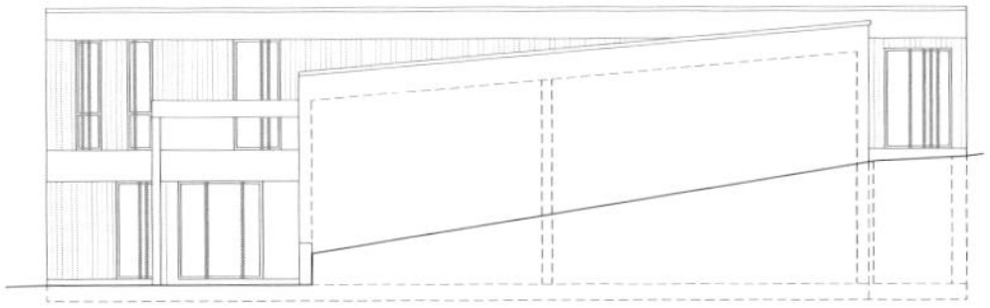

Ansicht Süd

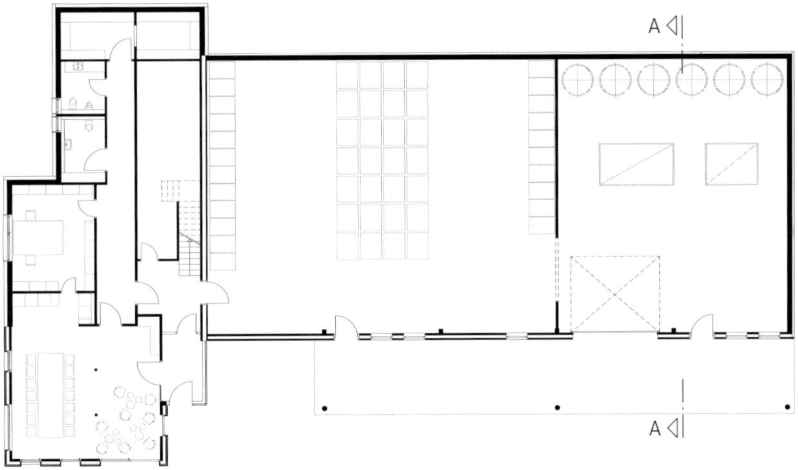

Erdgeschoss

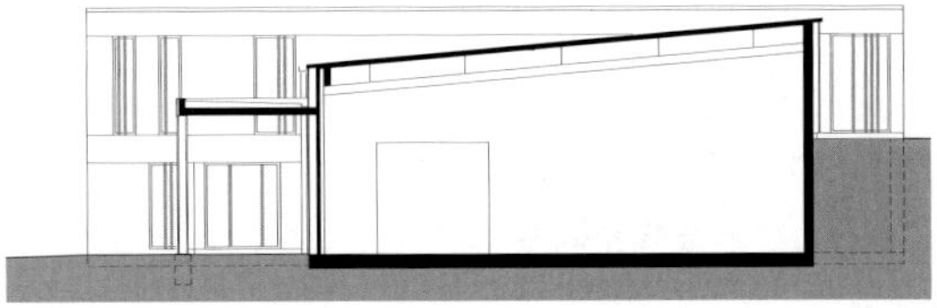

Schnitt A-A

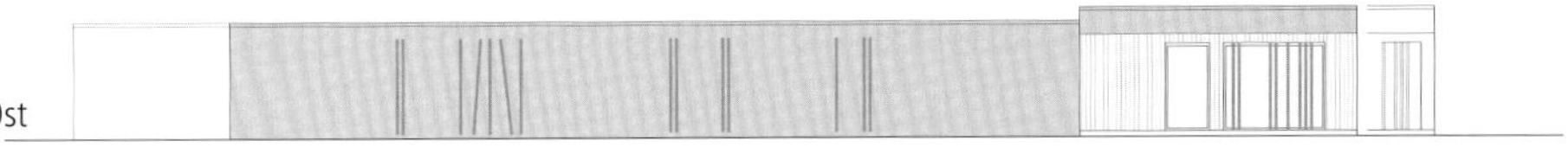

Ansicht Ost

Objektbeschreibung

Allgemeine Objektinformationen

Der Neubau unterteilt sich in zwei Bereiche: Ein Hauptgebäude mit Vinothek, Büro und privater Wohnetage der Familie und ein Hallengebäude mit Flaschenlager und Kelterhaus.

Nutzung

1 Erdgeschoss
Kelterhaus, Flaschenlager, Verkaufsraum, Büro, WCs, Keller, Diele, Flur, Haustechnik, Windfang

1 Obergeschoss
Wohn-/Esszimmer, Küche, Schlafzimmer, Kinderzimmer, Bäder, Vorrat, Flur

Nutzeinheiten

Arbeitsplätze: 4
Lagerfläche: 213 m^2
Verkaufsfläche: 51 m^2
Wohneinheiten: 1
Wohnfläche: 175 m^2

Grundstück

Bauraum: Freier Bauraum
Neigung: Ebenes Gelände
Bodenklasse: BK 1 bis BK 4

Markt

Hauptvergabezeit: 2. Quartal 2021
Baubeginn: 3. Quartal 2021
Bauende: 4. Quartal 2022
Konjunkturelle Gesamtlage: Durchschnitt
Regionaler Baumarkt: unter Durchschnitt

Baukonstruktion

Das Flaschenlager, das Kelterhaus und die Wohnetage wurden in einer Kombination aus Massiv- und Holzbauweise errichtet. Die Stahlbetonfundamentplatte gründet auf Glasschaumschotter. Die Wände gegen Erdreich wurden ebenfalls in Stahlbeton errichtet. Die verbleibenden Wände, sowie die Zwischendecke wurden in Brettsperrholz ausgeführt. Es wurden Alufenster eingebaut. Bekleidet ist die Fassade des Wohnhauses mit einer senkrechten Holzschalung aus sibirischer Lärche und setzt sich im Kontrast zur verputzten Hallenfassade architektonisch klar ab. Auf dem Brettsperrholzdach wurde ein Gründach auf Gefälledämmung ausgeführt.

Technische Anlagen

Die Wärmeerzeugung erfolgt durch eine Luft-Wasser-Wärmepumpe. Die Räume werden mit einer Fußbodenheizung beheizt. Im Gebäude wurde eine Be- und Entlüftung mit Wärmerückgewinnung eingebaut. Mit der auf dem Hallendach montierten 30kWp Photovoltaikanlage sowie dem dazugehörigen Batteriespeicher ist die Familie weitgehend vom Strom autark. Das Gründach auf dem Wohngebäude bildet im Sommer einen optimalen Hitzeschutz.

Planungskennwerte für Flächen und Rauminhalte nach DIN 277

Flächen des Grundstücks		Menge Einheit	% an GF
BF	Bebaute Fläche	759,67 m²	12,1
UF	Unbebaute Fläche	5.542,33 m²	87,9
GF	Grundstücksfläche	6.302,00 m²	100,0

Grundflächen des Bauwerks		Menge Einheit	% an NUF	% an BGF
NUF	Nutzungsfläche	588,94 m²	100,0	79,4
TF	Technikfläche	24,86 m²	4,2	3,4
VF	Verkehrsfläche	38,61 m²	6,6	5,2
NRF	Netto-Raumfläche	652,41 m²	110,8	88,0
KGF	Konstruktions-Grundfläche	88,95 m²	15,1	12,0
BGF	Brutto-Grundfläche	741,36 m²	125,9	100,0

Brutto-Rauminhalt des Bauwerks		Menge Einheit	BRI/NUF (m)	BRI/BGF (m)
BRI	Brutto-Rauminhalt	3.899,14 m³	6,62	5,26

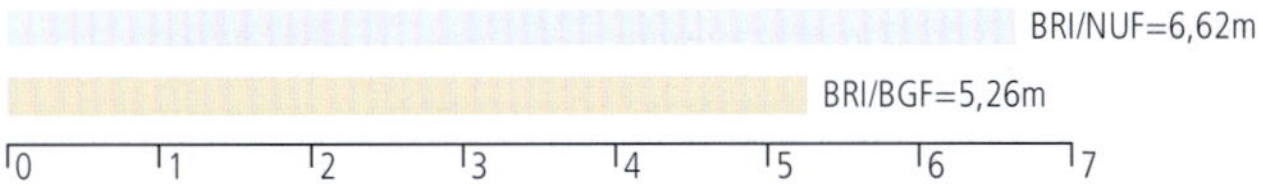

Kostenkennwerte für die Kostengruppen der 1. Ebene DIN 276

KG	Kostengruppen (1. Ebene)	Einheit	Kosten €	€/Einheit	€/m² BGF	€/m³ BRI	% 300+400
100	Grundstück	m² GF	–	–	–	–	–
200	Vorbereitende Maßnahmen	m² GF	–	–	–	–	–
300	Bauwerk – Baukonstruktionen	m² BGF	1.532.326	2.066,91	2.066,91	392,99	93,3
400	Bauwerk – Technische Anlagen	m² BGF	109.243	147,36	147,36	28,02	6,7
	Bauwerk 300+400	**m² BGF**	**1.641.570**	**2.214,27**	**2.214,27**	**421,01**	**100,0**
500	Außenanlagen und Freiflächen	m² AF	–	–	–	–	–
600	Ausstattung und Kunstwerke	m² BGF	–	–	–	–	–
700	Baunebenkosten	m² BGF	–	–	–	–	–
800	Finanzierung	m² BGF	–	–	–	–	–

KG	Kostengruppe	Menge Einheit	Kosten €	€/Einheit	%
3+4	**Bauwerk**				**100,0**
300	**Bauwerk – Baukonstruktionen**	741,36 m² BGF	1.532.326	**2.066,91**	93,3

Stb-Bodenplatte, flügelgeglättet in Halle, Voranstrich, Bitumendichtbahn, Trittschalldämmung, Calciumsulfatestrich, Bodenfliesen, Glasschaumschotter; Stb-Wände, Brettsperrholzwände, Stahlstützen, Kunststofffenster, Alufenster, Alutüren, Sektionaltor, Dämmung, Putz, Holzwolledämmung, Lärchenholzschalung; Brettsperrholzwände, Holztüren; Brettsperrholzdecke, Brettsperrholzvordach, Dämmung, Calciumsulfatestrich, Bodenfliesen, textiler Bodenbelag; Brettsperrholzdach, Gefälledämmung, Dachabdichtung, Dachbegrünung, Attikaabdeckung, Dachentwässerung

KG	Kostengruppe	Menge Einheit	Kosten €	€/Einheit	%
400	**Bauwerk – Technische Anlagen**	741,36 m² BGF	109.243	**147,36**	6,7

Gebäudeentwässerung, Kalt-und Warmwasserleitungen, Sanitärobjekte, Luft-Wasser-Wärmepumpe, Fußbodenheizung; kontrollierte Be-und Entlüftung mit Wärmerückgewinnung; Eigenstromversorgung, Elektroinstallation, Beleuchtung; Telekommunikationsanlage

7200-0100
Verbrauchermarkt
(2 GE, 18 AP)

Objektübersicht

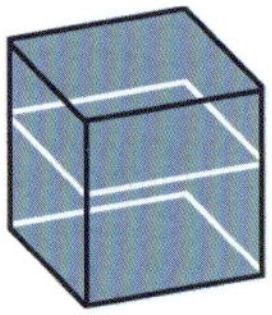

BRI 382 €/m³

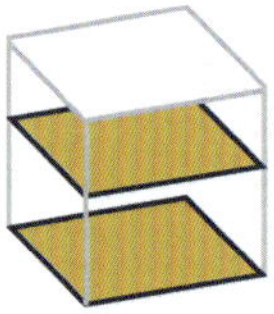

BGF 2.690 €/m²

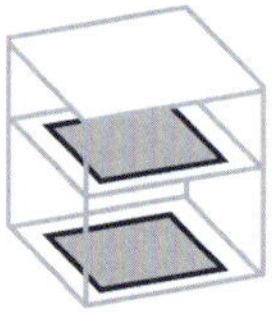

NUF 3.585 €/m²

Objekt:
Kennwerte: 1.Ebene DIN 276
BRI: 40.728 m³
BGF: 5.784 m²
NUF: 4.340 m²
Bauzeit: 57 Wochen
Bauende: 2022
Standard: Durchschnitt
Bundesland: Niedersachsen
Kreis: Oldenburg

Architekt*in:
Angelis & Partner
Architekten mbB
Heiligengeistwall 11
26122 Oldenburg

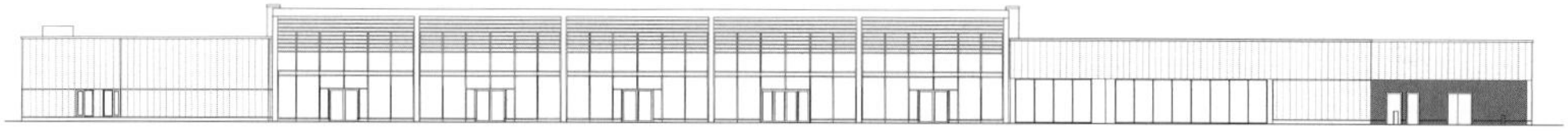

Ansicht Nord-West

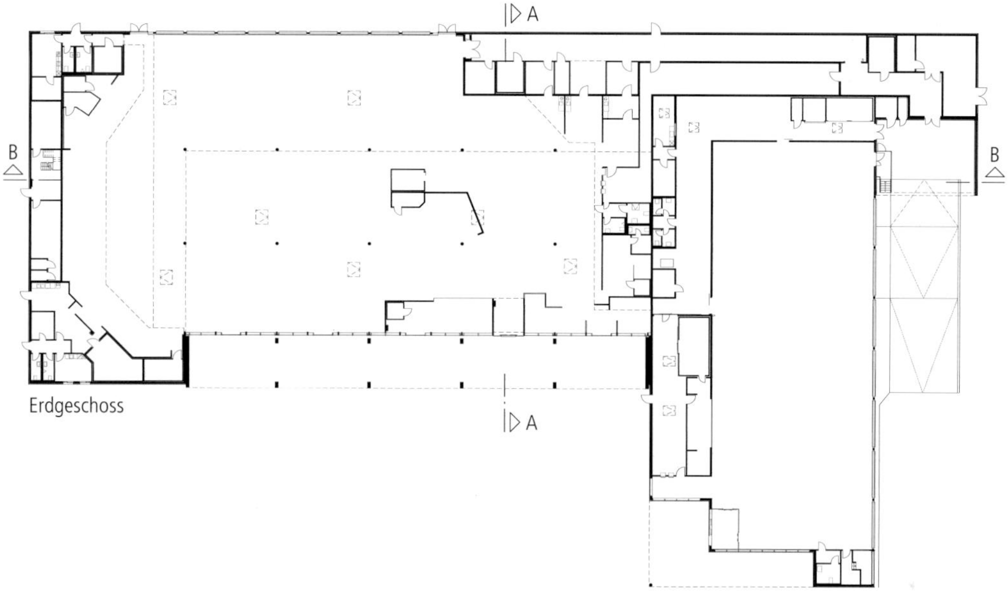

Erdgeschoss

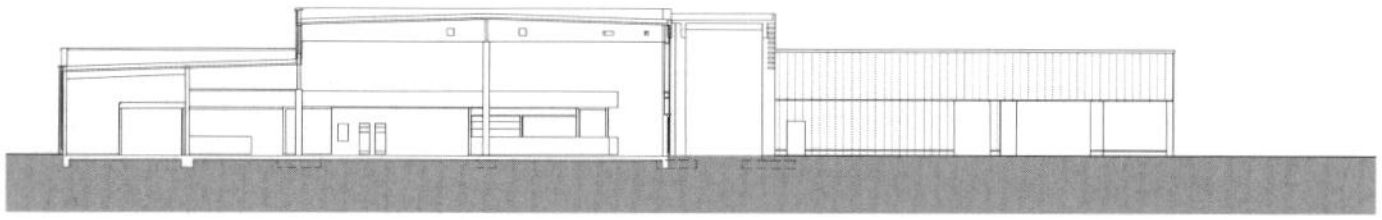

Schnitt A-A

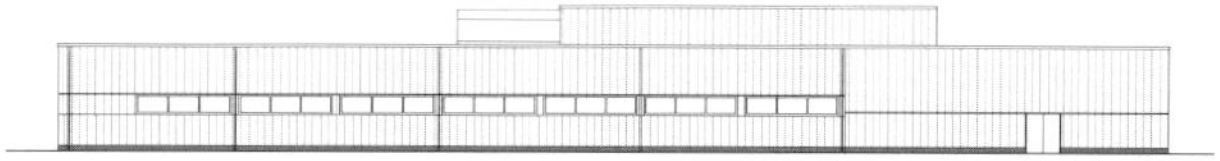

Ansicht Süd-West

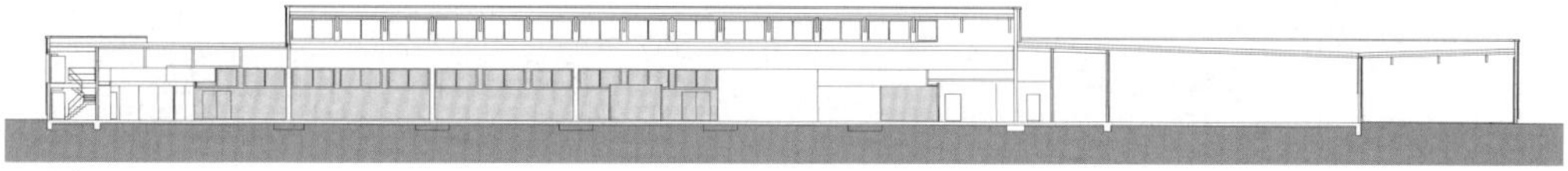

Schnitt B-B

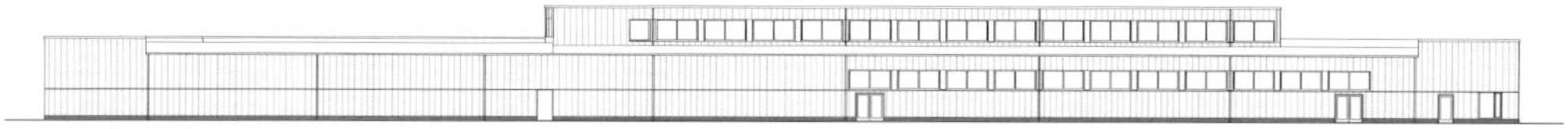

Ansicht Süd-Ost

Objektbeschreibung

Allgemeine Objektinformationen

Der Neubau liegt am Rande des Ortes am Übergang zu den Feldern. Der L-förmige Baukörper ordnet sich um eine erhöhte Mittelzone mit Markthallencharakter, großflächiger Glasfassade und vorgelagertem Arkadengang an. Bestimmt wird die Architektur durch den Einsatz natürlicher Materialien und einem hohen Anteil an natürlicher Belichtung. Die naturbelassene Lärchenholzfassade lehnt sich an Fassaden örtlicher landwirtschaftlicher Gebäude an und trägt zu einer verträglichen Einbettung des Gebäudes in die Landschaft bei.

Nutzung

1 Erdgeschoss
Verkaufsräume, Shops, Vorbereitungsräume, Kühlzellen, Tiefkühlzellen, Anlieferungsbereich, Büros, Lagerräume, Personalräume, WCs, Umkleiden, Hausanschlussräume, Kältetechnikraum, Heizungsraum, ELA- und BMZ-Raum, Müllräume

1 Obergeschoss
Teilgeschoss: Technikräume Lüftung, Kältetechnikraum, Luftraum

Nutzeinheiten

Arbeitsplätze: 18
Stellplätze: 163

Grundstück

Bauraum: Freier Bauraum
Neigung: Ebenes Gelände
Bodenklasse: BK 1 bis BK 4

Markt

Hauptvergabezeit: 4.Quartal 2020
Baubeginn: 1.Quartal 2021
Bauende: 2.Quartal 2022
Konjunkturelle Gesamtlage: Durchschnitt
Regionaler Baumarkt: unter Durchschnitt

Baukonstruktion

Das Tragwerk besteht aus einer Leimbinderkonstruktion mit Spannweiten von 11,50m bis 20,50m. Innen liegen die Binder auf eingespannten Stahlbetonstützen auf, an den Außenwänden schließen die Binder an BSH-Stützen an. Die Außenwände bestehen aus Holzrahmenwänden mit hinterlüfteter Fassadenbekleidung aus vertikal montierten, unbehandelten Lärchenholzlatten in zwei unterschiedlichen Breiten. Der Brandschutz für die Holzschalung wurde erreicht, indem die Außenwände u.a. mit einer Lage Gipsfaserplatten und Begrenzungen in der Lüftungsebene ausgeführt wurden. Die 8,20m hohe Glasfassade wurde als Holz-Pfosten-Riegelfassade umgesetzt.

Technische Anlagen

Der Eigenstrombedarf wird über eine großflächige PV-Anlage mit einer Gesamtleistung von 360kWp gedeckt. Für die Beheizung der Märkte wird die Abwärme aus der Kältetechnik genutzt und über eine Bauteilaktivierung der Sohlplatte in die Räume eingebracht. Die Bauteilaktivierung lässt sich außerdem zur Kühlung der Märkte nutzen. Darüber hinaus werden die Märkte über Lüftungsgeräte mit Wärmerückgewinnung mechanisch be- und entlüftet.

Sonstiges

Die Märkte erfüllen den KfW 55 Standard.

Energetische Kennwerte

Gesetzliche Grundlage: EnEV 2013
Gebäudenutzfläche: 11.829,00 m^2
Gebäudevolumen: 36.967,00 m^3
Hüllfläche des beheizten Volumens: 12.822,00 m^2
Mittlerer U-Wert (opake Bauteile): 0,18 $W/(m^2 \cdot K)$
Mittlerer U-Wert (transparente Bauteile): 1,10 $W/(m^2 \cdot K)$
Spez. Jahresprimärenergiebedarf: 64,03 $kWh/(m^2 \cdot a)$

Energetische Angaben zu Außenbauteilen

Bodenplatte

U-Wert: 0,38 W/(m²·K)

Gesamtdicke: 42,50 cm	d[cm]	l[W/(m·K)]
Fliesen	1,50	1,300
Mörtel	8,00	1,200
Stahlbeton	25,00	2,500
Dämmung PS	8,00	0,035

Außenwand hinterlüftet

U-Wert: 0,69 W/(m²·K)

Gesamtdicke: 28,00 cm	d[cm]	l[W/(m·K)]
GK-Platte	1,50	0,250
Luftschicht, ruhend	5,50	0,306
Holz	5,50	1,300
OSB-Platte	1,50	1,300
Dämmung MW	18,00	0,035
Holz	18,00	1,300
Faserzementplatte	1,50	0,300

Dach

U-Wert: 0,14 W/(m²·K)

Gesamtdicke: 24,30 cm	d[cm]	l[W/(m·K)]
Stahl	0,09	17,000
PE-Folie	0,03	0,330
Dämmung PS	24,00	0,035
Dachbahn	0,18	0,200

Planungskennwerte für Flächen und Rauminhalte nach DIN 277

Flächen des Grundstücks		Menge Einheit	% an GF
BF	Bebaute Fläche	5.669,00 m²	35,2
UF	Unbebaute Fläche	10.426,00 m²	64,8
GF	Grundstücksfläche	16.095,00 m²	100,0

Grundflächen des Bauwerks		Menge Einheit	% an NUF	% an BGF
NUF	Nutzungsfläche	4.339,60 m²	100,0	75,0
TF	Technikfläche	195,72 m²	4,5	3,4
VF	Verkehrsfläche	388,83 m²	9,0	6,7
NRF	Netto-Raumfläche	4.924,15 m²	113,5	85,1
KGF	Konstruktions-Grundfläche	859,65 m²	19,8	14,9
BGF	Brutto-Grundfläche	5.783,80 m²	133,3	100,0

Brutto-Rauminhalt des Bauwerks		Menge Einheit	BRI/NUF (m)	BRI/BGF (m)
BRI	Brutto-Rauminhalt	40.728,00 m³	9,39	7,04

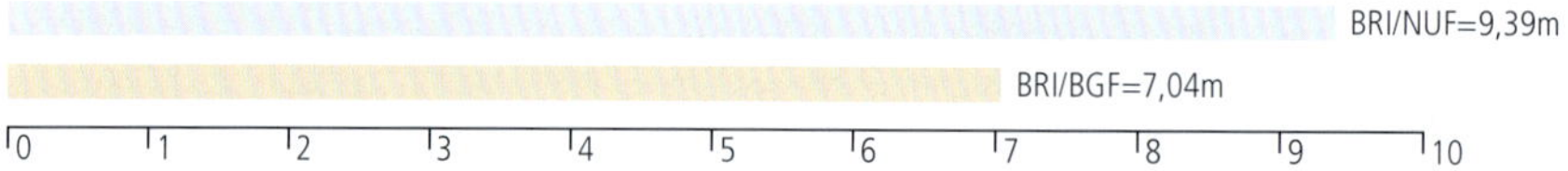

Kostenkennwerte für die Kostengruppen der 1.Ebene DIN 276

KG	Kostengruppen (1.Ebene)	Einheit	Kosten €	€/Einheit	€/m² BGF	€/m³ BRI	% 300+400
100	Grundstück	m² GF	–	–	–	–	–
200	Vorbereitende Maßnahmen	m² GF	–	–	–	–	–
300	Bauwerk – Baukonstruktionen	m² BGF	11.770.433	2.035,07	2.035,07	289,00	75,7
400	Bauwerk – Technische Anlagen	m² BGF	3.787.783	654,90	654,90	93,00	24,3
	Bauwerk 300+400	**m² BGF**	**15.558.216**	**2.689,96**	**2.689,96**	**382,00**	**100,0**
500	Außenanlagen und Freiflächen	m² AF	–	–	–	–	–
600	Ausstattung und Kunstwerke	m² BGF	–	–	–	–	–
700	Baunebenkosten	m² BGF	–	–	–	–	–
800	Finanzierung	m² BGF	–	–	–	–	–

KG	Kostengruppe	Menge Einheit	Kosten €	€/Einheit	%
3+4	**Bauwerk**				**100,0**
300	**Bauwerk – Baukonstruktionen**	5.783,80 m² BGF	11.770.433	**2.035,07**	75,7

Baugrubenaushub; Bodenaustausch, Stb-Fundamente, WU-Beton, Estrich, Bodenfliesen, Abdichtung, Perimeterdämmung; Holzrahmenwände, BSH-Stützen, Stb-Stützen, Alu-Pfosten-Riegelfassade, Holz-Pfosten-Riegelfassade, Alufenster, Dreifachverglasung, Wärmedämmung, Gipsfaserplatten-Bekleidung, hinterlüftete Lärchenholzfassade; Holzrahmenwände, Stb-Wände, teilw. Sichtbeton, Stb-Stützen, Wandfliesen; Holzbalkendecke, Stahltreppen, Estrich, Beschichtung, abgehängte GK-Decken, Treppengeländer; Holz-Leimbinderdach, Oberlichter, Stahl-Trapezblech, Dämmung, Abdichtung, Attika, Dachentwässerung, abgehängte GK-Decke; Einbauküche

KG	Kostengruppe	Menge Einheit	Kosten €	€/Einheit	%
400	**Bauwerk – Technische Anlagen**	5.783,80 m² BGF	3.787.783	**654,90**	24,3

Gebäudeentwässerung, Fettabscheider (2St), Kalt- und Warmwasserleitungen, Sanitärobjekte; Gas-Brennwerttherme, Plattenheizkörper, Betonkernaktivierung; Einzelraumlüfter, kontrollierte Be- und Entlüftung mit Wärmerückgewinnung, Abluftanlage, Kälteanlagen; Elektroinstallation, PV-Anlage (1.000m²), Beleuchtung, Sicherheitsleuchten, Blitzschutzanlage; Datenübertragungsnetz, elektroakustische Anlagen, Brandmeldeanlage, Einbruchmeldeanlage; Großküche, Sprinkleranlage mit Hydrantenanlage, Feuerlöscher, elektronische Zugangskontrolle mit Zahlenkombination; KNX-Beleuchtungssteuerung

7200-0102
Wohn- und
Geschäftshaus
(6 WE, 2 GE)

Objektübersicht

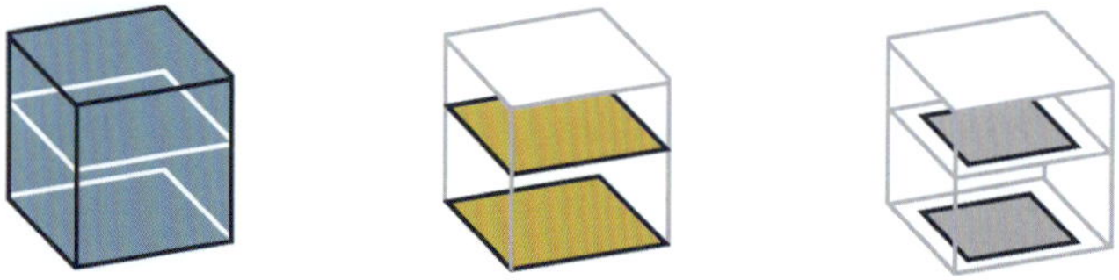

BRI 960 €/m³ **BGF 3.520 €/m²** **NUF 5.124 €/m²**

Objekt:
Kennwerte: 1. Ebene DIN 276
BRI: 9.082 m³
BGF: 2.478 m²
NUF: 1.702 m²
Bauzeit: 69 Wochen
Bauende: 2022
Standard: Durchschnitt
Bundesland: Hessen
Kreis: Kassel, Stadt

Architekt*in:
ANP Architektur- und
Planungsgesellschaft mbH
Hessenallee 2
34130 Kassel

Ansicht Süd-Ost

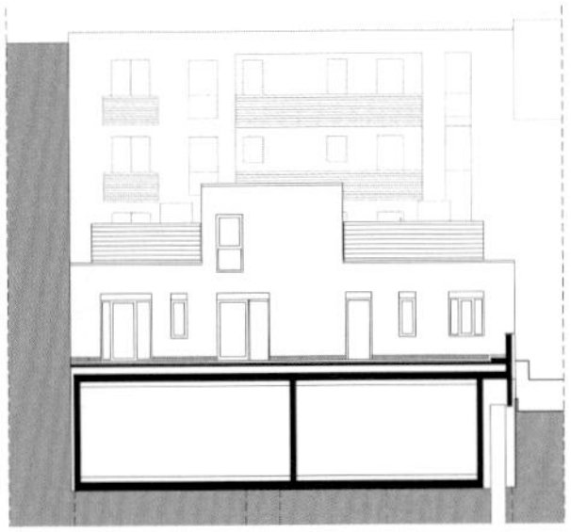

Ansicht Nord-West

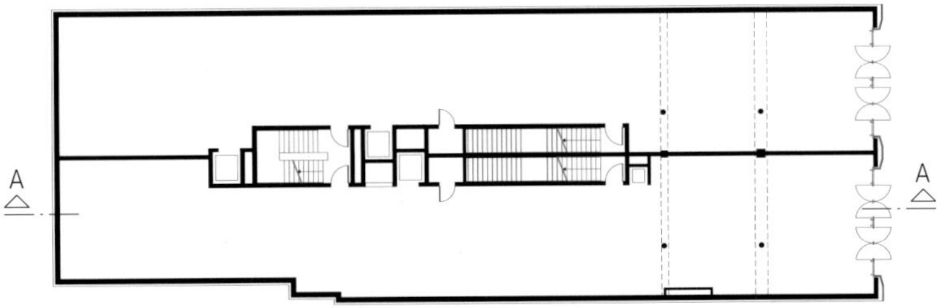

Erdgeschoss

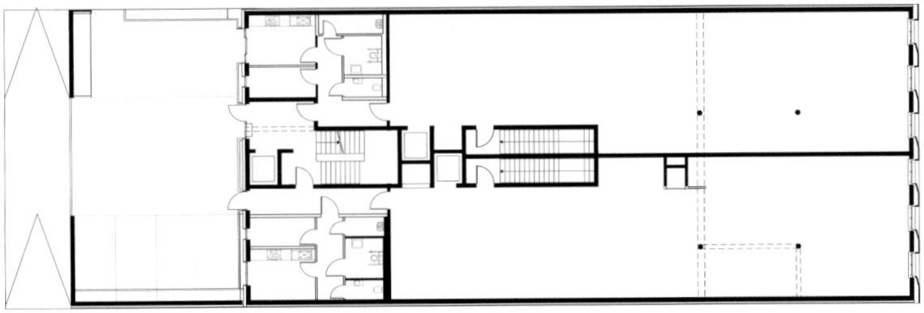

1. Obergeschoss

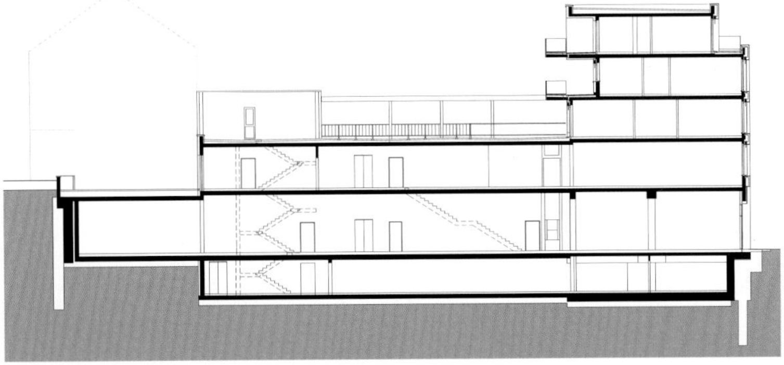

Schnitt A-A

Objektbeschreibung

Allgemeine Objektinformationen

Das neue Geschäfts- und Wohnhaus entstand in zentraler Lage in der geschlossenen Bebauung aus vier- bis fünfgeschossigen Nachbarn. Seine präzise gefügte Lochfassade aus hellem Glasfaserbeton wertet die in die Jahre gekommene Bebauung der Fußgängerzone sichtbar auf. Neben den beiden Läden sorgen sechs Wohnungen in den Obergeschossen für eine Belebung der Innenstadt.

Nutzung

1 Untergeschoss
Abstellräume, Fahrradkeller, Heizungsraum, Technikräume, Treppenhaus, Aufzug

1 Erdgeschoss
Verkaufsräume, Treppenhäuser, Aufzüge

3 Obergeschosse
1.OG: Lagerflächen, Büroräume, Personalräume, WCs, Treppenhäuser, Aufzüge, Flure

2.-4.OG: je zwei Wohnungen mit Wohn-/Essküche, Schlafzimmer, Kinderzimmer, Bad, WC, Flur, Terrassen bzw. Balkone, Treppenhaus, Aufzug, Laubengang

Nutzeinheiten

Verkaufsfläche: 664 m²
Wohneinheiten: 6
Wohnfläche: 506 m²

Grundstück

Bauraum: Baulücke
Neigung: Hanglage
Bodenklasse: BK 2 bis BK 4

Markt

Hauptvergabezeit: 4. Quartal 2020
Baubeginn: 1. Quartal 2021
Bauende: 2. Quartal 2022
Konjunkturelle Gesamtlage: Durchschnitt
Regionaler Baumarkt: über Durchschnitt

Baukonstruktion

Das Gebäude ist ein Massivbau aus Stahlbeton und Kalksandstein; die straßenseitige Fassade wurde als Vorhangfassade aus vorgefertigten Glasfaserbeton-Elementen gefertigt, die rückwärtige Fassade als Wärmedämmverbundsystem mit Mineralwolldämmung. Es war eine aufwendige Gründung mit Unterfangungen der Nachbargebäude und Bohrpfahlwänden erforderlich. Weiter wurden Aluminiumfenster realisiert sowie eine extensive Dachbegrünung. Die Böden sind mit Parkett oder Fliesen belegt. In den Läden kam ein Vinyl-Belag zur Ausführung.

Technische Anlagen

Das Gebäude erhielt einen Anschluss an das städtische Fernwärmenetz, eine externe Fernwärmeleitung verläuft durch das Gebäude. Diese musste während der gesamten Bauphase in Betrieb bleiben. Eine Ladeneinheit erhielt eine Lüftungsanlage mit Wärmerückgewinnung, die zweite wurde ohne technischen Ausbau realisiert. Das Gebäude verfügt über drei Personenaufzüge und einen Kleingüteraufzug.

Sonstiges

Durch die Innenstadtlage war die Zugänglichkeit der Baustelle stark eingeschränkt. Das Baufeld selbst war extrem beengt. Die Wohnungen im 2.OG sind barrierefrei über einen Aufzug erreichbar. Die energetischen Kennwerte beziehen sich auf das Wohngebäude.

Energetische Kennwerte

Gesetzliche Grundlage: EnEV 2013
Gebäudenutzfläche: 582,82 m²
Gebäudevolumen: 1.821,30 m³
A/V_e-Verhältnis (Kompaktheit): 0,31 m^{-1}
Hüllfläche des beheizten Volumens: 556,33 m²
Spez. Transmissionswärmeverlust: 0,46 W/(m²·K)
Spez. Jahresprimärenergiebedarf: 16,14 kWh/(m²·a)

Energetische Angaben zu Außenbauteilen

Außenwand Kalksandstein WDVS

U-Wert: 0,20 W/(m²·K)

Gesamtdicke: 42,50 cm	d[cm]	l[W/(m·K)]
Innenputz	1,50	0,700
Kalksandstein	24,00	1,100
Dämmung	16,00	0,035
Außenputz	1,00	0,700

Außenwand Stahlbeton WDVS

U-Wert: 0,21 W/(m²·K)

Gesamtdicke: 42,50 cm	d[cm]	l[W/(m·K)]
Innenputz	1,50	0,700
Stahlbeton	24,00	2,500
Dämmung	16,00	0,035
Außenputz	1,00	0,700

Außenwand hinterlüftet

U-Wert: 0,20 W/(m²·K)

Gesamtdicke: 41,50 cm	d[cm]	l[W/(m·K)]
Innenputz	1,50	0,700
Stahlbeton	24,00	2,500
Dämmung	16,00	0,035

Dachterrasse

U-Wert: 0,27 W/(m²·K)

Gesamtdicke: 34,50 cm	d[cm]	l[W/(m·K)]
Innenputz	1,50	0,700
Stahlbeton	20,00	2,500
Dämmung	12,00	0,035
Bitumenbahn	1,00	0,170

Dach

U-Wert: 0,17 W/(m²·K)

Gesamtdicke: 54,50 cm	d[cm]	l[W/(m·K)]
Innenputz	1,50	0,700
Stahlbeton	22,00	2,500
Dämmung	20,00	0,035
Bitumenbahn	1,00	0,170
Kiesschüttung	10,00	1.000,000

Planungskennwerte für Flächen und Rauminhalte nach DIN 277

Flächen des Grundstücks		Menge Einheit	% an GF
BF	Bebaute Fläche	829,80 m^2	90,2
UF	Unbebaute Fläche	89,90 m^2	9,8
GF	Grundstücksfläche	919,70 m^2	100,0

Grundflächen des Bauwerks		Menge Einheit	% an NUF	% an BGF
NUF	Nutzungsfläche	1.702,23 m^2	100,0	68,7
TF	Technikfläche	78,53 m^2	4,6	3,2
VF	Verkehrsfläche	363,53 m^2	21,4	14,7
NRF	Netto-Raumfläche	2.144,29 m^2	126,0	86,5
KGF	Konstruktions-Grundfläche	333,95 m^2	19,6	13,5
BGF	Brutto-Grundfläche	2.478,24 m^2	145,6	100,0

Brutto-Rauminhalt des Bauwerks		Menge Einheit	BRI/NUF (m)	BRI/BGF (m)
BRI	Brutto-Rauminhalt	9.081,87 m^3	5,34	3,67

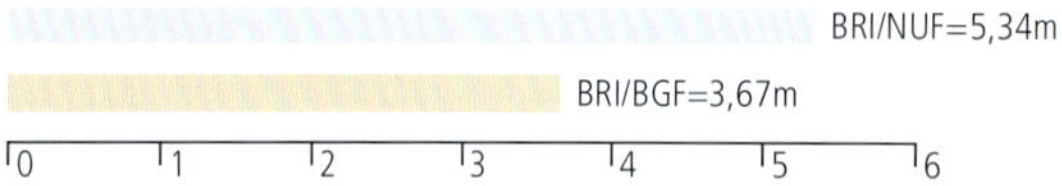

Kostenkennwerte für die Kostengruppen der 1. Ebene DIN 276

KG	Kostengruppen (1. Ebene)	Einheit	Kosten €	€/Einheit	€/m² BGF	€/m³ BRI	% 300+400
100	Grundstück	m² GF	–	–	–	–	–
200	Vorbereitende Maßnahmen	m² GF	816.447	887,73	329,45	89,90	9,4
300	Bauwerk – Baukonstruktionen	m² BGF	7.038.854	2.840,26	2.840,26	775,04	80,7
400	Bauwerk – Technische Anlagen	m² BGF	1.684.058	679,54	679,54	185,43	19,3
	Bauwerk 300+400	**m² BGF**	**8.722.912**	**3.519,80**	**3.519,80**	**960,48**	**100,0**
500	Außenanlagen und Freiflächen	m² AF	25.328	105,67	10,22	2,79	0,3
600	Ausstattung und Kunstwerke	m² BGF	–	–	–	–	–
700	Baunebenkosten	m² BGF	–	–	–	–	–
800	Finanzierung	m² BGF	–	–	–	–	–

KG	Kostengruppe	Menge Einheit	Kosten €	€/Einheit	%
200	**Vorbereitende Maßnahmen**	919,70 m² GF	816.447	**887,73**	9,4

Abbruch Bestandsgebäude

KG	Kostengruppe	Menge Einheit	Kosten €	€/Einheit	%
3+4	**Bauwerk**				**100,0**
300	**Bauwerk – Baukonstruktionen**	2.478,24 m² BGF	7.038.854	**2.840,26**	80,7

Baugrubenaushub, Baugrubenverbau (rückverankerte Bohrpfähle), Wasserhaltung; Bodenaustausch, Baugrundverbesserung, Unterfangungen, Stb-Fundamentplatte 60cm, Stb-Fundamente, Stb-Bodenplatte WU, Estrich, Beschichtung, Natursteinbelag, Bodenfliesen, Abdichtung, Sauberkeitsschicht, Perimeterdämmung, Dränage; Stb-Wände WU, Mauerwerkswände, Alu-Pfosten-Riegel-Fassade, Alufenster, Dreifachverglasung, Schallschutzverglasung, Sonnenschutzverglasung, Wärmedämmung, WDVS, hinterlüftete Glasfaserbeton-Fassade, Putz, Beschichtung, Alu-Sonnenschutzlamellen; Innenmauerwerk, Stb-Wände, GK-Wände, Stb-Stützen, Stahltüren, Holztüren, Putz, Wandfliesen, Beschichtung, elementierte Kellertrennwände; Stb-Decken, Stb-Fertigteilbalkone, Stb-Treppen, Dämmung, Heizestrich, Natursteinbelag, Parkett, Vinyl-Beläge, Bodenfliesen, abgehängte Mineraldecken, Stahlgeländer, Glasgeländer, Terrassen-Glastrennwände, Treppengeländer; Stb-Flachdach, Attika, Oberlichter, Dämmung, Gefälledämmung, Abdichtung, Betonplattenbelag, Kies, extensive Dachbegrünung, Dachentwässerung, Überdachung Rettungsweg; Einbauküchen

KG	Kostengruppe	Menge Einheit	Kosten €	€/Einheit	%
400	**Bauwerk – Technische Anlagen**	2.478,24 m² BGF	1.684.058	**679,54**	19,3

Gebäudeentwässerung, Hebeanlage, Kalt- und Warmwasserleitungen, Sanitärobjekte; Fernwärmeversorgung, Plattenheizkörper, Fußbodenheizung, Türschleieranlagen; kontrollierte Be- und Entlüftung mit Wärmerückgewinnung, Klimaanlagen, Kälteanlagen, Einzelraumlüfter, RWA-Anlagen; Eigenstromversorgung, Elektroinstallation, Beleuchtung, Sicherheitsleuchten; Rauchmelder, Datenübertragungsnetz, Breitbandkabelanschluss; Personenaufzüge (3St), Kleingüteraufzug (1St); Feuerlöscher; Regeleinrichtungen

KG	Kostengruppe	Menge Einheit	Kosten €	€/Einheit	%
500	**Außenanlagen und Freiflächen**	239,70 m² AF	25.328	**105,67**	0,3

Oberbodenarbeiten, Bodenarbeiten; Stellplätze, Betonsteinpflaster; Winkelstützmauern; Abwasser, Außenbeleuchtungsanlagen; Pflanzbehälter, Müllplatzeinhausung; Oberbodenauftrag, Gehölze, Stauden

7300-0110
Medienwerkstatt
(18 AP)
Seminarraum
(50 Sitzplätze)

Objektübersicht

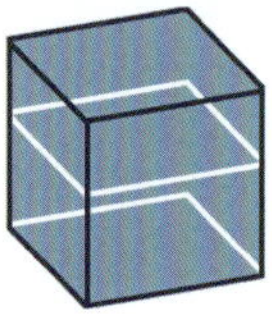

BRI 1.058€/m³

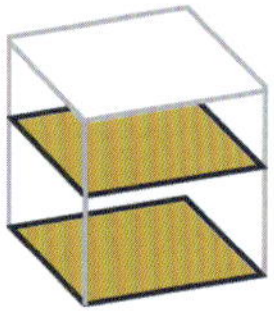

BGF 3.721€/m²

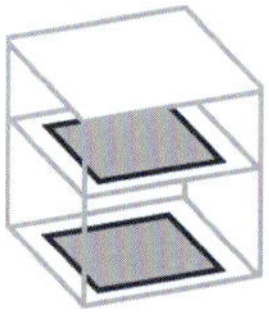

NUF 5.660€/m²

Objekt:
Kennwerte: 1.Ebene DIN 276
BRI: 1.335m³
BGF: 379m²
NUF: 249m²
Bauzeit: 70 Wochen
Bauende: 2021
Standard: Durchschnitt
Bundesland: Hessen
Kreis: Werra-Meißner-Kreis

Architekt*in:
foundation 5+
architekten BDA
Am Alten Sudhaus 6
34119 Kassel

Bauherr*in:
Stadtwerke Eschwege GmbH
Niederhoner Straße 36
37269 Eschwege

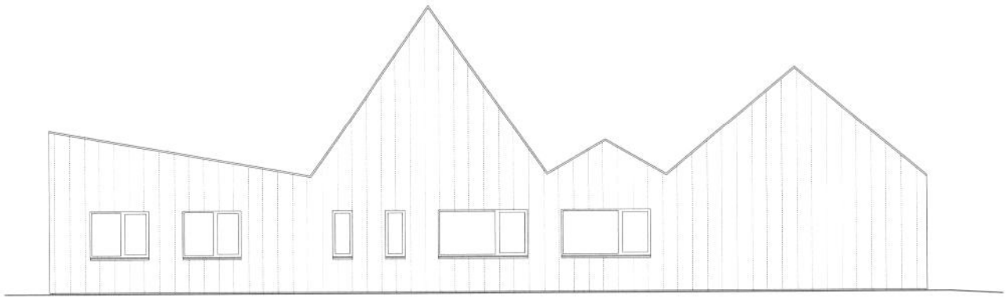

Ansicht Nord

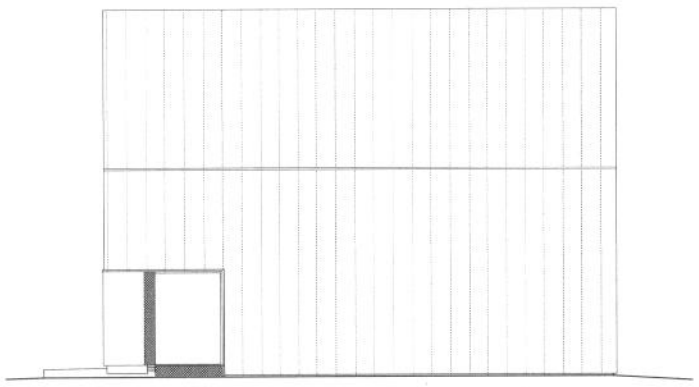

Ansicht Ost

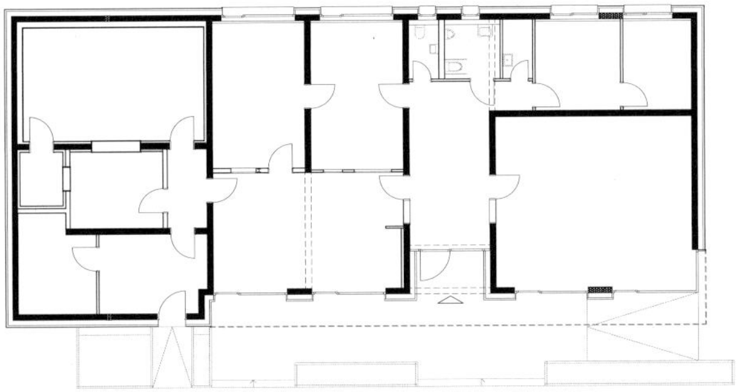

Erdgeschoss

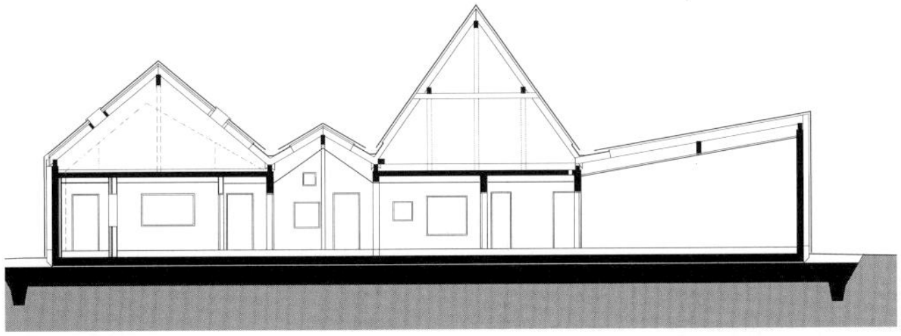

Schnitt A-A

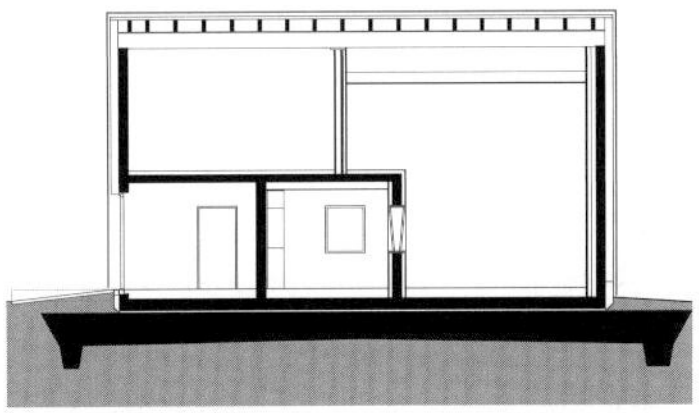

Schnitt B-B

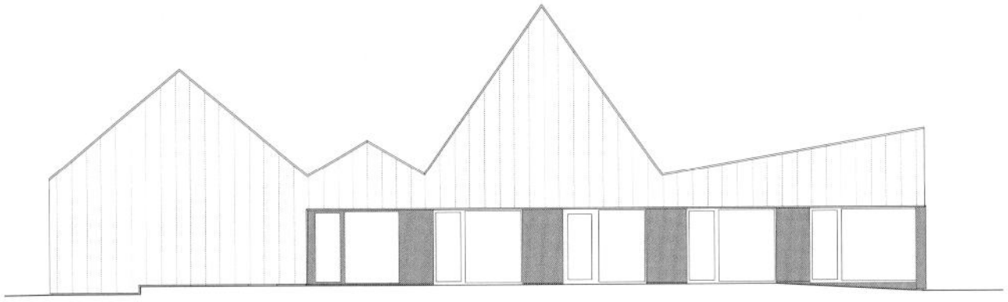

Ansicht Süd

Ansicht West

Objektbeschreibung

Allgemeine Objektinformationen

Bei diesem Neubau handelt es sich um ein Studio für Kommunikation und Film. Die Einrichtung bietet einen Bildungs- und Gestaltungsraum für digitale Medien. Ziel der Medienwerkstatt ist es, den Umgang mit Medien in verschiedensten Formaten, mit unterschiedlichsten Gestaltungs- und Kommunikationsgeräten zu vermitteln. Das Bildungsangebot wird besonders für Jugendliche generationsübergreifend und inklusiv angeboten.

Nutzung

1 Erdgeschoss
Foyer, Studio, Kabinen, Vorproduktion, Büroräume, Lounge mit Küchenzeile, Schnitträume, Seminarraum, Lager, WCs

1 Dachgeschoss
Lüftungszentrale

Nutzeinheiten

Arbeitsplätze: 18
Sitzplätze: 50

Grundstück

Bauraum: Beengter Bauraum
Neigung: Ebenes Gelände
Bodenklasse: BK 3 bis BK 4

Markt

Hauptvergabezeit: 1. Quartal 2019
Baubeginn: 4. Quartal 2019
Bauende: 1. Quartal 2021
Konjunkturelle Gesamtlage: Durchschnitt
Regionaler Baumarkt: Durchschnitt

Baukonstruktion

Der Sockelbereich ist aufgrund der Hochwasserstände in Massivbauweise ausgeführt. Er gründet auf einer Stb-Fundamentplatte, auch die Decken wurden in Stahlbeton ausgeführt. Die Dachkonstruktion dagegen wurde vollständig als Holzbau erstellt. Die Gebäudehülle erfüllt einen hohen energetischen Standard und ist aufgrund der vorgehängten, metallischen Fassade robust und wartungsarm sowie vollständig demontier- und wieder verwendbar. Die Kunststofffenster wurden mit einer Dreifach-Wärmeschutzverglasung ausgestattet. Die Böden sind mit Linoleum oder Parkett belegt, in den WCs wurden die Böden gefliest.

Technische Anlagen

Die Haustechnikanlagen sind vollständig in den Dachraum eines der steilgeneigten Dächer innerhalb der thermischen Hülle integriert. Alle Räume sind mit einer Be- und Entlüftung mit Wärmerückgewinnung ausgestattet. Dies erfolgt teilweise zentral (High-Tech/Schall) im Bereich Tonstudio und dezentral (Low-Tech/Wandlüfter) im Bereich Lounge und Büro.

Sonstiges

Ein Seminarraum mit Zuordnung zum Eingangsbereich kann unabhängig von anderen Nutzungsbereichen genutzt werden.

Energetische Kennwerte

Gesetzliche Grundlage: EnEV 2013
Gebäudenutzfläche: 298,00 m²
Gebäudevolumen: 1.265,00 m³
Hüllfläche des beheizten Volumens: 1.028,00 m²
Mittlerer U-Wert (opake Bauteile): 0,14 W/(m²·K)
Mittlerer U-Wert (transparente Bauteile): 1,10 W/(m²·K)
Spez. Jahresprimärenergiebedarf: 91,77 kWh/(m²·a)
CO_2-Emissionen: 25,10 kg/(m²·a)

Energetische Angaben zu Außenbauteilen

Bodenplatte

U-Wert: 0,23 W/(m²·K)

Gesamtdicke: 47,50 cm	d[cm]	l[W/(m·K)]
Estrich	6,50	1,400
Dämmung	16,00	0,040
Stahlbeton	25,00	2,500

Außenwand hinterlüftet

U-Wert: 0,16 W/(m²·K)

Gesamtdicke: 45,50 cm	d[cm]	l[W/(m·K)]
Innenputz	1,50	0,700
Kalksandstein	24,00	0,990
Dämmung	20,00	0,035

Decke gegen kalten Dachraum

U-Wert: 0,14 W/(m²·K)

Gesamtdicke: 45,00 cm	d[cm]	l[W/(m·K)]
Stahlbeton	20,00	25,000
Dämmung	25,00	0,035

Dach gegen Außenluft

U-Wert: 0,14 W/(m²·K)

Gesamtdicke: 31,25 cm	d[cm]	l[W/(m·K)]
GK-Platte	1,25	0,250
Dämmung	24,00	0,035
Holz	24,00	0,180
Dämmung	6,00	0,035

Planungskennwerte für Flächen und Rauminhalte nach DIN 277

Flächen des Grundstücks		Menge Einheit	% an GF
BF	Bebaute Fläche	1.859,90 m²	26,0
UF	Unbebaute Fläche	5.289,40 m²	74,0
GF	Grundstücksfläche	7.149,30 m²	100,0

Grundflächen des Bauwerks		Menge Einheit	% an NUF	% an BGF
NUF	Nutzungsfläche	249,40 m²	100,0	65,7
TF	Technikfläche	25,86 m²	10,4	6,8
VF	Verkehrsfläche	29,75 m²	11,9	7,8
NRF	Netto-Raumfläche	305,01 m²	122,3	80,4
KGF	Konstruktions-Grundfläche	74,39 m²	29,8	19,6
BGF	Brutto-Grundfläche	379,40 m²	152,1	100,0

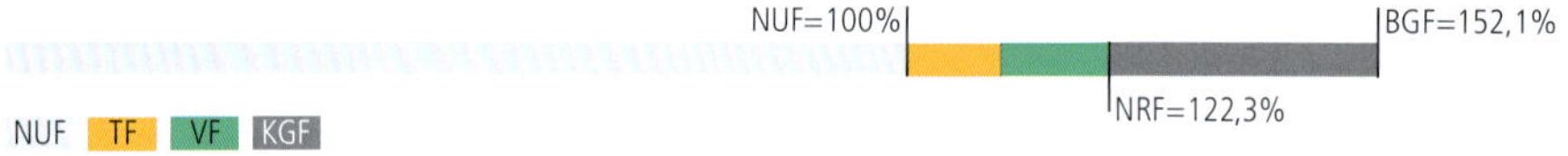

Brutto-Rauminhalt des Bauwerks		Menge Einheit	BRI/NUF (m)	BRI/BGF (m)
BRI	Brutto-Rauminhalt	1.334,80 m³	5,35	3,52

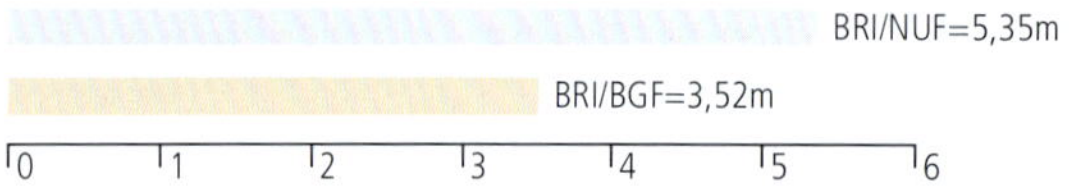

Kostenkennwerte für die Kostengruppen der 1.Ebene DIN 276

KG	Kostengruppen (1.Ebene)	Einheit	Kosten €	€/Einheit	€/m² BGF	€/m³ BRI	% 300+400
100	Grundstück	m² GF	–	–	–	–	–
200	Vorbereitende Maßnahmen	m² GF	73.454	10,27	193,61	55,03	5,2
300	Bauwerk – Baukonstruktionen	m² BGF	1.122.181	2.957,78	2.957,78	840,71	79,5
400	Bauwerk – Technische Anlagen	m² BGF	289.526	763,12	763,12	216,91	20,5
	Bauwerk 300+400	**m² BGF**	**1.411.707**	**3.720,89**	**3.720,89**	**1.057,62**	**100,0**
500	Außenanlagen und Freiflächen	m² AF	51.829	70,32	136,61	38,83	3,7
600	Ausstattung und Kunstwerke	m² BGF	–	–	–	–	–
700	Baunebenkosten	m² BGF	–	–	–	–	–
800	Finanzierung	m² BGF	–	–	–	–	–

KG	Kostengruppe	Menge Einheit	Kosten €	€/Einheit	%
200	**Vorbereitende Maßnahmen**	7.149,30 m² GF	73.454	**10,27**	5,2

Abbruch Bestandsgebäude, Rückbau Außenanlage Bestand

KG	Kostengruppe	Menge Einheit	Kosten €	€/Einheit	%
3+4	**Bauwerk**				**100,0**
300	**Bauwerk – Baukonstruktionen**	379,40 m² BGF	1.122.181	**2.957,78**	79,5

Baugrubenaushub; Bodenaustausch, Baugrundverbesserung, Stb-WU-Fundamentplatte 30cm, Estrich, Linoleum, Parkett, Bodenfliesen, Abdichtung, Sauberkeitsschicht, Dämmung, Dränage; Mauerwerkswände (EG), Kunststofffenster, Dreifachverglasung, Wärmedämmung, Aluminium-Trapezblech-Fassade; Innenmauerwerk, GK-Wände, Schalldämmschale im Studio und einer Kabine, Innenfenster, teilw. mit Schallschutz, Wandfliesen; teilw. Stb-Decken, Auszugstreppe in Dachraum, OSB-Platten als Wartungsgang, abgehängte Schallschutzdecken, Dämmung; Holzbalkendach, Dachfenster, Aluminium-Trapezblech, Dämmung, außenliegende Entwässerung, abgehängte Schallschutzdecken; Einbauküche

KG	Kostengruppe	Menge Einheit	Kosten €	€/Einheit	%
400	**Bauwerk – Technische Anlagen**	379,40 m² BGF	289.526	**763,12**	20,5

Gebäudeentwässerung, Kalt- und Warmwasserleitungen, Sanitärobjekte; Gas-Brennwerttherme, Plattenheizkörper; kontrollierte Be- und Entlüftung mit Wärmerückgewinnung; Elektroinstallation, Beleuchtung, Blitzschutzanlage; Datenübertragungsanlage, elektroakustische Anlagen, Rauchmelder

KG	Kostengruppe	Menge Einheit	Kosten €	€/Einheit	%
500	**Außenanlagen und Freiflächen**	737,00 m² AF	51.829	**70,32**	3,7

Oberbodenarbeiten; Pflasterarbeiten der Wege und Terrassen; Zäune, Stufen; Fahrradständer; Stauden, Rasen

7300-0111
Druckerei (9 AP)

Objektübersicht

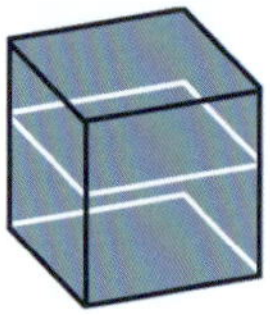

BRI 317 €/m³

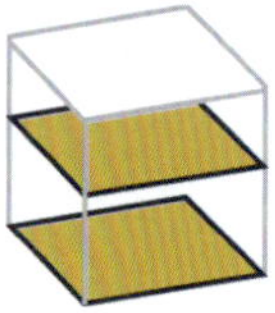

BGF 1.651 €/m²

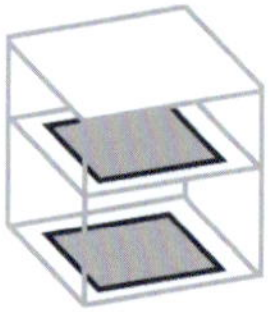

NUF 1.965 €/m²

Objekt:
Kennwerte: 1. Ebene DIN 276
BRI: 3.879 m³
BGF: 745 m²
NUF: 626 m²
Bauzeit: 35 Wochen
Bauende: 2022
Standard: Durchschnitt
Bundesland: Nordrhein-Westfalen
Kreis: Soest

Architekt*in:
dh bauplanung
& betreuung GmbH
Grandweg 37
59494 Soest

Bauherr*in:
ALTHOFF DRUCK
Gebrüder-Ernst-Weg 6
59494 Soest

© dh bauplanung & betreuung

Ansicht Nord

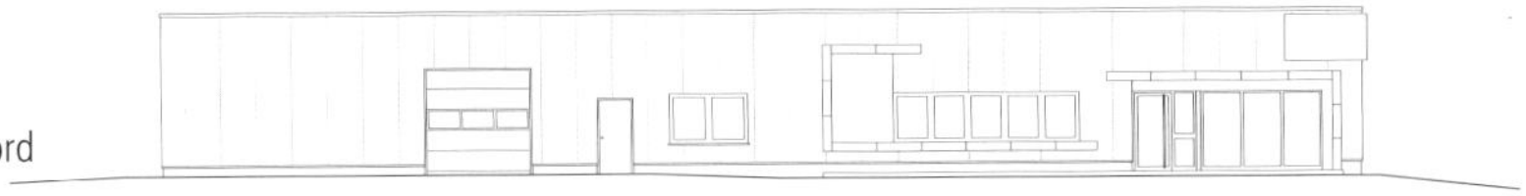

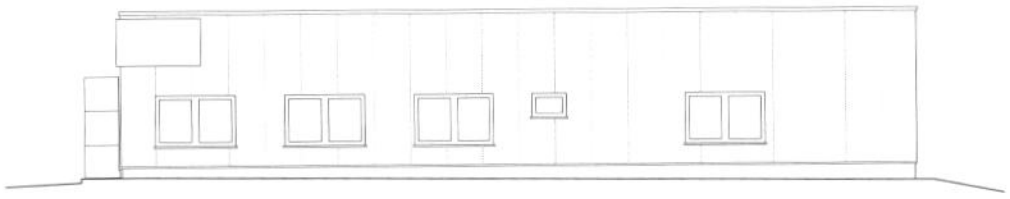

Ansicht West

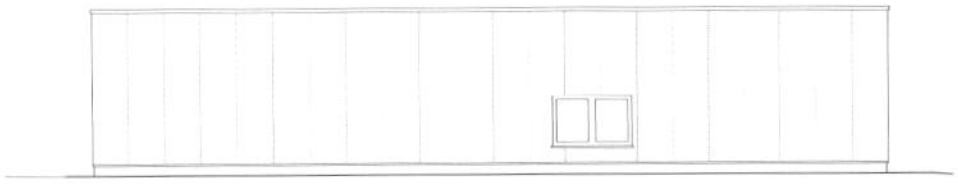

Ansicht Ost

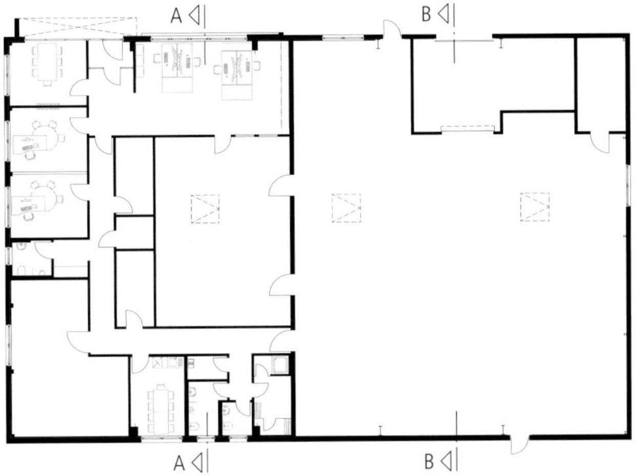

Erdgeschoss

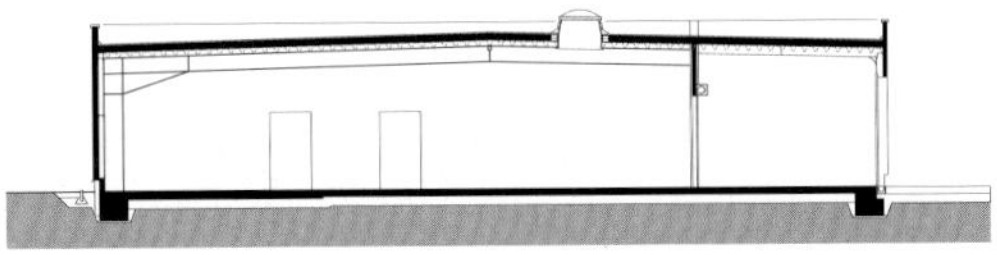

Schnitt A-A

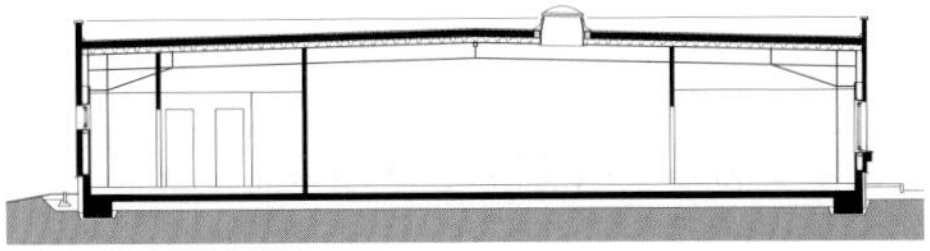

Schnitt B-B

Ansicht Süd

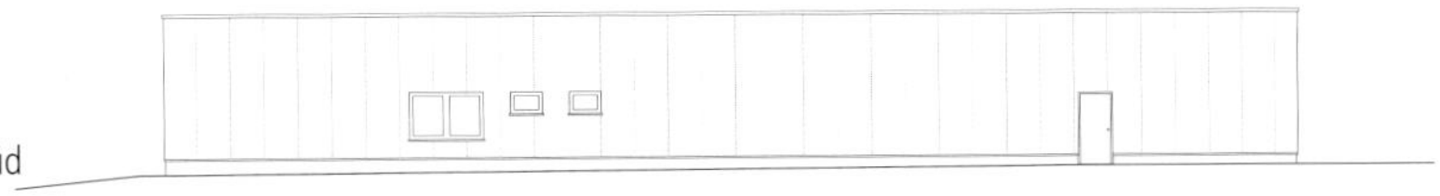

Objektbeschreibung

Allgemeine Objektinformationen

Bei diesem Gebäude handelt es sich um eine eingeschossige Gewerbehalle für einen Druckereibetrieb mit Büros und Büronebenräume unter einem Dach.

Nutzung

1 Erdgeschoss
Empfang, Windfang, Büros, Besprechung, Aufenthaltsraum, Archiv, WCs, Umkleiden, Teeküche, Produktionshalle, Anlieferung, Technik

Nutzeinheiten

Arbeitsplätze: 9
Produktionsfläche: 450 m^2

Grundstück

Bauraum: Freier Bauraum
Neigung: Ebenes Gelände
Bodenklasse: BK 3 bis BK 4

Markt

Hauptvergabezeit: 1. Quartal 2022
Baubeginn: 2. Quartal 2022
Bauende: 4. Quartal 2022
Konjunkturelle Gesamtlage: Durchschnitt
Regionaler Baumarkt: Durchschnitt

Baukonstruktion

Das Gebäude gründet auf einer Stahlbetonfundamentplatte auf umlaufenden Streifenfundamenten. Das Tragwerk ist als Stahlkonstruktion mit einer Vorhang-Sandwich-Paneelfassade konstruiert. Die Kunststofffenster sind mit einer Dreifachverglasung ausgestattet und damit mit einem erhöhtem Wärmeschutzstandard ausgeführt. Das Dachtragwerk bilden Trapezblechtafeln mit einer Aufdachdämmung und einer Folienabdichtung. Der Innenausbau erfolgte in Trockenbauweise. Die Böden sind mit PVC und Fliesen belegt, in der Produktionshalle wurden die Stb-Bodenplatte lediglich nach einer Hartstoffeinstreuung geglättet.

Technische Anlagen

Beheizt wird die Druckerei mit Hilfe einer Luftwärmepumpe. Im Bürobereich wird die Wärme durch eine Fußbodenheizung verteilt. Im Produktionsbereich wurden Deckenstrahlheizungen installiert. Die Warmwasserbereitung erfolgt dezentral. Eine PV-Anlage ist zur Zeit noch nicht ausgeführt, kann aber jederzeit in die Haustechnik integriert werden.

Energetische Kennwerte

Gesetzliche Grundlage: GEG 2020
Gebäudenutzfläche: 701,00 m^2
Gebäudevolumen: 3.050,00 m^3
A/V_e-Verhältnis (Kompaktheit): 0,63 m^{-1}
Hüllfläche des beheizten Volumens: 1.916,00 m^2
Mittlerer U-Wert (opake Bauteile): 0,18 $W/(m^2 \cdot K)$
Mittlerer U-Wert (transparente Bauteile): 1,10 $W/(m^2 \cdot K)$
Spez. Jahresprimärenergiebedarf: 84,96 $kWh/(m^2 \cdot a)$
Spez. Jahresendenergiebedarf: 47,20 $kWh/(m^2 \cdot a)$
CO_2-Emissionen: 26,43 $kg/(m^2 \cdot a)$

Energetische Angaben zu Außenbauteilen

Bodenplatte

U-Wert: 0,27 W/(m²·K)

Gesamtdicke: 40,00 cm	d [cm]	l [W/(m·K)]
Fliesen	1,00	1,000
Estrich	6,00	1,400
Trittschalldämmung	3,00	0,046
Dämmung	10,00	0,036
Stahlbeton	20,00	2,100

Bodenplatte Halle

U-Wert: 3,77 W/(m²·K)

Gesamtdicke: 20,00 cm	d [cm]	l [W/(m·K)]
Stahlbeton	20,00	2,100

Außenwand Sockel

U-Wert: 0,45 W/(m²·K)

Gesamtdicke: 23,50 cm	d [cm]	l [W/(m·K)]
Stahlbeton	14,00	2,100
Dämmung	8,00	0,041
Außenputz	1,50	1,000

Dach

U-Wert: 0,22 W/(m²·K)

Gesamtdicke: 16,25 cm	d [cm]	l [W/(m·K)]
Dampfsperre	0,10	0,200
Dämmung	16,00	0,036
Kunststoffbahn	0,15	0,200

Planungskennwerte für Flächen und Rauminhalte nach DIN 277

Flächen des Grundstücks		Menge Einheit	% an GF
BF	Bebaute Fläche	745,00 m²	43,9
UF	Unbebaute Fläche	952,00 m²	56,1
GF	Grundstücksfläche	1.697,00 m²	100,0

Grundflächen des Bauwerks		Menge Einheit	% an NUF	% an BGF
NUF	Nutzungsfläche	625,72 m²	100,0	84,0
TF	Technikfläche	13,15 m²	2,1	1,8
VF	Verkehrsfläche	43,21 m²	6,9	5,8
NRF	Netto-Raumfläche	682,08 m²	109,0	91,6
KGF	Konstruktions-Grundfläche	62,92 m²	10,1	8,4
BGF	Brutto-Grundfläche	745,00 m²	119,1	100,0

Brutto-Rauminhalt des Bauwerks		Menge Einheit	BRI/NUF (m)	BRI/BGF (m)
BRI	Brutto-Rauminhalt	3.879,00 m³	6,20	5,21

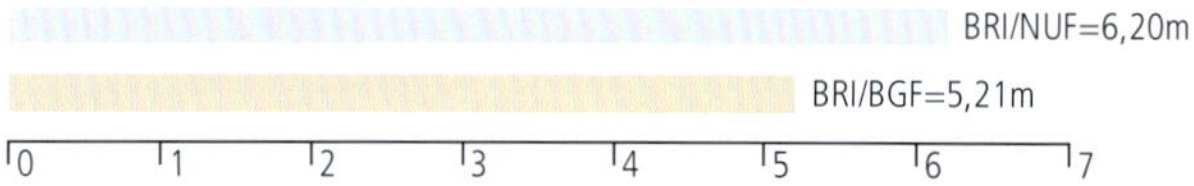

Kostenkennwerte für die Kostengruppen der 1.Ebene DIN 276

KG	Kostengruppen (1.Ebene)	Einheit	Kosten €	€/Einheit	€/m² BGF	€/m³ BRI	% 300+400
100	Grundstück	m² GF	–	–	–	–	–
200	Vorbereitende Maßnahmen	m² GF	–	–	–	–	–
300	Bauwerk – Baukonstruktionen	m² BGF	901.245	1.209,73	1.209,73	232,34	73,3
400	Bauwerk – Technische Anlagen	m² BGF	328.584	441,05	441,05	84,71	26,7
	Bauwerk 300+400	**m² BGF**	**1.229.829**	**1.650,78**	**1.650,78**	**317,05**	**100,0**
500	Außenanlagen und Freiflächen	m² AF	77.430	194,55	103,93	19,96	6,3
600	Ausstattung und Kunstwerke	m² BGF	–	–	–	–	–
700	Baunebenkosten	m² BGF	–	–	–	–	–
800	Finanzierung	m² BGF	–	–	–	–	–

KG	Kostengruppe	Menge Einheit	Kosten €	€/Einheit	%
3+4	**Bauwerk**				**100,0**
300	**Bauwerk – Baukonstruktionen**	745,00 m² BGF	901.245	**1.209,73**	73,3

Erdarbeiten; Stb-Streifenfundamente, Stb-Bodenplatte, Abdichtung, Dämmung, Heizestrich, PVC-Belag, Bodenfliesen, Hartstoffeinstreuung in Stb-Boden, geglättet; Stahl-Stützen, Stb-Aufkantung, Sandwichpaneelfassade, Kunststofffenster, Dreifachverglasung, Sektionaltor, Eingangselement; KS-Mauerwerk, GK-Wände, Alutüren, Beschichtung, Wandfliesen; Stahlträger, Trapezblechdach, Lichtkuppeln, Dämmung, Kunststoffabdichtung, Dachentwässerung, abgehängte Rasterdecken, GK-Decken

KG	Kostengruppe	Menge Einheit	Kosten €	€/Einheit	%
400	**Bauwerk – Technische Anlagen**	745,00 m² BGF	328.584	**441,05**	26,7

Gebäudeentwässerung, Kalt- und Warmwasserleitungen, Sanitärobjekte; Luftwärmepumpe, Gas-brennwerttherme, Fußbodenheizung, Deckenstrahlheizplatten; Elektroinstallation, LED-Beleuchtung; Datenverkabelung, Rauchmelder

KG	Kostengruppe	Menge Einheit	Kosten €	€/Einheit	%
500	**Außenanlagen und Freiflächen**	398,00 m² AF	77.430	**194,55**	6,3

Betonsteinpflaster für Wege, Zufahrt, Stellplätze; Zaunanlage; Bepflanzung, Raseneinsaat

7600-0095
Feuerwehr
(10 Fahrzeuge)

Objektübersicht

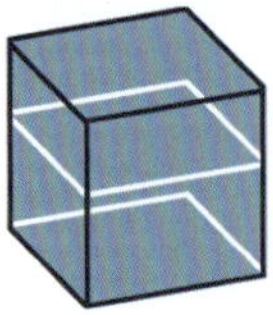

BRI 565 €/m³

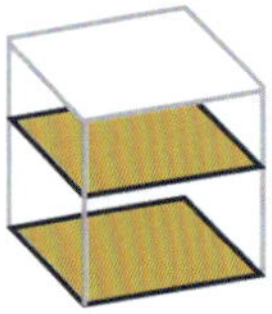

BGF 3.005 €/m²

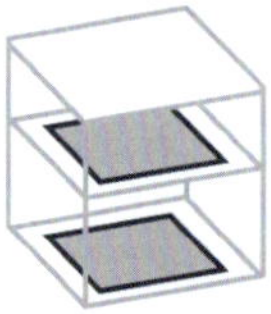

NUF 4.089 €/m²

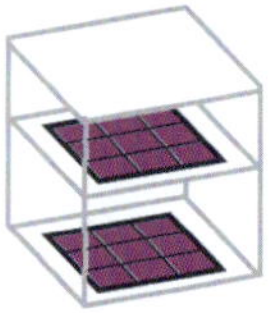

NE 645.674 €/NE

NE: Fahrzeugstellplätze

Objekt:
Kennwerte: 1. Ebene DIN 276
BRI: 11.427 m³
BGF: 2.149 m²
NUF: 1.579 m²
Bauzeit: 91 Wochen
Bauende: 2021
Standard: Durchschnitt
Bundesland: Niedersachsen
Kreis: Grafschaft Bentheim

Architekt*in:
Echt.Fietz+Assoziierte GmbH
I Architekten BDA
Am Zehnthof 153
44141 Dortmund

Bauherr*in:
Stadt Nordhorn
Bahnhofstraße 24
48529 Nordhorn

© Stefan Müller

© Stefan Müller

Zeichnungen

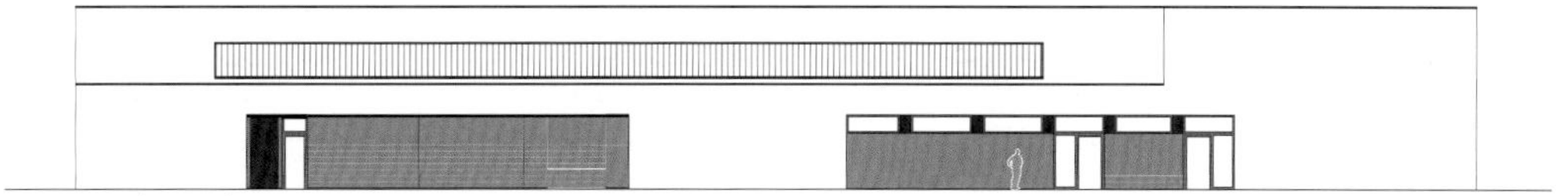

Ansicht Nord

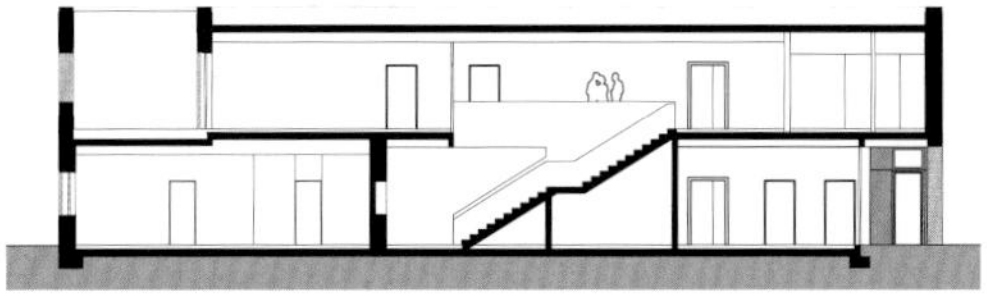

Schnitt A-A

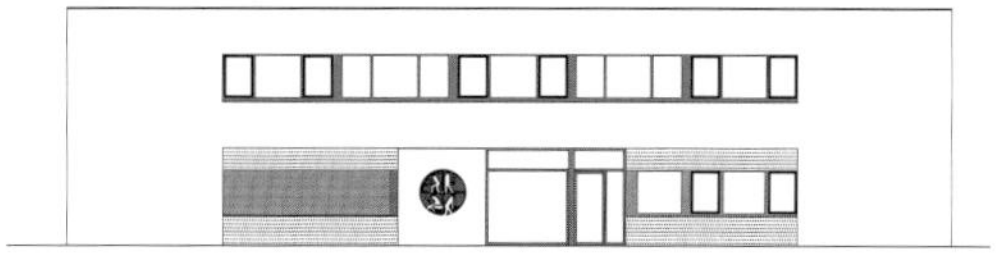

Ansicht West

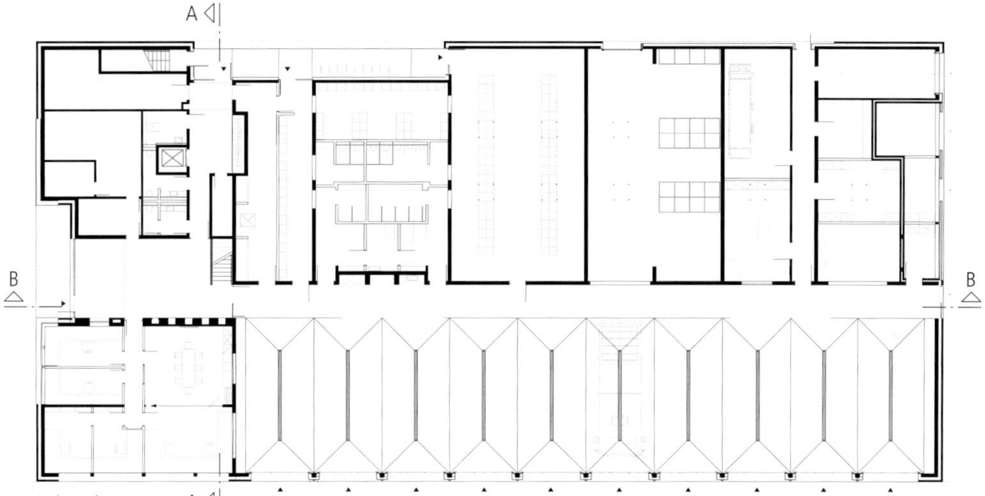

Erdgeschoss

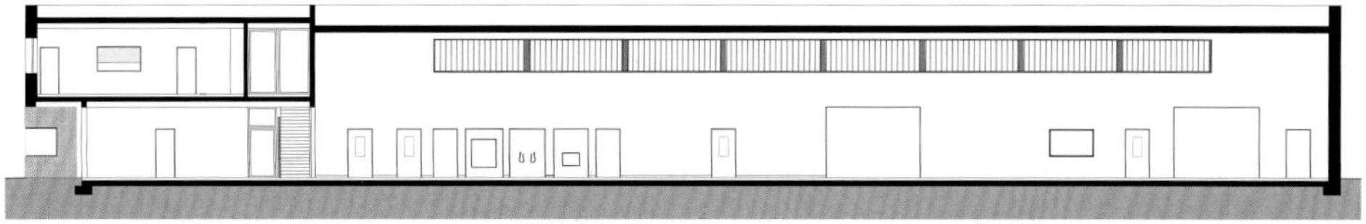

Schnitt B-B

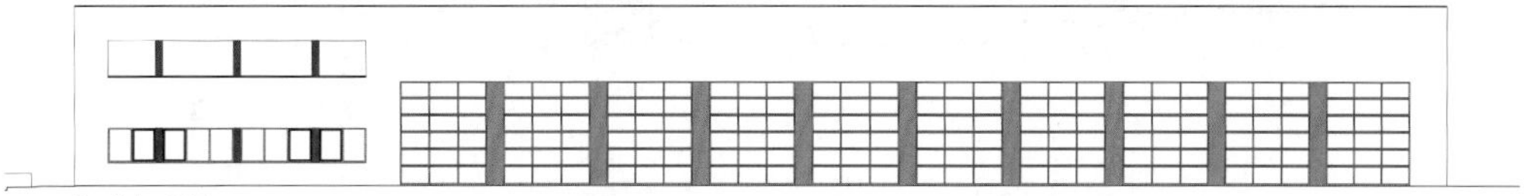

Ansicht Süd

Objektbeschreibung

Allgemeine Objektinformationen

Der zweigeschossige Bereich des Neubaus bildet den Kopf des Gebäudes und beinhaltet den Bürobereich der aufgrund seiner Lage optimalen Überblick über ein- und ausrückende Fahrzeuge gewährt. Der über dem Bürobereich und Foyer gelegene und nach Nord-Westen orientierte Mannschaftsraum und Ausbildungsbereich bildet das Obergeschoss mit attraktiven Sichtverbindungen in die Fahrzeughalle und einer Dachterrasse als Rückzugsort. Aufgrund dieser kompakten Volumetrie konnte der Neubau wirtschaftlich erstellt werden.

Nutzung

1 Erdgeschoss
Fahrzeughalle, Verwaltung, Alarmeingang, Umkleideräume, Technik, Foyer, Ruheraum, Kleiderkammer, Werkstatt, Lagerräume

1 Obergeschoss
Küche, Mannschaftsraum, Dachterrasse, WCs, Garderobe

Nutzeinheiten

Fahrzeugstellplätze: 10

Grundstück

Bauraum: Freier Bauraum
Neigung: Ebenes Gelände
Bodenklasse: BK 1 bis BK 3

Markt

Hauptvergabezeit: 1.Quartal 2020
Baubeginn: 1.Quartal 2020
Bauende: 4.Quartal 2021
Konjunkturelle Gesamtlage: Durchschnitt
Regionaler Baumarkt: Durchschnitt

Baukonstruktion

Die Hauptkonstruktion des Gebäudes besteht aus Stahlbetonfundamenten und -Decken. Viele Bauteile wurden aus Stahlbeton-Halbfertigteilen hergestellt. Stahlbeton-Fertigtreppen verbinden die Geschosse miteinander. Die Fassaden sind mit Klinker bekleidet, die Fenster und Türen sind in Aluminium ausgeführt. Es wurden große, verglaste Sektionaltore in der Fahrzeughalle installiert. Von der Nordseite belichtet ein Oberlichtband aus festverglastem Profilbauglas die Fahrzeughalle. Auf den Böden wurde ein Rüttelboden eingebaut. Spannbetonhohlplatten bilden das Flachdach, das über der Abdichtung mit einer Dachbegrünung belegt wurde.

Technische Anlagen

Das Gebäude verfügt über eine Luftwärmepumpe, dessen Zu-und Abluft sich in der Westfassade optisch integriert. Die Fahrzeughalle wird über Deckenstrahlplatten beheizt, in den Verwaltungsräume wurde eine Fußbodenheizung eingebaut. Die Lüftungsanlage ist im EG untergebracht.

Energetische Kennwerte

Gesetzliche Grundlage: EnEV 2013
Gebäudenutzfläche: 1.848,00 m^2
Spez. Jahresprimärenergiebedarf: 114,00 kWh/(m^2·a)

Planungskennwerte für Flächen und Rauminhalte nach DIN 277

Flächen des Grundstücks		Menge Einheit	% an GF
BF	Bebaute Fläche	5.182,89 m²	77,2
UF	Unbebaute Fläche	1.531,11 m²	22,8
GF	Grundstücksfläche	6.714,00 m²	100,0

Grundflächen des Bauwerks		Menge Einheit	% an NUF	% an BGF
NUF	Nutzungsfläche	1.579,20 m²	100,0	73,5
TF	Technikfläche	107,95 m²	6,8	5,0
VF	Verkehrsfläche	128,45 m²	8,1	6,0
NRF	Netto-Raumfläche	1.815,60 m²	115,0	84,5
KGF	Konstruktions-Grundfläche	333,05 m²	21,1	15,5
BGF	Brutto-Grundfläche	2.148,65 m²	136,1	100,0

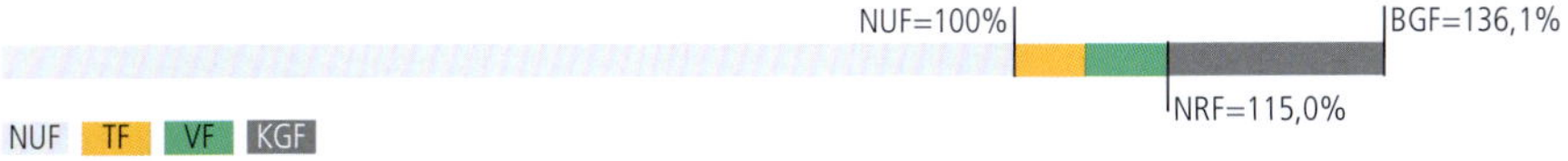

Brutto-Rauminhalt des Bauwerks		Menge Einheit	BRI/NUF (m)	BRI/BGF (m)
BRI	Brutto-Rauminhalt	11.427,12 m³	7,24	5,32

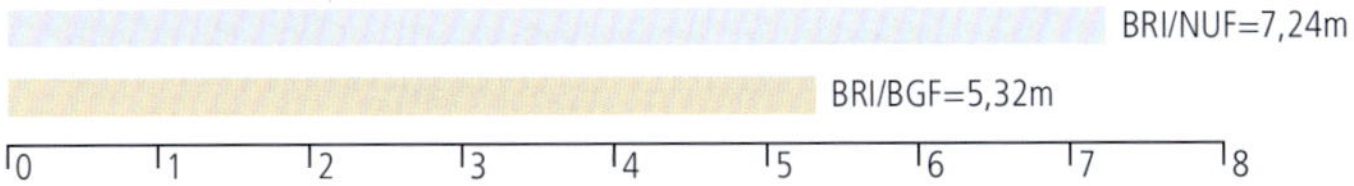

Kostenkennwerte für die Kostengruppen der 1. Ebene DIN 276

KG	Kostengruppen (1. Ebene)	Einheit	Kosten €	€/Einheit	€/m² BGF	€/m³ BRI	% 300+400
100	Grundstück	m² GF	–	–	–	–	–
200	Vorbereitende Maßnahmen	m² GF	139.444	20,77	64,90	12,20	2,2
300	Bauwerk – Baukonstruktionen	m² BGF	4.632.361	2.155,94	2.155,94	405,38	71,7
400	Bauwerk – Technische Anlagen	m² BGF	1.824.378	849,08	849,08	159,65	28,3
	Bauwerk 300+400	**m² BGF**	**6.456.739**	**3.005,02**	**3.005,02**	**565,04**	**100,0**
500	Außenanlagen und Freiflächen	m² AF	–	–	–	–	–
600	Ausstattung und Kunstwerke	m² BGF	–	–	–	–	–
700	Baunebenkosten	m² BGF	–	–	–	–	–
800	Finanzierung	m² BGF	–	–	–	–	–

KG	Kostengruppe	Menge Einheit	Kosten €	€/Einheit	%
200	**Vorbereitende Maßnahmen**	6.714,00 m² GF	139.444	**20,77**	2,2

Baumrodung, Fahrbahnmarkierungen, Erschließung Niederspannung

KG	Kostengruppe	Menge Einheit	Kosten €	€/Einheit	%
3+4	**Bauwerk**				**100,0**
300	**Bauwerk – Baukonstruktionen**	2.148,65 m² BGF	4.632.361	**2.155,94**	71,7

Oberbodenarbeiten; Stb-Streifenfundamente, Stb-Bodenplatte, Abdichtung, Dämmung, Heizestrich, Rüttelboden; Stb-Halbfertigteile, Alu-Fensterelemente, Profilbauverglasung, Sektionaltore, Stahltüren, Dämmung, vorgehängte Klinkerbekleidung, Sichtbeton innen, Raffstores; Stb-Innenwände als Stb-Halbfertigteile, Stb-Stützen, GK-Wände, mobile Trennwand, Innentüren, Innenputz, Beschichtung; Stahlbetondecken, Heizestrich, Bodenbeläge; Spannbetonhohlplattendach, Gefälledämmung, Abdichtung, extensives Gründach, Terrassenplatten, Dachentwässerung

KG	Kostengruppe	Menge Einheit	Kosten €	€/Einheit	%
400	**Bauwerk – Technische Anlagen**	2.148,65 m² BGF	1.824.378	**849,08**	28,3

Gebäudeentwässerung; Kalt- und Warmwasserleitungen, Sanitärobjekte; Luft-Wärmepumpe, Heizleitungen, Deckenstrahlplatten, Fußbodenheizung, Heizkörper; Lüftungsanlage; Elektroinstallation, Beleuchtung, Sicherheitsbeleuchtung, Rauchmelder; Personenaufzug

7600-0096
Feuerwehrhaus
(1 Fahrzeug)

Objektübersicht

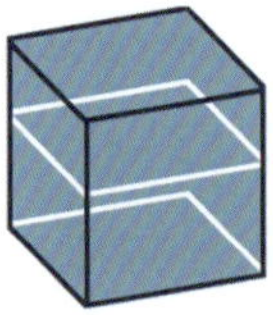

BRI 836 €/m³

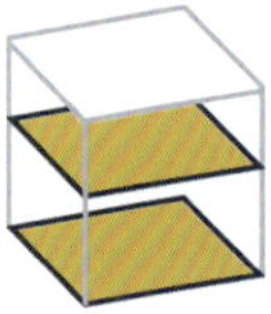

BGF 2.725 €/m²

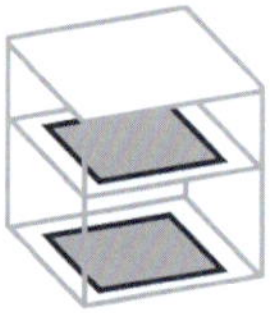

NUF 3.991 €/m²

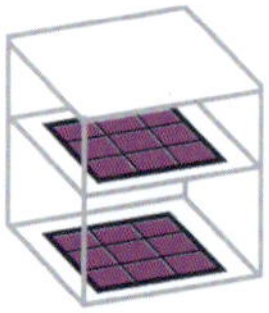

NE 869.586 €/NE
NE: Fahrzeugstellplätze

Objekt:
Kennwerte: 1. Ebene DIN 276
BRI: 1.041 m³
BGF: 319 m²
NUF: 218 m²
Bauzeit: 43 Wochen
Bauende: 2022
Standard: Durchschnitt
Bundesland: Schleswig-Holstein
Kreis: Nordfriesland

Architekt*in:
Inke von Dobro-Wolski
Dipl. Ing. Architektin
B 5 No 8
25920 Stedesand

Bauherr*in:
Gemeinde Bordelum
Theodor-Storm-Straße 2
25821 Bredstedt

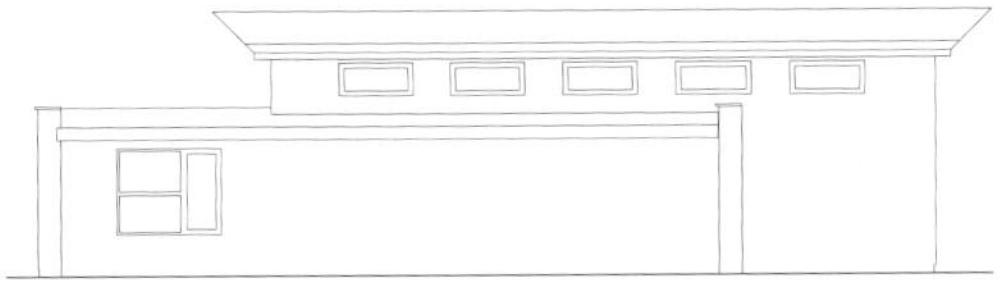

Ansicht Nord-Ost

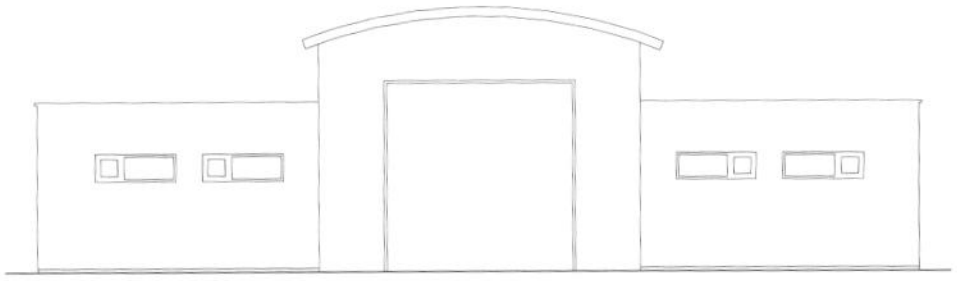

Ansicht Nord-West

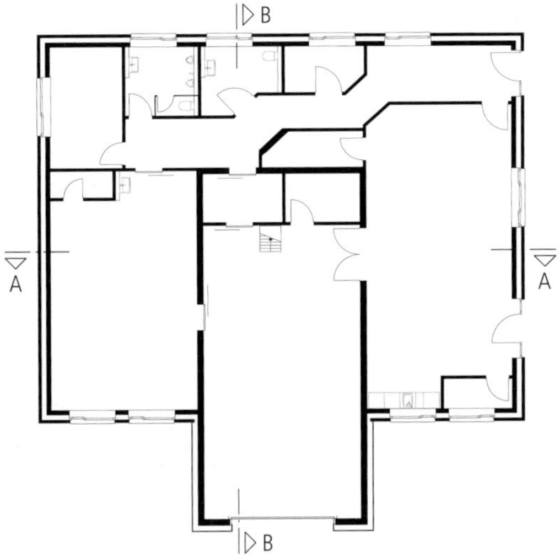

Erdgeschoss

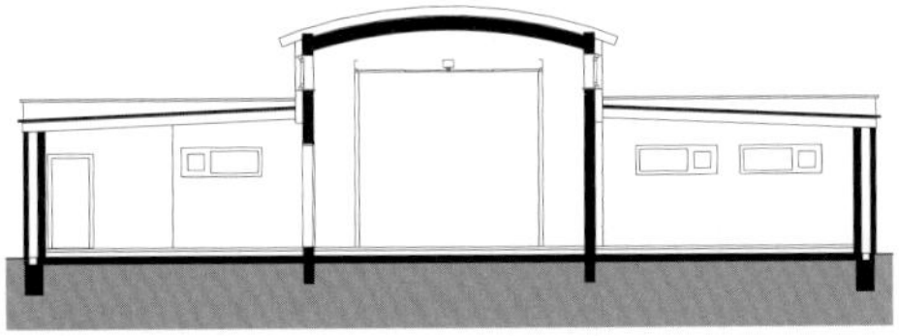

Schnitt A-A

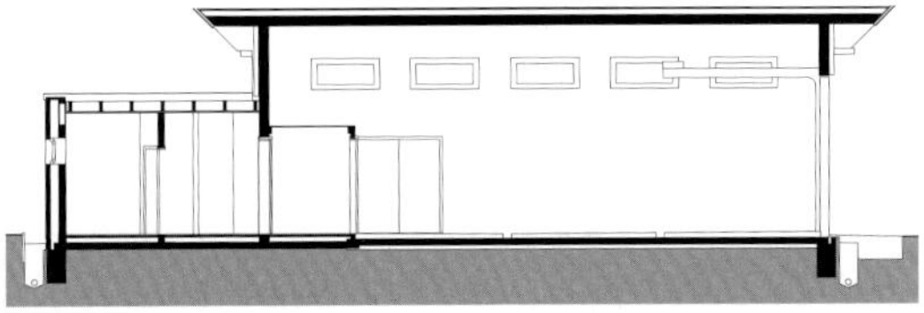

Schnitt B-B

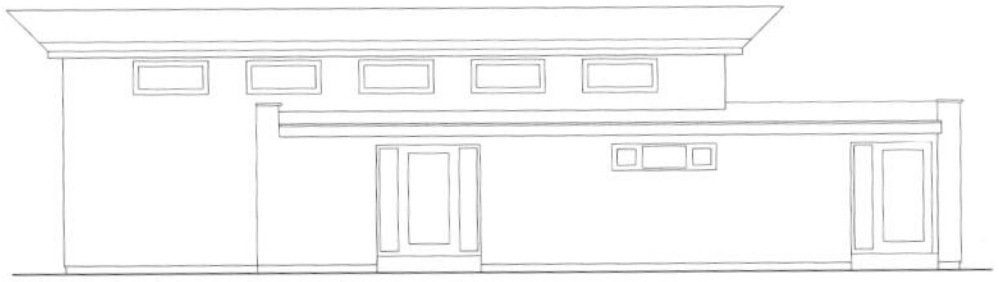

Ansicht Süd-West

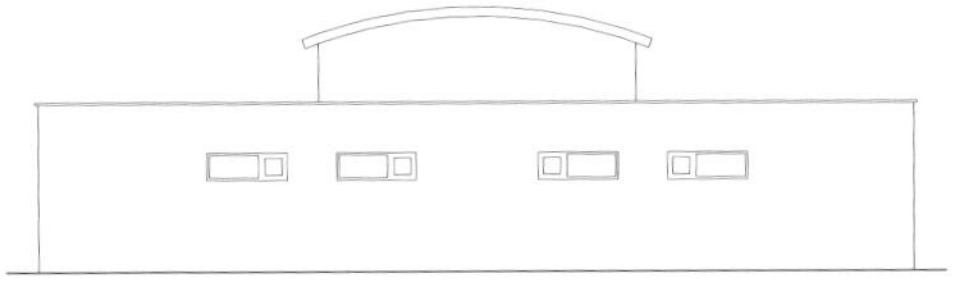

Ansicht Süd-Ost

Objektbeschreibung

Allgemeine Objektinformationen

Das neue Feuerwehrhaus besteht aus einer Fahrzeughalle und einem Schulungsraum, der gleichzeitig Dorfgemeinschaftsraum ist und allen Vereinen des Dorfes zur Verfügung steht. Alle Räumlichkeiten sind schwellenfrei erstellt, das Damen-WC ist barrierefrei ausgestattet. Fahrzeughalle und Dorfgemeinschaftsraum können durch eine Doppeltür für größere Veranstaltungen verbunden werden. Die Zufahrt zu den Stellplätzen der Einsatzkräfte ist getrennt von der Zu- und Abfahrt des Löschfahrzeugs.

Nutzung

1 Erdgeschoss
Fahrzeughalle, Schulungs- und Dorfgemeinschaftsraum mit Küchenzeile, Umkleiden, Büro, WCs, Dusche, Hausanschluss- und Technikraum, Abstellräume

1 Obergeschoss
Abstellraum

Nutzeinheiten

Fahrzeugstellplätze: 1

Grundstück

Bauraum: Freier Bauraum
Neigung: Ebenes Gelände
Bodenklasse: BK 3

Markt

Hauptvergabezeit: 2. Quartal 2021
Baubeginn: 3. Quartal 2021
Bauende: 2. Quartal 2022
Konjunkturelle Gesamtlage: über Durchschnitt
Regionaler Baumarkt: unter Durchschnitt

Baukonstruktion

Der eingeschossige Massivbau hat Streifenfundamente erhalten. Eine besondere Gründung war aufgrund der guten Bodenverhältnisse nicht erforderlich. Die Gebäudeteile mit den Nebenräumen sind mit einem Flachdach versehen. Leicht geneigte Holzbalken tragen eine volle Schalung, auf der Gefälledämmung sind Dichtungsfolien zum Einsatz gekommen. Die Außenwände sind mit Leichtbetonziegeln mit Wärmedämmung, Fingerspalt und grauem Verblendstein erstellt. Die Innenwände sowie die Außenwand der Fahrzeughalle bestehen aus Kalksandsteinen. Die Fahrzeughalle weist im Anschluss an die Wärmedämmung eine vorgehängte hinterlüftete Fassade aus Tonplatten auf. Die Fahrzeughalle hat ein Tonnendach aus bombiertem Aluminiumblech auf voller Schalung erhalten. Es gibt dreifachverglaste Kunststofffenster und -türen in der Fassade und Holzinnentüren. Das Einsatzfahrzeug verlässt die Halle durch ein Sektionaltor.

Technische Anlagen

Die Wärmeversorgung ist durch einen Fernwärmeanschluss gesichert, die Übergabestation wird von einem biogasbetriebenen BHKW gespeist. Alle Nutzräume haben Heizkörper erhalten. Im Personalbereich kam eine Lüftungsanlage mit Wärmerückgewinnung zum Einsatz. Die Fahrzeughalle ist mit einer nachgeführten Abgas-Absauganlage ausgestattet.

Energetische Kennwerte

Gesetzliche Grundlage: GEG 2020
Gebäudenutzfläche: 323,00 m^2
Spez. Jahresprimärenergiebedarf: 38,70 kWh/($m^2 \cdot a$)

Energetische Angaben zu Außenbauteilen

Bodenplatte

U-Wert: 0,27 W/(m²·K)

Gesamtdicke: 34,90 cm	d[cm]	l[W/(m·K)]
Estrich	6,50	1,400
Dämmung	12,00	0,035
Bitumenbahn	0,40	0,230
Stahlbeton	16,00	2,100

Bodenplatte Fahrzeughalle

U-Wert: 0,31 W/(m²·K)

Gesamtdicke: 33,90 cm	d[cm]	l[W/(m·K)]
Fliesen	1,50	0,960
Estrich	6,00	1,400
Bitumenbahn	0,40	0,230
Stahlbeton	16,00	2,100
Dämmung	10,00	0,035

Außenwand hinterlüftet

U-Wert: 0,20 W/(m²·K)

Gesamtdicke: 35,00 cm	d[cm]	l[W/(m·K)]
Innenputz	1,50	1,000
Kalksandstein	17,50	1,100
Dämmung MW	16,00	0,035

Dach

U-Wert: 0,16 W/(m²·K)

Gesamtdicke: 30,05 cm	d[cm]	l[W/(m·K)]
GK-Platte	1,25	0,210
Luftschicht nicht belüftet	2,20	0,156
Holz	2,20	0,130
Dampfsperre	0,05	0,170
Dämmung MW	24,00	0,035
Holz	24,00	0,130
Holz	2,40	0,130
Dachdichtungsbahn	0,15	0,260

Dach Fahrzeughalle

U-Wert: 0,16 W/(m²·K)

Gesamtdicke: 27,44 cm	d[cm]	l[W/(m·K)]
GK-Platte	0,95	0,210
Holz	2,40	0,130
Dampfsperre	0,05	0,170
Dämmung MW	24,00	0,035
Holz	24,00	0,130
Abdichtung	0,04	0,170

Planungskennwerte für Flächen und Rauminhalte nach DIN 277

Flächen des Grundstücks		Menge Einheit	% an GF
BF	Bebaute Fläche	319,06 m²	22,1
UF	Unbebaute Fläche	1.121,94 m²	77,9
GF	Grundstücksfläche	1.441,00 m²	100,0

Grundflächen des Bauwerks		Menge Einheit	% an NUF	% an BGF
NUF	Nutzungsfläche	217,88 m²	100,0	68,3
TF	Technikfläche	4,86 m²	2,2	1,5
VF	Verkehrsfläche	28,08 m²	12,9	8,8
NRF	Netto-Raumfläche	250,82 m²	115,1	78,6
KGF	Konstruktions-Grundfläche	68,24 m²	31,3	21,4
BGF	Brutto-Grundfläche	319,06 m²	146,4	100,0

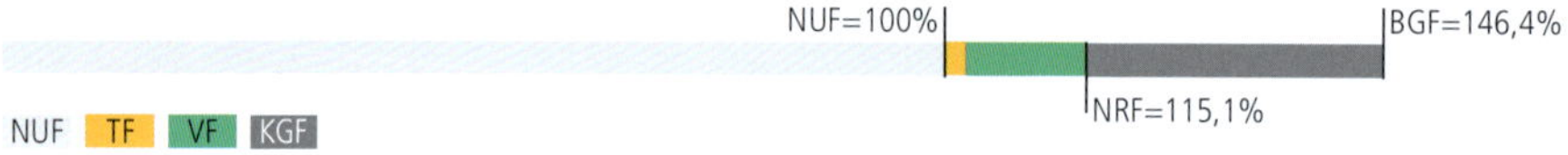

Brutto-Rauminhalt des Bauwerks		Menge Einheit	BRI/NUF (m)	BRI/BGF (m)
BRI	Brutto-Rauminhalt	1.040,59 m³	4,78	3,26

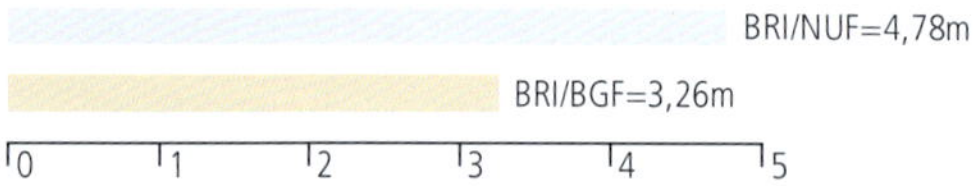

Kostenkennwerte für die Kostengruppen der 1.Ebene DIN 276

KG	Kostengruppen (1.Ebene)	Einheit	Kosten €	€/Einheit	€/m² BGF	€/m³ BRI	% 300+400
100	Grundstück	m² GF	–	–	–	–	–
200	Vorbereitende Maßnahmen	m² GF	–	–	–	–	–
300	Bauwerk – Baukonstruktionen	m² BGF	670.136	2.100,35	2.100,35	644,00	77,1
400	Bauwerk – Technische Anlagen	m² BGF	199.450	625,12	625,12	191,67	22,9
	Bauwerk 300+400	**m² BGF**	**869.586**	**2.725,46**	**2.725,46**	**835,67**	**100,0**
500	Außenanlagen und Freiflächen	m² AF	250.109	542,54	783,89	240,35	28,8
600	Ausstattung und Kunstwerke	m² BGF	–	–	–	–	–
700	Baunebenkosten	m² BGF	–	–	–	–	–
800	Finanzierung	m² BGF	–	–	–	–	–

KG	Kostengruppe	Menge Einheit	Kosten €	€/Einheit	%
3+4	**Bauwerk**				**100,0**
300	**Bauwerk – Baukonstruktionen**	319,06 m² BGF	670.136	**2.100,35**	77,1

Baugrubenaushub; Stb-Fundamente, Stb-Bodenplatte, Estrich, Vinylbelag, Bodenfliesen, Klinkerplatten, Abdichtung, teilw. Perimeterdämmung, Dränage; Leichtbetonziegel, Mauerwerkswände, Kunststofffenster, Dreifachverglasung, Sektionaltor, Wärmedämmung, Ziegelfassade, vorgehängte hinterlüftete Tonplattenfassade; Innenmauerwerk, Wandfliesen; Holzbalkendecke, Stahltreppe, Schalung, Stahlgeländer, Treppengeländer; Holzbalkendach, Bodenbinder-Holzdach, Schalung, Dämmung, bombierte Aluminium-Profiltafeln, Abdichtung, Attika, Dachentwässerung, teilw. Schallschutzdecken

KG	Kostengruppe	Menge Einheit	Kosten €	€/Einheit	%
400	**Bauwerk – Technische Anlagen**	319,06 m² BGF	199.450	**625,12**	22,9

Gebäudeentwässerung, Kalt- und Warmwasserleitungen, Sanitärobjekte; Fernwärmeversorgung, Plattenheizkörper, Warmluftgebläse (Fahrzeughalle); kontrollierte Be- und Entlüftung mit Wärmerückgewinnung; Elektroinstallation, Beleuchtung; Datenübertragungsanlage; nachgeführte Abgasabsauganlage

KG	Kostengruppe	Menge Einheit	Kosten €	€/Einheit	%
500	**Außenanlagen und Freiflächen**	461,00 m² AF	250.109	**542,54**	28,8

Oberbodenarbeiten, Bodenarbeiten; Pflasterbeläge, wassergebundene Flächen, Stellplätze; Außenbeleuchtungsanlagen; Oberbodenauftrag, Bäume, Rasen

7600-0097
Feuerwache
(14 Fahrzeuge)

Objektübersicht

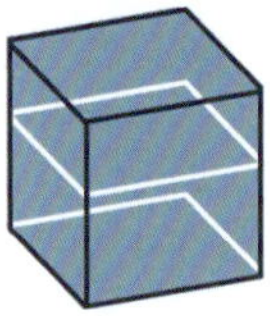

BRI 888 €/m³

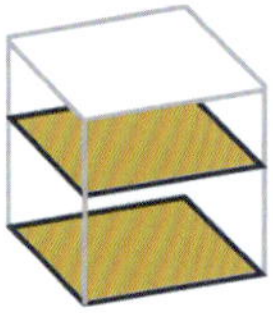

BGF 4.293 €/m²

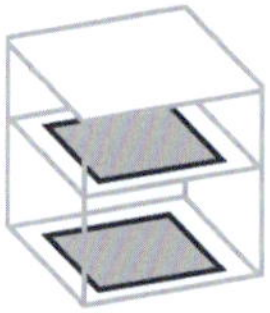

NUF 6.427 €/m²

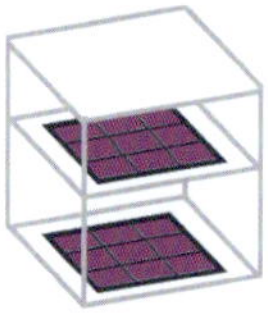

NE 1.024.578 €/NE

NE: Fahrzeugstellplätze

Objekt:
Kennwerte: 1. Ebene DIN 276
BRI: 16.158 m³
BGF: 3.341 m²
NUF: 2.232 m²
Bauzeit: 130 Wochen
Bauende: 2021
Standard: Durchschnitt
Bundesland: Bayern
Kreis: Main-Spessart

Architekt*in:
Georg Redelbach
Architekten
Albert-Schweizer-Straße 1a
97828 Marktheidenfeld

Bauherr*in:
Stadt Marktheidenfeld
Luitpoldstraße 17
97828 Marktheidenfeld

© Oliver Schuster

© Oliver Schuster

© Oliver Schuster

© Oliver Schuster

© Oliver Schuster

© Oliver Schuster

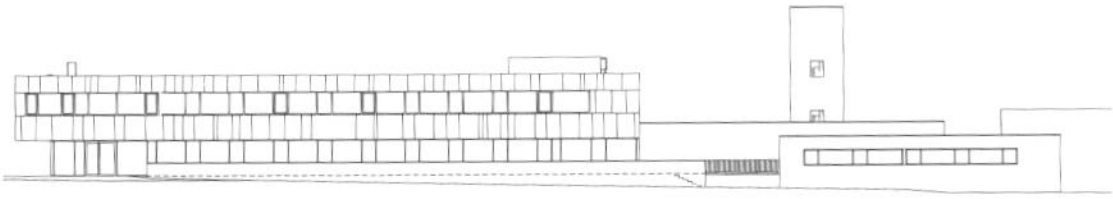

Ansicht Nord

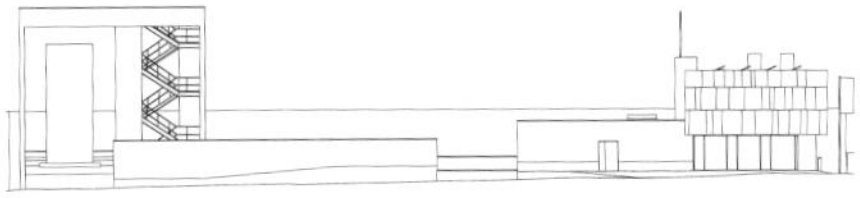

Ansicht Ost

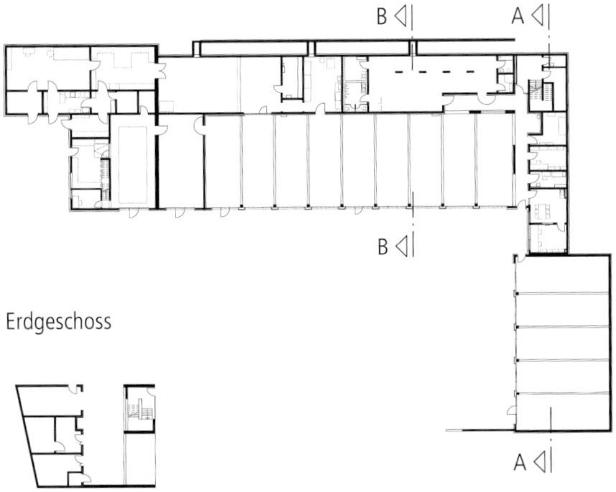

Erdgeschoss

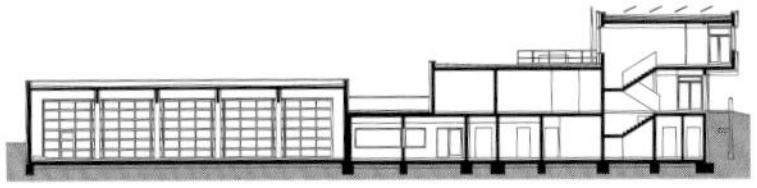

Schnitt A-A

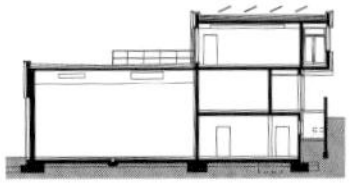

Schnitt B-B

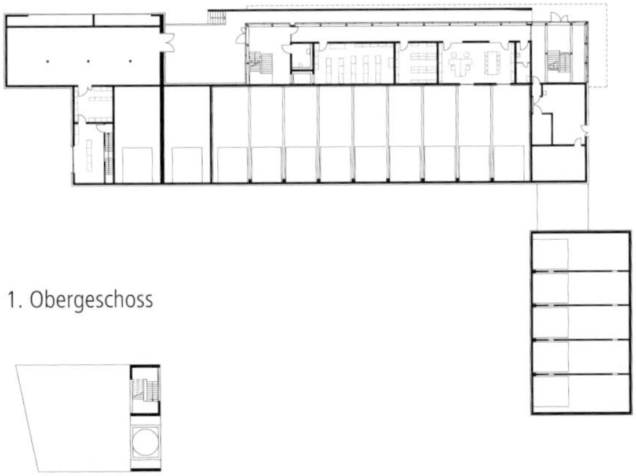

1. Obergeschoss

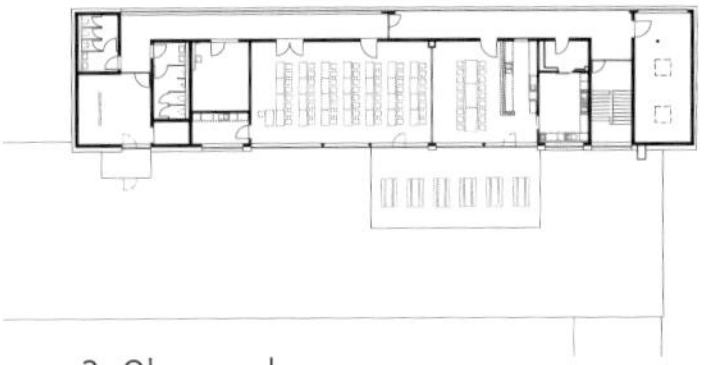

2. Obergeschoss

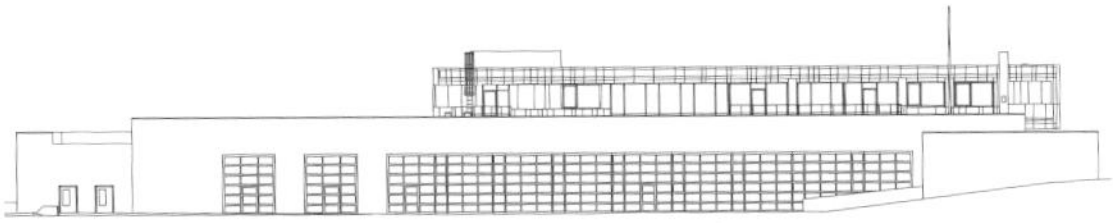

Ansicht Süd

Ansicht West

Objektbeschreibung

Allgemeine Objektinformationen

Der neue Gebäudekomplex für die Feuerwache bietet Platz für 14 Löschfahrzeuge. Er dient zusätzlich zur Aufbewahrung der Feuerwehrtechnik und beinhaltet zusätzlich Platz für Atemschutzwerkstatt, Waschhalle, Werkstatt mit Übungsturm sowie Umkleide und notwendige Nebenräume für die Pflege der Einsatzkleidung. Büroräume und Verwaltungsnebenräume befinden sich im Obergeschoss. Schulungsräume sowie ein Vereinsraum mit Küche und Jugendraum befinden sich im obersten Geschoss. Von dort besteht die Möglichkeit die Dachterrasse zu Nutzen.

Nutzung

1 Untergeschoss
Fahrzeughalle, Waschhalle, Lager, Atemschutzwerkstatt, Schleusen, 1.Hilferaum, Umkleideräume, Duschen, WCs, Kleiderpflege, Trockenraum, Treppenhaus, Aufzug

1 Erdgeschoss
Büros, Archiv, Kleiderkammer, Heizung, Pelletlager, Lagergalerien, Kleinteilelager, Treppenhaus, Aufzug

1 Obergeschoss
Schulungsraum, Bereitschaftsraum, Küche, Lager, Jugendraum, Stuhllager, WCs, Treppenhaus, Aufzug, Dachterrasse

Nutzeinheiten

Fahrzeugstellplätze: 14

Grundstück

Bauraum: Beengter Bauraum
Neigung: Geneigtes Gelände
Bodenklasse: BK 2 bis BK 4

Markt

Hauptvergabezeit: 1.Quartal 2019
Baubeginn: 1.Quartal 2019
Bauende: 3.Quartal 2021
Konjunkturelle Gesamtlage: über Durchschnitt
Regionaler Baumarkt: unter Durchschnitt

Baukonstruktion

Das Gebäude wurde überwiegend in Stahlbetonbauweise errichtet. Die Gründung erfolgte über Streifenfundamente und einer Stahlbetonbodenplatte. In der Fahrzeughalle wurde darauf der keramische Rüttelboden verlegt. Die Fassaden erhielten ein Wärmedämmverbundsystem, im Hallenbereich wurde eine vorgehängte, hinterlüftete verzinkte Stahlblechfassade montiert. Holz-Alufenster prägen als breites Fensterband die markante Straßenansicht.

Technische Anlagen

Das Gebäude wird mit einer Pelletheizung beheizt. In Teilbereich des UGs wurde eine Fußbodenheizung verlegt. In den restlichen Geschossen sind Heizkörper installiert. Das Gebäude ist mit einem Notstromaggregat, sowie Tankanlage und Außenwaschplatz ausgestattet.

Energetische Kennwerte

Gesetzliche Grundlage: EnEV 2013
Gebäudenutzfläche: 1.885,00 m^2
Hüllfläche des beheizten Volumens: 4.396,10 m^2
Spez. Transmissionswärmeverlust: 0,35 W/(m^2·K)
Mittlerer U-Wert (opake Bauteile): 0,19 W/(m^2·K)
Mittlerer U-Wert (transparente Bauteile): 1,10 W/(m^2·K)
Spez. Jahresprimärenergiebedarf: 26,20 kWh/(m^2·a)
Spez. Jahresendenergiebedarf: 107,20 kWh/(m^2·a)
Spez. Jahresheizwärmebedarf: 64,70 kWh/(m^2·a)

Energetische Angaben zu Außenbauteilen

Bodenplatte

U-Wert: 0,35 W/(m²·K)

Gesamtdicke: 43,00 cm	d [cm]	l [W/(m·K)]
Estrich	8,00	1,400
Dämmung	10,00	0,040
Stahlbeton	25,00	2,100

Außenwand gegen Erdreich

U-Wert: 0,24 W/(m²·K)

Gesamtdicke: 39,00 cm	d [cm]	l [W/(m·K)]
Stahlbeton	25,00	2,100
Dämmung	14,00	0,035

Außenwand Paneel

U-Wert: 0,23 W/(m²·K)

Gesamtdicke: 40,00 cm	d [cm]	l [W/(m·K)]
Stahlbeton	25,00	2,100
Dämmung	14,00	0,035
Faserzementplatte	1,00	0,600

Decke gegen Außenluft unten

U-Wert: 0,17 W/(m²·K)

Gesamtdicke: 53,00 cm	d [cm]	l [W/(m·K)]
Estrich	8,00	1,400
Dämmung	6,00	0,040
Stahlbeton	25,00	2,100
Dämmung	14,00	0,035

Dach gegen Außenluft

U-Wert: 0,21 W/(m²·K)

Gesamtdicke: 39,50 cm	d [cm]	l [W/(m·K)]
Innenputz	1,00	0,930
Stahlbeton	20,00	2,100
Dämmung	18,00	0,040
Abdichtung	0,50	0,170

Planungskennwerte für Flächen und Rauminhalte nach DIN 277

Flächen des Grundstücks		Menge Einheit	% an GF
BF	Bebaute Fläche	2.326,00 m²	39,5
UF	Unbebaute Fläche	3.566,00 m²	60,5
GF	Grundstücksfläche	5.892,00 m²	100,0

Grundflächen des Bauwerks		Menge Einheit	% an NUF	% an BGF
NUF	Nutzungsfläche	2.231,90 m²	100,0	66,8
TF	Technikfläche	171,00 m²	7,7	5,1
VF	Verkehrsfläche	364,18 m²	16,3	10,9
NRF	Netto-Raumfläche	2.767,08 m²	124,0	82,8
KGF	Konstruktions-Grundfläche	573,88 m²	25,7	17,2
BGF	Brutto-Grundfläche	3.340,96 m²	149,7	100,0

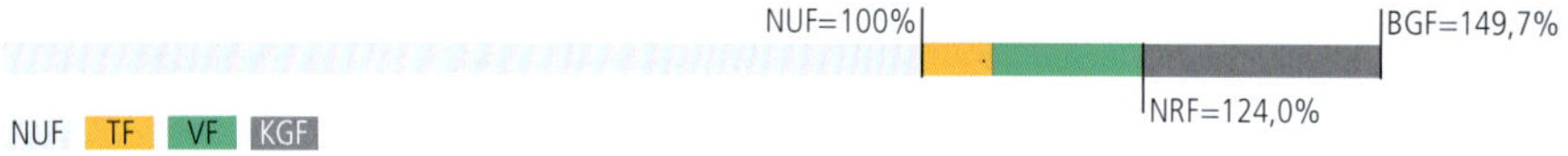

Brutto-Rauminhalt des Bauwerks		Menge Einheit	BRI/NUF (m)	BRI/BGF (m)
BRI	Brutto-Rauminhalt	16.158,00 m³	7,24	4,84

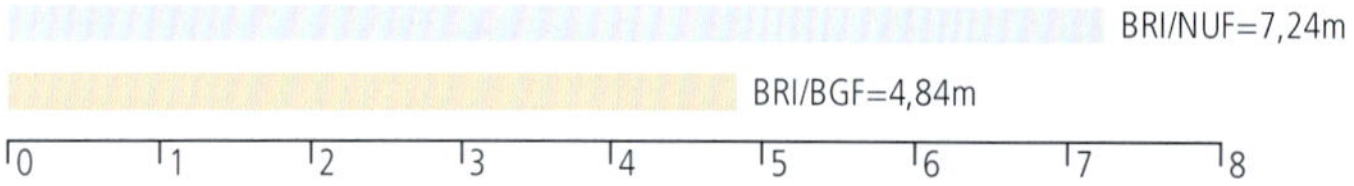

Kostenkennwerte für die Kostengruppen der 1. Ebene DIN 276

KG	Kostengruppen (1. Ebene)	Einheit	Kosten €	€/Einheit	€/m² BGF	€/m³ BRI	% 300+400
100	Grundstück	m² GF	–	–	–	–	–
200	Vorbereitende Maßnahmen	m² GF	–	–	–	–	–
300	Bauwerk – Baukonstruktionen	m² BGF	10.581.850	3.167,31	3.167,31	654,90	73,8
400	Bauwerk – Technische Anlagen	m² BGF	3.762.240	1.126,10	1.126,10	232,84	26,2
	Bauwerk 300+400	**m² BGF**	**14.344.091**	**4.293,40**	**4.293,40**	**887,74**	**100,0**
500	Außenanlagen und Freiflächen	m² AF	1.165.118	326,73	348,74	72,11	8,1
600	Ausstattung und Kunstwerke	m² BGF	–	–	–	–	–
700	Baunebenkosten	m² BGF	–	–	–	–	–
800	Finanzierung	m² BGF	–	–	–	–	–

KG	Kostengruppe	Menge Einheit	Kosten €	€/Einheit	%
3+4	**Bauwerk**				**100,0**
300	**Bauwerk – Baukonstruktionen**	3.340,96 m² BGF	10.581.850	**3.167,31**	73,8

Bodenarbeiten; Stb-Fundamente, Stb-Bodenplatte, Estrich, keramischer Rüttelboden, Bodenfliesen, Abdichtung, Kiesfilterschicht, Perimeterdämmung; Stb-Wände als Halbfertigteile, Stb-Stützen, Holz-Alufenster, Sektionaltore, Putz, Wandfliesen, WDVS, hinterlüftete Stahlblechfassade, Pfosten-Riegel-Fassade; Stb-Wände, Stb-Innenstützen, Alutüren, Holztüren, Putz, Beschichtung, Wandfliesen, mobile Trennwand, WC-Trennwände; Stb-Decken, Stb-Unterzüge, Stb-Treppen, Estrich, Linoleum, Bodenfliesen; Stb-Flachdach, Flachdachfenster, Gefälledämmung, Folienabdichtung, Dachbegrünung, Dachentwässerung, Terrassenplatten, Akustikdecken, Holzfaserdecken, Gipskartondecken, Beschichtung

KG	Kostengruppe	Menge Einheit	Kosten €	€/Einheit	%
400	**Bauwerk – Technische Anlagen**	3.340,96 m² BGF	3.762.240	**1.126,10**	26,2

Gebäudeentwässerung, Kalt- und Warmwasserleitungen, Sanitärobjekte; Pelletkessel, Fußbodenheizung, Plattenheizkörper, kontrollierte Be- und Entlüftung, Abgasabsauganlage, Druckluftanlage Atemschutz, Raumluft-Aufbereitungsanlage, Hebebühne, Deckenkran, Elektroinstallation, Beleuchtung, Notstromaggregat, Blitzschutzanlage; Telekommunikationsanlage, digitale Schließanlage, Funktechnik; Personenaufzug; Tankanlage, Waschplatz

KG	Kostengruppe	Menge Einheit	Kosten €	€/Einheit	%
500	**Außenanlagen und Freiflächen**	3.566,00 m² AF	1.165.118	**326,73**	8,1

Pflasterflächen, Asphaltflächen; Pflanzflächen

7600-0098
Werkfeuerwehr
(6 Fahrzeuge)

Objektübersicht

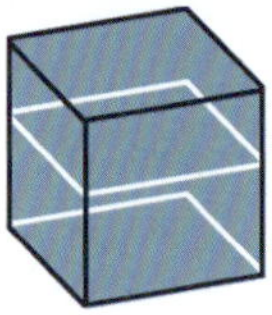

BRI 668 €/m³

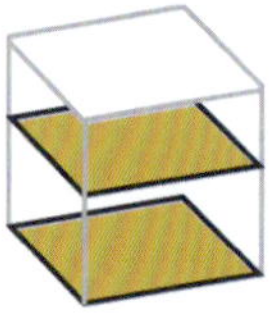

BGF 3.080 €/m²

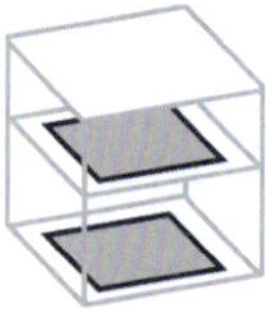

NUF 4.265 €/m²

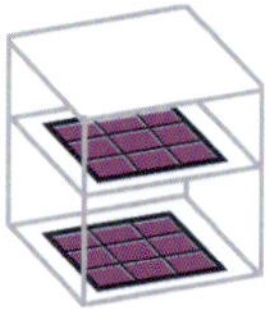

NE 856.955 €/NE

NE: Fahrzeugstellplätze

Objekt:
Kennwerte: 1.Ebene DIN 276
BRI: 7.692 m³
BGF: 1.670 m²
NUF: 1.205 m²
Bauzeit: 92 Wochen
Bauende: 2022
Standard: Durchschnitt
Bundesland: Saarland
Kreis: Saarpfalz-Kreis

Architekt*in:
wack + marx - architekten
Marienstraße 18
66386 St. Ingbert

Bauherr*in:
Robert Bosch GmbH
Bexbacher Straße 72
66424 Homburg

© wack + marx - architekten

© wack + marx - architekten

© wack + marx - architekten

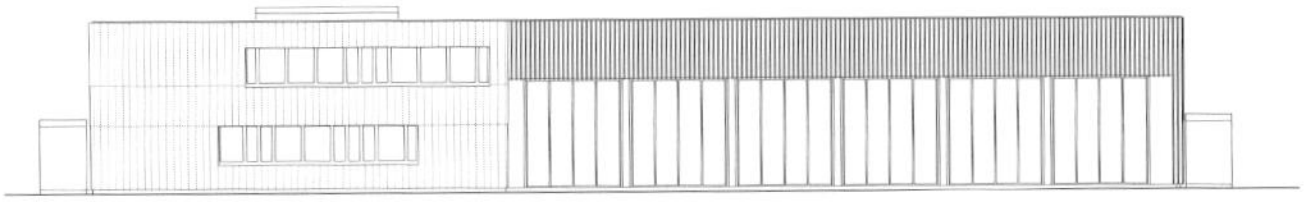

Ansicht Ost

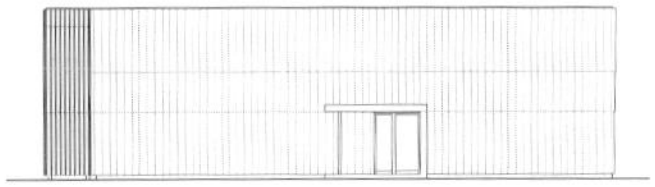

Ansicht Nord

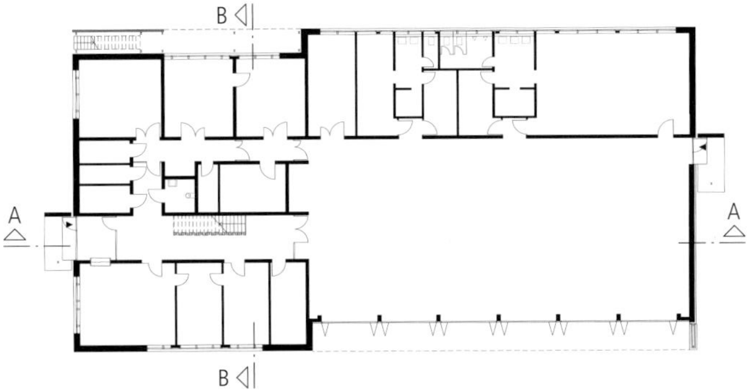

Erdgeschoss

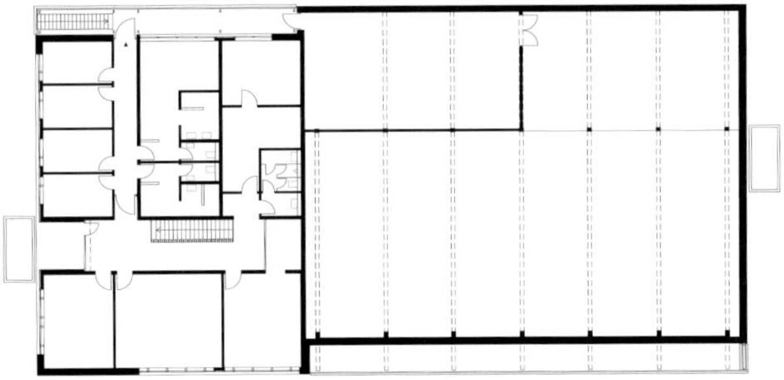

Obergeschoss

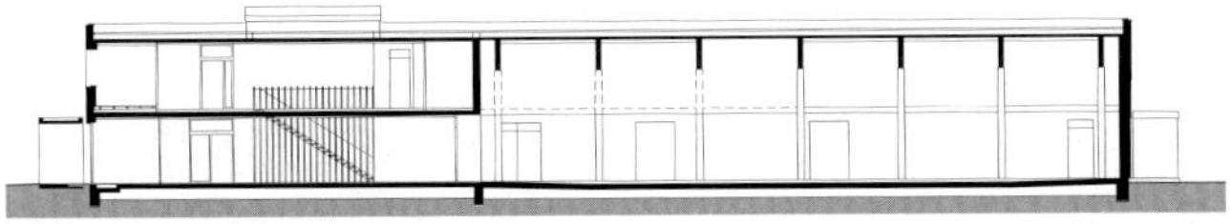

Schnitt A-A

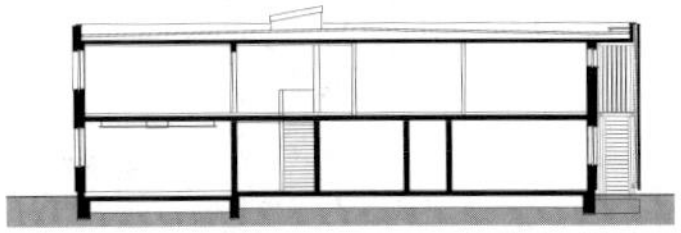

Schnitt B-B

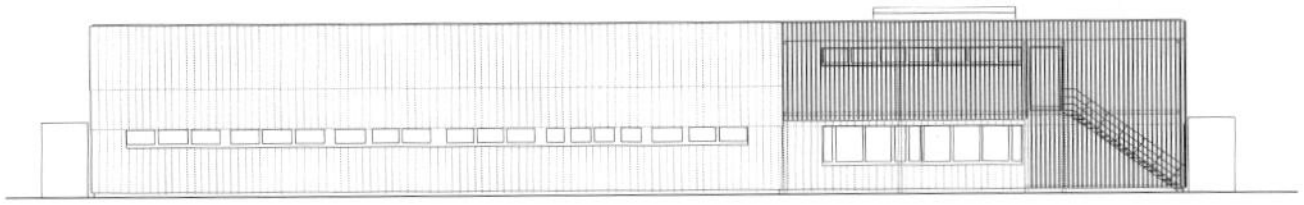

Ansicht West

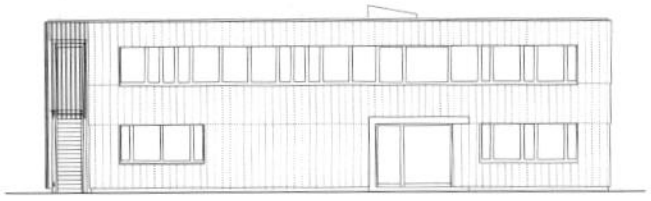

Ansicht Süd

Objektbeschreibung

Allgemeine Objektinformationen

Der klar zugeschnittene zweigeschossige Baukörper bietet Platz, um die gesetzlichen Vorgaben an eine Feuerwache mit 25 hauptberuflichen und 33 nebenberuflichen Feuerwehrkräften zu erfüllen. Die Wache ist 24 Stunden an 365 Tagen im Jahr besetzt. Bei dem Objekt wurde besonderer Wert auf die vorrangige Nutzung nachhaltig erzeugter, nachwachsender Rohstoffe (Bauen mit Holz, überwiegende Verwendung von Holzfaserdämmstoffen) sowie den Einsatz von Baustoffen mit weitestgehend reduzierten Schadstoffen gelegt.

Nutzung

1 Erdgeschoss
Fahrzeughalle, Leitstelle, Fokusraum, Büro, Werkstätten, Reinigungsraum, Lager, Dekontamination, Umkleiden, Duschen, WCs, Technikräume

1 Obergeschoss
Ruheräume, Küche, Aufenthaltsraum, Schulungsraum, Sportraum, Kleiderkammer, Umkleideraum, Waschräume, WCs, Archiv, Lager, Technikraum, Loggia

Nutzeinheiten

Fahrzeugstellplätze: 6

Grundstück

Bauraum: Freier Bauraum
Neigung: Ebenes Gelände
Bodenklasse: BK 1 bis BK 4

Markt

Hauptvergabezeit: 2.Quartal 2020
Baubeginn: 2.Quartal 2020
Bauende: 1.Quartal 2022
Konjunkturelle Gesamtlage: Durchschnitt
Regionaler Baumarkt: Durchschnitt

Baukonstruktion

Das Gebäude erhielt eine Stahlbetonbodenplatte auf Dämmschotter. Die tragenden Innenwände im EG sind aus Beton, die Außenwände und alle tragenden Innenwände im OG als hochgedämmte Holzständerkonstruktion errichtet. Eine hinterlüftete Holzfassade bekleidet die Außenwände, teilweise ist sie als Vorhangfassade ausgeführt. Die Decken sind aus Brettsperrholz gefertigt. Das Dach wurde extensiv begrünt.

Technische Anlagen

Der Neubau ist an das eigene Nahwärmenetz angebunden, erhielt außerdem eine Solarthermie und eine PV-Anlage sowie eine kontrollierte Be- und Entlüftung mit Wärmerückgewinnung.

Energetische Kennwerte

Gesetzliche Grundlage: EnEV 2013
Gebäudenutzfläche: 1.479,00 m^2
Gebäudevolumen: 7.082,00 m^3
A/V_e-Verhältnis (Kompaktheit): 0,45 m^{-1}
Hüllfläche des beheizten Volumens: 3.160,00 m^2
Mittlerer U-Wert (opake Bauteile): 0,16 $W/(m^2 \cdot K)$
Mittlerer U-Wert (transparente Bauteile): 1,10 $W/(m^2 \cdot K)$
Spez. Jahresprimärenergiebedarf: 53,23 $kWh/(m^2 \cdot a)$
CO_2-Emissionen: 19,55 $kg/(m^2 \cdot a)$

Planungskennwerte für Flächen und Rauminhalte nach DIN 277

Flächen des Grundstücks		Menge Einheit	% an GF
BF	Bebaute Fläche	–	–
UF	Unbebaute Fläche	–	–
GF	Grundstücksfläche	279.700,00 m²	100,0

Grundflächen des Bauwerks		Menge Einheit	% an NUF	% an BGF
NUF	Nutzungsfläche	1.205,43 m²	100,0	72,2
TF	Technikfläche	144,86 m²	12,0	8,7
VF	Verkehrsfläche	136,43 m²	11,3	8,2
NRF	Netto-Raumfläche	1.486,72 m²	123,3	89,1
KGF	Konstruktions-Grundfläche	182,80 m²	15,2	10,9
BGF	Brutto-Grundfläche	1.669,52 m²	138,5	100,0

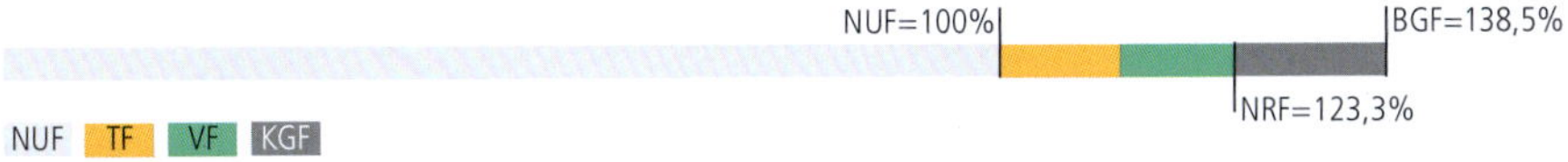

Brutto-Rauminhalt des Bauwerks		Menge Einheit	BRI/NUF (m)	BRI/BGF (m)
BRI	Brutto-Rauminhalt	7.691,59 m³	6,38	4,61

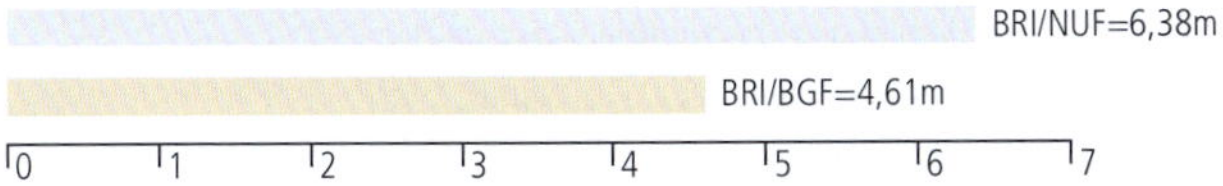

Kostenkennwerte für die Kostengruppen der 1. Ebene DIN 276

KG	Kostengruppen (1. Ebene)	Einheit	Kosten €	€/Einheit	€/m² BGF	€/m³ BRI	% 300+400
100	Grundstück	m² GF	–	–	–	–	–
200	Vorbereitende Maßnahmen	m² GF	42.806	0,15	25,64	5,57	0,8
300	Bauwerk – Baukonstruktionen	m² BGF	3.264.989	1.955,65	1.955,65	424,49	63,5
400	Bauwerk – Technische Anlagen	m² BGF	1.876.739	1.124,12	1.124,12	244,00	36,5
	Bauwerk 300+400	**m² BGF**	**5.141.728**	**3.079,76**	**3.079,76**	**668,49**	**100,0**
500	Außenanlagen und Freiflächen	m² AF	162.566	81,28	97,37	21,14	3,2
600	Ausstattung und Kunstwerke	m² BGF	–	–	–	–	–
700	Baunebenkosten	m² BGF	–	–	–	–	–
800	Finanzierung	m² BGF	–	–	–	–	–

KG	Kostengruppe	Menge Einheit	Kosten €	€/Einheit	%
200	**Vorbereitende Maßnahmen**	279.700,00 m² GF	42.806	**0,15**	0,8
	Rückbau eines Gleisbettes				
3+4	**Bauwerk**				**100,0**
300	**Bauwerk – Baukonstruktionen**	1.669,52 m² BGF	3.264.989	**1.955,65**	63,5
	Baugrubenaushub; Stb-Fundamente, Stb-Bodenplatte, Estrich, Verbundestrich, Doppelboden, Beschichtung, Bodenfliesen, Abdichtung, Dämmschotter; Stb-Wände, Holzständerwände, Stb-Stützen, Aluminium-Fenster, Dreifachverglasung, Glasfalttore, Wärmedämmung, hinterlüftete sägeraue Holzfassade, GK-Bekleidung, teilw. Lamellenraffstore; Stb-Wände, Holzständerwände, GK-Wände, Glaswand, Wandfliesen, WC-Trennwände; Sicht-Brettsperrholzdecken, Stahlwangentreppe mit Holzstufen, Stahltreppe, Heizestrich, Kautschuk-Belag, Parkett, Bodenfliesen, teilw. Schallschutzdecken, Treppengeländer; Brettsperrholzdach, Oberlicht, Dämmung, Abdichtung, Attika, extensive Dachbegrünung, innenliegende Entwässerung, Holzdachbekleidung, Stb-Eingangsüberdachung				
400	**Bauwerk – Technische Anlagen**	1.669,52 m² BGF	1.876.739	**1.124,12**	36,5
	Gebäudeentwässerung, Kalt- und Warmwasserleitungen, Sanitärobjekte; Fernwärmeversorgung, Bauteilaktivierung (zum Heizen, EG-Bodenplatte), Solarthermieanlage (8m²), Fußbodenheizung; kontrollierte Be- und Entlüftung mit Wärmerückgewinnung; Elektroinstallation, PV-Anlage (270m²), Beleuchtung, Sicherheitsleuchten; Feuerwehr-Leittechnik mit eigenem Telekommunikationsnetz und eigener Funktechnik, Rauchmelder				
500	**Außenanlagen und Freiflächen**	2.000,00 m² AF	162.566	**81,28**	3,2
	Oberbodenarbeiten, Bodenarbeiten; Plattenwege, Asphaltierungen; Oberbodenauftrag, Bäume, Rasen, Schotterrasen				

7600-0099 Feuerwehrgerätehaus (5 Fahrzeuge)

Objektübersicht

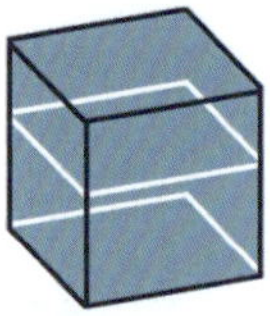
BRI 624 €/m^3

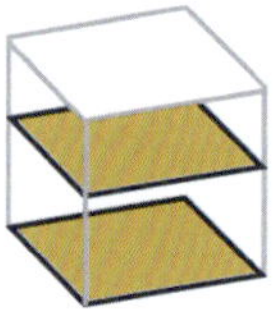
BGF 4.002 €/m^2

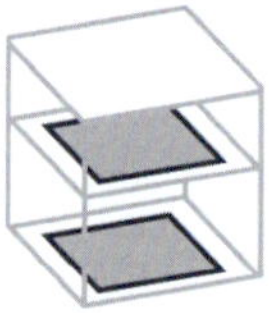
NUF 5.295 €/m^2

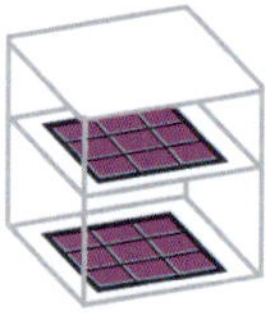
NE 1.242.506 €/NE

NE: Fahrzeugstellplätze

Objekt:
Kennwerte: 1. Ebene DIN 276
BRI: 9.962 m^3
BGF: 1.552 m^2
NUF: 1.173 m^2
Bauzeit: 74 Wochen
Bauende: 2023
Standard: Durchschnitt
Bundesland: Nordrhein-Westfalen
Kreis: Rhein-Sieg-Kreis

Architekt*in:
ZACHARIAS PLANUNGSGRUPPE GbR
Grüner Weg 17
53757 Sankt Augustin

Bauherr*in:
Stadt Hennef
Der Bürgermeister
Frankfurter Straße 97
53773 Hennef

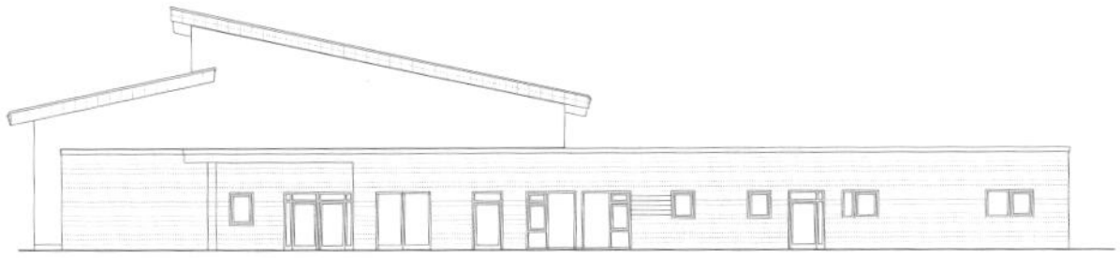

Ansicht Nord-Ost

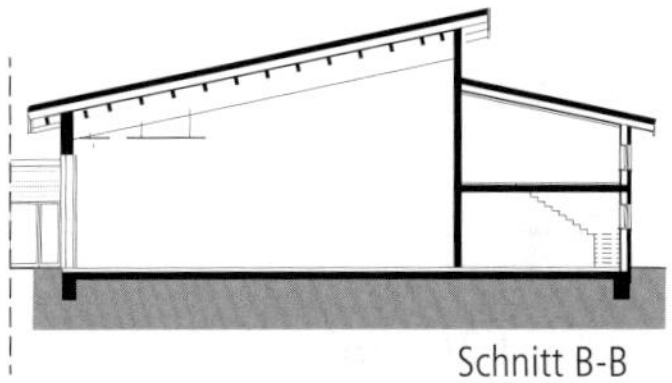

Schnitt B-B

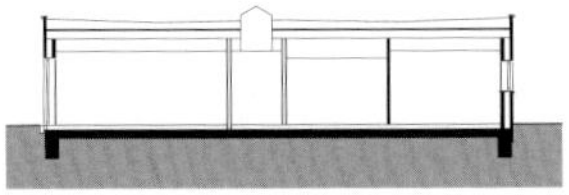

Schnitt A-A

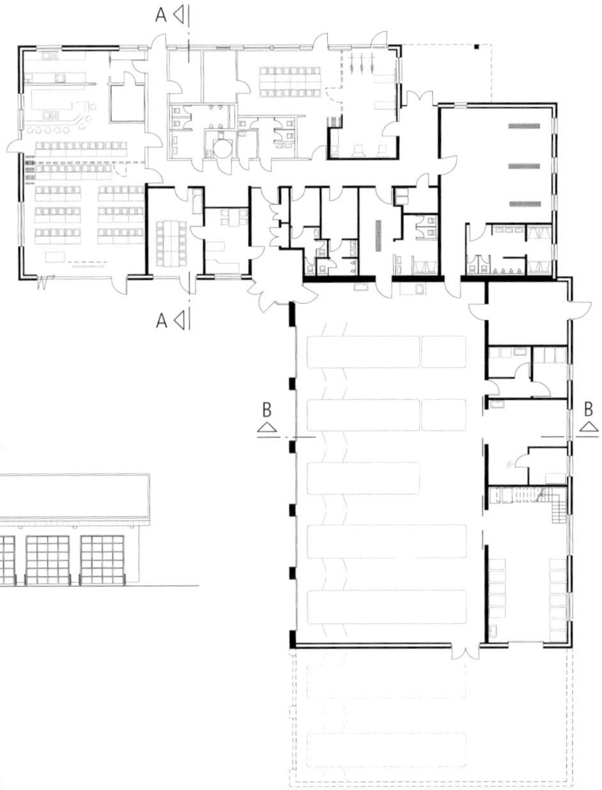

Erdgeschoss

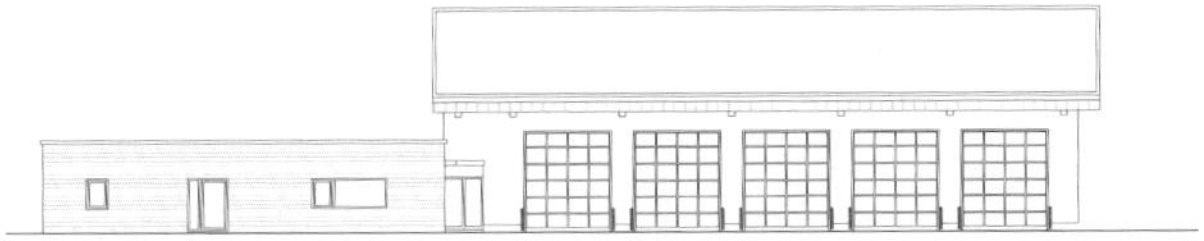

Ansicht Nord-West

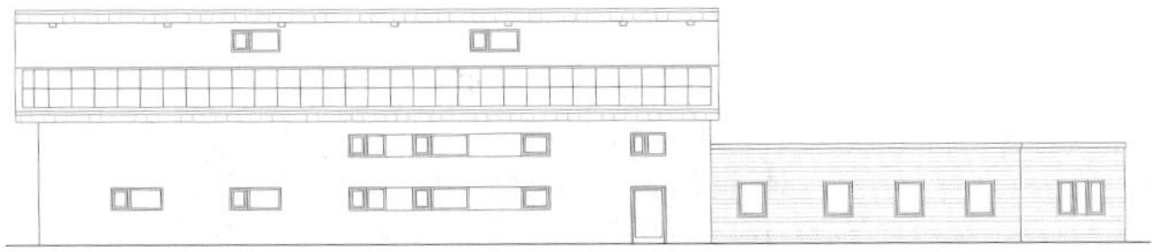

Ansicht Süd-Ost

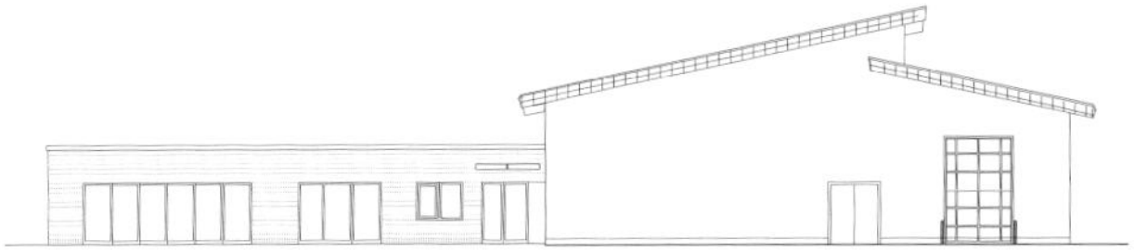

Ansicht Süd-West

Objektbeschreibung

Allgemeine Objektinformationen

Das Objekt ist in nachhaltiger Gebäudestruktur in Holzrahmenbauweise geplant und ausgeführt. Es bietet Platz für fünf Einsatzfahrzeuge. Im eingeschossigen Gebäudeteil wurden Umkleideräume für 45 Herren und 13 Damen sowie für 20 Jugendliche der Jugendfeuerwehr untergebracht. Es bestehen Erweiterungsmöglichkeiten sowohl für die Fahrzeughalle als auch für den Sozialtrakt.

Nutzung

1 Erdgeschoss
Fahrzeughalle, Lager, Werkstatt, Wasch- u. Trockenraum, Technikraum, Umkleide Herren, Umkleide Damen, Umkleide Jugend, Sanitärräume, Übungsraum, Fitnessraum, Besprechung, Büroräume, Stuhllager, Schulungsraum, Küche, Ausgabentheke, Kühlraum, Garderobe

1 Obergeschoss
Technikraum, Lager

Nutzeinheiten

Fahrzeugstellplätze: 5

Grundstück

Bauraum: Freier Bauraum
Neigung: Ebenes Gelände
Bodenklasse: BK 1 bis BK 4

Markt

Hauptvergabezeit: 3. Quartal 2021
Baubeginn: 3. Quartal 2021
Bauende: 1. Quartal 2023
Konjunkturelle Gesamtlage: Durchschnitt
Regionaler Baumarkt: Durchschnitt

Baukonstruktion

Gegründet wurde das Gebäude auf einer 30cm dicken Stahlbetonbodenplatte. Statische und aussteifende Wände sind in Holzrahmenbauweise erstellt. Das Dach der Fahrzeughalle ist in Holzbinderbauweise mit Koppelpfetten als versetztes Pultdach errichtet. Das Dach des Sozialtraktes wurde als Flachdach aus Brettholzstapelelementen erstellt. Die Fenster in Alu-Rahmenkonstruktion erhielten eine Dreifachverglasung. Die Fassade der Fahrzeughalle erhielt einen Putz, der Sozialtrakt wurde mit Lärchenholz bekleidet. Das Dach wurde begrünt. Die Böden sind mit Fliesen, Rüttelboden in der Halle oder textilen Bodenbelägen belegt.

Technische Anlagen

Die Wärmeerzeugung erfolgt Mithilfe von Geothermie. Zwei Wärmepumpen mit je 28,8kW-Leistung werden aus zehn Erdbohrungen a 100m Tiefe gespeist. Die Wärmeverteilung erfolgt über Fußbodenheizung. Es wurde eine Lüftungsanlage mit Wärmerückgewinnung eingebaut. Auf dem Dach wurde eine PV-Anlage mit 24,6kWp installiert, dessen Strom in einem 22kW Stromspeicher eingespeist wird. Somit wird ein großer Teil der Stromproduktion eigenverwendet.

Sonstiges

Das Feuerwehrhaus wurde in Anlehnung an den KfW 55 Standard errichtet. Im Außenbereich wurde ein 120.000 Liter großer Wasserspeicher eingebaut.

Energetische Kennwerte

Gesetzliche Grundlage: GEG 2020
Gebäudenutzfläche: 1.396,27 m^2
Gebäudevolumen: 8.062,86 m^3
A/V_e-Verhältnis (Kompaktheit): 0,48 m^{-1}
Hüllfläche des beheizten Volumens: 3.850,68 m^2
Spez. Transmissionswärmeverlust: 0,29 $W/(m^2 \cdot K)$
Mittlerer U-Wert (opake Bauteile): 0,13 $W/(m^2 \cdot K)$
Mittlerer U-Wert (transparente Bauteile): 1,00 $W/(m^2 \cdot K)$
Jahresprimärenergie: 30.537,22 kWh/a
Spez. Jahresprimärenergiebedarf: 25,39 $kWh/(m^2 \cdot a)$
Jahresendenergiebedarf: 77.507,60 kWh/a
Spez. Jahresendenergiebedarf: 64,46 $kWh/(m^2 \cdot a)$
CO_2-Emissionen: 11,52 $kg/(m^2 \cdot a)$
PV-Anlage: 15,00 kWp

Energetische Angaben zu Außenbauteilen

Bodenplatte Halle

U-Wert: 0,24 W/(m²·K)

Gesamtdicke: 60,80 cm	d[cm]	l[W/(m·K)]
Fliesen	1,50	1,000
Estrich	15,30	1,400
PE-Folie	1,00	0,230
Dämmung	3,00	0,035
Stahlbeton	30,00	2,100
Dämmung	10,00	0,035

Bodenplatte Aufenthaltsräume

U-Wert: 0,21 W/(m²·K)

Gesamtdicke: 49,20 cm	d[cm]	l[W/(m·K)]
Estrich	7,70	1,200
PE-Folie	1,00	0,230
Dämmung	5,00	0,035
Bitumenbahn	0,50	0,170
Stahlbeton	25,00	2,100
Dämmung	10,00	0,035

Bodenplatte Technik

U-Wert: 0,22 W/(m²·K)

Gesamtdicke: 56,80 cm	d[cm]	l[W/(m·K)]
Fliesen	1,50	1,000
Estrich	9,70	1,400
PE-Folie	1,00	0,230
Dämmung	4,00	0,035
Bitumenbahn	0,60	0,170
Stahlbeton	30,00	2,100
Dämmung	10,00	0,035

Außenwand Halle Stahlbeton

U-Wert: 0,20 W/(m²·K)

Gesamtdicke: 49,50 cm	d[cm]	l[W/(m·K)]
Stahlbeton	30,00	2,100
Dämmung	18,00	0,039
Außenputz	1,50	1,000

Außenwand Halle Holzständer

U-Wert: 0,19 W/(m²·K)

Gesamtdicke: 33,80 cm	d[cm]	l[W/(m·K)]
OSB-Platte	1,80	0,150
PE-Folie	0,50	0,230
Holz	24,00	0,130
Dämmung	24,00	0,039
Holzfaserplatte	6,00	0,090
Außenputz	1,50	1,000

Außenwand

U-Wert: 0,16 W/(m²·K)

Gesamtdicke: 32,60 cm	d[cm]	l[W/(m·K)]
GF-Platte	1,50	0,320
Holz	20,00	0,130
Dämmung	20,00	0,039
OSB-Platte	1,50	0,150
Holz	8,00	0,130
Dämmung	8,00	0,035
Holzfaserplatte	1,60	7,000

Flachdach Brettstapel

U-Wert: 0,13 W/(m²·K)

Gesamtdicke: 49,20 cm	d[cm]	l[W/(m·K)]
Holz	24,00	0,150
Bitumenbahn	0,60	0,170
Dämmung	24,00	0,039
Bitumenbahn	0,60	0,170

Gründach

U-Wert: 0,14 W/(m²·K)

Gesamtdicke: 45,30 cm	d[cm]	l[W/(m·K)]
GF-Platte	1,25	0,320
PE-Folie	0,05	0,230
Holz	26,00	0,130
Dämmung	26,00	0,035
Holz	2,00	0,150
Bitumenbahn	5,00	0,170
Dämmung	6,00	0,035
Dachdichtungsbahn	5,00	0,230

Pultdach

U-Wert: 0,14 W/(m²·K)

Gesamtdicke: 34,00 cm	d[cm]	l[W/(m·K)]
Holz	2,40	0,150
Bitumenbahn	5,00	0,170
Dämmung	26,00	0,039
Bitumenbahn	0,60	0,170

Planungskennwerte für Flächen und Rauminhalte nach DIN 277

Flächen des Grundstücks		Menge Einheit	% an GF
BF	Bebaute Fläche	–	–
UF	Unbebaute Fläche	–	–
GF	Grundstücksfläche	–	–

Grundflächen des Bauwerks		Menge Einheit	% an NUF	% an BGF
NUF	Nutzungsfläche	1.173,27 m²	100,0	75,6
TF	Technikfläche	61,98 m²	5,3	4,0
VF	Verkehrsfläche	99,04 m²	8,4	6,4
NRF	Netto-Raumfläche	1.334,29 m²	113,7	86,0
KGF	Konstruktions-Grundfläche	217,89 m²	18,6	14,0
BGF	Brutto-Grundfläche	1.552,18 m²	132,3	100,0

Brutto-Rauminhalt des Bauwerks		Menge Einheit	BRI/NUF (m)	BRI/BGF (m)
BRI	Brutto-Rauminhalt	9.962,30 m³	8,49	6,42

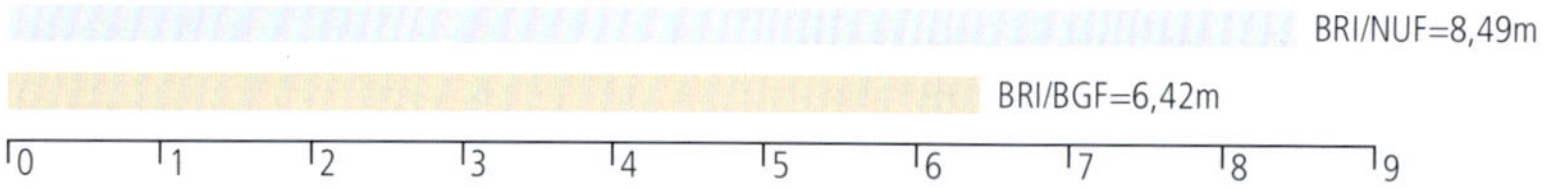

Kostenkennwerte für die Kostengruppen der 1.Ebene DIN 276

KG	Kostengruppen (1. Ebene)	Einheit	Kosten €	€/Einheit	€/m² BGF	€/m³ BRI	% 300+400
100	Grundstück	m² GF	–	–	–	–	–
200	Vorbereitende Maßnahmen	m² GF	–	–	–	–	–
300	Bauwerk – Baukonstruktionen	m² BGF	4.603.812	2.966,03	2.966,03	462,12	74,1
400	Bauwerk – Technische Anlagen	m² BGF	1.608.718	1.036,43	1.036,43	161,48	25,9
	Bauwerk 300+400	**m² BGF**	**6.212.531**	**4.002,46**	**4.002,46**	**623,60**	**100,0**
500	Außenanlagen und Freiflächen	m² AF	–	–	–	–	–
600	Ausstattung und Kunstwerke	m² BGF	–	–	–	–	–
700	Baunebenkosten	m² BGF	–	–	–	–	–
800	Finanzierung	m² BGF	–	–	–	–	–

KG	Kostengruppe	Menge Einheit	Kosten €	€/Einheit	%
3+4	**Bauwerk**				**100,0**
300	**Bauwerk – Baukonstruktionen**	1.552,18 m² BGF	4.603.812	**2.966,03**	74,1

Bodenarbeiten; Stb-Streifenfundamente, Stb-Bodenplatte, Abdichtung, Dämmung, Heizestrich, Bodenfliesen, Natursteinbeläge, Teppich, Rüttelboden mit Bodenfliesen (Fahrzeughalle), Glasschaumschotter; Holzrahmenbauweise, Holzständerwände, Alufenster, Dreifachverglasung, Alutüren, Oberlichter, Sektionaltore, Holzbrettfassadenbekleidung sibirischer Lärche, Dämmung, mineralischer Oberputz; Holzständerwände, GK-Wände, Innentüren, OSB/GK-Bekleidung, Beschichtung; Holzbalkendecke, Treppe, Treppengeländer; Holz-Pultdach mit Brettschichtholzbinder, Koppelpfetten, Lichtkuppel, Zwischensparrendämmung, Flachdach mit Brettholzstapeldecken, Dämmung, extensive Dachbegrünung, Kiesrandstreifen, Attikaabdeckung, Dachentwässerung, Schrankensystem

KG	Kostengruppe	Menge Einheit	Kosten €	€/Einheit	%
400	**Bauwerk – Technische Anlagen**	1.552,18 m² BGF	1.608.718	**1.036,43**	25,9

Gebäudeentwässerung, Kalt- und Warmwasserleitungen, Sanitärobjekte; Geothermie, Wärmepumpe, Fußbodenheizung; Klimaanlagen, Klimasplitgeräte für Kühl- und Tiefkühlraum, RWA-Anlage, Lüftungsanlage mit Wärmerückgewinnung; PV-Anlage, Elektroinstallation, Beleuchtung, Sicherheitsbeleuchtung, Blitzschutzanlage; Zeiterfassungsanlage, elektronische Zugangskontrolle, Videoüberwachung, Fernmelde-, Datenübertragungsanlage, Fernseh-, Antennenanlage, Rauchmelder; Küchentechnik, Teilsprinkleranlage

7600-0100
Feuerwehr
(6 Fahrzeuge)

Objektübersicht

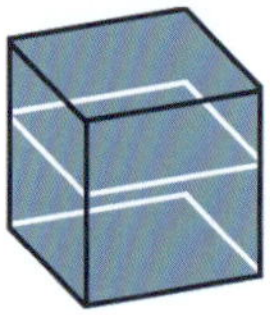

BRI 474 €/m^3

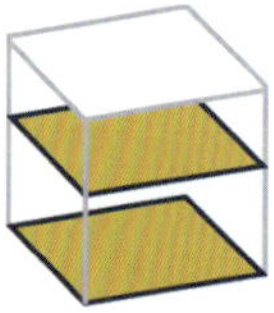

BGF 2.530 €/m^2

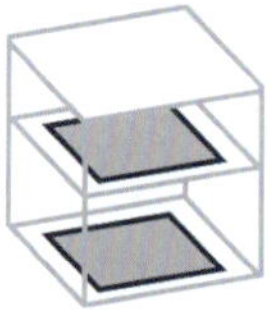

NUF 3.513 €/m^2

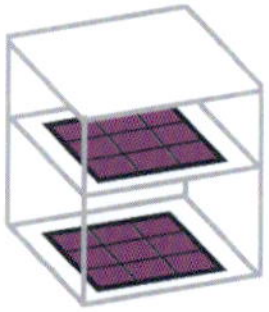

NE 749.830 €/NE

NE: Fahrzeugstellplätze

Objekt:
Kennwerte: 1. Ebene DIN 276
BRI: 9.500 m^3
BGF: 1.778 m^2
NUF: 1.281 m^2
Bauzeit: 87 Wochen
Bauende: 2022
Standard: Durchschnitt
Bundesland: Niedersachsen
Kreis: Cloppenburg

Architekt*in:
Ortmann & Möller
Bauplanung GmbH
Hamstruper Straße 1
49688 Lastrup

Bauherr*in:
Gemeinde Molbergen
Cloppenburger Straße 22
49696 Molbergen

© Ortmann & Möller

© Ortmann & Möller

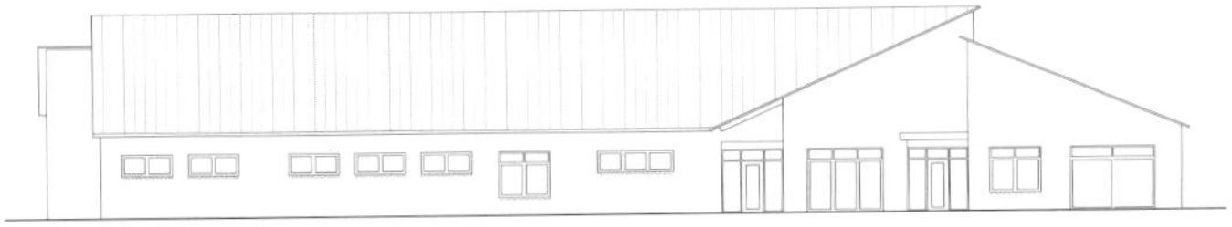

Ansicht Nord-Ost

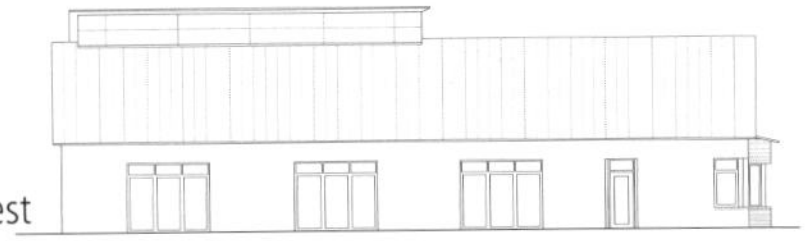

Ansicht Nord-West

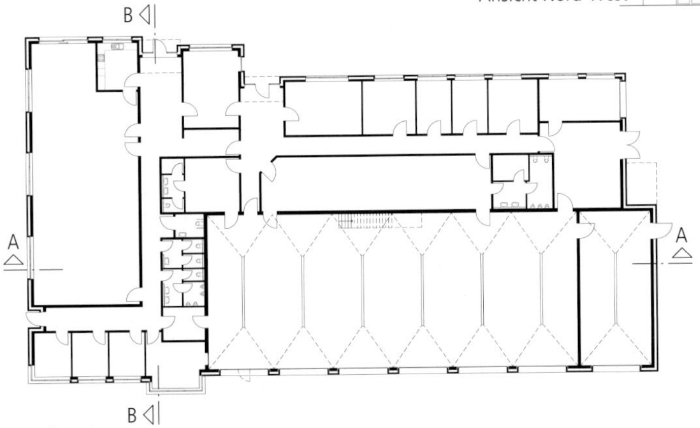

Erdgeschoss

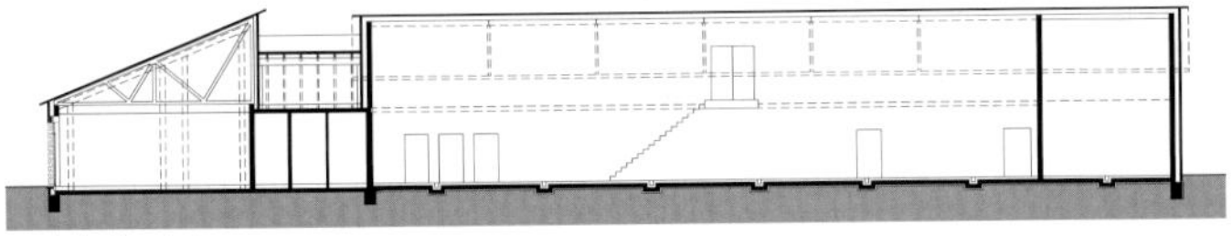

Schnitt A-A

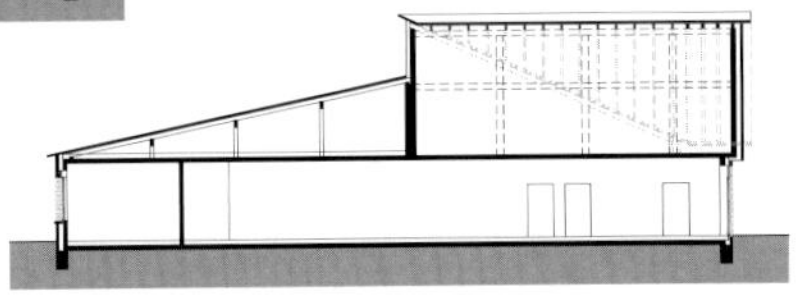

Schnitt B-B

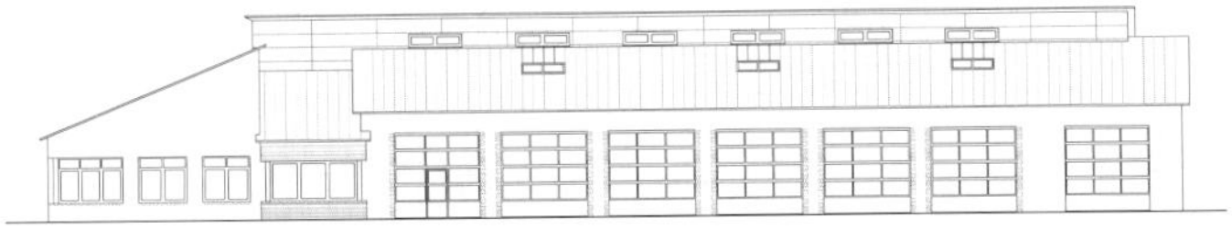

Ansicht Süd-West

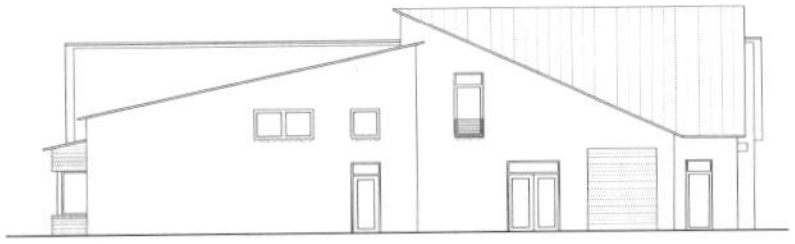

Ansicht Süd-Ost

Objektbeschreibung

Allgemeine Objektinformationen

Die bisherige Feuerwehr der Gemeinde entsprach nicht mehr dem Stand der Technik. Dazu gab es keine separaten Umkleiden. Nach Aufstellen eines Feuerwehrbedarfsplans wurde der Neubau einer Feuerwehr an einem neuen Standort beschlossen.

Nutzung

1 Erdgeschoss
Fahrzeughalle, Waschhalle, Foyer, Versammlungsraum, Jugendfeuerwehr, Funkraum, Büroräume, Werkstatt- und Geräteraum, Multifunktionsraum, Lager, Umkleiden, Duschen, WCs, Küche, Kleiderkammer, Atemschutzraum, Notstromaggregat

1 Dachgeschoss
Lager, Kleiderkammer, Serverraum, Technikraum

Nutzeinheiten

Fahrzeugstellplätze: 6

Grundstück

Bauraum: Freier Bauraum
Neigung: Ebenes Gelände
Bodenklasse: BK 1 bis BK 4

Markt

Hauptvergabezeit: 3. Quartal 2020
Baubeginn: 3. Quartal 2020
Bauende: 2. Quartal 2022
Konjunkturelle Gesamtlage: über Durchschnitt
Regionaler Baumarkt: unter Durchschnitt

Baukonstruktion

Das Gebäude wurde in Massivbauweise mit einer ergänzenden Stahlkonstruktion im Bereich der Fahrzeughalle errichtet. Das Dach wurde aus vier Pultdächern gebildet, die sich aneinander schmiegen. Ein Pultdachbereich erhielt dabei eine Binderkonstruktion, die anderen Bereiche wurden als Pfettendach ausgeführt.

Technische Anlagen

Die Wärme- und Warmwassererzeugung erfolgt über einen 70kW-Gas-Brennwertkessel. In der Fahrzeug- und Waschhalle wurden Deckenstrahlplatten montiert, eine Fußbodenheizung in den Sozialräumen sowie statische Heizkörper in den Versammlungsräumen. Das gesamte Gebäude erhielt eine Lüftungsanlage. Zudem wurde eine druckgesteuerte Automatik-Abgasabsauganlage eingebaut, eine Stiefelwaschanlage, Warmwasser-Hochdruckreiniger sowie ein Leichtflüssigkeitsabscheider. Die Fluchtwege, Umkleiden und Fahrzeughalle erhielten eine Sicherheitsbeleuchtung als Einzelbatterieleuchten. Die Beleuchtung wurde komplett in LED ausgeführt. Ein Anschluss für ein mobiles Notstromaggregat wurde vorgesehen. Der Versammlungsraum erhielt eine hochwertige Beleuchtungsanlage. Ausgeführt wurden außerdem eine Brandmeldeanlage mit Aufschaltung ohne Zwischendeckenüberwachung, eine Einbruchmeldeanlage mit Bewegungsmeldern und Türüberwachung sowie ein KNX-System zur Beleuchtungs- und Sonnenschutzsteuerung. Eine automatische Alarmschaltung erfolgt über das KNX-System.

Sonstiges

In der Fahrzeughalle ist Platz für sechs Einsatzfahrzeuge. Daneben befindet sich eine Waschhalle. Zusätzlich zu den Umkleideräumen und Sanitäreinheiten für männliche und weibliche Einsatzkräfte befinden sich im Erdgeschoss Bereiche für die Jugendfeuerwehr, Lager- und Werkstattbereiche sowie ein Sozialtrakt mit einem großen, teilbaren Versammlungsraum und angrenzender Küche, Büros, Funkraum sowie weiteren Sanitäreinheiten.

Planungskennwerte für Flächen und Rauminhalte nach DIN 277

Flächen des Grundstücks		Menge Einheit	% an GF
BF	Bebaute Fläche	1.379,71 m²	18,1
UF	Unbebaute Fläche	6.253,29 m²	81,9
GF	Grundstücksfläche	7.633,00 m²	100,0

Grundflächen des Bauwerks		Menge Einheit	% an NUF	% an BGF
NUF	Nutzungsfläche	1.280,77 m²	100,0	72,0
TF	Technikfläche	101,72 m²	7,9	5,7
VF	Verkehrsfläche	146,78 m²	11,5	8,3
NRF	Netto-Raumfläche	1.529,27 m²	119,4	86,0
KGF	Konstruktions-Grundfläche	248,87 m²	19,4	14,0
BGF	Brutto-Grundfläche	1.778,14 m²	138,8	100,0

Brutto-Rauminhalt des Bauwerks		Menge Einheit	BRI/NUF (m)	BRI/BGF (m)
BRI	Brutto-Rauminhalt	9.499,60 m³	7,42	5,34

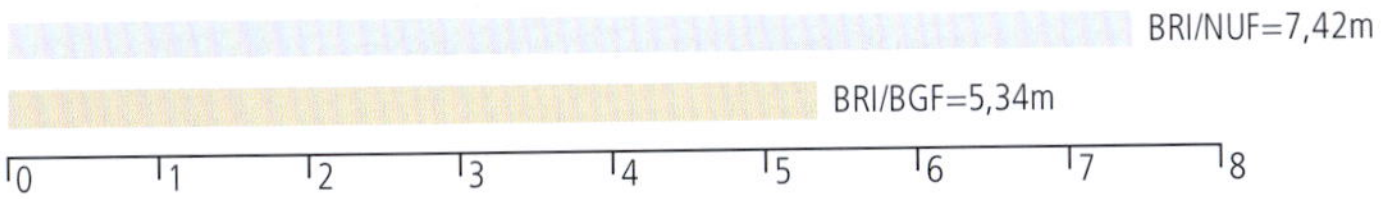

Kostenkennwerte für die Kostengruppen der 1. Ebene DIN 276

KG	Kostengruppen (1. Ebene)	Einheit	Kosten €	€/Einheit	€/m² BGF	€/m³ BRI	% 300+400
100	Grundstück	m² GF	–	–	–	–	–
200	Vorbereitende Maßnahmen	m² GF	–	–	–	–	–
300	Bauwerk – Baukonstruktionen	m² BGF	3.091.354	1.738,53	1.738,53	325,42	68,7
400	Bauwerk – Technische Anlagen	m² BGF	1.407.626	791,63	791,63	148,18	31,3
	Bauwerk 300+400	**m² BGF**	**4.498.981**	**2.530,16**	**2.530,16**	**473,60**	**100,0**
500	Außenanlagen und Freiflächen	m² AF	392.077	62,70	220,50	41,27	8,7
600	Ausstattung und Kunstwerke	m² BGF	92.177	51,84	51,84	9,70	2,0
700	Baunebenkosten	m² BGF	–	–	–	–	–
800	Finanzierung	m² BGF	–	–	–	–	–

KG	Kostengruppe	Menge Einheit	Kosten €	€/Einheit	%
3+4	**Bauwerk**				**100,0**
300	**Bauwerk – Baukonstruktionen**	1.778,14 m² BGF	3.091.354	**1.738,53**	68,7

Baugrubenaushub; Stb-Fundamente, Stb-Bodenplatte, Estrich, Heizestrich, Vinylbelag, Linoleum, Bodenfliesen, Abdichtung, Dämmung, Perimeterdämmung; Stb-Wände, Mauerwerkswände, Stb-Stützen, Stahlstützen, Kunststofffenster, Hallen-Rolltore, Wärmedämmung, Ziegelfassade, teilw. Sonnenschutz-Raffstores; Innenmauerwerk, GK-Wände, Stb-Stützen, Holzstützen, Wandfliesen, WC-Trennwände, mobile Trennwand; Stb-Decken, Stahltreppe, Estrich, Linoleum, Bodenfliesen, Treppengeländer; Holzbalkendach, teilw. Stahldach, Oberlichter, Dämmung, Sandwich-Dachelemente, außenliegende Entwässerung, teilw. abgehängte Akustikdecke, Eingangsüberdachung

KG	Kostengruppe	Menge Einheit	Kosten €	€/Einheit	%
400	**Bauwerk – Technische Anlagen**	1.778,14 m² BGF	1.407.626	**791,63**	31,3

Gebäudeentwässerung, Kalt- und Warmwasserleitungen, Sanitärobjekte; Gas-Brennwertkessel, Plattenheizkörper, Fußbodenheizung, Deckenstrahlplatten; Lüftungsanlage; Elektroinstallation, LED-Beleuchtung, Sicherheitsleuchten, Anschluss für mobiles Notstromaggregat; Datenübertragungsanlage, Einbruchmeldeanlage, Brandmeldeanlage mit Aufschaltung; druckgesteuerte Automatik-Abgasabsauganlage, Zweifach-Stiefelwaschanlage, Warmwasser-Hochdruckreiniger, Leichtflüssigkeitsabscheider, Feuerlöscher; KNX-System zur Beleuchtungs- und Sonnenschutzsteuerung sowie automatischen Alarmschaltung

KG	Kostengruppe	Menge Einheit	Kosten €	€/Einheit	%
500	**Außenanlagen und Freiflächen**	6.253,29 m² AF	392.077	**62,70**	8,7

Bodenarbeiten; Wege, Stellplätze; Abwasser

KG	Kostengruppe	Menge Einheit	Kosten €	€/Einheit	%
600	**Ausstattung und Kunstwerke**	1.778,14 m² BGF	92.177	**51,84**	2,0

Spinde

7600-0101
Feuerwehrgerätehaus
(2 Fahrzeuge)

Objektübersicht

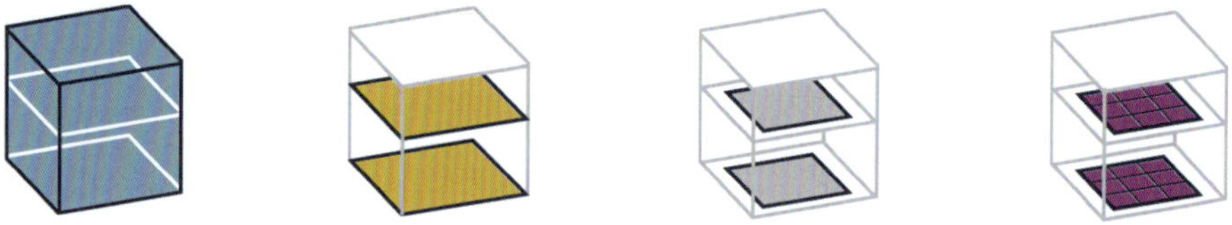

BRI 1.011 €/m³ | **BGF 4.448 €/m²** | **NUF 6.077 €/m²** | **NE 982.678 €/NE**

NE: Fahrzeugstellplätze

Objekt:
Kennwerte: 1. Ebene DIN 276
BRI: 1.944 m³
BGF: 442 m²
NUF: 323 m²
Bauzeit: 61 Wochen
Bauende: 2022
Standard: über Durchschnitt
Bundesland: Niedersachsen
Kreis: Hannover, Region

Architekt*in:
architekten schäfer
krause schulz mbB
Seestraße 12
30171 Hannover

Bauherr*in:
Stadt Hemmingen
Rathausplatz 1
30966 Hemmingen

© architekten schäfer krause schulz mbB

© architekten schäfer krause schulz mbB

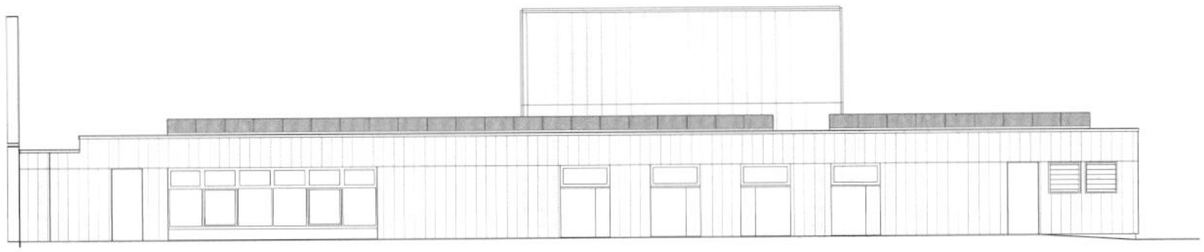

Ansicht Süd

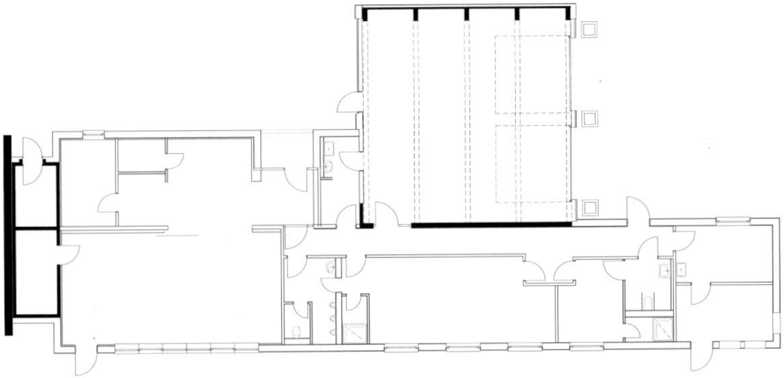

Erdgeschoss

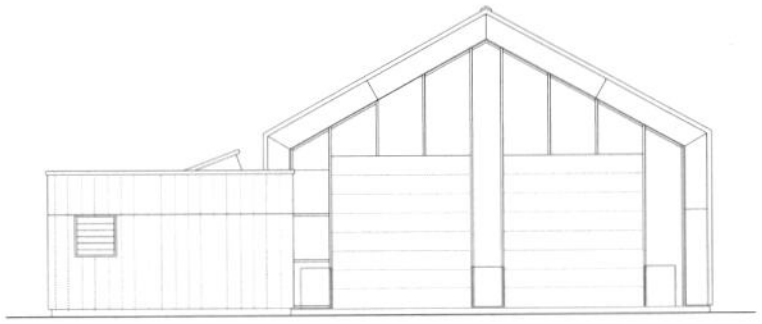

Ansicht Ost

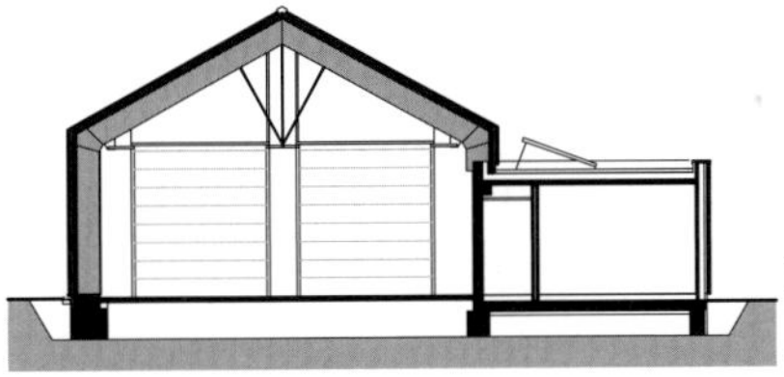

Schnitt A-A

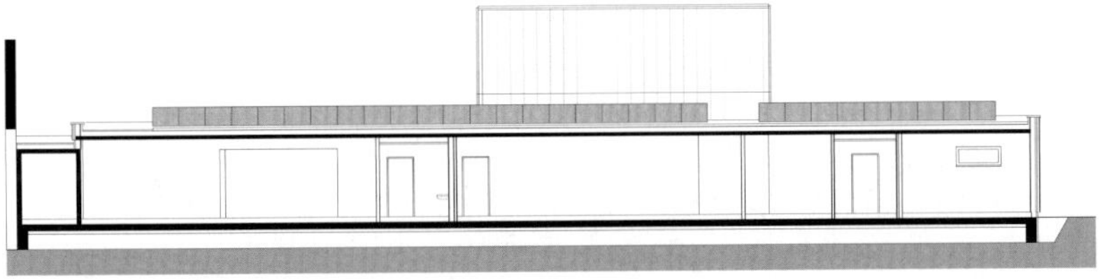

Schnitt B-B

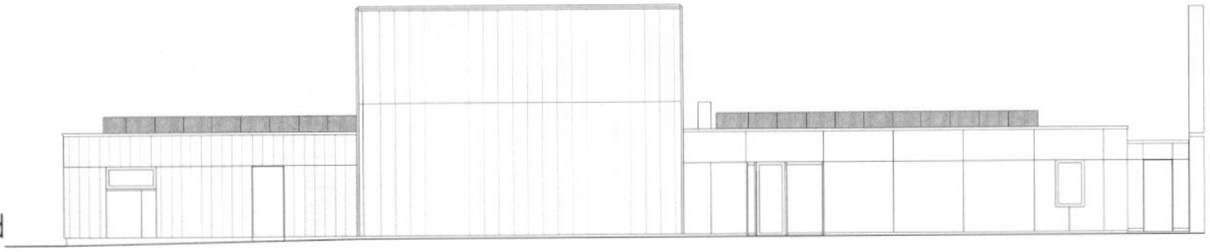

Ansicht Nord

Objektbeschreibung

Allgemeine Objektinformationen

Das Feuerwehrgerätehaus entstand in Holzbauweise und ersetzt den in die Jahre gekommenen Altbau. Die neue Fahrzeughalle wurde mit einem Satteldach ausgeführt, durch das sich das Gebäude harmonisch in das dörflich geprägte Umfeld einfügt. Im angrenzenden Flachdachbau sind die Umkleide- und Schulungsräume, sowie eine Werkstatt mit Lagerräumen untergebracht.

Nutzung

1 Erdgeschoss
Foyer, Fahrzeughalle, Büro, Werkstatt, Schulungsraum, Lager, Umkleiden, Duschen, WCs, Technikraum

Nutzeinheiten

Fahrzeugstellplätze: 2

Grundstück

Bauraum: Beengter Bauraum
Neigung: Ebenes Gelände
Bodenklasse: BK 3 bis BK 4

Markt

Hauptvergabezeit: 1. Quartal 2021
Baubeginn: 2. Quartal 2021
Bauende: 2. Quartal 2022
Konjunkturelle Gesamtlage: über Durchschnitt
Regionaler Baumarkt: Durchschnitt

Baukonstruktion

Die Gründung des Gebäudes wurde mittels einer Stahlbetonbodenplatte mit Streifenfundamenten ausgeführt. Die tragenden Brettschichtholzbinder der Fahrzeughalle lagern auf einem Stahlbetonsockel. Der Boden der Fahrzeughalle ist auf tragfähigem Unterbau als Pflasterfläche ausgebildet. Die Wand- und Dachflächen der Halle wurden innenseitig aus Brettsperrholztafeln gebildet, die außenseitig mineralisch gedämmt und mit gefalzten Alu-Blechen bekleidet sind. Die Giebelseiten wurden großflächig verglast und mit roten Sektionaltoren ausgestattet. Die Tragkonstruktion des restlichen Gebäudes wurde in Holztafelbauweise mit Brettsperrholzdecken ausgeführt. Die Fassaden wurden hinterlüftet und mit senkrechtem Douglasienholz und Faserzementtafeln bekleidet. Die Böden im Innenbereich sind mit Linoleum und Feinsteinzeug belegt. Die transparenten Bauteile wurden als Türen-, Fenster- oder Pfosten-Riegelkonstruktion in Aluminium ausgeführt.

Technische Anlagen

Die Fahrzeughalle wird mittels Wärmepumpe und angebundener Luftheizung beheizt. Die Beheizung von Büro- und Schulungsbereich sowie Umkleiden wird über eine separate und entsprechend größer dimensionierte Luft-Wasser-Wärmepumpe mit Innenaufstellung gewährleistet. Die Wärmeverteilung erfolgt über eine Fußbodenheizung. Über dachseitige PV-Module wird der benötigte Strom für die Wärmepumpen generiert. Das Gebäude kann größtenteils natürlich belüftet werden. In den Umkleidebereichen ist zur Feuchteabfuhr eine Unterdruck-Lüftungsanlage installiert. Alle Stellplätze in der Fahrzeughalle besitzen Anschlüsse zur Versorgung mit Druckluft und Wechselstrom. Eine zentrale Lüftungsanlage dient der Abführung von Dieselmotor-Emissionen. Vorrichtungen zur Notstromeinspeisung sind fassadenseitig vorgesehen.

Energetische Kennwerte

Gesetzliche Grundlage: EnEV 2013
Gebäudenutzfläche: 380,00 m^2
Gebäudevolumen: 1.944,00 m^3
Hüllfläche des beheizten Volumens: 1.286,00 m^2
Mittlerer U-Wert (opake Bauteile): 0,21 $W/(m^2 \cdot K)$
Mittlerer U-Wert (transparente Bauteile): 0,95 $W/(m^2 \cdot K)$
Spez. Jahresprimärenergiebedarf: 67,99 $kWh/(m^2 \cdot a)$

Energetische Angaben zu Außenbauteilen

Bodenplatte

U-Wert: 0,16 W/(m²·K)

Gesamtdicke: 52,00 cm	d[cm]	l[W/(m·K)]
Estrich	6,50	1,400
Dämmung	2,00	0,035
Dämmung	6,00	0,035
Bitumenanstrich	0,50	0,170
Stahlbeton	25,00	2,000
Dämmung	12,00	0,035

Außenwand hinterlüftet

U-Wert: 0,15 W/(m²·K)

Gesamtdicke: 25,50 cm	d[cm]	l[W/(m·K)]
OSB-Platte	1,50	0,130
Dämmung	18,00	0,035
Holzfaserplatte	6,00	0,045

Dach

U-Wert: 0,14 W/(m²·K)

Gesamtdicke: 47,00 cm	d[cm]	l[W/(m·K)]
Holz	14,00	0,240
Bitumenbahn	1,00	0,170
Dämmung	20,00	0,035
Bitumenbahn	2,00	0,170
Blähsplitt	10,00	0,160

Planungskennwerte für Flächen und Rauminhalte nach DIN 277

Flächen des Grundstücks		Menge Einheit	% an GF
BF	Bebaute Fläche	442,00 m²	25,0
UF	Unbebaute Fläche	1.323,00 m²	75,0
GF	Grundstücksfläche	1.765,00 m²	100,0

Grundflächen des Bauwerks		Menge Einheit	% an NUF	% an BGF
NUF	Nutzungsfläche	323,41 m²	100,0	73,2
TF	Technikfläche	19,75 m²	6,1	4,5
VF	Verkehrsfläche	37,69 m²	11,7	8,5
NRF	Netto-Raumfläche	380,85 m²	117,8	86,2
KGF	Konstruktions-Grundfläche	60,96 m²	18,8	13,8
BGF	Brutto-Grundfläche	441,81 m²	136,6	100,0

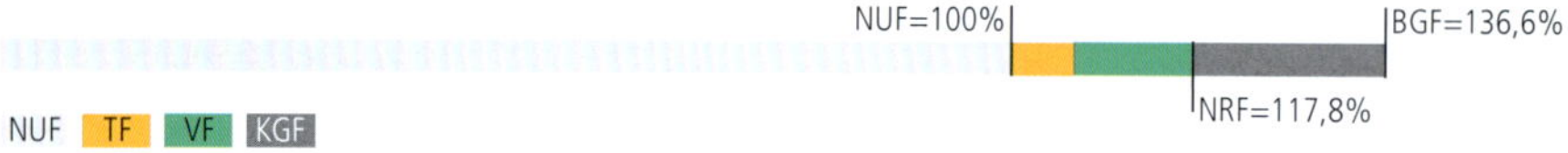

Brutto-Rauminhalt des Bauwerks		Menge Einheit	BRI/NUF (m)	BRI/BGF (m)
BRI	Brutto-Rauminhalt	1.944,19 m³	6,01	4,40

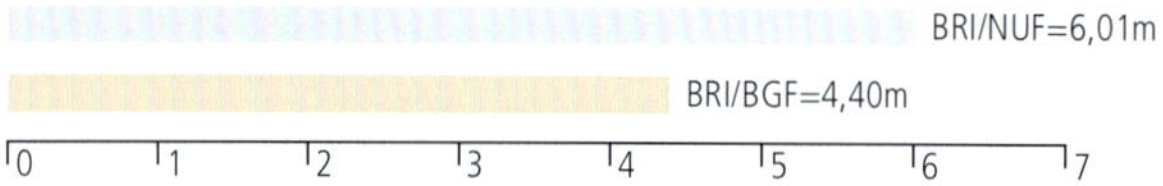

Kostenkennwerte für die Kostengruppen der 1.Ebene DIN 276

KG	Kostengruppen (1.Ebene)	Einheit	Kosten €	€/Einheit	€/m² BGF	€/m³ BRI	% 300+400
100	Grundstück	m² GF	–	–	–	–	–
200	Vorbereitende Maßnahmen	m² GF	–	–	–	–	–
300	Bauwerk – Baukonstruktionen	m² BGF	1.508.982	3.415,45	3.415,45	776,15	76,8
400	Bauwerk – Technische Anlagen	m² BGF	456.375	1.032,97	1.032,97	234,74	23,2
	Bauwerk 300+400	**m² BGF**	**1.965.357**	**4.448,42**	**4.448,42**	**1.010,89**	**100,0**
500	Außenanlagen und Freiflächen	m² AF	463.736	350,52	1.049,63	238,52	23,6
600	Ausstattung und Kunstwerke	m² BGF	–	–	–	–	–
700	Baunebenkosten	m² BGF	–	–	–	–	–
800	Finanzierung	m² BGF	–	–	–	–	–

KG	Kostengruppe	Menge Einheit	Kosten €	€/Einheit	%
3+4	**Bauwerk**				**100,0**
300	**Bauwerk – Baukonstruktionen**	441,81 m² BGF	1.508.982	**3.415,45**	76,8

Baugrubenaushub, Wasserhaltung; Baugrundverbesserung, Stb-Fundamente, Stb-Bodenplatte, WU-Beton, Heizestrich, Linoleum, Bodenfliesen, Pflasterbelag (Fahrzeughalle), Abdichtung, Perimeterdämmung; Holzrahmenwände, Brettschichtholzbinder, Brettsperrholzplatten, Alu-Pfosten-Riegel-Fassade, Alu-Fenster, Dreifachverglasung, Sektionaltore, Wärmedämmung, hinterlüftete Faserzement-Fassade, Douglasienholzfassade, Alu-Blechschare, teilw. textiler Sonnenschutz; Holzrahmenbauwände, Innenmauerwerk, Stb-Wand in Sichtbeton, GK-Wände, Wandfliesen, mobile Trennwand; Brettsperrholzdach, Brettschichtholzbinder, Oberlichter, Dämmung, Alu-Blechdeckung, Abdichtung, Attika, extensive Dachbegrünung, außenliegende Entwässerung, abgehängte GK-Decke, Schallschutzdecke; Empfangstresen mit Küchenfunktion, Garderobe, Einbauregal

KG	Kostengruppe	Menge Einheit	Kosten €	€/Einheit	%
400	**Bauwerk – Technische Anlagen**	441,81 m² BGF	456.375	**1.032,97**	23,2

Gebäudeentwässerung, Hebeanlage, Kalt- und Warmwasserleitungen, Sanitärobjekte; Luft-Wasser-Wärmepumpen (2St), Fußbodenheizung, Luftheizung (Fahrzeughalle); Unterdruck-Abluftanlage (Sanitär); Elektroinstallation, PV-Anlage (60m²), Beleuchtung, Sicherheitsleuchten, Anbindepunkt für Dieselgenerator zur Notstromversorgung, Blitzschutzanlage; Datenübertragungsanlage, Rauchmelder; Feuerlöscher, elektronische Zugangskontrolle im Alarmweg

KG	Kostengruppe	Menge Einheit	Kosten €	€/Einheit	%
500	**Außenanlagen und Freiflächen**	1.323,00 m² AF	463.736	**350,52**	23,6

Oberbodenarbeiten, Bodenarbeiten, Erdbaumaßnahmen; Unterbaumaßnahmen, Bodenaustausch; Wege, Stellplätze; Zäune, Tore, Schutzgitter; Abwasser, Wasserversorgungsleitungen, Außenbeleuchtungsanlagen; Fahrradständer, Abfallbehälter, Müllplatzeinhausung; Oberbodenauftrag, Bodenverbesserung, Schotterrasen, Fertigstellungspflege

7700-0092
Gerätehalle
temporär (2 STP)

Objektübersicht

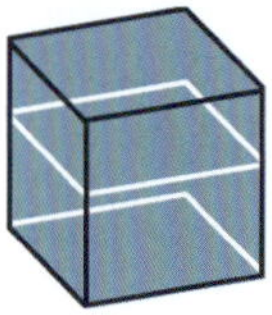

BRI 823 €/m³

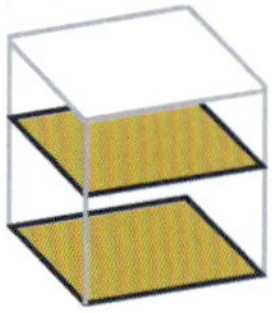

BGF 3.262 €/m²

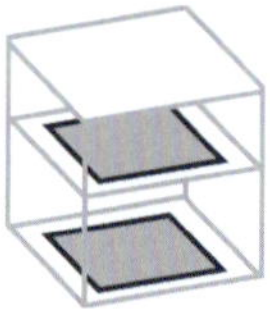

NUF 3.383 €/m²

Objekt:
Kennwerte: 1. Ebene DIN 276
BRI: 333 m³
BGF: 84 m²
NUF: 81 m²
Bauzeit: 35 Wochen
Bauende: 2021
Standard: über Durchschnitt
Bundesland: Hessen
Kreis: Darmstadt, Stadt

Architekt*in:
Renn Architektur DA
Heidelberger Landstraße 99
64297 Darmstadt

© Thomas Eicken

© Thomas Eicken

© Thomas Eicken

© Thomas Eicken

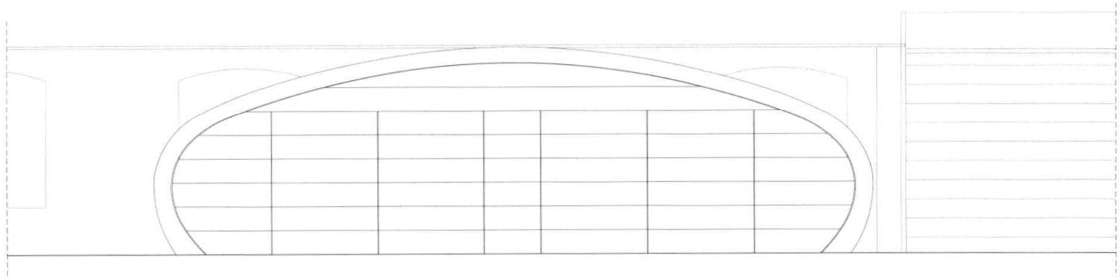

Ansicht Nord

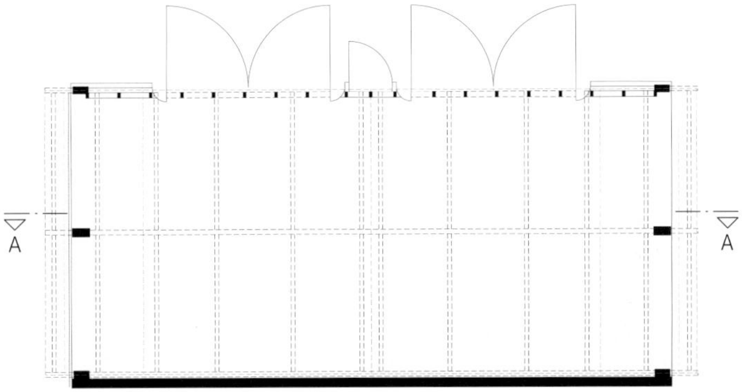

Erdgeschoss

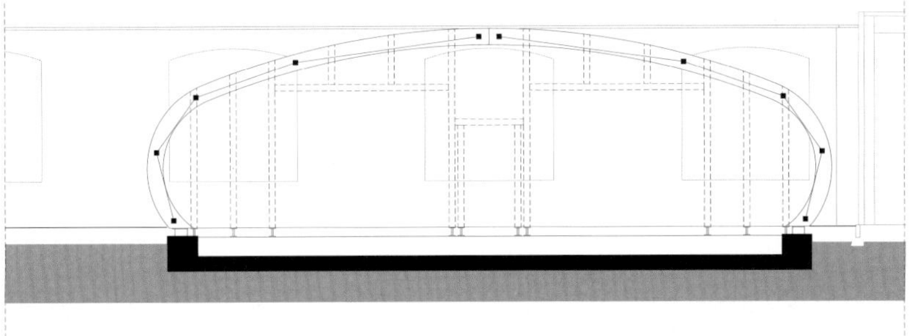

Schnitt A-A

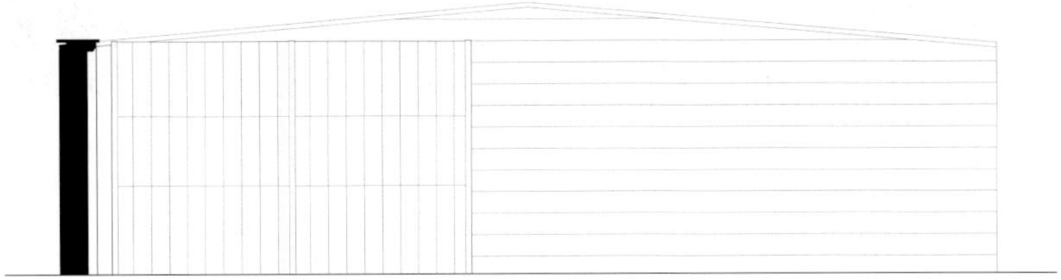

Ansicht Ost

Objektbeschreibung

Allgemeine Objektinformationen

Die Bauaufgabe bescheiden - das Areal zwischen Bibliothek, Zentralwerkstatt, Fachbereich Informatik und Kindertagesstätte städtebaulich komplex. Am neuen Standort wurden alle Nutzungen und Vorgaben der Gärtnerei für das Gesamtareal der Hochschule zusammengefasst.

Nutzung

1 Erdgeschoss
Abstell- und Lagerraum mit zwei Traktorstellplätzen

Nutzeinheiten

Fahrzeugstellplätze: 2
Lagerfläche: 40 m^2

Grundstück

Bauraum: Freier Bauraum
Neigung: Ebenes Gelände
Bodenklasse: BK 3

Markt

Hauptvergabezeit: 1. Quartal 2021
Baubeginn: 1. Quartal 2021
Bauende: 3. Quartal 2021
Konjunkturelle Gesamtlage: über Durchschnitt
Regionaler Baumarkt: über Durchschnitt

Baukonstruktion

Die Baukonstruktion besteht aus einer leichten, demontierbaren Systemhalle in Holzbinderkonstruktion mit Membrandach. Die Gebäuderückseite schließt unmittelbar an die vorhandene Grenzwand an und wird zum integralen Bestandteil eines Ressourcen schonenden Gesamtkonzepts. Das Tragsystem und die Fassade folgen im Detail den Vorgaben an eine temporäre Gebäudekonstruktion.

Technische Anlagen

Auch die Ausführung der technischen Anlagen wurde ressourcenschonend überdacht. Die Halle benötigt keine Heizungs- oder Lüftungsanlage. Die Dachentwässerung geschieht direkt über die bogenförmige Dachmembran in seitlich angeordnete Versickerungsflächen. Die Türen und Tore benötigen keine elektrischen Antriebe. Lediglich eine Starkstromzuleitung wurde verlegt.

Sonstiges

Als temporäres Gebäude kann die gesamte Konstruktion an einem neuem Standort wieder aufgebaut werden. Aus diesem Grund sind alle Verbindungen geschraubt ausgeführt. Ohne weitreichende Änderung besteht die Möglichkeit, die Halle einer anderen Nutzung zuzuführen. Die Membran kann leicht über die seitlich angeordneten Spannvorrichtungen ausgetauscht werden.

Planungskennwerte für Flächen und Rauminhalte nach DIN 277

Flächen des Grundstücks		Menge Einheit	% an GF
BF	Bebaute Fläche	84,00 m²	58,3
UF	Unbebaute Fläche	60,00 m²	41,7
GF	Grundstücksfläche	144,00 m²	100,0

Grundflächen des Bauwerks		Menge Einheit	% an NUF	% an BGF
NUF	Nutzungsfläche	81,00 m²	100,0	96,4
TF	Technikfläche	–	–	–
VF	Verkehrsfläche	–	–	–
NRF	Netto-Raumfläche	81,00 m²	100,0	96,4
KGF	Konstruktions-Grundfläche	3,00 m²	3,7	3,6
BGF	Brutto-Grundfläche	84,00 m²	103,7	100,0

Brutto-Rauminhalt des Bauwerks		Menge Einheit	BRI/NUF (m)	BRI/BGF (m)
BRI	Brutto-Rauminhalt	333,00 m³	4,11	3,96

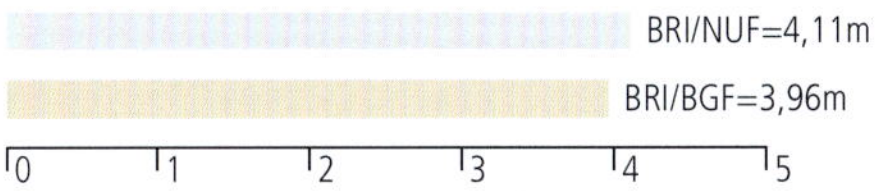

Kostenkennwerte für die Kostengruppen der 1. Ebene DIN 276

KG	Kostengruppen (1. Ebene)	Einheit	Kosten €	€/Einheit	€/m² BGF	€/m³ BRI	% 300+400
100	Grundstück	m² GF	–	–	–	–	–
200	Vorbereitende Maßnahmen	m² GF	–	–	–	–	–
300	Bauwerk – Baukonstruktionen	m² BGF	264.841	3.152,87	3.152,87	795,32	96,7
400	Bauwerk – Technische Anlagen	m² BGF	9.153	108,97	108,97	27,49	3,3
	Bauwerk 300+400	**m² BGF**	**273.995**	**3.261,84**	**3.261,84**	**822,81**	**100,0**
500	Außenanlagen und Freiflächen	m² AF	24.082	401,37	286,69	72,32	8,8
600	Ausstattung und Kunstwerke	m² BGF	–	–	–	–	–
700	Baunebenkosten	m² BGF	–	–	–	–	–
800	Finanzierung	m² BGF	–	–	–	–	–

KG	Kostengruppe	Menge Einheit	Kosten €	€/Einheit	%
3+4	**Bauwerk**				**100,0**
300	**Bauwerk – Baukonstruktionen**	84,00 m² BGF	264.841	**3.152,87**	96,7
	Baugrubenaushub; Betonfundamente mit Zerrbalken; gebogene Brettschichtholzbinder als Wände und Dach, Druckstäbe in BSH, Rundstahl-Zugverbände, PVC-Typ 2-Membran-Bespannung				
400	**Bauwerk – Technische Anlagen**	84,00 m² BGF	9.153	**108,97**	3,3
	Elektroinstallation, LED-Langfeldleuchten				
500	**Außenanlagen und Freiflächen**	60,00 m² AF	24.082	**401,37**	8,8
	Betonpflasterbelag in der Halle und außen				

7700-0094
Lagerhalle
überdachte Ladezone

Objektübersicht

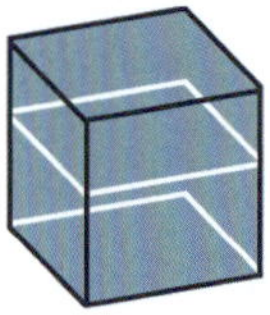

BRI 64€/m^3

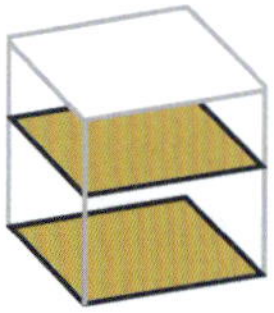

BGF 699€/m^2

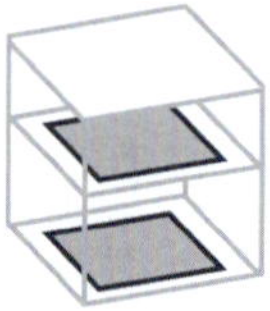

NUF 1.118€/m^2

Objekt:
Kennwerte: 1.Ebene DIN 276
BRI: 52.881 m^3
BGF: 4.839 m^2
NUF: 3.026 m^2
Bauzeit: 35 Wochen
Bauende: 2023
Standard: Durchschnitt
Bundesland: Schleswig-Holstein
Kreis: Lübeck, Stadt

Architekt*in:
Kay Urban
Architektur & Bauleitung
Pfaffenstraße 13
23552 Lübeck

Bauherr*in:
Jacob Sönnichsen AG
Am Industriehafen 3
24937 Flensburg

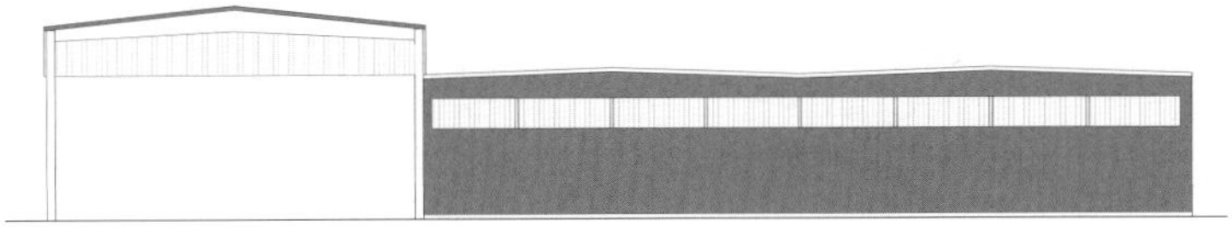

Ansicht Süd-West

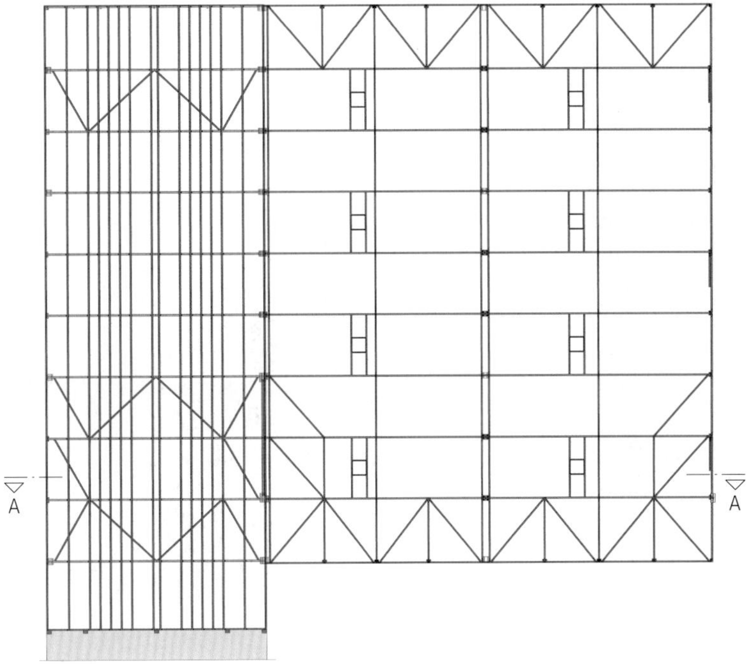

Erdgeschoss

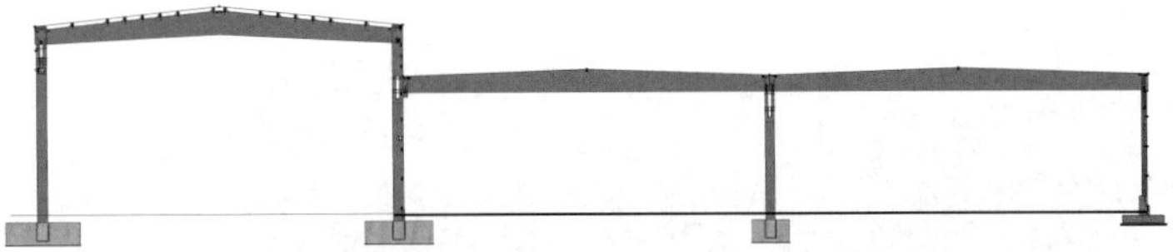

Schnitt A-A

Ansicht Nord-West

Objektbeschreibung

Allgemeine Objektinformationen

Im Jahr 2019 wurde das Logistikzentrum eines Baustofffachhandels mit ca. 14.000m² Lagerfläche und Durchfahrtüberdachung fertiggestellt. Eine Fläche von gut 3.000m² wurde als optionale Erweiterungsfläche vorbereitet. Der Bedarf für weitere Hallenlagerflächen wurde schnell festgestellt und mit diesem Projekt umgesetzt.

Nutzung

1 Erdgeschoss
Lagerhalle, Durchfahrtüberdachung

Nutzeinheiten

Lagerfläche: 3.026m²

Grundstück

Bauraum: Freier Bauraum
Neigung: Ebenes Gelände
Bodenklasse: BK 1 bis BK 4

Markt

Hauptvergabezeit: 1. Quartal 2022
Baubeginn: 3. Quartal 2022
Bauende: 2. Quartal 2023
Konjunkturelle Gesamtlage: Durchschnitt
Regionaler Baumarkt: Durchschnitt

Baukonstruktion

Die Halle wurde aus Stb-Fertigteilstützen in Ortbeton-Köcherfundamenten sowie Fertigteil-Einzelfundamenten mit Stützen und Ausfachungen aus KVH erstellt. Die Dachträger bestehen aus Holzleimbindern, die tragende Dachschale wurde aus Stahltrapezblech hergestellt, mit Mineralwolle gedämmt und mit einer Dachdichtung aus verschweißten Kautschukbahnen versehen. Es wurden RWA-Lichtkuppeln eingebaut. Die Fassadenbeplankung erfolgte ebenfalls aus Stahltrapezblech, teilweise wurden Lichtplatten im selben Profil für eine natürliche Belichtung montiert. Die Sohle wurde als unbewehrte Walzbetonsohle hergestellt.

Technische Anlagen

Der gesamte Stromverbrauch wird nahezu vollständig aus der installierten PV-Anlage (900m²) bezogen oder zur späteren Entladung in einem Batteriespeicher eingespeist. Die Halle wird nicht beheizt. Zusätzlich wurde eine Brandmeldeanlage sowie ein Blitzschutz installiert. Für die Beleuchtung der Halle wurden LED-Lichtbänder eingebaut. Eine Ladestation für E-Stapler wurde vorgesehen.

Planungskennwerte für Flächen und Rauminhalte nach DIN 277

Flächen des Grundstücks		Menge Einheit	% an GF
BF	Bebaute Fläche	19.866,83 m²	26,9
UF	Unbebaute Fläche	54.079,17 m²	73,1
GF	Grundstücksfläche	73.946,00 m²	100,0

Grundflächen des Bauwerks		Menge Einheit	% an NUF	% an BGF
NUF	Nutzungsfläche	3.025,79 m²	100,0	62,5
TF	Technikfläche	–	–	–
VF	Verkehrsfläche	1.658,34 m²	54,8	34,3
NRF	Netto-Raumfläche	4.684,13 m²	154,8	96,8
KGF	Konstruktions-Grundfläche	154,50 m²	5,1	3,2
BGF	Brutto-Grundfläche	4.838,63 m²	159,9	100,0

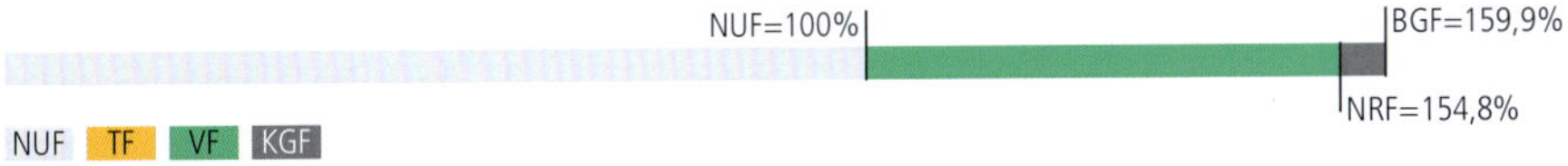

Brutto-Rauminhalt des Bauwerks		Menge Einheit	BRI/NUF (m)	BRI/BGF (m)
BRI	Brutto-Rauminhalt	52.880,95 m³	17,48	10,93

Kostenkennwerte für die Kostengruppen der 1. Ebene DIN 276

KG	Kostengruppen (1. Ebene)	Einheit	Kosten €	€/Einheit	€/m² BGF	€/m³ BRI	% 300+400
100	Grundstück	m² GF	–	–	–	–	–
200	Vorbereitende Maßnahmen	m² GF	–	–	–	–	–
300	Bauwerk – Baukonstruktionen	m² BGF	2.872.268	593,61	593,61	54,32	84,9
400	Bauwerk – Technische Anlagen	m² BGF	511.051	105,62	105,62	9,66	15,1
	Bauwerk 300+400	**m² BGF**	**3.383.319**	**699,23**	**699,23**	**63,98**	**100,0**
500	Außenanlagen und Freiflächen	m² AF	701.465	37,50	144,97	13,26	20,7
600	Ausstattung und Kunstwerke	m² BGF	–	–	–	–	–
700	Baunebenkosten	m² BGF	–	–	–	–	–
800	Finanzierung	m² BGF	–	–	–	–	–

KG	Kostengruppe	Menge Einheit	Kosten €	€/Einheit	%
3+4	**Bauwerk**				**100,0**
300	**Bauwerk – Baukonstruktionen**	4.838,63 m² BGF	2.872.268	**593,61**	84,9

Fundamentaushub; Stb-Einzelfundamente in Ortbeton, als Fertigteile, unbewehrte Walzbetonsohle; Stb-Fertigteilstützen, KVH-Stützen, Stahltüren, Stahl-Trapezblech-Fassadenplatten, Licht-Fassadenplatten, Rammschutz; Holzleimbinder-Dachbalken, RWA-Lichtkuppeln, Stahl-Trapezblech, Licht-Dachplatten, Dämmung, Kautschukfolienabdichtung, Dachentwässerung

KG	Kostengruppe	Menge Einheit	Kosten €	€/Einheit	%
400	**Bauwerk – Technische Anlagen**	4.838,63 m² BGF	511.051	**105,62**	15,1

PV-Anlage (900m²), Elektroinstallation, Batteriespeicher, LED-Lichtbänder, Ladestation für E-Stapler, Blitzschutzanlage; Brandmeldeanlage

KG	Kostengruppe	Menge Einheit	Kosten €	€/Einheit	%
500	**Außenanlagen und Freiflächen**	18.703,38 m² AF	701.465	**37,50**	20,7

Oberbodenarbeiten; Betonpflaster auf Wegen, Plätzen, Lagerflächen

7800-0032
Parkhaus (69 STP)

Objektübersicht

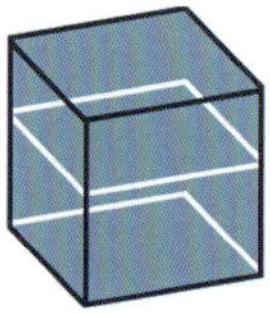

BRI **378 €/m³**

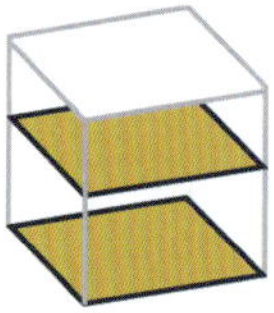

BGF **1.125 €/m²**

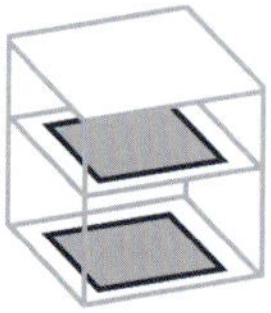

NUF **1.979 €/m²**

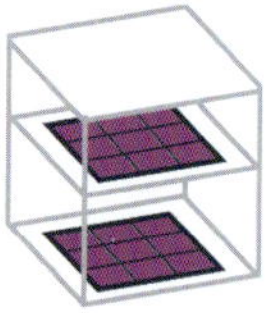

NE **27.654 €/NE**

NE: Stellplätze

Objekt:
Kennwerte: 1.Ebene DIN 276
BRI: 5.045 m³
BGF: 1.696 m²
NUF: 964 m²
Bauzeit: 48 Wochen
Bauende: 2022
Standard: Durchschnitt
Bundesland: Hessen
Kreis: Groß-Gerau

Architekt*in:
SCHOYERER ARCHITEKTEN _SYRA
Hauptstraße 17-19
55120 Mainz

Bauherr*in:
gewobau
Gesellschaft für Wohnen und Bauen
Rüsselsheim mbH
Marktstraße 40
65428 Rüsselsheim am Main

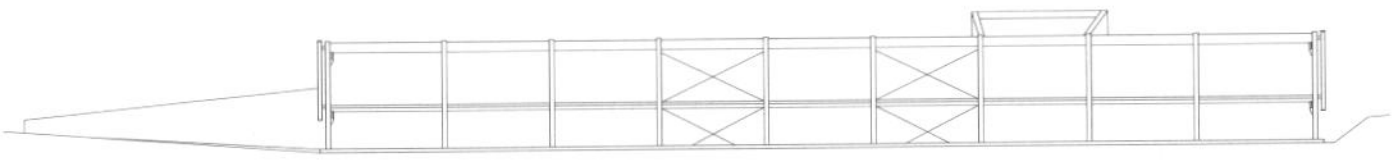

Ansicht Nord-Ost

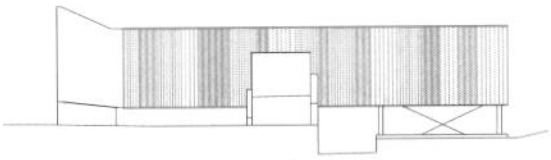

Ansicht Süd-Ost

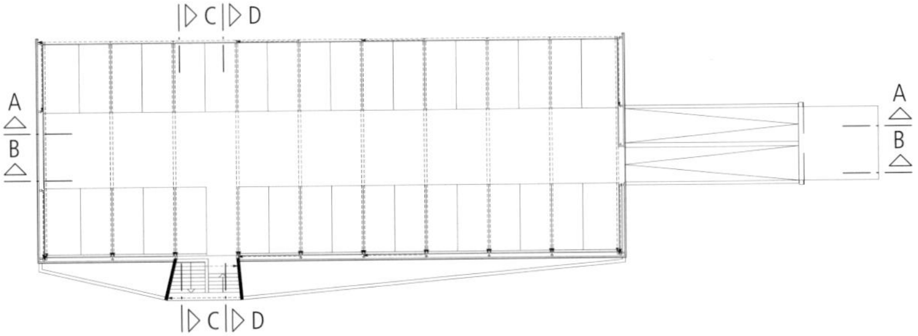

Erdgeschoss

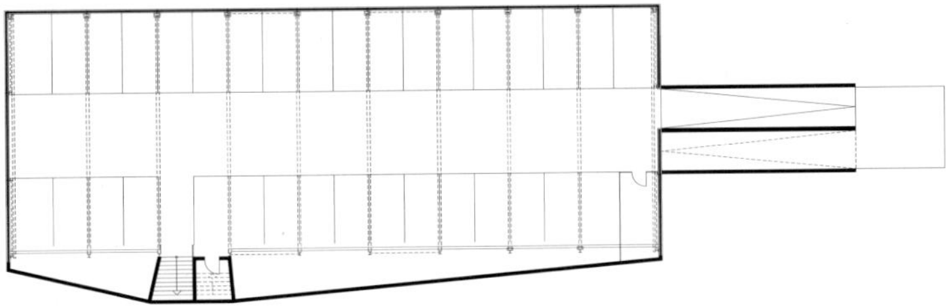

Untergeschoss

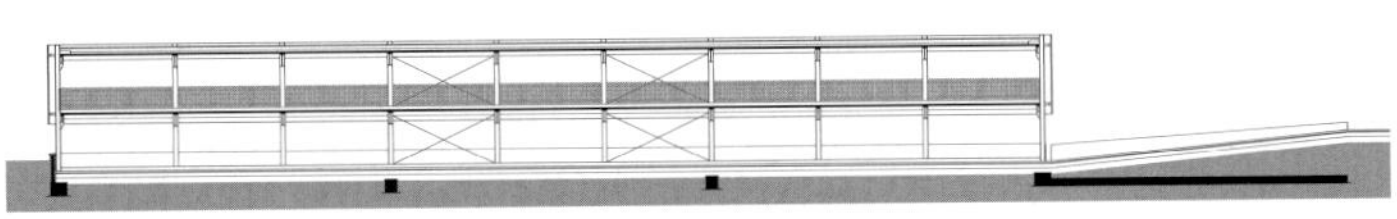

Schnitt A-A

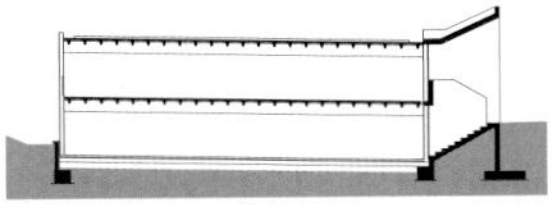

Schnitt C-C

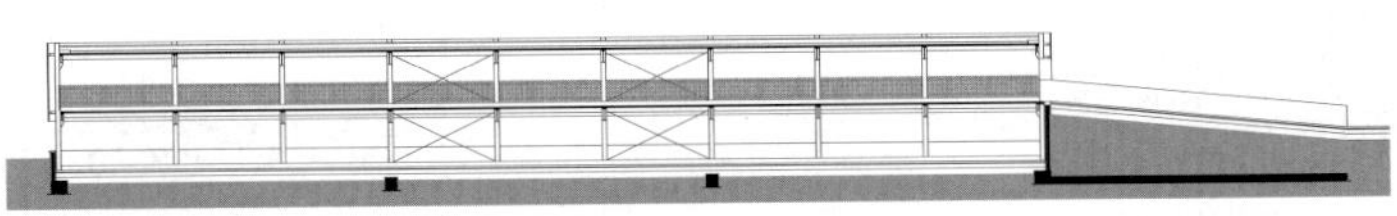

Schnitt B-B

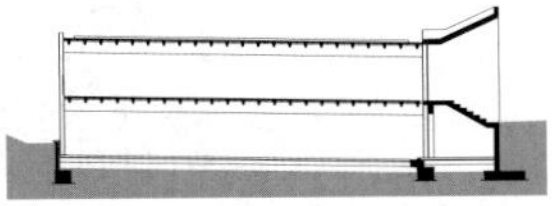

Schnitt D-D

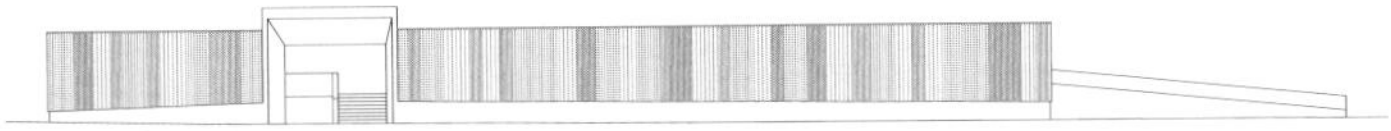

Ansicht Süd-West

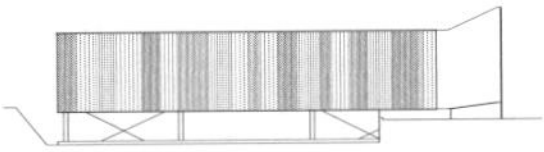

Ansicht Nord-West

Objektbeschreibung

Allgemeine Objektinformationen

Der Ersatzneubau des Parkdecks entstand an der gleichen Stelle des zuvor rückgebauten Bestandsgebäudes. Zielsetzung war, möglichst viel nutzbaren Außenraum für die Bewohner zu schaffen. Die Aufenthaltsqualität ist durch die Neuplatzierung zwischen den Wohngebäuden und dem Parkdeck optimiert.

Nutzung

1 Untergeschoss
Parken

1 Erdgeschoss
Parken

Nutzeinheiten

Stellplätze: 69

Grundstück

Bauraum: Freier Bauraum
Neigung: Ebenes Gelände
Bodenklasse: BK 3 bis BK 4

Markt

Hauptvergabezeit: 3. Quartal 2021
Baubeginn: 3. Quartal 2021
Bauende: 3. Quartal 2022
Konjunkturelle Gesamtlage: über Durchschnitt
Regionaler Baumarkt: Durchschnitt

Baukonstruktion

Das Parkhaus ist als offene Großgarage in offener Stahl-Skelettbauweise ausgeführt, die auf einem regelmäßigen Konstruktionsraster basiert. Das Innere des Gebäudes ist stützenfrei gehalten. Für die Vorhangfassade aus gekantetem Lochblech wurden industriell vorgefertigte Serienprodukte eingesetzt und damit die Konstruktion einfach gehalten. Gegründet ist der Neubau auf Stb-Streifenfundamenten und einer Stb-Bodenplatte, die mit einer Beschichtung versehen ist. Die Decken sind als Additivdecken ausgeführt.

Technische Anlagen

Die technischen Anlagen beschränken sich auf den Einbau von Beleuchtung und Erdung, einer Ampelanlage und einer Schrankenanlage sowie die Installation von Ladestationen für E-Autos. Da es sich um eine offene Großgarage handelt, werden brandschutztechnische Einrichtungen wie Sprinkleranlage mit Rauchmeldern, CO-Warnanlagen oder Lüftungsanlagen nicht benötigt.

Sonstiges

Die offene Bauweise erleichtert die Orientierung auf den Parkdecks. Außerdem sind gefangene oder dunkle Bereiche durch die Offenheit ausgeschlossen.

Planungskennwerte für Flächen und Rauminhalte nach DIN 277

Flächen des Grundstücks		Menge Einheit	% an GF
BF	Bebaute Fläche	847,80 m^2	11,1
UF	Unbebaute Fläche	6.813,20 m^2	88,9
GF	Grundstücksfläche	7.661,00 m^2	100,0

Grundflächen des Bauwerks		Menge Einheit	% an NUF	% an BGF
NUF	Nutzungsfläche	964,15 m^2	100,0	56,9
TF	Technikfläche	13,75 m^2	1,4	0,8
VF	Verkehrsfläche	594,96 m^2	61,7	35,1
NRF	Netto-Raumfläche	1.572,86 m^2	163,1	92,7
KGF	Konstruktions-Grundfläche	123,03 m^2	12,8	7,3
BGF	Brutto-Grundfläche	1.695,89 m^2	175,9	100,0

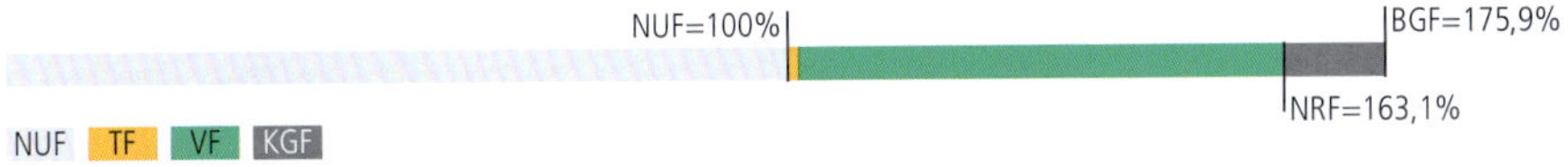

Brutto-Rauminhalt des Bauwerks		Menge Einheit	BRI/NUF (m)	BRI/BGF (m)
BRI	Brutto-Rauminhalt	5.045,27 m^3	5,23	2,98

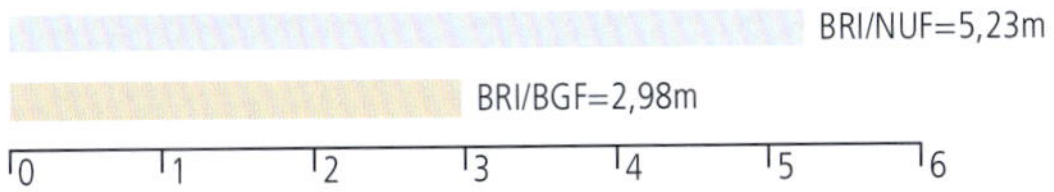

Kostenkennwerte für die Kostengruppen der 1. Ebene DIN 276

KG	Kostengruppen (1. Ebene)	Einheit	Kosten €	€/Einheit	€/m² BGF	€/m³ BRI	% 300+400
100	Grundstück	m² GF	–	–	–	–	–
200	Vorbereitende Maßnahmen	m² GF	204.296	26,67	120,47	40,49	10,7
300	Bauwerk – Baukonstruktionen	m² BGF	1.759.211	1.037,34	1.037,34	348,69	92,2
400	Bauwerk – Technische Anlagen	m² BGF	148.899	87,80	87,80	29,51	7,8
	Bauwerk 300+400	**m² BGF**	**1.908.110**	**1.125,14**	**1.125,14**	**378,20**	**100,0**
500	Außenanlagen und Freiflächen	m² AF	352.077	–	207,61	69,78	18,5
600	Ausstattung und Kunstwerke	m² BGF	–	–	–	–	–
700	Baunebenkosten	m² BGF	–	–	–	–	–
800	Finanzierung	m² BGF	–	–	–	–	–

KG	Kostengruppe	Menge Einheit	Kosten €	€/Einheit	%
200	**Vorbereitende Maßnahmen**	7.661,00 m² GF	204.296	**26,67**	10,7
	Rückbau und Entsorgung bestehender Parkgaragen, Herstellen der Baugrube				
3+4	**Bauwerk**				**100,0**
300	**Bauwerk – Baukonstruktionen**	1.695,89 m² BGF	1.759.211	**1.037,34**	92,2
	Stb-Streifenfundamente, Stb-Bodenplatte, Stb-Pumpensumpf, Bodenbeschichtung, Markierungen, Bauwerksabdichtung; Stahl-Skelettkonstruktion, Stb-Außenwände, Hohlwände, Stahlstützen, Stahlträger, Vorhangfassade aus gekantetem Lochblech, Metallgitter, Wandbeschichtung, Kfz-Anprallschutz; Additivdecken, Stb-Treppen; Dachabdichtung, Gründach, Dachrandblenden, Dachentwässerung, Verdunstungsrinnen; Hinweisschilder				
400	**Bauwerk – Technische Anlagen**	1.695,89 m² BGF	148.899	**87,80**	7,8
	E-Ladestationen, Beleuchtung, Erdung; Ampelanlage, Schrankenanlage				
500	**Außenanlagen und Freiflächen**	–	352.077	**–**	18,5
	Geländemodellierung; Betonpflaster, wassergebundene Wegedecke; Stadtmöblierung; Oberbodenarbeiten, Bepflanzung, Ansaat				

Objektübersicht

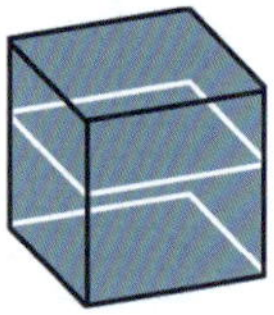

BRI 197 €/m³

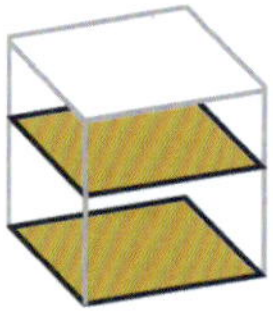

BGF 580 €/m²

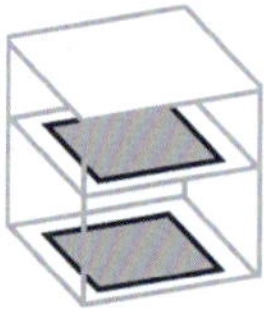

NUF 1.373 €/m²

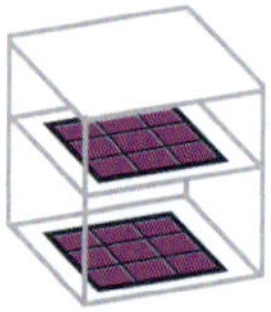

NE 18.707 €/NE

NE: Stellplätze

Objekt:
Kennwerte: 1. Ebene DIN 276
BRI: 76.154 m³
BGF: 25.910 m²
NUF: 10.951 m²
Bauzeit: 57 Wochen
Bauende: 2020
Standard: über Durchschnitt
Bundesland: Hessen
Kreis: Darmstadt, Stadt

Architekt*in:
Lengfeld & Wilisch Architekten
PartG mbB
Havelstraße 16
64295 Darmstadt

Bauherr*in:
GSI Helmholtzzentrum für
Schwerionenforschung GmbH
Plankstraße 1
64291 Darmstadt

© Thomas Eicken

© Thomas Eicken

© Thomas Eicken

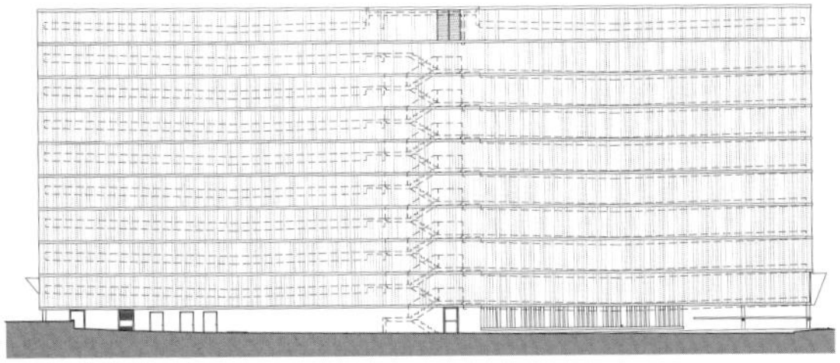
Ansicht Nord

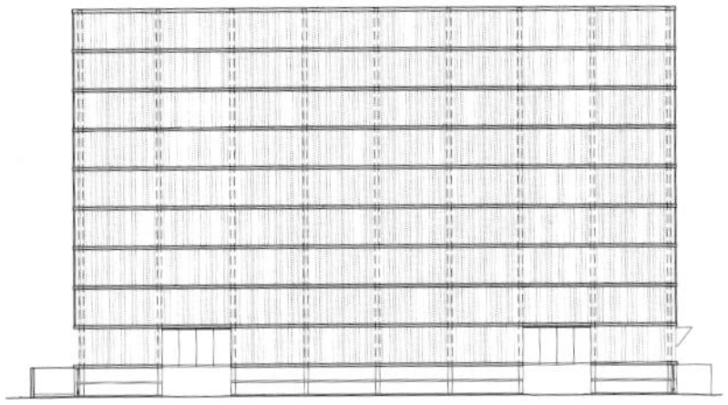
Ansicht West

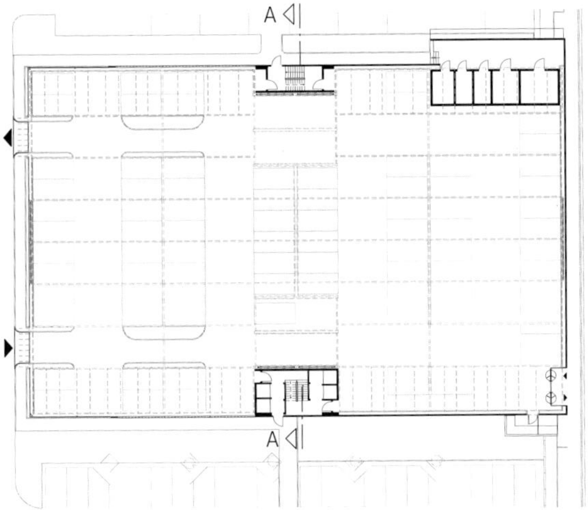

Erdgeschoss

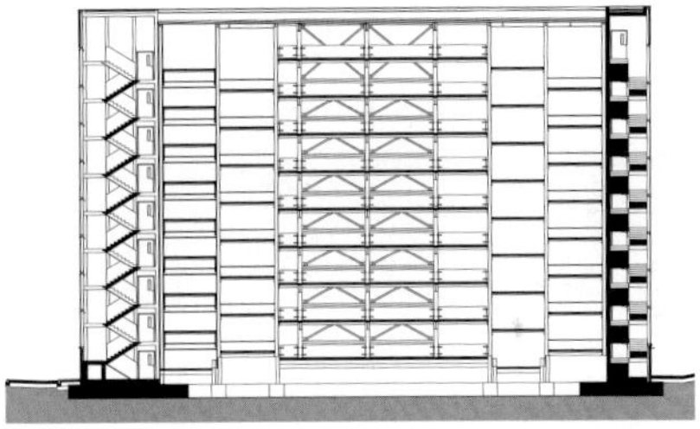
Schnitt A-A

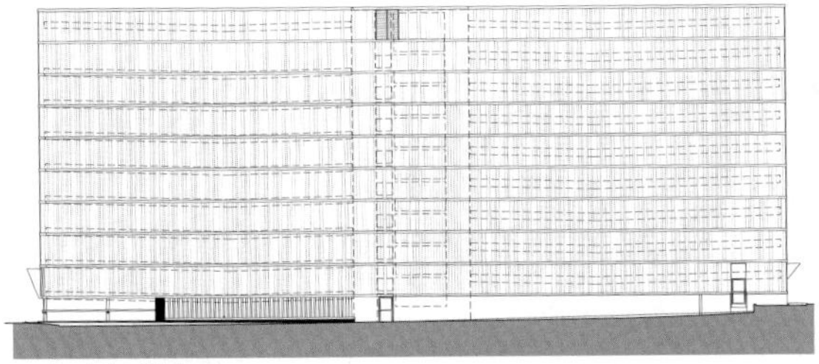
Ansicht Süd

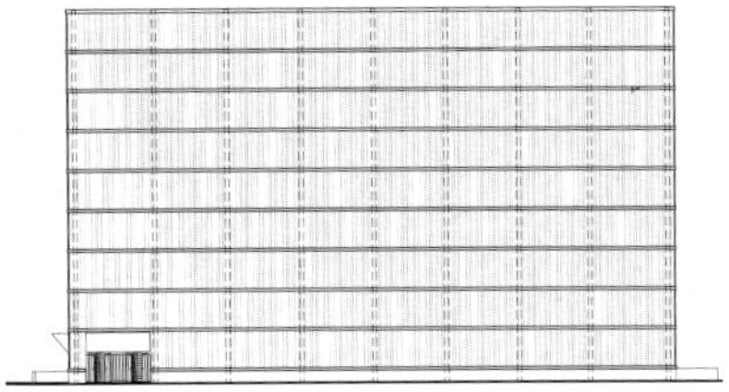
Ansicht Ost

Objektbeschreibung

Allgemeine Objektinformationen

Das Parkhaus ist als D'Humy System ausgeführt, das heißt, die 18 Parkebenen sind jeweils um ein halbes Geschoss gegeneinander versetzt und als Zweispänner ausgeführt. Die Erschließung erfolgt über mittig im Gebäude angeordnete Halbrampen.

Nutzung

1 Erdgeschoss
Stellplätze, Brandmeldezentrale, Traforaum, Technikräume

8 Obergeschosse
Stellplätze

Nutzeinheiten

Stellplätze: 804

Grundstück

Bauraum: Freier Bauraum
Neigung: Ebenes Gelände
Bodenklasse: BK 4 bis BK 5

Markt

Hauptvergabezeit: 3. Quartal 2019
Baubeginn: 4. Quartal 2019
Bauende: 4. Quartal 2020
Konjunkturelle Gesamtlage: über Durchschnitt
Regionaler Baumarkt: über Durchschnitt

Baukonstruktion

Das Parkhaus ist ein „offenes Parkhaus" in Stahl bzw. Stahlbetonbauweise. Die Gründung erfolgte über Streifen- und Einzelfundamente, die gemäß Tragwerkskonzept mit Zerrbalken verbunden sind. Die Tragkonstruktion besteht aus Stahlstützen und Stahlunterzügen mit aufliegenden, ausbetonierten Trapezblechen. Die Fassaden bestehen aus senkrecht verlaufenden Profilbaugläsern, von innen bekleidet mit Blechpaneelen. Das Dach über der letzten Ebene wurde extensiv begrünt. Auf der Nord-Ost-Seite des Gebäudes sind die Technikräume und eine Mittelspannungsanlage in das Parkhaus integriert, diese Räume erhielten eine beschichtete Stahlbetonbodenplatte. Die Park- und Einfahrtsbereiche der ersten Ebene wurden mit Pflasterbelägen auf Frostschutzschichten ausgestattet.

Technische Anlagen

Da es sich um eine offene Großgarage handelt, werden keine brandschutztechnischen Einrichtungen benötigt. Außer der Beleuchtung wurde eine Blitzschutzanlage eingebaut. Vier Personenaufzüge erschließen die Obergeschosse.

Planungskennwerte für Flächen und Rauminhalte nach DIN 277

Flächen des Grundstücks		Menge Einheit	% an GF
BF	Bebaute Fläche	2.980,00 m²	–
UF	Unbebaute Fläche	–	–
GF	Grundstücksfläche	–	–

Grundflächen des Bauwerks		Menge Einheit	% an NUF	% an BGF
NUF	Nutzungsfläche	10.951,23 m²	100,0	42,3
TF	Technikfläche	26,31 m²	0,2	0,1
VF	Verkehrsfläche	13.192,69 m²	120,5	50,9
NRF	Netto-Raumfläche	24.170,23 m²	220,7	93,3
KGF	Konstruktions-Grundfläche	1.739,79 m²	15,9	6,7
BGF	Brutto-Grundfläche	25.910,02 m²	236,6	100,0

Brutto-Rauminhalt des Bauwerks		Menge Einheit	BRI/NUF (m)	BRI/BGF (m)
BRI	Brutto-Rauminhalt	76.153,53 m³	6,95	2,94

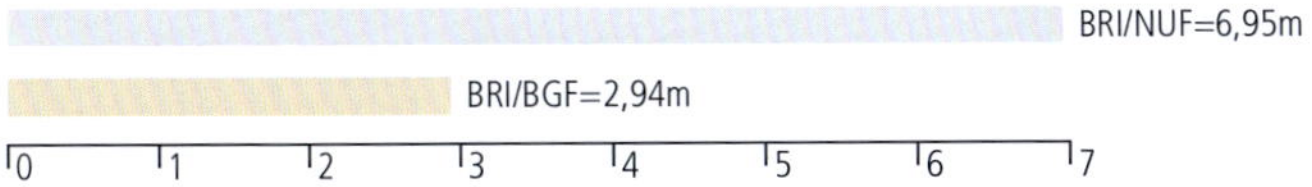

Kostenkennwerte für die Kostengruppen der 1. Ebene DIN 276

KG	Kostengruppen (1. Ebene)	Einheit	Kosten €	€/Einheit	€/m² BGF	€/m³ BRI	% 300+400
100	Grundstück	m² GF	–	–	–	–	–
200	Vorbereitende Maßnahmen	m² GF	–	–	–	–	–
300	Bauwerk – Baukonstruktionen	m² BGF	12.510.244	482,83	482,83	164,28	83,2
400	Bauwerk – Technische Anlagen	m² BGF	2.529.864	97,64	97,64	33,22	16,8
	Bauwerk 300+400	**m² BGF**	**15.040.107**	**580,47**	**580,47**	**197,50**	**100,0**
500	Außenanlagen und Freiflächen	m² AF	191.635	230,89	7,40	2,52	1,3
600	Ausstattung und Kunstwerke	m² BGF	–	–	–	–	–
700	Baunebenkosten	m² BGF	–	–	–	–	–
800	Finanzierung	m² BGF	–	–	–	–	–

KG	Kostengruppe	Menge Einheit	Kosten €	€/Einheit	%
3+4	**Bauwerk**				**100,0**
300	**Bauwerk – Baukonstruktionen**	25.910,02 m² BGF	12.510.244	**482,83**	83,2

Baugrubenaushub; Stb-Fundamente, Pflasterbeläge, Schottertragschicht, Frostschutzschicht; Stb-Wände, Stahlstützen, Profilbaugläser, Blechpaneel-Bekleidung; Stb-Wände, Stahlrahmentüren, Glasfüllung, Beschichtung; Stahlträger mit Betonrippendecken, Stb-Decken über Treppen- und Technikräumen, Stb-Treppen, Sichtbeton, Beschichtung, abgehängte Decken, Absturzsicherung, Handläufe, Treppengeländer; Stahlträger, Stahl-Trapezblech, Stahlblech, Entlüftungsdachhauben, Dämmung, Abdichtung, Attika, Dränschicht, extensive Dachbegrünung, innenliegende Dachentwässerung

KG	Kostengruppe	Menge Einheit	Kosten €	€/Einheit	%
400	**Bauwerk – Technische Anlagen**	25.910,02 m² BGF	2.529.864	**97,64**	16,8

Regenwasserentwässerung; Elektroinstallation, Beleuchtung, Sicherheitsbeleuchtung, Blitzschutzanlage; Such- und Signalanlage, Telekommunikationsanlage; Personenaufzüge (4St); Feuerlöschanlage

KG	Kostengruppe	Menge Einheit	Kosten €	€/Einheit	%
500	**Außenanlagen und Freiflächen**	830,00 m² AF	191.635	**230,89**	1,3

Oberbodenarbeiten, Bodenarbeiten; Bodenaustausch; Feuerwehraufstellflächen; Zäune; Oberbodenauftrag, Stauden, Bäume

Kulturgebäude

9

- 9100 Gebäude für kulturelle und musische Zwecke
  9200 Empfangsgebäude bei Verkehrsanlagen
- 9300 Gebäude für Tierhaltung
  9400 Gebäude für Pflanzenhaltung
  9500 Schutzbauwerke, Schutzbauten
  9600 Justizvollzugsanstalten
- 9700 Friedhofsanlagen
  9900 Gebäude sonstiger Art

9100-0206
Ausstellungspavillon

Objektübersicht

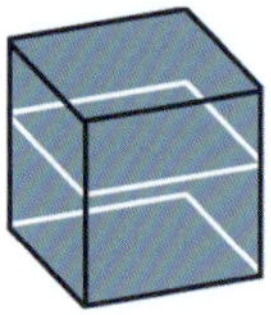

BRI 753 €/m³

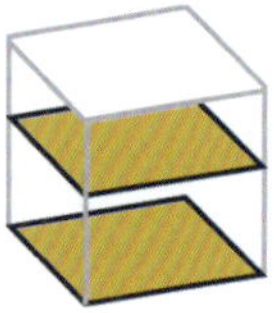

BGF 3.067 €/m²

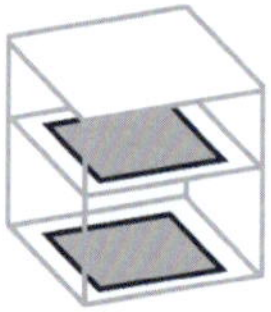

NUF 3.888 €/m²

Objekt:
Kennwerte: 1. Ebene DIN 276
BRI: 1.560 m³
BGF: 383 m²
NUF: 302 m²
Bauzeit: 52 Wochen
Bauende: 2021
Standard: über Durchschnitt
Bundesland: Nordrhein-Westfalen
Kreis: Wesel

Architekt*in:
LVR-Archäologischer Park Xanten
Bauabteilung
Bahnhofstraße 46-50
46509 Xanten

Bauherr*in:
LVR
Archäologischer Park Xanten

© LVR-Archäologischer Park Xanten

© LVR-Archäologischer Park Xanten

© LVR-Archäologischer Park Xanten

© LVR-Archäologischer Park Xanten

  Kostenstand: 4. Quartal 2023, Bundesdurchschnitt, **inkl. 19% MwSt.**

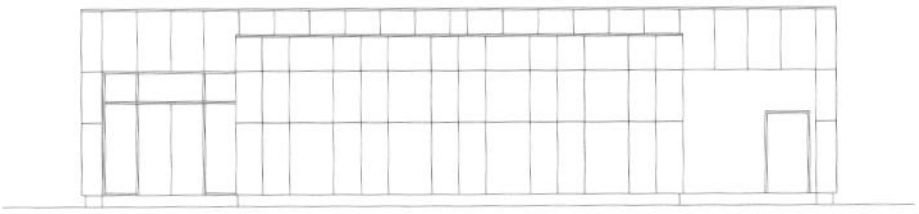

Ansicht Nord-Ost

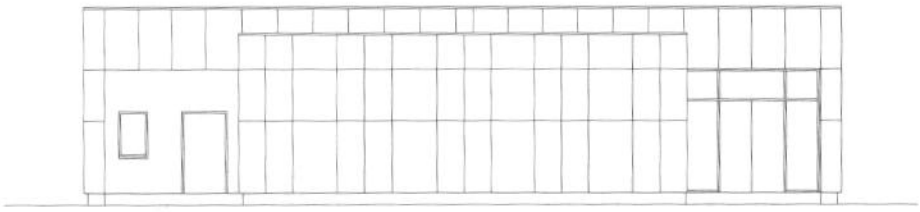

Ansicht Süd-West

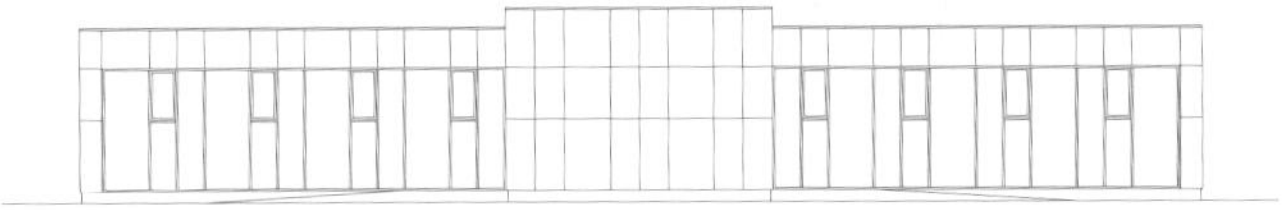

Ansicht Süd-Ost

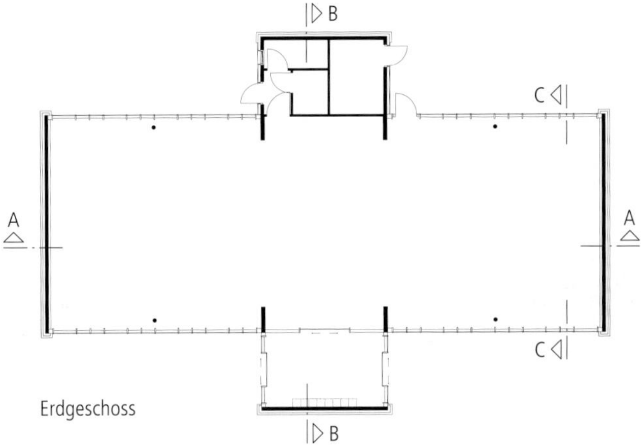

Erdgeschoss

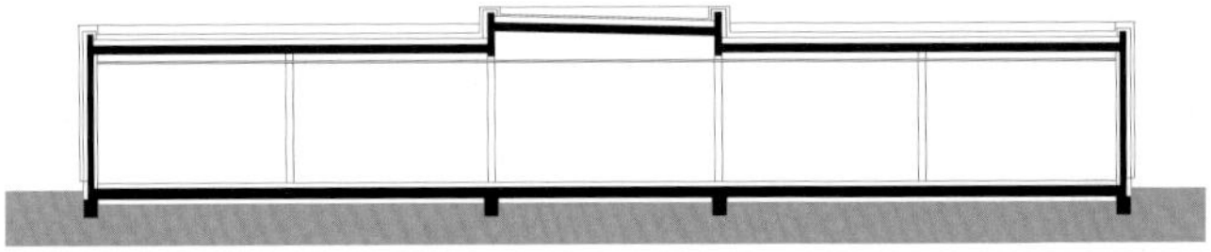

Schnitt A-A

Schnitt B-B

Schnitt C-C

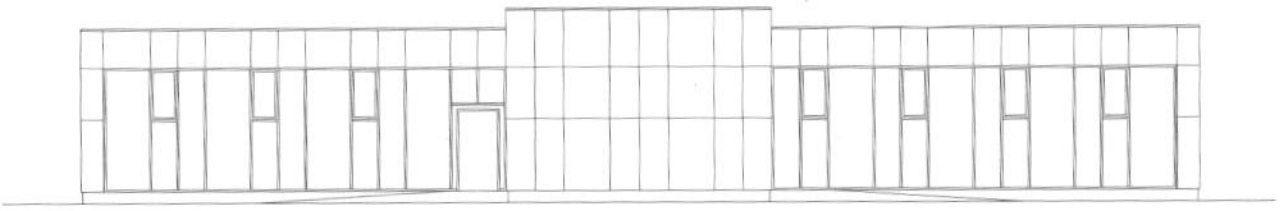

Ansicht Nord-West

Objektbeschreibung

Allgemeine Objektinformationen

Bei dem Neubau handelt es sich um einen Ausstellungspavillon, der im Zuge der Archäologischen Landesausstellung NRW im LVR-Archäologischen Park Xanten und in Erwartung der Ernennung des Niedergermanischen Limes zum Weltkulturerbe errichtet wurde. Mittelpunkt des Pavillons ist ein begehbarer Limes, der den unteren Niederrhein mit seinen Legionslagern und Kastellen, aber auch den Siedlungs- und Kultplätzen beiderseits des Rheins zeigt.

Nutzung

1 Erdgeschoss
Ausstellungsraum, Nebenräume

Besonderer Kosteneinfluss Nutzung
Hohe Ansprüche an Gestalt und Qualität

Grundstück

Bauraum: Freier Bauraum
Neigung: Ebenes Gelände
Bodenklasse: BK 1 bis BK 3

Markt

Hauptvergabezeit: 3. Quartal 2020
Baubeginn: 3. Quartal 2020
Bauende: 3. Quartal 2021
Konjunkturelle Gesamtlage: Durchschnitt
Regionaler Baumarkt: unter Durchschnitt

Baukonstruktion

Das Gebäude ist flach gegründet und als Stahlbetonkonstruktion mit großflächiger Alu-Pfosten-Riegel-Fassade ausgeführt. Die Verglasung ist mit Raffstorelamellen ausgestattet. Faserzementplatten bekleiden die gedämmte Fassade, der Innenbereich wird aber als Ausstellungsraum nur bis 12°C erwärmt. Die Innenwände sind verputzt und beschichtet. Das Stb-Flachdach wurde gedämmt und hat eine extensive Begrünung erhalten. Unterseitig wurden GK-Decken abgehängt. Die Dachentwässerung wurde unsichtbar hinter die Außenhaut gelegt.

Technische Anlagen

Der Pavillon kommt ohne Gebäudeentwässerung und sanitäre Anlagen aus. Zur Wärmeerzeugung wurden Infrarotheizplatten an den Decken installiert. Auf dem Dach gibt es eine PV-Anlage. Für spätere, einfacherer Ausstellungsänderungen liegt ein Leerrohrsystem im Boden. Die Beleuchtung ist hochwertig ausgeführt.

Planungskennwerte für Flächen und Rauminhalte nach DIN 277

Flächen des Grundstücks		Menge Einheit	% an GF
BF	Bebaute Fläche	–	–
UF	Unbebaute Fläche	–	–
GF	Grundstücksfläche	–	–

Grundflächen des Bauwerks		Menge Einheit	% an NUF	% an BGF
NUF	Nutzungsfläche	302,16 m²	100,0	78,9
TF	Technikfläche	10,22 m²	3,4	2,7
VF	Verkehrsfläche	25,04 m²	8,3	6,5
NRF	Netto-Raumfläche	337,42 m²	111,7	88,1
KGF	Konstruktions-Grundfläche	45,58 m²	15,1	11,9
BGF	Brutto-Grundfläche	383,00 m²	126,8	100,0

Brutto-Rauminhalt des Bauwerks		Menge Einheit	BRI/NUF (m)	BRI/BGF (m)
BRI	Brutto-Rauminhalt	1.560,00 m³	5,16	4,07

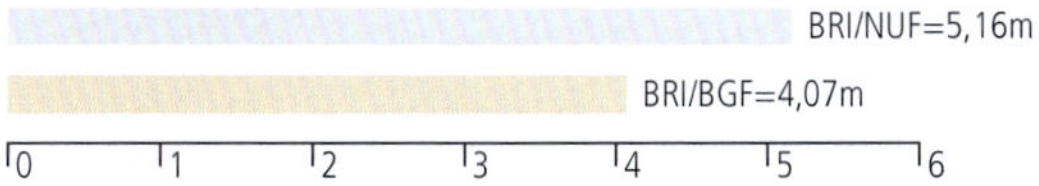

Kostenkennwerte für die Kostengruppen der 1. Ebene DIN 276

KG	Kostengruppen (1. Ebene)	Einheit	Kosten €	€/Einheit	€/m² BGF	€/m³ BRI	% 300+400
100	Grundstück	m² GF	–	–	–	–	–
200	Vorbereitende Maßnahmen	m² GF	71.389	–	186,39	45,76	6,1
300	Bauwerk – Baukonstruktionen	m² BGF	1.027.376	2.682,44	2.682,44	658,57	87,5
400	Bauwerk – Technische Anlagen	m² BGF	147.433	384,94	384,94	94,51	12,5
	Bauwerk 300+400	**m² BGF**	**1.174.809**	**3.067,39**	**3.067,39**	**753,08**	**100,0**
500	Außenanlagen und Freiflächen	m² AF	93.116	–	243,12	59,69	7,9
600	Ausstattung und Kunstwerke	m² BGF	–	–	–	–	–
700	Baunebenkosten	m² BGF	–	–	–	–	–
800	Finanzierung	m² BGF	–	–	–	–	–

KG	Kostengruppe	Menge Einheit	Kosten €	€/Einheit	%
200	**Vorbereitende Maßnahmen**	–	71.389	–	6,1

Verlegen von Strom- und Datenleitungen, Vorrüstung Wasser und Abwasser

KG	Kostengruppe	Menge Einheit	Kosten €	€/Einheit	%
3+4	**Bauwerk**				**100,0**
300	**Bauwerk – Baukonstruktionen**	383,00 m² BGF	1.027.376	**2.682,44**	87,5

Erdarbeiten; Stb-Streifenfundamente, Stb-Bodenplatte, Trittschalldämmung, Estrich, Bodenbeschichtung, Sauberkeitsschicht, Polsterschotterschicht, Perimeterdämmung; Stahlbeton-Außenwände, Stb-Stützen, Alu-Pfosten-Riegel-Fassade, Glas mit Raffstorelamellen, Faserzement-Fassadenbekleidung, Wärmedämmung, Innenputz; Stb-Innenwände, KS-Wände, GK-Wände; Stb-Flachdach, Wärmedämmung, Abdichtung, extensive Dachbegrünung, abgehängte GK-Decken, Beschichtung, Dachentwässerung

KG	Kostengruppe	Menge Einheit	Kosten €	€/Einheit	%
400	**Bauwerk – Technische Anlagen**	383,00 m² BGF	147.433	**384,94**	12,5

Keine Gebäudeentwässerung, keine sanitären Anlagen; Wärmeerzeugung: Infrarotheizplatten; PV-Anlage auf dem Dach, Leerrohrsystem im Boden für einfacherer Ausstellungsänderung, hochwertige Ausstellungsbeleuchtung

KG	Kostengruppe	Menge Einheit	Kosten €	€/Einheit	%
500	**Außenanlagen und Freiflächen**	–	93.116	–	7,9

Pflasterflächen einschließlich Rampen um das Gebäude

9100-0207
Besucherzentrum

Objektübersicht

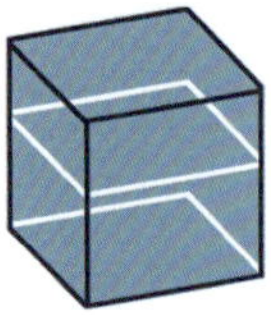

BRI 1.380€/m³

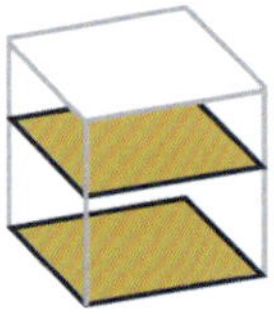

BGF 8.280€/m²

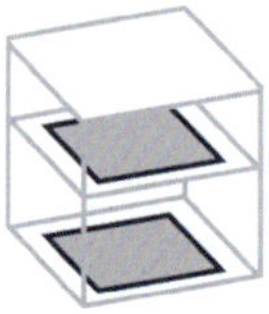

NUF 12.328€/m²

Objekt:
Kennwerte: 1. Ebene DIN 276
BRI: 2.400 m³
BGF: 400 m²
NUF: 269 m²
Bauzeit: 87 Wochen
Bauende: 2022
Standard: über Durchschnitt
Bundesland: Brandenburg
Kreis: Barnim

Architekt*in:
Steimle Architekten GmbH
Freie Architekten BDA
Marktplatz 6 und 10
70173 Stuttgart

Bauherr*in:
Stadt Bernau bei Berlin
Dezernat für Bau-, Gebäude-,
Stadtplanungs- und
Infrastrukturangelegenheiten
Bürgermeisterstraße 25
16321 Bernau bei Berlin

© Brigida González

© Brigida González

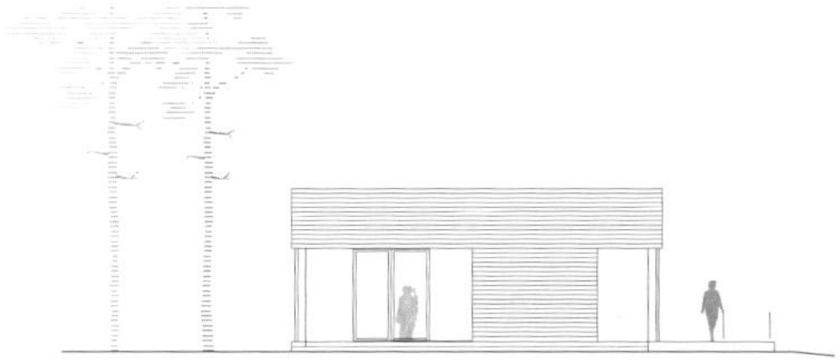

Ansicht Nord

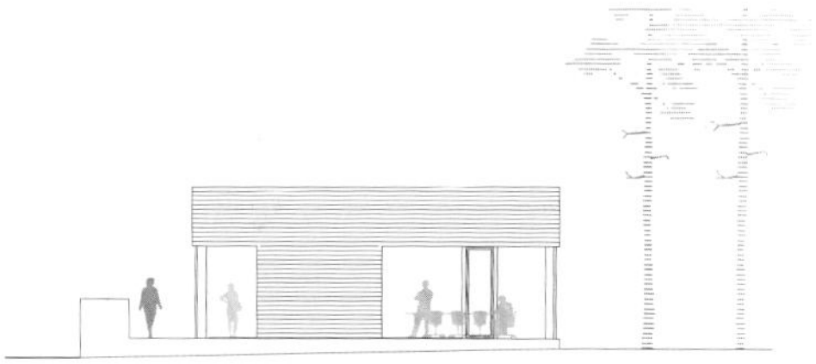

Ansicht Süd

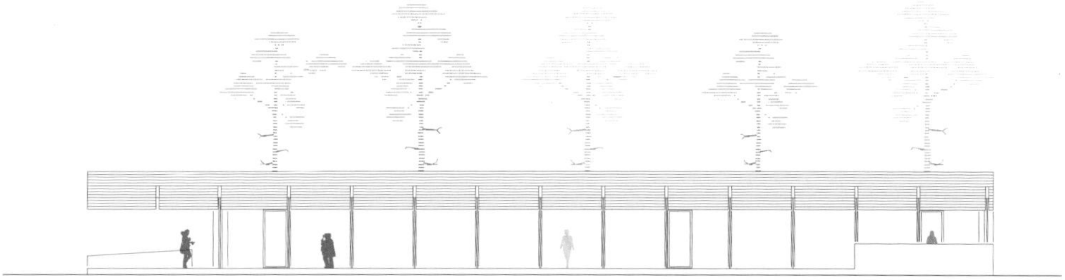

Ansicht West

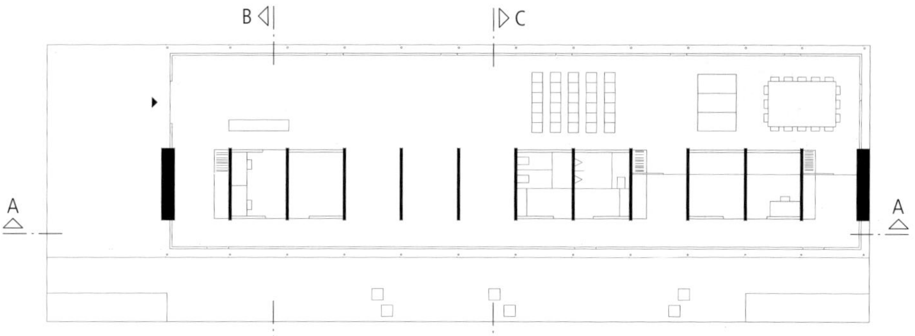

Erdgeschoss

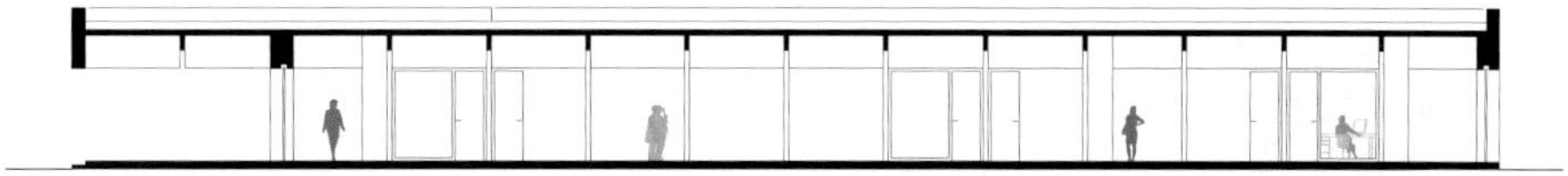

Schnitt A-A

Schnitt B-B

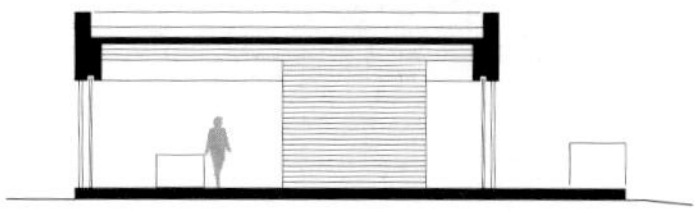

Schnitt C-C

Objektbeschreibung

Allgemeine Objektinformationen

Im Sommer 2017 wurde das Bauhaus Denkmal Bundesschule Bernau in die UNESCO-Welterbeliste aufgenommen. Um dem steigenden öffentliche Interesse an dem vom Bauhausdirektor Hannes Meyer und Hans Wittwer errichteten Bauensemble und dem damit verbundenen Anstieg der Besucherzahlen gerecht zu werden, wurde das neue Besucherzentrum realisiert.

Nutzung

1 Erdgeschoss
Ausstellung, Versammlung, Nebenräume

Grundstück

Bauraum: Freier Bauraum
Neigung: Ebenes Gelände
Bodenklasse: BK 1 bis BK 3

Markt

Hauptvergabezeit: 2. Quartal 2020
Baubeginn: 2. Quartal 2020
Bauende: 1. Quartal 2022
Konjunkturelle Gesamtlage: Durchschnitt
Regionaler Baumarkt: Durchschnitt

Baukonstruktion

Das Besucherzentrum ist als eingeschossiges Pavillongebäude konzipiert. Das massive Dach wird von Stahlbetonwandscheiben und filigranen Stahl-Rundstützen vor der Fassade getragen. Das Gebäude ist umlaufend mit einer Pfosten-Riegel-Fassade ausgeführt. Die Oberflächen des Dämmbetons der Außenwandscheiben und des Dachrands sowie des Stahlbetons der tragenden Innenwandscheiben und der Dachdecke sind als Sichtbeton mit sägerauer horizontaler Schalung ausgeführt. Der durchgängige Bodenbelag aus Eichendielen wird optisch auf der umlaufenden Holzterrasse, auf der das Gebäude leicht erhoben steht, weitergeführt. Die Holz-Innentüren und Möbeleinbauten mit Oberflächen in Eiche korrespondieren mit dem Bodenbelag.

Technische Anlagen

Das Gebäude ist an das städtische Fernwärmenetz angeschlossen. Die Wärmeübertragung erfolgt über eine Fußbodenheizung. Für den multifunktionalen Ausstellungs- und Sitzungsbereich wurde gem. der bauphysikalischen Anforderungen eine Lüftungsanlage mit Zu- und Abluftgerät vorgesehen, die Sanitärräume sind mit einer Abluftanlage ausgestattet und die Belüftung aller weiteren Räume erfolgt natürlich über Fensterlüftung.

Sonstiges

Die Umsetzung des Entwurfs beschränkt sich auf wenige gezielt eingesetzte Materialien.

Planungskennwerte für Flächen und Rauminhalte nach DIN 277

Flächen des Grundstücks		Menge Einheit	% an GF
BF	Bebaute Fläche	631,50 m^2	0,5
UF	Unbebaute Fläche	125.268,50 m^2	99,5
GF	Grundstücksfläche	125.900,00 m^2	100,0

Grundflächen des Bauwerks		Menge Einheit	% an NUF	% an BGF
NUF	Nutzungsfläche	268,70 m^2	100,0	67,2
TF	Technikfläche	8,40 m^2	3,1	2,1
VF	Verkehrsfläche	81,00 m^2	30,1	20,2
NRF	Netto-Raumfläche	358,10 m^2	133,3	89,5
KGF	Konstruktions-Grundfläche	41,97 m^2	15,6	10,5
BGF	Brutto-Grundfläche	400,07 m^2	148,9	100,0

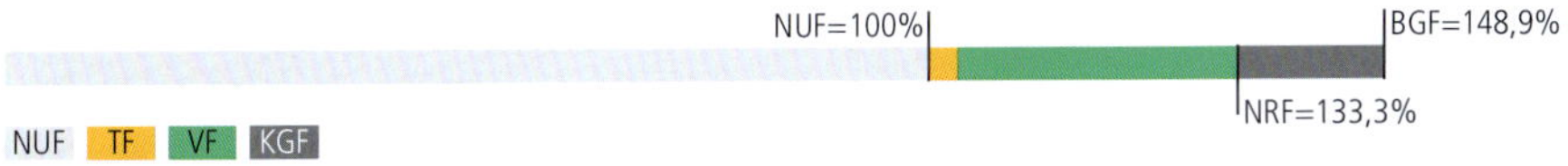

Brutto-Rauminhalt des Bauwerks		Menge Einheit	BRI/NUF (m)	BRI/BGF (m)
BRI	Brutto-Rauminhalt	2.400,00 m^3	8,93	6,00

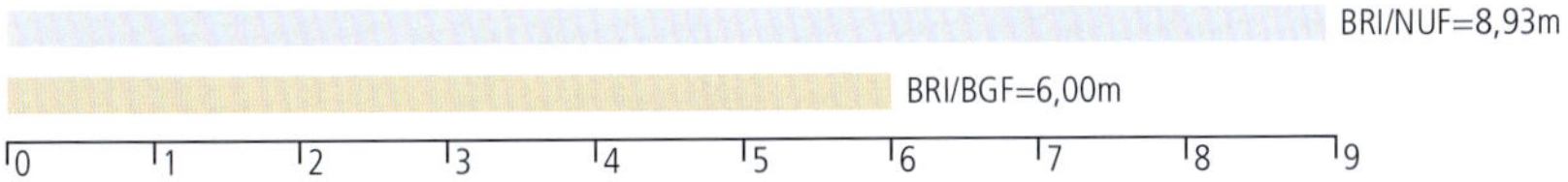

Kostenkennwerte für die Kostengruppen der 1. Ebene DIN 276

KG	Kostengruppen (1. Ebene)	Einheit	Kosten €	€/Einheit	€/m² BGF	€/m³ BRI	% 300+400
100	Grundstück	m² GF	–	–	–	–	–
200	Vorbereitende Maßnahmen	m² GF	–	–	–	–	–
300	Bauwerk – Baukonstruktionen	m² BGF	2.782.147	6.954,15	6.954,15	1.159,23	84,0
400	Bauwerk – Technische Anlagen	m² BGF	530.300	1.325,52	1.325,52	220,96	16,0
	Bauwerk 300+400	**m² BGF**	**3.312.447**	**8.279,67**	**8.279,67**	**1.380,19**	**100,0**
500	Außenanlagen und Freiflächen	m² AF	427.776	1.697,52	1.069,25	178,24	12,9
600	Ausstattung und Kunstwerke	m² BGF	–	–	–	–	–
700	Baunebenkosten	m² BGF	–	–	–	–	–
800	Finanzierung	m² BGF	–	–	–	–	–

KG	Kostengruppe	Menge Einheit	Kosten €	€/Einheit	%
3+4	**Bauwerk**				**100,0**
300	**Bauwerk – Baukonstruktionen**	400,07 m² BGF	2.782.147	**6.954,15**	84,0

Stahlbetonfundamente, Stahlbetonbodenplatte, Abdichtung, Wärme- und Trittschalldämmung, schwimmender Heizestrich, Eichendielen, Sauberkeitsschicht, Perimeterdämmung; Dämmbeton-Außenwände, Stahl-Rundstützen, Stahl-Pfosten-Riegelfassade; Stahlbeton-Innenwände, Holz-Innentüren; Stahlbeton-Flachdach, umlaufende Dämmbeton-Attika als Sichtbeton mit sägerauer horizontaler Schalung, Dachabdichtung Wärmedämmung, Dachentwässerung, Kiesschüttung; Möbeleinbauten, Oberflächen Eiche

KG	Kostengruppe	Menge Einheit	Kosten €	€/Einheit	%
400	**Bauwerk – Technische Anlagen**	400,07 m² BGF	530.300	**1.325,52**	16,0

Fernwärmeanschluss, Wärmeübertragung über Fußbodenheizung, Kalt- und Warmwasserleitungen, Sanitärobjekte; Abluftanlage Sanitärräume, Lüftungsanlage im Ausstellungs- und Sitzungssaal mit Zu- und Abluftgerät als wetterfestes Außengerät mit elektrischem Nachwärmeregister und Nachtauskühlungsfunktion; Elektroinstallation, Beleuchtung; Steuerung Elektroanlage über KNX (EIB) System

KG	Kostengruppe	Menge Einheit	Kosten €	€/Einheit	%
500	**Außenanlagen und Freiflächen**	252,00 m² AF	427.776	**1.697,52**	12,9

Überdeckte Freiflächen, nicht überdeckte Terrasse, Bepflanzung mit fünf Kiefern

9100-0210
Landesmuseum für
Volkskunde

Objektübersicht

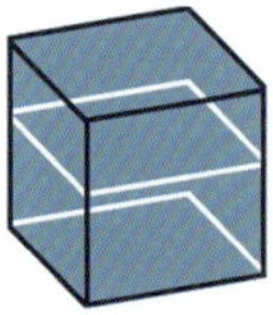

BRI 1.082 €/m³

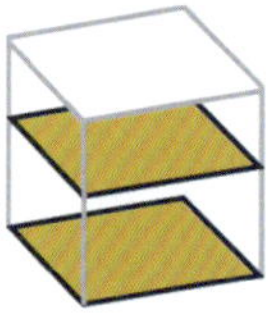

BGF 3.736 €/m²

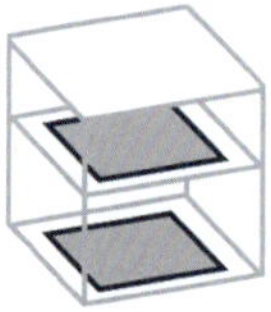

NUF 5.373 €/m²

Objekt:
Kennwerte: 1.Ebene DIN 276
BRI: 11.377 m³
BGF: 3.295 m²
NUF: 2.291 m²
Bauzeit: 204 Wochen
Bauende: 2021
Standard: über Durchschnitt
Bundesland: Schleswig-Holstein
Kreis: Rendsburg-Eckernförde

Architekt*in:
ppp architekten
+ stadtplaner gmbh
Kanalstraße 52
23552 Lübeck

Bauherr*in:
Stiftung
Schleswig-Holsteinische
Landesmuseen
Schlossinsel 1
24837 Schleswig

© Stephan Baumann

© Stephan Baumann

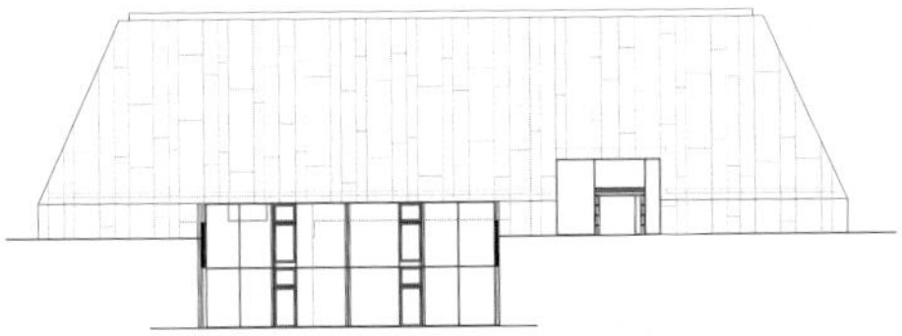

Ansicht Süd-Ost große Scheune

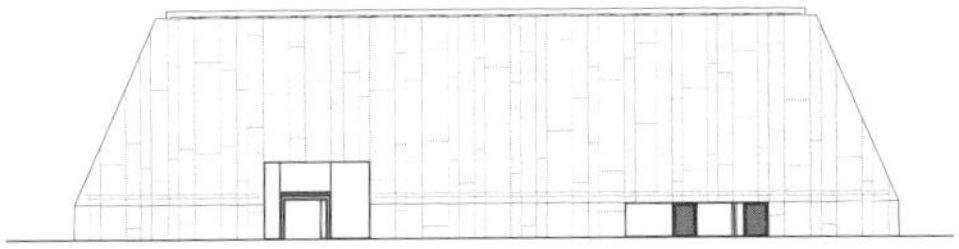

Ansicht Nord-West große Scheune

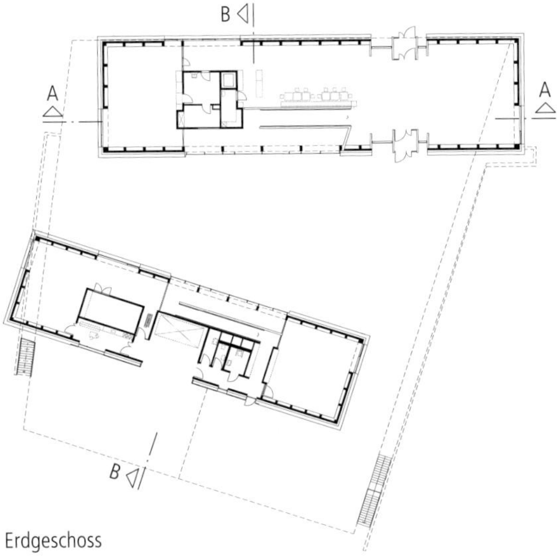

Erdgeschoss

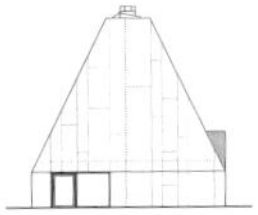

Ansicht Süd-West

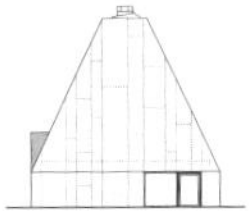

Ansicht Nord-Ost

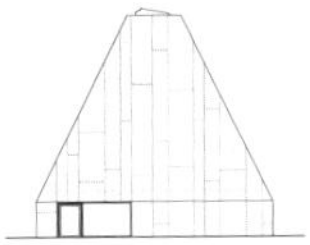

Ansicht Nord-Ost

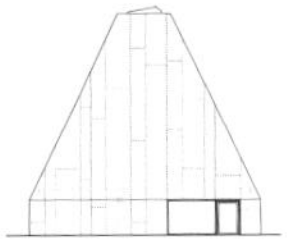

Ansicht Süd-West

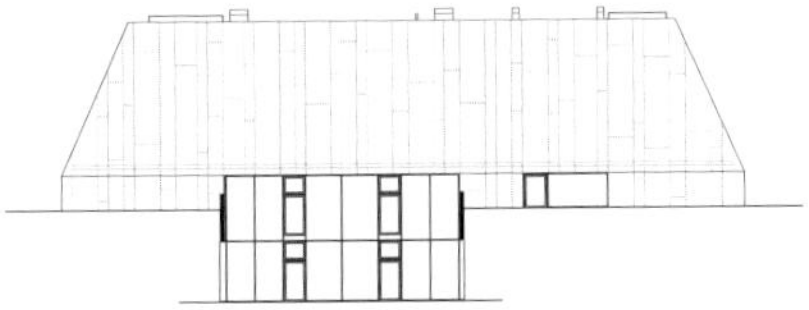

Ansicht Nord-West kleine Scheune

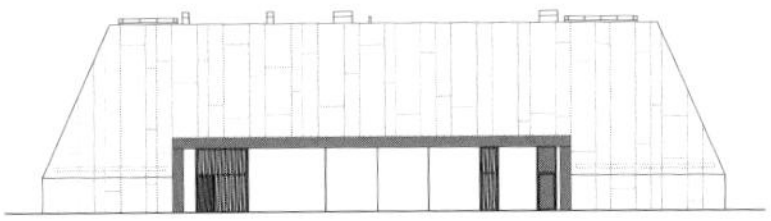

Ansicht Süd-Ost kleine Scheune

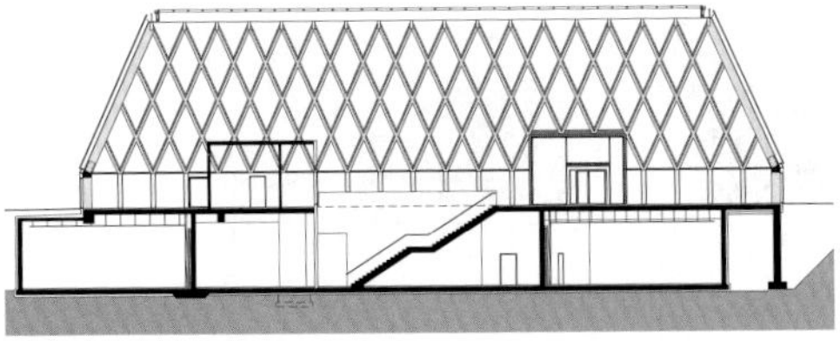

Schnitt A-A

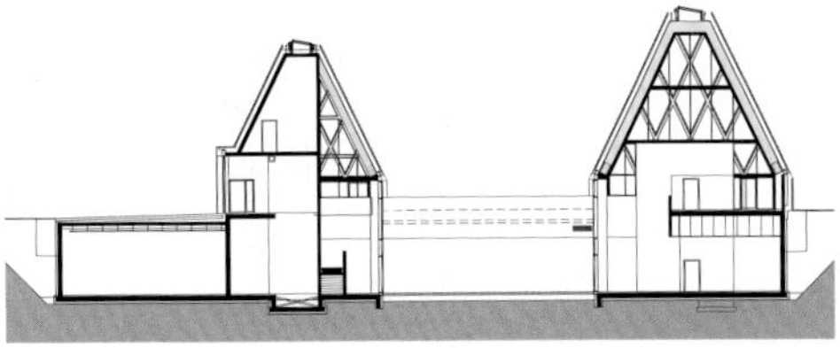

Schnitt B-B

Objektbeschreibung

Allgemeine Objektinformationen

Das Gebäude besteht aus zwei Bauten, die durch einen verglasten Innenhof verbunden sind. Beide Bauten erinnern von außen an alte Scheunen mit reet- und strohgedecktem Dach. Es verbindet anspruchsvolle Architektur mit historischer Vergangenheit und bildet das Entree zum Freilichtmuseum. Die Gebäude beherbergen Ausstellungsflächen für die kulturgeschichtliche Sammlung der Stiftung.

Nutzung

1 Untergeschoss
Ausstellungsräume, Garderobe, WCs, Schließfächer, Magazin, Flure, Treppen, Innenhof

1 Erdgeschoss
Eingang, Kassenbereich, Café, Seminarräume, WCs, Kulturvermittlung, Arbeitsräume, Flure, Treppen

1 Obergeschoss
Technik, Lüftung, Luftraum

Nutzeinheiten

Ausstellungsfläche: 1.300 m²

Grundstück

Bauraum: Freier Bauraum
Neigung: Ebenes Gelände
Bodenklasse: BK 2 bis BK 5

Markt

Hauptvergabezeit: 2. Quartal 2017
Baubeginn: 2. Quartal 2017
Bauende: 1. Quartal 2021
Konjunkturelle Gesamtlage: Durchschnitt
Regionaler Baumarkt: unter Durchschnitt

Baukonstruktion

Das Gebäude gründet auf einer Stahlbetonfundamentsohle. Die Außenwände aus Stahlbeton und Stahlbetonstützen wurden außenseitig mit einer Cortenstahlfassade bekleidet. Das Dach ist mit einem Holzrautenfachwerk ausgebildet, im Firstbereich wurden Oberlichter eingebaut. Eine Pfosten-Riegel-Fassade aus Alufenstern erhellt die Räume im Erdgeschoss. Innenwände wurden in Trockenbauweise erstellt. Die Böden sind mit geschliffenem Industrieestrich belegt, in den Sanitärräumen mit Fliesen. Die Decken erhielten Abhängungen mit Akustikputz. Die Dachentwässerung wurde aufwendig innenliegend in die Dachfläche eingefügt.

Technische Anlagen

Zur Wärmeerzeugung dient ein BHKW und ein Gasbrennwertkessel, die Wärmeverteilung erfolgt über Fußbodenheizungen. Das gesamte Gebäude wird mit zwei Lüftungsanlagen belüftet. Motorisch betriebene Öffnungen regeln die nötige Entrauchung. Es wurde eine Brandmeldeanlage und ein Personen- sowie ein Lastenaufzug eingebaut.

Sonstiges

Das Gebäude wurde mit dem Landespreis für Baukultur sowie dem BDA-Preis 11/2023 Schleswig Holstein ausgezeichnet.

Energetische Kennwerte

Gesetzliche Grundlage: EnEV 2013
Gebäudenutzfläche: 1.545,00 m²
Gebäudevolumen: 10.758,10 m³
Hüllfläche des beheizten Volumens: 2.779,00 m²
Spez. Transmissionswärmeverlust: 0,34 W/(m²·K)
Mittlerer U-Wert (opake Bauteile): 0,21 W/(m²·K)
Mittlerer U-Wert (transparente Bauteile): 1,30 W/(m²·K)
Mittlerer U-Wert (Glasdächer, etc.): 1,40 W/(m²·K)
Spez. Jahresprimärenergiebedarf: 125,18 kWh/(m²·a)
CO_2-Emissionen: 26,63 kg/(m²·a)

Energetische Angaben zu Außenbauteilen

Bodenplatte

U-Wert: 0,22 W/(m²·K)

Gesamtdicke: 53,00 cm	d [cm]	l [W/(m·K)]
Estrich	8,00	1,200
Dämmung	3,00	0,040
Stahlbeton	30,00	2,500
Dämmung	12,00	0,035

Außenwand gegen Erdreich

U-Wert: 0,24 W/(m²·K)

Gesamtdicke: 36,00 cm	d [cm]	l [W/(m·K)]
Innenputz	2,00	1,000
Stahlbeton	20,00	2,500
Dämmung	14,00	0,036

Außenwand UG

U-Wert: 0,30 W/(m²·K)

Gesamtdicke: 36,00 cm	d [cm]	l [W/(m·K)]
Innenputz	2,00	1,000
Stahlbeton	20,00	2,500
Dämmung	14,00	0,045

Außenwand OG

U-Wert: 0,16 W/(m²·K)

Gesamtdicke: 40,00 cm	d [cm]	l [W/(m·K)]
Stahlbeton	20,00	2,500
Dämmung	20,00	0,033

Flachdach mit Erdreich

U-Wert: 0,15 W/(m²·K)

Gesamtdicke: 42,00 cm	d [cm]	l [W/(m·K)]
Stahlbeton	20,00	2,500
Dämmung	22,00	0,035

Steildach

U-Wert: 0,17 W/(m²·K)

Gesamtdicke: 22,80 cm	d [cm]	l [W/(m·K)]
Holz	2,80	1,300
Dämmung	20,00	0,035

Planungskennwerte für Flächen und Rauminhalte nach DIN 277

Flächen des Grundstücks		Menge Einheit	% an GF
BF	Bebaute Fläche	2.280,00 m²	25,7
UF	Unbebaute Fläche	6.605,00 m²	74,3
GF	Grundstücksfläche	8.885,00 m²	100,0

Grundflächen des Bauwerks		Menge Einheit	% an NUF	% an BGF
NUF	Nutzungsfläche	2.291,10 m²	100,0	69,5
TF	Technikfläche	164,20 m²	7,2	5,0
VF	Verkehrsfläche	444,40 m²	19,4	13,5
NRF	Netto-Raumfläche	2.899,70 m²	126,6	88,0
KGF	Konstruktions-Grundfläche	395,30 m²	17,3	12,0
BGF	Brutto-Grundfläche	3.295,00 m²	143,8	100,0

Brutto-Rauminhalt des Bauwerks		Menge Einheit	BRI/NUF (m)	BRI/BGF (m)
BRI	Brutto-Rauminhalt	11.377,00 m³	4,97	3,45

Kostenkennwerte für die Kostengruppen der 1.Ebene DIN 276

KG	Kostengruppen (1. Ebene)	Einheit	Kosten €	€/Einheit	€/m² BGF	€/m³ BRI	% 300+400
100	Grundstück	m² GF	–	–	–	–	–
200	Vorbereitende Maßnahmen	m² GF	89.839	10,11	27,27	7,90	0,7
300	Bauwerk – Baukonstruktionen	m² BGF	10.276.727	3.118,89	3.118,89	903,29	83,5
400	Bauwerk – Technische Anlagen	m² BGF	2.032.563	616,86	616,86	178,66	16,5
	Bauwerk 300+400	**m² BGF**	**12.309.290**	**3.735,75**	**3.735,75**	**1.081,95**	**100,0**
500	Außenanlagen und Freiflächen	m² AF	3.026.507	458,21	918,51	266,02	24,6
600	Ausstattung und Kunstwerke	m² BGF	86.429	26,23	26,23	7,60	0,7
700	Baunebenkosten	m² BGF	–	–	–	–	–
800	Finanzierung	m² BGF	–	–	–	–	–

KG	Kostengruppe	Menge Einheit	Kosten €	€/Einheit	%
200	**Vorbereitende Maßnahmen**	8.885,00 m² GF	89.839	**10,11**	0,7
	Hausanschlüsse				
3+4	**Bauwerk**				**100,0**
300	**Bauwerk – Baukonstruktionen**	3.295,00 m² BGF	10.276.727	**3.118,89**	83,5
	Stahlbetonsohlplatten, Dämmung, Sichtestrich, Kies, Beschichtung, Perimeterdämmung; Stahlbetonaußenwände, Stb-Stützen, Stahl-Glas-Türen, Dämmung, hinterlüftete Cortenstahlfassade, Innenputz, Beschichtung, Alu-Pfosten-Riegel-Fassaden; Stb-Wände, GK-Wände, Stb-Stützen, Stahl-Glas-Türen, Holzinnentüren, Brandschutzverglasungen, Brandschutz-Schiebetore, Stahlblechtüren, GK-Bekleidung, Beschichtung, Holzbekleidungen, Glastrennwände; Stb-Decken, Stb-Verbundträger, Stb-Treppen, Blockstufen, Sichtestrich, Heizestrich, Fliesen, Bodenbeschichtung, Akustikputzdecken, Treppengeländer; Dach als sichtbares Holzrautenfachwerk, Holzschalung, Glasoberlichtbänder, Entrauchungsklappen, Dämmung, Kunststoffabdichtung, Cortenstahl, innenliegende Dachentwässerung; Teeküchen, Kaffeebar, Einbauschränke, Tresenanlagen				
400	**Bauwerk – Technische Anlagen**	3.295,00 m² BGF	2.032.563	**616,86**	16,5
	Gebäudeentwässerung, Kalt- und Warmwasserleitungen, Sanitärobjekte; BHKW, Gasbrennwertkessel, Fußbodenheizung; zwei Lüftungsanlagen; Elektroinstallation, Beleuchtung, Sicherheitsbeleuchtung, Blitzschutzanlage; Einbruchmeldeanlage; BOS-Funkanlage, flächendeckende Brandmeldeanlage; WLAN; Personenaufzug, Hubtisch				
500	**Außenanlagen und Freiflächen**	6.605,00 m² AF	3.026.507	**458,21**	24,6
	Pflasterung, Asphalt- u. Betonflächen, wassergebundene Wege, Betonblockstufen; Parkplatz mit Natursteinschotter; Zaunanlage; Geländeentwässerung, Entwässerungsrinnen, Regenrückhalteteich, Pollerleuchten; Außenmöblierung; Vegetationsflächen, Bepflanzung, Rasenflächen				
600	**Ausstattung und Kunstwerke**	3.295,00 m² BGF	86.429	**26,23**	0,7
	Abgehängte Medienskulptur über dem Kassentresen				

9100-0212
Kirche (199 Sitzplätze)
Gästehaus (15 Betten)

Objektübersicht

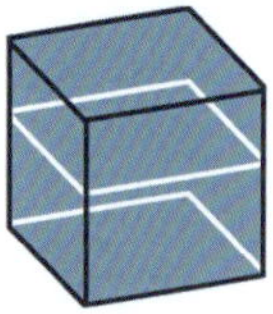

BRI 537 €/m³

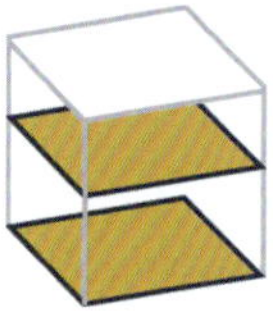

BGF 2.250 €/m²

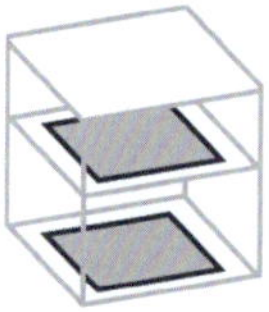

NUF 3.381 €/m²

Objekt:
Kennwerte: 1.Ebene DIN 276
BRI: 3.297 m³
BGF: 787 m²
NUF: 524 m²
Bauzeit: 52 Wochen
Bauende: 2021
Standard: unter Durchschnitt
Bundesland: Hessen
Kreis: Waldeck-Frankenberg

Architekt*in:
foundation 5+
architekten BDA
Am Alten Sudhaus 6
34119 Kassel

Bauherr*in:
Evangelische Kirche von
Kurhessen-Waldeck
Landeskirchenamt
Wilhelmshöher Allee 330
34131 Kassel

© Constantin Meyer Fotografie

Ansicht Ost

Ansicht Süd

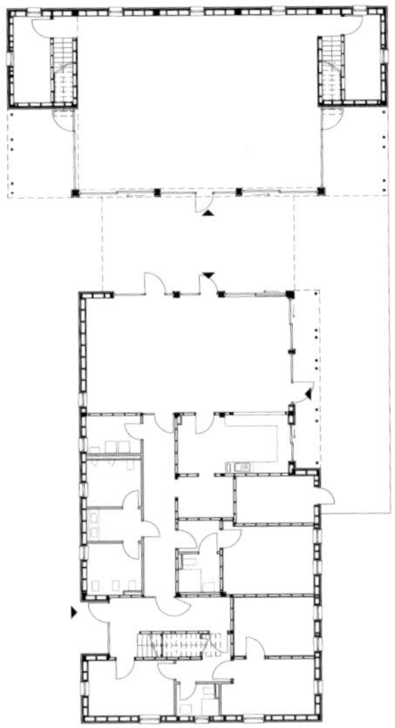

Erdgeschoss

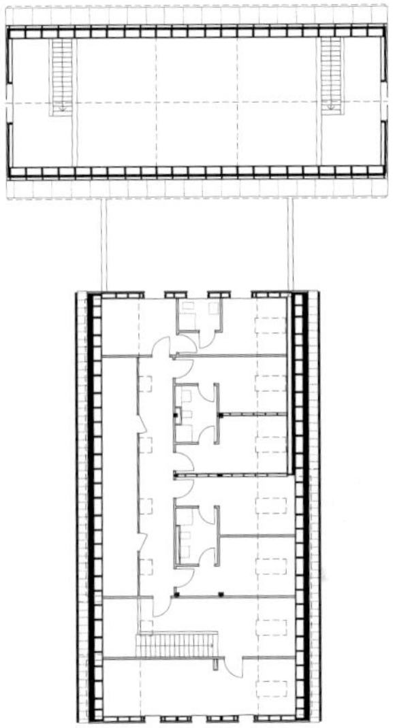

Obergeschoss

Schnitt A-A

Schnitt B-B

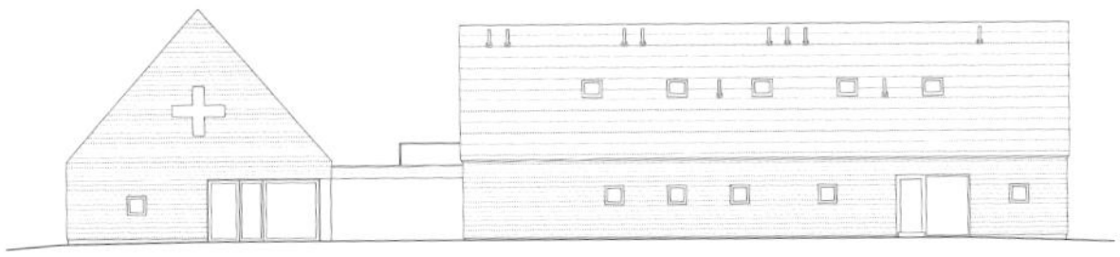

Ansicht West

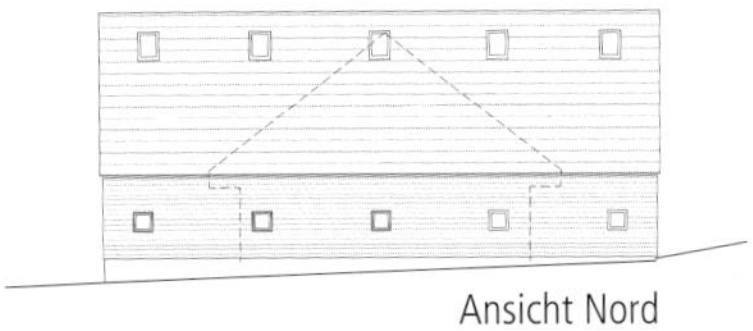

Ansicht Nord

Objektbeschreibung

Allgemeine Objektinformationen

Die Kirche möchte durch die „Kirche unterwegs" am Edersee Angebote für Menschen im Urlaub machen. Die Anlage besteht aus zwei Gebäudeteilen: dem Gottesdienstraum, auch als Tagungs- und Veranstaltungsraum nutzbar, und dem Beherbergungsgebäude mit Café im Erdgeschoss und Gästezimmern darüber.

Nutzung

1 Erdgeschoss
Gottesdiensträume, Büro, Eingang, Wohn-Schlafräume, Gästezimmer, Küche, Speisesaal, Hauswirtschaftsraum, Besprechungsraum, WCs, Bäder, Lager, Abstellräume, Technik, Treppenhaus, Flure

1 Dachgeschoss
Teamräume, Bäder, Schlafräume, Emporen, Abstellräume, Treppenhaus, Flure

Nutzeinheiten

Betten: 15
Sitzplätze: 252

Grundstück

Bauraum: Freier Bauraum
Neigung: Geneigtes Gelände
Bodenklasse: BK 1 bis BK 7

Markt

Hauptvergabezeit: 2. Quartal 2020
Baubeginn: 2. Quartal 2020
Bauende: 2. Quartal 2021
Konjunkturelle Gesamtlage: Durchschnitt
Regionaler Baumarkt: Durchschnitt

Baukonstruktion

Auf den Stahlbetonbodenplatten wurden beide Gebäudeteile als Holzständerbauten ausgeführt. Die Außenwände sind mit Holzfaserdämmung in der Konstruktionsebene gedämmt und außenseitig mit einer Holzfaserplatte sowie hinterlüfteter Lärchenholz- Rhombusschalung bekleidet. Die Holzfenster sind mit einer zweifachen Wärmeschutzverglasung ausgestattet. Die Sparrendächer über beiden Gebäudeteilen sind mit Tondachziegeln belegt. Als Bodenbeläge kamen Feinsteinzeugfliesen, Basaltlavaplatten und Linoleum zum Einsatz. Die Unterseite des Sparrendachs im Saal wurde mit Holz-Leistenschalung bekleidet.

Technische Anlagen

Die Wärmeversorgung des Gebäudes erfolgt über eine Luft-Wasser-Wärmepumpe. Die Wärmeverteilung erfolgt über Fußbodenheizung. Die Luftdichtheit der Gebäude wurde durch einen Blower-Door-Test geprüft.

Sonstiges

Das Zusammenspiel von Gottesdienstsaal, Café, Beherbergungsmöglichkeit und öffentlichen Freiflächen ermöglicht es den Betreibern ein sehr breites Spektrum an Veranstaltungen und Aktivitäten anzubieten. Der Betrieb des Beherbergungsgebäudes und des Gottesdienstgebäudes wird ganzjährig stattfinden. Das Gottesdienstgebäude ist mit einfachem energetischen Standard ausgeführt.

Energetische Kennwerte

Gesetzliche Grundlage: EnEV 2013
Gebäudenutzfläche: 458,61 m^2
Gebäudevolumen: 1.548,80 m^3
Hüllfläche des beheizten Volumens: 963,04 m^2
Mittlerer U-Wert (opake Bauteile): 0,17 $W/(m^2 \cdot K)$
Mittlerer U-Wert (transparente Bauteile): 1,30 $W/(m^2 \cdot K)$
Spez. Jahresprimärenergiebedarf: 193,34 $kWh/(m^2 \cdot a)$
CO_2-Emissionen: 68,00 $kg/(m^2 \cdot a)$

Energetische Angaben zu Außenbauteilen

Bodenplatte

U-Wert: 0,26 W/(m²·K)

Gesamtdicke: 44,93 cm	d [cm]	l [W/(m·K)]
Estrich	7,00	1,400
PE-Folie	0,03	0,330
Trittschalldämmung	2,50	0,040
Dämmung	10,00	0,035
Bitumenbahn	0,40	0,170
Stahlbeton	25,00	2,300

Außenwand Sockel

U-Wert: 0,34 W/(m²·K)

Gesamtdicke: 31,90 cm	d [cm]	l [W/(m·K)]
GK-Platte	2,50	0,250
Dämmung	3,00	0,035
Stahlbeton	20,00	2,300
Bitumenbahn	0,40	0,230
Dämmung	6,00	0,035

Außenwand

U-Wert: 0,19 W/(m²·K)

Gesamtdicke: 27,75 cm	d [cm]	l [W/(m·K)]
GK-Platte	1,25	0,250
Luftschicht ruhend	3,00	0,156
Holz	3,00	0,130
OSB-Platte	1,50	0,130
Dämmung	16,00	0,040
Holz	16,00	0,130
Holzfaserplatte	6,00	0,045

Dach

U-Wert: 0,15 W/(m²·K)

Gesamtdicke: 34,28 cm	d [cm]	l [W/(m·K)]
GK-Platte	1,25	0,250
Luftschicht ruhend	3,00	0,156
Holz	3,00	0,130
Dampfsperre	0,03	0,170
Dämmung	24,00	0,040
Holz	24,00	0,130
Holzfaserplatte	6,00	0,045

Planungskennwerte für Flächen und Rauminhalte nach DIN 277

Flächen des Grundstücks		Menge Einheit	% an GF
BF	Bebaute Fläche	549,90 m²	–
UF	Unbebaute Fläche	–	–
GF	Grundstücksfläche	–	–

Grundflächen des Bauwerks		Menge Einheit	% an NUF	% an BGF
NUF	Nutzungsfläche	523,54 m²	100,0	66,5
TF	Technikfläche	10,33 m²	2,0	1,3
VF	Verkehrsfläche	93,27 m²	17,8	11,9
NRF	Netto-Raumfläche	627,14 m²	119,8	79,7
KGF	Konstruktions-Grundfläche	159,65 m²	30,5	20,3
BGF	Brutto-Grundfläche	786,79 m²	150,3	100,0

Brutto-Rauminhalt des Bauwerks		Menge Einheit	BRI/NUF (m)	BRI/BGF (m)
BRI	Brutto-Rauminhalt	3.296,75 m³	6,30	4,19

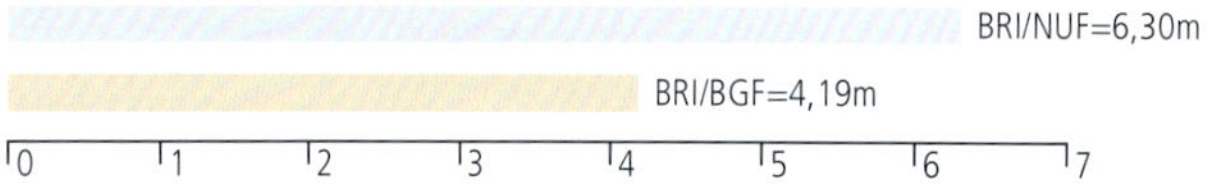

Kostenkennwerte für die Kostengruppen der 1. Ebene DIN 276

KG	Kostengruppen (1. Ebene)	Einheit	Kosten €	€/Einheit	€/m² BGF	€/m³ BRI	% 300+400
100	Grundstück	m² GF	–	–	–	–	–
200	Vorbereitende Maßnahmen	m² GF	–	–	–	–	–
300	Bauwerk – Baukonstruktionen	m² BGF	1.396.862	1.775,39	1.775,39	423,71	78,9
400	Bauwerk – Technische Anlagen	m² BGF	373.364	474,54	474,54	113,25	21,1
	Bauwerk 300+400	**m² BGF**	**1.770.226**	**2.249,94**	**2.249,94**	**536,96**	**100,0**
500	Außenanlagen und Freiflächen	m² AF	366.232	442,52	465,48	111,09	20,7
600	Ausstattung und Kunstwerke	m² BGF	–	–	–	–	–
700	Baunebenkosten	m² BGF	–	–	–	–	–
800	Finanzierung	m² BGF	–	–	–	–	–

KG	Kostengruppe	Menge Einheit	Kosten €	€/Einheit	%
3+4	**Bauwerk**				**100,0**
300	**Bauwerk – Baukonstruktionen**	786,79 m² BGF	1.396.862	**1.775,39**	78,9

Baugrubenaushub; Stb-Fundamentplatte, Abdichtung, Dämmung, Heizestrich, Linoleum, Bodenfliesen, Naturstein, Sauberkeitsschicht, Dämmung, Dränage; Holzrahmenwände, Stb-Stützen, Holzfenster, Wärmeschutzverglasung, Wärmedämmung, Lärchenholzfassade, Gipsfaserbekleidung, Beschichtung; Holzrahmenwände, GK-Wände, Holztüren, Schiebetüranlagen, Wandfliesen, Beschichtung, WC-Trennwände; Holzbalkendecken, Holztreppen F30-bekleidet, Heizestrich, Linoleum, Bodenfliesen, abgehängte GK-Bekleidung, Holzleistenbekleidung, Brüstungsgeländer, Treppenhandläufe; Holzbalkendächer, Dachfenster, Dämmung, Dachziegel, Dachentwässerung, GK-Decken, Holzleisten-Bekleidung

KG	Kostengruppe	Menge Einheit	Kosten €	€/Einheit	%
400	**Bauwerk – Technische Anlagen**	786,79 m² BGF	373.364	**474,54**	21,1

Gebäudeentwässerung, Kalt- und Warmwasserleitungen, Sanitärobjekte; Luft-Wasser-Wärmepumpe, Fußbodenheizung; Elektroinstallation, Beleuchtung, Sicherheitsleuchten, Blitzschutzanlage; Fernseh- und Antennenanlagen, Rauchmelder; küchentechnische Anlage

KG	Kostengruppe	Menge Einheit	Kosten €	€/Einheit	%
500	**Außenanlagen und Freiflächen**	827,60 m² AF	366.232	**442,52**	20,7

Oberbodenarbeiten; Plattenbeläge auf Wegen und Terrassen, Kies-Zufahrt und Stellplätze, Spielplatzfläche; Sitzmauern, Winkelstützmauern, Treppen, Rampen, Geländer; Spielgeräte; Stauden, Rasen

9300-0012
Liegeboxenlaufstall
(240 Kühe)

Objektübersicht

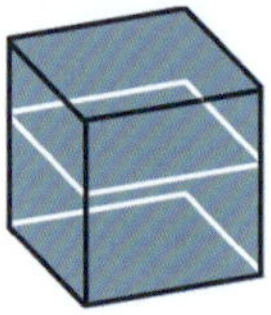

BRI 76€/m³

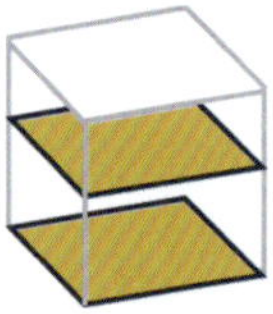

BGF 620€/m²

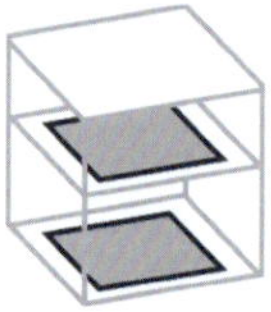

NUF 637€/m²

Objekt:
Kennwerte: 1.Ebene DIN 276
BRI: 28.147m³
BGF: 3.437m²
NUF: 3.349m²
Bauzeit: 74 Wochen
Bauende: 2021
Standard: über Durchschnitt
Bundesland: Schleswig-Holstein
Kreis: Rendsburg-Eckernförde

Architekt*in:
Falkenhagen + Falkenhagen
Ziegeleiweg 11
24594 Remmels

Bauherr*in:
Jürgen Dau
Bössel 3
24809 Nübbel

© Jürgen Dau

© Jürgen Dau

© Jürgen Dau

Kostenstand: 4. Quartal 2023, Bundesdurchschnitt, **inkl. 19% MwSt.**

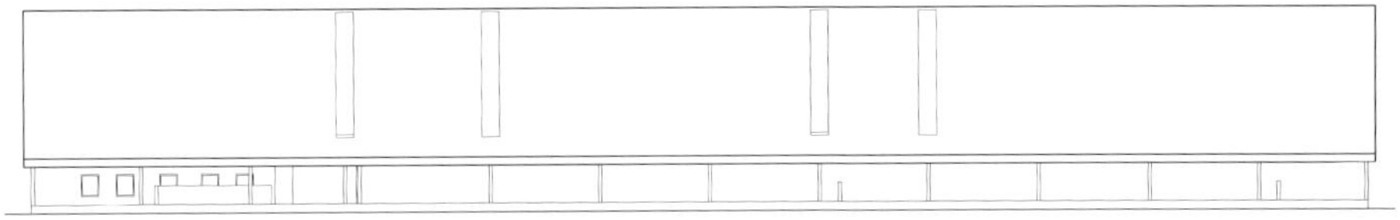

Ansicht Nord-West

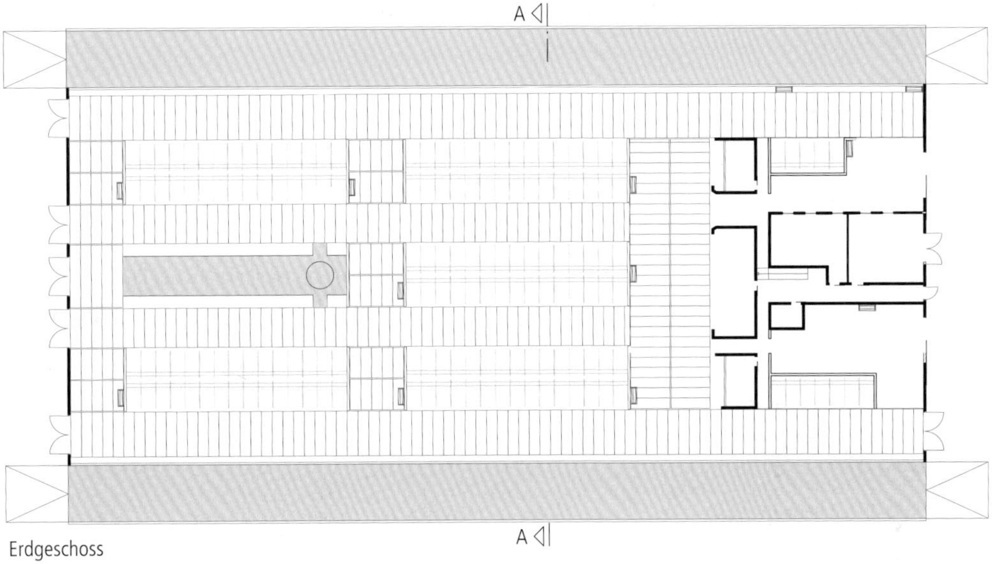

Erdgeschoss

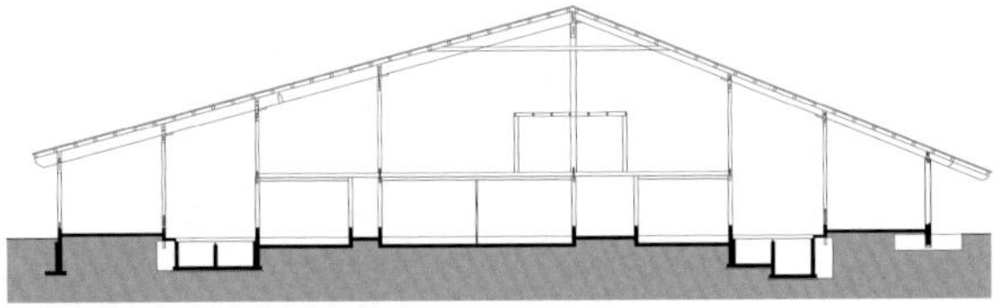

Schnitt A-A

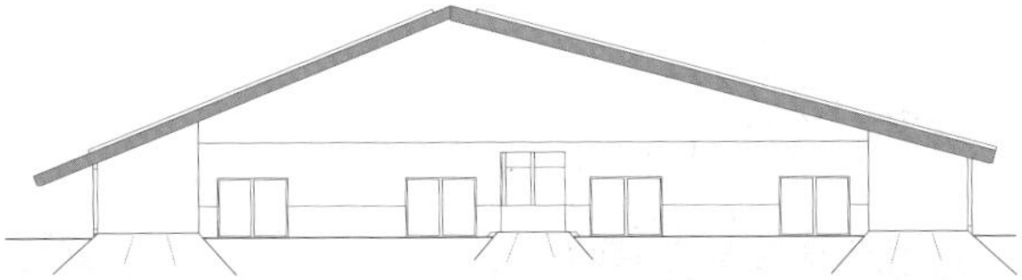

Ansicht Süd-West

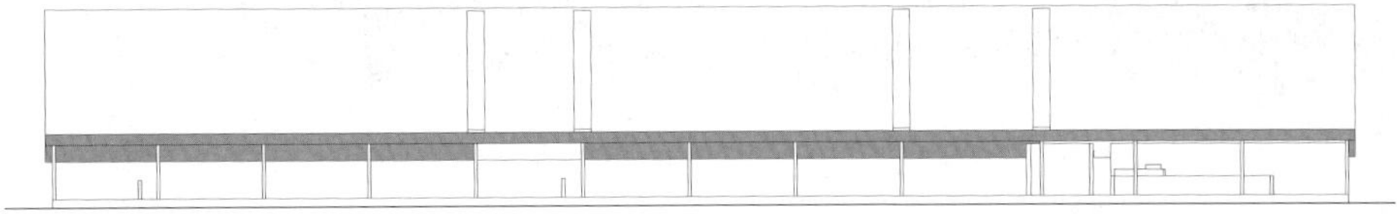

Ansicht Süd-Ost

Objektbeschreibung

Allgemeine Objektinformationen

Das Gebäude dient der Haltung von Kühen zur Milchproduktion. Es ist als Kaltstall geplant.

Nutzung

1 Erdgeschoss
Liegeboxenlaufstall mit Melkroboter, Klauenstand, Milchtankraum, Technikraum, Futtertischzufahrten

1 Obergeschoss
Büroraum

Grundstück

Bauraum: Freier Bauraum
Neigung: Ebenes Gelände
Bodenklasse: BK 3

Markt

Hauptvergabezeit: 1. Quartal 2019
Baubeginn: 3. Quartal 2019
Bauende: 1. Quartal 2021
Konjunkturelle Gesamtlage: Durchschnitt
Regionaler Baumarkt: unter Durchschnitt

Baukonstruktion

Der Liegeboxenlaufstall gründet auf Stahlbetonfundamenten und Sohlplatten und ist in einer Stahl-Holzkonstruktion ausgeführt. Die Außenwände sind mit Holz, Lichtbändern, Jalousien und Windnetzen bekleidet. Die Giebel wurden geschlossen als Holzriegelkonstruktion mit Trapezblech ausgebildet, die Traufen sind offen, können aber mit Jalousien geschlossen werden. Der Technikbereich ist mit Kalksandsteinen gemauert. Das Dach ist mit Wellfaserzementplatten eingedeckt. Die Liegeboxen sind als Tiefstreuboxen ausgeführt und werden mit einem gehäckselten Stroh-Kalk-Wassergemisch eingestreut. Die Anlage erhielt zwei außenliegende Futtertische.

Technische Anlagen

Zum automatischen Melken der Kühe wurde eine entsprechende Anlage eingebaut. Der Neubau ist mit Güllekanälen ausgeführt. Sie wurden mit Betonspalten abgedeckt. Zur Stalleinrichtung gehören auch Futteranschiebe- und Spaltenreinigungsroboter, Schrotsilos und eine automatische Fütterung.

Planungskennwerte für Flächen und Rauminhalte nach DIN 277

Flächen des Grundstücks		Menge Einheit	% an GF
BF	Bebaute Fläche	3.436,87 m²	3,1
UF	Unbebaute Fläche	106.563,13 m²	96,9
GF	Grundstücksfläche	110.000,00 m²	100,0

Grundflächen des Bauwerks		Menge Einheit	% an NUF	% an BGF
NUF	Nutzungsfläche	3.349,31 m²	100,0	97,5
TF	Technikfläche	1,00 m²	< 0,1	< 0,1
VF	Verkehrsfläche	38,99 m²	1,2	1,1
NRF	Netto-Raumfläche	3.389,30 m²	101,2	98,6
KGF	Konstruktions-Grundfläche	47,57 m²	1,4	1,4
BGF	Brutto-Grundfläche	3.436,87 m²	102,6	100,0

Brutto-Rauminhalt des Bauwerks		Menge Einheit	BRI/NUF (m)	BRI/BGF (m)
BRI	Brutto-Rauminhalt	28.146,85 m³	8,40	8,19

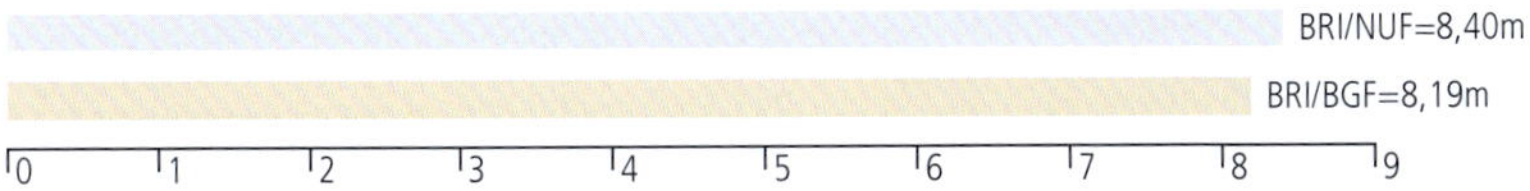

Kostenkennwerte für die Kostengruppen der 1. Ebene DIN 276

KG	Kostengruppen (1. Ebene)	Einheit	Kosten €	€/Einheit	€/m² BGF	€/m³ BRI	% 300+400
100	Grundstück	m² GF	–	–	–	–	–
200	Vorbereitende Maßnahmen	m² GF	–	–	–	–	–
300	Bauwerk – Baukonstruktionen	m² BGF	1.628.631	473,87	473,87	57,86	76,4
400	Bauwerk – Technische Anlagen	m² BGF	503.367	146,46	146,46	17,88	23,6
	Bauwerk 300+400	**m² BGF**	**2.131.998**	**620,33**	**620,33**	**75,75**	**100,0**
500	Außenanlagen und Freiflächen	m² AF	–	–	–	–	–
600	Ausstattung und Kunstwerke	m² BGF	–	–	–	–	–
700	Baunebenkosten	m² BGF	–	–	–	–	–
800	Finanzierung	m² BGF	–	–	–	–	–

KG	Kostengruppe	Menge Einheit	Kosten €	€/Einheit	%
3+4	**Bauwerk**				**100,0**
300	**Bauwerk – Baukonstruktionen**	3.436,87 m² BGF	1.628.631	**473,87**	76,4

Baugrubenaushub; Stb-Fundamente, Stb-Bodenplatten, Stb-Wände (Güllekanäle); Holzstützen, aussteifende Stahlstützen, Lichtbänder, Kunststoff-Haustüren, Trapezblechbekleidungen, Jalousien an den Traufen, Windnetze; Innen-Holzstützen, aussteifende Stahlstützen, Holzrahmenwände, KS-Mauerwerk (Technikbereich), Geländer; Holzbalkendecke, Stahlträger, Holztreppe, Spaltenboden, Holzbelag, Treppengeländer; Holzbalkendach, Wellfaserzementplatten; Stalleinrichtung mit Liegeboxenbügeln und Fressgittern

KG	Kostengruppe	Menge Einheit	Kosten €	€/Einheit	%
400	**Bauwerk – Technische Anlagen**	3.436,87 m² BGF	503.367	**146,46**	23,6

Gebäudeentwässerung, Kalt- und Warmwasserleitungen; Elektroheizkörper; Elektroinstallation, LED-Beleuchtung, Notstromversorgung, Blitzschutzanlage; Futteranschieberoboter, Spaltenreinigungsroboter, Tränken, automatische Fütterungsanlage, automatische Melksysteme (2St)

9700-0033
Aussegnungshalle
(80 Sitzplätze)

Objektübersicht

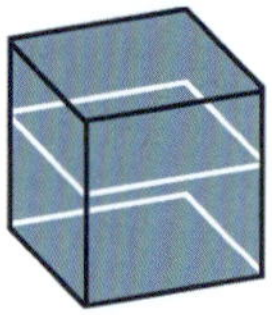

BRI **837 €/m³**

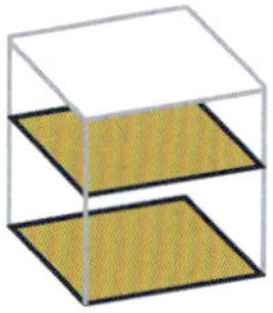

BGF **5.181 €/m²**

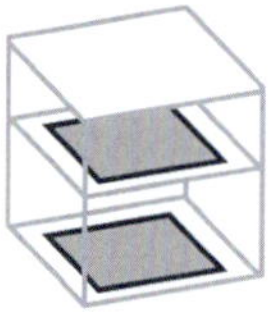

NUF **6.974 €/m²**

Objekt:
Kennwerte: 1. Ebene DIN 276
BRI: 1.161 m³
BGF: 187 m²
NUF: 139 m²
Bauzeit: 65 Wochen
Bauende: 2022
Standard: unter Durchschnitt
Bundesland: Bayern
Kreis: Neumarkt i.d.OPf.

Architekt*in:
kraus.krauss
Architekten GmbH
Regensburger Straße 5
92318 Neumarkt i.d.OPf.

Bauherr*in:
Gemeinde Berg
Herrnstraße 9
92348 Berg

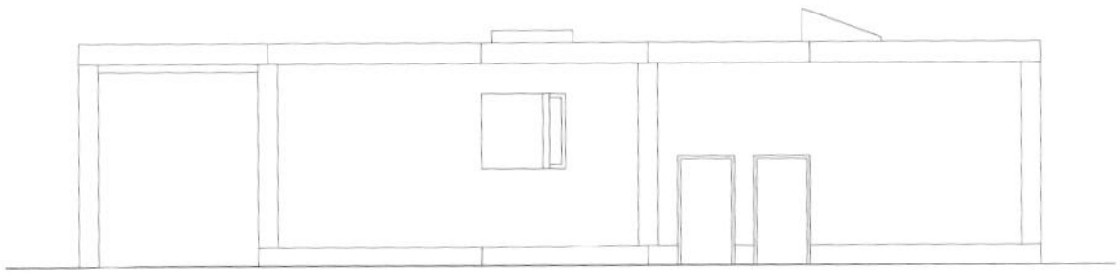

Ansicht West

Ansicht Nord

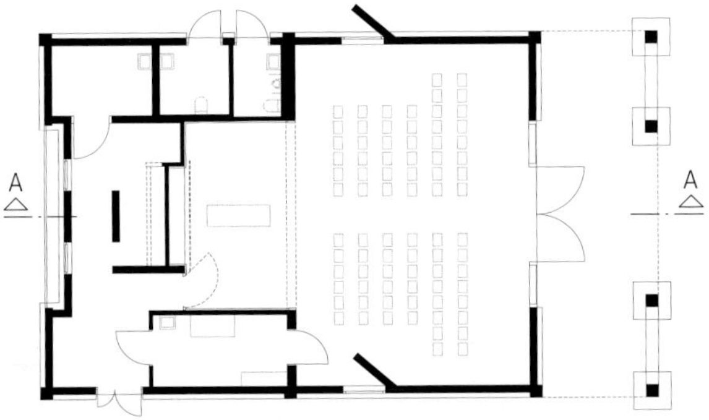

Erdgeschoss

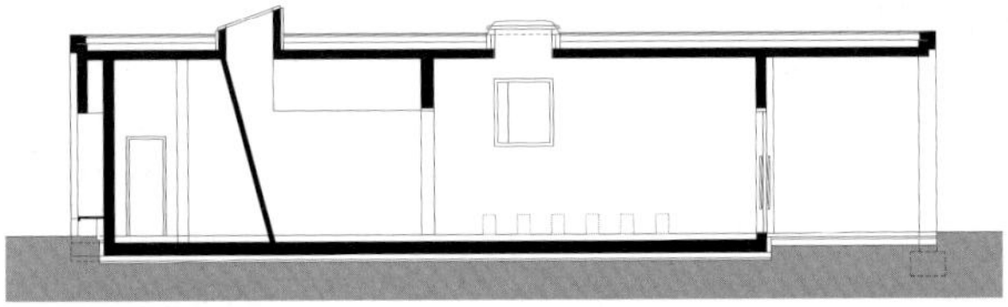

Schnitt A-A

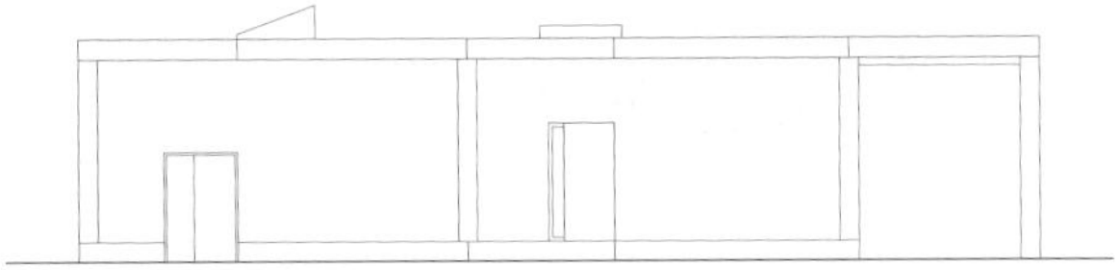

Ansicht Ost

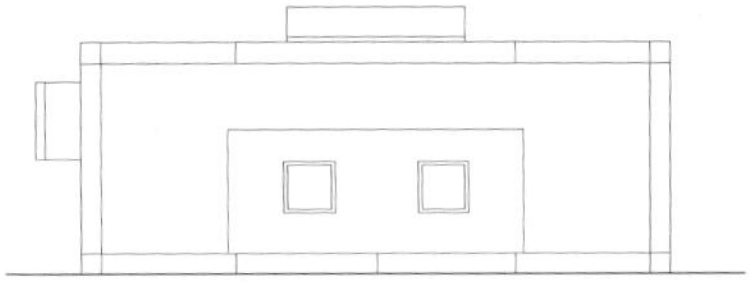

Ansicht Süd

Objektbeschreibung

Allgemeine Objektinformationen

Der Neubau wurde als Ersatzbau für das abgerissene Friedhofsgebäude als Aussegnungshalle für alle Konfessionen errichtet. Neben den drei Aufbewahrungsräumen entstand ein Abschiedsraum.

Nutzung

1 Erdgeschoss
Aussegnungshalle, drei Sargaufbewahrungsplätze mit Kühlung, ein Seelsorgeraum, WCs, Nebenräume, Lager, Technik

Nutzeinheiten

Sitzplätze: 80

Grundstück

Bauraum: Freier Bauraum
Neigung: Ebenes Gelände
Bodenklasse: BK 1 bis BK 3

Markt

Hauptvergabezeit: 2.Quartal 2021
Baubeginn: 3.Quartal 2021
Bauende: 4.Quartal 2022
Konjunkturelle Gesamtlage: über Durchschnitt
Regionaler Baumarkt: unter Durchschnitt

Baukonstruktion

Die tragenden Wände sind als einschalige Stahlbetonkonstruktion auf einer Stahlbetonbodenplatte gegründet. Große Wandöffnungen werden durch wandartige Ortbetonträger überspannt. Das Dach ist ebenso als Stahlbetonkonstruktion mit sichtbarer, glatter Deckenuntersicht hergestellt. Die gestockten Betonhüllflächen der Fassade wurden mit Hilfe von glatten vorgesetzten Betonfertigteilen in Sockelfläche, Lisenen und Attiken gegliedert. Das Flachdach wurde über der Folienabdichtung mit einer extensiven Dachbegrünung belegt.

Technische Anlagen

Das Gebäude wird über eine Luft-Wärmepumpe auf max. 8°C beheizt. Die Frostsicherheit wird über eine temperierte Fußbodenheizung gewährleistet. Zudem tragen dimmbare LED-Aufbauleuchten zu einem energiesparenden Unterhalt des Gebäudes bei. Das Niederschlagswasser wird über die begrünte Flachdachfläche zeitverzögert in einen Sickerschacht eingeleitet und bleibt auf dem Grundstück.

Sonstiges

Die Reduktion des Raumes auf seine Proportion und das Licht stärkt die Wahrnehmung und Konzentration während der Verabschiedungsfeier. Es sind natürliche Materialien wie Holz und Beton sowie Sichtbeton glatt und gestockt, eingesetzt worden.

Planungskennwerte für Flächen und Rauminhalte nach DIN 277

Flächen des Grundstücks		Menge Einheit	% an GF
BF	Bebaute Fläche	230,72 m²	29,1
UF	Unbebaute Fläche	560,93 m²	70,9
GF	Grundstücksfläche	791,65 m²	100,0

Grundflächen des Bauwerks		Menge Einheit	% an NUF	% an BGF
NUF	Nutzungsfläche	139,24 m²	100,0	74,3
TF	Technikfläche	7,05 m²	5,1	3,8
VF	Verkehrsfläche	6,93 m²	5,0	3,7
NRF	Netto-Raumfläche	153,22 m²	110,0	81,8
KGF	Konstruktions-Grundfläche	34,20 m²	24,6	18,2
BGF	Brutto-Grundfläche	187,42 m²	134,6	100,0

Brutto-Rauminhalt des Bauwerks		Menge Einheit	BRI/NUF (m)	BRI/BGF (m)
BRI	Brutto-Rauminhalt	1.160,54 m³	8,34	6,19

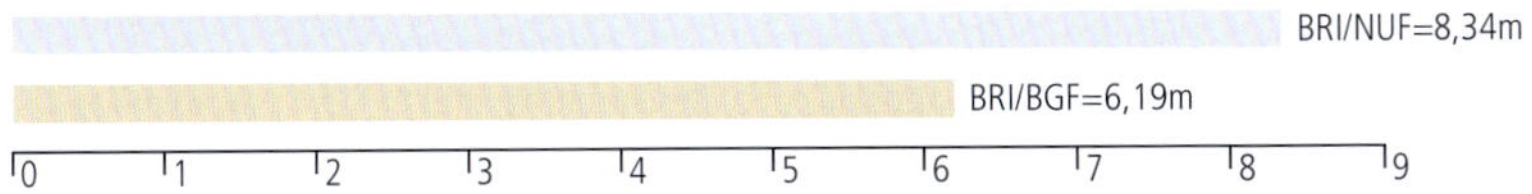

Kostenkennwerte für die Kostengruppen der 1. Ebene DIN 276

KG	Kostengruppen (1. Ebene)	Einheit	Kosten €	€/Einheit	€/m² BGF	€/m³ BRI	% 300+400
100	Grundstück	m² GF	–	–	–	–	–
200	Vorbereitende Maßnahmen	m² GF	6.478	8,18	34,56	5,58	0,7
300	Bauwerk – Baukonstruktionen	m² BGF	782.777	4.176,60	4.176,60	674,49	80,6
400	Bauwerk – Technische Anlagen	m² BGF	188.222	1.004,28	1.004,28	162,19	19,4
	Bauwerk 300+400	**m² BGF**	**971.000**	**5.180,88**	**5.180,88**	**836,68**	**100,0**
500	Außenanlagen und Freiflächen	m² AF	–	–	–	–	–
600	Ausstattung und Kunstwerke	m² BGF	30.293	161,63	161,63	26,10	3,1
700	Baunebenkosten	m² BGF	–	–	–	–	–
800	Finanzierung	m² BGF	–	–	–	–	–

KG	Kostengruppe	Menge Einheit	Kosten €	€/Einheit	%
200	**Vorbereitende Maßnahmen**	791,65 m² GF	6.478	**8,18**	0,7
	Hausanschluss Wasser, Strom, Fernwärme				
3+4	**Bauwerk**				**100,0**
300	**Bauwerk – Baukonstruktionen**	187,42 m² BGF	782.777	**4.176,60**	80,6
	Bodenaustausch, Stb-Fundamente, Stb-Bodenplatte, Abdichtung, Dämmung, Heizestrich, Bodenfliesen, Betonpflaster; Sockel, Lisenen als Sichtbetonfertigteile, Sichtbetonwände aus gestocktem Ortbeton, Holzfenster, Holz-Eingangselement, Holztüren, Holzbekleidung mit Bank, Beschichtung; Sichtbetonwände, GK-Wände, Holztüren, Putz, Wandfliesen, Holzbekleidung, Beschichtung; Stb-Flachdach, Sichtbetonattiken, Lichtkuppel festverglast, Gefälledämmung, Abdichtung, extensive Dachbegrünung, Dachentwässerung, Holz-Akustikdecke				
400	**Bauwerk – Technische Anlagen**	187,42 m² BGF	188.222	**1.004,28**	19,4
	Gebäudeentwässerung, Regenwasser-Sickerschacht, Kalt- und Warmwasserleitungen, Sanitärobjekte; Luft-Wärmepumpe, Fußbodenheizung; Elektroinstallation, LED-Beleuchtung				
600	**Ausstattung und Kunstwerke**	187,42 m² BGF	30.293	**161,63**	3,1
	Stühle, Liturgische Ausstattung, Sargkühlung				

9700-0034
Friedhofskapelle
(40 Sitzplätze)

Objektübersicht

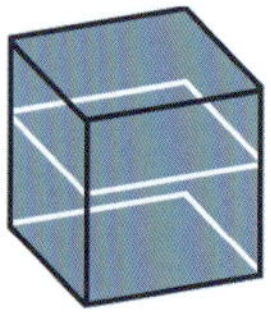

BRI 938 €/m^3

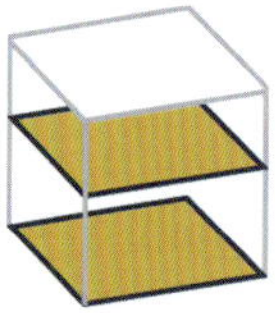

BGF 4.262 €/m^2

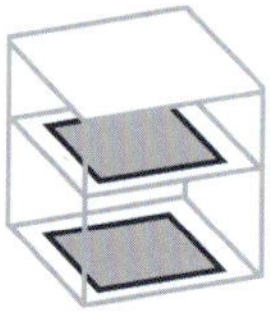

NUF 5.548 €/m^2

Objekt:
Kennwerte: 1. Ebene DIN 276
BRI: 641 m^3
BGF: 141 m^2
NUF: 108 m^2
Bauzeit: 56 Wochen
Bauende: 2023
Standard: Durchschnitt
Bundesland: Niedersachsen
Kreis: Vechta

Architekt*in:
Bocklage + Buddelmeyer
Architekten GmbH
Kleine Kirchstraße 13
49377 Vechta

Bauherr*in:
Ev. luth. Kirchengemeinde
Goldenstedt
Vechtaer Straße 2
49424 Goldenstedt

Ansicht Nord

Ansicht Ost

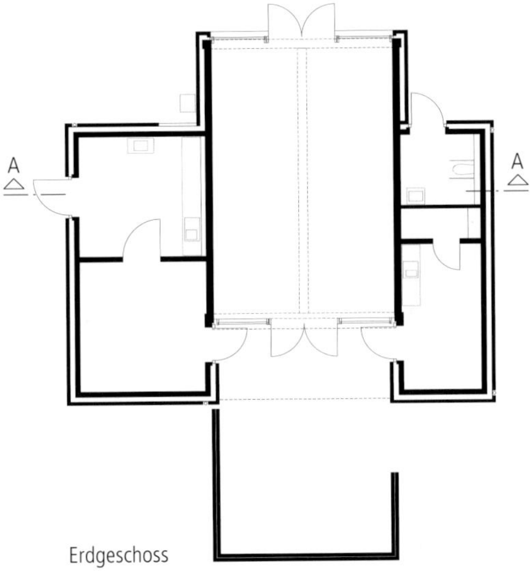

Erdgeschoss

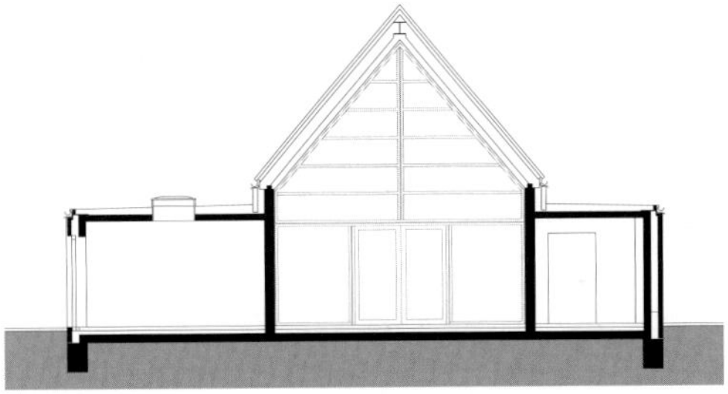
Schnitt A-A

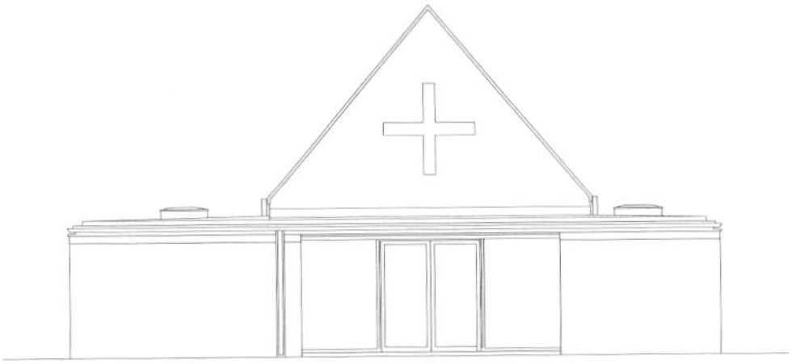
Ansicht Süd

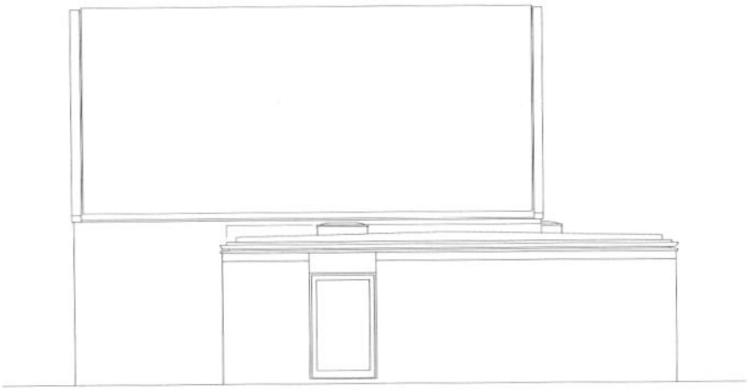
Ansicht West

Objektbeschreibung

Allgemeine Objektinformationen

Die Kirchengemeinde benötigte ein Gebäude mit Funktionsräumen für würdevolle Trauerfeiern und Abschiedszeremonien. Die eingeschossige Kapelle mit Sakristei, Bestatter- und Abschiedsraum wurde innerhalb eines Jahres realisiert. Sie ist Teil eines Ensembles, zu dem auch die Kirche und das Pfarrhaus gehören. Eine raumhohe Mauer schirmt den Bau zur Straße hin ab und umschließt zugleich den introvertierten, fast quadratischen Eingangshof.

Nutzung

1 Erdgeschoss
Kapelle, Sakristei, Bestatterraum, Abschiedsraum, WC, Technik

Nutzeinheiten

Sitzplätze: 40

Grundstück

Bauraum: Freier Bauraum
Neigung: Ebenes Gelände
Bodenklasse: BK 1

Markt

Hauptvergabezeit: 3.Quartal 2021
Baubeginn: 1.Quartal 2022
Bauende: 1.Quartal 2023
Konjunkturelle Gesamtlage: über Durchschnitt
Regionaler Baumarkt: unter Durchschnitt

Baukonstruktion

Für das Kapellengebäude wurde die Massivbauweise mit Ziegel-Verblender gewählt, damit es sich den zum Ensemble gehörigen Gebäuden anpasst. Der Kapellenraum öffnet sich zum Friedhof hin durch eine komplett dreifachverglasten Alu-pfosten-Riegel Fassade, die aufgrund eines Rahmens aus Stahlbeton statisch möglich wurde. Die Flachdächer der anliegenden Nebenräume bestehen aus Stahlbeton und sind begrünt. Die Böden wurden mit Fliesen belegt.

Technische Anlagen

Das Kapellengebäude ist wegen der nur temporären Nutzung nicht mit einer Zentralheizung ausgestattet. Zur kurzfristigen Erwärmung der Räumlichkeiten wurden Infrarot-Heizpaneele unter den Decken und in den Dachschrägen flächenbündig eingebaut. Die Erwärmung des Wassers erfolgt über Durchlauferhitzer. Das System reagiert deutlich schneller und verbraucht dadurch weniger Energie im Vergleich zu einer Bauteilaktivierung.

Sonstiges

Bei der Auswahl der Materialien wurde auf Langlebigkeit und ortstypische Gestaltung Wert gelegt.

Planungskennwerte für Flächen und Rauminhalte nach DIN 277

Flächen des Grundstücks		Menge Einheit	% an GF
BF	Bebaute Fläche	531,34 m²	10,8
UF	Unbebaute Fläche	4.368,66 m²	89,2
GF	Grundstücksfläche	4.900,00 m²	100,0

Grundflächen des Bauwerks		Menge Einheit	% an NUF	% an BGF
NUF	Nutzungsfläche	108,36 m²	100,0	76,8
TF	Technikfläche	2,67 m²	2,5	1,9
VF	Verkehrsfläche	–	–	–
NRF	Netto-Raumfläche	111,03 m²	102,5	78,7
KGF	Konstruktions-Grundfläche	30,02 m²	27,7	21,3
BGF	Brutto-Grundfläche	141,05 m²	130,2	100,0

Brutto-Rauminhalt des Bauwerks		Menge Einheit	BRI/NUF (m)	BRI/BGF (m)
BRI	Brutto-Rauminhalt	640,80 m³	5,91	4,54

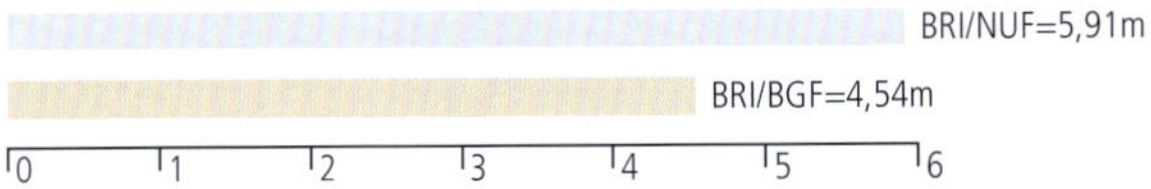

Kostenkennwerte für die Kostengruppen der 1. Ebene DIN 276

KG	Kostengruppen (1. Ebene)	Einheit	Kosten €	€/Einheit	€/m² BGF	€/m³ BRI	% 300+400
100	Grundstück	m² GF	–	–	–	–	–
200	Vorbereitende Maßnahmen	m² GF	5.793	1,18	41,07	9,04	1,0
300	Bauwerk – Baukonstruktionen	m² BGF	528.139	3.744,34	3.744,34	824,19	87,9
400	Bauwerk – Technische Anlagen	m² BGF	73.020	517,69	517,69	113,95	12,1
	Bauwerk 300+400	**m² BGF**	**601.159**	**4.262,03**	**4.262,03**	**938,14**	**100,0**
500	Außenanlagen und Freiflächen	m² AF	–	–	–	–	–
600	Ausstattung und Kunstwerke	m² BGF	–	–	–	–	–
700	Baunebenkosten	m² BGF	–	–	–	–	–
800	Finanzierung	m² BGF	–	–	–	–	–

KG	Kostengruppe	Menge Einheit	Kosten €	€/Einheit	%
200	**Vorbereitende Maßnahmen**	4.900,00 m² GF	5.793	**1,18**	1,0

Abbruch Bestandsgebäude

KG	Kostengruppe	Menge Einheit	Kosten €	€/Einheit	%
3+4	**Bauwerk**				**100,0**
300	**Bauwerk – Baukonstruktionen**	141,05 m² BGF	528.139	**3.744,34**	87,9

Erdarbeiten; Bodenaustausch, Stb-Fundamente, Stb-Bodenplatte, Abdichtung, Dämmung, Estrich, Bodenfliesen, Perimeterdämmung; KS-Mauerwerk, Stb-Stützen, Alu-Fenster, Dreifach- Sonnenschutzverglasung, Dämmung, Ziegelfassade, HPL-Fassade, Putz, Wandfliesen, Beschichtung, Alu-Pfosten-Riegel-Fassade; KS-Mauerwerk, Putz, Wandfliesen, Beschichtung; Stb-Flachdach, Sparren-Pfettendach, Oberlichter, Dämmung, Ziegeldeckung, Dachbegrünung, Kies, Dachentwässerung; Einbauschränke, Einbauküche, Ausstattung Bestatterraum

KG	Kostengruppe	Menge Einheit	Kosten €	€/Einheit	%
400	**Bauwerk – Technische Anlagen**	141,05 m² BGF	73.020	**517,69**	12,1

Gebäudeentwässerung, Kaltwasserleitungen, Sanitärobjekte; elektrische Infrarot-Heizpaneele, Durchlauferhitzer; Einzelraumlüfter, Klimaanlage; Elektroinstallation, Beleuchtung, Telekommunikationsanlage, Datenverkabelung

9700-0035
Aussegnungshalle

Objektübersicht

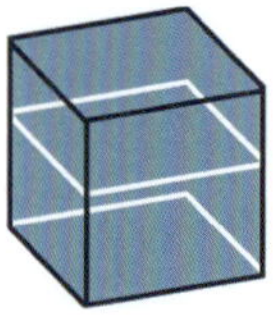

BRI 1.035 €/m³

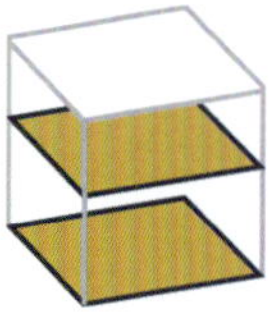

BGF 4.866 €/m²

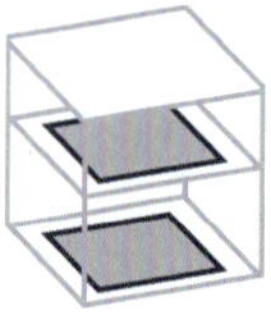

NUF 7.098 €/m²

Objekt:
Kennwerte: 1. Ebene DIN 276
BRI: 1.190 m³
BGF: 253 m²
NUF: 173 m²
Bauzeit: 74 Wochen
Bauende: 2021
Standard: über Durchschnitt
Bundesland: Bayern
Kreis: Landshut

Architekt*in:
Bindhammer Architekten,
Stadtplaner und Beratender
Ingenieur Part mbB
Kapellenberg 18
84092 Bayerbach

Bauherr*in:
Markt Ergoldsbach
Hauptstraße 29
84061 Ergoldsbach

© Bildraumwest

© Bildraumwest

© Bildraumwest

© Bildraumwest

Ansicht Nord

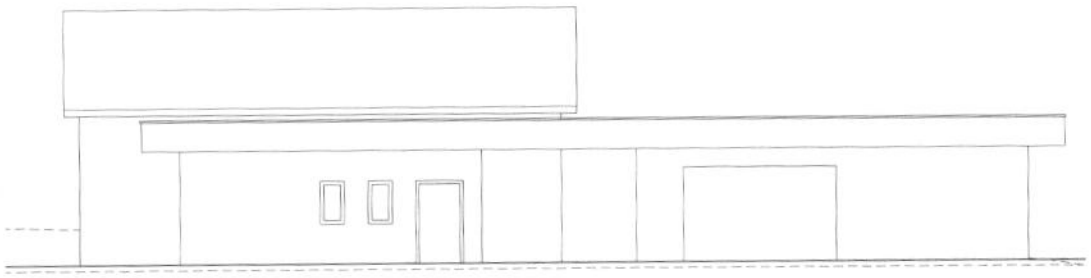

Ansicht Ost

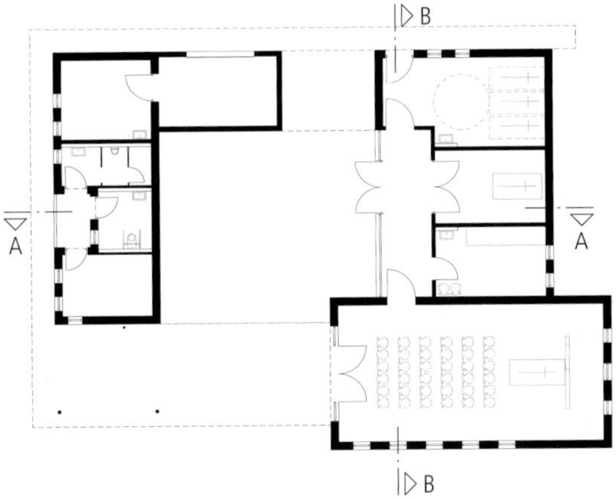

Erdgeschoss

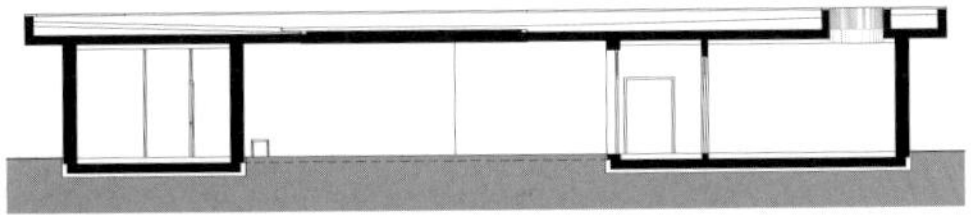

Schnitt A-A

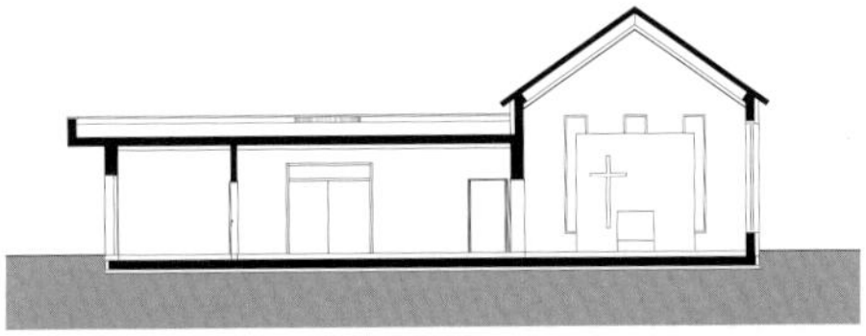

Schnitt B-B

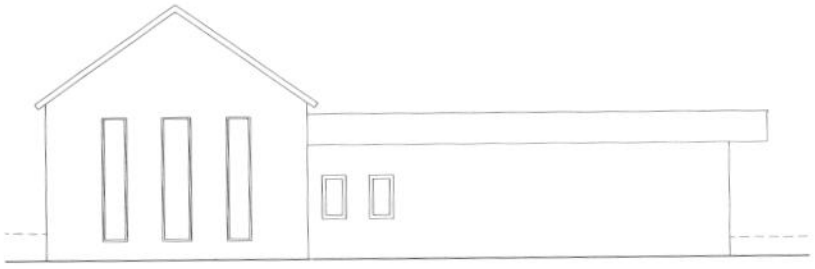

Ansicht Süd

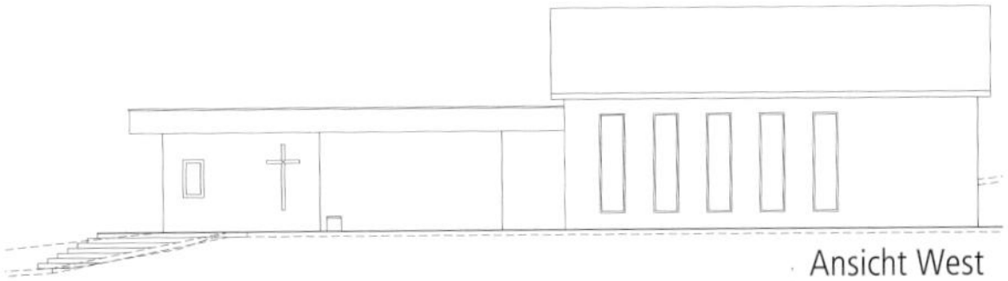

Ansicht West

Objektbeschreibung

Allgemeine Objektinformationen

Die neue Aussegnungshalle gliedert sich in zwei einzelne Baukörper, die durch ein großes gemeinsames Dach miteinander verbunden sind. Das zentrale Dach bietet den gewünschten, witterungsgeschützten Vorplatz für die Aussegnungshalle. Die große Öffnung in der Mitte des Dachs belichtet den zentralen Hof mit Baum.

Nutzung

1 Erdgeschoss
Abschiedsraum, Pfarrer- und Ministrantenraum, Eingangsbereich, Geräteraum, Haustechnik, Kühlraum, Lager, WCs

Grundstück

Bauraum: Freier Bauraum
Neigung: Geneigtes Gelände
Bodenklasse: BK 1 bis BK 3

Markt

Hauptvergabezeit: 3. Quartal 2019
Baubeginn: 4. Quartal 2019
Bauende: 2. Quartal 2021
Konjunkturelle Gesamtlage: über Durchschnitt
Regionaler Baumarkt: unter Durchschnitt

Baukonstruktion

Das Bauwerk wurde weitestgehend in Massivbauweise mit Putzfassade ausgeführt. Das Tragwerk für die Halle ist als Holzdachstuhl erstellt. Es wurde mit Biberschwanzziegeln gedeckt. Das Flachdach besteht konstruktiv aus Stahlbeton-Elementdecken, die Dachhaut ist als Gründach errichtet. Für die Fassadenelemente wurden Holz-Alu-Fensterelemente verbaut. Die Innenwände sind in Massivbauweise errichtet und mit Kalkputz verputzt und beschichtet. Der Boden wurde mit Travertin-Naturstein belegt. Für die Raumakustik wurden profilierte Holzakustik-Deckenelemente verbaut.

Technische Anlagen

Beheizt wird der Neubau mit einer Gas-Brennwerttherme. Die Verteilung der Wärme erfolgt über eine Fußbodenheizung. Warmwasser wird dezentral bereitet.

Sonstiges

Der Standort liegt in topografischer Sicht erhöht zum eigentlichen Friedhof, wodurch ein schöner Blick auf das gesamte Areal hergestellt wird. Die bestehende Sichtachse von der Kirche mit den von Bäumen gesäumten Weg zum Bergkreuz wurde beim Entwurf berücksichtigt.

Planungskennwerte für Flächen und Rauminhalte nach DIN 277

Flächen des Grundstücks		Menge Einheit	% an GF
BF	Bebaute Fläche	390,00 m²	6,6
UF	Unbebaute Fläche	5.515,00 m²	93,4
GF	Grundstücksfläche	5.905,00 m²	100,0

Grundflächen des Bauwerks		Menge Einheit	% an NUF	% an BGF
NUF	Nutzungsfläche	173,46 m²	100,0	68,6
TF	Technikfläche	10,87 m²	6,3	4,3
VF	Verkehrsfläche	16,94 m²	9,8	6,7
NRF	Netto-Raumfläche	201,27 m²	116,0	79,6
KGF	Konstruktions-Grundfläche	51,73 m²	29,8	20,4
BGF	Brutto-Grundfläche	253,00 m²	145,9	100,0

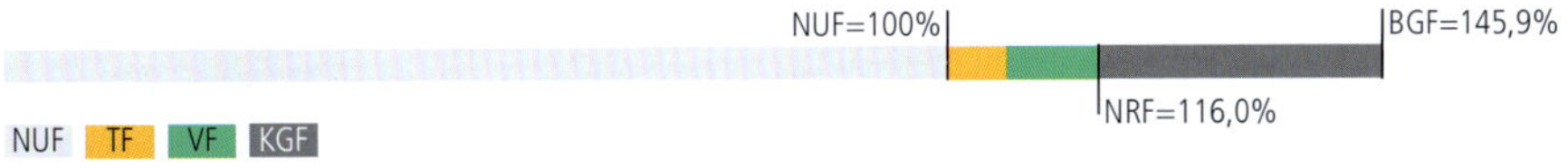

Brutto-Rauminhalt des Bauwerks		Menge Einheit	BRI/NUF (m)	BRI/BGF (m)
BRI	Brutto-Rauminhalt	1.190,00 m³	6,86	4,70

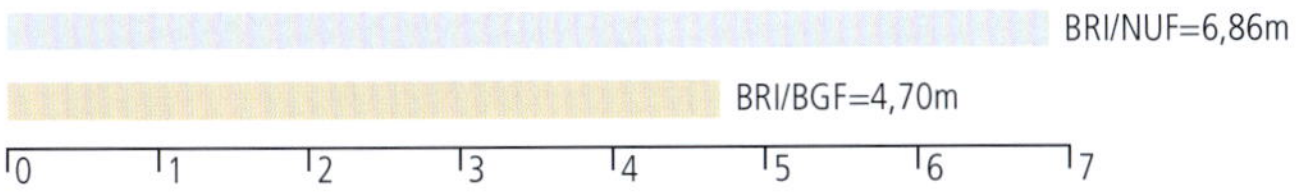

Kostenkennwerte für die Kostengruppen der 1. Ebene DIN 276

KG	Kostengruppen (1. Ebene)	Einheit	Kosten €	€/Einheit	€/m² BGF	€/m³ BRI	% 300+400
100	Grundstück	m² GF	–	–	–	–	–
200	Vorbereitende Maßnahmen	m² GF	–	–	–	–	–
300	Bauwerk – Baukonstruktionen	m² BGF	1.045.218	4.131,30	4.131,30	878,33	84,9
400	Bauwerk – Technische Anlagen	m² BGF	185.915	734,84	734,84	156,23	15,1
	Bauwerk 300+400	**m² BGF**	**1.231.134**	**4.866,14**	**4.866,14**	**1.034,57**	**100,0**
500	Außenanlagen und Freiflächen	m² AF	–	–	–	–	–
600	Ausstattung und Kunstwerke	m² BGF	–	–	–	–	–
700	Baunebenkosten	m² BGF	–	–	–	–	–
800	Finanzierung	m² BGF	–	–	–	–	–

KG	Kostengruppe	Menge Einheit	Kosten €	€/Einheit	%
3+4	**Bauwerk**				**100,0**
300	**Bauwerk – Baukonstruktionen**	253,00 m² BGF	1.045.218	**4.131,30**	84,9

Baugrubenaushub; StB-Bodenplatte, Abdichtung, Dämmung, Heizestrich, Holzböden, Natursteinbeläge; Stb-Wände, Stb-Doppelwandelemente, Mauerwerk, Stb-Stützen, Drehtüranlage, Holz-Alu-Fassadenelemente, Dreifachverglasung, WDVS, Putz, Beschichtung, Schiebeläden, Motorantrieb, Raffstores; Sichtbetonwand, GK-Wände, Holztüren, Putz, Beschichtung, WC-Trennwände; Sparrendach, Stb-Flachdach, Schalung, Dämmung, Dachabdichtung, Ziegeldeckung, extensive Dachbegrünung, Dachentwässerung, Holzakustikdecken, Holzwolle-Akustikdämmung; Einbauschränke

KG	Kostengruppe	Menge Einheit	Kosten €	€/Einheit	%
400	**Bauwerk – Technische Anlagen**	253,00 m² BGF	185.915	**734,84**	15,1

Gebäudeentwässerung, Kaltwasserleitungen, Sanitärobjekte; Gas-Brennwertherme, Heizungsrohre, Fußbodenheizung; Elektroinstallation, Beleuchtung; EDV-Technik

Kostenkennwerte für Kostengruppen der 3. Ebene nach DIN 276

Kostenkennwerte für die Kostengruppen 200 der 3. Ebene DIN 276

KG	Kostengruppe	Menge Einheit	Kosten €	€/Einheit	€/m² BGF
211	**Sicherungsmaßnahmen**				
	6100-1658 Einfamilienhaus				
		623,00 m² GF	730	**1,17**	4,85
	Suchgraben (5m³)				
212	**Abbruchmaßnahmen**				
	4400-0334 Kindertagesstätte (8 Gruppen, 150 Kinder)				
		6.750,00 m² GF	4.645	**0,69**	2,82
	Baugelände abräumen (3.663m²), Sportplatzoberbau abtragen, d=60cm, lagern, mit Folie abdecken (219m³), Abbruch von Rasenbordsteinen (41m), Einzelfundamenten (2St); Entsorgung, Deponiegebühren				
214	**Herrichten der Geländeoberfläche**				
	5100-0128 Sporthalle (Einfeldhalle)				
		2.879,00 m² GF	161	**0,06**	0,20
	Wurzelstock, D=20cm, roden, laden, entsorgen (1St)				
	6100-1658 Einfamilienhaus				
		623,00 m² GF	700	**1,12**	4,65
	Oberboden abtragen, d bis 10cm, lagern (284m²)				

Kostenkennwerte für die Kostengruppen 200 der 3. Ebene DIN 276

KG	Kostengruppe	Menge Einheit	Kosten €	€/Einheit	€/m² BGF
222	**Wasserversorgung**				
	4400-0334 Kindertagesstätte (8 Gruppen, 150 Kinder)				
		6.750,00 m²GF	1.251	**0,19**	0,76
	Trinkwasseranschluss: PE-Rohre, Formstücke (38m), Wasserzählerhalterung (1St)				
225	**Stromversorgung**				
	4400-0334 Kindertagesstätte (8 Gruppen, 150 Kinder)				
		6.750,00 m²GF	4.414	**0,65**	2,68
	Stromanschluss (1St)				

Kostenkennwerte für die Kostengruppen 300 der 3.Ebene DIN 276

KG	Kostengruppe	Menge Einheit	Kosten €	€/Einheit	€/m² BGF
311	**Herstellung**				
	4400-0334 Kindertagesstätte (8 Gruppen, 150 Kinder)				
		1.379,02 m³ BGI	33.448	**24,25**	20,29
	Baugrubenaushub BK 3-6, t bis 1,50m, lösen, lagern, mit Folie abdecken, Planum (1.215m³), laden, entsorgen (725m³), Rohrgrabenaushub BK 4-6, t=0,20-2,00m, lagern, verfüllen (405m³)				
	5100-0128 Sporthalle (Einfeldhalle)				
		939,87 m³ BGI	35.331	**37,59**	43,32
	Baugrubenaushub, t=i.M. 60cm, laden, abfahren, entsorgen (885m³), Rohrgrabenaushub BK 1-4, t bis 1,00m, lagern, wieder einbauen (38m³), laden, abfahren (16m³), Füllboden für Rohrgräben, liefern, einbauen (16m³)				
	6100-1658 Einfamilienhaus				
		–	869	**–**	5,77
	Rohrgrabenaushub, lagern, verfüllen (9m), Planum (80m²)				
313	**Wasserhaltung**				
	5100-0128 Sporthalle (Einfeldhalle)				
		–	2.377	**–**	2,91
	Offene Wasserhaltung für Rohrgräben, vorhalten, abbauen (64m)				

Kostenkennwerte für die Kostengruppen 300 der 3. Ebene DIN 276

KG	Kostengruppe	Menge Einheit	Kosten €	€/Einheit	€/m² BGF
321	**Baugrundverbesserung**				
	5100-0128 Sporthalle (Einfeldhalle)	919,28 m²	33.419	**36,35**	40,98
	Verdichtungsfähige enggestufte Sande als Bodenaustausch (653m³), Nachverdichtung (919m²)				
	6100-1658 Einfamilienhaus	79,75 m²	8.630	**108,21**	57,30
	Aushub für Bodenaustausch, lagern (28m³), Baugrundverbesserung mit Mineralbeton 0/32mm (110m³)				
322	**Flachgründungen und Bodenplatten**				
	4400-0334 Kindertagesstätte (8 Gruppen, 150 Kinder)	1.403,26 m²	126.539	**90,18**	76,74
	Stb-Bodenplatte C20/25, d=25cm, Schalung, Bewehrung (1.403m²), Mehrsparten-Hauseinführung (1St), Gebäudeeinführungen DN100, Bodenplatte (2St), Rohrdurchführungen (43St), Arbeitsfuge (61m)				
	5100-0128 Sporthalle (Einfeldhalle)	786,94 m²	129.227	**164,21**	158,46
	Stb-Streifenfundamente C20/25, Schalung, Bewehrung (124m³), Stb-Bodenplatte C20/25, d=25cm (787m²)				
	6100-1658 Einfamilienhaus	75,50 m²	22.309	**295,48**	148,13
	Fundamentaushub, Stb-Streifenfundamente C25/30, Schalung, Bewehrung (20m³), Stb-Bodenplatte C25/30, d=16cm (76m²), Vierspartenhauseinführung (1St), Medienrohrdurchführung DN100 (1St)				
324	**Gründungsbeläge**				
	4400-0334 Kindertagesstätte (8 Gruppen, 150 Kinder)	1.337,61 m²	254.215	**190,05**	154,18
	Dichtungsschlämme, mineralisch (794m²), Dampfsperre (135m²), Mineralwolldämmung WLG 040, d=60mm (1.326m²), TSD WLG 035, d=20mm, PE-Folie (969m²), Zementheizestrich, d=70mm (1.298m²), Ausgleichsestrich, PUR-Dämmung WLG 025, d=20mm, Zementheizestrich d=65mm (29m²), Dehnfugenprofile (65m), schleifen, spachteln, Kautschukbeläge, d=3,5mm (1.338m²), Holzsockel (735m), Bodenfliesen 5x5cm (1m²)				
	5100-0128 Sporthalle (Einfeldhalle)	737,98 m²	108.675	**147,26**	133,26
	Bitumenschweißbahn, Ausgleichsschüttung, EPS-Dämmung, d=2x70mm, Sportboden, PUR-Beschichtung (544m²), Spielfeldmarkierungen (6St), Sockelleisten (76m), Flüssigabdichtung (34m²), Folienabdichtung (23m²), Bitumenschweißbahn, Zementestrich CT-C35-F5-S55, Bodenfliesen (194m²), Fliesensockel (140m), Sauberlaufmatten (3m²)				

KG	Kostengruppe	Menge Einheit	Kosten €	€/Einheit	€/m² BGF
	6100-1658 Einfamilienhaus				
		62,51 m²	9.138	**146,18**	60,68
	Dampfsperre, EPS-Dämmung WLG 035, d=100mm, Zement-Heizschnellestrich, d=75mm (63m²), maschinelle Glättung, Versiegelung (54m²), PU-Wandanschlüsse (63m)				
325	**Abdichtungen und Bekleidungen**				
	4400-0334 Kindertagesstätte (8 Gruppen, 150 Kinder)				
		1.452,45 m²	81.094	**55,83**	49,18
	Filtervlies (1.745m²), Filterschicht, d=10cm, aus Sportplatzoberbau, lagernd (2.188m²), Lava 5/45mm, bauseits (698t), PE-Folie (1.403m²), Lavasand, d=5cm (1.426m²), XPS-Wärmedämmung, d=100mm (1.403m²), vertikal: Bitumenbahnen, zweilagig, Schaumglasdämmung WLS 042, d=140mm, Bitumenabdichtung, Armierung, Putz, Beschichtung (46m²)				
	5100-0128 Sporthalle (Einfeldhalle)				
		811,33 m²	20.067	**24,73**	24,61
	Sauberkeitsschicht C8/10, d=5cm (869m²), PE-Folie (650m²), vertikale Abdichtung, Sockeldämmung WLG 035, d=180mm (54m), Sockel-Verblendschale (24m²)				
	6100-1658 Einfamilienhaus				
		75,50 m²	1.157	**15,32**	7,68
	Frostschutzschicht, Kies 16/32mm, d=15cm (9m³)				
326	**Dränagen**				
	4400-0334 Kindertagesstätte (8 Gruppen, 150 Kinder)				
		1.403,26 m² GRF	8.217	**5,86**	4,98
	PVC-Dränrohre DN100, Formstücke (166m), Dränkontrollschächte DN300, h=0,80-1,20m (4St), Anschluss an Sickerschacht (1St), Drängrabenaushub, t=50-200cm (95m)				

Kostenkennwerte für die Kostengruppen 300 der 3.Ebene DIN 276

KG	Kostengruppe	Menge Einheit	Kosten €	€/Einheit	€/m² BGF
331	**Tragende Außenwände**				
	4400-0334 Kindertagesstätte (8 Gruppen, 150 Kinder)	868,52 m²	116.413	**134,04**	70,60
	Brettsperrholzwände, d=10cm (433m²), innenseitig Sichtoberfläche (435m²), Befestigung Fensterstürze, U120, 38x60cm, brandschutzbeschichtet (30St), Bitumenbahnen, b=75cm, unter Wandfüßen (186m)				
	5100-0128 Sporthalle (Einfeldhalle)	428,66 m²	93.973	**219,23**	115,23
	Stb-Wände, d=24cm (143m²), d=17,5cm (168m²), Stb-Wände C25/30, d=28cm, Schalung, Bewehrung (118m²), Stb-Balken C20/25 (38m)				
	6100-1658 Einfamilienhaus	179,99 m²	33.950	**188,62**	225,43
	Wärmedämm-Ziegelmauerwerk, d=30cm (180m²), Stb-Ringanker C25/30, Schalung, Bewehrung, Perimeterdämmung (39m), Fertigteilstürze (3m)				
332	**Nichttragende Außenwände**				
	4400-0334 Kindertagesstätte (8 Gruppen, 150 Kinder)	25,10 m²	9.582	**381,76**	5,81
	BSH-Attika, d=10cm (25m²), Befestigungswinkel 900x800mm, Quadratrohre 60x60x5mm (43St)				
	5100-0128 Sporthalle (Einfeldhalle)	18,84 m²	6.087	**323,07**	7,46
	Stb-Attika C25/30, d=16cm, h=32cm, Schalung, Bewehrung (19m²)				
333	**Außenstützen**				
	4400-0334 Kindertagesstätte (8 Gruppen, 150 Kinder)	20,80 m	4.451	**214,00**	2,70
	Stahlstützen HQ 60x5mm, F30 beschichtet, l=1,60m (21m)				
	5100-0128 Sporthalle (Einfeldhalle)	46,39 m	13.594	**293,03**	16,67
	Stb-Fertigteilstützen C25/30, 32x32cm (37m), 20x24cm (9m)				
	6100-1658 Einfamilienhaus	16,97 m	5.202	**306,54**	34,54
	Stb-Stützen C25/30, d=20cm, Schalung, Bewehrung (9m), Stahlstützen, D=76mm (8m)				

KG	Kostengruppe	Menge Einheit	Kosten €	€/Einheit	€/m² BGF
334	**Außenwandöffnungen**				
	4400-0334 Kindertagesstätte (8 Gruppen, 150 Kinder)	274,03 m²	217.798	**794,80**	132,09

Holz-Alu-Fenster-/Türelemente, drei- achtteilig, Ug<=0,7W/m²K, Dreifachverglasung, teilweise VSG innen, VSG außen, Drehflügel, Festverglasungen, Oberlichter (194m²), Holz-Alu-Fenster, Ug<=0,7W/m²K, ein-, zweiteilig, Drehkipp, Festverglasungen (76m²), Lüftungsgittereinsatz (2m²), Fenstertür (3m²), Fensterbänke, Alu, außen (22m), Panikschlösser (3St), Türöffner Kindergartenlösung (1St), Fluchttüröffner (1St), Türstopper (20St), Fingerschutz-Rollos (18St), Insektenschutz, Spannrahmen (6m²)

	5100-0128 Sporthalle (Einfeldhalle)	37,74 m²	55.502	**1.470,65**	68,06

Alufenster, Sonnenschutzverglasung, innen ballwurfsicher, mit satinierter PVB-Folie (27m²), Fensterbänke, Alu (26m), Alutüren, Sonnenschutzverglasung, VSG, Panikschloss, einflüglig (3m²), Riegel-Fallenschloss (3m²), innen belegt mit Sperrholzplatten für Prallschutzbelag (5m²), Türfeststeller, Poller, außen (4St)

	6100-1658 Einfamilienhaus	40,71 m²	33.017	**811,02**	219,23

Holz-Alu-Hebeschiebetür, Zweifachverglasung, zweiteilig (10m²), Festverglasungen, zweiteilig (10m²), Dreifachverglasung, einteilig (4m²), Holz-Alufenster, Zweifachverglasung, Drehkipp, einteilig (7m²), zweiteilig (3m²), als Fenstertür, einteilig (2m²), Holz-Hauseingangstür, Seitenverglasung (4m²), Fensterbänke außen, Alu (18m), innen, MDF (5m), Laibungsbekleidung, MDF (6m)

335	**Außenwandbekleidungen, außen**				
	4400-0334 Kindertagesstätte (8 Gruppen, 150 Kinder)	1.251,26 m²	295.749	**236,36**	179,37

Bitumenbahnen (52m²), Schaumglasdämmung WLS 042, d=140mm (102m²), an Laibungen (57m), Bitumenbeschichtung (98m²), mineralischer Sockelputz, Beschichtung (46m²), Holzfaserdämmung WLS 042, d=160mm (802m²), mineralische Armierschicht, Silikonharz-Oberputz (847m²), an Laibungen (228m), Beschichtung (862m²), hinterlüftete Holzbekleidung, Rhombus-Leisten 28x65mm, lasiert (69m²), Alu-Laibungsprofile, beschichtet (83m), Attikabekleidung, waagrecht, Sperrholzplatten, d=22mm, b=40cm, vertikal: außenseitig, XPS-Wärmedämmung WLG 035, d=140mm, h=45-55cm, innenseitig, d=60mm, h=35-40cm, Abdichtungsbahnen (255m²), h=93cm (93m²)

	5100-0128 Sporthalle (Einfeldhalle)	620,53 m²	165.550	**266,79**	203,00

Wärmedämmung WLG 035, d=140mm, Verblendmauerwerk (501m²), Mineralfaserdämmung, d=100-140mm, Alu-UK, HPL-Fassadenbekleidung (80m²), Abdichtung (125m), an Stützen: Wärmedämmung WLG 035, d=140mm, einseitig glasvlieskaschiert, Alu-Bekleidung, beschichtet (39m²)

KG	Kostengruppe	Menge Einheit	Kosten €	€/Einheit	€/m² BGF
	6100-1658 Einfamilienhaus	201,54 m²	45.391	**225,22**	301,40

Sockelabdichtungen (25m²), EPS-Dämmung, d=30-100mm (71m²), Faserleichtputz, d=40-60mm (168m²), Sockelputz, d=20mm (16m²), Oberputz, Beschichtung (202m²), Laibungen, XPS-Dämmung WLG 035, d=40mm, Oberputz (31m), Alu-Abdeckbleche (14m)

KG	Kostengruppe	Menge Einheit	Kosten €	€/Einheit	€/m² BGF
336	**Außenwandbekleidungen, innen**				
	4400-0334 Kindertagesstätte (8 Gruppen, 150 Kinder)	49,29 m²	7.119	**144,43**	4,32

Wandfliesen (16m²), geflieste Ablage (1m), Spachtelung Q4, Zellulosevlies, Latexbeschichtung (8m²), GK-Vorsatzschalen, d=10cm (23m²), mit Glaswolldämmung, d=150mm (1m²), Holzbekleidungen an Stahlstützen, vierseitig, l=1,60m (9m²)

KG	Kostengruppe	Menge Einheit	Kosten €	€/Einheit	€/m² BGF
	5100-0128 Sporthalle (Einfeldhalle)	403,36 m²	27.750	**68,80**	34,03

Kalkzementputz (408m²), Armierungsgewebe (76m), Spachtelung (110m²), Dispersionsbeschichtung (286m²), Prallschutzbelag (102m²), Folienabdichtung, Wandfliesen (16m²), Mosaik-Fries (8m)

KG	Kostengruppe	Menge Einheit	Kosten €	€/Einheit	€/m² BGF
	6100-1658 Einfamilienhaus	173,90 m²	11.948	**68,71**	79,34

Kalkputz, d=15mm (164m²), in Laibungen (34m), Kratzspachtelung (10m²), Silikatbeschichtung (162m²), GK-Vorsatzschalen (10m²), Abdichtung, Wandfliesen (9m²), Spiegel, flächenbündig (3m²)

KG	Kostengruppe	Menge Einheit	Kosten €	€/Einheit	€/m² BGF
337	**Elementierte Außenwandkonstruktionen**				
	5100-0128 Sporthalle (Einfeldhalle)	90,26 m²	67.768	**750,81**	83,10

Alu-Pfosten-Riegel-Fassade, Sonnenschutzverglasung, innen ballwurfsicher (84m²), Alutür, Sonnenschutzverglasung, VSG, Panikschloss, zweiflüglig (6m²), Brüstungsabdeckungen, Alu (26m), Fensterbänke, Alu (24m), Türfeststeller als Poller, außen (2St), Türstopper (2St)

KG	Kostengruppe	Menge Einheit	Kosten €	€/Einheit	€/m² BGF
338	**Lichtschutz zur KG 330**				
	4400-0334 Kindertagesstätte (8 Gruppen, 150 Kinder)	181,55 m²	53.998	**297,43**	32,75

Alu-Lamellenraffstores, Motorantrieb (182m²)

KG	Kostengruppe	Menge Einheit	Kosten €	€/Einheit	€/m² BGF
	6100-1658 Einfamilienhaus	3,85 m²	1.460	**379,33**	9,70

Schiebeläden, Holzfüllung, Röhrenwerkaufhängung (4m²)

KG	Kostengruppe	Menge Einheit	Kosten €	€/Einheit	€/m² BGF
339	**Sonstiges zur KG 330**				
	4400-0334 Kindertagesstätte (8 Gruppen, 150 Kinder)	1.167,65 m² AWF	196	**0,17**	0,12

Briefkasten mit Zeitungsrolle, Edelstahl (1St)

KG	Kostengruppe	Menge Einheit	Kosten €	€/Einheit	€/m² BGF
	6100-1658 Einfamilienhaus				
		220,70 m² AWF	2.069	**9,38**	13,74

Vordach, Furnierschichtholz, d=33mm, Gefälledämmung WLS 031, d=20-40mm, Aludeckung (2m²), Betonwerkstein-Blockstufen (3m)

Kostenkennwerte für die Kostengruppen 300 der 3.Ebene DIN 276

KG	Kostengruppe	Menge Einheit	Kosten €	€/Einheit	€/m² BGF
341	**Tragende Innenwände**				
	4400-0334 Kindertagesstätte (8 Gruppen, 150 Kinder)	1.338,16 m²	175.475	**131,13**	106,42

Brettsperrholzwände, d=10cm, Fichte (64m²), mit beidseitiger Sichtoberfläche (1.275m²), Bitumenschweißbahnen, b=100cm, unter Wandfüßen (377m), Wandausschnitte herstellen (89St), Installationsschlitze fräsen (194m)

	5100-0128 Sporthalle (Einfeldhalle)	339,87 m²	63.697	**187,41**	78,11

KS-Wände, d=24cm (39m²), d=17,5cm (196m²), Stb-Wände C25/30, d=28cm, Schalung, Bewehrung (106m²), Stb-Balken C20/25 (18m)

	6100-1658 Einfamilienhaus	9,72 m²	1.124	**115,62**	7,46

KS-Mauerwerk, d=17,5cm (10m²)

342	**Nichttragende Innenwände**				
	4400-0334 Kindertagesstätte (8 Gruppen, 150 Kinder)	276,11 m²	37.811	**136,94**	22,93

GK-Metallständerwände, d=20cm, beidseitig doppelt beplankt, Dämmung, d=160mm (48m²), d=12,5cm, Dämmung, d=80mm (86m²), GK-Installationswände, freistehend, beidseitig doppelt beplankt, d=12,5-30cm, Traversen (124m²), d=10-15cm, einseitig GK-Bekleidung, einseitig Zementplatte, Glasgittergewebe, nassraumgeeignet (13m²), GK-Brüstungswände, d=12,5cm, h=0,90-1,50m (5m²), Rauchschott über Tür (1St), T30 RS (2St)

	5100-0128 Sporthalle (Einfeldhalle)	101,89 m²	9.272	**91,00**	11,37

KS-Wände, d=11,5cm (102m²)

	6100-1658 Einfamilienhaus	77,60 m²	10.515	**135,50**	69,82

GK-Metallständerwände, d=10-15cm (76m²), Treppenbrüstung, d=12,5cm, Dreischichtplatte, d=27mm, Oberfläche Hartwachs (1m²)

343	**Innenstützen**				
	5100-0128 Sporthalle (Einfeldhalle)	35,00 m	13.698	**391,37**	16,80

Stb-Fertigteilstützen C25/30, 32x55cm (35m)

KG	Kostengruppe	Menge Einheit	Kosten €	€/Einheit	€/m² BGF
344	**Innenwandöffnungen**				
	4400-0334 Kindertagesstätte (8 Gruppen, 150 Kinder)	181,19 m²	143.257	**790,65**	86,88
	Holz-Glaselemente, dreiteilig, Tür, Seitenteil und Oberlicht festverglast, VSG, Blockrahmen, OTS (14m²), RS (7m²), Fluchttürbeschläge, T30 RS (13m²), DS (10m²), zweiteilig, Tür, Oberlicht (5m²), Holz-Glastüren, zweiflüglig, Stahlzargen (7m²), Schiebetüranlage, doppelflüglig, Holztüren mit Glasausschnitten (6m²), Holztüren, Stahlzargen (41m²), mit Glasausschnitten, VSG (43m²), T30 RS (2m²), Innenfenster, VSG, festverglast (31m²), Türstopper (40St), Fingerschutzprofile (24St)				
	5100-0128 Sporthalle (Einfeldhalle)	82,55 m²	79.677	**965,20**	97,70
	Holztüren, Stahlumfassungszargen, Vollspanplatteneinlage (12m²), Röhrenspanplatteneinlage (11m²), Feuchtraumtüren (4m²), T90 RS, zweiflüglig, Oberlicht, Panikschloss (3m²), Stahltüren (4m²), Sporthallentüren, Einbau bündig, Türblatt hallenseitig mit Sperrholzplatte, zweiflüglig (9m²), einflüglig (3m²), Glasausschnitt ballwurfsicher, zweiflüglig (4m²), Türstopper (22St), Geräteraumtore (31m²), Stahlfenster, ballwurfsichere Festverglasung (1m²)				
	6100-1658 Einfamilienhaus	20,48 m²	12.616	**616,01**	83,77
	Holztüren, Holzzargen (9m²), raumhoch (7m²), Holztürelement, feste Seitenteile (4m²)				
345	**Innenwandbekleidungen**				
	4400-0334 Kindertagesstätte (8 Gruppen, 150 Kinder)	1.106,82 m²	100.971	**91,23**	61,24
	Verbundabdichtung (39m²), Grundierung, Wandfliesen (456m²), an Laibungen (57m), Spiegel, fliesenbündig (3m²), Spachtelung Q4, Zellulosevlies, Latexbeschichtung (536m²), Holzlasur (70m²), GK-Vorsatzschalen, doppelt beplankt, d=10-30cm (94m²), GK-Verkofferungen (21m²), Akustik-Wandabsorber 120x60x4cm (18St), 270x60x4cm (4St), HPL-Platten, d=6mm, zum Schutz der Holzwände (15m²)				
	5100-0128 Sporthalle (Einfeldhalle)	825,49 m²	59.486	**72,06**	72,94
	Kalkzementputz (867m²), Spachtelung (298m²), Dispersionsbeschichtung (580m²), Prallschutzbeläge (102m²), Folienabdichtung (26m²), Wandfliesen (144m²), Mosaik-Fries (68m)				
	6100-1658 Einfamilienhaus	166,23 m²	3.700	**22,26**	24,57
	Kalkputz, d=15mm (20m²), Kratzspachtelung (1m²), Silikatbeschichtung (159m²), Holzbekleidung (7m²), Spiegel, flächenbündig (1m²)				

KG	Kostengruppe	Menge Einheit	Kosten €	€/Einheit	€/m² BGF
346	**Elementierte Innenwandkonstruktionen**				
	4400-0334 Kindertagesstätte (8 Gruppen, 150 Kinder)				
		62,31 m²	24.737	**397,01**	15,00
	Mobile Trennwand 50dB, d=10cm, fünf Elemente, Alu-Laufschiene, halbautomatisch, Bedientableau (18m²), WC-Trennwände, h=1,40m, HPL-Platten, d=13mm, elf Türen (29m²), h=1,97m, vier Türen (16m²)				
	5100-0128 Sporthalle (Einfeldhalle)				
		12,54 m²	2.688	**214,36**	3,30
	Duschtrennwandanlagen, HPL-Vollkernplatten, Türen (13m²)				
	6100-1658 Einfamilienhaus				
		5,85 m²	2.699	**461,32**	17,92
	Holz-Raumteiler, als vierflüglige Falttür (6m²)				
349	**Sonstiges zur KG 340**				
	4400-0334 Kindertagesstätte (8 Gruppen, 150 Kinder)				
		1.857,77 m² IWF	942	**0,51**	0,57
	Handlauf, D=40mm, Lärche lackiert, Edelstahl-Handlaufstützen (5m)				

Kostenkennwerte für die Kostengruppen 300 der 3. Ebene DIN 276

KG	Kostengruppe	Menge Einheit	Kosten €	€/Einheit	€/m² BGF
351	**Deckenkonstruktionen**				
	4400-0334 Kindertagesstätte (8 Gruppen, 150 Kinder)	196,22 m²	27.364	**139,45**	16,60
	Brettsperrholzdecken, d=14cm (190m²), Unterzüge, brandschutzbeschichtet, HEB100, l=2,50m (2St), HEB180, l=3,10m (1St), Brettsperrholztreppe, Laufbreite 1,20m, einläufig, 17 Steigungen 19,8x24cm (5m²), Leimholztreppe, Laufbreite 1,60m, drei Steigungen (1m²)				
	6100-1658 Einfamilienhaus	73,28 m²	17.224	**235,04**	114,37
	Stb-Decke, d=20cm, Schalung Bewehrung (70m²), Holzwangentreppe, einläufig, 16 Steigungen, Laufbreite 90cm (4m²)				
353	**Deckenbeläge**				
	4400-0334 Kindertagesstätte (8 Gruppen, 150 Kinder)	185,58 m²	11.464	**61,78**	6,95
	TSD WLG 040, d=12mm, PE-Folie, Zementestrich CT-C35-F5, d=50mm (181m²), Acrylat-Bodenbeschichtung (151m²), Kautschukbelag auf Treppenstufen, d=2mm (5m²), Alu-Treppenwinkel (16St)				
	6100-1658 Einfamilienhaus	56,32 m²	7.775	**138,06**	51,63
	Trittschalldämmung, d=60mm, Zement-Heizschnellestrich, d=75mm (54m²), maschinelle Glättung, Versiegelung (54m²), PU-Wandanschlüsse (64m), Heizestrich, Abdichtung, Bodenfliesen (2m²)				
354	**Deckenbekleidungen**				
	4400-0334 Kindertagesstätte (8 Gruppen, 150 Kinder)	166,21 m²	10.797	**64,96**	6,55
	Akustikdecken, Gips-Kassetten, Abhängehöhe 40cm (120m²), mit Hygieneplatten, Mineralplatten, folienkaschiert (46m²)				
	6100-1658 Einfamilienhaus	61,64 m²	2.681	**43,50**	17,80
	Deckenstöße spachteln (21m), Silikatbeschichtung (62m²), Holzbekleidung für Laufschiene, Oberfläche lackiert (9m)				

Kostenkennwerte für die Kostengruppen 300 der 3. Ebene DIN 276

KG	Kostengruppe	Menge Einheit	Kosten €	€/Einheit	€/m² BGF
361	**Dachkonstruktionen**				
	4400-0334 Kindertagesstätte (8 Gruppen, 150 Kinder)	1.526,70 m²	211.549	**138,57**	128,30
	Brettsperrholz-Flachdächer, d=12cm (139m²), d=14cm (842m²), d=16cm (111m²), d=20cm (348m²), d=22cm (86m²), Unterzüge HEA140, l=2,80m (2St), BSH 16x28cm, l=5,01m (1St), 16x24cm, l=7,89m (1St), l=2,88 (2St), 18x28cm, l=4,31m (1St), Überzug HEA160, l=4,40m (1St), Kabeldurchführungen (2St)				
	5100-0128 Sporthalle (Einfeldhalle)	854,88 m²	180.194	**210,78**	220,96
	Pultdach, BSH-Träger (81m), Koppelpfetten (659m), OSB-Platten (505m²), Stb-Flachdach C20/25, d=20cm, Schalung, Bewehrung (350m²)				
	6100-1658 Einfamilienhaus	76,30 m²	12.076	**158,27**	80,19
	Holzpfetten-Pultdach, KVH 10x20cm, Dachneigung 3°, Zwischensparrendämmung WLG 040, unterseitig OSB-Schalung, d=15mm (76m²)				
362	**Dachöffnungen**				
	4400-0334 Kindertagesstätte (8 Gruppen, 150 Kinder)	18,72 m²	25.256	**1.349,14**	15,32
	Lichtkuppeln 1,20x1,20m, dreischalig (14m²), mit Motoröffner (4m²), Aufsatzkränze, BSH, 12x43-50cm (13St)				
	5100-0128 Sporthalle (Einfeldhalle)	12,00 m²	22.204	**1.850,32**	27,23
	Lichtkuppeln (5m²), als NRA-Gerät mit zwei Haubenflügel als Dunkelklappen, zweischalig aus Alu (8m²), RWA-Zentrale (1St)				
363	**Dachbeläge**				
	4400-0334 Kindertagesstätte (8 Gruppen, 150 Kinder)	1.460,62 m²	273.572	**187,30**	165,92
	Bitumenschweißbahnen (1.636m²), PIR-Dämmung WLS 024, d=60mm, EPS-Gefälledämmung WLG 035, d=i.M. 200mm (1.347m²), Kunststoffdachbahnen (1.364m²), Schutzvlies (1.070m²), Vegetationssubstrat, d=8cm, extensive Dachbegrünung, Flachballenstauden (769m²), Kiesstreifen, d=8cm, b=50cm (300m²), Alu-Attikaabdeckungen, b=50cm (352m), Dachrandprofile (39m), Attikaabläufe (19St), Notüberläufe (17St), Regenfallrohre DN70 (74m), Dachrinnen (16m)				

KG	Kostengruppe	Menge Einheit	Kosten €	€/Einheit	€/m² BGF
	5100-0128 Sporthalle (Einfeldhalle)				
		838,88 m²	160.616	**191,47**	196,95
	Wärmedämmung WLG 035, d=200mm, Alu-Profiltafeln (519m²), Alu-Bekleidung an First, Traufe, Ortgang (95m), Regenrinnen, Titanzink, kastenförmig (30m), halbrund (9m), Regenfallrohre DN100 (32m), Bitumenbahnen (379m²), EPS-Dämmung WLG 035, d=100mm, zweite Lage keilig, d=i.M. 94mm (208m²), Mineralfaserdämmung WLS 040, d=100mm, zweite Lage, d=i.M. 137mm (100m²), Folienabdichtung, Filtervlies, Rollkies 16/32mm, d=5cm (320m²), Perimeterdämmung WLG 035, d=60-120mm (34m²), Attika-abdeckung, Dämmung, d=60mm, OSB-Abdeckung, Abdichtung (52m), Dachabläufe DN100 (10St)				
	6100-1658 Einfamilienhaus				
		77,60 m²	19.957	**257,18**	132,52
	Holzfaser-Unterdeckung, d=60mm, Unterdeckbahn, Konterlattung 40x60mm, Traglattung 60x80mm, Stahl-Wellblechdeckung (78m²), Stellbretter (39m), Hängedachrinnen, Titanzink (15m), Fallrohre, Titanzink (6m), Standrohr (1St)				
364	**Dachbekleidungen**				
	4400-0334 Kindertagesstätte (8 Gruppen, 150 Kinder)				
		1.318,79 m²	108.398	**82,20**	65,74
	Akustikdecken, Gips-Kassetten 62,5x62,5cm, Abhängehöhe 40-90cm (1.075m²), ballwurfsicher (67m²), Friese (480m), GK-Lichtkuppelbekleidungen, h=45-150cm (13St), GK-Decke (8m²), Spachtelung Q4, Dispersionsbeschichtung (149m²), an Vordach: Holzfaserdämmung WLS 042, d=260mm (20m²), d=80mm (6m²), Armierungsschicht, Putz, Beschichtung (27m²), Brandschutzbekleidung Lüftungskanal (4m), Revisionsklappe (1St)				
	5100-0128 Sporthalle (Einfeldhalle)				
		826,70 m²	73.033	**88,34**	89,56
	Abgehängte Akustikdecken (244m²), GK-Decken (189m²), GKBI-Bekleidung (69m²), Spachtelung (294m²), Dispersionsbeschichtung (445m²), Latexbeschichtung (28m²), HPL-Bekleidung an First, Traufe, Ortgang, Vordach (110m²)				
	6100-1658 Einfamilienhaus				
		61,63 m²	5.897	**95,69**	39,16
	Installationsebene, d=30mm, GK-Bekleidung, Silikatbeschichtung (62m²)				
366	**Lichtschutz zur KG 360**				
	4400-0334 Kindertagesstätte (8 Gruppen, 150 Kinder)				
		4,32 m²	6.478	**1.499,64**	3,93
	Plissee-Solar-Verschattung, seilgeführt, akkugepufferter Motor, integriertes Solarpaneel (4m²), Fernbedienungen (3St)				
369	**Sonstiges zur KG 360**				
	4400-0334 Kindertagesstätte (8 Gruppen, 150 Kinder)				
		1.545,42 m² DAF	15.182	**9,82**	9,21
	Seilsicherungssystem: Edelstahl-Anschlagpunkte (45St), Stützrohre (28St), Edelstahlseil, D=6mm, l=25m (1St), l=55m (1St), Umlenkrollen (2St), Kraftbegrenzer (2St)				

Kostenkennwerte für die Kostengruppen 300 der 3.Ebene DIN 276

KG	Kostengruppe	Menge Einheit	Kosten €	€/Einheit	€/m² BGF
381	**Allgemeine Einbauten**				
	4400-0334 Kindertagesstätte (8 Gruppen, 150 Kinder)				
		1.648,86 m² BGF	5.358	**3,25**	3,25

Podeste für Teeküche (2St), Schranksockel (1St), Distanzrahmen (1St), Arbeitsplatten (4St), Dekorplatten mit Beckenausfräsung (2St)

	6100-1658 Einfamilienhaus				
		150,60 m² BGF	8.015	**53,22**	53,22

Einbau-Brüstungsregal, MDF, l=4,25m (1St), Holzsitzbank, l=4,55m, sechs Auszüge (1St), Waschtischmöbel, Auszüge (2St), Holzablage (2m)

Kostenkennwerte für die Kostengruppen 300 der 3. Ebene DIN 276

KG	Kostengruppe	Menge Einheit	Kosten €	€/Einheit	€/m² BGF
391	**Baustelleneinrichtung**				
	4400-0334 Kindertagesstätte (8 Gruppen, 150 Kinder)				
		1.648,86 m² BGF	86.777	**52,63**	52,63
	Baustelleneinrichtung, Hauptgewerk (psch), Nebengewerke (4St), Bauzaun (305m), Baustellen-WC (57Wo), Bauschild (1St), Baustromverteiler (2St), Gummischlauchleitungen (100m), Baustellenbeleuchtung (psch), Verkehrssicherung (psch), Baustrom				
	5100-0128 Sporthalle (Einfeldhalle)				
		815,50 m² BGF	119.053	**145,99**	145,99
	Baustelleneinrichtung Hauptgewerk (1St), Nebengewerke (11St), Baustraße aus Recyclingbeton (291m²), Kran (1St), Baustrom (1St), Gummischlauchleitungen H07RN-F (85m), Bauzaun (170m), Tor (1St), Bautür (1St), Unterkonstruktion für Bauschild (1St), Baustellen-WC (1St)				
	6100-1658 Einfamilienhaus				
		150,60 m² BGF	16.594	**110,19**	110,19
	Baustelleneinrichtung (psch), Baukran (1St), Schnurgerüst (1St), Bauzaun (20m), Baustellen-WC (1St), Bautür (1St), Bauwasser-, Baustromanschluss (1St)				
392	**Gerüste**				
	4400-0334 Kindertagesstätte (8 Gruppen, 150 Kinder)				
		1.648,86 m² BGF	28.442	**17,25**	17,25
	Fassadengerüst, Lastklasse 3 (1.208m²), Konsolen Auslegergerüst (213m), Rollgerüste, Lastklasse 3 (3St)				
	5100-0128 Sporthalle (Einfeldhalle)				
		815,50 m² BGF	45.526	**55,83**	55,83
	Arbeits- und Schutzgerüst, Lastklasse 4 (832m²), Brücke, l=3,00m (1St), Ausleger, b=30cm (279m), b=60cm (107m), Rollgerüste (2St)				
	6100-1658 Einfamilienhaus				
		150,60 m² BGF	14.388	**95,54**	95,54
	Fassadengerüste, Lastklasse 4 (283m²), Lastklasse 3 (323m²), Dachfanggerüst (41m), Gitterträger (1St)				
395	**Instandsetzungen**				
	4400-0334 Kindertagesstätte (8 Gruppen, 150 Kinder)				
		1.648,86 m² BGF	865	**0,52**	0,52
	Nach Glasbruch: Isolierglasscheibe, Dreifachverglasung, VSG innen und außen, 25x125cm ersetzen, gerissene Glasscheibe entsorgen (5h), Profilzylinder austauschen: nicht öffenbaren Profilzylinder aufbohren, entsorgen, neuen Profilzylinder einbauen (1St)				

KG	Kostengruppe	Menge Einheit	Kosten €	€/Einheit	€/m2 BGF
396	**Materialentsorgung**				
	4400-0334 Kindertagesstätte (8 Gruppen, 150 Kinder)	1.648,86 m2 BGF	1.362	**0,83**	0,83

Bauschuttentsorgung (psch)

KG	Kostengruppe	Menge Einheit	Kosten €	€/Einheit	€/m2 BGF
397	**Zusätzliche Maßnahmen**				
	4400-0334 Kindertagesstätte (8 Gruppen, 150 Kinder)	1.648,86 m2 BGF	20.832	**12,63**	12,63

Holz-Dach-/Deckenelemente abdecken, Folie (1.417m2), Vliesabdeckung für sichtbar bleibende Holzwände (691m2), Fenster-/Türelemente abkleben (426m2), Feinreinigung (32h), Glas- und Rahmenreinigung (psch), Bauendreinigung, innen (psch), Flachdachflächen absaugen, trockenlegen (86h), Eingangstür aushängen, zum Wiedereinbau lagern, Öffnung mit Bautür und Spanplatten schließen, Eingangstür wieder einsetzen (1St)

KG	Kostengruppe	Menge Einheit	Kosten €	€/Einheit	€/m2 BGF
	6100-1658 Einfamilienhaus	150,60 m2 BGF	1.272	**8,44**	8,44

Schutzabdeckungen, Karton (108m2), Bauteilabklebungen (76m2), Öffnungen schließen, Folie (16m2)

KG	Kostengruppe	Menge Einheit	Kosten €	€/Einheit	€/m2 BGF
398	**Provisorische Baukonstruktionen**				
	4400-0334 Kindertagesstätte (8 Gruppen, 150 Kinder)	1.648,86 m2 BGF	734	**0,45**	0,45

PE-Schlauch provisorisch an Notentwässerung angeschlossen (46m), HT-Rohre DN75, Formstücke, provisorischer Anschluss Dachentwässerung (12m)

KG	Kostengruppe	Menge Einheit	Kosten €	€/Einheit	€/m2 BGF
	5100-0128 Sporthalle (Einfeldhalle)	815,50 m2 BGF	924	**1,13**	1,13

Nebeneingangstür provisorisch mit OSB-Platten schließen, bei Bedarf öffnen (1St), flexibles PVC-Rohr DN100 als provisorische Ableitung von Regenwasser an vorhandene Rinneneinläufe anschließen (9m)

KG	Kostengruppe	Menge Einheit	Kosten €	€/Einheit	€/m2 BGF
399	**Sonstiges zur KG 390**				
	4400-0334 Kindertagesstätte (8 Gruppen, 150 Kinder)	1.648,86 m2 BGF	5.777	**3,50**	3,50

Schließanlage: Profilzylinder (74St), Blindzylinder (8St), Halbzylinder (2St), GHS-Schlüssel (6St), Gruppenschlüssel (65St)

Kostenkennwerte für die Kostengruppen 400 der 3.Ebene DIN 276

KG	Kostengruppe	Menge Einheit	Kosten €	€/Einheit	€/m² BGF
411	**Abwasseranlagen**				
	4400-0334 Kindertagesstätte (8 Gruppen, 150 Kinder)	1.648,86 m² BGF	38.257	**23,20**	23,20
	KG-Rohre DN100-125, Formstücke (253m), PP-Rohre DN40-110, Formstücke, Rohrdämmung (333m), Brandmanschetten (10St), Anschlüsse an Grundleitungen (46St), Bodenabläufe (7St), Küchenabläufe (3St), Flachdachabläufe (3St), Geruchsverschlüsse (3St)				
	5100-0128 Sporthalle (Einfeldhalle)	815,50 m² BGF	28.959	**35,51**	35,51
	PP-Rohre DN50-110, Formstücke (171m), Mauerkragen für Rohr DN110 (28St), Bodenabläufe (11St)				
	6100-1658 Einfamilienhaus	150,60 m² BGF	2.128	**14,13**	14,13
	Abwasserrohre DN50-125, Formstücke, Rohrdämmung (psch)				
412	**Wasseranlagen**				
	4400-0334 Kindertagesstätte (8 Gruppen, 150 Kinder)	1.648,86 m² BGF	90.731	**55,03**	55,03
	PE-Xa-Rohre DN12-32, Formstücke, Rohrdämmung (598m), Druckminderer-Filter-Kombi (1St), Kaltwasserverteiler (1St), Waschtische (16St), barrierefrei (1St), Handwaschbecken (1St), Ausgussbecken (2St), Spiel-Waschlandschaften (3St), Einbaubecken, Babywanne (3St), Tiefspül-WCs (6St), barrierefrei (2St), für Kinder (8St), für Babys (2St), Spülautomatik (8St), Stützklappgriffe (4St), Rückenstützen (2St), Brausearmatur (1St), Einbauspülen (4St), Durchlauferhitzer (24St), Außenarmaturen (3St)				
	5100-0128 Sporthalle (Einfeldhalle)	815,50 m² BGF	85.171	**104,44**	104,44
	Stahlrohre, Formstücke, Rohrdämmung (409m), Hauswasserstation DN40 (1St), Rückspülautomatik (1St), Hygienespülgerät Kaltwasser (1St), Tiefspül-WCs, Steuerungen (4St), barrierefrei (1St), Stützklappgriffe (4St), Rückenstützen (2St), Urinal (1St), Waschtische (10St), elektronisch gesteuerte Duschpaneele mit Zeitsteuerung (7St), Funktionscontroller (1St), Ausgussbecken (2St), Außenwandventile (2St), Armaturen				
	6100-1658 Einfamilienhaus	150,60 m² BGF	15.645	**103,88**	103,88
	Mehrschichtverbundrohre DN12-20, Formstücke, Rohrdämmung (psch), Brauchwasserpumpe (1St), Rückspürfilter (1St), Ventile (psch), Wand-WCs (2St), Aufsatz-Waschbecken, Armaturen (2St), Duschrinne, Kopfbrause, Wandarmatur (1St), Ausgussbecken (1St), Außenarmatur (1St)				

KG	Kostengruppe	Menge Einheit	Kosten €	€/Einheit	€/m²BGF
419	**Sonstiges zur KG 410**				
	4400-0334 Kindertagesstätte (8 Gruppen, 150 Kinder)				
		1.648,86 m²BGF	8.965	**5,44**	5,44
	Montageelemente für Waschtische (16St), für Wand-WCs (8St), barrierefrei (1St), für Kinder-WCs (8St), barrierefrei (1St), für Ausgussbecken (1St)				
	5100-0128 Sporthalle (Einfeldhalle)				
		815,50 m²BGF	15.612	**19,14**	19,14
	Montageelemente für WCs (5St), für Stützklappgriffe (4St), für Urinal (1St), für Waschtische (10St), für Ausgussbecken (1St)				
	6100-1658 Einfamilienhaus				
		150,60 m²BGF	4.638	**30,80**	30,80
	Montageelemente für WCs (2St), für Waschtischarmaturen (2St)				

Kostenkennwerte für die Kostengruppen 400 der 3.Ebene DIN 276

KG	Kostengruppe	Menge Einheit	Kosten €	€/Einheit	€/m² BGF
421	**Wärmeerzeugungsanlagen**				
	4400-0334 Kindertagesstätte (8 Gruppen, 150 Kinder)				
		1.648,86 m² BGF	50.777	**30,80**	30,80
	Sole/Wasser-Wärmepumpe 50kW (1St), Solepaket (1St), Pufferspeicher 500l (1St), Tauchheizkörper 7,5kW (1St), Heizwasserverteiler (1St), Plattenwärmetauscher (1St), Wärmepumpenmanager (1St), Raumklimastation (1St), Erweiterungsmodul (1St), Heizungsverteiler (1St), Membran-Ausdehnungsgefäß 80l (1St), Kugelhähne (44St), Mischer mit Stellantrieben (2St), Schmutzabscheider (1St), Entsalzungspatrone (1St), automatische Entlüfter (13St)				
	5100-0128 Sporthalle (Einfeldhalle)				
		815,50 m² BGF	44.383	**54,42**	54,42
	Gas-Brennwertthermen 35kW (2St), Ausdehnungsgefäße (2St), hydraulische Weiche (1St), Trinkwassererwärmer (1St), Zirkulationspumpe (1St), rückspülbarer Trinkwasserfeinfilter (1St), Pufferspeicher (1St)				
	6100-1658 Einfamilienhaus				
		150,60 m² BGF	15.906	**105,62**	105,62
	Gas-Brennwertkessel (1St), Nachspeisearmatur (1St), Ausdehnungsgefäß 35l (1St), Schlammabscheider (1St), Gasanschluss (psch)				
422	**Wärmeverteilnetze**				
	4400-0334 Kindertagesstätte (8 Gruppen, 150 Kinder)				
		1.648,86 m² BGF	54.989	**33,35**	33,35
	Kupferrohre DN15-64, Formstücke, Rohrdämmung (371m), Umwälzpumpen (6St)				
	5100-0128 Sporthalle (Einfeldhalle)				
		815,50 m² BGF	51.777	**63,49**	63,49
	Heizkreisverteiler (1St), Kugelhähne (14St), Schmutzfänger (5St), Stahlrohre, Formstücke, Rohrdämmung (510m)				
	6100-1658 Einfamilienhaus				
		150,60 m² BGF	1.703	**11,31**	11,31
	Kupferrohre DN12-25, Formstücke, Rohrdämmung (psch)				
423	**Raumheizflächen**				
	4400-0334 Kindertagesstätte (8 Gruppen, 150 Kinder)				
		1.648,86 m² BGF	49.645	**30,11**	30,11
	Fußbodenheizung, PE-Xa-Rohre DN16 (8.771m), Noppenplatten (968m²), Tackerplatten (344m²), Heizkreisverteiler, Heiz-/Kühlkreise (6St), Raumregler (39St), Regelverteiler Anwendung Heizen/Kühlen (6St), Verteilerschränke (6St), Stellantriebe (62St), Heizkörper, Thermostate (4St)				

KG	Kostengruppe	Menge Einheit	Kosten €	€/Einheit	€/m² BGF
	5100-0128 Sporthalle (Einfeldhalle)	815,50 m² BGF	61.488	**75,40**	75,40
	Weitspannträgersystem (320m), Deckenstrahlplatten, b=46cm, l=140cm (8St), l=120cm (4St), Ballabweishauben (74m²), Kompaktheizkörper (17St), Röhrenradiatoren (3St), Thermostate (20St)				
	6100-1658 Einfamilienhaus	150,60 m² BGF	5.924	**39,33**	39,33
	Fußbodenheizung, EPS-Tackerplatten, d=20-30mm, PE-Xa-Rohre 17x2mm, Stellantriebe (119m²), Verteilerschränke (2St)				
429	**Sonstiges zur KG 420**				
	6100-1658 Einfamilienhaus	150,60 m² BGF	1.258	**8,36**	8,36
	Abgasanlage, raumluftunabhängig (1St)				

Kostenkennwerte für die Kostengruppen 400 der 3.Ebene DIN 276

KG	Kostengruppe	Menge Einheit	Kosten €	€/Einheit	€/m² BGF
431	**Lüftungsanlagen**				
	4400-0334 Kindertagesstätte (8 Gruppen, 150 Kinder)	1.648,86 m² BGF	210.149	**127,45**	127,45

Zu-/Abluftgeräte 2.500m³/h, WRG, Regelung, Wärmetauscher (2St), Luftkanäle, Dämmung (365m²), Rundrohre DN100-200, Formstücke (398m), Alu-Flexrohre DN125-200, Formstücke (466m), Telefonieschalldämpfer (28St), flexible Schalldämpfer (25St), Kulissenschalldämpfer (10St), Schalldämmelemente (28St), Volumenstromregler (3St), Volumenstromkonstanthalter (39St), Brandschutzklappen (10St), Luftdurchlässe (143St)

	5100-0128 Sporthalle (Einfeldhalle)	815,50 m² BGF	76.334	**93,60**	93,60

Zu- und Abluftgerät mit WRG (1St), Lüftungsgitter (13St), Volumenstromregler (10St), Dachhauben (2St), Wetterschutzgitter (2St), Luftkanäle, Formstücke, Dämmung (98m²), Lüftungsrohre (65m), Flexrohre DN80-200 (7m)

	6100-1658 Einfamilienhaus	150,60 m² BGF	623	**4,13**	4,13

Einzelraumlüftungsgerät (1St)

Kostenkennwerte für die Kostengruppen 400 der 3. Ebene DIN 276

KG	Kostengruppe	Menge Einheit	Kosten €	€/Einheit	€/m² BGF
442	**Eigenstromversorgungsanlagen**				
	4400-0334 Kindertagesstätte (8 Gruppen, 150 Kinder)	1.648,86 m² BGF	19.261	**11,68**	11,68
	Photovoltaikanlage: Solarmodule 245Wp (36St), Alu-Montagegestelle, Betonplattenauflage (psch), Windleitbleche (4St), Solarkabel (190m), Wechselrichter (1St), Überspannungsableiter (1St), Solar-Gateway, Netzteil, Datenkabel (1St)				
	5100-0128 Sporthalle (Einfeldhalle)	815,50 m² BGF	9.182	**11,26**	11,26
	Notlichtsystem (1St), Brandschutzgehäuse (1St), 3-Phasenüberwachung (1St), Fernanzeige (1St)				
444	**Niederspannungsinstallationsanlagen**				
	4400-0334 Kindertagesstätte (8 Gruppen, 150 Kinder)	1.648,86 m² BGF	125.738	**76,26**	76,26
	Zählerschrank (1St), Verteiler, bestückt (1St), Unterverteiler, bestückt (5St), Brandschutzschalter (16St), LSS (2St), Sicherungen (12St), DALI-Steuerungen (3St), Mantelleitungen (10.861m), Ölflexleitungen (795m), Leerrohre (588m), Kunststoffkanäle (42m), Kabelrinnen (132m), Schalter, Taster (73St), Steckdosen (267St), CEE-Steckdosen (8St), Herdanschlussdosen (11St), Präsenzmelder (19St), Bewegungsmelder (13St)				
	5100-0128 Sporthalle (Einfeldhalle)	815,50 m² BGF	76.794	**94,17**	94,17
	Installationsverteiler (1St), Hauptschalter, dreipolig (1St), modularer Kombi-Ableiter (1St), Lasttrennschalter (5St), FI-Schutzschalter (6St), Brandschutzschalter (1St), LS-Schalter (38St), Stromstoßschalter (4St), Schütze (10St), Mantelleitungen NYM-J (5.010m), NYY-J (75m), J-H(St)H (1.300m), NHXH (125m), Gummileitungen H07RN-F (50m), H05VV-F (55m), Leerrohre (220m), Kabelrinnen (45m), Stahlpanzerrohre (50m), Steckdosen (57St), Schalter (7St), Taster (5St), Jalousieschalter (4St), Schlüsselschalter (5St), Geräte-Anschlussdosen (3St), CEE-Kombi-Dose (1St), Bewegungsmelder (28St)				
	6100-1658 Einfamilienhaus	150,60 m² BGF	13.367	**88,76**	88,76
	Zählerschrank (1St), FI-Schutzschalter (3St), Überspannungsschutz (2St), Sicherungen (24St), Mantelleitungen, Erdkabel, Leerrohre (psch), Steckdosen, doppelt (18St), einfach (10St), dreifach (2St), Außensteckdose (1St), Schalter, Taster (27St) Geräteanschlüsse (9St), Raumtemperaturregler (7St)				
445	**Beleuchtungsanlagen**				
	4400-0334 Kindertagesstätte (8 Gruppen, 150 Kinder)	1.648,86 m² BGF	52.351	**31,75**	31,75
	Einlegeleuchten 62x62cm (111St), Einbauleuchten 62x62cm (9St), Downlights (39St), Anbauleuchten, rund (35St), Pendelleuchten (14St), Deckenleuchten (12St), Einbauleuchte, Spot (1St), Sportstättenleuchten, ballwurfsicher (6St), Wannenleuchten (19St)				

KG	Kostengruppe	Menge Einheit	Kosten €	€/Einheit	€/m² BGF
	5100-0128 Sporthalle (Einfeldhalle)				
		815,50 m² BGF	54.592	**66,94**	66,94
	Rettungszeichenleuchten (18St), Ballschutzkörbe (12St), Sicherheitsleuchten (8St), ballwurfsicher (6St), Anbauleuchten (38St), ballwurfsicher (24St), Feuchtraumleuchten (13St), Außenleuchten (6St)				
	6100-1658 Einfamilienhaus				
		150,60 m² BGF	5.081	**33,74**	33,74
	Leuchten (30St), LED-Band (10m)				
446	**Blitzschutz- und Erdungsanlagen**				
	4400-0334 Kindertagesstätte (8 Gruppen, 150 Kinder)				
		1.648,86 m² BGF	24.160	**14,65**	14,65
	Ringerder, Edelstahl (521m), Funktionspotenzialausgleichsleiter, Stahldraht verzinkt (298m), Anschlussfahnen (20St), Potenzialausgleichsschienen (7St), Erdungskabel (20m)				
	5100-0128 Sporthalle (Einfeldhalle)				
		815,50 m² BGF	17.898	**21,95**	21,95
	Fangleitungen (320m), Erdungsleitungen (185m), Fundamenterder (160m), Ableitungen (115m), Fangspitzen (22St), Fangstangen (12St), Ringerder (320m), Anschlussfahnen (2St), Tiefenerder (2St), Hauptpotenzialausgleich (1St), Potenzialausgleichsschienen (7St), Banderdungsschellen (15St)				
	6100-1658 Einfamilienhaus				
		150,60 m² BGF	1.576	**10,47**	10,47
	V4A-Ringerder (41m), Fundamenterder (39m), Anschlussfahnen (2St), Potenzialausgleich (psch)				

Kostenkennwerte für die Kostengruppen 400 der 3.Ebene DIN 276

KG	Kostengruppe	Menge Einheit	Kosten €	€/Einheit	€/m² BGF
451	**Telekommunikationsanlagen**				
	4400-0334 Kindertagesstätte (8 Gruppen, 150 Kinder)	1.648,86 m² BGF	897	**0,54**	0,54
	Kabellose DECT-Telefone, Adapter RJ45/TAE (5St), Ladeschalen, Adapter Lan/TAE (2St)				
452	**Such- und Signalanlagen**				
	4400-0334 Kindertagesstätte (8 Gruppen, 150 Kinder)	1.648,86 m² BGF	1.598	**0,97**	0,97
	Ruf-Kompaktset für barrierefreies WC (1St), Hupen (7St), Klingeltransformatoren (3St), Klingelleitungen (87m)				
	5100-0128 Sporthalle (Einfeldhalle)	815,50 m² BGF	831	**1,02**	1,02
	WC-Notrufanlage (1St), elektronische Gongs (2St), Ballschutzkorb (1St), Klingeltransformator (1St)				
455	**Audiovisuelle Medien- und Antennenanlagen**				
	4400-0334 Kindertagesstätte (8 Gruppen, 150 Kinder)	1.648,86 m² BGF	684	**0,41**	0,41
	Koaxialkabel (229m), Antennenanschlussdosen (2St)				
456	**Gefahrenmelde- und Alarmanlagen**				
	4400-0334 Kindertagesstätte (8 Gruppen, 150 Kinder)	1.648,86 m² BGF	10.682	**6,48**	6,48
	Funk-Branderkennungsanlage, Programmierung (1St), Funk-Rauchmelder (40St), Funk-Wärmemelder (6St), Funk- Reichweitenverstärker (1St), Backup-Akkus (2St)				
	5100-0128 Sporthalle (Einfeldhalle)	815,50 m² BGF	18.032	**22,11**	22,11
	Brandmeldezentrale (1St), analoges Wählgerät (1St), Blitz-/Überspannungsableiter (1St), Brandmeldekabel JY-(St)-Y (750m), E30 (120m), optische Rauchmelder (3St), akustische Warntongeber (12St), Ballschutzkörbe (10St), Handmelder (6St), Feuerwehrlaufkarten (25St)				
457	**Datenübertragungsnetze**				
	4400-0334 Kindertagesstätte (8 Gruppen, 150 Kinder)	1.648,86 m² BGF	14.798	**8,97**	8,97
	Netzwerkschrank (1St), Verteiler 19", 24HE (3St), Panel 25 Port (1St), Router (1St), Datenkabel Cat7 (1.540m), Datenanschlussdosen, einfach (5St), zweifach (32St), Patchkabel Cat6 (5St), Steuerleitungen (799m), Switch (1St)				
	5100-0128 Sporthalle (Einfeldhalle)	815,50 m² BGF	355	**0,44**	0,44
	Datenkabel Cat7 (100m)				
	6100-1658 Einfamilienhaus	150,60 m² BGF	715	**4,75**	4,75
	Datenverkabelung (psch), Datenanschlussdosen (2St)				

Kostenkennwerte für die Kostengruppen 400 der 3. Ebene DIN 276

KG	Kostengruppe	Menge Einheit	Kosten €	€/Einheit	€/m² BGF
471	**Küchentechnische Anlagen**				
	4400-0334 Kindertagesstätte (8 Gruppen, 150 Kinder)				
		1.648,86 m² BGF	130.185	**78,95**	78,95
	Umluft-Kühlschränke (3St), Umluft-Tiefkühlschränke (2St), Außen-Kälteaggregate, Dachaufstellung (2St), Kombidämpfer (1St), Kondensationshaube (1St), Elektro-Kippbratpfanne (1St), Kochfeld (1St), Arbeitstische (3St), Tischplatte (1St), Arbeitsschränke (4St), Schubladenblöcke (2St), Spültisch, Unterbau (1St), Handwasch-/Ausgusskombination (1St), Geschirrbrause (1St), Haubenspülmaschine (1St), Abluft-WRG (1St), Ablauftisch (1St), Wandhaube (1St), Hängeschrank (1St), Regale (3St)				
474	**Feuerlöschanlagen**				
	4400-0334 Kindertagesstätte (8 Gruppen, 150 Kinder)				
		1.648,86 m² BGF	1.458	**0,88**	0,88
	Feuerlöscher: Schaum-Löscher, 6l (8St), Kohlendioxid-Löscher, 5kg (1St), Fettbrand-Löscher, 6l (1St)				

Kostenkennwerte für die Kostengruppen 400 der 3. Ebene DIN 276

KG	Kostengruppe	Menge Einheit	Kosten €	€/Einheit	€/m² BGF
481	**Automationseinrichtungen**				
	4400-0334 Kindertagesstätte (8 Gruppen, 150 Kinder)	1.648,86 m² BGF	19.095	**11,58**	11,58
	KNX-Anlage, Projektierung (psch), KNX-Spannungsversorgung (2St), Koppler (1St), USB-Schnittstellen (2St), Wetterstation (1St), Binäreingänge, vierfach (1St), KNX-Tastermodule, ein- bis vierfach (23St), KNX-Präsenzmelder (12St), Jalousie-/Schaltaktoren (5St), Schaltaktoren mit Handbetätigung (3St)				
	5100-0128 Sporthalle (Einfeldhalle)	815,50 m² BGF	16.824	**20,63**	20,63
	KNX-Raumbediengerät (1St), Wetterzentrale, Wettersensoren (1St), Luftqualitätssensor (1St), DALI Gateway (2St), Schaltaktor 8-fach (1St), Schaltnetzteil (1St), Linienkoppler (1St), Gruppentaster mit Busankoppler (4St), EIB-Spannungsversorgung (1St), Jalousieaktor (1St)				
484	**Kabel, Leitungen und Verlegesysteme**				
	4400-0334 Kindertagesstätte (8 Gruppen, 150 Kinder)	1.648,86 m² BGF	1.142	**0,69**	0,69
	Busleitungen, EIB (403m)				
	5100-0128 Sporthalle (Einfeldhalle)	815,50 m² BGF	581	**0,71**	0,71
	MSR-Leitungen J-Y(ST)Y (200m)				

Kostenkennwerte für die Kostengruppen 400 der 3. Ebene DIN 276

KG	Kostengruppe	Menge Einheit	Kosten €	€/Einheit	€/m² BGF
491	**Baustelleneinrichtung**				
	5100-0128 Sporthalle (Einfeldhalle)	815,50 m² BGF	4.149	**5,09**	5,09
	Baustelleneinrichtung (psch), Baustromverteiler (1St), Gummischlauchleitungen H07RN-F (50m), Feuchtraumleuchten (10St)				
	6100-1658 Einfamilienhaus	150,60 m² BGF	457	**3,03**	3,03
	Baustelleneinrichtung HLS (psch)				
492	**Gerüste**				
	4400-0334 Kindertagesstätte (8 Gruppen, 150 Kinder)	1.648,86 m² BGF	625	**0,38**	0,38
	Gerüst (psch)				
	5100-0128 Sporthalle (Einfeldhalle)	815,50 m² BGF	3.955	**4,85**	4,85
	Montagegerüste (psch), Arbeitsbühne, h bis 7,00m (1St)				
497	**Zusätzliche Maßnahmen**				
	4400-0334 Kindertagesstätte (8 Gruppen, 150 Kinder)	1.648,86 m² BGF	7.863	**4,77**	4,77
	Miete für mobiles Heizgerät, Stellmotor (4Wo), Heizöl (psch)				

Kostenkennwerte für die Kostengruppen 500 der 3. Ebene DIN 276

KG	Kostengruppe	Menge Einheit	Kosten €	€/Einheit	€/m² BGF
511	**Herstellung**				
	4400-0334 Kindertagesstätte (8 Gruppen, 150 Kinder)				
		251,32 m³ EBR	8.992	**35,78**	5,45
	Baugrubenaushub BK 3-6, t=0,80-1,00m, lösen, lagern, mit Folie abdecken, Planum (57m³), laden, entsorgen (35m³), Schachtaushub, t=2,20m, lagern, verfüllen (38m³), Rohrgrabenaushub, lagern, verfüllen (156m³)				
	5100-0128 Sporthalle (Einfeldhalle)				
		28,95 m³ EBR	6.095	**210,52**	7,47
	Rohrgrabenaushub BK 1-4, t bis 1,20m, lagern, wieder einbauen (32m), laden, abfahren (12m³), Füllboden für Rohrgräben, liefern, einbauen (12m³), Handschachtung, t bis 1,20m (5m), Baugruben als Kopflöcher für Rohrleitungen, t=1,50m, l=1,50m, b=1,50m (2St)				
	6100-1658 Einfamilienhaus				
		74,50 m³ EBR	5.205	**69,87**	34,56
	Rohrgrabenaushub, lagern, verfüllen (68m³), Schachtaushub (7m³), Verfüllung mit Mineralbeton (4m³), Kopfloch (1St)				
512	**Umschließung**				
	4400-0334 Kindertagesstätte (8 Gruppen, 150 Kinder)				
		138,00 m²	1.084	**7,86**	0,66
	Rohrgrabenverbau, t=1,00-2,00m (46m)				
513	**Wasserhaltung**				
	5100-0128 Sporthalle (Einfeldhalle)				
		–	2.790	–	3,42
	Grundwasserabsenkung (32m), offene Wasserhaltung für Rohrgräben, vorhalten, abbauen (32m)				

Kostenkennwerte für die Kostengruppen 500 der 3. Ebene DIN 276

KG	Kostengruppe	Menge Einheit	Kosten €	€/Einheit	€/m² BGF
522	**Gründungen und Bodenplatten**				
	4400-0334 Kindertagesstätte (8 Gruppen, 150 Kinder)				
		52,92 m²	4.667	**88,20**	2,83
	Drei Nebengebäude: Stb-Bodenplatten C20/25, d=20cm, Schalung, Bewehrung (53m²)				
524	**Abdichtungen und Bekleidungen**				
	4400-0334 Kindertagesstätte (8 Gruppen, 150 Kinder)				
		65,52 m²	1.340	**20,45**	0,81
	Kapillarbrechende Schicht, aus Sportplatzoberbau, lagernd (23m³), vertikal: Bitumenschweißbahnen, zweilagig (13m²)				

Kostenkennwerte für die Kostengruppen 500 der 3. Ebene DIN 276

KG	Kostengruppe	Menge Einheit	Kosten €	€/Einheit	€/m² BGF
533	**Plätze, Höfe, Terrassen**				
	6100-1658 Einfamilienhaus	25,00 m²	647	**25,86**	4,29
	Schottertragschicht 16/32mm, d=20cm (25m²)				
539	**Sonstiges zur KG 530**				
	6100-1658 Einfamilienhaus	25,00 m² BFF	776	**31,03**	5,15
	Kiestraufe 16/32mm, b=30cm, d=50cm (6m³)				

Kostenkennwerte für die Kostengruppen 500 der 3. Ebene DIN 276

KG	Kostengruppe	Menge Einheit	Kosten €	€/Einheit	€/m² BGF
545	**Überdachungen**				
	4400-0334 Kindertagesstätte (8 Gruppen, 150 Kinder)				
		62,30 m²	52.925	**849,52**	32,10

Drei Nebengebäude: Brettsperrholzwände, d=10cm (120m²), Brettsperrholzdächer, d=10cm, Kunststoffdachbahnen, Befestigungsschienen (62m²), Wandbekleidungen Spielgerätehäuser: UK, Boden-Deckelschalung, lasiert (66m²), Sockel, Faserzementplatten, lasiert, h=42cm (30m), Wandbekleidungen Kinderwagenabstellhaus: UK, Rhombusleisten (45m²), Sockeldämmung WLS 042, d=40mm, Armierung, Putz, Beschichtung (8m²); Holz-Alu-Fenstertüren (7m²), Kunststofffenster (1m²)

Kostenkennwerte für die Kostengruppen 500 der 3. Ebene DIN 276

KG	Kostengruppe	Menge Einheit	Kosten €	€/Einheit	€/m² BGF
551	**Abwasseranlagen**				
	4400-0334 Kindertagesstätte (8 Gruppen, 150 Kinder)	5.269,91 m² AF	32.098	**6,09**	19,47
	PP-Rohre DN100-200, Formstücke (224m), Kontrollschächte DN1.000, t=0,97-1,31m (3St), Übergabeschacht DN1.000, t=1,45m (1St), PE-Fettabscheider, h=1,59m, Gesamtvolumen 930l (1St), Aufsatzsystem Fettabscheider, Belastungsklasse D400 (1St), Probenentnahmeschacht DN100 (1St)				
	6100-1658 Einfamilienhaus	547,70 m² AF	3.456	**6,31**	22,95
	KG-Rohre DN125, Formstücke (20m), Kontrollschacht DN1.200, vier Schachtringe 50cm (1St), Abstürze (2St), Kanalanschluss (psch)				
552	**Wasseranlagen**				
	5100-0128 Sporthalle (Einfeldhalle)	–	1.166	–	1,43
	PE-Rohre DN40 (32m), Anschlüsse an vorhandene PE-Rohre (2St)				
	6100-1658 Einfamilienhaus	547,70 m² AF	909	**1,66**	6,04
	KG-Leerrohre (25m), Sandbett (2m³)				
554	**Wärmeversorgungsanlagen**				
	4400-0334 Kindertagesstätte (8 Gruppen, 150 Kinder)	5.269,91 m² AF	80.498	**15,28**	48,82
	Erdsondenanlage 40kW, acht Bohrungen, t=100,00m, Bohrgut entsorgen, Doppel-U-Sonden, PE-Druckrohre DN32 einsetzen, Bohrlöcher verpressen (794m), Frostschutzmittel (700l), Soleverteiler, PE-Schacht, Sondenanschlüsse, Erdarbeiten (1St), PE-Erdsondenleitung DN63, Anbindung Gebäude (42m), Pressringverschlüsse (2St), Anschlussgräben ausheben, verfüllen (94m), Geothermal-Response-Test (1St)				
557	**Kommunikations-, sicherheits- und informationstechnische Anlagen, Automation**				
	4400-0334 Kindertagesstätte (8 Gruppen, 150 Kinder)	5.269,91 m² AF	234	**0,04**	0,14
	Kabelleerrohre DN100, Zugdraht, Sandabdeckung (19m)				

Kostenkennwerte für die Kostengruppen 500 der 3.Ebene DIN 276

KG	Kostengruppe	Menge Einheit	Kosten €	€/Einheit	€/m² BGF
591	**Baustelleneinrichtung**				
	4400-0334 Kindertagesstätte (8 Gruppen, 150 Kinder)				
		5.269,91 m² AF	850	**0,16**	0,52
	Baustelleneinrichtung (psch)				
592	**Gerüste**				
	4400-0334 Kindertagesstätte (8 Gruppen, 150 Kinder)				
		5.269,91 m² AF	521	**0,10**	0,32
	Gerüste (2St)				
594	**Abbruchmaßnahmen**				
	5100-0128 Sporthalle (Einfeldhalle)				
		–	1.227	–	1,50
	Asphalt aufnehmen, entsorgen, untere Schichten aus Fein- und Grobkies lagern, wieder auftragen (38m²)				
597	**Zusätzliche Maßnahmen**				
	4400-0334 Kindertagesstätte (8 Gruppen, 150 Kinder)				
		5.269,91 m² AF	433	**0,08**	0,26
	Witterungsschutz der Dachflächen, Vordeckbahnen verklebt, temporär (38m²)				

Anhang

Verzeichnis der Architektur- und Planungsbüros

ARCHITEKTURBUERO 1 ZT GmbH; Linz	4100-0240
abhd architekten, denzinger und partner mbB; Neuburg	4400-0365
Angelis & Partner Architekten mbB; Oldenburg	7200-0100
ANP Architektur- und Planungsgesellschaft mbH; Kassel	7200-0102
ARCHITEKTanBORD, Dipl.-Ing. Viktor Walter; Augsburg	5300-0021
ARCHITEKTEN BDA, G. GRELLMANN, R. KRIEBEL, C. TEICHMANN & PARTNER; Würzburg	2200-0064
ARGE Architekten Dennes Janßen, Dennis Winkler; Bremen	6100-1673
arnold, claus architekt bda, m. eng. dipl.-ing. fh architekt; Würzburg	6100-1658
BAUCONZEPT ® PLANUNGSGESELLSCHAFT MBH; Lichtenstein	5100-0140
b@ugilde architekten; Diez	6100-1661
Bayerische Staatsforsten AöR, Thomas Feigl & Lisa Schex; Regensburg	6100-1612
Becker, Henrik, Architekt ETH; Hamburg	6100-1621
Becker, Thomas, Architekten GmbH; Ennigerloh	6100-1633
Behnisch Architekten München Partnerschaft mbB; München	1300-0310
Bernhardt + Bergemann und Beckmann Partner mbB; Neubrandenburg	3100-0036
Berschneider + Berschneider Architekten BDA + Innenarchitekten; Pilsach	4400-0366
Bindhammer Architekten, Stadtplaner und Beratender Ingenieur Part mbB; Bayerbach	9700-0035
BKS Architekten, Hilt + Uhl PartGmbB; Trier	7100-0073
BKSA Hamburg GmbH; Hamburg	4400-0387
Bocklage + Buddelmeyer Architekten GmbH; Vechta	9700-0034
architekten Borne + Heinz + Linden PartGmbB; Bitburg	6100-1638
BPVARCHITEKTEN; Hamburg	4100-0230
brack architekten; Kempten	6100-1651
Brechtel Architekten PartG mbB; Köln	6200-0122, 6200-0123
Buck, Sven+ Partner, Freischaffende Architekten PartGmbB; Neustadt-Glewe	1300-0308
c/o now (Studio CO NOW GmbH); Berlin	6100-1627
cl.ar Carsten Larusch Architektur; Bitburg	6100-1629
dh bauplanung & betreuung GmbH; Soest	7300-0111
DIESSBACHER ARCHITEKTUR GmbH; Traunstein	6100-1611
Dillig Architekten GmbH; Simmern	1300-0305, 5100-0141
DNR Daab Nordheim Reutler PartG mbB; Leipzig	4400-0386
DNR Architekten, Stadt- und Umweltplaner PartGmbB; Leipzig	6100-1616
Druschke und Grosser Architektur, Architekten BDA; Duisburg	6100-1677
Echt.Fietz+Assoziierte GmbH I Architekten BDA; Dortmund	7600-0095
edelhoff + reska architekten und partner mbB; Remscheid	6100-1617
f64 Architekten und Stadtplaner PartGmbB; Kempten	7100-0070
Falkenhagen + Falkenhagen; Remmels	9300-0012
Firmhofer + Günther Architekten PartG mbB; München	4400-0388
foundation 5+ architekten BDA; Kassel	6200-0126, 7300-0110, 9100-0212
Freitag Hartmann Architekten, Berlin	4400-0368
fries architekten GmbH; Vallendar	6500-0061
Fröbel, Sylvia, Architekturbüro; Bornheim	6100-1670
Galandi Schirmer Architekten + Ingenieure GmbH; Berlin	6100-1624
Gerhardy, Christian Dipl.-Ing. (FH), Stadtverwaltung Wittlich; Wittlich	4400-0334
grabowski.spork GmbH; Wiesbaden	6100-1622
grüningerarchitekten I BDA; Darmstadt	1300-0298
GSP Gerlach Schneider Partner Architekten mbB; Bremen	2200-0062
Hampel Kotzur & Kollegen, Architekten und Ingenieure; Cottbus	6100-1648
Heilmaier Planungsgruppe; Erding	6100-1639
HERZOG GmbH, Architekturbüro; Lörrach	4100-0240
Heske Hochgürtel Lohse Architekten PartGmbB; Lübeck	3300-0018
HfM Architektur + Energiedesign; Fulda	6100-1657

hiendl_schineis architekten, projektleitung regina schineis; Passau	4300-0026
Hormann Architektur; Hamburg	6400-0123
integrale planung; Marburg	3100-0035, 6100-1620
JF ARCHITEKTEN UND STADTPLANER; Husum	4400-0370, 4400-0371, 5100-0128
Kammerl & Kollegen; Pfaffing	6400-0122
Klumpe Architekten GbR; Mannheim	6100-1680
Kramm & Strigl, Architekten und Stadtplanergesellschaft mbH; Darmstadt	6100-1656
KRAUS Architekten und Ingenieure GmbH; Köln	1300-0304
kraus.krauss Architekten GmbH; Neumarkt i.d.OPf.	9700-0033
Lehn, Patrick, Architekt BDA; Kevelaer	6100-1679
Lengfeld & Wilisch Architekten PartG mbB; Darmstadt	7800-0033
Liebscher-Tauber und Tauber Architekten PartG mbB; Berlin	6100-1604
LKK Lehrecke Kammerer Keiß, Gesellschaft von Architekt:innen mbH BDA; Berlin	4500-0020
LVR-Archäologischer Park Xanten, Bauabteilung; Xanten	9100-0206
mann architektur+, Prof. Michael Mann; Erfurt	6100-1615
Matzak, Kai; Köln	6100-1628
MBPK Architekten und Stadtplaner GmbH; Berlin	6100-1603
MHB Architekten + Ingenieure GmbH; Berlin	6400-0121
MHB GmbH; Rostock	6500-0059
MZ Architektur, Meier + Zeug; Rostock	1300-0309
Naujack.Rind.Hof GmbH Architekten BDA; Koblenz	5100-0142
Neukirch Architektur; Trier	6400-0125
Neumann & Heinsdorff Architekten; München	6100-1660
Neustadtarchitekten; Hamburg	6100-1634
Niebergall, Ralf, Prof. Dipl.-Ing.; Magdeburg	6500-0058
Niebler + Thormann Architekten GmbH; Donauwörth	6100-1610
Obereisenbuchner Architekturbüro; Pfaffenhofen	4400-0378
OCEAN ARCHITECTS GmbH; Waren	4400-0373
Ortmann & Möller Bauplanung GmbH; Lastrup	7600-0100
Otto Architektur; Oldenburg	1300-0311
Patzschke Schwebel Planungsgesellschaft mbH; Berlin	6100-1605
petri architekten; Dreieich	6100-1674
PFALZARCHITEKT REITER Weinarchitektur/Loftarchitektur/Firmenarchitektur; Kindenheim	7100-0072
pfeifer architekten; Berlin	6100-1605
.pg1 Architekten BDA; Kaiserslautern	6100-1682
PL Architekten GmbH; Aachen	3300-0017
PLANFAKTUR Architekten BDA PartGmbB; Montabaur	5100-0142
ppp architekten + stadtplaner gmbh; Lübeck	1300-0302, 9100-0210
pressel & müller architekten; Frankfurt am Main	4400-0381
PSA Pfletscher und Steffan, Architekten + Ingenieure; München	4400-0379
querluft Architekten GmbH; Straubing	6400-0124
raum-z architekten gmbh; Frankfurt am Main	6400-0095
Redelbach, Georg, Architekten; Marktheidenfeld	7600-0097
r|eese a|rchitekten; Moers	1300-0300
Reith Wehner Storch Architekten; Fulda	6100-1613
Renn Architektur DA; Darmstadt	7700-0092
RENNER HAINKE WIRTH ZIRN ARCHITEKTEN GMBH; Hamburg	6100-1662
roller architekten gmbh; Kassel	6100-1614
RSE+ Architekten Ingenieure GmbH; Kassel	4400-0384
Ruge, Peter, Architekten GmbH; Berlin	6100-1626
saboArchitekten BDA; Hannover	6100-1675
schäfer krause schulz architekten mbB; Hannover	7600-0101

Verzeichnis der Architektur- und Planungsbüros	Obj.-Nr.
Scheidt Kasprusch Architekten; Berlin	5100-0128
SCHOYERER ARCHITEKTEN_SYRA; Mainz	7800-0032
sehw architektur GmbH; Berlin	2200-0061
SCHNEEWEISS ARCHITEKTEN; Saarbrücken	6100-1619
SSP AG; Bochum	1300-0306
Stadtbauamt Zweibrücken; Zweibrücken	4400-0382
Steimle Architekten GmbH, Freie Architekten BDA; Stuttgart	9100-0207
STEIN HEMMES WIRTZ ARCHITEKTEN; Kassel	6200-0127
Steiner Weißenberger Architekten; Berlin	5300-0022
Steinke + Zils Architekten und Partner mbB; Marl	4300-0025
Steinwender Architekten GmbH; Heide	1300-0307
SWP schäferwenningerprojekt GmbH; Berlin	6100-1635
Szymanski, Martin, Dipl.Ing. (FH); Satteldorf-Gröningen	4400-0383
tafkaoo architects GmbH; Berlin	6100-1650
TILGNER, ulrich, GROTZ, thomas, Architekten GmbH; Bremen	4400-0380
trapp wagner Architekten + Ingenieure PartG mbH; Hünfeld	4400-0372
tsj-architekten gmbh; Lübeck	4100-0233
Uedingslohmann, Corneille, Architekten; Köln	6100-1678
Urban, Kai, Architektur & Bauleitung; Lübeck	7700-0094
von Dobro-Wolski, Inke, Dipl. Ing. Architektin; Stedesand	7600-0096
wack + marx - architekten; St. Ingbert	7600-0098
Wandel Lorch Götze Wach GmbH; Frankfurt am Main	6100-1649
wbs3 architekten; Berlin	6100-1605
Weber, Ferdinand; Regensburg	6100-1632
Wanja Wechselberger Studio & Legeer Architekten; Berlin	6100-1618
Wegner, Matthias; Potsdam	6100-1635
Wendling Architektur; Köln-Deutz	6100-1630, 6100-1631
werk.um architekten; Darmstadt	4400-0364
WOLLENWEBERARCHITEKTUR; Düsseldorf	4100-0235, 4400-0369
wulf architekten gmbh; Stuttgart	6500-0060
ZACHARIAS PLANUNGSGRUPPE GbR; Sankt Augustin	7600-0099
ZELUBA DGI Bauwerk; Berlin	2200-0063
ZRS Architekten GvA mbH; Berlin	4200-0041
zweiwerk architekten, Kaus + Kurz PartmbB; Köln	1300-0300
Zymara Loitzenbauer Giesecke Architekten BDA; Hannover	6100-1654

Der Herausgeber dankt den genannten Büros für die zur Verfügung gestellten Objektdaten.

Anhang

Regionalfaktoren

Regionalfaktoren Deutschland

Diese Faktoren geben Aufschluss darüber, inwieweit die Baukosten in einer bestimmten Region Deutschlands teurer oder günstiger liegen als im Bundesdurchschnitt. Sie können dazu verwendet werden, die BKI Baukosten an das besondere Baupreisniveau einer Region anzupassen.
Hinweis: Alle Angaben wurden durch Untersuchungen des BKI weitgehend verifiziert. Dennoch können Abweichungen zu den angegebenen Werten entstehen. In Grenznähe zu einem Land-/Stadtkreis mit anderen Baupreisfaktoren sollte dessen Baupreisniveau mit berücksichtigt werden, da die Übergänge zwischen den Land-/Stadtkreisen fließend sind. Die Besonderheiten des Einzelfalls können ebenfalls zu Abweichungen führen.
Für die größeren Inseln Deutschlands wurden separate Regionalfaktoren ermittelt. Dazu wurde der zugehörige Landkreis in Festland und Inseln unterteilt. Alle Inseln eines Landkreises erhalten durch dieses Verfahren den gleichen Regionalfaktor. Der Regionalfaktor des Festlandes erhält keine Inseln mehr und ist daher gegenüber früheren Ausgaben verringert.

Land- / Stadtkreis / Insel	Bundeskorrekturfaktor
Aachen, Städteregion	0,945
Ahrweiler	1,001
Aichach-Friedberg	1,089
Alb-Donau-Kreis	1,013
Altenburger Land	0,887
Altenkirchen (Westerwald)	0,990
Altmarkkreis Salzwedel	0,892
Altötting	0,987
Alzey-Worms	0,970
Amberg, Stadt	1,090
Amberg-Sulzbach	1,059
Ammerland	0,848
Amrum, Insel	1,280
Anhalt-Bitterfeld	0,835
Ansbach	1,038
Ansbach, Stadt	1,072
Aschaffenburg	1,086
Aschaffenburg, Stadt	1,072
Augsburg	1,099
Augsburg, Stadt	1,231
Aurich, Festlandanteil	0,733
Aurich, Inselanteil	1,200
Bad Dürkheim	1,058
Bad Kissingen	1,040
Bad Kreuznach	0,953
Bad Tölz-Wolfratshausen	1,169
Baden-Baden, Stadtkreis	1,014
Baltrum, Insel	1,200
Bamberg	1,089
Bamberg, Stadt	1,217
Barnim	0,878
Bautzen	0,911
Bayreuth	1,134
Bayreuth, Stadt	1,033
Berchtesgadener Land	1,138
Bergstraße	1,027
Berlin, Stadt	1,120
Bernkastel-Wittlich	1,055
Biberach	1,023
Bielefeld, Stadt	0,868
Birkenfeld	1,046
Bochum, Stadt	0,891
Bodenseekreis	0,973
Bonn, Stadt	0,918
Borken	0,917
Borkum, Insel	1,115
Bottrop, Stadt	0,856
Brandenburg an der Havel, Stadt	0,985
Braunschweig, Stadt	0,783
Breisgau-Hochschwarzwald	1,101
Bremen, Stadt	0,976
Bremerhaven, Stadt	0,946
Burgenlandkreis	0,869
Böblingen	1,107
Börde	0,895
Calw	1,072
Celle	0,838
Cham	0,905
Chemnitz, Stadt	0,848
Cloppenburg	0,756
Coburg	1,010
Coburg, Stadt	1,140
Cochem-Zell	0,991
Coesfeld	0,933
Cottbus, Stadt	0,877
Cuxhaven	0,788
Dachau	1,174
Dahme-Spreewald	0,953
Darmstadt, Stadt	1,046
Darmstadt-Dieburg	1,002

Deggendorf 0,975
Delmenhorst, Stadt 0,794
Dessau-Roßlau, Stadt 0,898
Diepholz 0,820
Dillingen a.d.Donau 1,092
Dingolfing-Landau 0,986
Dithmarschen 1,024
Donau-Ries 1,047
Donnersbergkreis 0,967
Dortmund, Stadt 0,792
Dresden, Stadt 0,905
Duisburg, Stadt 0,923
Düren 0,977
Düsseldorf, Stadt 0,990

Ebersberg 1,294
Eichsfeld 0,907
Eichstätt 1,046
Eifelkreis Bitburg-Prüm 1,009
Elbe-Elster 0,876
Emden, Stadt 0,704
Emmendingen 1,102
Emsland 0,820
Ennepe-Ruhr-Kreis 0,891
Enzkreis 1,043
Erding 1,163
Erfurt, Stadt 0,901
Erlangen, Stadt 1,143
Erlangen-Höchstadt 1,046
Erzgebirgskreis 0,891
Essen, Stadt 0,888
Esslingen 1,028
Euskirchen 0,931

Fehmarn, Insel 1,170
Flensburg, Stadt 0,792
Forchheim 1,099
Frankenthal (Pfalz), Stadt 0,943
Frankfurt (Oder), Stadt 0,825
Frankfurt am Main, Stadt 1,028
Freiburg im Breisgau, Stadtkreis 1,171
Freising 1,112
Freudenstadt 1,050
Freyung-Grafenau 0,990
Friesland, Festlandanteil 0,818
Friesland, Inselanteil 1,399
Fulda 1,000
Föhr, Insel 1,280
Fürstenfeldbruck 1,281
Fürth 1,077
Fürth, Stadt 1,017

Garmisch-Partenkirchen 1,163
Gelsenkirchen, Stadt 0,898
Gera, Stadt 0,917
Germersheim 1,020
Gießen 0,999
Gifhorn 0,861
Goslar 0,837
Gotha 0,880
Grafschaft Bentheim 0,852
Greiz 0,945
Groß-Gerau 0,975
Göppingen 1,033
Görlitz 0,887
Göttingen 0,865
Günzburg 1,091
Gütersloh 0,901

Hagen, Stadt 0,874
Halle (Saale), Stadt 0,823
Hamburg, Freie und Hansestadt 1,153
Hameln-Pyrmont 0,834
Hamm, Stadt 0,873
Hannover, Region 0,934
Harburg 0,980
Harz 0,845
Havelland 0,985
Haßberge 1,088
Heidekreis 0,896
Heidelberg, Stadtkreis 1,087
Heidenheim 0,986
Heilbronn 1,012
Heilbronn, Stadtkreis 1,036
Heinsberg 0,950
Helgoland, Insel 1,392
Helmstedt 0,820
Herford 0,851
Herne, Stadt 0,934
Hersfeld-Rotenburg 0,987
Herzogtum Lauenburg 0,931
Hiddensee, Insel 1,101
Hildburghausen 0,895
Hildesheim 0,840
Hochsauerlandkreis 0,920
Hochtaunuskreis 1,018
Hof 1,130
Hof, Stadt 1,165
Hohenlohekreis 1,052
Holzminden 0,787
Höxter 0,925

Ilm-Kreis 0,860
Ingolstadt, Stadt 1,128

Jena, Stadt 1,000
Jerichower Land 0,849
Juist, Insel 1,200

Kaiserslautern	0,975
Kaiserslautern, Stadt	0,984
Karlsruhe	1,006
Karlsruhe, Stadtkreis	1,116
Kassel	0,994
Kassel, Stadt	0,983
Kaufbeuren	1,073
Kelheim	0,983
Kempten (Allgäu)	1,067
Kiel, Stadt	1,136
Kitzingen	1,065
Kleve	0,911
Koblenz, Stadt	0,906
Konstanz	1,052
Krefeld, Stadt	0,844
Kronach	1,135
Kulmbach	1,038
Kusel	0,961
Kyffhäuserkreis	0,901
Köln, Stadt	0,962

Lahn-Dill-Kreis	1,010
Landau in der Pfalz, Stadt	0,956
Landsberg am Lech	1,158
Landshut	0,994
Landshut, Stadt	1,110
Langeoog, Insel	1,076
Leer, Festlandanteil	0,721
Leer, Inselanteil	1,115
Leipzig	0,957
Leipzig, Stadt	0,812
Leverkusen, Stadt	0,894
Lichtenfels	1,023
Limburg-Weilburg	0,972
Lindau (Bodensee)	1,120
Lippe	0,925
Ludwigsburg	1,041
Ludwigshafen am Rhein, Stadt	0,962
Ludwigslust-Parchim	0,901
Lörrach	1,028
Lübeck, Hansestadt	0,961
Lüchow-Dannenberg	0,873
Lüneburg	0,940

Magdeburg, Stadt	0,845
Main-Kinzig-Kreis	1,016
Main-Spessart	1,065
Main-Tauber-Kreis	1,044
Main-Taunus-Kreis	1,030
Mainz, Stadt	1,027
Mainz-Bingen	1,036
Mannheim, Stadtkreis	1,024
Mansfeld-Südharz	0,897
Marburg-Biedenkopf	0,999
Mayen-Koblenz	1,001
Mecklenburgische Seenplatte	0,900
Meißen	0,919
Memmingen	1,073
Merzig-Wadern	0,955
Mettmann	0,903
Miesbach	1,274
Miltenberg	1,095
Minden-Lübbecke	0,866
Mittelsachsen	0,928
Märkisch-Oderland	0,930
Märkischer Kreis	0,921
Mönchengladbach, Stadt	0,906
Mühldorf a.Inn	1,044
Mülheim an der Ruhr, Stadt	0,875
München	1,288
München, Stadt	1,549
Münster, Stadt	0,878

Neckar-Odenwald-Kreis	1,063
Neu-Ulm	1,075
Neuburg-Schrobenhausen	1,007
Neumarkt i.d.OPf.	0,978
Neumünster, Stadt	0,842
Neunkirchen	0,944
Neustadt a.d.Aisch-Bad Windsheim	1,133
Neustadt a.d.Waldnaab	1,062
Neustadt an der Weinstraße, Stadt	0,986
Neuwied	0,940
Nienburg (Weser)	0,758
Norderney, Insel	1,200
Nordfriesland, Festlandanteil	1,116
Nordfriesland, Inselanteil	1,280
Nordhausen	0,872
Nordsachsen	0,961
Nordwest-Mecklenburg, Inselanteil	1,221
Nordwestmecklenburg, Festlandanteil	0,955
Northeim	0,878
Nürnberg, Stadt	1,033
Nürnberger Land	1,140

Oberallgäu	1,096
Oberbergischer Kreis	0,903
Oberhausen, Stadt	0,898
Oberhavel	0,970
Oberspreewald-Lausitz	0,888
Odenwaldkreis	0,980
Oder-Spree	0,936
Offenbach	0,980
Offenbach am Main, Stadt	1,008
Oldenburg	0,898
Oldenburg (Oldb), Stadt	0,823
Olpe	0,988
Ortenaukreis	1,005

Osnabrück	0,836
Osnabrück, Stadt	0,839
Ostalbkreis	1,067
Ostallgäu	1,043
Osterholz	0,830
Ostholstein, Festlandanteil	0,927
Ostholstein, Inselanteil	1,170
Ostprignitz-Ruppin	0,952

Paderborn	0,936
Passau	0,916
Passau, Stadt	1,103
Peine	0,818
Pellworm, Insel	1,280
Pfaffenhofen a.d.Ilm	1,030
Pforzheim, Stadtkreis	1,024
Pinneberg, Festlandanteil	1,018
Pinneberg, Inselanteil	1,392
Pirmasens, Stadt	0,971
Plön	1,005
Poel, Insel	1,221
Potsdam, Stadt	1,022
Potsdam-Mittelmark	0,957
Prignitz	0,819

Rastatt	1,024
Ravensburg	1,053
Recklinghausen	0,891
Regen	0,935
Regensburg	1,057
Regensburg, Stadt	1,076
Rems-Murr-Kreis	1,036
Remscheid, Stadt	0,900
Rendsburg-Eckernförde	0,939
Reutlingen	1,032
Rhein-Erft-Kreis	0,926
Rhein-Hunsrück-Kreis	1,008
Rhein-Kreis Neuss	0,906
Rhein-Lahn-Kreis	1,012
Rhein-Neckar-Kreis	1,045
Rhein-Pfalz-Kreis	0,975
Rhein-Sieg-Kreis	0,944
Rheingau-Taunus-Kreis	1,037
Rheinisch-Bergischer Kreis	0,948
Rhön-Grabfeld	1,071
Rosenheim	1,261
Rosenheim, Stadt	1,176
Rostock	0,939
Rostock, Stadt	0,986
Rotenburg (Wümme)	0,753
Roth	1,070
Rottal-Inn	0,989
Rottweil	0,978
Rügen, Insel	1,101

Saale-Holzland-Kreis	0,845
Saale-Orla-Kreis	0,879
Saalekreis	0,908
Saalfeld-Rudolstadt	0,913
Saarbrücken, Regionalverband	0,921
Saarlouis	0,964
Saarpfalz-Kreis	0,938
Salzgitter, Stadt	0,811
Salzlandkreis	0,864
Schaumburg	0,817
Schleswig-Flensburg	0,910
Schmalkalden-Meiningen	0,952
Schwabach, Stadt	1,128
Schwalm-Eder-Kreis	0,959
Schwandorf	1,018
Schwarzwald-Baar-Kreis	0,972
Schweinfurt	1,093
Schweinfurt, Stadt	1,042
Schwerin, Stadt	1,062
Schwäbisch Hall	0,979
Segeberg	0,965
Siegen-Wittgenstein	0,956
Sigmaringen	1,040
Soest	0,900
Solingen, Stadt	0,880
Sonneberg	0,952
Speyer, Stadt	1,086
Spiekeroog, Insel	1,076
Spree-Neiße	0,748
St. Wendel	1,009
Stade	0,856
Starnberg	1,294
Steinburg	0,949
Steinfurt	0,869
Stendal	0,729
Stormarn	0,918
Straubing, Stadt	1,233
Straubing-Bogen	1,023
Stuttgart, Stadtkreis	1,131
Suhl, Stadt	0,940
Sylt, Insel	1,280
Sächsische Schweiz-Osterzgebirge	0,974
Sömmerda	0,886
Südliche Weinstraße	1,032
Südwestpfalz	1,019

Teltow-Fläming	0,978
Tirschenreuth	1,038
Traunstein	1,115
Trier, Stadt	1,076
Trier-Saarburg	1,085
Tuttlingen	1,050
Tübingen	1,078

Uckermark	0,889
Uelzen	0,887
Ulm, Stadtkreis	1,008
Unna	0,881
Unstrut-Hainich-Kreis	0,873
Unterallgäu	1,031
Usedom, Insel	1,050
Vechta	0,836
Verden	0,836
Viersen	0,945
Vogelsbergkreis	0,949
Vogtlandkreis	0,948
Vorpommern-Greifswald, Festlandanteil	0,994
Vorpommern-Greifswald, Inselanteil	1,050
Vorpommern-Rügen, Festlandanteil	0,856
Vorpommern-Rügen, Inselanteil	1,101
Vulkaneifel	1,010
Waldeck-Frankenberg	1,007
Waldshut	1,027
Wangerooge, Insel	1,399
Warendorf	0,926
Wartburgkreis	0,910
Weiden i.d.OPf., Stadt	1,056
Weilheim-Schongau	1,148
Weimar, Stadt	1,008
Weimarer Land	0,914
Weißenburg-Gunzenhausen	1,019
Werra-Meißner-Kreis	0,974
Wesel	0,941
Wesermarsch	0,814
Westerwaldkreis	0,994
Wetteraukreis	0,957
Wiesbaden, Stadt	0,947
Wilhelmshaven, Stadt	0,878
Wittenberg	0,789
Wittmund, Festlandanteil	0,756
Wittmund, Inselanteil	1,076
Wolfenbüttel	0,899
Wolfsburg, Stadt	0,860
Worms, Stadt	1,017
Wunsiedel i.Fichtelgebirge	1,092
Wuppertal, Stadt	0,846
Würzburg	1,110
Würzburg, Stadt	1,204
Zingst, Insel	1,101
Zollernalbkreis	1,041
Zweibrücken, Stadt	1,021
Zwickau	0,917

Regionalfaktoren Österreich

Bundesland	Korrekturfaktor
Burgenland	0,994
Kärnten	1,119
Niederösterreich	0,995
Oberösterreich	1,114
Salzburg	1,140
Steiermark	1,095
Tirol	1,143
Vorarlberg	1,166
Wien	1,199

Regionalfaktoren für den Europa-Raum

Land	Korrekturfaktor
Albanien	0,312
Belgien	0,684
Bosnien und Herzegowina	0,303
Bulgarien	0,367
Dänemark	0,876
Estland	0,495
Finnland	0,949
Frankreich	0,771
Griechenland	0,463
Irland	0,725
Island	0,922
Italien	0,557
Kroatien	0,333
Lettland	0,508
Litauen	0,450
Luxemburg	0,797
Malta	0,535
Mazedonien	0,299
Montenegro	0,356
Niederlande	0,787
Norwegen	0,983
Polen	0,442
Portugal	0,473
Rumänien	0,348
Schweden	1,028
Schweiz	1,161
Serbia	0,343
Slowakei	0,515
Slowenien	0,457
Spanien	0,533
Tschechische Republik	0,478
Türkei	0,258
Ungarn	0,425
Zypern	0,500